U0812860

谢家荣教授

（1897—1966）

"十一五"期间国家规划重点图书

谢家荣文集

第七卷

经济地质学（一）

地质出版社

·北 京·

内 容 摘 要

本书是为纪念谢家荣教授诞辰110周年而出版的八卷集《谢家荣文集》的第七卷，收入谢家荣教授1921年至1945年间的论文37篇，专著6部。37篇论文中有作者留美回国前夕考察美国地质机构的报告《记美国之国立地质调查局》和《美国之研究地质事业》、向第14届国际地质大会提交论文的中译文《中国之黄铁矿及炼硫事业》、《地质论评发刊辞》和《近年来中国经济地质学之进步》、《广西富贺钟江砂锡矿简报》、《云南矿产概论》、《泛论中国铝土矿》和《本处研究黔滇铝土矿之成果》等。6部专著是1924年与刘季辰合著的《湖北地质矿产概说》、1926年的《第二次中国矿业纪要》、1927年与刘季辰合著的《湖北西南部地质矿产》、1932年与朱敏章合著的《外人在华矿业之投资》、1936年与程裕淇合著的《福建安溪永春永泰地质矿产》和1941年的《叙昆铁路沿线威宁昆明间地质矿产》。

本书可供从事矿产勘查的地质学家、矿床地质学家、地质学史研究者和相关专业的高等院校师生学习和参考。

图书在版编目（CIP）数据

谢家荣文集. 第七卷/谢家荣著. —北京：地质出版社，2024.8

ISBN 978-7-116-13985-5

Ⅰ. ①谢… Ⅱ. ①谢… Ⅲ. ①地质学-文集 Ⅳ. ①P5-53

中国国家版本馆CIP数据核字（2023）第254797号

责任编辑：田 野 肖莹莹 顾秋蓓
责任校对：李 玫
出版发行：地质出版社
社址邮编：北京市海淀区学院路31号，100083
电 话：（010）66554528（邮购部）；（010）66554631（编辑室）
网 址：https://www.gph.clmpg.com
传 真：（010）66554686
印 刷：北京地大彩印有限公司
开 本：889mm×1194mm 1/16
印 张：50.5 插页：19
字 数：1500千字
审 图 号：GS京（2023）2555号
版 次：2024年8月北京第1版
印 次：2024年8月北京第1次印刷
定 价：298.00元
书 号：ISBN 978-7-116-13985-5

（如对本书有意见或建议，敬请致电本社；如本书有印装问题，本社负责调换）

谢家荣文集编辑委员会

顾　　问（以汉语拼音顺序为序）：

常印佛　陈梦熊　陈庆宣　陈述彭　陈毓川
戴金星　董申保　傅家谟　韩德馨　李德生
李廷栋　刘东生　刘广志　欧阳自远　裴荣富
任纪舜　沈其韩　施雅风　孙　枢　田在艺
涂光炽　王鸿祯　肖序常　杨遵仪　叶笃正
叶连俊　袁道先　翟裕生　张宗祜　郑绵平

主　　编：谢学锦　张立生

编　　委（以汉语拼音顺序为序）：

陈廷愚　潘云唐　陶惠亮　谢学锦　张尔平
张立生　张中伟

常务编辑：张立生　潘云唐　陈廷愚

杰出的全方位地质学家（代序）

谢家荣，字季华、季骅，1897年8月19日生于上海市的一个职员家庭。1913年考入工商部地质研究所。它实际上是一所地质专科学校，其领导者和主要教师都是我国地质事业的奠基人——章鸿钊、丁文江和翁文灏。由于学校的良好教育、严格要求以及自身的勤奋与刻苦，谢家荣终以优异的成绩与其他17位同学一起于1916年毕业，并进入农商部地质调查所任调查员。这是中国自己培养出的第一批地质学家，中国地质学史上俗称的“十八罗汉”。他们中的绝大多数人都是中国地质界的骨干和栋梁。博学多才的谢家荣是他们中的佼佼者，在他一生的地质事业中，几乎涉及地质科学中的各个领域，是一位杰出的全方位的地质学家，特别在矿床地质学和煤田地质学、石油地质学方面的重大成就，具有极高的开创性、权威性，对中国的地质事业做出了杰出的贡献。

谢家荣在地质调查所工作一年多后，由于工作成绩突出，于1917年第一个被选派留学美国斯坦福大学地质系，1919年转入威斯康星大学地质系，读研究生。1920年，谢家荣在威斯康星大学毕业，获理学硕士学位，并于1921年2月回国，仍在地质调查所任职。1920年12月16日，甘肃省海原县（现属宁夏回族自治区）发生8.6级大地震，导致约23.4万人死亡。1921年4月，谢家荣参加北洋政府派出的甘肃地震灾区调查团，随翁文灏、王烈等赴甘肃考察。考察完甘肃地震后，谢家荣又奉部命，留甘续测地质，考察了玉门石油。

1921年冬，谢家荣与袁复礼一起倡议并积极参与了中国地质学会的创建，是26位创始会员之一。他还与袁复礼一起起草了《中国地质学会章程》，并在学会成立大会上当选为书记（相当于秘书长）。20世纪20年代中期，谢家荣主要从事湖北省的地质矿产研究，并发表了许多研究成果。1925—1927年，谢家荣先后为北京大学地质系经济地质学门（专业）二、三、四年级学生讲授《经济地质学（金属）》、《经济地质学（非金属）》和《中国矿产专论》。1927年夏，应两广地质调查所之聘，协助筹建两广地质调查所。1928年3月任教中央大学地质系。1928年8月至1930年5月作为访问学者前往德国和法国，主要在柏林地质调查所及弗赖堡大学从事煤岩学及金属矿床的研究。1930年7月参与筹建并负责管理地质调查所土壤研究室。1930年9月任教清华大学地理系，同年10月地质调查所成立沁园燃料研究室，任该室主任（后任名誉主任），从事煤炭、石油、油页岩等方面的研究。1931年任清华大学地理学系教授兼代主任，1931—1932年间兼任北平师范大学地理学系教授兼主任。1932—1937年任北京大学地质系教授，并任北京大学1932—1933年度和1933—1934年度研究教授。1935年，实业部地质调查所迁往南京，留在北平的部分成立北平分所，谢家荣任北平分所所长。1936—1937 年兼任北京大学地质系主任。

1937 年，“七七事变”爆发，北平沦陷。他拒绝了日伪当局要他到伪北京大学任职的要求，根据翁文灏的安排，于 1937 年 10 月下旬化装潜行，离开北平，奉调离开北京大学，被派往广西八步调查富贺钟（富川—贺县—钟山）锡矿，后到湖南就任江华矿务局经理、经济部资源委员会专门委员。江华矿务局是资源委员会下辖的一个重要厂矿，谢家荣出任经理之职，改变了他过去一直从事地质教育和科学研究的人生轨迹，转而进行应用地质即矿产勘查与开发的工作。

任江华矿务局经理期间，谢家荣在湖南、广西进行了大量的砂锡矿地质勘查和研究工作。1940 年 5 月，他奉命到云南昆明，任叙昆铁路沿线探矿工程处总工程师。同年 10 月，叙昆铁路探矿工程处迁往滇东北的昭通，并易名经济部资源委员会西南矿产测勘处，谢家荣任处长。1942 年 10 月，西南矿产测勘处更名为经济部资源委员会矿产测勘处，谢家荣仍担任处长。在抗日战争胜利之前的 5 年中，处在从昆明迁昭通，由昭通搬贵阳，又由贵阳到重庆的动荡环境，在生活和工作条件十分艰苦的情况下，他领导矿产测勘处做了大量的地质调查和矿产勘查工作，发现了贵州云雾山的高级一水硬铝矿和云南中部的白色高级铝土矿。

1945 年抗日战争胜利后，谢家荣将矿产测勘处从重庆迁到南京。是年 12 月，谢家荣去台湾调查了石油地质。从 1946 年到 1949 年 4 月南京解放的 3 年多中，谢家荣先后发现了安徽淮南八公山煤田、安徽凤台磷矿、福建漳浦铝土矿和南京栖霞山多金属矿等矿床。1948 年，谢家荣当选为中央研究院首届院士。南京解放前夕，胡适召集中央研究院院士开会，动员他们到台湾去，并提供机票。但谢家荣毫不动摇，坚持留在南京迎接解放。他组织处内职工坚守岗位，保护设备和资料，储存粮菜，打井储水，并亲自参加巡夜，保证了矿产测勘处安全、完好地回到人民手中。

南京解放后，为保证工业建设原料的供给，谢家荣即向当时的军政负责同志建议并得到领导的大力支持，积极筹备和创办了南京地质探矿专科学校，为新中国培养和输送了一批地质探矿、石油地质和地球物理探矿的专门人才。中华人民共和国成立后，谢家荣以满腔的热情，积极投身到国民经济恢复与社会主义建设事业中，先后担任了南京军管会原资源委员会保管委员会副主任委员、原资源委员会矿产测勘处保管处处长、华东军政委员会工业部矿产测勘处处长、政务院财经委员会矿产测勘处处长。1950 年 9 月中国地质工作计划指导委员会成立，谢家荣任副主任委员兼计划处处长。1951 年 3 月起任燃料工业部石油管理总局地质顾问。1952 年地质部成立，任地质部总工程师。1954 年任地质部普查委员会常务委员兼总工程师。1955 年，被选聘为中国科学院首批学部委员。在国民经济恢复时期和第一个五年计划期间，谢家荣首次对除台湾省以外的全国的地质，金属、非金属矿产和煤、石油的普查勘探工作进行了全面、系统的部署，对第一个五年计划的胜利完成起了重要作用。他与黄汲清一起主持编写的《普查须知》是野外地质人员必读的工具书。他同黄汲清等一起详细指导和部署了包括大庆、华北油田在内的全国石油普查勘探工作，为 20 世纪 50 年代中国石油勘探战略重点东移和大庆、华北、胜利、渤海湾等油田的发现做出了重大的贡献。1956 年，他参与了全国 12 年科技发展远景规划的制订。同年，地质部成立地质矿产研究所，次年易名地质部地质研究所，谢家荣任副所长，与孙云铸、黄汲清等一起拟定了研究中国地质矿产的总体规划，并取得了若干成果。

在 1957 年的反右派运动中，谢家荣被错划为右派。在受到不公正对待的岁月里，他仍然努力工作，写成了长达 10 万字的《中国矿产分布规律的初步研究及今后找矿方向的若干意见》。在他生命的最后几年中，写出了《中国大地构造问题》、《论矿床的分类》、《花岗岩化与成矿》、《大地构造与找矿》等重要论文和《中国矿床学（总论）》，还为国家培养了一批研究生。1966 年在文化大革命最初的几十天中，他受到本不应该有的冲击和迫害而于 8 月 14 日逝世于北京。

谢家荣非常热心各种学术活动，倡议并积极参加创建了中国地质学会，先后担任过第一届至第三届（1922—1924 年）、第十三届（1936 年）、第十四届（1937）、第十八届（1941 年）、第十九届（1942 年）、第二十一届（1944）年、第二十二届（1945 年）、第二十四届至第三十一届（1947—1966 年）编辑，第四届、第五届、第六届（1925—1928 年）及第八届（1930 年）评议员，第九届至第三十一届（1931—1966 年）理事，第十一届（1934 年）和第二十三届（1946—1947 年）理事长。1936 年经他建议创办了《地质论评》，并兼编辑部主任（1936—1940 年，1946—1948 年），同年还兼任《中国地质学会志》编辑，对学会这两种刊物（中文和英文）的出版做出了重大贡献。谢家荣还与葛利普、章鸿钊、杨钟健一起设计了中国地质学会的会徽。他在 1935 年和 1936 年两度主持了中国地质学会的“中国地质学会葛氏奖章”的授奖仪式，作为“丁文江先生纪念奖金”委员会主席主持了 1944 年的奖金授奖仪式。1934 年，他还与翁文灏、丁文江、李四光、竺可桢、叶良辅、张其昀、胡焕庸、曾世英等人共同发起，在南京成立了中国地理学会，并当选为首届理事。谢家荣对祖国地质事业的杰出贡献，受到了党和人民的尊重，先后当选为中国人民政治协商会议全国委员会第一届至第四届委员。

谢家荣一生以其旺盛的精力、浓厚的兴趣、报效祖国的志向，触及到了地质科学的广泛领域，其涉猎面之广，在我国地质界是独一无二的，并且在许多方面都居于第一和开创者的地位，取得了令人瞩目的成就。

——在普通地质学方面，他 1924 年由上海商务印书馆出版的《地质学》（上编），是中国人自己编撰出版的第一部普通地质学教科书。

——在区域地质学方面，除在北京大学和清华大学任教期间带领学生填制北京西郊蓝靛厂、房山、河北涞源的地质图外，在云南的五年期间，他亲自指导周德忠编制了滇东、滇西、川西的 1∶100,000 路线地质图数十幅，为黄汲清编制 1∶3,000,000 地质图的出版提供了必不可少的资料；此外他还主持测制了许多矿区地质图。

——在地层学方面，除他早期野外工作所建立的地层组、段，如大冶灰岩与长辛店砾岩等外，他还对云南特别是滇东、川西的地层层序与构造运动进行了系统总结，提交了叙昆铁路沿线地质矿产报告与滇西铁路初勘地质报告，奠定了该区地质构造的基础。

——在构造地质学方面，他 1937 年就写出《北京西山地质构造概说》，开始论证西山的构造问题。晚年，对全国大地构造进行总结，写出了《论中国大地构造的格局》、《华南主要大地构造特征》等重要论文，其中提出的很多新认识和新观点，即便在今天，也仍然值得我们认真加以思考和研讨。

——在矿物学方面，他早年对东川铜矿石的工作，就曾确定其中有电气石的存在。1944 年，在简陋的条件下，他仔细进行镜下鉴定，确定昆明与贵州息烽石炭系铝土矿的矿石为硬水铝石（Diaspore），而福建漳浦的铝土矿为三水铝石（Gibbsite），从而给予了正确的评价。他还对昆阳磷块岩的胶磷矿与宿松磷矿的磷灰石做过对比研究。

——在岩石学方面，他 1937 年首先指出北京西山的辉绿岩不是侵入岩层而是喷出的玄武岩流，后为郭文魁先生做毕业论文时进行的详细野外观察与室内鉴定所证实。1936 年他在翁文灏 1920 年工作的基础上，将华南花岗岩分别命名为“扬子式”与“香港式”。其与现代所称的“I 型”与“S 型”，或“同熔型”与“重熔型”以及“磁铁矿型”与“钛铁矿型”等的含义与区域分布大体上是一致的。晚年，他更推崇花岗岩化的学说，用它解释我国东南地区的花岗岩的分布和时代，并写出了《让花岗岩及花岗岩化的研究为区测与找矿工作服务》的论文。

——在古生物学方面，谢家荣也较一般地质人员有更丰富的知识。他将在昭通褐炭层之上的泥沙层中找到的象牙鉴定为东方剑齿象（*Stegodon orientalis*），属于上新统；他与燕树檀一起研究昭通龙洞泥盆系剖面，根据化石群详细划分了中泥盆统的层位；他与边兆祥研究贵州水城大、小河边的宣威煤系，根据钻孔深部煤系中出现的蛤类化石属二叠纪—三叠纪，认定该煤系是陆缘潮汐带沉积；他在淮南八公山盆地边缘丘陵的石灰岩中首先发现䗴科化石，并鉴定为中石炭世的纺锤䗴（*Fusulina*），为船山组层位，从而下决心在盆地内下钻，发现了著名的淮南大煤田。

——在陨石学方面，早在 1923 年他就在《科学》和《中国地质学会志》上发表了《中国陨石之研究》和《有关中国地质调查所收到的第一块陨石的成分和构造的初步研究》的文章，堪称我国现代陨石学研究的先驱。

——在水文地质学方面，在 20 世纪 20 年代末、30 年代初他就撰写了一系列南京供水的文章，开创了中国地质学家解决城市供水水文地质的先河。

——在工程地质学方面，谢家荣也是最早的创导人之一。他 20 世纪 40 年代初就曾指导过有关人员进行叙昆、滇缅两条铁路路线工程地质的勘查。1948 年他派郭文魁、刘汉进行过农田地质检查和台湾甘蔗田地下水调查，同年他还派郭文魁专门勘查了湖南资兴东江水坝的坝址地质。早在 1953 年，他就曾指导陈梦熊对抚顺煤矿露天采场滑坡的研究与治理。

——在地震地质学方面，他 1921 年前往甘肃地震灾区考察后所撰写的《民国九年十二月甘肃地震报告》和《民国9年12月甘肃及其他各省地震情形》，成为我国近代开展地震地质研究最早的经典文献之一。

——在岩相古地理研究方面，谢家荣有卓越的成就。他1947年11月18日在台北举行的中国地质学会第23届年会上发表的理事长演说《古地理为探矿工作之指南》(Palaeogeography as A Guide to Mineral Exploration）是古地理研究的经典论文，对我国沉积矿产普查找矿工作起了重要的指导作用，被“地质部地质矿产司非金属矿产处部署磷矿普查时引作箴规依据和导引”，“影响及于大片国土和若干地质队众多同志的野外生涯与实践，并终有所获”（段承敬：薪传火种话磷矿——缅怀谢家荣（季骅）老师），至今仍然具有重要的理论和现实意义。他还研究过中国煤矿，滇、黔铝土矿以及沉积铁矿和铜矿与古地理之关系，并编制了小比例尺古地理图，圈出了新的成矿远景区。这种通过古地理和沉积条件的分析，预测某些矿产分布规律的方法，在当今普查勘探工作中仍是一种有效的方法。

——在土壤学方面，他1931年发表的我国最早的土壤学论文《土壤分类及土壤调查》及中国人自己写的第一份土壤调查报告《河北省三河平谷蓟县土壤约测报告》(与常隆庆合著）奠定了他现代中国土壤学开创者和奠基人的地位。

——在地文学与地貌学研究方面，他1925年与叶良辅合著的《扬子江流域巫山以下之地质构造与地文史》，以及他1933—1934年间写的《陕北盆地地文》、《陕北的地文》、《中国地文期概说》和《陕北盆地和四川盆地》等论文是中国地文学和地貌学研究的重要著作，至今仍具有重要意义。

——在煤田地质学方面，谢家荣功勋卓著。1923年商务印书馆出版了他编著的中国第一本煤地质学专著《煤》。在煤岩学研究方面，他运用光学显微镜进行煤质鉴定，不仅在中国，也为世界煤岩学界所称道。他1929年的《四川石炭之显微镜研究》，1930年的《煤岩学研究之新方法》及《北票煤之煤岩学初步研究》，1931年的《国产煤之显微镜研究》和1932年的《华煤中之植物组织及其在地质上之意义》，1933年的《薄的煤光片研究——煤岩学之一新法》、《中国无烟煤之显微镜研究》、《辽宁西安煤矿附产菱铁矿结核之研究》、《江西乐平煤——中国煤之一新种》和《中国乐平煤之研究》等论文奠定了他作为我国煤岩学先驱、开拓者和奠基人以及世界煤岩学先驱之一的地位。抗战期间，谢家荣对祖国西南地区的煤田地质倾注了大量心血，他1944年的《Coal Field & Coal Mining Industry in China，a General Survey》和1945年的《贵州煤田研究并特论其与古地理及地质构造之关系》及《中国几种挥发份烟煤及其在三角分类图中之位置》在中国煤田地质学和煤炭工业史上都具有极为重要的奠基性的地位。淮南煤田的发现被地质界传为佳话，是谢家荣运用地质理论找矿的光辉范例，被誉为“丰功伟识，永垂千秋”，是中国地质学史上的辉煌成就之一。新中国成立后，谢家荣以其对煤田地质的长期研究和对中国煤田地质勘探的丰富经验连续发表了多篇有关煤田地质的文章：《煤地质的研究》(1952)、《关于煤地质方面的一些重要知识》(1953)、《勘探中国煤田的若干地质问题》(1953)、《中国的煤田》(1954)、

《煤的成因类型及其意义》（1955）、《关于煤田类型》（1955）、《中国煤田类型及煤质变化问题》（1956）等，这些文章对20世纪50年代中国的煤田地质勘探起了非常重要的作用，都是中国煤田地质的宝贵文献。

——在石油地质学方面，他是现代中国最早的石油调查者，他的《甘肃玉门石油报告》（1922）是我国最早的石油地质调查报告，1929年发表的《石油》，是中国学者自己撰写的最早的石油地质专著。他是中国石油储量的最早计算者，陕北、四川和台湾油田的积极开拓者。他是“中国贫油论”的坚决反对者，认为它“在地质上没有依据”，“可以断定中国有油，并且可以推测它的分布是很广泛的”，“中国有广大的沉积盆地和沉积平原，油气苗又遍及全国，石油远景一定很大”，“只要钻探能赶得上地质工作，我想许多巨大新油田的跟踵发现，是在意料之中的”。他是注意到在东北（热河及黑龙江）找油的第一位地质学家。他最早提出中国的石油不限于西北，指出“中国石油的分布，决不只限于西北一隅，而在生油层没有确定之前，凡有古生代及中生代海生地层分布并略有油苗显示的地方，都值得仔细探勘”，“依据地质理论，并为解决中国石油问题计，我们应该扩大范围，在中国各地普遍探油”，为中国石油普查制订了正确的战略。他还是陆相生油论的倡导者，最早从理论上阐述陆相生油理论，并指出“三角洲半属海相，半属陆相。其海相之部，即为浅海或濒海沉积，最适合于石油之产生。而近陆之部，则植物繁茂，在适当环境之下，亦能造成石油。且地盘稍有升降，海岸线即随之而伸缩，故在此区域之内，海陆二相之地层，往往相间而生，于石油之聚集，最为适宜。”“产油地层，当以浅海或三角洲沉积最为适宜”。他对我国油气资源的勘查与发现，始终充满信心，并进行了不懈的探索。他的《江南探油论》（1948）、《扩大探油的范围》（1949）、《中国的产油区和可能含油区》（1954）、《石油地质的现状、趋势及今后在中国勘探石油的方向》（1956）、《石油普查工作中的若干重要问题》（1956）、《中国油气区和可能油气区的划分与评价》（1957）等一系列论文奠定了20世纪50年代石油普查和石油勘探战略重点东移的地质科学理论基础；他对我国石油普查的具体指导和实践则为石油勘探战略重点东移的实现准备了坚实的物质基础，从而对大庆油田的发现和以大庆油田的发现为开端的，包括华北油田和渤海湾油田等的发现在内的中国石油大发现做出了重大贡献。

——在矿相学方面，谢家荣是中国矿相学的创始人。他在反光显微镜下所拍东川铜矿的矿石结构构造与矿物相互关系的图片，为国际矿相学大师兰姆多尔（Ramdohr）和著名矿床学家史奈德洪（Schneiderhöhn）所称道，被反复选用在他们的名著中。

——在矿床学方面，他20世纪20年代初所写的《矿床学大意》的系列论文，系统地阐述矿床学的理论与实践，开了我国矿床学研究的先河。他1923年写的《中国铁矿之分类与其分布》，是中国铁矿床研究的首次理论总结，1935年发表的《扬子江下游铁矿志（附中国铁矿床的分类）》，提出了10多个铁矿床类型，多年来一直是长江中下游找矿工作的重要指南，1936年发表的《中国的成矿时代与成矿区域》，明确指出扬子区与南岭区的矿产组合存在着明显的差异，将中国成矿学的研究向前推进了一大步，同年发表的《中国中生代末第三纪初之造山运动火成岩活跃及与矿产造成之关系》，是他在矿床研究方面极有影响的论文。抗日战争时期，谢家荣任职江华矿务局和矿产测勘处，对湘桂地区的锡矿和西南地区的矿床地质问题做了深入的研究，发表了《云南矿产概论》、《相桂交界富贺钟江砂锡矿纪要并泛论中国锡带之分布》、《滇黔康三省金属矿产述要并特论其分布与地质时代》、《中国铝土矿之成因》等重要论文，这些文章至今仍具有重要意义。抗日战争结束后，谢家荣还对铀矿给予了特别的重视，他1948年发表的《铀矿浅说》一文是我国详细介绍铀矿知识最早的文献，是中国铀矿地质学研究的起点。新中国成立后，先后于1957年和1958年发表的《火山及火山沉积作用在中国几种矿床中的意义》、《中国矿产分布规律的初步研究及今后找矿方向的若干意见》将中国的矿床学研究推到了一个新的高度，至今仍有重要的现实意义。他晚年的《近代成矿理论方面的几个基本问题》（1962）、《论矿床的分类》（1963）、《地质历史中成矿作用的新生性、再生性和承继性》（1963）、《同生成矿理论在我国的运用》（1965）、《花岗岩化与成矿》（1965）和《中国矿床学（总论）》（1966）等更是中国矿床学中的名著。他不仅是我国矿床学的主要奠基人，更是名副其实的矿床学巨匠和大师。

——在经济地质学方面，他是我国地质学家中最早提出运用地质理论找矿、强调开展应用研究、成矿预测、倡导使用综合勘探方法的地质学家，是最早自己进行研究、运用勘探网勘探矿床并取得重大成就的勘查地质学家。他是理论联系实际的典范，早在20世纪40年代，他就将地质理论、地质知识、地质技术、找矿经验和科学方法运用于实践，为社会服务，为找矿服务，是我国矿产测勘事业的开拓者与奠基人，是我国经济地质学的先驱。谢家荣一生亲自研究与指导研究的矿产涉及燃料、黑色、有色、贵重与稀土金属以及主要非金属和地下水等。他对所有这些矿产都有渊博的知识和现场工作的经验与体会，这使他成为迄今为止中国发现矿床最多的矿床学家和经济地质学家。

——在地质钻探工程方面，谢家荣又是最早运用钻探工程直接探明矿产储量并验证地质调查成果的颇有远见的中国地质学家，是中国地质钻探事业的先驱和倡导者。

——在地球物理勘查方面，早在抗日战争的艰苦时期，谢家荣就与顾功叙合作，于1941年对昭通褐炭田进行了地球物理勘查并取得了良好的效果，是中国最早的地球物理探矿记录；他还于1945年在矿产测勘处建立了由张宗潢（张放）领导的我国第一个地球物理探矿科。

谢家荣一生徜徉在地质科学的海洋里，涉及如此多的领域，取得了如此重要的成就，做出了如此重要的贡献，是名副其实的全方位地质学家，是当之无愧的地质学大师。

谢家荣从事地质工作整整50年，一生辛勤劳作，有著述400余篇（本）（其中许多尚未发表）。它们是我国地质学界的宝贵财富，其中许多对于我们今天的工作仍然具有重要的理论与现实意义。

为缅怀谢家荣先生对我国地质事业所做出的巨大贡献，继承和发扬他立志报效祖国、艰苦奋斗、勇于和善于实践、求实创新、不断进取的优良传统，学习他的学术思想，把我国的地质事业不断向前推进，我们决定编辑出版八卷集的《谢家荣文集》，以此献给谢家荣先生及他终身为之奋斗的中国地质事业。

最后，应当要说一句，本文集出版经费的筹措颇费周折，感谢北京建龙国基投资有限公司的资助，使之得以陆续出版。

《谢家荣文集》编辑委员会

2006 年 7 月 1 日

2018 年 10 月 1 日修订

关于本书编辑情况的说明

谢家荣先生常说："I am an all round geologist"。正如代序中所说的，他的确是一位名副其实的全方位的地质学家，是当之无愧的地质学大师。他从事地质工作整整50年，一生辛勤劳作，殚精竭虑，有著述400余篇，内容涉及地质学的各个领域。

这400多篇文章中，有许多是发表过的，还有许多是没有发表过的，后者包括曾经作为内部报告印刷过（例如一部分矿产测勘处临时报告）和正式打印过若干份而在一定范围内流传过的，以及只有手稿，从来没有人读到过的。我们尽了最大的努力去搜集所有这些文章。所搜集到的文章，分别内容编入了相应的卷中。虽然这400多篇著作的大部分都保留了下来，但令人非常遗憾的是，有的著作，其中包括一些很重要的著作，例如他早年在北京农业大学讲课所写的《国立北京农业大学农业地质讲义》、在北京大学讲课时所写的《矿床学讲义（英文打印本）》、1952年5月所写《中国石油地质概况和今后勘探工作方针》以及1965年所著《同生成矿理论在我国的运用》，1965年2月在《中国地壳运动命名的几点规定（草案）》上的批语和在《对于已有地壳运动名称取舍的意见》上的批语、在孟宪民《On the Emplacement of Granite》一文上的评语，《中国矿床学》中的《四川省找矿指南》、《云南省找矿指南》等等许多重要著述，都在20世纪90年代被人弄丢了。这样，我们所编的这套文集，就只能叫做"Collected Works"，而不能叫做"Complete Works"了。

我们将所搜集到的文章，做了如下的编排：将谢家荣先生一生关注最多、付出心血最巨、原也同属矿床地质学的石油和煤地质学方面的文章各列一卷，将矿床学和找矿勘探地质学的文章又各列一类，除上述内容之外其余的所有文章都编入另一类，这样就构成了总数为八卷的《谢家荣文集》，各卷的内容如下：

第一卷　地质学（一）
第二卷　地质学（二）
第三卷　煤地质学
第四卷　石油地质学
第五卷　矿床学（一）
第六卷　矿床学（二）
第七卷　经济地质学（一）
第八卷　经济地质学（二）及其他

其中地质学两卷（第一卷、第二卷）、矿床地质学两卷（第五卷、第六卷）和经济地质学两卷（第七卷、第八卷）的划分的依据是年代和文字量的多少。例如第一卷和第二卷就是按照发表或写作于1928年前和1928年后来划分的；而之所以选择1928年这个界限，仅仅是因为这样划分两卷的分量大致相等，并没有其他的考虑。

对于文集编辑过程中的有关问题需要做如下的说明：

一、编入文集中的所有文章，以保留文章历史原貌为准则。除非原文的确有印刷错误，或者是作者的笔误，一律不予改动。为了读者阅读方便，原文中的所有繁体字（包括图面上的所有繁体字）都换成了简化字。文章中有少量的字、词及词组，虽然不合现代的用法，但在当时是通用和习惯的，也一律不加改动。有少量20世纪早期的文章，原文没有标点符号，或只以句号和顿号标点，编辑时加了标点符号或重新予以标点。

二、个别文章层次不显明的，以空行、不同的字号或字体的形式，将层次显现出来。有个别文章中，将同一序号符号［例如（一）］，既用作标题序号，又用作段首序号，有时还用作段中内容的序号，为了读者阅读的方便，也用了不同的字体或字号来区分它们，而对序号本身未加改动。依据手稿排印的文章，有的次序不清，作了编辑标定。

三、文中所用术语与现在的用法不一致的也都保持原样。例如，地史上的元古纪（元古宙），地貌学上的喀斯脱（喀斯特），地理学上的拔海（海拔），力学术语磨（摩）擦角，等等。一些化学元素的名称，例如碳、氢、氧、氮、氯、硅等，在有关原文中分别用的炭、轻、养、淡、绿、矽等以及“养化”（即氧化）等，是那个年代通用的，仍照原文付印。同样，对文中一些当时的习惯用法，例如“钼酸铔”、“磷二氧五”、“铝二氧三”、“铁二氧三”、“矽氧二”、“炭酸钙”等也都保持原样，而没有改为“钼酸铵”、“五氧化二磷”、“三氧化二铝”、“三氧化二铁”、“二氧化硅”、“碳酸钙”等。

四、原文中出现的许多地名和人名，当年的译法与现在不一样，例如“威尔斯”（威尔士）、“阿尔萨斯罗兰”（亚尔萨斯-洛林）、“坎拿大”（加拿大）、“排华利亚”（巴伐利亚）、“瑙威”（挪威）、“屋斯绿”（奥斯陆）、居利夫人（居里夫人），“罗森勃许”（罗森布施）、“西维尔其尼亚”（西弗吉尼亚）、希马拉亚（喜马拉雅）……读者在阅读的时候，结合上下文一看便会明白指的是什么地方、什么人，也都按照原文付印，未加改动。

有些地名的翻译虽然与现在的翻译相去甚远，例如“勃磨达”（即百慕大），但因为同时附有英文（Bermuda），所以也没有加以改动。

有时同一个地名或同一个人名，在同一篇文章中出现了不同的译法。在这种情况下，按照出现在不同文章中的同一译法进行了统一。例如，“维里士”这个人名在少量文中译为“维烈士”就属于这种情况。

五、英文文章中所使用的中文地名基本上都是按照韦氏音标的拼音法，而不是按照现在的汉语拼音方法拼写的，也都一律维持原样。有时在同一篇文章中，显然由于作者的笔误或印刷错误，同一个地名出现了不同的拼法时，则作了以韦氏拼音为准的统一处理。

六、在计量单位方面，所用的公尺（m）、公分（cm）、公厘（mm）、基米（1km）、万万吨（10^8t）、英尺（0.3048 m）、英寸（2.54cm）、英里（1.609km）、哩（英里，1.609km）、c.c.（1ml）……按照原文刊印，在此说明，一般不再加注。原文中出现的记年方式，也都完全保留了原文的方式，没有予以更改。例如“民国三十七年”就没有改为“一九四八年”，读者只需要将民国记年加上1911年就得到了西历的年份了。还有的文章中年份用中文数字，而月份用阿拉伯数字，例如“一九四九年8月”，也都保持原样，没有改为“一九四九年八月”或“1949年8月”。

七、对于20世纪前半叶的文章，由于大多是按照中文原有的从右至左的方式竖排的，所以有“略述如左”、“列表如左”、“考察所得者如左”等说法，即“略述如下”、“列表如下”、“考察所得者如下”等意思。在20世纪早期发表于《科学》上的几篇文章中，尽管那时《科学》已经采取了从左至右的横排方式，但遇到这类情况时，原文也都仍然使用了“如左”而没有改用“如下”的文字。因此，我们也都完全保留了“略述如左”、“列表如左”、“考察所得者如左”等，而没有改为“叙述如下”、“列表如下”、“考察所得者如下”等说法。

除上述外，关于文中插图和附图以及图版的编辑处理的说明如下。

八、对原文中的插图做了如下的处理：将原图中的繁体改为简体字，对原图面上和图例中按从右至左顺序排列的中文字均按照现在的习惯改为从左至右的顺序排列，对原图上明显属于印刷错误的地名予以订正。为使图件清晰，阅读方便，所有图件都经扫描重绘，但原图上有的同时有数字比例尺和线段比例尺，有的只有数字比例尺而无线段比例尺，一经扫描重绘后，大多与原图并不等大，因此，数字比例尺就失去了意义。有的文章根据手稿刊印，文中的插图是信手画的，我们将其扫描后绘制插入。有的文章中的图件原来是蓝图，现在已经基本上褪色，无法清绘，有的文章的插图现在已经成了碎纸，根本无法复制，这些都只好舍去。还有一些从未发表过的重要文章，只找到了打印的文稿，文中的插图或显微照片，已经无从查找，读者也就再也看不到插图和照片了，这在相应文章中做了编者注。

九、文章中的插图或附图中的国界和省界，反映的是当时的国界和省界，与现在的国界和省界是不一样的，没有按照现在的国界与省界重新绘制，这是需要向读者特别说明的。

十、原文中的图版将照片说明与照片分开，单列一页，既不方便，又不必要地增加了篇幅，现在将照片的说明集中放置或置于每张照片的下面。这样处理的结果，会使有的照片与原来的照片不完全等大，特此说明。

为本书绘制图件的人员有：白文杰、方超、李琴、王风莲、王晓娟和赵静等。

最后需要指出的是，编辑这样一部估计超过500万字的八卷集文集，工作量之大，是读者可以想像得到的。由于各种各样的原因，其中当然也包括编者的水平限制，所以尽管我们希望把工作做得尽可能好一点，但缺点、错误肯定是会有的，欢迎读者批评指正。

《谢家荣文集》编辑委员会

2006年11月

杰出的经济地质学家（经济地质学卷代序）

谢家荣是中国最有成就、影响最为广泛和深远的矿床学家。但是，他不仅是一位矿床学家，更是一位杰出的经济地质学家。

通常认为，矿床学是狭义的经济地质学，因此矿床学也可以称为经济地质学。按照美国地质研究所编辑出版的《地质辞典》（Glossary of Geology）给的定义，所谓“经济地质学”乃是“研究和分析能够被人类有利可图地加以利用的地质体和材料，包括燃料、金属、非金属和水，应用地质知识和理论来寻找和认识矿床”的科学。按照这个定义，经济地质学应该包括了矿床学，即“研究和分析能够被人类有利可图地加以利用的地质体和材料，包括燃料、金属、非金属和水”，找矿勘探地质学，即“应用地质知识和理论来寻找和认识矿床”。从这个意义上说，谢家荣既是一位杰出的矿床学家，更是一位杰出的经济地质学家，因为他不仅仅是一位杰出的研究矿床的地质学家，更是一位应用他广泛的地质知识和理论进行找矿或矿产勘查并获得了重大成就的地质学家。所以谢家荣说他首先是一位经济地质学家。

如果说抗日战争以前谢家荣主要是一位矿床学家，那么抗日战争以后，谢家荣就主要是一位经济地质学家。

1931 年“九一八”事变以后，作为我国重要矿产资源基地的东三省落入敌手。1937 年抗日战争全面爆发之后，华北、中原和华东地区的资源基地又相继为日寇所占。国家对大后方矿产资源的开发因此变得紧急起来。谢家荣的地质生涯由此发生了转折：调查富贺钟江砂锡矿，筹备江华矿务局并任经理，亲自负责办矿；此后他就一直服务于中国的地质矿产勘查事业。

谢家荣认定，当时的中国在地质工作与矿产开采之间缺少一个关键环节，就是矿产勘查。为了改变当时地质界不重视矿产勘查工作的习惯，他曾根据我国的实际情况，将矿产品试行分为基础矿产，如煤、石油、铁、铜等，和“外汇矿产”，如钨、锑、锡、汞等。谢家荣批评轻视地质人员的偏见说，“还有一小部分人，甚至以为只有工程出身的工程师才能有实际生产和效用人群的本领，至于地质学者，不过是一群书呆子，写写文章而已，这种偏见，不但存在于工程界，就是地质出身的达官显要，也何尝不作如是想”，“本处一向认为地质是探矿的先驱，经济地质学者，尤其为实际生产的一员，他们的贡献和技能，与工程师并无二致”。他一生“始终抱着一个目标，一个决心，那就是学理与应用并重，干着沟通地质界与矿冶界的工作”。运用地质理论服务于找矿事业，反对为理论而理论，反对脱离实际的纯理论研究，是谢家荣一贯的思想。正如他在《中国矿床学》总论中所说的，研究中国矿床的目的必须是“为找矿服务，为获得更多的勘探基地服务，为在普查找矿中更好更有效地进行矿点评价服务，为一切与找矿勘探有关的生产实践工作服务。我们的目的是鲜明的。我们决不能从个人的兴趣出发来研究中国矿床，更不能从纯理论的钻牛角尖的观点来研究中国矿床……用一个最概括的语言来表达，就是要‘找字当头’”。

在抗日战争的艰苦岁月里，他领导下的矿产测勘处，在从昆明到昭通，又从昭通到贵阳，再从贵阳到遵义、重庆和重庆到南京的频繁迁移的不安定状态中，克服种种困难，始终坚持工作，先后完成了昆明威宁间十万分之一的地质矿产图，云贵各县区域地质矿产图8幅，滇西、滇中、滇东、黔西、湘南若干区域地质矿产图，西康西南部十万分之一区域地质矿产图，调查和勘探了威宁铜、煤、铁矿、水城观音山铁矿、昭通褐煤、云南乐马厂铅银矿、攀枝花铁矿、东川铜矿、会理力马河铜镍矿、天宝山铅锌矿、云南文山钨矿、贵州都匀独山间的煤田，考察了四川中部的油田地质和贵阳附近的煤田；发现了贵州云雾山的高级一氧化铝矿和云南中部的白色高级铝土矿，原西康、滇东、滇西的地质概测以及其他许多金属非金属矿产的测勘。所有这些工作，他都“或者是亲自参加、指导，或者是由他计划，派同仁担任工作，但是重要的结论和实用的意义，大多数是由他指出或提供许多意见的”。对于贵州水城观音山铁矿的成因、四川油田构造的分类、云南贵州铝土矿的垂直分带，他都曾提出过独到的见解。而云南、贵州铝土矿的属于一水硬铝石型，不适于拜耳法炼铝，也是他首先注意到并请国内外专家协助厂家加以证实的。他依据野外观测资料，提出贵州中部的铝土矿是海退时形成、沉积在不整合面上的风化残余产物。据此，他从古地理的角度预测了含矿地层和铝土矿的分布。经过新中国成立后详细的普查勘探，证明预测是基本正确的。这是我国地质学界依据丰富的野外资料和地质学原理，预测矿产最早的例子。

抗日战争胜利后，在国民党发动全面内战期间，日子虽然同抗战时期一样艰难，但谢家荣的事业却取得了辉煌的成就。淮南八公山煤田的发现是谢家荣谱写的中国矿产勘查史上最精彩的篇章之一。他在《大公报》上发表《淮南新煤田的发现》说“这个计划是依据古地理学、地层学、构造地质学上的许多理论演绎推测而来的；换句话说，是纯粹凭着地质学理再加实施钻探所得到的结果”。

紧接着八公山煤田发现之后，矿产测勘处又在谢家荣的指导下在安徽凤台发现磷矿：韩金桂、申庆荣在淮南详测时，找到一种疑是玄武岩的黑石头；谢家荣整理他们寄来的标本，认出是磷矿，从而证实、发现了凤台磷矿。之后谢家荣著文《安徽凤台磷矿的发现》指出，凤台磷矿的发现具有非常重要的意义：“凤台磷矿的层位、产状，和云南昆阳磷矿甚为相似，不过成分不同，形态各异罢了（昆阳磷矿是白色或灰白色的矿石）。凤台磷矿的发现，证明昆阳式磷矿可东延达数千公里，并且就古地理研究，凡是下寒武纪的濒海区域，尤其是两边为古陆夹峙的港湾区域，昆阳式磷矿的发现，最为有望。我现在已可大胆地指出贵州的遵义（金鼎山）金沙，湖北的宜昌和江西的九江附近，俱有发现同样磷矿的希望。王钰先生记述石牌页岩底部的棕黑色砂岩，谓层面上有多数铁质小圆球（地质论评第3卷第2期136页）可能就是磷矿。刘之远先生在金鼎山所见的牛蹄塘黑页岩，和杨怀仁、施雅风二先生在金沙（本处简报第36号24页）以北在相似层位内所见到的黑页岩及俗呼为嫩瓜石的黑白相间的岩石，都可能是磷矿，我们倘能仔细搜寻，我相信中国的磷矿可能成为堪与钨、锑媲美的特殊丰富的矿产资源了。”为中国磷矿资源的勘查与开发指明了方向和远景。

迄至1946年，在中国境内所发现的铝土矿皆为石炭-二叠纪的铝土矿，谢家荣称之为老化的、重新沉积的红土式铝矿，是低硅高铝的富矿，但是属于一水型铝土矿，尚不能用来炼铝，而只能用作耐火材料、研磨剂或炼油的清滤剂。他依据地质理论认为，应该到新地层中，并且应该到现代或近代属于热带性气候的低纬度地区去寻找三水型铝土矿。所以当他听到福建省地质土壤调查所宋达泉、俞震豫等在漳浦发现铝土矿结核的时候，虽然他们自己并不十分重视，但他却寄予莫大的希望。他根据报道其烧失量高达 27%以上，断定其属三水型铝土矿无疑，乃派殷维翰、沙光文赴闽南漳浦一带进行初步测勘，证实了他的推断。一年后他又亲率沙光文、王承祺和龚铮去漳浦现场勘查。漳浦三水型铝土矿发现后，谢家荣推断凡闽粤沿海玄武岩发育的地区，都有找到三水型铝土矿的可能，乃于完成漳浦铝土矿测勘后，派赵家骧、沙光文到海南岛和雷州半岛考察，只是因为当时的野外条件所限而未能有所发现。解放后，按照他的这一思路，终在海南岛海口市附近发现了三水型铝土矿矿，虽然由于自然条件的不成熟，规模不大。

1947 年 11 月，中国地质学会第 23 届年会在台北召开，谢家荣在开幕会上发表理事长演说（Palaeogeography as A Guide to Mineral Exploration）（古地理为探矿工作之指南）。报告依据其对中国煤、铝土矿、磷块岩及沉积铁、铜等矿产的研究所得，论述了这些沉积矿产与古地理的关系，指出煤田类型与古地理有密切关系，古地理条件控制着煤层的物理化学性质和煤田的经济价值，磷块岩与红土型铝土矿的分布明显受古地理条件的控制，宣龙式铁矿赋存于震旦纪海盆的海岸线之上，宁乡式铁矿主要分布于晚泥盆世海侵的古滨岸或近滨带，会理鹿厂铜矿的形成与会理盆地的古地形有密切关系。因此，他提出，正确认识一个地区某个时代的古地理对于找矿勘探具有重要的意义：古地理为探矿工作的指南。20 世纪 50 年代地质部矿产司非金属矿产处对中国磷矿的普查将此引作箴规依据和导引，取得了巨大的成功。

栖霞山是南京郊外的名胜，沦陷期间日本人曾在这里探采锰矿。抗战胜利后谢家荣应邀往栖霞山勘查锰矿，他在日本人留下的废石堆附近，无意中发现了一块含有黄色六角柱状结晶的标本，又采集了许多黄色并含有铜绿的矿石。这种黄色结晶经定性试验，最后知道是磷酸铅矿。同时他又磨制薄片，在显微镜下研究，见到许多屈折率特高而重屈折率特低的黄色矿物，证实了这些黄色石头是含有甚多磷酸铅的铅矿石。这些黄色矿石中的许多白色细脉，原以为是重晶石，后来确定为白铅矿。谢家荣又与南延宗、王植同往复勘，在矿堆附近，至少找到两处铅矿床的露头；他又在为许多白铅矿散浸的含铁矽石中找到了一些风化残留下来的原生方铅矿结晶。谢家荣由此断定这矿堆是代表铅矿风化部分的松石，乃是铁帽的特征。在谢家荣的亲自部署下，最终在 1950 年 8 月一钻成功，发现了栖霞山铅锌银锰多金属矿。这一发现令他异常兴奋，喜悦之情溢于言表。他在其长子谢学锦与李美生的婚礼上对众人宣布说：今天，我们是双喜临门，一喜是栖霞山钻到铅矿，二喜是学锦与李小姐成婚。他把理论指导找矿的突破，看得比儿子结婚还更加高兴。同时还著文《栖霞山一钻成功》说："栖霞山从此将不再仅仅以深秋的红叶为诗人所欣赏，或丰富的纺锤虫化石为地质学家们所注意了。在不久的将来，可能就有一个现代化的矿厂出现，而在未来经济建设的高潮中占着重要的地位，正像淮南八公山一样，从一个寂寞的农村，突然的变为繁盛的矿都。地质学家为人民服务的目的，到这个时候，才算完全地达到了。"接着又在《矿测近讯》上发表《大家注意铁帽》说："最近本处在该山所作的详测和钻探工作，发现了深达 120 公尺的氧化带，认识了铁帽和锰帽的意义，这对于将来在华东区进而在全国的探矿工作上，将有重大的指助。我所以要特别提出华东，就因为在扬子江下游的许多所谓铁矿露头，很可能大多数是铁帽，如能在有望地点测勘钻探，或可在其下部发现许多有价值的金属硫化矿。希望同业们在今后的工作中，多多注意铁帽，必将有意外的收获。”

1958年，谢家荣在《中国矿产分布规律的初步研究及今后找矿方向的若干意见》中又运用铁帽的理论指出：“应对浙江武康（铜官）长兴及江西九江（城门山）瑞昌（铜岭）的几个所谓铁矿点进行研究，他们可能是铜矿，黄铁矿或其他硫化物的铁帽。”

10多年后，谢家荣又在江西东乡枫林、铅山永平，经过短暂的野外考察，识别出了枫林铜矿床的古铁帽和永平的铁帽，为枫林和永平铜矿床的成因和会战指明了方向。

解放后，谢家荣先后服务于矿产测勘处、中国地质工作计划指导委员会、地质部、地质部普委、地质部地质矿产研究所、矿物原料研究所、矿床地质研究所等单位。1951年前后，中国的地质人员不足300人，能被委以重任的技术骨干屈指可数。谢家荣凭着他对祖国地质矿产情况和这批技术骨干的工作能力和专业特长的了解，毅然提出了一批重点勘探矿区基地和技术负责人：湖北大冶铁矿（程裕淇）、内蒙古白云鄂博铁矿（严坤元）、河北庞家堡铁矿（王曰伦）、贵州水城观音山铁矿（路兆洽）、安徽铜官山铜矿（郭文魁）、甘肃白银厂铜矿（宋叔和）、山西中条山铜矿（王植）和陕西渭北煤田（李春昱）。“这些对中国地质学界来说，是从来没有过的，‘开天辟地’的重点工程，对国家第一、第二个五年计划的完成是起了决定性作用的”。

“1951年他在南京看到甘肃白银厂的标本时，立即指出这里的‘铁矿’是铁帽，其下有原生的硫化矿，可能属于西班牙的里奥廷托（Rio Tinto）型矿床，结果证明它就是里奥廷托型的黄铁矿型铜矿”。“他在白银厂勘探区踏遍所有矿化带与布钻点，并详细调查老窿及勘探坑道”，“在宋叔和普查资料的基础上，指出白银厂是有价值的铜矿基地，他起草了意见书，初估了储量，报国家计委，列入第一个五年计划之重点项目，勘探结果，与他初估的储量大体吻合，充分说明了他的胆识。”

安徽铜陵铜官山铜矿地表为一层厚约二三十米的铁帽所覆盖，1944年日本人在此应用物探测得深处尚有矿体，施钻结果，竟于铁矿下发现铜矿，但以后未加详探。“抗战胜利后谢家荣对此非常重视，1950年6月起陆续派人前往该区调查钻探”，扩大了铜矿矿区范围。1952年正式成立了321地质队，40年来的勘探证明，铜陵是我国重要的铜矿和重要冶炼基地之一。

谢家荣认为一个矿床学家应不仅探讨矿产地质，还要掌握有效的勘探方法，熟悉采矿、选矿和冶金工艺过程，并了解矿产品的国内外市场价格变化。

谢家荣不仅向来主张地质研究为找矿服务，而且还在这种服务中融入经济学，进行成本核算，按照经济规律办理，融经济学于矿床学和找矿勘探工作之中。谢家荣是中国最早将地质学与经济学结合起来，并且是一贯按此思想办事的地质学家。在《矿产测勘处工作方针及预算原则》一文（《矿测近讯》第70期）中，他写道：“我们将毫不客气地说，以后的每一年，都将有在经济上或理论上重要的发现。我们从今年起的年报上可以明白地用数字来表示出这一年中所发现的矿产品的价值，这个价值的数字，比之我们这一年中的支出，要大过数十百倍，甚至千万倍。换句话说，我们这机关不是纯粹研究学理的机关，我们也是一个生产机关，我们可用成本来计算盈余，而且这盈余，要比任何的生产机关来得多”。以1947年为例，在这一年《矿产测勘处年报》的“前言”中他是这样写的：“本处在这一年中，成绩最为辉煌，一共打了4,159米的钻眼，发现了4万万吨的上好烟煤，

260 万吨的磷矿，50 万吨的铝土矿，其最低总价值当在 40 万亿元以上（1947 年 2 月时值），较之本处全年支出（27 亿元——作者注）高出 1 万余倍，其贡献于国家社会者，良匪浅鲜。”

谢家荣一生中亲自勘查研究与指导勘查研究的矿产资源包括燃料、钢铁、有色金属、稀有金属、贵金属，主要的非金属资源和水资源，涉及石油天然气、煤、铁、锰、铝、铜、铅、锌、锡、钨、金、银、稀有稀土金属、水泥原料、耐火黏土、陶土、石墨、膨润土、蛭石、盐、地下水等矿种和沉积、接触变质、区域变质、岩浆分异、岩浆热液、热水、风化淋滤、残坡积与冲积成因等类型。

在 20 世纪 50～60 年代的大部分时间里，谢家荣的足迹遍及祖国的大江南北，长城内外，西北的大漠戈壁和西南的崇山峻岭，用他渊博的学识、丰富的经验，指导着全国包括煤和石油在内的各种金属、非金属矿产的找矿勘探工作，为祖国的繁荣与富强贡献了他的才智与汗水，祖国和人民将会永远记住他的名字。他在经济地质学方面的建树，奠定了他在我国经济地质学界无可争辩的地位。他是中国经济地质学当之无愧的鼻祖和泰斗，他所创造的业绩将在中国地质学史上永放光辉。

《谢家荣文集》编辑委员会
2017 年 9 月 26 日

目　次

1934 年

1935 年

1936 年

1938 年

1939 年

1940 年

1941 年

1943 年

1944 年

1945 年

插页目次

记美国之国立地质调查局*

著者旅美三载，除学校肄业外❶，曾实习于彼国地质调查局之测量队。民国十年正月又至华盛顿参观地质调查局，于该局之事业及组织情形略事咨询。局长斯密士氏及地质部长白氏皆不吝指教，并授以各种出版物为参观之资料。其他职员亦无不竭诚相向，各尽指导之义务。因之于该局情形，略悉一二。爰举其大要，缕述如下。吾国地质调查事业方在萌芽，兹编之作，或不无参考借镜之处乎。

记美国之国立（地质）调查局

国立地质调查局创立于1879年之三月，距今已四十二年。调查局未设之前，曾有五个国立机关，先后从事于调查探险，其所得结果，多属于初步调查性质，不尽详细。自地质（调查）局成立后，以前各机关，除海岸大地测量局外，皆归消灭。地质（调查）局之经费，其始不过每年十万元，其中以一万九千元测量地形，五万六千元调查地质。十年后经费增至八十万元。最近报告，1919年之经费则为一百四十余万元。此四十余年中，局中人员，自三十九员增至九百六十七员。全国现有详细地质及地形图者，约百分之四十左右。惟全国地质之大概情形，早已调查明了，已有缩尺百万分之一之全国地质图出版。调查所得之结果，则刊为报告，其中除数种定价出售外，余皆为赠品，分送国内各机关、大学及图书馆。至于私人，则须投函或亲至局中索取，只须该报告并未赠罄，亦无不立应。出版之图书馆告，计分九种：（一）年报，详述一年中进行情形。（二）专报，于特种地质确有研究者，刊为专报，如关于上湖地质及研究各类化石之著作等等，须十余年之研究，始克告成。（三）与专报性质相似，亦为研究极详之报告，现每年出版甚多。（四）初步调查，或研究未臻详尽者属此。此类报告，以关于经济地质者为多。若理论地质殊不拦入。尚有地形部，内测量所得之结果，如三角点水准纪之分布等亦属之。（五）水利报告，关于全国水利之调查者属之。（六）矿产统计，年出二册。（七）地质详图，其缩尺为$\frac{1}{62500}$或$\frac{1}{125000}$，附有说明。（八）地形详图，缩尺不一，无说明。（九）其他出版品。总计现已出版之报告在千五百卷以上，地质及地形详图，尤不可胜计，国内矿业家，对之不啻奉若南针，而各国学者，亦莫不交口赞美，谓为阐明地质学之先导。嗟乎！其事业之宏伟，亦足佩矣。

---

* 本文1921年9月发表于《科学》第六卷第9期。——编者注

❶ 肄业，此指学习课程；后取得硕士学位。——编者注

地质调查局之组织情形，自初创及今，屡屡更变。兹先表列其现在之组织如左，然后再逐部详述其作用焉。

- 地质部
  - 本部地质股❶
  - 阿拉斯加地质股
  - 矿产统计股
  - 理化股
- 地形部
  - 东北及中部地形股
  - 西部地形股
  - 地形稽核股
- 水利部
  - 地面水利股
  - 潜水股
  - 水质化验股
  - 水力股
  - 畜牧调查股
- 矿农业土地调查部
  - 矿业调查股
  - 农业地调查股
- 出版部
  - 刻印股
    - 校订书报股
    - 校订地图股
    - 分发股
- 总物部
  - 执行股
  - 会计股
  - 仪器股
  - 图书馆

地质部

地质部之职务，以调查研究地质上之各种问题。惟关于水之地质研究，则属水利部。此部设部长一，分为四股。

（一）普通地质股。担任研究普通地质学上之一切问题，并编制全国地质详图。地质图之应用，不胜枚举。试约述之，关于实用方面者，则采探矿质，必须先测地质详图，然后施工，始有所本。石油矿其尤著者，盖石油蕴藏地内，不易窥见，非经地质学者之研究，则掘井地点，无以勘定。又如开山洞，设蓄水池，修路作坝，一切工程上之事务，亦皆需地质图之指导，然后岩石之性质，地盘之构造可预知，而工程计划，亦可定矣。矿产为富国之要素，故一国政府，必须于己国之矿藏调查明白，然后始能振兴矿业，地质图即能指明各处矿产之有无，与其将来之希望，而新矿地之发现，亦往往由地质家据理探求而得。此外关于农工商界之应用尚繁，兹不多述。至于纯粹科学方面之应用，则欲知地球之

❶ 这个表中所列各部与各股的名称与文字叙述中的名称略有出入，例如表中的本部地质股、总物部等在文字叙述中分别为普通地质股、总务部等，原文如此。——编者注

成因，生物之进化，山川之易形，气候之变迁，凡此问题，惟实地调查各处地质，始能解决。最近欧战发生，德国始创于军中编地质测量之队，属于工程队之下，职掌测绘战地之地质图，而为掘沟作垒打井汲泉等之向导，法、美诸国，群起效尤，于是地质学遂亦能应用于陷阵冲锋之流血事业矣。

调查地质之法，有精粗之分，视需要之目的与各地之情形而异。美国全国地质之经初步调查者已不少，故现多从事于精细之法。调查区域之地形，由地形部测制。地质家乃以图作导，驰赴各处，观察其岩层之性质，层次之方向。又须采集岩石、化石等标本，为后来之研究。如是则各类地层之分布、构造，皆可详注于地形图上。调查事竣，乃返华盛顿本部，以岩石制成薄片，置显微镜下研究之。化石标本，另由古生物专家鉴定。如是则各地层之性质、时代皆能确定。依此结果，地质家乃能绘图立说，制为报告。此调查地质之大概情形也。有时如调查区域无地形图，则地质家须同时测绘地形。现全国已经调查刊有地质图者约百分之四十左右。其每英方里之调查经费，视图之精粗而大异。如属初步调查，每英方里所费能在美金一元以下，若属极详细之调查，则能多至五十元。普通六万二千五百分之一之地质图，则每英方里约需八元至十一元。

此股之组织，自创办至今，屡屡变更，现设十一科：（一）东美地质科，（二）西美地质科，（三）沿海平原研究科，（四）水川地质科，（五）化石及地层科，（六）金属矿地质科，此科附设岩石科，（七）铁及其同类金属（如锰、钨、镍等）之地质科，（八）非金属矿地质科，（九）东美炭田地质科，（十）西美炭田地质科，（十一）石油及天然瓦斯之地质科。此外复设委员会二，其一关于审订地质名辞，其二关于地文学之研究，皆由部中地质技师组织之。每年关于野地调查之经费，约十万元左右。

（二）阿拉斯加地质股。阿拉斯加位处边陲，交通阻塞，本为俄属地，于1867年，美政府以七百二十万金元购得。垂三十年，无有注意及之者。自1898年，阿拉斯加接壤处，发见金矿后，国人遂群趋若骛，今则白人之卜居是地者，已达数万以上。各项实业，亦渐次发达，而尤以林、渔、矿三项为大宗。该处虽位当北极，气候凛冽，惟在夏季，亦极温和，至若南部，则颇与温带之气候相若。地质调查局之研究是地，始于1895年，议院通过经费五千金元，其后继续调查，经费亦屡屡增加，至1903年，遂于地质部下立一阿拉斯加地质股，设股长一，技师若干人，专以调查阿拉斯加之矿产地质为宗旨。因其交通及气候上之不便，故调查方法与在本部所用者稍异。测绘地质图，计分三种：（一）初步调查，所测面积往往甚大，测法系最简单，只用指南针，水平准，气压计等数事而已。估计距离，皆用步法，或以时计。此项地质图之缩尺，为一百万分之一或一百六十二万五千分之一。（二）简略调查，则用单简之平板及远视测尺，距离则以斯戴地法定之。此项地质图之缩尺为二十五万分之一。（三）精细调查，测法与调查本部地质所用者相似，系用最精密之测量器，先定基础点，然后用平板测量法，测其细目。此项地质图之缩尺为六万二千五百分之一，即一英寸代一英里。以上所述缩尺，皆就出版之图而言，测量时缩尺常较大（大一倍或二倍），然后再缩小付刊，结果每较精密。现在关于第一种之调查，已及阿拉斯加全部约百分之十五，第二种者约百分之二十，第三种者尚不及百分之一，可见未来之事业尚无限量。此外，关于水利及编制矿产统计，亦皆有专门技师为职掌，属股长之下。

（三）矿产统计股。矿产统计股始创于1882年，当时主其事者寥寥无几，出版之报告亦不详密。其后渐次扩充，今则在股中办事之技师约三十余人，书记录事等约四十余人。此外复于美国西部之谭罘、盐湖城及旧金山三处设分事务所，俾能就近收集关于矿产统计之一切材料。编制统计之法，系就矿物种类，依次汇编，由局中专门技师分类担任。收集材料之法，约如下述。先由局中编印调查表式，其表视矿物之种类而异，不外关于产额、运输、销售、价格等种种重要节目，于每年之终，邮寄国内各矿公司、各炼厂，嘱填就寄回。如延久不复，则须连续发函质问。如至三次发函后，尚不得复，而其所询之公司又为极重要者，则局中即立派（或由分事务所派出）专员，亲赴该公司面询一切。局中历年编一全国矿厂目录，其上详载公司名称、地点及经理人住址等，庶发函咨询时，有所凭借。此项目录，时须更正，俾新立公司或旧公司之改组者，常得加入。此外国内报章杂志，有关于矿产统计或矿业上情形之记载者，亦皆由局中人员详细核阅，亦常能为编制统计之一助。以上由各方面得来之材料，皆系类汇聚制成表册，然后由主事技师编为报告，详述该矿物于本年中之产额、消费、价格、运销等情形。又以本年之情形，与历年所得者相较，因得以概论矿业之趋势。关于国外之矿业情形，亦常详载，俾是为矿业家经营外国矿产之参考。此项报告，年出一份，汇而订之，成二厚册，名曰美国矿产统计。近来因矿业家每欲先睹为快，故全书未出版之前，先单印一总报告，详述一年中矿务盈消情形，末则附以各项之统计表。欧战时各项战争上应用之矿物需要极亟，政府为提倡开发本国矿产起见，关于矿产统计之编制，尤刻不容缓，于是重要矿产，每月或星期即刊一统计报告，由打字机印成，分送国内留心矿业之人。而关于研究外国矿产，亦于斯时格外注意，因于本股下另设一外国矿产科，专司研究外国矿产之统计、矿业及地质等事务。现将刊世界矿产储藏及矿之产额分布图二种，按图而索，则世界矿业情形即可了然，不特为矿产家之南针，亦且为政治家、法律家之参考矣。按此类幅图之编制，一则应战争之需要，一亦备巴黎和平会议人员之参考也。

（四）理化股。理化股之组织，造端于1890年，其目的盖欲利用物理及化学上之理论与方法，以研究地质学上之各种现象。故研究之法，注重于实验。局中化验室之精密，实不多觏。所得结果精密可靠，为全国表率，而尤以能分析火成岩之全部名闻各国。计前后分析之标本，不下数千。局中之岩石学家，因得创以化学成分为岩石分类之张本之说。而其分析之法，亦皆新颖特创，为欧洲学者所未知。此外又担任鉴定矿物，局外人员，皆能送入而不取资，惟只能定其矿质之是否有用，而不能代作定量分析。

关于物理研究之实验室亦极完备。初于1882年，前地质调查局局长余氏独捐巨资，由欧洲购买大批仪器，拟建一大规模之物理实验室，乃因经费不敷而辍。至翌年遂并入地质调查局，终以限于经费，未能精密研究。然自设立以来，成绩亦甚卓著。其尤著者，则为用电热以精定极高温度之法。此外又研究地面磁性与地下矿质之关系，地下热度之增加，各类岩石孔隙之形状、大小等，皆于地质学有密切之关系者也（关于地质学上物理方面之研究，现华盛顿卡南奇研究院立有专院，其发起人即前地质局理化股股长也）。

地形部

地形部为地质调查局中需费最巨、雇员最多之一机关，其惟一职务为测制全国地形图，以应军事实业及科学上之需用。当地质局初成之时，每年费于地形股者不过一万九千余元，此后陆续增加，今则每年所费在六十余万元左右。地形图之应用甚多，试约述之。

关于政府方面，则凡欲建筑道路、铁道、水利沟管等等，无不需图。至于县治村落之分界，图之需要，尤不待言。其于军事方面，则布置营垒，练习野战等，在在需图。若至战衅一开，则不识地形，其败立待。又如邮政局之置邮线，电报局之设电杆，开河作坝，采矿植林，无不需精确之地图。而调查地质，尤必须先有详细地形图，则事轻易举。故美国地质调查局设专部，以从事地形测量，良有以也。

现代精细之地形图，当详示三种景物：（一）川流湖泽。（二）山谷平原，以登高线（即等高线——编者注）表之。登高线者，乃山岭之平面投影图，而以曲线连接同一高度而成者也。（三）道路村市，凡由人力所构成者属之。美国之地形图，系以三色印就，以蓝色印第一种景物，棕色印第二种，黑色印第三种，故能各不相混，一目了然。测绘计划，分全国为无数四方形，各以经纬线为界。此四方形之面积，视所用缩尺之大小而异，大概分三种：（一）占经纬度各十五分，面积约二百二十五英方里，缩尺为六万二千五百分之一，即一英寸代一英里。在人烟稠密、商务繁盛之区，如东美及太平洋沿岸一带多用此。（二）占经纬度各三十分，面积约千英方里，缩尺为十二万五千分之一，即一英寸代二英里。普通之地形图多用之。（三）占经纬度各一度，面积约四千英方里，缩尺为二十五万分之一，即一英寸代四英里。阿拉斯加及西美人烟稀少之处，测量尚未普遍，故多用此简略之缩尺。此外尚有别种缩尺，则视图之需要而异。如著名矿地，因欲详究地质，故不得不测缩尺极大之地图，以副其用。出版之地图，大小一律，约为十三英寸及十七英寸，每张售价自美金一角至数角不等。

调查局所用测量之法极为精细，略述大概，当亦为阅者所愿闻也。测量初步，则精测一基线，长约五六英里，详定其一端之正北及经纬度。由此基线，乃用三角测量法（仪器为经纬仪）定区域内显著不易之数测点，如山尖、岭脊等，其上皆置三角架或界石，俾界辨认。此种职务，属三角测量队。如其地地形不易用三角测量法者，则须用极精细之直线渐进法，以定各点，于是以上各点，移于绘图纸上。移绘时须极精细，乃用平板测量法定次要之各点。同时有水平队，详测各道路之高度、远近，并插置标记。复有一队，则用轻便平板测定村市之分布，河流之曲折及其他细目。以上各事，既皆告成，乃将各队所得结果聚绘于一纸，由地形队员再持往各处，详细复勘，同时绘入登高线。有时原图有差误处则校正之。兹事既竣，则野地工作告一结束，乃持图回华盛顿就原图加墨付印。此测制地形图之大概也。其每英方里所需之经费，因时因地而异，不可概论。大致则十二万五千分之一之地形图，则约自十余元至二十余元，六万二千五百分之一者，约三十至四十余元。现在美国全国有详细地形图者在一百万英方里以上（除去阿拉斯加），约占全国面积百分之四十余。其中有九省则全部皆经测遍。地形部现设部长一，综理全部。复就地理上之区别，分为东部地形与西部地形二大股。凡关于该二区域内之地形测制，皆由股长筹划一切。此外复设审核股，视察野地各队进行情行，并编订地形图等事项。

水利部

地质调查局于水利之研究，造端于 1888 年，其时设一练习所于新墨西哥省，研究测算河流速率之法不一，而成效大著。于是渐事扩充。初设时之经费，每年不过万余元，今则约二十万左右。现在全国重要河流，皆设专站测河流之速度、水面之升降以及河道宽狭、雨量、水力等诸问题。美国西部多山苦旱，不便农业，因之居民稀少，赤地千里。自设水利部，竭力研究地下潜水之分布与其质量，又由政府出资，试掘深井，俾得绘含水地层之确实深度，自是居民始渐知其地之可居，而群相趋附。向之赤地千里者，今则村落相望，百利咸兴矣。地下潜水，即在城市亦可利用，盖其质清冽，饮之无害，江河水多浊质，饮之实妨卫生故也。

水利部现设部长一，内分五股：

（一）地面水利股，专司测量各处河道及其水流之速率等事。分全国为十六区，各区设工程师，专司其事。现全国有测量河流流速之站约千二百余。各处所得结果，由工程师报告总部，再由总部之技师汇合各地报告，编制成集，以备出版。

（二）潜水股。研究潜水，一纯粹地质学问题也。故此股技师，皆地质专家，其职务为调查各地含水地层之分布与构造，然后始能勘定掘井地点。调查之法，首重野地观察，惟地下情形，有不能见及者，则当研究掘井所值岩层之性质。股中印有特种表式，分送国内掘井者。每掘一井，须详细填写其所经各种岩层情形。此外如井之大小、深浅、水量多少等皆须填写，俾资研究。

（四）水力股❶。美国全国水力之足资利用者甚多，如那挨茄拉瀑布，其最著者也。此股职务为调查全国水力之分布力量及其利用之方法。据计算所得，全美现有水力，可资利用者至少有三千万马力左右。最近美政府拟于东美立极大之电机站数处，以水力为原动力。大西洋沿岸各城，遂能分用其力，而不需燃料。此计划正在筹议中，而地质调查局长及水力股员，皆为筹划最力之人员也。

（五）农牧调查股。此股之职务，系调查各处农产畜牧地点之水利，如属不足，则设法救济之。

矿农业土地调查部

欲知此部之职务，须先知美国关于土地之特种情形。美国西部，开辟较新，故大半土地无人领属。政府为发展殖民起见，特将此项公地，照特立章程，分给人民耕种畜牧，而不收租金。三年之后，如成效卓著，其地即属于耕种者。惟土地之价值不等，有土壤腴沃宜于耕种，有地属荒瘠，只宜畜牧，故各人应给之亩数，亦因此不同，前者得一百六十亩，后者得三百二十亩。又有地内蕴藏煤铁、石油、磷灰石等矿质，或其他附近有绝大水力足资利用，若任意给与，将开居奇把持之野心，故必须有一详细确实之调查，然后于地之价值既有所知，则施政自属平允。如其地确含矿质，则必须划出，另租与采矿者，而不能给与耕种畜牧之人。而其地矿产之价值若何，亦当详细调查，则采矿者得能依其价值完纳租金。此调查田地矿产部之所由设也。部设部长一，内分二股：（一）矿地调查股，专司调查各处矿地之价值，如属绝无价值，则可给与人民，从事农业。此股所用技师，皆属地质人员，盖定其地之是否有矿，与夫矿之价值，皆地质学问题也。（二）农地调查股，专司调查各处农田之价值、畜牧场之情形。又如森林状况、水源远近等各问题，皆须详查。其范围属于农业方面，故所用技师多农业人员。

---

❶ 原稿本脱落水质化验股之说明。——《科学》杂志编者注

出版部

此部职掌编制、刊印及散布各项出版物之一切事务。内分四股：

（一）校订书籍股。此股之职务可分三种：（一）各项报告已经局长准许刊印者，再由此股专员，略加文字上之润饰，惟不得于原意有所更改。（二）印就之样本，须经原著者及此股人员校正三次。（三）编制详细子目。（四）制绘各种附属于书籍上之草图、照片等事。

（二）校订地图股。地质调查局出版之图籍种类甚多，其最要者为地质图与地形图二种，皆须经此股详细校订，然后付印。地质图上各种层系之施色与其记号，局中采有一定规例。图上之说明，必须简明透切，而市镇山谷之名称，往往因所据不同，写法各异，凡此皆应行校订之重要节目也。

（三）刊印股。当调查局初办之时，各种地图皆由商家印刷局投标承办。其后事业日渐扩大，觉此种办法，不能得同一完美之图形，而于图之价值殊有妨害。因于 1889 年设刊印股，购置各种机器，从事于锌版、铜版、石印等事业。每年所费在十万元左右，雇员达百余人。此股又附设照相股，职掌化石、岩石及显微镜下之各种摄影。又各类地图，皆须先以原图摄影，然后由影制板。局中历年所聚在野地所摄之影片，亦皆由此股整理妥藏，俾便应用。

（四）分发股。此股专司分发各类出版物之职务。此类出版物，除地形图、地质详图及专馆定价出售外，其余则一部分出售，一部分送国内机关、图书馆及投函索取者。每年分发总在百万件以上。此股又于每星期印一通知单，分送国内报馆、学校，载局中最新出版物之名称、种类等，俾众周知而广传布焉。

总务部

（一）执行股。此股职掌文案收发及局员之考绩等一切事务，由秘书局承局长之命主持之。

（二）会计股。职掌各项开支出纳事项。

（三）仪器股。各种仪器之贮藏、修理及分发，亦为一极重要问题，故特设此股以主持之。

（四）藏书馆。既有图书杂志等大小合计约二十余万件。除英国伦敦地质学会之藏书楼外，此处之搜集，当可与世界各大图书馆相媲美而无愧。其中所有大半为各国调查所上及学会之报告，统由交换本局之出版物得来。惟每年亦筹有的款约二万元左右，为购置新书之用。藏书馆设馆长助手若干人，除整理书籍、编制目录外，又每年编制一关于前一年中研究北美地质之各种书目，依门类及作者姓名，详细排列，俾助学者之参考焉。

调查甘肃地质矿产纪略*

一 地形

甘肃地形自北至南可分为三大区域。每区皆有特殊之山川形势，盖因地质构造之不同，经过历史之各异，遂造成此相异之点。而人民之风俗，经济之发展，亦因地形上关系而各不相谋。兹略述此三区形势如下：

一、北区

此区在甘省最北之部，北界以大山，其南界则约在大通、红水、镇戎相近。本区地形特殊之点：（一）多雄伟之山脉，如祁连山、龙首山、贺兰山，等。其山脉常有一定方向，延绵数百里而不变。如祁连山之方向为西北东南，自平番、红水间起，西北出嘉峪关，千余里几成一直线。祁连之北为合黎山、龙首山，等，统称曰北山。其间虽稍有断续，高度亦不一，惟其方向则大致皆为西北东南。贺兰山方向为东北北与西南南，自红水起至敦口，亦千余里而不一变其方向。（二）二大山脉之间常隔以极辽阔之平原，在祁连山与北山之间尤为显者。此处平原为一种砾石所造成，往往厚数百米突。间有砂丘，如在抚彝、高台等处所见。地势高寒，尤苦旱燥。滨河倚山之处，皆为良田。此外则成所谓戈壁地者，地多砾石、砂土，覆以碱质，得水甚难，不能耕种。人民稀少，往往百里无人烟。间有掘井得泉者，则非数十百丈不能及水。嘉峪关外，尤为荒漫。贺兰山之平原，则多砂土而少砾石，又富于砂丘。在中卫一带，尤称险阻，行路者苦之。宁夏平罗一带，则有河渠之利，田亩相望，允称富庶。故虽在一区之中，犹多相异之点。（三）山脉之内部，岗峦起伏，极为复杂。如祁连山可谓为二座山脉组合而成，中为大通河所贯穿；山内尤多高原，一望数百里，恍为平地，而水草丰茂，畜牧利焉，于数处山上，又有森林，其木以松柏为多，榆次之，地势高寒，不宜稼穑，居其地者，尽为番人，除畜牧外，无他生计；而迷信宗教，虽倾家荡产，以助寺庙而不惜，故番寺每多庄严华丽者。（四）祁连山、贺兰山、北山之岩石，皆以元古界或古生界之南山系为主体，不整合而覆于其上者，则为煤系及红色岩系。

二、中区

此区界限，其南界为秦岭山之麓，西南一部，未经亲往，以意度之，循化、贵德一带，仍当属中区范围。此区之浮面，多为黄土所掩，露头甚少。甘东一带，尤少石质，故此次地震所受之损失亦较烈，良由黄土不稳之故。就地形言，中区皆属山地，惟无雄伟之

---

* 本文1922年发表于《农商公报》第8卷第10册第94期报告门1—11页，署名：地质调查所技师谢家荣。文章之第四部分“玉门石油报告”与同年发表在湖南《实业杂志》第54号之《甘肃玉门石油报告》基本上相同，见《谢家荣文集》第四卷 石油地质学，第6—9页。——编者注

山脉，其方向亦无一定。各山之高度，约略相等，约距沟面一二百米突。二山之间，往往为流水切成深谷，颇呈伟观，纵横错杂，交通颇受阻梗。黄土质腴，最宜耕种，除极峻之山坡外，山上皆开作梯田形，遍地皆是。农民亦多下居山中，故甘东人民，颇称繁盛。推想此类地形发育之初，必为一黄土之高原，并无山谷，其后侵蚀，因之遂造成无数深谷。高岸为岭，低岸为谷。其各岭高度之所以约略相等者，即因从前为一高原故也。在平凉，经河谷中望南北山脉，恍如一直线。而延东至陕西省之长武，则深谷渐少，大路所经皆属平地，高原之本来面目，犹可窥见。凡此皆足证明中区地形为一已经浸蚀之黄土高原也。此区之中亦有雄伟山脉，如陇山脉向南北连绵数百里，山上并无黄土，是则于一区之中犹可详分为数区矣。

三、南区

秦岭以南之一带皆属之此区。未经亲查，据教育部委员等之报告，谓秦岭之地形当属复杂之山地。山多石质，向无黄土。二山之间亦无辽阔之平原，故与中、北二区似皆有异也。

二 矿产

甘肃远在西陲，交通不便。矿产富否，素无精确之调查，类多意想之推测。因之每谓五金煤铁遍地皆是。此次匆促调查，遗漏自知不免。惟以实地之考察，参以理论之推测，则甘省矿藏，似不丰富。金属铁质，除金外，其他矿质殊不多见，将来难以发达，可断言也。煤矿虽分布稍广，然面积类多有限，质地亦优劣不等。其距煤产地点稍远者，居民燃料皆仰给于牛马粪及柴薪。目下情形，一矿之出，只能行销附近一二百里之地，故非俟铁路开通，各种实业发展之后，煤之销路始能推广。近三十年之内，虽有佳矿，殊不值以大规模的计划，以开采之也。金矿产地，大半在甘省西部，沿祁连山脉一带。其矿质属以砂金为最多，山金有一二处，皆在深山之内，开采甚难。祁连山地质属元古纪至古生纪之变质岩层，如千枚岩、石英岩等。其中富有石英脉，纵横交错，脉中稍含金质。此类岩层侵蚀之后，随水流下，积成砂砾层，金质亦随而聚集，因成砂金矿床。故砂金之分布，几与祁连山脉息息相关。铁矿则产于成县、徽县、西固等县。此次无暇往查，故铁藏若何，不能妄测。现在甘省用铁之量极为有限，故铁矿业之发达，仍须待各种实业发达之后，始有希望也。铜矿曾查过数处，类皆质劣量微，不值开采。昔者甘省矿务局曾费七八十万两，于窑街地方设一炼铜厂，采平番、碾伯、古浪、西宁等属之铜矿，以资冶炼，卒以出矿不敷所用，且质劣难炼而止。其他若铅若银，虽有所闻，皆未经试采。至若钨、锰、锡等矿，更属从未发现。故以家荣调查之结果观之，甘省金属矿质，将来恐无大希望也。非金属矿质中，除煤外，其似有希望而未经试采者，厥为石油。此次家荣远度玉门，亦以调查该处之石油泉为目的。关于该处石油情形，于第四节详述之。

据现在所知，甘省矿产既以煤为最丰富，而矿业规模，亦以煤业为稍占重要，今且将甘省煤矿分布、开采、运输、价值等情形约略述之。

就地质上言，甘省煤矿可分为二系：一属石炭纪，宁夏大通山、丹华亭一带煤矿属焉；一属二叠或三叠纪，中卫之煤矿属焉。二者之间夹有厚层之红色页岩及砂岩层。于宁夏之石咀子、山丹之东西炭窑、阳火沟大通之樵渔堡、俄博城等处煤窑，皆得有石炭纪化石。中卫之大拉碑煤窑，得有二叠纪或三叠纪之化石。故其年代皆能确定。此外若兰州南之阿干镇、华亭之安口窑、燕家市平番之窑街等处，皆未能得确定之化石，就依地层上之层次推想之，或亦属石炭纪。

煤矿之分布遍及全省，惟面积广袤，殊不多睹。盖因地层受皱褶、断裂之故，因之鲜有连续成一大煤田者。就调查区域内言，则西部与北部煤矿较多，中部与东部煤矿较少。陇南一带，未曾往查，惟闻煤产亦甚丰富。此种分布，并非偶然，盖其地质与地形之关系使之然也。甘省之地形区域，前已详言之，中部一带多属黄土与红色砂层及粘土层所盖覆，故地内虽有煤层，鲜能露出，因之开采不易。如固原北之红沟煤窑，矿井皆开于黄土中，现在地面几无露头可见。又若兰州之阿干镇煤矿、会宁南之炭山沟，黄土山上稍有煤层露头，即依之为开矿标识。至华亭、崇信一带，基础岩层逐渐高出浮面，煤层之露头稍多，故此处矿业最盛。西部甘凉、安肃一带，大路所经，类多平地，无露头可见，惟山丹附近、古浪附近，祁连山之余脉，起伏于大平原中，亦有煤层露头。在山丹境内开采极盛。其沿南山坡一带，则在在皆有煤层露头，不整合而覆于元古纪变质岩层之上，且有延袤甚远者，祁连山之内，亦往往有之，如大通之俄博城附近是也。就矿量言，则南山一带之煤矿，当极丰富，惟因其地形险峻，人烟稀少，交通不便，开采极难。附近居民往往于冬季河水冻结之后，始能涉水而入，从事采挖，否则悬崖绝壁竟难飞渡。又南山一带煤矿，只能供附近数十里内居民之用，殊无矿业之可言。

中部一带，煤矿露头虽少，惟因其人烟稠密，交通便利，故矿业反较西部为盛。如阿干镇、安口窑、窑街一带，皆距城甚近，易于销售，故每年产额，亦颇可观。

采煤之法，极为幼稚，皆为吾国历代相传之陈法而未经改良者，故不特产额无增，抑且于工人安全，大有妨碍。就调查所见，开法多用斜井，斜度缓急，各处不同，大致在三十与五十度之间。井口多作长方形，大小不等，而以窑街煤窑所见者为最大，而固原红沟煤窑之井口为最小，高约三尺，阔不过尺半，工人须蜷伏以入，诚大有碍于安全者也。

大通樵渔堡之煤窑则为直井，开挖达数十丈。工人上下与吸水，皆有卷扬机，每机须六人，是则于纯粹土法之内，亦稍参以机器之力矣。此外各煤窑，大致开采不深。运煤之法，多用小工背负，缘梯而上，煤置竹筐或蔴布袋内，重不过五六十斤。每工每日至多负至十次，费时费工，莫此为甚。又如开采稍深，遇有水患，即相率停工，因之深造之煤，质地稍佳者，无法开采。

一年之中，以秋、冬二季产煤最旺。盖此时需煤最亟，易于销售，且农事稍暇，农民作工者多，较大之矿，每日作工人数，有数百人之谱。至春秋之交，煤之销路不广，资本较少之窑，相率停工。亦有以春夏多水，淹及矿井，因而停止者。其较大之窑虽仍连续，而工人不过十余人或数人而已。（工资极薄，以月计之，每人约可得二三千以至四五千，又饭食皆由矿主供给）

运煤之法，视各地地形而异，东部山多，运煤俱用牲口。农人于需煤之时，自备牲口至煤窑购买，价值极廉，每百斤约数百文。亦有脚夫以运煤为生者，则自备牲口数头，自产煤地点运至城市，转售于煤肆。在平凉调查所得，每牲口约可装煤一百七八十斤，在矿地买价五六百文，运至平凉（九十里作三日来回），每驼可售二三千文。总之，业煤窑者，不事于运输，胥赖用煤者或脚夫为之转运。其西路一带，多平坦大道，故运煤皆用大车，每车可装煤四五百斤，大半由用煤者自备车辆赴煤窑装运，其脚力约等于窑上售煤之价。

甘省各处所产之煤以烟煤为最多，且多质软，难得大块，其质地是否适于机器上或炼焦上之用，非待分析不能知。惟兰州电灯局及织呢局所用之煤皆自县南阿干镇来，闻尚合用。此外，煤之销路要以居家所用为大宗，其量亦甚有限，盖冬日用洋炉生火者，除官场及富户外，颇寥寥。普通居民皆用碎煤屑和泥土及牛马粪做成块状，以供燃料。至如极贫之户，则每拾取道上牛马粪，俟其干后，用作燃料及煨炕之用。其距煤窑较远之地，因运输困难，煤不易得，遂多用木柴干草。距森林近者，则用木炭。故目前情形，甘省人民每人用煤之量当极有限，盖一因种种实业不发达，销路不广，遂不足以振兴矿业，二则运道太艰，得煤不易，故一矿之出，只及附近二三百里之地，而不能及远也。

据实业厅调查，甘肃全省已开之煤矿约有四十余处，现在已领采照者只六处，领探照者一处。其领采照之矿区至多不过四十余亩，此亦可见矿业幼稚之一斑矣。与煤矿连带而发生之实业厥有二种，即陶瓷业与石灰业是也。甘省之石灰岩分布虽亦不少，而烧灰之业极不发达。只于平凉之银洞关庄、宁夏之贺兰山、大通之樵渔堡等处见之，且皆规模极小。推厥原因，约有二端：（一）灰岩质地不适于烧灰者为多，且厚层之灰岩亦殊少见；（二）普通房屋大半用黄土筑墙，不用石灰。甘东一带，多穴居于黄土中，更无需灰之必要，故销路不广，灰业亦无发展之希望。烧灰之窑皆作圆顶形，在平凉所调查，每窑至多可出四千余斤，烧三四日即成。以附近产煤用作燃料。

陶瓷产地之分布皆密迩于煤窑，盖陶瓷业之要素，厥为粘土与燃料，而煤系中皆产之，故无怪其关系之密切也。此次调查之窑共有四处，即阿干镇、山丹窑、窑街、安口窑是也。此外，零星小窑尚有数处，皆与煤窑相密迩。以上各窑，如山丹窑在城外二里许，共有窑十家，每年约能出碗、盏等四十余万件，缸三千余只，约值钱三千余千文。所用之煤皆来自瞭高山一带。安口窑则有窑约三四十家，每窑每次所出约值钱二三百千文。每窑每年至多可烧三四次，则每年所产约值价二万余千文。

煤矿之外，稍有产额足称为矿业者，厥为金矿。其分布至广，皆在祁连山一带，或在深山之内，或沿南山之麓。其与元古界地层关系之密切，前已言之矣。据实业厅调查，砂金最多之地属敦煌、大通、平番、庄浪厅、西宁、巴戎等处。金脉不多，见于西宁、碾伯境内，稍有一二处。产额极微，无关紧要。此次调查之砂金矿皆属于大通及平番、庄浪厅境内。其采、运等法大略相似，兹略述镇羌滩金矿情形，以例其余。

镇羌滩属平番境，其地多番人，故由庄浪茶马厅管辖。为一东西向之谷，高距海面约三千余米突。南北皆高山，为南山之颠，故气候寒冽，不宜稼穑。谷中有砾石之冲积厚层，呈水平状，含金质少许。砾石种类至繁，多属千枚岩、片岩、砾岩、石英岩及各种火成岩，如花岗岩、斑岩、辉绿岩等，皆为元古界或古生界南山系。故原生金脉之必产于南山系，而自南山冲下者，断无疑也。采金之法，极为单简。或就平地掘挖，或就山开洞，去其大塊，聚其砂砾。其距河干近者，则开槽引水，将砂砾背负至槽中，用水淘之；其距水稍远，则用活底木箱，由骡子运至河干，然后冲洗。浮质既去，金与砂相杂，是为金砂。再将此砂置淘器中淘洗之。其器形如箕，用木板制成。所得净金，多成不规则之鳞片，径约一二公厘，本地名曰面金。砂砾中含金之量极微，其确量因未分析不能知。据闻每厂（作工者自十余人至二三十人不等）每日所得，至多者亦不过一二钱，有时则一无所得，普通则日产数分。昔日所采金苗尚富，今则利薄工艰，已渐多歇业者矣。现在镇羌滩一区，挖金之处计二十余，工人约三百余人。工资每人每月一千文，食物、房屋等皆由厂主供给。每日工作自晨至暮。至厂主收金以后，再自行背砂，淘出之金归己，厂主不复过问。此处挖金者皆为回民。而他处金厂，闻亦以回民为多。盖此种艰难之工作与极薄之工资，惟回民甘为之也。

祁连山一带之金矿，分布既广，交通不便。主其事者，素无确实之总计，故究竟每年产金若干，实无从稽考。而征收课金之权，皆为各该管镇守使或县知事所操，咸以金为大利所趋，关于产额等情形，讳莫如深，不愿宣布。实业厅既无法过问，调查者更无由咨询。惟据西宁镇守使所开西宁各厂，金夫数目，自民国五年至八年，平均约有二千二三百名。解纳课金之法，系照金夫数目而定，每人每年征收课金一钱五厘。历年所解，平均每年约二百五十两左右。兹假定每年每金夫能挖金约二两左右，则镇羌滩一带每年产金之数当在四千两左右。按平番、西宁、大通一带所属金厂，以镇羌滩为最大。兹假定其他零星小厂年产之金约四千两。敦煌一县，金厂林立。前清时每月课金可收六十两。采金人夫以二千人为率。惟现在产额若干，因未亲往，颇难臆计。兹假定年产总数亦为四千两，则甘省每年产金总数当在一万二三千两左右。此数当为极少，实在数目必过之无不及也。

盐为食用所需，而亦为矿物之一种。兹略述甘省产盐状况。产盐之处甚多，就其产状之不同可分为三种：（一）盐池。如花马池、打拉池及高台池、驲北之盐池等皆是。池水含盐特多，受日光之蒸晒即沉淀而出，成一薄层。用木制之铲刮聚之，装大车上运销各处。（二）红色页岩层中常含盐质，流水经过其地即挟溶之。居民每于地上开挖成小长方形之坑，导水聚其中，晒一二日后，即能出盐七八斤。于皋兰县属之西柳沟一带曾屡见之。（三）井盐。闻漳县、西河县等处产井盐。因未亲至其地，不能言其详。兹特列以俟他日之研究。

按甘肃虽偏地产盐，类皆规模狭小，不敷所用。每年自蒙古阿拉善王旗之盐池与青海盐池输入者，为数甚多。皋兰、宁夏一带多用蒙盐。运盐之法，皆献骆驼。西宁、贵德一带则多用青盐。

此外尚有石膏矿，产地甚多，皆生于红色岩层之内，有时成极厚之层，远望即可辨识。自兰州至西宁道中屡见不鲜。因无销路，开采者少，货弃于地，良可惜也。

三 地质

甘省地质素未详究。此次匆促调查遍及全省，亦无暇作精密之考察，惟地层系统亦已能得其大概。最古之地层当为太古界之片麻岩。皋兰、通渭、天水附近皆见之。又碾伯之北，祁连山之南坡，亦多为片麻岩所成。不整合而覆于其上者，则为元古界或古生界之岩石。种类至复，有片岩、千枚岩、石英岩、砂岩、红页岩、石灰岩、砾岩等。在祁连山之北坡（称为南山）发育最广，兹名之为南山系，层厚当达数千米突，未得化石，故时代不能确定。此外贺兰山、北山等处皆属此系。陇山岩石为一种薄层灰质页岩与红色页岩所成，未得化石，或者为古生纪之物，不整合而位于南山系之上，惟接触处颇不明了。兹名之为陇山系。此系岩石只见于陇山，他处未之见，故与其他岩层之关系亦不明了。再上则为石炭纪煤系，在南山一带多不整合而覆于南山系地层之上。在东部所见往往为黄土所盖，关系不明。于此中得有动植物化石极多，故时代确定。惟在中卫大拉牌[1]煤窑中则得有中生代动物化石。该处煤系之下为一种红色页岩。故石炭纪煤系与中生代煤系之间，当有红色页岩一层。其关系当属不整合。在西部一带，煤系之上皆有红色岩层。此层是否与之相当，颇难断定。惟在华亭之五村铺，则于此系中之青色页岩中得有鱼类化石极多，其年代似属侏罗纪。再上则为黄土及冲积层。黄土之分布只及于中区，见前地形节。于北区境内，其最新地层为一种砾石。二者是否相当，亦不易言也。此外，太古界与元古界地层中多花岗岩、辉绿岩及斑岩之侵入，在南山尤多，石质多受变质，有时亦生变质矿物。

四　玉门石油报告[2]

[1] 此文前面称“大拉碑煤窑”，这里称“大拉牌”，疑为印刷错误。——编者注

[2] 见《谢家荣文集》第四卷　石油地质学，第6—9页。——编者注

美国之研究地质事业*

地质学为研究地壳变迁、生物进化之科学。穷其理，足以格物致奥；致其用，则能辅育人文。盖文化丕焕，端资物质。而开发宝藏，全赖阐明地学以指导之。是故，研究地质不特为增进人类之知识，抑且为发达矿业之根本。余如农、林、工、商，亦往往能利用地质学上之原理，以解决困难问题。最近欧战发生，德、英、美、法诸国且利用地质学以指挥军事，计前后遣赴战地之地质家共约数百人，皆能确切指导，与军事上以莫大之援助。夫地质学之发明，不过近五六十年间事耳，然其致用之广已如是，则未来之发达又将何如耶。此无怪欧美诸国对于研究地质之进行，不遗余力矣。

吾国地大物博，世所艳称。农矿工商，万端待举，则地质研究宜乎其不可缓矣。乃环顾国中，政府既无提倡之决心，人民亦乏同情之志趣，偌大事业，反使外人越俎代谋。如德人李希霍芬氏、奥人洛川氏、美人维理士氏等之考察，遂致友邦腾笑，目为中国无人，讵不可耻之甚乎。自民国以来，农商部指设地质调查所，惨淡经营，成绩卓著，直鲁晋苏等省之地质详图相继告竣。方谓根基已定，徐待扩充，乃以经费困难，进行棘手。此外，国立大学亦多设地质专科，然或设备未周，或草创伊始，欲恃之以研究吾国地质作重要之贡献，恐犹未易。总之，吾国现时对于研究地质初创，故规模幼稚，缺点良多，若以与美国之年费数百万金，研究人员以数千计者相较，诚瞠乎其后矣。

记者旅美有年，专攻地质。暇尝遍览其国立地质调查局、博物馆、科学院等，故于彼邦研究地质之机关，其进行、其组织，颇能详悉靡遗。窃念吾国于地质研究方在萌芽，社会、国家，皆应具急起直追之观念，而他山攻错，尤当引为借镜。爰不自藏拙，略述其事业之大概，以供一斑之参考焉。

美国全国研究地质之机关，如局、所、学校、公司等，不下数百，本篇不能一一尽述。若以其性质之不同而区分之，可得六类：（一）国立机关，如国立地质调查局、省立调查局等；（二）私资捐立之研究院，如卡南奇研究院等；（三）博物院，如纽约自然科学博物院、支加哥非尔特博物院等；（四）大学校，全国大学共数十，其中以地质科见称者计有廿余；（五）学会，此为地质学家联络情谊、交换学问之社所，于地质研究之进行有绝大影响。现有美国地质学会、博物学会、经济地质学会、地震学会、矿工程师学会等，每年皆出杂志、会志等多种；（六）公司，重要矿公司皆设有地质部，调查本区或其他矿床之地质，有时亦作复杂试验，一方为公司解决难题，扩充计划，一方于科学地质亦有重要之贡献。最近如研究石油地质，各大油矿公司皆聘有专门地质家调查油田，并试验石油在地内迁流之状态，于科学、实用两有补益。兹将重要各机关之组织、事业等次缕述如下。

美国之国立地质调查局。国立地质调查局创立于一八七九年之三月，距今已四十四

* 本文1923年发表于《农商公报》第九卷第107期。——编者注

年。调查局未设之前曾有国立机关三，先后从事于调查探险，其所得结果多属于初步性质，不尽详细。自地质局成立后，以前各机关除海岸大地测量局外，皆归消灭。地质局之经费，其始不过每年十万元（美金），其中以一万九千元测量地形，五万六千元调查地质。十年后经费增至八十万元。最近报告，一九二〇年之经费则为一百五十八万余元。此四十余年中，局中人员自三十九员增至九百六十七员。全国地质之大概情形早已调查明了，已有缩尺百万分之一全国地质图出版。其每英方里之调查经费视图之精粗而大异。如属初步调查，每英方里所费能在美金一元以下，若属极详细之调查，则能多至五十元，普通六万二千五百分之一之地质图，则每英方里约需八元至十一元。调查之结果则刊为报告，其中除数种定价出售外，余皆为赠品，分送国内各机关、大学及图书馆。至于私人，则须投函或亲至局中索取，只须该报告未赠罄，亦无不立应。出版之图书、报告计分九种：（一）年报。详述一年中进行情形。（二）专报。于特种地质确有研究者，刊为专报。如关于上湖地质及研究各类化石之著作等等，须十余年之研究，始克告成。（三）与专报性质相似，亦为研究极详之报告。现每年出版甚多。（四）初步调查。或研究未臻详尽者属此。此种报告以关于经济地质者为多，若理论地质，殊不拦入。尚有地形部内测量所得结果，如三角形点、水准纪之分布等亦属之。（五）水利报告。关于全国水利之调查者属之。（六）矿产统计。年出二册。（七）地质详图。其缩尺常为$\frac{1}{62500}$或$\frac{1}{125000}$，附有说明。（八）地质详图。缩尺不一，无说明。（九）其他出版品。总计现已出版之报告在千六七百卷以上，地质及地形详图尤不可胜计，国内矿业家对之不啻奉若南针，而各国学者亦莫不交口赞美，谓为阐明地质学之先导。嗟乎，其事业之宏伟亦足佩矣。

地质调查局之组织情形，自初创及今屡屡更变，兹表列其现在之组织如左。

- 地质部
  - 美国本部地质股
  - 阿拉斯加地质股
  - 矿产统计股
  - 理化股
- 地形部
  - 东北及中部地形股
  - 西部地形股
  - 地图稽核股
- 水利部
  - 地面水利股
  - 潜水股
  - 水质化验股
  - 水力股
  - 畜牧调查股
- 矿农业土地调查部
  - 矿业调查股
  - 农业地质调查股
- 出版部
  - 刻印股
    - 校订书报股
    - 校订地图股
    - 分发股
- 总务部
  - 执行股
  - 会计股
  - 仪器股
  - 图书股

国立地质调查局。为研究全国地质之总机关，故范围广大，事业纷繁，兹因限于篇幅，不克详叙（如欲知该局详情者，可参阅拙著《记美国之国立地质调查局》篇，载《科学》第六卷第九期）。试考上列组织，则关于水利、地形、土地等项，亦属于该局范围。在欧洲多有分设机关者，而吾国现亦各有专署。实则研究水利当从调查地质着手，而测量地形又与研究地质有密切关系，其势不能分，分则难免有重复之弊。故吾国果欲努力发展地质事业，为国家树根本大计者，非扩充地质调查所之范围不可也。

省立地质调查局。美国除国立地质调查局外，各省尚有分局，以调查研究本省之地质矿产。或自然科学，如动植森林等为限，其经费、统治等项，皆属于各政府，与国立调查局无关。然为便利研究起见，分局与国立局亦往往通力合作，分任经费。现此项分局共有四十三处，大半皆附设于省立大学内。其组织极简单，大致只设正、副主任各一，技师、书记等三四人而已。在调查时期内，则临时聘用大学教授或高材生，帮同研究，藉资练习，一方为学校培植人才，一方又为分局节省经费，法至善也。各局经常费，颇不一例，有年费四五千元者，有五六万元者，兹平均每局以万元计，则全国之经费当达四十三万元左右。

施密松研究院。施密松研究院成立于一八四六年，其成立历史，颇资谈助。有英人施密松者（James Smithson），牛津大学之毕业生，化学家而兼矿物家也。富于资财，而毕生事业，惟知研究科学，终身不娶。一八二六年著其遗嘱，原以遗产捐于美国，为建一研究院于华盛顿之用。此院须名曰施密松研究院，而以（增进及宣传知识于人民）（Increase and diffuse knowledge among men）为目的。一八二九年施密松卒于意大利。一八三五年，美内务总长始接关于此项遗产之正式通知。当时议论不一，有主张不接受者，有主张接受而欲拨其款于他项用途，如建大学或图书馆者。一八三六年议始决。阅二年，遗产到美，值美金五十万八千三百十八元，由议会指定董事会经理之。每届副总统、司法总长及二院议员各三人，皆为法定之董事。自此之后，私家捐助者踵起，其最巨者莫如一八九一年霍荆施氏（T. G. Hodykins）之二十五万元。总合捐款约百万余元。而美政府又于一八五〇年拨定巨款，为管理附属于该院之国立博物馆、天文台等，年约数十万元。全院经常费年约七十余万元。

据施密松氏之遗嘱（增进及宣传知识于人民），此知识二字本无何等限制，故研究院之事业亦包罗甚广，凡有关于人类之知识者皆及焉。研究地质亦为院中重要事业之一。现时院长华尔格氏（C. D. Walcott）为一极有名之地质及古生物家，故于地质尤提倡不遗余力。兹将院中事业，及其组织情形列表如左。

- 施密松研究院
  - 国立博物馆
    - 自然科学部
      - 动物学
      - 植物学
      - 地质学
      - 人类学
    - 工业部
    - 美术部
    - 美国历史部
  - 美国人种部
  - 万国交换书报部
  - 观象台
  - 国立动物院
  - 万国科学目录部

研究地质之事属博物馆内之地质股，中设股长一，分为若干门，如普通地质、经济地质、矿物、古生物等，各有专家主其事，专司采集、鉴定及陈列各种标本之职务。地质调查局人员采集标本亦须存储于博物馆中，是以馆中各类标本之丰富为全美冠。巨大之龙骨，蹒跚之爬虫，陈列于外者，以数十计。而各种非脊椎动物化石，尤盈千累万，其陈列者不过千百分之一，其余皆积柜中，为研究之用。矿物之标本尤富，不特搜罗国内，亦且旁及世界各国。当著者参观此馆时，馆中人曾示以吾国产之辰砂结晶，甚精美。稀少新奇之矿物，几无不有之，而新矿物亦常为馆中之专家所发现。此外又常组织远征队，赴国内外调查地质，采集标本。故每年加入之标本，总在三万件以上。

博物院。博物院之足以普及人民知识，补教育之不及者，固已夫人皆知矣，虽然博物院之事业固不止此。欧美各国之博物院实为灌输文明、阐发科学之重要机关，故院中皆聘有专精之士，分门研究，以其所得著述于世，为科学生光，为人民造福。如前述之美国国家博物院即其一例。美国全国之博物院或由政府设立，或由私人捐资，更有附设于大学中。若大小合计，实属多不胜举。其中省立者虽由省政府发起，亦大半仰给于私人之捐款；其中材料，类多本省之风俗、出产、博物等类，咸足为研究历史及科学之参考。惟纽约之自然科学博物馆，则规模宏大，布置庄严，收集材料兼及世界各国，较之华盛顿之国家博物院有过无不及。尚有菲拉特尔菲，波思顿等处，亦皆有著名博物院，收罗皆极丰富。其私立者亦资财雄厚，设备周密。如支加哥之菲尔特博物院（Field Museum，Chicago），其中即陨石一类，已占室三、四楹，而于吾国之古玉、古瓷等，搜罗尤广。至若大学附设之博物院，规模类不甚大，其能包罗万象者实鲜。著者既未克遍游各地之博物院，故兹篇所述，只能举其最著名者，而述其对于地质研究之贡献焉。

纽约之自然科学博物院为纽约市人民所公立。创设于一八六九年，迄今已五十余年。其陈列馆极庄严华丽，系历年捐款建筑而成，所费已五百余万元。现尚拟添建罗斯福纪念馆、非洲馆、亚洲馆等，预算经费约千五百万元。如是则只建筑一项，已费二千万元矣。现每年经常费约七十余万金，其中约三十余万为纽约市公款，其余则皆仰给于私人之捐款及会员会费。现共有会员五千余人。会费视会员之等级而异。纳三元或十元称为会友或会员，最多者则一次纳五百元以至五万元，由院中给与名誉赞助人等名目。其捐纳最多者，如鉴苏朴氏（M. K. Jesup）前后共捐约七百万元左右，其慷慨热心亦足风矣。总计此项捐款现已达千万元左右。

博物院之事业，除调查研究各种自然科学外，而尤注意于教育，尽其所能，以启发本市人民对于研究自然科学之兴趣。故院中常有公众演说、游行演说。又制就适当之科学标本、图画及幻灯影片等，借与纽市各校为观摩练习之用。计全市利用此项材料之学校约八百余所。关于地质，尤不惜巨资，广为收集。如其中之脊椎类化石标本共百数类，皆异常完美，恐当世无足与拟。据云，此项标本之收集始于一八九一年，所费已及百万金元。今之游是院者，见此庞然大物，无不惊心骇目，叹为神异。此古代动物之小像不觉深印于脑中，于普及教育之功，不其伟耶。

博物院复致力于探险事业。近如国内及坎拿大诸大山，远如澳、亚、印度、北极、南海等穷乡僻壤之区，皆有该院专家之足迹斧印。其探险目的极为广泛。动、植、地质，历史、地理诸科，皆兼收并蓄。而设备之周密宏大，尤足钦佩。每年或每次所费动辄数万或十余万。亚洲探险前后已达五次。最近三次由安特鲁斯君（Roy C. Andrew）主任之，以调查亚洲古今动物之分布与进化，并发明人类之起源为目的，预定期限为五年，调查费共一六一，八八一・五〇金元，年费约三万余元。由该院与亚洲协会及纽约市民等合资捐成。安君于去夏偕队员七八人赴外蒙一带考查，携大号汽车七辆，活动摄影机一架，测量器及其他关于科学旅行之仪器多种，阅四月而返。采集古今动物以数千计，由骆驼大队装运。所摄活动影片共四五千尺。关于地质上之重要发现，则为中生代（似属白垩纪）之恐龙类及其他爬虫类之化石甚多。按此类化石在吾国颇为少见，故于科学上有重大价值。闻今夏安君等将重整旗鼓，再赴外蒙，以一探究竟。

自然科学博物院关于科学研究之组织，分为下述各部。

地质及无脊椎古生物部，矿物及宝石部，林木部，无脊椎动物部，鱼学部，爬虫类部，禽鸟部，哺乳动物部，脊椎动物化石部，古物学部，解剖及生理部，公共卫生部，公共教育部。

图书馆及出版部。图书馆藏书约七万余部。出版分三类：（一）常年报告，（二）科学报告，又分为专报、考古学报、汇报等，（三）通俗报告，有月报、指南、便览及短篇著作等。

卡南奇研究院。卡南奇研究院为美国钢铁大王安特鲁卡南奇氏（Andrews Carnegie）独力捐资而成，于一九〇二年成立。卡氏前后捐资共二千二百余万元，较之施密松氏之捐款不啻四十倍，其热心毅力，良足佩矣。服务于院中者皆国内知名之士。经济、历史与各种自然科学之人才兼收并蓄，终日惟以阐发真理，造福民生为宗旨。研究所得，刊为报告，世界学者，咸为称誉而利用之焉。

研究院之事业极为广博。凡天文、博物、历史、经济等，各立专院，分门研究。各院散处国内。如威尔逊观象台则在加里福尼亚省之威尔逊山，取其高也。沙漠地植物试验场则在阿里梭那省。其总机关则设于华盛顿。研究地质之专院名曰物理地质实验院（Geophysical Laboratory），亦设于华盛顿。总计各院每年经费在百万元以上，而费于地质实验院者，年约十余万元。

地质实验院组织之目的，乃欲利用近代物理、化学上发明之原理与方法，以研究地壳上各种岩石之成因与其性质者也。初关于此类之研究，地质调查局设有专部，由已故之著名地质家培格氏（Baker）主之。后以经费不敷，势将停辍。一九〇四年，卡南奇研究院特捐大宗款项与地质调查局，为购置仪器，继续研究之用。一九〇五年始别立一专院，附属于卡南奇研究院，于华盛顿之郊外一小山上购地建屋，历二年而成。现在院长为戴博士（Arthur Day），研究专员共二十余人，皆国内最有名之地质家及理化家。院内设备之周密，仪器之精奥，恐世界无出其右。

研究岩石成因之方法不外三种。第一，用试验的方法，以研究岩石变化之现象。第二，用物理、化学上之原理，以推解观察所得之事实。第三，则用各种定量之纯粹矿质，于预定温度及压力下，使之互相化合，然后再研究此化合物与天然岩石之异同，俾以定岩石生成时各类矿质之比例，与夫当时之温度、压力等情形。地质实验院研究之事以第三者为最重要。院中有各种高压力、高温度之设备，又有极精密之显微镜、测角仪、化验室等，为研究各种岩石矿物之用。自成立迄今，所得结果甚富。其始从事于单一岩质，推而于三个及三个以上岩质之试验，于是岩石生成时之物理及化学的环境，始稍稍明。晚近矿业发达，研究矿床之成因极为世人所注意。于是地质实验院又用同一方法，以研究各类金属矿床之成因及其变化。其已得结果者，则有铜、铁等矿。以上皆关于实验室内之事。此外亦注重于野地观察。其最著者，则为火山研究。如檀香山、意大利、加里福尼亚、阿拉斯加等处之火山，皆经派专员实地观察，采集火山所喷出之岩汁、气质、灰渣等，详定其喷口附近之温度。凡此种种，皆与研究岩石成因有密切关系者也。

综上所述，则研究院之事业泰半注重理论，于实用方面似将无所补益。其实不然。凡百科学，虽不取迂腐之谈而求实用为归，及研究渐精，此迂腐之学理乃适为造福人类之大关键。夫研究岩质之化合实一极无用之科学。乃自欧战开始，美德通商断绝。从前仰给于德之各种光学玻璃皆无所出。而光学玻璃非特为各种科学仪器之要品，亦且为战争用品所不可缺者。于是美国政府特嘱地质中专门之士，以研究所得之方法与原理，用以制造光学玻璃，成效大著。今则美制之光学玻璃与德产较，有过之无不及。此非纯粹科学之有裨于实业之一绝好明证乎。

著者曰，美国富甲天下，尤以矿产见称，岂天之所钟独厚乎？抑人事之奋争有以使然乎？吾述斯篇竟，而乃恍然于其致富之有因矣。夫以年约三百万美金，以研究调查地质事业，政府为之提倡，实业家为之资助，人民又协力鼓吹，以观其成。而担任研究者，又兢兢业业，几若此中另有世界。矿之不发达，国民教育之不普及得乎？回顾吾国，则政争于上，民吁于下。欲分余力以从事此项事业，困难良多。故以年费只四万元之地质调查所，犹且经费支拙，而难扩充。以如是之代价，而欲求灿烂之结果，讵可得乎？我国有施密松、卡南奇其人乎？著者不禁渴望之也。

振兴湖北矿业意见书*

鄂省居长江上游，地势冲要，商务殷繁。矿业一端，尤宜竭力提倡，急起直追，以应现代工商各业之需要。荣等自担任调查全省地质以来，对于各地矿产之分布暨其质量之优劣，俱经博采周咨，精密勘查，所得结果已于地质调查所发行之地质简报及实业厅刊印之地质矿产概况中略述之矣。兹复就管见所及，拟具振兴鄂省矿业办法四端，分法陈明，借备采择。

一 设法开采大新铜矿以应国内之需要也

铜为军用金属之一，又为电气工业上惟一重要之原料，而在我国，则又用于铸造铜币，故用途繁多，煤铁之外，当推为首。然环顾国中规模稍大之铜矿，竟不多觏。四川云南之铜，虽尚继续开采，而交通阻梗，殊难以应沿海各省之需用，且矿量垂尽，已成弩末，故年来国内用铜，几全数仰于日本，利权外溢，言之痛心。抑有进者，铜为制造枪炮所必需，欧战中德以缺铜故，致取各种铜牌铜器而销镕之，以应急需，其困窘状态，可以概见，我国若不早自为谋，恐一旦国际有事，将有措手不及之势矣。是开采铜矿，为目下要政。而细考我国铜矿，除西南各省外，当推鄂省为最有希望，其在鄂西部者尤盛，然交通不便，一时尚难开采；若夫交通便利，矿床优美，足为目前之利用者，其惟大冶、阳新二县之铜矿乎？该矿之地质情形，荣等曾于去秋亲往勘查，测成详图，制为报告，具载于实业厅刊印之湖北地质矿产概况篇中，同时并将矿床概况、开采计划等，拟具说略，由前厅长杨筱麓先生转呈省长在案。兹复将该矿优点缕述如次：

（一）大新铜矿，分布广远，在大冶境内者，有龙角山、天台山，在县西南约三十里；阳新境内者，有欧阳山、刘许山、韩家山、牛首山，皆在县西北五十里；白河铺附近，矿床范围几及百余里，分布既广，当与局部成矿者不同。（二）大新铜矿俱产于石灰岩与闪长岩之接触带。就其相互之关系而观，则矿质之源，必出自闪长岩无疑，即所谓接触变质矿是也。闪长岩系一种火成岩，乃地心岩浆迸涌而出所成者，故体积广厚，渊源浮邃，而矿质之为量丰富，亦不难于此推见一斑。（三）美国西部之各重要铜矿，大多数属接触变质一类，即谓矿床情形与大新铜矿颇相类似。故就学理论，此矿亦极有探勘之价值。（四）矿床形状虽不规则，然因其往往产于火成岩与石灰（岩）之接触带，故实地探勘尚易踩迹。且在刘许山、牛首山等处，接触带岩石皆已变成一种石榴子（石）岩，宽可八九公尺。矿床生成既与变质作用有密切关系，今变质现象若是显著，则矿之有望，不待言矣。（五）照矿床学理而论，铜矿露于空气中，则渐剥蚀，上部变为养化铜，碳酸铜，中部则因上下铜液相互作用，而生次生硫化铜，如辉

* 本文1924年发表于湖南《实业杂志》第81号，65—72页，署名：谢家荣、刘季辰。——编者注

铜矿、斑铜矿等是，每因此而加富，故学者称为次生富集作用。今欧阳山、刘许山等处所见，以此类铜矿为最多，成分亦甚高，故必为次生富集之带无疑。至于龙角山、牛首山，虽以原生铜矿为多，然斑铜矿亦不少，似尚有一部为次生之物。由是言之，欧阳、刘许诸山，昔日开采俱尚未尽次生富集之部，则其下当更有原生矿床可知，而原生矿之质量如何，固难预测，若照龙角山所产而论，当亦未可轻视也。（六）牛首山铜矿，现有开阳公司开采，成绩甚佳，足为大新铜矿勘以利用之一证。

综上所述，大新铜矿之有探勘价值，不待言矣。然从前官矿局曾费七八十万元，而一无成效者，何耶？则曰办理不善，有以致之耳。盖欲办一矿，必先于矿量矿床，精密探勘，俟确有把握后，始可从事于各种机器及运输之设备；官矿局则不然：当草创之时，即敷设高线铁路及炼厂等，卒至资本不继，工程中辍，而于矿床真相，仍未明了，岂不大可惜耶！为今之计，如欲开采大新铜矿，应先从探矿着手。探矿方法甚多，或用钻探机钻成深眼，以窥究竟；或旧日露头，再事推广，以尽其源；而在未探之先，当由地质技师详细勘查，指定最有希望之地点，以资施探。必俟矿量确数精密勘定，始可正式开采。盖探矿所费，颇为有限，万一矿床不丰，即停止进行，亦未为晚也。故荣等意见，拟由实业厅转呈省长，令饬官矿局就铁路盈余项下，提出若干，以为探勘大新铜矿之用。如官矿局无款可拨，则由省政府筹定经费数万元，转商官矿局，将所属矿区，让与试探。俟探有成效，再与官矿局合资办理，或招集商股，官督商办。其详细办法，尚非目前所能计及者也。

二　提倡武嘉蒲三县煤矿以应武汉一带重镇之需要也

湖北煤田，据荣等去秋及今春调查之结果，当以武嘉蒲三县所属者为最佳。其分布北自武属之仙人山，中经嘉属各煤田，而南达蒲属之孤竹桥一带，延绵不下数百里。因地面为浮土所掩，故露头似甚散漫，然从构造上着想，实有互相连续之关系者也。查此项煤田之地质时代，据发现之植物化石而论，当属侏罗纪下部。而此部煤系，在中国南部往往含煤极丰，如萍乡即为最著之一例。加以煤田地位俱在粤汉路之两旁，近者只三四里，远者亦不过三四十里，且有水道足以相济。至论煤质，则俱属烟煤，工厂用之，最为适宜。据土法开采所及，已发现煤层有九层之多，虽厚薄不能一律，然确含有勘采之煤，则无疑义。故就荣等意见，此项煤田虽不能与我国北方大煤田相颉颃，然在武汉需煤极亟之地，实大有开采之价值。故荣等于去秋第一区地质报告中，曾竭力鼓吹，以冀企业家之注意，果也不及数日，而武属仙人山煤田，即产煤极丰，获利甚厚，其始仅有一大成公司开采者，今已有四家公司立案矣。当荣等于今春赴低坊调查时，且闻五里界山坡贺胜桥一带，沿铁路之地亦皆有组织公司拟开煤矿矣。荣等深幸预言之得中，且深望鄂中矿商之能因时兴起也。然际此三县矿业方兴未艾之时，官厅对于该煤田之地质情形、实业价值等等，以应竭力宣传，俾众周知，以资提倡，而于未开矿区，尤宜设法兴辟，或招商承办，或官商合资，值兹工业勃兴时代，烟煤之需要，日增一日，况武汉工场林立，燃料供给尤为先决问题，若不于本省自谋开采，而长恃外省之输入，则一旦有事，恐武汉重镇将有煤荒之危矣。事关实业前途，当局之士，幸速图之。

三 推广应城石膏矿之用途

应城所产石膏，质地纯洁，储量丰富，为鄂省重要矿产之一。惟峒商资本微薄，墨守成规，不知改良，故进步甚迟。整顿之道，当以推广石膏之用途为最要。查石膏有生熟二种，用途各异。生石膏即未经烧炼者，用于制造水泥、粉笔、造纸、磨穀及肥料等；熟石膏系将生石膏烧炼，去其一部之水分而成，富于粘性，若与水遇则复凝结而成生石膏，故建筑上如粉饰墙壁，制造内部用之砖瓦以及开恩式水泥（一种特别水泥之名称）俱应用甚广，此外牙科颜料、磨制玻璃等，工业上亦采用不少。据美国统计，每年熟石膏之销费量约居生石膏之四倍，价值则不啻十倍。据最近统计，美产石膏总量三百七十万余吨，值价约三千万美金，现在烧炼石膏之工厂不下七十余处云云。由此观之，生熟石膏用途之广狭，价值之高低，不可同日而语矣。应产石膏，现仅以水泥及肥料二项为大宗用途，每年产额至多不过六十万抬（每抬二百四十斤），再多即难销售，而国内各大市场所用建筑上以石膏为原料之材料，反多仰给于舶来品，大好利源，坐使外溢，岂不甚可惜耶？查烧炼石膏，其技术不甚难，而所需资本亦不甚巨。据美国一九一七年调查，于二十四小时能烧炼石膏二百吨之炼厂，连机器、建筑等一应在内，共需美金不过十五万元；而平均每制石膏一吨之成本尚不及一元。我国不乏热心工业之士，奈何于石膏尚未加之意耶？窃考其由，或以烧炼石膏，本非伟大工业，而其制炼物又多零星小品，种类复杂，故人多忽之。今鄂省既拥有此大好宝藏，不善为利用，宁不可惜！况国内各地之新式建筑，日新月异，则需用石膏自必有增无已，故制炼之后，决不患无销路也。销路既广，则应城矿业亦将随之而蒸蒸日上矣。故荣等愚见，拟请由实业厅转呈省长，筹办一省立石膏制炼厂，先筹资本十万元，从较小规模着手创办，俟办有成效，再行扩充。至于石膏原料，当与石膏公司详订办法，务以最低廉之价值交易，则成本既轻，获利自可操左券矣。

四 筹设湖北全省勘矿事务所以指导矿商促进矿业也

鄂省矿业虽有汉冶萍公司及官矿局诸大组织，为之提倡于先，然风气犹未大开，规模仍多简陋，加以矿商对于矿业知识多形缺乏，每每措置失当，妄施探采，一经失败，便觉寒心。试一览实业厅案卷，近十年来已成立之矿公司虽不下数百起，而办有成效者竟不多觏，此非矿业幼稚之一大明证耶？尝考其失败之因，虽多由于雄厚资本之缺乏，而办理不善亦属无可讳言。其中最显著者，尤为对于勘矿手续无一定计划，既未有地质专家为之详细研究，以勘定矿床之形状、面积、矿量等，亦未经可靠工程师之精确指导，以定工程进行之步骤。夫勘矿为经营矿业之初步，若不审慎于先，岂能完善于后。欧美办矿者，凡开一矿，莫不经多数有名地质家及矿务工程师之详慎考虑，预定计划，而后从事，其重视勘矿也如是，故失败者少。我国矿商，间亦有一二具远大眼光，于勘矿计划稍加注意者，然缺乏相当人才，每至无从咨询，至欲聘请外国技师为之计划，则又索费昂贵，无力举行，遂致因循偾事者，比比皆是，良可慨也。抑又有进者，勘矿方法非仅恃地面观察，或测量即能藏事，往往须掘井开槽或用金刚钻探矿机，打多数深眼，以窥究竟，始能得一准确之结果。然鄂省矿商俱系资本微薄，安能得如许钜款以购钻探机器，故距地稍深之矿，即无法施探。长此以往，不加提倡，则鄂省矿业将永无发展之望矣。夫提倡指导，职在官厅，而督促进行，尤应有专立机关，聘定专门人才，以从事其间，庶可收指导之实效，尽提倡之精神。此全省勘矿事务所之设，所以不容缓也。爰不揣浅陋，草拟简章十一条及经费预算书，附呈鉴核。值兹省库支绌之时，经费一项自应格外撙节，故所中设备，除必要不可少之测量仪器及化验室外，其他贵重仪器概暂从缓。金刚钻探矿机，为勘矿上效用最大最速之利器，欲购置一具，连锅炉、钻石及钻杆、套杆、钻挺等，一并在内，至少约须三万元。然钻师、机匠等，非经验宏富者，亦不能从事。当草创伊始，微特无此财力购置机器，即雇用高等技师亦觉力有未逮；且即使机器、技师俱已备妥，一时无相当需要，原不免致消于虚糜钜款；然竟置之不问，遇有勘矿工程，则进行更觉困难。爰思一变通变法，查有宝兴公司者，备有金刚钻探矿机多架，历在山东峄县中兴煤矿公司、安徽烈山普益煤矿公司等处，包办打钻事务，经验宏富，工价亦较洋行为廉，倘勘矿事务所果能成立，自可与该公司订立一种转包钻探工程之合同，以后凡鄂省矿商，有呈请勘矿事务所代为打钻试探者，即由宝兴公司担任钻探，至合同所规之年限以内，此项工程，概不转包于其他钻探公司。惟宝兴公司须提出若干成数，为事务所之介绍费。在宝兴公司，为扩充营业计，自无不乐於承受，而事务所暂时既可省去购置大宗机器之费，仍能执行其探勘全省矿产之职，他日钻探事业逐渐发达，可以介绍费积成之巨款，为购置钻机及一切扩充之用。至于经常费用，尤当力事撙节，若聘用专任工程师及地质技师，薪水一项，每月非千元不办。兹为力事撙节，俾易创办起见，关于地质事务可暂由荣等兼顾，矿务工程师，拟在汉口择一素有名望者兼任，略送夫焉，便可藏事。盖勘矿事务，重在实地勘察，似不必斤斤于常驻办公地点为能履行职务也。以上计划，如能克日实行，则鄂省矿业前途，裨益非浅矣。

湖北地质矿产概说*

一、引言

民国十二年秋，湖北实业厅有倡办调查湖北全省地质之举。季辰、家荣承乏以来，业将调查计划斟酌妥定，先行发表。夙知湖北地质以繁复著称，而前贤足迹所及见诸载籍，堪作参考之资者，亦殊不少。爰就农商部地质调查所藏书，凡关于研究湖北地质矿产者，悉为浏览并经摘要记录，以便野外参考之需。至鄂后，又调阅实厅矿业全卷，编次成表附列篇末，借备稽核。其于湖北矿业之盛衰或得稍知大概矣。篇内地质一项取材于日人著述者为多。西北部地质，美人威烈士曾先事调查。以与日人报告并列，籍资比较。其他诸家，如德人李希霍芬氏、奥人洛川氏等，调查结果亦略述一二，以成全璧。本期家荣季辰先就鄂东着手，于前人调查结果颇多校正。即与西北部地质亦有阐明之处，爰附述篇末。刍尧之见，冀与有志地学之士一商榷耳。

二、地质

近年日本地学协会有南支那地质图之刊布。湖北全省亦在其内。就该图所载颇足为湖北地质放一线之光明。其地质分布情形可分区述之。

一、鄂北区

本区全部为太古、元古二界之片麻岩及结晶片岩系，导源于陕西之秦岭。在鄂为桐柏、伏牛，东经皖中，为江淮之分水岭，所谓淮阳山脉者是也。潜脉所趋直达东海，横亘亚东，为地质构造之枢纽。影响所及固不仅湖北一省已也。

二、宜昌区

本区为鄂北区之分支、太古元古界地层突现地面，成一大穹形层。古生界地层包围四周，为鄂西地质构造之关键焉。

三、鄂西区

此区在（二）区之西，北起鄂西，南至咸丰，为古生中生界地层分布最广之处。高屋建瓴，为西南台地之阶梯。构造一以单褶层为正宗，其于单褶层之两侧则继以宽博褶层，构造情形与中国北方相类。

---

* 《湖北地质矿产概说》列为《湖北地质矿产专刊》第1号，于1924年出版，署名：农商部地质调查所技师谢家荣、刘季辰。——编者注

四、鄂东区

本区以迫近鄂北构造主轴之故，褶皱繁复，惟大部轴向东西，整齐一致。至通山、咸宁之间，褶轴作东北西南向。江流自汉以上有直趋西南之势，固与地质构造息息相关也。此部地层自古生界之奥陶纪以迄第三纪之红土层，无一不具。地层完整，构造繁复，当推此区。

五、鄂中区

鄂中为一大盆地，面积最广。沿盆地之边为白垩纪之红色砾岩、砂岩、页岩及第三纪之红土层。盆地之中心则为现代之冲积层。鄂中素称膏腴之大平原，即成于斯。

兹将东西人士调查湖北地质之结果及作者考察鄂东地质之概况略述如左，并绘柱状剖面图以资比较。

李希霍芬氏及洛川氏湖北地质谈

德人李希霍芬氏（Von Richthofen）曾于一八六九至一八七〇年间考察湖北地质，其路线自宜昌沿大江顺流而下，经洞庭汉口而至江西之九江。中途于黄石港石灰窑及蕲州等处观察较详。厥后于一八七〇年四月复自汉口溯汉水而上达襄阳府。兹将其观察所得节译如左。

（一）黄石港附近之地质

李氏在黄石港三湖山（译音）所见地层自下而上约如次：（一）红色页岩，质软而呈薄层。（二）砂岩。（三）黑页岩。有煤一层，厚二尺。此中得 *Rhabdocarpus* 之植物化石。（四）石英质砂岩及砾岩。（五）斑岩。（六）斑状凝灰岩。（七）凝灰状砂岩，中夹煤数层。（八）页岩及砂岩。（九）煤层。（十）褐红色软质岩，甚厚。以上地层总厚约一千五百公尺。据植物化石而论，其时代似当属上部石炭纪。

（二）石灰窑附近之地质

自下而上之地层为：（一）灰色厚层状石灰岩，每成峭壁。（二）薄层石灰岩，中夹页岩，甚薄。（三）薄层灰色石灰岩，含燧石甚富。（四）薄层黑色矽质岩，中夹黄页岩。（五）黑页岩及煤层。于页岩中得介壳类化石（*Schizodus rotundatus*）属二叠纪。（六）淡灰色石灰岩，含燧石甚富。（七）石灰岩，层次厚薄不定，绝不含燧石。此层极厚，约有四八〇公尺。未见化石。以上自（二）至（六）总厚约二四〇公尺。含煤之部（四）至（五）则厚仅三〇公尺。

（三）蕲州附近之地质

自下而上地层为：（一）淡红色石灰岩，厚约一二〇公尺，层次厚薄不定。（二）薄层灰色石灰岩。（三）灰色及红色石灰岩，间含燧石。（四）含煤层。（五）灰色石灰岩，含燧石甚富。（六）层次、厚薄不定之石灰岩，绝无燧石，厚约九百公尺。以上自（二）至（五）总厚约二百公尺。此中采得有孔虫、腕足类、珊瑚类等化石甚多。

（四）汉口至襄阳间之地质

沿汉水一带之地层自下而上为：（一）太古界片麻岩。（二）上古生代地层，可分为二部。下部为灰岩，中夹页岩及千枚岩；上部为致密质石英岩。（三）石英质砂岩及砾岩，呈白色或红色，其时代似属石炭纪。（四）红色砂岩及砾岩，倾斜甚缓，每近水平状。（五）红土之梯级层。（六）冲积地。李氏在石灰窑及蕲州所定之地层层次颇足与作者此次在鄂东所见者相比较，兹表列如左。

石灰窑剖面	（一）（二）（三）	（四）（五）（六）	（七）
蕲州剖面	（一）（二）（三）	（四）（五）	（六）
作者鄂东之剖面	下石炭纪灰岩。层厚，含燧石甚富。	二叠纪煤系，中夹灰岩薄层。	二叠三叠纪灰岩。薄层状绝无燧石。

洛川氏（Von Loczy）旅行湖北之面积较李氏为尤小。其路线系自汉口溯汉水而上，经襄阳至豫鄂交界，乃沿丹江而入豫之荆紫关。在鄂省境内所见地质以近代冲积层及梯级层等为多，盖洛氏仅沿江观察，并未深入山地，故于古代地层遂多忽略耳。

威烈士湖北西北部地层系统

（一）黄陵花岗岩

在湖北西北部，于寒武奥陶纪石灰岩下有灰色花岗岩。威氏初见于黄陵庙附近，故名之曰黄陵花岗岩。其中矿物以石英、长石、黑云母、角闪石四者为主。石理甚粗，略呈片状结构而不甚显著，故可决为一种火成岩。其侵入时代似在元古界之后半期。至于太古界地层之露头，威氏未之见，仅于南沱冰碛层中发现各种片岩（角闪片岩、云母片岩及粘板岩等）及火成岩之块砾。此项地层，其时代至少当在寒武纪以前，或者即为太古纪之物，而足与北方之所谓泰山系者相当。

（二）南沱冰碛层

宜昌上游之南沱左近滨江两侧，凡石灰岩峻壁之下，每继以缓坡，是即南沱冰碛层之露头，只以地处险隘，不易踪迹。兹仅就在南沱所见者略一述之。出露之处在东经一百十一度、北纬三十一度之交，高出海平面计六十公尺（二百英尺），可知当古生代初期，此层累积之时，其去海面必不甚远，证以上覆之海相石灰岩层而益信。此冰碛层之下为一显著之不整合面，其下为成交错面状之石英岩，时代当属寒武前纪。冰碛层呈绿色，硬度与未经风化之页岩相等，无层次可见，内含块砾，种类不一，大小各异，大都现磨擦条痕。可计之厚度为三十六公尺。此层之上为绿色页岩，间含砾石，系自下层得来。惟察其整然排列，显经水流冲刷所致。此页岩仅厚二尺，其上递嬗而入大石灰岩之底。就此累积之地层可推测当时此处确有冰川存在，迨后融流入海，所挟持之砾石遂遗留于地。嗣复经波浪冲刷，最后则为富石灰质之泥土所掩覆焉。在北方与此层相当之地层似为馒头层之红色页岩。斯时北方虽无冰川之迹，然气候之寒冽，可于馒头层中独少化石存在，为之佐证也。

（三）鸡心岭石灰岩

继冰碛层之后为厚层之石灰岩。威氏首见于鄂、陕、川接壤处之鸡心岭，即以此名焉。全层厚度自一千三百五十公尺至一千五百公尺。在此厚层之灰岩内，欲就其岩石状态与化石种类细为分次，一如鲁、晋之震旦系地层，颇非易事。就大体论之，可以之相当于震旦层，盖在鸡心岭一带曾发见有寒武纪与奥陶纪化石也。沿江一带，此层之上部及其大部，为深褐色块状灰岩，不含燧石。而在鸡心岭者则层理较薄，且含沥青质。本层之最上部无显明之界划。其上渐为灰岩与页岩之互层，再上则属新滩页岩层。盖此灰岩、页岩相间成层之部，即过渡层，计厚六十至九十公尺。威氏在四川徐家坝曾得有中部奥陶纪化石，内含黑色燧石一层，为一特异之层带。

鸡心岭石灰岩底部之时期不甚明了，因在南沱出露之处未得化石。然威氏于陕西曾自此层坠落之石块内发见下寒武纪之 Obolus asiatica 及其他化石。故依上述零落之证据可知，鸡心岭之下部至少当包括上部下寒武纪，递嬗而上，以迄中奥陶纪（相当于山东震旦层之九龙系及济南石灰岩），再后渐成页岩层。其时代大致属诸志留或泥盆纪云。

（四）新滩页岩层

秭归县新滩滨江一带有特著之绿色页岩出露，其层位在鸡心岭石灰岩之上，而在石炭纪巫山灰岩之下。全层厚度，并以上述之过渡层合计之，约有六百公尺之谱。其代表之时代，当兼有志留、泥盆与下石炭纪之一部。地层属单纯之土质、砂质沉积物，稍含石灰、铁及沥青等杂质。其上部与巫山石灰岩接触之处，虽界划分明，然无不整合之迹。故此层无论底部与顶部，或其内部，均无不整合之处，可见代表之时代固久，抑沉积之境遇未变，有以致之也。全系除上述之过渡层内间有化石外，余无所得。然其间含沥青之部颇与美之中泥盆纪页岩相似。勃拉克韦特（Blackwelder）氏在本系上部、距巫山灰岩层仅数尺处之淡红色灰岩内采得化石数种，内有一种、应隶下石炭纪，此外似可列入志留纪。

（五）巫山石灰岩层

位于新滩页岩层之上者为巫山石灰岩层，以盛产于宜昌巫山之间，故名。灰岩作灰色，属上石炭纪，厚度达一千二百公尺。其与新滩层接触之处随处可见，绝无不整合之状态。然就化石研究之，在上述红色灰岩中之化石与得之于此层之底部者，大相悬殊。可见在此二时代间，生物界曾起绝大之变迁也。依上述各层相互之关系而言，可知在鄂西一带，自下寒武纪始，中经中部古生界，以迄下、中、上三期之石炭纪，层累相循，整然不紊。但自奥陶纪至上石炭纪，其间地层并不甚厚，或者自中部古生界而后，沉积进行甚缓或有一部分全然停顿，亦未可知也。兹将威烈士氏在此上石炭纪灰岩层内采得之化石列表如左。

Fistulipora willisiana Girty.

,,　sp.

Dioclema sp.

Taemodictya ? sp.

Dalmanella ? sp.

Schuchertella ? sp.

Spirifer ? sp.

Rhynchonella ? sp.

Productus ? sp.

Fish plate ?

（六）归州层

归州层继巫山石灰岩层而起，为鄂西滨江一带重要地层之一。此层以红色页岩为大宗，色泽鲜明，与其下之褐色灰岩分别甚显。惟二者间之层向与倾斜无丝毫不整合之状。至其显然划分之故，威氏以为巫山灰岩沉积以后，海水渐浅，益以海流之冲刷，致灰岩上所积聚之沉积物剥蚀以去，及后水势益浅，海流旋息，于曾经洗刷之灰岩层面上，继以红色之滨海陆地沉积，此其所以显然有别也。距本层底面向上一百二十公尺处夹有灰岩；威氏曾采得化石，经盖尔戴（Girty）氏研究，因内含有隔壁之介类与圆形之海百合干及他种具有古生代构造之动物数枚，故以列入古生代末期。然于本层之页岩中尚采得植物甚多，据滑脱氏（D. White）研究当属中生代之侏罗纪。揣威氏之意，在采得动物化石之处，当沉积之时，较他处为连贯。盖氏以隶古生代末期，未为不可。别处中经地面侵蚀，致有倾斜不一致者，则其时代或可列入中生代初期，以迄侏罗纪也。

当威氏调查宜昌地质时、适有奥本能氏（E. D. Abendanon）亦自四川入鄂，考察地质。奥氏所见层次，自下而上分为九系：（一）花岗岩，中多闪长岩及其他火成岩岩脉。（二）角闪片岩，绿泥片岩，云母片岩，与石英质岩石相互为层。（三）紫红色石灰岩，含化石甚多。此与威氏之鸡心岭灰岩相当。（四）绿色页岩，厚约九百公尺。即威氏之新滩页岩。（五）大石灰岩层，厚一千六百公尺。即威氏之巫山石灰岩。（六）红褐色砂岩、页岩，厚三百公尺。（七）片状石灰岩，厚三百至四百公尺。（八）砂岩及煤层，含侏罗纪植物化石，厚六百公尺。（九）砂岩与页岩之互层，厚自一八〇〇公尺至二五〇〇公尺。以上自（六）至（九）相当于威氏之归州层。

野田氏湖北北西部地层系统

甲 变质岩类

（一）片麻岩系

片麻岩出露之处为宜昌南沱与秭归崆岭滩间滨江一带及宜昌北黄柏河之支流夏家河，暨秭归香溪水之支流水磨河等处皆有之。南沱崆岭滩间之片麻岩，东北与夏家河者相连，为鄂西北主要背斜层之轴部。全系内正片麻岩与变片麻岩均有，而以前者为主云。

（二）结晶片岩系

结晶片岩系出露于水流河上流及夏家河上流之小区城，其层位确在片麻岩之上。片理之走向、倾斜与前者相一致。走向为北六十度东，倾角甚大。全系为石墨片岩及绿泥石片岩所组成。此上即古生界地层，惟接触处并不整合。

乙 水成岩类

（一）下部古生层（寒武纪）

南沱层　本层位于下部古生层之最下部，为蛮岩状砂岩及砂岩粘板岩，并含有扁桃状之角岩，兼有石灰岩与石灰质粘板岩等，计厚二百公尺。

牛肝石灰岩层　此层以首见于秭归之牛肝马肺峡，故名。全层片理甚明，厚度亦大，计有三百公尺。中含 *Coscinocyathus* 化石。

（二）中部古生层

下部粘板岩层　此系绿色之粘板岩层。含有晶片形之鲕状灰岩，产腕足类化石。全层约厚一百五十公尺。时代属奥陶纪。兹将采得化石之名称及地点列后。

宜昌刘家河　*Girvanella sinensis* sp. nov.

兴山县高荒岭　*Triplecia poloi* Martelli ?

Plectambonites sericeus Sowerby,

Orthis ?

平善坝石灰岩层　此层为块状之石灰岩所组成，计厚四百公尺。以首见于宜昌上游之平善坝得名。含腕足类及石灰藻之化石。

上部粘板岩层　此层之下部有泥灰岩一层。下层作黄褐色，上层带绿色。厚度约三十公尺。中含宝塔石、三叶虫等化石。其上系绿色粘板岩层，相当于威氏之新滩页岩层。计全层总厚三百公尺。绿色粘板岩内未得化石。在兴山县户溪镇潘子垭，于本层最下部之泥灰岩中所得化石，据审查结果应隶下志留纪之上期。化石种类如下。

Porambonites intercedens

Pand. *Schizophoria poloi* Martelli，

Cyrthoceras ellipticum Lossen，*Orthoceras chinense* Foord.

Asaphus cfr. *expansus*，

Endoceras sp. indet.

（三）上部古生层古层及新层（石炭纪至二叠石炭纪）

此部总称米仓石灰岩层，相当于威氏之巫山石灰岩层。细别之，可分三层如左。

兵书峡石灰岩　此系下层，为黑色石灰岩，含有石莲腕足类珊瑚等石炭纪化石。计厚六百公尺。

矽质石灰岩　此系中层，为白色薄页矽质石灰岩。计厚二百公尺。

宝剑峡石灰岩　此系上层，为块状石灰岩。计厚三百五十公尺。内有上石炭纪或二叠纪化石。

（四）下部中生层　（二叠三叠纪）

累积于古生代层不整合面之上者为泄滩（秭归香溪口西方）杂色页岩层，其主体系赭色及绿色凝灰质页岩及砂岩。上部有炭质页岩，间含薄片灰岩。中得二叠三叠纪化石。全层计厚一百公尺。

（五）上部中生层　（三叠侏罗纪）

泄滩页岩层之上为香溪含炭砂岩层。二者间外观甚整合。其下部为薄层砾岩，大部分为绿色之砂岩及页岩，相间成层。中部夹有煤层及黑页岩。全层计厚五百公尺。在秭归香溪口北方贾家店曾采得侏罗纪植物化石，其名种如左。

Laccopteris polypodioides ?

Pterophyllum Nathorsti Seward

Cladophlebis denticulata ?

（六）赭色砂岩层

赭色砂岩层在宜昌及兴山附近均露出。下部为厚层砾岩，直接覆盖于古生代地层之上。砾岩中之卵石，片麻岩、石英斑岩及古生代岩层等皆有之，为赭色砂粒所胶结。其上部赭色砂岩与页岩相互成层，厚度甚大，以未知所届、不便计量。层内未得化石，故时代不详。

（七）河成阶级层及冲积层（新生代）

沿江及入江支流一带皆有冲积层之砂砾累积，有时沿岸成低下之阶级层。

丙　火成岩类

花岗岩　以黑云母花岗岩及角闪花岗岩为大宗。此外成侵入岩脉者，如伟晶花岗岩、角闪斑岩、辉绿岩及玢岩等皆有之。

野田氏湖北东南部地层系统

甲 水成岩类

（一）上部古生层古层（石炭纪?）

蕲州层 本层为砂岩、粘板岩及石英岩之互层，并夹有薄层灰岩及煤层，散见于大冶、阳新两山脉间之小山坡。曾有化石发见，其时代似属上石炭纪。在大冶县之沛源口至炭山湾一带，其地层自上而下为：（一）石灰岩，（二）砂岩夹煤层，厚二尺至六尺，（三）矽质岩，（四）粘板岩及砂岩之互层夹煤层，厚二三尺。

（二）上部古生层新层（二叠石炭纪）

兴国层 是为本区内分布最广之古生层，如大冶山脉、阳新山脉、至鄂赣交界之山岭、皆隶此层。组成本层之岩石为厚石灰岩、砂岩及粘板岩之互层。石灰岩中夹有煤层，以含有炭质故常呈黑色，但经花岗岩侵入之处则为粗粒白色之大理岩。沿此接触带间，各种矿床及接触矿物悉于是胚胎焉。在阳新小了山、富山、黄连垅等处之石灰岩中均有化石，时代属二叠石炭纪。采自富山之化石为 *Fusulinella* sp. *Makroporella* sp. nov.，*Botterysbya* ? sp. 小丫山石灰岩层中则有 *Neoschwagerina* 一种。

（三）下部中生层（二叠三叠纪）及上部中生层（三叠侏罗纪）

黄石层 本层露出于华家湖南方及北方之低山地，即所谓鄂城山脉是。大部为砂岩，间以粘板岩及煤层。砂岩有赭色、黑色、灰色等数种，颗粒粗细不一，其与上部古生层新层接触之处不甚显明，似非整合。在鄂城南乡某处，某日人曾采得 *Productus subcostatus* Waag. Var.，*Orthetes armeniacus* Arth. 二种化石，经鉴定为二叠纪新层。在黄石港左近之青山湾，其煤田之构成为砂岩与粘板岩之互层。内有硬砂岩二层，煤三层：一为新山煤层，二为马鞍山煤层，三为青山湾煤层。青山湾及马鞍山旧窿之废石及新山硬砂岩内均有植物化石，但以保存不善，不易鉴定，疑属侏罗纪。在武昌金口镇南方之杨家山煤田，其下部地层以砂岩为主，夹有煤层；上部为砾岩及砂岩。前者似隶下部中生层、后者似属上部中生层云。

（四）赭色砂岩层

本层全部为赭色砂岩、砾岩及页岩所组成。分布之处都在大山之麓，或成小阜，或成阶级。而沿大江及其支流一带亦有存者。黄州左近，夹峙江边之红色峭壁即属此层，此赤壁之所由得名也。本层之时代尚未能定，然与西北部之赭色岩层当隶一系，自无疑义。

（五）赭土层及冲积层

赭色砂岩或石灰岩之上层经风化后俱成红色之粘土，所谓赭土层者即是。凡沿河流与湖沼冲积平面一带之阶级地多为黄色粘土，其上游之冲积层则以砂及卵石为多。

乙 火成岩类

鄂东大冶阳新一带之花岗岩系侵入于古生界及中生界地层中，或成巨块，或成岩脉。沿接触带间则多起强烈之接触变化。花岗岩之种类有辉石花岗岩，角闪石花岗岩及正花岗岩之数种。

作者调查鄂东地质之概况

本年秋，作者于鄂东之役得略窥湖北东南部地质之一斑。惟调查所得与前人颇多出入。兹将所定地层系统分类略述，有与前人所见不同或相互阐明之处悉附入焉。

甲　水成岩类

大畈石灰岩　本系为灰黑色石灰岩，层次尚清，惟厚度以未见底，不能计算。就所见约测，在三四百公尺间。最上部有紫红色灰质页岩一层，厚约二十公尺，介于石灰岩间，其中含宝塔石、腕足类及三叶虫零片等化石。在阳新南乡大畈北山所产尤多，圆柱状之宝塔石俯拾即是，故特名本系为大畈石灰岩。本系分布于阳新辛潭铺、大畈市等，北山及通山咸宁之间，走向约成东西，构造成一背斜层。志留泥盆纪页岩即整合地覆其上。所成山形多平缓，峭壁危岩殊未之见，故得与石炭纪灰岩易于鉴别。本层内采得之化石经葛利普博士大略鉴定有 *Orthis calligramata*，*Cycloceras*，*Ceratoceras*，*Ophilata*，*Endoceras*，*Orthoceras chinensis*，*Calymene* 等数种，当属奥陶纪。

富池口页岩层　本系以页岩为主，下部为绿色、灰黑色、黄色之薄层页岩。中部为黄色页岩与灰色硬页岩。上部则为砂岩，时有成石英岩者，往往甚薄，不过四五十公尺。最上之部中间，薄层之石英质细砾岩在此虽不甚著，至在苏皖一带颇可以作确定之层带者也。在通山县山口铺北，本系中又夹石灰岩一层。全系厚度约在千公尺左右。在阳新之富池口南岭及排市南山，均有三叶虫、腕足类海、百合类等化石。据葛氏一部分之鉴定，有 *Orthis*，*Dalmanites*，*Acidaspis*，*Pentamerus*，*Spirifer* 等，皆系新种，故名本系为富池口页岩层。此层在鄂东分布极广。在大冶、阳新一带，每与下石炭纪灰岩、共成褶皱，而在通山、咸宁之间，则其下更有奥陶纪地层露出。至咸宁以南、蒲圻以西以及羊楼岗附近亦皆以本系为主体。本系多成低山。页岩之部竣。惟若与闪长岩相邻，则因受变质影响，易为石英岩、片岩、千枚岩等，石质坚韧，俱成高山，如大冶以南及羊楼岗附近之所见是也。日人图中均误认此层为二叠石炭纪煤系。此次从层次上及化石上得充分证明为志留泥盆纪之物，而与威烈士氏之新滩页岩实堪比拟者也。

阳新石灰岩　本系为灰黑色石灰岩，常成厚层，剥蚀后则多成悬崖绝壁，风景至伟丽。中多燧石，或成结核，或成晶片，为此岩之特征。岩中时含沥青质殊富，在阳新蒲圻南乡及通山一带，竟有以晶片状之煤层而足资开采者。全系含化石殊多。大致下部多腕足类，中部多珊瑚类，上部则以纺缍虫为特盛。此外海百合、苔藓类、头足类等亦甚多。据葛氏一部分之鉴定，有 *Michelina*，*Syringopora*，*Zaphrentes*，*Schizophoria* 等数种，其时代似隶下石炭纪，最上之部或遞嬗而至上石炭纪，未可知也。日人图中皆误以本层属二叠纪，而所谓下石炭纪灰岩仅指江东蕲春一处，实则露出于鄂东之灰岩十之六七皆隶此层。厚度约在四五百公尺左右。

炭山湾煤系　本系为页岩、砂岩、矽质岩及薄层石灰岩等所组成，中挟无烟煤，为鄂东大冶、阳新重要之产煤系。如炭山湾、韦源口、桐梓包以及下陆、保安一带之煤矿是。至武昌、蒲圻、崇阳境内又稍露出，惟分布更狭。在薄层石灰岩中得腕足类、珊瑚类及纺缍虫等化石，据葛氏大略鉴定，有 *Productus*，*Oldhamia*，*Martinia*，*Marginifera* 等数种。全层厚度不一，至多在百公尺左右。

大冶石灰岩　本系以薄层状之石灰岩为主，呈灰白色，间有呈黑色而稍挟沥青质者。其下部薄层性质似更显著，有时成为灰质页岩，且有黄色页岩杂其中。在保安东北，于黄页岩中得 *Gastrioceras Zitteli*，*Pseudomonotis* 化石甚多，其时代当属上部二叠纪。其上部之石灰岩或当属三叠纪。全系厚约四百余公尺。在大冶铁山及石灰窑一带本系分布最广，故名之曰大冶灰岩。向南则渐少。

上述三层为长江流域各地层中最著之一系。此役于三层内均得有化石，则其时代自易确定。此系内之煤层厚薄不一，致有时上下两大灰岩层竟有并而为一之势。鄂东南部已见其端。更往上游，其势益显。威氏统称之以巫山灰岩层，良有以也。然定其时代为上石炭纪，似尚未妥。他日作鄂西之行或有以证其未尽然也。

武昌煤系　本系为页岩、砂岩、石英岩、砾岩等所组成，内含重要烟煤三层，各厚约三四尺。在武昌鄂城一带最为发育，故名之曰武昌煤系。全系约厚五百公尺。最下部为紫色页岩与砂岩，其上有石英质粗砾岩一薄层，与南京钟山顶部之石英质砾岩完全相类。在黄石港之青山湾、蒲圻之孤竹桥及嘉鱼之游家山等处，皆曾采得植物化石，据周赞衡君大略鉴定，有 *Podozamites*，*Cladophelebis*，*Petrophyllum*，*Dictyophyllum* 等数种、皆隶侏罗纪。

灵乡砂砾岩层　本层仅出露于鄂城、灵乡一带，其下与较古地层及闪长岩为不整合之接触，上为斑岩等火山岩流掩覆，厚度无从核计。其中曾得植物化石之零片少许，难资鉴别。其时代仅就与其他地层之关系暂定为上侏罗纪。

白垩纪至第三纪之红色地层　在本区内，此项地层出露不广，不克详究。所见者仅粗砾岩及砂岩等。在通山西北犀港桥附近，本层内夹有杏仁状结构之火山岩流薄层。

第三纪赭土层　本层分布之区，类在低洼之处。其与现代地形关系之深尤甚于前系，溯自沉积迄今，似犹未变易其地位也。

乙　火成岩类

闪长岩　闪长岩为长江流域最重要之侵入岩体。鄂东一带尤为此岩侵入最盛之区，如鄂城、大冶、阳新一带皆见之。其与他类地层接触之处所起之变质作用甚强，铜、铁等矿质随之而生，为成矿之主要母岩。在鄂城以南，闪长岩系侵入于下侏罗纪地层中，而在灵乡，则闪长岩上复有上侏罗纪之砂砾岩层与之不相整合。由是言之，则闪长岩之侵入时代当在上下侏罗纪之间。

斑岩及凝灰岩　斑岩及凝灰岩为中国重要地层之一，无问南北，分布殊广。溯江而上，一见于苏南，再见于皖中，今于鄂东又复见焉。再往上游虽未可知，然在长江流域地质史中固占有重要之位置者也。日人图中以与闪长岩等量齐观，误矣。鄂东出露之处为鄂城西南乡、灵乡一带，成高峻之山岭，峰峦尖锐，山形特异。就出露之部计之，约厚二三百公尺。

三、矿产

湖北矿产，就目下所知，金属有铁、铜、铅、银、锑、锰及砂金，非金属则有煤、石膏、石盐、硫黄、石棉、云母、绿松石等。除煤、铁、铜及石膏等产地较多，将来颇有发达之希望外，其余似皆为量甚微，是否能成为重要之矿业，未敢必也。兹将各矿产之地质及分布等情形综述如左，以供参考（参看第二图湖北矿产分布图）。惟鄂省地质研究未明，矿产地质尤多语焉不详。兹篇所述仅依据前人著作及作者此次在鄂东调查所得，参列而比较之，舛误之处谅必不少，是当待实地考查者之正其误耳。

一、矿产之地质及分布

甲　金属矿产

（一）铁

湖北铁矿就其地质之不同可分为四类。

1. 接触铁矿

本类为湖北最重要之铁矿，亦即我国蕴量最丰、开采最早之铁矿。矿石以赤铁矿为主，杂以磁铁，附生矿物为石英、方解石及斑铜矿、孔雀石等。矿床成不规则之大块体，大多数系生于闪长岩及石灰岩接触之部，故有接触铁矿之称。然亦有全部生于火成岩或全部生于水成岩中者。考铁质之源实自闪长岩。设又有石灰岩与之接触，则含矿溶液每乘此与灰岩起交换作用，巨大矿床遂以成焉。湖北最重要之接触铁矿当以大冶铁山为巨擘。该矿位置于大冶县西北约三十里，东距江边之石灰窑约六十余里。铁矿分布之地，东起铁门坎纱帽翅，中经象鼻山、得道湾，西迄尖山儿、野鸡坪，延长约十公里。其中以象鼻山一区，矿床连续不断，最称丰富。此外则断续不定。矿石以赤铁矿为主，间含磁铁及褐铁。附生矿物以石英为主，若石榴子石等之所谓接触矿物概未发现。矿石含铁颇高，精选之矿铁分皆在百分之六〇以上，最多能达百分之六六。矽分极低，约百分之三至一〇。磷较高，在百分之〇五至一间。硫黄尚少。铜有时甚多，在大石门有多至百分之一至二者，遂使铁矿价值大受损害。本矿面积、矿量，已经前农商部技师丁格兰博士精测，如左表所列。

山　名	长（公尺）	宽（公尺）	高（公尺）	矿量概算（吨）
铁门槛	四一六	四五	四九	四，一二〇，〇〇〇
纱帽翅	一八四	三七	二〇	一三五，〇〇〇
龙洞	二五二	三一	三三	一，一五八，〇〇〇
象鼻山	六七八	九〇	四九	二，〇〇〇，〇〇〇
狮子山得道湾	四四四	五七	四六	五，二七八，〇〇〇
大石门	二三四	七二	二九	二，一九二，〇〇〇
野鸡坪	六〇六	一四四	九〇	八，六九四，〇〇〇
总计				三二，五七七，〇〇〇

据丁格兰博士意，上列之吨数或尚嫌过多。今将已采及中夹废石之部除去，则至少尚有二千万吨。现在除象鼻山一区及野鸡坪一部归官矿局开采外，余皆属汉冶萍公司。

大冶之外，鄂城、灵乡二铁矿亦极重要，而尤以鄂城之交通利便，发展更易。该矿位置于大江南岸，距鄂城县仅三四里，论交通，鄂中诸矿无足与拟。铁矿分布于西雷二山之北坡，矿石为赤铁矿、褐铁矿，与石英共生，成不规则之矿体夹于侏罗纪砂岩、页岩中。地层概向东北或北向倾斜，倾角约三四十度。附近未见有何火成岩，故与真正之接触铁矿似稍有异。然距此约三十里即有大片闪长岩侵入于侏罗纪地层中，或与鄂城铁矿有成因上之关系乎？此矿平均含铁约百分之五十四，矽分极高，自百分之十四至二十四，硫、磷皆极低。据丁格兰博士计算，全山矿量共有一千零二十万吨。现有鄂城铁矿公司领照开采，惟组织尚未就绪，一时恐难出矿耳。

灵乡铁矿在鄂城县西南一百二十里，西距金牛镇二十五里。铁矿成不规则块状产于闪长岩中。矿石有赤铁及磁铁二种，俱质地坚韧不易剥蚀，故多成山顶。闪长岩则深受剥蚀、露出于低处。不整合而覆于闪长岩之上者有上侏罗纪之砂砾岩层及斑岩类之喷出岩。是项火成岩俱成高山。铁矿分布之处甚多，尤以大包山、小包山、鸡子山三处，质量俱佳，最为重要。尚有刘岱山、神山、玉坪山等处，亦皆有矿。矿石含铁颇高，平均约百分之六〇。矽分约百分之一〇，硫黄与磷皆低。故言矿质，实为我国最佳铁矿之一。至论其铁量，则因调查未详，不易精算。据丁格兰博士约计，谓共有六，三四二，一〇〇吨。其中以鸡子山为最多，约有三百八十万吨左右。本矿尚未开采，惟重要矿山已俱为汉冶萍公司及官矿局采购。

此外在鄂城县南约二十里之银山头及广山亦有赤铁矿，俱产于闪长岩中，惟矿量太微、无足称数。广山铁矿含石榴子石甚多，晶形完美，足为接触铁矿之实证。而在大冶、灵乡等处则俱未发现，殊足异也。至西北各县铁矿，成因尚多未明。惟房县西四百里板苍坪南溪沟，据廖君树勋报告，有铁矿脉，宽七八尺，产石灰岩中，颇若为接触矿也。

2. 水成铁矿

此类铁矿系由水中沉积而成，故呈层状。我国直隶之龙烟铁矿，蕴量丰富，其尤著者也。在南方如湖南之宝庆、江西萍乡之上株岭以及云南一带之铁矿，亦多有呈层状者，其成因虽未必全与龙烟相类，而全属水成则无疑义。湖北之水成铁矿甚为少见，现所知者仅宜都县南乡文萃区之写经寺、仙女洞等处，有赤铁矿层，已由官矿局领得矿区，惟因交通不便，一时尚难开采。据该局派员调查之结果，谓产矿地点有三：

（一）在写经寺西南九里，李家山、张家脑、罗家脑等处，距县城八十四里。矿石为鲕状赤铁矿，呈层形，夹于页岩、石灰岩、板岩及红砂岩之间，倾斜甚缓。有矿二层，每层厚自五寸至二尺许，含铁自百分之五六至百分之五八，矿量概算为七九五，〇一八吨。（二）在写经寺东北五里亥坡、燕儿窝等处，距县城约七十五里。矿层有二，总厚自二尺至四尺五寸，含铁自百分之五五至六二，矿量概算约三，四六七，二一四吨。（三）仙女洞西南与五峰县交界之黄家岩、高家岩等处，东距写经寺二十里，距县城九十五里，含铁约百分之五六。此项铁矿之地质及矿床情形尚未经专家研究，不敢悬揣，惟其为水成铁矿则无疑义。观其分布之广博，层次之整齐，而矿质矿量又俱可观，似颇有重视之价值。惟究竟是否适宜于大规模之开采，则非再作精密勘查不能知也。此外松滋、长阳、五峰、巴东、建始、兴山、咸丰等县亦俱产铁。据刘谦君报告，矿床俱呈层形，厚自二三尺至六七尺不等，夹于灰岩与页岩之间。经本地人用土法采炼生铁，用以制农家器具及利器等品。此项铁矿是否与宜都同属一类，尚未证实，姑志于此，备将来之研究。

3. 太古界变质铁矿

据翁文灏氏《中国矿产志略》，竹山县西乡二百里，炉子沟、蔡家沟、孙家沟、跨子银等地有土法开采之铁矿，年产生铁二百四五十吨。矿石为赤铁矿，生于片岩或板岩，层厚自五尺至一丈，其时代似当甚古，或与奉天南部（庙儿沟、鞍山等）及直隶滦县之太古界变质铁矿相似，姑志于此，以待证实。

4. 砂铁

我国河南、福建、浙江等省有砂铁矿，产于近代河流中，与砂砾等质相杂，矿石为磁铁，呈散粒状。考此项磁铁本系散布于古代花岗岩或片麻岩中，其量极少。迨岩石剥蚀，复经流水之冲刷，则比重较高之磁铁遂聚积成矿。虽储量不能甚富，以其开采较易，故本地人多利用之。湖北砂铁矿，知者甚少，尝在官矿局见有罗田县产之砂铁标本，谅必非诬。按豫鄂交界为太古界花岗岩、片麻岩发育最广之区，亦即砂铁矿发源之地。在河南南部，如信阳、罗山、光化等县，砂铁甚多。鄂北与豫南北连，地质亦诸多相似，则砂铁之分布或尚不止罗田一县已也。

（二）铜

就矿床种类之不同，湖北铜矿可分为三类如左。

1. 接触矿床

本类为湖北重要铜矿之一，分布于大冶、阳新二县。在大冶境内者有龙角山、天台山，在县西南约三十里。阳新境内者则有欧阳山、刘许山、韩家山、牛首山等处，皆在县西北五十里白沙铺附近。铜矿地质极为单简，皆产于闪长岩与石炭纪石灰岩之接触带，成不规则之交换矿床。接触处岩石几已全部变为石榴子石，厚达七八公尺，其中杂以铜矿细脉或浸染细粒。富矿之部则纯为铜矿，无石质可见，如龙角山、欧阳山等处所产是。铜矿石为斑铜矿、黄铜矿、辉铜矿、黝铜矿、孔雀石、蓝铜矿等。附生矿物则有石榴子石、石英、方解石、白云石、镜铁矿、黄铁矿及尚未鉴定之矿物多种。龙角山所产多黄铜矿、斑铜矿及黝铜矿，又附有黄铁矿甚多，似已属原生矿床。欧阳山、刘许山则多辉铜矿、斑铜矿，故成分甚高，似尚在次生富集之部。牛首山所产似亦近原生矿床。以上各铜矿昔有益成、大兴等公司开采，规模尚大，曾每日产砂数十吨。现则除牛首山尚归开阳公司商办外，余皆属湖北官矿局，曾于民国八年大事开采，设炼铜厂于富池口。因龙角山地势高峻，而矿量特丰，遂设高线铁路及轻便路，以资运输。开办将一年，因资本不继遂停办。今则欧阳山等处所开直井已多塌陷，所设铁路亦俱拆去、欲 图恢复恐不易易矣。

大冶、阳新一带之铜矿是否丰富，足供大规模之开采，非待精确探勘后不能知。吾人仅依地质学理而论，该处既为接触矿床，矿质之来，渊源有自，而露头分布又极广远，自与偶尔成矿者不同。而照龙角山、欧阳山等处开采成绩言之，矿质成分俱甚丰富，当停办之时，窿内矿石尚多，因资本不继而停，非矿石采尽而停也。更就矿质言之，欧阳、刘许诸山，昔日开采俱尚未尽次生富集之部，则其下当更有原生矿床可知。虽原生矿之质量如何本属未知，惟证以目下龙角山所产矿质之优美，可知原生矿床或亦未可轻视也。

此外阳新东北之铜鋂寺、富池口南之白马垅及白沙铺北之大箕山、李家山等处，沿闪长岩与石灰岩之接触带亦有铜矿，皆经矿商领照试探，惟其价值则更难言矣。

2. 溶液沉淀矿床

此项矿床多成脉形或不规则之浸染体。系由地内含矿溶液浸润岩层，遇有裂隙则充填而成矿脉。或与石灰岩等易溶围岩相遇，则起化学作用而成交换矿床。湖北铜矿属此类者甚多，就其围岩种类之不同及矿床形状之各异，可分为二类。

甲、结晶片岩中之铜矿　矿石呈不规则脉形，产于片麻岩及云母片岩中。最著者为竹山铜矿，在县西邓家台、陈家山，现有五丰公司开采。尚有堰河口、四棵树、神仙居等处，皆为曾经开采之地。其他地点以产铜著者尚不胜计，然大率矿床散乱，无一定形状，脉宽不过数寸。矿石成分，硫化铜及碳酸铜皆有，而尤以产自然铜著名。此外，陨县西之石人河亦有铜矿，脉厚五寸，走向东北，倾斜东南五十二度，产云母片岩中。

乙、石灰岩中之铜矿　此类矿床生于石灰岩中，大抵呈块形或扁豆形。因其大小、厚薄，毫无规则，故本地人名之为瓜籐矿或鸡窝矿。湖北西南部之各铜矿俱属此类，略述如次。（一）兴山石槽河，去县城百六十里。矿生于黑石灰岩中，成扁豆状，成分颇高。交通不便，未采。（二）五峰南五十里界头堡、六里溪及西南九十里湾潭堡、周家堡，前清时曾采，现停。（三）鹤峰东南百余里，九台山、唐家坡、鸿钧洞等地皆有扁豆状铜矿，产石灰岩中。其中以九台山最为著名，昔为濬源公司所经营，光绪二十二年曾出矿石三万斤，得粗铜五千余斤。二十七年休业。（四）恩施东南七十里崇恩乡沙子岭，矿床成块状。光绪年间开采，未见成效。（五）建始县北十五里铜厂坡、石灰岩中有块形铜矿。明清之交开采颇多，用以铸造佛像。后以粗铜运出。今停。（六）咸丰南四十五里袁家沟有扁豆形铜矿，以交通不便未开采。（七）宜恩南乡簝叶村、大散坪、易家岭、人头山等处皆有铜矿脉，宽二三尺。曾有人以土法开采，但交通不便，后即停止。（八）房县西四百里梯儿岩、黑湾等处有黄铜矿，产灰岩中。光绪初年开办，现停。

3. 水成矿床

此项矿床系指呈层形而夹于水成岩层中者而言。若论其矿质之来源与夫沉积之先后，究竟是否真为水成之矿，则因地质研究未明，尚难确定。湖北铜矿之属此类者，据目下所知，似只南障县南二百三十里之荆山附近产地甚多。其尤重要者为铜绿山。地质为石灰岩及似属中生界之红砂岩。铜矿生于砂岩中之辉绿凝灰岩层，走向北四十五度东，倾斜东南三十四度，厚自二三尺至七八尺。矿石为碳酸铜，有黄铁矿共生。民国元年有荆华公司开采，掘有坑道十三处，旋即停止。

（三）铅银

湖北产铅银之地似不甚多。据实业厅案卷及前人调查之报告，则兴山、鹤峰、宣恩、京山、陨西、房县、大冶、阳新、蕲春等县皆有铅矿，其中尤以兴山建阳坪之草鞋掌、吴家嘴、磨坪庵及沿夏阳河、当阳河、白家河等处最为重要。矿地在县治西南六七十里间。方铅矿生于石灰岩中，多成断续不定之矿脉，俗名为瓜籐矿。矿块之大者，如草鞋掌所见，计重不过三千斤。各矿均有商办公司开采，惟作辍无常，产额甚微。鹤峰、宣恩、蕲春、陨西等处亦俱为瓜籐矿，而产于石灰岩或页岩中。虽经矿商试探而迄无成效，谅矿量太微，难资实用耳。

（四）锰

湖北锰矿甚为少见。据实业厅案卷，阳新西北乡有锰矿二处，曾经试探。又阳新城北十五里银山，于石炭纪石灰岩中有锰矿，成不规则之脉形，脉向西北东南，分布颇狭。矿石为水锰矿、硬锰矿等，含铁分甚富。此矿昔经汉冶萍公司开采。自矿山至堤头湖曾筑有轻便铁路一，长约十余里，以资运输。后以矿尽，遂停办。

（五）锑

湖北锑矿更不多见。据刘谦君报告，谓鹤峰、建始二县皆产锑，而以产于鹤峰阳河堡之印坪台及江坪河为稍富。又蒲圻羊楼岗西南十五里之铙家冲、万家山亦产锑。前有广丰、湘盛、宝丰等公司开采，今停。矿石为辉锑矿，产片岩中，脉形颇不规则。闻广丰公司所获矿砂前后约有百吨云。

（六）金

金矿有山金与砂金之别。山金产石英脉中，开采较难。砂金则杂于河砂、石砾之内，淘洗即得。湖北金矿甚少，山金更无所闻。目下所知，仅汉水上流如陨县境内之三柱香、黄家坪、毛窝、土沟等地多砂金。本地人用土法淘洗，再用混汞法制成金团、含金约百分之八十五。每两值六十串文。全年产额约六百五十两。按湖北西北及北部之地质多为太古界或元古界之片麻岩、片岩等，其中颇有含金矿之希望。及被流水冲刷，则往往积聚而成砂金矿床。故欲探采湖北金矿，似当以西、北二部为最有希望也。

乙　非金属矿产

（一）煤

湖北煤矿尚未精密调查，故其地质及分布等情形诸多未悉。此次鄂东之役于煤田地质颇多供献。兹就地质层序分鄂东煤矿为三大类，论列如左。

1. 侏罗纪煤系

侏罗纪地层在鄂东分布之广及其所含岩石之性质已述于前，兹不多赘。现所知之重要煤田则仅见于蒲圻、嘉鱼及武昌、南乡一带。至于省垣及鄂城间之本纪地层，分布亦广，然除黄石港附近之青山湾外，未见有采煤者。或者因其层位较高，距煤过深，故不克开采耳。青山湾闻有煤三层，皆属烟煤。昔经土法开采，现已停办。在蒲、嘉、鱼三县境内之煤田可分为三区。（一）蒲圻西八里许之孤竹桥。底部为紫页岩，其上为砂岩、页岩及煤层，最上则为砾岩。倾角约六十度。走向东北西南，延布甚广。因受褶皱之影响，致地层有倒置之是势。故薄层状之石灰岩反似位于其上。此项关系在蒲圻车站南，沿铁路之两旁观察极明。此处前有广丰煤矿公司从事开采，于民国四五年间曾日出煤五十吨左右。后因资本不继，遂致停办。据矿上人云，堪采之煤有三，皆属烟煤。第一层厚约二尺，第二层厚五尺，第三层厚四尺。自开办迄今，共产煤三千吨左右。由粤汉路运往汉口销售，每吨连脚一元三角。矿上有抽水机、锅炉等设备，并购有新式之钢珠打钻机一座，尚未用过云。（二）神山区。本区位于蒲圻与嘉鱼二县之间。附近地形俱属红土及冲积层所成之小丘。于其底部时有侏罗纪地层露出。倾斜甚平，不及二十度。斜向为西北或正西。分布极广：西至狮子山、石壁山等处，二三十里间皆有其踪迹。向南分布尤广，与孤竹桥实属遥相连接，惟为红土等所覆，致隐没而不得见耳。在神山西南三里许有开源公司，曾耗资本甚距，今已停办。矿上设有锅炉、抽水机及绞车等，颇为完备。越河而北则为嘉鱼属之游家山，有土法办之小矿数处。据矿工云，本系中煤层有九。惟堪采者仅三层，最厚达五六尺。其中之第二层属无烟煤，余皆为烟煤。倾斜西南，倾角颇缓。此外嘉鱼所属之煤矿甚多，如游家山附近尚有亚裕公司，现亦产煤。狮子山东南之虎山则有同益公司，亦正从事开采云。（三）仙人山区。本区位于粤汉铁路山坡与土地堂车站之间。论地质构造，则该处与贺胜桥间，侏罗纪地层成为一大向斜层，走向约近东西。在贺胜桥者，倾斜向北；在仙人山者则向南。在仙人山一端分布尤广，向西经张宫山而至马鞍山、狮子山等处，绵延达二十余里。仙人山之北十余里为黄博士岭之二叠石炭纪煤系。二者之间应有二叠三叠纪灰岩，惟为浮土所掩，致不得见。现在开采者仅有仙人山之大成箴记公司，每日产煤约三十吨左右。由水路连至樊口、金口、保安汉口等处。每吨售价十六吊，除去运脚每吨一吊四百文外，公司净得每吨十四吊六百文（约合银七元左右）。现在开采达十余丈，只开一层。矿上设备甚简陋，茅屋数椽，并无机器。

综上所述，可知侏罗纪煤系在武、嘉、蒲三县分布之广博矣。据此行观察之结果，此项煤田实大有重视之价值，其故有三：（一）侏罗纪煤系在中国南部往往含煤极富，如萍乡即为最著之一例。今武、嘉各属之煤田既属同系，且煤层亦经发现至九层之多，虽厚薄未获详知，然其确含有堪采之煤，则无疑义；（二）煤系地层分布甚广，往往达数十百万里，且褶皱亦不甚烈，倾角往往甚缓，最宜于大规模计划之开采；（三）煤田俱在粤汉铁路之两旁，近者只三四里（如仙人山），即最远者亦不过三四十里（如神山），且有水道足以相济，交通便利。将来之发达，可以预卜矣。凡此优点，皆其荦荦大者。他若煤质之优美（俱属烟煤，据大成公司化验，结果极佳），销路之畅旺，尤其余事也。故蒲、嘉、武一带实可谓为鄂东最有希望之煤田。有志矿业者、盖亦闻风兴起乎。

2. 二叠纪煤系

在大冶、阳新一带本纪为主要之含煤层。因层厚甚薄，分布亦狭，且质属无烟，用途不广，故前途希望殊属有限。现所知之煤田可分为三区。

甲、炭山湾区 包括为沣源口、陈家湾、道士洑、桐梓包等煤矿。因地滨大江，交通便利，故开采甚盛。其中尤以桐梓包之富源公司最为发达。由矿至江仅半里许。该矿创办于宣统三年，于民国七八年时曾日产煤三百余吨，现仅日出煤七十吨左右。俟新开之直井告成，则产额必日增也。炭山湾煤矿由前清余绅创办，嗣因资本不充，遂与法商蒲旭合办，加入资本三十余万，规模甚大，有直井二，机器多种。民国元年五月，黎前总统在鄂督任内收回官办，给赎价银八十万两。初时产煤尚旺，曾月出二百余吨。民国八年矿井被淹于水，遂停办。刻另在附近冯家山用土法开采，恐出煤尚须时日也。此外如沣山之汉顺公司等，皆规模不大，时作时辍，而尤多困于水患，欲求发达恐未易言也。

乙、保安区 保安镇在大冶县治西六十里。煤系露出于镇西，成一背斜层构造。现有煤窑数处，用土法开采，产额甚微。

丙、黄博士岭区 在武昌县南，粤汉路土地堂车站北十里许。露头极狭，为矽质岩及页岩，位于下石炭纪灰岩之上。现有裕楚公司开采，已耗资本十余万元，尚未产煤。近因窿内多水，抽水机力不足，颇有亟亟不能维持之势云。

3. 石炭纪灰岩内之煤系

阳新、通山、崇阳、蒲圻境内此项煤矿甚多。煤质属半烟煤。闻小火轮尚可应用。煤层皆夹于石灰岩之间，厚薄不等，成晶片形。现在开采者，阳新境内有富山之富润公司、普益公司、堰下之协成公司以及排市南之各煤矿皆夹于石灰岩之间，厚薄不等、成晶片形。蒲圻境内有桃花岭之华昌公司。崇阳则有蔡家岩之同心公司。通山县城附近亦有小矿数处。除富润公司有机器设备，规模稍大外，余皆土法小矿，产额甚微。而尤足为发达之阻者，则交通不便，运价太贵，水程仅能于夏季通行，即有佳煤，亦一时无法运出也。

此外如广济之田家镇武穴、蕲春之寅山，亦俱产煤。惟以调查未详，其地质不可得而知也。鄂东而外，西北各属产煤亦丰，尤以荆门道各县为更多。据刘谦君报告，西路二十县中，计产煤者十有二县，而以长阳、秭归、宜都、兴山四县为尤富。巴东、建始、恩施、咸丰等县次之。宜昌、松滋、五峰、来凤等县又次之。长阳所产多无烟煤，即所谓硬煤或铁煤者是也。其产地在长阳河两岸。宜都则盛产烟煤。产煤之区在红花铺及下横积铺一带。秭归产煤之区在沙镇溪内之陕西营、三星店及白马滩、万古寺等处。兴山产煤之区在大峡口沿河一带。巴东产煤之区在青萍乡之绿葱坡、三围子及市厢、纱帽山、麂子岩等处。建始产煤之区在南乡之猫子山、西乡之狮子岩、东乡之石板山。恩施产煤之区在东乡之石灰窑、三叉口，北乡之木贡、木抚等处。咸丰产煤之区在西乡之杨家寨及插耳岩等处。松滋产煤之区在峻极乡之唐家坡、朱家沟。来凤产煤之区在贵帽山、拦马山及袍木坪等处。

襄阳道产煤之区，据廖树勋君报告，以当阳为最多，年产约四千余吨：在县西北百里左右崔家沟、陆家冲及县北二十里九子山。其次为竹山，产地基多，其已开采者为县东二三十里之西爪坝炭岩，年产约一千七百余吨。竹溪产煤之区为县东六十里马鹿山及县西三十里张保沟，年产约一千四百吨。荆门西南九十里之关庙坪亦有煤，年产约千吨。

（二）石膏及石盐

我国产石膏以湖北之应城为最巨。现有官督商办公司开采，年产石膏六七十万元、盐七八十万元。运至汉口之石膏，年达四十余万担。产矿地点在应城县西北十五里许，距京汉路孝感站约百二十里。石膏层夹于红砂岩及绿色页岩中。地层走向东北，倾斜东南七八度。石膏层厚二尺五六寸，其中夹以含盐质之绿页岩，遂将石膏分为数寸厚之小层。石膏层之上尚另有盐层。此项地层之地质时代似为白垩纪或第三纪，因未得化石尚难确定。此外尚有只产石盐之区，最著者为巴东之纸陪溪、长峰等地。石盐产自盐泉。前清咸丰年间开办，颇有成效。洪杨事起中止，光绪二十八年复办，今又辍。其次为长阳之巴山、咸丰之盐井坳及尖山寺等处。地质情形俱未详。

（三）硫黄

湖北硫磺俱产自黄铁矿。阳新县辛潭铺、龙港间及通山县东富有镇附近涂家山、沉水山，石炭纪灰岩内有黑页岩夹层，中有黄铁矿结核甚富。本地人开采甚盛，用土法炼磺，年产约数千担。西路各属产磺亦多，尤以建始为最富。如西乡之九股山、磺厂坪及界石岭等处，计长百余里，均产磺。其他如竹山之圣母山、松滋之峻极乡、五峰之石柱山堡、宜昌雾渡乡之小风村及咸丰东乡之香树漕等处均有之。

（四）石棉

据日人小山一郎《“支那”矿产地》，谓黄安城南十五里有石棉矿，产于绿泥片岩及绢云母片岩中，呈细脉状。地层走向北五十度西，倾斜西南二十度，风化殊烈云。

（五）云母

据实业厅案卷，黄岗还河乡百福区卢家嘴有云母矿，前有大福公司呈请开采，今已停办云。

（六）绿松石

绿松石或称土耳其玉，其成分为磷酸铝，微含铜质。琢磨后用为装饰品。郧县南二百二十里之灵盖寺及西百四十里之金龙山、华全山，陨西县西百里之羊尾山，竹山县东乡五十里之银垌垭、龙洞沟及西乡百里之巧眉垭等处皆产之。其地质未详。矿床系瓜籐矿，大如拳，重数两或数斤不等，产于片岩中。此项矿质虽经开采，而产额甚微，年产仅二三千斤。本地售价每斤自二元至八元。

（七）硝

竹山南五百六十里老农遣产硝土。本地人开采，年产约六百斤。采法先散布泥沙于古硝洞宽阔处，汲洞内含硝之水浸渍之。移时去其水，使硝凝土面，成为硝土。然后移入桶中，加水使硝质溶解，乃于滤桶滤过之，分为硝液与残土二种。硝液入熬锅煎熬，制成净硝。残土则弃入洞中，俟后再采。此外产硝之区，如建始之野山关、长阳之巴山、兴山之大峡口等处，皆经开采。

（八）白云石

大冶石灰窑西南十四里李家坊有白云石矿，呈脉形，而产于灰岩中。最大之脉宽二公尺。此石含碳酸钙百分之六十二、碳酸镁百分之三十三，现经汉冶萍公司开采为冶铁材料之用。年产约一万吨。

（九）各种有用石材

此项石材产地甚多，不胜枚举。论其种类，可大别为三。（一）石灰岩。产地最多，用途亦最广，如烧灰、铺路、作碑、制磨，等等。大概二叠三叠纪之灰岩，因质地纯粹、层薄易采，故开采最盛。如石灰窑之大冶水泥厂即采用之，以制水泥。因其含泥质甚富，近天然水泥一类，故于制造上颇多便利。汉冶萍公司所需冶铁之镕剂亦采用石灰窑附近之灰岩，每年约需七万吨。又大冶铁山所产之大理石，洁白无暇，现有楚泰公司开采，磨制成粉，为粉饰墙壁及碾磨谷米之用。每担售洋一元。（二）砂岩。种类至多。其用于铺路、作碑者大概皆取材于白垩纪或第三纪之红砂岩，因产地最广且又易采故也。（三）花岗岩。如通城附近出产甚丰。

其他如砾岩、板岩等亦间有用为建设者，不克一一列举焉。

二、湖北矿业概观

湖北襟江带汉，居全国中心。风气早开，商务称盛。矿业一端，发达尤早。汉冶萍公司之经营，名著中外，盖不特地利独钟，而交通便利亦与有故焉。尝考湖北矿业可分为三类：（一）官办，（二）官商合办，（三）完全商办。分述如左。

（一）官办各矿

1. 湖北官矿局

创办于民国四年九月，首任督办为高松如。以湖北官钱局之盈余挹注巨款，为创办基金。民国五年十月组织告成，即着手探采大冶象鼻山之铁、湖南安化之锑、江西萍乡之煤、大冶龙角山及阳新欧阳山、刘许山之铜。当时所费达百余万元。及高督办病故，金鼎继为总办，始专注重象鼻山一矿，其他无利之矿暂行停止。经营数年，成绩颇著。于民国九年春开始采矿，是年产矿石四万余吨。今督办为何佩镕先生。矿上布置益臻完备。惟官矿局营业，专为售卖矿砂，而不设炼厂。向恃汉冶萍公司及日本三菱公司为大宗销路。扬子江机器公司则每月仅需数百吨。近以日本震灾发生，该国之冶铁事业遽行停顿；而汉冶萍公司亦有亟亟不可维持之势。故销路前途大受打击。兹将该局自开办迄今历年之产额列表如左。

民国九年	民国十年	民国十一年	民国十二年
四五，六六七吨	一六一，五七五吨	四五，四三九吨	一八〇，〇〇〇吨

2. 阳新炭山湾官煤矿

此矿创办历史已如前述。其历年产额约计如左。

民国五年	民国六年	民国七年	民国八年	民国九年
七〇、〇〇〇吨	六〇、〇〇〇吨	五二、七八三吨	五二、三〇五吨	一九、二一五吨

（二）官商合办各矿

1. 汉冶萍公司大冶铁矿

大冶铁矿发见甚早，千余年前已经开采。用土法冶炼，至今铁门坎一带尚遗有铁渣甚多，约有数十万吨。我国古时用铁有限，今存留铁渣如是之多，可知古时矿业必甚发达。而冶铁时期亦必甚久远也。迨光绪十六年，张文襄创办湖北铁政局，以未得铁矿为憾，盛宣怀乃以狮子山矿区相献。创办之初即借德款五百万两，为建设铁路、置备机器之用。至光绪十七年正式采矿。初时产额甚微，年仅四万吨左右。光绪二十二年，汉阳铁政局改归商办，由盛宣怀经理。狮子山矿区遂复为盛氏所有。省政府所留者仅象鼻山、尖山儿、光山等三处。此为汉冶萍公司与官矿局分立之始。及光绪二十五年，盛氏与日本订立每年供给铁矿十九万吨之约后，产额遂日增。民国二年十二月，该公司与日本银行之大借款告成后，又重订合同。除前约规定外，公司于四十年内应售与日本头等铁矿一千五百万吨、生铁八百万吨，总计矿石须三千万吨。公司为增加钢铁产额计，复于袁家湖添建化铁炉二座，每日能出铁八百吨。汉阳铁厂则有化铁炉四座，每日能出铁七百吨。预计该公司须年产铁矿一百三十万吨左右，始足以供各方之要求（供给本公司新旧铁厂每年约四十八万吨、日本八幡制铁所每年应缴矿四十万吨、日本轮西制铁所暨其他购主每年约十万吨）。然近年产额至多亦仅八十余万吨，输往日本者至多达四十万吨。其不足之数则每取给于官矿局焉。兹将大冶铁矿历年产额列表如左。

年份	铁矿总产额吨	年份	铁矿总产额吨
光绪二十二年		宣统元年	三〇六，五九九
即一八九六年	一七，六〇〇	宣统二年	三四三，〇七六
二十三年	三九〇〇〇	三年	三五九，四六七
二十四年	三七，五〇〇	民国元年	二二一，二八〇
二十五年	四〇，〇〇〇	二年	四五九，七一一
二十六年	五九，七一〇	三年	五〇五，一四〇
二十七年	一一八，八七七	四年	
二十八年	七五，四九六	五年	六四二，五七八
二十九年	二八，五〇三	六年	六三三，三六六
三十年	一〇五，一〇九	七年	六二八，八七九
三十一年	一四九，八四〇	八年	六八六，八八八
三十二年	一九七，一八八	九年	八二四，四九一
三十三年	一七四，六一二	十年	八〇〇，〇〇〇
三十四年	一七一，九三四	十一年	五八〇，〇〇〇
		十二年	

2. 应城石膏公司

石膏为应城特产。民国六年，商人彭又岩组织应兴公司呈部注册，每年报效军饷十万串，许以专利。嗣因产额太多，供过于求，销路顿滞。前后借官钱局债至二十余万串，无法清偿，遂由官钱局郭总办查封备抵，改为应城石膏官局，于民国七年成立。由本地峒商采取石膏，专卖于官局。每年每峒平均收膏三十抬，每抬约值一千二百五十文。至峒商数目暨资本等俱不详。近因官膏局包办之期限将满，由应邑绅商集股本八十万元，组织官督商办之石膏公司，业已批准成立。至其历年产额，因无案可稽难以详述。惟湖北石膏，以应城产为首屈一指。而其产额之大部分又皆输出外省，故倘以江汉关报告之输出量为根据，则应城石膏产额之多少亦可略窥一斑矣。查汉口石膏之输出量逐年增加，约自十万余担（六千余吨）而增至五十四万担（三万余吨）左右，价值自十万两至三十七万两。兹列自民国以来之输出额如左。

年份	输出额（担）	年份	输出额（担）
民国元年	三七五，五八三	二年	四三一，八一六
三年	四七四，〇〇〇	四年	三〇〇，五八四
五年	四四五，〇九九	六年	四五四，〇六四
七年	三三二，〇三一	八年	三三一，四八七
九年	四八七，九四一	十年	四二七，〇二三
十一年	五三八，八九六		

（三）商办各矿

湖北商办各矿之规模宏大者殊不多见。考其原因，则矿产不丰居其半，而缺少资本，时作时辍，亦居其半也。兹将重要各商矿列其名称地点等如左。

名称	楚裕公司	鄂城铁矿公司	富源公司	富润公司	广丰公司	开源公司	五丰公司	五盈公司
种类	煤	铁	煤	煤	煤	煤	铜	铜
地点	武昌黄博士岭	鄂城西雷二山	大冶石灰窑桐梓堡	阳新龙港镇富山	蒲圻西孤竹桥	蒲圻神山	竹山邓家台	竹山陈家山
备考	苦于水患，尚未产煤	创办伊始，尚未开工	日产煤七十余吨，获利甚厚	已停，耗资甚巨	停工已久，耗资甚巨	停工已久，耗资甚巨	民国二年接办，近状未详	近状未详

以上各矿资本皆在十万元以上。矿上设备有抽水机、锅炉、引擎等项。惟采矿方法尚多幼稚，而办理又多不善，因之获利者少。其他商办小矿，据实业厅矿卷所载，不胜枚举。其资本俱不过数千元以至数万元，纯用土法开采。然往往亦能获利甚厚。如武昌之大成公司即其一例。此外有虽经立案而迄未开工，或已经呈请而无力经营，遂弃置不顾者亦甚多。因调查未遍，不克知其详也。兹将有案各矿详列其地点、名称、矿区等如左表。

三、湖北矿产表

（一）江汉道

县名	种类	地点	矿权者	呈请年月	注册年月	矿区面积	探矿或采矿
武昌县	煤	南乡黄博士岭，屈驾山，铁门坎	楚裕公司 杨缵绪	十一·七·二十二	十一·十二·廿五	八九四亩四分九厘	探
	煤	相东里杨家山	邓瑞庭	七·五·八	尚未注册	二七三亩	探
	煤	南乡仙人山，烂木桥，张公山	大成公司 成序庠	九·十一·五		四五四亩八分五	探
	煤	南乡湘东乌龟山，甲板山，杨家山	顺昌公司 丁竹亭	十二·五·七	尚未注册	三〇四亩三分二	探
	煤	南乡象一里懒步桥，七星树，徐家山等处	晋昌公司 阮英豪	十二·九·三	同上	四二五亩九分	探
	煤	方家山	朱廷佐	十·七·二十六	同上	五三七三亩二六	探
	煤	纸坊附近，砂子岭，龙王庙等处	裕华公司 柳绍华	十·六·六	同上	六三八亩五分	采
蕲春县	煤	沛源口睡虎地	潘焱奎	五·十二·九	六·三·二十一	七五亩八分	采
	煤	安平乡迎山	大富公司 程光铨	七·四·三十	七·六·一	三〇四亩七分一厘	采
	煤	南门外筲箕窪，张家山等处	苏长庆	七·十二·三	尚未注册	二七二亩	探

续表

县　名	种类	地　　　　点	矿　权　者	呈　请　年　月	注　册　年　月	矿　区　面　积	探矿或采矿
鄂城县	煤	符石市妙胜寺，山螺丝地	和丰公司 刘业吉	六·十二·七	八·二·十四	四八七亩	探
	煤	大担山	裕隆公司 普吉安	七·八·三十	八·五·十一	四九九亩	探
	煤	洪道乡二里磨山	裕兴公司 张业勤	八·五·十	八·十·六	二七三亩	探
	煤	磨山脚下	义丰公司 徐芳	七·六·二十八	尚未注册	二〇亩	探
	铁	月亮山	王玉奇	八·八·四	同上	二〇五亩五分	探
	铁	西雷二山	鄂城铁矿公司代表王遇甲	八·一·十四	十二·五·十一	四五八亩	采
咸宁	煤	上十一都栗林塘，牛乳坪，茶坳岭，马面山	同益公司 夏道南	九·二·十六	尚未注册	一四一六亩五分	探
	煤	三都区东乡石磊壁	李霍邱	八·四·二十八	同上	四八五亩	探
大冶县	煤	下陆申明堡，陆家湾	钰兴公司 李荆铸	四·四·二	六·四·二	三六三亩九分	采
	煤	东乡白填堡，叚家山，距道士袱八里	广利公司 冯开濬	六·十二·十六	七·五·二十二	三六七亩九分	采
	煤	马叫堡，阴山沟	信成公司 刘廷选	七·一·三十一	七·八·一	二八八亩六分	采
	煤	石灰堡，中窑湾，猫儿肚	石保公司 万季海	七·五·一九	七·八·二十	二方里二〇九亩九四七年七月	采
	煤	东乡石灰窑，关王堡，大路沟	富华公司 胡临幅	三·七·十六	五·九·十三	三一二亩九分	探
	煤	石灰窑，关王堡，大路沟	富华公司 司涂瀛洲	六·八·八	七·二·十九	一二〇五亩四分八	采
	煤	北乡土硚堡，李家冲	李爕寿	六·三·二十四	六·七·二十四	九五亩三分	采
	煤	下陆枫树堡，茅窝	华利公司 解震时	六·三·一二	六·九·七	四〇六亩一分	采
	煤	下陆金桥堡，陆家铺，煤炭山	昌大公司 梁金栋	六·五·十四	七·一·二十三	二七三亩三分	采
	煤	石灰窑，大路沟，仉家山	惠通公司 汪国斌	五·十二·廿八	七·四·二十四	二三五亩	采
	煤	东乡石灰堡，太平苍等处	富源公司 周孚	六·十二·十九	七·十一·廿六	八五九亩三分九厘	采
	煤	马叫堡，下角上，西山	冯光祖	七·六·二十六	七·九·一	三五一亩	探
	煤	黄石港宝岩山下	梁卫华	七·六·五	七·十二·一	一〇九亩八分	探
	煤	东乡袁家湖，黄思湾，殷家大园	丛林义记公司 肖延长	七·六·五	八·三·十七	二八六亩	探
	煤	东乡道士袱，白坟堡，柳家山	徐煦光	六·十·六	八·三·十七	三三五亩	探

续表

县名	种类	地点	矿权者	呈请年月	注册年月	矿区面积	探矿或采矿
大冶县	煤	下陆枫树堡，十五把刀山	大成公司 叶大年	六·四·三	八·十一·十一	一五三亩六分	探
	煤	保安金山堡，童子垴	柯化龙	八·六·二十六	八·十二·一	三〇一亩四分	探
	煤	黄石港申明堡，新山	光孚公司 冯仰京	八·二·十七	九·一·十一	二七〇亩五分六厘	探
	煤	东乡黄石港流水里泉塘堡	同兴公司 张业勤	八·四·二十二	九·十一·六	三四四亩七分	探
	煤	西乡，保安金山堡，钟山头	华宝公司 万树春	八·十·二十二	十·三·一	一方里二三亩五分	探
	煤	西乡，保安金山堡，大细团墩山	玉麟公司 张正旭	八·十·十七	十一·三·一	五〇二亩	探
	煤	东乡石灰堡，黄柏湾，韭菜岩等处	宝地公司 郭崇任	七·二·七	尚未注册	二八九亩	采
	煤	东乡汪仁街，尚和堡，回龙山	天福公司 路品兰	十一·四·三十	同上	三三一亩七分	探
	煤	东乡道士袱，苗矶堡瞿家湾，长脚山等处	大有公司 宋钝公	九·九·二十九	同上	四〇〇亩三分	探
	煤	东乡枫树堡，马家岩，曹家庄及白坟堡	汉顺公司 李开优	十一·七·二十一	同上	九一三亩	探
	煤	东乡白坟堡，罗家湾山等处	利源公司 刘国锐	九·六·十一	同上	四七二亩	探
	煤	东乡汪仁街，申明堡，青山湾，松树脑	王辉斗	八·九·九	同上	三二二亩	探
	煤	南乡姜桥堡，正方堂山	宝源公司 刘人祥	八·五·二七	同上	一方里二四亩	探
	煤	东乡石灰窑，关王堡，野猫洞	惠通公司 汪爵廷	七·十一·十二	同上	二七八亩三分	探
	煤	西乡土桥堡，金家岩	裕源公司 柯子峰	七·八·十七	同上	二七四亩二分	探
	煤	西乡保安，横山堡，罗汉现脐，煤山	邓瑞庭	七·八·四	同上	三七二亩七分	探
	铁	北乡铁山堡，象鼻山，龟山，东方堡，老鼠尾等处	官矿局	七·四·十九	七·四·十九	二三七亩	采
	铁	北乡东方堡，尖山	官矿局	七·四·十九	七·四·十九	六十八亩	采
	铁	申明堡，峰烈山	官矿局	八·五·十八	八·六·二十一	二四九亩九分二厘	采
	铁	申明堡，大岩山	官矿局	八·五·十八	八·六·二十一	一一五亩四分五厘	采
	铅	南乡姜桥堡，宋胡李山	宝源公司 刘人祥	七·四·九	七·九·二十六	四七六亩七分	采

续表

县　名	种类	地　　点	矿权者	呈请年月	注册年月	矿区面积	探矿或采矿
阳新县	煤	沣源镇沙池口	宝源公司 刘人祥	六·四·四	六·十二·十	二七三亩	采
	煤	沣源口沣山	汉顺公司 陶炯照	九·十·十五	十·十一·一	二七三亩六分	采
	煤	龙港镇富山内之狮子山	富润公司 余镜清	四·十一·十七	八·六·三十	二〇一三亩四分六厘	采
	煤	龙港镇富山亚坝地，复园等处	普益公司 黄国英	八·六·二十	九·六·十五	九五二亩六分	采
	煤	北乡沣源口善福里，大林侧，大瑙山	德昌公司 彭石琴	五·十一·六	六·十二·十二	六二四亩九分	探
	煤	沣源口金竹窝	兴盛公司 赵振甫	四·十一·二十三	七·四·十六	二七三亩八分	探
	煤	丰义里柯家山，王家山，蔡家山	胡玉峰	六·六·二十二	七·六·六	三一四亩三分	探
	煤	北乡善福里禹门山	裕利公司 熊树勋	六·十一·十三	八·四·十六	二八三亩	探
	煤	白岩山栗岭	协兴公司 张文石	七·八·二十	八·十·二十一	二九五亩五分	探
	煤	沣源口罗汉山	裕兴公司 尉迟福	七·五·三十	九·六·十一	二九二亩五分	探
	煤	南乡下阳辛里渡口吉老岩	美利公司 骆效忠	九·八·十七	十·十二·一	五一五亩二分	探
	煤	龙港镇上千里，石毛坑，大造颈	协成公司 萧恒益	七·十一·二	十·十二·一	三〇一亩四分	探
	煤	丰义里大嶂山	新益公司 田裕敬	十一·一·七	十二·二·一	二八八亩一分	探
	煤	丰义里甑蓬瑙，吴家海	兴国公司 梁绍鸿	九·五·十四	十二·三·一	三四〇〇亩	探
	煤	县北四十五里丰义里柯家山	兴益公司 李圣支	十·五·十九	尚未注册	三一四亩三分	采
	煤	沣源镇善福里佛烟冲	济有公司 汤丙南	七·四·二十四	同上	二九八亩	采
	煤	北区丰义里李家小港，柯家嘴，柯家山	李彬如	十·二·十二	同上	二九九七亩五分	采
	煤	北区丰义里张友冲，张家山	黄季伟	十·二·十七	同上	三五〇〇亩	采

续表

县名	种类	地点	矿权者	呈请年月	注册年月	矿区面积	探矿或采矿
阳新县	煤	北区丰义里赵家山，蔡家山，柯家山	谢薰圃	十·二·五	同上	九四六亩	采
	煤	北区丰义里上蔡家山	汪龙泉	十·三·二十二	同上	六五五亩六分七	采
	煤	太子庙，谢瑜山	开源公司 丁立中	七·五·十三	同上	四九九五亩	探
	煤	太子庙藕塘湾	仝前	七·五·三	同上	三一三亩三分	探
	煤	两乡大畈镇，吉口里，梓木林，石艮山	复兴公司 袁一伟	十一·六·十九	同上	二七五亩一分	探
	煤	丰义里金相圆，石家畈，丁家山	隆昌公司 胡文卓	八·一·十八	同上	二七五亩一分	探
	煤	金箱圆，丰叶里，黄家山等处，县东北五十里	雲成公司 胡文卓	九·三·六	同上	二方里	探
	煤	龙港镇黑壳林	宁富公司 忻葆芬	八·七·二十	同上	三九三亩七厘	探
	煤	慈口镇北山岩	陈清平	八·十二·四	同上	二七五亩	探
	煤	东北乡丰叶里，金厢圆，小了山	金丰公司 解金星	九·五·四	同上	四七〇亩三分四	探
	煤	南乡富池口鸡笼山	藏兴公司 柯荫兰	九·十一·二	同上	三九四亩	探
	煤	木港镇大石项（即朱家段）	石崇华	九·十一·十九	同上	三三〇亩	探
	煤	燕厦镇宝塘乡宣教里高家山	集成公司 王清人	九·十二·二十四	同上	二八五亩	探
	煤	排市镇筲箕窝王璃山	明锦昌	十·三·二十五	同上	三八九亩四分	探
	煤	清源镇善福里永兴堡，狮子岩	瑞华公司 罗定华	十·六·十四	同上	三〇四亩七厘	探
	煤	龙港镇辰山	宝源公司 周荣堃	十·十二·二十九	同上	三一三亩九分	探
	煤	清源镇善福里永兴堡	协济公司 雷定宇	十一·五·二十	同上	三〇四亩七厘	探
	煤	北乡上丰乐里锡坪山煤炭包	宝兴公司 陈凤朝	十一·十一·八	同上	三四四亩	探
	煤	八相镇福庆里阚家冲，陈家山等处	义福公司 陈炳炎	十一·十二·五	同上	三七七亩四厘	探
	煤	堰下镇下迁里曹头，大泉造等处	广益公司 萧恒益	十二·一·二十二	同上	三〇五亩	探

续表

县名	种类	地点	矿权者	呈请年月	注册年月	矿区面积	探矿或采矿
阳新县	煤	县东北四十里宣化里周宝湾	辅农公司 袁学勋	十二·四·二十八	同上	二七〇亩	探
	铜	北乡牛头山	开阳公司	十二·二·六		四五六亩	探
	铜	北乡永城里下山龟	宝源公司 刘人祥	七·四·九	八·一·一七	九一亩	采
	铜	北乡长乐源上丰乐里洪李田山	宝源公司 刘人祥	四·十一·十六	五·四·二十六	四九八亩	探
	铜	北乡大箕铺永城里熊饶山	刘人祥	七·四·九	八·一·十七	二八〇亩	探
	铜	北乡丰义里铜矿寺	刘人祥	七·四·九	八·二·二十	二〇〇亩六分	探
	铜	北乡怀仁里铜绿山	益成公司 万彬	三·九·二十二	四·六·三十	七八亩六分九	探
	铜	北乡崇仁里欧阳挖绿山	大兴公司 万彬	四·九·二十	五·八·一	九五亩〇二分	探
	锰	西乡福庆里半等坑	方桂芳	七·八·二十	八·三·七	一方里四二一亩九分	探
	锰	北乡丰叶里松山岭	方桂芬	七·八·二十	八·三·七	一一三亩七分	探
	铅	南乡富池镇兴教里封三洞山	宝源公司 刘人祥	六·四·三	八·十一·六	二九六亩	探
蒲圻县	煤	白纯团崇林山及孤竹桥团鱼凸一带	广丰公司 劳用宏	五·十二·二十三	六·二·十九	七二三〇亩	采
	煤	神山镇大山头及磨盘山	开源公司 丁立中	七·十一·二十二	八·一·二十一	四九九五亩	采
	煤	石坑变坵团，大贵团，张家堂，茅屋山	吴荣鬯	八·五·二十九	九·五·六	四五四三亩	采
	煤	崇阳交界崇洪堡雪峰山	恒丰公司 王从吾	四·五·八	五·一·二十九	二七〇亩	探
	煤	北乡西良山	通裕公司 夏维和	四·九·二十四	五·二·十四	二七一亩四分	探
	煤	东北乡饶山，徐家湾，吴公山，鸡冠山，火又山等处	韦伯敏	五·八·八	六·二·二	二九二亩六分	探
	煤	城南大田团饶钹颈，老虎岗	江选三	六·八·三十一	六·十二·十四	一八三亩	探
	煤	城西白纯团栗水凸	陈石皓	六·四·二十一	六·十·六	二七六亩九分八厘	探
	煤	城东荆沙团黄鹰岩	王炜	四·八·十六	七·六·六	二九四亩六分七厘	探

续表

县名	种类	地点	矿权者	呈请年月	注册年月	矿区面积	探矿或采矿
蒲圻县	煤	神山池江团虎山，大山等	同益公司 夏道南	七·五·二十一	七·七·二十三	一方里四九亩四分	探
	煤	新店杨林团伊家山	周庆源	八·三·七	十·十·一	四九四亩六分	探
	煤	东乡石坑叶家山老张坪	余道明	十·五·十四	十一·七·二十五	五一九亩七分	探
	煤	结子冲，七里冲	唐仁津	九·三·十九	尚未注册	一一二九亩	探
	煤	县南大田团凤凰山（距县四里）	裕众公司 张镁绪	九·三·八	同上	一四九〇亩	探
	煤	县东十里龙矿冀家山（县东十二里）	乾惠公司 郝秉乾	九·七·十六	同上	五百余亩	探
	煤	东乡南琴团茅栗山，香炉山（距县八里）	莼东公司 汪景文	十·四·二十一	同上	二八四亩六分	探
	煤	县西南车埠萧团乡老妈山（距县三十里）	楚利公司 李绍泌	十·十一·二	同上	四六〇亩	探
	煤	县东北南勤团张家山，团山堡（距县二十里）	同利公司 汪寿春	十一·一·五	同上	二七五亩八分	探
	煤	县西车埠斗门团美蓉山，松林山（距县十五里）	合隆公司 王闻新	十一·五·十一	同上	三三八亩八分	探
	煤	东乡石坑土桥团倒坡山	振兴公司 郝季贞	九·八·五	同上	一〇二三亩一分七	采
	煤	西乡车埠萧团炭坡山	幼星公司 袁幼堂	六·十二·六	同上	二七九亩八分	采
	煤	东乡南勤团内倒坡山，桃花尖，张家山	南勤公司 许葆英	八·五·二十七	同上	五三九亩一分	采
	煤	南乡金狮观金家村附近将军山（距县二十里）	合群公司 周孟阳	九·六·十五	同上	三四二七亩	采
	煤	西乡官田团高楼山，丁家山（距县二十七里）	合隆公司 王闻新	十一·五·十一	同上	三四三亩	采
	煤	团包山	福记公司 王炜增	七·五·十	同上	一二四〇亩四八	探
	煤	羊楼峒饶家冲	湘盛公司 陈石皓	六·十二·三十一	同上	四九〇亩	探
	煤	东乡南芹团乌龟冲	龚振先	七·七·二十二	同上	四二二亩	探

续表

县名	种类	地点	矿权者	呈请年月	注册年月	矿区面积	探矿或采矿
蒲圻县	煤	北乡神山马狮团牛头山	震兴公司 覃寿征	七·九·十五	同上	八四三亩	探
	煤	北乡神山镇凤凰山	同前	七·九·十五	同上	五五二亩	探
	煤	城东荆沙团桃花岭	许绍猷	七·十二·九	同上	二三〇亩五分	探
	煤	神山方桥团毛毕袁	但春芳	八·四·二十二	同上	四方里二〇六亩四分	探
	煤	东乡王家坡，金家山	振兴公司 章卓	八·十·十七	同上	二八六亩	探
	煤	石坑官塘双丘团内竹园里巴茅铺（距县四十里）	张镁绪	八·十二·三十	同上	二八八七亩	探
	锑	万家山	宝牛公司 汤永镕	八·八·七	八·十·一	七七亩	采
嘉鱼县	煤	东乡盛家海乌龟雌	正裕公司 黄寿卿	七·一·六	七·五·二十七	三十七亩	探
	煤	米埠乡邵里烟竹塘琶驾山	兴国公司 张殿清	六·十一·九	七·十·二十一	三百三十五亩三分	探
	煤	东寿里乌龟雌	张树棠	七·七·十八	八·六·十六	八方里三九八亩四分七	探
	煤	东乡丰里任家桥	张士冕	七·七·十八	八·六·十六		探
	煤	东乡丰里硃砂桥洞山	李德杨	七·七·十八	八·六·十六	八方里一五九亩六分	探
	煤	狗尾山，虎山	同益公司 夏道南	七·八·十	八·八·七	二方里二一一亩七分	探
	煤	猫儿巷龟山	同前	七·七·二十六	八·十二·十二	二方里二一四亩四分九	探
	煤	陡壁山，东树垴等	邓焯开	七·五·九	尚未注册	二方里四十亩三分	探
	煤	南乡邵里香炉山，张家冲等地	利兴公司 李树人	十一·十·二十	同上	二七五亩八分	探
	煤	周家桥	张达爱	八·六·十一	同上	四六亩	探
广济县	煤	宁东乡第九区梅家府之府堂脑，横山，大钯山	华宝公司 刘寅熙	八·九·九	九·九·四	三二一亩九分	采
	煤	灵东乡烈马回头山亦名塔洞山	田裕致	三·九·三	六·十·一	二七九亩	探
	煤	迎山中坳	大信公司 何震楚	六·十二·二十六	七·三·十三	一五四亩二分一厘	探

续表

县 名	种类	地 点	矿 权 者	呈 请 年 月	注 册 年 月	矿 区 面 积	探矿或采矿
广济县	煤	第十区	沈化夔	七・二・十五	八・一・十一	一千零六十六亩	探
	煤	林东乡张家洼跑马埒山	宝源公司 刘人祥	八・三・八	九・二・二十六	三七一亩	探
	煤	迎山中	丁瑞霖	十・七・十七	尚未注册	五三四亩六分	探
	煤	寅山大坳豪子凹	郭鋆	十二・五・十四	同上	二九五亩二分	探
	煤	灵东乡凤凰山	蔡美章	八・九・三	同上	二八五亩七分	探
	煤	灵东乡第九区干家山	李晓山	八・九・五	同上	三一八亩一分	探
	煤	灵东乡石步岭	陈馥堂	八・一・六	同上	二五七亩二分	探
	煤	灵东乡仓库山	田裕敷	八・一二・八	同上	三七五亩六分	探
	煤	灵东乡大坳山	罗承烈	一・九・十二	同上	二七五亩八分	探
黄 安	铜	北乡豆腐沟	久大公司 涂道金	八・十・一	九・七・十一	四二五亩七分九厘	探
黄 岗	雲母	还河乡百福区卢家嘴松山	大福公司 杨子丰	六・八・十八	七・四・一	五三亩七分	探
崇 阳	煤	三山堡狮子山	善群公司 周孟阳	八・九・二十四	九・二・一	二百七十八亩	探
	煤	北乡崇洪堡蔡家岩	同心公司 万锡圭	十一・五・二	尚未注册	三〇八亩七分五	探
通 山	煤	永安下乡第七区石航山大塝	振兴公司 叶逢润	十・四・十六	十一・三・十五	三八三亩九分	探
	煤	富有镇白石岩	陈鹤鸣	十二・三・十六	尚未注册	三六 〇亩	探

（二）荆门道

县 名	种类	地 点	矿 权 者	呈 请 年 月	注 册 年 月	矿 区 面 积	探矿或采矿
宜都县	煤	文华乡郑家脑	信义公司 王辉山	七・十一・十八	八・七・二	八百亩	采
	煤	文华乡轿子岭	太极公司 赵雨仪	八・五・三十一	八・九・五	二方里一七〇亩二分六	采
	煤	文华乡柘树湾	义胜公司 王光荣	八・七・三十一	八・十二・十二	一方里七五亩	采
	煤	南乡写经寺香炉岩	楚裕公司 李承宗	七・七・十六	十・五・一	一〇五二亩八分	采
	煤	文华乡江家湾	福兴公司 刘德清	八・五・十五	九・二・十五	四〇一亩五分	采

续表

县名	种类	地点	矿权者	呈请年月	注册年月	矿区面积	探矿或采矿
宜都县	铁	南乡写经寺西南张家脑，李家山，罗家脑	官矿局	八・九・二十	八・九・二	三方里三三三亩一分	采
	铁	南乡文华区写经寺东北广坡，燕儿窝	官矿局	八・九・二十	九・二・一	六方里四九四亩	采
	铁	五峰仙女洞西南黄家岩，高家岩	官矿局	八・九・二十	九・二・一	二方里六七亩	探
	煤	凸家坡	福兴公司 刘西伯	八・六・十三	尚未注册	三二四亩	采
	煤	文华乡将军岩	新民公司 张梓琴	一・一・一二	同上	三七〇亩三分	采
	煤	文华乡丁家坡	刘滋生	十二・二・七	同上	三二〇亩	采
	煤	南乡大花山岭	杨逸安	九・四・三	同上	二九三亩	探
秭归县	煤	狮子坝	大兴公司 蔡国葆	十・十一・十八	十一・四・一	九方里八亩三分	采
	煤	香溪乡万古寺	归兴公司 邓日初	七・五・九	八・二・八	一〇三二亩	采
	煤	泄滩乡龙嘴湾	余鸿宾	六・二・一	七・八・十一	四五亩四分	探
	煤	香溪乡扇子岩	向必旦	六・一・十一	九・一・一	三〇八亩	探
	煤	黄岩	余惠源	七・一・五	七・一・五	二八〇亩	探
	煤	杨麻坡	郭芳圃	十・十・二五	十二・一・十五	二八〇亩	探
	煤	泄滩乡龙嘴湾	向长顺	六・一・三十	六・十二・十四	三〇亩	探
	煤	泄滩乡柳树湾	向立斋	六・二・十七	六・十二・十四	二四五亩	探
	煤	北岸三闾西乡黄岩，狮子岩	益新公司 杜燮中	十一・十・二十三	尚未注册	九五九亩	采
	煤	新滩峰洞岩	吴耀戬	七・十二・十	同上	八一八亩	探
	煤	三闾乡杨柳池	益新公司 杜燮中	八・三・十六	同上	三〇六亩七分	探
	煤	新滩北岸距川河三四里青杠坪	川源公司 李敏斋	九・二・二十一	同上	三一七亩	探
	煤	童庄乡榨岭坡	吉丰公司 王大庆	九・六・一	同上	一一二五亩	探
	煤	香溪乡贾家店	志成公司 周绍濂	九・一・十八	同上	三〇九亩六分	探

续表

县名	种类	地点	矿权者	呈请年月	注册年月	矿区面积	探矿或采矿
兴山县	煤	南乡五甲游家河	归兴公司邓日初	七·五·九	八·二·八	九三一亩	采
	煤	大峡口林家山	利济公司王翥	八·五·十五	尚未注册	五方里五四亩	采
	煤	泗湘溪上堡坪，下堡坪	周秉伦	八·四·一	同上	七二八亩九分	探
	煤	大峡口	向必岘	六·八·十三	同上	六一亩	探
	铅	铅铜坡	刘盛熙	六·十二·二十八	同上		采
	铅	草鞋掌	四兴公司麦秀石	四·七·二十四	同上	三一三亩	探
鹤峰	锑	望水台	民信公司汤茹芬	四·十二·三十一	五·十一·二	二七八亩半	探
咸丰县	铜	丁寨大茅坡	尹援一	六·七·二十	六·十二·七	二四七五亩四分	探
	铜	茶园沟，张家坪，天宝仓	尹援一	六·七·二十	六·十二·七	一七六六亩二分	探
	铜	平阳里小溪湾	唐家模	七·三·三十	尚未注册	一二八七亩	采
建始	铅	南乡六大拐山	建华公司涂道金	四·一·二十	五·四·二十六	十五亩	探
	铜	下坝观马鹿山	何佩瑛	六·七·二十	六·十一·十六	一五三亩九分	探
长阳县	煤	资丘镇麻栗松岭	和记公司何炳杰	八·六·一九	尚未注册	七方里八二亩五分	探
	煤	鄢家舵	蒋彦	八·七·十四	同上	六方里三七〇亩	采
远安	煤	西乡石桥坪	远坪公司严孔达	十一·十二·三一	同上	二八八亩四分	采
巴东	盐泉	北乡长峰，距长江一二〇里，有水路可通	邓玉麟呈报	十一·十二·三一	前清咸丰年间开办，颇有成效。洪杨事起中止。光绪二十八年复办，又辍		
	铜	近圣区万户沱	李昌祚	六·九·十八	七·五·一	二四九二亩五分七	探
松滋	煤	峻极乡煤炭沟	信成公司王耀山	八·七·三十	八·十二·一	九百亩	采

（三）襄阳道

县名	种类	地点	矿权者	呈请年月	注册年月	矿区面积	探矿或采矿
竹山	铜	丰石洞	华兴大成二公司李承宗	五·六·十五	五·十二·十八	一五六亩三分	采
	铜	陈家山房后	五盈公司宋炜臣	七·三·十七	七·五·十六	七二亩二分六	采

续表

县名	种类	地点	矿权者	呈请年月	注册年月	矿区面积	探矿或采矿
竹山	硫黄	县西一百八十里丰镇圣母山	张凤翙	九·一·二十二	尚未注册	六十八亩	采
房县	铜	南乡南阳河，宋洛河，归后山坪堡	五富公司宋炜臣	七·九·二十二	十·二·十五	八十亩	采
	铅	南乡宋洛河，银洞湾	五富公司宋炜臣	十二·四·十三	尚未注册	七八亩二分	采
当阳县	煤	观音寺，小河西，和尚坡	通惠公司刘朝觐	九·七·十二	同上	二五九亩九分	采
	煤	北乡观音寺贾家堰	合群公司王保授	十一·四·八	同上	二七一亩五分	采
	煤	观音乡崔家沟	向直臣	十二·一·六	同上	三七六亩四分五	采
荆门	煤	关庙坪	向永盛	五·八·二十五	六·五·五	七〇亩八分五	采
	煤	双河口洞沟山	陈庆光	八·七·三	九·二·十五	三二七亩四分	探
南漳	铜	丁家沟	卢政	九·六·八	尚未注册		采
郧	绿松石	西乡丰水堡，大寺沟脑，吴家山	宝兴公司夏敬亭	十·十·十八	同上	五十二亩	采
京山	煤	宋河镇天保山	徐鸿恩	十·七·十二	同上	三九四八亩七分五	探
	铅	张殷凹山宝兴厂	陈凌汉	四·七·二十八	五·一·二十九	一〇六亩三分八	探
郧西	绿松石	朝阳堡，龙家凹，羊尾山	王秉钧	五·十二·十四	八·十一·一	十六亩	探

照上表所列，商办各矿俱呈请于民国三年以后，而尤以民国七八年为最盛。盖当时矿业条例新经颁布，矿业前途颇有刷新振顿之气象。习尚所趋，投资者遂甚踊跃。近年以来，军书旁午，民穷财尽，凡百事业俱在停顿之中。因之矿业亦大受影响，故民国十一二年间呈请立案者遂不数数见矣。

四、矿区面积

农商部矿政司曾计算全国矿区之面积，截至民国十年六月止，共有三千七百三十八方里，即二，〇一八，六一六亩。其中以山东为最多，约有七二三方里。湖北则居第十三位置，共有七〇·二五方里，约居全国总数百分之二弱。列详表如左、

民国三年至十年湖北各类矿质之矿区面积表　以方里计

铁	一一·七七三	铜	三·八六三	铅	一·四五九
锑	〇·一四二	砒	〇·六五三	锰	一·九九二
煤	五九·二三三				

为比较各县矿业之盛衰及矿质之种类起见，特就上列矿表计其矿案之多少，列总表二如后。

五、产额

湖北矿业尚属幼稚，新式矿厂寥寥无几。其土法小矿则作辍靡常、组织不备，故欲精计其产额，颇非易易。兹据农商部地质调查所，以民国五年为率，约计全国产额之数列其关于湖北者如左。

金	六五〇两	铅	三吨	铜	二作[1]
铁砂	五七二，〇〇〇吨	锰	五〇〇吨	生锑	五〇〇吨
铁	一四二，〇〇〇吨	硫黄	五吨	白云石	七，六〇〇吨
煤	二二五，〇〇〇吨	石膏	二七，〇〇〇吨		

[1] 原文如此。——编者注

已注册各矿表

道名	县名	煤		铁		铜		铅		锰		锑		云母		绿松石		总计
		探	采	探	采	探	采	探	采	探	采	探	采	探	采	探	采	
江汉道	武昌	1																1
	鄂城	3			1													4
	嘉鱼	7																7
	蒲圻	10	3										1					14
	阳新	10	4			1	5		1		2							23
	大冶	14	7		4				1									26
	通山	1																1
	黄安					1												1
	广济	4	1															5
	蕲春		2															2
	黄岗													1				1
	崇阳	1																1
襄阳道	房县						1											1
	竹山						2											2
	荆门	1	1															2
	陨西															1		1
	京山							1										1
荆门道	宜都		5	1	2													8
	松滋		1															1
	秭归	6	2															8
	兴山		1															1
	建始					1		1										2
	咸丰					2												2
	巴东					1												1
	鹤峰											1						1
	总计	58	27	1	7	6	8	2	2		2	1	1	1		1		117

已呈请而尚未注册之各矿表

道名	县名	煤		铁		铜		铅		硫黄		绿松石		共计
		探	采	探	采	探	采	探	采	探	采	探	采	
江汉道	武昌	6	1											7
	鄂城	1		1										2
	嘉鱼	3												3
	蒲圻	16	5											21
	阳新	20	8											28
	大冶	9	1											10
	咸宁	2												2
	通山	1												1
	广济	8												8
	蕲春	1												1
	崇阳	2												2
襄阳道	房县								1					1
	陨县												1	1
	竹山										1		1	2
	南漳						1							1
	当阳		3											3
	京山	1												1
荆门道	宜都	1	3											4
	长阳	1	1											2
	秭归	5	1											6
	兴山	2	1					2						5
	咸丰						1							1
	远安		1											1
	钟祥	1												1
	总计	80	25	1			2	2	1		1		2	114

关于湖北地质矿产之参考书

一 R. Pumpelly: Geological Researches in China, Mongolia and Japan, 1867, pp. 4.

二 Baron von Richthofen: China, Vol. Ⅲ pp. 508—550, 1877.

三 Bailey Willis and E. Blackwelder: Research in China Vol. I. pp. 264—297, 1907.

四 E. C. Abendanon: Geologie du Bassin Rouge de la province Se-Tchouan en Chine, Revue Universelle des Mines, 1906.

五 E. C. Abendanon: Stuctural Geology of the middle Yang-Tse-Kiang gorges,

Jour. Geol. vd. 16, 1908.

六 Von Loczy: Wissenschaftlichen ergebnisse der Reise des Grafen Bela Szecheny in Ostasien, 1877—1880. Vol. l. pp. 386—393.

七 石井八万次郎：扬子江流域

八 野田势次郎：中支那及南支那地质。支那地学调查报告，第一卷，第三三三页至四六四页

九 野田势次郎：湖北省大冶兴国州地质及湖北省北西部地质。支那地学调查报告第二卷，第二四一页及第四五九页，又地质要报第二十五卷一号，第三十一页及五十一页。另附英文简说

十 F. R. Tengengren: The iron ores & iron industry of China. 2 Vols, with 39 Atlas, 1921—1923. 另附谢家荣中文译本

十一 丁文江，翁文灏：中国矿业纪要。地质调查所出版

十二 翁文灏：中国矿产志略。地质调查所出版

十三 刘谦调查湖北西路矿产报告书。湖北财政厅出版

十四 廖树勋：湖北竹山县铜矿特别报告。民国五年农商公报

十五 尹援一，沈化夔：湖北咸丰县铜矿床报告。民国四年农商公报

十六 廖树勋：民国五年湖北矿产第一、第二两次常期报告书。（江汉襄阳道属）未刊

十七 廖树勋：民国六年湖北矿产调查报告书（江汉道属）。未刊

十八 廖树勋：民国六年调查湖北蒲圻县属各矿产报告书。未刊

十九 刘谦：民国五年湖北矿产第二次常期报告书（嘉鱼县属）。未刊

二十 湖北全省实业志。民国九年魏宗莲督纂

二十一 湖北通志。民国八年重修。卷二十二物产志

二十二 小山一郎：支那矿产地

二十三 W. H. Wong. Mines and Minerals, In China Year Book, Chapter 7, pp. 110 136, 1923

二十四 丁文江：中国五十年来之矿业。申报馆出版《最近之五十年》

二十五 顾琅：中国十大矿厂调查记。商务书馆出版

二十六 C. Y. Wang. Bibliography of the Mineral Wealth and Geology of China, 1912.

二十七 博物学杂志。国立武昌师范大学出版

二十八 矿业月刊。长沙中华矿学研究会出版

附 录 湖北实业厅调查地质办事细则

第一条 湖北实业厅依部定各省调查地质办法大纲第十三条之规定，暂行借用农商部地质调查所技师二人为调查员，测制全省地质总图，兼查矿产等项。

第二条 调查员仍支部薪，概无津贴，但调查期间得由实业厅就近垫拨，于解部款内扣还。调查经费预算每年二千元，三年为限。连同调查报告、图说绘制、印刷等费二千元均已由实业厅呈奉省长令准拨发。

第三条 全省地质总图缩尺暂定为五十万分之一。重要矿产区域及其他特别地点须详细测勘者，其办法临时定之。

第四条 全省应行调查区域划分六区（表附后）。每年调查二区，于春秋二季行之。除实地调查时间外，仍回部所研究标本，编制图说。

第五条 如有临时重要事件，得由实业厅随时知照调查员，提前办理。

第六条 调查员每期出发前应由实业厅呈请

督军
省长 令行地方官及各属驻军保护照料。

第七条 调查途中调查员应作简明日记，将调查业务每十日报告一次。

第八条 每期调查竣事应暂编简明图说，由部所出版之地质汇报刊印之。另印单行本二百份为实业厅分送各机关之用。此项单行本之印费得于第二条规定之印刷费项内核支。

第九条 遇有重要铁产，调查员应随时绘具简明图说报告实业厅。

调查时采集各种标本应具二份，实业厅及部所各存一份。但专关科学研究之标本，如化石等类，得先归部所研究陈列

第十条 调查完竣后，调查员应制地质矿产全图加具说明书，呈送实业厅考核印行。

第十一条 调查员关于技术上测勘方法及成绩得由部所指挥考核。

附调查全省地质分区说明表

分区	地点	面积（方里）	调查时期
第一区	鄂东大江以南阳新、大冶、通山一带	六四、〇〇〇	十二年秋
第二区	鄂东襄阳以东、大江以北，自枣阳至应山、麻城、罗田一带	一三二、〇〇〇	十三年春
第三区	鄂西之鹤峰、宜都、巴东等处	六八、〇〇〇	十三年秋
第四区	鄂西江北诸县暨鄂北南漳、保康以南一带	八四、〇〇〇	十四年春
第五区	鄂北之房县、竹山、郧县、郧西等处	八四、〇〇〇	十四年秋
第六区	鄂西之来凤、恩施、建始、利川等处	六四、〇〇〇	十五年春

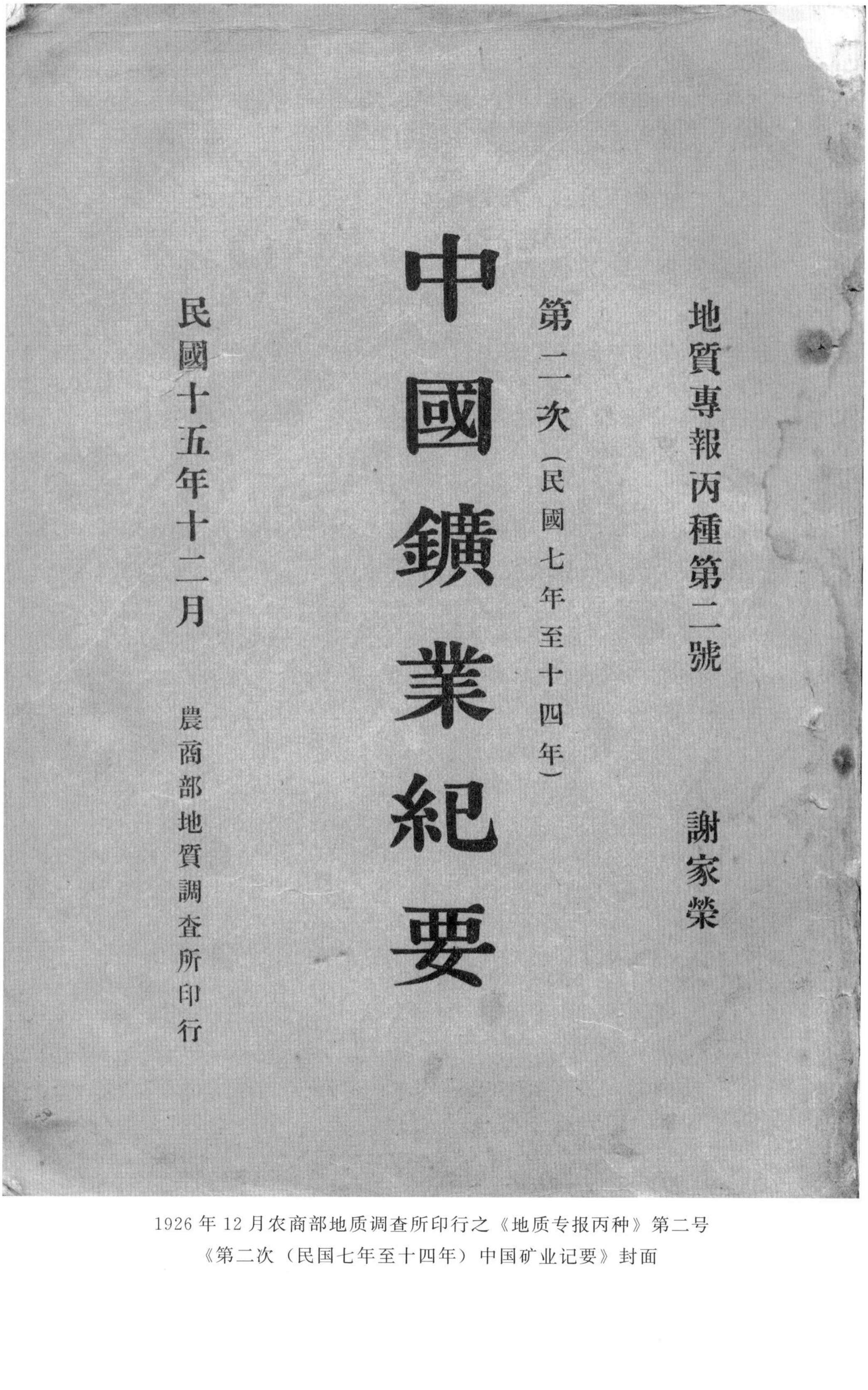
地質專報丙種第二號

謝家榮

第二次（民國七年至十四年）

中國鑛業紀要

民國十五年十二月

農商部地質調查所印行

1926 年 12 月农商部地质调查所印行之《地质专报丙种》第二号
《第二次（民国七年至十四年）中国矿业记要》封面

地质专报丙种第二号 谢家荣

第二次（民国七年至十四年）

中国矿业纪要

民国十五年十二月 农商部地质调查所印行

序

季骅此著，乃绍民国十年丁、翁两先生第一次中国矿业纪要而作，书题犹旧，而内容则大增乎前。盖矿业阅时而变迁，即材料亦积岁而迭异，星移物换，则纪要之刊，固得自第一次以增至无穷次也。

丁、翁两先生之纪要，纪自民国元年至五年，积年较短，且志在韧始，故所述惟简。季骅之纪要，纪自民国七年至十四年，历岁较长，而务期综核，故所述亦加详。简者，固得其要矣；而详也者，亦非樊然淆乱，漫无归宿之比也。综其所取材与其所以异于丁、翁两先生之作，盖有数焉：本著新加入者，有如盐、玻璃、陶土、水泥各项，虽非全属矿业，而其原料固非矿产莫属也。此其一。铁惟从略，以已有丁格兰氏铁矿志故也；煤则特加置重，选材尤富，并附煤田分布图、矿量新计算。此其二。其于金、锡、锰、钨、锑及各种非金属矿产，亦复广增材料，足以备补缺漏。此其三。尤特别加意于各地矿业情形，俾图改良或维护者，有所取资焉。此其四。新增入矿产进出口数量及价值表，以资历年及对外贸易之比较。此其五。每种矿产之后，必附加参考书目，以示资材之所自出。此其六。凡之数者，皆本纪要所稍稍出入于民十之刊者，而其勤于搜讨，工于整理，著者要自有其专长，则凡览斯著者，类能言之，而固不俟予之喋喋为也。

抑又有言者，一国之矿业，振起之则甚难，摧残之又甚易，而在作业幼稚，组织未大备之日，则尤见其然。盖投资多而收效较远者，必审时度势而处之，而每易为一时逆上之潮流所左右者，理宜然也。最近数年，国制抢攘，民力凋敝，凡百事业，畏缩纵弛，沉滞不进，诚至斯而蔑以加矣。矿业所在，或遭戎马，或阻交通，或困征输，其因环境之变迁，而日趋于畏缩纵弛，沉滞不进之途，以视其余工商各业无稍差。抑或尤有甚也者，于斯之时，使莫知其出入之统计与夫积衰之所由，而欲藉地利以谋所以裕国而富民者，宁有幸乎。此纪要之所以必待增刊，而尤不得不于矿业情形特加之意者，道在斯欤。

虽然，矿业纪要固将自第一次进而至于无穷次也，后之所作，必增乎前，然不有前作，后者将何所准绳乎？且亦无以为比较之资也。今后或阅一二年，或阅四五年，物换星移，本纪要必复增刊一次，而季骅年富力强，勇于撰述，夙为吾侪所深许，后果有所续者，其又舍季骅而谁欤？于此知季骅之所自期，与吾侪之所期于季骅者，洵远且钜，今之所作亦第志其成功之始焉耳矣。

中华民国十五年十二月中旬　章鸿钊

SPECIAL REPORT
OF
THE GEOLOGICAL SURVEY OF CHINA

NUMBER 2 DECEMBER 1926

GENERAL STATEMENT ON
THE
MINING INDUSTRY

(1918—1925)

BY
C. Y. HSIEH

PEKING

THE GEOLOGICAL SURVEY OF CHINA
MINISTRY OF AGRICULTURE AND COMMERCE

PRINTED BY THE COMMERCIAL PRESS WORKS, PEKING.

GENERAL STATEMENT ON THE MINING INDUSTRY

1918—1925

PREFACE

Statistical material of the Mining Industry in China is as difficult to obtain as its need is urgent. The difficulty of obtaining complete statistics does not, however, make the effort to form a right idea of the magnitude with partial estimates superfluous; on the contrary such effort is the more necessary in the absence of accurate data. With accurate data collected as far as possible, and gradually increased as available and with partial estimates made on a sound basis, it is often possible to arrive at an approximation which will permit an understanding of the general conditions.

Such has been the aim of the Geological Survey in publishing the general statement on the mining industry. Since the publication of the first Statement five years ago, continuous effort has been made to collect information and statistics on the different industries utilizing mineral substances. More systematic collecting of data began in 1924 when Mr. C. Y. Hsieh took charge of this department of work, and a summary is here given in this second statement. At the same time, while giving the record of industrial statistics or economic informations, special attention is paid to the recent progress in the geological surveying of the principal mineral deposits so as to give a better idea than it was possible in the earlier work, about the probable resources of this country.

Special attention is given to the coal. A re-estimate on the coal reserve, based on more complete geological knowledge chiefly in the provinces of Shansi, Shantung, Chihli, Honan, Kiangsu, Anhui and Hupeh results in a total of 217, 626 million tons (See Table I) which is much higher than our first estimate made in 1921. This was rather to be expected as our first estimate was avowedly conservative (See first Statement p. 16). On the other hand, the large reserve estimated by Drake in 1912, still remains the highest limit, nonconfirmed by fifteen years of research. The difference of the results may seem so striking to the layman as to make the whole estimates appear valueless. Yet if we remember that our first estimate for those provinces in which details are given was largely based on the limited area where coal seams are actually known of worked, while Drake's figure practically included all the areas where the coal-bearing formations are vaguely known to occur or over which they are supposed to extend, we can easily understand the great difference in the results reached by the two opposite methods of estimating. Figures given by Mr. Hsieh in Table I are based on the rather detailed surveys made during the last five or six years by the geologists whose names are carefully indicated in the table. With better knowledge of the geological structure of the coal fields, these geologists have been able to include in their estimates all the areas where coal seams exist or to which they most probably extend, but they did not take into account all those areas under which the existence of coal is a mere possibility or where it may be too deep to be considered workable. As truth often lies between the two extremes, the intermediate results here arrived at seem to me the most likely. While the last word is certainly not yet said, it is none the less interesting to record the latest one.

The appended map, showing the distribution of coal, represents so far the latest attempt at such a representation. It shows a marked advance over Mathieu's map❶ and can be compared with profit with that of Wilfred Smith,❷ an advance copy of which was only received when Mr. Hsieh's map was already printed. Such a map can only be really useful, of course, when the reader is aware of the widely variable nature of the data available for different regions. It should be used with great reserve, especially in so far as the southern or south-western provinces are concerned.

After an interval of only two or three years since our publication of Tegengren's monograph on the iron ore and iron industry of China (Survey Mem. A. 2), there remains little of importance to add except the new geological results obtained on the Silurian oolitic ores in Hupeh❸ which were recently surveyed by the author himself, and some more up to date data on the mining and metallurgical productions.

Much new information has been gathered on the principal metals especially on gold, manganese, tin, tungsten and antimony and some non-metallic minerals, thus giving us a more complete review of their industries than was contained in our first Statement.

Research was not limited to the mining and metallurgical industries proper but extended to other important industries, based on or closely related to the mineral utilization. Thus an account is here given of the salt, the cement, the clay industry and the glass work.

In all cases, while no effort is spared to arrive at the general results for the whole country, too much emphasis can not be laid on the unequal value of the data concerning the different regions and different minerals. It is the hope of the Survey to gradually increase the reliable data and thence gradually to lessen the role of guess work in the total

❶ F. F. Mathieu: La Géologie et les Richesses minieres de la China.

❷ Wilfred Smith: A Geographical Study of Coal and Iron in China, 1926.

❸ C. Y. Hsieh & C. C. Liu: Iron deposits of S. W. Hupeh. Bull. Geol. Soc. China, Vol. V, No. 2, 1926, P. 141—147.

estimate. This for instance is the case with the coal production. Great effort has been made to collect as far as possible the output figures of all the companies who keep such record, and the number of such companies (Table Ⅱ) has now much increased. For the rest it is a mere estimate, but one made on a reasonable basis, and with the special view to institute comparisons. It is thus clear that certain apparent contradictions in the totals should be taken as useful indication of the degree of approximation rather than errors in the proper sense. There is a certain limit beyond which statistical accuracy can not reasonably be expected to go especially in view of the existing industrial conditions in China.

Much more has been written on Chinese minerals and mines than is commonly known. Besides the literature in European languages, which Mr. C. Y. Wang has admirably recorded in his bibliography on Chinese geology and mining. There is also a great amount of scattered material in the Chinese and Japanese languages often of more difficult access. Although no attempt is made to reproduce here the complete bibliographic file which Mr. Hsieh is making with movable cards, the list of principal works appended at the end of each chapter will be found useful by those who want any detailed reference. Most of these works can be found in the library of the Geological Survey.

This issue contains more economic informations than the first one. Details about particular mines or mineral regions are printed in smaller type so that the general statement is not obscured by local descriptions. Although the main text is entirely in Chinese, the more important tables are printed in Chinese and English. It is hoped that these and the English table of contents will be sufficient for the foreign readers to enable them to find what may be of particular interest to them.

Wong Wen-Hao
Director of
The Geological Survey

第二次中国矿业纪要目录

附表目录

CONTENTS

LIST OF TABLES.

第二次中国矿业纪要（民国七年至十四年）

绪　　言

本所创办之初，即致力于各项矿业统计之搜集，曾于民国十年刊印《中国矿业纪要》一册，以供矿业界之参考。近来各省地质调查次第推行，同人等方致力于实地调查及科学研究，以致于矿业统计之编制未能按时刊行，实深遗憾。兹拟自七年至十四年间，将所有材料汇合刊印，作一结束。此后并拟逐年调查，按时印行，庶材料不至陈旧，而矿界得以先睹。荣奉所长之命，承乏斯役，爰于实地调查之余暇，参考中外报章、图书、典籍，凡有关于中国矿产之记载者，均详为浏览。本所同人关于矿业之已刊、未刊各项报告及著述，尤多所参用。并制定调查表式，用通信方法直接向各省矿务公司咨询一切。表分大小二种。大者为一般之调查，共分地质、工程、冶炼、产额、运输各项。小者则印于明信片之上，专为调查产额而设。此次编辑统计，共寄出大表三百四十一件，小表一百十七张，其中除有九十件系请湖南实业司矿务总局、四川实业司及黑龙江采金局转送外，其余皆由本所直接致送。因住址不明或公司已经停闭，以致无法投递，陆续退回者共有二十三件。而按表填寄者，大表共得五十五件，小表四十五张，其中有十七件系由湖南实业司代为分发转送而来，热忱赞助，殊深铭感。按编制统计，在政府机关，固应努力进行，但亦赖矿业界通力合作，随时以翔实之材料相供给，始能按时刊行，无或间断。此次征集材料，就发出信件及收到复信之比例言，不过百分之二十二，成绩实不甚佳。但本所得此，已受益不少。故兹书之幸得观成，不可谓非矿界诸君赞助之力也。

当编辑第一次《中国矿业纪要》时，因迫于时间，限于材料，故缺漏甚多，如各大矿厂之沿革、现况及煤、铁各矿之销费情形，俱未涉及。本编于此数点，特就参考所及，一一加入。虽其中已不免有明日黄花之诮，然亦研究矿业者之所应知者也。煤矿储量，关系全国工业前途者，甚深且远。从前外人估计以及本所前次约计，或失之多，或失之少。兹复就最近所得编为统计，似较可靠。未详之处，则尚俟之将来。又关于铁矿之储量及矿业状况已详载于本所出版之《中国铁矿志》一书，本编仅将最近材料加入，余皆缺如，以避重复。

本书引用参考之书报、杂志，不胜枚举。兹于每篇之末，择其重要者，详列其作者姓名及书名、页数等，以明材料之所自出，并为阅者便于覆按计也。惟《支那矿业时报》、《远东时报》及经济讨论处编印之周刊、月刊等，本书引用最多，足为中国矿业经济之重要参考。关于进出口之数量及价值，纯以海关报告册为根据。该报告所用之重量，除煤焦外，皆以担为单位，本书则一一改算为吨。为便于计算起见，一律以·〇六乘担数，即得吨量，较之实在相差至微也。至于矿产市价，则除参考上海新闻报之经济新闻栏外，大部依据财政部驻沪调查货价处之各种报告。此外，如《农商公报》、《农商统计》，亦为重要材料。又各种实业杂志，各大矿公司之说明书、营业报告，各铁路之指南，各省实业厅刊印之月刊等，皆时有重要材料，可供参考，惟其名则不克一一举也。

统计之为用，不惟其数字，而尤在其义意，故数目不确者，则出以约计，材料不备者，则暂为估量，庶于全国矿业之大势，可以得其梗概。惟因匆促付印，其中错误、缺略之处，知所不免，惟冀各矿公司及熟悉矿业之人，能以所知详确见告，俾于第三次续编时得以更正增补，以共成此一国矿业统计之事业。盖经济状况，必须精密统计，而后利弊始明。而统计数字，尤须综合比较，而后意义始显。故近代各国矿业组织愈完备者，其统计亦愈精详，凡产额、销路、价值、成本等，各矿公司皆应自有详细记载，借为营业之标准。至此项材料，为公司营业计，其一小部分之细数，或有暂守秘密之必要。然其大概及总数，则必须随时公布，以供全国之参考，而便综合之比较。各国矿业，莫不皆然。即中国各大矿，亦已多仿办。如抚顺、本溪湖煤矿等，各项统计报告尤极详明，正足以见其办理之完善，助其营业之发展而已。深愿各省矿界，共体此旨，于营业状况，加意研求，以所得材料详实见示，俾此编记载悉有实在根据，企业者有所借镜，观国者得所取资，受其赐者岂仅本所已哉。

第一章 煤

一、分 布

中国煤层之地质时代颇为不一，就今所知，可分为五时期：（一）下石炭纪。产于厚层石灰岩之底部，厚薄不一，每成晶片形，煤质既劣，储量又小。长江一带，如湖北、安徽、江苏等省，分布颇广，但产额甚微。（二）石炭纪及石炭二叠纪。北方重要煤田，如开平、焦作、井陉以及山西之大部分皆属之。质、量俱丰，为目下产额最多之煤系。（三）下侏罗纪。南、北俱甚发育，尤以西南各省如云南、贵州、四川分布最广。北方之属本纪者，以山西、直隶、奉天、吉林为最重要。目下产额似远不逮石炭纪之丰富，只江西之萍乡及京兆之门头沟有新式矿厂，产额较多。（四）上侏罗纪或白垩纪。湖北秭归、巴东之煤田及热河朝阳赤峰间各煤矿，据其地层位置及化石而论，似当属上侏罗纪或白垩纪，但尚未确实证明。本系中所含煤质极劣，故前途希望，殊属有限。（五）第三纪。本系煤田之重要者，当以奉天抚顺为首屈一指。其煤层之厚，产额之丰，全国各矿无与伦比。其次如黑龙江之札赉诺尔，由中东路开采，年产约十余万吨。吉林东北之缸窑镇有土法小窑，产额不多。

更就地理上之分布论之，中国煤矿亦非漫无规定，如常人之观念。盖与地质历史、地层、构造有密切之关系者也。兹就本所调查所及，又参考东西洋诸地质家之报告，分全国煤田为六大区，分述如左（参阅附图）。

（一）沿海区　自热河新丘、北票诸煤田起，至柳江、开平诸煤田止，为本区之北部。中经鲁直平原，而至胶济沿路，如章丘、淄川、博山、坊子，及津浦沿路如莱芜、磁窑、峄县、贾汪、烈山诸煤田，为本区之南部。论地质时代，则大部属石炭或石炭二叠纪。惟北票及坊子煤田属侏罗纪，热河诸煤田属白垩纪。本区内煤量、煤质，俱甚优美。除柳江为半无烟煤外，余皆为烟煤。又因地处沿海，得风气之先，交通便利，销路畅旺，故除热河数煤田煤质稍劣外，其他皆已用新法开采，产额甚钜，为目前国内重要之煤矿，而开滦、鲁大、中兴三公司尤称中国煤矿之巨擘焉。

（二）晋陕直豫区　本区为北方重要煤矿分布之地。其时代有二：一属石炭二叠纪，一属侏罗纪。煤质有烟煤、无烟煤二种，皆质地佳美，矿量丰富。现在除沿京汉、京绥二路附近之煤田曾用新法开采外，余皆仅由本地小窑采掘，产额不丰。然将来必为吾国重要之富源，则可断言也。本区内就其地质构造之关系，又可分为若干煤田如次：（一）西山煤田。在北京之西，宛平、房山等县。石炭、侏罗二纪俱有。地层褶曲甚烈。现在开采规模较大者有门头沟煤矿公司。（二）宣涿煤田。包含宣化之鸡鸣山、玉带山、八宝山及涿鹿之清宁堡、王家楼及西窑沟，其中以鸡鸣山煤矿由京绥铁路局开采，产额最多，而煤质较劣。（三）蔚县、广灵、阳原煤田。位于三县交界，煤质甚佳，但交通不便，现只有小窑开采。（四）大同煤田。位于山西北部，分布及左云、怀仁、右玉三县。煤层广厚，仅一部分可供炼焦之用。自京绥支路修至口泉后，交通益臻便利，现虽只有小矿开采，而将来之发达，可以预必。（五）宁武煤田。分布于宁武、静乐一带。地质构造为一大盆层，中为侏罗纪煤系，四缘为石炭纪煤系。交通不便，产额不多。（六）太原煤田。在太原府之西。地质属石炭纪，亦成盆形构造。惟范围较狭，因地近省城，销路畅旺，故产额尚多。（七）太行山西部煤田。位于山西东部。为该省最有名之产煤区域，露头分布达二十余县，而以北部之平定、盂县，南部之晋城、高平、阳城等县，尤为开采中心，即所谓平盂潞泽煤田，向视为山西煤矿中之最重要者也。平定一带，以正太铁路之交通便利及无烟煤煤质之优美，故产额最多。潞泽一带亦为无烟煤及半无烟煤，开采者皆以土法小矿为多，惟保晋公司参用新法，规模稍大。本煤田又盛产铁矿，因之矿业益形发达。（八）太行山东麓煤田。沿太行山之东麓，晋、直二省之交界，有南北走向之石炭纪煤系，倾斜向东，除数处因褶绉或断裂外，露头几成一连续不断之直线，是为太行山煤田。我国北方重要煤矿，若临城、磁县、安阳、修武皆位于是。矿业组织，若临城矿务局怡立公司（磁县）、六河沟公司（安阳）、福中公司（修武），在中国矿业中之最著成效者。此一带煤田之得能首先开发，虽曰质、量俱丰，有以使然，而赖京汉铁路运输之便利，实为矿业发达之主要原因也。同在太行山东部，而与前述诸煤田露头不连者，为井陉煤田。正太铁路横贯其中，现有井陉矿务局及正丰公司用新法开采。（九）山陕煤田。晋陕二省之间为大片石炭纪以至侏罗纪地层分布之地，倾斜甚平，故露头宽广。自陕北直达陕南，东自山西之偏关、保德、兴临、隰、蒲诸县，西迄陕西中部之肤施、宜君、麟游、陇县诸地。煤系有二：一属石炭纪，一属侏罗纪。皆以僻处山间，交通不便，仅由本地土窑随时开采，无矿业之可言。（十）大青山煤田。绥远包头之北有大青山煤田，石炭纪及侏罗纪煤系成盆层构造，直接覆于太古界片麻岩之上。煤质甚佳，有烟、无烟兼而有之。昔时皆由土窑开挖，自包绥路成，运输称便，新式公司逐渐成立。现在资本较大者为漠南公司，用半新式开采。（十一）河南西部诸煤田。若渑池、新安、登封、密县、鲁山、南召诸县俱产煤。但皆土法开采，产额甚微，其较为重要者为新安、渑池之煤田，因密迩陇海路，交通最为便利故也。

（三）东南区　长江流域中部及下部，如苏、皖、赣、鄂、湘及东南沿海闽、浙、粤诸省之煤田属之。地质时代有三，即下石炭纪、石炭二叠纪及侏罗纪是也。侏罗纪之煤田，煤层较厚，如江西萍乡、湖北蒲圻及湖南湘水一带之煤田是。石炭二叠纪之煤层，远不如北方之丰富，仅浙江长兴、江西乐平、鄱阳及湖南耒阳、祁阳、宝庆等处，较为重要。此外露头虽多，而质、量较劣，难资大采。下石炭纪之煤层，厚薄不等，分布亦狭，湖北西部如宜都、长阳等县最为常见，然储量不多，无重视之价值。本区域中烟煤、无烟煤俱有，而质地俱不甚佳。烟煤如萍乡之质纯而又能炼焦，实为罕见。石炭二叠纪之煤，大部属无烟煤，除湖南耒阳外，多碎末而无大块，煤质亦不纯。下石炭纪之煤，大部属烟煤，质亦不甚佳。因是在东南富庶之区，交通虽便，需要虽亟，而煤矿业仍不能十分发达者，天赋之薄，有以限之耳。

（四）东三省区　奉天、吉林、黑龙江三省之煤田属之。其中尤以奉天煤田，以有铁路之运输及密迩海滨之故，开发最早。如抚顺煤矿，为我国目下产额最多之矿，他若本溪湖、烟台等，亦俱有新式矿厂从事开采。吉林煤矿甚多，珲春、东宁（绥芬河煤田）、穆棱、密山为其最著者。时代大部属侏罗纪，第三纪次之，石炭二叠纪殊不重要。煤质有烟煤、无烟煤、褐炭等。目下产额最多者，当推穆棱煤矿。该矿向多土法小窑，自民国十年由中东路用新法开采后，日见发达。自中东路马桥河站至矿地（长四十五里），已筑有轻便铁路一条。运输既便，将来在北满之市场必能占重大之位置，盖无疑矣。黑龙江煤矿亦多，以限于交通，目下仅沿中东路及松花江附近运输便利之地已经开发，最著者为满州里附近之札赉诺尔，由中东路用新法开采。嫩江县城西北甘河上游之九峰山煤矿，于光绪年间官办，宣统元年由省拨款修有马拉轻便铁路，民国初元犹每年出煤值八万余元，现已停闭。汤原县松花江沿岸之鹤岗，现亦有一官商合办之公司，试用机器开采。总之，北满煤矿尚在发展初步，且近年以来，木材之价日益高，居民日用所需之燃料有不得不仰给于煤之趋势。哈尔滨为东北通商巨埠，而中东路又为华俄交通之惟一干线，二者之发展皆恃燃料为命脉。据约略统计，现在北满每年需煤约五十万吨，而由抚顺运销者竟达二十九万吨！若本省能自办煤矿，则必能与抚顺竞争，而不愁销路之不广矣。东三省煤矿之地质时代颇不一，大致可分为四类：（一）石炭纪或二叠纪。如本溪湖、烟台、田师傅沟等处是也。煤质属烟煤或亚无烟煤。（二）侏罗纪。如赛马集、炸子窑、延吉、杉松岗等煤田。煤质大致为烟煤，目下开采尚少。（三）白垩纪。据最近研究，八道壕、义县等处之煤田似属白垩纪。煤质为界于褐炭与烟煤间之一种亚烟炭（Sub-Bituminous），开采尚盛。（四）第三纪。抚顺、札赉诺尔、缸窑等处。抚顺煤为褐性烟炭，而札赉诺尔及缸窑则为真正之褐炭。

（五）甘新区（附西藏煤矿） 甘肃、新疆，僻在西陲，交通阻塞，故矿业最不发达。就今所知，则煤矿之分布似亦甚广。新疆煤系露头遍及全省，迪化、阿密、阿克苏、塔城、疏附等十四县，莫不产煤。时代似多属石炭纪。矿业现状不详。甘肃调查较详。大致论之，陇东为大片黄土及红色地层所盖覆，即有煤层，亦难采掘。惟臬兰之阿干镇、华亭之安口窑，用土法开采，尚有出产。西部沿祁连山北麓，东自武威，西达酒泉，煤系露头连绵不绝，皆有土法小矿，产额极微。其中惟山丹一县所产稍多。东北自定口经宁夏以达中卫，沿贺兰山之西麓，阿拉善界内煤系复分布甚广，土法小窑，亦间有开采。据闻，煤质颇佳，将来包宁路成，则此部煤田必首先开采，盖无疑也。陇南为秦岭山脉分布之区，地质属太古界及古生代下部者较多，似无发现煤矿之希望。西南如西宁、贵德、循化一带，亦以第三纪之红色地层盖覆过厚，开采煤矿者极不多见。总之，甘省煤田之分布不可谓不广，但以交通不便，无法运销，一矿之所出，往往仅能供附近数十里之需用，更遑论其能应东部之市场乎。销路既狭，矿业自难发达，新式煤矿之组织，恐非近二十年内之所能希冀者也。至论煤层之时代，除阿干镇属侏罗纪外，余皆属石炭纪或二叠纪。而煤质则多属有烟类，无烟煤极为少见。西藏煤田，知者更少。据俄人调查，拉萨附近及其西北一带有大片侏罗纪地层，其中是否含煤，能否开采，或前途之希望如何，皆不得而知也。

（六）西南区 本区所包括者为云南、四川、贵州、广西等省之煤田。其地质及矿业情形，本所尚未作精密之调查。据法人及日人报告，大致言之，西南煤田又可分为二大部：（一）四川盆地。（二）云南高原。四川盆地占全省之大半，四缘俱高山，中部为白垩纪至第三纪之红色地层。煤系露头则缘高山之边而出露，概向中部倾斜，成一巨大之向斜层焉。如假定红色地层下之煤层均可以经济地采掘，则四川盆地之储煤量必极可观，或将驾山西而上之矣。惟红色地层太厚之处，其下虽有煤层，不易开采。现在所采者俱土法小矿，沿露头掘取，产额甚微。云贵黔三省为中国著名之高原。在云南东部、贵州中部及广西西部之一小部分，煤系露头分布极广，现亦只有土法小窑，作辍无定，产额极微。广西境内，据该省矿务技术员之报告，天河、思恩、兴业、邕宁、平乐等十余县皆产煤；惟煤田之广狭、地层之时代，则皆不详。富川贺县间之西湾，于前清光绪三十二年，由张鸣岐拨款五十万两设立官局，用新法开采，惟不久即因亏本而停办。西南各省之煤层，据今所知，其重要者似多属侏罗纪。然云南东部石炭纪煤层亦间有可采者。四川煤质以烟煤为最多，在四川重庆附近所开者，据云质尚佳，能供小火轮之用。惟大多数煤质似含硫太多，殊为缺点。云贵之煤质如何，尚无精细研究，微闻含灰皆多。总之，西南煤田，因构造之影响或倾斜之关系，分布、面积皆颇广袤，惟煤层是否丰厚，质地是否优美，尚待详细调查。而煤田所在，皆地处偏僻，交通不便，故除小数产额以供本地需要外，与全国市场殆不生关系焉。

二、煤　质

中国煤矿种类复杂。自泥炭以至无烟煤，无不具备。论其煤质，则优劣不等，发热之量，亦大相悬殊。兹将重要煤田煤质分析可靠者，或多数可靠分析之平均数及分类记号，列表如左，以示一斑。

省　县	公　司	水　分	挥发分	定　炭	灰　分	发热量	分类记号	分类名目
京兆宛平	门头沟公司	2.3	6.50	75.20	15.00	7057	Am_4	中级无烟炭
直隶滦县	开滦矿务局	0.6	25.98	59.78	13.34	7423	Bm_4	中级烟炭
直隶井陉	井陉矿务局	0.56	20.20	69.20	9.20	7836	Bh_3	高级烟炭
直隶临城	临城矿务局	1.89	30.88	56.64	11.50	7545	Bm_5	中级烟炭
直隶临榆	柳江公司	0.90	7.07	77.07	15.00	7262	Am_4	中级无烟炭
直隶磁县	怡立公司	1.60	19.00	68.50	10.30	7650	Bh_3	高级烟炭
热河朝阳	北票公司	3.25	30.50	54.25	11.00	7335	Bl_3	低级烟炭
热河阜新	大新公司	12.00	35.00	42.50	10.00	6090	BC_3	褐性烟炭
奉天抚顺	抚顺煤矿	6.73	39.34	48.15	5.25	6780	BC_2	褐性烟炭
奉天本溪	本溪湖公司	0.68	23.95	64.07	11.20	7508	Bm_3	中性烟炭
奉天辽阳	烟台煤矿	1.15	12.00	71.20	14.70	7189	AB_4	无烟性烟炭
奉天黑山	八道壕煤矿	12.65	20.55	41.68	14.12	5369	BC_4	褐性烟炭
吉林长春	附近各矿	10.80	32.50	45.16	11.12	6270	BC_3	褐性烟炭
黑龙江汤原	鹤岗煤矿	1.50	32.21	58.14	7.50	7731	Bm_2	中性烟炭
黑龙江胪滨	札赉诺尔煤矿	20.93	36.35	39.03	3.69	3443	C_1	褐炭
山东峄县	中兴公司	0.50	27.00	63.50	9.40	7853	Bm_3	中级烟炭
山东淄川	鲁大公司	0.57	14.90	74.70	10.00	7821	AB_3	无烟性烟炭
山东博山	各公司	0.85	18.90	69.80	9.85	7784	Bh_3	高级烟炭
山东潍县	坊子煤矿	2.80	30.70	51.80	14.70	6948	Bl_4	低级烟炭
河南安阳	六河沟公司	0.55	19.16	72.05	8.40	7977	Bh_3	高级烟炭

续表

省　县	公　司	水　分	挥发分	定　炭	灰　分	发热量	分类记号	分类名目
河南修武	福公司	0.65	6.70	84.50	8.00	7867	Ah_3	高级无烟炭
山西大同	保晋公司	4.50	30.99	59.45	5.50	7819	Bl_2	低级烟炭
山西平定	同上	0.78	6.55	86.35	5.70	7998	Ah_2	高级无烟炭
山西晋城	各小矿	1.80	9.35	80.80	7.80	7841	Al_2	低级无烟炭
江西萍乡	汉冶萍公司	1.35	23.75	62.75	11.80	7580	Bm_3	中级烟炭
江苏铜山	贾汪公司	1.35	29.54	51.50	17.60	7064	Bl_4	低级烟炭
安徽怀远	舜耕山煤矿	0.85	34.90	54.75	9.50	7385	Bl_3	低级烟炭
安徽宣城	大汪村官矿	0.75	24.47	52.65	22.00	6690	Bm_5	中级烟炭
浙江长兴	长兴公司	0.94	37.70	49.80	10.90	6913	Bl_3	低级烟炭

上表内所列之分类记号系从翁文灏氏所首创者（原文见 The Oriental Engineer，April & May，1926），即依美国阿希来氏（Asheley）定炭与水分挥发分之比例而分煤为九类，但各以一记号表示之。如 A 为无烟煤，B 为烟煤，C 为褐炭。除褐炭外，又各分为上、中、下三等，以小写字母 h、m、l 区别之。其界于无烟煤与烟煤或烟煤并褐炭之间者，则以 AB BC 之记号示之。记号右下角之数字则以表灰分之多少，即煤质之纯粹与否。各类烟矿中 AB 即无烟性烟炭（Anthracitic Bitumite），大抵不甚适制焦，如淄川是也。Bh 即高级烟炭，于制焦最佳，而所得焦分亦最多，如井陉、六河沟是也。Bm 即中级烟炭，大多数均适于制焦，如萍乡、中兴、开平、本溪湖等均属此类。但中级烟炭，如含水分在百分之二或三以上时，亦间有不甚适炼焦者。至 Bl 即低级烟炭，则大抵于制炼焦炭不甚适用，如大同、贾汪、长兴、北票、坊子等矿均是。八道壕、抚顺等煤则俱属 BC，虽曰烟煤，而已与褐炭相近，故曰褐性烟炭；富于挥发分，而焦不凝结，然为蒸发煤气却颇适宜。凡煤质之成分不同，则于工业之上各种用途自必有宜有不宜，要在弃其所短，而用其所长，庶以同量之煤，能收最大之效。否则，用违其长，损失必多，故于煤质分析及其分类上之意义，不可不注意也。

三、储　量

中国煤矿储量，曾经多数地质家估计。最初为德人李希霍芬氏，对于晋、陕、直诸省之重要煤田，皆有计算。西历一九一三年，万国地质学会在坎拿大开会时，前北洋大学教授杜来克氏（Drake）及日本地质调查所长井上禧之助氏各提出中国煤量之计算如左。

杜来克氏计算（东三省、新疆未计入）九九五，五八七兆吨

井上氏计算（蒙古、云、贵、黔、粤、甘、新等省未计入）三九，五六五兆吨

二氏同时论著，得数相差之钜如此，当时调查之缺乏，估计之困难，可以概见。本所成立后，对于煤矿调查，不遗余力，曾于民国十年发表中国全国之煤矿储量为二三、四三五兆吨，其细数载第一次刊印之中国矿业纪要中。自是而后，本所于直、鲁、晋、豫诸省之地质调查相继告竣，关于煤田面积、煤层厚薄等，更得有较完全之材料，于是将此四省

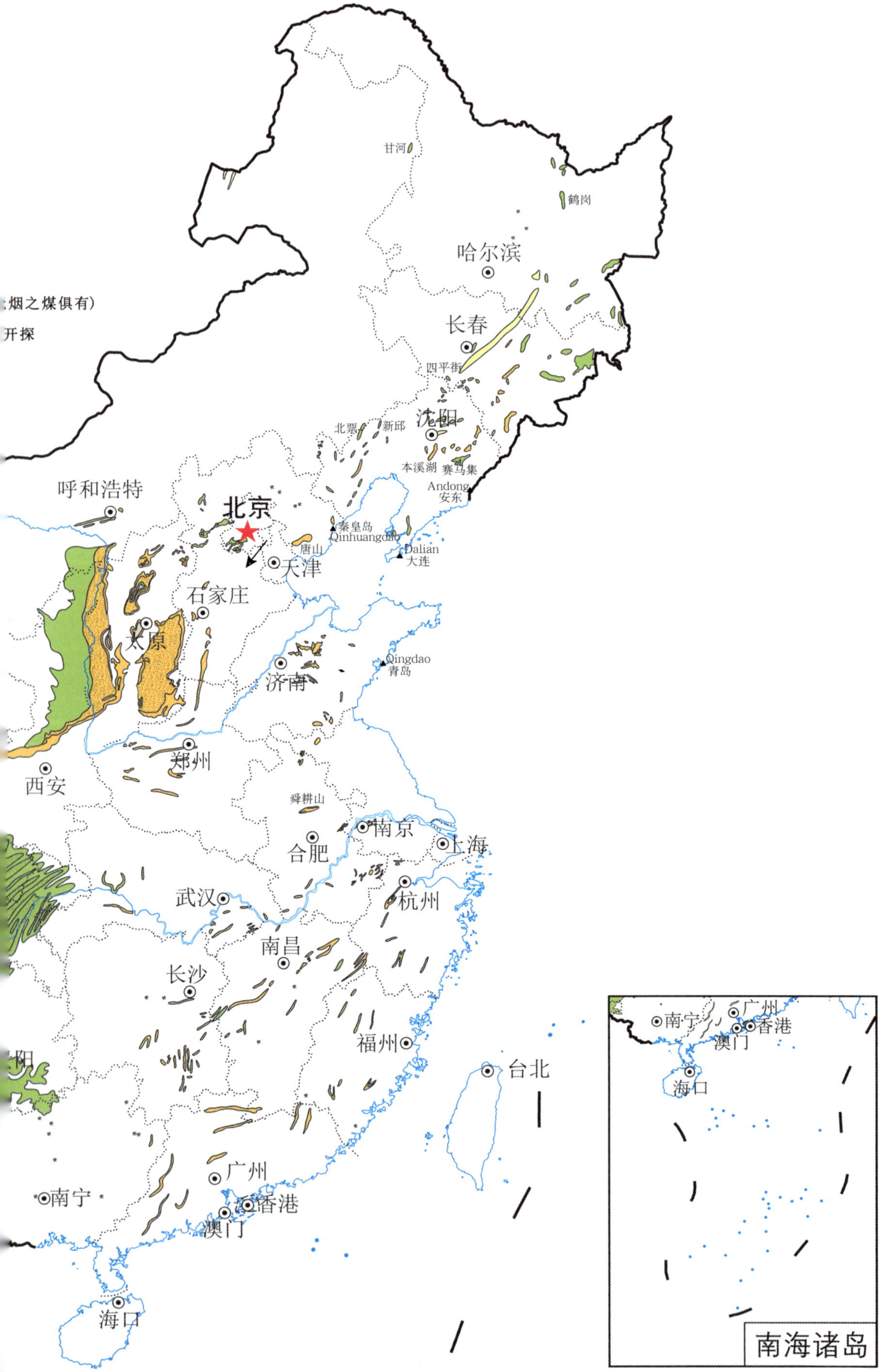

烟之煤俱有)
开探
甘河
鹤岗
哈尔滨
长春
四平街
沈阳
北票
新邱
本溪湖
赛马集
Andong
安东
呼和浩特
北京
秦皇岛
Qinhuangdao
唐山
Dalian
大连
天津
石家庄
太原
济南
Qingdao
青岛
郑州
西安
舜耕山
南京
合肥
上海
武汉
杭州
南昌
长沙
福州
台北
广州
香港
澳门
南宁
海口
南海诸岛

图

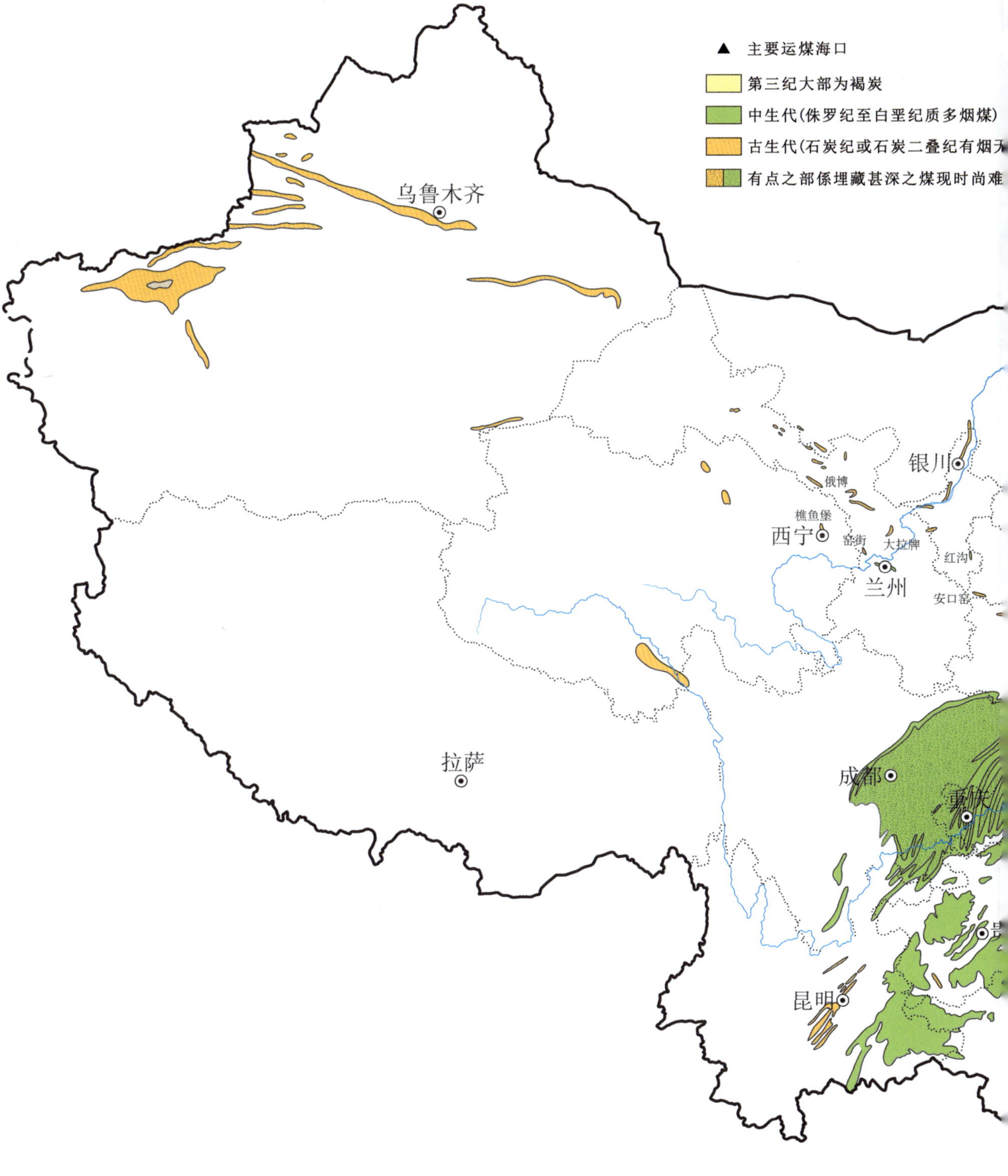
▲ 主要运煤海口
第三纪大部为褐炭
中生代(侏罗纪至白垩纪质多烟煤)
古生代(石炭纪或石炭二叠纪有烟
有点之部係埋藏甚深之煤现时尚难
乌鲁木齐
银川
俄博
樵鱼堡
西宁
窑街
大拉牌
红沟
兰州
安口窑
拉萨
成都
昆明

中国煤田分布略

第一表　中国煤矿储量表(民国十五年计算,以兆吨为单位)

Table Ⅰ　Coal Reserves of China, Estimated in 1926 (In Million Tons)

省	Province	煤田	Coal Field	无烟煤 Anthracite	烟煤 Bituminous Coal	褐炭 Lignite	总量 Total	测算者 Authority
京兆及直隶	Chihli & Metropolitan districts	宛平斋堂	Chait'ang, Wanp'ing	165	85		250	中国矿业纪要 Special Rept. No. 1,
		宛平门头沟王平村等	Western Hills, , ,	190			190	C. G. S.
		房山长沟峪,安子	Ch'angkouyu & Antzu, Fangshanhsien	200			200	1921
		滦县开平	Kaiping, Luanhsien		699		699	翁文灏 W. H. Wong, 1924
		临榆柳江	Liukiang, Liuyü	135			135	" "
		宣化鸡鸣山等	Chimingshan etc. in Hsüanhua district	7	3		10	丁文江 V. K. Ting
		蔚县,阳原	Yühsien & Yangyuan		70		70	翁文灏 W. H. Wong
		井陉	Chinghsing		174		174	
		临城	Linch'eng		550		550	中国矿业纪要
		磁县	Tz'uhsien		400		400	Sp. Rept. No. 1
		其他	Other Fields	100	50		150	
		共计		797	2031		2,828	
奉天	Fengtien	抚顺	Fushun		839		839	支那矿业时报 No. 64
		本溪湖	Pengchi'hu		190		190	中国矿业纪要
		田师傅沟	Tienshihfukon	20			20	支那矿业时报 No. 65
		辽阳烟台	Yentai, Liaoyang		40		40	
		西安大疙疸	Takot'a, Hsian		10		10	中国矿业纪要
		锦西大窑沟	Tayaokou, Chinghsi		80		80	Sp. Rept. No. 1
		昌图,开源	Ch'angtu & Kaiyuan			5	5	
		锦西红螺岘	Hunglohsien, Chinghsi		26		26	谭锡畴 H. C. Tan
		本溪县牛心台	Niuhsingt'ai, Penchi		15		15	中国矿业纪要
		其他	Other Fields	10	50		60	Sp. Rept. No. 1
		共计		30	1,250	5	1,285	
热河	Jehol	朝阳北票	Peipiao, Chaoyang		183 *		183	谭锡畴 H. C. Tan
		朝阳南票	Nanpiao, , ,		120		120	中国矿业纪要
		阜新新邱	Hsinchi'u, Fouhsin		150		150	中国矿业纪要
		赤峰,平泉	Ch'ihfeng & Pingchuan			147 *	147	谭锡畴 H. C. Tan
		其他	Other Fields	20	20	20	60	中国矿业纪要
		共计		20	473	167	660	
	Chahal & Suiyuan	归绥萨拉齐 大青山	Salachi, Kweisui	150	300		450	
		独石	Tushih		10		10	翁文灏 W. H. Wong
		共计	Total	150	310		460	
山西省	Shansi	平盂潞泽煤区	Ping - Yü - Lu - Tseh coal districts.	21,966	18,859		50,825	
		汾临煤区	Fen - Lin coal districts		31,062		31,062	
		河兴离隰煤区	Ho - Hsing - Li - Si coal districts		18,045		18,045	
		太原西山	Western Hills of Taiyuan	3,350	4,787		8,173	王竹泉 C. C. Wang 1925
		宁武煤区	Ningwu coal districts		7,866		7,866	
		大同煤区	Tatung coal districts		9,602		9,602	
		浑五煤区	Hun - Wu coal districts	40	1,364	173	1,577	
		共计		35,356	91,586	173	127,115	
河南	Honan	武安	Wuan	1601	58		1659	
		安阳	Anyang	267	248		515	王竹泉 C. C. Wang 1924
		林县	Linhsien	30			30	
		汤阴	Tangying	49	162		211	
		修武沁阳(福中公司)	Hsiuwu - Sinyang(Fuchung Cooperation)	2754			2754	Nyström, 1916
		济源	Chiyuan	439	101		540	
		陕县渑池	Shanhsien - Mienchih	73	115		188	谭锡畴 H. C. T'an 1924
		新安	Sinan	132	279		411	Nyström, 1916
		宜阳	I - Yang		112		112	谭锡畴 H. C. T'an 1924
		巩县	Kunghsien	157			157	
		洛阳	Loyang		133		133	
		登封	Tengfeng		6		6	
		密县	Mihsien	192			192	
		禹县	Yühsien	53	233		286	
		宝丰 鲁山 临汝	Lu - Pao - Lin coal fields.		160		160	Nyström, 1916
		荥阳	Jungyang	65			65	
		南召	Nanchao	13			13	
		嵩县卢氏	Sunghsien - Lushih	17			17	
		共计	Total	5842	1607	—	7,449	

续表

省	Province	煤田	Coal Field	无烟煤 Anthracite	烟煤 Bituminous Coal	褐炭 Lignite	总量 Total	测算者 Authority
山东省	Shantung	新泰蒙阴	Hsintai－Mengying		55		55	谭锡畴 H. C. T'an 1922
		费城临沂郯城	Fei－Lin－T'an coal fields	30	100		130	
		淄川(黉山)	Tzuchuan(Hungshan)		1,600 *		1,600	
		博山	Poshan					
		章丘	Changchiu		340 *		340	
		潍县昌乐	Weihsien－Changlo		14 *		14	
		宁阳(磁窑)	Ningyang(Tzuyao)		21		21	
		莱芜	Laiwu		200 *		200	
		峄县	I－Hsien		160 *		160	
		其他	Other Fields		10		10	
		共计	Total	30	2,500		2,530	
安徽	Anhui	宿县烈山	Lishan, Subsien	5			5	中国矿业纪要
		怀远舜耕山	Shünkunshan, Huaiyuan		135		135	王竹泉 C. C. Wang 1924
		怀宁集贤关	Chihhsienkuan, Huaining	40			40	中国矿业纪要
		太湖新仓	Hsingch'ang. T'aihu	5			5	
		宿松荆桥,罩子岭	Chingchiao & Tantzuling, Susung	10	30		40	
		宣城,泾县	Hsuancheng & Chinghsien		123 *		123	叶良辅　李捷 L. F. Yih & C. I
		贵池,繁昌	Kweichih & Fanchang	10			10	中国矿业纪要
		共计	Total	70	288		358	
江西省	Kiangsi	萍乡	Pinghsiang		200		200	中国矿业纪要 Sp. Rept. No. 1.
		吉安	Chian		200		200	
		进贤	Chinhsien		35		35	
		丰城	Fengch'eng	60	50		110	
		余干枫港	Yukan(Fengchiang)		140		140	翁文灏 W. H. Wong
		余干万年	Yukan－Wannien		20		20	中国矿业纪要 Sp. Rept. No. 1.
		乐平鄱阳	Loping－Poyang		80		80	
		其他	Other Fields	50	60		110	
		共计	Total	110	785		895	
江苏省	Kiangsu	铜山贾汪	Chiawang, Tungshan		144		144	中国矿业纪要 Sp. Rept. No. 1
		萧县白土寨	Pait'uchai, Hsiaohsien		31		31	
		其他	Other Fields		20		20	
		共计	Total		195		195	
湖北省	Hupeh	大冶(沣源口,保安)	Weiyuankou & Paoan in Taiyeh district	83			83	谢家荣 C. Y. Hsieh 刘季辰 C. C. Liu
		阳新炭山湾及龙港	Tangshanwan & Lungkan, Yangsing district	30	41		71	
		广济田家镇	Tienchiachên, Kwangchi	13			13	
		蒲嘉武一带	Pu－Chia－Wu districts		70		70	
		崇阳北乡	N. part of Tsung Ying		20		20	
		秭归兴山间	Tzukwei－Hsingshan	12	43		55	
		长阳资丘一带	Changyang		79		79	
		宜都松柏坪	Sungpeiping, I－Tu		17		17	
		当阳,远安	Tangyang & Yuanan		40		40	
		共计	Total	138	310		448	
浙江	Chekiang	长兴合溪,小溪	Hoch'i & Hsiaochi, Chang hsing		20		20	中国矿业纪要 Sp. Rept. No. 1.
		其他	Other Fields	50	50		100	
		共计	Total	50	70		120	
黑龙江	Heilung kiang	札赉诺尔	Chalainor			23	23	C. Ahnert 谭锡畴 H. C. Tan'
		汤原鹤岗	Hokang, Tangyuan		144		144	
		其他	Other Fields		200		200	
		共计	Total	0	344	23	367	
吉林	Kirin	穆棱	Mulin		1,000		1,000	翁文灏 W. H. Wong
		绥芬河上游	Upper Suifenho		98		98	
		其他	Other Fields		100	100	200	
		共计	Total		1,198	100	1,298	
		湖南	Hunan		6,000		6,000	
		四川	Szechuan	1,000	18,000		19,000	
		陕西	Shensi		6,968		6,968	
		云南	Yunnan		18,900	100	19,000	
		贵州	Kweichow		19,000		19,000	
		广西	Kwangsi		500		500	
		广东	Kwangtung		500		500	
		福建	Fukien		150		150	
		甘肃	Kansu		500		500	
		总计	Grand Total	13,593	173,465	568	217,626	

* 照原定吨数改算至一千公尺之深度(Recalculated from the original figur to a depth of 1,000 meters)

第二表　中国产煤吨数详表(民国七年至十四年)

Table Ⅱ　Statistics of Coal Production in China from 1918－1925(In Metric Tons)

省 Province	公司	Name of Companies	煤质	Kinds of Coal	民国七年(1918)	民国八年(1919)	民国九年(1920)	民国十年(1921)	民国十一年(1922)	民国十二年(1923)	民国十三年(1924)	民国十四年(1925)
直隶省 Chihli	开滦矿务局	Kailan Mining Administration	烟煤	Bituminous	3,262,657	3,762,763	4,416,009	4,320,274	3,657,344	4,495,962	4,346,478	3,949,598
	井陉矿务局	Chinghsing Mining Administration	烟煤	Bituminous	642,024	578,229	418,619	577,991	482,711	600,231	511,578	526,484
	正丰煤矿公司	Chengfeng Coal Mining Co.	烟煤	Bituminous	74,807	68,447	82,974	32,500	35,200	181,500	365,500	366,253
	怡立矿务公司	Yenli Mining Co.	烟煤	Bituminous	195,000(1)	190,000(1)	135,930	136,084	181,554	236,761	258,364	217,531
	临城矿务局	Lincheng Mining Administration	烟煤	Bituminous	119,434	181,619	265,045	279,851	187,996	217,652	150,618	151,503
	柳江煤矿公司	Liukiang Mining Co.	无烟煤	Anthracite	58,273	71,268	94,492	100,752	140,000	144,000	124,000	150,191
	中和煤矿公司	Chungho Mining Co.	烟煤	Bituminous	5,000(1)	5,000(1)	5,000(1)	10,000(1)	51,909	44,945	74,880	183,673
	京绥路鸡鸣山煤矿	Chimingshan Mine	无烟煤	Anthracite	67,603	53,640	63,894	24,391	18,689	33,949	37,983	4,968(3)
	门头沟煤矿	Mentoukou small mines	无烟煤	Anthracite	153,870(2)	75,796(2)	115,946(2)	187,336(2)	98,612(2)	183,384(2)	262,741(2)	282,891(2)
	坨里及周口店各小矿	Toli & Choukoutien small mines	无烟煤	Anthracite	510,289	599,338	547,592	553,353	576,174	672,412	520,481	145,193
	无烟煤共计	Total Anthracite			722,432	746,402	758,030	841,441	814,786	999,796	907,222	578,275
	烟煤共计	Total Bituminous			4,366,525	4,839,698	5,387,471	5,381,091	4,615,403	5,811,000	5,745,401	5,400,010
	总量	Combined Total			**5,088,957**	**5,586,100**	**6,145,501**	**6,222,532**	**5,430,189**	**6,810,796**	**6,652,623**	**5,978,285**
(4) 奉天省 Fengtien	抚顺煤矿	Fushun Coal Mine	烟煤	Bituminous	2,601,849	2,928,792	3,129,835	2,738,416	3,784,200	4,883,000	5,504,300	5,671,300
	抚顺塔连煤矿	Talien Mine(Fushun)	烟煤	Bituminous	79,593	43,662	50,065	33,395	44,200	71,200	87,800	80,573
	抚顺阿金沟煤矿	Achinkou Mine (Fushun)	烟煤	Bituminous	——	——	4,077	18,000	44,975	34,296	59,443	41,092
	抚顺瓢尔屯润兴公司	Piaoerhtun(Fushun)	烟煤	Bituminous	52,384	79,686	70,464	23,000	15,000	27,370	48,821	8,000
	抚顺华胜蛇窝南沟等小矿	Other small mines in Fushun district	烟煤	Bituminous	5,714	10,318	16,323	90,000	65,000	12,600	14,589	1,670
	本溪湖煤铁公司	Penchihu Co.	烟煤	Bituminous	363,720	393,782	409,751	338,000	285,000	373,000	448,552	423,857
	烟台煤矿(满铁)	Yentai Coal Mine	烟煤	Bituminous	104,947	110,167	79,548	50,050	63,098	98,000	104,200	117,700
	天利公司(烟台尾明山)	Weimingshan Coal Mine	烟煤	Bituminous	20,000	57,564	13,419	50,000	50,000	50,000	15,000	——
	彩合煤矿公司(牛心台)	Niuhsintai Coal Mine	烟煤	Bituminous	21,641	35,523	42,815	28,875	42,198	46,811	44,352	53,802
	炸子窑	Chatzuyao Coal Mine	烟煤	Bituminous	3,167	4,352	686	1,072	11,315	4,110	9,998	22,361
	锦西煤矿公司	Chinghsi Coal Mine	烟煤	Bituminous	17,009	22,849	13,836	20,598	8,835	——	——	——
	大窑沟	Tayokou native mines	烟煤	Bituminous	4,000	5,000	8,000	12,000	7,500	5,000	5,000	5,000
	五湖嘴	Wuhutsui mines	烟煤	Bituminous	15,000	18,000	20,000	25,000	25,000	50,000	81,000	50,000
	田师傅沟(富华公司等)	Tienshihfukou mines	烟煤	Bituminous	5,000	5,000	5,000	5,000	5,000	5,000	5,000	5,000
	大疙瘩	Takata mines	褐性烟煤	Lignitic Bituminous	23,500	27,000	37,777	24,500	40,000	57,222	60,000	60,000
	杉松冈	Shansungkang mines	烟煤	Bituminous	12,500	12,000	12,000	12,000	12,000	9,800	9,000	9,000
	虹螺岘(爱商公司)	Hunglohsien	烟煤	Bituminous	3,000	2,800	2,500	2,000	2,700	3,000	3,000	3,000
	八道壕煤矿(黑山)	Pataohao Coal Mine	烟煤	Bituminous	——	——	——	——	5,218	70,403	65,298	64,200
	其他煤矿	Other Coal Mines			11,000	11,000	12,000	12,200	11,500	6,800	12,800	38,497
	烟煤共计	Total Bituminous			**3,344,024**	**3,767,495**	**3,928,096**	**3,484,106**	**4,522,739**	**5,807,612**	**6,578,153**	**6,655,052**
河南省 Honan	福公司	Peking Syndicate	无烟煤	Anthracite	627,927	494,742	561,834	648,716	505,109	694,143	670,835	255,918(3)
	中原公司	Chungyuan Co.	无烟煤	Anthracite	431,635	832,762	734,895	245,290	400,000(1)	568,404	949,339	564,200
	六河沟煤矿公司	Liuhokou Co.	烟煤	Bituminous	118,490	188,112	232,618	247,575	283,043	509,054	594,963	555,987
	烟煤共计	Total Bituminous			118,490	188,112	232,618	247,575	283,043	509,054	594,963	555,987
	无烟煤共计	Total Anthracite			1,059,562	1,327,504	1,296,729	894,006	905,109	1,262,547	1,620,174	820,118
	总量	Combined Total			**1,178,052**	**1,515,616**	**1,529,347**	**1,141,581**	**1,188,152**	**1,771,601**	**2,215,137**	**1,376,105**
山东省 Shantung	中兴煤矿公司	Chunghsing Co.	烟煤	Bituminous	518,593	566,018	693,112	659,764	756,266	727,960	795,737	779,739
	鲁大公司(黉山)	Luta Co.(Tzuchuan Mine)	烟煤	Bituminous	405,440	446,894	504,250	513,003	675,075	558,043	674,607	589,571
	鲁大公司(坊子)	Luta Co.(Fangtze Mine)	烟煤	Bituminous	43,004	71,817	133,436	164,016	180,202	166,121	117,484	141,902
	华丰煤矿公司	Huafung Co.(Ningyang Hs.)	烟煤	Bituminous	35,692	29,400	32,448	37,761	50,161	42,404	56,053	60,000(1)
	烟煤共计				**1,002,729**	**1,114,129**	**1,363,246**	**1,374,544**	**1,661,704**	**1,494,528**	**1,643,881**	**1,571,212**

省 Province	公司	Name of Companies	煤质	Kinds of Coal	民国七年(1918)	民国八年(1919)	民国九年(1920)	民国十年(1921)	民国十一年(1922)	民国十二年(1923)	民国十三年(1924)	民国十四年(1925)
山西省 Shansi	保晋公司	Paochin Co.	无烟煤	Anthracite	134,146	203,179	203,221	249,877	263,701	311,048	410,952	225,885
	建昌公司	Kienchang Co.	无烟煤	Anthracite	——	——	——	——	13,000	50,009	68,938	90,634
	广懋公司	Kwangmo Co.	无烟煤	Anthracite	——	——	6,983	7,355	12,969	16,046	16,490	15,935
	平定煤田产额总量	Production of Pingting Coal basin	无烟煤	Anthracite	502,543(2)	591,442(2)	647,984(2)	699,784(2)	684,660(2)	1,020,450(2)	964,168(2)	324,076(2)
	大同煤田产额总量	Production of Tatung Coal basin	烟煤	Bituminous	17,773(2)	28,475(2)	139,669(2)	67,466(2)	166,690(2)	238,245(2)	248,533(2)	79,742(2)
	总量	Total			**520,316**	**619,917**	**787,653**	**767,250**	**851,350**	**1,258,695**	**1,212,701**	**403,818**
江西省 Kiangsi	汉冶萍公司(萍乡)	Pinghsiang Coal Mine (Hanyehping Co.)	烟煤	Bituminous	694,433	794,999	824,500	808,971	827,870	666,939	648,527	386,232(3)
	鄱乐公司	Polo Coal Mining Co.	烟煤	Bituminous	——	——	——	——	——	——	30,000	26,500
	昌明煤矿公司	Changming Coal Mining Co.	烟煤	Bituminous	3,472	4,811	4,635	2,277	1,254	1,788	——	245(3)
	阜安煤矿公司	Fuan Coal Mining Co.	烟煤	Bituminous	2,537	4,367	3,020	1,075	746	1,668	——	178(3)
	烟煤共计	Total Bituminous			**700,442**	**804,177**	**832,155**	**812,323**	**829,870**	**670,395**	**678,527**	**413,155**
江苏省 Kiangsu	贾汪煤矿公司	Chiawang Coal Mining Co.	烟煤	Bituminous	77,529	143,093	140,531	177,456	166,252	183,462	127,508	130,000(1)
安徽省 Anhui	普益煤矿公司	Puyih Coal Mining Co.	无烟煤	Anthracite	70,000	75,000	75,000	68,766	63,386	71,255	71,137	72,000(1)
	长庚煤矿公司	Changkeng Coal Mining Co.	无烟煤	Anthracite	——	2,431	1,845	——	——	——	——	——
	大通煤矿公司	Tatung Coal Mining Co.	烟煤	Bituminous	——	——	——	——	——	68,000	72,000	72,000
	安徽官矿局(水东)	Anhui Provincial Mines (Suitung)	烟煤	Bituminous	——	——	——	——	——	——	3,000	20,000
	安徽官矿局(殷家汇)	Anhui Provincial Mines(Yingchiawei)	烟煤	Bituminous	——	——	——	——	——	68,000	——	——
	烟煤共计	Total Bituminous			——	——	——	——	——	——	75,000	92,000
	无烟煤共计	Total Anthracite			70,000	77,431	76,845	68,766	63,386	71,255	71,137	72,000
	总量	Combined Total			**70,000**	**77,431**	**76,845**	**68,766**	**63,386**	**139,255**	**146,137**	**164,000**
湖北省 Hupeh	炭山湾官煤矿	Tanshanwan Official Mine	无烟煤	Anthracite	52,783	52,305	19,215	7,979	2,498	——	——	10,000(1)
	富源公司(大冶)	Fuyuan Mining Co E	无烟煤	Anthracite	100,000	100,000	70,000(1)	60,000(1)	50,000(1)	40,000(1)	50,000(1)	50,000(1)
	汉顺公司(沣山)	Hanshun Mining Co.	无烟煤	Anthracite	——	——	——	3,648	19,644	14,631	60,891	49,110
	无烟煤共计	Total Anthracite			**152,783**	**152,305**	**89,215**	**71,627**	**72,142**	**54,631**	**110,891**	**109,110**
浙江 Chekiang	长兴煤矿公司	Changhsing Mining Co.	烟煤	Bituminous	——	2,431	1,845	26,909	32,271	33,000	34,000	34,000(1)
吉林 Kirin	吉林长春间	Small mines near Kirin & Changchun	褐性烟煤	Lignic Bituminous	20,000	20,000	25,037	26,565	25,366	24,360	24,600	24,600
	穆棱煤矿	Molin Coal Mine	烟煤	Bituminous	——	——	——	20,000(1)	30,000(1)	40,000(1)	50,000(1)	80,000(1)
	烟煤共计	Total Bituminous			**20,000**	**20,000**	**25,037**	**46,565**	**55,366**	**64,360**	**74,600**	**104,600**
黑龙江 Heilung Kiang	札赉诺尔	Chalainor Coal Mine	褐炭	Lignite	164,670	231,819	305,889	227,723	167,591	166,026	180,000	123,514
	鹤岗	Hokang Coal Mine	烟煤	Bituminous	——	——	500	1,000	1,000	9,000	10,800	13,000(1)
	共计	Total			**164,670**	**231,819**	**306,389**	**228,723**	**168,591**	**175,026**	**190,800**	**136,514**
热河 Jehol	新邱煤田总计	Total of Sinchiu Coal field	烟煤	Bituminous	20,000	20,000	33,750	29,313	29,600	59,132	40,533	34,433
	大新大兴煤矿公司	Tasin Tahsing Co.	烟煤	Bituminous	——	2,878	12,637	7,204	8,385	5,361	12,341	13,492
	北票煤矿公司	Peipiao Coal Mining Co.	烟煤	Bituminous	——	——	——	7,716	25,808	29,536	63,384	144,758
	共计	Total			**20,000**	**20,000**	**33,750**	**37,029**	**55,408**	**88,668**	**115,917**	**179,191**
	产额合计	Total of all mines	褐炭	Lignite	164,670	231,819	305,889	227,723	167,591	166,026	180,000	123,514
			烟煤	Bituminous Coal	9,667,512	10,927,610	12,084,918	11,656,064	12,389,746	14,977,324	15,927,283	15,227,949
			无烟煤	Anthracite	2,507,320	2,895,084	2,868,803	2,575,624	2,540,083	3,408,679	3,673,592	1,903,579
			共计	Total	**12,339,502**	**14,054,513**	**15,259,610**	**14,459,411**	**15,097,420**	**18,552,029**	**19,780,875**	**17,255,042**
	土法小矿产额约计	Estimated production of native small mines			6,000,000	6,000,000	6,000,000	6,000,000	6,000,000	6,000,000	6,000,000	7,000,000
	全国煤产总额	Total Coal Production of China			**18,339,502**	**20,054,513**	**21,259,610**	**20,459,411**	**21,097,420**	**24,552,029**	**25,780,875**	**24,255,042**

(1)约略估计 Estimate

(2)铁路运输量 Railway transport

(3)一年中一部分之产额 Partial production of the year

(4)大部依据南满铁道地质调查所之统计 Mostly according to the statistics issued by the Geological Survey of the S. Manchuria Railway Co.

之煤矿储量重行计算，其结果与以前所得颇有出入。其中尤以晋、豫二省相差最多。此外奉天、湖北、安徽、黑龙江等省亦稍有更改。湖南、四川、云南、贵州及陕西五省之储量，以前计算，皆失之过少。兹依据日本地学会出版之四川盆地地质图及本所王竹泉君调查与美孚公司所测绘之陕西地质图，将川、陕二省之煤量重行计算，而假定云贵之煤量与川相埒，湖南则较陕西为略少。依此计算，共得全国储煤量二一七，六二六兆吨，其中无烟煤四三，五九三兆吨，烟煤及亚烟煤一七三，四六五兆吨，褐炭五六八兆吨。兹另列各省煤矿储量为第一表。

上项之计算法与民国十年大致相仿，即以一千公尺为可采深度，惟煤层厚度，在直、晋、豫、鲁诸省，一公尺以下一英尺以上者，亦一并计入。上表中调查较详之诸省，分区详列。湖南以下九省，仅有总数而不分区者，则因研究未精，仅就煤系分布约略估计，其数当不甚可靠，惟有俟将来之更正耳。

试以我国之储煤量与世界各国相比较，则居第四位置，稍多于英，而亚于美国、坎拿大及德。虽不能称雄世界，而在远东各国，不失为煤藏丰富之国也。

四、产　　额

中国历年煤矿之产额，以调查未备，尚难精密计算。兹先就有确数可稽之各矿，列其自七年至十四年之产额如第二表（元年至七年之产额载中国第一次矿业纪要中）。我国目下产煤最多之矿为奉天之抚顺，其次为开滦。而在民国十一年以前，则开滦实执我国煤产界之牛耳。此外若中兴、福中、萍乡、井陉、临城、六河沟、怡立、贾汪、本溪湖、柳江等，其产额皆在十万吨以上，而为我国现在最重要之煤矿。

我国新式煤矿之开办，远在前清光绪初年。其初由政府经营或官督商办，乃以办理不善或委托非人，以致股本亏耗，难以为继。而光绪季年，清廷忽力主矿业开放，招纳外资，迄今规模最大之所谓合办矿几全导源于此。时外国资本遂得乘间侵入，开滦、井陉、福中，皆其例也。改革以来，国人渐以独立经营矿业为必要，于是商办煤矿逐渐成立，其本用土法开采之小矿，至是亦参用机器或合并成新式矿厂，故本国资本之矿业，渐有振兴之象。兹将我国重要煤矿之资本种类、产煤能力等列为第三表，以资比较。

第三表　中国重要煤矿之资本种类及产煤能力表

Table Ⅲ　Ownership and Capacity Production of some of the Important Coal Mines in China

省份	公司	资本种类	每年产煤能力
奉	抚顺煤矿	日本（南满铁路）	4，900，000吨
直	开滦矿务局	中英合办	4，500，000吨
鲁	峄县中兴煤矿公司	中国商办	800，000吨
赣	萍乡煤矿	中国商办	800，000吨
豫	福公司	英	700，000吨
鲁	鲁大公司淄川煤矿	中日合办	680，000吨
直	井陉矿务局	中德合办（中多德少）	600，000吨
直	正丰煤矿公司	中国商办	650，000吨
豫	中原公司	中国商办	600，000吨
豫	六河沟煤矿公司	中国商办	560，000吨

续表

省　份	公　司	资　本　种　类	每年产煤能力
奉	本溪湖煤矿公司	中日合办	460，000 吨
晋	保晋公司	中国商办	420，000 吨
直	门头沟煤矿公司	中英合办	280，000 吨
直	临城矿务局	中国官商合办	270，000 吨
直	怡立煤矿公司	中国商办	260，000 吨
黑	札赉诺尔煤矿	俄（中东铁路）	180，000 吨
苏	贾汪煤矿公司	中国商办	180，000 吨
鲁	鲁大公司坊子煤矿	中日合办	180，000 吨
直	柳江煤矿公司	中国商办	150，000 吨
热	北票煤矿公司	中国商办	150，000 吨
直	长城煤矿公司	同上	100，000 吨
奉	烟台煤矿	日（南满铁路）	100，000 吨
奉	八道壕煤矿	中国（奉天矿务局官办）	100，000 吨
晋	建昌煤矿公司	同上	100，000 吨
豫	民生煤矿公司（观音堂）	同上	100，000 吨
热	大新大兴公司	中日合办	80，000 吨
奉	五湖嘴煤矿公司	中国商办	80，000 吨
皖	烈山普益煤矿公司	同上	75，000 吨
皖	大通煤矿公司	同上	72，000 吨
直	中和煤矿公司	同上	70，000 吨
鄂	富源公司（大冶）	同上	60，000 吨
鄂	汉顺公司（大冶）	同上	60，000 吨
直	鸡鸣山煤矿	中国（京绥铁路官办）	60，000 吨
皖	安徽官矿局	中国官办	60，000 吨
鲁	华丰煤矿公司	中国商办	50，000 吨
奉	天利公司（烟台尾明山）	同上	50，000 吨

观上表可知，我国煤矿之经济性质可分为三类，即（一）完全华资，（二）完全外资，（三）中外合办。纯粹由外资办理之煤矿有四，即抚顺、福公司、札赉诺尔及烟台煤矿是也。此外则多为中外合办。兹将外资及华资经营之煤矿列总表如左。

第四表　中外资煤矿产额比较表

TableⅣ　A Comparison of Production between the Chinese Mines and the Sino－Foreign or Foreign Mines

资　本　种　类		每年产煤能力（吨）
完全外资	日	5，000，000
	英	700，000
	俄	180，000
	共计	5，880，000

续表

资本种类		每年产煤能力（吨）
中外合办	中日	1，400，000
	中英	4，780，000
	中德	600，000
	共计	6，780，000
完全华资	每年产额在五万吨以上者	5，877，000
	每年产额在五万吨以下有确数可稽者	2，400，000
	土法小矿产额之约数	7，000，000
	共计	15，277，000
各国资本	日	5，700，000
	英	3，090，000
	德	300，000
	俄	180，000
	共计	9，270，000
	总计	24，547，000

试比较第二表所列各省煤产之多少，则直隶居首，约占总数百分之三十四，奉天次之，约百分之二十八，山东、河南各约百分之九和十，江西、山西各约百分之三和四，黑龙江、江苏各约百分之一。此外则不逮百分之一。故直、奉二省之产额，实达总产额半数以上，其矿业之发达，可以概见。然此仅就有确数可稽之煤矿而论也。山西煤矿，仅保晋一家有确数可据，大同、平定煤矿，铁路运输之量当较实在所产者为少。若合土法小矿之产额而论，则前表所列之次序恐大有考证之余地。其最为显著者为山西。表中所列仅保晋、大同、平定等煤矿，其实则土法小矿遍及全省，若综合计之，必不止年产七八十万吨之数。尤以潞泽一带，因土法炼铁事业之发达，需煤既多，产额亦丰。据农商部民国五年至十年统计，山西全省煤矿之产额如左。

五年	六年	七年	八年	九年	十年
1，665，493	986，572	1，298，859	1，501，074	1，569，412	1，939，955

农商统计系根据各县知事之报告编辑而成，其中间有错误，然对于山西煤矿之产额，因各县报告极为完备，似有几分可信之处。综观前表，除民国六年数目太少，显有遗漏外，其他各年山西全省产额约在一百万至二百万吨之间。又据山西财政厅报告，全省每年共收煤税约二十万元，每百斤抽税三厘五毫，依此计算，则每年产额大小合计应得3，571，000吨。此数似嫌过多。兹取折中之数，以二百三十万吨为山西全省之产额。川、湘煤田在长江一带素负盛名。重庆、宜昌、汉口等处之燃料，多仰给焉。然开采者俱系土法小矿，故不易得确实之统计。近年以来，时局不靖，西南各省日在混乱状况之中，故此项材料更不易得。农商统计，自元年至三年，川、湘各有统计，三年至六年，仅有湖

南一省，六年而后则皆缺如。然观其所列吨数变迁太甚，颇不可靠。如湖南产额，民国元年为3，408，355吨，而三年则不过1，722吨，五年为9，767吨，四年为六万余吨，六年为四万余吨。据日人数年前之调查，湖南煤矿运销于汉口者年达百万吨，而本省需要亦在百万吨左右，故全省产额至少亦在一百万至二百万吨之间。兹为稳慎计，暂以一百万吨为湖南全省平均产额之数。四川煤产，据农商统计，民国元年为312，601吨，二年为825，685吨，三年为1，104，195吨。夫以四川面积之广，人口之众，而产煤区域又遍及七十余县，即供本省之用，已非数十万吨之所能敷用，况尚须行销于宜昌一带，以供航行长江上游小火轮之用乎！故四川全省产煤之数，至少当约百万吨左右。

此外，西南各省，如云南、贵州、广西、广东，各拥有丰富之煤田，然产额似远不逮四川之多，合计之，每年或亦可达百万吨。

西北各省，如陕西、甘肃、新疆，亦以土法小矿占重要位置，故产额不详。农商统计，民国元年至四年所列之数，于新疆似嫌过多，于陕、甘则似过少。兹暂假定此三省之煤产额各约十万吨，或与实际所产不甚悬殊欤。

湖北煤矿，质、量俱不甚优。然以地滨大江，又有汉口重镇，销路既旺，土法小矿尚为发达。其中以大冶、阳新开采最盛。昔有炭山湾官煤矿用新法开采，年产约六七万吨。今矿井被淹于水，产额顿减，综计二县所产，年达十八万吨。其次为长阳、宜都，年产约五万吨。秭归、巴东，年产约一万吨。合计全省产额当在三十万吨左右。福建煤矿以龙岩为最多，年产约三万吨，全省总额假定为五万吨。绥远及察哈尔煤矿，前表亦未列。据可靠调查，绥远之大青山一带，年产煤约十五万吨。察哈尔煤矿似较少，今以五万吨计。二区共得二十万吨。热河煤矿以北票煤矿公司及新邱煤田为最大，年产各约十万吨。土法小窑，则不下七八十处，以赤峰县元宝山之锦元窑为最重要，日产约百吨。合计之，热河全区每年所产至少当有三十万吨。故三特别区之总产额，当年达五十万吨。江西一省，产额甚巨。据农商统计，四、五、六、七四年之产额，各达一百万吨左右，似属可靠。今表内所列者，仅萍乡及永新数矿，故仅得八十万吨。兹以农商统计之数为准，而假定土法小矿之总产额为四十万吨。安徽煤矿，统计最完备者仅普益公司一家，年产七、八万吨。此外，宣泾一带有安徽官矿局，宿松有振兴公司，怀远有大通公司，合计之，全省每年产额约有三十万吨。山东煤矿，统计表内所列者，亦仅中兴、黉山等数矿，此外如博山、章丘等县，半新式及土法小矿不胜枚举。兹就民国八年调查所得，淄博煤田内煤矿共约三十六家，共计每日产额约一千二百吨，章丘煤田日产约五百吨，莱芜煤田二百吨。尚有新泰、蒙阴、临沂、费县、郯城等煤田，合计共约一百六十吨。故山东全省产额，每年至少当有2，403，481吨。又吉、黑及浙江等省之产额，前表尚多遗漏。以上统计未备之煤矿产额合计之，共得六、七百万吨。兹以七百万吨为民国十四年各项土法小矿之产额，虽不能称准确，或与实际情形相去不远乎。

倘将计算所得土法小矿之产额加入于前列之各省产额表内，则其次序颇多更改之处，列表如左。

尚有一计算产额之法，即依据各铁路车站运出煤斤吨数之统计是也。盖我国各大矿，除在矿上自用、附近销费及水路运出外，大部分皆装车外运，故就重要煤田所在地之车站，稽其输出之吨数，即可约知其产额之多少矣。但此项统计颇不易得。交通部每年所公布者，系国有各路一年中运煤之总吨数，并未将详细站名分别开列，以致不能考核其产地

第五表　各省产煤约数表

Table Ⅴ　Coal Production in Different Provinces of China

省　　别	产　煤　约　数
直隶	6，600，000 吨
奉天	6，000，000 吨
山东	2，400，000 吨
山西	2，300，000 吨
河南	2，000，000 吨
江西	1，300，000 吨
湖南	1，000，000 吨
四川	1，000，000 吨
贵州	共计 1，000，000 吨
云南	
广东	
广西	
热河	300，000 吨
湖北	300，000 吨
安徽	300，000 吨
江苏	200，000 吨
绥远	200，000 吨
黑龙江	200，000 吨
吉林	200，000 吨
陕甘新	300，000 吨
浙江、福建	100，000 吨

之所从出，实为遗憾。查交通统计所载国有各路每年输运矿石之量（按矿石中煤当占大多数）约在一千万吨至一千二百万吨之间（详表见后），此数可代表我国重要煤矿产额之一部。尚有东三省之南满安奉（中东路有统计，见后）及山东之胶济等线，沿路煤矿甚多，产额极为重要，然详细统计，无从参考。苟能将全国铁路之运煤吨数综合计之，则与我国目下之产煤总额当能相去不远矣。兹据京绥、京汉二铁路车站之记载，将民国七年至十四年各车站输运煤斤之详细数目列为第六表。览之，则于直、豫、晋三省之煤产情形，当可略知梗概矣。此表可与产额总表相比较，其数目相差过钜者，则因有一部产额由水路运出或矿上自用及铁路销费之额颇占重要之故。

五、各大煤矿矿业现状

我国煤矿，土法占大半，大都系二三百年相袭而来之阵法，工程极危险，而成本殊轻，对于抽水、通风，除幼稚之水车、唧筒及自然通风法外，并无适当之设备，故开采不能甚深。用斜井者最多，因工人得缘梯上下，不需辘轳旋转之力，然出煤需人拖运，费时甚久，而产额不多。据本所民国五、六年调查，南方某省数县煤矿，其工程之简陋、危险，殆无伦比。兹略述之，以例其余。厂设二井，一为通风，一为出煤。井作长方形，阔七尺，长十六尺。矿工循井壁木格，蛇行上下，无特别阶梯，亦不用绳索牵挽，升降极为危险。井深五十至六十丈，井中通风不善，秽气熏腾，崩塌倾圮，随处皆是。又时有火灾，不能用灯，仅口含香火数枚，以取微光，谓之香火做法。开办以来，工人之在此殒命者已百数十人。

上述情形或可为中国土法煤矿中艰险工程之代表。若煤层厚度，尤无一定限制，虽薄至数寸，亦多开采，故工人工作，至为艰苦。至于矿工居处之秽陋，待遇之不良，尤其余事。凡此皆土法煤矿之缺点，深望政府加以取缔。而从事此业者，力加改良，勿徒牟利而忘工人之危险也。至于采煤之次序、方法，往往与西法有不谋而合之处。但工程欠整洁，过危险，且窿道之敷设、矿窿之布置，往往只随煤层之位置为转移，但求产煤，而无远大稳固之计画，此则较之西法，诸多不逮者也。新式煤矿，如开滦、抚顺、福中、淄川、井陉、萍乡等，皆规模宏大，设备周密，因之产额日增，为目下国内重要之煤矿。关于机械方面之设备，各矿极不一律，欲详细叙述，颇占篇幅，故皆从略。兹略述各大矿之现状如左。

抚顺煤矿　日俄未战以前，抚顺煤矿仅有三坑，即千金寨、杨柏堡、老虎台是也。当时产额日仅三百吨。自日本于光绪三十年（一九〇四年）攫取该矿后，惨淡经营，开大山、东乡、万达屋、龙凤、新屯等新坑，又于古城子设露天采掘场二处。以上各煤坑，深浅不等，自三百余尺至千余尺，以龙凤坑为最深，达三百八十五公尺。现在每日产额约一万四千余吨。全矿工人、职员共计万余人，为中国最大之煤矿，亦可谓盛矣。该矿现又拟有十年期之扩充大计划，即自1919年起至1929年止，将古城子露天采掘场扩张至铁路两旁，即现在千金寨市街之地位，同时并另开新井三口。故1929年之产额预计可达八百万吨。若再过十年，其产额可望达一千一百万吨之数。如是则一矿之所出即已占我国现时总产额之半矣。抚顺煤层之厚，世无其匹。最厚达二百余尺，中间稍夹石片；最薄亦十数尺，平均约百余尺。全层总厚约四百尺。本用残柱法采煤，后以煤层过厚，为防地盘陷落，瓦斯爆发，并增加出产计，于民国二年改用土砂充填法，以浑河及杨柏堡中之流砂用机力冲入铁管，引至采煤场，填塞空处，与煤交换。施行以来，成效大著。目下产额最巨者，为古城子露天采掘场，十三年产一百八十余万吨。其次为大山、杨柏堡、老虎台、东乡等坑。产额最小者为龙凤炭坑。然民国十一年以前，固以千金寨之产额为最巨也。

民国十三年抚顺各炭坑产额及作业日数表

坑别	作业日数	民国十三年每日平均产额	民国十三年总产额
古城子	356	5，644	1，811，800
千金寨	356	1，092	350，500
大山	320	2，235	717，500
东乡	317	1，221	392，000
杨柏堡	317	1，707	548，000
老虎台	319	1，598	513，100
万达屋	322	1，310	420，700
新屯	322	1，368	439，000
龙凤	328	971	311，700
共计		17，147	5，504，300

第六表　京绥铁路各站起运煤斤吨数表

Table Ⅵ　Coal Transportation along the Peking-Suiyuan Railway (In Metric Tons)

站名	Name of Station	民国七年 (1918)	民国八年 (1919)	民国九年 (1920)	民国十年 (1921)	民国十一年 (1922)	民国十二年 (1923)	民国十三年 (1924)	民国十四年 (1925)
三家店	Sanchiatien	13,406	21,236	43,292	30,067	32,535	25,450	16,029	38,381
门头沟	Mentoukou	153,870	75,796	115,946	187,336	98,612	183,384	262,740	282,891
下花园	Siahwayuan	93,906	38,260	57,680	81,458	56,939	71,122	38,573	60,510
大同及口泉	Tatungfu & Kowchuan	17,773	28,475	139,669	67,466	166,690	238,245	248,533	79,742

京汉铁路各站起运煤斤吨数表

Coal Transportation along the Kin Han Railway (In Metric Tons)

Station 站名	民国七年 1918		民国八年 1919		民国九年 1920		民国十年 1921		民国十一年 1922		民国十二年 1923		民国十三年 1924		民国十四年(一月至五月) 1925(From Jan to May)	
	无烟煤 Anthracite	烟煤 Bituminous Coal	无烟煤 Anthracite	烟煤 Bituminous Coal	无烟煤 Anthracite	烟煤 Bituminous Coal	无烟煤 Anthracite	烟煤 Bituminous Coal	无烟煤 Anthracite	烟煤 Bituminous Coal	无烟煤 Anthracite	烟煤 Bituminous Coal	无烟煤 Anthracite	烟煤 Bituminous Coal	无烟煤 Anthracite	烟煤 Bituminous Coal
Toli 坨里	”	282,782	”	324,448	”	258,597	”	285,462	”	347,292	”	368,184	”	272,362	”	83,274
Chowkoutien 周口店	”	227,507	”	274,890	”	288,995	”	267,891	”	228,882	”	304,228	”	248,119	”	61,919
Shihchiachuang 石家庄	172,042	330,501	293,361	298,081	281,650	366,334	298,540	401,244	323,048	361,612	482,720	537,730	344,745	619,423	75,000	249,076
Lingchenhsien 临城	”	49,840	”	121,040	”	180,441	”	197,180	”	147,125	”	207,375	”	85,275		53,040
Matowchêng 马头镇	”	22,991	”	21,040	”	54,705	”	152,914	”	186,458	”	214,915	”	197,463		64,545
Tzechow 磁州	”	8,242	”	5,200	”	1,264	20	782	”	20	”	”	”	”		”
Fenglochêng 丰乐镇	”	98,651	”	72,535	160	94,440	”	151,982	”	193,288	”	367,355	”	323,115		157,320
Changtefu 彰德府	”	3,824	”	2,222	”	2,140	”	125	”	381	”	261	”	24		40
Tangyinhsien 汤阴县	”	10,362	”	4,260	”	641	”	122	”	3,000	”	700	”	1,140		”
Sinsianhsien 新乡	463,590	2,242	522,974	4,035	329,613	165,220	459,210	148,375	99,032	1,099	”	759,363	”	668,764		91,141

古城子采掘场之煤层距地面四十尺。现已开深达一百八十四尺，内分十二阶级，每级高十二尺。各筑有轻便铁道，以利运输。采掘工程用黑药及汽铲。又用抽水机三座，以吸坑内之水。采煤成本，据民国五年调查，每吨约日金一圆五六角。现工资、物价俱日高，成本必增。然至多当不能过日金二圆，只合国币一元五角左右，可谓轻矣。运价每吨每英里日金二元五仙。抚顺采矿方法极为新式，故效能甚高，其每工人每日采煤之吨数，据历年报告如左。

年份	十一年	十二年	十三年
每人每日采煤率（吨）	1.560	1.386	1.531

兹将自民国七年至十三年抚顺煤矿销路之分配及输出地点，据南满铁道会社所公布者列为左表。

抚顺煤销路分配表（以吨计）

年别	满铁会社自用	东三省销售	轮船用	输出	合计
民国七年	865，827	900，256	135，964	737，573	2，639，620
民国八年	1，137，716	1，012，236	83，724	554，591	2，788，268
民国九年	986，443	813，879	185，566	499，357	2，485，246
民国十年	834，370	964，152	429，679	956，011	3，184，213
民国十一年	764，440	1，100，070	745，354	1，553，578	4，163，443
民国十二年	841，825	1，307，593	679，877	1，919，848	4，749，143
民国十三年	1，016，933	1，459，218	593，441	2，383，386	5，452，978

抚顺煤输出额分配表（以吨计）

年别	英国	俄领	北美	印度	南洋	中国南部	中国北部	中国台湾	朝鲜	日本	共计
民国七年					56,567	74,186	49,568	——	397,955	159,296	737,573
民国八年					——	56,910	24,482	——	358,710	114,489	554,591
民国九年					25,810	68,614	11,523	11,143	318,471	63,849	499,357
民国十年		1,034	13,305	5,929	133,605	126,988	44,426	8,514	334,624	287,585	956,011
民国十一年					127,949	340,183	75,484	11,850	388,697	609,414	1,553,578
民国十二年					189,477	293,220	102,388	21,200	391,780	921,781	1,919,848
民国十三年	20				221,870	524,807	109,478	16,706	340,151	1,187,060	2,383,386

抚顺煤矿附设孟德式瓦斯厂一所，以劣质烟煤入窑烧炼，化成瓦斯，引至各工厂使用。同时复提炼煤中之淡气，使成安母尼亚，再与硫酸化合，造成硫酸铔，以供农田肥料之用。现有孟德式瓦斯窑十座，每座装煤二十四吨，能制硫酸铔约七吨。历年产额如左。

年份	民国七年	民国八年	民国九年	民国十年	民国十一年	民国十二年	民国十三年
产额（吨数）	5638.5	5897.4	5102.7	4263.8	4105.5	4198.8	5016.9

开滦矿务局　开滦矿务局为开平矿务有限公司（英国）及滦州矿务有限公司（中国）于民国元年合并而成。资本总额二百万磅。每日产额约一万三四千吨。矿工二万余人。共有直井十五口，分设于唐山、马家沟、赵各庄、唐家庄、林西等地方。最深者为唐山之第三号直井，达一千八百九十八尺，内分九层，为中国现时开采最深之矿井。其次为第一号井，深约一千四百余尺。林西、赵各庄等井较浅，自六百尺至八百尺不等。盖西部煤层倾斜较急，东部则较缓，煤井之深浅亦遂因之而异。目下产煤，以赵各庄为最多，日出五千余吨。其次为林西。再次为马家沟与唐山。最近矿务局又在赵各庄与林西间之唐家庄开一新井，拟每日产煤四五千吨。如此项计划告成，则全矿产额可日达二万吨，将超出抚顺现在之所产矣。产出之煤，先经筛煤台，后入手选带。惟林西有新式洗煤台二座，故须洗之煤，皆送至林西。视煤之大小、性质，分为粉煤、石煤、海军煤、铁道煤等，共有十二种，价值自七八元至十余元不等。在林西设有土法炼焦厂，年产焦炭约四万余吨。矿务局在秦皇岛筑有新式码头及堆栈，以便装运出口煤焦。除自备开平（容量3150吨）、广平（容量2150吨）二轮，专利运输外，又与天津日商松昌洋行订贩卖煤焦之约。松昌洋行现有3000吨以上轮船十五艘，专供由秦皇岛至日本运煤之用。因之，开平煤在日本之销路日益畅旺。盖日本缺少炼焦良煤，彼国制铁所需之焦，非用开滦煤搀炼不可；而开滦煤矿既近海口，运输甚便，煤价亦廉，故其他煤矿难与竞争。据民国十二年统计，开滦各矿产额细数及一年中销路之分配，如左列二表。

民国十二年开滦各矿煤产种类、额数详表

坑名 煤别	唐山	林西	赵各庄	马家沟	共计
铁路用块煤	136，210	38，708	27，816	158，512	361，236
第一号块煤	43，465	——	93，591	——	137，056
第二号块煤	42，495	1，158	201，114	——	244，767
家用块煤	——	92，311	——	4，942	97，253
块煤合计	222，170	132，177	322，521	163，454	840，312
特别水洗小块	17，604	165，213	101，637	——	284，454
炼焦用粉煤	7，149	180，942	216，786	——	404，877
第一号粉煤	581，241	145，383	597，740	141，935	1，466，299
第二号粉煤	——	427，668	358，590	561，255	1，347，513
日本煤屑	——	——	——	——	——
其他	——	3，369	——	——	3，369
粉煤合计	588，390	757，362	1，173，116	703，290	3，222，058
存积煤量	——	——	150，120	1，801	151，921
总计	828，164	1，054，752	1，847，394	868，545	4，498，745
平均一日产煤额 （以一年330日计）	2，510	3，378	5，598	2，634	13，632

民国十二年开滦煤销路分配表

用途	吨数	用途	吨数
秦皇岛出口	2，059，732	售出	1，845，474
秦皇岛自用	220，492	焦炭原料	73，636
矿上自用	226，801	共计	4，498，745

开平煤在国内销路之范围极广。民国十二年分配之数约如左表。

行销地点	块煤	粉煤	合计
京奉铁路	150，631	195，460	346，091
津浦铁路	10，894	6，644	17，538
京绥京汉	3，301	5，199	8，500
塘沽	58，069	108，507	166，576
天津、北京	358，141	569，612	927，653
其他	213，868	165，248	379，116
共计	794，804	1，050，670	1，845，474

开平煤田共有煤十四层。第一至第四之四层，厚不逮一尺，皆未采。最厚者为第五、第八、第九、第十一及第十二等层，厚自五六尺至十余尺，总厚自四十余尺至七十余尺。四矿煤质，各有优劣。盖同一煤层，煤质亦难一致。大概唐山煤灰分较少，尤以第五层煤为最佳，含灰不过百分之五。林西煤则灰分最多，有至百分之二十八者；其第十一层则灰分稍低。赵各庄煤质甚佳，且块煤较多。马家沟与唐山相仿。采煤用房柱法。采煤成本各矿不一。最廉为马家沟，每吨仅九角左右。若合总局各项开销计之，则每吨成本约一元四角，平均成本约一元五角。在我国新法煤矿中，当以此为最廉。

各井中所用原动力均系电力，惟井口升降机间有用汽力者。发电机以林西为最大，亦为最新式；除供本矿需用外，并供给唐山、赵各庄、马家沟等处之用。唐山亦有发电机，但力量不足，不敷应用耳。

自总局联合成立后，营业日盛。兹将历年卖煤额及所获红利等列表如左。

年别	卖煤额（吨）	余利（元）	纯益（元）	红利分配（百分率）
民国六年	2，938，185	8，703，355	6，211，569	31.0
民国七年	3，128，677	8，424，101	5，995，735	29.97
民国八年	4，010，980	12，067，814	8，917，456	44.9
民国九年	3，775，379	10，426，807	7，313，448	22.0
民国十年		7，173，126	4，593，784	
民国十一年	3，712，924	9，205，492	6，109，768	16.0
民国十二年	4，284，160	10，830，007	7，330，371	20.0
民国十三年	2，861，708	5，640，271	3，116，238	10.0

按开滦矿务局之会计年度以每年之六月底为止。譬如民国元年之营业，系自元年七月一日至二年之六月三十日为一年，余类推。民国十三年开滦共获余利 5，640，271 元，除去股息、折旧及直隶省政府

兴办实业经费（股东分利在十五万磅外所余之数以十五分之一归之）外，共得纯利 3，116，238 元。本年度卖煤额，因战事影响，大为减少，较之前年约减百分之三十三。尤以十三年之八、九二月，因军事紧急，交通几频断绝，故售出最少，直至十四年之五月，始复原状。又据该矿工程师最近之计算，在可采深度以内之储煤量，现共有 165，000，000 吨。倘以该矿历年最高产额 450 万吨之数为准，尚可开采四十年；若以年产六百万吨之计划为准，则至少尚能采二十八年。但此系就已经开发之煤量而言，至于全煤田之储量，常数倍于此。故开滦前途，未可限量也。

福公司　福公司系纯粹英国资本。倡办于光绪二十八年，即 1902 年。资本额 1，242，822 磅。开办伊始，井底即有潜水之患。计矿井被淹者不下三、四次，损失浩大。然英人仍锐意经营，不稍玩怠，至 1908 年始正式产煤。1913 年四、五、六号诸大井相继告成，产额日增。现在每日产煤约二千吨。矿工达九千余人。井底潜水仍不时为患。民国六年水盛时，每小时侵入之水量竟达四十万加伦之多。中国各煤矿之水患当以此为最烈。公司现备新式抽水机大小三十余座，每小时之总排水力九十余万加伦。故虽有大水，亦不足虑矣。前后所开直井不下七、八座，现在产煤者仅五、六座，深自二百余尺至六百余尺。煤层甚多，然主要者似只一层，厚自六尺至三十尺，平均十八尺。采煤用房柱法。所产煤质俱无烟煤。由选煤机分为块煤、末煤等，名称甚多，兹不具录。自矿地至卫河边之道口，公司筑有铁路一条（道清铁路），中经京汉铁路之新乡站，专为运煤之用。凡行销直豫鄂等省，皆由京汉路装运。其销售直隶东部及天津一带者，则先运至道口镇，然后装公司自备之驳船，沿卫河下行，直达天津。

福公司附近之煤田内尚有中国商办之煤矿甚多，民国四年合组为中原公司，资本金逐年增加，现已达五百万元。年产煤四、五十万吨。昔时福公司与中原等华矿双方竞争颇为剧烈，营业上各蒙其害，嗣于民国四年设立福中总公司，专司公共卖煤之事，争端遂息。兹将中原公司历年销煤额及盈余等，据已经他处发表者列表如左。

年别	销煤额（吨）	赢利（元）	红利分配
民国五年 （四年六月至五年十二月）	625，186	407，451	一分二厘
民国六年	564，314	509，101	一分五厘
民国七年	508，656	680，870	一分八厘
民国八年	602，234	822，524	二分
民国九年	663，355	705，224	一分六厘

井陉矿务局　井陉矿务局于光绪二十四年（1898 年）与德人汉纳根订立合办合同，中德资本各二十五万两。欧战期内（民国八年）由中政府收回自办。民国十一年，中德和约成立，汉纳根与直隶省政府另订合同，继续合办，惟德股改为三分之一。矿上设南、北二直井，深一百八十八尺，每日产煤一千余吨。煤层有七。最重要者为大炭，厚七公尺。其次为红炭，厚二公尺。煤层总厚十四五公尺。采煤用房柱法。每吨成本约一元五角。煤质甚佳，可供炼焦。初曾试用新法炼焦，并提取硫酸铔，以作肥料。嗣即停办。现以煤末洗净，运至石家庄用土法炼焦，每年产额约五十万吨。自矿务局至正太路南河头车站有轻便铁道一，计长十四公里，专为运煤之用。自南河头沿正太路至石家庄共一百二十里，需运费每吨五角二分五厘。自石家庄再沿京汉路分销各处。惟京汉路线系四英尺八寸半之宽轨，而正太路则系三英尺二寸八（合一公尺）之狭轨，故至石家庄必须换车，多一番装卸之费，成本因之而增，于矿业发展颇多障碍也。井陉煤田内尚有正丰、民兴、宝昌、协和等煤矿公司，俱用新法开采。其中以正丰煤矿规模最大，近年来产额骤增，现已达日产二三千吨之谱。

本溪湖煤铁有限公司　本溪湖煤矿初由日人大仓组乘日俄战争之际从事经营。嗣于宣统二年定为中日合办，资本金二百万元。宣统三年复兼办庙儿沟铁矿，增加股本，中日各一百万元。民国三年，为扩充工程，又增加资本三百万元，合计股本金七百万元。煤系属石炭二叠纪，总厚五百至五百五十尺，内含煤共有十七层，厚自四五寸至九尺，其可供开采者有八，即宝砟层、香段层、臭砟层、上接层及二接、三接、四接、五接等层是也，合计厚四十尺五寸。现设斜坑三座，已开进四千余尺。第一坑内分为九层。第三坑分为八层。尚拟开第四坑，正着手进行。采煤方法，各坑不一。第一、第三两坑相连，以采上部之宝砟、香段、石路及臭砟各层为目的，均向盘山采用长壁法并残柱法。第二坑以采下部煤层一、二、三、四、五接为目的，试用土砂充填法。满州虽为降雨较少之区，然本溪湖煤田因有土人数百年来采掘之无数旧坑，每至夏季降雨时期，雨水之积于旧坑者渐由坑内涌出，故水量较多。现一、二、三坑共设有电动抽水机二十五座，排水总量每分钟2010方尺。采煤成本，每吨约四元余（据该公司报告），惟民国二、三年间，每吨成本仅二元五角左右（顾琅十大矿厂调查记）。各料坑口之吊煤机均用循环索。每日矿工约三千人，平均每名工价奉票八角。产额每日约一千三百吨。煤质属中等烟煤，富粘性，适炼焦。用土法试炼，成绩甚佳，年产焦炭约八万余吨。以运销于南满会社为大宗，日本及东三省、京、津、上海等埠次之。运价向以路程之远近计算，大约满铁每公里需金二十五钱，中东铁路需金四十六钱至七十钱，中国铁道需银不等。兹将民国七年至十三年本溪湖煤矿销路之分配列为左表。

本溪湖煤矿销路分配表

年别	矿上自用	东三省	轮船用	输出	合计
民国七年	56，918	89，233	3，176	6，331	155，658
民国八年	39，889	49，678	——	309	89，876
民国九年	96，573	36，160	400	39，211	172，344
民国十年	84，662	70，224	154	11，639	166，679
民国十一年	70，894	82，356	——	9，947	163，197
民国十二年	81，146	111，468	——	16，029	208，642
民国十三年	86，365	92，228	——	11，927	190，520

本溪湖煤矿输出地分配表

年别	南洋	中国南部	中国北部	朝鲜	日本	共计
民国七年	1，285	——	2，276	2，769	——	6，331
民国八年	——	——	170	139	——	309
民国九年	——	——	26	39，185	——	39，211
民国十年	——	——	271	11，368	——	11，639
民国十一年	——	——	246	9，710	——	9，947
民国十二年	——	——	1，527	14，502	——	16，029
民国十三年	——	——	810	11，117	——	11，927

萍乡煤矿　萍乡煤矿在江西西部萍乡县之安源及紫家冲等地方，创办于光绪二十四年，至三十四年与大冶铁矿汉阳铁厂合并，名曰汉冶萍煤铁厂矿有限公司，为我国商办各矿中资本最大、规模最备者。煤层有十，主要者有五，即小底板、大底板、夹槽、老夹槽、大槽板是也，厚自尺许至十四尺，五层总厚约二十余尺。安源方面现有直井二，一深160公尺，一深116公尺。紫家冲方面有平行之横巷二，一名总平巷，长2860公尺，高三公尺半，宽四公尺半；一与总平巷相距十公尺、长2005公尺。以上各巷全部悉以大砖砌成拱门形，巷内铺铁轨，驰电车，以运煤炭，共有运煤车头二十七个。坑内运输设备之周密，在全国各矿中当以此为第一。采煤方法，分全煤层为三大段，每段相距五十公尺；煤层厚者，如大槽、板层等，用残柱法；煤层薄者，则用长壁法居多。采掘之后，悉以岩石及木材充塞。采煤成本，据民国五年调查，每吨约一两七钱五分左右。矿上附设新式选煤台大小两座。大洗煤台专洗总平巷所出之煤，每小时能洗七十吨，每日计洗一千八百吨，小洗煤台则专洗直井所出之煤。煤质属有烟类，善能炼焦。除安源机井外，又在高坑、龙家坑、黄家源等处，就原有土井，从事采煤。以大块运安，其余末煤均售于附近居民，供炊爨之用。凡安源煤矿所出之煤焦等物，悉由萍洙铁路（长六十四公里）运至洙州，日运二次。自洙州之转运局，再以该局特备之轮船三十余艘，分期运至岳州，或分销长江一带，再由岳直送汉阳，备化铁炉之用。每艘可拖驳船四只至六只。

萍乡煤矿近年来产额锐减，亏累甚巨。其原因甚多，然军事、罢工之影响，不可不谓为重大打击。如民国九年六月至八月，因客军驻萍，互争铁路，以致交通断绝者八十余日。十年二月，赣省当局派员至萍使用夫役，于是矿工缺少，作业又大受打击。同年八月，湘鄂间发生战事，交通阻梗者又二月有余。十一年六月黔军过矿，需索军费，征发夫役。及军事渐平，而罢工继起。是年九月，矿工以要求增薪并改优待遇，未得公司之允许，遂同盟罢工。几经交涉，始暂告平息。十二年九月湘战又起，交通断绝者约二十余日。以上皆据该公司营业报告所载。近三年来，政局益扰乱，工潮愈猖獗，直接或间接之损失更当重大。此不独萍矿为然，其他矿业亦无不如是。我人对此日处荆棘业中之中国矿业，不禁为之表无限之同情也。

中兴煤矿公司　中兴煤矿之创办，远在前清光绪六年，由合肥李文忠委员开办。初用土法，资本仅二万金，成绩颇著。至二十一年，因水患淹没，工人三百余名，为东抚李秉文所封。二十二年由直督裕禄、直隶矿务督办张翼派张莲芬接办，拟添招德股，以资扩充，改名为华德中兴公司。其后德股未集，改用华股。至三十一年，收股八十万两，将德华字样取消，遂为一完全华商自办之公司矣。当津浦铁路未通以前，煤矿销路专恃运河一带。故于光绪三十四年，自枣庄至运河边之台庄，筑台枣铁路，计长九十华里，以利运输。公司自备驳船，由运河下驶至济宁、清江、镇江等处销售。自津浦路成，添筑临枣支路，煤矿运输遂由南而移北，浦口、济南等地，铁路皆可直达。于是台枣路及运河之运道反日形减色。矿上工程现分土法与新法二种。土法矿占矿之西部，系直井，深自一百尺至五百尺不等；全矿约有二十余座，出煤恃骡马之力，汲水则用牛皮袋，皆我国历代相沿之土法，然效能殊有足言者。新法矿有直井一，深七百尺，口径十二尺；各种机器之设备极为周密。全矿工人五千名，日产煤约三千吨。煤层有六，最厚者名曰大窑，厚十五尺至三十尺，最薄亦二尺余，各层总厚共约四五十尺。采矿方法，新法与土窑不同。新矿用变形长壁法，煤柱面积达五十方英尺。土法采煤皆用房柱法，煤柱大小并无规定。成本每吨约三元左右。出产之煤行销运河流域及津浦沿线等地。枣庄、蚌埠、台庄等处均设有土法炼焦窑，其形式效法唐山。炼焦时间共需二星期，每煤百分得焦六十五分。现每年产额约六万吨云。据民国八年统计，中兴煤销路之分配约如左列。

津浦路自用	88，000吨
枣庄及运河流域	144，200吨
津浦沿线	116，905吨
沪杭甬及沪宁路用	76，000吨
沪宁沿线	85，300吨
陇海路	9，000吨

台枣路　　　　　1，750 吨

共计　　　　　521，155 吨

津浦路运煤费每吨一英里需洋八厘。运至天津需洋三元九角余，南京浦口一元九角余。运河粮船每吨运煤费，清江八角，镇江二元二角。

中兴公司历年所获利益及股利之分配，就他处已经发表者，录如左表。

年别	余利	纯益	股利分配
民国七年	1，946，565	1，305，609	二分
民国八年	2，621，639	2，532，292	二分五厘
民国九年	2，902，735	2，612，220	三分

以上所载各公司营业最盛之年皆当欧洲大战之时，亦为中国北方稍为平静之日。嗣是以还，内战频仍，百业交困，而矿业界既因交通之阻滞，复受苛税之诛求，所受困苦尤极深厚。追想盛时，徒资纪念而已。

鲁大公司淄川黉山煤矿及坊子煤矿　光绪二十三年曹州教案发生，德人遂藉口要求胶济路建筑权及路线附近三十里内之采矿权。光绪二十六年德人设立山东华德煤矿公司（Shantung Bergbau Geselschaft），与清政府订立正式合同。先开坊子煤矿。前后共开三竖坑，并设立洗煤、炼煤等厂，为大规模之设备。继又开淄川黉山煤矿。分设南北二直井，另有打风井一座。此三井各深约二百六七十公尺。照原定计划，本以坊子煤矿为主要之产煤地，乃开采结果，煤层混乱，煤质受变过深，不符所望，而火灾、水厄接踵而至，遂改计缩小范围，并将一切设备陆续移于淄川。计自创办之日迄日军占领时，共产煤不过二百万吨。而淄川煤矿则设备日周，产额日多，定有年产百万吨之计划。但实际每年所产尚不过四五十万吨。德人同时并在金岭镇开采铁矿。以上三矿投资总额共为六百二十余万马克。民国三年，日人占领青岛及胶济铁路，淄、坊、金三矿遂同时归入日本之手。民国十一年，华盛顿会议关于山东矿案议决以三矿移归于中国政府特许注册之公司（准收日股）。民国十二年，遂由中日合股商办之鲁大公司接收办理。此鲁大公司创立之概况也。当日人初接办时，对于坊子煤矿，本拟暂时废止，后以需煤甚亟，乃划分全矿为东、西、南、北、中五区，招日商开采。据云，因措置失宜，产额共不过十余万吨。淄川煤矿则由日人锐意经营，除将破坏工程逐渐恢复外，又在南旺、十里庄各开新坑两口，大昆仑凿新坑一口（即第四竖坑）。计自民国四年日人继续开采至十一年止，共产煤约四百万吨。最多时年达七十余万吨。其历年成本，据其所发表之报告如左。

年份	每吨成本（华币）	年份	每吨成本（华币）
民国四年	1.518	民国八年	4.100
民国五年	1.835	民国九年	5.115
民国六年	1.811	民国十年	3.737
民国七年	2.935		

民国九年，新开坑道甚多，故是年之成本独高。至于资本利息及成本折旧等项，尚不在内。综计日本自占领三矿后，对于设备上之投资约有五百万元左右，而营业上之盈余共达 15，083，800 元。其详如左。

年　　份	盈　余（元）	年　　份	盈　余（元）
民国四年	773，505	民国八年	2，296，863
民国五年	2，066，233	民国九年	3，285，092
民国六年	2，056，265	民国十年	2，156，364
民国七年	2，449，474	共　计	15，083，800

淄川、坊子二矿所产之煤分为原炭、块炭、粉炭及洗一号、洗二号、洗三号、杂炭等共七种。民国十年各种煤炭之销贩情形约如左表。

销　　路	吨　　数
青岛	45，135
第四埠头	171，530
矿上自用	39，786
其他本省销路	74，955
省外输出	20，988
输至日本	56，247
其他国外输出	21，966
共计	430，607
本年产额	576，076

鲁大公司接办后，仍本原来计划努力进行，故产额已渐有增加，惟成本、销路等近状不详。坊子附设有压制煤砖厂一所，规模颇宏大，在国内尚属创作。闻香港有巨商拟用广东北江之煤，以制煤砖，然尚未成立也。

临城矿务局　临城煤矿于前清光绪八年由北洋大臣李鸿章委员试办，开矿井二十二口，用去资本十万两。嗣以资本不继，乃于三十一年与卢汉铁路比人订借款合同，中比合办。民国九年，已逾十五年合办期限，乃由华商芦汉银公司代办。故临城矿务局现已为中国官商合办纯粹华资煤矿之一。原有南北二直井，各深约一百九十公尺。南井专为出煤，北井则为通风及工人上下之用。自民国十一年起，因原有二井已老，井下坑道北展二公里半为一大石隔所阻，不易通过，故在旧矿场南三公里半处另开二井，是为石固新井。口径如旧，各十六尺。坑道二。一在140公尺，一在180公尺。通风、抽水悉用电机。临城煤系总厚285公尺，含煤九层，总厚11公尺。内第三槽煤最厚，达二公尺三。第一、第四、第六等槽次之。最薄为第五槽，厚0.6公尺。采煤用房柱法。每吨成本合一切开销计之，约二元。煤质属有烟煤，长焰而易燃，可炼焦。销路为京汉沿线、陇海东段、运河流域及北京、天津等处。京汉运费，订有特别章程。每吨运价，由矿至北京，每公里大洋六厘二五，外加公费一角五分，不论远近。又由矿至汉口，每吨连公费大洋四元五角半，但以五、六、七、八、九月为限。

六河沟煤矿公司　六河沟煤矿初用土法开采，获利颇厚。光绪三十一年改组公司，购机器、修铁路，大加扩充，开销过巨，遂致日渐亏耗。宣统三年，以德人借款关系，聘汉纳根为雇问，遂事事受德人之挟制。民国三年又向华比银公司借款，以偿德债，然同时比人之揽权亦不亚于德人。后又经李组绅等将比款清偿，至是六河沟煤矿始完全属于华人管理之下。现有矿井五座，内三井出煤，二井出水；深自一百五十尺至二百四十尺。煤层大小合计约有八九层，然堪采者仅顶层之大窑，厚四公尺，底层之小窑，厚三公尺。采煤用残柱法，每吨成本约一元二角。井内潜水甚少，而煤层顶底岩石又极坚硬，故工作之易，为各矿冠。现开之井有五，皆在观台镇南之庙沟。坑道三，一深十八公尺，一深三十公尺，一深五十公尺。自矿山至京汉路之丰乐镇，有轻便铁道一，长四十里。产出之煤，悉数由丰乐镇之晋丰公司包销，其销路以京汉南段如彰德、郑州、开封、汉口等处为最巨，尤以汉口销路，增加甚速。自丰乐镇至汉口之运费，每吨约五元四角。至北段销路，因有临井二矿之抵制，不易竞争。据六年调查，六河沟销路之分配约如左表。

京汉路用	36，000 吨
炼焦用	19，000 吨
彰德	24，000 吨
许州	12，000 吨
开封	12，000 吨
其他	800 吨
共计	111，000 吨

矿上又附设土法炼焦炉，将粉煤炼成焦炭。每炉须燃烧十四五日之久。装粉煤十六吨，能出焦炭十吨左右。

保晋公司　前清光绪三十四年，晋抚胡靳生饬商务局与英商福公司订立借款章程二十条，举潞泽、平盂、平阳各矿，统归福公司开采。庚子而后，正太铁路将达平潭，福公司即派人到晋勘矿，并请英使照会外部，谓按照所订章程，凡潞泽、平盂、平阳各矿，不准他人再开；并土人所开各洞均须一律封闭。于是群情愤激，一面与福公司交涉，一面创设保晋矿务公司，开采全省矿产。于光绪三十三年呈请农工商部立案。先领亩捐银二十万两作创办资本，嗣由当局通饬所属，劝集矿股，先后共收股银一百六十九万余两，又各省附股十八万两，共实收股银一百九十三万余两。议定以二百七十五万两，将潞泽、平盂、平阳各矿产向福公司赎回。该款就晋省亩捐项下按期交付。于是保晋公司遂正式成立。迄今二十余年，矿业尚称发达。现在所开矿厂甚多，列表如左。

县名	煤厂	位置	矿井	机器	每日产煤约数
平定县	铁路沟	阳泉站东六里，铁道之南	直井三座，深十余丈，直径一丈四尺	升降机、吸水机、锅炉、电机等俱备	百余吨
	燕子沟	阳泉站东七里，铁道之南	直井一座	高车一具，新式锅炉二座，压气机一具	元年、四年屡遭沼气炸裂，遂即停止，近状不详
	汉河沟	阳泉站北十五里	南北二直井，深十七丈至二十丈	有锅炉及高车，新旧兼参	四十吨
	庄庄沟	阳泉站西北九里	直井一座，深十七丈	同上	百余吨
	先生沟	阳泉站西北十二里	直井二座，深各十九丈	土法开采	二十五吨
	贾地沟	阳泉站东北二十里	直井二座，一深二十四丈，一深二十七丈	同上	
	平潭垴	阳泉站北三里	纵平巷，深八百余尺	横式锅炉、吸水机等	二十五六吨
	麻地巷	阳泉西北十八里，南距赛鱼站三里	东西二竖坑，深各十四丈	土法。因水过大，拟购吸水机	尚未产煤

续表

县名	煤厂	位置	矿井	机器	每日产煤约数
寿阳县	陈家河	县北三十里	斜井一座，深二十八丈	有锅炉及吸水机	十吨
	荣家沟	县东北四十五里	斜井一座，深二十九丈	同上	三十吨
大同一带	黑沟	县城西南五十八里	直井二座	机器甚完备	因水停工，近状不详
	千金峪	县城西南六十六里	直井一座，深二十一丈，斜井六座	锅炉、高车等	二三十吨
	秦家山	县城西南七十五里	斜井六座，深各十余丈	土法	八十余吨
	磨石涧	县城西南七十八里	直井二，斜井四	土法	
	树尔洼	县城西南五十里	斜井一座	土法	
	马石岭沟	县城西南五十八里	斜井一座	土法	
	永定庄	县城西南四十八里			
晋城	五里铺厂	县城东北十五里	分东西二厂。东厂有直井四座，各深约十六七丈，西厂有直井一座，深二十丈	东厂之东二井有高车、吸水机及锅炉等设备；西二井则概用人力	二百吨

以上各矿厂合计之，年产约二十六万吨。其中平定产煤最多，晋城次之，寿阳、大同又次之。开采成本，据该公司报告，每吨约二元五角。保晋公司所产之煤，大部分为最上等之无烟煤，即京津一带通称之红煤，家用最为适宜。沿正太路阳泉站以东及京汉路石家庄南北各站，并京、津、沪、汉、济南各埠，莫不畅销无阻。其中以石家庄销数最大，天津、保定次之，沪、汉等埠，近日渐见发达。惟晋城煤厂（系半烟煤）则因泽清铁路未成，不克外销，仅供本地住户及炼铁炉之用。兹将自阳泉车站运至各大埠之火车运费列表如左。

运至何处	距离里数	每二十吨运费
石家庄	240 里	80.5 元
保定	440 里	105.7 元
天津	665 里	141.6 元
北京	690 里	125.1 元
上海	3000 余里	176 元
汉口	1500 余里	196.4 元

阳泉车站西蔡洼沟尚有建昌公司，于民国二三年倡办，亦用新法开采。其矿区适界于保晋矿区铁炉、燕子两沟之间，每日产额约三四百吨。又有广懋公司，倡办于民国九年，每日产额约二三百吨。此外，在平定一带土窑尚多，所出煤炭悉售于阳泉车站开设之煤厂公司，由各该公司发售于保定、天津等处。由阳泉运至石家庄，每车煤炭计重二十吨，共售洋八十四元。

札赉诺尔煤矿　札赉诺尔煤矿属黑龙江胪宾县，在中东铁路满洲里站东四十里，呼伦贝尔西五百余里。前清光绪二十七年，中东铁路始提议开采，二十八年由清政府议定界限，凡俄人开采区域，不得过铁路两旁三十里以外。三十二年，江省当局与铁路公司订定开采合同十二条，采出煤矿，照章纳税，计每千斤纳江省库平银一钱二分，每年分四季交纳。又每出煤窑洞，每年交纳山课江省平银十七两六钱四分，由江省派员坐厂监查。试探之初，即以现在第九号煤井一带之煤为最多，故一切工作咸集于此。又相继开第一至第六等号煤井。嗣又在那霍特喀（Nakhodka）开露天采掘场一处。民国六年又开旧浑溪煤矿（Mutnyi protok），亦用露天法采掘。以上二处已于民国十二三年间停办。现在所经营者为第九号大煤井及民国九年所开办之新浑溪煤矿。煤层甚多，皆褐炭，最厚之主要煤层厚约 3.75 沙绳（Sagens），合二十四尺七寸五分（每一沙绳为六尺六寸）。矿上员司共约三百余人，均俄籍。华工达一千八百余人。每年产额约二十万吨。采煤成本，不甚详悉。据民国九年该矿工程师在报端发表之成本，谓即就运费及工价而论，每普度（Pood）即须成本约 18.86（Kopeks）。在前清宣统二年以前至民国三年，所有矿产交包工人柏洽罗夫及谢吉斯等承办。民国三年至八年间，又交由包工人英斯基及克雷洛夫（Krylff & Ilinsky）办理。八年至十一年间，又交包工人谢吉斯（Skidelsky）承办。十一年六月以后至今，又由中东路经营。至新浑溪煤矿，则由包工人葛瓦斯基办理。所产之煤，除大部供中东路应用外，尚有一小部供哈尔滨及附近居民燃料之用。据近三年之统计，二者分配之吨数约如左。

	民国十年	民国十一年	民国十二年
中东路用	220，239	138，668	127，685
居家薪料用	7，484	28，905	38，341
共计	227，723	167，591	166，026

然札产煤质极劣，含水达百分之二十三，发热量仅四八二九加罗里，较之抚顺煤之发热量在六千以上者，优劣相去远甚。故在哈尔滨市场，颇难竞争。即铁路应用，亦仅限于黑龙江西部林木稀少之处。若他处则或用木料，或用南满或俄国之煤，札矿销场亦殊有限也。札矿自开办以来，曾发生灾变数次。最早为光绪三十四年（1908 年）之火灾，致产额大减。宣统三年，九号大井为水所淹，损失机件甚多，致井内工程完全停顿，仅经营那霍特喀露天采掘场一处。至民国八年，始复原状。

六、采煤成本

我国各煤矿之采煤成本，颇难得一精确之统计。新式公司，设备周密，稽核甚精，逐年成本，皆有账可按。然多秘不示人。土法小矿，既无组织之可言，即经营矿业者，亦不自知其成本之究为多少，更不能据以示人。因此种种，关于成本一项，调查非易。前述各大矿厂最近状况节中，曾略述各矿成本，然大半系数年前之事实，目今百物昂贵，工资增高，成本亦必随之而增，盖无疑也。兹据王宠佑君所著一文（The Coal Mining Industry of China）中述萍乡及淄川二矿之成本，抄录如左。

萍乡煤矿民国八年成本表（每年产额约七十五万吨左右）

项目	合每吨成本（以银元为单位）
采矿工资	0.36
杂工工资（井内及井外合计）	0.37
木料	0.35
其他材料	0.79
电气费	0.091
修理费	0.037
开坑费	0.033
杂费	0.16
其他	0.035
共计	2.226

淄川煤矿民国十年（日人管理时）成本表（每年产额六十万吨）

费用项目	合每吨成本（以银元为单位）
经常办事费	0.588
机器	1.419
采矿	2.240
建筑	0.189
杂费	0.194
共计	4.630

民国六年，著者与朱君庭祜调查萍乡煤矿时，据该矿所开列之成本列表如左。

民国五年八月份萍乡煤矿成本表（是月产额82，793吨）

费用项目	开支（两）	每吨成本（两）
华员薪水	7，289.223	0.088
洋员薪水	2，876.04	0.034
窿内外工食	73，385.173	0.088
机件	3，968.169	0.047
木料	26，298.53	0.317
窿用各项材料	1，481.201	0.017
添修工料	6，480.278	0.078
电力	3，444.42	0.041
锅炉烧煤	2，438.893	0.029
餐宿处土法矿经费	3，323.333	0.040
总局开支	11，691.827	0.141
工程处开支	2，239.015	0.027
杂项开支	317.223	0.003
以上共支银	145，233.325	1.754

据上表可知，萍乡煤矿在民国五年八月份之成本为每吨一两七钱五分，约合银元二元余，而民国八年之成本亦不过二元二角。三年之间，无甚变迁也。兹再将鸡鸣山煤矿之成本据唐山工程师杜谋耒氏之调查如左。

鸡鸣山民国六年份成本表（产额67，596吨）

费用项目	开支（银元）	合每吨成本（银元）
职员薪给	12，325	0.182
矿警	1，270	0.019
工资	22，378	0.330
采矿包工费	83，402	1.230
材料	61，545	0.910
矿税及厘金	8，338	0.123
杂费	7，836	0.116
共支	197，094	2.910

井陉煤矿之成本，据民国四年该矿报告如左。

民国四年九月一日至十二月三十一日计算成本表

项目	支出（银元）	合每吨成本（银元）
职员薪水	5，386.54	0.1616
工资	26，855.59	0.8061
材料	15，831.58	0.4752
添置及修理	2，732.83	0.0820
电力抽水机及电灯	9，594.66	0.2880
汽力卷扬	5，326.39	0.1599
通风	937.31	0.0281
选煤	869.75	0.0261
火砖及石灰	93.15	0.0027
办公费	168.98	0.0050
杂费	378.78	0.0113
产额	33，306.4吨	
共计	68，175.62	2.0469

又，六河沟煤矿成本，据农商部张景光君民国六年调查如左。

项 目	支 出
局用	0.45
采煤费	0.15
运煤费	0.05
支柱费	0.25
机器	0.25
杂工程	0.05
轻便铁路	0.40
共计	1.50

开滦煤矿为中国各矿中成本最低者之一。据民国五年调查，每吨仅需一元左右。近来工资增加，百物昂贵，成本亦必随之而增，然至多不能过二元，则可断言。故目下中国采煤成本，当以一元五角至二元为最低，四元至五元（如淄川）为最高。而大多数之新式煤矿，其采煤成本俱在二元五角以下，平均成本则约三元左右。兹将世界重要产煤各国之煤矿成本与中国比较，列为左表。

国 别	平均成本（银元）
英（1914 年前五年平均）	9.28（最高时为 1920 年，达 15.58）
法（1913 年前五年平均）	6.28（最高时为 1918 年，达 12.92）
德（1913 年前五年平均）	5.00
美（1916 年前五年平均）	3.04
澳洲（1916 年前五年平均）	3.82
日本（1917 年前五年平均）	3.82
南美（1916 年前五年平均）	2.90
印度（1918 年前五年平均）	2.0～5.5
中国	2.0～5.0

据上表可知，中国煤矿成本之低，当为无论何国所不及矣。欧洲工资过高，且常有罢工风潮，以致成本奇昂，尤以英国为最高，较之中国，不啻四五倍。我国成本虽低，而因全国铁路，尚未普遍，自矿山运至市场，转运极为困难，即在铁路已通之地，而运费又复奇昂（如正太路），加以屯积照料以及杂项开支，所费往往在成本一倍至二倍以上，故运至市场之后，售价仍极昂贵。此则谈煤业经济者所不可不知者也。

七、炼焦事业

焦炭乃由适当之烟煤经过人工炭化而成者。其制炼之法，或积煤于窑，以火烧之，历十余日而成焦。其法犹以青石烧灰，为中国之土法，现时大多数煤矿仍沿用之。或在蜂房式窑中行之，此为欧美炼焦之简法。然在我国则用者尚少，仅江西萍乡一处。最新方法则不但炼焦，且能得其副产物，例如煤气、汽油、油脂（即黑煤油）、阿莫尼亚等，均可收集利用。现国内有此项设备者，仅本溪湖煤矿一处。然以工程未竣，迄今尚不能实行开炼，殊为憾事。开滦煤矿屡有改建收集副产物之炼焦炉，然至今尚未有具体之计划。抚顺煤富于挥发分而不粘结，故虽有孟特氏之煤气炉收集煤气及阿莫尼亚等副产物，而不能得焦。土法炼焦，初期设备之成本固较新法为轻，日后之损失殊大。其最大弱点有五：（一）焦炭之出量约有百分之二〇之损失；（二）须非常扩大之地面；（三）制造所需时间太长，致产额不易增加；（四）土法所炼得之焦炭，灰分常多，因之损其价值；（五）贵重之副产物皆烧归乌有，既不能收集其煤汽、热量，以供发生原动力之应用，而反使附近地点烟雾迷天，有害卫生。综上五点，土法与新法之利害悬殊，了如指掌矣。我国现时炼铁事业，日在停顿之中，故焦炭之需给尚不觉十分急要。然炼铁业之不发达，固有其他重要原因，而佳焦难得，或虽有焦炭，而必须自数百里外运来，以致焦价昂贵，冶铁成本亦随之而增，于矿业前途殊有重要之影响。如汉冶萍即为最著之一例也。他日国内工业发达，需铁日亟，则先决问题当在谋充量而价廉之焦炭供给，庶冶铁事业得以进行不辍。而欲谋炼焦之发达，则尤宜改建新法炼焦炉，俾产额日增，而副产物亦可收集利用，以应各项工业之需。此诚当今莫大之急务，而海内实业家应各亟起以图之者也。

中国烟煤之富于粘结性而堪供炼焦之用者甚多，兹将最关重要之数矿列其储量、产额等如左表。

省	煤田	烟煤储量以千吨为单位	每年焦炭产额约数（吨）	炼焦方法	销路	附记
奉天	本溪湖	190，000	80，000	土法	本溪湖及安山站二炼铁厂	
直隶	开滦	700，000	50，000	土法	大部运销日本	炼焦厂设于林西
直隶	井陉	174，000	50，000	土法	京津一带，一部运销日本	炼焦地点在石家庄及丰台由晋丰、协丰二公司包炼
直隶	临城	550，000	30，000	土法	京津及汉口	
河南	六河沟	248，000	40，000	土法	汉阳铁厂，扬子机器公司及京、津、沪、汉一带居家之用	
直隶	磁县一带	400，000	20，000			
江西	萍乡	200，000	250，000	中国土法及柯柏式炉并用	大部分供汉冶萍铁厂之用，扬子公司亦销用若干	
山东	淄博煤田黑山西河之部	100，000	70，000	土法	本地铁匠及居家之用，一部亦销日本	公司甚多，各有窑十座左右，月产焦炭百余吨
山东	中兴	160，000	40，000	土法	上海和兴铁厂及其他铁工厂	枣庄、蚌埠、台庄等处均设有土法炼焦处
黑龙江	鹤岗	144，000	3，000	土法	北满及哈尔滨一带	现有土窑八座，每窑每月能炼焦约三四十吨

据上表，我国目前焦炭产额，每年约六十万吨左右。照中国土法炼焦之经验，焦炭与烟煤之比例约为1与1.6，故六十万吨焦炭约需烟煤九十六万吨，居全国产额总数百分之四。

林西炼焦情形　（据郑宝善、李鸣龢二君民国八年报告）

开滦矿务局林西炼焦厂现有土法焦窑二百八十座，每日出焦者约十余座，每座能容煤二十吨，可炼焦十二三吨。建造焦窑之法，系掘地成凹坑如盂形，底部平坦，上部与地面相平处，周围以砖筑成短墙，煤即装于窑内，高过短墙，使成覆碗形。墙高二英尺六寸，坑深二英尺。坑之底部中央有小孔，下通空气道，俾炼焦时可以由下吸入空气少许而烧去之。墙之周围有九小孔，名曰火眼，燃烧时挥发质得由此透出窑外。炼焦之时期，从装窑至出窑共需时十二三日，间有十四五日者。如值阴雨之时，则需时较久。炼得之焦，多短块而少长块，其色灰黑，而间有棕赭色者。惟颇坚硬，而有气孔，击之坚然有声。每月产额约四五千吨。每炼焦一吨之成本估计如左。

煤　　价	炼焦一吨需煤约1.54吨，以公司采煤成本九角计则得	1.386
洗煤费	每吨四角，洗煤1.54吨则为	0.616
炼焦费	即包工价格	0.470
焦窑修理费		0.120
共　计		2.592

所炼之焦分为特别焦与一号焦二种。特别焦几全数销诸日本。一号焦则间有销于国内如津、沪等处者，然仍大部销于日本，为彼国之重要冶铁燃料。十一年产焦39，578吨，十二年产46，559吨。

井陉煤矿炼焦情形（据郑、李二君报告，年份同上）

井陉矿务局自不炼焦，只将洗净之煤发于丰台及石家庄招商承炼。石家庄炼焦情形与丰台相仿。焦炉圆形，每炉可装煤十六七吨，约十一二日而焦成。丰台炼焦厂系协丰公司承办，该处有焦窑五十四座，半为大窑，半为小窑。大窑即林西所用者，形式、尺寸，均与之相同。筛煤、洗煤，均用本地土法。炼焦亦用包工，每炼焦一吨，给工价洋一元，凡筛煤、洗煤等工价，一切在内。但井陉煤由铁路运至丰台，运费颇钜，故每吨焦炭之成本约洋十三元左右。然天津焦炭市价，每吨洋十七八元，除去天津运费尚有余利可图也。现时产额月约千吨，大部由天津出口，运销日本。

本溪湖炼焦情形（据该公司民国九年所编之事业概要）

焦炉形状与林西相仿，惟容积则较大。窑分上、下二部，各能装煤四十吨，共为八十吨。制炼时间视粉煤之细度及气候而异，平均约需二星期。该公司现有此项焦窑二百个，每窑能出焦五十吨。与烟煤量之比例约为百分之六十。所产焦炭除供鞍山铁炉及该公司自设之铁炉外，南满一带亦销用甚广。现为增加产额计，实行改建黑田式新法炼焦炉三十座。每炉容量二十吨，一俟工竣，即可制炼黑漆油、阿莫尼亚等副产物。该矿于民国四年开始炼焦。至民国十三年止，产额总量共为711，421吨，十三年产额为88，800吨。

萍乡炼焦情形　节录李鸣龢君编萍乡煤矿纪略（未刊稿）

萍乡炼焦分西法与土法二种。西法炼焦炉用柯伯式Coppee之一种。炉内分成格子形，积数小格为一排，共设二百五十四格，分为五排。格之大小稍有不同。大者可装煤十二车，计重八吨。小者八车，重五吨。以二格为一连。各连之隔壁有小火道。每排之旁则有总火道，直通烟甬。炼焦时间视天时寒暖、空气燥湿及煤含水量之多寡而异。平均小格需时约在四十八小时至五十二小时，大格自五十五小时至五十八小时。每日产焦约三百吨。炼焦工费亦用包工法。计每吨工价二角二分，另加管理、造炉、修炉、原动力、机匠等，每吨共需成本约二元。但洗煤费不在内。此法炼焦时间较短，装煤、出焦等手续俱用机械，乃其长处。然不能吸取副产物，殊为憾事耳。

萍乡之土法炼焦与林西稍异。试用以来，已届二十余年，经验宏丰，成绩极佳。焦炉为长方形，长约八丈，宽八尺，炉墙厚一尺半至二尺，系用普通红砖与次等耐火砖和以炉灰、黄土等造成。该矿共有炼焦土炉二百十座，排列成平行式，每炉能装煤二十八吨。按百分之六十八成焦。可出焦十九吨。每炼焦一窑，自装炉起，至出焦止，共需五日余。每日平均产焦约五百吨。炼焦成本，除洗煤费外，每吨自一元至一元二角不等，较西法为廉。而所出之焦，极为优美，故至今犹盛用之。

兹将自民国以来萍矿历年焦炭之产额列为左表（据汉冶萍公司营业报告）。

年别	焦炭（吨）	年别	焦炭（吨）
民国元年	29，835	民国八年	249，016
民国二年	176，825	民国九年	244，919
民国三年	194，414	民国十年	206，087
民国四年	249，165	民国十一年	225，000
民国五年	266，419	民国十二年	199，000
民国六年	239，798	民国十三年	
民国七年	216，014	民国十四年	

六河沟炼焦情形（根据该公司报告）

六河沟炼焦亦用土法，而焦质尚佳，销路甚旺。昔日大宗焦炭多用和顺井采出之煤炼之，目下则兼用台寨之煤。两处所产煤质相若，含灰不多，硫质尤少，洵炼焦之佳品也。惟因设备不周，筛煤、洗煤等工作尚多恃人力，而不用机器，以致产量有限，供不应求，现时日产仅百余吨。就营业论，则制焦之利，较煤为厚，故该公司现正力求改良，以图扩充。近五年之焦炭产额如左所列。

民国十年	20，936 吨	民国十三年	39，392 吨
民国十一年	14，169 吨	民国十四年	19，878 吨
民国十二年	55，872 吨		

又煤焦每吨售价，据最近该公司所报告者开列如左（以银元计）。

地点	煤（零车）	煤（列车）	焦炭
丰乐镇	6.00	6.00	16.50
彰德	6.00	6.00	16.50
郑州	8.40	7.25	16.50
汉口	11.50	11.00	20.00
新乡	7.60	6.75	16.50
许州	8.90	8.00	17.00

国产焦炭分析表

矿　　名	水　　分	挥　发　分	固　定　炭	灰　　分	硫　　黄
开滦特别焦	1.25	0.94	81.77	16.04	0.20
开滦一号焦	1.70	0.95	74.30	23.05	0.15
丰台焦	0.54	0.80	84.55	14.11	1.?2
丰台焦	0.66	0.64	85.69	13.01	0.82
中兴一号焦	0.21	0.73	87.03	12.03	
中兴二号焦	0.29	0.47	84.86	14.38	
本溪湖		3.18	83.43	12.06	1.37
萍乡（西法）			84.14	15.20	0.66
萍乡（土法）			83.81	15.57	0.62

八、运　　输

中国运煤之方法颇为不一，约可分为四种：（一）铁路，（二）高线，（三）水运，（四）陆运，如大车、牲口或人力等。分论如左。

一、铁路　铁路运输最称便利，不特运费最轻，而又能任重载远，故目下各大煤矿莫不依铁道为惟一之出路。谓铁路为煤矿之灵魂亦无不可。就今所知，我国铁路附近俱有重要煤矿，而正太、道清、株萍三路尤不啻为运煤而设。据交通统计，此三路一年中所装运之货物，平均约百分之八十四至八十九为矿产，而矿产之中，煤当占大多数。此外京汉、京奉、汴洛，矿产亦占运货全量半数以上。惟京绥、湘鄂、津浦三路，矿产较少，然亦在百分之三十左右。若将各路平均之，则得百分之四十七（第七表）。观乎此可知，煤固赖铁路而得畅销，而铁路又未尝不赖煤产以发展。二者关系之密切，从可知矣。兹将全国各铁路及其附近之重要煤矿列表如左。

铁　　路	煤　　矿	距　　站　　里　　数
京奉铁路	黑山八道壕	由打虎山站至矿场六十里，有支路
京奉铁路	锦西大窑沟	距女儿河车站约七十里，有支路，名通裕铁路
京奉铁路	锦西红螺岘	距通裕路九里、京奉路三十里
京奉铁路 锦朝支路	朝阳北票	自锦州达朝阳支路，长二百三十里
京奉铁路	临检石门寨	距秦皇岛约四十里，有狭轨支路
京奉铁路	开滦矿务局	林西、唐山近在路旁；赵各庄、马家沟距站二十里。均有支路
京绥铁路	宛平门头沟	距西直门站五十四里，有支路，曰京门支路
京绥铁路	宣化鸡鸣山	距站三里，有支路

续表

铁路	煤矿	距站里数
京绥铁路	大同煤田	大同至口泉四十里，有支路；自矿至口泉十数里至数十里，现有小铁路
京绥铁路	大青山一带	距铁路自二十里至四十里，未筑支路
京汉铁路	坨里	距良乡站三十四英里，有支路，自矿至坨里尚有高线铁路
京汉铁路	长沟峪	周口店至琉璃河车站二十八里，有支路；自矿至周口店约二十里
京汉铁路	临城	距鸭鸽营站二十八里，有支路
京汉铁路	磁县	自马头镇站至西佐村有支路约三十里，亦可由釜阳河运输
京汉铁路	六河沟	距丰乐镇站约四十里，有支路名六河沟岔道；另有自观台村至都党村间之轻便铁道，长十四里
道清路	焦作	道清路焦作站至京汉路之新乡站约一百五十里
道清路	泽州潞安	道清路原拟自清化镇延长至晋城，长一百二十里，曰泽清路，今尚未成
正太铁路	井陉	矿距正太路自数里至二十里。井陉矿务局及正丰公司均有支路。正太路井陉车站至京汉路之石家庄站约一百五十里
正太铁路	平定	阳泉站附近二里至二十里；阳泉至石家庄约二百五十里
胶济铁路	章丘	天源煤矿至明水站约二十里，有支路
胶济铁路	淄川博山	脐济路张店站至博山二十四英里，有支路；三里沟至大荒地煤矿又有支路十余里
脐济铁路	坊子	距站甚近
津浦铁路	宁阳磁窑	距大汶口站二十五里
津浦铁路	峄县枣庄	距临城站六十里，有临枣支路；自枣庄至运河旁之台庄有支路九十里
津浦铁路	徐州贾汪	距柳泉站二十八里。民国三年设有轻便铁路。煤车用牲口拖运，每一牲口约运一吨余。近另敷三十磅路轨，用小火车头驶行。每列车运煤二十余吨。旧铺铁轨利用如故
津浦铁路	宿县烈山	距符离集车站四十五里
津浦铁路	怀远舜耕山	距淮河岸田家庵子十二里，有支路；顺水路至蚌埠一百五十里，一日可达
沪宁铁路	长兴	自矿至长兴县东北之五里桥有轻便铁路，长约四十余里；自五里桥有河通太湖，沿水路可达苏州、无锡等处
萍洙路	萍乡	自萍乡安源至粤汉路洙州六十五英里
南满铁路	抚顺	自苏家屯站至抚顺约八十里，有支路即现在建筑至海龙铁路之一部
安奉铁路	本溪湖	即在路旁
中东铁路	札赉诺尔	铁路两旁西距满洲里站四十里
中东铁路	穆棱	自马桥河站至矿地四十五里，有轻便铁路
马拉轻便铁路	嫩江甘河	自矿至嫩江西岸之伯尔汽地方，计长一百二十里，宣统元年筑

铁路对于煤矿之发达，尤以运费轻重最关紧要。运费计算有定率法、累加法、扣还法等种种。我国铁路运费原则上系用累加法，即每吨里之定率，视远近而异；而仍远近分计，积累相加是也。煤矿通常照最低等级之货物计算。惟关于各大煤矿又往往另订特别办法，照规定之费稍廉，其理由或以煤矿对于铁路有供给用煤之关系，或则从历史的习惯，情形各有不同。兹就调查所及，假定运煤160公里（即约一百英里），各路运费约计如左（应加站费亦在内）。

中国铁路运煤费比较表

路名	煤矿	装载法	每吨每公里平均运费	每吨每华里平均运费
京汉	六等货通例	整车装运	0.0183	0.0107
京汉	普通煤	整车装运	0.0156	0.0085
京汉	晋煤	整车装运	0.0129	0.0076
京汉	晋煤	四百吨整列车	0.00734	0.00432
京汉	临城煤	二十吨车至丰台，340公里	0.006706	0.00335
津浦	济南至浦口	二十吨车	0.00932	0.00536
津浦	天津至济南	二十吨车	0.00745	0.00429
京奉	晋煤	二十吨车装运	0.00843	0.00437
京奉	临城煤	二十吨车	0.01053	0.00618
京奉	六等货	二十吨车	0.0107	0.0063
京奉	开滦煤	二十吨车	0.00812	0.00437
京绥	六等货	二十吨车	0.0107	0.0063
正太	晋红煤运京奉	二十吨车	0.02662	0.01565

今再将英、美等国铁路运费比较如左（假定运煤一百英里）。

各国铁路运煤费比较表

国名	每吨每英里平均运费，元	每吨每公里平均运费，元	每吨每华里平均运费，元	备考
英　内地用煤	0.032	0.020	0.012	
英　至伦敦	0.022	0.014	0.0083	
法　巴黎地中海铁路公司	0.0512	0.032	0.019	实际另有折扣
美　平均约计	0.020	0.013	0.008	
日　九洲铁道	0.012	0.0075	0.0045	
日　北海道	0.024	0.015	0.0088	普通
日　北海道	0.012	0.0075	0.0045	三十万吨以上

第七表　国有各路历年运载矿产物(大部分为煤)吨数表(以公吨计)*

Table Ⅶ　Minerals(mostly coal) Carried by the Different Lines of the Government Railways from 1916—1923(In Metric Tons)*

		五年 1916	六年 1917	七年 1918	八年 1919	九年 1920	十年 1921	十一年 1922	十二年 1923
京汉	Peking – Hankow	1,558,557	1,812,872	1,955,543	2,180,973	2,282,001	2,611,178	2,073,631	2,430,456
京奉	Peking – Mukden	3,093,763	3,218,659	3,457,847	4,114,023	4,331,036	4,691,944	3,236,279	4,782,825
津浦	Tientsin – Pukow	451,587	434,422	542,392	650,905	750,864	868,791	910,183	1,125,502
沪宁	Shanghai – Nanking	33,317	54,868	56,470	129,073	140,791	180,903	247,459	349,050
沪杭甬	Shanghai – Hangchow – Ningpo	20,226	36,324	35,186	61,076	100,510	104,905	142,403	84,698
京绥	Peking – Suiyuan	478,219	482,920	401,929	467,463	464,597	475,596	363,187	631,497
正太	Cheng – Tai	682,515	683,000	883,109	961,138	947,960	1,127,627	1,041,673	1,521,886
道清	Taokow – Chinghua	765,001	885,343	815,651	815,683	794,718	873,735	980,677	1,192,039
汴洛	Kaifen – Honan	221,088	266,167	202,105	228,986	181,795	221,296	221,368	252,534
陇海	Lung – Hai	——	——	——	——	——	——	无报告 (No Report)	72,406
吉长	Kirin – Changchun	11,564	22,043	38,112	83,755	40,095	39,478	40,404	52,558
株萍	Chuchow – Pinghsiang	592,299	495,460	283,625	512,547	390,853	无报告 (No Report)	无报告 (No Report)	——
广九	Canton – Kowloon	1,509	2,239	1,685	794	778	478	1,095	5,394
广三	Canton – Samshui	——	——	——	——	——	无报告 (No Report)	——	——
漳厦	Changchow – Amoy	385	15	——	——	1	88	49	——
湘鄂	Hupeh – Hunan	——	——	——	95,649	117,932	95,093	172,134	138,610
四洮	Ssu – Tsen	——	——	——	10,828	25,643	6,109	12,891	12,485
胶济	Kiaochow – Tsinan								1,181,404
共计	Total	7,910,030	8,394,332	8,637,654	10,267,893	10,596,574	11,297,211	9,443,433	13,833,344
各项货物合计	Total of all goods	16,644,347	16,475,216	18,141,133	20,856,830	21,628,331	24,384,394	20,175,487	26,805,011
矿产运量百分率	%of minerals carried.	47.6%	51.1%	47.8%	49.2%	50.0%	46.4%	47.0%	51.5%

＊根据交通部国有铁路会计统计总报告

Compiled from the Report of the Ministry of Communication.

据上列二表观之，除正太铁路运费特高，宜求轻减外，其他运费较诸外国要亦互有出入。谓中国运费太重，阻碍矿业者，平心而论，殊非确当之论耳。但近年以来，时局不靖，军事频仍，每一战事发生，首受影响者即为铁路。战区以内，交通断绝者无论已。即战区以外，亦因疲于军用，以致车辆缺乏，运输一项几频于停顿之境。而矿上则存煤过多，无法运出，资本运用上即有周转不灵之苦。至于需煤极殷之各大城市，则因来源断绝，煤价日高，反有煤荒之苦。此每次战事所习见之现象，而矿业界与一般人民所痛心疾首而无法消弭者也。夫中国矿业之不能发达，由于交通之阻碍，此尽人所知者。苟并此现在所有之交通利器而仍不能维持，则恐已成之矿业雏形将日渐萎疲而难以为继，更遑论有发达扩充之望乎？深望政府当局及负交通之责者于此点加之意也。

二、高线　我国目下建筑高线铁路以运矿石者，计有二处。（一）湖北石灰窑华记水泥厂。自江岸至厂有高线一，计长不过二三里。水泥煤料往回转运，路程既短，而经过又多平地，殊不足尽高线之能事也。（二）长芦高线，在京兆房山县境。自京汉路之坨里站起至清港沟止，计长七十四里。专运安子北窖窖儿及杏园一带所产之无烟煤，至坨里后，再上京汉车分销各处。此线由津人王竹林倡办，聘德国工程师监工制造，共有煤车五百余辆。每一小时可运煤四十余吨，一昼夜可运一千吨。每月经常费用约一万余元。

三、水运　北方地势广漠，轮毂往来，极形便利。然水路运输却远逊于南方。盖南方水道纵横，小溪亦通舟楫，而北方虽著名巨川，亦往往因淤积过多，难资利用，如黄河即最著之一例也。至于山僻之区，谷深水浅，不便行舟，则亦有以竹筏运煤者，如福建之邵武、湖北之长阳、浙江之长兴等处是也。兹将重要煤矿之全部或一部恃水路为运输者列表如左。

煤田	水道	交通状况	每吨每里运费	备考
中兴煤矿公司	运河	自台庄下驶三百六十里至清江，七百五十里至镇江	清江二厘二 镇江二厘九	五年调查
焦作煤田	卫河	自道口镇行销直隶东部及天津一带	不详	
磁县煤田	釜阳河	自马头镇运销深县、武邑、饶阳、安平、衡水一带	不详	
宜阳煤田	洛河	由矿地至洛河边二三里，自洛河下运至洛阳约七十里。运价约二元	二分八厘五毫	夏秋水盛，每船可载万斤。冬春雨季不能过三四千斤。下水一日，上水则须三日（十三年调查）
渑池煤田	黄河	沿河东行能销至黄河车站	运价不详	水浅滩多，仅通小船（十三年调查）
鹤岗煤田	松花江	矿距松花江边莲江口约百二十里，冬季通雪撬，交通较便。溯江而上，二日可达哈尔滨，水程约千里有奇。运费约五元。下行销佳木斯、桦川、同江等县	五厘	松花江一年仅四月至九月可通船只，余时皆冻结（十三年调查）

续表

煤田	水道	交通状况	每吨每里运费	备考
怀远舜耕山	淮河	由矿地至淮河边之田家庵子有轻便铁道。沿河下驰至蚌埠约一百四十五里，上行至怀远一百二十里。民船运蚌埠，农忙时每吨一元，冬令约八角	六厘九毫	帆船载重约四十吨，水浅时半之。在新城口有浅淤数里，冬日小轮至此须别用帆船渡淤（十二年调查）
泾县煤田	泾河	由矿地至赤滩或马头镇水口约十里至二十里。泾县距芜湖水程一百八十里。运费每百担约二十元左右。每船四十担至一百八十担	一分八厘五毫	水浅石多，每年航行之期不过数月（十二年调查）
宣城煤田	水东河	由矿地至县城六十余里，至水东五里铺或三里店等水口约五里至十五里。由宣城至芜湖，水程一百四十里。有商办小轮，运费每吨自一元八角至二元三角	一分	水盛时每船载重三四十担（十二年调查）
耒阳煤田	耒水湘水	矿地散漫，距水口自数里以至二三十里，极不一定。沿耒水至衡州入湘，水路六百里至长沙，一千零六十里至汉口。运费每担一元七角至三元四角	二厘八毫至三厘四毫	四时通行，每船装二百担至八百担（六年调查）
秭归煤田	由香溪入长江	煤矿在香溪两旁，公司自置民船直接运宜昌。水程约二百六十里。每吨运费约六七元	二分七厘	常年通行。水浅时须二日到宜昌，水盛时则半日可达。民船载重自二吨至八十吨（十三年调查）
进贤煤田	钟陵水入南阳湖	矿距水口仅二三里。沿河下行可直达南昌，水程约一百二十里。用帆船或小火轮拖带均可。惟冬季水浅，运输较困难。运至南昌每吨水脚约一元	八厘三毫	五年调查
丰城煤田	赣江	矿距水口龙头山约十五里。水程至南昌一百二十里。水盛时小火轮畅行无阻，平均每船载重三千余斤。至南昌每吨运费约一元	八厘三毫	五年调查
乐平煤田	乐安河经饶州入鄱阳湖	矿在乐安河之两岸，相距自数里至二十里。自乐平鸣山至饶州，水程百里，出龙口入湖。至九江三百里，通航汽船，时期仅四月至十月余，时河水浅减，只通民船。水盛时九日可达九江。包装运费每吨约三元	七厘五毫	十三年调查
余干煤田	由广信江入鄱阳湖	矿在江口枫港北六里，有轻便铁路（光绪三十四年筑，今已废）。沿江下行六十里至瑞洪，水浅，仅通二十吨之小船。水盛时可用小轮拖带。自瑞洪至南昌水道一百八十里，至九江三百余里，皆可驶小轮	运价不详	五年调查

续表

煤田	水道	交通状况	每吨每里运费	备考
修水煤田	修水	由矿至彭姑约四里入修水河，水程二百八十余里至涂家埠，可驰二十吨容积之驳船。由涂家埠至九江轮拖一日可到	运价不详	五年调查
福建邵武煤田	樵溪	煤矿距县城自十五里至十八里，用竹筏运煤，每筏十筐，约重一千斤，运费六角	五分五厘	民国六年福建矿务志略
安徽烈山煤田	睢河	自矿至睢河计八里。该矿自凿新渠一道，自此顺流而下八十里至津浦路符离集车站。四十二小时内能往返一次	七厘五毫	民国六年调查

四、陆运　陆路运输在今日土法矿业中仍占重要地位，尤以北方，大车、牲口通行无阻之地，最为发达。山西一省，产煤极丰，然除正太铁路外，其在本省运输几全恃牲口或大车。陕、甘二省亦然。东三省气候寒冽，冬日积雪不消，运煤可用雪撬，如鹤岗煤矿即为一例。直、豫二省之煤矿多有铁路、水运之便，然在交通阻塞之处，仍恃兽力或人力。例如北京西山运煤之骆驼或骡马，犹接种于途。河南有用手推独轮小车者，而鲁山等处运煤，并于小车上张布作帆，藉风力以助推行，殊属新颖。山东亦用人力推挽之独轮小车，几能通行全省而无阻，在铁路未修之处，转运煤斤，俱用此法。南方各省，若江西、安徽、湖南、湖北等省，则仅自矿地至水口或铁路车站十余里至数十里之地，用人力挑负，其长途输送，俱恃水运。惟鄂西、鄂北及贵州、云南等地形险峻之区，涧深水浅，不能行舟，而道路崎岖，又难通轮毂，因是运煤之法仅恃人力挑负或牲口驼运。输送之艰，运费之昂，为其他各省所不逮焉。关于全国陆运情形及运费等材料，大抵散在各项报告，搜集颇难。兹择其重要者列表如左。

陆路运煤表

煤田或煤矿	运输情形	每吨每里运价	附记
山西平定	保晋公司各矿区距阳泉车站自数里至二十里，用驴马驮运，每吨运价自六角至九角不等	五分	山西矿务志略
山西内地	山西煤矿甚多。在地形平缓能通大车之处，则运输较便，每车载重七八百斤，日行七八十里，需价一元四五角；地形险峻之处则仅能用驴马驮运，每头拖二百二三十斤，日行七八十里，需价五角以上。又据山西矿务志略，用大车运煤，每百斤每里约需运费二文，牲口需费三文至四文左右	大车三分九厘四毫，牲口驮运四分三厘七毫	民国六年调查
山东	运煤方法几全用单轮小车，车分二种：（一）单人推送者，载重三百斤，日行五十里，运价约半元；（二）二人前后推挽，另加小骡一头，载重约千斤，日行五十里，运价一元八角左右	小号小车五分六厘，大号小车六分左右	民国十年调查

续表

煤田或煤矿	运输情形	每吨每里运价	附记
甘肃	甘肃东部煤矿如阿干镇、安口窑等处，俱用牲口驮运，每头载重一百七八十斤，每九十里运价约需二千文至二千五百文，约合洋八角左右。西路甘凉一带，道路平坦，俱用大车运煤，每车装煤四五百斤，大半由用煤者自备车辆赴煤窑装运，运价不详	八分八厘八毫	民国十年调查
热河	朝阳、赤峰一带运煤俱用大车，驾牲口四五头，载重约二、三吨，行百里路，分三日来回。运价约十五元	七分五厘	民国十四年调查
北京西山煤田	自长沟峪至周口店十六里，每吨驼脚八角。王平村至门头沟十八里，每百斤运费一二角，每吨合洋二元七角二分	五分至一角三分一厘	民国五六年调查
陕西同官、淳化、宜君等煤田	三原为销煤总处。自各矿至三原之路程，最近一百二十里，每牲口载运一百二十斤，往返须三日。合人工食料等一切在内，每吨需费用九元	六分九厘	民国十三年严庄调查
黑龙江鹤岗煤田	煤矿距佳木斯一百三十里，桦川县百十里，均二日程。冬日载以雪撬（土名扒犁），运输尚便。每扒犁可装煤二千余斤。每百斤运费六角。惟春夏两期中泥泞特甚，交通颇形阻滞	七分七厘六毫	民国十三年调查
福建建瓯梨山煤田	自矿至闽江岸七里，用人力挑运，每吨运费一元七角	二角四分二厘	民国六年福建矿务志略
湖北宜都郑家脑煤田	自矿至羊溪、枝江约四五十里，山路崎岖，用牲口载运，每驮二百斤，需运费二千文，合洋八角左右	一角二分	民国十四年调查

上列水陆运输各表，系就本所调查及其他杂志、报章所刊载之报告编录而成。除宣、泾、乐平及湖北各煤田之运输情形乃采最近调查外，其余多有系民国五六年之材料者，与最近情形当不甚相合。故欲比较各项运输方法之运价极不易易。大致论之，陆运当为各项方法中之最贵者，尤以在鄂西崇山竣岭之地或需用人力挑运者，其每吨每里之运价能至一角以至二角。大车运输当较牲口为廉，然有时相差不多，普通均在五六分左右。水运之运费尤不一律，大抵能航汽船之水道，每吨每里运费不及一分，如乐平及舜耕山是也。普通民船之水脚约在一分至二分之间，惟亦有在二分以上者，如湖北秭归、福建邵武及河南宜阳等处是也。其原因恐以水流湍急，航行不易，或以河床浅淤，行驶过迟之故。若以水路运输之运价与铁路运价相比较，则在短距离或小船运载，水运往往反较后者为贵；但在汽船或大号民船通行之处或通航较远者，则水运自较铁路为廉，但相去亦不甚多耳。至海道运费自较铁道特廉，故开滦、柳江、北票等煤之往上海者，殆全资海道运输也。

九、意外事变

所谓意外事变者，系指煤矿之出险，如矿井内外之火灾、水灾以及煤窿倾陷、煤车出轨等不幸之情事。矿业工作在各种工业中比较危险特多，以是各国政府莫不注意于矿场保安之方法，定有必须遵守之规则。矿业资本家亦多不惜巨资，精为设备，努力于灾变之减少。然事变之来，往往仍出于意外，死伤之事，固亦不能尽免也。中国土法小矿，设备之简陋，人工之危险，既已略如前述，因工死伤，习以为常，抚恤之方，备极微薄，然而不成为重大社会问题者，规模窄小，人数无多，资本与劳工间对待观念不甚清切，亦姑以为无可如何之事耳。自新式矿厂逐渐发达，规制既宏，人工亦众，一肇灾变，即骇听闻。益以保安抚恤之法，政府未早定规章，矿业界亦不无忽略，一切设备草创伊始，方诸欧美，诚有逊色。而近年以来，欧美各国劳资问题风靡一时，潮流所趋，爰及中国，罢工辍业遂亦时有所闻。所幸政府当局渐为注意，民国十二年农商部已有矿工待遇规则、矿业保安规则、煤矿爆发预防规则及矿场钩虫病预防规则等种种之规定。矿业界亦渐多觉悟，加意设备，资力较厚者，如开滦、抚顺、中兴等，近年对于工作安全，取鉴前车，设法改善，方之从前，已多进步。夫矿业者，辟富源于地下，供原料于人群，劳资双方均受其益，合作则有成，纷争则两败。是在政府、资本家及劳工三方面互相尊重，力避冲突；而社会对于意外灾变亦当平心静察，勿惑浮言，庶萌芽之矿业得以稳健进行，益趋发展，斯为幸已。各种灾变中尤以烟煤矿中易有沼气爆发，肇灾最钜。兹就民国以来各大煤矿之重大灾变略述如左。

中兴煤矿　中兴矿区以内旧窑林立，或因停歇，或已填塞，而大半积水甚多。枣庄大井自地面直下至大窑煤层，深约七百尺。距该井东北七百余尺有二十八丈旧窑，深约五百英尺，为旧井中最深者。民国四年二月一日，大井底石巷工作至此窑底，沼气忽触灯火爆发，其势甚猛，岩石为之震塌，致旧井积水骤然喷涌，侵入井底煤巷、石巷之内。顷刻电泵淹没，罐笼亦不能升降。当派人下井探看，井桶内尚有硫磺火气，不能到底。先用一罐笼竭力提水施救，并开风井，以泄余气。至三日夜，水势稍退，派人下井。见井口旧木，铁车，煤末，冲塞几满。乃悬重赏，抢取旧木，煤末，并援救工人。自四日至五日夜，共救出二百十五名。据各包峒工头开报，未得获救者尚有四百五十八名。乃照公司定章，分别抚恤。总计公司损失合恤赏善后各项，共费二十万元。事后井内修理工程，不能出煤，迨至八月间始恢复原状（以上摘录公司报告及顾琅十大矿厂调查记）。

萍乡煤矿　民国六年八月十八日晚六点钟，直井五段四号窑发火，登时熏毙工人四名。该段通总平巷，平时设有风门，可断风路，不料该晚管门工人闻警惊慌，未将门闭，以致烟气直窜，该工人先毙，而总平巷之九段与四巷相近，顷刻烟满，内副监工翁君俊臣及工人十七名触烟身死，总平巷四段工人亦毙四人，共毙员夫二十七名。至于出险原因，尚未查悉。大约矿灯与煤气相触或系磺火自燃所致（以上据萍矿报告）。

唐山煤矿　民国九年十月十四日午十二时，唐山煤矿煤气爆发，损失极大。主管各部曾派员实地调查，兹摘录调查报告如左（参阅第一图）。

爆发时情形　唐山原为开滦最深之井。爆发地为该井第九槽九道巷二号石门及三号石门间沿九号顺槽之地。本槽煤向蓄沼气，久有所知。于本年七月三十一日曾因安全灯铁网罩缺底出险，伤工人一名。嗣后经工程师将该段工程停止工作，并将各上山出口用木板隔断，俟后放出沼气再行工作。当将第九坑道二号石门与上层第八坑道三号石门之间凿一通风小巷，上通第八坑道，后并在H处向东开凿顺槽以后，尚差五尺煤壁未经穿透，复将顺槽停工，凿一小孔（口径一英寸），约在十月十三日晚、十四日早五时半完全穿透，十一时左右将小孔开凿扩大为二尺高阔之洞，使沼气速出，至打通煤层为止。及十二时，小孔已完全扩大透过，工人正取灯要走之时，忽砰然一声，沼气爆发（爆发原因是否因工人遗火所致似未完全证明），当时即死一人，余三人均受重伤。事后即派工人下井，堵塞九道巷二号石门西边煤层顶底两顺槽之口及八道巷三号石门之口共三处，但因沼气蔓延甚速，虽立即砌墙防堵，而在此防堵设备五六小时内，九道巷以上之四、五、六、七、八各坑道已尽遭波及矣。此次死于爆发原地点者仅一人，生存者尚三人，封闭未救出者五人，而窒气而死于四、五、六、七、八各道巷者则人数达四百之多。可见沼气之险，不仅在爆发之烈，而尤在其蔓延之远。迨至下午六时防堵略见头绪，乃着手于六、七、八道巷救险之事。至十五日早尚有救出中毒未死者。死亡总数共为四百三十四人。

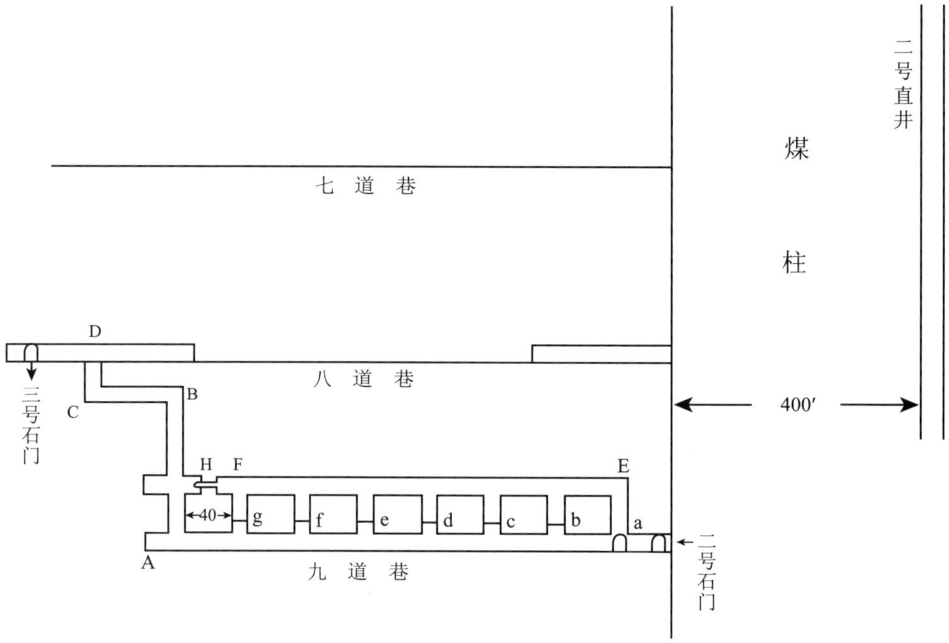

第一图 唐山煤井出险地点草图

ABCD 为八九道巷间之风道 EF 为煤顶顺槽 Aa 为煤底顺槽 H 为出险地点

第二次之出险 堵塞之处用火砖砌墙二重，中间相隔约一丈，填入泥沙石灰。至距出险一月以后，其中余火未熄。不意至十一月二十日午后八时，九道巷二号石门内煤层顶棚口堵塞之一处，忽全向外崩塌，火气复发。瞬息之间，八、九二巷白烟充满，灯火尽灭。幸于事前已将风道变更，且工人闻变，即出井奔逃，又由惠工处费司克君禁止换班工人下井，故未至死亡，仅伤工人一名（为矿车压倒而伤）。

抚顺煤矿 民国十二年十月十八日午前四时半，老虎台煤坑爆发，延烧甚烈，工人死亡者六十九名。出险原因不详。该坑修理一个月后，始复原状（以上据《支那矿业时报》及该矿发表报告）。

井陉煤矿 民国十四年三月十八日夜间，井陉矿务局所属矿厂井下第三段四十三号包工区内沼气爆发，伤工人三十余人。矿厂闻讯，立即分别抬往医院救治，共死约二十余人云（以上摘录三月二十一日《益世报》）。

以上所述皆为较大灾变，其伤亡人数俱在数十人以至数百人左右。此外如浙江长兴煤矿亦尝因触发沼气肇灾。黑龙江札赉诺尔褐炭矿近年火灾燃烧甚广。大凡多烟之煤皆有此项危险。至若矿工在窿内工作，偶一不慎即有出险之虞，其事至为常见。论其原因，可分为五种：（一）为岩石顶板所压；（二）为火药所炸；（三）煤车奔驰，闪避不及，因而压毙；（四）上下矿窿，失足坠地而死；（五）为煤气所熏。以上所列，以第一种最普通，而亦最难趋避。各国煤矿关于此类矿工伤亡皆有详细纪录。此次通信调查曾列为问题之一，然应者寥寥，只奉天本溪湖及抚顺二矿有详细之统计，抄录如左。

本溪湖铁矿公司民国元年至十三年灾变表

年　　度	火灾次数	水灾次数	罢工次数	工人伤亡	
				负伤数	死亡数
民国元年	一	一		976	40
民国二年				1，457	42
民国三年	一			1，414	49
民国四年	一	一		1，701	50
民国五年		一		2，027	48
民国六年	二			2，001	40
民国七年	三		二	2，125	46
民国八年	二		一	2，400	261
民国九年				2，066	56
民国十年				1，710	44
民国十一年	二			1，560	42
民国十二年				3，242	53
民国十三年	一			3，365	82
共计	一三	三	三	26，044	853

抚顺煤矿矿工伤亡表

民国元年	六	民国八年	三一
民国二年	二一	民国九年	一八
民国三年	二三	民国十年	八三
民国四年	一六	民国十一年	一〇〇
民国五年	一九	民国十二年	九九（老虎台灾变）
民国六年	三七	民国十三年	一五〇
民国七年	四六		

一〇、销路　（附各大市场销煤状况）

我国用煤，殆始于汉。近代以来，木炭、柴草，日感缺乏，而工业勃兴，需煤尤亟，于是煤矿之销路，遂日增无已。凡煤之可用为燃料者，自泥炭以至无烟煤，莫不开采。兹分别述其销路状况如左。

烟煤　烟煤分布最广，销路亦最大。然主要销煤之中心点皆仰给于数大煤矿，如开滦、抚顺、中兴、萍乡等，尤以开滦为最重要，几操中国出口煤业与海舶用煤之霸权。而京奉路之西半部及沿海一带诸大诚市，亦无不仰给焉。东三省则为抚顺及本溪湖二矿所专利。抚顺产额为全国第一，除供东三省及沿海各省应用外，大部运输日本。此外各产地，则可以铁路区分之。如胶济路用淄川、章丘及博山之煤，津浦路用峄县、贾汪之煤，京汉路用临城、六河沟、磁县及井陉之煤，京绥路用鸡鸣山、大同、绥远之煤，扬子江下流则由开滦、中兴及日本进口者分给之。汉口附近大半用萍乡及京汉路一带之煤。扬子中部、川鄂交界，稍产烟煤，专供航行三峡间小火轮之用。凡此皆就沿海各省，或铁路附近、大江左右等地言也。至西部各省，工业幼稚，销路有限，且交通不便，运输维艰，故东部之煤不能输至西部，而西部就其土法所产之煤，亦颇足以供日用之所需，而无待乎外求。北如陕甘，南如黔桂等省，对于煤矿之产销情形，盖莫不如是也。

无烟煤 无烟煤之最佳者产山西东部及河南北部，如保晋、福中等公司，年产约一百五十万吨。因其品质优良，最宜于居家之用，故凡京津、沪汉及沿正太、京汉一带莫不用之。豫、晋以外，当推湖南来水流域之无烟煤为最要，年产约百万吨。湖南全省及湖北一部如汉口等处皆用之。北京西山一带所产之无烟煤亦颇足注意。煤质坚脆，故土名曰硬煤，以别于普通之红煤。其煤屑则和以泥土，制成煤球，为京津一带居家最重要之燃料。扬子江流域及广东、福建等处，亦多产无烟煤及性质较劣之半无烟煤，惟产额有限，只足供附近地方之用。

褐炭 我国惟一重要之褐炭矿为满洲里附近之札赉诺尔，年产约二十万吨，供中东铁路及哈尔滨等地之用。山西、热河及奉天亦产少量之褐炭，供本地之应用。

泥炭 我国以泥炭为燃料者，只云南之东川及京东之三河、蓟县等处。产额甚微，销路仅及附近三四十里之地，为农夫余暇之副产物，不能称为矿业也。

大致论之，中国北方之煤已供过于求，而南方之煤则求过于供。故欲推广销路，发达矿业，则当使北方之煤充分运销于南方缺煤之地，如汉口、上海等市场。一方面固可救东南及中部各省煤荒之患，而一方面又可抵制日本及安南输入之煤。然国内销路究属有限，苟北方之煤充满于南方各省之市场，则南方固有之矿业将因之而大受打击，殊非提倡矿业之道。故尤当推广出口事业，使一部分产额输出国外。如是则竞争可息，而南北矿业俱有充分发达之望矣。奖励煤矿出口之法甚多，最为重要者当多修东西方向之横行铁路，以便利煤田至海口之交通。譬如沧石路成，则平定、井陉之煤可以迳达天津，视绕道丰台者较近一倍。如顺济铁路告成，且自顺德延长至于山西，则太行山东麓及山西东南部煤矿皆可迳由济南输出青岛，路程既短，运费自低，自不难畅销于海外矣。兹将重要各海口与煤矿之交通状况列表如左。

出口商埠	铁路	煤矿至海口距离	现状
大连	南满	抚顺约四百公里	每年出口约一百七十万吨
葫芦岛	京奉	八道壕及新邱各约二百公里。锦西约九十公里。北票约二百二十公里	尚未开埠
安东	安奉	本溪湖约二百公里。抚顺约三百公里	每年出口约三十余万吨
秦皇岛	京奉	开滦约一百四十公里。石门寨约二十五公里	出口年约一百五十万吨
天津	京奉	开滦约一百四十公里、井陉、平定、临城，由沧石路至津约四百至五百公里。京西各煤田约二百二十公里。大同由京绥路至津约六百余公里。大青山约九百二十公里	出口年约二十万吨

续表

出口商埠	铁路	煤矿至海口距离	现状
青岛	胶济	淄川、博山约三百公里。章丘约三百五十公里。临城自顺济路至青岛约六百余公里。磁州、安阳间由顺济路至青岛约七百五十公里，如有铁路由济南至青岛或由沧石路至天津均约六百二十公里	出口年约三十五万吨
海州	陇海	清化镇由道清转京汉、陇海至海州约八百二十公里。新安大略相同。峄县、枣庄转徐州至海州约三百五十公里。徐州、贾汪约二百五十公里。舜耕山约三百八十公里	尚未开埠

一、北京

北京用煤可大别为五种，即红煤、烟煤、块煤、末煤、煤球是也。（一）红煤。大部来自山西保晋公司，亦有一小部为福公司所产。保晋煤俗名镜面红煤，分大煤（每块重约百斤）、二煤、三煤（每块重约十斤）之三种，专供居家及各机关冬季燃烧火炉之用，年费约七八万吨。福公司所产俗名曰硬皮红煤。又有大同口泉镇所产之红煤焦炭，一名银煤，向供珠宝市各炉房镕化银锞之用。现在银元盛行，炉房已无形消灭，故银煤亦无处销售矣。京西斋堂亦产红煤，俗名生熟须熜，供铜铁铺之用，惟交通不便，须用高脚（即骆驼）运京，故成本较昂。（二）烟煤。产自开滦、井陉、临城三处。其销路以电灯公司为最巨，其次为自来水公司、京华印书局、财政部、印刷局、龙泉寺玻璃厂以及其他公司、工厂。年费约十五万吨。（三）块煤，即硬煤，亦名黑煤。产京西门头沟、杨家屯者，名北山炭，由京绥路运京。产京南长沟峪、安子等处者，名南山炭，由京汉路周口店、坨里等处运京。依煤块之大小又分为二炉块、小炉块二种。质硬灰多，燃烧不易，火力亦较逊，故价值远在山西红煤之下。块煤亦专供冬季家庭煖房之用。全年销费约二十八九万余吨，由门头沟来者占十分之三，由京南长沟峪、安子等处来者占十分之七。（四）煤末之来源与块煤同。为制造煤球之用。有硬末、软末、青煤、砂锅末等种种名称。后列二种煤质最劣，产京西磨石口、三家店等处，专为各煤铺摇煤球时搀杂之用。全年销费额十五万吨，其中由门头沟运来者占十分之三，由京南等处运来者占十分之七。（五）煤球。系以煤末和黄土制造而成，为北京大小居家炊爨所用之重要燃料。大抵每煤末千斤，参入黄土三百斤，用水和合，搓成球状，干后即成。上述五种煤质之成本颇不同，视品质优劣及运费高下而异，列表如左（以上根据中文经济周刊第八十号）。

来源	煤别	山价 每千斤（元）	铁路运费 每千斤（元）	装卸平车、倒车、打旗、挂钩等费 每千斤（元）	成本 每千斤（元）
平定	红煤	1.0～2.0	3.30	1.20	5.5～6.5
门头沟	二炉块	4.20	0.30	0.87	5.370
	小炉块	4.7	0.30	0.87	5.87
	煤末	2～3.0	0.30	0.87	3.17～4.17
房山县	二炉块	4.2	0.70	0.87	5.27
	小炉块	4.7	0.70	0.87	6.27
	煤末	2～3.0	0.70	0.87	3.57～4.57

按煤厂在矿进煤系加二秤，即每千斤实有一千二百斤，故以上所云每千斤山价成本实系一千二百斤之成本也。至于煤球之成本，当视煤铺所用煤末之高下及参入黄土之多寡而异。普通所用煤末系每千斤

三元八角，参入黄土三百斤，价一角五分，工资每千斤四角，共计每一千三百斤之煤球成本为四元三角五分，即每千斤约合成本三元三角五分。兹再将此五项煤质之在京售价列表于左。

产地	煤别	每千斤价格（元）	每吨价格（元）
山西、河南	红煤	5～70	8.4～11.76
门头沟	二炉块	5.1～5.6	8.5～9.4
	小炉块	5.1～5.6	8.5～9.4
	煤末	3.6～4.8	6.0～8.0
房山县	二炉块	6.2～6.5	10.4～10.9
	小炉块	6.6～7.0	11.0～11.7
	煤末	4.0～5.2	6.7～8.7
	煤球	4.4～4.6	7.3～7.7

北京经营煤业之煤厂、煤铺，为数甚多，俱批销红煤、块煤等。其烟煤种系由各矿局批与包销处或托人代销，其价值由总公司审定，故各处皆归一律，惟代销之家，每吨有二三角钱之回扣而已。此项包销处及代理处，皆不入煤行商会，故与普通煤厂有别。煤厂设上下栈以存煤。上栈在矿地，下栈在北京四城各门沿铁路一带。大抵冬季运煤到京，随到随销，并不存积。入春后，乃逐渐屯积，留为夏、秋二季之用。故煤之销路以阴历九月至来年四月为旺月，销费额占全年十分之六至八。余为淡月，仅销十分之二至十分之四。

兹据交通公报民国十四年份各路运京煤斤吨数逐月计之，列表如左。

民国十四年各路运京煤量表

月份	京汉（红煤、硬煤俱有，烟煤极少）	京奉（烟煤最多）	京绥（硬煤最多，烟、红俱少）	共计
一月	19，431	5，809	22，741	47，981
二月	18，660	5，160	28，214	52，034
三月	15，884	6，837	29，364	52，085
四月	16，305	10，655	36，795	63，755
五月	40，970	6，270	34，450	81，690
六月	24，815	7，770	27，755	60，340
七月	33，520	14，840	26，375	74，735
八月	39，915	6，780	45，938	92，633
九月	22，045	4，620	38，910	65，575
十月	30，785	7，465	37，760	76，010
十一月	26，950	4，000	27，395	58，345
十二月	27，810	1，630	5，400	34，840
合计	317，090	81，836	361，097	760，023

按十四年下半年因内战关系，京奉、京汉等铁路相继停车至半月或一星期之久。又因军运匆忙，车辆缺乏，煤斤输运至为困难。十二月运入北京之煤量，仅三万四千余吨，为全年各月中之最少数，即军事影响之所致也。故北京每年用煤之量当以上表所列者为最少数，大致则在七十万与百万吨之间。交通部统计，关于煤之品质，有数月曾详分为烟煤、红煤、硬煤、末煤四种，亦有数月则合而为一，故欲精密分计，殊不易易。兹就二、三、四、十、十一、十二六个月中，此四项煤量吨数之分配而求其比例，再与吨数相乘，亦可约略得之。京汉路所运之煤，种类最繁，大致红煤占25.2%，烟煤6.2%，硬煤22.6%，末煤60%。京奉路几尽为烟煤，京绥路则红煤占28.3%（大同煤），烟煤12.6%，而硬煤最多，约60%。依此比例为准，则民国十四年各路运京煤量，其品质分配如左。

煤类	京汉	京奉	京绥	共计
红煤	79，907吨	——	102，191	182，098
烟煤	19，660	81，836	45，498	146，994
硬煤	71，662	——	213，408	285，070
末煤	145，861	——	——	145，861
共计	317，090	81，836	361，097	760，023

二、天津

天津用煤大部属烟煤，而烟煤之来源又不啻为开滦所独占。欧战前，井陉煤矿曾设法在天津扩充销路，以与开滦相竞争，然结果仍难胜利，盖开滦煤田距天津仅八十公里，海陆运输均极便利。而井陉距津则有二百八十公里，虽有铁路，而中经正太、京汉、京津三路之运输，已极费周折，而正太与京汉又不同轨，在石家庄须重行装卸，因之运价增高，畅销非易矣。开滦煤之输入天津者，年达七十万吨，然实际在天津销费者不过三十万吨。其余北京方面输出约二十五万吨，轮船燃料约六万吨，海外及沿海岸输出约八万吨。

无烟煤之来源为直隶柳江、山西保晋、河南福中及北京西山四处。保晋红煤，质地佳美，家用最宜。天津每年销费约十万吨，而由天津方面输出至上海者，年约四五万吨，日本约二三万吨。故红煤输入天津之总额，年约十六七万吨。平时每吨价自十六元至二十元不等，近年因战事关系，车运停顿，每届冬季，价即飞涨，最高时每吨有至三十元以上者。西山硬煤之输入天津者，年约五万吨，专供制造煤球之用。近年亦因战争频仍，运输不便，则以临榆长城公司之无烟粉炭代用。其柳江公司所产之白煤，距离较近，运价低廉，故在天津市场行销极旺。最近开滦公司又辟家事用炭一种，专供炊爨及取暖之用，每吨价仅十元左右，于晋、豫无烟煤之销路颇有影响也。天津一年中之销煤量，虽无精确统计，然以人口之繁殖，工厂之林立，每年所费当比北京为多，可无疑义。兹暂假定为年销一百万吨。

三、上海

上海为中国第一商埠，工厂林立，住户繁盛，轮轨往来，实操全国及海外贸易之枢纽，故每年煤之销费量，现已达一百八十余万吨之多，为其他商埠所不及。考上海煤之来源，极为复杂，可大别为日本煤、英国煤、（中国）台湾煤、安南煤及国产煤之五种。而国产煤中，烟煤有开滦、淄博、抚顺、中兴、井陉、六河沟、贾汪、长兴等公司，而尤以开滦之输入为最大。无烟煤（通称白煤）则有福中、保晋、柳江、普益等公司。日本煤牌号亦多，以一种长焰烟煤，供制造瓦斯之用者，最为著名。安南煤为无烟煤。英国煤则为烟煤。兹将民国七年至九年上海输入之煤量，据《支那矿业时报》第六十号所载表列如左。

煤　　别	民国七年（千吨）	民国八年（千吨）	民国九年（千吨）
日本煤	480	650	570
开平煤	300	810	720
山东煤	90	40	60
抚顺煤	60	30	30
基隆煤	10	20	30
安南煤	2	40	50
柳江煤	7	20	15
中兴煤	——	30	60
其　　他	21	80	65
合　　计	970	1，720	1，600

又据《支那矿业时报》第六十五号，民国十三年上海逐月输入煤量之详表如左。

煤名 月别	开平煤(吨)	日本煤(吨)	山东煤(吨)	抚顺煤(吨)	台湾煤(吨)	鸿基煤(吨)	其他煤(吨)	合　计(吨)
一月	117,189	54,242	8,882	23,943	1,990	7,610	8,664	222,520
二月	64,460	38,607	13,627	29,810	——	——	4,200	150,704
三月	41,820	43,710	17,760	32,903	——	——	9,873	146,066
四月	105,035	27,085	13,089	15,803	——	12,690	5,480	179,182
五月	91,795	57,415	18,670	23,370	496	——	13,261	205,007
六月	109,320	45,175	20,956	18,800	2,573	2,102	10,375	209,301
七月	85,900	38,145	27,250	17,197	9,439	2,943	23,310	204,184
八月	66,180	29,417	28,890	7,810	3,700	5,000	24,085	165,082
九月	62,770	43,845	6,779	14,380	3,204	6,687	29,370	167,035
十月	21,670	84,155	9,610	24,916	2,582	4,060	5,380	152,373
十一月	——	118,682	21,644	26,279	10,824	2,300	8,675	188,404
十二月	23,460	137,837	24,515	24,580	12,562	——	26,683	249,637
合　计	789,599	718,315	211,672	259,791	47,370	43,392	169,356	2,239,495

观上列二表可知，上海煤炭之输入量逐年增加甚速。民国七年不及一百万吨，而民国十三年已过二百万吨，增加至一倍以上。此项输入之煤量，以开滦为最多，约占总额35%，日本煤次之，约32%，抚顺11%，山东9%，台湾、鸿基各约2%，其他未分之煤，如井陉、六河沟、贾汪、长兴、福中、保晋等，合得不过7%。又观上表，二三月之间煤市甚疲，输入不多，则以阴历新年，各商号忙于结账，因之工商停顿，煤市亦无起色。三月以后至六、七月，新丝上市，需煤孔亟，而尤以开滦之输入为最多。八月至十月，南北俱有战事，市面恐慌，金融逼迫，煤市日见衰落。十一月以后，战事停止，需煤日亟，于是输入之量又增，至十二月而达二十四万余吨，为一年中之最高额焉。

又据财政部驻沪货价调查处编印之《上海货价季刊》述民国十四年一年中上海煤市之情形甚详，节录如次。春季煤市，除一月份因值旧历年关，兼以苏省二次用兵，销路寥落外，余若二、三两月，走场均见活泼。盖此时国煤来源奇缺，价亦相宜，日本煤遂乘时而起，进口骤增，且削盘出售，故购者甚多，近如沪宁、沪杭沿线，远如武汉、长沙，俱来采购，行市之盛，殊不弱于去年初冬之时也。销售之最多者当推各项烟煤屑。统煤亦略增加，块煤甚滞。白煤价迭涨，因来货久稀故也。五卅惨案发生，各业相继罢市，故六月中交易全额只四五万吨，销数减去十分之七。七月，承惨案之余，工潮未平，日本煤及开平、抚顺等煤悉遭抵制，停积码头，无人起卸。八月，起货问题经各团体议有办法，于是煤市渐有起色。统计此月中交易，本埠约占七万余吨，外埠四万余吨。九月份来源益旺，然因时局不定，人心浮动，恐交通有阻，来源又绝，又值开平发生工潮，故购进者甚多，一时市盘皆呈涨风。冬季，北方战事复起，直、鲁各煤因交通被阻，来源极少；惟东煤输进甚旺，自十月至十二月三个月中，外洋煤之成交者总计达376，438吨之多，盖以时值冬令，需要顿殷故也。白煤如保晋、福中价格俱高，柳江、长城价廉物美，故销售最盛。

上海输入之煤量，就其用途上之分配，可大别为左列六种。

用途	销费量之百分率	用途	销费量之百分率
工部局电灯公司	20%	制丝工场	12%
轮船燃料	18%	由上海输出各地	18%
纺织工厂	14%	其他工业用及家用	18%

若以民国十三年输入总量中减去18%为由上海输至附近各地之煤量，则净得1，836，475吨，即上海最近一年之销费额也。

上海经营煤业之商号甚多，有采矿公司之分销处，亦有专营贩卖之煤号，而日本煤则俱由各洋行代理分销。兹列重要商号、洋行如左表。

中国煤号　悦来公司（山西煤）、泰记煤号（长兴煤）、永成公司、义泰兴、元一号、涌记、三和、新永昌、协成兴、协丰、裕昌、荣昌。

日本洋行　三井洋行、三菱公司、古河公司、铃木洋行、松川洋行、东亚通商、江原商会。

四、武汉

汉口为中国内地之第一商埠，轮轨往来，商业极盛。近来纱、麻、面粉等厂又相继设立。故一年中需煤之量必甚可观。近年来因时局不靖，交通阻梗，煤之转运遂大感困难。民国十三、十四两年输入汉口之煤，闻均不过四十万吨左右，因之武汉一带时有煤荒之患。论煤之来源，则福中、六河沟、临城、井陉等煤矿，以京汉路之运输便利，销售极多，而由上海方面运来之开滦、抚顺等煤亦为数不少。此外又有萍乡之焦及湖南耒水一带之白煤，每年由长沙运至武汉，专供居家之用。日本煤及抚顺煤之运销事宜，大部分由三井洋行及三菱公司经理之，亦有一小部由华人代理。福中、六河沟等煤矿则皆自设分销处。据《上海周报》所载，武汉一带煤之用途可分为八项，共分配之数量约测如左。

用途	说明	每年需煤约数（吨）
轮船	日清、招商、太古、怡和、武汉各小轮以及各国军舰	179，000
电灯	既济水电公司，武汉各电灯厂，美最时及大正电灯厂	64，900
纺织业	武昌麻厂、泰安纺织厂及第一裕华、震寰、申新等各纱厂	82，000
面粉厂	金龙、裕隆、福新、武汉等厂	24，200
茶业	川丰、兴商、阜商、新泰等茶栈	24，000
铁工及兵工厂	汉阳铁厂及兵工厂，又武汉各小铁工厂	200，000
其他	武昌造币厂，英美烟草公司，酒厂，火柴厂，榨油厂等	60，000
家用		6，500
合计		640，600

上列六十四万吨之数，系就各项实业理想上需煤之量而约测得之。至于武汉每年实际销煤量，就其

工商发达之程度及人口之繁盛上观察之，当与天津相仿，故亦假定为年销一百万吨。

五、哈尔滨及北满

北满向以森林丰富著称，故燃料之供给以木材为最重要。十五年前，中东铁路、轮船、工厂以及住户等皆以木材或木炭为惟一之燃料。当时输入之煤，在光绪三十三年不过数千吨。至民国元年，尚不过七八万吨。近年以来，工商发达，需要日亟，而沿中东铁路及松花江一带人烟稠密之地，林木已斩伐殆尽，遂渐及于深山僻地、交通不便之处，伐木之工价及运费均较前大增，木价亦因之而加高。据最近本所调查，哈尔滨木柈价值，每块长六尺六寸，价约三角五分。数口之家，日须木柈三块，约合洋一元有奇。松花江轮船所用木柈，每绳（长二尺二寸之木柈排成高宽各六尺六寸之木堆为一绳）由七八元至十余元。轮船锅炉一昼夜用木柈约由十五六绳至二十绳，即需木价洋至少在一百五十元以上。若改用煤，则住户至少可省约三分之二，轮船公司可省二分之一，故煤之销路日益增加。据中东铁路统计，该路一年中运煤于北满各市场之量，已达五十万吨左右，其中一半为铁路自用，一半则供住户或工厂之用。兹将历年该路运煤之量及用途分配列表如左。

年份	中东铁路用量	其他应用	共计
民国二年	99，651	123，507	223，158
民国三年	97，135	147，380	244，515
民国四年	151，977	210，319	362，296
民国五年	138，573	280，130	418，703
民国六年	153，719	296，889	450，608
民国七年	122，056	245，466	367，522
民国八年	108，377	322，455	430，832
民国九年	134，444	423，396	557，840
民国十年	140，718	359，473	500，191
民国十一年	193，141	220，465	413，606
民国十二年	266，790	198，644	465，434

据上表可知，由铁路运输之煤量年约五十万吨。若假定不经铁路或由水运以达于北满各市场之煤量为十万吨，则北满一年中煤之销费量共约六十万吨。而哈尔滨所费者年达六七万吨，即约总数百分之一二也。北满市场所用之煤有烟煤与褐炭二种，就其来源言，则又可分为北满煤、抚顺煤及俄国煤三类。兹列其产地及煤质如左。

	产地	煤质	相当于木材一千立方尺之吨数	平均发汽量	发热量（加洛利）*
北满	札赉诺尔	褐炭	12.8	2.90	4，829
	穆棱	烟煤	5.3	7.18	7，114
	鹤岗	烟煤	—	—	7，343—8，660
南满	抚顺	烟煤	7.3	5.0	6，230
俄属沿海州	苏城	烟煤	5.9	6.25	6，570
俄国西伯利亚	Uglovski		9.1	4.0	4，560
	Zybunni		9.6	3.85	4，207
	Chernoff		11.5	3.27	6，080
	Haranor		13.1	2.83	6，259
	Cheremhovo		6.7	5.56	6，190

* 今译卡路里——编者注。

札赉诺尔煤矿为中东路所办，除每年供铁路应用约十三万至二十万吨外，哈尔滨、黑龙江等地亦行销若干，供住户之用，年达三万余吨。光绪三十四年以前，抚顺煤几绝迹于哈尔滨市场，其后日人竭力推销，输入渐多，民国二、三年尚不过数万吨，今则已达二十九万余吨，几二倍于札赉诺尔。抚顺煤质虽非绝佳，然已远胜札煤。在北满需煤孔亟，煤价高贵之地，遂得畅销无阻，操燃料界之霸权矣。兹将札赉诺尔及抚顺二矿历年在北满市场销费之量列为左表。

年份	札赉诺尔			抚顺		
	中东路	其他应用	共计	中东路	其他应用	共计
民国二年	134，169	19，645	153，814	——	78，390	78，390
民国三年	150，670	5，355	156，025	——	85，890	85，890
民国四年	186，285	11，388	197，673	11，544	125，485	137，029
民国五年	212，110	15，000	227，110	76，039	96，196	172，235
民国六年	198，609	34，438	233，047	80，423	96，749	177，172
民国七年	147，670	17，000	164，670	61，898	77，610	139，508
民国八年	215，319	16，500	231，819	84，959	74，970	159，929
民国九年	285，807	20，082	305，889	158，745	102，645	261，390
民国十年	220，239	7，484	227，723	123，496	119，450	242，946
民国十一年	138，686	28，905	167，591	79，885	139，890	219，775
民国十二年	127，685	38，341	166，026	105，274	184，954	290，228

俄属沿海州海参崴附近之苏城烟煤矿，为俄人所经营，质地甚佳，运至哈尔滨每吨所需成本只九元四角（矿上售价六元二角，铁路运费二元九角，税捐三角，共得是数）。而抚顺煤之市价则每吨约在十元至十一元之间，质美价廉，宜可与抚顺相竞争矣。然苏城煤之输入北满者，民国十二年仅四万吨左右，其中三万二千吨供中东路之用。考其不能畅销之故，则以沿海州一带矿业不甚发达，除苏城外，产煤甚少，有求过于供之势。尽苏城全矿之出，尚不足供海参崴之用，更遑论其能输出乎！穆棱煤矿，煤质甚佳，中东路正在积极计画之中。他日办有成效、则颇可与抚顺相竞争。此外俄国各煤矿输入更微，年仅一二万吨，且大多数系褐炭，其质更在札赉诺尔之下，于北满之燃料供给当无重大之关系也。

以上京、津、沪、汉之销煤量，或就统计，或就约测，皆已大略估定，或当与事实相去不远。兹再就已定之数，测其他各城市用煤之量。夫煤为日用所需，人人不可或缺之物，故其销费率之高下，当大致与一地之人口率相比例。今中国各大城市之人口率既已有大略之估计，则就京、津、沪、汉所定销煤与人口率之关系，以例其余，则全国各城市之销煤量，皆可推算而得矣。虽然，实业之兴衰，用煤之习惯，在中国各城市中大相悬殊，故欲引用此法，必须斟酌各地情形，分别需煤等级，而后始有价值之可言。前节所述北京、上海及哈尔滨三埠之销煤量，既皆有确实统计可凭，而察其工业状况，用煤习惯，又适足以代表三种不同之等级。兹先将此三埠每人每年需煤之吨数计算如左。

城市	人口	销煤量	每人每年用煤率
北京	1，181，400	800，000	0.677
上海	1，538，500	2，000，000	1.30
哈尔滨	165，500	66，000	0.40

北京为北方重要城市，工业虽不发达，而居民炊爨所需，几以煤为唯一之燃料，不若南

方各省之有柴炭也，故用煤较多。凡直、鲁、晋、豫诸省之省会及重要城市，其用煤率皆当与之相仿佛。上海为全国第一商埠，火车、轮船、工厂等，需煤极巨。虽居家所用不及北方之多，而平均之数实已超出北京至一倍以上。故凡重大商埠、工业发达之区，其用煤之率皆当与之相似。哈尔滨虽为东北重镇，各种实业亦尚发达，然以森林丰富，木柴易得，故目下用煤之少，实有出人意料之外者，而龙江、吉林诸省会亦可与之相比拟。此外尚有一等级，即南方沿海及沿江一带之城市是也。其实业发达之程度似较普通北方各城稍为进步（如轮舶用煤当占一大部），然居民燃料皆恃薪炭，故销煤之量必较北京为略少。兹假定 0.5 或 0.55 为此项城市之用煤率。惟中国人口统计，就现在所公布者，如内务部及邮政局之计算，皆以县为单位，城乡合计，极难比较。海关之人口统计较为合用，盖以城市为单位，但略而不全。兹先就海关报告所备各城市之人口数，依前述四项定率，斟酌各地情形，稍为损益，推算其销煤之量。至于海关报告未备之各省会城市，则其人口数悉依据邮政局之统计；因四乡亦包括在内，用煤之量当不能如前述定率之多，故特酌为减少，所得结果列为第八表。若就全国通盘筹算，以人口四万万及产额二千四百万吨计，则约得 0.06 吨，较之美国之每人年费约五吨五者，相差约一百倍。文化之悬殊，固若是其甚乎。

第八表 中国各大城市（或县）销煤概算表

Table Ⅷ Estimated Consumption of Coal at Various Cities (or Districts) of China

地名	Name of cities or districts	人口 Population	销煤量 Consumption	销煤率 Per Capita Rate
武阳夏	Wuchang, Hankow & Hanyang	1, 626, 700	2, 114, 710	1.3
上海	Shanghai	1, 538, 500	2, 000, 000	1.3
天津	Tientsin	838, 629	1, 090, 217	1.3
北京	Peking	1, 181, 400	800, 000	0.677
广州	Canton	900, 000	450, 000	0.50
青岛	Tsingtao	272, 800	354, 640	1.30
重庆	Chungking	593, 000	326, 150	0.55
长沙	Changsha	538, 800	294, 690	0.60
大连	Dairin	180, 700	234, 910	1.30
苏州	Soochow	500, 000	225, 000	0.45
南京	Nanking	395, 500	217, 525	0.55
厦门	Amoy	300, 000	165, 000	0.55
福州	Foochow	314, 905	157, 450	0.50
宁波	Ninpo	284, 300	142, 150	0.50
杭州	Hangchow	340, 200	136, 080	0.40
沙市	Shasi	190, 000	104, 500	0.55
哈尔滨	Harbin	165, 500	66, 200	0.40
芜湖	Wuhu	113, 600	62, 480	0.55
烟台	Chefoo	92, 500	46, 250	0.50
汕头	Swatow	83, 000	45, 650	0.55

续表

地　名	Name of cities or districts	人　口 Population	销煤量 Consumption	销煤率 Per Capita Rate
万县	Wanhsien	80，000	44，000	0.55
江门	Kongmoon	77，000	42，350	0.55
安东	Antung	74，600	41，030	0.55
共计	Total	10，676，629	9，160，982	0.80
开封	Kaifeng	972，391×	340，336	0.35
徐州	Süchow	826，083×	289，129	0.35
奉天	Mukden	773，849×	270，847	0.35
南昌	Nanchang	899，539×	269，861	0.30
济南	Tsinan	621，039×	217，363	0.35
西安	Sian	701，573×	210，471	0.30
桂林	Kweilin	526，442×	157，932	0.30
安庆	Anking	455，450×	136，635	0.30
贵阳	Kweiyang	436，691×	131，007	0.30
成都	Chengtu	422，516×	126，754	0.30
吉林	Kirin	622，783×	124，556	0.20
郑州	Chengchow	246，089×	98，435	0.40
兰州	Lanchow	368，608×	92，152	0.25
昆明	Yunnanfu	275，374×	82，612	0.30
太原	Taiyuan	222，887×	78，010	0.35
龙江	Tsitsihar	137，398×	27，479	0.20
张家口	Kalgan	62，979×	18，893	0.30
共计	Total	8，641，691	2，772，472	0.32

× 四乡人口亦一并计入 Including also the population of the rural countries.

十一、输出与输入

据海关报告，我国自前清三十四年至民国三年，煤之输出逐年增加，向之输入超过输出者。至民国三年，输出反超过输入约二十五万吨。民国四年与五年，输入复超过输出。至民国六年以至九年，输出又有渐增之势。最近十四年之输出达三百余万吨，值关平银二千万两，输出超过输入约三十万吨。其输出各地，以日本为最多，约占全数之半。其次为高丽、香港、菲律宾、新加坡等处。若北欧及西美，为数至微，仅欧战时稍有输出而已。输入之煤亦以日本为最多。此外香港、安南、俄国（一部由西伯利亚，一部则自沿海州输入中国）、澳门、英国等处亦各输入少量。民国十四年输入总数达二百余万吨，值银二千六百万两。试详考历年我国对于各国输出入之比较，则自日本、澳门、安南三处输入之数常超过输出，而尤以日本为最大。欧美各国输出入之数甚少，惟对于新加坡、爪哇、南洋群岛，仅有输出而无输入，将来海外煤业之发展地，其在此乎。兹将历年输出入之煤吨、价值，表列于左（以公吨及关平银为单位）。

中国煤产输出入表

年份	输出		输入	
	吨数	价值	吨数	价值
民国元年	680，512	3，362，609	1，516，801	8，152，271
民国二年	1，489，182	6，592，078	1，690，892	9，420，758
民国三年	2，005，627	8，973，593	1，600，954	8，469，852
民国四年	1，315，542	6，074，666	1，400，382	8，103，279
民国五年	1，314，822	5，737，691	1，421，991	8，975，836
民国六年	1，575，627	6，276，559	1，444，124	15，041，834
民国七年	1，708，149	8，146，896	1，075，057	12，593，479
民国八年	1，477，433	7，157，876	1，172，823	12，517，418
民国九年	1，970，187	12，214，629	1，254，531	14，374，579
民国十年	1，886，398	11，227，515	1，361，781	13，789，828
民国十一年	2，377，443	14，900，263	1，151，392	10，746，145
民国十二年	3，108，682	20，545，286	1，366，108	12，860，605
民国十三年	3，202，352	20，539，420	1，610，016	15，160，390
民国十四年	3，002，826	20，014，371	2，752，927	26，082，501

中国焦炭输出入表

年份	输出		输入	
	吨数	价值	吨数	价值
民国元年	6，216	57，730	4，557	68，588
民国二年	4，155	43，567	5，597	71，686
民国三年	9，396	86，755	5，601	66，286
民国四年	8，546	69，784	5，219	67，094
民国五年	10，907	97，468	4，254	56，234
民国六年	68，057	575，810	4，161	85，608
民国七年	93，483	1，145，837	4，154	87，319
民国八年	38，510	442，805	4，319	69，602
民国九年	19，103	202，543	3，163	49，382
民国十年	35，157	413，898	2，283	39，516
民国十一年	44，385	484，778	2，080	34，623
民国十二年	29，324	359，778	16，053	214，152
民国十三年	27，170	320，386	57，393	585，333
民国十四年	18，913	243，681	4，781	72，011

十二、市　　价

煤斤市价之统计，乃经营煤业者所急欲知，而有关于国计民生之重大问题也。然搜集颇难，而欲得翔实之材料尤难。农商部自民国十年起有全国物价统计表之编制，煤亦为其中物品之一，分为红煤、烟煤、焦煤三种；凡全国各大商埠、省会以至边远区域，如甘肃、新疆，无不具备，且按月详列，其搜罗不可谓不富。此项材料系根据各该地商会之报告，容有几分可信之处，然参差费解者亦甚多。兹为比较起见，特将该统计表所载之历年平均煤价列为第九表，以作一班之参考。

观左表可见，中国各大商埠之煤价高低颇不一，但逐年增加，却不甚多。此观于京、津、沪、汉等处之市价而可信者也。煤价最廉之处为太原与贵阳。据统计所载，每吨不过三元，贵阳尤廉，自数角至一元五角。是否可靠，或系因所用单位不同而致错误，我人固难判定，然此二处者，煤矿近在咫尺，不需长途运输之费，而出产丰富，取用不竭，煤价之廉，固其所宜。西安、广州、哈尔滨、汉口等处，距产煤之地甚远，故煤价极贵，表中所载红煤平均每吨二十余元，尚系前三年之事实，若目前当较此更贵矣。

第九表　各省煤价统计表

Table Ⅸ　Coal Prices in Different Province of China

省别	调查地	民国十年			民国十一年			民国十二年		
		红煤	烟煤	焦煤	红煤	烟煤	焦煤	红煤	烟煤	焦煤
京兆	北京	9.68	7.23	16.70	10.17	7.96	17.83	10.51	7.54	18.00
直隶	天津	10.94	6.10	19.04	19.10	12.01	15.76	18.64	11.89	15.46
奉天	沈阳	11.57	15.07	23.66	10.72	14.21	21.07	9.86	12.93	18.54
吉林	吉林	20.00	17.00	50.00	20.00	16.00	50.00	20.50	16.00	50.00
	哈尔滨	18.38	20.55	53.84	20.12	19.75	47.44	20.89	21.02	39.20
黑龙江	龙江	—	32.00	—	—	10.00	—	—	21.78	26.80
山东	济南	7.58	10.50	16.75	9.00	12.06	19.09	9.73	12.27	19.85
	青岛	15.25	14.29	14.63	—	15.20	17.35	—	16.82	18.26
河南	开封	6.15	—	—	6.00	—	—	—	—	—
山西	阳曲	2.40	3.30	1.53	2.43	3.32	15.50	2.53	3.33	16.60
江苏	上海	15.07	15.62	18.41	14.39	14.02	20.77	14.55	12.39	18.95
安徽	安庆	—	16.07	25.14	—	17.50	26.50	—	—	—
	芜湖	—	—	—	—	—	—	—	—	—
江西	南昌	11.47	11.50	17.58	11.22	11.19	17.00	10.64	12.67	12.04

续表

省别	调查地	民国十年			民国十一年			民国十二年		
		红煤	烟煤	焦煤	红煤	烟煤	焦煤	红煤	烟煤	焦煤
福建	闽侯	15.00	22.09	28.90	—	29.41	29.42	—	27.25	28.17
	厦门	26.00	13.46	—	—	—	—	28.25	14.50	—
浙江	杭县	—	16.50	24.00	—	16.00	24.00	16.00	16.00	24.00
湖北	汉口	20.96	14.38	16.29	22.46	15.46	15.97	23.08	15.83	16.32
湖南	长沙	—	—	—	—	—	—	—	—	—
陕西	西安	—	39.08	33.64	—	49.63	41.33	—	48.42	41.30
甘肃	兰州	—	20.00	32.00	—	20.67	28.00	—	16.00	24.00
新疆	迪化	17.80	10.44	16.64	25.98	14.68	21.45	25.34	14.45	26.36
四川	重庆	—	16.00	17.96	—	15.66	18.33	—	21.50	24.33
广东	广州	25.43	24.18	44.38	25.32	24.44	44.90	25.30	24.07	42.93
广西	邕宁	—	7.73	—	—	—	—	—	—	—
	桂林	—	—	—	—	—	—	—	—	—
云南	昆明	7.10	6.39	15.83	4.48	16.58	14.00	—	—	—
贵州	贵阳	—	—	—	—	0.61	0.71	1.19	1.31	1.49
热河	承德	8.43	12.60	23.53	8.59	12.57	18.75	8.37	12.91	13.71
绥远	归绥	16.00	32.00	32.00	10.00	20.00	20.00	16.00	32.00	32.00
察哈尔	张家口	7.90	6.85	17.08	8.50	6.70	17.25	—	—	—

上海为全国最大之商埠，一年间煤之销费量为国内任何商埠所不及；而输入之煤又复种类繁多，中外俱备。因之，研究上海煤价之涨落足以测全国煤业之大势，于煤业经济所关至重。兹将民国十四年《上海新闻报》经济新闻栏所载煤业公会公布之烟、白煤市价，按月计算其平均数，列为第十表。细察是表可见，上海煤价在一年之中变迁尚少，尤以烟煤之价为最稳定，涨落未有过一两者。白煤为居家燃烧火炉之用，在冬季销路最畅，故价亦最贵。如保晋煤在十二月为每吨二十七两，而在八、九月时仅二十二两，相差至五两之多。当十四年之下半年，初受沪案之激刺，而全埠罢市，继因南北战争，交通阻梗，京奉、京浦等火车相继停顿至数月之久，以致北方各大煤矿有煤无车，难以运出。京津一带，煤价飞涨，顿呈煤荒之象，然上海煤价则并不因此而受重大之影响。细考其故，则以上海每当煤市紧急之时，即有日本煤之输入，以济其急，故市价得赖之而平稳。京津一带仅有国产煤之供给，每遇战事发生，交通阻滞，来源既竭，煤价遂日涨。当十四年十月中旬，北京红煤每吨涨至三十余元，烟煤每吨十六元至十八元；天津尤贵，较之平时市价相差在一倍以上。此则在上海煤市中所不经见者也。

第十表　民国十四年上海国产煤市价表（以每吨规元两数计）

Table Ⅹ　Prices of Domestic Coal in Shanghai during 1925 (Complied from the Quotation Given in Sinwanpao)

煤别	省分	产　地	一月	二月	三月	四月	五月	六月	七月	八月	九月	十月	十一月	十二月	平均
白煤	直隶	柳江	14.45	14.54	14.60	14.13	—	—	—	—	14.37	12.28	12.37	13.82	13.82
	”	长城	—	—	—	—	—	—	—	—	—	14.37	16.50	14.88	15.25
	山西	保晋	21.00	23.50	23.53	23.25	—	—	24.00	—	22.25	25.50	27.00	27.03	24.12
	河南	福中	20.05	21.50	22.28	22.38	—	—	23.00	—	22.25	23.75	24.00	25.57	22.75
	安徽	烈山	—	11.50	—	12.00	—	—	—	—	10.33	12.91	—	12.25	11.79
烟煤	直隶	开滦(屑)	7.50	7.50	7.33	7.25	7.47	7.50	7.91	8.35	7.55	7.50	7.25	7.00	7.50
	”	” ”	7.75	7.75	7.58	7.50	7.73	7.75	8.10	8.77	8.36	7.75	7.50	7.28	7.81
	”	” ”	8.00	10.03	—	—	8.25	8.25	9.00	9.25	9.25	—	8.00	7.53	8.61
	”	” 统	10.35	—	—	—	—	11.00	11.16	11.00	—	11.50	—	10.00	10.83
	”	林西(屑)	7.75	7.72	7.87	7.55	7.87	7.98	7.93	8.16	8.00	7.92	8.00	8.03	7.89
	”	”(统)	8.60	8.17	8.51	8.30	8.31	8.40	8.40	8.68	8.56	8.54	8.50	8.54	8.46
	”	井陉	—	9.78	8.70	10.00	10.14	9.98	10.26	10.54	10.42	10.55	10.50	10.75	9.33
	”	”	10.25	10.00	9.92	10.35	10.50	10.31	10.56	11.14	10.97	11.00	11.00	11.08	10.59
	奉天	抚顺	9.40	9.67	8.56	9.08	9.08	9.75	9.60	9.65	9.71	9.75	9.25	9.71	6.43
	山东	中兴 屑	10.50	10.50	10.25	10.25	10.50	10.52	10.53	10.65	10.80	10.78	11.00	11.28	10.63
		中兴 统	10.75	—	10.48	10.60	10.85	10.83	10.85	11.28	11.36	11.41	11.50	11.92	11.07
	”	悦升(统)	8.77	8.63	8.60	8.55	8.78	8.79	9.17	9.20	9.14	9.00	9.00	9.50	8.92
	”	博山(统)	8.60	8.42	8.42	8.37	8.59	8.61	8.61	8.72	8.79	8.68	8.75	8.72	8.61
	河南	六河沟	10.20	10.20	10.00	—	—	—	10.61	10.77	10.73	10.65	10.75	10.76	10.52
		华水	8.90	—	—	8.25	8.50	8.73	8.87	9.03	8.88	8.77	8.75	9.00	8.77
		”	9.00	9.00	9.09	9.30	9.24	9.23	9.28	9.37	9.16	9.03	9.00	9.50	9.18
	江苏	贾汪(屑)	6.27	6.31	6.42	6.50	6.50	6.50	6.50	6.58	6.59	6.53	6.50	6.67	6.49
	浙江	长兴(屑)	6.18	6.16	6.21	—	6.21	6.27	6.30	6.37	6.38	6.39	6.40	6.50	6.30
		（筛块）	7.70	—	—	7.50	—	—	—	—	—	—	—	—	7.60
		总平均													10.67

研究上海煤价问题最有统系之著作，当推财政部驻沪调查货价处所编印之各项统计。该处自民国八年一月成立以来，即着手于各种物价之调查，编印报告，以供众览。关于煤炭一项，搜罗尤富，分为国产煤及外洋煤二类，共计不下五六十种。视新闻报上所载者，尤为完备。所谓物价者，大别之有三：曰市价、曰包价、曰关价；而市价之中又有零售与趸批之别。包价系根据长期采购之合同，如机关、学校、公司、医院等所订立，通常低于

零售而高于趸批，不足以代表普通之市价。零售则过于散漫，调查非易。二者皆难作研究物价之标准。至于关价，系根据海关之估价而来，虽有时与实在价值不尽吻合，但与市况之涨落亦有甚密切之关系。上海货价处之报告即系采用趸批与关价二种而编印。兹将民国十三年平均价格及十四年按月各种煤斤之趸售价值，据货价处所公布者，列为第十一、第十二两表，以供参考。关价统计中仅有安南煤及日本煤之二种，兹列其自十一年至十四年之价值如左。

上海输入煤海关估价表

煤别	民国十一年（关银）	民国十二年（关银）	民国十三年（关银）	民国十四年（关银）（第一季）
安南东京	10.65	10.30	10.75	10.58
日本	10.39	10.49	10.66	10.48

欲比较近数年来上海煤价之变迁，则可参考货价处所编之物价指数表。所谓物价指数表者，乃系择一标准年度之物价定作百分，而以其他年度之物价与之相比较之谓也。览是表者，可以知物力之盈虚，测币值之消长，不啻经济界之寒暑表也。货价处所编之指数表将煤炭、石油等共列为一类，名之曰燃料。然煤斤之量当占重要部分。兹姑将民国九年至十四年上海燃料趸价之指数及十二年至十四年关价之指数列为左表，以供参考。

上海燃料趸售价及海关价指数表

价别	月份	民国九年	民国十年	民国十一年	民国十二年	民国十三年	民国十四年
趸售物价	三月	179.6	188.2	166.2	178.5	157.9	170.8
	六月	183.3	176.2	169.4	167.7	162.2	144.1
	九月	180.0	172.5	169.6	165.2	166.8	149.4
	十二月	186.5	169.4	189.2	172.2	177.3	146.6
	平均	183.0	177.6	172.5	172.5	168.3	152.7
海关估价	第一季				100.3	102.6	101.0
	第二季				102.4	103.2	101.6
	第三季				93.8	103.1	96.5
	第四季				103.6	98.5	——
	平均				100.05	101.85	——

上列指数，其趸售物价系以民国二年二月为100，海关估价则以十一年之平均为标准。细观是表则知，上海燃料之价值虽较民国二年高约百分之七八十，但自九年以后则每年价值反有逐渐减少之势。

就大势论之，中国近年来之煤价涨落颇徽，其原因有四：（一）罢工风潮颇不常有，各煤矿得以循序进行，无稍间断；（二）就全体言之，煤之求供约略相等，尚无太过不及之弊；（三）出口煤业尚未臻发达之境，出口既少，仅供国内需要，煤价遂呈稳固之势；（四）现时中国重要煤矿，一部操于外国经济势力之下，一部则散于四方，分操于各地资本家之手，尚无强有力之固结团体以把持煤价。因此种种，除受军事影响及交通阻滞之结果，以致煤价呈暂时之趋涨现象外，就大体观之，尚少重大之涨落也。

第十一表　民国十四年上海国产煤趸售每吨市价表(除特别注明外皆以规元两数计算)*

Table XI　Shanghai Wholesale Prices of Domestic Coal during 1925 (All in Shanghai Tales Unless Otherwise Specified)**

煤别 Kinds of Coal	公司或产地	省别	Coal Mines or Localities	Provinces	一月 Jan.	二月 Feb.	三月 Mar.	四月 April.	五月 May.	六月 June.	七月 July.	八月 August.	九月 Sept.	十月 Oct.	十一月 Nov.	十二月 Dec.	平均 Average 规元 Sh'ai Tls.	关银 HK Tls.
白煤 Anthracite	保晋	山西	Paochin	Shansi	22.000	24.000	24.000	24.350	24.500	——	24.000	23.500	22.500	24.000	26.500	25.875	24.137	
	柳江	直隶	Liukiang	Chihli	13.500	14.500	14.000	14.500	14.500	——	14.000	14.500	12.000	12.000	13.000	14.000	13.750	
	福中	河南	Fuchung	Honan	19.900	22.500	22.000	22.750	22.000	——	——	22.500	22.250	22.500	23.400	——	22.291	
	平均价		Average														20.059	18.071
烟煤块 Lump Coal	林西	直隶	Linsi	Chihli	——	8.000	8.000	8.500	8.000	——	9.000	8.500	8.265	8.000	7.875	8.000	8.199	
	开平火车块	直隶	Kaiping	Chihli	10.250	10.000	9.750	9.500	9.800	——	10.500	10.750	10.375	10.000	10.125	10.625	10.110	
	长兴	浙江	Changhsing	Chekiang	7.250	7.750	7.500	7.250	7.750	——	7.900	7.900	7.500	7.375	7.125	6.750	7.462	
	大同	山西	Tatung	Shansi	——	13.250	——	——	16.000	——	23.500	16.250	16.250	16.375	16.250	15.875	16.210	
	华水纳子	山东	Huashui	Shantung	——	8.750	8.750	9.250	9.250	——	9.500	9.500	8.875	9.375	8.875	9.125	9.104	
	黉山纳子二号	山东	Hungshan	Shantung	10.500	10.750	10.500	11.000	9.500	——	10.750	11.750	11.375	11.375	12.125	11.750	10.968	
	黉山纳子三号	山东	Hungshan	Shantung	——	10.000	9.800	10.250	9.000	——	10.000	11.000	10.750	10.750	11.375	11.000	10.287	
	平均价		Average														10.334	9.309
烟统煤 Mixture Coal	井陉	直隶	Chinghsing	Chihli	9.750	9.750	9.500	9.750	9.800	——	10.500	10.750	10.375	9.825	10.025	10.150	9.996	
	大山	?	Tashan	?	8.400	8.400	8.400	8.400	8.600	——	9.400	9.250	8.575	8.325	9.250	8.750	8.687	
	西河	山东	Hsiho	Shantung	——	8.300	8.600	8.600	——	——	9.350	9.000	8.575	8.275	9.400	9.325	8.756	
	后池	?	Hochih	?	8.500	8.600	8.750	8.750	8.750	——	9.600	9.500	8.625	8.600	9.300	9.350	8.923	
	小山	?	Hsiaoshan	?	7.250	7.600	7.500	7.750	——	——	7.750	8.000	7.500	7.250	7.700	7.750	7.629	
	中兴	山东	Chunghsing	Shantung	10.250	10.250	10.250	10.250	10.750	——	11.250	11.500	11.250	11.000	11.375	11.125	10.812	
	贾汪	江苏	Chiawan	Kiangsu	6.500	6.500	6.550	6.750	6.750	——	7.500	7.250	6.750	6.750	6.875	6.750	6.806	
	六河沟	河南	Liuhokou	Honan	9.500	9.500	9.600	9.500	9.500	——	10.000	9.900	10.000	9.625	9.650	9.700	9.664	
	抚顺	奉天	Fushun	Fengtien	9.267	9.250	9.217	9.383	9.500	——	9.825	10.100	9.850	9.625	9.375	9.450	9.523	
	平均价		Average														8.977	8.087
烟煤屑 Dust Coal	开平一号屑	直隶	Kaiping,No.1	Chihli	7.500	7.500	7.500	7.750	7.900	——	8.000	8.250	7.500	7.150	7.000	7.000	7.573	
	开平二号屑	直隶	Kaiping,No.2	Chihli	7.250	7.250	7.250	7.500	7.750	——	7.750	8.000	7.250	6.975	6.800	6.750	7.346	
	华水屑	直隶	Huashui	Chihli	——	8.000	8.000	8.500	8.500	——	8.750	8.750	8.265	8.250	8.125	8.500	8.345	
	林西屑	直隶	Linsi	Chihli	——	7.500	7.350	7.750	7.750	——	8.250	8.250	7.450	7.175	6.900	7.000	7.545	
	黉山粉	山东	Hungshan	Shantung	6.000	5.750	6.250	6.000	6.250	——	7.500	7.500	6.375	6.375	6.500	6.500	6.427	
	中兴屑	山东	Chunghsing	Shantung	10.000	10.000	10.000	10.000	10.000	——	11.000	11.000	10.250	10.375	10.125	10.250	10.250	
	贾汪屑	江苏	Chiawan	Kiangsu	——	——	——	6.250	6.400	——	7.000	6.900	6.250	6.250	6.375	6.250	6.444	
	抚顺	奉天	Fushun	Fengtien	7.867	7.767	7.600	7.800	8.350	——	8.600	8.875	8.350	7.875	7.500	7.225	7.990	
	平均价		Average														7.740	6.972
	烟煤平均价	Average of all bituminous coal															9.017	8.122
	四种煤平均价	Aver. of four kinds of coal															11.777	10.609
	各煤平均价	Total Average.															10.193	9.182

* 根据财政部驻沪调查货价处编印之《上海货价季刊》

* * Compiled from the "Shanghai Market Price Report" published quarterly by the Bureau of Markets, Ministry of Finance.

第十二表　民国十四年上海外洋煤趸售每吨市价表(除特别注明外皆以规元两数计算)[*]

Table Ⅻ　Shanghai Wholesale Prices of Foreign Coal in 1925 (All in Shanghai tales unless Otherwise Specified)[**]

煤别 Kinds of Coal	产地	国别	Localities	Countries	一月 Jan.	二月 Feb.	三月 March	四月 April	五月 May	六月 June	七月 July	八月 August	九月 Sept.	十月 Oct.	十一月 Nov.	十二月 Dec.	平均 Average		民国十三年平均 Average of 1924	
																	规元 Sh'ai Tls.	关银 HK Tls.	规元 Sh'ai Tls.	关银 HK. Tls.
白煤 Anthracite	东京	安南	Hongay	Annan	22.167	24.750	26.167	25.833	25.900	——	26.000	25.375	24.875	26.750	31.000	30.750	26.286		17.055	
	老开泡	安南	Laikaibas	Annan	13.250	14.917	16.333	17.067	18.375	——	20.375	20.250	21.000	21.875	22.625	22.125	18.826		11.635	
	海丰	安南	Haifong	Annan	13.750	15.000	16.342	16.850	19.000	——	20.200	19.875	20.250	21.275	22.250	21.875	18.716		10.849	
	平均价		Average														21.276	19.167	13.179	11.872
烟煤块 Lump Coal	相知	日本	Ochi	Japan	11.750	11.300	10.950	10.750	10.700	——	10.800	10.950	11.125	11.650	11.950	12.250	11.241		11.861	
	杵岛	日本	Kishima	Japan	11.567	11.467	11.150	11.000	10.900	——	11.000	11.450	11.625	12.125	12.400	12.625	11.521		12.168	
	佐河	日本	Sagawa	Japan	11.067	10.900	10.617	10.183	10.000	——	10.300	10.500	10.875	11.100	11.400	11.500	10.710		11.426	
	新手	日本	Arate	Japan	8.533	8.417	8.267	7.900	7.675	——	8.000	7.500	7.950	7.700	6.900	7.428	7.838		8.478	
	高松	日本	Takamatsu	Japan	8.433	8.283	8.100	7.883	7.675	——	7.800	7.900	7.625	7.425	7.350	7.450	7.808		8.558	
	中鹤	日本	Nakamatsu	Japan	8.300	8.133	7.900	7.617	7.350	——	7.625	7.850	7.600	7.375	7.125	7.325	7.640		8.350	
	高尾	日本	Takao	Japan	6.767	6.517	6.400	6.583	6.600	——	6.800	7.325	6.550	6.275	6.100	5.950	6.538		6.962	
	松浦	日本	Matsanra	Japan	6.867	6.617	6.533	6.783	6.775	——	7.200	7.375	6.875	6.550	6.450	6.275	6.756		7.091	
	二号相知	日本	Ochi. No. 2	Japan	6.300	6.067	6.333	6.317	6.450	——	6.750	6.800	6.450	6.250	5.900	5.675	6.306		6.884	
	平均价		Average	”													8.484	7.643	9.086	8.185
烟统煤 Mixture Coal	验田	日本	Masuda	Japan	9.167	9.000	9.000	8.683	8.750	——	9.025	9.213	9.125	8.950	8.800	8.900	8.944		9.044	
	金田	日本	Kaneda	”	8.250	8.150	7.950	7.850	7.850	——	8.375	9.500	9.125	8.625	8.425	8.275	8.352		8.570	
	芳雄	日本	Yoshio	”	7.267	7.217	7.033	7.233	7.225	——	7.875	8.125	7.825	7.550	7.325	7.300	7.433		7.622	
	针金	日本	Harigane	”	6.433	6.333	6.250	6.400	6.450	——	6.700	6.825	6.550	6.375	6.200	6.200	6.428		7.062	
	沙油	日本	Soyo	”	7.267	6.983	6.717	6.450	6.450	——	6.875	7.125	6.850	6.675	6.450	6.400	6.724		7.445	
	高尾	日本	Takao	Japan	5.933	5.833	5.767	5.633	5.750	——	6.150	6.325	6.100	5.825	5.625	5.300	5.827		6.193	
	平均价		Average														7.284	6.562	7.656	6.897
烟煤屑 Dust Coal	新红煤	日本	Mike	Japan	8.867	8.767	8.717	8.817	9.000	——	9.125	9.625	9.125	8.625	8.325	8.100	8.833		9.071	
	验田	日本	Masuda	Japan	8.267	8.183	8.100	8.100	8.250	——	9.125	9.900	9.600	9.125	8.900	8.625	8.695		8.422	
	芳雄	日本	Yoshio	Japan	6.767	6.717	6.600	6.583	6.625	——	7.600	8.350	7.875	7.425	7.100	6.725	7.081		6.713	
	新手	日本	Arate	Japan	6.533	6.433	6.300	6.383	6.450	——	7.600	8.300	7.625	7.150	6.500	6.100	6.815		6.701	
	相知	日本	Ochi	Japan	7.333	7.267	7.100	7.217	7.450	——	7.900	8.100	7.825	7.400	7.050	6.900	7.406		7.268	
	松浦	日本	Matsanra	Japan	5.083	5.000	5.250	5.400	5.500	——	6.425	6.800	6.325	5.875	5.550	5.325	5.665		5.478	
	高尾	日本	Takao	Japan	5.267	5.083	5.367	5.600	5.650	——	6.125	6.125	5.625	5.125	5.000	4.775	5.447		5.370	
	楠木	日本	Kusunoki	Japan	6.033	6.000	6.067	6.250	6.350	——	6.650	6.775	6.375	5.875	5.450	5.275	6.116		5.874	
	平均价	Average														7.007	6.312	6.862	6.182	
	烟煤平均价	Average of all bituminous coal															7.591	6.839	7.868	7.088
	四种煤平均价	Aver. of four kinds of coal															11.012	9.920	9.195	8.283
	各煤平均价	Total average.															9.228	8.313	8.544	7.697

* 根据财政部驻沪调查货价处编印之《上海货价季刊》

** Compiled from the "Shanghai Market Price Report" published quarterly by the Bureau of Markets, Ministry of Finance.

十三、用　　途

中国煤矿之用途以家用占量最多，各项制造厂、电灯厂等次之，交通事业及出口又次之，盖我国工业尚未发达，交通事业又方在萌芽，故煤之销路不能不限于家事之一途。据王宠佑君就各项统计约测之结果，中国煤矿用途之分配约如左表。

用途		百分数	
家用	内地家常用	33.3%	43.3%
	城市家常用	10.0%	
工厂	各制造厂	12%	32.6%
	电灯厂	10%	
	纱厂	4.7%	
	面粉厂	3.3%	
	铁厂	1.8%	
	水泥厂	0.8%	
交通事业	铁路	4.4%	8.4%
	内河及沿海轮船	4.0%	
	矿上自用	8.0%	
	出口	7.7%	

以上铁路用煤之量系根据交通部国有铁路统计表，而南满与中东二路则借比较约测之。电灯厂、纱厂、粉厂、轮船等则由各处之马力数约计之。出口依海关统计表。铁厂由化铁炉之生铁产额。矿上自用则由普通矿区用煤百分之一二以比例之。虽尚少精密之统计足资依据，但至少能表示我国现代用煤之概况矣。惟王君以三十兆吨为目下全国之产额，似稍嫌过多。故上列之各项百分数似不无修改之余地也。又据《支那矿业时报》所载满铁会社公布奉天各煤在东三省用途之分配，列其最近一年者如左。（其他社用、输出等项参阅前各大煤矿近状节）。

用途／煤别	烧锅	油房	炼瓦窑	铁匠	工场	家事	铁道	日本官衙	中国官衙	杂用	合计
抚顺煤	79，639	187，036	99，533	1，999	289，789	484，237	224，249	29，994	57，614	5，127	1，459，218
烟台煤	5，315	2，351	897	341	11，899	32，893	—	417	—	—	54，114
本溪湖煤	5，099	970	1，033	46，647	5，535	14，834	14，943	168	—	—	92，228
杂煤	15，551	5，043	19，822	801	12，441	83，495	32	317	10，690	—	148，192

中国煤矿参考书目

关于中国煤矿之参考资料，散在杂志、报章及诸家著作者，为数甚多，殊不克一一采录，兹择其较为重要或本篇引用所及者，分类列表如左，略备阅者复按之用，非敢谓尽编目之能事也。表中所列缩写书目，兹说明如下：（支）为《支那矿业时报》，（汇）为《地质汇报》，（专）为《地质专报》，二者俱中国地质调查所出版。（农）为《农商公报》，（中经）为中文《经济周刊》，（英经）为英文《经济周刊》，（矿）为《矿业杂志》（湖南长沙印行，现已停刊），（地）为《中国地质学会会志》，（实）为湖南《实业杂志》，（总商）为《上海总商会月报》。

甲、普通 General

1. V. K. Ting：The Coal Resources of China，Far Eastern Review，Vol. 13，p. 1—4，1916.

2. F. W. Stevens：China's Coal and Other Minerals，The Sin Wen Pao Special Anniversary Supplement，Shanghai，1923.

3. Rea's Far Eastern Manual，1924. Section on Mines.

4. W. H. Wong：Mines & Minerals in China Year Book.

5. Coal in Northern China，The Coll. Guardian，June 16，1922，P. 1485—6.

6. F. F. Mathieu：La Géologie et les Richesses minieres de la Chine.

7. J. Coggin Brown：The Mines & Minerals of Yunnan，Memoir Geol. Sur. India，Vol. 47，pt. 1.

8. Coal & Iron in Yunnan，China；Iron & Coal Trade Review，Sept. 3，1920，p. 291.

9. C. Y. Wang：The Coal Mining Industry of China，Jour. Ass. Chin. & Am. Engineer，Vol. VI，No，10，1925.

10. W. H. Wong：Classification of Chinese Coals and a new nomenclature with notation. Jour. Ass. Chin. & Am. Engineer，May，1926.

11. W. H. Wong & A. W. Grabau：Carboniferous Formation of China，Congrès Géologique international XIII Session，belgique，1922.

12. 丁文江：五十年来中国之矿业，申报五十年纪念刊。

13. 王宠佑：煤业概论，商务印书馆百科小业书。

14. 顾琅：十大矿厂调查记。

15. 谭锡畴主编：北京济南幅地质图及说明，上海商务印书馆印行。

16. 南满洲矿产地一览，南满铁道地质调查所。

17. 北峰：支那产石炭名辞解说，支那之矿业第一号。

乙、煤田报告 Regional Description

奉天省　一、抚顺（一）矢部茂，（支）第六十四号（十四年），（二）虞和寅，矿业报告第二册，十五年农商部矿政司印行，（三）Far Eastern Review（远东时报）第二十卷第一号第二十四页（十三年），（四）W. L. Seaman，Coal Age，April 19，1923.（五）N. Yamaoka，Coal Age，1921，p. 897—902.（六）历年作业报告（支）二十、二十一、三十三至三十五（民国四年度）。三十五至三十七号（五年度）。四十六至五十号（八年度）。五十、五十一、五十三（九年度）。五十三至五十六号（十年度）。五十六、五十八至六十号（十一年度）。六十一至六十三号（十二年度）。六十三至六十六（十三至十四年度）。**二、本溪湖**（一）虞和寅，矿业报告第四册（十五年），（二）本溪湖公司事业概要，九年编印，（三）历年营业报告（支）三十一至三十四号（四年度）。三十五至三十八号（五年度）。四十六至四十八又五十号（八年度）。五十至五十一（九年度）。（四）远东时报第二十一卷第二号第六十页（十四年）。**三、本溪县田师傅沟**（一）碧海康温，影山虎四郎，（支）四十一号（六年），（二）青地乙治，今井澄，深江清，（支）六十五号（十四年）。**四、锦西大窑沟**（一）虞和寅，矿业报告第五册

（十五年），（二）藤平田文吉，（支）四十四号（七年）。**五、本溪县赛马集**（一）大羽时男今井澄，（支）六十号（十二年）。**六、铁岭县大宝山**（一）八丁虎雄，神足作太郎，（支）四十五号（七年）。**七、西安县大疙瘩**（一）支四十号。

吉林省　一、吉林火石岭马家沟（一）矢部茂，西乡贤，（支）六十三号（十三年）。**二、伊通县半拉山门**（一）山本政雄，深江清，（支）五十三号（十年）。**三、伊通县南大沟**（一）矢部茂，针尾庆次，（支）六十三号（十三年）。**四、额穆县奶子山**（一）川越洁，前田政一郎，（支）五十号（九年）。**五、珲春**（一）（支）六十一号（十三年）。**六、长春县城厂沟**（一）（支）四十六号（七年）。**七、延吉道**（一）姚业经，（农）第六卷第四号（八年）。**八、吉林省**（一）（英经）一九四号（十三年）。

黑龙江　一、札赉诺尔（一）（支）四十七、五十二、五十三、五十五、五十九、六十、六十五，（二）North Manchuria & the Chinese Eastern Railway，P. 209－215，1924（北满与中东路）中东铁路公司出版品之一。**二、汤原县鹤岗**（一）谭锡畴，（汇）第六号（十三年），（二）（支）六十一号及六十三号（十三年）。

热河　一、北票（一）（支）六十六号（十五年）。**二、赤峰朝阳间**（一）谭锡畴，（汇）第八号（印刷中）。**三、承德各属**（一）魏有万，（农）第三卷第五号（五年）。

绥远　一、大青山一带（一）翁文灏，曹树声，（汇）第一号（八年）。

直隶　一、开滦（一）前列普通（六）及（十四），（二）历年营业报告，（支）六十一号（十一期），六十六号（十三期），又（英经）一五三号及二〇二号，（三）采炭概况，（支）六十一号（元年至十二年），六十五号（十二至十三年）。**二、临榆柳江**（一）叶良辅，刘季辰，（汇）第一号（八年），（二）F. F. Mathieu，（汇）第四号（十一年），（三）（支）第三十五号（四年），（四）王乃宽，南开矿学汇刊第一期。**三、长城炭坑**（一）（支）六十号（十二年）。**四、门头沟及西山煤田**（一）叶良辅，西山地质志（专）甲种一号（九年），（二）（支）六十二号（十三年），六十六号（十五年），（三）安特生，斋堂报告，（农）第一卷三号（三年），（四）余怀清，（农）第五卷第七号（八年）。**五、涿鹿**（一）（支）六十六号（十五年）。**六、宣化**（一）谭锡畴，（汇）第八号（印刷中）。**七、蔚县广灵阳原**（一）丁文江，张景澄，（汇）第一号（八年），（二）李捷，（汇）第四号（十一年）。**八、井陉**（一）纪锺淇，（农）第五卷第十号（八年），（二）朱庭祜，（汇）第六号（十三年），（三）中德新契约，（支）五十九号（十二年），（四）支那之矿业第一号（十五年青岛支那矿业研究会刊印）。**九、磁县**（一）师弟修业记，五年地质研究所出版，（二）赵亚曾，田奇瓗，（汇）第六号（十三年），（三）直隶财政厅报告，（农）第二卷第六册（五年），（四）王锡龄，刘梦符，南开大学矿学汇报第二期（十五年）。**十、临城**（一）王竹泉、赵亚曾、田奇瓗，（汇）第六号（十三年）。

山东　一、全省　（一）山东地质志，谭锡畴主编（编印中），地质调查所出版，（二）鲁案善后月刊，矿产专号（十一年）。**二、淄川博山**（一）谭锡畴，（汇）第四号（十一年），（二）木户忠太郎，小林胖生，（支）五十一至五十三号（十年），（三）黑山炭坑，（支）六十六号（十五年）。**三、胶济沿线**（农）第一卷第一号（三年）。**四、章丘**（一）安特生，（汇）第六号（十三年）。**五、峄县枣庄**（一）顾琅，十大矿厂调查记，（二）师弟修业记，（三）历年营业报告。

河南　一、全省（一）Nystrom：The coal fields of Honan（未刊稿）。**二、安阳林县**（一）王传鎏，（农）第二卷第八号（五年），（二）王竹泉，（汇）第八号（刊印中），（三）六河沟煤矿，侯汝勋，南开矿学汇刊第二期（十五年），（四）六河沟煤矿公司十三年度股东会报告书。**三、修武福中公司**　（一）福公司营业报告，（支）四十六、五十一（九年度）、五十七（十年度）、六十（十一年度）、六十三（十二年度）、六十四（十四年度），（三）中原公司营业报告，（四）阎增才，南开矿学汇刊第一期。

山西　一、全省（一）王竹泉，山西煤矿志，地质调查所出版（印刷中），（二）耿步蟾，成元治，山西矿务志略，九年山西实业厅印行，（三）山西之煤矿，（中经）第一二〇及一二五号（十四年）。**二、保晋公司**（一）耿步蟾，（农）第五卷第二号（七年），（二）虞和寅，矿业报告第一册（十五年），（三）历年营业报告。**三、大同**（一）王竹泉，（汇）第三号（十年）。**四、太原地层**（一）那林，（汇）第四号（十一年）。**五、保德地层**（一）王竹泉，（汇）第四号（十一年）。

陕西　一、北部（一）王竹泉，（地）四卷一期（十四年）。**二、宜君县店头**（一）成吉皆，（矿）二卷二期（七年）。**三、同官**（一）成吉皆，（矿）二卷二期（七年）。

甘肃　一、全省（一）谢家荣，（农）八卷十号（十一年），（二）谢家荣，科学九卷十期（十四年），（三）袁复礼，（地）四卷一期（十四年）。

江苏　一、全省（一）刘季辰，赵汝钧，江苏地质志（专）甲种第四号（十三年）。**二、苏北**（一）刘季辰，赵汝钧，（汇）第一号（八年）。**三、龙潭**（一）胡哲如，（农）第一卷第四号（三年）。**四、吴县洞庭西山**（一）梭尔格，赖继光，（农）第一卷第四号（三年）。

安徽　一、全省（一）远东时报，民国九年五月份第二四三页。**二、皖北**（一）刘季辰，赵汝钧，（汇）第一号（八年）。**三、泾县宣城**（一）叶良辅，李捷，（汇）第六号（十三年），（二）虞和寅，（农）第五卷十二号及六卷一号（八年），（三）虞和寅，（农）第七卷第五号（九年），（四）安平煤矿，（矿）五卷二期（十一年）。**四、怀远县舜耕山**（一）王竹泉，（汇）第六号（十三年），（二）陈泽灏，（矿）第一卷一期（六年）。

江西　一、萍乡（一）池汉功，（农）第八卷八号（十一年），（二）汉冶萍公司历年营业报告。**二、吉安、安福、永新**（一）王竹泉，（汇）第二号（九年），（二）昌明公司，（矿）第五卷第二期（十一年）。**三、乐平**（一）刘季辰，鄱乐公司报告（单行本十五年印）。

湖北　一、全省（一）谢家荣，刘季辰，湖北地质矿产专刊第一号，十三年湖北实业厅印行。**二、东南部**（一）（支）六十六号（十五年）。**三、秭归巴东**（一）谢家荣，赵亚曾，（汇）第七号（十四年）。

湖南　一、全省（一）远东时报九年二月。**二、耒阳**（一）朱庭祜，（汇）三号（十年）。**三、湘潭小花石**（一）黄逢源，（矿）第一卷一期（六年），（二）黄伯达（大有煤矿），熊绪芳（天宝煤矿）（矿）三卷四期（九年）。**四、宜章狗牙洞**（一）（矿）第五卷第一期又三期及四期（十一年）。**五、衡阳均利煤矿**（一）（矿）五卷五期（十一年）。**六、常宁斗岭**（实）八年十二月及十年三月。**七、常宁毛家山**（一）汤绍基，（矿）四卷二期（十年）。**八、祁阳**（一）李步业，（矿）四卷一期（十年）。**九、永兴杉木岭**（一）达夫，（矿）三卷二期。**十、湘乡凤冠山**（一）麓生，（矿）三卷二期（八年），（二）刘大闳，文明濬，（实）第六〇期（十一年）。

福建　一、全省（一）梁津，福建矿务志略（六年）**二、龙岩**（一）王靖先，（农）第四卷九号（七年）

浙江　一、长兴（一）叶良辅，（汇）第一号（八年），（二）盛竹书，（总商）第二卷第七期（十一年）。

丙、需给状况及市价 Consumption，Supply & Market Price.

一、北京（一）（支）四十七、六十一、六十三号，（二）（中经）第八十号（十三年），（三）（英经）第一八三号（十三年），（四）北京晨报物价调查，十五年四月九号。**二、天津**（一）（支）四十七、五十六、六十五号。**三、上海**（一）（支）六十、六十四、六十五、六十六号，（二）日本矿业会志第四一二号五六七页（大正八年），（三）（英经）一七六、一九九、二二〇号（十三年至十四年），

（四）谢天锡，（矿）二卷二期（七年）。**四、武汉**（一）（支）六十五号。**五、芜湖**（一）（支）六十五号。**六、香港**（一）（支）六十六号。**七、赤峰**（一）（支）五十号。**八、东三省**（一）北满及中东（支）第六十号，（二）郑家屯（支）六十一号，（三）哈尔滨（支），五十九号及六十四号，（四）吉林（支）六十号，（五）齐齐哈尔（支）六十六号。**九、市价统计**（一）上海货价季刊，（二）上海新闻报经济新闻栏。

第二章 石油、煤气及油母页岩

中国石油尝以丰富见称于世。近来历经调查始明，所称富源或难免言过其实，然确有石油之区域，亦因调查而价值渐为证明，足供将来之开采。据现在所知，我国石油之分布，大抵自新疆北部，沿南山北麓而至玉门、敦煌，复自甘肃东部延入陕西北部，越秦岭山脉而至四川盆地，适绕西藏之半，可有希望之油田亦即不外乎此矣。陕、甘、新疆，仅产石油，而无其他附产矿物。四川盛产石盐、煤气，而石油则为量甚微，采盐者弃而不顾。热河、奉天有油母页岩，而直、晋、豫、鲁诸省，就地质构造上之推想，或亦有此项页岩之发见。虽矿量是否丰富，油质是否适用，俱待考验，而在中国缺油之地，将来不失为一重要之富源，则可断言也。

陕西石油，唐代已经发现，至近代更为著名。在中国各省中，分布之广，油苗之众，当推第一。石油储于陕西系之灰色砂岩内。前美孚技师调查，谓本系总厚六千三百尺，时代属石炭纪。而据本所最近之研究，则该层中产植物化石甚多，皆属下侏罗纪，厚度亦不过五百公尺。是美技师地质观察显属错误。陕西系地层出露之地，东自延川、延长、宜川等县，西至安塞、肤施、甘泉、鄜县、中部、宜君、同官等县，几占陕省之大半。已知之油苗（即石油由岩石裂罅中滤出者）共有三十五处，分布达于八县。以上地层俱倾斜向西，故含油层亦东浅西深。但倾角极缓，不过四五度，其深浅之悬殊或不甚大。民国三年至五年，中美合办探矿，曾在延吉、肤施、中部等县共打七钻，每钻深自二千至三千六百英尺，费资至二百五十余万元，虽皆见油，然俱不符所望。然延长官井产油已十余年，而未曾钻探之处尚多，故一隅之失败或不足以定全局之命运耳。

延长石油厂创办甚早。先是有陕人于彦彪者，曾与德人汉纳根订立合同，欲行开采，经部省严拒始罢。乃于光绪三十二年奏请官办，由本省藩库拨银十二万七千两，以作开办之费。聘日人佐滕弥市郎为技师，并由日本新潟铁工厂购办凿井、制油及锅炉、汽机等一切设备。于是年四月兴工凿井，八月成第一井，深二十四丈。宣统三年复成第二井，深三十丈。经营两载，所费达四万余金。嗣后又设分厂，故现共有东、西两厂。西厂在西门外半里许，已开油井三座，最深者达六百英尺；东厂在东门外延水南岸，距城里余，有油井一座，深四百英尺。最近又开第五井，深三〇六英尺，为现时产油最旺之井。矿上现有十五马力卧式锅炉一座，冲动十五马力之引擎，以采取石油。又用五马力立式锅炉及同样引擎掘凿新井。凿井方法系用冲击法。每月抽油自一次至二三次不等，每次约历十余日。当抽吸之初，仅有水流，至第三日油量渐多，至第五日则为原油，经过油槽而入储油池。制炼时将原油置蒸溜釜中蒸之，历七八小时，则油质逐渐蒸发，经冷凝管导入储蓄桶。最初油呈白色（即挥发油），及后则变为蓝黄色。至呈绿色时，即停止蒸溜。以浓硫酸洗去其杂质，次以曹达液消其酸性，是为灯油。釜中所存者则为重油，亦名机器油。此二种为延长官厂主要产物。此外挥发油、石蜡亦间或分别制炼，惟产额不详。厂有蒸溜釜一具，能容原油七千二百余斤。每次出灯油约二千七八百斤，重油四千七百余斤。现全矿工人共四十六名，工资每月数元至二十四元不等。矿上自设洋铁筒制造厂，将所产灯油盛入筒内，再装木箱。每箱二筒，共计五十斤。运销于西安（距矿八五〇里）、洛川（三九〇里）及山西平阳府（六四〇里）一带。重油则尽销于延长县附近。以上各处交通均极不便，故运价甚昂。自矿至省本有车路，为雨水冲坏，现运输专用骡驮，取道肤施、甘泉、洛川、同官、三原之大道。每骡一头，驮油二百斤，需时约十日。脚力八九两。无怪成本重而获利微矣。兹将该厂自开办以来之历年产额列表如左。

年份	灯油（斤）	重油（斤）	共计（或原油斤数）	每箱灯油（五十斤）在西安售价
光绪三十三年	22，150	18，560	40，710	银三两八钱
光绪三十四年	47，908	30，945	78，853	四两
宣统元年	88，550	107，563	196，113	四两二钱
宣统二年	93，810	110，040	203，850	四两二钱
宣统三年	84，003	54，449	148，452	三两八钱
民国元年	11，000	16，005	65，000	三两八钱
民国二年	86，277	96，188	285，000	四两六钱
民国三年	150，000	120，000	235，000	四两六钱
民国四年	100，000	123，170	405，000	四两二钱
民国五年	228，350	350，620	635，000（原油）	五两
民国六年	224，885	470，519	320，000（同上）	五两二钱
民国七年			310，000（同上）	
民国八年			280，000（同上）	
民国九年			240，000（同上）	
民国十年			220，000（同上）	
民国十一年			216，000（同上）	
民国十二年			162，000（同上）	
民国十三年			160，000（同上）	
民国十四年				

甘肃油苗见于玉门东南赤金堡祁连山之北坡。现有本地人就油泉流出处掘圆形浅坑采取之，年产约二万斤。新疆石油尚未详查。今所知者，库车、乌苏、绥来、迪化、塔城诸县确产石油，其地点俱在塔里木河以北（详细地名载翁著中国矿产志略，二四四页），似西向与俄属土耳其斯坦之油田相接。油泉喷发或流出者共有四五十处之多。油沫浮积厚达二三分。掘深二三尺至四五尺即有水涌出，油亦徐浮露。光绪三十年，新疆创设商务局，招商包办运省，用土法提炼，三十三年改归工艺厂承办，皆获利甚微。现俱已停办，由民

间随意开浅井汲取，最旺时每日每井可得油二百斤。

四川盆地素有石油。最有名者为富顺县自流井一带之产盐区域。其地质为中生界之红砂岩，成一平缓之穹形背斜层。盐井约千数百口，深自一千尺至四千尺，皆集中于背斜层之轴部。盐水、煤气，极为丰富，但产油之井甚少，产者亦不过每月百斤。据闻，从前有数井曾于短时间内日产数百斤。此外，四川产油之地尚有嘉定区域，包括乐山、犍为、荣县。又有嘉陵区域，包括安岳、遂宁、射洪、绵阳、盐亭、蓬溪、南充等县，俱于盐水之外，产油少量。地质情形与自流井大致相仿。总之，四川油田，据各方面研究，似已无多大希望。然虚声所播，曾酿成种种交涉，最重要者计有三起。（一）会同公司，系英商摩赓所办。光绪二十四年，由四川矿务总局设立之华益公司与之合办四川全省油矿。（二）法商华利公司于光绪二十八年与四川矿务总局设立之保商公司订立合同，合办巴、万二县之石油，定名法华和成公司。（三）保富公司招商合办之普济公司于光绪二十九年订立合同，拟办乐山、射洪二县之石油。以上三公司皆仅立名目，未尝积极开采，且按照合同，其所得采油之权皆早已在逾限作废之列。然外人争持不决，迄今竟成悬案。兹将中国各处石油之曾经分析者，列其成分如左，以资比较。

中国石油分析表（农商部工业试验所化验）

	挥发油 百度以下	灯油 二百度 至三百度	重油 三百度以上	残渣	比重		备考
					原油	灯油	
新疆博洛通古	1.30	43.2	55.5	微量	（比重）0.845 （鲍美度）35°	0.820 40°	闪光点摄氏表 50°
甘肃玉门	6.43	39.94	16.35	7.78	（比重）0.898 （鲍美度）36°	0.871 31°	闪光点 45°
陕西延长	16.5	54.0	3.75	10.0	（比重）0.8750 （鲍美度）20°	0.8187 41°	
同上	10.00	44.00	35.20	10.80	（比重）0.8640 （鲍美度）32°		
同上 （第五井）	5.20	50.80	32.00	12.00	（比重）0.9401 （鲍美度）19°		
同上 （人力井第一层）	12.00	36.00	10.00	10.00	0.9370 （鲍美度）19°		含水甚多，达百分之三二。此系先用远心机分出水分后，再行蒸馏所得大略结果

观上列分析表可知，我国所产石油，质性并不甚佳：比重较高，而含轻油甚少，殊不能与美东所产相比美也。但甘肃、新疆等试料俱系就油泉渗出处勺取，因挥发之故，恐不能代表真正之成分。他日正式开凿时，或能获得较佳之石油，亦未可知也。兹再将延长石油制炼品之化验列如左表。

品名	闪光点	着燃点	颜色	粘度		比重	冷却实验
重油	五十度以上无光	百度以上不燃	黑色	温度二十度，水百立方公分，须十五分钟	温度二十度、油百立方公分，须一点二十分钟	0.8070	十度时成糊状
安全油	三十七度闪光	七十八度着燃	暗褐色	同前	温度二十度，油百立方公分、须三分钟	0.8470	六度时成蜡
机械油	五十度以上闪光	八十九度着燃	暗褐色	同前	温度二十度，油百立方公分，须三分四十秒	0.8530	六度时成浓厚半流动体
煤油	四十三度闪光	六十七度着燃	草黄色	同前	温度二十度，油百立方公分，须二分三十秒	0.8230	
擦枪油	五十度以上无光	百度以上不燃	红黄色	同前	温度二十度，油百立方公分，须二十分钟	0.8820	十五度时成糊状

又有渣油及挥发油，因所送试料之量甚少，故仅能大略试验如左。

品名	颜色	比重	冷却实验
渣油	黑色	0.8400	十度糊状
挥发油	水白	0.7230	常温流体
挥发油	水白	0.7080	常温流体

延长第五井油层之盐水亦经分析，列如左表。

砂土状不溶质（每立方公分含量）		47.40 公分
溶质（同上）		0.676
溶质成分	氯	0.4214
	硫氧四	0.0127
	钙	0.1754
	镁	0.0406
	钾钠	0.026
	合计	0.674

由上成绩观之，知本试验品除砂土状不溶质外，其溶质之量甚少，且大部分为氯化钙、硫酸钙及氯化镁等，殊无价值也。

世界石油储量，据地质家研究之结果，谓极为有限。而石油之需要则日甚一日。若不设法谋替代之物，一旦石油采尽，工业界将起莫大之恐慌。而环顾已发明之代替物中，其储量最多，并能用经济的方法提取油质者，莫如油母页岩。英国苏格兰于七十年前即已盛用此物，以炼巨额之石油。最近美国、坎拿大及瑞典等国亦将积极进行，从事制炼，以冀补救于万一。我国石油矿业至今尚未发达，虽云缺乏资本与技术人才，有以致此，但实际上储量不多，油田稀少，似为根本原因。故我人对于此油田以外之油源，若油母页岩者，宜深为注意也。据现所知，中国油母页岩之产地有二，即热河之凌源及奉天之抚顺。略述如左。

一、热河　油母页岩分布于凌源县境内。昔曾以为极大富源，今已证明其误。最佳者在车烧口北二里，山嘴子东南三里。又一处在真五窑南一里，距山嘴子十四里。皆为晶片状黑色页岩，宽约四尺，最厚一至三尺。页岩饱浸油质，本地用为燃料。然油田范围仅一至三里，而含油页岩又复断续不连。储量既微，无多大希望。兹据鲍朴君在中华采矿冶金协会所发表一文内列之分析结果，抄录如左，以供众览。

原油	9.0%（即每吨页岩含油20.2加仑）	水	1.0%
渣滓	83.0%	遗失（气体等）	7.0%

上列之渣滓呈黑色而疏松，含炭约21.1%，发热量3，320BTU。若再将原油行蒸馏试验，则得左列各油。

温度	油别	百分率	每吨含油加仑数
0—120°	汽油	1.4%	0.2828
120—230°	灯油	20.9%	4.221
230—320°	中性油	28.0%	5.656
320°以上	机器油	19.0%	3.838
同上	白蜡	12.5%	2.525
同上	渣滓	18.2%	3.676

二、抚顺　抚顺油母页岩位于主要煤层之上，绿色泥灰质页岩层之下，时代属第三纪，走向自东而西，倾斜向北，倾角自20°至30°，东西延长十五公里，南北约二公里。据金刚锥试探之结果，在东乡采炭所以西，厚120至130公尺，老虎台附近厚130至170公尺，龙凤采炭所附近则仅厚一百公尺。可见中部最厚，而东部最薄。计至地面以下四千五百尺之页岩储量达五千五百兆吨，自上而下之分配约如左。

深度	页岩储量（兆吨）	深度	页岩储量（兆吨）
一百尺	252	1，100尺	2，380
二百尺	505	2，000尺	4，151
三百尺	756	3，000尺	4，932
五百尺	1，223	4，500尺	5，477

抚顺油母页岩呈黑褐色，风化后则作叶状剥离，条痕褐色，比重平均2.0。据日本中央试验所分析及干馏之成绩如左。

一、化验成绩

水分（热至100度）	4%—5%	固　定　炭	7%
挥发分（热至550度）	15%—16%	灰　　分	73%

二、干馏成绩

粗　　油	7%—8%	水	8%
瓦　　斯	4%—5%		

南满铁道会社曾用各种通行之蒸馏方法，以试抚顺页岩，而定其收油量之多少。据试验结果，以“苏格兰”干馏法成绩最佳，平均每吨页岩可获原油12.21加仑，另能制炼硫酸铔约50磅。满铁会社为慎重起见，又采集巨量标本寄往苏格兰，在大规模之干馏器中实验之，结果较之原定者减少约10%。兹假定以5.5%为页岩之平均含油量，则5，500兆吨之页岩应含原油300兆吨，即1，900兆桶，约当于美国石油总储量之四分之一，诚可谓东亚稀有之富源矣。按世界油母页岩开采最早者，当推英国之苏格兰。昔时每吨页岩最多时可炼得原油96至130加仑，今则如是丰富之矿已不多得，平均仅十五至三十加仑。然低于油量者，则富于硫酸铔，能达六七十磅，二者不无调剂也。北美坎拿大之油母页岩平均含油俱在二十七加仑以上，最多时可达五十六加仑，另能制炼硫酸铔自二十余磅至百余磅。美国最重要之油母页岩分布于西美可洛拉多省一带。每吨含油在五十加仑左右，能炼硫酸铔二十余磅。由此观之，我国抚顺之油母页岩其质地诚不能称为优美，但储量甚巨，且在缺油之地如我国者，则其有重视之价值，盖无疑也。现满铁会社及日本政府拟合筹五千万日金之资本，定五年期之计划，以经营此伟大事业：先用露天法采浮面之页岩，再渐次及于内部。如果计划告成，则每年能产页岩四十兆吨，即原油二万吨。依此率开采，可供一百年而不竭云。

自海运开通，外商云集，欧美货品充斥于肆，而石油亦遂为重要输入物品之一。据统计家之研究，中国有重要灯油之输入，当在1878年（光绪四年）以后。而自1878至1884年间，每年输入平均约五百万加仑。输入石油之价值在1886至1889年间占进口总额百分之二，1890年时为3%，而自1897至1898年时已达6%。1899至1913年间减至百分之四五左右，至最近1925年又增至6%。当1889年以前，仅有美国油之输入，此后则俄油渐占一席，但美产常占70%以上。至1894年有苏门答腊之输入。而1900年以后，婆罗洲、缅甸、日本诸油相继输入，尤以婆、缅二国之量增加最速。日本则自1914年起始渐臻重要。美国石油商业不但在东亚占特殊地位，而实操世界之霸权，故输入我国之量与年俱增，最近已达160兆加仑，值价40兆关平两，占总额之大半矣。俄国产油丰富，输入我国之量，最多时年达35兆加仑，值价500万两，专销东三省一带。但自1905年以后，输出即锐减，年仅数兆桶。自欧战发生，继以内乱，陆路运输尽归停顿，俄产灯油在我国之市场上遂一落千丈。输入额最少时为1918年，仅达一万余桶，值价9，000余两。近虽渐有增加，然至多不过六十万桶，尚不逮日本之多也。日本年来极力推广其灯油之销路，最著者为日本石油会社之富贵牌、蝙蝠牌，宝田石油会社之青全胜牌、福寿牌，然品质较劣，规模狭小，终不能与英、美等公司相抗衡也。若就现在（1924年）各国灯油之输入额而论，其次序约如左列。

国别	灯油输入额		总额之百分数
	重量（加仑）	价值（关平银）	
美国	157，295，640	40，464，799	60%
香港	26，371，588	7，583，831	10%
婆罗洲	23，911，057	5，845，257	9%
苏门答腊	6，985，862	1，361，400	2%
日本	769，860	248，726	0.3%
俄国	682，400	241，916	0.2%
缅甸	58，600	33，018	0.02%
输入总额	258，570，591	66，117，023	100%

除上述诸地外，墨西哥、南美、中美、波斯、澳大利亚、安南、坎拿大、英国等亦偶有巨量灯油之输入，然多少无定，不能恃为永久之供给也。灯油之外，又有汽油、机器油及白蜡等物，皆为石油之制炼品；输入之量亦年有增加。汽油、扁陈油（Benzine）、石脑油（Naptha）、石油精（Petrol）等之输入始于1906年，是年仅有130，743加仑，值价42，836两。十年之后，即增加五六倍。今则年达九百万加仑，值价四百余万两矣。近来汽车、飞艇及其他内燃引擎之应用渐次发达，则今后汽油之销费当日见增加，盖无疑也。此外如机器油及白蜡之输入，每年各值约二三百万两。综计关于石油一类货品之消耗，年达七千六百余万两，诚可谓为一绝大之漏卮。我人览之，宜有若何之感想耶？兹将自民国以来灯油、汽油等输入之重量、价值等，列表如左。

年别	灯油		汽油		机器油		白蜡	
	重量(加仑)	价值	重量(加仑)	价值	重量(加仑)	价值	重量(担)	价值
民国元年	199,169,221	25,038,618	401,628	89,311	2,391,041	629,078	154,268	1,032,316
二年	184,036,917	25,412,976	465,697	107,833	2,449,586	708,467	156,730	1,168,617
三年	230,200,708	35,094,240	819,556	214,150	3,242,118	1,085,985	175,733	1,419,092
四年	185,070,111	28,031,444	693,129	252,479	4,408,912	1,416,998	209,457	1,779,949
五年	147,390,253	31,816,373	685,906	335,925	4,358,000	1,833,007	152,375	1,591,941

第十三表　民国十四年上海各种煤油、汽油、机器油、石蜡等市价表(以上海规元计)

Table XIII　Wholesale Prices of Kerosine, Gasoline, Engine Oil & Paraffin Wax at Shanghai in 1925 (Shanghai Tales)

Brand	公　　司	Companies	单　　位	Unit of Weight	一月 Jan.	二月 Feb.	三月 March	四月 April	五月 May	六月 June	七月 July	八月 August	九月 Sept.	十月 Octo.	十一月 Nov.	十二月 Dec.	平均 (Average) 规元 Sha'i Tales	平均 (Average) 关银 HK. Tales.	民国十三年平均 Average of 1924
Brilliant	美孚	Socony	每箱	case	3.480	3.440	3.440	3.544	3.480	——	3.580	3.444	3.444	3.451	3.046	3.050	3.399	3.006	3.362
Tiger	美孚	Socony	每箱	case	3.400	3.370	3.365	3.371	3.400	——	3.500	3.371	3.371	3.379	2.901	2.905	3.303	2.975	3.289
Eagle	美孚	Socony	每箱	case	3.175	——	3.132	3.132	3.132	——	3.132	3.132	3.132	3.132	2.671	2.883	3.065	2.761	3.064
Eagle	美孚	Socony	每箱	case	3.190	3.150	3.150	3.154	3.187	——	3.300	3.154	3.154	2.761	2.212	2.360	2.979	2.683	(1)
	美孚	Socony	每箱	case	4.380	——	4.320	4.320	4.380	——	4.320	4.320	4.320	4.320	4.320	4.320	4.332	3.902	(1)
Fish	亚细亚	A. P. C.	每箱	case	3.480	3.440	3.440	——	3.480	——	——	——	——	——	2.974	2.978	3.298	2.970	3.358
Crown	亚细亚	A. P. C.	每箱	case	3.260	3.150	3.150	3.154	3.187	——	——	——	——	——	2.611	2.760	3.038	2.736	3.064
Crown	亚细亚	A. P. C.	每箱	case	2.774	——	——	——	——	——	——	——	——	——	——	——	2.774	2.499	(1)
Hung Sing	德士古	Texas & Co.	每箱	case	3.480	3.440	3.440	3.544	3.480	——	3.580	3.444	3.444	3.451	2.974	3.050	3.393	3.056	3.362
Yin Foo	德士古	Texas & Co.	每箱	case	3.260	3.220	3.220	3.226	3.260	——	3.365	3.226	3.226	3.233	2.541	2.760	3.139	2.827	3.145
			每箱	case	3.467	——	3.420	3.420	3.467	——	2.988	——	——	——	——	——	3.352	3.019	(1)
			每箱	case	3.022	——	2.980	2.980	3.022	——	2.548	——	——	——	——	——	2.910	2.621	(1)
Gasoline	美孚	Socony	每箱	case	5.840	——	5.760	5.760	5.840	——	5.760	5.760	5.760	5.904	5.904	5.904	5.819	5.242	(1)
Gasoline	美孚	Socony	每箱	case	5.475	——	5.400	5.400	5.475	——	5.400	5.400	5.400	5.508	5.544	5.544	5.454	4.913	(1)
Gasoline	亚细亚	A. P. C.	五加仑	5gal	3.000	3.000	3.000	3.000	3.000	——	3.000	3.000	3.000	3.000	3.000	3.000	3.000	2.702	3.183
Red Engine oil	美孚	Socony	四十加仑	40gal.	17.000	17.000	17.667	18.000	18.000	——	17.750	17.500	17.000	16.800	16.500	16.500	17.309	15.538	18.169
Red Engine oil	日本	Japan	四十加仑	40gal.	15.350	16.083	16.583	16.750	16.500	——	16.250	16.000	16.000	15.875	15.500	15.500	16.084	14.438	16.544
Black Engine oil	日本	Japan	四十加仑	40gal.	15.500	15.750	15.667	16.125	16.000	——	16.000	16.000	16.000	15.600	15.500	15.250	15.787	14.172	16.053
Marine Engine oil	美孚	Socony	四十加仑	40gal.	26.875	27.333	27.667	28.250	28.500	——	29.000	28.500	28.000	28.000	27.750	27.500	27.979	25.115	26.930
Marine Engine oil	日本	Japan	四十加仑	40gal	22.000	22.750	23.000	23.250	24.000	——	24.000	23.500	23.000	22.500	22.250	22.000	22.989	20.636	22.279
Cylinder oil(A)	美孚	Socony	四十加仑	40gal.	23.500	23.833	24.333	25.000	25.000	——	25.000	25.000	25.000	25.000	25.000	25.000	24.722	22.192	22.794
Cylinder oil(B)	日本	Japan	四十加仑	40gal.	21.500	21.767	22.000	22.250	23.000	——	23.000	23.000	23.000	22.500	22.000	21.750	22.366	20.077	20.389
Paraffin Wax	美国	U. S. A.	每担	Picul	13.200	13.350	13.500	13.750	12.250	——	12.250	12.500	12.400	12.000	12.000	12.000	12.683	11.385	3.183

注：* 根据《上海货价季刊》及《上海新闻报》。

* Compiled from "The Shanghai Market Prices Report" & The Shanghai "Sin Wen Bao"

(1)价格未及搜集

(1)Data not available.

续表

年别	灯油		汽油		机器油		白蜡	
	重量(加仑)	价值	重量(加仑)	价值	重量(加仑)	价值	重量(担)	价值
六年	157,910,941	33,354,656	1,183,895	551,118	3,287,494	1,139,600	213,659	2,585,348
七年	110,202,234	28,240,026	1,194,290	560,344	5,360,028	1,827,491	110,201	1,298,234
八年	199,309,753	46,671,373	2,174,748	1,342,295	5,915,435	2,172,246	109,272	1,258,724
九年	189,588,540	54,318,290	2,604,634	1,674,374	5,776,532	2,468,946	158,818	2,144,887
十年	175,110,125	58,077,438	4,664,455	2,728,407	4,349,588	2,916,815	253,692	2,760,638
十一年	209,192,102	63,441,902	4,818,271	3,212,674	6,306,790	2,806,311	384,791	2,977,263
十二年	214,835,669	58,291,716	6,307,815	3,848,531	7,499,880	3,279,371	510,286	4,048,096
十三年	223,207,104	57,811,062	7,265,093	4,068,401	9,129,302	3,581,385	576,934	5,901,997
十四年	258,570,591	66,117,023	8,823,511	4,515,920	7,097,674	2,567,455	366,591	3,743,775

现在输入灯油最多之商埠为天津，十三年统计达三千二百万加仑，值价八百三十余万两。其次为汉口、镇江、上海、长沙、九江，俱在一千万加仑以上。此外若大连、胶州、牛庄、重庆、汕头、南京等埠，俱在八九百万加仑左右。上海于灯油之输入，在民国十一年尚在汉口之上。今则逐年减少，反居于第四位置，此盖由于电气事业发达之故耳。至论汽油之消费，则上海实居冠首。十三年统计，达3，115，141加仑，值价180余万两。其次为天津，达160余万加仑。京津达官巨商俱盛用汽车，销油之多，实必然之势也。再次则为大连、汉口、胶州、广州等埠，每年输入自十余万至九十余万加仑不等。此外各埠则俱不过数万加仑矣。机器油之输入，亦以上海为最多。十三年统计达三百余万加仑，值价百余万两。其次为大连、天津、汉口，俱在一百万加仑以上。此数埠者，皆以工业发达著称，消费之多，亦必然之势也。惟海关册所列之机器油，其中有不尽属于磨擦之用，亦有一部当系燃料油，以供引擎发动之用者，以无详细统计，故暂混合论之。白蜡为制造洋蜡之原料，又用作胶粘料及封固料，在我国销路，亦以上海输入最多。十三年统计达161，084担，值价一百六十余万两。其次为天津、大连、汉口，在五十万担以上。其他各埠输入甚少。

现在上海销售之灯油，牌号甚多，共计约有十余种之多，分属于美孚、亚细亚及德士古三公司。兹据上海货价季刊及新闻报所载民国十四年上海各种灯油之按月市价，列为第十三表。

中国石油矿重要参考书目

1. 章鸿钊。石雅，二二四页，民国十年地质调查所出版，论沿革甚详。

2. 美孚石油公司矿师报告勘查油矿大略。民国三年农商公报第一卷第一期。

3. 翁文灏。中国矿产志略，民国八年地质调查所出版。

4. 杨维桢。调查四川自流井盐煤煤气各矿报告，农商公报第三卷第四期（五年）。

5. 南满重要油源之发现，中文经济周刊第六十九号。

6. 坂本峻雄。抚顺油田页岩之成因，支那矿业时报第六十五号（十五年）。

7. E. Blackwelder：Petroleum Resources of China & Siberia. Trans. Am Inst. Min. Eng. 1922

8. F. G. Clapp：Oil possibilities in China. 7th meeting Am. Ass. Petro. Geol. March 1922.

9. Petroleum in West China. Far Eastern Review，Vol. 21，No. 9，P. 600，Sept，1925.

10. Petroleum in China. Petroleum Times，July 26，1923，p. 132.

11. P. Bao：The possibility of establishing an oil shale industry in China. Bull. China Inst. & Meta，No. 1. March，1922.

12. The Fushun Oil Shale Deposits. Far Eastern Review，Vol. 20，No. 4，p. 188，April 1924.

13. Huge Shale Oil distillation plants for Fushun. Far Eastern Review，Vol. 20，p. 477，Oct. 1924.

14. Exploiting the Manchurian oil Shales. Petroleum Times，June 21，1924，p. 903

15. Oil Industry in Shansi（Oil Shale）. Chinese Economic Bulletin，No. 221，P. 282，May，1925

16. Petroleum in N. Shensi. Chinese Economic Bulletin，No. 223，p. 306，May，1925.

17. C. F. Remer：The Foreign Trade of China（A book）. The Commercial Press，Shanghai，China，1926.

第三章　用于钢铁事业之各金属——铁、锰、钨、钼、镍

铁[1]

一、矿床种类及储量

就地质及矿床之不同，中国铁矿可分为四大类，即太古界铁矿、宣龙式铁矿、接触变质铁矿及其他各类之铁矿是也。各重要铁矿本所已有详细调查，刊有丁格兰著中国铁矿志一书，其中统计各类矿量录如左表。

类别	堪采矿量之吨数，以兆吨为单位	未定矿量之吨数，以兆吨为单位	合计
太古界铁矿	295	477	772
宣龙式铁矿	28	64	92
接触变质铁矿	73	9.6	82.6
其他各类		5.1	5.1
总计	396	555.7	951.7

照上表，我国共有铁矿九百五十一兆吨。兹再比较重要各省之铁矿储量，依其多少为序列为左表。

省别	铁矿储量
奉天	387，580，000
直隶	91，479，000
湖北	52，600，000
安徽	50，000，000
江苏	35，000，000
山东	29，920，000
江西	18，060，000
福建	7，500，000
河南	3，400，000
浙江	2，300，000

[1] 原文遗漏了标题，此为编者所加。

二、产　　额

我国近来铁矿之产额，就其可稽者而言，每年约百万吨左右。民国四年以前，鞍山庙儿沟及安徽各铁矿尚未开采，只大冶一处，年产自一万吨至五十万吨。至于土法小矿，素无统计者，虽为量甚小，然合计之亦甚可观。据本所第一次矿业纪要约计，民国五年度，各省土法小矿之产额共约五十万吨，产出生铁十七万吨。其中以山西所产为最多，达二十余万吨。湖南次之，约十万吨。四川、河南等省又次之。如是，则全国铁矿之总产额当在一百五十万吨左右矣。兹将中国重要铁矿自民国七年至十四年之产额列表如左。

中国新式铁矿自七年至十四年产额表（以公吨计）

公司	地点	资本种类	民国七年	民国八年	民国九年	民国十年	民国十一年	民国十二年	民国十三年	民国十四年
汉冶萍公司	大冶	中国（日本借款）	684,756	751,442	824,491	384,285	345,631	486,631	468,922	（一月至九月）241,785
湖北官矿局	象鼻山	中国	——	——	45,667	161,575	45,439	149,406	172,110	214,272
宝兴公司	当涂	中国	97,000	41,290	44,389	8,000	34,583	74,190	55,840	49,900
裕繁公司	繁昌	中国（日本借款）	——	114,461	61,810	160,760	267,400	301,650	348,755	309,730
鲁大公司	金岭镇	中日合办	——	178,847	128,164	88,204	26,335	7,618	——	——
本溪湖煤铁公司	本溪湖	中日合办	104,578	109,671	90,434	——	——	25,513	65,000	62,407
振兴公司	鞍山	中日合办	88,364	165,519	151,030	160,164	139,528	188,218	155,105	140,927
共　计			974,698	1,361,230	1,365,985	962,988	1,059,416	1,233,226	1,265,732	1,019,021

三、重要铁矿厂纪略

汉冶萍公司为我国产额最巨、规模最大之商办铁矿。炼铁厂设于汉阳及大冶袁家湖，矿场在大冶，而所需焦炭则自千里外之萍乡运来。其倡办及经过历史俱详于《中国铁矿志》中。兹略述该矿厂最近状况如左。

大冶铁矿在大冶县西北四十里，自矿地至江边之石灰窑有铁路长五十六里，距汉阳一百二十公里，至上海则在千公里以上。矿床散布于铁山铺、野鸡坪一带，延长自西至东共十公里。狮子山、大石门等处产额最多，铁门槛则已成弩末，产额日减。全矿工人约二千人，每人每日平均工价三角五分。昔于铁门槛曾按压气机一座，以为气压钻机之用，但现已废置，所有钻眼等工作悉用人力。开采用露天法。自地面至近山顶处大致分作四层，但各层之距离不尽相等，视各地情形而异。平均每日产矿一千三四百吨，年产约四五十万吨，其中约五分之三运销日本，余则在袁家湖炼厂制炼生铁。开采成本每吨一元三角六分九厘。近四年工人因工伤亡之数如左表。

年　　份	民国十年	民国十一年	民国十二年	民国十三年
伤　亡　数　目	367	245	293	301

当公司倡办之初即设钢铁厂于汉阳，有化铁炉四座、炼钢炉七座。继于民国八年又建化铁炉二座于大冶之袁家湖。汉阳钢厂于十一年起停工，而化铁炉亦以陈旧不堪用，于十三年十一月起相率停止，迄今犹无开炉消息。惟袁家湖铁炉尚在积极制炼中，每日仅一炉出铁，产铁能力约四百五十吨。但一年中常有数月因故停工，故近二年之产额每年不过五万吨左右。

汉冶萍公司以借款关系，于民国二年曾与日本订有合同，即于四十年内须输出矿石一千五百万吨，生铁八百万吨；每年约矿石三十七万吨，生铁二十万吨，合计须矿石七十五万吨左右。然公司产额有限，故每年输出往往不及此数，有时尚须由湖北官矿局及安徽各铁矿购入若干，以补足之。汉冶萍公司与日本所订售砂合同中，关于矿砂成色之高下，曾订有照定价增损之规则。兹据王宠佑君报告者说明如下。矿石一律运至大冶（按即石灰窑）船上，每吨定价墨银三元，但另加百分之五之重量为沿途之损失。矿石须含铁百分之六十五，其逾于此者，每增百分之一，加价每吨一角；反之每少百分之一，则减价一角。若含铁仅50%或不及此数者不收。矿砂中之锰分，以千分之五为准，每增0.1%加银一角。磷量以万分之五为准，每少0.01%加价一角；多则照罚，若在万分之八以上者不收。硫量以千分之一为准，每加0.1%罚银五分，在千分之五以上者不收。铜不得过千分之四，多则不收。矿块大小，须在75公分至150公分之间，其小于25公分者不收。又据汉冶萍公司公布之营业报告列其历年之盈亏净数如左（皆以银元计算）。

年　　份	盈　　数	亏　　数	年　　份	盈　　数	亏　　数
光绪三十四年			民国五年	1，878，496.83	
宣统元年	15，400.53		民国六年	2，801，872.20	
宣统二年	64，151.71		民国七年	3，779，904.47	
宣统三年		2，301，500.85	民国八年	2，918，463.63	
民国元年		2，872，075.52	民国九年		1，279，588.44
民国二年		1，538，389.82	民国十年		511，835.03
民国三年		100，967.97	民国十一年		3，666，876.36
民国四年		388，105.93	民国十二年		2，952，609.86

以上营业系指煤铁矿厂各项事业混合而言。然盈亏之关健则纯在钢铁之市价。当民国五年至八年之间，欧战正剧，铁价腾踊，遭逢时会，遂获纯利每年至二三百万元之多。若盈余总数，尚不止此。最多时为民国七年，达九百十八万二百余两。独惜汉厂一二号旧炉窄狭窳败，出品不多，且阻于运输，不能多采，际大好之时机，尚嫌有未臻充分发展之憾耳。自民国七年十一月欧洲和约告成，铁市逐步疲软。然民国八年尚获利至二百余万元者，则以是年所售各货多于七年抛出，其中虽有减价退盘，类皆认罚偿亏，故尚能盈余此数。至民国九年及十年，钢铁之价愈落（是时生铁每吨价约四十五元，钢约八十元至一百十元，铁矿每吨日金四元五十钱），公司虽竭力扩充销路，而仍得不偿失，亏本至一百七十余万元。总计九、十两年，公司共售出生铁二十三万余吨，其中十三万八千余吨系供日本八幡制铁所之用，此外则美国、香港俱略有输出。钢铁制品共售出二万五千余吨，以铁轨为大宗，供陇海、京绥二路之用。十

年十月，汉阳钢厂以销路不旺，停止工作；而汉厂铁炉亦疲劣不勘用。幸袁家湖新厂告成，产额又增。是时铁价更低，每吨仅售日金四十元，铁矿每吨三元一角七分，故营业更觉困难。然民国十一及十二两年，该公司之生铁出卖量尚达二十八万五千余吨之多，其中输出日本约十七万三千余吨，国内十万〇五千余吨，上海、美国西部及南洋各埠约八千吨。又输至日本之矿石共达五十八万一千余吨。最近营业状况尚未公布。

湖北官矿局在大冶象鼻山，与汉冶萍矿区密迩为邻。就地势及地质言，象鼻山原与狮子山矿一脉相连（参阅本所出版中国铁矿志内大冶地质图），但矿权则划分为二。象鼻山由湖北官矿局筹款经营，于民国九年春开始工作，其矿石以供给汉冶萍公司及日本三菱公司为大宗销路，民国十三年又与扬子机器公司订有供给自六万吨至七万吨矿砂之合同。关于成色之高下，亦订有照价增损之规定，其略如下：矿石须运至江边驳船，每吨定价三元六角，铁分以60%至62%为准；其逾于62%者，则每增一分，每吨加价一角，其不及60%者则每少一分，减价一角，在50%以下者不收。锰分以千分之五为准，每高0.1%加银一角。矽养二以10%为限，每增1%减银五分，在20%以上者不收。磷分以万分之五为限，每增0.01%则减价一角，少则照加，在千分之一以上者不收。硫黄以千分之一为准，每增0.1%减银五分，在千分之五以上者不收。铜以千分之二为限，多则不收。矿石重量以改算至干燥者为标准，即谓水分须减除也。另加2.5%为沿途运搬上之损失。

安徽铁矿甚多，如铜官山、叶山、繁昌及太平四处，皆经开采，惟现时最重要者则为繁昌及太平。繁昌铁矿以桃冲、长龙山等矿区尤为重要，现有商办之裕繁公司开采，年产矿石十余万至三十余万吨。该公司创办于民国二年，至四年扩充矿区，七年，铁道、码头等工程相继竣工，规模宏大，为中国现在第二产额最多之矿。全矿工人二千四百余名。自矿上至江边荻港，轻便铁道运费每吨约合三角余。采矿成本约一元三角。开办之初，以限于资本乃与日本订立借款合同，故所采矿石全部由中日实业公司转销日本，以供东洋制铁所及三井、三菱两株式会社之用，其条件与汉冶萍公司大致仿佛。

太平铁矿在当涂县境，矿区甚多，现有宝兴、益华、利民、福民、振治等公司开采，惟宝兴及益华二公司产额最钜。宝兴年产五六万吨。每日工人计四五百名。自矿地至江边之马鞍山筑有运矿轻便铁路，故运输甚便；采矿成本每吨合洋三元五六角。所产矿石一部输至日本，一部则售与浦东之和兴钢铁厂。他日秦皇岛铁厂如能实现，亦将以安徽矿石为重要之原料。

山东金岭镇铁矿昔属德人，自欧战后由日本接收办理，竭力经营，始于民国八年正式采矿，九年产额达十二万八千余吨，全部矿石皆运至日本冶炼。自华府会议规定日本在山东之矿权皆须移交于中国后，即有中日合办之鲁大公司接收办理，惟迄今铁矿尚未开工。

本溪湖公司兼营煤铁矿厂事业，资本共计七百万元，中日各半。铁矿在庙儿沟太子河岸，距煤矿二十余英里。民国四年正式出矿，七年，化铁炉二座次第竣工。历年产生铁约三四万吨，大多数运销日本。十一年因生铁市价大落，得不偿失，全厂停工。至十二年七月始复开工。迄去年底共产矿石二万五千余吨。铁矿呈层状，分为贫、富二种。富矿含铁约65%，堪采者上下共有二层，上层平均厚四十尺，下层三十尺。贫矿中夹有硅岩薄层甚多，故含铁仅35%左右。目下以开采富矿为主。自南柏峪至大庙儿沟之山顶设有坑场四处，第一、二、三号矿坑均系向山坡开掘平巷，惟第四坑不适用平巷，改用斜井。开采方法均用仰切及充填法。自山顶至山麓之铁道装运场处设自转无极运索一道，依地心吸力之理，运矿车得自动下坠，极为便利。矿工共有四百余人，分为采矿夫、充填夫及杂工，每日工价自奉票六角至一元三角不等。目下每日产额在一百吨至二百吨之间。采矿成本每吨约合三元余。公司为利用贫矿计，现备有"古林达尔"（Gröndal）磁性选矿机及团矿工场，能将贫矿之成分增至60%以上，继复压成矿块，供高炉冶炼之用。他日富矿告罄，则此低质矿石，经一度之选炼，仍能供给不竭云。

鞍山铁矿在奉天辽阳鞍山站一带，由中日合办之振兴公司开采铁矿，而炼铁事业则纯为南满铁道会社所经营。采矿方法分露天、掘直井及斜井三种。直井深达八十公尺。矿上工人约二千五百余名。日产矿石五百吨。采矿成本每吨日金五元四角。共设采矿所三处。民国十年各所产额列如左表。

一、西鞍山采矿所	46，725 吨
二、大孤山采矿所	20，003 吨
三、樱桃园采矿所	93，435 吨
共　　　　计	160，163 吨

此外又在火连寨设石灰岩采掘场，以供冶铁熔剂之用。民国十年共产灰岩 27，338 吨。铁矿石亦分贫、富二种。贫矿须先经磁性选矿机之洗选始能冶炼。鞍山炼厂距矿场八英里。民国八年第一化铁炉工竣开炉，正式产铁。九年第二化铁炉落成。预定计划，每年能产生铁自五十万吨至一百万吨，并拟自行炼钢。后以欧战停止，铁价暴跌，此项计划遂无形中止矣。此外尚有龙烟铁矿公司、扬子机器公司、浦东和兴钢铁厂及正在计划中之秦皇岛炼铁厂等，皆乘欧战方酣，远东铁价暴涨之时开始创办，努力进行，乃不旋踵而欧战中止，铁矿需要遽形停顿，远东市场一落千丈，故前述各公司多未能得一久远之基础，良可惜也。

龙烟公司系官商合办之铁矿，于民国七年成立，开采直隶宣化烟筒山及龙关县一带铁矿，并在京西石景山自设炼厂，建化铁炉二座，于民国十一年布置就绪。在炼厂设备未毕以前，公司曾陆续运矿石四万吨至汉阳铁厂实行试炼，结果甚佳。盖烟筒山矿石结构疏松，含硫特少，虽矽分稍高，亦无大碍，较之大冶矿石，殊无逊色。乃未几而铁价暴落，运汉冶炼，得不偿失，遂停止进行。及石景山炼厂告成，而公司资本亦已垂尽，矿厂全部皆在停顿之中，迄今尚未闻有复活之计划也。

扬子机器公司为六河沟煤矿公司所经营。民国八年在汉口附近建化铁炉一座，矿石取给于湖北官矿局之象鼻山矿及安徽各矿，焦炭则由六河沟运来。民国九年开始出铁，年达万吨左右。十四年一月因铁价暴落停工。最近已有复工消息。

山西阳泉铁厂在正太铁路阳泉车站河北地方。于民国六年经保晋公司股东会议决，即着手创办，开办资本五十万元，营业资本二十万元，分向日、美、英、德诸国购订机器。至十年秋季，厂屋，机器，各项工程始完全告竣。厂内现有化铁炉一座、热风炉三座，系在日本铁工厂订造。一昼夜能炼生铁十五吨至二十吨。又有熔铣炉一座，用以改炼土铁。民国九年又添置制炼熟铁炉共五座，每日能出熟铁十五六吨。所用铁矿石有褐、赤二种，皆平定附近所产。公司除向本地乡人收买外，亦自开窑峒百余处，以供不时之需。所用焦炭皆购自井陉一带，因平盂所产之煤多属无烟煤及半有烟煤，不能炼焦故也。发动机关分汽、电两种。凡打风、吸水、锻铁各机，皆用蒸汽。至改炼土铁、开转高车、翻砂、鼓铸、起重等事，则纯用电力。而总公司及各煤坑之电灯亦取给于是。此外并附设火砖窑二座。翻砂、修械各厂亦一律齐备。故汽机、锅炉、唧筒等机器皆能自造。该厂开办之初本以制炼生铁为主，但欧战停止以后，生铁价值日趋低落，故化铁炉暂未开炼，专以锻炼熟铁、制造机器、烧售火砖为主要业务，制罐钢、磁料等附之。自本年（十五年）七月起开始开炉炼铁，日产生铁约十二三吨。计全厂共有工人五百余名，月需开支达五千元。运销地段，熟铁由正太、京汉各铁路输至京绥一带，机器、火砖、磁料多销于汉口以北，保定以西及本省邻近各工厂（以上皆据民国十五年虞和寅保晋公司报告）。总计该厂自民国十年正式营业以后，至十三年结算，共得盈余洋五万〇七百八十三元九角。虽为数甚少，而各项事业仍能进行不辍，且根基已立，发展自易，不可谓非中国钢铁业之好现象也。

上海浦东和兴钢铁厂成立于民国六年，总理陆伯鸿君。倡办资本仅八万元。先炼生铁，月产约千吨。时值欧战方酣，外洋钢铁艰于输入，故销路畅旺，获利甚巨。继复重新改组，增加资本至一百万元，添置炼钢炉二座，现则以炼钢为主，而生铁为副，每日产钢约八十吨。所用铁矿来自安徽当涂之宝兴公司及浙江长兴之青山公司。钢分软、硬二种，轧成方圆钢条。软者用于制造钢骨水泥，沪上建筑工程用者甚多。硬者则用于工具及刀口之用。又有浇钢，则由翻砂部制就模范，浇成钢品。上海各大公司、船厂、铁路公司等送浇机件者甚多，质地甚为优美云。据约略统计，由上海转运内地之钢条，每年以十万吨计，而和兴则年产约三万吨，约占其三分之一云。

上海钢铁机器股份有限公司系就江南制造局中炼钢部分改建者。主其事者为胡君庶华，于民国十五年七月呈准江苏当局，着手筹备。拟定官商合办资本金共为三百万元，其中一百万元为官股，以地基、厂屋及机器作抵，其余二百万元纯为商股，每股一百元，分为优先及普通二种。制造局原有马丁炉二座，其一须修理，其一已毁坏。现拟添建新炉一座。每炉容量各十五吨。假定每炉每昼夜出钢二次，每次平均产钢十吨，除去因气候或其他关系不能完全工作外，每年约能产钢万吨。另拟添置电汽炉、坩锅炉及别士麻炉等，年约能炼钢一千吨。闻一切设备现正在积极进行之中云。

除上述规模较大之钢铁厂外，尚有附设于水泥厂或兵工厂内之电钢炉或浇钢炉，其出品或供本厂之用，或则专销附近一带。据最近调查，此项钢厂共有五处：（一）启新洋灰公司附设之浇钢炉，（二）江南造船厂附设之电钢炉，（三）奉天兵工厂附设之电钢炉，（四）巩县兵工厂附设之电钢炉，（五）河南新乡设有小铁炉。以上（三）、（四）二项皆系制炼特别钢，如镍钢、铬钢、钒钢等，以供制造枪炮之用。按近来生铁价值虽日趋低落，而钢之需要则极感缺乏，环顾国中尚无一规模较大之炼钢厂，以致舶来之品，价值日高。故凡以小规模设厂炼钢者（如电钢、浇钢等），事既轻而易举，无不获利倍徙云。

此外铁工厂、机器厂、翻砂厂分设于津、沪、青、汉各埠者，为数甚多。据上海总商会调查（民国十一年一月），在上海一隅之铁工厂共有四十七处之多，此外尚有以造船为主业之求新、老公茂等，亦兼营制造机器之业务。至于青岛、汉口等处，其工厂数目亦当称是。故全国至少约有铁工厂在一百处左右也。

兹再将前述各厂之设备及产钢铁能力等列为左表。

公司	地点	化铁炉座数	炼钢炉座数	每化铁炉每日出铁吨数	每年产钢能力	每年产生铁能力
汉冶萍公司	汉阳	4	马丁钢炉七座，每座每日出钢量六十吨	二座 75吨 二座 250吨	70，000	230，000吨
同上	大冶袁家湖	2	无	450吨	无	320，000吨
扬子机器公司	汉口	1	无	100吨	无	36，000吨
和兴钢铁厂	上海浦东	2	开心炼钢炉二座，小者每七点钟十二吨，大者每十点钟三十五吨	一座 一二吨 一座 三三吨	30，000	16，000吨
龙烟公司	京西石景山	2	无	250吨	无	90，000吨
本溪湖煤铁公司	奉天本溪湖	4	无	二座 140吨 二座 20吨	无	90，000吨
南满铁路公司	奉天安山	2	无	250吨	无	180，000吨
保晋公司阳泉铁厂	山西阳泉	1	无	15至20吨	无	5，400吨
上海钢铁机器股份有限公司	上海高昌庙	无	马丁炉二座，每座容量十五吨	——	10，000	——
	共计	18	9		110，000	967，400吨

照上表所列，则我国现时新式炼炉产铁之能力年约一百万吨，产钢之能力约十五万吨。然实际所产生铁尚不过前额四分之一，钢不及前额三分之一。而自民国十一年汉阳炼钢厂完全停工后，钢之产额仅有和兴及其他小规模之电钢炉尚在继续出钢，年产共计不能过五万吨。至论生铁，则以多数炼厂如汉阳、鞍山等皆未能全力冶炼，汉阳铁厂旧有之化铁炉二座且以年份过久，此后不复能用，而石景山之龙烟炼厂则建造至今已届四年，尚无开炉之消息。秦皇岛炼厂，虽有计划，迄未实行，冶铁事业既日在停顿阻滞之中，故无怪产额之日少也。兹将自民国七年至十四年各铁厂所产钢铁之吨数列表如左。

	民国七年	八　年	九　年	十　年	十一年	十二年	十三年	十四年
汉冶萍公司（生铁）	139，152	166，097	126，305	124，360	148，424	73，018	26，977	53，482
同　上（钢）	26，996	4，851	38，260	46，800	停止冶炼			
本　溪　湖	44，992	78，871	48，824	30，869	停　炼	24，338	51，950	50，000
鞍　　山	——	31，620	74，895	62，310	60，022	76，086	81，594	96，135
扬子机器公司	——	——	7，624	15，248	15，248			
生铁共计	184，144	276，588	257，648	232，787	223，694	173，442	160，521	199，617
钢共计	26，996	4，851	38，260	46，800				

四、输出输入及消费量

近年来中国铁矿输出之量约居其产额之大半，即约八十余万吨。此项铁矿几全部运至日本，供彼国冶炼钢铁之用。近年来新式矿业逐渐发达，其无力自设炼厂者，无不以日本为惟一之销售地。故自光绪二十二年以迄今日，所产铁矿总额一千余万吨中，约五百六十万吨皆输至日本冶炼。夫冶炼钢铁制成各种有用物品，其利益之大，诚非开采铁矿所获戋戋之数所可比，乃国人不此之图，坐弃厚利，甘博蝇头，反使日人得任意操纵其间，故现在铁矿中百分之九十皆与日本有多少之关系，甚可慨也！至论我国进口铁矿，甚为有限，且有逐年减少之势。最近民国十三年之输入则仅一千五百余吨，以每年产额之数（土法铁矿年产约五十万吨者亦一并计入）加输入量，而再减以输出量，即为国内之销费，核计之，每年约在八十万吨至百万吨之间。

我国生铁及各种钢铁货品之输入量较之输出量约一倍与半倍之间。但民国十四年则输出锐减，二者之比例约在二倍至三倍之间。输出之部，以售往日本者为大宗，约占全额90％以上。输入之钢铁及制炼品则以来自英、美者为多。若以产额加进口数，复减去出口数，即为国内钢铁之销费量，近年平均约在五六十万吨左右。以全国人口四万万人计之，每人每年用铁仅一公斤有半，较之英、美、德诸大国每人用铁须一百至二百五十公斤（大战前）者，尚不足其1％耳！工商实业之不发达，致用铁之量若是之少，览之诚有使人汗颜无地者矣。

五、市　　价

中国输出之铁矿及钢铁货品，大多数运往日本。故远东钢铁之市价不啻以东京市场为枢纽。兹据日本矿业会志所载，自民国七年至十三年，中国各种生铁按月价值（以每吨日本银圆为单位）计算其平均数如左表。

生铁别	民国七年	八年	九年	十年	十一年	十二年	十三年
汉阳一号	435	170	119	74	65	64	
汉阳二号	—	—	—	70	—	—	
汉阳三号	—	—	—	—	59	—	
鞍山一号	—	152	—	62	62	62	
鞍山二号	—	—	—	60	59	60	
鞍山三号	—	—	—	58	58	—	
本溪湖一号	—	148	119	70	63	—	
本溪湖二号	—	—	—	62	—	—	

观上表，则近年来远东生铁价值之一落千丈可以概知矣。生铁价值最高之时为民国七年七、八、九数月之交，据东京之市价，每吨达日银480圆，较之近年价值高出约有十倍之多。至于钢之市价，亦具同一降落之趋势，但中国出口者为数甚微，故统计不详。又据上海货价季刊所载，民国十三年及十四年上海中外钢铁市价列表如左，以供参考。

民国十四年及十三年上海钢铁市价表

月份	国产钢铁（每吨）			外洋钢铁		
	汉冶萍头号生铁	旧生铁	竹节钢四吩至一吋	美国竹节钢五吩六吩（每担）	英国黄牌器具钢（每磅）	英国蓝牌器具钢（每磅）
一月	36.000	21.000	—	5.467	0.081	0.210
二月	36.000	22.000	—	5.917	0.090	0.227
三月	36.000	22.667	—	5.783	0.090	0.230
四月	35.000	22.750	—	4.125	0.090	0.230
五月	35.000	22.500	—	4.000	0.090	0.230
六月	—	—	—	—	—	—
七月	35.000	22.000	—	4.000	0.085	0.220
八月	35.000	22.000	—	4.000	0.085	0.220
九月	35.000	21.500	—	4.000	0.085	0.220
十月	35.000	21.000	62.000	3.975	0.080	0.220
十一月	35.000	21.500	62.000	3.800	0.080	0.220
十二月	35.000	22.000	62.000	3.850	0.080	0.220

第十四表　中国铁矿、钢铁、产额、销费及输出入一览表(以公吨计)

Table XIV　China's Production, Imports, Exports & Consumption of Iron Ore, Pig Iron and Steel(In Metric Tons)

	铁　矿 Iron Ore					国内铁矿销费量(吨) Domestic Consumption of Iron Ore(Tons)	产额 Production		输　出　钢　铁 Export of Iron & Steel						输　入　钢　铁 Import of Iron & Steel						国内钢铁销费量(吨) Domestic Consumption of Iron & Steel(Tons)
	产额(1) Production(1)	输　出 Export		输　入 Import			生铁(2) Pig Iron(2)	钢(4) Steel(4)	非　制　造　品 Unmanufactured Iron		制　造　品 Manufactured Iron & Steel		共　计 Total		生铁及旧铁 Pig Iron & Old Scrap		制　造　品 Manufactured Iron & Steel		共　计 Total		
		吨数 Tons	价值 HK. Tls.	吨数 Tons	价值 HK. Tls.				吨数 Tons	价值 HK. Tls.	吨数 Tons	价值 HK. Tls.	吨数 Tons	价值 HK. Tls.	吨数 Tons	价值 HK. Tls.	吨数 Tons	价值 HK. Tls.	吨数 Tons	价值 HK. Tls.	
民国元年 1912	721,280	203,165	456,030	141	2,355	518,256	177,989	2,521	8,041	209,259	4,458	294,838	12,499	504,097	39,510	1,229,246	111,766	7,574,821	151,276	8,804,067	316,766
民国二年 1913	959,711	271,810	609,744	96	207	687,997	267,513	42,637	64,282	1,320,217	2,804	278,889	67,086	1,599,106	46,236	1,439,121	195,503	13,130,254	244,739	14,569,375	445,166
民国三年 1914	1,005,140	297,059	666,082	10,672	36,061	718,753	300,000	55,850	59,476	1,287,141	2,535	252,211	62,011	1,539,352	44,919	1,131,418	186,632	11,421,404	230,551	12,552,822	468,540
民国四年 1915	1,095,555	306,521	698,128	4,846	14,305	793,880	336,061	48,367	95,771	2,482,469	6,352	1,144,366	102,123	3,626,835	29,576	1,018,672	96,082	8,011,899	125,658	9,030,571	359,596
民国五年 1916	1,129,056	280,784	915,104	29,743	85,419	878,015	369,160	45,043	143,527	5,174,974	11,218	763,644	154,745	5,943,618	28,789	1,275,015	117,058	14,166,124	145,847	15,441,139	360,262
民国六年 1917	1,139,845	306,791	1,018,479	27,812	82,949	860,866	357,635	42,651	145,974	5,288,786	17,309	1,043,412	163,283	6,332,198	20,412	1,087,256	102,856	13,718,874	123,268	14,806,130	317,620
民国七年 1918	1,474,698	375,664	1,359,596	15,482	57,312	1,114,516	354,144	56,996(3)	168,241	16,731,097	20,844	1,154,013	189,085	17,885,110	14,085	1,133,477	135,032	18,697,947	149,117	19,831,424	344,176
民国八年 1919	1,861,230	635,362	2,402,524	36,871	202,480	1,262,739	446,588	34,851(3)	162,614	8,175,024	3,810	328,527	166,424	8,503,551	53,950	2,483,611	271,208	27,191,458	325,158	29,675,069	635,322
民国九年 1920	1,865,985	677,544	2,611,760	19,942	119,463	1,208,383	427,648	68,260(3)	183,922	7,284,348	12,885	795,169	196,807	8,079,517	68,204	2,994,692	298,418	32,154,580	366,622	35,149,272	627,463
民国十年 1921	1,462,988	511,030	1,510,687	5,947	29,596	957,905	402,787	76,800(3)	158,886	5,386,575	3,804	400,316	162,690	5,786,891	30,265	1,207,528	242,517	30,635,645	272,782	31,843,173	542,879
民国十一年 1922	1,559,416	667,183	1,886,125	1,270	19,134	893,503	393,694	30,000(3)	201,752	6,502,266	7,857	522,008	209,609	7,024,274	68,257	2,504,171	296,618	23,435,058	364,875	25,939,229	578,960
民国十二年 1923	1,733,226	733,603	1,956,268	3,084	34,757	1,002,707	343,442	30,000(3)	201,498	6,792,880	12,041	734,779	213,539	7,527,659	44,478	1,811,619	265,339	22,021,177	309,817	23,832,796	469,720
民国十三年 1924	1,765,732	846,833	2,297,921	1,574	15,049	920,473	330,521	30,000(3)	263,367	8,980,192	6,337	448,017	269,704	9,428,209	54,520	1,925,671	439,104	31,889,474	493,624	33,815,145	584,441
民国十四年 1925	1,519,021	815,913	1,952,414	——	——	703,108	369,617	30,000(3)	158,697	4,221,871	2,632	241,203	161,329	4,463,073	59,441	1,883,918	345,825	26,569,193	405,266	28,453,111	643,554

(1)土法铁矿之产额假定为每年五十万吨(据民国五年约计)
(2)土法生铁之产额假定为每年十七万吨(据民国五年约计)
(3)和兴钢铁厂及其他电气炼钢炉之钢产额亦一并计入,暂假定为年约三万吨
(4)钢产吨数(和兴等厂除外)不列在销费量内

(1)Native production of iron ore assumed to be 500,000 tons annually. (estimate of 1916)
(2)Native production of pig iron assumed to be 170,000 tons a year. (estimate of 1916)
(3)Including also the production of Wu Hsing and other electric furnaces which is assumed to be about 30,000 tons a year.
(4)Production of steel(except Wuhsing & others)not included in the estimate of domestic consumption.

续表

月份		国产钢铁（每吨）			外洋钢铁		
		汉冶萍头号生铁	旧生铁	竹节钢四吩至一吋	美国竹节钢五吩六吩（每担）	英国黄牌器具钢（每磅）	英国蓝牌器具钢（每磅）
平均	规元	35.24	21.961	62.000	4.410	0.085	0.223
	关银	31.642	19.714	55.655	3.959	0.076	0.199
每吨合价（关银）		31.642	19.714	55.655	65.983	152.000	398.000
十三年平均	规元	36.999	—	—	5.096	0.088	0.217
	关银	33.212	—	—	4.573	0.079	0.195

中国铁矿参考书目 详细书目载丁格兰著中国铁矿志及王宠佑著之

Bibliography of the Mineral Wealth of China，from 1918—1924 中

1. F. R. Tegengren：The Iron Ores and Iron Industry of China，1923 — 1924，Two volumes. Memoir，Geol. Surv. of China，Series A，No. 2.

2. L. W. Hoyt：Blast Furnaces & Steel Mills in China. Far Eastern Review，pp，305—320，279—282，1923.

3. L. W. Hoyt：Producing Iron & Steel in China. Iron Trade Review，pp. 227—230，1923.

4. L. W. Hoyt：China's Iron & Steel Industry. Iron & Coal Trade Rev. p. 156—7，1923.

5. L. W. Hoyt：Electrical Steel in China. Iron Age，p. 597，1923.

6. D. K. Lieu：Cost of Iron & Steel Production in China. Coll. Guardian p. 724，p. 818，1921.

7. Development in the Far Eastern Steel Industry. Far Eastern Rev. Vol. 20，p. 119，1924.

8. C. Y. Wang：The Iron & Steel Industry in China. Far Eastern Rev. Vol . 20，p. 121，1924.

9. H. Murakami：The Anshan Iron Mine District. Far Eastern Rev. p. 341—346，1922.

10. G. B. Barbour：The Iron Mines of Hsuan Hua，Chihli. China Jour. Sci. & Arts，Vol. 2，No，5，p. 478—485，1924.

11. K. E. Humbert：Lungyen Blast Furnace Plant near Peking. Iron Age，Sept—Aug. 1923.

12. 虞和寅，保晋公司报告，矿业报告第一册。矿政司印行。

13. 皮名振，安徽繁昌裕繁铁矿，矿业杂志三卷三号（九年）。

14. 愉仲，安徽当涂福民振治二公司调查，矿业杂志四卷二号（十年）。

15. 鞍山铁矿作业报告，支那矿业时报第五十一号，五十四至五十七号，五十九至六十号。

16. 汉冶萍公司历届账略，第一届至十六届。

17. 保晋公司营业报告，六年至十三年。

锰

锰矿为炼钢所必需，故国内销费尚巨，不若钨、钼等之尽恃出口为销路也。湖南、广东、广西三省皆产之。现在产额最多之锰矿公司有二，即裕甡公司及汉冶萍公司是也。略

述最近状况如左。

裕甡公司创办于民国三四年之交，经理卢成章君，先在湖南湘潭南鹤岭地方开采锰矿，成效卓著，后又在郴县、衡阳一带发现矿床，陆续开采，产额日增。民国九年又与广东之裕钦公司合办钦州北黄屋垉东西二河一带之锰矿，初时产额不多，自十三年起逐渐增加，年约五千吨。总计该公司每年产额约在二万吨至三万吨之间，近数年之确数如左。

年份	七年	八年	九年	十年	十一年	十二年	十三年
产额（吨）	19，595	3，487	7，523	11，135	7，677	28，013	

近数年来湘局渐归平靖，故产额日增。所产锰矿大部分销售日本及美国。尝有创办电炉自炼锰精之议，惟迄今未能实行。

汉冶萍公司在湖南开采锰矿亦已历有年所，专供本公司炼厂炼钢之用，初名常耒锰矿局，设总局于衡阳，由严汲青君主持一切。其后又在安仁、攸县等扩充新矿区，改名为汉冶萍公司驻湘采运锰矿局，坐办为严君时。现开矿区共有四处，列其地点如左。

一、常宁县东乡五十里，二、耒阳县西乡五十里茭河二岸，

三、安仁县北乡八里， 四、攸县南乡五十里。

锰矿成晶片形，散漫无定，厚自三四寸至三四尺不等，矿石含锰约 30%—35%，用露天法开采。各区共有矿工约五百人，概用包工制，每人每日约工资洋二角。采矿成本每吨约需十二元。自矿至炼厂之运价约三元二角。自民国元年开办至十四年五月止，共产矿石约十万八千五百吨，历年产额如左。

民国元年	1，063 吨	八年	14，520 吨
二年	4，960	九年	11，960
三年	7，440	十年	12，140
四年	1，426	十一年	6，700
五年	9，260	十二年	4，000
六年	13，002	十三年	7，500
七年	12，600	十四年（五月底止）	1，800

汉冶萍公司又于湖北阳新县北十五里银山开采锰矿一处，于前清光绪年间倡办。自矿山至附近水口堤头湖，曾筑有轻便铁路一，长约十余里，以资运输。后以矿尽停办。民国十四年重新开办。产额不详。

广西武宣、桂平、江口、大湾等县，锰矿甚多，质地优美。有本地人所办之小矿甚多，所产矿石悉售于和璋、同源、宝源、合益等公司。近以锰价跌落，输出激减，又加交通不便，祸乱频仍，故产额甚微。和璋、同源已与合益合并。其他公司俱在停顿之中。以上矿石经梧州运至香港，有日本、美国所设之洋行经理其事。其中以日本之东亚通商株式会社出张所 No. 34 Queen’s Rd. Central，Hongkong 为最重要，曾与合益公司订立每年输出一万五千至二万吨矿石之合同云。

江西乐平县铁峰岭有锰矿，质、量俱佳。有力者互相争夺，以致矿案纠葛至今未解。

矿地位于乐平县城东南四十里，在众埠街之西三里许。矿石自山至镇，用小车运送。镇临小港，通乐安河，水涨时能航行载重二十四吨之民船。矿石以硬锰矿为主，富者含锰养达百分之四十七。矿床似成脉形，而产于变质岩中。以未实地调查，详情不得而知。现有本地人所组织之共和锰矿公司用土法开采，年产不足二万吨。乐平城有特设之锰矿税局，每吨抽税一元四角，运至乐平河栈交货，计价八元五角。此矿产额全部出售于日本之八幡制铁所，在上海交货，每吨价约日金二十二元，成分以45%为准，过与不足时，价皆随之增损云。

浙江温州及义乌有碳酸锰与萤石共生。直隶昌平西湖村有软锰矿、菱锰矿等之矿脉。奉天锦州兴城亦有锰矿。俱未采。吉林伊通县属之画匠屯，在南满铁路郭家驲车站南数里许有硬锰矿及软锰矿，呈肾状或纤维状结晶。矿床成团块或晶片状，上覆黄土，下与结晶质石灰岩相接。

奉天凤城县小黄旗亦有锰矿。近据日人木村六郎及今井澄二君之调查，节录如次。

产地居大洋河之东岸，安东之西南，距附近最大之镇市大孤山十八里，黄土坎六里。除冬季结冰外，其余时期可通汽船，交通甚便。矿石为硬锰矿及软锰矿，呈细粒坚硬之结晶，与石英相共生。产矿区域大致在花岗岩及结晶片岩之接触带，而以胚胎于花岗岩中者最为重要。矿床成脉形，有时则成网状或其他不规则之形，沿其走向及倾斜之方向往往不及二三十公尺即渐次尖灭。据化验结果，含金属锰自百分之一四至二八，矽酸自百分之三七至六五，酸化铁及矾土约百分之四至十八。此矿距地面甚近，皆可以露天法开采之。

海关报告，于吾国锰矿之输出额向与其他矿石合为一类，故各关出口之净数、价值等，未易查考。即输出总数，亦仅自九年起始有数可稽，列贸易总论中。自民国十二年起，锰、钨各矿始在关册上独列一类。兹依据是项统计，将历年输出国外之总数及各关原货出口之数量、价值等分列二表如左。

历年锰矿输出入吨数、价值表

年份	输入		输出	
	吨数	价值（关银）	吨数	价值（关银）
民国三年	—	—	(一)	(一)
四年	4	195	(一)	(一)
五年	9	425	(一)	(一)
六年	9	1，089	(一)	(一)
七年	277	28，137	(一)	(一)
八年	17	674	(一)	(一)
九年	54	970	25，123	(一)
十年	35	811	25，424	(一)
十一年	59	5，944	19，077	(一)
十二年	54	1，812	27，453	197，931
十三年	1	17	38，233	309，051
十四年	—	—	42，917	318，187

各关原货出口锰矿吨数、价值表

关别	民国十二年		民国十三年		民国十四年	
	吨数	价值（关银）	吨数	价值（关银）	吨数	价值（关银）
长沙	19，123	128，629	29，633	199，685	34，122	230，602
汉口	5，670	37，848	3，543	23，816	577	3，869
九江	3，447	20，521	—	—	1，904	13，223
北海	763	16，633	2，609	34，532	4，424	43，631
梧州	—	—	3，501	58，348	2，412	36，398
福州	0.18	7	—	—	—	—
共计	29，003	203，638	39，286	316，381	43，499	328，130

上列第一表内（一）之记号系关册上未载或尚未公布者。又观第二表，长沙、汉口出口之锰矿，当系湖南常耒、湘潭一带之所产，每年共计约三万余吨，与裕甡及汉冶萍二公司所产之吨数大略相合。九江出口之矿当来自乐平。北海之矿则产自钦州。而广西所产皆经梧州出口。中国内地于锰矿无所用，凡有所产几悉数运出，以销费于钢铁业发达之地，或输出国外。故览历年各关原货出口之吨数，即不啻得一全国产额之统计焉。

至于输入之锰矿，为量极微。最多时为民国七年，达277吨，大多数来自日本，朝鲜次之，尚有一小部则自香港输入。

欧战以前，我国尚有金属锰之输入，以来自英、德为最多，日次之。近年以来，此项输入已渐不重要矣。兹列民国元年至三年间之输入量及价值如左。

年别	吨数	价值（关银）
民国元年	16.50	1，429
二年	13.56	1，341
三年	501.60	30，276

中国锰矿参考书目

1. 翁文灏，中国矿产志略。
2. 丁文江，京兆昌平西湖村锰矿，地质汇报第四号。
3. 木村六郎，今井澄，奉天凰城县小黄旗锰矿，支那矿业时报第六十六号（十四年）。
4. 村上钣藏，画匠屯锰矿，支那矿业时报五十四号。
5. 香港之锰矿输出概况，日本领事高桥清一报告，支那矿业时报六十号。
6. Manganese Ore Production in China. Chinese Economic Bulletin，No. 184，p. 11，1924.
7. China forges to front as producer of Manganese Ores. Raw Material，Oct，1920，p. 171－172.

钨

钨矿始发现于民国四年。未逾一年，产额已达二千吨（含钨酸60%—65%之矿石）。欧战期中，钨价暴涨，较之平时，不啻倍蓰。各处新矿，遂相继发现，其在赣粤交界之砂钨矿床，产额尤多。在民国六、七年，输出矿石年达万吨，在世界产钨国中堪称第一，盖将与锑矿并驾齐驱，而为我国特别丰富之矿产矣。在民国五年至七年之间，英国钨矿之市价，每单位（以矿石含百分之一之钨酸为一单位）值银约六十先令。美国则较高，最多时达九十先令，盖美国于平时之消费额年约二千吨，至宣战以后，骤增至七千五百吨，即竭全力以开发其本国之矿藏，仍感不足，故市价继长增高。中国所产遂得远渡重洋，以供美国之需。但美于战时之消费虽仅七千五百吨，而当时实际之输入额，于民国七年竟有10，362吨之多，可知必有居奇屯积之人从中操纵。迨和约告成，钨之需要既大为减少，美因存货过多，销路益觉呆滞，影响所及，市价骤跌，遂致中国之钨矿业大受打击。向之需一二千人工作之矿场，至民国九年仅有四五十人。产额最多之矿，在民国七年有月产一千二百吨者，至是不得不大为减缩，其运道不便或矿质较劣之矿，皆相率停工。又益以银价日跌，兑换之率在我国颇为亏损，而美国又重加进口税率，以为抵制。近年来我国钨矿之出口量所以日见减少者，即此故也。钨矿分布俱在湘、赣、粤三省之交界。兹略述各该省之矿业情形如次。

一、湖南　最先发现钨矿之地点为湖南宜章、郴县、资兴三县交界之瑶岗仙，时在民国四年冬季。初由裕通公司开采，正值欧战方酣，钨价暴涨之时，故公司获利甚厚。同时在附近设立公司开采钨矿者共有二十余家。民国七年每月产额总量达五十吨。运输方法，先用人力挑负至资兴县属之滁口市（约三十里），乃易小舟（载重约千数百斤）顺流而下，至东江市入耒水，再易载重自五吨至十五吨之民船，直发长沙。总计每吨矿砂自瑶岗仙运至省城约需小洋十五元乃至二十元。继瑶岗仙而发现者为汝城之龙虎洞、山塘及马迹岭等处。其地在湖南之极南境，与广东之乐昌县境相邻。最初开采有汝昌、南丰两公司，于民国六年九月成立。数月之间，呈请备案者风起云涌，截至民国七年底止，共有一百余家。但正式成立者仅十余家。每月产砂总量达百吨内外。但是时正值南北战争，汝城适当军事区域，矿业乃大受影响。及战事告终，而钨价亦暴跌。各公司均事收束，故汝城之钨矿业尚未达充分发展之境也。此外郴县之小山，资兴之水竹滩，临武之香花岭、香花铺等地亦产钨矿，但产量甚微。

二、广东　自湖南发现钨矿后，流风所播，首先响应者为广东乐昌县属之杉木洞，开采者俱粤商。民国六七年间，共有公司十九家，资本合计达一百万元，以大中华、维新二公司产额最多，月产矿砂共计约三十吨。但乐昌钨矿远不如汝城之丰富。除大中华公司之探采工程最有成效外，其余各公司皆以收买湘赣矿砂转运香港、纽约为主业。其收砂价格，民国六年每百斤平均为二十七元六角六分，七年为四十一元二角五分。但七年九月以后，因欧战停止，销路顿滞，砂价遂降至每担十余元。又据施莱沙氏（Slessor）调查，广东除乐昌外，翁源、兴宁、海丰等县亦俱有钨矿云。

三、江西　江西为我国发现钨矿最迟之地（民国七年三月），但亦为我国产钨最富之地。产钨区域分布于南部之崇义、大庾、南康、上犹等县，以西华山、洪水寨二矿最为著名。其矿床与湘、粤二省大致相仿，但开采最盛者俱为由脉矿化解而成之砂积矿床。山坡、河谷，俱有其踪迹。当民国七年五六月间，开采者达万余人之多，日产钨砂约五十吨。但民国七年，适值南北战事，赣南居前线戒严区域，转运困难，百业凋敝，而钨矿业仍能如是发达者，良以矿床丰富，钨价高贵，有以鼓励之耳。

湘、粤、赣三省之钨矿产额尚无确实统计可凭。兹据梁惠直君所约计者（民国七年）表列如左，以资比较。

省份	产额（吨）	附记
江西	2，200	经赣水运出大江者约五百吨，经汝城运出香港者约一千二百吨
湖南	1，138	内汝城产六百六十八吨，宜、资、郴合产四百六十吨，临武约十吨
广东	1，000	以大中华、维新二公司产额一百吨为最巨
直隶	200	
共计	4，538	

按民国七年为欧战末年，亦为中国产钨最多之年，出口钨矿达一万余吨。上表所列四千吨之数，殊嫌过少，然观此或可略知各省产额之比较焉。

中国钨矿除湖南南部开采石英脉矿，规模稍备外，其余砂积矿床，散处四方，且储量不多，易采亦易竭。故大多数皆由本地农人于农事之暇用土法开采，以其所得售之收买矿砂之公司。在赣粤一带所谓钨矿公司者，多属此类。其自立矿厂，招工采掘之公司，殊不多觏。惟出口钨砂，其成分须在含钨酸60%以上，故开采以后须加一度之洗选，其法甚幼稚，与土法淘锡大致相似。兹据施莱沙氏（Slessor）述广东小牛山之选矿情形，节译于下，以例其余。先将矿砂置木箱中，导水流冲刷之，则杂质去而矿石存。再经二次或二次以上之手选，是为粗砂。即可售诸公司，其价不一，视成色而异，大致每斤（即1.333磅）在一角至角半之间。若含有多量之金属铋，则价稍高。盖此处矿砂之中含铋常达1%左右。此物色白而光亮，与黑色之钨矿颇易分别。公司收买后粗事包扎，运至翁源县。再以手选之法，分出铋质，而钨矿有不纯者，仍须经一次或二次之手选。普通皆由女工充之。如是所得，始为精砂。运至广州，略事选分，乃捣碎成末，分为粗细二种，装于厚纸之包中，外裹竹筐，再装箱以待出口。大致每二十筐约重一吨。精砂成分甚高，约含钨酸71%—72%，而金属铋则约60%。可见土法选矿，成绩亦甚优美。惟费时既久，而损失复多，殊为缺点耳。据该矿主人约计，矿砂运至广州后，连采选、装运、厘金等一应在内，每斤需成本三角二分，即合每吨每单位美金七元三角之谱。成本殊不贱，但以此中含铋，价值甚高，故尚能获利也。兹将赣、粤、湘三省所产钨矿砂之平均化验，据王宠佑君论中国钨矿业一文中所录者，抄示如左。

省别	钨酸	一养化铁	二养化铁	锰养	铜	锡	硫	磷
广东	62.63	10.12	11.14	9.30	—	—	—	—
同上	70.90	—	—	—	0.03	0.34	0.3	0.062
湖南	64.4	—	—	—	痕迹	0.18	—	—
同上	69.3	13.2	—	10.5	—	—	0.03	—
江西	64.2	15.6	—	8.4	—	—	0.2	—
同上	70.9	13.2	—	11.1	—	—	0.04	—

兹将历年钨矿输出之总数及各关原货出口之数量、价值等，分列为二表如左。表中有（一）记号者，系关册上未载或尚未公布者。

历年钨矿输出入吨数、价值表

年份	吨数	价值（关银）
民国七年	9，329	（一）
八年	2，341	（一）
九年	4，156	（一）
十年	2，343	（一）
十一年	3，417	（一）
十二年	4，016	790，191
十三年	3，019	554，752
十四年	5，916	1，117，517

各关原货出口钨矿吨数、价值表

关别	民国十二年		民国十三年		民国十四年	
	吨数	价值（关银）	吨数	价值（关银）	吨数	价值（关银）
长沙	293	48，155	226	32，561	195	38，752
九江	2，145	357，567	2，566	427，750	4，454	742，294
上海	—	—	50	9，450	5.8	2，465
汕头	21	3，610	42	6，831	138	20，754
广州	1，407	308，607	704	128，677	495	109，822
九龙	16	2，800	—	—	—	—
共计	3，882	720，945	3，588	605，405	5，288	914，087

观上表可知，我国近三年来钨矿产额之总数约三千五百吨至五千吨，较之民国七年，相差在一倍左右。其中以江西产出最多，广东次之，湖南又次之。

中国钨矿参考书目

1. 梁惠直，挽近钨矿业之状况，矿业杂志三卷一期（八年）。
2. 梁惠直，民国七年湘粤赣钨矿产额之一般调查，（矿）二卷四期（七年）。
3. 梁惠直，民国八年湘南钨锡煤矿业，（矿）二卷四期三卷二期及三期。
4. 梁惠直，钨矿业之前途如何，（矿）三卷二期（八年）。
5. 梁惠直，湖南汝城龙虎山塘钨矿，（矿）二卷三期（七年）。
6. 梁惠直，汝城马迹岭钨矿，（矿）二卷一期（七年）。
7. 梁惠直，广东乐昌杉木洞钨矿，（矿）二卷四期（七年）。
8. R. Slessor：Tungsten Mining in China. Eng. & Min. Jour. Jan. 31，1920，p. 344—345.
9. H. Koppel：Chinese Tungsten & the American Market. Eng. & Min. Jour. Feb. 12，1921，p. 308—309.
10. C. Y. Wang：Wolfram Mining in China. Eng. & Min. Jour. Jan. 3，1920，p. 16.

11. Tungsten Mining in China. Jour. Roy Soc. Arts, June 18, 1920, p. 509.
12. Wolfram & Antimony Production in Central China. Mining Jour. Dec. 6, 1919, p. 829.
13. Tungsten in China. Bull. Imp. Inst. Vol. 19, No. 1, 1921, p. 70—73.

钼

钼矿产福建宁德、浙江青田，但皆不甚多。宁德钼矿年产可二三吨。广东沿海近亦发现钼矿，尚未开采。海关报告于钼矿之输出向不分列，仅于贸易总论中列其总数而已。民国九年出口约十六吨，十年则增至1901吨。近年产额不详。

镍

镍之主要用途为制炼镍钢及其他合金。但在我国，则此项事业尚未发达，故应用甚少。云南及四川西南向以产白铜著名。白铜系镍铜合金之一种，可见云南为中国自古产镍之地，但近产极微，矿业不详。

我国每年自外洋输入之生镍及熟镍约十余吨至四百余吨，值价万余两至二十七万两。一九一四年以前，德国输入最多，英、比、日、俄次之。欧战期中，德、比、俄三国停止输入，于是美国、日本遂起而代之，英国亦略减少。和约告成后，德、比输入又增。照十三年之统计而观，即英居首，日本、法、德次之，美与俄为量甚微也。至输入各埠中，以汉口、大连及上海为最多，共占百分之六七十左右。兹将历年输入之吨数、价值及民国十三、十四二年金属镍在上海之市价（根据上海货价季刊）分列为左列二表。

历年生熟镍输入吨数、价值表

年别	吨数	价值（关银）	年别	吨数	价值（关银）
民国元年	56	63，953	民国九年	364	268，365
二年	108	120，286	十年	15	14，791
三年	60	71，762	十一年	135	107，196
四年	66	110，723	十二年	468	359，345
五年	125	184，969	十三年	144	100，765
六年	44	53，276	十四年	301	272，188
七年	65	73，794			
八年	422	407，281			

金属镍（美国义记）在上海之平均市价表

年别		每担市价	每吨市价
民国十三年	规元	77.083	12.847
	关银	69.195	11.5325
民国十四年	规元	54.145	902.41
	关银	48.380	806.33

第四章　贵金属类——金、银

金

中国金矿以砂金矿开采最盛，尤以黑龙江一省为最丰富，内外蒙古、奉天、吉林、新疆、阿尔泰、甘肃等地亦皆有砂金矿。每年产额尚巨，惟调查未详，精密统计不易得也。线金之重要者为湖南之平江、山东之招远、四川之冕宁（麻哈金矿）、盐源等处，产额皆不甚多。热河南部及直隶东北部夙以产金脉著名。民国三四年时公司甚多，略有产额。今则大半闭歇，矿业情形无从查询。其产金地点俱详载于翁氏之《中国矿产志略》中。

一、东三省之金矿业

东三省砂金矿为我国巨擘，尤以黑龙江为最盛，吉林次之，奉天又次之。奉天砂金大抵皆在辽河、大洋河及叆河之支流，而以铁岭县之柴河、海龙县之二八旦、三八旦及通化、怀仁等县产额较多。柴河金矿在该省砂金地中最为著名，民国三、四年时开采极盛，采金夫役达四千余名，每日约可获金四十余两。吉林砂金则分布于松花江、牡丹江、乌苏里江、绥芬江、图们江各流域，如宁安、穆棱、伊兰、桦川、珲春、密山等，俱有所产。

黑龙江砂金产地更多，分布于额尔古纳河、松花江及黑龙江三流域，而以后者最为重要。自东南至西北，沿河一带砂金矿床几相衔接，而最为重要者可分为四区，即（一）观音山附近，（二）黑河上游一带，（三）呼玛一带，（四）漠河附近。自前清光绪三十三年直督李鸿章奏请官办以来，一时设厂采金者踵相接，遂成前清末季官办金矿之盛况。若漠河、观都、余庆沟及库玛尔河四厂，其最为著名者也。民国以来继续经营，亦尚有成绩。至民国五年以后，因欧战影响，银价大涨，金价骤跌，以致向时砂金每吨得金二分即可开采者，至此皆难有利。金矿遂日就式微。和平恢复后，金价渐复原状，金矿亦渐复活。至民国十二年春，逢源公司于黑河上游发现新矿，金苗丰富，获利近百万元。风声所播，相继组织金矿公司者，大小合计共约三十余家。黑省采金业顿呈中兴之象。然砂金矿床，采尽堪虞，且分布无定，探勘非易，而新立各公司又多属投机性质，资本既不充足，设备又复未当，故民国十三年除少数获利外，其余无不大受亏损。一时勃发之金矿潮，恐将有奄然销熄，难以持久之虑耳。兹将前清末季及民国初元官办金厂之著名者，列其地点、沿革及赢利数目等如左。虽属明日黄花，亦颇有参考之价值也。

名　　称	地　　点	沿　　革	附　　记
漠河金矿	在省之西北隅黑龙江右岸，距黑河一千八百余里	此矿系李鸿章督北洋时（光绪三十三年）所倡办，直辖于直隶总督。宣统三年改归江省管理，现由广信公司商办	总局设于漠河，所产生金由广信公司收买，销售俄人
观都金矿局	观音山金矿在黑龙江西岸，属萝北县，去县城六十余里；都鲁河金矿则在汤原县北四百余里	观音山金矿于光绪三十三年归北洋管理，宣统三年改归江省直辖，民国元年与都鲁河金矿合并，改名为观都金矿局	总局在观音山，分局在都鲁河。运至黑河，水程八百里。现属商办之太平金厂

续表

名称	地点	沿革	附记
库玛尔河金矿	在呼玛县西南六十五里，距黑河四百余里	光绪末年经俄人发现，私采。嗣即收回江省自办，最盛时代为民国三、四、五年间，矿工达三万人，每年采金四万余两	最大金块重至二百六十余两。纯金成分平均85%。销于俄国阿穆尔省，相距450里
余庆沟金矿	黑龙江西岸，距黑河三百里，在呼玛县城西南六十里，库玛尔河金矿之下流七十里	宣统三年由季某发见。本拟商办，后因官厅干涉，改为官商合办，资本二万元。古龙干河沟发见后，成绩甚佳，矿夫达万人，资本增为八万元。其后渐衰，现归兴安公司商办	运至俄属阿穆尔省转售俄人，计相距四百余里
奇乾河金矿	在黑河之上游二千五百余里，吉拉林之下游七百里，东距漠河三百余里	此矿本属漠河金矿所管辖，民国三年以距离过远，管理不便，遂与漠河相分离	由广信公司收买运至黑河
吉拉林金矿	在黑省西部，呼伦贝尔界内吉林子下流一百六十里	久为俄人所偷采。光绪三十二年收回黑省自办。民国元年曾一度为俄人占领，现归黑省管理	
梧桐河金矿	萝北、汤原二县交界之处，南距佳木斯五十里，与太平沟金矿相距三十余里，观都金矿一百六十里	民国三年发现，由农商部设金矿试验场开采。八年改归商办	

官办各金矿所获赢利表

矿名	宣统三年	民国元年	民国二年
观都金矿局	34，825	65，613	62，610
库玛金矿局	24，626	88，319	158，494
漠河金矿局	15，189	47，508	72，649
奇乾河金矿局	15，189	47，508	87，182
余庆沟金矿局	46，377	亏954	114，369

近年来，官办金厂虽日渐消减，然商办金矿则逐渐增加。现所知者有逢源金厂、兴安金厂、太平金厂及德源金厂等，皆在黑河附近及黑龙江右岸。官厂之硕果仅存者，惟库玛尔一处而已。据瑷珲关税务局赫祁兰氏（Hedgeland）之报告，民国十三年沿黑龙江一带之金矿产额共约有三百布度，合金106，642两。其中以逢源金厂为最多，约产二百布度，占总额之大半。其他各厂不过数十布度而已。又有三金厂，则以亏本过钜，完全破产云。按黑河一带金矿，近来甚为发达，据《支那矿业时报》第六十一号、六十六号及矿业联合会季刊第十期转载，齐齐哈尔领事报告，述金矿近状甚详，节录如左。

逢源金厂　在黑河西北方别拉哈河沿岸。民国五年，前黑河榷运局长李旭光及王璧玉等发现此矿，乃集合黑河绅商，组织振远公司，先在桦树派子着手开采，以产额不多，损失甚巨。继于民国八年改组，更名为逢源金矿股份公司，资本八千元，设采金场四处，其名称、地点及矿业现状等列表如左。

名称	距黑河里数	金层厚度	含金率	沟数	采金班	每班人数	工人共计	每日最多之产量
猪肚子河	150里	3.2公尺	94%	大沟一 小沟二	16班 35班	30人 15人	1，005人	约六百余两
五道沟	200里	2.1公尺	90.5%	大沟一 小沟一	60班 50班	40人 18人	3，300人	八百余两
三道沟	170里	4.2公尺	93%	小沟一	14班	15人	210人	三百余两
桦树派子沟	120里	——	不详	小沟二	2班	20人	40人	开采最早，现在废矿重整中

此外尚有四道沟、无名沟等，尚未着手。采金办法系由公司包与把头，再由把头招集金夫分班采掘。矿夫伙食全由金厂供给。采金以夏季为最盛，由午前三时起，午后五六时止。冬季则从事穿凿隧道。所产之金由各方面公定价格，纳入公司。此项价值各厂不同，约每枣尼克自二元二角至二元六角不等。矿上设有卫队，监察工人，以防私窃矿砂。自金场输送金砂至黑河时，亦派卫队护送，以防马城之劫掠。据黑河关税务司赫祁兰氏之报告云，民国十三年该厂产金约二百布度，合金71，095两。而民国十二年则仅产一百七十布度，合金60，431两。十二年所获纯利达数十万元。十三年因该公司兼营之太平金矿损失十五万元，故所得纯利反少。按该公司自成立至今七八年之间，产额增加甚速，已达七万余两之多，获利至百余万元，诚可谓难得者矣。目下黑河金沟之间已筑有汽车路，一切需要物之输送尚为便利，将来发达不可限量也。

兴安金矿　即余庆沟金矿，于民国十二年十二月一日由兴安金矿公司接办，资本大洋十四万元。旧矿在呼玛西南约百里，新矿约七十里。所属金沟有余庆沟、古龙干河沟，古龙干大沟、五道沟、格拉沟、泥秋河沟、查尔格力沟、博尔格力沟、铁尔汽大沟、罕塔汽沟等。民国十三年采金量为八万枣尼克，上半年成绩甚佳，几在逢源之上，下半年仅得收支相抵。最有希望者为新发现之格拉、泥秋河、查尔格力、及阿拉基诸沟，后二沟系与逢源合办。金层距地面约六尺至八尺，厚一尺至三四尺，使用矿夫共约二千七百人。所产金多小粒，富于光泽，金质成色约百分之七十五至八十五，由公司以定价收买之。所得纯利纳二成于黑省财政厅。

库玛尔河金矿　黑龙江省官营之金矿，仅库玛尔河尚在继续办理之中，现有黑省财政厅设库玛金矿局以管理之。矿分二区。一在距呼玛尔河口一百五十里以上之上游地带，所属金沟有兴隆沟、娘娘沟、瓦巴力沟、大拉子沟、库玛金厂及其他小沟。尚有一区则在库玛尔河支流绰诺河、希列根河一带，有兴江沟、吉龙沟、金龙沟、博西力西乌勒等沟。最近又发现达拉汉及依西肯卡两新沟，已开始采掘。金质成色颇高，约70%—90%。矿夫达千人，然产额殊少，每月平均出金量闻不过二布度。又据瑷珲关报告，十三年出金之量仅二十布度，约合七千一百一十盎斯，可见其矿业之逐渐退步矣。此矿在民国三四年间极为发达，矿工几及二万名，每年可采金四万余两。欧战发生后，羌帖价格，一落千丈，多年积蓄，尽遭损失，遂致一蹶不振。至九年全年仅产金千余两。自六年至十年共亏四十余万元。近来虽稍有盈余，然为数仅数千元，不足偿前此之损失也。最近逢源公司拟设法承办此矿，但当局者一时尚无放弃之意。至于经营方法，与他矿颇不同：凡矿中食品之供给及沙金之买收，全由官商合办之广信公司包办，但所得食品利益20%及沙金买收利益50%须纳之于官，另由矿局每月由矿工徵税一枣尼克云。

奇漠金矿　奇漠金矿系包括漠河，奇乾河及巴卡戈三金矿而言。漠河金矿昔属官办，至民国八年与奇乾河矿同由广信公司承办，改名奇漠金矿。矿区分布甚广，金沟更散漫无定。现因开采已久，富矿垂尽，产额日微，矿夫虽尚有千人，但每月出金之量不过一布度半左右。经营方法与呼玛尔河金矿大致相同。

太平金厂　即旧日黑省官办之观都金矿。曾购用美国挖砂机器试行探采，亦无成效，于民国十二年十月委由逢源金厂承办后，始改今名。资本大洋十万元，承办期限十五年，租金十五万元，另纳余利税及矿产税等。矿区有二，即观音山及都鲁河是也。所属金沟有班必富、度川、木头染、金满沟、太平沟、桦皮沟、桦树沟、南小沟、桐金沟、上粮台、南厂沟、逢兴沟等十余处，各设分厂以经营之。使用矿夫约二千人。近因马贼骚扰，以致产额不多。第一年承办后即损失约十五万元云。

德源金厂　德源金厂创立于民国十三年二月，系商办公司，资本洋五万元。产金之地名曰五里雅沟，在瑷珲县西北一百七十里。砂金层距地面自八九尺至一丈二三尺。全矿工人二百名，其工资按淘金数目核给。总计十三年份共产金八一，一七二枣尼克四二多洛，约合漕秤九四一五两。在黑河价值每枣尼克售洋四元。此外尚有黑河沿江市民金矿公司、宽河金矿、殖边金矿、源利金矿、边业金矿、益民金矿、古溪金矿等公司十余家，俱系临时设立，尚未办有成效者也。

自黑河一带金矿业逐渐发达后，黑省当局为管理及课税起见，财政厅有金矿稽征局之设立（十二年一月），实业厅则有新金矿条例之颁布（十三年十月）。稽征局设于金矿所在及交通便利之地，征收矿产及金货余利二税，设局长及监视员等管理之。新金矿条例对于黑河一带金矿取开放主义，商民得自由开采。呈请时须绘具图说并缴费五十元，即准探采。采金所得5%征为官金，纯利20%征为金利税。矿内所卖日用品价格5%征为货利税，按日征收。每年决算时，采矿者应纳其纯利5%为报效费，又5%为实业专款云。

东三省重要金厂历年产额表（以两数计）

矿厂 年份	漠河金矿	奇乾河金矿	观都金矿十二年改为太平金厂	逢源金矿公司	余庆沟金矿（十二年改为兴安金厂）	德源金矿公司	库玛金矿	梧桐河金矿（民国八年改归商办）	吉林三姓金矿局
	八年合并为奇漠金矿，由广信公司经营								
民国元年	12，666		7，506	——	12，924	——	18，672		
二年	26，743		5，796	——	9，953	——	18，368		
三年	8，030	16，603	6，279	——	30，150	——	21，490		
四年	8，000	1，142	10，300	——	30，000	——	20，000	68	
五年	6，000		18，000	——	25，000	——	18，000	664	400
六年	6，658		20，000	——	16，723	——	16，007		
七年			16，000	——	10，601	——	9，001		531
八年			4，500	——	3，554	——	7，535		275
九年			4，100	2，288	3，057	——	1，056		142
十年	703		7，814	3，432	2，368	——	1，714		132
十一年	1，606		2，890	5，720	4，263	——	3，076		127
十二年				60，431	2，108	——	1，700		72
十三年				71，095	18，662	9，286			
十四年				28，600					

黑龙江一带之产金区域分布散漫，作辍无常，欲精计其产额，殊不易易。前表所列各大金厂之详额，不过其一大部分耳。若欲略知大概之总产额，则莫如参考瑷珲关生金出口之量。此项生金，除少数系自俄国进口复出口外，其大部皆为本地附近各金厂所产。虽有密输密卖之偷漏，然颇能代表大部分之产量矣。此外大连、安东、珲春、延吉等关亦常有金砂、金条之出口，但此项生金大多数系进口后复出口，或将金币镕化而成者。盖金银一项，商人视同货物，进出之标准纯视金融状况为转移也。至于此数关之附近本有金矿，但规模狭小，决无如许产额也。兹将瑷珲关历年输出金量列表如左。观此则黑省产金之数可略得梗概矣。

年份	生金价值（关平银）	年份	生金价值（关平银）
民国元年	——	二年	——
三年	——	四年	5，624，958
五年	6，697，820	六年	
七年		八年	2，553，998
九年	——	十年	2，818，778
十一年	2，960，189	十二年	3，235，900
十三年	2，763，507		

二、外蒙金矿业

外蒙金矿俱在库伦之北、恰克图之南，图什业图汗及车臣汗二盟之境内，分布达二十五万方英里。已开之处多在色楞格河之东南各支流，如依罗河、牙尔弼克河各流域。交通方法有南北二路：北路由西伯利亚铁道之上乌丁斯克车站下车，在解冻期内可乘色楞格河内之汽船，约一日或一日半至恰克图，如由陆路则三日可到。自恰克图至产金地点远近不一。最近者仅三小时之汽车旅程耳。南路则沿库张大路抵库伦，乘汽车约需五日。再自库至各金厂约数十里至数百里不等，大部可通汽车。当光绪中叶，俄人常越境偷挖，我国官吏无法禁止。其时适俄人柯乐得（Von Grotte）游历外蒙，条陈开办外蒙金矿办法。光绪二十四年，库伦办事大臣连顺采其议，奏准官督商办，并与柯乐得订立合同，以图车二盟之地为范围，以二十五年为开采期限，期内不准他人私采，其公司名曰外蒙图车二盟金矿公司（Joint Stock Company for Mining Enterprise in the Tushetu Khan & Tsetsen Khan Aimaks of Mongolia）或简称蒙古公司（Mongolor Company）。二十五年奏明办法，拟派柯乐得招集商股，设厂开采。二十六年，蒙古王公以开矿有碍风水，且合同所订范围几占外蒙土地之半，群起反对，清廷遂暂令停办，以平蒙情。光绪二十九年，柯乐得复以前议请，经外部奏请，仍照原议开办。将每年出井金砂，除开销外，报效国家15%。三十三年派延祉为督办库伦金矿大臣，绷楚克车林为金矿会办副大臣，并奏准截留金砂一成留为办公之用。开办后设矿局于库伦，于各矿山分设金厂有十余处之多。是时所采俱属砂金，产额最多时为宣统三年，共产金五万九千六百两。及辛亥革命，蒙人乘机独立，柯氏去职，承办者为俄人拔苦乐威斯克，将总局移设伊罗河，其金矿章程仍按照前清所订合同办理，归俄人包办，但每年出井金砂百分之十六零五则为外蒙官府所有矣。民国三年，拔氏去职，承办者为费廷廓夫（Fietinghof），以砂金沟老砂残，产额日减，遂于民国四年致全力于开采线金，并将总局自伊罗迁至招莫多。民国四、五年间产金达五千余两之多。至民国七年则仅七百余两。至砂金矿业，自柯乐得去职后，承办者因转其全力于线金，故于砂金之开采纯取放任主义，一切工程，总局均不过问，悉听工人之所自为。工人不给工资，惟按各地矿苗衰旺，每月科金一钱二分或七分外，余均归工人自得。然矿苗不旺，开金不易，又加俄钞跌落，食品昂贵，工人淘金所得极形微薄，难以维持生计，遂相率离矿他去，或改营农业。据民国八年调查，一矿矿工不及十余人。工人既少，产金之额亦逐渐减少矣。当此之时，适俄国革命，经济恐慌，尝因修理招莫多机器，于民国七年向蒙政府借俄钞三十万元，合中金一万五千元。又于八年六月间续借俄钞五万，合中金二千五百元。而应缴蒙人之税率（即出井金砂百分之十六零五）亦几于无法应付，其困窘之状已达极点，故再无余力从事整顿。此库伦金矿经俄人开办以来之始末情形也。民国九年六月，库伦美商蒙古贸易公司（Mongolian Trading Company at Urga）派矿师美尔思、满宁二君（E. W. Mills & J. F. Manning）至外蒙调查，与俄总办费廷廓夫订立临时转租合同，以六十年为有效期限。曾由美使函达外交部，转咨农部核办，中国政府以事关矿权转移，非经正式手续，不能核准，一面并按照前清合同，明令派库伦镇抚使兼金矿督办，以专管辖。该美国公司继又于民国九年十二月，将所有矿权转让于北京蒙古金矿公司（Peking Mongolor Mining Co.），资本金六十万元。转移合同中，除照旧约以所出金额16%分半缴纳中国政府外，另以5%缴纳蒙古公司，作为租借金。近年以来，蒙边多事，矿业亦大受影响。据云该公司自成立以来，尚未能积极开采，故产额甚为有限云。

库伦金矿分砂金与绿金二种，前既述之矣。砂金分布最广，往昔俄人所产几全属砂金。首先开采者为伊罗、古德拉及特勒基诸沟。其后次第开采伊罗流域之不魁利、呤拉格那、莫怪、伊勒伯克、布公台、叨勒盖图、固朱林、大小乌林堆及奎通河之奎通沟、伊克哈拉格那、那林哈拉格那等金沟计十余处，其中以布恭泰产量最丰。全矿工人约万余人。砂金层位置甚浅，最深者亦不过四十英尺至六十英尺，寻常则均在二十尺以内，厚薄不一，约自二尺至七尺，平均则在三尺左右。开采方法极简单，或就露天采掘，或则凿浅井以取砂，再用水淘洗。从未用过混汞之法，以致细粒金质损失甚多。数年前曾自俄国购运新式采金机一架至伊罗试用，以成绩不佳，已早废置矣。绿金则仅招莫多附近，于民国四年用新法开采。产金之地有五，即司稷徒山、伊林大巴山、本不该山、哈拉格那山及乌儿图山是也。当民国八年调查时，仅司稷图一山尚在工作。该矿有横峒五，高宽俱约七尺。遇矿脉再转开斜峒。峒内石质坚固，不需支柱。工人用洋烛作灯。开坑采砂，俱用手转钢钻，钻成石孔，再实炸药以轰碎之。每日可采矿石一千五百普度。提金之法分汞膏法及青化法二种。据八年调查，该矿共有工人二百余人，每月开支约需俄币一千三百余万，即银元一万三千余元（每俄币一万合中洋一百元）。计自四年至八年招莫多共产矿石四万吨，获金一七，七九六盎斯，约当于库伦金矿总产额百分之六。惟矿脉甚狭，含金不多，现已完全停工矣。兹将各厂所产金质之成色，经化验者列如左表。

厂名	金质成色	厂名	金质成色
古德拉	974	铁里儿牙	876
牙尔弼克	941	伊罗	872
布恭泰	899	哈拉格囊	862
耐尔克哈	897	伊利（Ireh）（山金）	950
莫怪	882	本不该（山金）	920
纳林哈拉格那	878	司稷徒山（山金）	902

观上表可见绿金之成色平均较砂金为高也。

据江祖莼氏及俄人Karamisheff之调查，库伦金矿之产额如左（以中国两计）。

年份	产额	年份	产额
光绪三十二年	5，967.147	民国二年	15，033.6
光绪三十三年	7，591.062	民国三年	7，344.0
光绪三十四年	8，592.099	民国四年	5，280.0
宣统元年	30，804.052	民国五年	5，280.0
宣统二年	50，921.72	民国六年	2，650
宣统三年	59，600.00	民国七年	750
民国元年	35，359.20		

上表中，民国四年至七年为招莫多山金之产额，民四以前则仅有砂金而无山金。民国六年，除开销外得净利俄钞九百万，合中币九万余元。其他各年收入支出仅足相抵。民六以后，俄国内乱频仍，各种

机件、炸药以及化金药水等，俱不能源源接济，而矿上大蒸汽锅又于民国七年被火焚毁，设备益不周密，因之产额大减。民国八年，每日仅产金三两余。又据美尔思、满宁及美国商务专员克里门斯氏之调查，库伦各金厂自宣统二年至民国八年历年产额及光绪二十七年以后之总产额极为详细，与江氏调查者稍有出入，因译录如左（表中译名悉照江氏报告及翁文灏氏《中国矿产志略》，亦有无法查考者，因并列原文以资参证）。

库伦各金厂历年产额表（以金两计）

厂　名	英　名	宣统二年	宣统三年	民国元年	民国二年	民国三年	民国四年	民国五年	民国六年	民国七年	民国八年	光绪二十七年以后总产额
伊罗	Ior	4,252.414	9.234	2.794	299.244	811.157	451.995	146.420	119.980	234.350	33.063	10,376.770
婆罗	Burlo	—	42.464	6.674	—	—	—	—	—	—	—	15,367.010
阿特叶	Adjir	492.653	976.305	332.240	2.970	—	—	—	—	—	—	4,592.550
铁里儿牙	Tirildja	—	—	1.434	466.790	—	72.627	75.880	—	—	—	4,568.348
哈拉格囊	Khaganatui	11,377.697	6,491.560	4,031.075	1,235.394	599.650	620.390	487.740	121.240	104.497	23.777	34,670.796
布恭泰	Buguntai (Tologoi)	40,615.415	27,996.060	13,840.850	3,688.190	525.164	630.884	1,046.500	544.020	16.344	22.430	109,598.955
牙尔弼克	Yalbik	647.400	1,380.434	1,534.634	1,404.030	148.290	139.180	84.645	61.370	50.167	7.194	5,657.328
古德拉	Kndara	4,516.731	3,283.410	2,953.260	854.090	1,087.160	385.660	404.920	127.577	182.420	32.440	13,827.673
奎通	Kuitun	1,413.010	5.320	—	—	—	—	—	—	—	—	1,418.325
珠尔琥珠	Tzurkhudzun	—	335.140	—	105.470	—	—	—	—	—	—	440.613
阿金沟	Arkingol	—	9.254	—	—	—	—	—	—	—	—	925.4
大小乌林堆	Ulentui & Ulan Tologoi	—	31.241	2,010.254	831.000	11.700	—	—	—	90.295	7.860	2,982.495
莫怪	Mogoi	—	7,234.315	3,065.144	3,709.680	2,957.210	729.810	421.025	223.550	128.484	41.567	18,510.786
纳林哈拉格那	Narin Khaganatui	—	13,602.208	14,090.295	4,768.915	1,871.900	3,116.810	1,213.830	445.165	255.910	83.383	39,448.397
伊克哈拉格那	Ikhe - Henguchi	—	—	578.275	—	—	—	—	—	—	—	578.265
耐尔克哈	Nelkha	—			452.920	910.397	303.060	142.740	9.625	9.176	—	1,827.910
固朱林	Kozulika	—				230.580	—	—	—	—	—	230.584
招莫多	Dzoun Modo	—					2,847.850	5,819.110	4,414.290	1,898.020	2,817.430	17,796.740
其他	Unclassified	153.690	1,981.565	4,574.982	5,735.414	1,873.203	580.658	113.707	341.338	93.809	2.264	37,444.904
共计		63,469.010	63,380.505	47,026.091	23,554.107	11,026.411	9,876.924	9,956.517	6,408.155	3,063.710	3,071.420	319,347.687
折合美金圆数		1,142.442	1,140.849	846.470	423.974	198.475	181.269	186.469	120.847	57.512	58.796	5,770.333

观上列二表可知，外蒙金矿业最盛之时当为前清末季，当时产额年达五六万两。除黑龙江外，其他各省俱莫能及。民国以来，初以柯氏去职，承继者不得其人，继以俄国内乱，金矿业遂一蹶而不复振。计自光绪二十七年正式开采，至民国八年产额总量共为三十一万九千三百四十七金两（盎斯），值价美

金五百七十七万元，亦可谓有价值之矿产矣。至于蒙古公司开办时历年之损益，以民国九年招莫多办公处被焚，致帐目多被烧毁，难以追查。现所知者仅宣统二年至三年及民国五年之帐略而已，表列如左（皆以卢布计算，当时每卢布约值美金五角一分）。

	宣统二年	宣统三年	民国五年
收买金砂（支出）	1，455，529	1，383，030	92，976
金砂售价	2，187，658	2，164，675	458，642
纯利	473，878	338，431	35，485
资本总额	1，800，000	同上	3，000，000（民国元年起增加）

外蒙西部沿杭爱山脉至唐努山脉，金矿仍随在见之，如三音诺颜、札萨克、乌里雅苏台、科布多、唐努乌梁海诸区域内皆有金矿。惟以线金为多，砂金次之，故采者较少。乌梁海内屡有俄人私行开采。三音诺颜金矿，据俄人调查，以拜塔里克（自杭爱山南行流入察汉诺尔之河名）之矿为最富，估计储量约有金砂二百零二万五千布度。民国元年，由外蒙政府特许俄商 Nemchinoff，Sinitzin & Co. 公司开采，惟因地去俄边较远，且交通不便，故矿业不甚发达。

三、甘新及阿尔泰一带之金矿业

我国西北各省金矿亦极丰富。但调查未详，最近矿业情形无从得悉。兹就民国八年本所调查甘肃矿产及民国五六年间新疆技术员之报告，录其大要，以备一斑之参考。

甘肃金矿以砂金为最多，俱在西部沿祁连山脉一带。线金有一二处，见于西宁、碾伯境内，产额极微。砂金产地甚多，大致可分为五区：（一）沿大通河之镇羌滩等处，属平番县；（二）大通河上流之大梁哂尔图尔及天棚河等处，属大通县；（三）湟水流域之西宁、巴戎等处；（四）敦煌县南山；（五）沿祁连山之北坡，在酒泉、张掖等县境内，产地散漫，似不重要。以上（一）至（四）四区之金厂皆由宁海镇守使兼理征收课金事宜。（五）区各金厂则由甘州镇守使征收之。据西宁镇守使，所开西宁各厂金夫数目，自民国五年至八年，平均约有二千二三百名。解纳课金之法系照金夫数目而定，每人每年征收课金一钱五厘，历年所解平均约有二百五十两左右。据民国八年在镇羌滩调查，每厂约有工人自十余人至二三十人不等，每日所得至多不过一二钱，有时则一无所得。兹以每日采金一钱计，则每年每金夫之淘金率约在一两至四两之间，平均为二两五钱。依此计算，则镇羌滩一带每年产金之数当在五千五百两左右。按平番、西宁、大通一带所属金厂，以镇羌滩为最大。兹假定其他零星小厂年产之金共计为六千两。敦煌一县，金厂林立。前清时，每月课金可收六十两，产金人夫达二三千人。惟实际产额若干，尚未调查。兹假定年产总额与镇羌滩相仿，如是计之，则甘肃全省每年产金总数当在一万七千两左右。此数当为极少，实际产额或将过之也。

新疆金矿亦以砂金为最重要。线金仅塔城哈图山一处，曾经中外合办，糜款甚巨。砂金产地极多。北疆之矿多在阿尔泰及俄属中央亚细亚之边境以及迪化道之绥来属境。阿尔泰旧译作阿勒台，即蒙语金矿之意。而俄属阿尔泰山境内，亦素以产金著名。现在阿山道仍有土法开采。民国七八年间，新疆省曾订有阿山采金章程。矿业情形不详。

此外自塔尔巴哈台山流出之 Harangur 及 Abdra 二河流域中，据俄人调查，金矿亦甚丰富，每一百布度含金一个半至二个枣尼克。曾有俄商得中国地方政府之允许，试开十一井。因俄国革命，矿业中止。塔城之南亦有金矿，一九一四年经比国人试探，嗣即停止。又塔城东二百公里塔尔巴哈台山之东坡，Dusha 及 Kobuk 二河流域，砂金极为丰富。俄人 Moskvin 曾购运机器，拟行开采，因交通不便，且水量不足，难以发达，及俄国乱作，金矿遂停（以上据 Kararmisheff 著《蒙古及中国西部志》）。

新疆南部金矿产额最旺，多在于田、且末二县境内，大抵为自昆仑山脉北入戈壁之沟流。砂金多产于瀚海层（第三纪）之砾岩中，故与黑龙江砂金之产于现代河床中者略异。产地甚多，俱载于翁文灏氏之《中国矿产志略》中，兹不复述。最大金厂有五，由官招工包采。每年缴金约三千五百余两。若合北疆及阿尔泰等地之金矿合计之，则新疆每年产金之总额约在万两左右。

四、山东招远金矿（本所王臻善君报告，载《远东时报》第十九卷第六、第七两号）

山东招远金矿在招远县城东北三十里、龙口西南八十里。含金石英脉分布于玲珑山、螺山一带。金脉宽自数英寸至四十英尺，平均为七八英尺，长自数尺至一百尺。平均成分每吨含金约十二两左右。此矿自光绪十六年发现后，即组织招远金矿公司用土法开采。在光绪二十三四年间矿业极为发达，每日产额最多时可至五六十两，平均约二三十两，获利甚巨。采矿工人达千余名。其后，矿脉丰富之部采掘渐尽，而土法开矿成本日高，工程艰险，矿业遂日趋衰落。近以资本不继，经济恐慌，曾与日本及美国之资本家及矿公司拟订卖砂借款合同，然迄无成就者。该矿于民国五年尚获利五万元，至七年则出入仅能相抵。矿上工人仅有一百二十名，最近情形不详。兹将该矿自民国元年至六年之产额列如左表。

年　份	金矿石（担）	金（两）
民国元年	514，580	108.26
民国二年	997，800	278.68
民国三年	775，820	443.98
民国四年	1，027，280	390.75
民国五年	1，292，490	686.81
民国六年	275，900	221.14

此外山东产线金之地尚多，俱未实行开采。其地点具详于翁氏《中国矿产志略》中，兹不赘述。

五、湖南平江金矿

平江金矿属湖南官矿局，矿厂在平江县东九十里黄金洞地方，距附近最大之镇市长寿街约二十里。金矿脉产石灰岩中，宽自四尺至六尺。矿脉分布于桃树洞、金塘、凤形窝、青湾、局门口等处，由矿局各设分厂从事开采。全矿共有工人六百余人，每月每名工食洋七元。本置有磨电机及选矿机等数事，然已十余年不用矣。故现在矿上一切工作皆用人力。矿峒俱系斜井，深约三百余尺。采得之金，捣碎洗选后，乃溶于硝酸中，以去铁质，再入小坩锅和硼酸粉以炼金。每月产额约六十至七十两，最近已渐增至百两。每年产额当在七百二十两至一千二百两之间。民国元年曾产金一九三四两，此后即渐减少。十年前矿窿倾塌，幸是日休息，未伤工人。然平矿精华，迄今不能复原，良可惜也。此外桃源、沅陵、会同等县俱有线金矿，近状不详。

六、全国产金额之约计

中国全国产金总数，因缺少详细统计，不易计算。兹姑就调查所知者，并参考新旧产额，约略估计，共得 197，900 两。若取整数，适为二十万两。近年来时局不靖，矿业凋零。黑龙江商办金厂虽渐有振兴之气象，然奉吉及外蒙金矿之产额则日见减少。故此数在今日观之，或稍嫌过多耳。兹将各省约计之数开列如左。

省　　别	产额约计（以金两计）
东三省	150，000
外蒙古	10，000
甘肃	17，000
新疆	17，000
湖南平江	1，200
山东招远	700
四川盐源	1，000
共计	197，900

七、金之进出口

金银之进出口关系于金融及商业状况者至大，为经济学上重要问题。兹依据海关报告，将民国元年至十四年进出口价值列如左表。

历年金条、金圆等进出口价值表（以海关两为单位）

	进口			出口			出超或入超
	金条金砂	金圆	共计	金条金砂	金圆	共计	
民国元年	284,437	9,012,091	9,296,528	1,827,267	11,156	1,838,423	7,358,105(入超)
二年	84,143	2,981,147	3,065,290	2,730,748	1,720,142	4,450,890	1,385,600(出超)
三年	11,106	850,061	861,167	12,757,741	1,104,176	13,861,917	13,000,750(出超)
四年	47,485	771,342	818,827	17,959,904	251,136	18,211,040	17,392,213(出超)
五年	8,447,997	11,455,120	19,903,117	7,977,982	124,286	8,102,268	11,800,849(入超)
六年	711,036	13,160,742	13,871,778	4,700,424	324,151	5,024,575	8,847,203(入超)
七年	408,955	819,387	1,228,342	2,264,081	17,578	2,281,659	1,053,317(出超)
八年	32,910,493	18,168,150	51,078,643	4,966,276	4,930,153	9,896,429	41,182,214(入超)
九年	23,022,152	27,944,728	50,966,880	35,228,151	33,241,209	68,469,360	17,502,480(出超)
十年	3,079,857	26,419,375	29,499,232	35,997,523	9,962,104	45,959,627	16,460,395(出超)
十一年	1,548,623	8,259,157	9,807,780	1,432,832	4,252,037	5,684,869	4,122,911(入超)
十二年	998,590	9,147,308	10,145,898	8,181,329	7,631,782	15,813,111	5,667,213(出超)
十三年	259,512	1,787,249	2,046,761	7,857,852	3,924,372	11,782,224	9,735,463(出超)
十四年	761,853	1,082,861	1,844,714	2,737,770	145,371	2,883,141	1,038,427(出超)

美国、香港、澳门、日本、西伯利亚等处俱有大宗金货输进我国，其中以金币为多，金条、金砂次之。输出之地则以日本、香港、澳门、美国及印度、新加坡一带为最重要，但以金条、金砂为主，金币次之。就大致论，我国为金出超之国，但亦有输入超过输出者，如民国五、六年及八年是也。商人视金银为货物之一，价贱则收入，价贵则放出。故其进出口之消长情形悉视价格涨落为转移。此观于欧战之影响而可以瞭然者也。当欧战开始之时，金价极高，故输出甚多。民国五年以后，金价渐低，又复运进。如五、六二年俱为入超。中经日、美各国禁止运金出口，进口稍受影响。迨金禁一弛，又争先购入，遂致

民国八年输入超过输出达四千一百余万两，为民国以来入超最巨之数。及民国九年，金价渐涨，又争运出洋，故自九年至十四年，除十一年输入稍多外，余均为出超。此外对于金之市况有重要影响者，当为时局之状态。盖金为价贵而便于取携之物，每当纷乱之时，则人民争以现银易金，以备避难之用，故此时之金，输入常过于输出。如庚子（1900 年）拳匪之乱，为中国自有海关统计以来第一次入超之年，而宣统三年及民国元年，时值革命，故输入亦多。雷谋氏（Remer）尝详考自 1871 至 1921 年间出超金额之总数，另加最近统计，列为左表。

年　份	金出超总额（以百万海关两为单位）
1871—1884	不详（海关金银统计始于 1888 年）
1885—1898	67
1899—1913	11
1914—1921	4（因欧战影响故输出最少）
1922—1925	12
共　计	94

由上表观之，则我国历年输出之金亦不在少数矣。此项溢出之金额中，一部当为黑龙江一带所产而输出者，亦有一部则自俄国阿穆尔省密运来华，或自邮包夹入，故关册之进口项中皆无法载入。尚有一部则当为华侨载运而归，存之银行，再由银行卖出者也。

银

中国银矿几全数出于方铅矿及闪锌矿。如湖南之水口山，云南之东川，莫不于铅锌之外，兼产银质。其详细论述当俟之于第五章中。约计此项产额每年约二万三千两左右。此外热河、广西，尚有丰富之银矿。昔日开办，颇著成效。近则因时局影响，日趋退步，是否继续开采，尚不可知。然其产额甚微，则可断言也。总计现在全国产银之额，每年当不得过四万两。但银在我国为币制之本位，其需要之多，在世界各国中仅次于印度，而产额反若是之少，且环顾国中，亦未闻有重要之银矿，斯诚至堪注意之问题也。更证之历史，中国银矿之少，自古已然，故银价昂贵，与金价相差往往仅数倍至十余倍。由此观之，非人力之不臧，殆天产之有所限矣。

银之进出口情形与金适相反。每年输入常多于输出。欧战时各国添铸货币，银之需要加多，乃转运出洋。故民国三年至六年，我国为现银出超之国。至七年以后，又复原状。据雷谋氏计算，我国自 1871 年以后现银入超之总数表列如左。

年　份	银入超总额（以百万海关两为单位）
1871—1884	80
1885—1898	100
1899—1913	61
1914—1921	120
1922—1925	195
共　计	556

观上表可见，我国列年现银之输入逐年增加，为数颇不小也。按银为货币之一，为一切交易之所依据，故现银输入愈多，则其国之国际贸易必愈为发达。但返观我国，则二者适相反。据海关统计，我国输出入之总比较，除1871至1884年间有出多于入外，其余皆入多于出，每年亏耗达数十兆至二百余兆两。然现银进口仍能盈余至数千万两之多，其理殊不可解。据经济学家之研究，此项现银之来源约有三项：（一）华侨汇款，（二）外债，（三）外商投资。究以何种为重要，学者各有主张，以非本书范围，故从略焉。

兹将自民国以来现银之输出入统计列为左表。

历年现银进出口价值表（以海关两为单位）

	进口			出口			入超或出超
	大条及元宝	银币	共计	大条及元宝	银币	共计	
民国元年	28,407,775	16,690,522	45,098,297	11,144,499	14,705,146	25,849,645	19,248,652(入超)
二年	46,608,824	9,102,666	55,711,490	6,132,474	13,610,652	19,743,126	35,968,364(入超)
三年	7,661,852	8,836,892	16,498,744	5,746,143	24,375,550	30,121,693	13,622,949(出超)
四年	11,564,126	9,153,380	20,717,506	10,969,860	28,129,960	39,099,820	18,382,314(出超)
五年	13,300,691	23,787,629	37,088,320	42,753,869	23,012,577	65,766,446	28,678,126(出超)
六年	16,197,966	11,309,326	27,507,292	33,080,586	15,409,804	48,490,390	20,983,098(出超)
七年	22,629,175	13,495,054	36,124,229	5,457,452	7,171,850	12,629,302	23,494,927(入超)
八年	49,014,547	13,079,160	62,093,707	1,990,592	6,977,826	8,968,418	53,125,289(入超)
九年	100,602,785	25,751,603	126,354,388	10,015,836	23,699,574	33,715,410	92,638,978(入超)
十年	75,471,368	14,073,239	89,544,607	23,607,383	33,506,511	57,113,894	32,430,713(入超)
十一年	59,488,790	16,197,718	75,686,508	6,639,865	29,474,631	36,114,496	39,572,012(入超)
十二年	70,831,435	23,109,369	93,940,804	3,651,833	23,092,744	26,744,577	67,196,227(入超)
十三年	34,301,912	15,227,196	49,529,108	5,486,967	18,039,603	23,526,570	26,002,538(入超)
十四年	69,273,547	4,653,048	73,926,595	1,779,532	9,623,437	11,402,969	62,523,626(入超)

中国金矿参考书目（矿季）为矿业联合会季刊，余见煤矿参考书目节

一、普通 （一）东三省之采金业，彭望恕（农）八卷第十期（十一年）。（二）H. K. Richardson: Gold Washing on the banks of the Yangtze. Eng. & Min Jour. June 21, 1919, p. 1069—1070。（三）W. Karamisheff: Mongolia & Western China,（a book）1925.

二、黑龙江 （一）砂金产地概要，白男川泰辅，（支）四十三号（七年），（二）黑河砂金状况，（支）六十二号（十三年），（三）逢源公司近状，（支）六十一号（十三年），（四）黑河道内金矿概况，（支）六十六号（十五年），（五）黑河金矿概况，（矿季）第十期（十四年），（六）库玛尔河金矿，（矿季）第六期（十三年），（七）黑河砂金集散及卖买事业，（支）六十二号（十三年），（八）爱珲关贸易报告（十二年及十三年）。

三、吉林 （一）三姓官营矿业，王维燮，（农）第五卷五期（七年），（二）桦甸县夹皮沟金矿，（支）六十六号（十五年）。

四、奉天 （一）柴河堡，日本木户忠太郎著，曹树声译，（农）三卷八期及十期（六年），（二）香炉碗子，村上钣藏，广石佳三，加藤直三（支）三十一号（四年），（三）三八石，（支）三十一号（四年）。

五、外蒙古　（一）调查库伦矿务报告，江祖蕃，（农）九卷二期及三期（十一年），（二）Gold Placer Area in Mongolia，China. By J. M. Clements，Dept. Com Bur. of Foreign & Domestic Com.，Trade Inf. Bull 4，1922.，（三）外蒙图车二盟蒙古金矿公司报告，美尔思，满宁（Mills & Manning）（民国十年）。

六、山东　（一）招远玲珑山金矿，王臻善，（远）十九卷第六及第七期（十二年），（二）招远金矿近况，（支）六十一号（十三年）。

七、湖南　（一）平江（a）梁惠直，（矿）一卷一号（六年），（b）戴修仙，（实）三十五号（九年），（二）桃源蓼叶溪　（a）唐启虞，（矿）一卷一号（六年），（b）戴修仙，（实）三十四号（九年），（c）彭哲，（矿）三卷三号（九年），（三）桃源萧家湾　禹景尧，（矿）一卷一号（六年），（四）沅陵金牛山　禹景尧，（矿）一卷一期（六年），（五）会同漠滨　李昌郁，（实）三十六号（九年）。

八、福建　（一）建瓯砂金　梁津，（农）六卷七号（九年），（二）产地及产额，（矿）二卷四期（七年）。

九、四川　（一）藏边龙达金矿（即盐源金矿）旅行记，萧苾芹，（实）五十三号（十一年），（二）Gold Placers in Yalungkiang Valley，Szechwan.（即盐源金矿），（英经）二六三号（五年）。

第五章 铜、铅锌

铜

中国铜矿以云南之东川为最著名，其次若四川、吉林、湖北、湖南俱产铜，但远不如云南之多耳。铜之最大用途为造币，故铜矿之业发达甚早。翁文灏氏曾就正史及官书之所记载者，将我国历代铜矿产额及矿业情形列为一表，录之如下。

中历年份	西历年份	每年产铜斤数	合作吨数	备考
唐天宝年	742年至755年	2，198，800斤	1，316吨	天下炉九十九，每炉每岁铸钱三千三百缗，费铜二万一千二百斤
唐元和初年	808年至820年	266，000	154	岁采铜如上数
唐太和年	827年至840年	266，000	159	天下铜坑五十岁，采铜如上数
唐太中年	847年至859年	655，000	395	岁采铜如上数
宋景佑年	1049年至1053年	5，100，834	3，060	岁采铜如上数
宋治平年	1064年至1067年	6，970，834	4，182	视皇祐时增一百八十七万斤
宋元丰元年	1078年	14，605，960	8，763	诸坑冶总收如上数
宋绍圣元年至六年	1131年至1136年	436，666	262	许天启所领首末六岁，总新旧铜止收二百六十余万斤
宋乾通二年	1166年	263，160	158	铸钱司比较旧额岁入七百五万七千二百六十斤有奇乾道岁入如上数
元天历元年	1328年	2，380	15	此系云南铜课之数
清雍正四年至乾隆三年	1726年至1738年	6，000，000	3，600	云南铜初归官办
清乾隆六年	1741年	6，331，440	3，799	云南额解京铜之数
清乾隆十九年至三十七年	1754年至1772年	10，000，000	6，000	云南产额约数
清乾隆三十八、三十九年	1773年至1774年	13，500，000	8，100	京师及各省收铜数
清乾隆四十年至咸丰八年	1775年至1858年	10，000，000	6，000	云南产额约数
清同治十三年	1874年	600，000	360	云南产额约数，全国总额当较大
清光绪初年	1875年至1889年	300，000	300	同上
清光绪十五年至宣统三年	1889年至1911年	1，300，000	780	同上

由上表比较，翁氏即以结论，我国需铜之额，唐时当在一千吨以上，宋时至少三千吨，清初以迄今日，则当在六千吨以上。若所产不及此数，则社会经济即受其影响。如唐代禁民熔铜铸器，有明一代，社会流通多赖纸钞，皆乏铜之表现。而史册记载，屡见不鲜者也。自清至今，则又仰给于洋铜矣。

民国以前，铜为国家专利，故官营矿业，极为发达。民国成立，官矿逐渐消灭，或改为商办，现所存者仅四川之彭县及吉林之磐石而已。兹将各省铜矿情形略述如左。

一、云南铜矿

前清乾隆年间，云南铜矿年产在六千吨以上。光绪中叶，据法人调查，年产犹在一千至二千吨之间。今则愈趋愈下，每年不过八百吨而已。考其衰疲之故，约有数因：浮面富矿现已采掘一空；土法开采不能及深；而伐林无度，不知再造，致炼矿所需之木炭不足应用；又加政治扰乱，运输不便。凡此诸端，皆阻碍矿业发达之根本原因也。查云南铜矿之最重要者为东川，所属各矿分布于县城之西，共分四大厂，曰：汤丹、落雪、大水、铁厂。前三厂皆在金沙江之东南，惟铁厂则在金沙江之西，与四川之会理相接。兹略述各厂情形如左。

（一）汤丹。在东川西南一百五十里，为现今开采最盛之矿山。矿石为碳酸铜及斑铜矿，经手选之后含铜在百分之八至十五，极易熔炼。民国二年四月至十二月之间曾产铜达505，768斤。（二）落雪与大水。此二地俱在东川西南一百八九十里，矿床极相似，最佳矿石含铜约达40%。民国二年共产铜309，215斤。（三）茂麓。在东川西南二百五十里。（四）铁厂。在东川西二百六十里。此二区相距虽远，而矿床亦复相似。民国二年共产铜137，153斤。此处矿石杂有褐铁矿，且富砂质，故熔化甚难，平均含铜约10%。此外尚有小矿散布于东川各地，总计每年铜之产额亦可达四百担。故东川全区之产额每年当在六百吨左右。以上各矿所炼粗铜平均含铜约85%，惟铁厂则低至70%。粗铜在东川精制之后平均含铜可达95%。

东川铜矿向归官办，创办以来，已历三百余年。大抵民营其业，官收其铜，其办法与官办金矿大略相同。丁文江氏在《远东时报》所著一文述东川铜矿业之沿革甚详，节录如次。丁氏就矿业发达之程序分为四时期。第一期自康熙三十六年至乾隆二年（1697—1737），其初听民纳课开采，与官吏无涉。及雍正四年，东川改隶滇省，遂由滇委道府办理其事，招集商民开采，先发资本，后收所出之铜，是为东川铜矿官办之始。但此时仅以得官给资本者为限，其自筹资本者尚可自由营业。当时由官厅照定价（每担五两四钱）收买之铜年达九千担，约居总产额五分之一，皆由云南当局售与邻省。其余所产之铜由炉户自由销售，故矿商尚不以官价为困。第二期（乾隆三年至咸丰八年）为完全官办时代，亦即东川矿业最称鼎盛之时代。盖自乾隆三年起，北京开铸铜币，需铜孔亟，湖北、山西、直隶诸省所产不敷所用，而是时洋铜价昂，每担约十六两，滇铜仅十一两，价值相去远甚，乃一面停止输入，一面由京岁拨银百万两作为协款，专为开采东川铜矿之用。所产之铜一律照定价入官，而炉户经营资本亦悉由协款借给，于是完全民采官收之局乃成。当时每年运京之铜，年有定额，乾隆六年以前为44，400担，六年以后则增加至63，314担。再有盈余则供各省采卖，岁约三万余担。本省鼓铸亦且数千担。故每年产铜必在十万担以上。但当时官定价格极低，最高时为道光二年至咸丰八年间，每担不过七两五钱左右，已远在实际采冶成本之下，而炉户又有14.2%之课税，在理商人应不堪赔累，相率倒歇矣，乃实际产额则年有增加，每年俱在七万担以上，而乾隆三十八九年间，且年达十三万五千担。考其原因，则实由于协款之资助。炉户得此，稍资挹注，且拖欠以后即永无清结之一日，而官厅亦不敢多所压迫：盖一旦炉户破产，相率闭歇，则京运之铜即无所出，势必另购高价之铜以充数，更不值得也。当时官价每担虽不过七八两，而为弥补此项损失计，惟有增加运输暨办公之费，故运至北京以后，其价已在十七八两左右矣。总计自乾隆三年迄咸丰八年，一百二十年间共产铜约六十万吨，约当于近年（民国十三年）世界一年间总产额之二分之一。第三期为产额锐减时代。盖自咸丰中叶，汉回仇杀，酿成巨变。兵祸蔓延及于全省，滇省矿厂一律停歇。东川矿业亦受其蹂躏，荡然无存。故咸丰八年至同治十三年之间曾无一斤铜之产出。及回乱弭平，始有兴复之议。乃于同治十三年定为官督商办，每年认解京铜二百万斤。行之数年，迄无成效。又于光绪五年改归官办。然滇省自大乱之后，户口凋零，恢复不易，加以资本不足，铜价太低，故自同治十三年至光绪十三年间（1874－1887），铜产最少，每年不过五千担，仅及乾嘉盛时十六分之一。回想当年，殊有今昔之感矣。第四时期为自光绪十四年起至宣统三年止。盖自滇省铜政日衰，恢复无效，乃于光绪十三年特派前滇抚唐炯专任其事。唐氏久官于滇，深知官办之弊，乃设立招商矿务公司，厚集股本，自行开采，并延聘日人多名为工程师，购置机器，筹划自设炼炉。当风气未开之时，毅然为此创举，不可谓非具有特识。惜其所延日人程度过低，经理其事者又多贪刻无赖，只知自利，开办不二年，耗资十余万，出铜才二十万斤。新法开采既完全失败，不得已乃复招本地炉户，给以成本，听其自行开采，再以定价（十两零三钱）收买其铜。如是进行，迄唐氏辞职止（光绪三十二年），十八年中运京之铜共得十八万担，平均每年适为一万担，较之回乱以前之产额，仅及八分之一耳。唐氏失败之原因最要者有二，即流动资本之不充足与京定铜价之过低是也。盖是时成本日高，而京定之价仍为十两至十一两左右。唐氏复以官商合办公司之资格，于办公、运输等费多有规定，不能任意增加。至于炉户之拖欠则仍如故。以致办理十年，公司亏本达六十五万两。此款皆由唐氏个人等筹借得来。幸唐氏同时兼理个旧锡产官买事宜，颇得厚利。继又于光绪二十五年呈准每担铜价增为二十两，始略有余利可图。历四年之经营，乃将积欠偿清，得免破产，盖亦幸矣。自光绪三十三年起，东川铜矿改归本省藩司经理，仍照旧法，民采官收。并改炼净铜，以轻脚运。盖终唐督办之世，所运京铜皆系毛铜，含铜仅85％也。是时铜价又增加为每担二十两，另加折耗、脚运等费十五两，故每担纯铜运京以后，须费银三十五两，但实发炉户之价，每担仍为十七两也。及民国成立以至今日，则又改为官商合办，是可谓为第五时期。考其成立之历史，亦有足述者。当辛亥革命，全国鼎沸，京运既停，协款无着，所积铜、铅无路可销，以致各厂失业，秩序堪虞。滇政府乃又筹组官商合办公司，吸收商股，自行开采。议定股本六十万元，拟广购机器，用新法冶铜。但商股迄未招得，而是时川省开铸铜元，需铜孔亟，滇铜销路因之大涨，历一年之经营，获利甚厚（自元年二月至二年三月共出铜一百三十余万斤，约合七百八十吨），合之公家垫款、存款等已与原定股本六十万元相差无几，当局遂欲改定为完全官办。不料东川人士群起反对，纠合有力者呈请援据成案，官商合办。经长时间之交涉，始于民国三年二月组职东川矿业有限公司，并以廉价易得矿山全部设备，而原定以新法炼铜之计划，至是亦不果实行，仅以放本收铜为事，一蹈前清官办时代之覆辙。时滇铜销路大畅，每百斤市价在三十二两以上，而收铜价格仅为每斤十六两。开办凡九阅月，铜、铅两部共溢利银 13 万两有奇。民国十年据该公司报告，共产铜 720 吨。最近产额不详。

以上所述，于东川铜矿之历史已略陈梗概。兹再将逐年办理方法及产额、铜价等项列为简表如左。

年份	西历	办理方法	每年产额约计		官定每担铜价(两)	市价(两)	洋铜价(两)	销路
			担	约合吨数				
康熙三十六年至雍正三年	1697—1725	完全商办，自由销售	不详	不详	不详	未详	未详	川粤湖广
雍正四年至乾隆二年	1726—1737	一部分官办	45,000—50,000	2,700—3,000	5.4	十两	十三两	同上
乾隆三年至十八年	1738—1753	完全官办（地方官经理）	80,000—100,000	4,800—6,000	5.8	十一两	十六两	京运外省采买本省鼓铸
乾隆十九年至三十七年	1754—1772	同上	100,000	6,000	5.5—7.0	同上	同上	同上
乾隆三十八至道光二年	1773—1822	同上	100,000—130,000	6,000—7,800	6.4	十二三两	十七八两	同上

续表

年份	西历	办理方法	每年产额约计		官定每担铜价(两)	市价(两)	洋铜价(两)	销路
			担	约合吨数				
道光三年至咸丰八年	1823—1858	同上	80,000—100,000	4,800—6,000	7.45	未详	未详	京运采买鼓铸
咸丰九年至同治十二年	1859—1873	回匪之乱，矿厂全部停顿	——	——	—	—	—	—
同治十三年至光绪十三年	1874—1887	官督商办，委牟正昌包办。光绪五年复改归官办，责成地方官经理	5,000	300	10.3	十五六两至十七八两	未详	京运
光绪十四年至十八年	1888—1892	唐炯主办之招商矿务公司	10,000	600	10.3	十七八两	二十五六两	同上
光绪十九年至二十三年	1893—1897	同上	10,000	600	11.3	十九两至二十两	二十八九两	同上
光绪二十四年至二十五年	1898—1899	同上	10,000	600	13.2	同上	同上	同上
光绪二十六年至三十二年	1900—1906	同上	10,000	600	14.0	二十至二十五两	三十至三十三两	京运一百万斤余，供本省鼓铸
光绪三十三年至宣统三年	1907—1911	劝业道督办，改炼纯铜	13,000	780	17.0	二十七八两至三十两	同上	同上
民国元年至二年	1912—1913	实业司督办	13,000	780	21元	三十至三十二两	三十三四两	销川
民国三年至现在	1914—现在	东川矿业有限公司（放本收铜）		约720（十年产额）	16.0	三十二两（民国三年）	同上（民国三年）	销川

除东川外，产铜之地尚多。如建水回头山、澄江天宝山等处俱有铜矿。用土法冶炼。在光绪年间，每年产额共计不下百余吨。此外，据英国勃郎氏 J. Coggin Brown 调查，尚有左列各处。

（一）永北县之宝宾厂　永北县在大理之东北约七日路程，而宝宾厂又在永北县之西。其地矿业极盛，炼铜之渣遍地皆是。矿石为黄铜矿、斑铜矿、辉铜矿、孔雀石、蓝铜矿等，成分尚高。炼铜炉高自10尺至25尺，每炼一次约需十二小时至三日，视炉之大小而异。加入之冶料为焙矿三吨，铁矿一吨半，木炭三吨，石灰岩一吨半。由此能炼得粗铜五分之一吨或半吨。此矿开采已达二百年。在百年前每年产铜一千七百吨，矿工五千余人。至前清末季，年产仅数十吨。最近状况不详。

（二）其他铜矿　山家厂铜矿在云南府之西南，当光绪中叶年产铜约四十吨。大昌官庙铜矿在蒙化厅北十英里。沙河镇铜矿在保山县西北十五英里。产额俱不详。此外产地尚多，俱详载于翁著之《中国矿产志》中。

二、四川铜矿

四川彭县铜矿自宋元以来即经开采，就山冶炼，鼓铸钱币，其遗迹至今尚有存者。前清光绪三十一年由该省当局创办，设厂开采。初用土法冶炼。至宣统三年，购置机器，用新法炼铜。民国元年售入铜价十万余元，获纯利四万五千元。官矿而能发达若是，可谓难得者矣。矿局及炼铜厂设于彭县西北九十里之白水河，采矿地点则分布于马松岭、飞水岩、花梯一带，距矿局约自三十余里至六十里。矿峒系斜坑及平巷，长达数百尺至千尺。另掘水穴，上下沟通，排水、通风，二者兼用。炼铜厂内有圆形水筒式鼓风炉（Water Jacket Blast Furnace）一座，内径三尺六寸，每日熔量马松矿八万余斤、花梯飞水矿六万余斤，使用风力十三厘。炉中产出铜铍（或称冰铜）成分甚低，约含铜19%，须碎成三四寸大之碎块，入焙烧窑中焙烧之。反复四次，再入风炉熔炼，是时铜铍成分达40%。再如前法焙烧之至三四次，复入风炉熔炼，则得粗铜，含铜约86%。其二次、三次之矿渣仍供熔剂之用，并不废弃。至精炼之法则分二种。一为日本式之真吹炉（Mabuki Furnace），一为倒焰炉。二者炼出之精铜含铜率达99.5%。现有倒焰炉一座，每四十小时能炼粗铜二万斤。真吹炉二台，容量不详。该局铜产专售造币厂铸造铜币及兵工厂制造弹壳之用。当民国初元，产额甚巨，每年收入铜价达十余万元（每百斤铜作价银三十六两）。近以时局不定，产额大减，几有不能维持之势，殊可慨也。兹将该局自开办迄今历年之精铜产额开列于左。

年份	精铜产额（吨）	年份	精铜产额（吨）
民国十二年	5.10	民国十一年	26.725
民国十年	37.71	民国九年	43.0
民国八年	43.0	民国七年	68.0
民国六年	不详	民国五年	不详
民国四年	不详	民国三年	137.32
民国二年	127.84	民国元年（自三月自十二月）	97.59
宣统三年（正月份半个月）	3.0	宣统二年（十月至十二月三个月）	15.579

三、吉林铜矿

吉林天宝山铜银矿在吉林延吉县西方一百里，地属尚义乡。发现甚早，惟自光绪十五年间程光第探勘后，始以银矿著名，与三姓金矿相提并称。当时每日出银约七八百两。矿石每吨含银至五十五两之多。然仅知采银，不知有铜矿也。数年后产额骤衰，更以日商中和公司之交涉，暂为封禁。近又改为中日合办公司，资本金日币五十万圆，专以采炼铜矿为主，而银、铅等矿为副。矿上有直井一、平巷一，井深约百尺。有瓦斯发动机等设备。采得矿石即在矿上冶炼。现有鼓风炉一座、焙烧炉十座、直吹炉四座。自矿至老头沟车站计程三十里，有轻便铁路。所炼铅、铜各块皆运销日本东京、大阪等处。民国六年至九年之产额如左（十年起停炼，至今尚未开炉）。

年份	铜块（吨数）	铅块（吨数）
民国六年	360.554	26.097
民国七年	341.773	0.336
民国八年	328.121	——
民国九年	289.846	70.816
共计	1，320.294	97.249

石砠山铜矿在吉林磐石县东北三十五里，省垣西南二百五十里，至吉长东清南满铁路衔接之长春车站约三百里。矿山虽邻接富太河，然水浅不能行舟，交通殊为不便。光绪三十二年曾有人禀请试办，以不能制炼净铜，亏折而停。至光绪三十四年，复由吉林省署委唐家桢设局试办，并拨官款银三万两、钱

十五万吊，是为官办之始。但专用土法炼铜，仍难奏效。乃拟购置机器，参用西法，并招商合办，俾资扩充。宣统二年遂由沪商唐鉴章接办，定名为商办磐石铜矿有限公司，并拟招商股五十万元。乃承办三载，商股迄未招足，而亏本日甚。民国三年乃借拨官款十万吊，复改为官办，仍用土法采冶。所制之铜，内含杂质甚多，名曰糙铜。据民国四年调查，矿上有直井十八座，深自数丈至十余丈。矿石略事手选后，先入方形地炉煅炼。用木柴作燃料，约一星期毕事。再入土法炼炉，制炼糙铜。法极粗劣。上等矿（含铜 30%）每千斤仅能制得糙铜 150 斤，中等矿（含铜 20%）则仅 90 余斤。该矿共有煅炉四座，每炉可容矿砂 12，000 斤。炼炉六座，每日每炉能炼矿砂千斤。需焦炭 180 斤（焦煤购自海龙县杉松岗）。所制糙铜均运至长春，售于日本洋行。每百斤售价 45 元，计需运费一元二角。民国三年，该矿产糙铜 37，661 斤（即二十三吨），四年 37，359 斤（约合 22 吨），六年 125，186 斤（75 吨）。三年合计共值银 105800 余元。民国七年以资本不继停办，至今尚无恢复消息。

四、湖南铜矿

湖南铜矿甚多，然办有成效者殊少。据英文《经济周刊》第二二三期所载湖南铜矿一览表，共有公司十四家。其矿业状况及产额多少，以乏详细报告，无从探悉。兹将各公司之名称及采矿区域开列如左。

公司名称	采矿区域
湖南官矿局	绥宁、辰溪、沅陵三县境内，计有矿场七处
丰厚公司	麻阳县之龙长垩及牛谷岭
中兴公司	会同县之红岩溪、龙溪头、大风坳三处
保湘城公司	桃源、桑直、石门、永兴、永定五县，共有矿场八处
开泰公司	新宁、桂阳二县境内共有矿场五处。最著名之绿紫坳铜矿亦在其内
宝和公司	会同、常宁二县境内共有矿区七处
裕华公司	常宁、湘潭、宝庆三处
裕场公司	桃源县窑湾一处
达利公司	屡溪、祁阳共四处
宝善公司	祁阳、浏阳共四处
宝兴公司	浏阳六尾冲、石门铜厂坳二处
玉鑫公司	永兴新坑岭一处
宏大公司	永兴、浏阳境内共三处
厚生公司	石门山羊溪一处

五、湖北铜矿

湖北铜矿极多。就其矿床之种类言，可分为三类，即接触矿床、溶液沉淀矿床及水成矿床是也。其中以第一、第二两类最为有望，第三类则颇饶科学兴味，但实际上恐难开采。铜矿分布虽广，而目下矿业则萎敝达于极点。兹先就溶液沉淀矿言之。竹山、房县俱有重大铜矿。前清光绪年间，张文襄督鄂时，为鼓铸铜币，委员开办，旋即停止。民国二、三年间由五丰、五盈、五富等公司续办（俱宁波商人宋炜臣独资经营），用半新法开采。以交通不便，不久亦即停顿。现房县闻有恢复消息，尚未实行。鄂西之鹤峰、建始、咸丰、恩施等县，此类铜矿分布亦广。在前清光绪中叶曾用土法开采，尤以鹤峰之九台山最为著名。该地居民至今犹盛道之。惟鄂西崇山峻岭，运输维艰，即有佳矿，恐亦非近二三十年内所能开采耳。目下有即时开发之希望者，当推大冶、阳新二县之接触铜矿。该处露头宽广，交通便利，值兹铜荒时代，实有注意之价值。昔有益成、大兴等公司开采，规模尚大，曾每日产砂数十吨。现则除牛首山尚属开阳公司商办外，余皆属湖北官矿局。曾于民国八年大事开采，设炼铜厂于富池口，内有鼓风炉一座，倒焰炉二座，真吹炉数座，锅炉、机器等设备甚为周密。又因龙角山地势高峻，而矿量特丰，遂设高线铁路及轻便路，以资运输。开办将一年，因资本不继而停。今则欧阳山等处所开直井已多塌陷，所设铁路亦俱拆去，欲图恢复，颇不易易矣。开阳公司亦宋炜臣所经营，于民国十三年在牛头山设厂开采。月产矿石数百吨，借富池炼厂制炼精铜。至十四年春，以成本过昂，得不偿失，暂为停办。

六、福建铜矿

福建闽侯县附近，闽江南岸有接触铜矿一处。矿石为黄铜矿、斑铜矿，产于石英岩及大理岩中。现有华宝公司探勘。据最近美技师调查（民国十三年英文《经济周刊》第二百期第四页），谓浮面俱为碳酸铜，矿床厚度，就昔日探矿之经验言，恐有三百余尺，其下或尚有次生富集带之希望。化验结果，此矿含铜约 14%～18%，银每吨 20 两，金每吨 1/40 两云。

七、中国铜产额之约计

前述各铜厂，倘就其民国以来之最大产额合并计之，则产铜总额之最高数当为一千六百吨左右。惟山西、新疆等处之土法铜矿及湖南各矿俱未计入。近年以来，时局多故，百业凋零，铜矿业亦呈江河日下之势。彭县铜矿递减尤速，最近年产仅五吨。东川铜矿近状不详，然至多亦不过能保持如民十之产额而已。天宝山铜矿产额尚丰，但炼厂停工，至今未复，于矿业前途至有影响。综之全国铜产统计，虽多未备，至就上述之现状观之，则全国产铜总额充其量不能超出二千吨，实际产额则每年不过八九百吨而已。

八、铜之进出口及消费额

洋铜之进口始于何年，尚无确实考据。但明清之交，每因铸币之需，有所输入，则似无疑义。据海关报告，铜之进口有黄铜、白铜及紫铜三种。黄、白二铜虽系合金，但俱以铜为主要成分，故亦附论之。各种铜货中有制造品，如条、片、丝、竿、板、钉等物，亦有非制造品之铜锭、铜块。大抵制造品以用于电气工程为大宗，而锭、块则专用以铸币。至于输出之铜，为量极微，纯属锭、块一类，每年仅数百吨。惟在欧战时代则输出陡增，最多时为民国五、六两年，达三四万吨，值价几及一千万关两。但此非我国年产之铜也。盖当此之时，因战事影响，铜价激增，遂有人收买旧时制钱铜币，熔化成块，再行出口，获利甚巨。此项事业悉由日人暗中主持，大部皆由青岛出口。此外尚有铜币一项亦入国际贸易之列，惟关册所载仅有价值与枚数。而铜币种类繁多，重量不一。兹以中国及日本铜圆，秤得其每个之重量，俄国及香港铜币则约略臆测。以此与其枚数相乘，即得其总重量。民国以来，大致进口每多于出口。最多时为民国十一至十三年，自九十余吨至五百余吨。其余各年仅数吨至数十吨耳。出口之铜币则最多时（三年）尚不过六十六吨。兹将进出口各项铜货、铜币之重量、价值等列为第十五表。

第十五表　中国铜货、铜币进出口数量、价值表(民国元年至十四年)

Tabl XV　Imports & Exports of Copper & Copper Coins in China(1912—1925)

	进　口　Imports													出　口　Exports						
	黄铜:条、片、丝等. Brass & Yellow Metal: Bars, Sheets, Wires, etc.		紫铜:条、片、板、丝等 Copper: Bars, Rods, Sheets, Plates, Nails, Wires etc.		紫铜:锭、块 Copper: Ingots & Slabs.		白铜 White Metal or German Silver		铜币　Copper Coins			进口共计 Total of All Imports		紫铜锭、块 Copper: Ingots & Slabs		铜币 Copper Coins			出口共计 Total of All Exports	
	吨数 Tons	关两 HK. Tls.	吨数 Tons	关两 HK. Tls.	吨数 Tons	关两 HK. Tls.	吨数 Tons	关两 HK. Tls.	枚数 No. of Pieces.	约合吨数 Calculated to Tons.	关两 HK. Tls.	吨数 Tons	关两 HK. Tls.	吨数 Tons	关两 HK. Tls.	枚数 No. of Pieces.	约合吨数 Calculated to Tons.	关两 HK. Tls.	吨数 Tons	关两 HK. Tls.
民国元年 1912	962	442,076	767	404,762	6,540	3,123,272	100	81,661	2,486,859	6.381	3,295	8,375	4,055,066	——	——	1,000,000	7.200	7,600	7	7,600
民国二年 1913	1,554	785,225	1,086	557,549	12,044	6,129,521	246	203,960	4,786,252	14.459	8,700	14,914	7,684,955	125	24,510	1,750,000	5.800	4,029	131	28,539
民国三年 1914	1,633	829,413	1,614	868,295	15,706	6,658,327	157	133,246	203,133	1.408	1,140	19,111	8,490,421	110	28,136	71,402,060	66.228	70,334	176	98,470
民国四年 1915	537	461,986	403	320,459	2,074	1,022,096	29	30,562	474,750	3.418	2,724	3,046	1,837,827	2,705	812,389	1,679,000	7.592	8,506	2,712	820,895
民国五年 1916	687	611,758	574	600,029	1,563	731,121	20	30,559	6,013,531	43.212	36,148	2,887	2,009,615	33,889	9,066,681	533,000	1.661	1,102	33,891	9,067,783
民国六年 1917	980	803,414	619	697,755	1,659	1,135,660	24	25,570	11,223,690	41.346	26,733	3,323	2,689,132	41,389	9,946,756	5,000	0.355	26	41,389	9,946,782
民国七年 1918	1,150	863,118	623	677,552	7,284	4,272,924	14	20,281	7,290,650	52,186	39,757	9,123	5,873,632	2,683	833,649	459,674	0.611	393	2,684	834,042
民国八年 1919	1,631	994,366	2,393	1,533,000	19,066	7,407,914	20	21,704	2,280,000	16.306	11,722	23,126	9,968,706	549	186,372	7,000	0.050	33	549	186,405
民国九年 1920	2,678	1,521,532	3,570	2,111,820	25,002	9,302,146	20	16,943	1,772,000	12.603	7,272	31,282	12,959,713	190	79,969	77,115	0.548	413	190	80,382
民国十年 1921	2,131	1,464,999	1,624	1,311,146	28,652	12,064,935	29	29,152	660,000	4,686	3,851	32,440	14,874,083	950	240,199	24,023	0.253	224	950	240,423
民国十一年 1922	2,335	1,493,327	1,223	915,480	35,792	13,363,879	28	27,979	12,878,800	92.617	84,758	39,470	15,885,423	310	94,189	39,000	0.311	441	310	94,630
民国十二年 1923	2,484	1,507,116	1,481	1,004,556	13,828	5,814,152	28	29,523	63,003,588	452.884	417,605	18.273	8,772,952	842	284,501	446,988	3,478	2,850	845	287,351
民国十三年 1924	3,241	1,924,490	1,928	1,152,429	33,898	13,178,277	52	53,612	73,875,900	531.906	463,772	39,650	16,772,580	835	306,031	551,250	4.034	3,052	839	309,083
民国十四年 1925	3,057	1,575,257	2,210	1,031,731	8,128	2,982,698	32	34,354	2,340,000	1.684	9,230	13,428	5,633,270	1,040	381,917	445,021	3.672	2,327	1,043	384,244

进口之紫铜锭、块，以来自日本者占最多数，年约万余吨至二万吨。欧战期内（民国四、五、六三年）输入锐减，最少时仅千吨左右。此外英、德、澳大利亚洲等亦略有输入。美国进口之铜本极微少，但自民国十一年至十四年骤增至三万余吨，一跃而居第一位置。至输入各口岸中，以汉口为最多，年约一二万吨。天津、长沙、重庆、南京、广州、大连等埠次之。盖此数埠者，皆设有造币厂，所以供鼓铸之用也。此外黄铜、白铜及铜制品之输入大致均以日本占最多数，英、德、比等国次之。俄于战前输入尚多，今则大为减少矣。

将第十五表中所列进出口铜货、铜币之吨数比较之，则知每年进口之多于出口者约在二三万吨之间。惟民国五、六两年，则出口多于进口。而四年之入超亦仅三百余吨，则欧战之影响也。又据翁文灏氏约计，自同治六年至民国五年五十年中，出入相抵，净得二十万六千九百余吨。若计至民国十四年止，则输入净数共为319，969吨，而国内自产铜量共不过五万吨。如是计之，则六十年来国内每年之销费量平均当约为六千吨左右。近年来之销费额，就进出口之比较观之，当在一万吨至三万吨之间。

铜之用途当以铸造铜元为大宗，工业所需为数至微。光绪十五年（1889年）粤督张之洞氏首设造币厂于广州，至二十六年（1900年）始铸铜币。其后各省仿之。一时全国共有造币厂十七处，供过于求，以致价值日跌。各地商民乃请求政府严禁滥铸。光绪三十二年仅许全国设铜元局五，现在则共有八处，即天津、奉天、南京、武昌、长沙、成都、广州、云南是也。成都造币厂铸有二百、一百、五十等文之大铜元。其他各厂则俱以十文及二十文为最普通。据财政部调查，自光绪二十六年起至民国六年止，各省所铸铜元总数按计重量表列如左。

种类	枚数	每枚重量（公分）	共重公斤数
当十	31，682，102，306	7.20	228，111，136
当二十	386，292，308	14.90	5，755，755
当五十	300，805，522	40.00	12，032，220
当百	15，699，227	75.00	1，177，442
当二百	3，064，862	140.00（?）	429，080
一文制钱	160，487，661	0.71	113，946
二文制钱	28，718，641	1.45	41，642
五文制钱	37，942，509	3.73	141，515
共计			247，802，736

据上表则用于铸造铜元之铜，于近十七年中共计为二十五万吨。以铜元平均含铜70%计，实需纯铜十八万吨，平均每年销费约万余吨。但历年铸造铜元之数既无统计可考，故实际每年之销费量无从测知。大致前清末季，滥铸铜元，其销费必较现时为多，最多时或当在销费总额90%以上。现则工业逐渐发达，尤以电气事业一项吸收最多。故铸币之用或已略减，但仍占重要之位置则可断言也。

九、市　　价

铜货之种类甚多，市价亦不一，详细列举，徒占篇幅。兹仅将紫、黄各铜之锭、块及白铜丝、白铜皮等在上海之市价，据财政部货价调查处所公布者列表如左，以示一斑。

民国十三年及十四年上海紫、黄、白各铜每担市价表

	日本（以每担规元计）				英国（以每担规元计）		
	黄铜锭	旧黄铜	紫铜锭 C. T.	旧紫铜	华路路紫铜锭	白铜皮	白铜丝
一月	15.500	11.375	27.400	19.900	28.000	116.333	86.176
二月	15.850	12.000	28.833	20.167	29.583	170.000	95.000
三月	16.167	12.167	29.417	20.667	29.967	170.000	95.000
四月	17.375	12.625	32.350	21.500	32.875	107.000	95.667
五月	18.500	13.350	33.250	22.750	33.750	107.000	96.000
六月	——	——	——	——	——	——	——
七月	19.750	14.000	32.000	22.250	32.375	105.000	96.000
八月	19.500	13.750	31.750	21.500	31.500	101.250	97.250
九月	19.100	13.750	29.750	20.500	30.250	117.500	99.500
十月	18.250	13.250	28.500	20.000	30.000	120.000	100.00
十一月	18.750	13.500	28.250	20.000	30.250	123.500	100.00
十二月	19.750	14.000	28.500	20.500	30.500	125.00	100.00
平均（规元）	18.035	13.062	30.233	20.988	31.030	122.465	96.368
平均（关银）	16.190	11.725	27.139	18.840	27.854	109.932	86.507
每吨合价（关银）	269.830	195.416	452.316	314.00	464.233	1，832.20	1，441.78
十三年平均（规元）	15.793	10.999	28.017	20.337	28.309	121.041	99.604
十三年平均（关银）	14.176	9.874	25.150	18.255	25.412	108.654	89.410
每吨合价（关银）	236.266	164.566	419.166	304.250	423.533	1，810.90	1，490.13

中国铜矿参考书目

1. 翁文灏，铜矿纪要，农商公报第四卷第九期（七年）。
2. 张星焕，彭县铜矿调查报告书，（农）三卷十一期及十二期（六年）。
3. 廖世勋，湖北竹山县铜矿特别报告，（农）五卷八九二期（八年）。

4. 尹援一，沈化夔，湖北咸丰县铜矿报告，（农）七卷二期（九年）。

5. 王维燮，磐石县铜矿报告，（农）五卷一期（七年）。

6. 张根甲，湖南桂阳绿紫坳铜矿，矿业杂志二卷一期（七年）。

7. 周维，李倬云，湖南绥宁铜矿，（矿）一卷一期（六年）。

8. 李競存，湖南永顺大米界铜家湾铜矿，（矿）二卷三期（七年）。

9. Copper Mines in Hunan：Chinese Economic Bulletin，No，223，p. 311，May，1925.

10. Report on Copper Mine in Fukien：Chinese Economic Bulletin，No. 200，p. 4，Dec. 1924.

11. 梁津，福建南平县枣兜铜矿，（农）六卷十二期（九年）。

12. 同上，福建石竹山铅铜矿，（农）七卷十一期（十年）。

13. V. K. Ting：Tungchwanfu，Yunnan，Copper Mines. Far Eastern Review，Vol. 12，No. 6，1915.

14. J. Coggin Brown：The Mines & Minerals of Yunnan. Memoir，Geol. Surv. ludia，Vol. 47，p. 1. Also Far Eastern Revivw，1921.

15. 吴矿，河南济源铜矿，中国地质学会志三卷一期第九页，又英文经济调刊一九四期第十页。

16. 英文中国年鉴，中国币制章，一九二四年，六九三页至六九五页；一九二六年　五二三页。

铅锌

中国方铅矿内常含闪锌矿。二者既常相共生，故合论之。此项矿床，南北各省无不有之。目下正在开采者为湖南常宁之水口山，云南之东川，四川之会理及奉天之凤城四处。此外储量丰富而未经开发之矿当亦不少。兹略述各矿厂最近状况如左。

一、水口山锌铅矿

（萧方骏、余怀清及美人司卡夫 Scarfe 报告，又该矿最近填送之调查表）

水口山锌铅矿在常宁县东七十里、衡阳县西南陆路九十里、水道一百二十里，距湘江岸松柏市约十里，有轻便铁路以联络之。矿石及锌铅由此可运至长沙、汉口。矿石为闪锌矿、方铅矿及少量之黄铁矿。锌矿较铅矿为多，约成二与一之比例。现在开采之地在老鸦巢、锡寿场、明坑等处。该矿自明季以来即经土人采挖，主要目的为采银与炼熿。光绪二十二年，湖南巡抚陈宝箴筹设官矿局，夙闻水口山之名，乃先从该处着手，委宁乡廖树蘅总理其事。初就土法开采之地，因陋就简，改设明窿。不料竟发现巨大矿床，获利甚厚。及开采渐深，出砂困难，且水量极大，人力难施，乃于光绪三十二年改用西法。现在共有斜井二座，直井一座，最深之处达 227 公尺。内分五层。第一层距地面 82 公尺，以下各层之垂直距离如左。

一层至二层	44 公尺
二层至三层	17
三层至四层	42
四层至五层	42

地面斜坑及直井仅达三层而止。自三层以下，另有暗井贯通。约距地面 43 公尺处即遇矿体。采矿方法为仰切及充填二种，不用支柱，间于顶蓬危险处安置方架式支柱以撑持之。坑内外共有抽水机九座，轻便铁道、电灯等一切具备。坑口安置五十匹马力之起重机。锅炉六座，共计六百匹马力。此外电机厂、机器厂、木工、翻砂等工场，无一不备。民国二年又于斜坑之侧开一直井，宽九尺，长十五尺。内分三部，以二部上下罐笼，其余一部备抽水之用。此井现已深达 183 公尺。以上皆西法矿窿之工程概况也。土法矿之尚存者仅锡寿场一处，现有直井深 180 公尺。其他明窿早经废置。产出矿石铅锌混杂，

须经一度之洗选始能运售。其法甚繁，大致人力、机力，参互为用，分为敲砂、淀砂、滴砂（此三项皆用人力）及洗机、洗床（西法）等种种手续。兹列其未选及选后逐步产物之成分如左表。

（一）毛砂成分表

	黑 铅	白 铅（即锌）	银（以盎司计）
第一种	33.9%	29.4%	21.2%
第二种	19.1%	29.4%	18.0%
第三种	23.4%	23.4%	18.3%

（二）选后矿砂之成分表

方 法	厂 别	黑 铅 砂			白 铅 砂		
		铅%	锌%	银，每吨两数	铅%	锌%	银，每吨两数
土 法	敲 砂	59.8	10.7	27.30	7.00	48.80	——
	淀 砂	66.7	8.34	29.75	14.10	44.14	10.70
	滴 砂	59.50	16.40	29.30			
西 法	洗 机	69.84	5.94	29.87	3.58	33.36	8.95
	洗 床	73.55	3.40	31.00			

在正长岩南端，距总局约五里之龙王山，铁帽露头延绵甚广。昔有土坑采炼硫黄，后设分局。开直井一，深达60公尺，但所得仍多黄铁矿，而少铅锌矿。近以燃料缺乏，已停止进行矣。

据民国五年美技师调查，水口山大井内已经确实探定之矿囊共有六个。而历年开采已去大半，现所存者不过五万吨左右。倘不用科学方法详加搜探，恐有难以为继之势矣。近来产额每月约出毛砂3，600至4，000吨。选矿科每月约能选出黑铅净砂750吨，白铅净砂1500吨。历年净砂产出之数另列详表。兹将民国以来毛砂之产额列如左表。

民国元年	34，627.9吨	民国二年	43，076.6吨
三年	65，242	四年	74，332
五年	70，846	六年	66，684.6
七年	40，035.2	八年	36，489.6
九年	14，135.6	十年	49，805
十一年	41，690	十二年	43，025
十三年	37，282	十四年	

水口山采选成本，据民国八年该矿所报告者如左（事务费在外）。

民国八年水口山出砂成本表（本年产毛砂36，489.6吨，由此选得纯砂17，404.68吨）

项 目	费 用 （ 银 元 ）	每 吨 成 本 （ 银 元 ）
采矿	57，781	3.321
选矿	47，021	2.702
机械	106，827	6.137
运输	24，526	1.400
共计	236，156	13.569

最近三年之开支，合薪、食、事务、营业、修理、杂用等一切在内，表列如左。

民国十年	486，373元
十一年	598，048
十二年	613，127

所产矿砂除供松柏、烟州及长沙炼厂制炼外，余均由官矿经理处售与瑞记、礼和各洋行转运出口。宣统三年及民国元年，官矿局曾与礼和洋行先后订立售砂合同，而以民国元年所立者为最大，计黑、白铅砂总数十万吨，其中黑铅整碎砂四万吨，白铅整碎砂三万吨，白铅碎砂三万吨，预交定银一百万两，矿砂价值依照伦敦市价随时计算。及欧战发生，金融紧急，礼和中途毁约，销路顿绝，矿局遂陷于异常恐慌之地位。曾与美、日资本家筹商销售办法，迄无成议。至民国九年，战事告终，又与礼和恢复原约，故输出又逐渐增加。

松柏炼厂在湘江西岸，距衡阳陆路九十里，水道一百十里；距水口山十里。创办于前清光绪三十一年，由分局总理廖树蘅招集桂阳州土人，用土法提炼白铅，成绩颇佳。开办之初设白铅炉二十四座，嗣后陆续增加，至民国三年共设炉四十八座。又于民国元年设立黑铅炼炉二座，现已停办。炼锌之法先将矿石烘焙，然后和以木炭，入炼罐熔炼。炼罐盛于炼炉。炉共四十格，可列罐一百二十个，装砂一百七八十斤，用煤七石，可得白铅五十余斤。每炼一次须八九小时。炼黑铅方法大致相仿，惟另须提取银质。据民国四年调查，该厂每月能炼白铅约六百五十石，黑铅一千五百斤，纯银三百余两。冶炼费白铅每石十元，黑铅十六元。最近状况不详。烟州炼厂在水口山附近，亦用土法，称为第二白铅炼厂。又有商办之泰成炼厂，在松柏官炼厂之对面，湘江东岸。创办于民国八年，由湖南矿务总局发给承炼执照。开办经费数千元。用土法炼锌，计有炼炉十座。每炉每日平均产锌四十余斤，每月产额万斤，约合六吨之谱。所产之锌，遵照总局承炼简章，按月解交长沙矿务总局，售与造币厂及各洋行。

湖南西法黑铅提炼厂在长沙南城外三里，湘江东岸，由官矿局派送留美回国之江顺德君担任建设，于光绪三十四年工竣。宣统二年开炉试炼。四月之后即因炼炉容量过大，矿山出产不敷应用，且工人不谙技术，以致成绩不佳，遂归停顿。民国五年铅价飞涨，产额日增，而礼和售砂合同不能履行，以致矿砂积压过多，乃倡议恢复炼厂，整理机器。至民国七年三月始得开炉制炼，迄今数年，成绩甚佳。制炼方法先将铅砂烘焙，以减少硫质，乃入鼓风炉炼成毛铅。又用柏克法提取铅中之银，用法柏炉（Faber du Faur Furnace）分锌银合金中之锌，而另用英国式之提银炉以精炼银质。手续甚繁。但就大致言，则不外四步，即烘焙、炼铅、提银、精炼之四项是也。该厂本备有长焰式烘砂炉二座，每炉容积于二十四小时内能炼矿十二吨。后以耗煤过多，且常需修理，消费更大，乃改用生铁制之烘砂罐二座，系长沙自造，每罐容量五吨。兹将该厂设备列表如左。

炉名	座数	形式及尺寸	容量	每日产额	备考
烘砂罐	二座		5吨		每月开炉十六日
鼓风炉	一座	长方式。高7.3，长1.83，宽0.84公尺，圆径0.089公尺	935吨	15吨	每月可开炼25日，其余时间用于修理。计每吨毛铅须矿砂1.893吨
柏克氏分银炉	数座	各座尺寸不一。圆径自1至1.8公尺，深自0.25至1.3公尺			每吨含银一盎斯，须加白铅十磅，以分出之

续表

炉名	座数	形式及尺寸	容量	每日产额	备考
净铅炉	一座	长方式，周身围冷水。高1.346，长1.956，宽0.737公尺			炉内喷入水蒸气，以酸化铅中之杂质。每炼纯铅一吨计需毛铅1.235吨
法柏炉	一座	高0.23，宽1.08，长1.13公尺，系笔铅所制	800磅	合金渣3000磅	
提银炉	数座	英国式。高1.645，长3.3，宽2.04公尺		4000磅	炼得之纯银再用旧法铸成元宝，因银号习于用此以判断其成色也

炼铅所用之煤焦昔日皆取诸萍乡，价值极昂，近则改用祁阳及湘乡之烟煤，由民船下运长沙，每吨仅九元左右。铁矿石、灰岩等为熔剂之用者则取诸攸县及长沙附近。据民国七年三月所计算之提炼成本如左。

费别	成本（银元）	费别	成本（银元）
每吨矿石之烘炼费	4.18	合每吨纯铅之成本	50.22
每吨毛铅之熔炼费	24.54		
每吨毛铅之薪资	7.27		
每吨纯铅之精炼费（分银、提银等俱在内）	21.10	同上	21.10
每吨纯铅之办公及杂用	5.50	同上	5.50
共计			76.83

民国七年三月该厂开炉十八日，共炼矿石426吨，产出毛铅225吨，精炼后得纯铅约180吨左右，银一万盎斯；银之纯度为99%、铅之纯度为99.9%。依此计算，则每年毛铅之产额约3000吨。最近产额不详。铅之销路以售与华商制造盛茶之箱匣为最巨，一小部则售与焊匠及汉口、上海等处。

长沙湘江之西有日人设立之大同炼厂，创办于民国五年五月，专炼铅银矿石，资本约五十余万元。据六年调查，该厂有焙烧缸（Roasting Pot）大小共五个，熔炉、分银、流铅等炉（Blast Furnace，Liquation Furnace，Cupellation Furnace.），一切具备。预定每日可炼毛铅自五吨至七吨。该厂并无附属矿山，所炼之砂纯赖市场收买。近状不详。

水口山铅锌、硫黄等净砂产额表（以吨为单位）

年份	闪锌矿	方铅矿	黄铁矿
光绪二十二年	527	23	212
光绪二十三年	196	1，285	145
光绪二十四年	5，675	1，884	103
光绪二十五年	4，577	3，036	104
光绪二十六年	5，822	2，791	205
光绪二十七年	4，806	2，260	216

续表

年　份	闪　锌　矿	方　铅　矿	黄　铁　矿
光绪二十八年	5，721	3，627	252
光绪二十九年	5，509	3，670	85
光绪三十年	5，558	2，342	58
光绪三十一年	5，178	2，079	59
光绪三十二年	6，662	1，772	47
光绪三十三年	10，011	1，973	34
光绪三十四年	8，124	2，910	39
宣统元年	8，483	3，088	83
宣统二年	7，787	2，553	44
宣统三年	9，498	4，035	97
民国元年	9，444	2，987	339
民国二年	10，319	3，164	182
民国三年	11，454	5，777	50
民国四年	26，722	10，668	8
民国五年	28，104	9，684	77
民国六年	不详	不详	不详
民国七年	不详	不详	不详
民国八年	12，773	4，631	118
民国九年	7，267	3，105	38
民国十年	21，637	10，074	253
民国十一年	18，104	7，885	940

据海关报告，民国十三年自长沙出口之铅矿为125，837担，较之前数年大为增加。论其原因，则以长沙西法黑铅提炼厂因炼铅成本过高，反不如将矿石出口较为有利可图。至于锌矿之出口量则大为减少，本年为348，735担。减少之原因，非矿厂发生意外或停顿之故，盖近年以来（民国三年至九年）受欧战之影响，海外贸易屡受阻碍，矿厂出产既无法外运，惟有堆积于矿场之上。迨民国十一年至十二年之间，国外运输顿复旧观，向之所积者竭力推销，致造成近二年锌矿出口业之蓬勃气象。至本年存货告尽，仅恃矿上按月之所产，为量较微，此出口量之所以遽形减少也。十四年长沙关之铅砂出口量增加更多。锌砂较十三年略增。详细统计列194页附表。

二、云南铅锌矿

云南铅锌矿甚为丰富。但僻处山间，开采者少，目下产额较多者当推东川之矿山厂：在城东120里，其间地势平衍，可行牛车，交通尚称便利。矿石大部为碳酸锌及碳酸铅，稍含硫化物。产石灰岩中，而与断层有密切关系。此矿属东川铜矿公司，开采已历有年所（见前铜矿节）。主要产地为裕国硐及兴宝硐，南北相距五百公尺，地下相连。在中国金属矿中以开采最久著称。其他规模较小者为麒麟厂铅矿，在裕国硐之东约三公里半，多硫化物而富于银质。以上各处矿石品质均低。土法冶炼平均出铅9%，出锌5%。冶炼时锌损失颇多，铅则较少。其所含实量，铅不能逾11%，而锌不过8%也。然以燃料价低，采冶较易，实为中国产量最多之一矿。自发现以后近六世纪之中，铅锌产出之量各约二十万吨。平均毛铅每吨含银十七两，但麒麟厂矿石每吨含银可逾二十两。历年产铅约七百吨，锌五六百吨，银一万二千两。近以时局不靖，矿业大受影响，恐产额不复如是之多矣。东川而外略有出产者为罗平县之卑浙厂，在县北一百五十里，距滇越铁路最近处约三百里，但与海外交通之路常经云南府，计七日可达。矿石为硫化物，以产锌为主，铅量不多。选出矿石至多含锌46%，但平均不及12%，用土法冶炼提出者仅得7%。此矿较矿山厂发现更早，在十八世纪已大施工作，年产矿约千吨。嗣以缺乏销路，运费繁重，矿业渐衰。最近状况不详。

据勃郎氏调查云南西部地质，谓腾越北三十英里地名明关（译音 Mingkuan），有铅锌矿脉，产石灰岩中。方铅矿含银每吨约123盎斯至156盎斯。附近有旧峒、炼炉等遗迹甚多，而熔渣尤遍地皆是，足证昔日矿业之兴盛。溶渣中尚含金属在6%以上，倘用西法重新选炼，或尚有厚利可图也。勃氏调查时该处有土法矿数处。采得矿石和以木炭，入高七尺至九尺之鼓风炉中，炼成毛铅。再入分银炉提取银质。此外永昌、景东、永北、丽江、云县等皆有铅银矿，在前清初年产额俱极可观。即光绪中叶（1898年），据法人莱克勒氏，约计全省产铅每年尚有三千吨之谱。近则内乱频仍，交通阻梗，而燃料缺乏，浮面之富矿几有垂尽之势，以致矿业每况愈下。按云南南邻缅甸，其处金属矿产如铜、锡、铅锌俱异常丰富，识者谓为未来之矿业中心。云缅比连，原属同一矿产区域，则其矿床之有一顾价值亦无可疑矣。

三、四川会理天宝山矿厂（该公司填送调查表及矿厂经理张星焕君报告）

天宝山铅锌矿在会理县北九十里，创办于前清雍正年间，由年羹尧将军主办。专采银矿，相传曾收课税银二千三百余万两。志乘不载，事或非确。年将军故后，厂遂停辍。至同光年间又由本地人开采。嗣后归宁远府管辖。官任排水，招商采炼，终以坑深水大、仍复停歇。清末四川矿务总公司接办，拟开直井未成，而值反正，事又中辍。民国三年由会昌矿业公司接办，遵照矿业条例立案。五年正式开采。仅于地面附近采掘碳酸锌矿，以土法提锌。运销云南，转输香港等地。十一年公司改组，由上海购办二十五匹马力锅炉一座、双筒式七英寸唧筒一座、压气机一座，始于十三年春开工，排除蓄水，恢复旧日之斜坑（坑深约四百尺），以从事于坑内之采掘。矿石有四种，即碳酸锌、闪锌矿、方铅矿及黄铜矿。其中以锌矿为最多，余为附产品。铜铅中并杂有银质，最高时达千分之八。昔日开采以碳酸锌为主，用土法蒸炼，损失极多，得锌不及矿中含量之半。至于闪锌矿，素不顾问。现浮面之碳酸锌已将垂尽。公司为利用硫化矿起见，正在建造反射炉一座，以焙烧矿石，使之酸化，然后再用本地蒸馏旧法以提锌。此炉每日可焙矿一万余斤。将来每日或可产锌二千余斤。方铅矿用旧法罩子炉提炼银铅，颇类西式之灰吹法。惟炉床在炉桥之下，用辐射而非反射，故耗燃料较多，现亦拟另建新炉。黄铜矿亦曾以土法提炼，但矿石不能源源接济，遂即停辍。现矿上采、选、冶、运各工共约三百余人，工资每日最高五角，最低一角半。为就燃料之便利计，炼厂设于距矿三十里之白菜湾。其间山道崎岖，交通极为不便，所产锌铅皆运至云南、成都等处销售。运费至云南每百斤十元，成都约十二元。在云南市价每百斤铅、锌各约三十元，铜七十元，皆系滇币。采冶成本，铜每吨850元，铅300元，锌150元。兹将历年产额开列如左。

年份	锌产额（斤）	合成吨数
民国六年	450，000	270
民国七年	280，000	168
民国八年	160，000	96
民国九年	120，000	72
民国十年	80，000	48
民国十一年	110，000	66
民国十二年	160，000	96
民国十三年	160，000	96

民国六年至十三年止仅采闪锌矿。十三年始有银、铅、铜三者之产出，计截至九月止，各项选后之精矿及金属产额如左。

种　　类	产　　额（斤）	合　成　吨　数
碳酸锌矿	1，042，090	625
方铅矿	52，000	31
闪锌矿	437，458	262
黄铜矿	112，000	67
粗铜	4，700	2.82
精铜	1，060	0.6360
铅	8，890	5.334
锌	182，819	109.69
银	1，569 两	

四、奉天凤城县青城子铅银矿（《支那矿业时报》第五十九及第六十期又该矿填送之调查表）

青城子矿山在奉天南部大洋河上流，东距安奉铁路通远堡约四十六公里，在凤城县西北约八十里，为目下奉天惟一开采之铅银矿。据志乘所志，此矿在明代已经开采。至光绪三十四年有砂金采掘人（其处本产砂金）谷某与奉天矿政调查局委员周某，在店南沟等处采掘，雇用工人四十余名。适遇浮面富矿之部，一年间产矿石 180 吨，再用土法提炼铅、银，获利至一万元。其后屡经改组。民国六年由中日合办之中日矿业公司承办，在农商部立案。但以种种障碍，至民国九年始正式开工，十二年着手冶炼。矿石以黄铁矿及方铅矿为主，中含金、银微量，另附黄铜矿、闪锌矿，成脉形或矿囊状。大致俱赋生于花岗岩与石灰岩之接触带或其附近。产矿地点甚多，而以青城子西山为最丰富，即现在开采之处也。已发现矿脉三道，俱走向东北，倾斜北向。中有一脉含矿最丰，称为主脉。矿石成分如左。

矿　　别	金	银	铅
纯矿石	微量	0.188%	74.10%
平均试料	微量	0.037%	23.63%

矿上现开竖坑一，深二百尺，分为两平层。另开平巷一条，长约百公尺，与东西坑道相连。采矿用仰切法。坑内运输用木制独轮车，甚轻便。现有矿工一百八十余人。采得矿石，先手选，次经碎矿机、筛矿机及洗矿台，选成净砂，乃和以石灰、木炭，入铁锅焙烧至二次以上，使悉酸化。然后入鼓风炉熔成毛铅。该矿现有焙烧锅二座，直径二公尺，容量 1.5 吨。昔本用焙烧窑（Stall Roasting），以容量太小，改用今法。旧式鼓风炉二座，炉基直径 1.8 公尺，羽口二个，旁设脚踏风箱以鼓风。每日制铅能力各约 1.7 至 1.8 吨。毛铅之成分如左。

铅	98.0%	金	微量	银	0.24%

制炼时间每次约需一小时又三十分左右。铅之实收率平均为 63.79%，其余皆损失于炉渣或矿锍之中。产出之毛铅销售于奉天营口、大连、辽阳等处，每吨价约 300 元。尚有一部则售于三菱矿业株式会社之大阪制铁所，以备精炼之用。最近一年曾售出毛铅 468 吨。此矿自开办以来至十四年五月止，共产毛铅约一千五百吨。五月以后炼炉停工，故仅产矿砂。兹将历年净砂之产额列左。

民国十二年	民国十三年	民国十四年（一月至七月止）
500 吨	1，000 吨	300 吨

五、中国铅锌产额之约计

中国铅锌矿分布虽广，然实行开采者为数不多。除前述各矿厂外，尚有浙江诸暨县东南之高坞坑，昔有人和公司开采，平均年产锌矿百余吨，由上海输出日本。近状不详。倘就前述各矿厂之最近产额，斟酌情形，以整数核计之，则全国铅矿之总产额约为一万六千吨，锌矿约三万吨；冶炼品之产额为纯铅约三千五百吨，锌七千吨，其分配约如左列。

矿　厂	铅　矿	锌　矿	纯　铅	纯　锌
水口山	14，000	28，000	3，000	6，000
东　川	700	600	——	
会　理	50	900	5	110
凤　城	800		500	
诸　暨		100	——	
共　计	15，550	29，600	3，505	6，110

观上表可知，我国之铅锌矿业大多数以出售矿砂为惟一之销路。虽湖南设有新式炼厂，而规模太小，产额不多，一旦外国市场发生阻滞，则矿业即随之而停顿。礼和洋行之前车可鉴足为明证。是当急谋创设大规模之炼厂，庶不受制于市场而始有发达之望欤。

六、铅锌之进出口

自民国元年至十四年中国铅锌及矿石进出口之数量、价值列如第十六及十七表。

第十六表　中国铅及铅矿石进出口表（民国元年至十四年）

Table XVI　Imports & Exports of Lead & Lead Ore in China（1912—1925）

	进　口 Imports.						出　口 Export.			
	铅块铅条 Lead,in Pigs or Bar		茶铅,铅片及其他制品 Lead Tea,Sheets & other Manufactures		共　计 Total		铅　块 Pig Lead		铅矿石 Lead Ore	
	吨数 Tons	关两 HK. Tls.	吨数 Tons	关两 HK. Tls.	吨数 Tons	关两 HK. Tls.	吨数 Tons	关两 HK. Tls.	吨数 Tons	关两 HK. Tls.
民国元年 1912	5,777	610,619	359	51,480	6,136	662,099	20	3,382	4,241	99,760
民国二年 1913	6,457	735,356	643	83,010	7,100	818,366	41	2,744	4,033	130,928
民国三年 1914	6,653	879,398	507	89,032	7,160	968,430	233	17,571	3,691	210,493
民国四年 1915	5,639	934,744	367	85,735	6,006	1,020,479	681	65,554	57	2,728
民国五年 1916	4,609	1,082,633	803	205,894	5,412	1,288,527	1,119	253,340	8,909	511,476
民国六年 1917	4,684	961,663	1,323	298,355	6,007	1,260,018	743	164,411	13,842	774,659

续表

	进口 Imports.						出口 Export.			
	铅块铅条 Lead, in Pigs or Bar		茶铅,铅片及其他制品 Lead Tea, Sheets & other Manufactures		共计 Total		铅块 Pig Lead		铅矿石 Lead Ore	
	吨数 Tons	关两 HK. Tls.	吨数 Tons	关两 HK. Tls.	吨数 Tons	关两 HK. Tls.	吨数 Tons	关两 HK. Tls.	吨数 Tons	关两 HK. Tls.
民国七年 1918	4,322	819,601	940	205,548	5,262	1,025,149	460	122,541	929	49,158
民国八年 1919	8,784	1,196,564	1,172	176,021	9,956	1,372,585	11	1,955	136	6,698
民国九年 1920	3,681	438,663	716	144,405	4,397	583,068	327	81,508	2,372	135,766
民国十年 1921	6,928	958,479	615	111,876	7,543	1,070,355	282	43,907	6,127	358,529
民国十一年 1922	6,761	942,500	700	119,612	7,461	1,062,112	672	107,338	5,059	290,975
民国十二年 1923	9,854	1,455,276	1,150	193,313	11,004	1,648,589	741	89,999	4,880	278,331
民国十三年 1924	9,574	1,552,264	2,433	519,526	12,007	2,071,790	1,125	153,566	7,175	409,042
民国十四年 1925	7,093	1,414,267	1,019	205,901	8,112	1,620,168	395	53,059	10,946	572,945

第十七表 中国锌及锌矿石进出口表(民国元年至十四年)

Table XVII Imports & Exports of Zinc & Zinc Ores in China(1912—1925)

	进口 Imports.						出口 Export.			
	锌 Zinc		锌制品 Manufactured Zinc		共计 Total		锌 Zinc(Spelter)		锌矿 Zinc Ore	
	吨数 Tons	关两 HK. Tls.	吨数 Tons	关两 HK. Tls.	吨数 Tons	关两 HK. Tls.	吨数 Tons	关两 HK. Tls.	吨数 Tons	关两 HK. Tls.
民国元年 1912	440	88,954	852	199,706	1,292	288,660	754	80,979	7,113	112,561
民国二年 1913	526	107,254	1,956	426,365	2,482	533,619	901	96,761	9,471	110,503
民国三年 1914	515	93,086	873	180,439	1,388	273,525	307	32,013	7,313	85,400
民国四年 1915	16	9,409	74	36,327	90	45,736	2,309	441,137	8,474	127,498
民国五年 1916	39	26,775	431	287,143	470	313,918	768	244,879	407	16,929
民国六年 1917	62	18,643	465	186,933	527	205,576	428	114,665	226	7,126
民国七年 1918	310	63,312	329	127,673	639	190,985	128	27,787	164	3,296
民国八年 1919	1,064	201,394	548	162,990	1,612	364,384	108	24,198	2	34
民国九年 1920	874	137,469	1,036	296,809	1,910	434,278	97	13,458	9,044	156,796
民国十年 1921	843	143,803	655	171,069	1,498	315,412	1,076	157,860	11,833	180,540
民国十一年 1922	2,294	371,085	589	146,900	2,883	517,985	199	21,433	60,757	697,303
民国十二年 1923	458	88,177	1,341	335,340	1,799	423,517	239	32,440	60,580	694,735
民国十三年 1924	1,514	345,546	728	167,235	2,242	512,781	210	31,613	2,029	222,641
民国十四年 1925	1,476	339,717	699	163,611	2,175	503,328	245	36,061	34,472	399,786

中国铅块、铅条及其他制造品之输入每年共计在四千余吨至一万二千吨之间，值价自六十万两至二百万两。香港（大部系英产或澳产）、澳大利亚、印度、坎拿大、英、美、日本等地俱有输入，多少随时而异。至输入各埠，当以沪、汉、广州等地占量最多。输出之部以矿石为最重要，几全部由长沙出口，每年在五千吨至万吨之间，最少时为民国四年，仅五十七吨，则以欧战发生，礼和毁约故也。铅块之输出，年仅数百吨至千吨，不及矿石十分之一，以经由汉口出口者为最多。兹将近年来长沙关出口铅砂之数量、价值列如左表。以此与输出总额相比较，足以知水口山铅锌矿地位之重要焉。

年份	吨数	关两	年份	吨数	关两
民国七年	1，756	98，407	八年	1，436	80，513
九年	3，185	178，540	十年	6，649	372，674
十一年	5，457	305，872	十二年	5，070	284，211
十三年	7，550	423，203	十四年	8，547	477，694

金属锌及锌制品（如锌片、锌板等）之输入，每年共计在一二千吨之间，值价自二十万两至五十余万两。最少时为民国四、五年，共计仅数十吨，则欧战之影响也。金属锌以日本、美国进口者为最多；战前德国亦占重要位置，今已大减矣。锌片、锌板等，则欧美各国各有输入，多少殊不一定。锌矿石在民国六、七年及九、十各年略有输入，余皆缺如。至出口之部，则以矿石为大宗，年约一万吨至六万吨，以民国十一、十二二年出口最多；锌块之输出则不过数百吨至一二千吨。兹将民国七年至十四年长沙关出口锌矿砂之数量、价值列为左表。

年份	吨数	关两	年份	吨数	关两
民国七年	2	36	八年	12	203
九年	9，044	152，079	十年	11，798	171，812
十一年	66，426	744，658	十二年	58，768	658，812
十三年	20，924	234，566	十四年	37，636	421，920

七、铅锌市价

民国十三年及十四年在上海市上趸售之铅锌市价，据财政部货价处调查者表列如左（以每担规元银计）。

	云南铅	云南旧铅	印度大条铅	英日铅皮，厚半吩	湖南锌	美国锌块	美国锌皮（二号）
一月	16.000	9.250	16.267	15.625	14.300	14.267	19.083
二月	14.500	11.750	15.433	16.917	15.500	15.000	21.167
三月	14.500	12.000	14.733	17.417	14.750	14.750	21.833
四月	14.250	12.750	14.700	17.625	——	16.083	16.500

续表

		云南铅	云南旧铅	印度大条铅	英日铅皮，厚半吩	湖　南　锌	美国锌块	美国锌皮（二号）
五月		14.000	13.350	14.200	17.750	17.000	22.000	22.000
六月		——	——	——	——	——	——	——
七月		14.500	12.500	14.250	17.500	17.500	17.250	24.000
八月		14.750	12.750	14.650	17.500	18.000	17.750	24.000
九月		14.600	12.800	14.675	17.625	17.800	17.500	23.500
十月		15.000	14.000	15.250	18.250	17.500	17.500	23.000
十一月		16.000	15.000	16.250	18.750	17.250	17.500	24.000
十二月		15.250	14.250	15.475	18.500	17.000	18.000	23.250
平均	规元	14.789	12.787	15.027	17.595	16.716	16.532	22.486
	关两	13.276	11.478	13.490	15.795	15.006	14.840	20.185
每吨合关两		221.27	191.30	224.83	263.25	250.10	247.33	336.41
十三年平均	规元	——	——	13.154	15.651	——	14.056	19.363
	关两	——	——	11.808	14.049	——	12.617	17.382
	每吨合关两	——	——	196.80	234.15	——	210.283	289.70

中国铅锌矿参考书目

1. Lead & Zinc Mining in China. Eng. & Min. Journ, Nov. 25, 1922, P. 947. Also Far Eastern Review, Vol. XIX, No. 1, Jan. 1923, p. 12.

2. 六十年来铅价之变迁，湖南实业杂志五十二期。

3. 奉天青城子附近矿产地，川越洁，支那矿业时报，六十号。

4. 青城子矿山作业一般，（支）五十九号。

5. 调查浙江诸暨县锌矿报告，钮翔青，农商公报五卷三期（七年）。

6. 水口山铅锌矿（a）一般报告，谭伯强，矿业杂志一卷一期（六年），（b）水口山工程用费平均统计，实业杂志四十二期四十四期，（c）水口山最近三年开支概况，（实）七十七、七十八（十三年），（d）礼和洋行合同，（矿）一卷一期，（e）矿务局与美合办西法白铅炼厂理由书，（实）二十八期（九年），（f）工程汇志，（实）六十二六十三六十五。

7. 长沙黑铅炼厂（a）T. H. Lee 李定焕，Bull. China Inst. Min. Met., No. 2, Aug. 1923，（b）实习报告书，王永言，（实）三十九、四十四、四十五、四十六（十年），（c）工程用费平均统计（实）三十八、四十一、四十二，（d）扩充计划，陈文祥，（矿）三卷一期（八年）。

8. 松柏泰成商炼厂，（实）二十八、二十九期（九年）。

9. 长沙日本大同炼厂，王震东，（矿）二卷一期（七年）。

10. 湖南其他铅锌矿（a）临武茶山，刘德浴，（矿）四卷二期（十年），（b）临湘官山段山，吴秉刚（矿）二卷三期，（c）宝庆隆回银坑，欧阳嵩，（矿）二卷三期，（d）宁乡大沩镇驷马冲，方镇江，（实）四十六期（十年）。

第六章 锡、汞、锑及其他金属

锡

中国锡矿以云南之个旧为最重要，年产纯锡约八千吨，价值三千四百余万元。其次如广西之富贺、湖南之江华、临武、郴县，亦皆产锡。洗砂制炼之法均极幼稚，故产额不甚巨。惟官商合办之个旧锡务公司参用新法，年产约七八百吨。兹将各省锡矿业情形，据最近调查者节录如左。

一、云南个旧锡矿

个旧县属云南蒙自道，在省之南部。滇越铁路横贯南北，交通称便。产矿地点俱在个旧附近，北自马落革，南至都河口，约三十五公里，东自白石岩，西至石小口，约二十公里。就矿厂之位置又可分为四区如左。

（一）北区，即鼓山、马落革一带，约有锡矿十处，亦称新厂。

（二）中区，即黄茅山、白石岩等矿区。开采最早，故称老厂。现有矿四十余处。

（三）南区卡房一带，共有矿约二十五处。

（四）西北区，矿厂皆四散分布，最重要者为牛屎坡。

开采锡矿分为露天法与窿道法二种，皆系中国历代相传之旧法，故工程危险，窿内尤甚。因窿道甚低，工人常须蜷服以进，且通风不足，矿灯暗淡，于工人之健康皆至有妨碍。矿石采取后，置水池中淘洗，然后盛以木桶，运至个旧冶炼。洗后之矿石可分为三等：（一）含锡自58%—70%，（二）48%，（三）35%。平均则为47%左右。一年中自十月至五月为采矿最盛之时期，而自五月至十月为降雨之季，淘洗最为便利。苟雨水充足，则洗事亦可延长至十月以后。矿工俱自宣威、松宁、建水、新兴等县雇来，亦有自贵州来者。最盛时可达十万人。

个旧有土法炼炉六十座左右。确数不能知，盖随时增减，无定额也。规模小者，甚至二三年仅炼一次，每年所产至多不过数丈（按：丈为个旧一种特别单位，施行以来已及150年。每锡五十块曰一丈，每块约五十斤，即三十公斤左右，故每丈约一吨又半）。惟个旧锡务公司参用新法，产额较多。土法冶厂内分三部：（一）研矿。即用寻常石磨，驱水牛转动之。（二）洗矿。以研细之矿砂置水桶中加以淘洗，至一律含锡在60%左右为度。（三）冶炼。以木炭、矿砂等，共装入炉，鼓风炼之，约三四小时乃导锡入模，冷后即得。炼锡一百丈（约160吨）约需木炭252吨。木炭多自临安及阿迷运来。锡务公司用新式冶炉，以煤为燃料，然每年产锡不及一千吨。故个旧土法冶炉之出产仍占总数之大多数也。每年自十月至一月为冶业最盛之时期，若雨水充足，矿砂之供给源源不绝，则冶炼时期亦可延长。在个旧炼成之锡尚需精炼，故谓之毛锡，就其成色之高下分为上、中、下三等，而三等之中又牌号甚多，兹不具录。最纯者含锡达99%，偶然亦能至99.9%，最低为96%。本地买卖锡块皆凭牌号之信用及验其声音、色泽、涡纹等而定，不事化验。

个旧锡业几尽操于冶业者之手，盖冶锡者同时拥有重要之矿区或巨额之投资，故矿砂之价格常受其操纵，采矿者不敢违也。冶炉炼得之毛锡即在个旧交易，其购入之户可分为三类：（一）滇粤商人。多属经纪代办而谋其余利。由个旧沿个碧支路运至碧色寨，再运至香港精炼。（二）省政府收买。由富滇银行、隆兴公司、锡务公司等经手，约占全额55％。（三）外国商人。以所获滇币买锡，可免受币价涨落影响。此外买砂、买锡各交易，又常藉银行之垫款，以资周转。

自矿场运矿砂至个旧系用人力挑负或牲口驮运。自个旧至碧色寨车站筑有轻便铁路，但以缺乏车头，输送不甚便利，故有时改用牲口驮至大屯，自大屯再由水路运碧色寨亦可。如无军事行动时，此路运输反极便利。个碧轻便铁路公司成立于民国三年，资本金280万元。个旧之炉房、矿主及锡商几占股东之全部。由法工程师尼复礼士（D. Niflis）氏担任建筑。至民国十年十一月全路告成，计长72公里，穿山洞八处，建桥梁多座，并须升高六百公尺，越山岭二重，方达个旧。自碧色寨可由滇越铁路运至海防，再装轮直发香港。此运输之大概情形也。至于运费，据最近调查，个碧线每吨约需滇币12元，滇越线在云南境内22元，安南境内安南币15元，合滇币25元，计共需滇币约60元左右。至于陆路运输，每牲口可装锡二块。运费视路程之远近，殊不一定。此外各项捐税甚多，如厘金、海关、铁路、股捐等，合之运费每吨共需滇币97元左右。

香港现有精炼厂六家，均华商经营，即同德、永康、志兴、天兴栈、天兴、新昌是也。各家之资本、组织，大略相仿。每年各能炼锡约千余吨。此项炼厂所需之毛锡大部购自本地之经纪家，就中以冯登一家交易最大，毛锡之市价几由彼订定。精炼之法极为单简。以锡块置锅内（每锅能容锡二吨），鼓风炽炭而熔之。杂质养化，浮于锡面，以勺去之。锅之中央置铁筒，则精锡流入筒内，集于锅底，倾入模型，而精锡成矣。此法亦系我国土法，然成绩尚佳，能炼至含纯锡99.9％，平均为99.5％。每百斤需精炼费香港洋七角至一元。精锡每块重112磅（即84斤）。由香港中央化验所试验成色后即输至欧美、日本等国，其价值则依据伦敦市价而略有增损。香港经理精锡出口事宜之洋行共有十家，其重要者如左。

Jardine，Matheson & Co.
Botheldo Brothers
China Commercial Co.
（以上）伦敦代办者

Union Trading Co.
Fu-Tang-Ki
（以上）美国代办者

Mitsui Bussan Kaisha—日本代办者

云南历年之锡产额尚无精密统计足资依据。兹就滇越铁路公布运锡吨数表列如左，当与实际产额相去不远矣。

年　份	铁路运锡吨数	年　份	铁路运锡吨数
民国四年	7，918	民国五年	7，010
民国六年	11，519	民国七年	7，948
民国八年	8，369	民国九年	10，780
民国十年	6，199	民国十一年	8，868
民国十二年	7，770	民国十三年	7，181
民国十四年	8，554		

云南锡务公司为我国目下惟一之新式采锡场，系前清光绪三十四年（1908）开办，原定资本1，769，000元，后增至2，699，500元。光复后向富滇银行押款50万元，又向云南实业厅借款20万元，现在共有资本滇币3，399，500元。但前五年之借款利息早已扣去，故实际股本约为二百余万元。锡务公司虽为官商合办，而官厅势力却甚伟大，历任董事、经理之进退，皆与本省政潮有关。该公司除在马落革开有锡矿一处外，又租白沙坡、新山等矿区从事采矿。公司所设之炼厂容量甚大，计有马丁式熔矿炉六座，每炉可装矿石十吨；至若锅炉、机器等项俱甚完备。但所采矿砂常不敷冶炼之用。故现在只开二炉，平均每日出锡两三次。有时矿石尚不敷用，则惟有以高价自他矿购入矿砂之一法。民国十三年该公司共产锡1，200吨。其中由自产矿石炼成者不过五百吨左右，尚不及全额之半。其余皆系购入

之砂。因此种种，该公司虽成立已久，而尚未获利。据闻股东红利至今尚未分配云。该公司自民国七年至十四年之历年产额，据本所调查如左。

民国七年	八年	九年	十年	十一年	十二年	十三年	十四年
723 吨	940	1，992	2，100	1，964	165	1，200	

锡块为蒙自关出口货物中之最重要者，亦即云南金融所恃以周转之惟一产物也。兹将民国八年至十三年蒙自关出口货物之总价值与锡块价值，据关册所载者列表比较如左。

年份	出口货物价值共计（关两）	锡块价值（关两）	锡价占出口全额之百分率
民国八年	9，886，638	8，038，933	81%
民国九年	12，252，083	10，629，634	86%
民国十年	7，156，397	5，762，910	80%
民国十一年	9，240，969	8，277，490	89%
民国十二年	9，042，543	7，772，905	85%
民国十三年	9，976，363	8，988，642	90%

民国九年为民国以来出口锡量最多之一年。但锡价过低，故价值反不逮民国元年之多。当九年之上半年销路不佳，致香港存货过多，至下半年始陆续售去，大部皆运至美国。民国十年，以上年存货尚未售尽，而锡价低落，市场暗淡，故是年之产额亦最少。十一、十二两年锡价稍高，每担价值由滇币 72 元增至 112 元。香港存货完全售罄。销路既好，产额亦随之而增。十三年出口之锡块只 115，239 担。民国二年以来，除十年外，当以本年为最少。其减少原因约有数种：（一）天时亢旱，锡砂无水淘洗。（二）个旧锡厂之经理人意见不合，致该厂办法紊乱。（三）个碧铁路之行车紊乱无序。有此种种，无怪锡产之少也。查本年上季，云南苦旱。惟七月以后又霪雨连绵，几成水灾，铁路交通亦为之断绝。幸铁路崩坏之处多在锡块装卸地点碧色寨以上，于锡之出口尚无大碍。此诚锡业之幸事也。惟运锡之驼马多为军队征调，以致煤炭短少，不敷熔锡之用。又因个碧轻便铁路缺少机车及车辆，故个旧存积之锡多难运出。此则于锡业前途至有影响者也。

二、广西及广东锡矿

广西产锡之地甚多，如西北部之河池、庆远，东部之富川、贺县，而以后者为最重要。位于二县交界之西湾，与煤矿相接近。分布于新沙坪、白沙山、水岩坝、望高山、票源头、牛背地、庙湾局、水泡窿、砂骨窿等地方，有原生矿与砂锡二种。该处向有土窑。自宣统元年始归官办，由富贺官矿局拨洋 136，000 元为资本。采挖均用土法。采出矿砂，以水冲洗，至矿质含有五六成时付土制炼炉熔炼。炉以砂和红土制成，作圆桶形，高约六尺，径宽约二尺五寸。炉边有小门。炉燃松木炭，锡矿置炭上，锡熔解时由小门流出于炉前之土坑。复置于铁锤，捶成长方块，运至香港出售。自宣统元年开办至民国二年，共产锡七百吨，值价 1，011，321 元。每年产额计约百余吨。近年产额年达五六百吨。

广东海南岛琼县、儋县俱有锡矿脉，陵水并有砂锡矿。光绪三十四年有华侨组织侨兴公司，资本金一百万元（新加坡洋圆），先开儋州那大附近之鸟翔岭锡矿。即以矿石输至新加坡销售。据民国四年海关调查，上等者每百斤可售新洋 54 元，次等者 36 元，平均含锡约 60%。近因课税太重，盗贼充斥，且转运维艰，而筑路又遭本地人之反对，故已于民国十一年六月停办矣。历年输出锡矿数量据海关报告如左（七年以后即无输出）。

年份	担	关两	年份	担	关两
民国元年	200担	5，747	民国二年	171	4，747
民国三年	——	——	民国四年	230	6，217
民国五年	186	3，692	民国六年	105	3，150
民国七年	75	2，250			

三、湘南及赣南锡矿

湖南南部锡矿分布甚广，最著者为临武之香花岭、郴县之安源及江华之上五堡等处，其详细地点及地质情形俱详于翁著之矿产志略中。临武香花岭现有湖南官矿局及阜成矶锡有限公司设厂开采。官矿局有工人五百人。纯用土法。采得矿石加水淘洗后，入该局自设之炼厂冶炼，计每月可产纯锡三四千斤。用人力挑送衡阳，再由水路运销长沙、汉口等处。在矿上锡价每百斤可售洋一百元。阜成公司开采香花岭之羊婆垄锡矿，有工人百余人，亦用土法。每月产额计锡砂三四十石，矶砂（即毒砂）三百余石（每石一百八十斤）。自元年开办至今，已产矶砂十万三四千石，锡砂约六七万石，即矶砂11，232吨，锡砂7，560吨。采得矿石先用煤或枯炭煅炼后，继将锻砂置水臼中舂碎之，用水淘洗至数十次，俟得净砂，乃入炉冶炼。若以矿砂含锡六成计算，该公司每年约可产锡四五十吨。纯锡销路向以粤东为最大。近销汉口、永州。至汉口运价每吨约须十二元。

江华锡矿在县南120里，系冲积矿床，用露天法开采。昔日商矿甚多。自民国元年官局成立后，除厚生、华阜两公司由部核准继续开采外，余皆并于官局。据最近调查，厚生公司现有工人三百余人，每月产砂三四千斤。该公司自元年开办至七年，共产矿石290万斤。八年至十二年，因军事停顿。十三年复开，产矿约十万斤。矿石经淘洗后入冲天炉（土名，想即系鼓风炉），和木炭冶炼，即得纯锡。运道有二：（一）本省运道。先用人力运矿至江华县，继附小船约四日到永州，改雇大船，十日抵长沙。若风阻水浅，则需时更多。（二）香港运道。由矿场陆运至广西贺县属之八步埠（九十里），两日可达。由此改雇民船，四日到梧州。由梧州乘轮三日可到香港。

常宁东乡七十余里炭山窝亦有锡矿，成脉形，分布于南窿、北窿等地。现有顺成锡矿公司开采，用土法选炼。据民国七年调查，共有工人五百余人，每日约能采砂百担，另有毒砂之附产品。所炼纯锡与信石均运至汉口销售。

郴县安源锡矿，民国六年调查时有裕通公司开采，年产锡砂七千余担，炼成纯锡二十吨左右。除锡外兼产毒砂。最近矿业情形不详。

江西南部南康、崇义等处，产钨矿之冲积层内兼产锡石，曾有人设厂采炼。近状不详。

四、全国锡产额之约计

照前述各省锡矿情形约略计算，则近年来全国锡产额当在一万吨以上。与世界各国较，则居第四位置，盖英居首而波里维亚、荷兰等其次也。其各省之分布约如次列。

省份	产额约计	根据
云南	6，000—11，000	铁路运输
广西	200—600	约计
湖南	150—200	最近该省填送矿业报告
共计	6，350—11，800吨	

又据海关报告，蒙自等关原货出口锡块之统计，每年在六千吨至一万一千余吨之间，与前述计算适相吻合。按：原货出口系由本关输至外埠之统计，除去一小部在本地销费外，颇足以代表全体之产额。兹本此旨，将民国元年至十四年蒙自等关出口锡块之吨数、价值，列为详表如左，以约示各省历年锡产额之变迁焉。

(民国)元年至十四年各关原货出口锡块吨数、价值表

关名	蒙自		长沙、汉口		梧州、南宁		广州		各关出口共计	
	吨数	关两	吨数	关两	吨数	关两	吨数	关两	吨数	关两
民国元年	8,300	11,390,198	222	106,538	312	259,795	62	41,065	8,924	11,813,914
民国二年	7,697	10,484,902	273	143,595	397	330,624	78	31,417	8,476	11,011,083
民国三年	6,735	7,648,010	244	141,899	326	271,369	16	12,204	7,326	8,077,609
民国四年	746	8,889,564	148	82,731	457	343,449	9	8,703	8,089	9,330,456
民国五年	6,917	8,046,978	181	90,393	551	505,311	45	44,988	7,712	8,703,799
民国六年	11,138	11,579,628	166	116,978	473	473,589	115	114,136	11,904	12,295,907
民国七年	7,840	10,039,391	61	55,978	578	640,860	300	298,950	8,800	11,059,644
民国八年	8,399	8,038,933	48	26,232	353	382,070	6	5,798	8,812	8,456,112
民国九年	10,955	10,629,634	137	86,163	428	456,192	10	9,294	11,535	11,186,097
民国十年	5,922	5,762,910	61	40,610	162	153,900	97	84,048	6,243	6,042,362
民国十一年	9,069	8,277,490	242	181,150	27	21,318	1	1,019	9,342	8,482,528
民国十二年	7,870	7,772,905	154	143,457	112	89,602	3	2,928	8,159	8,027,064
民国十三年	6,914	8,988,642	147	83,990	129	98,831	——	——	7,202	9,181,779
民国十四年	8,860	11,984,870	201	151,887	97	84,049	24	17,332	9,200	12,260,390

上表蒙自关出口量足以代表个旧之产额，约占总额90%以上。长沙、汉口二关之出口量乃湘南各矿所产，而南宁、梧州则富、贺各矿之所产也。广州一关出口之锡虽为数甚少，然有时亦可达三百吨。考其来源，当不外自湘南及广西之富、贺等矿运来。将来粤汉路完成后，则锡之经由此路出口者，必日见增加也。此外又有锡箔（Tin Foil）及锡纸箔（Joss Paper），俱由纯锡制成，我国历年产出甚多。据海关统计，锡箔之出口地点以汕头、福州二处占量最多，各约百余吨。而各关原货出口之总量年达千吨左右。锡纸箔用作冥镪（详后锡之应用节），据关册所载，每年各关出口总量约在六千吨至一万七千吨之间，而全国产额犹不止此，盖本地之销费甚巨故也。但此万余吨之锡纸箔中，纸占其大部，锡之重量或不能过三分之一也。

第十八表　中国锡块、锡制品进出口吨数、价值表(民国元年至十四年)

Table XVIII　Imports & Exports of Tin Slabs, Tinfoils and Other Manufactured Tin in China. (1912—1925)

	进口 Imports						进口共计 Total of All Imports		出口 Exports								出口共计 Total of All Exports	
	锡块 Tin Slabs		熟锡 Manufactured Tin		锡箔及他种箔 Tinfoil & other Foil				锡块 Tin Slabs		搀锡 Tin Compound		锡箔 Tin foil		锡纸箔 Joss paper			
	吨数 Tons	关两 HK. Tls.	吨数 Tons	关两 HK. Tls.	吨数 Tons	关两 HK. Tls.	吨数 Tons	关两 HK. Tls.	吨数 Tons	关两 HK. Tls.	吨数 Tons	关两 HK. Tls.	吨数 Tons	关两 HK. Tls.	吨数 Tons	关两 HK. Tls.	吨数 Tons(1)	关两 HK. Tls.
民国元年 1912	2,408	1,570,323	119	70,703	333	391,251	2,860	2,032,277	8,714	11,711,417	115	54,296	106	134,413	3,060	680,712	8,935	11,900,126
民国二年 1913	3,167	2,324,015	311	111,787	318	391,540	3,796	2,827,342	8,321	10,916,906	185	83,260	151	190,557	3,057	686,097	8,657	11,190,723
民国三年 1914	3,857	2,816,608	33	58,354	218	232,511	4,108	3,107,473	7,153	7,978,558	125	54,948	149	187,845	4,209	965,986	7,427	8,221,351
民国四年 1915	2,484	2,040,082	20	8,725	261	295,078	2,765	2,343,885	7,943	9,246,812	8	4,425	132	139,595	5,170	2,078,303	8,083	9,390,832
民国五年 1916	2,823	2,415,699	23	6,843	527	430,430	3,373	2,852,972	7,563	8,630,164	19	7,002	127	256,650	4,246	1,306,468	7,709	8,893,816
民国六年 1917	2,579	2,572,100	26	7,192	439	347,707	3,044	2,926,999	11,780	12,204,877	101	27,767	120	223,147	3,923	1,217,517	12,001	12,455,791
民国七年 1918	1,540	1,737,026	1	1,135	610	402,892	2,151	2,141,053	8,749	11,009,067	197	22,217	80	147,246	3,233	1,012,785	9,026	11,178,530
民国八年 1919	6,897	6,907,551	8	3,095	1,927	989,874	8,832	7,900,520	8,761	8,428,133	20	4,471	120	213,560	4,310	1,678,180	8,901	8,646,164
民国九年 1920	3,128	2,653,536	32	22,793	3,738	1,406,769	6,898	4,083,098	11,396	11,098,167	14	4,101	87	153,355	4,357	1,718,944	11,497	11,255,623
民国十年 1921	4,529	3,965,868	9	4,550	2,505	1,284,649	7,043	5,255,067	6,182	6,001,458	12	2,612	91	161,924	4,894	1,929,061	6,285	6,165,994
民国十一年 1922	3,062	2,651,325	13	2,335	3,481	1,385,492	6,556	4,039,152	9,100	8,302,164	5	1,058	142	198,947	4,778	1,566,161	9,247	8,502,169
民国十二年 1923	3,511	3,361,615	2	1,679	6,617	2,633,351	10,130	5,996,645	7,993	7,875,430	23	13,419	96	133,183	4,397	1,413,946	8,112	8,022,032
民国十三年 1924	3,489	3,513,449	50	7,329	6,365	2,348,243	9,904	5,869,021	7,041	9,087,868	18	15,759	66	102,464	5,184	2,135,537	7,125	9,206,091
民国十四年 1925									8,954	12,064,645	66	39,771	47	69,687	5,121	2,046,994	9,067	12,174,103

(1)锡纸箔之吨数未计入

Quantity of Joss paper is not included.

五、锡之应用

我国所炼精锡，除一部输出国外供彼国各项工业上之应用（如马口铁及各种合金等）外，在国内用途亦广。而销费最大者，当为制造锡器及锡箔，其次为接合剂之焊锡及其他杂用。锡箔用作冥镪，昔日销路极广，近自迷信渐除，冥镪之销费当日减少。但锡箔又能作包裹物件之用，如香烟、糖果等，故将来之需要，仍有增无减也。中国之锡箔工业以浙江之宁波、杭州及绍兴三处最为发达，计从事于此业之工人在十万人以上。据锡箔业者之约计，宁、杭、绍三县每年销费之锡料计须七万块左右，若以每块一百磅计，共须锡三千吨。又据民国十二年海关统计，输入浙江之锡块以供制造锡箔者，共有58，511担（即约三千五百吨），值价关平银3，361，615两，与前列之数约相符合。浙江所产锡箔销路极广，凡长江下游所用之冥镪皆仰给焉。广东澄海县属之莲阳乡亦产锡箔，用福建汀州之纸与云南之锡，其胶质则来自新加坡。近来由汕头出口者年逾250万两。其次为福建之福州，业此者共有五十余家，工人千余人。每年自香港输入之锡块约三千担，所产锡箔一半用于本省，一半则行销于湖北、江西等省。制造锡箔之方法极为陈旧。先将购得锡块（每块重约50至100磅）置炉中熔化，乃倾入一英寸见方之模型中，冷后取出，置铁板上以铁锤用力锤击之，使成约二英尺半见方之薄片；斯时锡已极薄，乃叠以纸，使相粘合；再烤于火，终乃切成小块，而锡箔成矣。输出零买之时，尚须再切成更小之块，以便应用。近闻福州有名杨其昌者，设一新式锡工厂，用机器制箔，产额不详。综计闽、浙二省每年用于制箔之锡块共不下三千六七百吨，在用锡不多之中国不可谓非一重要之销路矣。

六、进出口

我国为产锡之国，每年输出国外之锡块、搀锡及锡箔等共计约有一万余吨，值价关平银一千余万两，其中以输至香港为最多。同时自香港、新加坡等地输入之锡块、熟锡及锡箔等亦不在少数，每年约二三千吨至一万吨，值价二百万至七百万两。然就大致论，则输出常多于输入也。进口之锡以宁波、汕头、厦门、福州等埠输入最多，盖此数地皆以锡箔业著称者也。兹将自元年至十四年进出口之吨数、价值，列为第十八表。

七、市　　价

据财政部货价调查处报告，上海市场交易之锡块有荷兰点锡（产自新加坡）、云南小碛锡及湖南衡底锡三种。此外又有香烟锡纸及锡箔，皆国产。后者产自汕头，名曰澄宝箔。兹将十四年份按月市价列如左表。

民国十四年上海锡块及锡箔市值表

月份		荷兰点锡（每担）	云南小硔锡（每担）	香烟锡纸 4×5 $\frac{1}{2}$吋（每箱）每箱百磅，每磅 240 张	锡箔（汕头）150 方（每箱）	衡底锡（每担）
一月		99.000	90.000	——	——	——
二月		108.000	98.000	——	——	——
三月		105.333	97.000	——	——	——
四月		100.667	——	21.750	8.800	——
五月		99.500	90.000	21.500	11.500	——
六月		——	——	——	——	——
七月		104.500	99.000	21.500	8.000	87.000
八月		105.750	97.500	20.500	7.500	87.500
九月		105.500	95.000	20.500	7.500	88.000
十月		104.500	98.000	19.500	7.500	——
十一月		109.500	103.000	20.450	7.500	——
十二月		116.000	110.000	21.500	7.500	——
平均	规元	104.861	96.458	20.925	8.439	87.500
	关银	94.130	86.587	18.783	7.575	78.546
每吨合价关银		1，569	1，443			1，309

中国锡矿参考书目

1. The Tin Mining Industry of China. U. S. Com. Rept. July 9，1919.

2. P. R. Wolff：China's Tin Industry，Far Eastern Rev.，Vol. 21，No. 9，P. 617，1925.

3. Landmarks in the Tin Mining Industry. Far Eas. Rev.，Vol. 21，No. 4，p. 181，1925.

4. G. E. Anderson：Crisis in S. China Tin Production. U. S. Com. Rept. No. 67，March 20，1920，p. 1596.

5. Tin Mining in China in 1919. Min. Jour. April 30，1921，p. 332—333.

6. 沈士骏，中国之锡业，南开矿学汇报第二期（十五年）。

7. The Tin Industry of Yunnan. Min. Journ. March 20，1921，p. 215—216.

8. The Yunnan Tin Industry. The Chinese Economic Monthly，Vol. 3，No：4，April，1926，p. 153.

9. W. Semple：Tin Ore Mining at Kotchiu，Yunnan. Min. Jour. April 8，1922，P. 263. Also Iron & Coal Trade Rev. Oct. 14，1921，p. 543.

10. 云南个旧锡矿，实业杂志五十八期（十一年）。

11. 湘南锡矿（一）江华，陈泽灏，周家柱，矿业杂志一卷一期（六年），又周颂，（矿）二卷一期（七年），（二）临武香花岭，（实）六十五期（十二年），（三）常宁，陈泽灏，（矿）二卷四期（七年）。

12. 赣南之锡矿，（实）四十九期（十年）。

13. Tinfoil Industry of China. Min. Journ. Nov. 29，1924，P. 924.

14. Tin and Tinfoil. Chinese Economic Bulletin，No. 185，P. 1，1924 & No. 199，p. 10，1924.

15. 福州之锡箔业，支那矿业时报，六十六号（十五年）。

汞

汞矿为吾国重要矿产之一，惟分布范围仅限于贵州一省及湖南、四川、云南、广西四省邻接贵州之地。其他各处，汞矿极为少见。产汞区域东北起自四川，东南迄云南蒙自，延长约七百公里，宽亦至少一百公里。其中矿地甚多，如四川之酉阳、湖南之凤凰、贵州之省溪、铜仁、紫江、安南、南笼等县。其尤著者也，在贵州者可分为南北二区：紫江之白马洞、南笼之楠木厂属南区，省溪之万山场、大同喇、岸屋坪等则皆属北区。以上各矿皆由本地乡民于农事之暇用土法采炼，方法极为幼稚。惟万山场于前清光绪年间，英法隆兴公司曾用新法开采，筑机炉三座。以成绩不佳，至宣统三年完全停止。矿石成分不高，普通含汞仅3%上下。

在昔承平之世，中国年产汞约一千吨，较之世界著名之西班牙汞矿犹超出二百吨。当时除应国内需要外，由香港出口者颇多。十九世纪而后，贵州一省变乱频仍，如苗民之乱、髮匪之乱、回教徒之乱，矿业受其蹂躏者，不堪设想。而贵州南部受祸尤深，如白马洞矿，昔时年产达四百吨者，至是遂一蹶不复振矣。顾其衰败之由，虽大半由于乱事，而矿床已渐贫乏亦为不可掩之事实。至北区矿业，一因乱事影响较浅，一因开掘方法较为改良，故矿业中心今已由南而北。铜仁一县为转运之中心点。由此运销汉口，其由香港出口者，已渐不如前之重要矣。北区矿业之最盛时代当在十九世纪之下半期。自是而后，出产亦渐衰替。据民国四年调查，贵州、湖南一带水银产额，约每年127吨。各矿分布略如左表。

贵州万山场	86
贵州大洞喇	8.4
贵州八寨	18
贵州婺川、印江、黄平	6
四川溪口	1.5
湖南猴子坪	8
总计	127.9吨

据海关报告，各关原货出口之统计，每年自数十吨至三百余吨，以经由岳州出口者最多，占全额约70%以上。梧州、汉口、重庆等次之。盖皆湖南、贵州二省所产者也。按汞之销费在本地亦极有限，故原货出口之总量或当与产额相去不远也（历年统计见第十九表）。

英文经济周刊第221期记贵州之汞矿业云：现在汉口市场所销售之汞，大部产自贵州铜仁县南六十里之万山司及大洞等处。其物冶炼甚精，含纯汞约99%。每年产额达7000担，即约420吨左右。由铜仁县转销汉口、广州。而湖南省之镇竿，以密迩铜仁，且为交通要道故，亦为转运之中心点。运汞之法有二。其一，将汞装于长十寸、宽五寸之铁匣中，用螺旋盖及油漆封固甚密，另以厚纸或麻袋包裹，每匣可装汞七十斤。尚有一法，则将汞装于膀胱所制之袋中，扣紧后置于木桶内，又以油漆厚纸将桶口封密，每桶载重约五十斤。在汉口经营水银之商店，中国方面有晋泰、逢发祥、万建记，日本则有高田、泰兴、同孚等（日本商店皆译音）。其输至日本者，几全数运往大阪。最近市价每担值银约一百二十两。

第十九表 中国水银进出口吨数、价值表（民国元年至十四年）

Table XIX Imports & Exports of Quicksilver in China. （1912—1925）

	自外洋输入 Imports from Abroad						输出外洋 Exports to Abroad				各关原货出口之汞 Original Export of Quicksilver from Different Ports.	
	水银 Quicksilver		朱砂 Cinnabar 80% Hg.		银朱 Vermilion 50% Hg.		水银 Quicksilver		银朱 Vermilion 50% Hg.			
	吨数 Tons	关两 HK. Tls.	吨数 Tons	关两 HK. Tls.	吨数 Tons	关两 HK. Tls.	吨数 Tons	关两 HK. Tls.	吨数 Tons	关两 HK. Tls.	吨数 Tons	关两 HK. Tls.
民国元年 1912	49	91,884	94	122,533	217	183,921	4	6,318	5	10,594	32	46,686
民国二年 1913	39	65,502	103	130,195	345	243,533	2	3,599	8	14,174	22	41,019
民国三年 1914	23	42,815	82	104,472	225	180,958	59	104,282	7	10,566	77	156,639
民国四年 1915	12	27,808	50	95,565	86	113,510	209	628,209	4	7,279	232	692,909
民国五年 1916	22	76,698	48	144,758	99	177,351	176	589,229	4	18,667	261	601,455
民国六年 1917	14	51,279	80	224,676	146	222,529	259	764,672	3	13,698	266	714,174
民国七年 1918	7	30,443	68	240,249	134	205,450	291	727,861	3	12,081	348	806,685
民国八年 1919	36	87,539	112	267,189	159	256,207	80	223,189	4	19,018	159	366,903
民国九年 1920	28	60,657	109	178,128	240	269,658	45	129,967	6	18,819	95	218,053
民国十年 1921	44	86,175	133	201,231	226	263,508	97	243,519	5	15,575	112	237,485
民国十一年 1922	19	31,156	107	148,419	301	278,128	17	29,191	4	15,616	50	93,380
民国十二年 1923	86	140,120	104	140,306	505	343,376	2	3,180	7	17,783	31	64,763
民国十三年 1924	54	84,515	103	153,174	246	248,301	3	5,671	7	18,848	22	43,955
民国十四年 1925							3	2,926	2	5,119	42	98,112

我国汞之主要用途为制造红色颜料之银朱及供冶金用之汞膏，每年销费共约四五百吨。银朱为人造硫化汞，与天产辰砂之成分相同，而质较纯。制法系将水银、硫黄二物直接化合而成。有干湿二法。干法在中国最为通行。我国产朱地点惟闽之漳州及粤之佛山二处。尤以漳州出品为最良，所用水银皆自香港运来。十余年前，闽粤二方，营业相埒。近来佛山各工厂均迁至香港；原料之供给既近在指顾，其营业遂大占优胜矣。漳州银朱工业，据福建实业厅技术员陆钦颐君报告节录如次。制朱系在铁锅中为之。每锅能装原料约六十余斤，其中汞居 92 分，硫居 8 分。上盖泥土，另以破碗片覆泥上。四围用泥密封，燃木柴热之。经一昼夜，升华作用完全，所有硫化汞均积碗片凹处。取下加水，入磨研碎，而银朱成矣。制造要诀全在火候。视察之法，精于其术者有独得之秘，不轻授人也。如是所得之朱，名曰神砂，本地用以消毒。将神砂研细、用水漂过，轻而带黄色者，曰朱漂，为高贵印色（如漳州产之八宝印色）及上等朱漆之原料。其余作朱色者均称银朱，用作红烛、红纸及普通朱漆之染料。又中下等印色亦用之。在漳州售价，神砂每斤二元，银朱每十包（每包一两）价一元三四角。除南北各省外，复盛销暹罗、南洋各地。据云每年产额约值五六万元至十万元左右。但据海关报告，则广州关每年出口之银朱约百余担至三百余担，值价二万元至五万元，而厦门出口者则仅三四十担，值价二三千元。与前述产额不甚相符。

当中国汞矿业鼎盛时代，供过于求，故每年输至香港、日本及南洋各地之汞颇为不少。自一八三一年以后，产额锐减，不敷应用，于是进口之量渐多。欧战期内，汞价暴涨，出口又盛。最多时为民国六、七两年，达二百九十吨，值价七十余万两。惟终以僻处西陲，运输不便，且政争影响，整理无人，故不能十分发达耳。兹将民国元年至十四年汞及银朱进出口之吨数、价值等，列为第十九表。

民国十四年汞及银朱在上海之平均市价，据货价处所调查者，列如左表。

	贵州水银	朱　砂	银　　朱（每千两）			美国哈白克（Hubbeck）银朱
	（每担）	（每斤）	三兴	永吉	俭德	（每斤）
规元	146.916	2.398	101.500	107.222	101.666	1.439
关两	131.882	2.546	91.113	96.249	91.262	1.292

中国汞矿参考书目

1. F. R. Tegengren：The Quicksilver Deposits of China. Bull. Geol. Survey of China，No. 2，p. 1—36，1920.

2. F. Trythal：Quicksilver Mining in China. Cornish Inst. Eng.，Feb. 19，1921. Also Mining Mag. March 21，p. 187—189.

3. H. Brelich：Chinese Methods of Mining Quicksilver. Trans. Inst. Min. & Met. Vol. 14，p. 483—496，1904—1905.

4. Quicksilver in Kweichow. Chinese Economic Bull. No. 221. P. 279，May，1925.

5. 周桢，凤凰猴子坪朱砂矿，矿业杂志三卷四号（九年）。

6. 陆钦颐，福建漳州银朱业调查（附印色），农商公报第九卷六期（十一年）。

锑

中国锑矿分布于湘、粤、滇、黔、川、赣、浙七省，北方则向未发见。此七省中以湖南产额最多，约占全国总量83%。粤、滇、黔三省次之。其他数省偶见踪迹，未能称为重要之矿床也。首先发见之锑矿为湖南益阳之板溪，矿量甚丰，惟成分太低，难供冶炼。是时适有法人海伦许米德氏（Herrenschmidt）发明蒸馏炼锑之法，低等矿石最为适用。于是湘省人士遂组织华昌公司，广集资本，于光绪三十四年成立，聘梁鼎甫、王宠佑诸君主其事，以重价购得海氏炼锑法之全权，呈部立案，给以专利。是为中国锑矿业之发轫。后经欧战之影响，锑价暴涨，业锑者莫不获利，于是矿业大形发达。湖南新化、安化、益阳等处之素以锑矿著称者无论已，即贵州之铜仁、云南之文山、阿迷及广东之曲江，亦俱积极开采，产额甚巨，在世界产锑各国中推为第一，占总额50%以上，亦可谓盛矣。欧战告终，锑之销费顿复旧观，而历年积存过多，供过于求，于是锑价大跌，广东、广西、云南等省之锑矿相继倒闭。湖南各矿除锡矿山差能维持外，其余亦俱在停顿之中。新式炼厂以成本较高相率歇业，惟土法炼厂仍能进行不辍，炼出之纯锑含锑达99%左右。我国土法冶金术之成效卓著，诚堪赞美也。兹将历年中国产额与世界锑产额之比较，据（Mineral Industry，1924）所载者表列如左。

年　　期	中国产额在总产额中所占之百分数
1910—1919	55%—60%
1920—1922	70%—80%
1922—1924	85%—90%

兹将中国著名锑矿及炼厂之近状略述如左。

一、湖南之锑矿业

我国锑矿以湖南为最多，约居全国总量83%。而湖南之锑矿则尤以新化之锡矿山为最丰富，居全省产额80%—90%。若以与世界产额较，则锡矿山实占总额40%以上，其重要可知。其地处资、涟二水之交，赴省运道有二：（一）西路。由山陆运三十里至冷水江，乃装民船，沿资江下行五百二十里至益阳；自此至省二百里，可用轮船拖带。夏季水盛须七日，秋冬则须十四日。（二）东路。陆运六十里至蓝田河（属安化），易民船入涟水，二百里至湘乡，又九十里入湘至湘潭，换搭轮船，九十里到省。该处矿床可分为锡矿山本部及七里江、江冲等三区。大小矿厂不下数百，最重要之公司则有十余家。湖南省立官矿分局其一也。采矿方法极为幼稚，绝少机器之设备。大抵均开斜坑，深浅缓急不一，随矿脉而定，故坑道极不规则。坑内甚干，偶有雨水侵入则用竹筒抽吸。通风之法，或任其自然，或则设简单风箱，以送入空气。更有坑道较长，则向地面另开一口以通风。凿石用自制之黑药。矿工用灯则系竹制之油灯。总之，一切俱极简陋。采得矿石碎为小块，先就目力所及略事选分，次乃碎为粉粒，置极密之篾制圆筛中入水淘洗，颇能得较净之砂，含锑能达60%，本地名曰青砂。矿中杂石英碎粒，不能以人工拣尽，然与提炼无妨碍者，名曰麻子砂。废石中夹有矿粒者，则曰花石。开采时经炸药裂成粉末，遍遗窿内者，则名洞灰。养化锑则名曰磺。此外名目尚多，不及备载。此处矿厂有采矿、冶炼兼营并雇者，有专营炼厂者，亦有不设炼厂而仅采矿石者。民国六、七年以前，多数炼厂俱仅炼至生锑为止，俟运至长沙及汉口后再炼纯锑。七年以后，各厂以炼纯锑较为合算，多将生锑炉改为土法炼纯。目今炼生锑者只一二家矣。湖南制造生锑之法几于各处一律，他省亦大致相同。炉作长方形，长约一丈二尺，高约四尺七寸。每炉可置炼坛四套，每套系煮砂坛一个与受锑坛一个相合而成，能容矿自四十五斤至六十斤。炉之前有四门，为加矿之用。其下各有一风门。炉之后有四门，为流出锑液之路。熔炼时间约自二小时至四小时。生锑炼成后倾入桶内，铸成小块，每块约重十六磅。

锡矿山官矿分局倡办于光绪二十三年，中经日俄战争，锑价大涨（生锑每吨值银四百两），获利甚厚。欧战继起，锑价更高，营业益见发达。民九以后锑价日跌，销路顿滞，矿业遂日渐衰落。兹将湖南矿务总局公布九年至十一年之产额列如左表。

种　　别	九　　年	十　　年	十　一　年
青砂	51，935吨	——	——
花石	16，309元	16，957元	8，840元
洞灰	978元	4，008元	
磺砂（即养化锑）	2，936元		

按：锡矿山工人向不直接给以工资。除采得之青砂悉归公司外，其花石、洞灰等，皆由工人照其所采出之地段分别聚积成堆，投标发卖，以售价之若干成作为该段工人之工资。此二项产品皆不计重量，故前表仅列价值。民九以后青砂列入花石之内。至十一年改归私人包办，即洞灰亦不分列，因之统计更

难完备矣。又据一九二四年 Mineral Industry 所载湖南锑业公会呈报近六年内锡矿山之锑产额，抄列如左（以长吨计算）。

年份	产额	年份	产额
民国八年	4，360	民国九年	8，921
民国十年	10，496	民国十一年	12，327
民国十二年	11，056	民国十三年	9，493

民国十四年锑价又涨。锡矿山原经停工之公司、炼厂均相率开办，且新增多家。现在营业者，除采矿公司八十余家外，共计炼厂三十四家，大多数用土法冶冻。全矿工人二万余人，设有锑业公会，以资联络。每月产纯锑五百余吨至八百余吨。自阴历正月起至八月之总产额为纯锑 5，797 吨，生锑 50 吨，养化锑 501 吨云（以上据《实业杂志》95 号）。

锡矿山之外，当推益阳之板溪产额较多。板溪锑矿位于益阳县之极西，距县治一百三十五里，距附近之水口桃花江七十余里。其间道路崎岖，交通至为不便。输运方法：先用人力挑运二十里至望山洲，由望山洲至沾溪四十里，可通载重五六吨之小船或半吨之竹筏，自沾溪至益阳，往来舟楫甚多，而自益至长沙则可通小轮矣。该矿于光绪九年发现后，即由湘抚陈宝箴委员官办，定名为中路久通矿务公司。试办数年，无大成效。继于十四年春由梁端甫君承顶，改为商办。及华昌公司成立，梁氏乃将久通全部作股并入，改为华昌之分厂，所产锑砂统归华昌冶炼。斯时锑业渐发达，销路较前稍广，虽所出仍不多，已有东、西、前、中四厂。及欧战发生，锑价陡涨，销路既旺，获利益丰，乃将前、中、东、西各厂先后改用西法开采，锅炉、机械陆续完备，吸水、通风俱臻妥善。全矿工人千余人。每月产额达千吨左右。又感运道之不便也，乃于民国六年募集公司债六十万元，修筑自板溪至桃江之轻便铁路，共长七十余里，已告成者二十一里，即自板溪至望山洲之一段也。其后因锑价骤落，公司经济困难，此路迄未完成，殊可惜也。民国五年至七年之产额列左。七年以后产额日减。最近情形不详。

民国五年	民国六年	民国七年
7，549 吨	10，028 吨	9，182 吨

华昌公司为我国最重要之纯锑制炼厂，设于长沙南门外。另于新化、益阳、安化等县自设采矿场及生锑熔炼厂。故矿砂之来源极为丰富。厂内设有最新式之哈伦许米式炼炉一座，将硫化锑矿炼成锑二养三后，再于反射炉内提炼纯锑。共有反射炉十四座，每二十四小时可炼纯锑二十吨，每年约产六千吨。民国以来之历年产额如左。

华昌公司长沙炼厂纯锑产额表

民国元年	2，306 吨	民国二年	2，658 吨
民国三年	1，928	民国四年	6，046
民国五年	5，979		

华昌公司自成立以来产额日增，然以价格低廉，获利有限。民国三年欧战发生，锑价骤增，而公司扩充工程亦于斯时告成，故四年盈余至三百万元之多。该公司初与英商苛克生公司定有专卖条约，于价值、运销两项颇受挟制。欧战后该约废止，乃设分售处于上海暨美国纽约，直接交易，营业更为发达。民国八年战事停止，锑价大跌，积存纯锑、矿砂无法销售，公司遂大受损失，勉强维持，亏累甚巨。至民国十二年负欠板桃铁路公债及长沙、京沪各项债务共达一百八十余万元，继续为难，清偿无术，一时

公司颇陷于异常困难之地位。最近锑价稍涨，输出渐多，如能善为经营，或不难恢复原状也。

除前述各矿外，沅陵之乌溪、溆浦之青溪窿及安化、茶陵、宝庆等县皆有重要锑矿。当锑价高贵之时俱经积极开采。民国九年即和约告成后之第二年，湖南全省锑产总额（生、纯、砂三项合计）尚有八万五千吨，其产地之分配约如左列（据十年九月之通商公报）。

县名	纯锑	生锑	锑砂
新化县（锡矿山）	3，470 吨	1，780 吨	26，800 吨
安化县	1，200	——	2，700
益阳县	——	800	9，000
祁阳县	——	——	17，600
茶陵县	——	620	2，170
沅陵县	200	——	——

其他各县尚有少量之产额，约计一万吨，均集中于长沙市场后再输出之。又据最近调查（Mineral Industry，1924），现在积极开采之锑矿，除锡矿山外，仅有益阳之板溪、安化之东新（译音）及沅陵之桑利（译音）。此三处于民国十四年春因锑价稍高始着手采炼。现湖南全省共有土法炼炉三十八座，每月（民国十四年五月之统计）约能产纯锑 1，250 吨，生锑 250 吨，养化锑 200 吨云。

据民国九年《通商公报》所载，自长沙至汉口之运费，合税金、护照、包装等费用一并在内，计每吨纯锑需洋十八元八角，生锑一吨则需费十四元。自汉口至大阪之轮船运费为每吨十二两，而由上海至大阪则为每吨十元。在长沙汉口之间，纯锑或矿石俱装于木箱之内，箱上钉铁皮。运至汉口后，或于箱上加麻布袋，或另装以更坚固之木箱，以备出口。每吨分装十木箱，每箱约重二百二十四磅云。

二、广东、云南等省之锑矿业

广东锑矿以曲江为最要，产地分布于县城之西七八十里，最大者为梯子岭，由北江公司开采，设炼厂于广州河南白蚬壳。该厂于民国三年创办。炼法：先将硫化锑矿在小反射炉内烧成锑养，然后再移入精炼之反射炉，提炼纯锑。现有化炉十一座，分粗制与精制二种。精制炉每日至多可出纯锑八百磅。

云南锑矿产于文山、阿迷二县境内，为宝华公司所开采。该公司创办于前清光绪三十四年，初为官办，嗣于宣统三年改为官商合办，官股十七万五千元，商股六万元，铁路局借款十二万元。矿山有三处：（一）文山县之茅山厂，（二）阿迷县之都比及菓花，（三）广南分厂。广南距炼厂过远，早经停止。茅山厂有明礌二十余处，纵横采掘，极不规则；又有横洞及竖洞二三处，本地名曰洞尖。都比及菓花二厂俱系横洞或直井。炼厂设于蒙自县之米拉，地在滇越铁路芷村车站之附近，自阿迷附车历三小时即可到厂。自矿地至厂约六七十里。炼厂设备极为周密，有电机、锅炉、压砂、辗煤等机器。最初制炼法系以锑砂入泥罐制成生锑（法与湖南各处相同），然后入倒焰炉使成锑二养四，再炼成纯锑。此法需本过高，且有种种不便，故不久即改用新法，自锑矿直接炼成锑二养三，再炼成纯锑。据民国五年调查，该厂共有新式哈氏炼炉四座。每座每次能装矿石 1，200 磅，薪炭 130 磅，能炼锑二养三约自四百余磅至六百余磅不等。每日分为二班，总计日炼锑二养三约 4，500 余磅。另有倒焰炉十座，以制炼纯锑，但每日开用者仅一座至二座。每炉每日可装锑二养三三千磅，和以木炭及碳酸钠等熔剂，分两次熔炼。日产纯锑 3，600 余磅，铸成长方及方形锑块。大部经香港输至国外，中有一小部则用于省城之兵工厂。

第二十表 各关原货出口纯锑、生锑等吨数、价值表(民国元年至十四年)

Table XX Original Exports of Antimony from Different Ports in China(1912—1925)

	长沙、岳州、汉口等关 Changsha, Yochow & Hankow.						广州、北海、九龙、三水等关 Canton, Pakhai, Kowloon, Sanshui etc.						梧州、南宁等关 Wuchow and Nanning						蒙自 Mengtsz						各关出口总量 Tatal of All Original Exports.							
	纯锑 Antimony Regulus		生锑 Antimony Crude		锑矿石 Antimony Ore		纯锑 Antimony Regulus		生锑 Antimony Crude		锑矿石 Antimony Ore		纯锑 Antimony Regulus		生锑 Antimony Crude		锑矿石 Antimony Ore		纯锑 Antimony Regulus		生锑 Antimony Crude		锑矿石 Antimony Ore		纯锑 Antimony Regulus		生锑 Antimony Crude		锑矿石 Antimony Ore		锑渣 Antimony Refuse	
	吨数 Tons	关两 HK. Tls.	吨数 Tons	关两 HK. Tls.	吨数 Tons	关两 HK. Tls.	吨数 Tons	关两 HK. Tls.	吨数 Tons	关两 HK. Tls.	吨数 Tons	关两 HK. Tls.	吨数 Tons	关两 HK. Tls.	吨数 Tons	关两 HK. Tls.	吨数 Tons	关两 HK. Tls.	吨数 Tons	关两 HK. Tls.	吨数 Tons	关两 HK. Tls.	吨数 Tons	关两 HK. Tls.	吨数 Tons	关两 HK. Tls.	吨数 Tons	关两 HK. Tls.	吨数 Tons	关两 HK. Tls.	吨数 Tons	关两 HK. Tls.
民国元年 1912	14,315	991,631	(1)	(1)	2,035	92,862	—	—	(1)	(1)	277	7,414	233	58,172	(1)	(1)	55	4,559	—	—	(1)	(1)	—	—	14,558	1,052,673	(1)	(1)	2,367	104,835	—	—
民国二年 1913	11,191	778,999	(1)	(1)	4,755	156,159	—	—	(1)	(1)	16	858	294	62,950	(1)	(1)	20	310	431	53,922	(1)	(1)	—	—	11,918	896,259	(1)	(1)	4,960	164,879	12,081	68,227
民国三年 1914	18,065	1,328,975	(1)	(1)	9,724	268,746	—	—	(1)	(1)	74	1,183	15	3,705	(1)	(1)	37	3,904	337	45,934	(1)	(1)	—	—	18,520	1,385,466	(1)	(1)	9,839	276,168	2,573	22,309
民国四年 1915	21,762	6,342,831	(1)	(1)	1,167	91,989	144	43,296	(1)	(1)	87	6,893	206	76,038	(1)	(1)	2,020	168,776	487	77,126	(1)	(1)	—	—	22,659	6,575,099	(1)	(1)	3,312	271,261	4,991	87,239
民国五年 1916	9,703	6,280,441	13,013	4,674,461	291	59,480	345	211,723	51	8,662	2,097	307,053	440	260,566	112	28,628	10,242	1,075,364	168	145,904	—	—	—	—	10,657	6,898,990	13,225	4,735,967	12,644	1,446,339	12,561	332,644
民国六年 1917	14,343	3,465,399	19,373	2,228,097	91	9,237	539	175,064	6	336	770	62,339	183	107,853	13	2,099	2,660	157,407	25	5,244	19	1,392	7	994	15,129	3,764,296	19,529	2,246,186	3,769	232,148	451	4,636
民国七年 1918	15,928	2,304,481	957	45,281	322	14,373	25	8,005	—	—	212	9,137	34	11,280	0.6	120	4	239	—	—	—	—	50	1,500	15,987	2,323,921	958	45,401	593	25,520	—	—
民国八年 1919	6,936	563,128	2,031	63,887	302	10,272	65	10,248	—	—	17	988	—	—	—	—	21	554	—	—	—	—	—	—	7,003	573,617	2,035	64,226	341	11,814		
民国九年 1920	8,517	708,420	5,912	341,227	1,365	70,007	26	2,316	90	2,811	41	1,467	—	—	0.3	71	31	4,129	—	—	—	—	0.3	15	8,705	729,349	6,012	344,784	1,437	75,618	171	5,763
民国十年 1921	12,391	1,010,719	1,577	68,019	742	31,930	0.3	21	60	2,338	245	4,924	33	2,772	—	—	—	—	0.5	37	—	—	—	—	12,526	1,022,071	1,638	70,492	988	36,910		
民国十一年 1922	11,559	961,637	1,468	74,364	1,507	73,086	0.3	61	—	—	193	3,692	—	—	—	—	—	—	0.1	7	—	—	—	—	11,864	988,106	1,662	84,951	1,772	79,938	0.2	27
民国十二年 1923	11,638	1,250,778	2,824	221,798	1,971	152,575	0.18	46	2	143	32	1,540	—	—	—	—	—	—	0.5	36	—	—	—	—	11,802	1,267,635	2,828	222,166	2,003	154,115	—	—
民国十三年 1924	11,232	1,963,656	1,816	173,318	944	65,652	3	561	0.5	52	0.6	69	—	—	—	—	—	—	0.5	101	—	—	—	—	11,284	1,972,850	1,836	175,339	945	65,721	—	—
民国十四年 1925	15,616	4,048,027	2,954	508,417	2,096	334,134	8	1,890	0.1	5	85	3,894	—	—	—	—	38	1,067	508	111,526	—	—	—	—	16,169	4,170,935	2,955	508,753	2,264	343,456	—	—

(1)与纯锑一并计算

Included in Antimony Regulus.

三、全国锑产额之约计

全国纯锑、生锑及锑矿石之产额虽尚无确实统计，然锑之销路以出口为大宗，故观历年海关报告出口之数量，即可约知产额之大概矣。查国内锑矿以湖南为最多，故经由长沙、岳州及汉口等关出口之纯锑矿石等每年共计在一万吨以上，值价二三百万两。民国四年则在二万吨以上。六、七两年亦达一万五千吨。八年以后略减，不及万吨。至近年则又渐增。湖南之外当推广东之锑矿业较为发达。其产品经由广州、北海、九龙、三水等关出口，最多时为民国五、六两年，计纯锑五百吨，矿石约二千吨。但此项锑质非尽系广东所产，其中有一部乃由广西运入之生锑或矿石，炼成纯锑之后再行出口者也。三水之挂榜岭下有纯锑炼厂，民国四、五年间曾积极开炼，后因锑价日跌遂停办。广西之奉议、天保、苍梧等县皆产锑，在梧州、南宁等处炼成纯锑。每年出口之量最多时约纯锑四百吨、矿石一万余吨。此外云南宝华公司之纯锑则由蒙自出口，最多时为民国四年之487吨。六年以后输出极少，至十四年则骤增至508吨。总之，我国产锑区域除湖南外，广东、广西、云南等省虽略有所产，而不能甚多。自欧战停止，锑价日落，此数省之锑矿业已多入于停顿之状态。惟十四年则又有渐兴之象，如蒙自关输出之骤增是也。此外又有锑渣一种（即养化锑），在民国二年至五年时由长沙、岳州等关输出者年达万吨之多，今已大为减少矣。总计各关原货出口之纯锑年约七千吨（民国八年）至二万二千余吨（四年），生锑九百吨至一万九千余吨，矿石三百吨至万余吨。且因此项物品除矿石之一部在国内冶炼外，其余皆全数输至美、日等国，故原货出关之数量与输出国外之数量颇能相合。兹将各关出口纯锑等之吨数、价值列为第二十表。

据海关报告，民国十三年全国锑矿产额不逮十二年之多。揣其原因，则以是年湖南大水，多数矿厂以未备新式之抽水机器，俱被淹停工，产额遂大形减少。而兵匪骚扰亦予采销上以莫大之阻碍。然本年锑价为近数年来之最高者，因此凡能开采之矿，无不着手进行，计锡矿山产纯锑八千吨，养化锑五百吨。此外安化、溆浦等小矿共产生锑约二千吨、纯锑约六百吨云。

四、锑之输出及市价

锑在国内无销路，历年所产几全部输出，最多时为民国四年，计纯锑二万三千余吨，值价四百余万两，其他生锑、矿石等，俱在数千吨至万吨之间。民国五年输出之量虽不逮四年之多，而因锑价高贵之故，三项合计之价值共达一千三百余万关两，几与煤矿之输出价值相等。输出之地，欧美、日本等国莫不有之，而美、日二国吸收最多。最近德国于生锑及矿石之购入占量甚多。总之，我国为世界产锑最多之国，列国所需莫不仰给于此，故在国际贸易上实占非常重要之位置者也。兹将历年输出之吨数、价值列为第二十一表。

第二十一表 中国纯锑、生锑等输出吨数、价值表（民国元年至十四年）

Table XXI Exports of Antimony from China. (1912－1925)

	纯锑 Antimony Regulus 99%Sb.		生锑 Antimony Crude 70% Sb.		锑矿砂 Antimony Ore 50－60% Sb.	
	吨数 Tons	关两 HK. Tls.	吨数 Tons	关两 HK. Tls.	吨数 Tons	关两 HK. Tls.
民国元年 1912	13，419	1，084，620	(1)	(1)	2，038	84，563
民国二年 1913	12，924	942，519	(1)	(1)	4，315	149，991
民国三年 1914	19，484	1，387，411	(1)	(1)	4，931	155，816
民国四年 1915	23，172	4，695，767	(1)	(1)	1，658	133，912
民国五年 1916	10，388	6，912，144	11，878	4，911，359	11，671	1，383，243
民国六年 1917	14，704	3，714，321	19，981	2，346，841	3，829	237，702
民国七年 1918	14，268	2，117，916	1，691	119，820	476	21，810
民国八年 1919	6，159	541，465	2，118	73，933	575	20，600
民国九年 1920	9，649	793，733	4，520	266，824	1，341	68，488
民国十年 1921	12，566	1，016，176	2，514	117，565	1，167	46，027
民国十一年 1922	12，062	1，026，454	1，591	78，553	1，829	81，748
民国十二年 1923	11，587	1，223，830	2，904	291，554	2，034	156，916
民国十三年 1924	10，611	1，794，800	1，877	177，294	565	61，599
民国十四年 1925	16，879	4，258，531	2，724	449，270	2，070	307，647

锑之为物虽为一不甚重要之金属，然其市价则涨落甚巨。据统计所示，当1906年日俄战争，锑价曾一度呈趋涨之现象，然最高时每磅仅值美金二角二分（纽约市价）。而战后之暴跌亦仅低至每磅六七分。第二次之涨落为欧战之影响。最高时为1916年之上半年，曾涨至每磅美金四角九分半，是时全球之锑产额达八万二千吨。及和约告成，销路顿狭，英、美等国存积之锑俱能供四、五年之应用而有余，于是锑价日跌，至1922年之三月，每磅仅值美金四分，而全球产额亦减至一万五千吨左右矣。至1923年之冬，销费最多之美国存锑仅五六百吨，只敷一个月之应用，于是1924年之锑市场顿呈活动之象，锑价每磅涨至美金一角以上。我国各锑矿俱乘此机会重事开采，故是年纯锑、生锑等之出口量为近数年中之最高者焉。说者尝谓中国锑业之不能发达，由于内战之频仍与资贼之骚扰，殊不知战事、盗贼，无年无之，而症结所在实由于市价过低，以致多数矿厂不能维持耳。如市价日高，销路畅旺，则中国每年三四万吨之锑产额，实非难事也。

又据海关报告云，1916年春季纯锑之价值为每吨汉口银九百两，其后世界贸易场上得有南美波里维亚浩大之锑产（1914年波产锑矿仅186吨，次年即增至17，923吨，1916年增加更多），于是锑价骤形下落，至七月底每吨只值250两，长沙各商因未订远期定货合同，遂大受损失。又据1917年报告，是年纯锑、生锑之输出较前增加56%，然因船舱不敷，波里维亚及其他锑产骤见增加，故湘锑之价仍形跌落，下半年之输出量不逮上半年之多，盖已有衰落之象矣。又据1918年报告云，1918年终，只有矿床特别丰富之区域，尚能工作不断，其后价格日复下落，即此等区域亦难支持，迨休战时纯锑每吨只值汉口银 60 两耳；所出之量只为 1915 年者之 1/20，1916 年者之 1/15，1917 年者之 1/5。

据上所述，近年来锑价之涨落及影响于我国之锑矿业者可略见一斑矣。锑价骤跌之原因，最初由于波里维亚、墨西哥等处锑矿之竞争，其后欧战告终，需要大减，复加以最后之打击。而我国各矿山及炼锑厂平时对于运输方法、矿石接济等项既多未善，一旦销路停顿，经济支绌，遂大率停止。其资本雄厚之大公司，则因自信太过，以为锑价必不能跌，抛盘过大，而损失亦更多矣。

民国十三年各项锑质运至上海后每吨之市价（以规元计），据英文《经济周刊》216期所载者表列如左。

月份	纯锑	生锑	养化锑
一月	220	146	117
二月	255	153	200
三月	292	168	204
四月	212	183	143
五月	183	124	161
六月	207	161	161
七月	183	118	162
八月	215	128	197
九月	226	131	200
十月	257	139	215
十一月	320	153	274
十二月	335	190	320
平均	242	149	196

观上表，本年之锑价自一月至三月日趋涨势，自四月至八月，因欧洲政局不定之故，锑价涨落不定，九月以至年终，又增涨甚速，故十二月为一年中锑价最高之时焉。

民国十四年，因欧美各国需锑甚亟，故市价又增涨甚速。据湖南《实业杂志》所载，在长沙之纯锑市价，最低时为每吨二百九十一元，最高时达七百七十元，时为十二月之上旬。自是以后，价又渐落。生锑价值则每吨由二百十余元至四百七十元，平均则纯锑约值银五百元，生锑三百五十元云。又据货价调查处公布湘产纯锑在上海趸售之价格逐月列如左表（以每吨规元计）。

一月	363 两	二月	414 两	三月	413 两
四月	383	五月	350	六月	——
七月	375	八月	610	九月	430
十月	420	十一月	450	十二月	515
平均	424 两（合关平银 381 两）				

中国锑矿参考书目

1. 李鸣龢，锑矿纪要，农商公报五卷六、八、九三期（民国八年）。

2. K. C. Li，Antimony in "Mineral Industry，1924" p. 51－62.

3. 王缙云，中国锑业失败之原因（农）五卷四期（七年）。

4. 湖南锑矿之营业情形，（农）二卷一期（四年）。

5. 湖南省产锑矿输出状况，大正十年九月通商公报；又支那矿业时报五十四号转载；实业杂志四十九号译载。

6. 民国十四年湘锑出口数量及长沙锑市情形，心发，（实）一百一期（十五年）。

7. Wolfram & Antimony Production in Central China. Min. Jour. Dec. 6，1919，p. 829.

8. 湖南新化锡矿山锑矿（一）张景光，（农）一卷十期（四年），（二）任延信，（矿）二卷三期（七年），（三）彭世俊，（农）六卷九期及十期（九年），（四）实业杂志三十三期（九年），（五）曹宗海，（实）三十五期（九年），（六）郑亚雄，（矿）四卷二期（十年），（七）丁格兰，地质汇报第三号英文报告（十年），（八）锡矿山近讯，（实）六十三期至六十六期又六十九期、九十五期及九十九期。

9. 湖南益阳板溪锑矿，杜德皋，楚鉴湘，（矿）三卷四期（九年）又（农）八卷四期（十年）。

10. 华昌公司，（一）板桃铁路说明书，（矿）二卷二期（七年），（二）筹还债务办法，（实）七十四期（十二年）。

11. 湖南省其他锑矿（一）溆浦管叶塘，吴秉刚（矿）二卷三期（七年），（二）沅陵银矿垞，陈扬，（矿）一卷一期（六年）。

12. 云南宝华公司锑矿报告书，钟伟，（农）五卷六期七期（八年）。

砒

外国工业所用之砒大抵出自制炼各种复杂金属矿石之附产品。专采砒质之主要矿石为毒砂（FeAsS），含砒 46%。鸡冠石（AsS）及雄黄（As_2S_3）则普通用作药料。云南之大理、蒙化产雄黄及鸡冠石甚多。湖南之慈利、石门，产额亦丰。四川亦略产之。云南所产由腾越出口，湖南则由长沙、岳州等关出口。兹将此数关历年出口雄黄之数量、价值列于第二十二表。观此可略知各该省之产额矣。

腾越关出口之雄黄每年在百吨至五百余吨之间，值关平银万余两至十二万两。由牲口驮运，全部输至缅甸销售。长沙关口出口之雄黄，在民国元、二年时为量甚多，近则日渐减少。除国内销用外，皆输至香港、日本等地。

毒砂常与锡石共生，在湖南南部出产最盛，如常宁、郴县、临武、江华等县。凡产锡之区，莫不有之，前论锡矿时已略述及。毒砂一经热力，砒即养化，挥发而出，冷凝后则得养化砒，即信石是也，亦名白砒。湖南南部产砒之处俱有乡人设炉冶炼，所得信石呈白色纤微状之结晶体，用作农业上之杀虫剂、药料及制造玻璃之用。除本省销费外，大部经由长沙、汉口等关输往各省，亦有一小部经由广州出口。各关原货出口信石之吨数、价值列第二十二表，其中 90%以上乃湘南所产者。输至国外之信石为量甚少，每年仅数十吨，最多时达 235 吨（十三年），以输至香港、美国、日本等地为多。

第二十二表　中国砒矿出口吨数、价值表(民国元年至十四年)

Table XXII　The Exports of Arsenic Ores in China(1912—1925)

	输至外洋 Exported Abroad				信石 Arsenic Oxide				雄黄及鸡冠石 Realgar & Orpiment					
	信石 Arsenic Oxide		雄黄及鸡冠石 Realgar & Orpiment		长沙、汉口等关出口量 Original Export from Changsha, Hankow etc.		原货出口共计 Total Original Exports		腾越关出口量 Original Export from Tengyueh		长沙、岳州等关出口量 Original Export from Changsha, Yochow		原货出口共计 Total Original Exports	
	吨数 Tons	关两 HK. Tls.	吨数 Tons	关两 HK. Tls.	吨数 Tons	关两 HK. Tls.	吨数 Tons	关两 HK. Tls.	吨数 Tons	关两 HK. Tls.	吨数 Tons	关两 HK. Tls.	吨数 Tons	关两 HK. Tls.
民国元年 1912	37	5,670	406	13,719	633	102,923	677	109,660	——	——	234	7,912	234	7,912
民国二年 1913	38	5,740	504	17,142	731	130,381	776	137,289	——	——	435	14,374	435	14,374
民国三年 1914	82	11,758	32	1,088	858	153,580	944	166,018	——	——	——	——	——	——
民国四年 1915	49	7,891	8	300	1,051	219,210	1,105	227,826	——	——	——	——	——	——
民国五年 1916	58	11,014	427	63,669	1,033	181,487	1,097	193,614	412	60,887	——	——	416	61,366
民国六年 1917	51	9,335	257	40,218	996	175,997	1,053	186,455	257	40,218	15	1,413	272	41,687
民国七年 1918	38	7,443	99	15,054	777	122,389	900	146,161	98	14,996	8	752	107	15,877
民国八年 1919	57	10,567	223	53,436	1,001	158,888	1,077	172,964	223	53,367	24	2,783	248	56,219
民国九年 1920	49	9,149	469	96,681	742	109,307	801	120,374	465	96,045	3	376	469	96,530
民国十年 1921	99	16,872	256	54,633	1,077	134,561	1,165	151,364	253	54,215	12	1,609	266	55,905
民国十一年 1922	29	5,776	545	121,188	899	137,844	934	145,108	543	120,852	5	1,016	548	121,868
民国十二年 1923	174	28,473	409	94,804	900	143,269	923	147,729	407	94,484	3	588	411	95,072
民国十三年 1924	235	44,947	468	109,257	980	184,269	1,001	188,151	468	109,214	——	——	469	109,372
民国十四年 1925	93	22,793	392	105,547	1,185	266,021	1,233	277,906	362	96,448	1	360	394	105,924

据财政部货价调查处报告，民国十四年石黄（即鸡冠石）、信石等物在上海趸售之平均市价表列如左。

	石黄（拣货）	石黄（提货）	白信石（湖南产）	红信石（湖南产）
每担平均价（规元）	20.458	43.791	39.333	26.666
同上（关两）	18.365	39.310	35.308	23.713
每吨平均价（关两）	306	655	588	395

铋

铋为一青灰色之金属。主要用途为制造易熔性之合金，凡电气业、牙科、锅炉、钎药及其他利用易熔性之材料，莫不用之。其化合物则用作药品，但需量俱极有限。1923年世界金属铋产额共不过四百余吨。含铋矿物甚多，最要者为自然铋及辉铋矿，后者系硫化物，含铋约81%。我国江西、广东等省，铋矿常与钨矿共生，为采钨者之一种副产物，前已论及（见160页）。此项矿石经一度手选之后含铋约45%—65%。大部由香港出口，输至英国，再事精炼。铋矿石之出口，关册不详列，于总论中则偶有记载，计九年至十一年之输出额如左。

	担数	约合吨数
民国九年	1，496	89
民国十年	1，993	119
民国十一年	919	55

铝

铝为银白色之金属，富展延之性，其比重在各金属中为最轻。主要用途为制造各种家用器具、飞机及汽车之机件及电业、冶业等。多数矿物及岩石皆含铝，然化炼极难，不能利用。能供开采之铝矿石以铁矾土（或称铝土 $Al_2O_32H_2O$）为最重要。中国铝土至今尚未发现。据日人调查，山东淄川、博山、章丘等县，于煤系之顶部有铝土页岩一层，厚自四公尺至六公尺，呈白色或灰、褐、黄、黑等色，石理匀整，大部甚坚密，间有呈鲕状或豆状之结构者。化验结果，养化铝最多可至55%，其呈黑或灰黄色者，则铝分略少，而养化铁较多。此层分布极广，西自章丘县之危山（在龙山车站之东南，埠村之西北），东达南定车站附近之唐王山，延长约一百公里，露头整齐，无此厚彼薄之状，故似属湖成红土（Lake Laterite）之一云。按铝在我国之销费日渐增加，此观于进口量之日增而可知者也。然环顾国中尚无一堪采之矿床，若山东之铝土页岩，恐终以质劣，难资应用。如能详为探勘，或尚有发现较佳矿床之希望，深望国内矿业家于此项矿床深加注意也。中国进口之铝以来自日本者为最多。然日本非产铝之国，盖必自美国输入而重行输出者也。历年进口之担数、价值列如左表。

历年铝（亦称钢精）之进口数量、价值表

年份	铝（亦称钢精）		熟铝	
	担	关两	担	关两
民国元年	79	2，719	181	43，600
民国二年	136	5，211	857	64，700
民国三年	120	4，317	738	30，779
民国四年	94	4，762	40	7，036
民国五年	19	1，477	365	37，446
民国六年	54	6，252	315	41，614
民国七年	157	12，346	240	39，953
民国八年	353	19，314	1，759	286，769
民国九年	511	27，262	1，038	70，023
民国十年	495	25，458	759	60，237
民国十一年	1，288	48，243	1，222	64，966
民国十二年	1，036	39，244	1，971	142，228
民国十三年	965	37，314	2，894	161，597
民国十四年				

稀金属

燐铈钍矿（Monazite）乃铈、钍、锒（今译镧）、镨、锓（今译钕）等稀有金属之磷酸盐，各金属之含量多少不等，而最有影响于其价值者厥为养化钍，自1%至20%，寻常矿石均在3%至9%左右。色淡黄或棕红，呈松脂状光泽，比重5.5，硬度五。因此特性，颇易鉴别。花岗岩、片麻岩中常有本矿物之踪迹，但为量过微，不能称为矿石也。必待经过风化作用之后，始能逐渐聚积于砂层之中，成为砂积矿床，与磁铁矿，柘榴石或其他重性之矿物相共生。主要用途为制造煤气灯或其他发白热光灯之纱罩，盖矿中铈、钍等质灼热后皆能发强烈之白光故也。

我国直隶易县河砂中前闻有产磷铈钍矿之说，但尚未证实。最近日本人在辽东金县、旅顺等地，于砂金层内发现本矿及锆英石（Zircon）与磁铁矿、云母铁矿、柘榴石、电气石、石英、云母等共生。据显微镜检验之结果，谓含量尚丰。兹将产地列下：（一）金县山咀屯派出所附近，（二）金县上江家屯派出所附近，（三）旅顺白岚子派出所附近（以上节录《支那矿业时报》第六十一号，大正十三年）。按铈钍矿应用虽狭而价值甚高，我国砂积矿床到处皆有，如能详加研究，或能发现重要矿床，深望国内矿业家于此稍稍注意也。

第七章 粘土及陶瓷工业

一、粘土之分布及性质

粘土应用最广，其制造之品，种类繁多。凡建筑、卫生诸工程，家用装饰各用品，无不以粘土为主要或一部之原料，其用途之繁，在天产各矿产中罕与伦比。考其成分，以含水矽酸铝为主，另夹杂质如矽养二、养化铁、石灰等。土之纯者几全为含水矽酸铝所成，名曰高岭，本中国江西饶州东山名，为中国古代最良之瓷土。其时欧西瓷业尚未发明，而中国由陶而瓷，文物丕焕，其工艺之精巧，实为同时各国所不及。粘土之成分既不一律，实用上之性质遂各不同。大抵高岭土之最纯粹者可作瓷器，寻常粘土则作陶器或粗瓷，最劣者则制造砖瓦。其含矽质甚多，硷性物质甚少之土，因具有高热难熔之性，大抵专造火砖，用以填砌极高温度之火炉内壁。

就成因言，粘土可分为二类：（一）残余土。由岩石风化，其残余之部堆积原处而成。其由火成岩中长石变化者，质地最纯。我国安徽祁门所产之土似属此类。（二）迁积土。岩石风化之后随水迁流，而堆积于江、河、湖、海之中者。其成因与普通之水成岩无异，故亦称水成粘土。中国北方之粘土，如奉天之复县（五湖嘴），直隶之磁县（彭城）、唐山，河南之禹州、郑州、开封，山东之博山，甘肃之皋兰（阿干镇）、山丹（西沟）、华亭（安口窑）等产地皆属之。大半产于古生代煤系之下部，本地采制极盛。惟质不甚佳，仅能充陶器或粗瓷之原料。其含硷质较少者，则能造耐火材料。

中国产瓷最著名之景德镇，其所需原料昔即产本镇东山，而浮梁县之麻仓山亦有名。明季麻仓土竭后，采于县境吴门托，后又采自安徽之祁门县，至今仍恃此为最重要之原料。至于景德镇附近所产之粘土，其成因似当属水成一类，而复经变质者。江西萍乡于煤系中亦产质佳之粘土，即萍瓷公司所用之原料也。江苏粘土有瓷土与陶土二种。瓷土产松属张堰之秦山，即自石英斑岩腐解而成之高岭土；质性尚佳，惜矿量不多，难资利用。陶土以宜兴所产为最著，土质属耐火粘土，位于志留纪地层之最上部。此外无锡、丹阳等县亦皆有粘土矿床，俱未大采。

兹将中国重要粘土经农商部工业试验所分析者，列其成分如左。

产地	氧化矽	氧化铝	氧化铁	氧化钙	氧化镁	氧化钾及氧化钠	灼热减量
安徽祁门	75.95	15.38	0.51	0.17	0.09	5.87	1.93
同上	77.59	15.35	1.04	0.79	0.58		
同上	76.95	16.44	1.35	0.79	0.14		

续表

产地	氧化矽	氧化铝	氧化铁	氧化钙	氧化镁	氧化钾及氧化钠	灼热减量
江西星子	49.03	33.39	0.51	3.71	1.65		11.66
江西贵溪	72.79	19.55	1.04	0.59	0.20		
江西高岭（明砂）	53.99	33.47	0.83	0.35	0.20		
江西浮梁（釉果）	64.76	19.43	0.40	3.47	4.40	4.12	3.42
江西浮梁寿溪	74.37	16.93	1.14	0.61	0.59		2.16
奉天复县五湖嘴	56.71	29.70	3.53	0.75	0.20		9.00
开滦公司耐火粘土（一号）	63.22	22.36	1.66	1.11	微量	6.14	5.51
同上（二号）	36.41	44.40	1.01	0.61	0.53	3.43	13.61
江苏丹阳北乡	74.92	16.85	1.06	0.72	0.84		2.51

二、中国之陶瓷工业

我国之陶瓷工业由来甚古，黄帝时似已有之。周秦之世，陶人设有专官，而窑事渐备。至晋有缥瓷，是为用瓷之始。隋有绿瓷玻璃。唐以前用器率为铜制。至唐则改尚陶瓷，造器日繁，斯业以盛。当时制瓷地之最著者为越州（今浙江绍兴），世谓越窑是也。自是以后，陶业日精，而产地亦屡有变更。大抵一地窑业之盛衰，虽视其粘土之充足与否为断，然与其时版舆之伸缩，都城之变迁，亦有莫大之关系焉。概而论之，三代以前，陶器之用尚未普遍，制器极粗，是为瓦缶时代。宋元以前，瓷尚质素，未施彩绘，是为素瓷时代。由宋至明，彩色盛行，是为彩器时代。康雍以还，民物殷阜，而陶业亦大兴，出品精美，几有超越前古之势。及前清末季以至民国，洋瓷竞进，销费日多，于是西法制瓷复为一时风尚。国人竞创新式瓷业公司，至今办有成效者已有四五家。倘能本此精神，锐意改良，则我国瓷业前途必有复兴之一日也。兹将我国重要产瓷各省之工业状况略述如左。

（一）江西省

一、浮梁县景德镇 现在中国陶瓷业之中心当推景德镇，此尽人而知者也。其出品之精，产额之多，为其他各地所不及。兹特参考中外调查报告，择要论列如下。景德镇古称中国四大镇之一，位于浮梁县西南昌江南岸，故古名昌南镇。自陈以来，土人即以此为业。至宋景德年间始置镇，奉旨督造，因改称景德镇。全镇长十三里，广三四里，瓷器之制造场及瓷器行店充满全市。数里之江岸均为运瓷船只所占满。镇内屋宇多以粗瓷碎片造成，而河边堆积之废瓷片已成一极厚之瓷层，亘数十里而不绝。附近数里，烧窑破片堆积如丘阜，达数丈之高。盖景德镇之陶瓷工业已有千余年之历史，此无怪满目所见无一不与瓷业有直接之关系矣。

制瓷之原料为白土、高岭、釉果、釉灰四种。白土性易熔，高岭性耐火，二者俱有粘力，经火而凝，可以成胎。胎上施釉。釉为白土与釉灰之配合物。釉果可代白土，惟熔化较易。白土、高岭与釉果种类颇多，各以产地为名，但俱系长石风化后之土质耳。釉灰为青白石（即石灰岩）与凤尾草制炼后，用水淘细而成，有使釉色莹澈之作用。浮梁东乡高岭昔产瓷土最佳，此英名高岭土之所由来也。其后渐次告竭，改用本邑之三宝蓬、明砂、银坑坞及星子、余干与安徽等土，而以安徽之祁门土为最精美，足与高岭相匹敌，为制造上等瓷器所不可缺之原料。据约略调查，每年瓷土之销费量约三千万块，釉果四五百万块，平均每块以三斤计，共约六万三千吨。兹将各类白土之产地、用途及价格等开列如左。

江西陶瓷业所用原料表

品名	产地	价格	性质	用途	熔度
浮梁南岭	浮梁县东港	每块银六分	粘力弱，不能单用	与釉果混合，作上等坯	1710度 三角锥热度计二十九号
星子高岭	星子县	每块银三分	同上	与祁门混合，作普通坯	1790 热度计三十三号
乐平老山	乐平县	未详	有粘力，可以单用	作普通坯	1500
耐火土	同上	每万斤银六十元	粘力强	作匣钵及耐火品	1700
釉果	浮梁县东乡	每块重四斤、价六分	粘力稍弱	作釉果及上等坯	1410 热度计十四号
祁门	祁门县	每块重四斤，价六分	粘力强，可以单用	上等坯皆用之	1470 热度计十七号
余干	余干	每块重二斤，价一分四厘	同上	中下及下等坯用之	1510 热度计十九号
三宝蓬	景德镇东北二十里	每块重二斤四两，价五分	粘力弱，不能单用	与祁门及星子混合作中等坯	1410 热度计十四号
附注	此外浮梁之银坑坞、寿溪坞、南河及广信之贵溪俱产土，熔度自十五号至二十二号不等，堪作普通坯及中上等坯之用。每块重自二斤至三斤十二两。每千块价自十余元至三十余元。				

制瓷之手续极繁。一器之成须经过多数工人之手，始克成就。然大别之，可分为造坯、烧窑、彩色三步。而造坯之中又有炼泥、拉坯、印坯、镞坯、刷坯、上釉等手续。此项工作皆各有专行，分工处理，其组织之完善颇合于近世之经济学理。全镇人口约四十万，大半倚窑业为生。计造坯之家千余户，瓷窑约104座，施彩之户（亦名红店）约一千余家。画瓷之工约三千数百人，但技艺精巧者不过三四十人。瓷窑属旧式之直焰一类，有柴窑、草窑（亦名槎窑）二种。柴窑最多，约80%，以松木及其他木类为燃料，窑室坚固，专烧精瓷，每窑建筑费约需三四千元。草窑以草为燃料，专烧粗瓷，窑室亦劣，每窑建筑费约需二千元。每窑烧瓷一次，前后共用各种工人十三四名，约需三十六小时。燃料之费，柴窑四百元，草窑二百五十元。在烧窑期内，计每六日能出瓷一次。如是所得之瓷，名曰白胎。仅罩釉一层，即俗名一道釉者是也。须由红店加绘彩色，再入锦窑烧之，始成精美之品。锦窑甚小，高约三尺，口径二尺，建筑费不过数十元，全镇共有三千余具。从事于窑业之工人总数约二万余人，大多数来自都昌。每年自旧历三月初旬开工，四月一日以后烧窑，至十二月二十四日停工。工资办法有长工、包工之分。长工按季论价，包工则以柴价为比例。各种工人，月得不一。装坯（将坯装入匣钵之工）、满窑（将匣钵移入窑中之工）平均约八九元。烧火、打杂约六七元云。陶瓷出品以日用粗货占其大半。近来改良彩色，仿制洋瓷，亦颇有进步，但手续极繁，工、料俱费，燃料用薪草而不用煤，故成本极重，与洋货竞争，不无困难。现景镇每年产瓷约值六百万元左右。有瓷行五十余家，分任运销，但亦有在本镇

零趸者。销路以湖广为最多，年约二百万元。其次为关东、天津，年达百万元。再次为宁波，年约五六十万元，上海约三四十万元。其输出外国，即在此路。江西本省各地销路年约六七十万元。运道有三：（一）用小船运饶州，水程180里，再换大号帆船或小轮运至湖口或九江。此路运输尚便，惟自景德镇至横港间之一段共60里，因水流湍急，且河底多为瓷片所淤积，即在大水之时，水深亦不过五六寸，故航行极难，常需二三日，始能通过。（二）由水运经饶州而至南昌，再沿赣江上行，运至广东各地销售。（三）水运六十里至祁门，或四十五里至婺源，由此运销安徽及江浙各地。瓷器装运出境，律须纳税。分粗、细二种。白胎、青花为粗瓷，有他色彩绘者悉为细瓷。征税以重量计。粗瓷每担抽银四钱五分，细瓷倍之。故以价值计算，粗瓷之税犹较细瓷为巨也。此外经过厘卡，均有征收，多少不等。运至市场后总计约得货值之四成至六成云。

除前述之旧式直焰窑外，新式制瓷工场以江西瓷业公司为最大。该公司本为官窑，即历代制造内廷用品之窑。民国成立，经费无着，乃改为官商合办，资本四十万元。设有倒焰式机窑多座，皆以煤为燃料。又有新华公司于后山林及马鞍山二处共设倒焰式窑三座。但俱以经费不足，出品不多，故营业难望发达。

二、鄱阳县　即昔日饶州府，在南昌东北，鄱阳湖边，水道有汽船来往，极为便利。该县瓷业历史不如景德镇之古，仅有江西瓷业公司之分公司一家，每年产额不过数千元。但该厂设有倒焰式石灰窑及各种新式机器，且附有官办之陶器学校一所。设备尚为周密。曾仿制铜板画、转写画等，于制瓷方法多所改良。惜资金周转不灵，未能积极进行耳。

三、萍乡县　萍乡东南二十五里上埠产瓷土，质较醴陵所产为优，但不及祁门之细白。窑厂共有三十余处，以萍乡瓷业公司为最大。倡办于光绪三十一年，官商合办，资本二十万元，最盛时期有工人二千。瓷器工作一一取法于景德镇，式样尚美观。

四、横峰县　明代为兴安县，设兴安窑于此。所出制品如花盆、帽筒及食器、坛类等，名目繁多，彩色亦佳。

五、九江县　以陶器及砖瓦为最多。铜瓦及琉璃瓦极著名。瓷器不多。

（二）湖南省

湘瓷始于唐，相沿甚久，然出品粗劣，销路亦滞，不逮江西远甚。光绪三十二年熊希龄等倡设湖南瓷业公司于醴陵县北城外之江湾地方，特聘日本技师，用机器制造，锐意改良，成绩卓著。当时出品岁值二十余万元。在武汉劝业会（宣统元年）、南洋劝业会、巴拿马、意大利等赛会迭获优奖，名誉日隆，销路日广，几有与景德镇并驾齐驱之势矣。乃民国七年，南北战争，醴陵适当其冲，厂屋、机器俱遭蹂躏，迄今犹难恢复，殊可慨也。该公司初系完全商股，民国二年改为官商合办，加入官股银十万两。历年以来股本总额几及五十余万圆。民七兵灾后完全停闭。至八年，由六承销处凑集少数资本，继续工作，然出品日见减少，岁入仅一二万元，规模狭小，苟延残喘而已。民国十二年，湖南省议会议决将该公司收归省有，招商承办，徐图扩充。最近情形不详。

当熊希龄等倡办瓷业公司时，又于醴陵设瓷业学校培植专门人才，以谋陶瓷业之改良，先后毕业者达一千六百余人，大多服务公司，颇得指臂之助。民国五年改为试验所，今则改为湖南模范窑业工场矣。出品式样尚佳，惟因价昂，不能畅销。每月维持费六百元，由省署发给云。

醴陵制瓷所需之原料产香炉坡、沩山一带，土色淡黄，质亦粗糙，远不如祁门之优美。其地有窑四五十座。窑式分二种。一曰景德窑，制法悉照景德旧制；一曰土窑，则其式样与福建之德化窑相似。出品以碗为大宗，岁值约数十万元。其地又有土瓷改良公司者，系于民国八年就旧土窑基扩充而设。资本四千元，制法新旧兼参。每年产额约值万余元云。

（三）江苏省

江苏之陶土工业以宜兴为最发达。其所制之陶器在长江下游各省几于无家不备。行销之广将与景德镇之瓷器并驾齐驱。宜兴陶业，据历史考证，似肇端于东周吴越王时代，而为范蠡所倡设。今宜兴东蜀山镇之陶窑即蠡所建，而蠡墅附近蠡匠园尚有旧窑遗迹可见。自是以后，窑业日盛。至明代（1368—1643），而白宕、鼎山相继设立新窑。故在今日，东至蜀山，西达白宕、汤渡，南至白泥场，北迄前洛、常岸，约20平方里以内俱为陶窑分布之地。所用粘土皆产附近，开采深者达数千尺，恃开坑为生者约有三千人。土之种类极多，为用各别。列其名称、价值等如左表。

名称	产地	烧后颜色或称熟色	用途	价值（以每元若干斤计）
白泥	白泥场	白色	单用	450斤
黄泥	黄泥场	黄褐色	同上	700
生白土	朝渎汗	灰白色	和用	2000
熟白土	产地甚多	淡褐	和用或单用	3000
隔泥	南山，青在山	与嫩泥合为黑褐色	和用	1000
嫩泥	西山前，东山，瓦窑	与紫砂合为紫色	和用	500
紫砂	南山，黄龙山	紫色	和用	500
架土	瓦窑，宁渚，黄泥场	灰白色	同上	3000
青泥	黄龙山	青色	单用	100
黑料	江西省	黑色	制釉用	未详
紫泥	南山及黄龙山	紫色	单用	100（上等） 240（中等） 400（下等）
潭泥	同上	香灰色	同上	80
红泥	同上	红色	单用或和用	20
绿泥	南山及青龙山	汉绿色	同上	80

以上自白泥至架土诸泥俱系天然生成者，紫泥、潭泥系青泥与黑料配合而成，红泥择紫砂中之石黄制成，绿泥则系最嫩之泥制成。大抵青红之泥坚而有力，黄白者软而滋润，配合平均方无爆裂坍塌之虞。白泥光泽滑润，制品多上等细货。紫泥、黄泥专制粗陶及常用之品。至青泥为宜兴特产，间于石英岩内成薄隘土层，颇不易采，近已稀见。有紫砂、朱砂、蓝砂、橙黄、海棠、竹叶等名称，其制品多为饮食用品，间及花瓶饰物，外观似甚粗糙，然有光泽，颇为美观。宜兴出品可分为六等：（一）细货。复分为粗、细二种。价值最贵，多为富家装饰之用。其器略等古玩，有杯、碗、器皿、花瓶、花盆等物。（二）黄货。系以白泥制成，生熟色均白色，应名白货。因窑场常名烧嫩之货曰白货，故别为黄货。此种陶器专供家常日用，如庖厨用品之瓶、罐等类，共计约有四十余种。（三）溪货。亦系家常用品，以产自画溪故名。（四）砂货。产蜀山镇，其瓷面俱现砂质状，故名。厨房及家常用品销费最大。（五）黑货。与砂货相似而色黑，产丁山。（六）粗货。各项缸、罐属之。宜兴一县现共有陶窑六十三座，其种类及分布情形列如左表。

所在地	窑数	窑别
白泥场	1	黄货窑
汤渡	8	溪货窑
白宕	12	缸窑，又名粗货窑

续表

所在地	窑数	窑别
鼎山（俗作丁山）	7	缸窑三，黑货窑四
蠡墅	9	缸窑、黄货窑各四，黑货窑一
边庄	5	缸窑二，黑货窑三
常岸	1	细货窑
前洛	3	细货窑
蜀山	14	细货窑六，砂货窑八
谢墅	3	砂货窑

以上皆系商办之窑。蜀山北厂有县立陶业工厂，成立于民国七年，有大小二窑，厂屋四十八间。经费均系省助，经常费每年二千四百元，临时费三万元。分制造、营业、试验等部。开办以来，闻颇亏损云。

窑以土砖制成，外覆以泥。阔约二丈，长自六丈至十余丈不等。造坯之法分为三种：（一）把作。专制大号坯料，如缸、瓮之属。（二）片作。中号之坯属之。（三）细作。则由转轮之法随手掐成，专作细品，如杯、碗之类属之。釉水计有十余种，为矿物（如云母、白石、滴水石等）、金属（铜、铅、锡）及特种粘土配合而成。其原料颇有由外省或国外运入者，不克详述。至于烧制时间，视装品而异。通常每烧一窑约需十五小时至五十二小时。而装坯、冷却及出品费时亦多，共计约需三十三小时至五昼夜。燃料则松木、茅柴及煤俱用。所产陶器大部分运至宜兴（二十余里）后，再由水路分运无锡、常州及沪、汉、津、粤等埠，国外如南洋群岛及日本等地亦有销者。陶器税为值百抽五，征收处设于蠡庄渡，距窑场十余里。据约略计算，宜兴全县之陶器产额，粗货约五十万至六十万元，黄货及溪货各值十万元，砂货及黑货各值五六万元，而细货则仅有五百元，共计为一百万元。又据海关报告，民国十二年由上海经过之陶器共为 114，306 担，值关银 1，247，187 两。其中除一小部来自广东外，余皆宜兴所产。而在上海销费者为 35，999 担，运往外洋者 14，641 担，由上海转销内地各城镇者 67，894 担云。

扬州亦产白泥，与宜兴相似。制品多属饮食等具，器面雕刻花纹为其特色。丹阳有泥山，在县城西北约六十里，产粘土，色白而颗粒不甚匀细，故不适于制瓷之用。惟性粘，能饱吸水分，今用以制酒药。无锡南乡石塘镇有火泥层，开采甚盛，大部运往上海，为烧制耐火砖之用。

（四）福建省

福建之陶瓷工业以德化县为中心，自明以来即甚发达。其所用原料，洁白细致，推为全国第一。最大之工厂为模范瓷业公司，出品如瓶、盆、碗、碟，以白色而不施花色者为最多，尤善制观音之像，闻景德镇之制像工人，亦俱自德化雇用云。其次为闽清县之十一都，产额甚大，每年输至福州之瓷器，以此为最巨，以其价廉故也；但品质则不如德化，近自风济公司成立后，竭力改良，渐有可观。此外，宁德、盐田、古田、尤溪等县亦产瓷，仅为日用粗品，不足言美术也。总计自德化、闽清等县输至福州之瓷器，年达三十万元云。

（五）广东省

南海县石湾镇为广东陶业之中心点，而尤以石湾附近高州镇（译音）所产品质为最高。其工业已历七百余年，现有窑八十座。原料初采自本地，后改用东莞花县之白泥，品质较佳。釉有三种，即绿釉、蓝釉、黄釉。制品以花瓶、花盆、碟、壶及各项建筑用之釉瓦为主。亦有仿制洋式盆、碗及绘日本式之山水画者，其工致殊不下于舶来品也。此外复制缸、锅、砖、瓦，产额亦多，其原料多采自本地附近。海阳、钦县俱产白瓷，为数极少。连州产陶器。此外如东莞、清远、南港之青砖，盐浦之灰砖，均甚著名。据海关报告，每年自汕头运出之瓷、陶等器，自一百万两至三百余万两，往往较九江为多。考此项陶瓷器之来源，除有一小部自石湾或其他产瓷地点输入外，其大部当系潮安所产。盖潮安亦为著名之产瓷地，且有潮汕铁路之连络，输运便利，故输出遂日臻重要矣。此项输出之陶瓷器大部运销南洋各地。

（六）山东省

山东博山于煤系底部产粘土，品质优良，极合制瓷之用。现有博山瓷业公司，营业颇发达，制造花瓶及饮食器具。其形状多仿古式，色彩甚素雅。又有日华窑业株式会社，从事于电用瓷料之试验，成绩甚佳。

（七）直隶省

直隶省之陶瓷工业以南部磁县之彭城镇为中心。居民大半以此为生，全镇共有碗窑二三百座，缸窑三十余座，年产瓷器值价六十万元，行销及于直、晋、鲁、豫各省。其营业之发达，盖将与景德镇南北并峙矣。惟瓷质甚粗，远不逮景镇之细致。制造悉从旧式，祇能供中下等社会之用。彭城镇位于磁县之西约六七十里，有滏阳河水运之便，经流直省十余县，可直达天津、通州一带。陆运则由镇至西佐村二十里，有运煤铁路达马头镇，以与京汉总线相衔接，故论交通，尚属便利。制瓷所需之原料有青土、白土、矸子等，种类甚多，皆产本地。青土最佳，白土次之，互相混合，为造坯原料。白堿系一种化妆品，施于生坯之上、白釉之下。釉分黑白二种。笼土砂子，烧窑时用以制盛坯之器（除水缸及其他大料外，皆须置于器内烧制，本地名曰笼子）。矸子即耐火粘土，可制缸、砖。此外又有马牙石（石英）、料石（方解石），亦皆为制瓷之重要原料。颜料一项皆自外省运入，大多数系舶来品。燃料以煤为主，薪炭为副，仅于开火时用之。本镇窑户，除购备材料及器具之外，关于工作事项，多系包工性质，且各有专业，分工而治，其雇值视工之繁简而异焉。彭城之外，天津陶业亦著名。制品多为茶具，品质粗糙，只供普通之用而已。但瓷制人物，则形彩俱佳，颇负盛名。天津实业工厂窑业科近仿制日本瓷，加意改良，颇著成效，但产额不多耳。北京瓷业工厂仅有新设之北京瓷业公司一家，由技术家叶君与赵润秋等联合组织而成。瓷土及釉料均产自房山县，厂址设于西便门内。闻规模甚完备，俱采用新式。产额及制造情形不详。唐山启新洋灰公司新出瓷器甚多，式样精巧，京津一带行销甚广。此外，井陉、武清等县俱有粗瓷及建筑用之砖瓦出产。

（八）安徽省

安徽祁门为我国上等粘土之出产地。现景德镇所出精美瓷器之原料即取材于此。产地在县东 35 里张岑脚、上下陈及吴坑口一带。十里之间皆为土坑与制砖所分布之地。瓷土色白、质纯，系由石英斑岩风化而成。斑岩侵入于下志留纪地层中，分布极不规则，而风化程度亦深浅不一，故瓷土之量，颇难精计。现在土坑俱不甚深，普通在五公尺左右。采土制砖俱由祁门商家与村民办理。包采瓷土一万斤，价约四五元。采土家具由工人自备。自土坑至制砖所之运费，则由采主担负，每百斤约铜子五枚至二十枚。现张岑脚一带，十里之间共有土坑七八处。制砖所由本地农民自设。包制土砖一万斤，价自八元至十元不等。砖每方长约五寸半，宽四寸，厚一寸半，重四斤。制法：先用水轮之力，将土舂碎成粉，乃入水池淘洗匀净，后用手工模成长方块，晒干后即得。此项土砖皆由大路口（即双溪流距陈岑脚十五里）装于竹筏上，顺水下流，经祁门而至景德镇；或运至祁门南界之倒河，以供该县窑户之用。张岑脚一带，于前清末年制砖所只二三家，现在增至四十家左右。平均每家年出砖十万斤，即年产土砖共约四百万斤。在祁门售价每万斤洋九十元，需成本约五十元。在景德镇售价每万斤一百五十元。运至上海，计需工资及运费每万斤共约一百八十元。现闻沪商有拟将此项土砖运销美国之议，但祁门瓷土为我国特产，品质之高，世所罕见，且蕴量未必十分丰富，深愿国人善为珍惜，勿徒贪目前之利，而使宝贵之品任意出口，令外人图我十百倍之利也。祁门本县之窑业甚不发达，仅制花瓶、茶具等家常用品，工作、色彩，俱远不如景德镇之精美云（以上据叶良辅、李捷二君报告）。

（九）东三省

奉天粘土，据今所知，以复县五湖嘴所产为最佳。其地在南满铁路普兰店车站西约九十里，东距海滨仅一里许，水道交通，除冬季海港冰结外，尚为便利。粘土层产于石炭纪煤系之底部，共有六层，但堪供开采者仅一、三、四、六数层（自下而上），其中尤以第三层最为重要，最厚达十五英尺，平均在六七尺左右。兹列各层之名称、性质如左。

粘土层	露头及性质
（一）下部层中之硬质鲕状粘土	露出于三稜山麓及干家屯一带。铁分少，粘着力乏，三角锥热度计三十三号至三十五号。
（二）下部层中由杂色页岩变成之灰黑色粘土	热度计二十六号，品质甚劣，恐难开采。
（三）本层粘土（主要粘土层）	厚五尺至十五尺。热度计三十三号至三十六号。矽酸自42%至46%、铝土自36%至40%，粘力强。惟铁分曹达稍高，于耐火应用稍有妨碍。
（四）上层粘土（主要粘土层）	五尺至十尺。分布区域与本层粘土同。矽酸多，铝土少，故粘力较弱。热度计二十五号至三十二号
（五）上部层中第三层煤下盘之硬质粘土	热度计十四号至二十八号。分布甚广。惟铁多铝少，故耐火性、粘力俱弱。
（六）上部层中第二层煤下盘之白粘土	色纯白，富粘力。热度计二十八号。品质甚佳。惜分布不广，矿量甚微。

上述之主要粘土层系位于海百合石灰岩及一薄煤层之下，层位极有一定。分布既广，品质亦佳。兹据南满铁路地质调查所公布主要粘土层之详细化学成分如左，以备参考。

粘 土 层	矽酸(%)	铝土(%)	第二酸化铁(%)	石灰(%)	苦土(%)	加里(%)	曹达(%)	灼热减量(水)(%)
本层粘土	43.48	39.11	0.91	0.23	痕迹	0.74	1.07	14.16
上层粘土	51.90	31.90	0.30	0.81	0.30	——	——	14.51

除上述六层粘土之外，砂页岩中往往夹有土质页岩，经局部变化，亦偶成为粘土层。然分布不定，品质恶劣，更无重视之价值矣。全区矿量，据日本地质家之计算，谓优劣合计共有28，125，000吨。大部可用露天法采掘之。倘假定采掘率为30%，则实得矿量当在8，437，500吨左右。现有义和、大顺、大东、亲和、同益等公司开采，皆系日人资本或中日合办之公司。所产粘土由汽船运销抚顺、鞍山等处，供瓷窑业及制造火砖之用。亦有一部输出日本，供八幡制铁所之需要。每吨粘土运至海边（东海码头）后之成本，连采矿材料及运费等一并在内，约需日金三元二十六钱至四圆四十一钱。若输至内地，又需加运费二三元。历年粘土之产额如左：

年份	产额（吨）	年份	产额（吨）
宣统二年	2，352	宣统三年	3，216
民国元年	3，564	民国二年	3，473
民国三年	4，735	民国四年	8，856
民国五年	26，708	民国六年	53，212
民国七年	46，171	民国八年	28，812
民国九年	1，705	民国十年	10，001
民国十一年	4，403	民国十二年	23，119
民国十三年（六月底止）	10，946		

此外，南满路沿线产土之地尚多，如烟台煤田、金县之董家沟煤田及辽阳县东南七十五里寒坡岭，俱产耐火粘土，品质尚良好。此三处俱经中日资本家呈请开采，惟迄今尚未着手。

大连满铁窑业试验工场（Ceramic Laboratory of the S. Manchuria Railway at Dairen）为制造窑业品之研究机关。当前清光绪末季，满铁公司即委托东京高工教授平野耕辅氏调查满州原料，加以化验。民国二年十日遂设立窑业试验场，继又设耐火炼瓦工场。民国六年，又因制造菱苦土炼瓦，乃设耐火炼瓦第二工场。民国七年复设玻璃工场。当倡办之初，建筑、设备等费，共不过六万余元，但十年后，房屋、机器等资产即已达一百余万元。发达之速，实可钦佩。历年办理之成绩，可分为数端：（一）研究部。专任调查原料、试验品质、配合原料及对于制品加以理化的试验。（二）耐火炼瓦工场。制造各种良好之耐火砖瓦，以供鞍山、抚顺、本溪湖各煤铁矿厂及满州一带实业界之应用，共计每年制造能力达一万二千吨。（三）试造菱苦土砖瓦。供抚顺电气制钢炉及大连大华等高速钢电气炉等使用后，结果均佳。惟以烧法不经济，需费过多，刻正在研究改良之中。（四）陶瓷器工场。创设最早，出品甚多，又经研究部之指导，创造各种釉药，以仿制中国之古陶瓷器。六年扩张工厂，制作电气用瓷器。同时又以满州之特产原料，试制硬质瓷器及特殊瓷器，结果认为可以独立营业，遂于民国九年七月让与大华窑业公司。另设小森陶瓷器研究所，由从前担任研究者之小森忍氏继续试验研究，而由满铁会社与其他同好者组织一陶雅会以援助之。迩来该公司努力经营，力向北满扩张销路，制造各种日用器皿，行销极畅。（五）玻璃工场。详后玻璃工业章。以上各工场职员人数共约六百余名，自民国三年至十一年，九年间之总经费共计支出日金374，1000元，除收入3，018，000元外，实支出七十二万三千元，计平均年需试验费八万元。满铁公司对于试验工场投资之巨，可见一斑。将来各种工场一旦皆归正式营业后，满州经济之发展诚不可限量也。

吉林省会东北约六十里，距吉长线土门岭车站二里之地，产陶土。又长春东六十里，板子窝棚、红土崖、钱家屯、石头哨及吉林北门外玄天岭等地皆产良好之粘土，为长春瓷业公司制瓷之原料。该公司为官商合办，资本尚雄厚，开办以来，屡经改良，故出品洁白、细致，较之景德镇仅稍逊一筹。近状不详。

北满未闻有重大之粘土矿床，故中东路及寻常建筑所需之一切粘土材料，皆来自奉天及沿海州各矿。自中东路西部线都尔奇哈站（Turchiha Station）发现重要耐火粘土后，乃于民国十一年在哈尔滨设厂制造耐火炼瓦，品质尚佳，而价值较低，故在北满市场行销甚广。又在西部线森林区域哈克车站附近之Chamien亦有上等粘土矿，拟设厂制造砖瓦、陶器等，其计划正在进行中云。

（十）河南省

河南向以窑业著名。五代时，后周柴世宗设窑于郑州，制瓷甚佳，世称柴窑。宋时汴京（即开封）有官窑，禹州有钧窑，皆极一时之盛。降至今日，海运开通，文化中心不在中原，而在东南滨海之省，于是河南之陶瓷业遂日渐衰微。今禹州窑业尚存，但品质甚粗；制造多从古式，专制大件花瓶及盆、鼎等，淡黄、青、绿诸色俱备，素地居多。郑州、开封等处陶业情形与禹州大致相仿。南召亦有窑，产粗瓷，供附近居民之用。

（十一）四川省

成都劝业所仿日本式制造瓷器，成绩甚佳，产额亦多，但近以兵燹影响，出品大减，殊为可惜。又资中、威远等县产粘土，现有兴华瓷业公司设窑制造，营业尚佳。四川所出瓷器，除行销本省外，亦有输至汉口者。

（十二）甘肃省

甘肃陶瓷产地之分布皆密迩于煤窑。盖陶瓷业之要素为粘土与燃料，而煤系中皆产之，无怪其关系之密切也。重要产地，据调查所及，共有六处：（一）兰州南四十里之阿干镇，产煤甚盛，亦有窑，制陶器及粗瓷。以密迩省会，故销路甚广。（二）山丹县城外二里许之山丹窑，共有窑十家，每年约能出碗、盏等四十余万件、缸三千余只，约值钱三千余串文。所用之煤来自瞭高山一带，而粘土、釉药俱产本地。此窑出品在甘肃西北部行销甚广。（三）永昌县西五十里红山窑，产粗瓷及陶器，销凉州、镇番、古浪等县。（四）平番县西南六十里窑街，产煤甚佳，兼有窑业。（五）高台县西南八十里窑沟，处南山之中，产缸、坛及粗碗。酒泉、抚彝、玉门等县皆销售甚广。（六）华亭县东三十里安口窑，陶瓷工业极为发达。陇东需要皆仰给于此。除陶器粗瓷外，兼有一二细致之品。按甘肃幅员广大，而交通则仅有骡马大车，转运极不便利，因之一窑之所产，仅足供附近数县之所需。销路既狭，窑业遂难发达，且乡民用具，简陋已极，细致之品，本无所用。故全省窑产皆以陶器粗瓷为主。此不尽由于原料之不佳，亦人民需要使之然也。

（十三）山西省

山西瓷业，肇端于宋。当时所谓西窑者，即在平定附近。现则此项工业日渐衰微，所产俱粗品，色泽、式样皆不足取，仅供附近居民日用之需而已。

三、中国陶瓷之产额

中国陶瓷工业向少精密调查，故每年产额若干，无从计算。兹就上述概况约略估计如左。

省　　别	产额值价约数	备　　考
一、江西省	650 万元	景德镇年产约 600 万元、萍乡、饶州、九江等合计约 50 万元。
二、广东省	500 万元	汕头每年出口之陶器值价自 100 万至 400 余万元，石湾等处产陶瓦器约值 200 万元。
三、福建省	200 万元	以德化产出最多。
四、江苏省	120 万元	宜兴年产陶器约 100 万元，其他各处合计约二十万元。
五、直隶省	100 万元	磁县之彭城年产粗瓷约六十万元，唐山启新洋灰公司新出瓷器甚多，产额不详。又天津实业工厂窑业科及北京瓷业公司俱有所产，兹假定其产额总数为四十万元。

第二十三表　中国陶瓷器进出口数量、价值表（民国元年至十四年）

Table XXIII　Imports & Exports of Chinaware, Pottery & Earthenware in China (1912—1925)

	出口 Exports.					进口 Imports	各关原货出口之瓷器 Original Exports of chinaware from different ports.						各关原货出口之陶瓦器 Original Exports of Pottery & Earthenware from different ports				
	瓷器 Chinaware		瓦器陶器 Pottery & Earthenware		共计 Total	粗细瓷器 Chinaware, Coarse & Fine.	九江 Kiukiang	汕头 Swatow	广州及九龙 Canton & Kowloon	厦门 Amoy	各关原货出口共计 Total of All Original Exports		上海 Shanghai	九龙 Kowloon	汕头 Swatow	各关原货出口共计 Total of All Original Exports	
	担 Piculs	关两 HK. Tls.	担 Piculs	关两 HK. Tls.	关两 HK. Tls.	关两 HK. Tls.	关两 HK. Tls.	关两 HK. Tls.	关两 HK. Tls.	关两 HK. Tls.	担 Piculs	关两 HK. Tls.	关两 HK. Tls.	关两 HK. Tls.	关两 HK. Tls.	担 Piculs	关两 HK. Tls.
民国元年 1912	120,824	1,025,249	333,955	908,639	1,933,888	815,771	1,071,157	378,265	500,418	17,162	159,619	1,995,146	603,223	544,261	193,000	384,630	1,485,867
民国二年 1913	138,842	1,160,691	358,395	986,022	2,146,713	1,210,833	1,718,232	477,004	542,758	27,245	203,656	2,813,348	913,340	587,207	207,222	460,127	1,968,184
民国三年 1914	122,890	1,075,933	326,001	862,445	1,938,378	1,042,867	1,686,832	480,920	451,261	19,939	188,381	2,672,964	952,127	467,082	239,891	397,816	1,809,225
民国四年 1915	142,619	1,706,289	327,357	830,152	2,536,441	779,591	1,290,242	1,120,352	438,874	19,133	208,402	2,918,198	981,615	459,561	243,599	415,580	1,891,536
民国五年 1916	130,314	1,787,399	304,471	1,092,081	2,879,480	967,515	1,362,758	1,163,119	449,774	14,836	196,375	3,026,593	997,193	439,441	475,036	396,135	2,146,168
民国六年 1917	112,872	1,513,413	257,488	942,351	2,455,764	1,318,037	1,475,798	796,868	469,777	13,302	179,827	2,786,127	738,007	368,204	469,042	341,368	1,784,945
民国七年 1918	95,568	1,482,619	187,646	678,790	2,161,409	1,255,299	1,106,547	719,110	431,581	12,261	139,016	2,304,874	574,636	291,906	290,263	260,399	1,353,192
民国八年 1919	198,773	3,780,295	211,772	752,757	4,533,052	1,287,030	938,540	2,046,239	1,472,349	23,943	235,489	4,520,869	458,193	331,907	288,027	287,960	1,323,851
民国九年 1920	246,032	4,923,157	195,399	700,507	5,623,664	953,217	959,360	3,298,068	1,350,879	22,305	282,079	5,665,359	545,283	314,925	241,714	279,082	1,378,346
民国十年 1921	218,444	4,610,993	179,517	666,311	5,277,304	1,256,213	1,083,452	2,878,605	1,427,222	18,735	260,826	5,484,945	761,897	378,111	121,900	289,207	1,484,565
民国十一年 1922	218,930	3,000,730	182,568	648,045	3,648,775	1,425,042	1,396,497	987,345	1,528,723	29,771	270,494	4,065,344	927,847	387,387	44,899	295,929	1,574,312
民国十二年 1923	243,760	3,298,352	213,197	951,060	4,249,412	1,568,952	1,641,879	1,044,774	1,618,153	76,128	302,252	4,521,741	1,165,799	507,590	49,500	344,701	2,066,962
民国十三年 1924	215,594	2,798,974	217,177	1,202,892	4,001,866	1,750,567	1,396,454	942,329	1,258,437	62,536	263,880	3,768,124	968,099	859,835	96,155	333,785	2,170,088
民国十四年 1925	200,266	2,289,696	145,257	768,637	3,058,333	1,711,267	1,848,496	1,150,762	811,277	62,235	285,069	4,054,360	910,550	490,077	98,685	279,388	1,734,430

续表

省别	产额值价约数	备考
六、湖南省	20万元	以醴陵之土窑所产为多。湖南瓷业公司及土瓷改良公司所产共不过数万元。
七、东三省	150万元	以大连之大华窑业公司产额最多。
八、浙江、河南、山西、甘肃等省	40万元	
共计	1，780万元	

上列各省产瓷价值，大部出诸臆测，未可认为精确之统计也。就中广东一省，以汕头瓷器出口之多，故假定为每年五百万元。是否过多，殊难断定。又如山西、甘肃等省之产瓷地点，四散分布，往往僻处山乡，外人鲜有知其踪迹者。然此项产额，仅供本地之用，故为量甚少。兹假定为每省十万元，或与实际产额相去不远欤。夫陶瓷各器，种类繁多，价值不一，精密计算，万分困难。上表之设。仅备一格而已。尚望海内陶业专家加以校正为幸。

四、输出与输入

输出磁器之价值，每年自一百余万两至四百九十余万两（民国九年），其中以输至香港者为最多，年约百万两至二百余万两，其次为新加坡、暹逻、安南、澳门等地，而美国、日本亦输入少量焉。瓦器及陶器之输出量，每年自六十万两至一百二十余万两（民国十二年）。大多数皆运至香港后，再行出口。而新加坡、澳门、暹逻、爪哇等地，亦吸收甚多。进口之货仅有粗细瓷器而无陶瓦器，每年价值在七十万两至一百五十万两之间。其中以来自日本者最多，约居总量50%以上。其次为英国，约10%。此外则德、法等国亦略有输入焉。洋瓷进口之口岸，以大连及上海为最多，俱在二十万两以上。天津、汉口、九龙、蒙自等关次之，俱在十万两以上。洋瓷在我国销路之广，亦可见一斑矣。兹将历年进出口及各关原货出口之数量、价值，列为第二十三表。

中国粘土矿及陶瓷业参考书目

古人陶瓷业之著作不胜枚举。作者既无暇一一参阅，且亦不易搜集。兹所列者，皆以近代纪载或有关于统计之价值者为限，掛一漏百之讥所不免焉。

1. Kaolin Deposits in China. Jour. Roy Soc. Arts，Vol. 71，May 4，1923，p. 430－431.

2. Chinese Kaolin for American Potteries. Far Eastern Review，1922，p. 511－514.

3. Notes on Early Chinese Porcelains. The Chinese Economic Monthly，Vol. Ⅲ，No. 9，1926.

4. Some Porcelain Manufacturing Center other than Kingtehchen，Chinese Econ. Bull. No. 292，Sept. 25，1926.

5. 粘土定量分析报告，曹王藩，民国十二年农商部工业试验所报告汇刊（窑业试验股报告）。

6. 瓷业调查记，凌其峻，总商会月报二卷第一期及第二期（十一年）。

7. 中国之陶瓷业，中文经济周刊八十号（十三年）。

8. 中国陶瓷业述略，蔡受百，总商会月报四卷九期（十三年）。

9. 江西浮梁县景德镇（一）张仁任，农商公报五卷二期（七年），（二）中文经济周刊一六六、一六八、一七二期（十五年），（三）英文经济月刊三卷八期（十五年），（四）科学十一卷六期845—847页（十五年），（五）英文经济周刊第二六六期（十五年三月）。

10. 直隶省（一）磁县，农商公报第七卷八期（十年），（二）北京瓷业公司成立，支那矿业时报第六十一期（十三年）。

11. 江苏宜兴（一）罗宗善，总商会月报第五卷第十期（十四年），又英文经济月刊第三卷三期（十五年）译载，（二）英文经济周刊第二〇八期85页（十四年）。

12. 福建（一）英文经济周刊第一八五期（十三年）。

13. 广东（一）中文经济周刊一六三期（十五年），（二）英文经济周刊第二七六期（十五年六月）。

14. 奉天　复县五湖嘴粘土（一）支那矿业时报第五十九期（十二年），（二）村上钣藏（支）六十二期一页至九页，（三）大久保俊逸（支）六十二期十页至三十七页（十三年）。

15. 满铁窑业试验工场概要（一）交通公报第七八六期至七九二期（十四年），（二）南满铁路株式会社之事业（窑业试验工厂），中外经济刊第九十一号（十三年）。

16. 吉林（一）哈尔滨耐火炼瓦及粘土需给状况，（支）第六十一期（十三年），（二）吉林长春瓷业公司（支）三十一、三十二、三十七期。

第八章　水泥、石灰、建筑石材及砖瓦

水　泥

水泥为石灰岩、粘土及少量之石膏和合烧炼而成。所需之一切原料既皆属矿石，故亦可谓为矿产之一。中国水泥工业近来发达极速，良以新式建筑为一时风尚，而建设桥梁、堤坝等工程，亦以水泥为主要原料。需要既亟，产额亦随之而增。据最近调查，国内已经出品之水泥工厂共有七家。此外正在进行中之水泥厂尚有五六家之多。苟时局平靖，建筑之事日繁，则水泥工业，方兴未艾。兹将各水泥公司之状况略述如左。

一、水泥公司述略

启新洋灰公司在直隶省丰润县之唐山镇。本为开滦矿务局所建，以办理不善，损失甚巨，乃于光绪十二年（一八八六）由周学熙等招集华股四百万元，继续办理。开办之后，大加整顿，建设新厂，改用电力为发动力，复参用湿法（Danish Wet Process）制造。现该公司共有百尺与百三十五尺长之乾法转动窑（100 ft. & 135 ft. Rotary Kilns）及百五十尺与二百尺长之湿法制灰筒（150 ft. Rotary Kilns）各二具，碎石机、磨灰机等一切布置，极为完备。当光绪十二年第一次出产时，年仅二六，〇〇〇桶，而现在产额则年达百万桶，增加不啻十倍。现资本总数已达八百八十万元，地屋、机器等一切产业评价共值七百六十二万余元。水泥装载之法，分铁木桶及麻包二种，每桶净重三百七十五磅，每包净重一百八十七磅半，分为甲、乙二等。又兼制陶器、土管、水泥瓦片、方砖、花砖及各种火泥。又设一机器制造厂，专造水泥工业及其他工业应用之机器。所需原料如粘土、石灰，产自附近，煤则向开滦矿务局采购，订有特约。而距重要海口之秦皇岛，又仅九十公里。就地势论，全国各厂无足与比。故二十年来即操我国洋灰业之牛耳，产额之巨，为他厂所不及焉。中国南北各大商埠皆有分销处，香港、马尼剌、马来、新加坡等地，则由开滦矿务局之代理处代销之。兹将历年产额列如左表。

年份	产额（桶）	年份	产额（桶）
民国七年	556，281	民国八年	626，342
民国九年	645，537	民国十年	714，231
民国十一年	764，892	民国十二年	1，363，428
民国十三年	751，692	民国十四年	745，714

湖北华记水泥公司（The Hwa Kee Hupeh Cement Works）。在湖北大冶县石灰窑，于前清光清三十三年由鄂绅陈听彝氏倡办。初称湖北水泥公司，资本二百万两。惟实收股本仅七十万两，建厂、购机，俱不敷用，乃由吉林省银行及日本等借款若干，以补足之。不料开工数年，成绩不佳，历年亏耗共达八十五万两，又以借款期满，无法清偿，遂于民国元年归并于启新洋灰公司，另行改组，改称湖北华记水

泥公司，资本金一百万两。不数年间，营业甚为发达。现年产水泥约三十万桶，年获纯利三四十万元。该公司所需之石灰岩及粘土皆在附近，煤则须自开滦或六河沟运来，价值稍高。但以地滨大江，自江边至厂约半里许之距离，筑有高线铁路，于运输煤、灰俱甚便利，且湖北处全国之中心，内地需要咸取给于是，故销路极为畅旺云。

山东兴业公司（Shantung Portland Cement Co. Ltd.，or Santo Kogyo Kaisha，Ltd.）。在青岛附近之Tsan Kan，于民国六年中日合办，共有资本日金一百万元，已收足一半。厂中机械皆自日本购来。石灰岩原料采自青岛附近之炸山及湖田。曩时粘土采自胶州湾内，近自盐田勃兴以来，已改用塔埠头阴岛二处之所产。煤则来自淄川。现在每日产额约三百桶（每桶三百八十磅）。闻不久即可扩充至七百桶（即月出二万桶）。每岁销售，以青岛、济南、大连、上海为最多云。

济南水泥公司在山东济南附近，沿革及设备等未详。

广东士敏土厂（Kwangtung Government Cement Works）。光绪三十二年广州某富商因事被逮，其产业没收入官。时富商于河北设有青石坑一所。广州官府遂拟利用此坑创设一官办之水泥工厂，乃由总督奏准清廷，拨藩库银一百一十万两，建设水泥、洋砖二厂。所用机器悉自德国订购，计水泥机器共值德币131，219元，制砖机器值47，310元。厂地设于广州对面珠河南岸之河内，与广九铁路车站相近。所需原料，石灰岩产花县，粘土则自十二英里外运来，土质极佳。惟燃料则用开滦及台湾之煤，来源稍远。石膏系由湘、鄂二省输入。光绪三十四年开始出品。民国成立，改隶广东省政府。民国十年由广州政府出租于华商资本之惠群公司承办，年纳租金364，500元，一切管理之权，皆不过问。营业尚佳。每日出产能力约二百桶至五百桶（每桶净重三百七十五磅）。民国九年产额约130，000桶，十年为162，000桶。制造成本，每桶约在四元至五元之间。在广州售价，每桶水泥值洋六元二角至六元八角。近年所获纯利已达三十万元云。

上海水泥公司。为沪商刘鸿生、朱葆三等所创办，资本二百万元。民国九年十二月成立，翌年六月正式立案。厂址设于上海龙华镇之江泾庙。水泥、发电各机均自德国定购，计有长一百八十尺之转动窑六座，压机、磨机等俱甚完备，用半湿法制造。聘有德工程师三员、化学师一员，以管理技术上一切事务。全厂工人约二百八十名。民国十二年工厂落成，现已正式出品，每日可产水泥一千二百桶。该公司位于全国最重要商埠之附近，销路畅旺，自不待言。惟原料皆须自数百里以至数千里外运来，如石灰岩产自浙江湖州之陈湾里，距上海二百余里，每吨成本约为一元五角；灰泥购自江苏松江之佘山，价值与石灰相仿；石膏则自德国输入，每吨价约三元五角，运费不在内。据云，此项膏质较国产者为优。燃料则仰给于开滦、中兴等煤矿，来源更远。长途运输，成本因之而高，实为最大之缺点也。装泥用粗布袋或用木桶，每袋重一百八十七磅，每桶重三百七十五磅。厂内附设木工厂，专制木桶云。

中国水泥公司。为上海有名之包工作姚新记所创办，李伯行、聂云台等为股东。厂设于江苏句容县龙潭附近之虎山，在沪宁铁路之左近，且距江边仅三英里，将来开濬运河，则水陆交通皆极便利。资本一百万元。机器自德国西门子公司定购，有长一百三十尺之转动窑一座，压机、磨机等各一座。全厂建筑于民国十一年告成，十二年即开始出品。每日产额约五百桶。另设石灰窑五座，砖窑、瓦片窑及火砖窑等十余座。历年产额如左：

民国十一年	1，050吨
民国十二年	650
民国十三年	800

太湖水泥公司。为无锡丝棉巨商薛南溟及其长子季潜所倡办，资本二百五十万元，已收一百五十万元。于民国十年着手进行，厂址设在无锡西水关。石灰窑、粘土等物近在指顾。惟燃料之来源稍远。应用机器皆购自德国。制泥之旋转圆筒长二百二十尺。每日产泥能力约二千桶。该厂于民国十二年落成后，因种种关系，延至今日尚未闻有开工之消息。

青州洋灰公司（Green Island Cement Co. Ltd.）。为英商 Shewan，Tomes & Co. 所组织，资本三百万元，分作四十万股。创立于光绪十三年（即一八八七年）。其初设厂于香港东北四十英里、澳门附近之青州岛，公司之名即由此而来。开办不数年，即因需要过急，求过于供，乃另在九龙附近建设分厂。嗣后屡经扩充，故设备异常完美。青州厂有直窑五座，九龙厂有直窑七八座，另有长八十尺之转动窑四座。二厂共计每日产水泥约二千三百余桶。另在香港附近设有造砖厂一座，每年产额亦甚可观。总公司设于香港，在港政府注册立案。所产水泥、砖料等，皆曾经英政府试验合格。所用石灰岩大部来自肇庆。民国十年该地产出之灰岩共值关银 358，000 两。其他一小部则自花县输入。据民国十年该公司营业报告，是年获纯利一百六十余万元，公积金达百万元，房产、机械等共值约二百万元云。

大连周水子有日本小野田水泥公司之分厂，创办于光绪三十三年，备有直窑数座。所需原料多于周水子附近采购。该处有寒武纪石灰岩，年产灰岩约自四万吨至六万吨。煤则运自奉天。每日产量约七百桶。日人所制水泥在中国销售较广者，当以此厂为最著云。此外尚有三家正在组织设备之中。兹据远东时报所载者，译录其名称及地点如左。

（一）奉天石灰及水泥公司（译名）（Mukden Lime & Cement Co. Ltd.）。事务所设奉天省城，创办于民国八年之四月。资本日金五十万元，已付者十二万五千元。

（二）开哈口水泥公司（译名）（Keihaku Cement Partnership）。事务所设奉天之大连，民国九年十月成立。资本日金五万五千元。

（三）满洲水泥公司（译名）（Manchurian Cement Co. Ltd.）。民国八年十一月成立，资本日金三百万元，已付者七十五万元。

河南六河沟煤矿公司于数年前即有倡设水泥厂之计划。厂屋、机器，俱已筹备就绪，但迄今尚无开工消息。又北京有信义水泥公司，资本五十万元。原料采自三家店附近之灰峪。现正筹备，尚未出品。此外浙江之杭州、奉天之辽阳、江苏之南通州及山东之烟台（关藎臣君倡办，资本五十万元），俱有华商资本之水泥公司。惟俱在组织进行之中，尚未达正式出品之期也。

中国水泥工业之发达，以近五年中为最速。长江下游三水泥工厂之设立，尤与吾国之水泥供给有重大之关系。此三厂者俱有雄厚之资本，而所处之地位又最适当，故未来之成功可以预卜。至新设水泥厂之机器皆自德国订购者，则以是时马克价廉，兑换合算故也。

兹将前述各水泥公司之名称、地点及资本种类、数目等列为总表如左，以资比较。

地点	名称	主权者	资本	每日出产能力（桶）	方法与设备	牌号
直隶唐山	启新洋灰公司	中国商办	八百八十万元	3，000	旋转圆筒窑四座，燥湿二法兼用	马牌
湖北大冶石灰窑	华记水泥公司	同上	二百万元	1，200	长百尺之旋转圆筒窑二具，用燥法制造	塔牌
山东青岛附近	山东兴业公司	中日合办	一百万元	300	日本式直窑	虎头牌
山东济南	济南水泥公司	中国商办	二十万元	250	直窑	
广东广州	广东士敏土厂	省有现由华商包办	一百万两	500	直窑八座	
上海龙华	上海水泥公司	中国商办	二百万元	1，200	旋转圆筒窑	象牌
南京龙潭	中国水泥公司	同上	一百万元	500	同上	泰山牌
江苏无锡附近	太湖水泥公司	同上	一百五十万元	2，000	同上	尚未出品

续表

地点	名称	主权者	资本	每日出产能力（桶）	方法与设备	牌号
香港附近之青州岛及九龙	青州水泥公司	英国	三百万元	2，350	青州厂有直窑五座。九龙厂分为新旧二部，旧厂用直窑法，新厂则有旋转圆筒窑四座，各长八〇尺	青州牌及黑猴牌
新加坡附近	河行水泥公司	英国	不详	500	在直窑中用湿法制造，原料为珊瑚石（即石灰岩）及粘土	
安南	海防水泥公司	法国	不详	2，000	直窑十五座，俱用乾法	黑龙牌
大连周水子	小野田水泥株式会社分厂	日本	六十余万元	700	直窑	龙牌

照上表计算，在我国领土以内之水泥公司共有八家，每日出产水泥之能力为 8，950 桶，即每年约 3，000，000 桶左右。惟太湖水泥公司尚未开工，而中国、上海等各水泥公司其所产与预定额数亦相去甚远，故目下实际产额恐尚不及二百万桶耳。就资本种类论，几全属华股，仅山东兴业一家为中日合办。而除广东一厂属省政府经营外，余皆为商办。由此可觇中国实业家对于水泥工业之兴味与魄力焉。此外，在我国租借地及南洋各地经营之水泥工厂，据调查所及，共有四家。中以青州公司为最大，此项水泥厂之出品，大部或一部皆输入中国，而为我国前十年之重要建筑材料。即在今日，尚占重要之地位，故亦附列于前表中。总计其出产能力每日约 5，550 桶，即年约 1，900，000 桶。若与在我国本部内之产额能力合计之，共得约五百万桶。

又据海关报告，各关原货出口之水泥，每年约在一百万担至二百万担之间，约合三十万桶至八十万桶。其中以天津、秦皇岛等关出口最多，年达二三十万桶。大连、汉口次之，约数万桶至二十万桶。广州、九龙等之出口量，多少不等。最多时约六万余桶。胶州自八年至十二年俱有出口，年约一二万桶。十二年以后即无出口。民国十一年以前，上海之水泥出口量不过数桶至数十桶。自十二年起，即增加至二万余桶，今则达十余万桶。此即上海水泥公司成立后之结果也。按水泥在其产地或附近之销费，为量甚巨。故出口之量，往往仅居其产额之一小部。如启新洋灰公司年产水泥约一百万桶，而由天津、秦皇岛等埠输出者，不过二三十万桶，其余皆销费于京津一带，由铁路运输，而为海关统计所不及者也。又如广东士敏土厂年产水泥约十五万吨，但输出者常不及一万桶，则以大部分在广州销费故也。

我国近年来水泥产额虽若增加甚速，然与欧美各国比较，则仍瞠乎其后。据约略计算，民国十三年世界水泥总产额为四二〇，〇〇〇，〇〇〇桶，其中以美国产出最多，计一四八，八五九，〇〇〇桶，约居总额百分之三十五。法、德、比、俄等国次之。若假定中国之产额为二百五十万桶，则仅为世界总产额千分之五，而美国产额百分之一・七也。

二、水泥之输出入与销费额

近年来我国水泥工业虽若风起云涌，颇具振兴之气象，然实际上产额之增加尚不敌需要之浩大，故自欧战告终之后，水泥进口逐年增加（参阅二十四表），最多时为民国十一年之三，一七八，七九六担，约合一，一一二，五七九桶，价值三百九十余万关两，其他各年则俱在一二百万担之间，查进口水泥以来自香港、澳门者为最多，约居全额之半，盖即青州水泥公司之所产者也。其次则安南（海防水泥公司）、日本输入亦多，年约数万桶至二十余万桶。民国十一年日本输入水泥达一，一六二，五七四担（四〇六，九〇〇桶），殊为例外。此外，德、比、俄、法、英、美各国皆稍有输入。欧战时欧洲方面之水泥几完全停止输入，于是给量不足，需要顿殷，而我国实业家乃趁此良机，以谋发展国内之水泥制造业，如长江下游三大水泥公司之设立，即其例也。

我国之水泥产额既尚不足供国内之需要，故输出之量当难望其增加。据关册所载，历年出口之水泥约自二十余万担至五十余万担（约合七万余桶至十八余万桶），以民国四年为最大，而近年来且有逐渐减少之势。良以太平洋沿岸各国俱盛产水泥，而我国国内之销费又常感不足，故出口事业终难望其发达矣。若假定全国之水泥产额为二百五十万桶，进口水泥约一百万桶，复减去出口约十万桶，则全国水泥之销费量约为三百四十万桶左右；以四万万人口计之，每一一七人仅得水泥一桶耳！若与美国每人年需水泥约一·二一桶（一九一三年统计）较，相去在一百倍以上也。

三、市　价

民国十四年上海水泥市价，据货价调查处公布者，列其每桶之平均价值如左。

商　标	马　牌	象　牌	塔　牌	泰山牌	青　州	龙　牌	扇子牌
公司	启新	上海	华　记	中国	青州（香港）	海防（安南）	小野田（大连）
规元	3.208	3.091	3.010	2.944	4.258	3.085	2.927
关两	2.880	2.775	2.687	2.643	3.822	2.769	2.628

观上表，我国现时最贵之水泥为青州公司，其次为启新，而上海、中国及华记各公司价值大略相仿。

中国水泥工业参考书目

1. 周明衡，中国水泥事业之前途，总商会月报，二卷十一期（十一年）。
2. 彭望恕，中国士敏土之需给状况，农商公报十卷，六期（十三年）。
3. 中国水泥制造业调查，十四年二月份英文中国经济月刊，又总商会月报五卷五期译载（十四年）。
4. Cement Factory list in “Far Eastern Manual”, 1923.
5. M. H. Chou: Cement Industry in the Orient. Far Eastern Review, Vol. XIX, March, 1923, p. 172.
6. China’s tribute to Cement. Far Eastern Review, Vol. 21, No. 5, p. 203, 1925.
7. International trade in Cement. Far Eastern Review, Vol. 21, No. 10, p. 647, 1925.

第二十四表 中国水泥石料及砖瓦等进出口数量、价值表(民国元年至十四年)

Table XXIV Imports & Exports of Cement, Stones, Bricks & Tibles in China(1912—1925)

	水 泥 Cement.						石料(大理石花岗岩) Stone:Marble,Granite etc.			砖 瓦 Brick & Tiles.			未列名建筑材料 Unclassified Building Materials
	出口 Exports.		进口 Imports.		各关原货出口共计 Total Original Exports		进口 Imports.	出口 Exports.	原货出口共计 Total Original Exports.	进口 Imports.	出口 Exports.	各关原货出口共计 Total Original Exports.	进口 Imports.
	桶 Barrels.	关两 HK. Tls.	桶 Barrels.	关两 HK. Tls.	桶 Barrels.	关两 HK. Tls.	关两 HK. Tls.	关两 HK. Tls.	关两 HK. Tls.	关两 HK. Tls.	关两 HK. Tls.	关两 HK. Tls.	关两 HK. Tls.
民国元年 1912	77,021	177,998	171,205	507,079	174,799	452,083	165,348	64,937	71,281	124,087	426,560	471,413	367,546
民国二年 1913	138,752	358,867	216,307	608,221	322,257	844,394	174,758	70,311	81,740	152,690	424,159	474,493	542,232
民国三年 1914	165,159	377,634	315,442	911,803	438,004	1,025,831	158,978	117,090	129,032	309,667	496,707	580,390	805,986
民国四年 1915	181,397	457,070	245,392	694,046	524,994	1,272,770	164,438	139,273	155,236	175,149	323,745	375,535	673,576
民国五年 1916	83,765	185,733	289,407	964,104	396,826	880,204	152,753	125,216	140,770	271,634	291,601	452,353	933,546
民国六年 1917	138,139	301,553	247,007	791,446	443,156	970,111	177,270	288,718	305,969	543,809	454,763	591,975	896,080
民国七年 1918	176,082	421,929	301,812	935,820	536,220	1,304,404	146,514	330,361	355,986	505,905	424,532	540,371	924,188
民国八年 1919	59,546	138,969	530,316	1,612,351	430,442	1,040,870	153,539	522,297	545,081	461,014	550,453	650,340	1,667,574
民国九年 1920	60,827	141,025	613,149	1,860,170	591,866	1,490,066	212,919	245,865	274,397	220,869	473,253	585,310	2,373,583
民国十年 1921	30,330	94,828	886,871	3,656,487	405,841	986,232	266,941	629,432	662,775	263,414	608,726	796,067	5,107,068
民国十一年 1922	2,377	7,167	1,112,579	3,977,357	385,360	930,683	751,518	636,453	660,547	245,944	862,439	1,065,807	3,364,326
民国十二年 1923	93,618	209,453	929,203	3,250,954	827,079	1,841,186	408,510	462,117	495,026	317,100	758,046	1,006,511	3,444,263
民国十三年 1924	142,709	403,646	625,745	2,073,895	720,909	1,758,534	337,473	1,460,401	1,505,565	454,068	1,121,966	1,377,542	3,142,791
民国十四年 1925	138,963	385,386	616,384	1,879,725	794,593	2,024,380	(1)	715,206	768,661	(1)	614,186	867,747	2,830,273

(1)民国十四年海关报告将石料、砖瓦及其他建筑材料并为一栏

(1)Stones, Bricks, Tiles & Other Building Materials are grouped under one division in the Customs Reports of 1925.

8. 水泥需给及公司调查，中文经济周刊五十八期及八十二期。

9. 启新洋灰公司 （一）中文经济周刊六十八期，（二）总商会月报二卷八期（十一年）。

10. 上海水泥公司 （一）总商会月报四卷六期（十三年），（二）英文远东时报第二十卷第五号二四六页（民国十三年），（三）英文经济周刊第一六〇号十一页（民国十三年）。

11. 中国水泥公司（一）英文经济周刊第一六六号第九页（十三年）。

12. 小野田水泥会社 支那矿业时报第六十一号八十九页（十三年）。

13. 哈尔滨水泥需给状况 支那矿业时报第六十一号九十九页（十三年）。

石灰及石灰岩

我国南北各省俱盛产石灰岩，故烧灰工业几于无地无之。其主要产地大抵多集中于交通便利，或需要殷繁之处，如铁路沿线或都会城市之附近是也。就灰岩之质性论，则南不如北。盖南方之石炭纪灰岩含火石（即矽养二）甚多，常不利于烧灰，而二叠纪之薄层状石灰岩，又以泥质太多，亦非佳品，俱远不如北方奥陶纪灰岩之纯粹也。但就石灰之需要论，则又北不如南。盖南方虽乡间建筑，亦用石灰甚多，而北方则往往黄土为墙，不加粉饰。兹将我国主要产灰地之矿业近状略述如左。

一、北京附近

西山一带，奥陶纪石灰岩分布甚广。因地邻首都，销售畅旺，故烧灰工业遂亦异常发达。最著名之产灰地为房山县属之大灰厂，明时已开始烧炼，当北京建都时，所需石灰俱取材于此云。自京汉、京绥二路通行后，西山一带之烧灰业益形发达。据最近调查，产灰之地可分为四处。

（一）周口店 周口店在京师西南六十四里，京汉铁路筑支路于此，与干线琉璃河车站相衔接。其处以采煤烧灰为主要之实业。游其地者，但见石坑灰窑，触目皆是；烧灰所余之残渣堆积于坑谷之间，成一种特异之巨厚沉积。其由来之古，事业之盛，亦可见一斑矣。除烧灰外，所产灰岩亦有用于建筑或造路之用者。灰窑作圆穹形，圆径约六公尺，高五公尺。灰岩与湿煤，相间为层，排砌于窑中，四周以大块灰岩围砌之，并加粗索围绕，以防塌落。于坑底生火，约需三昼夜而灰成矣。据民国六年调查，周口店共有灰窑一〇九座，以五座或八座聚于一处。工人共有七八百名云。

（二）万佛堂 京汉路坨里车站西北万佛堂附近有灰石坑八十余座，供建筑及烧灰之用。

以上二处所产石灰石料俱由京汉路运销北京、天津、保定一带。

（三）三家店 三家店及门头沟之北，沿浑河之两岸，石灰岩分布甚广。产灰最著之地，河东有灰峪，河西有龙泉洼，各有灰窑三四十座。每年产灰共约四千吨，由京绥路三家店车站运销京津一带。

（四）大灰厂 大灰厂在京西约五十里，东南距长辛店车站约二十里，位于戒台寺之山麓。此处所产之灰，色白粒细，称为上品。明时设官窑二十座，专事采烧，以供京师建筑之用。初时村民仅数十户，其后灰业渐盛，人口亦渐增，今则已有三千余户，并有繁盛之市街矣。所惜者，附近无铁路，输运石灰俱用骆驼，运费即昂，行动复迟，不能与周口店、三家店等处相竞争，故近来灰业已大不如前之发达矣。

石灰在北京之市价随时而异。民国十四年平均每千斤约六元二角左右，前三年则每千斤仅二元左右也。西山一带每年产出石灰究有多少，尚无确实统计。兹据京汉、京绥二路铁路运输之量，列其自四年至八年之吨数如左，以示一斑。

	民国四年	民国五年	民国六年	民国七年	民国八年
周口店	126，153	125，595	134，501	95，960	48，757
三家店	61	132	173	2，459	8，612

二、江苏

江苏著名产灰之地可分为三区。（一）沪宁路龙潭车站附近。灰岩时代属下石灰纪，质尚纯粹。中国水泥公司之原料即取材于此。

现有烧灰工场十所，最大者为信孚工场，有窑十四座。其次为思俊工场，有窑六座。全区共有灰窑约四十座，但常川烧炼者，不过全数五分之一耳。窑之构造颇完备。每座约需建筑费二千元。燃料用徐州贾汪公司之烟煤，每吨价约十六元。每烧窑一次，约需煤二十五吨。贾汪公司在龙潭设有分销处，以便窑户之购买。平均大窑一座，每烧一次约能产灰二千余担，值价一千二百元。除去煤价、工资及一切开销外，约能得纯利一三〇元。小窑一座则能产灰八百担。综计全区每年之产额，至少当在五十万元以上。与龙潭相距不远之天王山、巢凤山及船山等处，皆有石灰岩。船山距高资车站不过十里，交通甚便。现有灰窑二十余座，但声名则不如龙潭之远大，故输出极少，窑亦作辍无常，仅供附近百余里内之销费耳。（二）苏州之木渎有灰窑多座。石产洞庭西山，属下石炭纪。每年产额虽未详悉，为值谅亦有数十万元之谱。（三）宜兴张渚一带。此处灰岩属二叠纪，其层片较他处为厚，质亦纯净，故宜于烧灰。每年外销之灰，计值七十万元左右云。以上三区为苏省制灰业之中心。此外小窑尚多，如（一）徐州城之东北，石料为寒武纪之鲕状灰岩；（二）睢宁城南之官山，石料为震旦纪之黑色灰岩，品质纯净，制成之灰亦较他处为佳；（三）灌云县大伊山之灰窑，灰岩自皖属盱眙运此，非本地所产也。

三、湖北

湖北之石灰岩到处皆有。尤以西部崇山峻岭之地，灰岩露头最为宽广，但僻处山间，需要不多，故无工业之可言。现在产灰最多之地，据本所调查所及，似可分为二处：（一）大冶县之石灰窑及铁山；（二）广济之田家镇。大冶一带二叠纪灰岩发育甚广，因地临大江，交通便利，故石灰工业极为发达。湖北华记水泥公司之原料即取材于此。汉冶萍公司为制炼生铁，亦需石灰岩（俗称白石），以作熔剂。历年产额之价值，据该公司营业报告所载者，列如左表。

年　　份	白石价值（元）	年　　份	白石价值（元）
民国八年	234，584	民国九年	90，633
民国十年	82，178	民国十一年	110，666
民国十二年	79，696		

田家镇附近，下石炭纪灰岩沿江出露甚广。因交通便利，故烧灰工业在鄂省堪称第一。开采最广者为田家镇西北二里许。此外，马口及石头山，距田家镇自五六里至十里许，亦均有窑，每年产额约二十余万担云。

四、浙江

杭县附近，翁家山与玉皇山之南及沿荆山以西一带山中，又余杭城南各山，皆有灰窑。此外，杭属之凌家桥至邓村之间、富阳之铁坞、新登之长兰、深岭，桐卢之白峰岭等处亦产之。产额、价值等不详。

五、奉天

奉天于石灰岩之应用可分为四类：（一）冶铁用之熔剂，如火连寨、本溪湖等处开采者是也；（二）

制造水泥，如大连西北之周水子，详前水泥节中；（三）烧灰或建筑材料；（四）制造玻璃。火连寨灰岩采掘场距安奉线火连寨车站约半里，为振兴公司所开，专供鞍山炼厂制铁之用。本溪湖所产灰岩则供本溪湖铁厂之用。兹将此二处历年产额列如左表。

年份	本溪湖	火连寨
民国四年	25，406	不详
民国五年	29，334	同上
民国六年	19，389	同上
民国七年	31，354	27，058
民国八年	52，044	79，178
民国九年	29，643	63，489
民国十年	17，013	27，338
民国十一年	暂停	24，935
民国十二年	12，049	66，270
民国十三年	36，500	

开采石灰岩以供烧灰或建筑之用者，在奉天各处当为数甚多，但调查未详，不克一一列举。奉天南部地层俱属寒武纪以前，大片灰岩颇不多见。然以需要之亟，交通之便，故元古界或太古界中所夹之薄层晶质灰岩，亦俱有开采者，如大石桥及大孤山附近之石灰窑是也。据南满铁道地质调查所报告，前者之地点，俱在大石桥东北自数公里至十余公里之间，灰岩夹于前寒武纪之板岩及片岩（五台系?）中，呈薄层状，厚自十公尺至十余公尺，含镁分甚多。现在产灰之地可分为三：（一）双台子。灰岩厚十五公尺，露头延长五〇〇公尺。现有采掘场二处，大小灰窑各二座，大窑能容粗石十六万斤，煤三万斤，产灰约七八万斤。小窑容粗石十万斤，煤二万二千斤，产出石灰约四五万斤。每日用工人自二十余名至五十余名不等。在矿上售价，每百斤约奉票一元。民国十三年半年间共产石灰约八〇万斤云。（二）青花峪。有灰窑三座。十二年共产石灰一五〇万斤。使用工人三十余名。（三）石硼峪。灰岩厚十公尺。有灰窑二座。每月约产石灰二〇万斤。以上三处，每年共产石灰五百五十万斤，约合三，三〇〇吨，专销营口、大石桥及海城等处。大孤山之东约十余公里黄土坎附近，片麻岩中夹有白色结晶质石灰岩薄层。本地人设窑烧灰以供附近之用。

六、山西—陕西、甘肃等省

山西一省，因奥陶纪石灰岩分布之广，故烧灰工业随处皆得见之。但以需要不多，故仅在省会或城市附近，始有人设窑制炼。其他乡僻之区，则作辍无常，不能称为工业也。据本所王竹泉君调查，主要产灰之地可分为五处，即太原之晋祠镇、交城之奈林村、长治之杨家山村、潞城之黄碾镇、襄垣之五阳村是也。产额、价值等不详。陕西南部秦岭山脉一带，古生代地层出露甚广，灰岩之供给必不感缺乏。惟在北部，则以大片中生代地层如砂岩、页岩等之盖覆，灰岩露头乃颇不多见。绥德、榆林等县甚至采取黄土中之灰质结核物，以供烧灰之用，亦可见其原料之缺乏矣。至安定、保安、横山等县，有上侏罗纪地层之出露，其中夹有灰岩一薄层，即相率采取，以作烧灰之原料。总之，陕西渭河以北，对于灰岩之供给，极为缺乏。但以需要不多，尚不觉若何困难耳。甘肃石灰岩之分布虽亦不少，但质地之适于烧灰者颇不多见。且普通房屋，大半以黄土筑墙，不用石灰。甘东一带，人民多穴居于黄土中，更无需灰之必要。销路既狭，烧灰业亦遂不能发达矣。据本所调查，甘省重要产灰之地有三，即平凉附近之银洞关庄、宁夏之贺兰山及大通之樵渔堡。窑作圆顶形。在平凉所调查，每窑至多可出灰四千余斤，烧三四日即成。西部各县位于祁连山与北山之间，距灰岩露头亦远，本地人辄就河中灰岩之漂砾，用以烧灰，斯亦一新颖之原料也。

建筑石材

中国堪供建筑用之石料，无省无之。但以交通不便，分布散漫，故尚少发达而成为重大之工业者。关于石材调查，极感缺乏。兹姑就本所所知及参考书报，略述中国采石工业之状况如左。

一、花岗岩

中国花岗岩分布极广。最著者为东南沿海至云南一部、广西西部、湘粤交界等处。扬子流域，如江西之庐山，江苏之苏州，俱有花岗岩。而北方各省，名山巨岭之内亦莫不有花岗岩之踪迹。此项石材，大多数皆由本地农人随时采取，以应附近城市建筑之需。然产额甚微，时作时辍，其详不得知也。据本所调查，南方花岗岩，以苏州之焦山、金山、横山三处，开采最盛。焦山石质新鲜，所产俱大料。金山所采，腐蚀已甚，其成砂者，运销上海，用于筑路，为出品之大宗。横山则以磨石为主。苏州石业，自昔著名。凡长江下游一带所用之石梁、牌坊及石柱、阶沿等，多取给于是。近来新式建筑日见盛行，故销路更广。合计苏州全部花岗岩出品，年销约值六七十万元。

京兆昌平县之羊房及房山县之周口店俱产花岗岩。周口店出品每年运销北京者，计达一万吨至二万吨。在矿地每车二十吨，售洋三十二元，合每吨一元六角五分。天津所用石材本为滦州产之石灰岩，以质弱不耐用，价亦甚昂，故近闻有改用周口店花岗岩之拟议。若输至天津，则合运费、税金每吨共需洋十六元九角四分。羊房之产额，以运输不便，或稍少（矿业详情见西山地质志八十七页）。

山东花岗岩分布甚广。在青岛附近产出尤多，供青岛市中巨大建筑之用。此外，济南及津浦沿线以花岗岩作建筑材料者，甚为普通。由此可见此项石料产出之广矣。

奉天南部自盖平至熊岳城之间，在南满铁路以东，诸山盛产花岗岩及花岗片麻岩。石质美丽，节理发达，且地近铁路，交通便利，故采石之业极盛，如塔子沟、杨家屯、石家沟、辗盘沟等地，俱有石坑。兹将各地矿业情形列表如左（摘录营口地质图幅说明书）。

<table>
<tr><th rowspan="2">矿商</th><th rowspan="2">地名</th><th rowspan="2">最近铁路车站</th><th rowspan="2">距离（公里）</th><th rowspan="2">石坑及石工</th><th colspan="2">产额（铁路运输量）</th></tr>
<tr><th>民国十一年</th><th>民国十二年</th></tr>
<tr><td>华商</td><td>塔子沟</td><td>盖平</td><td>10</td><td>20余处</td><td>900吨</td><td>420吨</td></tr>
<tr><td>中日矿商</td><td>杨家屯</td><td>卢家屯</td><td>13</td><td>6处</td><td>1，609</td><td>1，054</td></tr>
<tr><td>华商及东洋石材株式会社</td><td>朴家沟</td><td>熊岳城</td><td>7</td><td>石坑1处，
石工14人</td><td rowspan="2">1，240</td><td rowspan="2">1，888</td></tr>
<tr><td>中日矿商</td><td>水峪</td><td>熊岳城</td><td>10</td><td>现已停采</td></tr>
<tr><td>华商</td><td>石家沟</td><td>九寨</td><td>9</td><td>石工10余人</td><td>248</td><td>40</td></tr>
</table>

奉天南部大孤山之西南，鸡窝铺、赵家店、任家店等处及大孤山东北之东尖山子，俱有开采花岗岩之石坑。因距铁路过远，无法运出，故产额甚微，仅足供附近居民不时之需。又南满路沿线万家岭（瓦房店北）产花岗岩，石河（普兰店南）产片麻岩，俱有中日商人设场采掘，产额尚巨。

二、大理岩

大理岩产地甚多，其具花纹极美观者殊少见，仅云南产之。江苏沪宁路高资车站附近五六里之间盛产大理岩，时代属奥陶纪，色白质纯，现有采石场大小共约二十余所。然常采者不过半数，其中以资丰公司及金家边采石场二处规模较大。资丰有资本约二万元。金家边采石场则系金姓合族之公产，异姓不得染指也。采出之石，大小不一，用途各异。大料用于建筑或石碑。因采法不良，交通不便，故每年产额平均值价七八千元。其零星小块则用人工捣碎，使成细砂，本地名曰米石，用以舂米，有使米洁白之效。其如黄豆大小之白石粒，用水泥混和，可作人造石。米石为高资出品中之大宗，年产约一百四五十万斤（约八百吨），价值一万四五千元。人造石之石子近年销路渐广，年产已达五千余担，价值一千八九百元。又有土粉，系将碎石置水磨中磨成；就粗细之不同分为三号，可作粉刷墙壁、化装品、火柴头及其他化学原料之用。此项土粉，大部皆在他处制造。在本地市价每二担售洋一元。列年产额不详。米石销路最广，大江南北，莫不用之，而以上海、无锡为最多，江北之宝应、高邮次之，此外芜湖、当涂一带销量亦多。在上海、南京、芜湖等地皆设有磨石工厂，将白石小块磨成细粉，每担售价六七角至一元不等。以上海之瑞泰石灰厂产额为最多。建筑石料、人造石料及墙粉等则仅限于沪宁路线各地。化装粉料用于扬州。火柴药料则上海用者为多。

湖北大冶铁山，大理岩露头甚广。有楚泰公司开采，用机器磨制成粉，为粉饰墙壁及碾磨縠米之用，每担售价约一元。京兆大理岩产于京汉路琉璃河车站西四十里之石窝村，产额甚微。周口店亦有大理岩，但无采者。

三、页岩及板岩

京兆万寿山北东大坑产紫绿色页岩，开采甚盛，北京所用之阶石、磨石及界石等，多取给于此。房山长沟峪南七八里石板塘产精美之板岩，可作铺屋及石桌之用。

四、筑路石材

中国用以筑路之石料，种类甚多，各处不一。北京所用有纯石灰岩、矽质石灰岩、变质砂岩及辉绿岩之四种，而应用最广者为纯石灰岩。据本所就上项石料试验，除辉绿岩外，其他石料之固度、损伤度及硬度等皆不甚大，用于北京繁盛之马路，且建筑简陋，无沥青之加入，其难持久也固宜。改良之道，应广采辉绿岩，以作石料（按辉绿岩在西山一带分布极广，距京最近者为香山三家店及磨石口等处，自三十里至五十里不等）。而于繁盛之干线，应改造沥青路。如是，则石料虽较弱，而因沥青之黏结，亦能持久。江苏青浦之辰山及松江之赤壁山，产斑岩及流纹岩，开采甚盛。坑上设有新式碎石机，所采石子均运销上海，为铺路之用。

五、建筑石材之输出入

建筑石材为物虽贱，而亦入于国际贸易之列。据海关统计，民国八年以前，每年进口之花岗岩、大理岩等，价值约十余万关两。八年以后，逐渐增加，最多时达七十余万关平两。以来自意大利及英、日二国为最多，经过香港后，再运至我国者，亦为量甚巨。出口石料为数亦颇可观，尤以民国十三年之值价一百四十余万关两为最多，其他各年则均在十余万至五六十万两之间。石料出口以经由拱北关者为最多，民国十三年值价达九八二，〇一四两（其他各年约自数万两至二十万两）。九龙、大连、牛庄次之，各约数万两至一二十万两。奉天南部各石坑之所产皆由大连、牛庄二关运出。至论运销地点，则以澳门为最多（青州水泥公司所用之石灰岩由花县等地输入者，疑亦包括在内），日本、香港、新加坡等地次之，欧美各国则为量甚少。又各关原货出口石料之价值，与输至国外者相差不多

(参阅第二十四表)。由此可见，石料在国内之销费大抵俱仰给于附近之所产，其由长途海运，以达于销费地者，盖为量甚微也。

砖瓦及其他建筑材料

制造砖瓦之原料，俯拾即是。故制砖工场更无地无之。凡人口繁盛，需要殷繁之地，莫不有制砖工场，以供本地建筑之用。又如煤矿、陶瓷厂或水泥厂之附近，因有耐火泥或其他制砖原料之产出，故多附设造砖厂，以供本矿或附近各地之需，如前述之开滦、抚顺、中兴、萍乡各煤矿及启新、青州等各水泥厂皆是。此项砖厂俱规模宏大，产额极多，且质料精美，故行销甚广。开滦煤田之内夹有硬性及软性之耐火泥多层，皆品质优良，堪作制造耐火砖之用。造砖用木模，不用机器。烧砖之窑亦系中国土法所用之圆顶窑。每窑容砖一万余块。装窑须二日，烧窑须八日，熄火后须令窑冷四五日，再行出砖。该厂内本设有浩夫门式大砖窑一座，可容砖二十万块，装砖烧窑，可以继续进行，但早已弃置不用。据云其火力反不若土窑之大。开滦所产之火砖及各式砖瓦等，不特风行全国，且盛销海外。据海关报告，每年由秦皇岛出口之砖瓦等，年达十余万关两，大部皆开滦之产物也。北京殿庙脊顶覆盖之绿黄色瓦（即所谓琉璃瓦），颇增京城之美观者，均产于宛平县之琉璃局，其地在浑河右岸，距三家店车站不远。北京四郊砖窑甚多，普通建筑皆依赖之。

砖瓦为物虽微，然每年进出口之价值亦颇可观。据海关统计，进口砖瓦，每年在十余万两至五十余万两之间，以来自日本者为最多，英、德、比、法等国次之。由香港转运进口者亦甚多。欧战时，德、比来源断绝，英亦大减，于是日本之输入激增，最多时为民国六年，达四三九，二一一关平两，占全额百分之八〇。出口砖瓦，年达四五十万两至百余万两。以由九龙关输出者为最多，民国十三年值价九三九，六二四关两。其次为秦皇岛、汉口、拱北、天津等地。出口砖瓦，大部运销香港、爪哇、澳门、菲律宾等地，日本、印度亦偶有购入，但为量不多耳。

民国十四年，砖瓦、石灰等在上海之趸售市价，据货价调查处公布者，列其平均数如左。

	开平火砖 (每千块)	天津空心砖 (每千块)	天津红瓦 (每千块)	老式头号瓦 (每万张)	无锡石灰 (每担)	白石粉 (每担)
规元	84.833	24.250	69.500	40.671	1.201	0.738
关两	76.152	21.768	63.667	36.509	1.078	0.662

中国石灰业及建筑石材参考书目

1. M. H. Chou: Manufacture of lime in China. Far Eastern Review, Vol. 21, No. 3, p. 134, 1925.

2. 北京西山石灰业（一）叶良辅，地质专报甲种第一号，西山地质志（地质调查所出版）八十六页（九年），（二）支那矿业时报六十一号一二三页（十三年），（三）晨报第二页，物价调查（民国十五年四月三十日）。

3. 江苏石灰业　（一）刘季辰，赵汝钧，地质专报甲种第四号，江苏地质志七十五页（十三年），

（二）徐渊摩，科学第十卷第五期六〇四页（十四年），（三）沪宁沿线之烧灰工业，支那矿业时报六十六号一二四页（十五年）。

4. 周口店石材，支那矿业时报六十五号（十四年）。

5. 满州产及日本产各种石材之单价，支那矿业时报第六十号一三九页（十二年）。

6. 丁文江，北京马路石材之研究，农商公报第七卷十一期（十年）。

7. 青地乙治，大连图幅地质说明书，民国十一年南满铁道地质调查所出版。

8. 羽田重吉，营口图幅地质说明书（五八页至六六页石灰及石灰岩），民国十四年南满铁道地质调查所出版。

9. 青地乙治，大孤山图幅地质说明书（一七页至十八页），南满铁道地质调查所出版。

10. Manufacture of Stone Powder in Wuhu. The Chinese Economic Bulletin，No. 268，Apr 1，10，1926.

第九章 盐类矿产——食盐、石膏、明矾、硝、钾盐、自然碱

食 盐

食盐即化学中之氯化钠，为人类日用必需之品，而亦重要矿产之一也。就其产状，可分为四类：一曰井盐。盐质溶解于潜水，成所谓盐泉者，采者须凿井以汲之。四川富顺县之自流井最为著名，云南次之。二曰石盐。盐质散浸于岩层中，须开井采取其石，加以淋煎；或灌水于井，溶取盐质，再汲水以熬盐。湖北应城及湖南湘潭所产者皆属之。三曰池盐。取现代盐湖之水，加以晒煎，即成食盐；或就古代盐湖之已干涸者，直接刮取盐土，次就所刮之土，再行淋煎。山西运城之解池，为池盐之最著名者。此外甘肃、青海及内外蒙古皆有盐池。西北各省之食盐皆自此出焉。四曰海盐。将海水截留而蒸发之，即天日制盐法；或盛海水于灶而煎熬之。荡草丛生之地，燃料无虞缺乏者，用之最为经济。普通则天日、煎熬二法，往往并用。我国沿海各省几无不有海盐之出产。凡东部及中部人民之需要，咸取给于此。就其分布，可分为七处，即长芦（直隶）、东三省、山东、两淮、福建、两浙、两广等是也。全国盐场数目共有一百四十八所，即长芦三场，东三省七场，山东六场（青岛盐田十九家不在此内），两淮十五场，福建十四场，两浙二十九场，两广十七场，河东一场，四川二十六场，云南十二场，甘肃十四场，陕西四场。此外湖南、湖北之石盐及蒙古之池盐尚未计入。兹将各省区盐业概况论述如左。

一、直隶盐业

直隶于前清康熙年间设立天日制盐模范场，其所产曰长芦盐。本有盐场八，民国三年并为三场，即丰财（天津）、芦台（宁河）、石碑（滦县）是。而产额最多者为丰财与芦台，因其地临渤海，地势平坦，且海岸屈曲，海水便于导入故也。盐质甚佳，含氯化钠百分之九十二。大部分供食用，一小部则为工业原料。每年产额约三百万担至七百万担。

二、东三省盐业

东三省产盐最盛之地为营口、处州、盖平各县沿海之地。产额年约三百七十万担，约占全省总额十分之六。其地土质粘结，气候干燥，极合于天日制盐之法。但销路仅限东三省，故盐业不能十分发达。晒盐之地名曰盐滩。有官滩、民滩之分。且因灌水之法不同，而有井滩、沟滩之别。现有民滩共约三千七百余副（民国二年调查），每百斤制盐成本为一角五分。

日人租借地之关东州，盐业亦极发达。最初开设之盐田在貔子窝，现则旅顺、大连、金州、普兰店各地，莫不有之。盐质甚佳，相当于日本之二等盐。近年产额年约二三百万担。如所有盐田完全开发，

则每年产额可望达九百万担之谱。主要销路为日本、朝鲜，以充食用及制造酱油原料为大宗。每年输出约一二百万担。制盐成本，据三菱公司调查，日本人经营之盐田平均每百斤约日金三角四分四厘，华商经营之盐田平均日金一角四分七里。兹将民国五年以来关东州中日盐田逐年出产之数列如左表。

年　份	华商盐田	日商盐田	共　计
民国五年	100，490	151，340	251，830
民国六年	104，104	162，646	266，750
民国七年	64，767	99，987	164，754
民国八年	112，177	150，740	262，917
民国九年	137，015	171，614	308，629
民国十年	107，890	123，218	231，108

三、山东盐业

鲁省地处海滨，气候干燥，为一天然之制盐工场。故沿海各地莫不有盐场之存在。本有王冈、官台（属广饶县）、涛雒（日照）、西繇（掖县）、石河（即墨）、富国（昌邑）、永利（沾化）七所、今王冈、官台合并，称为王官，故仅有六场。其中以胶州湾一带盐业最为发达，兹略述如下。胶州湾盐业旧属石河场，其盐田分布于即墨及胶县境内，而以阴岛附近为最多。盐田总面积共有二十六万九千六百八十三亩二分，其中已开辟者二千一百三十三付斗子（每付斗子计三十二亩二分强），约合六万八千七百〇六亩七分。然盐田之创设尚在该地辟为商埠之后。当光绪二十四年，德人占领青岛，有盐灶三副划入租界以内。光绪三十年，华商王朝麟等在胶澳提署呈请于所属地方，择地开滩晒盐，是为青岛盐业之始。其后盐滩日辟，德人遂在阴岛设局征税。当时产额年约九十万担至一百五十万担，除供给本地外，大部运销香港、海参崴、朝鲜等处。斯时经营盐业者均系华人，德人除收税外，绝不干涉。自民国四年日本据有青岛后，乃就采盐事业竭力扩充，前后组织盐业会社共有二三十家，开辟之盐田达一，〇五九付斗子。另设再制盐及精制盐之工场多所，其中以青岛盐业株式会社所设立者为最大，有真空制盐锅之设备。当是时也，欧战方殷，曹达加里，价格日高。日本于盐化工业竭力经营，所用原盐大部取给于胶澳（民国八年青岛输出食盐共为五，二一一，八〇〇担，其中大部当输至日本），故胶澳盐业遂大形发达矣。民国十二年三月，我国以三百四十万元之代价将胶澳盐田收回，计精盐、再制盐及洗涤盐工厂共十七所，盐田一千四百余付斗子。惟盐田因位置关系，可用者仅为全数三分之一。其后又由我国政府包与永裕公司承办。该公司分为永大、裕大二厂。永大承办十七厂，经营再制及精制事业。裕大则承办收回之盐田，其对日本及朝鲜输出之权亦归永裕公司经理。每年输出之额定为自一百五十万担至三百五十万担。但近年以来，青盐输出锐减，民国十四年仅为一三三，六八六担，尚不如天津、牛庄出口之多，则以日人已弃去青盐而别谋所以供给之故也。兹将民国六年至十年胶澳盐田产额吨数列如左表。

	民国六年	民国七年	民国八年	民国九年	民国十年
华　人	55，440	92，020	173，440	128，892	77，381
日　人	420	2，600	43，360	99，420	36，101
共　计	55，860	94，620	216，800	228，312	113，482

观上表可知，日人于青岛盐田虽积极经营，而产额仍远不逮华人之多。盐之品质亦以华人所产者为优。此外，精盐年可出二亿斤，粉碎盐、洗濯盐等约达五亿斤左右。永裕公司承办以来之产额不详。

山东各地制盐之法，煎、晒并用。永利、永阜、王家用晒法，甘河用煎法，其他各场则二法兼用。煎盐作业可分为三步：（一）晒灰。引海潮于爬平之细砂上，晒以日光，俾砂中盐分逐渐增加。约以数日为度。（二）淋卤。以含盐细砂投诸柜形之炉中，炉底以枯木为格，上铺柴灰、竹箦等物，注海水于其上，流过砂层，则盐分被溶，而成卤水。（三）釜法。即以卤水置釜中，煮成食盐。每次约需十一至十二小时。此种食盐通称火盐，因其色泽、品质之不同，可分为白盐、灰盐、黄盐三种。

四、山西盐业

山西运城之解池为我国最重要盐池之一。东西宽五十一里，南北约七里，共计圆径一一六里。位于解县及安邑二县境内，其近于安邑之部名曰东池，解县之部则曰西池。因盐池在黄河之东也，故所产之盐称曰河东盐。有盐厂三家，筑土为墙，掘地成槽，引盐水而蒸发之。另设闸坝，以节制地面水之侵入，盖纯为天日制盐之法也。运城盐池之盐水，就其产状之不同可分为三类。（一）湖水。即该处盐水之源。但盐场之母液亦多流入湖中，与湖水相混杂。（二）池水。广数百尺，深约六十尺。（三）井水。由距地面六丈许之盐井汲得之。据农商部王季点君之研究，各种盐水之浓度，以井水为最高，池水次之，湖水最低，是恐由该处地内存有含盐地层之故。就成分言，其全固形物中大部分为氯化钠，井水中尤多，惟湖水及池水所含则俱不及全量之半。此外又含硫酸镁及硫酸钠，前者常较后者为少。晒盐场之底及壁有一种盐质析出物，往往厚达三尺至五尺，本地人呼为盐根。考其成分，以硫酸钠、硫酸镁及硫酸钙（钙质恐系由土壤内混入）为主，惟是否成复盐抑系为混合物，尚待研究。盐根堆积日久，则其所含之硫酸镁及氯化钠等渐渐减少，而成几近纯粹之硫酸钠，即芒硝是也。按芒硝用途之广，远胜于硫酸镁，制碱及玻璃等工业皆盛用之。故如能设法扩充其芒硝化之作用，亦利用盐根之一法也。

民国以前产额极多。近年以来，以销路不旺，产额锐减。据运城商会之统计，民国十二年共产盐约九十万担，较之前清时代减少约一倍以上。河东盐之引地共有一一三县，其中属山西者四十七县，属陕西者三十四县，属河南者三十二县。而自民国五年长芦盐侵入豫边后，因交通便利，成本较轻，河东盐遂不能与之竞争。而陕西西部又时为甘肃花马池所产之盐所侵夺。引地既乱，产额遂大减矣。现在河东盐实际上之销路仅偏于山西南部一隅之地。即山西北部，亦因本地自有产额，不需长途之输入，故近年来河东盐之销费额恐尚不及九十万担耳。近闻山西士绅有组织运城精盐公司之议，苟能实行，则必能畅销无疑。盖运城之盐，每因长途截运（常用骡马驼运），以致夹杂杂质过多，其所以不能广销者，此亦为最大之原因也。

此外太谷、平遥、大同、应州、朔州各县皆产土盐。即就红色食盐岩层凿成窝子，利用由雨水侵溶而得之咸水以作制盐原料，但产额有限，尚不足供本地之应用也。

五、陕甘蒙古盐业

我国西北各省气候干旱，湖水蒸发极速，故水中含盐特富，多成盐湖，最著者如陕西定边县之花马大池及甘肃金积、灵武之花马小池。甘肃盐场计有十四所，陕西则有四所，除偶有一二系采自土盐外，其余皆盐湖也。就湖采盐，法最简便，而质亦不恶。又青海为一大盐湖，每年产额甚多，凡甘肃西部如西宁等处所用之盐皆仰给于此。蒙古盐湖较陕甘二省分布更广，东自乌珠穆沁，西至阿拉善以及天山北路，莫不有之。兹将最著名之数盐湖列其名称、地点及销路等如左。

盐湖	地点	每年产额	销路
吉尔泰盐湖	蒙古南部阿拉善境内，与甘肃相邻		甘肃、山西二省
鄂尔多斯盐湖			本地及山、陕二省
呼伦贝尔盐湖	东蒙古北部	20万石	黑龙江、蒙古及附近各地
乌珠穆沁盐湖	在乌珠穆沁与东浩济特旗之交界，亦名达蒲斯湖	2万石	除本地外，北达黑龙江南至直、晋二省之北部

六、江苏盐业

江苏产盐区域在淮水南北，故亦称两淮盐。在海州、阜宁、通州一带者，名淮北盐。有盐场十余所，用天日法制盐，质较淮南盐为良好，销路为安徽北岸及河南东南部。淮南盐产淮安府与杨子江之间，盐场有七。因与浙毗连，故亦称为两浙盐。以松江之袁浦、横浦及青村三场产额最为重要。多用煎法制造。盐质极劣，多杂质。销路为湖南、湖北、江西、安徽等省。江苏每年产盐总额约六七百万担。每百斤成本平均为四角。

七、浙江盐业

浙江沿海各区及江苏扬子江以南所产之盐总称曰两浙盐。场地分布北起江苏之川沙县，南至浙江之平阳县，与夫沿海列岛，延长共达三千五百余里。清初原有三十五场，后陆续减少，现共有二十九场，分浙西、浙东两部。属浙西者十，即仁和（杭州）、许村、黄湾（以上属海宁）、鲍郎、海沙（以上属海盐）、芦沥（平湖）、两浦（金山）、袁浦、青村（以上属奉贤）、崇明。属浙东者十九，即钱清（萧山）、三江、东江（以上属绍兴）、金山（上虞）、余姚、清泉、穿长（以上属镇海）、岱山、定海（以上属定海）、大嵩（鄞）、玉泉（象山）、长亭（宁海）、杜渎（临海）、黄岩（温岭）、长林（乐清）、北监、双穗（瑞安）、上望、南监（以上属平阳）。各场产盐以余姚为最，占两浙百分之二十八强。岱山次之，占百分之十七弱。黄岩、定海又次之，各约百分之五六。其余均零星少数而已。仁和、许村、三江三场不产滴卤，专运他场（余姚）之卤以供煎制。其他各场则卤、盐并产，惟多少不等耳。所谓卤者，即就海水中之盐分，用适当方法使之加浓，以供制盐之原料者也。其手续极繁。大致以泥、灰等物平铺地上，泼以海水，使盐分被吸于土中，然后刮土成堆，再以海水淋漏。如是所得，盐分加浓（含盐约百分之二十至二十七），即成盐卤。详细手续，各场习惯稍有不同，但原理则不外乎此。由卤制盐分煎、晒二种。浙西多煎，浙东多晒，而煎之中又有铁盘、篾盘、铁锅之别。杭、嘉二属煎用铁盘，绍属煎用篾盘，宁、台、温三属则用铁锅。篾盘系以竹篾编成，上下面涂以壳灰、柴灰，以防渗漏。每煎一盘或一锅，约须二三小时至三四小时不等。燃料均用薪柴。盐之品质与煎盐器具及盐灶有关。盘灶之盐，因煎盘皆用石灰涂嵌，故盐中多夹灰质。锅灶则无之。又如无烟突之灶，煤灰较多，有烟突之灶，煤灰较少。故盐色之黑白亦因是而异焉。晒盐有板晒、坦晒之分。象山港以北皆用板，象山港以南皆用坦。板以木制，长七尺四寸，宽三尺，四面有边，边高一寸，盖用以装卤而置于日光中晒制者也。坦系以碎缸片或石板铺地而成，旁有三四寸高之木板或竹片围之，使卤不外流。有正方、长方等形式，大小自丈二三尺至丈七八尺不等。江、浙等省，土质潮湿，故制盐须用板、坦，不若直、鲁诸省之地盘干燥，得以寻常之法晒制也。据林振翰氏调查，两浙各盐场共有煎灶约一，五四九座，灶户二四四户，晒板4，230，354块，晒坦15，489坵，板、坦户合计为9，012户。其中以余姚一区晒板最多，共有五十余万块。制成之盐，储之仓舍，以待外运。此项盐仓共计约有一千三百余间，皆以茅草搭成，每间容盐自五百担至五千担。两浙盐产除行销浙江全省外，复销安徽歙县等八县，江西上饶等七县，江苏苏、松、常、镇、太五县。照民国八年财政部预算，年销总额为二百二十九万八千担。然实销之数每较之为多。兹将近五年之销额及税收总数列表如左。

年份	销额（担）	征税（万元）
民国七年	2，741，836	600
民国八年	3，020，150	645
民国九年	3，079，016	665
民国十年	3，223，267	675
民国十一年	3，210，458	690

浙江沿海一带夙为我国渔业之中心。如定海、沈家门、岱山、石浦等处，每年渔产总额在千万元以上，故渔业用盐，为量绝巨，每年达二十七八万担，约占年销总额百分之十弱。此外则酱坊用盐亦极重要，尤以绍属一带为多，每年消费达六万余担。总计酱盐一项，年销达十五万担。至于工业用盐，为量绝微，此盖由于化学工业不发达之故也。

八、福建盐业

福建产盐区域在闽江南部，如福州、兴化、泉州、漳州等沿海一带，共有盐场十四所，列其场名、县名等如左。

福兴场　福清场　江阴西场（以上属福清县）　下里场　莆田场　前江场（以上属莆田县）　浔美场（晋江县）　惠安场（惠安县）　祥丰场　莲河场　浯州场（以上属同安县）　漳浦南场（漳浦县）　诏安场（诏安县）　石码场（龙溪县）

制盐以晒法为主。就中下里、诏安、前江三盐场产额最多，品质不甚佳，色泽或灰白或褐色，价格每百斤自一两三钱至三两七钱。销于福建本省五十四县及浙江温属及广东潮属等处。岁额约二百五十万担。

九、广东盐业

清初广东共有盐场二十七所。其后陆续裁并，现存者共十七场，列其名称、县属及灶塌数目等如表。

场名	县名	灶塌数目	场名	县名	灶塌数目
海甲	陆丰	540塌	博茂	茂名	500
石桥	同上	1，110	乌石	海康	280
小靖	同上	1，100	白石	合浦	700塌 200灶
墩白	同上	1，520	三亚	崖（海南岛）	
大洲	惠阳	1，100	海山兼东界	饶平	2，670
淡水	归善	700	隆井兼小江	惠来	530
碧甲	同上	500	招收兼河西	潮阳	840
双恩	阳江	240塌 50灶	惠来	惠来	590
电茂	电白	300	共计		12，940塌 250灶

制盐之法，煎、晒并用。晒者为盐塌，煎者为盐灶。后法已成过去，现仅双恩、白石、三亚三场用之。塌晒又有晒水、晒沙之分。前者系直接引潮入池，使之逐渐蒸发至适当浓度，是为卤水。然后再引卤入盐池，经再度之蒸发，乃结晶成盐。收盐时间随季候而异，大约夏季一周，他时即须二三周。晒沙之法与两浙制卤约略相仿，即以砂吸收海潮中之盐分，装入卤塌，用水浇淋，由塌底透出，即成卤水。二法各有短长。特海潮淡者，不能直接晒制，必用砂作介，始能成较浓之卤也。所产之盐销于广东南海等八十县，广西怀集等七十五县，湖南酃县等十一县，江西赣县等十七县，福建长汀等八县，贵州荔波等十县。岁额四百五十万担。最近五年实销担数及税收等列如左表。

年　　别	销　　额（担）	税收（盐税、杂款、罚款等合并而言，以元计）
民国六年	4，266，238	7，911，082
民国七年	3，792，914	8，124，040
民国八年	3，788，472	7，811，197
民国九年	3，427，512	7，554，580
民国十年	4，995，984	未详

一〇、湖南湖北盐业

湘、鄂二省向恃淮盐、川盐、粤盐等之供给，本省产盐极少。现在稍有产额者，仅湖北之应城及湖南之湘潭，俱于食盐之外，兼产石膏，其详俟后石膏节中论之。应城年产盐约一百五十万担，销应城、京山、天门三县。因引地有限，故产额不能甚多。湘潭膏盐矿有惟一公司开采，年产盐数十万担，专销本省。

一一、四川盐业

四川盐业，肇端甚古。据历史考证，似始于战国之末。秦孝文王之时，由蜀守李冰发明制盐之法。洎乎两汉，孔冯氏、杨氏、卓氏辈以盐起家者，不乏其人。厥后虽代有变迁，而盐业勿衰。现全省盐场共二十六。属川南者七，即富荣（富顺、荣县）、下五垱（即邓井关）、犍为、乐山、井仁、资中、盐源是也。属川西者二，曰简阳、绵阳。属川北者九，即南阆、西盐（西光县）、三台、射洪、蓬遂（射遂县）、射蓬、蓬中（蓬溪县）、乐至、中江各县。属川东者八，曰大宁（巫溪县）、开县、云阳、奉节、忠县、彭水、大足、义县等。各场所产以富荣为最多，占全川十之六七。犍乐约十之二。其余俱零星少数而已。富荣盐场分为二区：东曰自流井、西曰贡井。其地井灶之多，为川省各场冠。而盐井丛集之区在自井为大坟包，在贡井为长土街，尤为二区之精华。自流井在富顺县西北约百里许，本一山僻小镇，然以盐业故，今已成为川省工商业之中心，街市繁盛，人烟稠密（自贡二地人口合计已达百万）。全区盐井约有三四千口，其产额较多者则在一千口以上。至论四川全省盐井之数目，因作辍靡常，颇难精计。据林振翰氏川盐纪略，谓各场大小井眼共有六四，九八七口，而病井、废井等尚多未计，总计或将达七万口之多，亦云盛矣。盐井深浅不一。自流井一带多二三千尺，犍乐两厂，至深者一千五六百尺。至川北则数百尺者居多。若奉节之臭盐碛，井在河边，不过数尺而已。大抵浅井咸轻，深井咸重。盐水有黑水、黄水、盐岩水之分。黑水含盐最多，可达百分之四〇，黄水次之。盐岩水者，乃以淡水灌入井中，溶取含盐地层内之盐质后所得之水也。苟溶解得法，其成分可与黑水相似。自贡二厂，前有一二喷水井，不必抽汲，自能喷出，高至二三丈，每日只一二时，出水二三百担；然今已不再见矣。黑水又有真黑水、月白水及假黑水之种种名目，皆视其浓度之差别而定。大抵井浅出黄水，深出黑水。又深出火（即瓦斯），又有只出水、只出火者。至水、火或水、火、油兼出者恒少，今惟自流井有之。凿井制盐以及运销各业皆需竹。在自流井左右，南竹一项年销数十万金之多，计每井每年至少需买竹费一千余金。多由本省之江安、长宁、铜梁各县或湖南、云、贵各省由水道扎筏运来。

一、凿井　凿井方法极为幼稚，皆系千余年来相袭而下之旧法。但所用器具，如钻头、锤子以及钩取断绳破篾之法，与现代凿井之原理若合符节，我人诚不能不佩当时发明者思想之精与技术之巧也。所惜者，既无引擎发动之力，又乏钢钻凿石之利，因之工程异常迟缓。凡成一井，至速须三个月，其迟者常须年余或数年。凿井器具共有三十九种之多，各有土名（详林氏《川盐纪要》二百五十一页），形状不同，应用亦殊。其钻头及大锤（为增加钻头之重量者）俱铁制，惟钻杆、钻绳俱用竹，而接头之处亦以篾片或竹片与麻绳相紧裹。凿井用冲击之法（Percussive Drilling）。以粗木一根，厚约五寸，长十二尺，钉于木架之上。一端伸出仅一二尺，钻头、钻绳等击焉。其下即井口。其他一端距钉处甚远，虚承以架。凿井时以四人之力踏此端，则木下坠而钻头上升，去力则复自然坠下，使钻头与岩层相冲击。如遇松土，每次可凿深寸许，否则甚迟。凿口如刀，须一人在井口将凿移动，始能得圆形之井。其口径平均在一尺左右。井本轻重，视深浅而异。井深二千余尺者，约费银四五万两，千数百尺者约费银二三万两。数百尺者不过数千两。

二、汲水 汲取盐水之法，系于井口之上高搭木架，上置辘轳，以绳贯之，一端接于汲筒，一端则围绕于牛车之盘，以牛四头或六头牵之。汲筒系一根整竹所制，去其中部之节，高约十四英尺，口径六英寸。筒底有活塞，以皮为之。筒坠井底，藉盐水之浮力使塞开扬，遂得贮水于其中。及筒上升，又藉盐水之压力使塞紧闭，水即无从漏出。及升至地面，去活塞，盐水即流出，经水槽而至储藏之所。每次汲水费时约二十分钟至二十五分钟，而所得为量甚少。而水牛之价值（每井至少须备牛五十头，大井且须百头。每头应用期限不过三年，值价自九十两至百两）及平时豢养之费俱属不赀。费时费工，莫此为甚。故前清末造，渝商即有集资试用抽水机者，徒以机车未善，办理乏人，未著成效。民国二年，夏复初、董镜莹等组织协成商号试用机器汲水，成绩极佳。在同一时间内汲水之量较之旧法增加约四五倍，而每机价值（十五匹马力者）仅七千元，每日用煤之费，仅当牛料之半。因是继起仿效者甚众。据民国八年夏间调查，自流井一带共有机车三十八部，每机每昼夜约抽水一百三四十筒，计三百担之谱，需大小工人二十名。惟该地工人于机器之整理颇多疏忽，以致前后爆裂达三次，于生命及金钱之损失俱极重大。数年前曾有人试用煤气机，以火井内之瓦斯作原动力，但未有成效云。

三、盐水之搬运 川中多以瓦斯煮盐，故灶房须与火井相近。设井中水火俱出，则引水入灶，特一举手之劳耳。大多数盐井俱不出火，且与火井相距常自数里至十余里，故搬运盐水遂成重要问题。其法有三。（一）人力挑运。凡盐井与灶房相距不远者用之。（二）枧运。以竹筒作管，引盐水于其中。依地心吸力之理，使之自然流运，是名枧运，创于清代闽人林启公。如遇地势不平，则相其高下，逐步设站，站设水车，以人力或牲口之力汲之上升，复使之自然流下，然后再汲之上升。有时高者顺流而下，其势甚猛，可将低者激而上行，然必盈而后进，亦水性然也。凡此设置，俱随地势变迁，难以概论。而其效用之宏，则殊不亚于美国今日通行之输油管（Pipe Line）焉。（三）舟运。如井与灶之间有水道可通，则水运尚焉。舟系特制。底平而伟，专作载运盐水之用。装卸盐水亦恃竹管。装时由高处自然流入舟中，不需抽汲。卸时则须设水车汲之上升，然后再分送各处。

四、煮盐 盐水既达灶房，则由引筒导之入锅，举火煮之。稍加豆浆，以去污浊。俟水分蒸发净尽，即得食盐。锅系生铁所制，大小不一。大者曰千金锅，径四尺。因厚重不能铸深，煎时傍围铁块十二，高可一尺，是曰卤边。所用燃料有煤火与火井二种。煤火煮盐，名曰巴盐，成巨块，质杂而色灰黑，且得盐亦少。凡不产瓦斯之处用之。火井煮盐，成本既轻，而出盐又纯，是曰花盐，呈白色微粒之结晶。井火最旺者可烧锅六七百口，以次减至数十口或数口。每锅可出盐百余斤或百斤。火旺者一昼夜可煮两锅，火微者一昼夜一锅至两昼夜一锅不等。据林氏调查，四川全省共有炉房九，一七一处，煮盐之锅在二万口以上。其中以富荣（即自流井）为最多，大小合计共有盐锅一〇，三二九口。井火灶每座需成本约四五百元。炭火灶则每座约二百元云。

五、运销 前清官运时，川盐销地原有规定。在本省者，曰滇边计岸、曰黔边计岸、曰归丁州县、曰盐道计岸。其行贵州者，曰黔岸。行云南之昭通、东川二府者，曰滇岸。行湖北、湖南者，曰济楚。行湖北八州县者，曰楚计。迨辛亥反正，引岸破除，一税之后，任其所之，销路亦无一定范围。至民国四年六月实行组织公司公垣日起，所有公垣之票盐及行销本省，暨滇、黔、湘、鄂各岸引盐亦均有一定之销地。计本省共一百四十六县，湖北襄阳、荆南二道共四十县，湖南武陵道共六县，云南滇中道共十县，贵州黔中、镇远、贵西三道共七十六县（川滇并销之岸），陕西汉中道共二十县（川甘并销之岸），总计达二九八县。此外尚有甘肃二县兼销南阆西盐、绵阳厂盐，云南四县兼销盐源厂尚不在内。川盐销路之广，由此可以概见矣。但川省交通不便，运道维艰，水陆运费，俱极昂贵。如由自流井至邓井关为运盐要道，水程虽仅一百八十里，而因滩多水浅，历时往往至一二十日或月余。运输之难，实所罕见。自邓井关下行入沱江，至泸县与大江相合，则舟楫往来尚属便利，外销之盐俱经此路。近有人倡建井邓铁路，以利交通而减运费，但军事倥偬，无暇及此，亦终为一种拟议而已。川盐销售分为二种。在本省者曰票，多属零售。在外省者曰引。每引分装五十包，每包花盐重二百斤，巴盐一百六十斤。即花盐一引为二百担，巴盐一引为八十担。又有载，系较大之单位。每载九引，即花盐九百担，巴盐七百二十担是也。平时在自流井每引花盐值价约二百两。近以时局关系，川盐销路不如昔日之旺盛，以致供过于求，市价有渐跌之势。闻十四年秋季每引仅值一百二十两云。

六、产额　据民国四年公司公垣成立时所定各场应销量额，花盐二百六十九万一千八百四十担，巴盐二百二十六万八千九百十担，两共四，九六〇，七五〇担。兹再将民国三年七月起至八年六月止各场实销平均之数列如次表（以行盐数目计算）。

五年间实销平均之数（花、巴合计）

川南合计	4，642，027 担
川北合计	1，426，619 担
总计	6，068，646 担

自流井历年产额及盐税收入，据克洛福特氏 W. Crawford 报告者如左。

年份	盐产（担）	盐税（银元）
民国三年	4，357，756	5，008，479
民国四年	4，934，193	6，422，890
民国五年	4，808，322	8，398，124
民国六年	4，870，034	8，162，038
民国七年	4，736，070	8，969，013
民国八年	3，835，032	7，126，197
民国九年	4，594，083	9，458，723

一二、云南盐业

云南亦产井盐，但产额远不如四川之多。全省共有盐井二十四，分为十二场。产盐最多者为石膏、白盐、黑盐三井。浪盐、安丰、安宁、云龙、景东、抱母、香盐七井次之。又有从山间自然涌出之盐泉，凿成浅井，用木桶汲取，再就灶上煮之，即得食盐。云南制盐尽属煎法，燃料则用木柴。因搬运不便，盐价颇昂，致外省盐输入日多，制盐事业殊未见发达也。

一三、全国盐产总额

民国二年全国共产盐四三，七一三，九六五担（约合二，六二二，八三八吨），其中百分之八十以上皆自海水煎晒而得，由是可见海盐之重要矣。食盐亦能成纯粹之厚层，而夹于各种岩石之间，在欧美各国颇为重要，而在我国则尚未闻有开采者。兹将历年各省区之食盐产额就有统计可稽者列为左表。

盐别	场别	元年	二年	三年	四年	五年	六年
海盐	长芦	3,567,552（担）	7,018,654	7,008,654	3,581,936	2,971,499	7,316,093
	东三省	2,360,867	6,552,240	6,017,415	1,795,793	3,367,771	3,231,865
	山东	2,147,384	3,805,569	5,046,202	3,127,705	1,966,861	2,533,272
	两淮	4,701,602	6,850,882	7,735,185	5,594,115	5,831,909	11,110,588
	两浙	2,384,252	2,815,369	2,798,288	2,215,878	2,832,203	2,893,960
	福建	—	5,923,334	—	—	—	12,374,525
	广东	3,343,119	2,368,319	—	—	—	—
池盐	河东（山西）	1,059,053	391,457	517,335	1,157,600	1,421,934	1,373,679
	陕西	31,160	32,380	—	—	—	—
	甘肃	402,160	272,983	—	—	—	—
井盐	四川	6,723,854	6,631,759	7,884,918	3,725,737	6,652,491	6,447,600
	云南	504,368	589,301	—	—	—	—
总计		33,280,911	43,713,965	37,007,997	20,198,764	25,044,668	47,281,582

注：元年即民国元年（1912年），六年即民国六年（1917年）。——编者注

上表所列以民国二年之统计为最完备，而六年之产额为最多。然青海、蒙古、新疆等处之池盐及湖北、湖南之石盐多未计入，且广东、云南等省之产额，六年统计亦多未备。倘假定此数省之产额为二千万担，则我国每年产盐总量当约在六七十兆担之间，即四百万吨左右也。

一四、成本及价格

采盐成本视盐场之产状、制造之方法以及交通状况、原料供给等而变迁甚著。就大致论，采制海盐每较池盐或井盐为易，故成本亦轻。惟浙盐为例外，因晒板、晒坦之费甚巨，且工资亦较他处为贵故也。兹将各省产盐成本列为左表（录自中国年鉴七二一页）。

产区	种类	制法	每百斤成本
东三省	海盐	晒	0.150
长芦	同上	晒	0.080
山东	同上	晒	0.150
两淮	同上	晒煎	0.400
两浙	同上	晒煎	1.150
福建	同上	晒	0.080
广东	同上	晒煎	0.150
四川	井盐	煎	1.080
云南	同上	煎	0.900

据林氏《川盐纪要》二三一页，谓四川制盐成本每百斤自二元一角至四元五角。又邹琳氏《粤盐纪实》（七二页）列，民国十年之产盐成本每百斤自三分三厘（海甲场）至一元以上，普通则均在三四角之间。较之上表所列皆高出一二倍至三四倍不等，此盖由于时

代变迁，物价、工资俱继长增高，故成本亦随之而高也。又林氏《浙盐纪要》谓两浙制盐成本之高低以煎晒而分。煎盐成本每百斤最高者二元二角以下，最低八角以上；晒盐成本最高者一元四五角以下，最低者六角以上。与前表所列相差尚少。

食盐价值各地不一。凡距产盐之地愈近，则运费轻而价值贱，此自然之理也。其在山僻之区，如云贵北部、湖北西部，川盐输入皆资陆运，而山路崎岖，费运奇昂，盐价亦即随之而增。全国各地之盐价尚无精密统计，足资依据。民国十二年农商部全国物价表列各省会城镇之盐价，最低为每担三元，最高则为八九元至三十余元，如迪化、贵阳是也。是否可靠，无从判定。又据邹琳氏《粤盐纪实》，民国九年广东各县盐价最高为每担三十元（连平县），次者十五六元，最低则在一二元之间。民国十年变迁较微，高者八九元，低者一二元云。

一五、精盐制造业

久大精盐公司为我国现在最大之精盐营业，倡立于民国三年。初时资本仅六万元，每年产额三万担。现在资本已达二百五十万元，产额五十万担（约三万吨）。历年公积及滚存，迄十四年止共一七六，五七九元。工厂设塘沽，经理处及总店皆设天津。所用粗盐原料除仰给于灶户外，现又在塘沽、芦台等地自购盐滩，并租滩数处，以资自给。久大精盐销路日广，支店遍于南北各省。内地如绥远包头及山西各县亦行销极旺，故年来获利甚厚。十四年度因战事关系，营业稍形减色，但所派红利尚在三十六万元以上。该公司又为永裕（青岛）、永利（制碱）二公司之最大股东。今永裕既为青盐输日之专商，故将来营业更将扩充及于海外矣。可与久大公司相颉颃者，为烟台西河旺之通益精盐公司，由该地盐商所组织，每年产额二十六万担。近闻营口亦有新精盐厂之设立，规模颇大。此外，年产五六万担之精盐公司尚有通达公司等数家。合计现在全国精盐产额每年当在百万担以上。

一六、盐税

我国盐务为国家专利事业之一，而盐税一项尤为收入之大宗。据民国七年公布修正盐税条例第二条之规定，每盐百斤课税三元。但实际征收之额各省仍属不同。如四川在一元至二元之间，长芦、山东、两淮等则二三元不等。盐税为善后借款之担保品，每年扣还利息约占总收入百分之十八左右，又盐务行政费年约一千三百余万。此外所余又充整理金融公债及零星小借款之抵押品，而各省截留或拨作协款之费又达二三千万。故年来盐税收入虽有七八千万元之钜，而因此种种扣抵即已所余无几矣。兹将民国二年至十四年历年盐税收入总数表列如左。

年份	盐税（元）	年份	盐税（元）
民国二年	11，471，242	民国三年	60，409，675
民国四年	69，277，536	民国五年	72，440，559
民国六年	70，627，249	民国七年	71，565，520
民国八年	80，636，503	民国九年	79，064，103
民国十年	77，987，836	民国十一年	85，789，000
民国十二年	79，545，000	民国十三年	70，544，000
民国十四年	73，634，000		

一七、食盐出口

我国食盐出口每年约二三百万担至七百余万担，值价一百余万至三百余万关平两（参阅二十五表）。此项出口额中，约百分之六十以上输至日本，百分之二〇以上输至朝鲜。此外则香港及俄国太平洋沿岸亦各有少量。食盐出口以大连、青岛二埠占量最多，天津、烟台、琼州等次之，每年不过三四十万担。欧战时代，日人占领青岛，为供给被（彼）国工业用盐之需要起见，青盐出口甚多，尤以民国七、八、九三年为最盛，输出额在五百万至七百万担之间。但自胶澳盐田收回之后，因保证金及输出权关系，交涉甚久，以至十二年以后对日输出日见减少。按日本产盐不多，年约十兆担，然目下消费之额则年达十五兆担，其不足之数皆恃辽东、台湾及青岛之输入以补足之。台湾及辽东之盐产将来颇有增加之希望，但日本本国盐业则几无发展之可能，且即使台湾、辽东能充量发展，而因日本人口之增加及化学工业发达之故，食盐需要仍感不足，将来青岛食盐之输出或仍有恢复原状之一日也。

中国盐矿及制盐业参考书目

1. H. T. Wade: The Salt Industry of China. Scientific American Monthly, Nov. 1920, p. 237.

2. R. G. Skerret: Salt Wells of China. Sci. Am. Monthly, May, 1921, p. 427—430.

3. R. G. Skerrett: Mechanical Equipment of Chinese Salt Wells. Jour. Assoc. Chinese & American Eng. Jan. 1922, p. 21—27.

4. 中国年鉴，六七三页至七三三页，盐务，商务印书馆出版（民国十三年）。

5. 郑尊法著，盐，百科小丛书第九十九种，商务印书馆出版（十五年）。

6. 激扬，中国之盐政，实业杂志六十六期及七十一期（十二年）。

7. 悔泉，中国之岩盐（译工业化学杂志），实业杂志二十八期（九年）。

8. 日本食盐供给之状况及其对于华盐之需要，中文经济周刊第一〇二期（十四年）。

9. 景学钤编，盐政丛刊（二册），盐政杂志社出版（民国十年）。

10. 四川盐井及制盐业，（一）林振翰著，川盐纪要（八年再版），（二）Wallace Crawford: The Salt Industry of Tzeliutsing. China Jour of Science & Arts, Vol. 4, No. 4—6, Vol, 5, No. 1, 1926.，（三）Salt Wells of Szechwan. Chinese Eco. Mouthly, p. 519, Dec. 1926.，（四）The Remarkable Salt Wells of Szechwan. Far Eastern Rev. July 1919, p. 490—493.，（五）Salt Companies in Tzeliutsing. Chinese Eco. Bull. No. 188, p. 9, Sept. 1924.，（六）To Develop Salt Wells in Szechwan. Chin. Eco. Bull. No. 203, p. 11, 1924.，（七）蜀南盐井谈，云航，矿业杂志三卷三期（九年）。

11. 青岛盐田（一）景学钤 胶州湾盐业调查录（民国十一年盐政杂志社出版），（二）朱芾，由日本观察青岛盐田之价值，总商会月报二卷四期（十一年）。

12. 浙江盐业 （一）林振翰，浙盐纪要，商务印书馆出版（十四年）。

13. 广东盐业 （一）邹琳，粤盐纪实（民国十二年再版）。

14. Production & Consumption of Hotung (Shansi) Salt. Chin. Eco. Bull. No. 209, p. 98, Feb. 1925.

15. Salt Industry on Tibetan Border. Jour. Assoc. Chin. & Amer. Engin. Oct. 1923, p. 38.

16. 王季点，山西安邑县盐池产盐水食盐及其废弃物等化验成绩，农商部工业试验所报告汇刊。

第二十五表　中国盐类矿产进出口数量、价值表(民国元年至十四年)

Table XXV　Imports & Exports of Saline Minerals(1912—1925)

	食　盐 Salt.				石　膏 Gypsum.						明　矾 Alum.				碱(即硝)Potash.(Nitrate)				硝 Saltpetre.		洋　碱 Soda.*		自　然　碱 Natural Soda.			
	出　口 Exports.		各关原货出口共计 Total Original Exports.		进　口 Imports.		出　口 Exports.		各关原货出口共计 Total Original Exports.		出　口 Exports.		各关原货出口共计 Total Original Exports.		出　口 Exports.		各关原货出口共计 Total Original Exports.		进　口 Imports.		进　口 Imports.		出　口 Exports.		各关原货出口共计 Total Original Exports.	
	担 Piculs	关两 HK. Tls.	担 Piculs	关两 HK. Tls.	吨 Tons.	关两 HK. Tls.	吨 Tons.	关两 HK. Tls.	吨 Tons.	关两 HK. Tls.	吨 Tons.	关两 HK. Tls.	吨 Tons.	关两 HK. Tls.	吨 Tons.	关两 HK. Tls.	吨 Tons.	关两 HK. Tls.	吨 Tons.	关两 HK. Tls.	吨 Tons.	关两 HK. Tls.	吨 Tons.	关两 HK. Tls.	吨 Tons.	关两 HK. Tls.
民国元年 1912	541,785	161,869	2,685,191	1,490,739	5,605	78,849	4,793	38,823	22,540	181,884	902	28,470	4,683	129,096	637	54,897	850	72,820	3,857	616,259	22,758	915,888	474	10,234	1,264	55,481
民国二年 1913	1,562,417	994,181	3,819,386	3,316,097	5,783	77,930	5,010	46,878	25,925	235,146	1,190	42,592	5,456	168,936	718	57,728	1,066	84,462	3,596	415,105	29,295	1,127,810	564	8,616	1,352	43,815
民国三年 1914	2,160,540	986,210	3,320,204	1,997,692	3,890	47,943	5,583	50,024	28,446	251,377	1,798	60,762	5,495	172,707	432	37,803	505	43,943	3,169	378,428	37,901	1,604,122	156	4,251	1,240	44,561
民国四年 1915	1,540,351	1,072,863	2,389,112	1,566,971	2,307	34,844	6,739	49,809	18,059	132,708	2,631	77,583	7,619	222,241	505	58,010	592	66,841	1,263	305,815	28,869	1,328,061	150	3,934	1,665	74,268
民国五年 1916	2,196,074	1,206,268	2,325,739	1,290,318	1,292	27,995	10,150	76,292	27,800	205,037	11,127	607,618	17,621	928,444	476	54,699	586	66,747	82	34,266	2,528	343,177	630	18,360	1,925	91,338
民国六年 1917	2,783,985	1,026,318	2,790,921	1,040,179	1,019	20,044	8,145	62,579	28,001	216,729	2,674	131,578	7,471	307,563	899	98,224	789	85,552	101	23,070	12,962	849,447	574	49,931	4,001	265,948
民国七年 1918	5,270,654	1,813,145	5,334,300	1,946,681	236	6,463	6,866	88,365	20,512	255,599	2,416	165,005	5,723	286,700	1,104	113,279	800	79,088	149	41,245	13,313	1,613,493	531	52,519	3,518	308,508
民国八年 1919	7,140,009	3,260,877	7,805,675	4,974,329	898	28,097	4,145	53,405	20,053	236,660	3,279	261,929	6,263	372,988	643	66,097	627	65,881	1,448	216,001	52,768	3,109,212	327	12,747	2,415	142,842
民国九年 1920	5,648,818	1,729,399	6,351,451	3,150,019	905	26,798	5,244	59,165	29,452	318,507	4,477	326,790	8,387	457,087	537	64,519	624	70,306	1,807	248,680	44,256	2,308,669	209	15,586	1,932	117,365
民国十年 1921	4,846,830	1,547,897	5,315,826	2,730,859	657	18,296	6,107	73,100	25,722	305,428	3,709	194,297	9,115	410,516	603	72,591	604	73,958	1,985	333,452	24,520	1,775,509	170	11,142	1,996	129,933
民国十一年 1922	4,769,656	1,493,728	5,589,002	3,597,900	7,005	77,156	7,692	88,871	32,395	373,451	4,011	231,698	9,755	429,059	489	53,940	515	58,552	2,150	317,931	55,396	3,229,677	172	12,306	2,060	118,944
民国十二年 1923	3,706,470	1,769,922	4,772,712	4,714,753	9,441	136,712	7,216	84,135	26,492	302,481	4,388	234,465	10,534	453,102	475	44,502	582	54,435	847	151,105	52,852	3,274,566	856	29,792	3,223	170,969
民国十三年 1924	3,340,529	1,580,980	4,545,277	5,250,956	18,032	263,328	5,082	62,388	24,641	294,194	4,757	308,537	9,740	483,540	583	54,098	667	62,450	1,548	251,538	61,771	3,522,516	606	22,781	1,956	102,107
民国十四年 1925	2,933,385	1,232,211	4,350,643	5,433,583			7,040	218,105	25,565	792,691	6,212	423,354	11,354	623,253	333	35,441	442	45,668	1,265	218,789	72,181	4,022,147	341	14,125	2,106	136,463

* 纯碱、烧碱及碱制品一并在内

Including Soda Ash, Caustic Soda and Soda Preparations.

石　膏

我国石膏产地甚多，山西之平陆、介休、大同，安徽之贵池、休宁，云南，四川等处，莫不有之。惟开采最盛，具有工业价值者则仅有湖北之应城与湖南之湘潭二处。应城石膏在县治西北及西南约二三十里左右。矿峒丛集之处有三，即王家庙、潘家集、龙王集三处。石膏成层形，有十余层之多。厚自数寸至一尺，夹于蓝色含盐质之板岩中。因膏层距地甚深，须开直井采取。平均约三四十丈，最深者有七八十丈，本地称曰膏峒。采膏之后，复引水入峒，溶取盐质，然后煮水得盐，其法与四川之所谓盐崖水相仿。全区年产石膏约六十万抬（每抬二百四十斤），盐一百余万斤。此矿于明季晚年即经开采。现有多数峒商集资经营，全区共有七十九家，膏峒二百五十对。近年亦略参新法，购置卷扬机器，故烟突连绵，锅灶相接，矿业颇称繁盛。

自石膏公司成立后（旧为官膏局），凡膏商出货，悉归该公司专卖，峒商不得自由营业。公司收膏每年以六十万抬为限，规定五等价格，每抬自一串七百文以至二串二百文。而公司市价则每抬自二元二角以至二元七角，一转手间，获利甚厚。而峒商则因工艰费巨，成本日高，采膏不能获利，转以煮盐为正业矣。兹将民国五年至十二年应城石膏产额确数列如左表。

年　　别	民国五年	民国六年	民国七年	民国八年	民国九年	民国十年	民国十一年	民国十二年
石膏产额（抬）	675，000	913，000	526，000	344，800	765，000	603，800	491，800	376，000
约合吨数	97，200	141，472	75，744	49，651	111，078	86，947	70，819	54，144

湘潭之石膏矿于民国二三年间由惟一公司创办。矿床情形与应城相仿。开采亦悉照应矿成法。已开直峒三，深达五十余丈。年产石膏约十万石。该公司因能自由营业，不受何等束缚，且开辟较新，前途希望更为伟大。

我国所产石膏以农田肥料及水泥厂为大宗销路，其次为研磨壳米及磨制豆腐等零星用途。一部分则运销国外，年达六七千吨，其中以输至日本及香港为最多，南洋各埠次之。石膏出口之吨数、价值及各关出口总量列于二十五表。各关出口之量几全数出自汉口关，即湘、鄂二省所产之石膏也。惟全国产额决不止此。即以应城一矿论，每年尚产四五万吨至十余万吨，故全国产额至少当在十万吨左右，与世界各国较则居第七位置，约占总产额百分之十三左右。

进口石膏近年来增加甚速，尤以民国十三年为最多，达一万八千余吨，值价二十六万关平两。此项石膏中约百分之八〇以上皆来自德国，其次为日本、香港及英、比等国。上海水泥公司制造水泥悉用德产石膏，谓其质性优良，远出国货之上，此进口石膏之所以日臻重要欤。此外用于建筑、牙医及其他工业之石膏粉，每年进口谅亦不在少数。但海关报告既不分列，故其细数无从查考也。按我国石膏矿产甚为丰富，如能改良采制之法，并自办石膏烧炼厂，以制造石膏粉，则产额日增，必能供国内之需要，而无待外求矣。有志实业之士其亦注意及之乎。

应城所产石膏之价格已列于前。兹再将民国十四年上海趸售石膏之市价，据货价调查处公布者列如左表。

	提块石膏	宁庄石膏	统庄石膏
每担（规元）	1.433	1.400	1.300
每担（关银）	1.286	1.257	1.167
每吨（关银）	21.433	20.950	19.450

中国石膏矿参考书目

1. 中国石膏业概况，受百，总商会月报四卷八期（十三年）。
2. M. H. Chou：Production of Gypsum & Its Uses in China. Rock Products，June 30，1923，p. 68.
3. Gypsum Industry in China Reviewed. Cement Mill & Quarry，Aug. 20，1923，p. 43.
4. 谢家荣，刘季辰，湖北应城膏盐矿报告，湖北地质矿产专刊第三号实业厅印行（十四年）。
5. Gypsum Mines & Salt Wells near Yincheng，Hupeh. Jour. Assoc. Chin. Am. Eng. Dec. 1920，p. 17.
6. 舒蹯融，湘潭惟一公司膏盐矿产记，矿业杂志二卷二期（七年）。
7. 湘潭惟一公司采取膏盐计划书，实业杂志三十七期（九年）。

明矾石

重要产地为浙江平阳与福建福鼎交界之矾山。设窑熬矾者现有二十余处之多。由温州出口，售价每担自一元五角至二元五角。平时年产约六七千吨至万余吨，欧战期中骤增至一万八千吨，值价一百余万关平两。广东、安徽亦稍有明矾产额，但远不如浙江之多。外国天然明矾极为少见，我国有此，诚天赋利源也。兹将历年出口量及各关原货出口之吨数、价值，列于二十五表。输出之明矾大部运至香港，再分销欧洲各埠，而新加坡、高丽及日本亦各购入少量焉。民国十四年上海明矾趸售市价，据货价调查处所公布者如左。

	温州白明矾	长江白明矾	墨矾
每担（规元）	4.191	4.100	2.137
每担（关两）	3.712	3.680	2.393
每吨（关两）	61.833	61.333	39.890

硝

硝有二类：一为硝酸钾（KNO_3），为制造黑药之原料，亦用于肥田；一为硝酸钠（$NaNO_3$），即智利硝，用于肥田及制造镪水。因性善吸水，故不能直接制造火药，须用适当方法（如混合草木灰等）间接制成。我国硝矿，二者兼产。以其为制火药要品，有关军用，故自昔即视为禁品，一切产销制炼诸权，往往操诸政府。其管理之法，各省不一，大别之可分为二类。（一）由地方官指定硝户从事采炼，其他人民勿得私制。此项硝户，县有定额，且往往系数世相传而来。（二）硝户无定额，凡愿经营此业者皆可注册领照，自由采炼。但所得之硝必须售之官硝局，不得私相买卖。以上二法以后者为最普通，但无论何法，而硝皆为政府专卖之物，则大多数似属一律。惟亦有采硝、售硝，悉听人民自便，无官硝局之限制者，如陕西、黑龙江等省是也。湖南硝矿亦归政府专利，近由商办之宾鸿飞公司包办采硝之权。资本十万元，包办年限为十年。总公司设长沙，浏阳、宝庆、湘乡等处均设有分公司云。

中国硝矿之成分，据最近研究，似钾硝与钠硝兼而有之。二者之比例颇不一例，但钾则较多于钠至十余倍以上。常产于乡村田野，或泥墙之侧，败屋之旁，由有机物腐蚀后，复与土壤中之钾、钠等质化合而成。以其为一种天然界进行不已之淡[1]化作用，故硝矿之堆积亦日积月累，无有已时。含硝之土，色灰黄以至纯黑，并无特异征象，足资辨识。然有时则土上现有微霜，即硝石之结晶，于雨后土壤渐干之时，往往见之。

我国硝矿几于无省无之。尤著者为山东东昌之火硝，江苏徐海之盐硝，湖南之白硝（由江河冲积层中有机质感受硝化而成）。西南各省如贵州、湖北之洞硝（产山洞中），皆品质洁白，含淡甚富。制硝方法，各省大同小异。兹据高君（C. K. Kao）所记北方硝业近况节述如次。

硝土采得后，置砖池或木桶中，加水洗淋约三十小时。其第一次淋出者，贮藏他处，以待制炼。第二次淋出者，则可用之以提取新土之卤。如是所得之硝卤，胶粘而棕色，用大铁锅煮之，时时加入少许黑棉油，屡扰之，并以小铁勺去其白沫。煮之既久，则氯化钠及氯化钾沉结于锅底。至硝卤浓厚如膏，作赤褐色时，则停火不煮。下凝者为盐。上为清卤，硝户呼为硝水，盛于瓦盆之内，冷之，则硝质渐结成针形之晶粒，色白而微黄，即粗硝也。硝户名之曰硝坯，或曰硝砒。盆底余滓则曰黑水，其质甚杂，可作肥料及制豆腐之用。硝坯仍含杂质（如氯化物），且附有卤水，必先洗净，方可制炼。法以晶块捣碎，置圆筐或布囊中，加水冲淋，至坯白水清为止。乃以净坯再倾入锅，加水，以文火溶化。如有杂质，则水仍作灰白色。可倾入黄明胶，使成白沫而撇去之。至沫不复生，水清如镜，乃增加火力，蒸去水量，似入瓦锅，冷凝成晶，即得净硝，洁白明亮，名曰硝饼。按官价售之官硝局。制销时期大抵以气候寒暖、雨量多寡为标准。据我国制硝家之经验，一年中春末夏初或秋末冬初之时，制硝最宜。其他时期，或无硝可扫，或不便制造，故俱停炼。现时各省硝矿之产额，以官硝局向无统计公布，无从臆测。据高君调查，北方各省产额每年约在二，五九六，〇〇〇斤左右，其中以保定所产最多，达一，七八〇，〇〇〇斤。但此项统计遗漏至多，全国总产额必不止此也。火硝价格由官硝局规定，各地不一，每斤自铜元数枚至四十余枚。至于官局售出，更不一律。

直隶、山东、河南、山西为北方产硝最盛之区。前清末叶曾设立北洋官硝局，隶属于长芦盐运司之下，禁止私收私卖。惟范围甚小，积习难除，私制者仍复不少。民国四年七月始划归盐务署管辖，改为官硝总厂，试办直、鲁、豫三省硝务，兼收硝盐，严禁私制。办理数年，颇著成效。所产硝块，除盛销内地外，间亦输至国外。官硝总厂设督办、厂长各一人，在产硝地点各设收硝局，计山东三局（高苑、曹县、聊城），直隶六局（清苑、宁晋、北京、武深、高阳、史各庄），河南六局（南阳、商丘、周口、沁阳、睢县、汝南）。收硝局之下又设收硝分处，共有三十七处。北京分局之产硝地点在朝阳门外、崇文门外及南下洼子一带。于每日黎明派工人分班采硝。计每日可括得硝土三万余斤，约可制毛硝二百余斤，盐百六七十斤。每斤毛硝发给官价七十文。硝土括取后，先以灰相混，每土一千二百斤，约混灰二百斤，放于池内，翌晨取出，加卤水及井水冲淋。以其浓液盛锅中灼热之，去其杂质。次日结晶，即得毛硝。每制毛硝八斤，可得硝底余盐六斤。总厂内设有精炼处，内有大小锅共十口。每锅一次下毛硝三

---

[1] 淡，即氮。——编者注

包（六百斤），用水二担。所得精硝平均成分在百分之九三以上云。

我国用硝，以火药、焰火为主，其次则五金、首饰、硝皮等业，及制造火柴、油漆、玻璃等，亦稍用之。但自制之硝，因产额不多及品质不净之故，国内大工厂鲜有用者。因之进口之硝每年仍有一二千吨之巨，值价二三十万关平两（参阅二十五表）。此项进口之硝，大部由香港、德国及荷兰输入，日本、高丽及英国各有少量。至于出口之硝，则为量甚微，平时仅数百吨，欧战时则增加至千吨左右。以九龙、广州及牛庄等埠输出最多。

钾　盐

钾盐（氯化钾）之用途极广，而以制造肥料及硝酸钾为尤要。重大钾盐矿床如德国之斯达司夫脱（Stassfurt）者，在我国尚未发现。惟四川盐水中常有少量之氯化钾及氯化钠，并含有钡、锶❶等质。民国五年农商部工业试验所分析自流井盐水发现钾质后，同时英人亦极注意，曾要求合办。盖是时欧战方酣，德产钾盐禁止运出，故钾价腾贵，世界各国皆有缺钾之虞。后以川乱未已，开采计划迄未实行。又湖北应城膏盐矿，于盐水之中亦曾发见微量钾盐，但为量更少，无经营之价值。

中国硝矿及钾盐矿参考书目

1. G. Keiper: Kalisalpeter in China. Zeit. f. prak. geol., 1922, p. 115－116.

2. Nitrate of Potash Deposits in China. Eng. & Min. Journ. May 26, 1923, p. 937.

3. G. K. Kao: The Saltperter Industry in China. Bull. China Inst. Min. & Met. No. 2, Aug. 1923.

4. A. W. Grabau: Geological Conditions Bearing upon Potash Prospecting in China. Bull. China Inst. Min. & Met. No. 3, July 1924.

5. Hunan Saltpeter. Chin. Eco. Bull. No. 187, p. 11, Sep. 1924.

6. 陆安，化验硝质成绩报告，农商公报二卷五期（四年）。

7. 李乔苹，硝之分析报告，农商部工业试验所报告汇刊（十二年）。

8. 叶瑜，官硝调查记，工业试验所报告汇刊（十二年）。

自然碱

自然碱为碳酸钠及重碳酸钠之混合物，其化学公式约如下列：$Na_2CO_3+NaHCO_3$。查碱为化学工业中最重要之原料，大多数之工业制造，如肥皂、玻璃、纺纱、制糖、精盐等工厂皆需用之。欧美各国，以需要孔亟，故于天产之外，并有人造碱，用化学方法制造，品质纯良，产额甚巨。中国之人造碱工业尚未发达。华商经营之工厂仅有塘沽之永利制碱公司一家。此外日本人在关东州亦设有制碱公司一所，用附近所产之食盐及石灰岩等为原料，产额寥寥，仅足供日本一小部分之需要。至于自然碱则蕴量极丰，尤以北方各省如东三省、内蒙古以及直、鲁、晋、陕诸省，因气候干寒，故自然碱产出极盛。大多数产于盐湖。然平地浮土之上亦常有自然碱结晶，因蒸发而出露。或沼泽纵横之地，一旦干

❶ 锶——即锶。编者注

涸，亦有碱层发现。此二者厚不过数分至寸许，且含杂质甚多，故不如湖碱之质地优美，产额较丰也。据现在所知，中国重要产碱之地有五，略述如左。

一、东蒙古

东蒙古今属奉天之洮昌道，碱湖甚多，最著者为大布苏及玻璃子二大盐湖。大布苏在四平街之北五百五十里，有天惠公司开采。四时皆能采集，至冬季湖水冰结时产额更多。盖此时自然碱结晶，能在冰上分出，平均厚约三寸许。采者即就此刮取。采后数日，旋即发生，是为冰碱。中含盐分绝少，故品质最佳。采后再加精炼，由营口、长春方面输出。民国六年共产约六十万斤。惟此处气候（据郑家屯日人设立之气候观测所报告）雨量稍多（一尺九寸），蒸发量则稍少（五尺三寸），较之美国加省阿温斯盐潮（Owen's Lake，California）之气候大为逊色，故将来能否依天然之蒸发以采取碱质，尚属疑问耳。玻璃子在郑家屯西北六十里，产状与大布苏同，惟冰碱较少，仅于春、秋二季就潴池及其附近所结出之碱质采集之。现有大兴公司（谷称鱼碱公司）设有制造场七所，平均年产一百七十万斤。

二、张家口外诸盐湖

东蒙及山西西北部产碱极盛。以地势与交通之故，所有产品均荟聚于张家口加以精制后，再向南运销，年达六七千吨。东蒙产碱之地为正蓝、正白二旗，距张家口约七百余里。产碱湖中于春冰甫解之时，即就湖中将碱坯捞出，用牛车或骆驼运至张家口，每年产额自三万余担至二十万担。本地原价（合税率等）每六百斤不过二元一角左右。惟牛车往返，最速亦须经月，因之运费甚昂，每百斤须一两至二两之间。碱中含水稍多，故载运更不合算。惟不含镁盐及硫酸盐为其长处。山西产碱最盛之区为大同道属之天镇、阳高等县。碱成白色针状或片状产于浮土之上，每当春季，于黎明时以帚扫起之，再用热水溶化，重行熬炼而成。价值及成本均较东蒙之碱为廉，惟品质较次。精制后之碱市上称曰紫碱，因其中含有铁质现红色故也。兹将土碱及紫碱之化学成分表列如左。

产地	水分	食盐	碳酸钠	重碳酸钠	硫酸钠	不溶质
东蒙土碱（五年产品）	58.04	6.79	18.84	13.71	—	1.46
同上（八年产品）	56.18	2.27	23.91	11.95	—	3.98
山西土碱	43.04	0.74	22.52		11.13	22.48
紫碱	30.77	2.12	43.72	—	22.29	1.07

三、北满

北满盐湖甚多，盛产自然碱。其分布俱在松花江流域之西部及中东铁路之西段，可分为三区域，即呼伦（海拉尔）、龙江及波东（译音）（Potung）是也。呼伦产碱之地在城南一百英里，盐湖、碱湖，丛集于此。而产额最多者为却苏诺尔湖（Chasunor），广一英里，深二英尺。现有华商组织之公西公司（Kung Hsi Co.）由蒙古人处租得此湖，从事采炼。每年自十一月至二月为采碱之期。是时湖水冰结，自然碱皆凝集湖底，采者凿冰成穴以取之。此项工作皆由蒙古人包办，计每车（五车合成一吨）需采费大洋一角。所得碱块，和以少量之水，入锅煮沸，继复倾入铁模，俟其冷后即得土碱。此湖每年产碱约二千五百吨。龙江附近碱湖最多，俱丛集于喇嘛甸子、小河子及勒图等车站之左右，其中碱量较呼伦尤为丰富。现有制碱工场四十处，每处每年能产自一五〇至三百吨不等，合计全区共能产碱约八千吨。碱有二种，随季候而别。夏季所产，色黑而多杂质，冬季则色白而较纯。波东产额最少，年约一千吨。以上各碱湖俱用土法采掘，四时不辍。夏季湖水干涸，则采集含碱之砂土，加水溶取碱质，然后再蒸发余水而得碱块。冬、夏二季所产之碱皆含芒硝极多，约自百分之六至一二，于碱之品质颇有妨碍，其所以不能用于食品者，亦即此故。但碳酸钠则含量甚多，约为百分之三八·九，较之英国（碳酸钠百分之二〇）及加里福尼亚（碳酸钠百分之三二）所产俱为优美。据大略计算，开采自然碱一吨运至车站后，共需成本约十二元至十五元，外加出口税约当于值价百分之六七。北满产碱总量年约一万一千吨，其中仅百分之一〇系由火车输送，此外则俱用大车载运哈尔滨等处销售。自民国十年铁路运费修改后，火车运量始陆续增加。查北满自然碱分布辽远，品质纯良，如能善为开发，改良采制之法，制炼副产品如芒销、食盐等物，以减少碱中之杂质，同时并推广销路，东南销奉、吉二省，西北可远达俄疆，如是则获利丰厚，可操左券，诚北满一大富源也，国人幸勿以其僻远而忽之也。

四、河套一带

陕西之神木县及甘肃宁夏之磴口俱产碱。近闻陕省当局有于神木设立官碱局之议，如能实行，则产额必可大增。

五、鲁、豫等省

山东曹县之王底圈及河南归德之刘家口，俱为有名产碱之地。其处草木不生，遍地皆碱，土人刮而取之，用水溶化，去其泥沙，入锅蒸煮，即得土碱。盛硝于徐州、镇江、清江、浦等处。又徐州附近亦产碱，皆散在四乡，而以铜山往睢宁之大道柳家集、张家集一带为最旺。

照上所述，我国自然碱产地甚多，善为经营，必能供全国之需要而有余。但近年来，洋碱输入日多，英商卜内门洋碱公司之分销处各省俱有，几有与美孚石油并驾齐驱之概，因之土碱销路顿滞，几于无人过问。考其原因，则以土碱多杂质，而洋碱质纯。徐州染坊之经验，洋碱一斤之功用可抵土碱二斤，而二者之价值又不相悬殊，权衡利害，人逐用洋碱而弃土碱。至于新式化学工业之需用纯粹原料者，更不能用土碱。职是之故，洋碱日益畅销，而土碱日见衰败，若不急起直追，诚吾国之一大漏厄也。

直隶塘沽永利制碱公司创办于民国五年，经几许经营，始于十四年春间出碱。初时资本五十万元，现已增至四百余万元。该厂制碱法用苏尔维氏法（Solvay Process），即于食盐浓溶液内溶化多量之阿摩尼亚，再以二养化碳气通过之即成。其手续较卢布兰氏法（Le Blance Process）稍繁但碱质较纯，出碱亦较多。该公司现有制碱炉二座，每日可产碱灰五六十吨。将来尚拟扩充至四炉，每日产额可达二三百吨云。

进口洋碱，合纯碱、烧碱及碱制品等一并计算，每年约五六万吨，民国十四年则已超出七万吨，值价四百余万关平两。此项进口额中，以英国输入最多，日本、香港、美国等次之。民国十三年各国之分配列如左表。

国别（地区）	吨	关平两
英国	43，299	2，220，965
日本	11，479	662，093
香港	4，389	335，357
美国	2，076	193，252
德国	267	82，891
进口总数	61，967	3，535，496

据关册所载，各关对于洋碱进口之净数而比较其消费之多寡，则上海最多，年达一万二三千吨，天津、大连、汉口、青岛等埠次之，俱在四五千吨至一万吨之间。按津沪各埠为我国实业之中心，而碱之消费亦最多，二者关系之密切亦从可知矣。

我国所产自然碱之出口者每年不过数百吨，大部皆输至香港，为改制烧碱或碱制品之原料。

中国天然碱参考书目

1. 蒙古之碱产（附淮徐海碱产），农商公报一卷九期（四年）。
2. 王士森，蒙古产之天然碱，农商公报五卷一期（七年）。
3. 彭望恕，蒙古天然碱之研究，农商公报八卷十二期（十一年）。
4. 汪度，碱类试验报告（附察哈尔土碱调查），农商部工业试验所报告汇刊（十二年）。
5. 陈鸣谦，碱盐钾盐及其原料之分析，农商部工业试验所报告汇刊（十二年）。
6. North Manchuria & the Chinese Eastern Railway，(a book) 1924，p. 216. (Natural Soda in N. Manchuria).
7. 关东州曹达工场，支那矿业时报六十六号（十五年）。

第十章 其他非金属矿产

磷矿（附肥料）

中国磷矿，已发见者仅有二处。（一）在香港东南一六二英里之东沙岛。岛系珊瑚所成，其上有鸟粪沉积，分布面积约一七〇〇亩左右。据海军部最近钻探，距地面十八尺之处尽属磷矿，故矿量尚称丰富。光绪末年，岛为日本所据，屡经交涉，始以巨款赎回，乃收回之后至今尚未开采。（二）江苏东海县有磷灰石矿。矿在城南朐山南麓，略呈层形，产结晶片岩中。除磷外，并略含磁铁及锰矿。先是有锦屏公司呈请开采铁矿，及去浮土，始发见磷灰石，由是遂改采磷质。现有东、西二矿。东矿因案纠葛，暂行停工。西矿开采甚盛，均系露天工作。筑有轻便铁路直达河口。另设洗矿台从事淘洗。现每日产矿约数十吨。自民国九年开办起至十四年止，共产出矿石八万吨。磷矿本以制造磷质及农田肥料为大宗用途，惟此项需用在国内尚未发达，故尚无设厂制炼者。锦屏公司之矿砂，自开采迄今，全数运销日本之人造肥料会社，最近六年间输出值价约日金一百七十六万元。运至日本后，每吨售价（最近市价）日金二十元。以含无水磷酸百分之三〇为标准，每上下百分之一，则价格亦随之增减百分之一。又据民国九年海关报告，是年由青岛出口之磷灰矿为一四五，三二六担，值价五八，三九〇关两云。

中国农人所用之肥料以牛马粪、人粪、厩肥、豆饼等为大宗，磷矿、钾钠矿及各种化学肥料，用者极少。良以农人习于旧法，不知改良，且化学工业尚极幼稚，舶来之品价值昂贵，故无法推销也。但近年以来，中国南方各省已渐知化学肥料之利，尤以广东南部为最盛，植桑之家俱用硫酸铔，而植棉者则盛用智利硝。硫酸铔来自英、美、德、日等国，结晶粗细不同，色亦黑、白、棕、灰不等。销路最好者为棕色之一种。依其结晶之粗细，本地人有虾蛋、粗针、幼针等种种土名。论价值，棕色者最贵，每担约二十元，灰黑色者每担约十六元至二十元，白色者最贱，每担仅十三元，大部产自英、美。棕色硫酸铔之能盛行于广南一带，价虽昂而人仍乐用，其理殊不可解。盖论品质，则白色最纯，有色者常含硫化青及其他青化物之杂质，殊不利于植物，效用当较逊。今需要之缓急，适得其反，意者亦本地农人之习惯使然耳。硫酸铔平均含淡约百分之二〇。据云效用极著，植桑者以此加入土中，不数日枝叶即异常繁茂。在蚕忙之候，销路格外旺盛云。智利硝即硝酸钠，俱自南美智利输入（国产火硝以质地不纯，反弃而不用），价值约每担十三元五角左右，平均含淡约百分之十五。其消费量远不如硫酸铔之巨，盖以其善于吸水，不易储藏故也。

中国另有一重要肥料，每年出口之量日益增加，但国内销路极为有限。此物为何？即各项兽骨是也。查兽骨富于磷资及脂肪，稍加制炼即能成为良好之肥料。近年来外人在中国各地尽力收买，运往外洋，以制肥料，获利甚巨；而我国人尚少注意及此，且农人不解骨肥之可贵，用者甚少。因之此项工业纯为外人所操纵，良可慨也。兽骨为废物之一，无地无之。经营此业者在各处城镇设立字号，收买废骨，或派人至四乡收集，然后汇成巨额，运至天津、汉口、大连、安东、青岛及上海等处出口。天津为北方兽骨市场之中心点，凡直隶、山西、内蒙古、山东北部之兽骨俱汇聚于此，年达三十万担左右。此中大部分在本地制成骨粉，尚有一部则不加制炼，迳行出口，几全数输至日本。最大之骨粉制造厂有三，皆为日人所设，其名称、地点等如左。

名　　称	地　　点	资　本（日金）	每　年　产　额	工　人　数　目
武齐工厂	天津小别庄	20万元	1万吨	150名
清喜工厂	天津杨家庄	10万元	7千吨	84名
内外化学肥料公司	天津大直沽	5万元	5千吨	70名

以上三工厂皆用新法制造。法极简单：先以兽骨置釜中，用水蒸气蒸烧之，历一小时取出，曝日光中，既干，乃用机器捣成细末，再以筛筛之，即得骨粉。除日人设立之三厂外，尚有华商经营之骨粉厂多家，皆用土法制造。其法掘地成浅坑，置骨其中，上铺石灰，以水浸之，则石灰化解而发热，凡一阅月取出，置日光中爆干，再捣研成粉即得。此法较之前述者迟速相去远甚矣。据云制粉事业获利甚厚（在江浙等省，农人间或用骨粉以肥田。俱用土法制炼，以供自用，并无大规模之工厂）。骨粉在天津之市价每担约三元二角，而骨价每担仅一元七八角，故每制粉一担可得纯利八九角。骨粉中平均含磷酸百分之二二，淡百分之四，用作肥料最为适宜。日本每年所需骨粉本恃印度及我国分给之，近年来印产改运欧洲，于是我国之供给益觉重要。日本制造骨粉之中心为鹿儿岛，有鹿儿岛肥料株式会社、稻松商店、久米田、左藤野口、吉田等工厂，规模俱极宏伟。民国七年日本共输入兽骨五〇七，八九六斤，值价三，五六九，〇〇七元，其中由中国输入者为三七八，八九八斤，值价一，六七二，二二六元云。

民国十二年天津输出之骨粉约达一万六千吨，而同年海关报告，兽骨一项，天津之输出量为三五六，〇八六担，值价七四，四一八两。全国兽骨之输出总量列其近三年者如左。

	民国十一年	民国十二年	民国十三年	民国十四年
担数	693，532	969，034	869，512	793，184
价值	1，053，380	1，609，527	1，504，605	1，499，287

中国肥料参考书目

1. 废骨利用之研究，工业试验所稿，农商公报十卷六期（十三年）。
2. 我国亟宜仿制骨粉以供国内外农业上之应用，总商会月报五卷四期（十四年）。
3. Fertilizers in China. Chinese Economic Bulletin, No. 225, p. 334, June, 1925.
4. Chemical Fertilizers in South China. C. E. B. No. 214, p. 175, March, 1925.
5. China's Trade in Bones. C. E. B. No. 202, p. 5, 1925.
6. Bone Dust in Tientsin. C. E. B. No. 191, p. 5, Oct. 1924.

玻璃砂及玻璃工业

中国玻璃之制造，据历史记载，始于汉武。其后研制日精，五色各备，然仅为皇室珍品，庶人不得僭用，故产额不多。自海运开通，外国玻璃陆续输入，销路遂日广，国内亦有仿制者。日俄战后，山东设博山玻璃公司，是为新法制造之嚆矢。其后上海、宿迁、汉口、北京、武昌皆有大规模之玻璃工厂出现，然以资本不足，或管理不善，故获利者少。欧战期中，海运被阻，输入不多，而国内需要极殷，于是纷纷设厂自制，玻璃工业又稍呈兴发之象。考制造玻璃之原料以玻璃砂为主，另加曹达、石灰、硝石、萤石等物。玻璃砂即石英砂粒，本为寻常之物，然制造玻璃必须质纯耐火，而石质又不甚坚，俾便开采为合格。中国产地甚多，现所知者有山东之淄川，江苏之宿迁，直隶之秦皇岛，四川之重庆，湖南之长沙、醴陵，广东香港附近之白沙河，福建之延平及奉天南部之金县等处。我国曹达（即碱）产出尚多（详第九章自然碱节），但以品质不纯，供应不便，故大多数玻璃工场俱用洋碱，如上海各工场竞用英碱，山东青岛及济南之工厂，因日资关系，俱用日本输入之碱。又如硝石，国产品既不甚适用，而外洋输入又时虞不给，故近来小规模之玻璃工场多有以玻璃屑代硝石者。此关于原料供给之大概情形也。兹将各省玻璃工业之近状略述如左。

东三省　东三省之玻璃工业以奉天为最发达。全省现有工厂七所，俱为日商所经营。除大连满铁会社窑业科所附设者外，余皆规模甚小，仅制灯罩、玻瓶等常用品而已。兹将重要公司之地点、名称、设备等列为简表如左。

名称	地点	创立年	资本	主权者	设备及工人	每年产额
穗积洋行玻璃工场	奉天	一九〇六年	五万元	日商铃木基成氏	坩埚六个，工人数十人	七万余元
三五洋行	奉天	民国二年	数千元	日商	坩埚三个	不详
营口玻璃制造株式会社	营口	民国二年	二万元	日商	职工数十人	不详
寺田玻璃工厂	安东	民国二年	数千元	日商	坩埚二个，素烧窑三个	八千元
满铁中央试验所窑业科	大连	民国六年	试验费每年预算六七万元	满铁会社	设备甚周	除杂用器具外兼制板玻璃
玉置玻璃工场	大连	一九〇八年	数万元	日商	大小坩埚六个，电机一座，职工数十人	一万元以上

关东州金县附近之大孤山及大连附近黑石礁、小平岛等处产一种极纯粹之石英岩，中含石英达百分之九十八，堪供制造玻璃之原料，惟因石理稍密，故捣碎时稍费手续耳。现大孤山一处已经开采，历年产额如左（吨）。

民国七年	352	民国八年	334	民国九年	563
民国十年	256	民国十一年	450	民国十二年	422
民国十三年	906	民国十四年	4，694		

吉林省城有玻璃工场二所。一属日商，创办于十余年前，每年制造额约一万三千元。一系华商陈佐庭所办，名曰兴华玻璃公司，于一九〇八年成立，资本现已增至二十余万元。长春有大连玉置工场之分厂。哈尔滨玻璃工厂，中日商人经营者各有二所；以缺乏原料，常用玻璃屑制造，故出品不多，难望发达。又黑龙江中东路车站一面坡有俄人经营之玻璃厂一所，制造灯罩及板玻璃。

直隶省　光绪二十八年北京创办工艺官局，中设玻璃一科，出品甚少，今已停闭矣。天津小规模之玻璃工厂共有四五所，大多数由日商经营，资本甚小，俱不过数千元至一万余元；所用原料多自日本输入，出品皆系杂用器具。民国元年，有华商王某拟设立一资本五十万两之板玻璃制造厂，但以种种困难，其计划卒难实现。

现在中国规模最大之玻璃厂当推秦皇岛之耀华机器玻璃制造公司。该公司为开滦矿务局及其他资本家所创办，于民国十年正式成立，总公司设天津，厂址则在秦皇岛附近。所用原料系一种海滩砂碛层，产秦皇岛附近，质尚纯粹。制造玻璃用最新式之福高尔德法（Fourcault Process），一切手续皆利用机器，而不恃手术。厂内有大熔炉一座，长二十八公尺，宽五公尺半，能容玻璃熔体五百吨。此项液体俟热至摄氏表约一千五百度后，乃引入另一熔炉，其上列机器八座，以机力拉制玻璃，厚薄均匀，无气泡或瑕疵之痕，洵善法也。预定每年产额为十五万箱，每箱装板玻璃一百平方英尺。该公司又附设制镜工厂，择玻璃之精美者用最新方法涂成镜面。值兹玻璃需要日亟之时，该公司营业之发达定可预卜也。

山东省　山东玻璃工业发达甚早，自欧战以来，新厂增设尤多，现在共计不下二百余所，分布于博山、芝罘、济南、青岛等处。除博山有较大之工厂外，余皆狭小。博山不但为山东玻璃工业之中心点，其声誉且已冠绝全国。所用玻璃砂，据本所谭锡畴君调查，产于淄川县西南约三十里之昆仑山，距博山约四十里，系一种质不甚坚之石英砂岩，其时代属上侏罗纪。色白粒细、现在开采者仅一层，厚自八公尺至十公尺。其附近有辉长岩之侵入体，故砂质之变纯或与火成岩有多少之关系。此外又需白石（即石灰岩）及紫石（即萤石）以作熔剂。白石产于博山附近，萤石则采自博山东南约五十里之戴庄。玻璃工厂密集于城外颜神镇，大小合计共有一百四五十所，以博山玻璃有限公司之规模为最大，启明、福源、山东、信成等公司次之，余皆组织狭小，几类家庭工业，熔炉容量不过数十斤而已。博山玻璃有限公司设于城北柳行庄，于光绪二十九年（一九〇二年）由官商募集资本十五万元着手倡办。光绪三十二年全厂落成，聘用德技师六员，机械、药品亦俱购自德国。厂地面积纵横达六十余亩，中设熔炉、烘片、裁片、装箱等各工厂。另有红砖、砖瓦、碾泥等厂，为制造耐火材料，以供本公司建筑熔炉之用。一切设备尚为周密。但制造玻璃仍用老式之吹筒法，故较之秦皇岛新设之耀华玻璃公司殊有逊色耳。当开办之初，德技师于熔炉装置及燃料性质未加以充分之研究，以致出品不佳，多斑点及泡沫，色带浓青而不透明，于是销路阻滞，营业大为亏损。其后虽改用日本技师，改造熔炉，而结果仍难完美。斯时公司经济已极困窘，不得已乃于光绪三十四年（一九一一年）停业。民国四年，财政总长周学熙以玻璃事业极关重要，乃委员继续开办，同时改良出品，并扩张销路于山东全省及京津、上海、汕头等地，办理至今，营业尚称发达云。启明玻璃公司于民国三年设立，资本金三千串文，以制造灯罩、洋灯为主，亦产少量板玻璃及玻璃棒。按博山出品以玻璃板、玻璃丝、玻璃棒、玻璃器等为主，尤以玻璃丝一项堪供装饰之用，国内外行销极广。综计每月制造额约自六万元至八万元，以上海、天津、济南销费最多，约占总额十分之八云。

青岛有玻璃工场二所。四方一所皆为日人营业。芝罘有华商经营者一所。济南有华商经营者一所，日人经营者二所。兹将各厂之名称、地点等列如左表。

厂名	地点	何年设立	资本	工人及设备	主权者	出品及产额
福泰公司	青岛北治山町	民国五年	一万元	二三十人，熔炉一，制作炉六	日商	瓶坛类，年约三万元
三巴商会玻璃工场	青岛台东镇	不详	不详	二十余人	同上	杂器类
山东玻璃合资会社	四方	民国五年	一万元	二十余人	同上	灯罩等，年约一万五千元
张裕葡萄酒酿造公司	芝罘	民国元年	不详	规模尚大	华商	以制造玻瓶为主，供本公司装酒之用。亦产零星杂器

续表

厂名	地点	何年设立	资本	工人及设备	主权者	出品及产额
山东玻璃制造所	济南	民国六年	三千元	不详	日商	灯罩、罐类，年约一万二千元
怡和洋行玻璃工场	济南	民国六年	一万元	不详	日商	灯罩类，年约三万元
普利皿器玻璃公司	济南商埠二马路	民国五年	不详	二十余人	华商	以玻璃屑作原料，制板玻璃及灯罩等物

江苏省　江苏之玻璃工业亦甚发达。全省共有工厂二百余所，分布于上海、宿迁、苏州、南京等处，其中上海约占全数十分之六。据最近调查，上海玻璃厂之最大者，当推日本人所办之宝山玻璃厂，资本五十万元，工人百五十人。此外纯粹华商办理之玻璃厂，如怡昌、公益、中华凤记、上海、同益、谦益、大成、仁昌永、华兴、明成、王俊记、五星、浦东等厂，营业俱甚发达，资本自数万元以至十五万元。主要出品为各色玻璃瓶、灯罩、洋灯及其他家常用品。除本地销用外，凡长江沿岸及中部各省行销甚广。上海制造玻璃之原料以破玻璃及破瓶为主，玻璃砂用量不多。现在市上通用之砂来自宁波、大连、广东、日本四处。宁波砂质不甚纯而价最廉，故销路最好，最多时月达五百吨。广东、大连、日本次之。日本砂产自三河、美浓、兵库等地。广东砂色白质纯，可制上品。各砂价值列如左表。

宁波砂	每吨四元五角至五元	广东砂	每吨二十元至二十五元
大连砂	每担一元九角	日本砂	每担二元五角

江苏宿迁城北土山岭一带产玻璃砂，其时代似属第三纪，系砂岩与细砾岩所组成。砂砾几全属石英及长石，稍夹云母及泥土，故质地极纯；又以时代较新，岩性疏松，采作玻璃材料最为适宜。前清光绪三十三年，有许鼎霖者集资八十万两，创立耀徐玻璃公司，规模甚大，产额极丰，当时每日约需砂二十吨。嗣因资本不继，于光复时停办。

广东省　广东之玻璃工业以广州为最盛，香港、汕头次之。出品有灯罩、玻璃瓶、玻璃手钏及窗用玻璃等。手钏一物流行甚广，中国内地及南洋、印度等地具有输出，价值年达四五十万元。广东之玻璃原料以产自香港附近白沙河者最佳，向由附近居民自由采掘，近已有人管领，每采砂一吨，抽港币四五元。此砂闻系属海滩沉积之一，矿质极纯。其成分如左。

矽养二	99.50%	二养化铁	0.05%
铝二养三	0.25%	渣滓	0.50%

香港玻璃工场共有九处。创办最早者，当推广生行，于一九一〇年设立玻璃工厂，制造灯罩及各种瓶件，以供本公司装置化妆品之用。汕头有广顺、广和等玻璃厂三家，以制造灯罩为主。

湖南省　欧战以前，中国各省玻璃工业以湖南为最盛，大小工厂计达三百余所，而以长沙、湘潭、醴陵三地尤为发达。但设备简陋，花式不多，加以战乱频仍，产额大减，故现在反落他省之后。长沙有玻璃工场三处，以制造灯罩、洋灯、洋皂盒等为主。规模较大者为麓山玻璃厂及三合玻璃厂。后者系日本三合洋行所经营。资本各约数万两。原料用醴陵附近所产之硅岩。由民船运至工厂后，磨成粉末，以供制造。曹达购自英商卜内门。其他原料则由日本输入。制造玻璃之窑炉为中国旧式，不用耐火砖，而用产于湘潭附近之细砂岩砌成。湘潭亦有玻璃工厂多家，规模具甚狭小，资本鲜有过一万元者，且作辍

第二十六表　中国玻璃、石棉等物进出口数量、价值表(民国元年至十四年)

Table XXVI　Imports & Exports of Glass, Asbestos, Sulphur, Jadestone, Emery & Corundum in China(1912—1925)

	进　口 Imports			出　口 Exports		进口 Imports	进　口 Imports		进　口 Imports				出口 Exports	出　口 Exports	
	板玻璃 Window Glass		玻璃及玻璃器 Glass & Glass ware	玻璃器料、手镯等 Glass ware, Bengles etc.		石棉 Asbestos	硫　黄 Sulphur.		玉　石 Jadestone		金刚砂、宝砂 Emery & Corundum	真假首饰 Jewellery, Real & Imitation(1)	珍　珠 Real Pearls	冻　石 Soapstoneware(2)	
	担 Piculs	关两 HK. Tls.	关两 HK. Tls.	担 Piculs	关两 HK. Tls.	关两 HK. Tls.	吨 Tons	关两 HK. Tls.	担 Piculs	关两 HK. Tls.	关两 HK. Tls.	关两 HK. Tls.	关两 HK. Tls.	担 Piculs	关两 HK. Tls.
民国元年 1912	205,647	644,755	531,400	13,898	389,984	103,681	1,312	59,593	946	38,729	54,953	98,841	323	6,507	103,852
民国二年 1913	311,950	1,141,644	870,880	13,144	371,860	64,244	1,829	75,474	3,884	177,659	67,084	140,661	7,725	7,966	125,637
民国三年 1914	255,721	997,367	636,651	15,910	410,841	94,272	1,564	68,518	3,660	171,926	89,712	267,217	1,406	5,894	93,116
民国四年 1915	102,517	805,892	413,727	18,386	458,584	80,969	1,143	69,942	5,764	254,029	97,008	148,934	18	3,308	52,791
民国五年 1916	203,192	1,668,870	611,717	13,304	407,027	121,181	1,276	106,058	4,982	235,627	166,226	301,104	6,750	2,793	44,108
民国六年 1917	183,302	1,594,295	835,841	12,277	305,625	172,588	1,555	92,138	4,787	229,380	109,380	200,024	—	964	15,508
民国七年 1918	156,271	1,504,575	609,236	9,816	247,376	112,247	2,305	122,000	4,235	258,674	117,685	249,899	34	446	6,997
民国八年 1919	237,356	2,035,985	655,707	14,652	336,889	160,932	2,033	95,561	2,248	126,491	171,644	294,621	—	250	4,038
民国九年 1920	303,695	3,459,500	1,250,943	13,109	299,407	275,349	2,560	128,032	5,248	287,143	123,184	330,169	—	684	10,451
民国十年 1921	253,913	2,031,871	1,652,366	12,726	326,334	270,375	3,452	181,271	4,668	308,956	196,715	242,710	—	5,467	86,089
民国十一年 1922	404,033	2,273,947	1,452,653	12,703	343,065	170,345	2,521	124,030	6,728	491,358	227,756	266,560	—	4,778	76,383
民国十二年 1923	353,318	1,978,033	1,487,080	13,686	343,145	147,492	2,214	114,125	4,275	292,221	256,850	452,982	—	3,153	50,131
民国十三年 1924	571,766	3,170,773	1,742,361	13,343	335,016	135,223	2,784	143,606	3,174	272,262	205,721	—	—	3,668	19,305
民国十四年 1925	306,715	1,363,257	1,179,493	3,934	91,979	113,613			1,950	179,854		401,503	—	847	11,520

(1)宝石、珍珠、金银器等在内

Including Precious Stones, Pearls, Goldware & Silverware

(2)恐有一小部滑石亦包括在内

A small part of Talc is probably included here.

靡常，难以详考。据民国十二年调查，有白霞、中华、华兴等数公司，每月约出玻璃片四五百石，平版数十石，除本省消费外，大部运销汉口。所用原料即系湘江中之矽质漂砾，俗呼为鹅头石。沿河居民取石用臼舂碎成极细粉末，经过细砂布之筛（俗呼绢筛）后售与公司，每石计钱一千或一千数百文不等。因图原料之便利计，所有玻璃公司皆设立于沿河一带。又距湘潭百里之三门有石龙寺山，产矽质白石，亦可作制造玻璃之原料。常先以之建造熔炉，俟经火后，再用臼舂碎，以供制造。原料配合方法系以石粉一百斤和以曹达四十斤，石灰十五斤，皮硝炭末可随意加入。熔炉亦系中国式，上置坩埚七个，装入原料，同时制炼。每熔一次约需三十四小时，用煤一吨半。俟完全熔化，乃取出用吹管（有人力与风箱二种）吹成圆筒，再划制成片。每石玻璃之成本，原料和煤需洋五元三角，人工、运费、装费等约须洋二元三角，合计洋七元六角。售价每石洋十元。计每石可获纯利二元有零云。

四川省　四川玻璃工业以重庆为最发达，有工场十二三所。石砂原料产重庆上游约八十里之温塘峡及下游四十里之渝家沱，本地称为河宝石，粉碎后运至重庆，每万斤值银二十余两。此外原料，如皮硝产彭山县，石灰则近城一带到处产之。皮硝质不纯，仅能制造劣等玻璃。若制上等玻璃时，须用官硝局专卖之火硝。熔炉以天然石质制成，不用泥土或火砖；此石为四川特产，上海某玻璃工厂曾购办试用。现有各工场中似以鹿嵩玻璃厂规模最大，资本八万两。创办于一九〇六年，曾聘用日本技师。制品多上等货，如花瓶、茶杯、洋灯等。每年交易约数万两。其次为盛源记玻璃厂，以制造板玻璃为主。

湖北省　一九〇六年华商林某以六十万两资本设立耀华玻璃公司于武昌之保全巷。同时林氏并获得在湖北省内二十年间制造玻璃之专利及原料、制品等免税之待遇。林氏故后复由上海丰源润号以三十万两承顶。该公司聘请英、德技师设计一切，专制板玻璃。机械悉购自德国。设有十个炉口之大熔炉一座，每次可熔原料百担之多。其他设备俱极周密。原料产咸宁县。煤则购自萍乡及日本。当时制造能力为每日六十箱，每箱一百磅。板玻璃之最大长度为六尺，幅约三尺。后以办理不善，亏折过多，源丰润破产。工厂亦被没收。此巨大之实业遂如昙花一现，而完全消灭矣。汉口玻璃工厂最著者有二，即三合厂与永顺记是也。三合系日商鸭川所创设，利用碎玻璃屑以制造洋灯、灯罩等，营业尚称发达云。

福建省　福州有玻璃工场三所，皆以制灯罩为主。其一系日人所经营，名曰三野玻璃制造所，于民国五年设立。原料产自距福州四百二十里之延平地方，营业尚佳。其他二厂（公信及谦详春记）皆华商，资本各约二三万元。厦门有广建玻璃厂，于光绪三十二年设立，出品销福建内地及南洋一带。

据上所述，中国之玻璃工业在近年来实不可谓不发达矣。全国工厂数目究有若干，尚无确实统计。据民国元年农商统计，谓全国玻璃工场大小合计共有七百七十一所，至若规模稍大并常川营业之工厂，恐至多不过二三百所而已。但此项工厂中，日本资本颇占重要之地位，若奉天，若山东，俱为日商之势力范围。倘就全国通盘计算，华商资本恐尚不及总数百分之五十耳。再就产品论，大多数工场皆以制造灯罩、洋灯、器皿或其他杂用器具，盖以此项制造轻而易举，得以小资本经营之也。现在惟一重要之板玻璃制造厂为耀华玻璃公司，已开始出品。他若满铁会社窑业科尚在试验中。黑龙江一面坡俄人设立之玻璃制造所及博山启明等公司，虽有所产，而为量甚微，不足道也。就大致论，日用粗品如灯罩、瓶罐及粗制洋灯等，中国各工厂产出日多，不久或可达无待外求之境。惟中等品及下等品之一部分尚须仰给于日本，而上等品（大部分之板玻璃）则多由欧美之输入以供给之。

板玻璃及玻璃料器之输出入列第二十六表。出口之货以玻璃器及料手镯为主，每年值价自十万两至三四十万两。以输至香港为最多，南洋各地次之。大部由广州及青岛出口。输入玻璃以板玻璃为主，料器等次之，二者合计年达四五百万两。板玻璃之输入，比国为最多，约占总额之半以上。德、英、日本等国次之。欧战时，比、德所产完全断绝，英亦为减少。是时我国所需大半由日本供给之。至于料器一项，则以日本之输入为最多，年达总额百分之五〇左右。

中国玻璃工业参考书目

1. 中国玻璃工业，文汉译自日本之［经济资料］六卷四号，载实业杂志三十六、三十八、三十九、四十期（九年至十年）。

2. 中国玻璃工业之概况，中文经济周刊，七十六期（民国十三年）。

3. 中国玻璃工业之新趋势，冰译自十年七月之［上海公论］，载总商会月报，一卷三号（十年）。

4. 湘潭之玻璃工业，仲父，实业杂志，六十五期（十二年）。

5. 香港输入板玻璃之状况，负厂，实业杂志，六十三期（十二年）。

6. A Modern Glass Factory in China（Yao Hua Mechanical Glass Co.）. Far Eastern Review，Vol. 21，No. 2，1925，p. 76.

7. Industrial Works（Glass & Porcelain Works）at Poshan，Shantung. Chinese Economic Bulletin，No. 178，p. 5，July，1924. also No. 275，May，1926.

8. Sand for Glass Making. Chinese Economic Bulletin，No. 193，p. 9，Nov. 1924.

9. Glass Factories in Shanghai. Chinese Economic Bulletin，No. 277，June，1926.

石　棉

石棉为今世工业要品，盖以其纤维组织柔而能织，且可避热避火，故机器上或建筑上，凡一切防火保温之物皆用之。中国产地甚多（详细地名见翁著《中国矿产志略》中），而以奉天之金县（和尚屯）、宽甸（大荒沟），直隶之涞源、昌平、房山、易县及热河之朝阳（孙家丈子）为最重要。产额之大部分皆输至国外，一小部则在国内供制造石棉布、石棉绳、石棉板及石棉枕垫之用。现在制造厂，据调查所知，共有四处，分述如左。

（一）锦州之利用公司。其原料来自奉天及热河，规模甚大。奉天石棉矿以金县东方约十二公里之和尚屯为最重要，自民国元年以来即经日人开采，欧战时需要孔亟，产额甚盛。石棉采出后，在矿上略事选分，分为甲、乙两号，运销于日本及京津等处。民国四年至七年之产额及价值如左（据大连地质图幅说明书）。

年　别	产　额（斤）	值　价（元）
民国四年	96，000	7，100
民国五年	128，700	9，330
民国六年	155，300	13，349
民国七年	58，300	6，113

民国八年至十四年之产额，据南满铁路地质调查所报告者录示如左（以吨计）。

民国八年	73	民国九年	22
民国十年	72	民国十一年	79
民国十二年	63	民国十三年	65
民国十四年	63		

（二）天津石棉公司。采用昌平（季涧）、涞源及奉天之原料。近数年之产额如左。

年别	七年	八年	九年	十年	十一年	十二年	十三年
斤数	116，803	28，113	64，849	213，381	154，376	201，844	

（三）北京普济石棉公司。于民国十三年开业。工厂设于西直门内南小街。原料俱采自涞源（杨梅洞、水泉沟、草场、冷水涧等处）、易县（易县车站西北四十五里奇峰岭及泉水沟）一带，当地居民于农事之暇随时采挖。公司除派人收买外，并有自开矿区一处。所产石棉用牲口驼至梁格庄车站，再装大车运京。自矿至站相离约一百八十里，山路崎岖，颇不易行，骡驼往来一次约需五日。石棉品质不一，用途亦异。凡纤维细长者，则梳绒纺线，织成石棉布。其纤维较短者，则制作充塞车垫、椅垫及枕头等石绵绒之用。至最短者，则以之制作石棉筋，和以石灰等物，为粉刷墙壁之用。此外又有石棉绳、石棉纸板、石棉管（包汽管用）及石棉灰（搪修炉灶用）等物。现时售价，石棉布（宽二尺）每尺售银七角，石棉筋每百斤七元五角，石棉绒分四等，特等每磅五角，头等四角，二等三角，三等二角。

（四）北京翔达工厂。在西直门内西教场草料铺胡同三号，有石碾二具，用电力运转。因创办伊始，目下出品仅有石棉筋、石棉绒数种。石棉筋分为三等，特等每百斤七元五角，头等六元五角，二等五元八角。

我国于石棉之矿近年来采者渐众，产额亦渐有可观。但每年进口之货仍有十余万两至二十余万两之多。考其原因，则以目下于此项工业尚未臻完善之境，故上等材料仍有待于外洋之输入也。输入石棉，欧美、日本各国俱有，多少不等。欧战时，则日本最多。最近三年输入之担数如左。

民国十二年	7，902 担
民国十三年	7，709 担
民国十四年	6，911 担

兹将货价处调查民国十四年上海各项石棉货品之趸售价值（平均数）列如左表。

国别	日本产	英国产（每磅价）				中国产		
货别	石棉粉（每会）	红纸板	石棉板	华文布夹铜丝	石棉线	石棉粉（每会）	石棉板（每磅）	石棉线（每磅）
规元	2.014	0.235	0.925	0.472	0.402	2.497	0.086	0.313
关平两	1.808	0.211	0.832	0.422	0.367	2.245	0.077	0.281

滑石

中国滑石矿以奉天海城、盖平一带所产最多。矿呈晶片形，与菱镁矿交互成层。故二者之分布实相一致，计自大石桥延向东北，至滑石岭止，凡产菱镁矿之处，几无不兼产滑石。矿层厚度自数公尺至十公尺不等，延长在五〇公尺以上。系白色、灰绿或淡红之块状矿物，常呈纤维状结构。就其分布之地位，可分为大石桥、分水及海城三区域。凡圣水寺附近所产之滑石，皆由大石桥车站上车，大岭、贾家堡子、宋家堡子、窨子峪、马家堡子等由分水车站，而杨家甸子、马峪等则由海城车站运销各地。滑石为药剂之一，自古即已应用。故海城、盖平之滑石矿当亦早经发现。但据故老传言，此矿于同治年间始由贾家堡子之居民实行开采。自是以后，农民于耕事之暇辄行采掘。民国元年经日人调查后，乃于翌年组织海城全矿公益公司开采滑石岭、马峪、杨家甸子、宋家堡子、贾家堡子及窨子峪六处矿区，矿业渐形发达。其他公司亦闻风兴起，产额日增。但曾几何时，以销路有限，且同业相挤，纠纷日甚，矿业遂大受影响。民国七年，于冲汉代表振兴公司（即鞍山铁矿）承办前述六矿区，后以销路不佳，仅开贾家堡子及窨子峪二处，余皆停工。当民国二年鼎盛时，每区日产矿石自五吨至二〇吨不等，矿工自数十人至百余人。开采悉用土法。先去浮土，乃依矿床之斜向开掘浅斜井。惟贾家堡子及窨子峪等处则用直井。采出之后尚须用水淘洗。平均每工夫每日之采矿量约八百斤。选矿则每日每工约一千五百斤至二千斤。工资每日小洋一圆。每百斤之采掘费约合日金四十钱左右。

大岭之滑石矿向以丰富著称。位于大石桥东十公里，分水驲东南八公里。民国四年产额达一千吨。民国八年，天福、天信二公司互争矿区，相持不下。最近由官厅将矿权取消，另由张学良主办之大岭滑石矿局承办。仍用土法开采，现时产额不多。又有圣水寺矿区，在民国四年时年产九百吨，现有奉天群贤滑石矿公司（张会霖）开采。以上各公司皆与日人所办之白川洋行、满铁会社、伊藤矿业所、三和公司等订有专卖契约，在大石桥、分水等车站交货，价值每吨自奉票十一圆至十九圆，视质地之精粗而异。其中以大岭所产最佳，故价亦较高。滑石之用途，以制纸及建筑用材料为主，此外则用作化妆品、药料等。营口有日人设立之满州滑石株式会社，每年能制滑石粉三千吨，原料大部来自奉天。近年来滑石之产额如左。

产地 年份	圣水寺	大岭	窨子峪	贾家堡子	共计
民国七年	—	6，700	—	1，982	8，682
民国八年	—	9，500	—	1，344	10，844
民国九年	570	9，000	—	1，181	10，751
民国十年	780	8，300	—	1，648	10，728
民国十一年	1，414	7，700	—	3，673	12，787
民国十二年	1，440	7，000	5，450	—	13，890
民国十三年	16，500				16，500
民国十四年	31，516				31，516

海城、盖平二县滑石矿分析表

成分 产地	矽养	养化铁	矾土	石灰	养化镁
宋家堡子	62.56	微量	0.42	—	32.30
贾家堡子	63.34	0.25	1.71	0.47	31.45
窨子峪	61.61	1.60	1.64	0.49	30.75
马峪	62.39	0.47	1.20	0.48	33.12
大岭	63.13	0.48	0.53	0.56	31.46

民国十四年上海滑石粉之趸售价值，据货价处调查者为每百磅规元 2.175 两，即关银 1.952 两。

中国滑石参考书目

1. Sadao Shichiri & Tachikawa Masukichi：Talc Deposit near Haichen，Fengtien Province. Japan Journ. Geol. Geog. 1. p. 6A（1921）.

2. 满州滑石矿之将来，日本农商务省贸易时报，万葆元译，载农商公报，第四卷十一期（七年）。

3. 奉天省海城附近滑石矿床调查报文，七里定雄，立川增吉，支那矿业时报五十三期（民国十年）。

菱镁矿及白云岩

菱镁矿即碳酸镁及含镁较重之白云岩，中国向不注意。民国三年，奉天南部海城、盖平一带发现巨大之菱镁矿，矿层分布长达三〇公里，矿量之巨，世所稀有。欧战期中，由日商收买出口者为数甚多，于是镁矿一物遂大为人所注意。据本所研究，此项矿产生于五台系片岩之中，层位极有一定。不特奉天有之，即直隶、热河、绥远、山西、河南、陕西诸省，凡五台系分布之地，莫不有含镁甚重之白云岩或石灰岩，如能详细探查，或亦有发现巨量镁矿之希望。兹将奉天南部之产地，据日本南满铁道地质调查所调查者节录如左。

菱镁矿分布于海城、盖平二县境内，自南满铁路大石桥站之东南起，向东北延长约三十五公里，至滑石岭止，菱镁矿床连续不断，走向东北西南，倾斜约七十度向东南，与五台系地层之分布完全相合。大石桥之南，于冲积平原之中复有零星露头，如牛心山、转山子之矿床是也。镁矿成不规则之层形，与白云岩交互成层，而白云岩则位于五台系之中上部，其上为石英岩，其下则属片岩。在杨家甸子（属海城县），含矿层厚达七〇〇公尺以上，其中十之七为白云岩，十之二则属菱镁矿，平均矿层厚约数公尺。各矿区之矿量概算，据日人公布者如左。

矿区	矿量
转山子	60 万吨
牛心山	30 万吨
官马山	2 500 万吨

菱镁矿之化学成分，据日人化验者如左（%）。

产地	矽养二	养化铝	养化铁	养化钙	养化镁	灼热减量
转山子	2.68	0.19	1.28	1.52	44.58	49.66
海城区	2.89	0.46	1.10	1.71	42.21	50.75
滑石岭	4.42	0.37	0.40	1.21	45.14	48.41
官马山	4.16	0.32	0.67	1.72	43.67	49.42
牛心山	1.12	0.14	1.18	2.28	45.04	50.21

白虎山现有苇津矿业公司，官马山及牛心山有白川洋行，皆用露天法开采。又于大石桥东朝阳寺山麓，由苇津公司及南满矿业株式会社设厂煅烧，以供制造涂料及耐火炼瓦之用，每年制炼额约自三〇〇至一，九〇〇吨。白川洋行近四年之产额如左（以吨计算）：

民国九年	5，940（官马山）
民国十年	2，940（同上）
民国十一年	4，510（官马山及牛心山）
民国十二年	2，847（同上）
民国十三年	10，142（同上）
民国十四年	13，773（同上）

以上产额皆售诸南满铁道会社。在大石桥交货，每吨价格自日金三元至三元半云。

白云岩系指镁、钙均有之碳酸盐[$(Mg,Ca)(CO_3)_2$]而言。我国北方五台系及寒武奥陶各纪地层中俱产之。除奉天外，开采甚少。南方石炭纪灰岩中时有白云岩脉，如大冶之李家坊，由汉冶萍公司开采，供熔剂之用，每年产额值价约二三万元。奉天之白云岩，以大连附近之椒树房开采最盛，列年产额吨数如左。

民国七年	5，439	民国八年	4，760
民国九年	1，030	民国十年	4，010
民国十一年	39，880	民国十二年	40，258
民国十三年	40，000	民国十四年	40，500

中国菱镁矿参考书目

1. Manchuria Magnesite. Engineer，(126) 1918，p. 351.

2. Researches on Magnesite from Manchuria. Journ. Geol. Soc. Tokyo，Dec. 20，1919，p. 552.

3. S. Komori：Report on Chemical & Physical Tests of Manchurian Magnesite. Bull. No. 1，S. Manchurian Railway Co.，36 pp. 1919.

4. Magnesite & Talc Deposits in Manchuria. U. S. Com. Rept. Jan. 20，1920.

5. K. Hirano：On Chemical & Physical Tests of Manchurian Magnesite，Bull. 2，S. Manchurian Railway Co.，1921.

6. Nünomy Kunitaro：The Magnesite Deposits of Manchuria. Econ. Geol. Jan—Feb. 1925，p. 23—53.

7. 新带国太郎，满州大石桥附近菱苦土矿床（附菱苦土矿中黑色条线之研究），南满铁道地质调查所出版（民国十四年）。

8. 南关岭苦土质石灰岩矿区调查概要，支那矿业时报，六十六期（民国十五年）。

萤 石

萤石亦名弗石，其成分为弗化钙，以用作冶铁业之熔料为主，此外玻璃工业、弗酸工业亦均需此。中国之萤石矿，据今所知共有三处：（一）奉天盖平县属熊岳城东北芦家屯一带及普兰店车站东南之上随家屯，（二）山东南部胶县七宝山附近，（三）浙江新昌嵊县交界之处。其中以奉天之产地最为重要。最近矿业情形，据日人报告节录如左（地质状况参阅翁著《中国矿产志略》）。

萤石产地在南满线卢家屯站之东二十里、熊岳城之东北三十余里。呈脉状产于太古界之片麻岩及片岩中。附生矿物以石英为主，有时含少量之重晶石、方铅矿及闪锌矿。杂质既多，选矿极为困难。矿脉甚多，散布各处。重要产地为破台子、沙岗台、思拉堡、崔家屯、老母沟等处，相距自数里至十余里。沙岗台矿区于民国二年发见，向由大连聚义利公司开采，现停工。破台子矿于民国三四年间实行开采，现亦停工。思拉堡矿区则由锦县人何锡斌及大连之裕泰洋行合资开采，现正进行，产额不多。产出之萤石皆由芦家屯上车，转销各处。在该处价值每吨自九元至二十二元。历年输出之吨数如左。

年　份	民国七年	民国八年	民国九年	民国十年	民国十一年	民国十二年	民国十三年	民国十四年（上随家屯）
吨　数	250	870	288	133	110	—	12	30

盖平县产萤石化验表（%）

产　地	弗化钙	碳酸钙	酸化铁
破台子（上等矿）	93～94	1.5	0.1～0.2
老母沟	65.24	0.44	0.15

浙江新昌、嵊县等地之萤石矿近年来亦经积极开采。最重要之公司为璋华础矿公司。所产萤石几全数由上海出口。输至日本者为最多，年达五六万担，英、美等国亦各购入少量。上海经理萤石出口之洋行有三菱公司、小林洋行、黑木洋行等。兹将最近三年间上海萤石输出量列如左表。

国　别	民国十一年（担）	民国十二年（担）	民国十三年（担）
日本	45，432	50，910	66，915
美国	—	840	7，560
共计（合成吨数）	2，726	3，105	4，468

民国十四年上海萤石之趸售市价，据货价调查处所公布者如左。

	萤石块	萤石粉
每吨平均价（规元）	10.777	26.9
同上（关两）	9.499	24.15

中国萤石矿参考书目

1. 青地乙治，大连图幅地质说明书，第一一〇页（十四年）。
2. 羽田重吉，营口图幅地质说明书，第五十一页（十四年）。

长　石

奉天南满路沿线海城及分水车站以东约十五公里范围之内盛产长石。该处地质属寒武纪以前之片岩及片麻岩，中有伟晶花岗岩之岩脉，长石即产于脉中。结晶常伟大，色泽美丽，属正长石及中性长石一类。主要产地为柳树沟、石塔山、大房身、上鹰窝、大坎子、南沟及杨家南沟等处。以石塔山之石脉为最大，所产长石品质亦最优，堪供陶瓷业及制造玻璃之原料。又满铁沿线石河站及普兰店站间之尾子沟，长石产出尤多。此外关东州貔子窝附近之邹家屯、金家沟及复县之四合店等处皆有长石矿床。近二年海城等处之长石产额，据南满铁道地质调查所报告如左。

	民国十三年（吨）	民国十四年（吨）
关东州之尾子沟	400	—
海城	30	30

中国长石参考书目

1. 大连图幅地质说明书，第一二四页。
2. 营口图幅地质说明书，第五十五页。

硫 黄

硫黄矿有二，即黄铁矿及自然硫。后者产热河赤峰县南二百八十里之高珠儿、西南洼、万宝山等处。据云在火山喷口之旁。新疆及天山一带，据历史所载亦产自然硫。以上各处现俱未采。重要硫产皆出自黄铁矿，其矿床可分为二类：（一）产于石炭纪或侏罗纪煤系之黑页岩中，常呈结核状或晶片状。页岩厚自数寸至数尺，常位于煤系之下部。其中矿石成分自百之分五至五十以上不等，杂质甚多。此项矿床在中国分布最广，南北俱有其例。（二）黄铁矿脉或其他不规则形状之矿床。与黄铜矿、方铅矿等共生，湘、鄂、皖诸省之硫矿属之，质地较纯。北方尚无开采者。

我国硫黄以制造黑药、焰火为最大用途。以其为军火要品，故一切采销之权悉操之官厅。各省设有硝磺局以管理之。其制度颇不一律，大抵民采民炼，然后照官价售诸硝磺局，再按引推销而课其利。

山西磺矿产阳曲西山一带。含矿层位于煤系之底部，分布甚广。现在开采者以王封磺矿公司、新矿公司、韩文仁硫黄公司、晋丰磺矿公司等四家为最大。王封公司于前清时即已开办，资本一万五六千元。其余各公司资本自数千元至一万元不等。民国十年以前，阳曲全县大小矿厂合计，每年约产磺自七八十万斤至百万斤。除供本省应用外，亦兼销直隶、山东、河南等省。其用途以制造爆竹为大宗，而德州、巩县等兵工厂及本省之修械所、军人工艺厂等亦购用若干。近自硝磺局改归官办以来，禁止私收私售，所产硫黄由该局定价发售，商民不能自由营业，故各公司销路不无减色，而产额亦有日趋减少之势。

我国制炼硫黄皆用土法，南北各省大同小异。兹略述河南狂口一处，以例其余。黄铁矿开采之后，捣成小块，略事选分，以去石质。乃装入高约四十七公寸之泥罐中，俟其既满，以矿石一块，横塞其口，乃倒置于圆形之炉内。炉亦土制。每炉可盛三罐。炉底即地面，凿有小孔三，适与泥罐相吻合。地面以内则置接收硫黄之罐。炉内装煤生火，而覆以破瓦片。约历二十四小时，则罐内黄铁矿皆熔化而发出一分之硫，由地面小孔流入于接受罐中，可以勺取出，注于模型，以成适当之硫块。其化学反应可以下式示之：

$$FeS_2 \longrightarrow FeS + S$$

据本地经验，每罐可装矿石一百五十斤。若假定此中纯粹黄铁矿之含量为百分之八十，则依前列化学公式而论，一经蒸馏，至少可得硫黄三十二斤。然实际所获得者仅十三斤左右。以是知土法炼硫损失至大，实不足法也。蒸馏之后，泥罐所存为一硫化铁。若以之熔烧于空气中，则复氧化而成硫酸铁，亦称绿矾，溶于水而重行结晶，则可得纯矾。尚有一部之铁，则因养化而成养化铁，色红可作染料。

现在产磺最多者为湖南之郴县，年达八百余吨。其次则山西阳曲之西山及河南新安之狂口，各约三百吨。兹将重要产地之产额及销路列表于后，以资比较。

省别	产地	产硫吨数	总额之百分数	销路
河南	新安狂口	300	13%	大部行销山东，以供漂白茧绸及草帽之用
同上	沁阳清化镇	180	7%	
山西	阳曲西山	324	14%	太原府及其附近
陕西	澄城	36	1.5%	蒲城等县
直隶	宣化涿鹿	20	1%	天津
安徽	贵池	108	5%	安庆及其附近
湖南	郴县	828	35%	长沙及其他各县
同上	常宁	100	4.3%	
同上	其他各县	192	8.3%	
湖北	建始	20	1%	宜昌
同上	竹山	20	1%	襄阳
同上	通山、阳新	20	1%	汉口及武昌
奉天	烟台及本溪湖	200	9%	奉天各县
共计		2，348 吨	100%	

中国土法炼硫，产额既少，损失尤巨，而质复不良，不适于制酸及其他化学工业之用。故每年自日本及意大利等国输入者达四五万担，约合二千四百至三千吨，大部供汉阳铁厂及上海各厂制造硫酸之用。兹将历年输入硫黄之吨数、价值列第二十六表，以供参考。

民国十四年日本产硫黄在上海趸售之市价，据货价处公布者列其一年中之平均数如左。

	粉状硫黄	块状硫黄
每担（规银）	9.448	7.650
每担（关两）	8.481	6.867
每吨合价（关两）	141.3	114.33

中国硫黄矿参考书目

1. Sulphur Mines in Shansi. Chinese Economic Bulletin. No. 257，Jan. 23，1926.

研磨料

凡矿物、岩石之硬度较高，能以之作砥砺、磨削之用者，皆称曰研磨料。其物虽微，而在近世工业上颇占重要之地位。研磨料可分为天产与人造两类。天产者种类繁多，如各种磨石（Millstone）、磨刀石（Grindstone）、磨浆石（Pulpstone）、油石（Oil stone）、球石（Grinding Pebbles）、柘榴石、刚玉等皆是也。人造研磨料之最重要者为金刚砂，在温度极高之电气炉中制成，美国及坎拿大产额最多，而在我国则尚未有制造者。

我国出产磨石之地甚多，以花岗岩及硬砂岩为最普通，产额不多，仅足供附近数十里内之需用。油石及磨刀石等之产地不详。球石系石英质或其他坚质岩石之石卵，常产于河流冲积层中或海滩附近，为研磨水泥或粘土之用。以之置圆筒中，与水泥或粘土相混杂，乃使筒转动，则卵石上下冲击，而水泥等遂被击碎矣。球石之佳者，须质地坚刃，石质整一，除矽养二外，不含其他杂质。我国辽东半岛沿海一带，如旅顺管内之老虎尾老铁山麓、山头村，大连管内之三山岛，貔子窝管内之长山列岛，如獐子岛、海洋岛、大小耗岛及庄河县鹿岛、石城岛等处皆产之。其地质俱属前寒武纪之石英岩与石英板岩之互层。石质坚密，经海浪之冲击及磨擦，遂成浑圆状之球石。大者口径二十公分，小者二公分，硬度约七度，比重二·六三至二·六六，品质优良，堪供陶窑工业上研磨之用。现有日本人设场开采。采法极单简。即雇本地农民就海岸一带拾取，一人一日约采一吨，需成本洋一元。运至大连后值价十四五元，运至名古层或大阪后，值价在二十五六元至三十元左右云。旅顺管内之球石，开采最盛，最近三年间之产额如左。

年度	吨数	价值（日本元）
民国十年	771	8，481
民国十一年	753	8，283
民国十二年	813	8，480

貔子窝管内诸岛屿于民国十二年共产球石四五百吨，专销日本之名古层。同年度大连管内之三山岛产球石一，二〇〇吨，销于大阪、名古屋、九州等处者达一千吨，此外则供鞍山制铁所选矿工场试验之用（该工场正式开工时，一昼夜需球石七吨，即年达二，五〇〇吨）。山东省蓬来县属之庙岛列岛亦产球石，由本地人采取，运至大连销售，产额不多。按球石虽属寻常之物，然质佳者亦颇难得。世界各国所产，以丹麦及法国为最佳。我国多数选矿工场及窑业工场皆仰给于是，每年所费亦不在少数，若能自辟矿场，广为开采，以谋自给，亦一重要之利源也。

柘榴石磨成细砂后可制砂纸或砂布，以供木匠或皮匠磨擦细品材料之用。我国产地甚多，如河南武安县之红山及湖北大冶、阳新、鄂城一带，产于石灰岩与花岗闪长岩之接触带，与铜、铁矿相共生，结晶完美，矿量丰富，但尚未闻有开采者。刚玉之硬度较柘榴石为高，故研磨之效更著。直隶西南部平山县西北讲里村、栏道石等地产之。前清时即经开采，矿业尚盛，现每日约产刚玉三百斤，每年产额当在一，〇八〇担，即六十四吨左右。刚玉采出后略加拣选，售与本地贩卖者，每斤售价二百文，再运至北京或奉天专供玉器商琢磨玉石之用。

我国每年自英、德、瑙威及日本等国输入之刚玉粉及金刚砂布、宝砂纸（Emery Cloth & Sand Paper）等，值价自十余万两至二十余万两。兹列近三年之细数如左。

	刚玉粉		金刚砂布及宝砂纸等	
	担	值价（关两）	令	值价（关两）
民国十二年	798	8，540	22，883	153，111
民国十三年	1，869	15，189	15，900	98，111
民国十四年	401	3，863	26，067	150，625

民国十四年各项砂纸（Sand paper）砂布（Emery cloth）之趸售市价（以每令计算）列如左表。

产地	英	产	德　　产	国　　产	
	人头牌二号砂布	双狮牌砂布	龟牌一号砂纸	砂纸	砂布
规元	19.619	12.583	6.212	3.883	12.382
关两	17.612	11.295	5.576	3.486	11.155

中国研磨料参考书目

1. H. T. Lee：Corundum of Ping Shan distriet，W. Chihli.
2. 关东州产球石及金刚砂，支那矿业时报，六十一号，八十八页（十三年）。
3. 关东州产硅岩，支那矿业时报，六十六号，七十七页（十五年）。

重晶石

重晶石之化学成分为硫酸钡，以制造油漆为主要用途。我国产地不多，积极开采者更属少见。奉天南部普兰店东北约十二公里之金家屯、杏花村、河砂沟及复县东北约二十四公里之张家屯等地俱有重晶石。成细脉形，与石英共生，而产于片麻岩或中生代地层中。此外普兰店至金州大道之沿线，零星重晶石矿尚多，矿量俱不甚丰。以上各处除金家屯曾用土法开采外，余皆未采。民国七、八二年之产额如左。

民国七年	371 吨	民国八年	31 吨

直隶昌平县南口东北约三十五里之灰岭口，大理岩中有重晶石细脉。大成油漆公司拟从事开采，尚未实行。该公司所需此项原料向自日本购买，闻每吨值价三百元左右云。

中国重晶石参考书目

1. 青地乙治，大连图幅地质说明书，南满铁道地质调查所出版（十一年）。
2. 关东州重晶石产地报文，支那矿业时报，三十三号（民国四年）。

冻　石

冻石又名寿山石，或曰蜡石，又曰塔石（Chinese Agaltmatolite），系由笔蜡石（Pyrophyllite）、匹纳脱（Pinite）及滑块石（Steatite）等混合而成。我国浙江（青田石）、广东（广绿）、湖南（荆州石）俱岁有产出。而种类繁多者，尤以福建之寿山乡为最，月洋次之，其地在闽侯县东北九十里至一百二十里，二乡相距约三十五里。冻石产斑岩中，因产地或光泽之异，定有种种名称，据梁津氏报告，共有四十一种之多。但此仅就采得之标本而言也。此外名目尚多，不及备载。最贵者名曰田黄。因产出之稀罕，俨然与贵重宝石并驾齐驱矣。

冻石采掘：除浮面发见，随时挖取者不计外，其成脉状者皆用土法掘浅坑采取。据民国五年调查，此项浅坑共计一百四五十处，深自数尺至数丈不等。矿工多时四五十人，少时十余人，依农事之忙暇而定。石材采出后，先别纯杂，劈为整块后再施以次之各法：(一) 油浸法。将石块置茶子油浸渍之，以防严冬时之冻裂，并可增长其色泽；(二) 煅烧法。以谷糠共石煨煅之，历二三昼夜之久，则水分蒸发，而色泽亦变，乃著色之法也；(三) 雕刻及磨擦法。先用粗石，次用桐油瓦灰砖磨之，则石面生光泽。冻石用途甚繁，视其品质而异。细石用作图章、文具、笔架、笔筒、妇女用饰珠（可充珊瑚、玛瑙，此项专销日本）及屋内装饰品等。每年产额约三千斤，每百斤价平均约五十元至一百元。粗品供建筑材料及石粉原料之用，每年产额约一万斤，每百斤价平均一元五角。石粉用于涂纸、涂布、涂壁及胰皂、牙粉、糖面店等参合料，每年产额约六万斤，每百斤一元二角。其中销入日本者年约三万斤。冻石销南北各省兼及欧美、日本，每年出口自数百担至六七千担，值价数千两至十二万余两。欧战前盛销德、比、奥、匈诸国，近年来则以日本之购入为最多云（历年出口数量、价值见第二十六表）。

浙江之青田石以产青田县得名，其质与寿山石略同。明莹者谓之灯光石，今极难得。又有昌化石，产浙江昌化，系粗面岩之一种。其夹朱砂者俗名鸡血石，与田黄争重。

中国冻石矿参考书目

1. 梁津，闽侯县属寿山及月洋冻石矿报告，农商公报，第七卷八期及九期（十年）。
2. 章鸿钊，石雅，第二五三页。地质调查所出版（民国十年）。

宝 石

凡矿物之硬度甚高，且具有美丽之色泽与光采，足供人之玩好者，皆称为宝石。其数在百种以上，然名贵者亦不过金刚石、红宝石、蓝宝石、翡翠、碧玡等数类而已。中国宝石产地，古藉记载甚多，然与现代情形或多未合，以乏详细调查，不能一一证明。兹据章鸿钊氏所著（《石雅》）将中国著名宝石及其产地略举如左。

玉 此为角闪石之一种。白者与透闪石（Nephrite）为近，绿者与阳起石（Actinolite）为近，尚有白玉、青玉、碧玉、黄玉、墨玉之分，盖质近似而稍未纯者。综其产地，古出西域，近以新疆和田、于田二县为多。

翡翠 此为辉石（Jadeite）属一种。色美绿，视玉尤刚，价亦贵于玉。出云南腾越道与缅甸境上。闻西藏南部亦有之。

水晶及玛瑙 水晶中国到处皆产，古记尤详。近以产江苏东海县为最大。直隶易县紫荆关、山西五台山产紫水晶。山东即墨县崂山、河南信阳、新疆鄯善均产烟水晶。又有茶晶一种，其色介于烟水晶与黄水晶之间，闻湖南永绥县有之。玛瑙种类甚多。昔称京师货者，每产大同蔚州九空山及宣化四角山。又如河南临汝、湖北宜都、安徽盱眙、江苏六合等县均产之。今以出奉天锦县及直隶张家口外为最多。

碧玡 即电气石（Tourmaline）。有红、黄、蓝、绿、白数种。曩称出云南猛密土司。今腾冲县似尚有之。亦或云出锡兰[1]。黑者不甚贵，今直隶邢台县片磨岩中有之。

蓝晶及黄玉 蓝晶（Aquamarine）即绿宝石之一种。相传绥远大青山、直隶易县紫荆关产之。色深绿者即祖母绿（Emerald）。黄玉（Topaz）俗名黄晶，市人谓出绥远大青山，或以之乱黄碧玡。

琥珀及蜜蜡 由松柏科植物脂液凝结而成。记载谓出益州永昌，即今云南腾越道。或谓其来源远在西南，经缅甸以入中国云。色明黄者则曰蜜蜡。

[1] 锡兰，即今斯里兰卡。——编者注

金刚石　此为宝石中之最名贵者。中国古时悉得自天竺。闻山东沂州（今兰山县）南乡李家庄有之，率微小不足贵，市上所售俱舶来品也。

红宝石及蓝宝石　此皆刚玉（Corundum）之属。以透明而色泽鲜艳者为贵。云南之西部及西南部常杂出河流砂砾间。直隶平山所产刚玉，质粗色暗，仅供玉工磨砻之用。今市上所售红蓝宝石多有自缅甸等处输入者。

孔雀石及蓝铜矿　成分皆属碳酸铜，常产于铜矿之上部。中国产地甚多，然佳者极难得。其次者每供颜料之用。今市上所售孔雀石之饰物，闻多自俄国输入云。

绿松石　古称甸子。元时产湖北襄阳，通称襄阳甸子。今湖北竹山、陨县等处均尚产佳者。每磨制念珠、耳环、杯盏及各种装饰品。

据上所述，中国宝石产地似不在少。然实际产额，除玉石、水晶、玛瑙、绿松石等数事外，其他市上所售大半从缅甸、俄国或非洲等处输入。如红宝石为缅甸之特产，金刚石为非洲之宝物，而变石（Alexandrite）、孔雀石等又多自俄国输入焉。中国贩卖或磨制宝石之工业，以广州、北京、苏州、上海四处为中心，尤以广州之营业为最大，以销售翡翠为主，迄今已历数百年，凡饰品之式样，最初皆自广州定之。其地有商行七家，每年五月间派员赴缅甸采办玉石。另有宝石交易所两家，一为交易精品者，一为交易次货者。所有趸售交易，皆以秘密竞卖法定之。此外，零售之宝石商店共不下四十余家。北京之宝石业以制售玉石为大宗，兼及碧玺、琥珀、水晶、珊瑚及红蓝宝石等类。近以此项生料极形缺乏，故出品渐少，祇偶有改作之物而已。惟玉石一项，因销路畅旺，产品日多。每年有青海回人将生料贩运来京，以备各玉器局之购取。生料以斤论，但评定价格最为困难，盖玉器生料，骤视均与普通石块相似，非细加琢磨，不能现其真质，故业此者须富有经验，始能辨别优劣也。翡翠自缅甸经云南入南京，再由南京运来北京，故运生料之客，有南京帮之目。北京玉器局共有六百余家，多丛集于前门外及哈达门以外。其营业范围至不一律，有祇售货而无作坊者，有自购生料制成器物出售者，有兼营古玩业者。其资本自数十元至数万元不等。每年交易总数，据该业中人约计，谓在三百万元左右，其中由顾客购出者居半，由各局间互相买卖者亦居半。

珍珠亦为名贵饰物，与宝石并重。有天然珠与人造珠二种，二者均产蚌壳中。但人造珠则系采珠者预以泥砂细粒投入蚌壳之内，复放入河中，历五六月或二三年后，蚌之精液涂绕于细粒上，逐成珍珠。我国于殖珠之业自昔即甚发达，每年出口值价达六七千两。以浙江沿海各县产珠为最盛。此外东三省及广东琼州海峡一带产出亦甚多。至天然之珍珠在我国所产尚少，现在需要俱由印度、新加坡、澳州等地之输入以供给之。

中国每年自香港、印度、（缅甸）、日本等处输入之玉石约千余担至六千余担，值价十万两至四十余万两。大部由广州进口，腾越次之。宝石及珍珠之进口量，因海关报告与金银首饰并列，故其详不得知。兹将历年宝石一类货品之进口担数及价值列第二十六表。中国宝石饰品之出口贸易，海关并无单独登记，故统计不详。据一般报告，出口品以挂珠、钮扣、表坠、耳环、巾针及臂钏等为大宗云。

中国宝石工业参考书目

1. 石雅，章鸿钊著，地质调查所出版（民国十年）。

2. 中国宝石工业之调查，实业杂志，五十八期（民国十一年世界新闻社稿）。

3. 北京玉器制造业，中文经济周刊，一百四十八号（十五年）。

4. 中国珠业之调查，东晖，总商会月报，五卷三期（十四年）。

5. F. Stoliczka：Note regarding the occurrence of Jade in the Karakash Valley，on the southern borders of Turkestan. (1) Rec. Geol. Surv. India Ⅶ. pp. 51—52 Quart，(2) Journ. Geol. Soc. 1874，pp.

568—570.

6. Diamond in Shantung. (1) Proc. Geogr. Soc. London, Oct., (2) Zeit. f. prakt. 1880, p. 374.

7. Chieh Ho: Alexandrite and its popularity as a gem stone in North China. Bull. Geol. Soc. Vol. 3, No. 2, pp. 183—190, 1924.

8. Foreign Tourist & Peking's Jade Trade. Chinese Economic Bulletin, No. 257, Jan. 1926.

第十一章 结 论

中国各项矿业情形，就本所采访或参考所及者，既已略述于前矣，兹再将矿区面积、产额、价值、输出、输入及与世界矿业之比较列表说明如左，以作本书之结论。

矿区面积

自民国三年农商部公布矿业条例后，于是采矿权与地主权始划分而二。而矿商之呈请矿区者日渐增多，计自三年至八年底止共有一百七十余万亩之多，探矿矿区犹未计入。最近计算结至民国十三年止，共得探矿区一，二〇六区，面积二，三八八，二九二亩。采矿区一，九四二区，面积二，八八〇，七六〇亩。探、采合计共得三，一四八区，面积五，二六九，〇五三亩，即九，七五七方里。

各省矿区面积之比较，最新统计仅至十年六月底为止。兹与八年底所结算者并列于左，以资比较（以方里计）。

省别	矿区面积（结算至十年六月止）	矿区面积（结算至八年底止）
山东	723.208	477
京兆及直隶	672.637	692
吉林	385.992	300
奉天	380.636	373
热河	231.586	206
山西	218.005	256
安徽	197.805	142
黑龙江	196.797	186
河南	144.032	134
江西	126.787	48
湖南	79.603	64
湖北	70.115	50
江苏	64.411	70
浙江	59.514	46
绥远	46.986	29
福建	40.422	35
四川（川边合计）	36.713	67
云南	27.367	121
察哈尔	13.585	7
广东	10.264	4
广西	6.079	4
甘肃	4	4

续表

省　　　　别	矿区面积（结算至十年六月止）	矿区面积（结算至八年底止）
陕西	1.000	1
贵州	无	无
新疆	无	无

观上表可见，山东、江西、安徽等省之矿区近三年来增加最速，云南、江苏、四川等省则皆减少。然矿区之多少不尽与矿业之盛衰有直接关系，其原因后当详论之。

试比较各矿质之矿区面积，则煤居首，金、铁、铜等次之。兹列民国十年与十三年所计者如左，以资比较。

矿　　　　质	民国十年六月底计算之矿区面积（方里）	民国十三年六月底计算之矿区面积（方里）
煤	2，698.226	3，805.004
金	274.116	295.358
铁	263.368	288.612
铜	210.188	216.217
铅	81.606	87.309
锑	37.945	37.945
菱镁矿	36.640	36.640
石棉	30.175	33.646
锡	27.101	27.101
锰	21.379	26.886
钼	18.224	18.224
萤石	14.618	16.408
硫黄	9.474	12.317
长石	7.380	12.286
银	10.798	12.277
滑石	11.048	12.049
石墨	5.522	11.440
锌	10.144	10.144
黄铁矿	7.341	7.341
铅银	6.565	6.565
磷灰石	5.888	5.888
钨	5.465	5.465
石膏	1.575	5.002
铅锌	2.834	2.834
云母	2.032	2.032
砒	0.653	0.653
重晶石	0.102	0.286
雄黄石	0.118	0.118
绿松石	0.048	0.048

第二十七表　民国十四年各省非金属矿产额及值价约计表

Table XXVII　Estimated Production & Value of Non-Metallic Minerals Produced in Different Provinces of China during 1925.

省	Province	无烟煤 Anthracite 吨 Tons	无烟煤 Anthracite 元 Dollars	烟煤 Bituminous Coal 吨 Tons	烟煤 Bituminous Coal 元 Dollars	褐炭 Lignite 吨 Tons	褐炭 Lignite 元 Dollars	焦 Coke(a) 吨 Tons	焦 Coke(a) 元 Dollars	石油 Petroleum 桶 Barrels (b)	石油 Petroleum 元 Dollars	陶土 Kaolin 吨 Tons	陶土 Kaolin 元 Dollars	水泥 Cement 桶 Barrels (d)	水泥 Cement 元 Dollars
直隶	Chihli……	578,275	5,782,750	5,400,010	43,200,080	……	……	150,000	3,750,000	……	……	×	……	745,714	2,982,856
奉天	Fengtien……	……	……	6,655,052	53,240,416	×	……	193,535	4,838,375	(c)	……	25,796	515,920	250,000	1,000,000
吉林	Kirin……	……	……	104,600	836,800	70,000	210,000	……	……	……	……	×	……	……	……
黑龙江	Heilungkiang	……	……	20,000	160,000	123,514	370,542	3,000	75,000	……	……	×	……	……	……
山东	Shantung…	……	……	2,321,212	18,569,696	……	……	110,000	2,750,000	……	……	×	……	150,000	600,000
河南	Honan……	870,118	8,701,180	605,987	4,847,896	……	……	40,000	1,000,000	……	……	×	……	……	……
山西	Shansi……	1,424,076	14,240,760	479,742	3,837,936	×	……	×	……	(c)	……	×	……	……	……
江苏	Kiangsu……	×	……	130,000	1,040,000	……	……	……	……	……	……	×	……	205,000	820,000
安徽	Anhui……	152,000	1,520,000	212,000	1,696,000	……	……	……	……	……	……	2,400	72,000	……	……
江西	Kiangsi……	×	……	813,155	6,505,240	……	……	199,000	4,975,000	……	……	60,000	1,200,000	……	……
福建	Fukien……	×	……	50,000	400,000	……	……	……	……	……	……	×	……	……	……
浙江	Chekiang…	×	……	50,000	400,000	……	……	……	……	……	……	×	……	……	……
湖北	Hupeh……	159,110	1,591,100	127,000	1,016,000	……	……	……	……	……	……	……	……	300,000	1,200,000
湖南	Hunan……	500,000	5,000,000	500,000	4,000,000	……	……	……	……	……	……	×	……	……	……
陕西	Shensi……	……	……	100,000	800,000	……	……	……	……	680	2,720	……	……	……	……
甘肃	Kansu……	……	……	100,000	800,000	……	……	……	……	100	400	×	……	……	……
新疆	Sinkiang……	……	……	100,000	800,000	……	……	……	……	300	1,200	……	……	……	……
四川	Szechwan…	……	……	1,000,000	8,000,000	……	……	……	……	100	400	×	……	……	……
广东	Kwangtung…	……	……	150,000	1,200,000	……	……	……	……	……	……	×	……	862,000	3,448,000
广西	Kwangsi……	……	……	150,000	1,200,000	……	……	……	……	……	……	……	……	……	……
云南	Yunnan……	×	……	350,000	2,800,000	……	……	……	……	……	……	……	……	……	……
贵州	Kweichow…	……	……	350,000	2,800,000	……	……	……	……	……	……	……	……	……	……
热河	Jehol……	……	……	259,191	2,073,528	50,000	150,000	……	……	(c)	……	……	……	……	……
察哈尔	Chahar……	……	……	50,000	400,000	×	……	……	……	……	……	……	……	……	……
绥远	Suiyuan……	50,000	500,000	200,000	1,600,000	……	……	……	……	……	……	……	……	……	……
外蒙	Outer Mongolia	……	……	……	……	……	……	……	……	……	……	……	……	……	……
共计	Total……	3,733,579	37,335,790	20,277,949	162,223,592	243,514	730,542	695,535	17,388,375	1,180	4,720	88,196	1,787,920	2,512,714	10,050,856
单位价值(元)	Unit Value (Dollars)	……	10	……	8	……	3	……	25	……	4	……	20—30	……	4

省	Province	石灰 Lime 吨 Tons	石灰 Lime 元 Dollars	建筑石材 Building Stones 元 Dollars	食盐 Salt 吨 Tons	食盐 Salt 元 Dollars	石膏 Gypsum 吨 Tons	石膏 Gypsum 元 Dollars	硝 Saltpeter 吨 Tons	硝 Saltpeter 元 Dollars	自然碱 Natural Soda 吨 Tons	自然碱 Natural Soda 元 Dollars	磷矿 Phosphates 吨 Tons	磷矿 Phosphates 元 Dollars	明矾 Alum 吨 Tons	明矾 Alum 元 Dollars
直隶	Chihli……	10,000	100,000	50,000	439,200	4,392,000	……	……	2,000	80,000	(f) 20,000	1,000,000	……	……	……	……
奉天	Fengtien……	5,000	50,000	(e) 788,637	393,000	3,930,000	……	……	×	……	19,000	950,000	……	……	……	……
吉林	Kirin……	×	……	×	……	……	……	……	×	……	……	……	……	……	……	……
黑龙江	Heilungkiang	×	……	×	30,000	300,000	……	……	500	20,000	11,500	575,000	……	……	……	……
山东	Shantung…	×	……	×	150,000	1,500,000	……	……	300	12,000	×	……	……	……	……	……
河南	Honan……	×	……	×	……	……	……	……	300	12,000	×	……	……	……	……	……
山西	Shansi……	×	……	×	57,000	570,000	3,000	48,000	300	12,000	3,000	150,000	……	……	……	……
江苏	Kiangsu……	50,000	500,000	750,000	666,000	6,660,000	……	……	300	12,000	……	……	13,400	201,000	……	……
安徽	Anhui……	5,000	50,000	×	……	……	3,000	48,000	……	……	……	……	……	……	(e)99	5,940
江西	Kiangsi……	×	……	×	……	……	……	……	……	……	……	……	……	……	……	……
福建	Fukien……	×	……	×	540,000	5,400,000	……	……	400	16,000	……	……	……	……	219	13,140
浙江	Chekiang…	×	……	×	192,000	1,920,000	……	……	……	……	……	……	……	……	(e) 6,394	383,640
湖北	Hupeh……	15,000	150,000	×	90,000	900,000	55,000	880,000	200	8,000	……	……	……	……	……	……
湖南	Hunan……	×	……	×	30,000	300,000	6,000	96,000	500	20,000	……	……	……	……	……	……
陕西	Shensi……	×	……	×	1,800	18,000	……	……	100	4,000	×	……	……	……	……	……
甘肃	Kansu……	×	……	×	60,000	600,000	……	……	……	……	×	……	……	……	……	……
新疆	Sinkiang……	×	……	×	30,000	300,000	……	……	……	……	……	……	……	……	……	……
四川	Szechwan…	×	……	×	390,000	3,900,000	×	……	……	……	……	……	……	……	……	……
广东	Kwangtung…	×	……	(e) 248,035	420,000	4,200,000	……	……	500	20,000	……	……	×	……	(e) 4,310	258,600
广西	Kwangsi……	×	……	×	……	……	……	……	……	……	……	……	……	……	……	……
云南	Yunnan……	×	……	×	90,000	900,000	×	……	……	……	……	……	……	……	……	……
贵州	Kweichow…	×	……	×	……	……	……	……	200	8,000	……	……	……	……	……	……
热河	Jehol……	×	……	×	……	……	……	……	……	……	……	……	……	……	……	……
察哈尔	Chahar……	×	……	×	……	……	……	……	……	……	8,000	400,000	……	……	……	……
绥远	Suiyuan……	×	……	×	……	……	……	……	……	……	……	……	……	……	……	……
外蒙	Outer Mongolia	×	……	×	60,000	600,000	……	……	×	……	……	……	……	……	……	……
共计	Total……	85,000	850,000	1,836,672	3,639,000	36,390,000	67,000	1,072,000	5,600	224,000	61,500	3,075,000	13,400	201,000	11,022	661,320
单位价值(元)	Unit Value (Dollars)	……	10	……	……	10	……	16	……	40	……	50	……	15	……	60

省	Province	石棉 Asbestos 吨 Tons	石棉 Asbestos 元 Dollars	滑石 Talc 吨 Tons	滑石 Talc 元 Dollars	菱镁矿 Magnesite 吨 Tons	菱镁矿 Magnesite 元 Dollars	白云岩 Dolomite 吨 Tons	白云岩 Dolomite 元 Dollars	硫黄 Sulphur 吨 Tons	硫黄 Sulphur 元 Dollars	萤石 Fluorite 吨 Tons	萤石 Fluorite 元 Dollars	研磨料 Abvrsiaes 吨 Tons	研磨料 Abvrsiaes 元 Dollars	冻石器 Soapstone ware 吨 Tons	冻石器 Soapstone ware 元 Dollars	非金属矿共计 Total Value of Non-Metals
直隶	Chihli……	100	13,000	×	……	×	……	×	……	20	1,200	……	……	70	1,400	……	……	57,623,286
奉天	Fengtien……	63	8,190	31,516	630,320	13,773	206,595	40,500	202,500	200	12,000	30	600	2,513	25,130	……	……	61,560,308
吉林	Kirin……	……	……	……	……	×	……	……	……	……	……	……	……	×	……	……	……	1,046,800
黑龙江	Heilungkiang	……	……	……	……	……	……	……	……	……	……	……	……	×	……	……	……	1,425,542
山东	Shantung…	……	……	……	……	……	……	……	……	……	……	×	……	×	……	……	……	20,681,696
河南	Honan……	……	……	……	……	×	……	×	……	480	28,800	……	……	×	……	……	……	13,589,876
山西	Shansi……	×	……	……	……	×	……	×	……	360	21,600	……	……	×	……	……	……	18,880,296
江苏	Kiangsu……	……	……	……	……	……	……	……	……	……	……	……	……	×	……	……	……	9,983,000
安徽	Anhui……	……	……	……	……	……	……	……	……	108	6,480	……	……	×	……	……	……	3,398,420
江西	Kiangsi……	……	……	……	……	……	……	……	……	……	……	……	……	×	……	……	……	7,705,240
福建	Fukien……	……	……	……	……	……	……	……	……	……	……	……	……	×	……	(e)60	(g)6,000	5,835,140
浙江	Chekiang…	……	……	……	……	……	……	……	……	×	……	4,468	89,360	×	……	52	18,120	2,811,120
湖北	Hupeh……	×	……	……	……	……	……	6,000	30,000	60	3,600	……	……	×	……	……	……	5,778,700
湖南	Hunan……	×	……	……	……	……	……	……	……	1,120	67,200	×	……	×	……	×	……	9,483,200
陕西	Shensi……	50	6,500	……	……	×	……	×	……	36	2,160	……	……	×	……	……	……	833,380
甘肃	Kansu……	……	……	……	……	……	……	……	……	……	……	……	……	×	……	……	……	1,400,400
新疆	Sinkiang……	……	……	……	……	……	……	……	……	……	……	……	……	×	……	……	……	1,101,200
四川	Szechwan…	×	……	……	……	……	……	……	……	×	……	……	……	×	……	……	……	11,900,400
广东	Kwangtung…	……	……	……	……	……	……	……	……	……	……	……	……	×	……	×	……	9,374,635
广西	Kwangsi……	……	……	……	……	……	……	……	……	……	……	……	……	×	……	……	……	1,200,000
云南	Yunnan……	……	……	……	……	……	……	……	……	……	……	……	……	×	……	……	……	3,700,000
贵州	Kweichow…	……	……	……	……	……	……	……	……	……	……	……	……	×	……	……	……	2,808,000
热河	Jehol……	×	……	……	……	×	……	×	……	……	……	……	……	×	……	……	……	2,223,528
察哈尔	Chahar……	……	……	……	……	……	……	……	……	……	……	……	……	×	……	……	……	800,000
绥远	Suiyuan……	×	……	……	……	×	……	×	……	……	……	……	……	×	……	……	……	2,100,000
外蒙	Outer Mongolia	……	……	……	……	……	……	……	……	……	……	……	……	×	……	……	……	600,000
共计	Total……	213	27,690	31,516	630,320	13,773	206,595	46,500	232,500	2,348	143,040	4,498	89,960	2,583	26,530	112	24,120	257,844,167
单位价值(元)	Unit Value (Dollars)	……	130	……	20	……	15	……	5	……	60	……	20	……	……	……	……	……

(a)未列在总价值之内 Value not included in Total Value.　(b)每桶四十二加仑 One Barrel equals to 42 gallons　(c)油母页岩 Oil Shale　(d)每桶三百七十六磅 One Barrel=376 pounds.　(e)各关原货出口量 Original export from different Ports　(f)人造碱亦在内 Some chemical Soda is included here　(g)海关估价 Custom Valuation

…指该项矿产在各该省内尚未发现或极为少见者 To indicate those deposits which have not yet been discovered or are only sparingly represented in the Provinces named.

×指该项矿产在各该省内分布尚广但现未开采或已开而产额不详　To indicate those deposits which are rather common in the Provinces named but they have not been worked at the present time, or they may be worked but their statistics of production are not available.

第二十八表　民国十四年各省金属矿产额及价值约计表

Table XXVIII　Estimated Production & Value of Metallic Minerals (either Metal or Ore) Produced in Different Provinces of China during 1925.

省	Province	铁 Iron		铁矿 Iron ore		锰矿 Manganese ore		钨矿 Tungsten ore		钼矿 Molybdenum ore		金 Gold	
		吨 Tons	元 Dollars	吨 Tons	元 Dollars	吨 Tons	元 Dollars	吨 Tons	元 Dollars	吨 Tons	元 Dollars	两 Taels	元 Dollars
直隶	Chihli……	……	……	×	……	×	……	×	……	……	……	×	……
奉天	Fengtien……	147,735	5,909,400	208,734	626,202	×	……	……	……	……	……	2,000	70,000
吉林	Kirin……	……	……	×	……	×	……	……	……	……	……	3,000	105,000
黑龙江	Heilungkiang	……	……	×	……	……	……	……	……	……	……	146,000	5,110,000
山东	Shantung……	……	……	×	……	……	……	……	……	……	……	700	24,500
河南	Honan……	14,200	568,000	35,500	106,500	……	……	……	……	……	……	×	……
山西	Shansi……	70,000	2,800,000	210,000	630,000	……	……	……	……	……	……	……	……
江苏	Kiangsu……	……	……	×	……	……	……	……	……	……	……	……	……
安徽	Anhui……	2,400	96,000	365,730	1,097,190	……	……	……	……	……	……	……	……
江西	Kiangsi……	1,400	56,000	4,400	13,200	(a)1,904	68,544	(a)4,454	4,454,000	……	……	×	……
福建	Fukien……	2,600	104,000	5,600	16,800	……	……	×	……	×	……	×	……
浙江	Chekiang……	100	4,000	300	900	×	……	……	……	×	……	……	……
湖北	Hupeh……	54,352	2,174,080	457,557	1,372,671	×	……	……	……	……	……	×	……
湖南	Hunan……	35,000	1,400,000	105,500	316,500	(a) 34,699	1,249,164	(a)195	195,000	……	……	1,200	42,000
陕西	Shensi……	1,100	44,000	3,600	10,800	……	……	……	……	……	……	……	……
甘肃	Kansu……	400	16,000	1,000	3,000	……	……	……	……	……	……	17,000	595,000
新疆	Sinkiang……	170	6,800	500	1,500	……	……	……	……	……	……	17,000	595,000
四川	Szechwan……	23,500	940,000	70,500	211,500	……	……	……	……	……	……	1,000	35,000
广东	Kwangtung…	500	20,000	1,600	4,800	(a)4,424	159,264	(a)633	633,000	……	……	……	……
广西	Kwangsi……	1,060	42,400	3,000	9,000	(a)2,412	86,832	……	……	……	……	……	……
云南	Yunnan……	9,100	364,000	27,500	82,500	……	……	……	……	……	……	×	……
贵州	Kweichow…	6,000	240,000	18,000	54,000	……	……	……	……	……	……	……	……
热河	Jehol……	……	……	×	……	……	……	……	……	……	……	×	……
察哈尔	Chahar……	……	……	……	……	……	……	……	……	……	……	×	……
绥远	Suiyuan……	……	……	……	……	……	……	……	……	……	……	×	……
外蒙	Outer Mongolia	……	……	……	……	……	……	……	……	……	……	10,000	350,000
共计	Total……	369,617	14,784,680	1,519,021	4,557,063	43,439	1,563,804	5,282	5,282,000	……	……	197,900	6,926,500
单位价值(元)	Unit Value (Dollars)	……	40	……	3	……	36	……	1,000	……	……	……	35

省	Province	银 Silver		铜 Copper		铅 Lead		铅矿 Lead ore		锌 Zinc		锌矿 Zinc ore		锡 Tin	
		两 Taels	元 Dollars	吨 Tons	元 Dollars	吨 Tons	元 Dollars	吨 Tons	元 Dollars	吨 Tons	元 Dollars	吨 Tons	元 Dollars	吨 Tons	元 Dollars
直隶	Chihli……	×	……	×	……	……	……	……	……	……	……	……	……	……	……
奉天	Fengtien……	×	……	×	……	500	165,000	800	(d) 64,000	……	……	×	……	……	……
吉林	Kirin……	×	……	(b)289	193,630	×	……	……	……	……	……	……	……	……	……
黑龙江	Heilungkiang	……	……	……	……	……	……	……	……	……	……	……	……	……	……
山东	Shantung……	×	……	×	……	……	……	×	……	……	……	×	……	……	……
河南	Honan……	×	……	×	……	……	……	×	……	……	……	×	……	……	……
山西	Shansi……	×	……	×	……	……	……	×	……	……	……	×	……	……	……
江苏	Kiangsu……	……	……	……	……	……	……	……	……	……	……	……	……	……	……
安徽	Anhui……	……	……	……	……	……	……	……	……	……	……	……	……	……	……
江西	Kiangsi……	……	……	……	……	……	……	×	……	……	……	×	……	×	……
福建	Fukien……	×	……	×	……	……	……	×	……	……	……	×	……	……	……
浙江	Chekiang……	×	……	×	……	……	……	×	……	……	……	100	2,000	……	……
湖北	Hupeh……	×	……	×	……	×	……	×	……	……	……	×	……	……	……
湖南	Hunan……	20,000	26,000	100	67,000	1,000	330,000	(a) 8,547	683,760	1,000	370,000	(a) 37,636	752,720	200	420,000
陕西	Shensi……	……	……	×	……	……	……	……	……	……	……	……	……	……	……
甘肃	Kansu……	……	……	……	……	……	……	……	……	……	……	……	……	……	……
新疆	Sinkiang……	……	……	×	……	……	……	……	……	……	……	……	……	……	……
四川	Szechwan……	1,569	2,040	(c)5	3,350	5	1,650	50	4,000	109	40,330	887	(d)17,740	……	……
广东	Kwangtung…	×	……	……	……	……	……	……	……	……	……	……	……	×	……
广西	Kwangsi……	10,000	13,000	……	……	……	……	……	……	……	……	……	……	600	1,260,000
云南	Yunnan……	3,000	3,900	(c)720	482,400	×	……	700	56,000	……	……	600	12,000	(e)8,554	17,963,400
贵州	Kweichow…	……	……	……	……	……	……	……	……	……	……	……	……	……	……
热河	Jehol……	1,000	1,300	……	……	×	……	×	……	……	……	×	……	……	……
察哈尔	Chahar……	×	……	……	……	×	……	×	……	……	……	×	……	……	……
绥远	Suiyuan……	……	……	……	……	……	……	×	……	……	……	×	……	……	……
外蒙	Outer Mongolia	……	……	……	……	……	……	……	……	……	……	……	……	……	……
共计	Total……	35,569	46,240	1,114	746,380	1,505	496,650	10,097	807,760	1,109	410,330	39,223	784,460	9,354	19,643,400
单位价值(元)	Unit Value (Dollars)	……	1.3	……	670	……	330	……	80	……	370	……	20	……	2,100

省	Province	汞 Quicksilver		锑矿 Antimony ore		生锑 Antimony Crude		纯锑 Antimony Regulus		养化砒 Arsenic oxide		铋矿 Bismuth ore		金属矿共计 Total Value of all Metallic Minerals	各矿产价值总计 Grand Total Value of all Mineral Products.
		吨 Tons	元 Dollars	吨 Tons	元 Dollars	吨 Tons	元 Dollars	吨 Tons	元 Dollars	吨 Tons	元 Dollars	吨 Tons	元 Dollars		
直隶	Chihli……	……	……	……	……	……	……	……	……	……	……	……	……	……	57,623,286
奉天	Fengtien……	……	……	……	……	……	……	……	……	……	……	……	……	6,144,400	67,704,708
吉林	Kirin……	……	……	×	……	……	……	……	……	……	……	……	……	298,630	1,345,430
黑龙江	Heilungkiang	……	……	……	……	……	……	……	……	……	……	……	……	5,110,000	6,535,542
山东	Shantung……	……	……	……	……	……	……	……	……	……	……	……	……	24,500	20,706,196
河南	Honan……	……	……	……	……	……	……	……	……	……	……	……	……	568,000	14,157,876
山西	Shansi……	……	……	……	……	……	……	……	……	……	……	……	……	2,800,000	21,680,296
江苏	Kiangsu……	……	……	……	……	……	……	……	……	……	……	……	……	……	9,983,000
安徽	Anhui……	……	……	……	……	……	……	……	……	……	……	……	……	1,193,190	4,591,610
江西	Kiangsi……	……	……	×	……	……	……	……	……	……	……	30	60,000	4,638,544	12,343,784
福建	Fukien……	……	……	……	……	……	……	……	……	……	……	……	……	104,000	5,939,140
浙江	Chekiang……	……	……	×	……	……	……	……	……	……	……	……	……	6,000	2,817,120
湖北	Hupeh……	……	……	×	……	×	……	×	……	……	……	……	……	2,174,080	7,952,780
湖南	Hunan……	50	164,500	(a) 2,096	314,400	(a) 2,954	1,033,900	(a) 15,616	9,838,080	(a)1,185	651,750	×	……	17,538,274	27,021,474
陕西	Shensi……	……	……	……	……	……	……	……	……	……	……	……	……	44,000	877,380
甘肃	Kansu……	……	……	……	……	……	……	……	……	……	……	……	……	611,000	2,011,400
新疆	Sinkiang……	……	……	……	……	……	……	……	……	……	……	……	……	601,800	1,703,000
四川	Szechwan……	×	……	×	……	……	……	……	……	×	……	……	……	1,026,370	12,926,770
广东	Kwangtung…	……	……	(a)85	12,750	×	……	(a)8	5,040	……	……	30	60,000	890,054	10,264,689
广西	Kwangsi……	……	……	×	……	×	……	×	……	×	……	……	……	1,402,232	2,602,232
云南	Yunnan……	×	……	×	……	×	……	(a)508	320,040	(a)362	144,800	……	……	19,346,540	23,046,540
贵州	Kweichow…	420	1,381,800	×	……	……	……	……	……	……	……	……	……	1,621,800	4,429,800
热河	Jehol……	……	……	……	……	……	……	……	……	……	……	……	……	1,300	2,224,828
察哈尔	Chahar……	……	……	……	……	……	……	……	……	……	……	……	……	……	800,000
绥远	Suiyuan……	……	……	……	……	……	……	……	……	……	……	……	……	……	2,100,000
外蒙	Outer Mongolia	……	……	……	……	……	……	……	……	……	……	……	……	350,000	950,000
共计	Total……	470	1,546,300	2,181	327,150	2,954	1,033,900	16,132	10,163,160	1,547	796,550	60	120,000	67,034,714	324,878,881
单位价值(元)	Unit Value (Dollars)	……	3,290	……	150	……	350	……	630	……	400—550	……	2,000		

(a)各关原货出口量 Original Exports from different Ports　(b)民国九年产额 Production of 1920　(c)民国十年产额 Production of 1921　(d)未列入总价值之内 Value not included in Total Value.　(e)铁路运输量 Railroad Transport

………指该项矿产在各该省内尚未发现或极为少见者 To indicate those deposits which have not yet been discovered or are only sparingly represented in the Provinces named.

×指该项矿产在各该省内分布尚广但现未开采或已开而产额不详 To indicate those deposits which are rather common in the Provinces named but they have not been worked at present time, or they may be worked, but their statistics of production are not available.

产额及价值

为比较各省或各矿产额及值价之多少起见，特以民国十四年之统计为标准，列具产额及价值总比较表如后（第二十七及第二十八表）。查产额一项为矿业统计中之最重要者，但此次通信调查所得仍多未备，故是表除得诸通信者外，亦略加臆测，或参考中外报告及海关原货出口之量以成之。各项矿产物之全国产额，在前各章中已颇多有约计者，但此系近年来之出产能力，而非民国十四年一年度之产额也。故二者往往不能相合，乃当然之事，阅者幸勿误会可也。价值之估计更为困难，盖统计上之估价常须较市价为低，如煤与盐即为一例。本表所用之单位、价值系照民国十四年财政部货价处公布之上海趸售市价、海关估价及纽约市价等，斟酌情形略加损益而成，其中过多、过少之处，自属难免，幸读者分别观之耳。矿产总额仅列价值而不列数量，则以重量之单位有吨、有桶、亦有两，颇难比较故也。表中矿产物与制炼品往往并列，如铁与铁矿、焦炭与煤及铅锌等矿是也。计算总价值时仅取其一，以免重复。惟安徽所产之铁矿以输出为大宗，铁之产额若干则仅有约数，故二者并计。水口山之铅锌矿，有冶炼成金属者，亦有将矿石输至国外者，故亦二者并计。如是所得全国矿产物之总价值共为三二四，八七八，八八一元，其中金属得六七，〇三四，七一四元，非金属二五七，八四四，一六七元，而非金属之中煤占量最多，计值价二〇〇，二八九，九二四元，此产额价值之大较也。

试比较各省矿产物值价之多少，则奉天居首，直隶次之，湖南、云南等省又次之。兹与矿区面积之次序共列为表，比较如左。

省　别	矿产价值（元）	矿区面积多寡之次序	主要矿产（以产额值价多少为序）
奉天	67，704，708	4	煤、铁、盐、水泥、自然碱、建筑石材、滑石、陶土、菱镁矿、白云石、铅、金、研磨料、硫黄、石棉、萤石等
直隶	57，623，286	2	煤、盐、水泥、碱、硝、石灰、石材、石棉、研磨料、硫黄
湖南	27，021，474	11	锑、煤、铁、锰、锌、铅、砒、锡、盐、钨、汞、石膏、硫黄、铜、金、银、硝
云南	23，046，540	18	锡、煤、盐、铜、铁、锑、砒、铅、锌、银
山西	21，680，296	6	煤、铁、盐、碱、石膏、硫、硝
山东	20，706，196	1	煤、盐、水泥、金、硝
河南	14，157，876	9	煤、铁、硫、硝
四川	12，926，770	17	煤、盐、铁、锌、金、铅、铜、银、石油
江西	12，343，784	10	煤、钨、陶土、锰、铋、铁
广东	10，264，689	20	盐、水泥、煤、钨、石材、锰、铋、明矾、锑、铁、硝
江苏	9，983，000	13	盐、煤、水泥、石材、石灰、磷灰石、硝
湖北	7，952，780	12	铁、煤、水泥、盐、石膏、石灰、白云石、硝、硫

续表

省别	矿产价值（元）	矿区面积多寡之次序	主要矿产（以产额值价多少为序）
黑龙江	6，535，542	8	金、碱、煤、盐、硝
福建	5，939，140	16	盐、煤、铁、硝、明矾、冻石
安徽	4，591，610	7	煤、铁、陶土、石灰、石膏、硫黄、明矾
贵州	4，429，800	无	煤、汞、铁、硝
浙江	2，817，120	14	盐、煤、明矾、萤石、冻石、铁、锌
广西	2，602，232	21	锡、煤、锰、铁、银
热河	2，224，828	5	煤、银
绥远	2，100，000	15	煤
甘肃	2，011，400	22	煤、盐、金、铁、石油
新疆	1，703，000	无	煤、金、盐、铁、石油
吉林	1，345，430	3	煤、铜、金
外蒙	950，000	无	盐、金
陕西	877，380	23	煤、铁、盐、石棉、硝、石油、硫
察哈尔	800，000	19	煤、碱

观上表可知，各省矿产物之多少不尽与矿区面积成正比例。如山东矿区最多，而矿产价值居第六位；吉林矿区之多、仅亚于鲁、直二省，但其所出矿产仅值一百三十余万元，犹在甘肃、新疆之下。又如热河、安徽、黑龙江等省，亦皆矿区较多，而矿产较少。反之，如湖南、云南二省，矿产丰富，每年价值在二三千万元左右，但矿区面积则居第十一及十八位，在江西、河南、黑龙江等省之下。考矿区与矿产不能直接比例之原因，最要者有四：（一）领取矿照者往往心存投机，领而不办，以致矿区虽多，而产额有限，如吉林、热河、安徽、湖北等省是也。（二）土法小矿及边远各省之矿多未能照章注册，以致此项矿区未易尽归统计，如西南各省及外蒙、新疆等省是也。（三）煤、铁等矿须有较大矿区方得相当之产额，而金属矿产如铜、锡、铅、锌、钨、铋等质，则较小矿区即可得巨值之产额，故面积与价值往往无比例之可言。（四）重要矿业，如开滦、抚顺、萍乡之煤，黑龙江之金，云南之铜，均具一种特别制度，不尽在现行矿业条例范围以内，故其矿区面积亦未能归前列统计之中。

兹再将我国十四年所产各矿质之价值及矿区面积（民国十三年计算）、分布状况等列表比较如左。

矿质	值价（元）	矿区面积多寡之次序	分布状况（以产额价值多少为序）
煤	200，289，924	1	奉、直、鲁、晋、豫、赣、湘、川等省
盐	36，390，000		苏、闽、直、粤、奉、川、浙、鲁等省
锡	19，643，400	9	滇、桂、湘
铁	14，784，680	3	奉、晋、鄂、皖、湘、川、豫、滇等省
锑	11，524，210	6	湘、滇、粤

续表

矿　　质	值　　价（元）	矿区面积多寡之次序	分布状况（以产额价值多少为序）
水泥	10，050，856		粤（香港在内）、直、鄂、奉、苏、鲁
金	6，926，500	2	黑、甘、新、外蒙、吉、奉、湘、川、鲁
钨	5，282，0000	22	赣、粤、湘
碱	3，075，000		直、奉、黑、察哈尔、晋
石材	1，836，672		奉、苏、粤、直
陶土	1，787，920		赣、奉、皖
锰	1，563，804	10	湘、粤、桂、赣
汞	1，546，300		黔、湘
铅及铅矿	1，240，410	5	湘、奉、滇、川
锌及锌矿	1，177，050	18	湘、川、滇、浙
石膏	1，072，000	23	鄂、湘、晋、皖
砒	796，550	26	湘、滇
铜	746，380	4	滇、湘、川
明矾	661，320		浙、粤、闽、皖
滑石	630，320	16	奉
白云岩	232，500		奉、鄂
硝	224，000		直、黑、湘、粤、闽、鲁、豫、晋、苏、鄂、黔
菱镁矿	206，595	7	奉
磷灰石	201，000	21	苏
硫黄	143，040	13	湘、豫、晋、奉、皖、鄂、陕、直
铋矿	120，000		赣、粤
萤石	89，960	12	浙、奉
银	46，240	15	湘、桂、滇、川、热河
石棉	27，690	8	直、奉、陕
研磨料	26，530		奉、直
冻石器	24，120		浙、闽
石油	4，720		陕、新、甘、川

煤矿产额最多，而采矿时所需之矿区面积亦最大，故价值与矿区俱居第一。此外金属各矿，如锡、锑、钨、锰等质，或以所需之矿区本极有限，或以此项矿业尚在一种特别制度之下，矿区面积未能限制，故二者之比例不能尽同。又如铜、银、铅、锌等质，其矿区面积颇为辽阔，但产额不多，尤以铜矿为甚。此则由于多数矿商心存投机，领而不办，或以时局及市场之关系，不能积极进行，以致此项矿业日在停顿之中耳。

输入与输出

各矿产之输出入情形，前列各章已详细论述。兹再以民国十四年之统计为依据列表比较（第二十九表），以觇我国近年来矿业界对于海外贸易之趋势焉。表中所列五金、矿石、制炼品等计共四十六种。其中仅有进口而无出口者为灯油、汽油、机器油、白蜡、镍、铝、未列名建筑材料、石棉（按石棉有少量出口，列于未列名矿石类中）、硫黄、磷、金刚砂、宝砂、珠饰玉石等十三种。有出口而无进口者为铁矿、锰矿、钨矿、铅矿、锌矿、纯锑、生锑、锑矿、养化砒、食盐、冻石、明矾等十二种。进出口俱有者为煤、焦、铁、铁制品、金、银、铜、铅、锌、锡、汞（银朱、朱砂等一并计入）、锡铅等箔、陶瓷器、水泥、石料、砖瓦、石膏、硝、碱、玻璃及未列名五金、矿石等二十一种。进口物产中值价较巨者为石油（灯油、汽油等合计）、银、铁、煤、铜、锡之六类，共值二百十二兆关平两左右，约居总价值百分之九〇。出口矿产中值价较巨者为煤、锡、银、锑、铁、金、钨、盐之八类，共值五十八兆关平两，亦居总价值百分之八十以上。若以出口总价值与进口总价值相比较，则民国十四年入超之数计达一六八，五七五，一一七关两之多。年来矿业似已有逐渐发达之势，然进出口之悬殊尚如是之巨，我人览之，其亦有所感奋耶。

第二十九表　民国十四年各项矿产物进出口比较表

Table XXIX　Imports & Exports of Mineral Products in 1925.

（重量单位除注明者外皆以吨计）

（All in Metric Tons unless otherwise specified）

矿产物	Mineral Products	进口 Imports		出口 Exports	
		重量 Quantity	价值 Value(HK. Tls.)	重量 Quantity	价值 Value(HK. Tls.)
煤	Coal	2，752，927	26，082，501	3，002，826	20，014，371
焦	Coke	4，781	72，011	18，913	243，681
灯油	Kerosine	258，570，591(Gal)	66，117，023	—	—
汽油	Gasoline	8，823，511（”）	4，515，920	—	—
机器油	Lubricating Oil	7，097，674（”）	2，567，455	—	—
白蜡	Paraffin	366，591（P.）	3，743，775	—	—
铁	Pig Iron	59，441	1，883，918	158，697	4，221，871
铁制品	Manufactured Iron & Steel	345，825	26，569，193	2，632	241，203
铁矿	Iron Ore	—	—	815，913	1，952，414
锰矿	Manganese Ore	—	—	42，917	318，187
钨矿	Tungsten Ore	—	—	5，916	1，117，517
镍	Nickel	301	272，188	—	—
金	Gold	—	1，844，714	—	2，883，141
银	Silver	—	73，926，595	—	11，402，969

续表

矿产物	Mineral Products	进口 Imports		出口 Exports	
		重量 Quantity	价值 Value(HK. Tls.)	重量 Quantity	价值 Value(HK. Tls.)
铜	Copper	13，428	5，633，270	1，043	384，244
铅	Lead	8，112	1，620，168	395	53，059
铅矿	Lead Ore	—	—	10，946	572，945
锌	Zinc	2，175	503，328	245	36，061
锌矿	Zinc Ore	—	—	34，472	399，786
锡	Tin	3，392	4，006，341	9，067	12，174，103
锡铅等箔	Foils (Tin, lead etc.)	3，960	1，563，135	(1)	(1)
汞	Mercury	160	311，351	4	11，045
纯锑	Antimony Regulus	—	—	16，879	4，258，531
生锑	Crude Antimony	—	—	2，724	449，270
锑矿	Antimony Ore	—	—	2，070	307，647
养化砒	Aresenic Oxide	—	—	485	128，340
铝	Aluminum	303	372，647	—	—
刚金	Antifiriction Metal	135	94，274	—	—
陶瓷器	Pottery & Porcelain	—	1，711，267	—	3，058，333
水泥	Cement	616.384 (B)	1，879，725	138，963 (B)	385，386
石料	Building Stone	—	413，572	—	715，206
砖瓦	Bricks & Tiles	—	401，009	—	614，186
未列名材料	Structural Materials, not classified	—	(2) 2，429，264	—	—
食盐	Salt	—	—	176，003	1，232，211
石膏	Gypsum	(3)	(3)	7，040	218，105
明矾	Alum	—	—	6，212	423，354
硝	Saltpeter	1，265	218，789	333	35，441
碱	Soda	72，181	4，022，147	341	14，125
磷	Phosphorus	324	304，690	—	—
玻璃及玻璃器	Glass & Glass Ware	—	2，542，750	—	91，979
石棉	Asbestos	—	113，613	—	—
硫黄	Sulphur	2，919	164，641	—	—
金刚砂宝砂	Emery & Corundum	—	199，289	—	—
珠饰石玉器	Jewelry & Jadestone	—	581，357	—	—
冻石	Soapstone ware	—	—	847	11，520
其他五金及矿石	Metal and mineral not classified	1，021	461，406	15，000	597，978
共计	Total		237，143，326		68，568，209

Gal. = 加仑　P. = 担 Piculs　B = 桶 Barrels

(1) 锡箔列锡内 Tinfoil is included in "Tin".

(2) 石膏砖瓦等在内 Including Bricks and Gypsum

(3) 列于建筑材料内 Listed under "Building Materials."

中外矿业之比较

研究矿业统计者，不独须明了本国之矿业，并须详知世界之矿业，以便互相比较。而国内外市场之消长，海外贸易营业之方针，皆将于此卜之。世界各国之矿业统计，现已公布者仅至民国十三年为止。兹以是年之产额与值价与我国十四年之统计相比较，以定其百分之数，如第三十表所示。

第三十表　世界矿产价值与中国产额之比较（世界产额以民国十三年为准）

Table XXX　World's Production of Minerals & Metals in 1924 as Compared with the Production of China in 1925.

矿　产	Mineral Products	吨　数　Tonnage	单位价值 Unit，Value	值　价　总　数 Total Value	中国产量百分数 %of China Production
煤	Coal	1，354，000，000	8	10，832，000，000	1.8
石油	Petroleum	(a) 1，012，927，000	4	4，051，708，000	0.00009
水泥	Cement	(b)　420，000，000	4	1，680，000，000	0.5
食盐	Salt	16，798，730	10	167，987，300	21
石膏	Gypsum	5，647，360	16	90，357，760	1.1
硝	Saltpeter	1，950，000	40	78，000，000	0.28
碱	Soda	1，611，000	50	80，550，000	3.7
磷灰石	Apatite	7，680，790	4	30，723，160	0.65
石棉	Asbestos	264，000	130	34，320，000	0.08
滑石	Talc	288，530	20	5，770，600	10
菱镁矿	Magnesite	399，920	15	5，998，800	3.4
硫黄	Sulphur	2，003，500	60	120，210，000	0.11
萤石	Fluorite	200，000	20	4，000，000	2.2
铁	Iron	62，641，000	40	2，505，640，000	0.5
锰矿	Manganese Ore	1，700，000	36	61，200，000	1.6
钨矿	Tungsten Ore	7，290	1，000	7，290，000	72
金	Gold	—	—	768，248，000	0.77
银	Silver	—	—	314，024，000	0.01
铜	Copper	1，366，750	670	915，722，500	0.08
铅	Lead	1，371，650	330	452，644，500	0.2
锌	Zinc	998，900	370	369，593，000	0.3
锡	Tin	135，233	2，100	283，989，300	7
汞	Mercury	3，690	3，290	12，140，100	8
锑	Antimony	22，000	630	14，364，000	78
砒	Arsenic	33，000	300	9，900，000	8
铋	Bismuth	480	6，000	2，880，000	6
世界矿产总价值之约计	Estimated Total Value of World's Production			25，000，000，000	1.3

（a）以桶计，每桶四十二加仑 In Barrels of 42 gallons.

（b）以桶计，每桶三百七十六磅 In Barrels of 376 pounds.

观上表，我国矿产价值居世界总额中百分之十以上者为锑、钨、盐、滑石四种。在百分之五以上者为汞、砒、锡、铋四种。在百分之一以上者为碱、菱镁矿、萤石、锰矿、煤、石膏等物。此外则均在千分之几或万分之几。而近世工业需要最殷之石油尚不及百万分之一。磷灰石、硝石、钾盐等为农业上所必需者，或所产至微，或迄今尚未发见。又如铂、铝、镍、钴等金属，石墨、云母、土沥青、硼酸、钡、碘等非金属，在我国均为尚未开发之矿。观于此，则我国矿业之不振，诚属无可隐讳矣。倘以全世界之矿产价值为二五，〇〇〇兆元，则我国所产仅居世界总额中百分之一·三耳，若与美国之年产五，三一八兆元（十三年统计）比较，则为百分之六。以面积巨大、人口繁盛之中国，而矿产所出若是之少，宜乎其日处穷困而无法补救矣。爱国之士其亦知所警惕而兴起也哉！

附录 铁路沿线重要矿产表

（录自翁文灏著之《路矿关系论》，载《农商公报》第一百三十九期）

一、中东铁路沿路重要矿产 自满洲里至长春又自哈尔滨至绥芬河一〇七三英里						
（矿地）	（矿类）	（距 路 远 近）	（矿质）	（矿量）	（产额）	（销路）
札赉诺尔	煤	距满州站四十里	褐炭	尚大	约二十万吨	沿路
察汉敖拉	煤	距满州里车站约五十里	褐炭	未详	现停	
嫩江甘河九峰山	煤	距江岸一百十里有马车，铁路循江岸至齐齐哈尔九百里	褐炭	未详	停采	
汤源鹤岗	煤	距松花江一百二十里，循江至哈尔滨七百余里	烟煤，宜焦	约一万万吨	约一万吨	沿江
穆棱密山	煤	距中东站约五十里，有支路	烟煤	约五万万吨	约十万吨	沿路
东宁	煤	距五站一百五十里	烟煤，宜焦	颇大	约三万吨	本地
二、吉长铁路沿路重要矿产 长春至吉林七九英里						
吉林马家沟	煤	距吉长路营城子十六里，距中东路乌海站七十余里	烟煤	不甚大	约五千吨	长春、吉林、哈埠
吉林火石岭子	煤	距营城子七里余，乌海站六十余里	烟煤	不甚大	甚微	
双阳石碑岭及陶家屯	煤	自矿至长春有轻便铁路	烟煤	不甚大	停采	
三、南满铁路沿路重要矿产 自长春至大连共长四三九英里						
抚顺	煤	抚顺至奉天一百二十里，有支路	烟煤但不甚宜焦	八万万余吨	五百余万吨	南满安奉沿路及大连出口
辽阳鞍山站等处	铁	路线旁至离铁路三四十里，均有支路	富矿百分五十以上 贫矿百分三十以上	二三百万吨 约二万万吨	约十五万吨	鞍山铁厂自炼生铁
海城盖平	石棉、菱镁矿及滑石等	皆离铁路甚近	矿质平常	尚丰	多少不定，最多时万余吨	菱镁矿皆销日本
四、安奉铁路沿路重要矿产 自奉天至安东共长一八九英里						
本溪湖	煤	路旁	烟煤宜焦	约二万万吨	四十余万吨	路用制铁及安东出口
本溪庙儿沟	铁	在南坟站东八公里，离本溪铁厂四十一公里，有支路	富矿百分五十以上 贫矿百分三十以上	约一百万吨 约六千万吨	约八万吨	本溪铁厂自炼生铁
辽阳弓长岭	铁	在桥头站西三十四公里	大致同上	约二万万余吨	试探未采	

续表

（矿地）	（矿类）	（距路远近）	（矿质）	（矿量）	（产额）	（销路）
五、京奉铁路沿路重要矿产　自北京至奉天五二六英里						
黑山 八道壕	煤	由打虎山站至矿场有支路约六十里	褐煤或次等烟煤	未详	未详	销奉天境
锦西 大窑沟	煤	距女儿河车站约七十里，有支路名通裕铁路	烟煤不炼焦	约七千万吨	开采时由三万吨至十万吨，现停采	销奉天境
锦西 红螺岘	煤	距通裕铁路约九里，距京奉路约三十里	半烟煤	约二千六百万吨	约万余吨	销奉天境并运至上海
阜新 新邱	煤	距铁路约三百里	烟煤不宜焦	未详	约二万吨	附近
朝阳北票	煤	京奉铁路锦朝支路二百三十里	烟煤宜炼焦	约一万万吨	十余万吨	现销奉天、热河境
赤峰	煤	元宝山、五家、十大分三处，距朝阳自三百里至三百三十里，朝赤铁路修筑后距铁路自二十里至五十里	褐炭	约二千万吨	约二万吨	赤峰、平泉建平县境
凌源	石油	距朝阳约二百里	油母页岩，含油约百分之九	不甚详	未采	
临榆 石门寨	煤	距秦皇岛约四十里，有狭轨支路	无烟煤	约一万三千余万吨	约十五万吨	天津、上海均有分销
滦县 开平	煤	林西唐山近在路旁，赵各庄、马家沟二十里上下，均有支路	烟煤宜焦	约七万万吨	约四百余万吨	直、鲁诸省，长江一带出口至日本及南洋
滦县 司家营 张家庄	铁	距滦县站约十八里、雷庄站十五里	平均含铁百分三十五	约三千万吨	未采	
六、京绥铁路沿路重要矿产　自北京至绥远又至包头五〇七英里						
宛平 门头沟	煤	距西直门站五十四里，有支路	无烟煤	约一万九千万吨	约二十余万吨	北京及附近
宛平 斋堂	煤	距铁路一百十里，正在修筑支路	无烟煤、烟煤均有	约二万五千万吨	尚未大采	本地
蔚县广灵阳原	煤	距保安站一百八九十里	无烟煤	约七千万吨	尚未大采	本地
宣化鸡鸣山	煤	距站三里，有支路	烟煤，不宜焦	约三百六十万吨	三万余吨	本路自采自用

续表

（矿地）	（矿类）	（距路远近）	（矿质）	（矿量）	（产额）	（销路）
怀来八宝山	煤	距新保安站约十里	无烟煤多，烟煤少	约五百余万吨	未大采	本地
涿鹿玉带山	煤	距下花园站约八里	无烟煤、烟煤均有，不宜焦	约三百八十万吨	未大采	本地
宣化烟筒山	铁	距宣化站二十三里，有支路	含铁百分五十	约一千三百万吨	停采	在京西石景山有炼厂
龙关庞家堡	铁	距宣化站七十三里	含铁百分五十五	约一千一百万吨	未采	
龙关辛窑	铁	距宣化站一百二十三里	含铁百分五十	约一千八百万吨	未采	
大同左云怀仁	煤	自大同至口泉有支路四十里，自矿至口泉数里至六十里	烟煤，不甚宜焦	约九千余兆吨	约二十五万吨	绥远张家口一带，亦销北京
萨拉齐大青山东部	煤	距绥包路二十里至四十里	无烟煤	约数万万吨	未大采	绥远至包头
萨拉齐大青山西部	煤	距绥包路二十里至三十五里	烟煤，似宜焦	约数万万吨	约五万吨	同上
七、京绥铁路向西延长线沿路重要矿产						
鄂尔多斯	碱	以磴口地方为汇集点	颇丰	约数十万斤	西北一带	
平罗、宁夏、灵武各属	煤	皆距黄河甚近，即在包宁路旁	烟煤、无烟煤皆有	不甚丰	未大采	本地
贺兰山后阿拉善旗	煤	如路线自宁夏迳接凉州，不经兰州，则距路甚近，否则隔山较远	烟煤为多	甚丰	未采	
皋兰阿干镇	煤	南距省城约三十里	烟煤	不甚丰	约三万吨	兰州电灯厂等用
武威南乡	煤	距县城五十里		约一千万吨	未大采	本地
武威西乡	煤	小红沟、脑家沟、炭山堡等处		约五百万吨	未大采	本地
永昌红山窑	煤	距城西六十里	烟煤	约四百万吨	小矿颇多	本地陶业
山丹西南	煤	距城约十五里		约二万万吨	未大采	本地及陶业
迪化绥来沙湾、乌苏、库车、塔城	石油	除库、塔二县外，余皆近天山北路大道		似颇丰富，尚待详查	未大采	

续表

（矿地）	（矿类）	（距路远近）	（矿质）	（矿量）	（产额）	（销路）
阿克疏、疏勒、拜城等处	铜	以天山南路为多		未详	未大采	
八、京汉铁路沿路重要矿产　自北京至汉口七五五英里（汴洛路附）						
坨里	煤	距良乡站三十四英里有支路；自坨里至安子有高线铁路约六十里，至佛子庄亦有高线路约四十余里	无烟煤	约二万万吨	约三四十万吨	北京及附近
周口店	煤	距琉璃河站二十八里有支路，自周口店至长沟峪矿地约二十里	无烟煤	约四千万吨	约十万吨	北京及附近
涞源	石棉	自涞源至西陵约一百五十里，自西陵至高碑店有支路七十三里		尚多	采时约十吨，现多停	天津
井陉	煤	矿距正太路自数里至二十里，正太路井陉至石家庄约一百五十里，井陉矿务局及正丰公司均有运矿铁道	烟煤宜焦	约一万七千余万吨	五六十万吨	京津沪汉均有分销
平定	煤	正太铁路阳泉站附近二里至二十里，阳泉至石家庄约二百五十里	无烟煤	约十万万吨	五六万吨	京津沪汉家用红煤
平定	铁	略同上	含铁百分四五十	量多层薄	生铁约三万吨	土法生铁，作农具及铁锅等用
临城	煤	距鸭鸽营站二十八里，有支路	烟煤宜焦	约五万万吨	二十余万吨	多供路用
磁县	煤	马头镇至西佐村有支路约三十里，亦可由滏阳河运输	烟煤宜焦	约四万万吨	约四十余万吨	京津汉等处
安阳六河沟	煤	距丰乐镇站约六十里，有支路	烟煤宜焦	约五万万吨	约五十万吨	津沪汉各处
汤阴	煤	距路甚近	烟煤较多	约二万万吨	未大采	
修武焦作	煤	道清路焦作至新乡站约一百五十里	无烟煤	约二千七百余兆吨	约一百二十万吨	京津汉沪各处
泽州潞安	煤	道清路原拟自清化镇延长至晋城，长百二十里，曰泽清路，今未成	无烟煤	十余万万吨	约共十万吨	山西本地

续表

（矿地）	（矿类）	（距路远近）	（矿质）	（矿量）	（产额）	（销路）
同上	铁	同上	含铁百分四五十	量丰层薄	生铁约二万吨	制为农具、铁锅等
济原、垣曲、闻喜、绛县	铜	离汴洛路百里以上	含铜百分二左右	数十万吨	未采	
新安、渑池	煤	在汴洛铁路旁	无烟煤、烟煤均有	约一万万吨	约共五万吨	河南
密县	煤	距路约一百里	同上	约一万万吨	不多	本地
禹县	煤	距路约八十里	烟煤	约二万万吨	未大采	
九、津浦铁路沿路重要矿产　天津至浦口六二七英里						
宁阳、磁窑	煤	距大汶口站二十五里	烟煤宜焦	约二千万吨	约十万吨	沿路
峄县、枣庄	煤	距临城六十里，有临枣支路，又有枣庄至台庄支路九十里	烟煤宜焦	约一万六千万吨	约八十万吨	津浦沿路至长江各埠
铜山利国驿	铁	距路甚近	含铁百分五十以上	约三百万吨	未采	
铜山贾家汪	煤	距柳泉站二十九里，有支路	烟煤，不甚宜焦	约一万四千万吨	约二十万吨	徐州以南至南京、上海
萧县白土寨	煤	距徐州五十余里	烟煤宜焦	约三千万吨	未采	
宿县烈山	煤	距符离集站四十五里	无烟煤	约五百万吨	七八万吨	皖北及苏北
怀远舜耕山	煤	距淮河岸田家庵子五里，有支路；水路至蚌埠一百五十里，一日可达	烟煤宜焦	约一万三千万吨	约八万吨	皖北至浦口、上海
十、胶济铁路沿路重要矿产　济南至胶州二四六英里						
章丘	煤	距路数里至二十五里	烟煤，不甚宜焦	约三万四千万吨	约十万吨	济南、青岛
淄川、博山	煤	张店至博山支路二十四英里，三里沟至大荒地又有支路十八里	烟煤,有宜焦,有不甚宜焦	约一千六百兆吨	约一百二十万吨	多由青岛出口
潍县坊子	煤	路南数里	烟煤，不甚宜焦	一千余万吨	约十五万吨	沿路及青岛出口
十一、同成铁路北段沿路重要矿产（路尚未修）						
大同	煤	详见京绥沿路矿产				
阳曲、太原	硫黄	距路二三十里	成分不高	尚不甚少	产额不多	本省
太原、清源、文水、交城	煤	距路五十里以内	烟煤为多	约数万万吨	小矿开采	本地
孝义、灵石、汾阳	煤	距路六十里以内	烟煤宜焦	约数万万吨	同前	本地

续表

（矿地）	（矿类）	（距路远近）	（矿质）	（矿量）	（产额）	（销路）
临汾至霍县一带	煤	距路五十里以内	烟煤宜焦	约数万万吨	同前	本地
十二、沪宁铁路沿路重要矿产　上海至南京一九四英里						
江宁凤凰山	铁	距南京约五十五里	含铁百分五十五	约三百万吨	未采	
长兴	煤	距苏州水道约一百六七十里	烟煤	约二千万吨	约四万吨	上海、苏州一带
十三、南浔铁路延长线沿路重要矿产　九江至南昌七九英里，自南昌拟循赣江越梅岭至韶关						
丰城	煤	距假定路线及赣江甚近	无烟煤、烟煤均有	尚多	未大采	
余干	煤	可由水道运至九江	烟煤	约一万六千万吨	停采	
安吉	煤	距假定路线及赣江均甚近	烟煤较多	约一万余万吨	未大采	
永新	铁	水道距赣江二百余里	含铁约百分五十以下	约二百万吨	未采	
赣县南康、大余南雄	钨、铋	皆距路线不远	可选精矿至百分六十以上	颇丰	江西各处年产共约三四千吨	出口往美、德各国
崇义上犹云都会昌信丰虔南	钨、铋	皆距路线三百里以内	可选精矿至百分六十以上	颇丰		
十四、粤汉铁路沿路重要矿产　武昌至洙州一九三英里，韶关至广州一四〇英里，中段尚未修成						
大冶	铁	自矿至江岸有铁路十七英里，溯江至汉阳约二百里	含铁百分五十至六十五	尚有二千万吨	约五十万吨	半售日本半自炼
鄂城灵乡	铁	距大冶铁路下陆站七十五里	含铁百分六十	约六百万吨	未采	
鄂城西雷二山	铁	近在江岸，至汉口一百六十里	含铁百分五十以上	约一千五百万吨	未采	
蒲圻、嘉鱼、武昌	煤	距铁路数里至三十里	烟煤、无烟煤均有	约七千万吨	小矿开采，产数不多	附近及汉口
萍乡	煤	萍洙铁路六十五英里	烟煤宜焦	约二万万吨	约七十万吨	汉冶萍公司自用为多
宁乡	煤	距铁路百余里	烟煤	未详	未大采	

续表

（矿地）	（矿类）	（距路远近）	（矿质）	（矿量）	（产额）	（销路）
湘潭	煤	湘江旁	烟煤	未详	小矿开采	
耒阳	煤	路线经过，现多水运	无烟煤	约九千万吨	小矿开采，产额尚巨	长沙、汉口及湘江流域
常宁水口山	铅锌	距湘江岸十里，有轻便铁道	选后铅百分六十以上，锌百分四十以上	尚丰	最多时铅矿一万吨，锌矿三万吨	多数出口往德、比等国，少数自炼
常宁、耒阳、湘潭	锰	距江不远，交通尚便	含锰百分四十左右	尚丰	约三万余吨	多数出口往美国及日本
资兴、宜章、郴县、汝城	钨、铋	在湘江上游，距路线自十余里至百余里	可选精矿百分六十以上	次于江西	多时达千余吨	多数销售美国
宜章	煤	距路线甚近，湘江水运不便	烟煤	闻甚丰	未采	
宜章、郴县、临武	锡砒	距路线数里至一百里	尚富	尚丰	约五六十吨	自炼锡
曲江	锑	距粤汉路乌石站五十余里	尚富	尚丰	盛时颇多	炼锑出口
揭阳、五华、陆丰、海丰、惠阳	钨	距广汕路线不远	可选精矿	尚丰	多时约千余吨	销售美、德
离路线稍远而又可从水道运输者有益阳、新化、安化、宝庆等处之锑矿，皆矿量丰富，开采甚盛						
十五、川汉铁路沿路重要矿产（路尚未成）						
应城	石膏	距路线甚近	矿质甚佳	尚丰	约六万吨	
秭归	煤	距路线甚近	烟煤	尚丰	小矿开采，产数甚少	本地
重庆	煤	距路线不远	烟煤	未详	同上	本地
自流井	盐、油	距路线五十余里		颇丰	年产盐约三十万吨，油不多	盐销本省及鄂、湘、滇、黔、陕、甘等共三百县
彭县	铜	矿在县北百里县，距成都五十里	含铜百分之三至十	尚丰	前产精铜百余吨，现几停	四川自用
十六、川滇铁路沿路重要矿产（自成都经泸县、毕节、威宁、宣威至昆明，尚未成）						
威宁铜厂河	铜	距路线不远	含铜约百分之三	闻尚丰	土法小采	

续表

（矿地）	（矿类）	（距路远近）	（矿质）	（矿量）	（产额）	（销路）
宣威倘塘	铜	同前	含铜约百分之十	闻尚丰	同前	
平彝、罗平	铅、锌	距路线约百里	百分之四十至七十	脉长里余，宽、高三四丈	同前	
东川巧家	铜、铅、锌	距上述路线百余里，或改路线自叙州迳经东川循普渡河至昆明	铜矿百分之十以上	甚丰	产铜五百余吨，铅锌亦不少	
十七、滇越铁路沿路重要矿产（自昆明至海防五三三英里，中国境内二八八英里）						
路南、宜良	铜	距路尚近	有时有自然铜	甚少		
阿迷、文山	锑	距路约六十里	未详	不甚多	多时产百吨左右	
个旧	锡	自个旧至碧色寨有轻便支路	成分不高	甚丰	约八千吨	炼成毛锡再出口往香港精炼
十八、闽赣铁路沿路重要矿产（自南昌经邵武、南平至闽侯路，尚未成）						
进贤	煤	距路约六十里	烟煤	约三千余万吨	未大采	本地
邵武	煤	距路甚近	无烟煤	未详，尚大	土法小采	本地
十九、沙兴铁路沿路重要矿产（沙市经常德、贵阳至兴义，路尚未修）						
兹利、石门	雄黄	距路线百里左右	甚佳	未详	土法小采	出口
沅陵	锑	距路甚近	尚佳	未详	同前	
凤凰	汞	距路甚近	尚佳	尚多	同前	
铜仁、省溪	锑	距路百里左右	尚佳	颇多	年约三四百吨	出口
二十、渝钦铁路沿路重要矿产（自重庆经贵阳、百色至钦州，路尚未修）						
綦江、合江	铁	距路不远，但水运较便	或分不甚佳	尚多	土法采炼	本地
遵义、贵阳、定番等县	煤	沿路矿地颇多	烟煤不纯	甚多	土法小采	
奉议	锑	距路不远	未详	未详	少量有采者	出口
钦州	锰	距路不远	百分四十	尚多	约一万吨	出口往美国

中国之黄铁矿及炼硫事业*

硫黄为制造硫酸及火药之重要原料，工业上、农业上咸需用甚广。其矿产可分为二类，一为自然硫，如意大利之雪西兰及美国之鲁意夕安那，产出最广。一为黄铁矿，则以西班牙及葡萄牙等产地为最著名。我国硫黄矿分布遍南北各省，几尽属第二类；自然硫黄，则除热河赤峰、天山南路等，于火山喷口略有所见外，重要矿产，尚未发见。民国十五年，万国地质学会开第十四次年会于西班牙京城，曾以研究世界之黄铁矿及磷矿为题，征求各国学者之论著，藉供探讨，余奉翁詠霓所长之命，尝以中国之黄铁矿及制硫业一文提出，于硫业近状，论述颇详。文中取材，除参考中外报告及个人观察外，另制就调查表式，由农商部通令各省实业厅派员实地调查，如安徽、山西、陕西、直隶等省，皆有报告及标本呈寄到部，故所述各节尚多与现状相合。兹特译成中文，以供我国矿界诸君之参考。

中国硫黄以用作火药及焰火为主，二者之消费约占全额半数以上。其他一小部则用于肥料，再次则供化学漂织等工业之需焉。因火药为制造军火之要品，有关国防，故对于硫黄之采制、运销，自昔政府即订有严格之法律，禁止私采私销，各省有硝磺局，即管理此项事业之机关也。我国所产硫黄皆出自黄铁矿，兹先述其矿床情形如次。

一、矿床种类

中国黄铁矿之矿床可分为二大类。（一）呈晶片状或结核状，夹于石炭纪或侏罗纪之煤系中。层厚不一，自数寸以至数尺。结核之口径，最大亦能达数尺。此项矿床在南北各省分布最广，但矿石中夹杂质殊多，品质不甚高。（二）热液沉淀矿（Hydrothermal Deposits），呈脉形或其他不规则之状，与酸性侵入岩有成因上之关系。湖南、浙江、云南等省之磺矿属之。除黄铁矿外，往往含铜、砒、锡、锑、铅、锌等金属矿物。若就其形状及共生矿物之种类而详细研究，则本类矿床又可分为多数不同之种别，如深造矿、浅成矿或充填矿、交换矿等等是也。目下以缺乏精确之材料，此项分类尚不可能。

二、分　布

兹将中国黄铁矿之矿床种类，产额约数，绘为简明分布图如第一图。产矿区域之地名则另表说明之。我国煤系中结核状黄铁矿分布之广，及其于现代产额中所占位置之重要，皆可于是图一览得之。本类矿床在欧美各国殊不重视，非天赋有所薄也，实以其形状太不规则，且含杂质过多，不适于新法采炼，故多弃而不用耳。

---

* 本文1927年8月发表于《矿冶》第一卷第二期，155～168页，系作者1926年给第14届国际地质大会的英文论文的中译文。——编者注

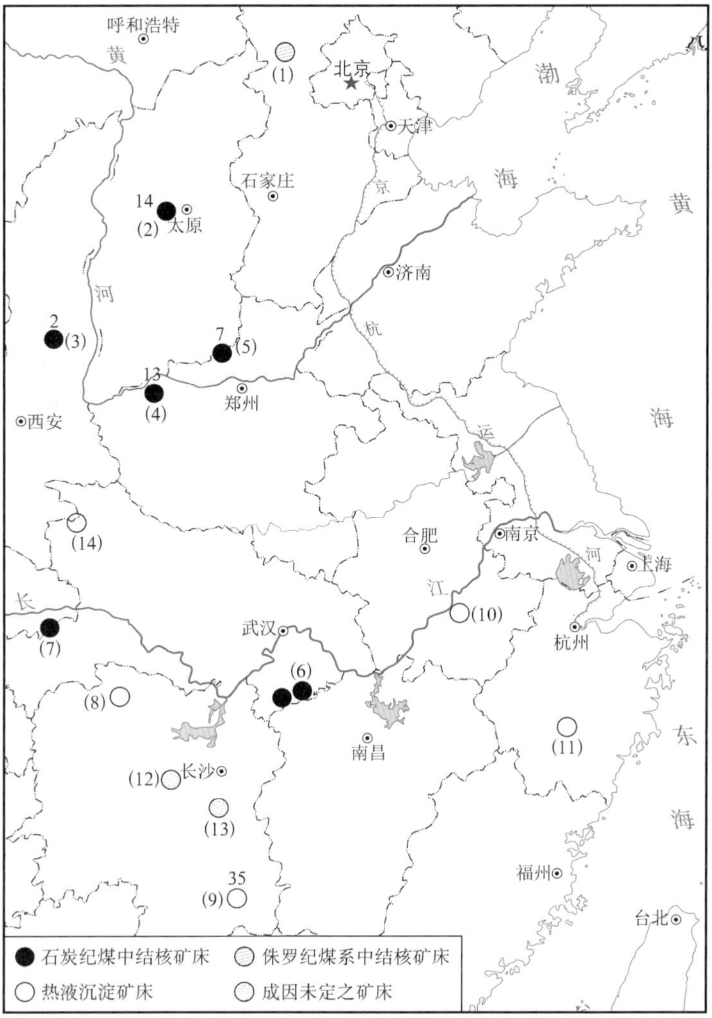

中国黄铁矿分布略图

无括弧之数字指该矿产额与总产额比较之百分数

(1) 直隶宣化涿鹿；(2) 山西太原西山；(3) 陕西澄城；(4) 河南狂口；(5) 河南清化镇；(6) 湖北通山、阳新；(7) 湖北建始；(8) 湖南石门、慈利；(9) 湖南郴县；(10) 安徽贵池；(11) 浙江瑞昌；(12) 湖南安化；(13) 湖南湘乡、湘潭；(14) 湖北竹山

三、各省矿业概况

中国黄铁矿床虽分布甚广，但积极开采者为数不多。兹将重要产硫各省之矿业情形略述如左。

(一) 河南省（根据民国七年新常富报告及最近该省实业厅所寄报告）

河南为中国重要产硫省分之一，每年产额达五百余吨，最要地点有二，即新安之狂口与沁阳之清化镇。

狂口在新安县北七十里，位于黄河与其支流畛水之间。自新安至陇海路线最近之一站有大道相通，长约三十里。然运输则以水道为主。此处黄河两岸，虽石质显露，水流湍急，而轻舟输送，尚能四季通行。每舟之载重约三十吨。

采矿场及炼硫炉俱汇聚于狂口西南十余里之小鸡儿坡及朱园之间。其地最古之地层为奥陶纪石灰岩，组成东北西南走向之高岭。不整合而覆于石灰岩之上者为石炭纪煤系。此上则为中生代之砂岩层。高岭之北，大部砂岩及石炭纪地层俱已被蚀而去；高岭之南，则砂岩完全未蚀，因之石炭纪地层，遂深覆于其下而不可得见。产硫地点，即在岭北受蚀甚深之部。黄铁矿本地名曰梢子，呈结核状或块状产于煤系下部之灰色页岩中。结核大小不一，自极小之结晶至瓜状之大块。其产生之层位，距最下煤层约四五公尺，故尚在纺缍虫石灰岩之下（按纺缍虫石灰岩为北方煤系中常见之岩层，足供比较地层次序之用）。含矿页岩厚约一二尺，其中百分之一五至五〇皆黄铁矿。含矿层分布之面积，就新旧矿洞之位置而推测之，约有五百平方公尺。若假定平均厚度为四十五公寸，页岩层之平均含矿量为百分之二十五，而矿石之比重为四，则全区储量约有165，000吨。

清化镇在沁阳县东北四十里，乃道清铁路之最西终点也。因有铁路之连络，运输甚便。其地距黄河之支流沁河仅三十里，河中可行舟，故水路运输，亦甚便利。矿井丛集之处在镇之东北，太行山之东南坡，延长约二十公里。重要地点有三，即小岭、寺后及王封是也。此三区者，当系工作于同一矿层之上，故此处矿层之分布实比较的整齐。地质及矿床情形与狂口所见极相似。含矿层亦在煤系之下部，位于一石灰岩层之下，采矿者常以此为探矿之标识。黄铁矿呈完美之晶形，常团结成块。含矿页岩厚约二公尺左右，中含黄铁矿达百分之二十五。

（二）山西省（据那林氏报告及民国十五年中外经济周刊第二五七号）

山西产矿最多之地为太原府西之西山。矿床与河南相似，即煤系下部呈结核状之黄铁矿是也。煤系岩石为砂页岩之互层，中夹石灰岩四五层，砾岩二三层，煤共有十二层，全系总厚达二百公尺。黄铁矿呈结核状，常与菱铁矿共生，夹页岩中。含矿之层至少有三层，皆位于煤系之下部，距奥陶纪石灰岩之接触面颇近。据那林氏研究（《山西太原地层详考》，载《地质汇报》第四号），含矿部分之层次，自下而上如下所列。

1. 奥陶纪石灰岩之侵蚀面。

2. 暗黑色页岩及黑灰色海相石灰岩　厚1.5公尺（meter）。

3. 含黄铁矿之暗黑色页岩，中夹薄煤二层，仅厚十公分（cm），其中亦杂黄铁矿甚多。厚3.2公尺。

4. 暗灰色海相石灰岩，含黄铁矿结核。厚1.5公尺。

5. 黑页岩、石灰岩及薄煤层。厚6.3公尺。

6. 灰蓝色石灰岩，含黄铁矿结核。厚1.2公尺。

如上所示，黄铁矿或夹于页岩，或含于灰岩，共计有三层，而以产于页岩中者开采最广。此中化石特多，或与黄铁矿之成因有多少之关系。

太原西山之地质构造为一向西或西南倾斜之单褶层，倾角甚缓，平均不过数度，故含矿层之露头遂甚广。据其分布，可分为东、西二区。东区亦称前山，西区则称后山，二者相距约二十里。主要产地，在西区为磺厂村、店头村、冀家沟，在东区则为白道村、何野村、石槽沟等地。产磺最多之公司为王封磺矿公司，于前清时即已开办，资本数万元。其次为新矿、韩文仁、晋丰等公司，规模尚大。此外俱为土法小矿。

民国十年以前，阳曲全县大小矿厂合计年产矿自七八十万斤至百万斤，除供本省应用外，亦兼销直、鲁、豫诸省。近自硝磺局改归官办以来，禁止私收私售，所产硫黄由该局定价发售，商民不能自由营业，各公司销路，不无减色，而产额亦有日趋减少之势。

（三）陕西省（据陕西实业厅调查报告）

陕西磺矿产于渭北澄城、白水、蒲城三县交界之地。主要产地有三，列举如下。

1. 曹村，在澄城之西约三十里。
2. 阿文村三眼桥，在白水之东南约四十里。
3. 庆典镇韩家河，在蒲城东北七十里。

陕省黄铁矿，亦属水成矿床，与豫、晋二省相似。澄、白、蒲三县，本为著名产煤之区，从此亦可间接证明黄铁矿与煤系地层关系之密切矣。据陕西技术员之报告，含矿页岩厚约二三尺，可用三十尺深之浅井开采之。因未实地调查，地质及矿床诸情形俱不详。

（四）直隶省（据谭锡畴报告及该省实业厅最近报告）

黄铁矿产于涿鹿之西，宣化之南，桑乾河流域之内。最重要之产地有二，即王家楼与西窑沟，二者相距十五里，俱位于桑河之北岸。其地地质，据谭锡畴氏调查（《宣化涿鹿地质矿产》，载《地质汇报》第十期），为震旦系石灰岩，侏罗纪煤系及白垩纪凝灰砾岩；煤系与灰岩成不整合的接触。因凝灰砾岩之掩覆或断层之关系，故煤系分布甚不连续，常散布而成盆形构造。王家楼及西窑沟即此类盆形之实例也。就岩石性质论，煤系可分为三部如左：

下部　此为主要含矿层，以棕色及绿色页岩为最多，常夹灰质结核，然不含煤。共厚三百公尺。

中部　杂色砂岩及页岩之互层，含重要煤层。本部之上段或上中段，砂岩多于页岩，有时且有砾岩。砂岩中偶见黄铁矿结核，但含量不多，难资开采。厚二百公尺。

上部　紫绿色页岩及砂岩，既无黄铁矿，亦不含煤。厚度不详。

现在开采黄铁矿之处似均限于下部，煤系出露之地，如王家楼、西窑沟是也。黄铁矿呈结核状或块状，含于黑页岩中。页岩之位置常在一黄砂岩之下，绿页岩之上。页岩斜向西十度南，倾角三〇度。现知矿层有四，皆相距不远，其层次及厚度如下所列。

第一层（顶层）　厚二英寸，含黄铁矿约百分之七。

第二层　厚三英寸，含黄铁矿约百分之八。

第三层　厚五英寸，含黄铁矿约百分之一〇。

第四层　厚四英寸，含黄铁矿约百分之一二。

开采方法用浅斜井。全区产额合计每月约一八〇〇斤，皆运至王家楼，制成纯硫，再行销售。该处共有炼炉十六座云。

（五）奉天省

昔时烟台及本溪湖煤田附近，制硫事业极为发达，同时并有明矾之产出。所采黄铁矿亦产自煤系而与豫、晋二省相同。自新式煤矿发达后，该处制硫业几完全停顿。现在产硫之地仅有奉天东南部凤城县之青城子一处，为铅锌矿之副产物。庙儿沟磁铁矿层中有时亦含黄铁矿结晶，晶形之排列与岩石之片状相合。论其成因，当系后来加入者，或在变质作用进行时，由岩石中杂质重新结晶而成。此项矿床分布甚不规则，且质地太劣，故无重视之价值。

（六）湖南省（据作者个人调查及该省最近报告）

湖南富于各种金属矿床，其中黄铁矿一物尤为常见。据该省实业厅报告，产硫之地分布及十三县，而以郴县所产为最重要。产地在县东南四十里，耒水支流洣塘江及洣江附近。地质属石炭纪含燧石石灰岩，成向斜层构造，走向约近东西。其下有石英岩、砂岩、千枚岩、页岩等，似属下志留纪。灰岩中有数个花岗岩侵入体，矿床即产于二者之接触带，但多数矿脉似皆限于灰岩中。脉形甚不规则，显属一种交换矿床。在接触带范围之内，石灰岩皆变质而成大理岩。产矿区域，东自柿子园，西达金船塘及花园，长达二十里，几成一连续不断之矿带。矿石以黄铁矿及方铅矿为主，在金船塘及花园等处则方铅矿多于黄铁矿，故该二地以铅矿著称。矿脉方向及厚薄，处处不一，如在金狮岭，脉宽约0.9公尺，倾斜八十度向北，下樵山里，则走向东北，脉宽2.7公尺。附生矿物甚少。但在一处则有萤石，呈微小结晶，而与金属硫化物共成致密之结合。郴县之硫黄产额，据约略计算，年达八百吨，为国内产硫最多之地焉。

郴县柿竹园一带，采磺之公司为数甚多，不克详述。兹据最近调查天星窿及六合窿之矿业情形，即述如左。

天星窿磺矿开办以来，已历多年。所采矿脉，厚五六尺。矿井深达二十丈。窿上矿工及熬户各十余人。现每日出砂约三四千斤，炼磺二百八九十斤。民国十四年之产额为砂八万余斤，炼磺六千斤，约合三百余吨。陆运至郴州四十里，每担脚力需洋六角至八角。每吨成本约合洋十六元。矿上售价每百斤八元至九元。六合窿亦为柿竹园最大磺矿之一，用斜井开采，工人共二十余名，产额与天星窿相仿。

常宁县水口山为我国最大之锌铅矿，除锌、铅、银外，亦略产黄铁矿，最多时年达二百吨，在矿上炼成硫黄块后，乃运至常宁销售。

此外，湖南西北部之澧县、石门、桑植、慈利及中部之溆浦、安化、益阳、湘潭等县俱产黄铁矿，其地质不详。澧县、石门、慈利之矿似属浅成一类，因该地黄铁矿与雄黄石及鸡冠石共生，而后二者乃浅成矿脉之最著代表也。

（七）湖北省（作者个人调查及该省实业厅报告）

湖北黄铁矿床分布甚广。阳新、通山二县之南境，下石炭纪石灰岩之底部及中下部，常有黄铁矿结核，产黑页岩或煤层中。该地煤层呈晶片形，质、量俱不甚佳，但本地开采甚盛，除供家用外，大部为炼硫燃料之用。建始之西北亦产硫，产地有四，其地名及位置如左。

1. 九股山，建始县西九十里，

2. 锅厂湾，建始县西九十里，

3. 磺厂坪，县北七十里，

4. 界石岭，县北一百二十里。

以上各矿皆属湖北官办之硝磺局，由局租与本地矿工，用土法采炼，然后再以定价收其炼得之硫，其办法与其他各省硝磺局大致相仿。现用矿工约有数百名，每年产额三万余斤，约合二十吨。炼得硫黄，先由陆运（九十里至百余里）至四川境内之大溪，乃装船沿江下行，至宜昌销售。

湖北西北部竹山县之圣母山亦为著名产硫之地。矿在县西一百八十里，距汉水最近之水口约七十里。黄铁矿脉宽自二尺至三尺，产片岩中，倾斜四十度向西北。炼得之硫块装民船中，由汉水下运至襄阳、汉口等地销售。每年产额约五千余斤。

（八）安徽省（据安徽实业厅调查报告）

安徽产硫最多之地为贵池县之紫岩山、火龙冲、扇子、排铜坑口等地，皆在县之东南部。据该省技术员报告，矿床厚达十二尺，以乏详细调查，故其矿床之种类若何，莫由臆测。就该省所寄之标本观之，全体呈结晶质，并有微小之石英结晶与之共生，故与寻常之结核矿床似有不同。因此之故，我人暂以之属于热液矿脉（Hydrothermal Veins）一类，而以待将来之证明。该矿现由集益公司开采，每年产硫约一百吨。

（九）浙江省

浙江产硫地点，现知者有二：

1. 遂昌县东四十里之麒麟口。此矿清时已开采，反正后停工，至今未采。游其地者，但见废峒、旧炉，触目皆是，当年矿业之盛，可以想见。黄铁矿呈脉形，而产于一种火成岩中。

2. 永嘉县之剪刀山。黄铁矿脉产于石英斑岩中。

四、炼硫事业

中国炼硫之法极为幼稚，系数千年相传而来之陈法，至今未曾稍加改良，但手续单简，出品尚佳，亦颇有称道之价值。各省所用方法大同小异。兹记述河南之炼硫情形如次，以例其余（据新常富报告，未刊稿）。

黄铁矿采取之后，装于竹篓中，运至炼厂，乃将矿石捣碎成核桃大之小块，同时用手法略加选择，去废石而留精矿。乃置诸椭圆形之泥罐中。罐高四十七公分，圆径二十五公分，出口处之口径为十公分，厚约一公分。罐用火泥制成，每具值价四元六角。泥罐装满后，以矿石一小块，横塞罐口，以防倒置时矿块之漏失。乃倒置泥罐，入炼炉。炉为圆形，无底，内部圆径七十公分，外部圆径一一〇公分，高五十五公分。炉内地上有穴，罐口与穴适相合。穴内置接受器，系以二泥罐口对口相合而成，故每一炼炉罐，合熔罐，受器等，共有三罐，上下叠置，封固甚密。各罐间置煤屑，以火燃着后，乃用破瓦片封炉口，使之燃烧约一日夜，黄铁矿即逐渐变化，发出其一部分之硫磺，成熔液体，而流入于地内之接受罐中。以勺取置模内，俟其冷后，即成硫块。烧炼时所起之化学反应，当如左列：

$$FeS_2 \longrightarrow FeS+S$$

每罐装矿石一五〇斤，炼成硫黄十三斤。倘假定矿石中百分之八〇为纯粹黄铁矿，则据上列化学公式，应炼成硫黄三十二斤，今实际所得仅有十三斤，以是知损失之量甚巨（十九斤），约当于全体百分之五十九也。损失之原因，半由于硫黄之养化成二养化硫气，半亦由于黄铁矿之遗而未化。烧炼后之泥罐内尚遗留硫化铁甚多，乃碎罐而取出之，置于露天中烘炼成硫酸铁，其化学反应如左：

$$FeS+2O_2 = FeSO_4$$

将上述烘炼之物置水中，溶取硫酸铁，再使之结晶，可得纯粹之铁明矾，供各种化学工业之应用。此时残留之部内尚遗有养化铁，可作制造红色颜料之用。

兹将各省炼硫事业之概况列表比较如左：

地点	狂口	贵池	宣化	澄城	太原	郴县
省名	河南	安徽	直隶	陕西	山西	湖南
炼炉形状及数目	圆形炼炉百座	长方形炼炉二十座，每炉装泥罐九对	炼炉十六座	炼炉二十座	——	泥制长方形炼炉，每炉装泥罐四十对
泥罐形状	罐作长椭圆，形如鸡卵，高四十七公分，口径二十五公分，宽十公分	圆形泥罐，高约一尺，口径三寸，每对有二罐，上下相叠	——	以一大罐为接受器，二小罐装置矿石	圆形泥罐内装矿石，倒置地上，地有穴，烧炼后，硫黄即流入穴中，不用接受器	装矿器为圆形泥罐，高三十四公分，顶部口径十四公分，底部口径十五公分，接受器系泥制之钵，高八公分，顶部口径十八公分，底部十四公分
泥罐容量（斤）	一五〇斤	三〇斤	——	每二罐装矿石百斤	五〇斤	三〇斤
炼得硫黄之斤数	十三斤	三—四斤	十五斤	十七斤	五斤	二—三斤
冶炼时间	二十四小时	同上	同上	同上	同上	三十六小时。每炼一次，用煤约八百斤。天星窿及六合窿各有罐钵二百余对

据民国六年调查，河南各矿每炼硫磺一块（重十三斤）需费铜元六十四枚。近年百物昂贵，工资增加尤多，冶炼之费亦必与之俱增矣。

五、产额及销费

中国每年硫黄确实之产额，以矿厂散漫，作辍靡常，故无法收集。左表所示，乃依据地质调查所接得之各省报告编辑而成，并非代表任何一年之确实产额，乃各该省近年来产硫之能力耳。

地点	省名	产额（吨）	总产额之%	销路
狂口	河南	300	13.0%	大部分销山东，供漂白火绸及草帽边之用
清化镇	河南	180	7.0%	
太原	山西	324	14.0%	太原及其附近
澄城	陕西	36	1.5%	陕西蒲城
宣化涿鹿	直隶	4	0.1%	京津一带
贵池	安徽	108	5.0%	安庆及其附近
郴县	湖南	828	35.0%	长沙、湘潭等地
常宁	湖南	100	4.3%	
其他各地	湖南	192	8.3%	
建始	湖北	18	0.7%	宜昌销最多
竹山	湖北	3	0.1%	襄阳、汉口、武汉一带
通山、阳新	湖北	12	0.5%	
烟台及本溪湖	奉天	200	9.0%	沈阳及其附近
共计		2，305	100.00	

我国所产硫黄，因法术不精，故含杂质甚多，不适于制造硫酸之用。沪汉等地兵工厂皆用意大利及日本输入之硫以制酸，利权外溢，良可慨也。故欲整顿我国之黄铁矿业，当先改良冶炼之法，使品质精美，而后扩充用途，以谋广销，庶有豸乎。

六、硫黄之进口

据海关报告，现在我国进口之硫黄，年达四五万担，即约2，400至3，000吨，其中百分之八十以上皆来自日本，一小部则自意大利经香港输入。我国硫黄无出口，虽由于硝磺局限制之影响，然产额不多，仅足供国内之销费，实为最大原因也。下表乃示一九〇八年以来之硫黄进口额及其价值。上海、广州及汉口三处乃硫黄进口最多之关也。

中国历年硫黄进口表

年	担	吨	值价（关两）
1908	32，574	1，954	76，100
1909	31，398	1，884	78，944
1910	32，377	1，943	66，328
1911	19，769	1，186	82，539
1912	21，863	1，312	59，593
1913	30，477	1，829	75，474
1914	26，061	1，564	68，518
1915	19，055	1，143	69，942
1916	21，270	1，276	106，058

续表

年	担	吨	值价（关两）
1917	25，915	1，555	92，138
1918	38，416	2，305	122，000
1919	33，878	2，033	95，561
1920	42，669	2，560	128，032
1921	57，533	3，452	181，271
1922	42，026	2，521	124，030
1923	36，895	2，214	114，125
1924	46，400	2，784	143，606

民国十五年出版有关中国矿冶文字目录*

余于民国十四年秋季着手编辑《第二次中国矿业纪要》时，曾参考中外典籍之记述中国矿业者，至数百种之多；当时为备忘计，辄就其篇名及著作人名等，录于卡片上，积久蔚然成帙，遂分类而保存之，颇足供随时参考之用。夫今日出版界之纪述中国矿业者，方之欧美，固瞠乎其后，然稍稍搜集，即已为数不少，且往往有重要佳作，为人所不常注意者。他日学术振兴，著作日繁，则搜集既烦，而遗漏更易。以是知编目之作，实不可缓也。从事于中国矿业之编目事业者，首推王宠佑氏。氏于一九一二年刊印 Bibliography of the Mineral Wealth and Geology of China，又于一九一七及一九二四年继续编著，由商务印书馆及中美工程学会会刊发表，皆搜罗丰富，分类详明，惟所列著作，重于西文而略于中文，且于日文之报告杂志，栏入较少，殊为憾事。近年以来，国人于矿冶之学，稍稍注意，实地调查之报告，亦颇有佳作，且以华人论华事，闻见较真，非若外人之每多隔膜也，故此项出版物，其价值未必在外人著作之下。余本此意，尽力搜罗，除已在第二次中国矿业纪要内发表外，复就民国十五年一年内所出版者，编列成表，刊诸矿冶会志，以备矿界同人之参考。他日尚当继续工作，按年刊印，俾珍言佳什，不致因代湮年遥而无人注意也。但作者见闻浅狭，搜集所及，谨以北京地质调查所图书馆所有者为限，遗漏谅必甚多，所望海内同志，各就所知，加以增补，俾成全璧，是为深幸。兹将表内所用缩写之中文书报名称，说明如下：

（支）	支那矿业时报（大连）
（支业）	支那之矿业（青岛）
（南）	南开大学矿学汇报
（实）	湖南实业杂志
（察）	察哈尔实业杂志
（总）	上海总商会月报
（农）	农商公报
（汇）	地质调查所汇报
（专）	地质调查所专报
（地）	中国地质学会会志
（中经）	中文经济周刊
（矿季）	矿业联合会季刊
（日）	日本矿业会志
（科）	科学（中国科学社印行）
（工）	中国工程学会会报

Ⅰ．普通

（甲）言论

（1）章鸿钊：中国矿业与调查地质。（支业）第二及第三号，十五年九月，一八至二五页。

* 本文1927年8月发表于《矿冶》第一卷第一期，265～283页。——编者注

（2）林大闾：中华民国之矿业政策。（支业）第二及第三号，十五年九月，一至一七页。

（3）薛桂轮：中国矿业何为而不发达。（南）第二期，十五年五月，四一至四九页。

（4）顾琅：晚近二十年中国矿政机关之变迁。（支业）第一期，十五年四月，八四至八九页。

（5）顾琅：蒙旗地内办矿暂行简章。（支业）第二及第三期，十五年九月，一六九至一七二页。

（6）翁文灏：路矿关系论附铁路沿线重要矿产表。（农）十二卷第六、七两期，十五年二月。

（7）闵传经：矿业求国论。（南）第二期，十五年五月，六〇至六五页。

（8）苏广祥：我国矿业不发达之救济方法。（南）第二期，十五年五月，五五至五九页。

（9）曹树声：山东省矿政之变迁。（支业）第二及第三期，十五年九月，二六至三〇页。

（10）叶良辅：矿学生习地质应注意的几点。（南）第二期，十五年五月，三五至四〇页。

（11）K. Ishimoto（石本惠吉）：Economic expansion（principally with regard to the gold placer mining）in Manchuria as the solution of the Japanese financial difficulty at present.（In Japanese）（日）Vol. 42，No. 494，June，1926，p. 455.

（乙）纪述

（12）谢家荣：第二次中国矿业纪要。（专）丙种二号，十五年十二月，地质调查所出版。

（13）黄著勋：中国矿产。十五年六月，上海商务印书馆出版。

（14）支那之矿业。（支业）第一期，十五年四月，九〇至一〇七页。

（15）支那重要矿山一览表。（支）第六十六号，十五年三月，一四五至一六一页。

（16）C. K. Leith：The mineral resources of the Far East. Far Eastern Rev. Vol. 22，No. 6，June，1926，p. 280－283.

（17）W. H. Wong：Mines & Minerals in China Year Book，1926，p. 107－132.

（18）B. P. Torgasheff：Iron，Coal & Mineral Oil on the Asiatic coast of the Pacific Ocean. Reprint by the Peking Leader，1926；also translated by the Manchuria Geological & Mining Review（支那矿业时报）No. 67，Dec. 1926.

（19）任续彬：张北宝昌境内矿地之调查。（察）第一卷，第三号，（十五年）

（20）Economic aspects of Tatung. Chin. Econ. Monthly，Vol. 3，No. 6，June 1926，p. 237－244.

（21）Paotowchen，the gateway of the northwest. Chin. Econ. Monthly，Vol. 3，No. 5，May，1926，p. 201－211；also Far East. Rev. Vol. 22，No. 6，June，1926，p. 265－269.

（22）The Economic resources of Manchuria. Chin. Econ. Monthly，Vol. 3，No. 1，

Jan. 1926, p. 1—15; also Far East. Rev. Vol. 22, No. 2, Feb. 1926, p. 60—65.

(23) K. Uyeda: Manchuria in 20 years. Far East. Rev. Vol. 22, No. 8, Aug. 1926, p. 341—346.

(24) H. Murakami: The Geology & Mineral Resources of S Manchuria, Published by the Geological Institute, S. Man. Rail. Co., Dairen, 1926.

(25) 南满洲矿产物统计表(大正七年至十四年)。(支)第六十七号，十五年三月，一八〇页。

(26) 满铁会社矿产物贩卖统计表。(支)第六十六号，十五年三月，一三四至一四五页。

(27) 浅田龟吉：山东省矿产地图解说。(支业)第二及第三期，十五年九月，四一至八二页。

(28) Mineral resources in Anhui, Chin. Econ. Bull. Vol. 8, No. 259, Feb. 6, 1926, p. 71.

(29) 江苏之矿业一斑。(支)第六十七号，十五年十二月，一五六页。

(30) 广西省矿山采掘新计划。(支)第六十七号，十五年十二月，一六九页。

(31) Mineral resources in Tienchuan, Szechwan. Chin. Econ. Monthly, Vol. 3, No. 7, July 1926, p. 277—280.

(32) Conditions at Junghsien, Szechwan. Chin. Econ. Bull. Vol. 8, No. 279, June 26, 1926, p. 342—343.

(丙) 杂类

(33) Mining licenses issued in 1924, Chin. Econ. Monthly, Vol. 3, No. 2, Feb, 1926, p. 89—96.

(34) 支那式土法采矿用具解说。(支业)第二及第三期，十五年九月，一九三至一七八页。

(35) J. H. Nunn: American trade with the Far East for 1925, Far East. Rev. Vol. 22, No. 7, July 1926, p. 311—312.

(36) 矿砂近日飞涨之消息。(实)第九十九期，十五年一月。

(37) 北峰：矿物地学关联支那地名考。(支业)第二及第三期，十五年九月，一七九至一八六页。

(38) 支那矿山神——李老君。(支业)第一期，七二至七四页。

(39) 神话史及三皇五帝时支那之矿业。(支业)第一期，十五年四月，七五至八三页。

(40) Comparative table of railway freights in China. Chin. Econ. Monthly, Vol. 3, No. 11, Nov. 1926, p. 475—478.

(41) China Institute of Mining & Metallurgy, annual dinner, the position of the coal industry. Min. Journ. Jan. 30, 1926, p. 91.

(42) C. F. Remer: The Foreign trade of China. (a book). Pub. by the Commercial Press, Shanghai, 1926.

（43）上海物价月报，第二卷，第一至十二期，十五年一月至十二月，财政部驻沪调查货价处编印。

（44）上海货价季刊。十五年第一、二两季合订，财政部驻沪调查货价处编印。

Ⅱ. 煤

（甲）普通

（45）W. Smith：Geographical study of coal and iron in China.（a book）Published by the University of Liverpool.

（46）W. H. Wong：Classification of Chinese Coal. The Oriental Engineer，Vol. 7，No. 2 & 3，1926，p. 9－18，26－34；also Bull. Geol. Surv. China，No. 8，Dec. 1926，p. 59－82；also（南）第二期，十五年五月，一至二二页。

（47）J. S. Lee & Y. T. Chao：Classification and correlation of Paleozoic coal bearing formations in N. China. Bull. Geol. Soc. China，Vol. 5，No. 2，1926，p. 107－134.

（48）Y. Akasegawa：Notes on the Microstructure of some coals from N. China，Bull. Geol. Soc，China，Vol. 5，No. 2，1926，p. 135－140.

（49）M. L. Fuller & F. G，Clapp：Revision of coal estimates for W. Shensi，China. Econ. Geol. Vol. 21，No. 8，1926，p. 743.

（50）伊能泰治：支那之石炭。（支业）第二及第三期，十五年九月，三四至四〇页。

（51）China's coal industry and its possibilities. The Colliery Guardian，Dec. 31，1926，p. 1457.

（52）王宠佑：煤业概论。商务印书馆出版，百科小丛书，第一〇一种，十五年一月。

（乙）煤田报告

（Ⅰ）京兆及直隶

（53）开滦矿务局第十三回营业报告。（支）第六十六号，十五年三月，一一七至一二〇页。

（54）门头沟炭矿概况。（支）第六十六号，十五年三月，一〇八至一一四页。

（55）直隶省涿鹿炭田调查豫报。（支）第六十六号，二四至三一页。

（56）虞和寅：临榆柳江煤矿报告。矿业报告，第三册，十五年三月，农商部矿政司印行。

（57）王锡龄，刘梦符：磁县怡立煤矿公司概况。（南）第二期，十五年五月，一三二至一三七页。

（58）井陉炭坑调查。（支业）第一期，十五年四月，一二至五〇页。

（Ⅱ）热河

（59）谭锡畴：热河朝阳县北票煤田。（汇）第八号，十五年十二月，四五至五八页。

（60）北票炭坑状况（牛庄领事报告）。（支）第六十六号，十五年三月，一一六至一一七页。

（Ⅲ）奉天

（61）虞和寅：抚顺煤矿报告（共二册）。矿业报告，第二册，十五年三月，农商部矿政司印行。

（62）久保孚（T. Kubo）：抚顺炭矿之洒砂充填采掘法。（日）第四十二卷，四九〇期，十五年二月，一〇一页。

（63）大正十三年度抚顺炭矿作业年报。（支）第六十六期，十五年三月，五五至六四页。

（64）抚顺及烟台炭坑采矿概况（大正十四年七月至九月）。（支）第六十六期，六四至七三页。

（65）大正十四年度抚顺炭矿作业年报。（支）第六十七号，十五年十二月，九九至一一一页。

（66）抚顺及烟台炭矿采炭概况。（支）第六十七号，十五年十二月，一一二至一二七页。

（67）青地乙治，今井澄：奉天西安县大疙瘩炭田调查报文。（支）第六十七号，十五年十二月，一至二九页。

（68）谭锡畴：奉天黑山县八道壕煤田。（汇）第八号，十五年十二月，二三至四四页。

（69）虞和寅：本溪湖煤铁公司报告。矿业报告，第四册，十五年三月，农商部矿政司印行。

（70）虞和寅：锦西大窑沟煤矿报告。矿业报告，第五册，十五年三月，农商部矿政司印行。

（71）赵亚曾：南满石炭纪地层之研究。（汇）第八号，十五年十二月，九至二二页。

（Ⅳ）吉林省

（72）穆棱炭矿近况。（支）第六十六号，九二至九三页。

（73）吉林省穆棱炭矿。（支）第六十七号，五六至六四页。

（74）矢部茂，滨地直弘：吉林双阳县济国炭矿调查报文，（支）第六十七号，十五年十二月，三九至四五页。

（Ⅴ）河南省

（75）Peking Syndicate. Chin. Econ. Bull. No. 276，June，1926，p. 302.

（76）侯汝勋：六河沟煤矿见闻记，（南）第二期，十五年五月，一三八至一四二页。

（Ⅵ）山东省

（77）博山县黑山炭坑概要。（支）第六十六号，十五年三月，一二〇至一二二页。

（78）浅田龟吉：大汶口煤田（山东宁阳），（支业）第二及第三期，十五年九月，八三至一六〇页。

（79）赵亚曾：山东章丘煤田中之海成地层。（汇）第八号，十五年十二月，一至八页。

（80）K. Watanabe（渡边久吉）：Eruptive rocks and their contact effects upon coal seams in the Po-shan，Tzu Chuan，and Changchiu coal fields，Shantung.（In Japanese）.

（日）第四十二卷，四九八期，十五年十月，八二九页。

（Ⅶ）山西省

（81）虞和寅：平定保晋煤矿铁厂报告。矿业报告，第一册，民国十五年三月，矿政司印行。

（Ⅷ）湖北省

（82）Geology of coal fields in Eastern Hupeh. Min. Journ. Feb. 27，1926，p. 180 (reprinted from Chinese Economic Bulletin)，also（支），第六十六号，一二六至一二九页。

（Ⅸ）安徽省

（83）安庆和陵煤矿信记公司。（支）第六十七号，十五年十二月，一六二页。

（84）Y T. Wang：The Suitung Coal field，Hsien Chen Hsien，Anhui. Far East. Rev. Vol. 22，No. 1，Jan. 1926，p. 28—36.

（85）Ta Tung Coal Mining Co.，Anhui. Chin. Econ. Bull. No. 276，June 5，1926，p. 305.

（丙）需给状况及市价

（86）香港之石炭市况。（支）第六十六号，十五年三月，一二九至一三一页。

（87）齐齐哈尔炭况。（支）第六十六号，九三至九六页。

（88）汕头石炭需给状况。（支）第六十七号，十五年十二月，一六七页。

（89）满州各市场石炭供给状况。（支）第六十七号，七七至九八页。

（90）新民府石炭需给状况。（支）第六十七号，一三三页。

（91）郑家屯石炭市况。（支）第六十七号，一三二页。

（92）上海之炭价。（支）第六十六号，一二三至一二四页。

（93）Consumption of Coal in Peking. Chin. Econ，Bull. No. 282，July 17，1926.

（94）Food shuff & fuel prices in Peking. Chin. Econ. Bull. No. 301，Nov. 27，1926.

（95）Coal prices in Shanghai. Chin，Econ. Bull. No. 298，Nov. 6，1926.

（96）Fuel prices at Kalgan. Chin. Econ. Bull. No. 263，March 6，1926.

（丁）杂类

（97）New Coal mine found at Chunking，Szechwan. Chin. Econ. Bull. No. 273，May 15，1926.

（98）Public Coal Transportation Bureau at Kou Chuan (Tatung). Shansi. Chin. Econ. Bull. No. 264，March 13，1926.

（99）山西炭输送局创立。（支）第六十六号，一二三页。

（100）北峰：乌金墨玉——支那产石炭名辞解说。（支业）第一期，十五年四月，六三至七一页。

（101）福公司与土法炭坑之交涉。（支）第六十七号，一五四页。

（102）中东铁道石炭买入高及价格。（支）第六十七号，一三五页。

（103）京奉铁路局与开滦矿务局之新契约。（支）第六十七号，一五〇页。

（104）东支铁道侧抚顺炭使用废止说。（支）第六十六号，九一至九二页。

Ⅲ. 石油及油母页岩

（105）甘肃省之石油。（支）第六十七号，十五年十二月，一五五页。

（106）广东之灯油价格。（支）第六十六号，一三一页。

（107）Oil shale in S. Manchuria. Far East. Rev. Vol. 22, No. 7, July 1926, P. 320—321; also（日）Vol. 42, No. 497, Sept. 1926, p. 715.

（108）满州之页岩油。（科）第十一卷，第四号，五一七页。

Ⅳ. 粘土及陶瓷工业

（109）Notes on early Chinese porcelains. Chin. Econ. Monthly, Vol. 3, No. 9, Sept. 1926, p. 373—374.

（110）Porcelain manufacturing in Kingtehchen. Chin. Econ. Monthly, Vol. 3, No. 8, Aug. 1926, p. 314—326.

（111）The pottery of Ihing. Chin. Econ. Monthly, Vol. 3, No. 3, March 1926, p. 121—126.

（112）The Kiangsi porcelain company. Chin. Econ. Bull. No. 288. Aug. 28, 1926, p. 120—121.

（113）Some porcelain manufacturing centers other than Kingtehchen. Chin. Econ. Bull. No. 292, Sept. 25, 1926, p. 175—176.

（114）Porcelain dealers in Nanchang, Kiangsi, Chin. Econ. Bull. No. 278, June 19, 1926, p. 332.

（115）Improving Kingtehchen porcelain. Chin. Econ. Bull. No. 266, Mar. 27, 1926, p. 165—166.

（116）Porcelain factory at Tzechow, Szechwan. Chin. Econ. Bull. No. 259, Feb. 6, 1926, p. 76.

（117）Pottery industry in Kwantung Province. Chin. Econ. Bull. Vol. 8, No. 276. June 5, 1926, p. 304.

（118）广东陶器瓦器之调查。（中经）第一六三号，十五年五月。

（119）景德镇瓷业状况述要。（中经）第一六六，一六八，一七二号，十五年。

（120）景德镇之瓷器业。（科）第十一卷，第六期，十五年六月，八四五页。

（121）开滦矿务局之耐火炼瓦。（支）第六十七号，十五年十二月，一四八页。

Ⅴ. 盐类矿产

（122）郑尊法：盐，百科小丛书，第九十九种，十五年，商务印书馆出版。

（123） Wallace Crawford：The salt industry of Tzeliutsing. Chin. Journ. Sci. & Arts，Vol. 4，No. 4 — 6. April 1926，p. 169 — 175，225 — 228，281 — 289；Vol. 5，No. 1，p. 20—26.

（124） The salt wells of Szechwan. Chin. Econ. Monthly，Vol. 3，No. 12，Dec. 1926，p. 519—526.

（125） Salt revenue account. Chin. Econ. Monthly，Vol. 3，No. 5，May 1926，p. 216—218.

（126） 1925 Salt revenue. Chin. Econ. Bull. Vol. 8，No. 257，Jan. 23，1926，p. 40

（127） 应城县之石膏。（支）第六十七号，十五年十二月，一六三页。

（128） 智利硝石支那输入解禁。（支）第六十七号，十五年十二月，一七一页。

（129） 塘沽永利制碱公司调查，晨报，十五年十二月二十八日，经济栏。

（130） 关东州曹达工场。（支）第六十六号，十五年三月，七四至七七页。

（131） Soda ash industry in Kwantung（关东），Chin. Econ. Bull，Vol. 8，No. 273，May 15，1926，p. 266；No. 278，June 19，1926，p. 333.

（132） Salt export. Chin. Econ. Bull. Vol. 9，No. 288，Aug. 1926，p，128.

Ⅵ. 其他非金属

（甲） 水泥及石灰

（133） 上海附近之水泥工场。（支）第六十七号，十五年十二月，一六一页。

（134） 小野田水泥会社使用石膏。（支）第六十七号，一二八页。

（135） 沪宁铁道沿线石灰烧工业。（支）第六十六号，十五年三月，一二四至一二六页。

（乙） 石材等

（136） 复县敏家屯附近之石版石。（支）第六十七号，一三〇页。

（137） 关东州产硅岩。（支）第六十六号，七七至八三页。

（138） Ta Hsing stone company. Chin. Econ. Bull. Vol. 8，No 268，April 10，1926，p. 200.

（139） Hironao Nishihara：Discovery of lithographic stone in Manchuria. Eng. & Min. Journ. Vol. 122，July 17，1926，p. 100. also（科）第十一卷，第十期，十五年十月，一四六五页。

（140） Su Hwa chalk factory，Wuchang，Chin. Econ. Bull. Vol. 8，No. 275，May 29，1926，p. 292；also Far. East. Rev. Vol. 22，No. 6，June 1926，p. 262.

（141） Production of chrysanthemum stone in Hunan. Chin. Econ. Bull. Vol. 8，No. 268，April 10，1926，p. 200.

（142） Manufacture of stone powder in Wuhu. Chin. Econ. Bull. Vol. 8，No. 268，April 10，1926，p. 194.

（丙）玻璃工业

（143）Yao Hua mechanical glass Co. Ltd.，Chinwangtao. Chin. Econ. Bull. Vol. 8，No. 280，July 3，1926，p. 354—355.

（144）Glass industry at Poshan，Shantung，Chin. Econ. Bull. Vol 8，No. 275，May 29，1926，p. 292；also Far East. Rev. Vol. 22，No. 6，June 1926. p. 262.

（145）Glass factories in Shanghai. Chin. Econ. Bull. Vol. 8，No. 277，June 12，1926，p. 311. also Far East. Rev. Vol. 22，No. 8，Aug. 1926，p. 360.

（146）Glass factories in Harbin. Chin. Econ. Bull. Vol. 9，No. 297，Oct. 30，1926，p. 261.

（147）Production of Silicon at Hwaiyuan，Anhui. Chin. Econ. Bull. Vol. 9，No. 282，July 17，1926，p. 41.

（丁）宝石

（148）信甫：沂州金刚石产地豫报.（支业）第一号，十五年四月，五一至五四页。

（149）Foreign Tourist and Peking' s Jade Trade. Chin. Econ. Bull. Vol. 8，No. 257，Jan. 23，1926，p. 39—40.

（150）Dealer' s in imitation Jewellery in Peking. Chin. Econ. Bull. Vol. 9，No. 297，Oct. 30，1926. p. 255.

（戊）水之供给

（151）E. T. Nyström：Additional notes regarding Shansi waters. Chin. Journ. Sci. & Arts，Vol. 4，No. 4，April 1926，p. 185—191.

（152）Old V. New in China. Chin. Econ. Bull. Vol. 9，No. 280，July 3，1926，p 350.

（153）C. D. Pearson：Extensions at the Shanghai waterworks. Far East. Rev. Vol. 22，No. 2，Feb. 1926，p. 66—68.

（154）Wuhu's water Supply. Chin. Econ. Bull. Vol. 8，No. 259，Feb. 6，1926，p. 71.

（155）Waterworks for Yanchow，Kiangsu. Chin. Econ. Bull. Vol. 8，No. 273，May 15，1926，p. 265.

（156）Waterworks for Kuikiang. Chin. Econ. Bull. Vol. 8，No. 263，Mar. 6，1926.

（157）Waterworks in Lanchow，Kansu. Chin. Econ. Bull. Vol. 8，No. 266，Mar. 27，1926，p. 173.

（已）其他非金属矿物

（158）南关岭苦土质石灰岩矿区调查概要。（大正十二年五月调查），（支）第六十六号，十五年三月，一一至二三页。

（159）满州之菱苦土矿。（日）第四十二卷，四九三号，十五年五月，四一七页。

（160）新带国太郎：满州大石桥附近菱苦土矿床（附菱苦土矿中黑色条线之研究）。

南满铁道地质调查所印行。

（161）Magnesite beds in Manchuria. Chin. Econ. Bull. Vol. 8，No. 305，Dec. 25，1926，p. 380.

（162）海城附近滑石矿区现况。（支）第六十七号，十五年十二月，一三一页。

（163）Sulphur Mines in Shansi. Chin. Econ. Bull. Vol. 8，No. 257，Jan. 23，1926，p. 46，also Far East. Rev. Vol. 22，No. 7，July 1926，p. 326.

（164）Nitre & Sulphur regulations in Kiangsu. Chin. Econ. Bull. Vol. 9，No. 305，Dec. 25，1926，p. 378.

（165）Sulphuric acid works in Anhsien，Szechwan. Chin. Econ. Bull. Vol. 9，No. 290，Sept. 11，1926，p. 154.

（166）东海县海州磷矿近况。（支）第六十七号，十五年十二月，一五七页。

（167）上海于萤石之取引状况。（支）第六十七号，十五年十二月，一五八页。

（168）Kyukichi Watanabe：A note on the occurrence of a bauxitic shale in Shantung，China. （支业）第一号，十五年四月，一至六页。

（169）H. T. Lee：Corundum of Ping Shan district，W. Chihli. Bull. Geol. Soc. China. Vol. 5，No. 1，1926，p. 77—82.

Ⅶ. 用于钢铁业之金属

（甲）铁

（170）W. Smith：Geographical study of coal and iron in China (a book)，University of Liverpool.

（171）Iron and Steel Trade with Japan. Far Eastern Rev. Vol. 22，No. 1，Jan. 1926，p. 8.

（172）China，a growing market for iron and steel. Far East. Rev. Vol. 22，No. 3，Mar. 1926，p. 107—108.

（173）彭维基：铁。商务印书馆出版，百科小丛书，第一百种，十五年一月。

（174）支那之钢铁输入状况。（支）第六十七号，十五年十二月，一七六页。

（175）C. Y. Hsieh，C. C. Liu：Iron deposits of S. W. Hupeh. Bull. Geol. Soc. China. Vol. 5，No. 2，p. 141—148.

（176）H. S. Wang：The Tayeh iron deposits. Bull. Geol. Soc，China. Vol. 5，No. 2，p. 161—172.

（177）广田理太郎：支那南北战争中大冶铁山近况。（日）第四十二卷，四九九期，十五年十一月，九七二页。

（178）胡博渊：大冶铁厂之设备及其炼铁之法与成效。（工）第二卷，第二期，十五年六月，五九至七一页。

（179）Tayeh iron smelting plant. Chin. Econ. Bull. Vol. 8，No. 254，Jan. 2，1926，p. 9.

(180) Iron output of Hanyehping Co., 1925, Chin. Econ. Bull. Vol. 9, No. 284, July 31, 1926. p. 69.

(181) 汉冶萍公司石炭及铁产出额。(支) 第六十六号，一二六页。

(182) 汉冶萍公司铣铁生产高（民国十四年五月至十月）。(支) 第六十七号，一六三页。

(183) L. F. Yih: Types and genesis of the iron deposits in S, Anhui. Bull. Geol. Soc. China. Vol. 5, No. 1, p. 65—76.

(184) 叶良辅：安徽南部铁矿之种类及成因。(科) 第十一卷第七期，八四九页。(十五年)。

(185) Iron Skillet manufacturers in Wuhu. Chin. Econ. Bull. Vol. 8, No. 257. Jan. 23, 1926, p. 41—42.

(186) 虞和寅：平定保晋煤矿铁厂报告。矿业报告，第一册，十五年三月，矿政司印行。

(187) 七宝山铁矿（山东胶县）。(支业) 第二及第三号，十五年九月，一六一至一六三页。

(188) The Shanghai iron & steel works, Ltd. Chin. Econ. Bull. Vol. 9, No. 285, Aug. 7, 1926, p. 81.

(189) 李待琛：湖南铁工厂二周报告书。(实) 第一〇二及一〇三期（十五年四月及五月）。

(190) 南满州八幡制铁所制铁原料之供给。(支) 第六十七号，十五年十二月，四六至五五页。

(191) 虞和寅：本溪湖煤铁公司报告。矿业报告，第四册，十五年三月，矿政司印行。

(乙) 锰

(192) 木村六郎，今井澄：奉天省凤城县小黄旗满俺矿调查报告。(支) 第六十六号，十五年三月，一至一〇页。

(193) 羽田重吉，大羽时男：奉天省兴城县黑松林满俺矿调查报告。(支) 第六十七号，十五年十二月，三〇至三八页。

Ⅷ. 贵金属类：金、银

(194) 黑河道内金矿业概况（齐齐哈尔领事馆报告）。(支) 第六十六号，九七至一〇六页。

(195) 桦甸县夹皮沟金矿（吉林）。(支) 第六十六号，八三至九一页。

(196) 黑龙州金矿业近况。(支) 第六十七号，十五年十二月，一四二页。

(197) Gold placers in Yalungkiang Valley, Szechwan. Far East. Rev. Vol. 22, No. 3, Mar. 1926, p. 122.

(198) Gold bar market in Shanghai. Chin. Econ. Bull. Vol. 9, No. 299, Nov. 13,

1926，p. 283.

（199）Silver Stocks in Shanghai，Chin. Econ. Bull. Vol. 9，No. 298，Nov. 6，1926，p. 273.

（200）Gold and silver smith's strike. Chin. Econ. Bull. Vol. 8，No. 258，Jan. 30，1926，p. 62.

（201）Shanghai silver smith's strike. Chin. Econ. Bull. Vol. 8，No. 260，Feb. 13，1926，p. 90.

Ⅸ. 铜、铅、锌

（202）Copper mines in Penghsien，Szechwan，Min. Journ. May 22，1926，p. 420.

（203）Copper mines in Ningyuan，Szechwan. Far East. Rev. Vol. 22，No. 7，July 1926，p. 335. also Chin. Econ. Bull. Vol. 9，No. 280，July 3，1926，p. 355－356.

（204）Copper remelting in Peking. Chin. Econ. Bull. Vol. 9，No. 295，Oct. 16，1926，p. 220－221.

（205）A. M. Tracey Woodward：Notes on the provincially minted coins of China. China Journ. Sci. & Arts. Vol. 4，No. 5，p. 215－221，Vol. 5，No. 1，p. 9－14，No. 3，p. 115－123 1926.

（206）Shuikoushan lead mines in Hunan. Chin. Econ. Bull. Vol. 9，No. 288，Aug. 28，1926，p. 128.

（207）Lead ore at Chonglok，Kwangtung. Chin. Econ. Bull. Vol. 9，No. 282，p，41.

Ⅹ. 锑、锡、砒

（甲）锑

（208）Antimony trade in 1925. Chin. Econ. Bull. Vol. 8，No. 272，May 8，1926，p. 243－245；also Min. Journ. April 3，1926，p. 289.

（209）心发：民国十四年湘锑出口数量及长沙锑市情形：（实）第一〇一期，十五年三月。

（210）新化锡矿山锑矿近情。（实）第九十九期，十五年一月。

（211）王道纯：最近数年锡矿山锑矿产额运输价格之概要。（实）第一〇五期，十五年七月。

（212）王道纯：湖南锑业公卖处组织之动机及将来实行计划。（实）第一〇五期，十五年七月。

（213）Antimony trade in Yunnan：Mengtze Commissioner of custom's report for 1925.

（乙）锡

(214) 沈士骏：中国之锡业。(南) 第二期，十五年五月，一一一至一二七页。

(215) The Yunnan tin industry. Chin. Econ. Monthly, Vol. 3, No. 4, April 1926, p. 154—168.

(216) Trade Marks of Kochiu (Yunnan) Tin. Chin. Econ. Bull. Vol. 8, No. 260, Feb. 13, 1926, p. 82.

(217) Yunnan railway. Chin. Econ. Bull. Vol. 8, No. 254, Jan. 2, 1926, p. 6.

(218) Yunnan tin trade in 1925. Chin. Econ. Bull. Vol. 8, No. 278, June 19, 1926, p. 324; also Min. Journ. Dec. 25, 1926, p. 1066.

(219) Yunnan tin exports, 1925. Chin. Econ. Bull. Vol. 8, No. 267, April 3, 1926, p. 183.

(220) Yunnan tin miners and increased taxation. Min. Journ. Oct. 23. 1926, p. 866.

(221) 支那之锡工业。(支) 第六十六号，一三二至一三五页。

(222) 福州之锡箔业。(支) 第六十六号，一三一至一三二页。

(223) Coining Money for Ghost. Chin. Econ. Bull. Vol. 9, No. 286, Aug. 14, 1926, p. 92—93.

(224) Tinfoil making in Shaohing (in "Shaohing, a distilling center of China") Chin. Econ. Monthly, Vol. 3, No. 10, Oct. 1926, 439—444.

(225) 罗为垣：罗氏含铅锡矿处理法（附个旧锡矿山概略）。(工) 第二卷，第一期，十五年三月，八页。

（丙）砒

(226) W. H. Wong: Position of arsenic minerals in the metallogenic series. Bull. Geol. Soc. China, Vol. 5, No. 1, p. 61—64.

两广矿业一斑*

两广僻在边陲，矿业情形，知者甚少；然蕴藏丰富，天赋极厚，煤石五金，莫不具备。若惠阳、乐昌之钨，紫金、富、贺之锡，揭阳、宾阳之铋，桂平、武宣、钦县之锰，及曲江、河池之锑，其尤著者也。近自国民革命军统一百粤，军事告终，政局稍定，两广人士，咸努力于建设事业，于是矿务一端，亦大有革新之气象。如最近北江煤矿发达之情形，广西矿务局办理之急进及广州政治分会创设两广地质调查所以指导矿业之举，皆其明证。若能稍假时日，循序进行，则两广矿业前途，实大有希望者也。

据广东实业厅就填发运照（即采运矿砂之执照）所得之产额统计及广西建设厅所填之产额约计表而观，则知两广矿产以金属矿质为最重要，若钨，若铋，若锰，其尤要者也。煤之产额，在广东仅就北江所产之运出者而计，东西两江及南路各属，以无输出故不详。广西煤产，统计尨缺。然就大致论之，两广煤产之稀少，实属毋庸讳言，故省港一带，每年不得不输入大宗之开滦煤、抚顺煤及安南煤，以济其缺。夫燃料为各项工业之母，今产出若是之少，诚两广实业前途之一大问题也。兹将两省矿产约计，改算成吨，列表如下。

种别	广东省（十五年产额）	广西省（约计）
煤	10，125吨	不详
钨	749吨	9吨
锑	403吨	298吨
建筑石材（石灰岩、花岗岩等）	8，337吨	——
金	——	200两
砒	68吨	——
铋矿	20吨	95吨
锰矿	3，000吨	49，600吨
锡	5吨	240吨
铅	4吨	——
钼矿	0.1吨	——
云石	206吨	——

再就两广矿区面积论之，金属与非金属合计，得443，640方里，其中广东占301，515方里，广西占142，125方里。但广东之矿区中，现仍继续开采者仅有39，532方里，其余各矿皆以资本不足，或土匪为患，相继停办，其应纳矿区税银亦已久欠不缴。实业厅为彻底清理计，于十六年二月十日布告，已将此项矿区之矿业权概予撤销，另招新

* 本文1927年11月发表于《矿冶》第一卷第2期391～394页。——编者注

矿商承办。故实际上广东矿区面积尚不逮广西之多也。兹将矿区面积亩数统计，分别矿质种类表列如下。

面积 矿别	广东省		广西省	
	现仍开采	业经撤销	官办	商办
煤	18,307	95,888	不详	不详
泥炭	1,330	——		
云母	1,238	2,319		
石膏	——	0,007		
硫黄(黄铁矿)	——	0,083		
砒或砒铅矿	0,288	0,128		
锰矿	2,612	11,231		26,780
锑矿	0,156	10,523		0,388
钼矿		14,719		——
钨矿	10,839	111,960		0,193
铋矿		——		3,150
金矿	3,343(附锡)	6,751		1,231
铅银矿	——	7,822		
铜矿	——	0,207		
铁矿	1,420	16,399		
锡矿	——	3,044	110,384	
铅锌矿	——	15,902		
锰镍矿	——	4,470		

观上表可知，两广现在开采之矿以锡、锰、钨、铋、钼等矿为最重要矣。铋为新发现之矿质，民国十年前尚不知有此物，而近年来之呈请探采者，日见其多，将来或不难成为中国一重要特产也。锡矿在广西占特殊地位，而其矿权又纯属官有，此则两广矿业中之特别情形也。兹再将广西最近一年收入之矿区税，分类列表如后。

矿别	矿区税(元)
锡	10,638.9
锰	3,514.6
铋	410.7
金	199.5
锑	62.7
钨	15.6
共计	14,842.0

观上表，则锡、锰、铋三类在广西所占位置之重要，亦可见一斑矣。

湖北西南部地质矿产*

一、行程纪略

自北京地质调查所与湖北实业厅订立调查全省地质之计划后，已先后在鄂东、鄂西及北部一带实行测查。民国十四年四月，复有第四届西南各县之调查。兹将行程略记如次。

民国十四年四月二十七日，搭江和轮离汉上驰，二十九日抵沙市。三十日自沙市改搭小火轮至羊溪。五月一日至枝江县，沿路考察石灰窑。三日自枝江南行至松柏坪，调查郑家脑、写经寺等处煤铁矿产。八日至十一日自刘家场西行达渔洋关。十四日乘民船沿汉洋河下行达宜都县。十七日自宜都西行至鄢家沱，调查煤矿。十八日至长阳县。十九日自长阳溯青江而上，经庙沱、巴山，而至资丘，沿路考查煤矿。二十三日自资丘南行至五峰县，复西行达鹤峰县，共行七日。六月二日自鹤峰经太平镇、沙道沟等处，而于六日抵来凤县。八日自来凤抵咸丰。十日至十一日调查咸丰袁家沟铜矿。十二日自咸丰北发，经白果坝、小关、倒筒塘、椒圆天桥等处，凡二百四十里，于十六日抵施南。十八日自施道循北大路，经建始、高店子、野山关、榔坪、贺家坪等处共六百里，行九日，而于二十七日抵宜昌。二十九日由宜昌搭轮返汉口。是役也，前后共历二阅月，调查面积达宜都、枝江、施南等十余县。以山道崎岖，旅行至为艰苦。抵施南后，本拟作利川之行，但时已炎夏，酷热非常，野地工作，尤多不便，乃改计循北大路而归。查湖北西南部，地势辽阔，详细调查，非一二月间之所能竣事。兹行所见，东鳞西爪，尚难据以制绘全部之地质图。然地层系统及大体构造，固已了如指掌矣。兹将地质矿产诸端分述如左。

二、地　　形

鄂西为山岭丛杂之区，崇山竣岭，绝峡深沟，所在皆是，古人所谓蜀道难者，其一部或即指此，盖宜昌、施南之间，向为由鄂入川之大道也。河以清江为主干，发源利川，东行经施南、资丘、长阳等地，而至宜都入江。其支流甚多，如建始附近之马水河，宣恩附近之忠建河及渔洋关、宜都间之汉洋河，其较著者也。此外支流小溪，不胜枚举，俱约略成南北向，而与清江相垂直。惟刘家场与鹤峰附近之河及来凤之龙嘴河，皆南流入湘，为澧水及酉水之支流。秭归及巴东附近之河，则皆北流入江。此河流分布之概况也。清江源远流长，可通小舟，该地运煤，皆利赖之，惟上水舟行甚迟，故载运寻常货物，仍多恃陆运。汉洋河发源五峰，其中惟自渔洋关至宜都间一百二十里之一段，冬夏皆能行舟，因水流湍急，下行之舟四五小时即可达宜都；若上行则非三日不可，惟滩多流急，行舟颇不

---

* 《湖北西南部地质矿产》于1927年以中国地质调查所《地质汇报》第9号的形式出版，署名谢家荣、刘季辰。原文包括中文和英文两个版本，中文为该号之75～113页；英文为29～55页。全文含11幅插图，均插在中文版中，所有7个图版则附在中文版后，英文版前。本卷亦按照此顺序放置。——编者注

易耳。

鄂西几全为雄峻之山，除极小之盆地外，无平原可见，故山脉方向，无从辩认。惟就水系之分布言，则主干山脉似有东西方向之趋势。此项主干山脉可分为二部、一位于长江与清江之间，为二水之分水岭，一则位于清江与澧水流域之间，亦为二水之分水岭。至来凤、咸丰、施南、利川一带，地层走向渐近南北，而清江之支流如马水河、忠建河等，至此亦渐臻重要，有成为主干之势，故此处脉向似以南北向为主。最高之山顶高距海面俱在一千七百公尺至二千公尺之间，自远处望之，宛如一水平线、是为白垩纪后期之剥蚀平原，后当评论。

鄂西地形，就其发育之历史论之，可分为三时期，各期皆以一专名名之，即鄂西期、山原期及三峡期是也。鄂西期为白垩纪以后之剥蚀平原，而重经掀起者，当时剥蚀之程度极深，使地面成一平原，其高度则与海平面相去无几。及掀起之后，此平整之状态，犹得于诸山高度之约略相等上考得之，而自远观察，尤为显著。山原期之高度在一千七百公尺以下，五百公尺以上，谷广坡平，富于阶级式之山原，为中年地形之模范。三峡期则为现代河流所深切之幼年地形也。兹将各期特性及分布概况，论述如左。

一、鄂西期

鄂西期为本区内所得见之最古地形，其高度约在一千七百公尺以上，组成鄂西诸山最高之山顶。因剥蚀之关系，本期地形之得保存者殊少。此行观察所及，如施南之西北，四度河之东南及资丘以南，遥望诸山，宛如一水平线，而其高度又俱在一千七百公尺以上，当属本期之地形无疑。又如鹤峰、施南之间，虽未亲历，然闻诸本地人，旅行其地，当越极高之山岭，度其高或在二千公尺左右，故亦属鄂西期也。又据英国参谋部所印之四川东部地形图，载有鄂西诸山之高度，如四度河、贺家坪以南诸山，高度俱在二千公尺以上，资丘以南之山亦然。此外如巴东、野山关之间，建始西北，利川附近等山，俱高距海面在一千七百公尺以上，其为本期之地形，可无疑义。兹依据此项材料及本届观察所及者，将最高之山顶用虚线连接之，如第二版，以表示鄂西期地形分布之概况焉。至论本地形期之地质时代，在鄂西长江以南所见，不易确定，因此处组成山巅之地层，以三叠纪为最新也。但就在秭归、兴山间之观察，则归州系所成之山顶，皆与此剥蚀平原相合，而归州系之时代，据目下所得之化石证据，当属下白垩纪，故鄂西期之地质时代，至少当在下白垩纪之后，或为第三纪之初，亦未可知也。

二、山原期

鄂西期剥蚀平原造成之后，继以造山作用使大陆逐渐上升。当其上升之时，剥蚀随之，以致本相连续之平原复渐次浸成沟谷纵横之状。然上升之率甚速，剥蚀作用非特不能完全削平之，而山之高度且日增靡已，遂使本与海平面相等之平原，而在今日观之，其高度已远出海面在二千公尺左右矣。此项鄂西期平原渐次上升间所发生之剥蚀遗迹，今日保存尚多，且历时甚久，故谷广坡平，其地形已近中年之状态，是为山原期，其高度约为一千七百公尺以下，五百公尺以上（参阅《地质汇报》第七号《扬子江流域地质构造及地文史》中第五版第一图）。本期内所包括之柱面范围既极广泛，而其间梯级形之山原，足以代表一时代剥蚀与上升之消长情形者，又复所在皆是，故其间实有详细缕分之必要。但此项研究，须有精密之测量与详细之观察，非兹匆促调查所能竣事，故暂概括之为一时期。调查范围内，本期地形经历最多，自五峰、鹤峰，经来凤、咸丰，而达施南、建始，盖无一非山原期之地形也。因山坡宽阔，平地较多，故宜于耕稼之地甚夥，惟气候较寒，收获不能甚丰耳。就此次考察所见，本期内有最显著之山原二，分述如左。

（一）太平镇山原

自鹤峰（高距海面约五百四十公尺）东南行、上坡二（本地名曰头坡、二坡），比及山巅，忽如平地。两旁山高约二三百公尺，谷广坡平，河流迂缓，显为一中年之地形，其高度约在一千公尺左右。此山原之分布极广，东自脚踏坪，西达奇峰关，约五六十里，南北距离较狭，仅四五里，而太平镇适位于此山原之中，故名之曰太平镇山原。又宣恩县小关附近之河谷，甚为辽阔，其高度亦在一千公尺左右，当可与太平镇山原相比拟也。

（二）施来山原

来凤、施南、建始三县城皆位于一盆地之中。此盆地高距海面约五百公尺，面积辽阔，地势平坦，当可代表一时代剥蚀之遗迹，其上率为红色砂页岩层所充积，兹名之为施来山原期。

鄂西期之地质时代为下白垩纪以后，已如前述，则本地形期之时代，当更后于下白垩纪无疑，或者为第三纪之初。今就施南、来凤等地之观察，于施来山原内有红色岩层之充积，则红色地层之应后于本期，亦无可疑矣。由此观之，红色地层之时代颇有属于第三纪之理由矣。

三、三峡期

本期地形皆切割于山原期地形之上，组成狭谷深沟，山岭崇峙之幼年地形，凡现代河流所切成之深谷，几无一不属之，以是知其进行之猛，及今未已也。本期与山原期之地形，时代不同，形势各别，故在野地考察，最易分辨。若施南天桥附近，清江所切成之深沟即属本期，而天桥所处者乃山原期地形也。又如在施南白马岭附近所见（参阅《地质汇报》第七号《扬子流域地质构造及地文史》第五版第二图照片），河流所切之深沟，乃本期地形之产物，而犹在继续进行者，与其后圆顶小山间以平谷之山原期地形绝然不同。沿施宜大路自高店子至榔坪间，此项涧深壁峻之河谷更为发育，如高店子河、支井河、苦桃溪及四度河等皆是，经流方向皆自北至南。其中尤以四度河之涧深岸阔，最为伟观。该处河底距山顶约千公尺，往来旅行者须越此深涧而过，一上一下，几尽一日之力，为北大路上最艰险之旅程也。

三、地层系统

调查区域内所见之地层，以震旦系之灯影石灰岩为最古，第三纪之红色砂页岩为最新，惟在秭归、兴山间发育甚盛之归州系及香溪系，则在本区域内皆付缺如。而震旦系之南沱水碛层及太古纪之片麻岩等，皆以表面地层甚厚，绝无出露之机会。又全区未见一火成岩。意者地壳覆压过厚，地内岩浆无从活动乎。兹将各地层之性质及分布概况，自下而上，分述如左（参阅第一图湖北西南部地层柱状剖面图）。

第一图　湖北西南部地层柱状剖面图

Fig. 1.　Generalized section of S. W. Hupeh.

一、灯影石灰岩

本系为深黑色，时呈角砾状之矽质石灰石，上部层次较厚，下部则较薄，时夹以黑色之板岩，岩质甚坚密，富于垂直之节理，而于角砾之罅隙中则多方解石结晶。在调查区域内仅见于一处，即长阳县附近清江两岸是也。此处之地质构造为一倒转而紧密式之背斜层，故于其中部遂有此较古岩层之出露，但其下之南沱水碛层及太古界之片麻岩等，则以侵蚀不深及褶皱局势不甚开展之故，未能出露。本系之岩石性质与前在宜昌、巴东间所见者极相似，仅 *Collenia* 之化石则屡经搜寻而未得，但就层序上论之，本系既整合地位于寒武纪页岩之下，则其时代之当属震旦纪，而与所谓灯影灰岩相当者，尽已无可疑义矣。

二、石牌页岩

本系亦仅见于长阳背斜层之中部，为灰绿色页岩与薄层石灰岩之交互层，其顶部与奥陶纪灰岩接触处，页岩与薄层灰岩交互甚密，成一逐渐递变之过渡层，故二者之界限不易划清。全层厚约二百公尺。因岩质较弱，剥蚀较易，故成平缓之山坡，与其上之奥陶纪灰岩及其下之震旦纪灰岩成危岩绝壁者，互相辉映，在地形上极易辨认。本处页岩中化石较少，在长阳县西西寺坪山坡上曾得一完整之三叶虫，属 *Redlichia* fauna。

就本系之地层位置、岩石性质及所得之三叶虫化石观之，当与李四光教授在宜昌、秭归间所见之石牌页岩相当，而同属于下寒武纪。

三、奥陶纪石灰岩

路线所经，本系地层出露甚广。就其地点，可分为下列各区。（一）自枝江县至刹圆寺间，（二）汉洋河两岸，（三）清江流域，（四）五峰县附近，（五）来凤县之三堡岭、咸丰县之忠堡及丁寨一带，（六）沿施宜大道自长阳之赖子沟至石头垭间。

在清江流域之奥陶纪地层，因褶皱关系，故一露于长阳县以北，再露于长阳县以南，而自都镇湾以西，则复出露于河之南岸焉。自长阳县西隔河岩至燕口市间，路线适穿越本系地层而过，其自下而上之层序约如左述。

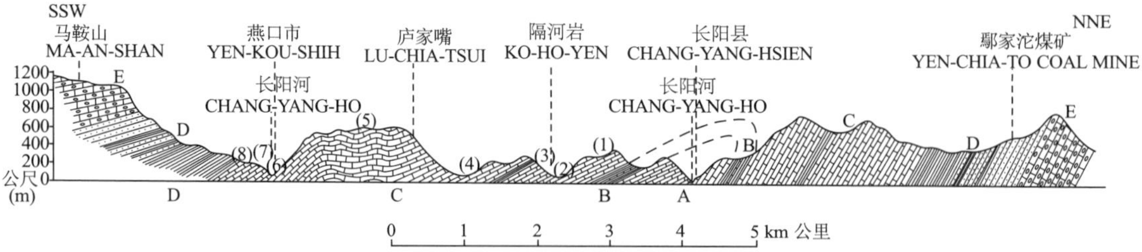

第二图 长阳背斜层剖面图

Fig. 2. Section across the Changyang anticline.

A—震旦系灰岩 Sinian limestone；B—石牌页岩 Shipei shale；C—奥陶纪石灰岩 Ordovician limestone；D—新滩页岩 Sintan shale；E—阳新石灰岩 Yangsing limestone.

（一）厚层状石灰岩，组成峭壁，厚约二百公尺。

（二）薄层石灰岩，中夹鲕状薄灰岩数层，厚约百公尺。

（三）矽质灰黑色薄层状灰岩、内夹黄灰色泥质页岩数层，厚约三四百公尺。

（四）灰色至白色石灰岩，成层尚厚，中夹泥质灰岩数层，厚约四百公尺。

（五）白色厚层状矽质石灰岩，质坚密，每成峭壁。此部最厚，至少有七八百公尺。

（六）薄层石灰岩，中夹黄页岩数薄层，皆含化石甚多（化石号数 850，a，b），厚十公尺。

（七）厚层状含矽质结核之石灰岩，富于头足类化石，厚十公尺。

（八）薄层状黄色泥质石灰岩，稍夹页岩，中有一部呈紫红色，含 *Orthoceras*，*Triplecia* 等化石，厚约四十公尺，即艾家山层是也。

以上自（一）至（八）总厚约二千公尺。顶部之艾家山层属中奥陶纪。本层在渔洋关至宜都道中所见以紫红色泥灰岩为最显著，而此处则呈紫色者仅一小部，盖岩质殊不能处处一律也。（六）、（七）两层含化石甚多，皆属下奥陶纪，（七）以下即未见化石。

自来凤县之三堡岭至咸丰县间，本系全部露出甚明，斜向东六十度南，倾角自三四度至十度，自上而下所见之地层次序如左：（一）下志留记之笔石页岩。（二）灰白色石灰岩。（三）紫红色页质灰岩。（二）、（三）两层皆含宝塔石化石甚富、共厚约二十公尺。（四）黄页岩，甚薄，似即相当于 *Triplecia* bed。（五）白色石灰岩，含燧石少许。（六）薄层灰色石灰岩，未见化石。（七）矽质呈角砾状之石灰岩。此层最厚，约有七八百公尺。且因倾角极缓，故自铅厂坪至忠堡间皆为其分布之处。（八）薄层状质纯之青灰色石灰岩，稍夹页岩。（九）薄层状石灰岩与页岩之互层，为寒武纪页岩与奥陶纪灰岩之过渡层，露出于土地关附近。再下尚有一小部之页岩，斜向南三十五度东，倾角十五度，似属寒武纪，但未得化石。土地关以西为一断层所切，故寒武纪页岩未及全部显露，遂紧接以奥陶纪灰岩，斜向易为西北，倾角甚平。此处所露出者为本系之中部，未见化石。但自此向西北，至茶园沟附近，紫红色灰岩及宝塔石灰岩复一一露出，而位于志留纪页岩之下焉。

自咸丰县至丁砦间，本系之露头甚广，组成东北西南向之山，斜向北四十度西，倾角二十度。此处与志留纪页岩成断层的接触，而露出之部亦属本系之中部，即一种矽质而呈角砾状之灰岩。就岩石性质即可断其属于奥陶纪无疑也。

长阳县之赖子沟至石头垭间有大片奥陶纪石灰岩，与其上之志留纪页岩组成背斜层及向斜层构造。观察所及，俱本系之顶部，即与志留纪笔石页岩相接触者。而自赖子沟至贺家坪间，路线所经，即旅行于此接触线所组成之河谷中也。本层含化石甚多，以旅行匆促，不克详采。在长阳之青冈坪附近，于薄层之页质灰岩中曾采得腕足类多种，尚未鉴定。

就前述各剖面观之，奥陶纪石灰岩似可分为三部：（一）下部以薄层状石灰岩为主，常有页岩之夹层。其与寒武纪地层相近处，页岩更多。有数层石灰岩呈鲕状结构。此次未得化石。（二）厚层状石灰岩及矽质角砾状石灰岩，厚愈千公尺，常成峭壁高山，无化石。（三）薄层泥质灰岩、页岩及紫红色灰岩，共厚不过百公尺。含化石最多。一部与艾家山层相当，属中奥陶纪。（一）、（二）两层与李四光教授之宜昌石灰岩相当，而属于下奥陶纪或寒武奥陶纪。

四、新滩页岩

调查所见本系地层出露之处可分为数区，论述如左。

(一) 枝江县南刹圆寺、刘家场一带

本系地层位于奥陶纪灰岩之上，阳新石灰岩（石炭纪）之下。在刘家场、松栢坪、写经寺等处，则因地层倾斜近于水平，故本系与下石炭纪灰岩之分布，大半视地形之高低为定。凡为河谷所深切之地，往往有本系地层之踪迹焉。自刹圆寺至土地垭间曾作一详细之剖面，兹列其自下而上之层序如左（第三图）。

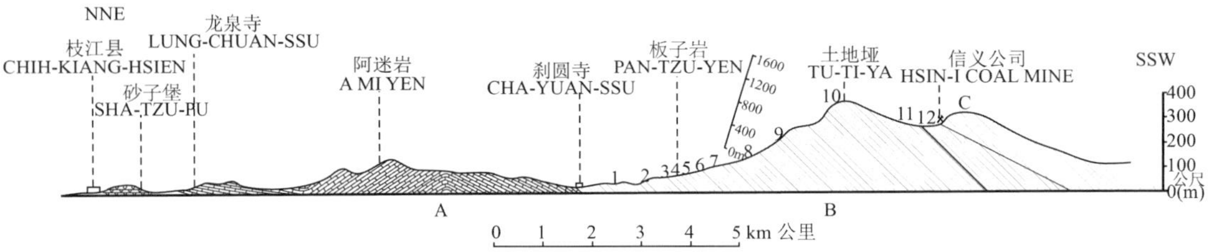

第三图　枝江县至土地垭间剖面图

Fig. 3. Section from Chihkianghsien to Tutiya.

A—奥陶纪石灰岩 Ordovician limestone;

B—新滩页岩 Sintan shale;

（1）紫红色页岩 Purple shale;

（2）黄绿色薄页岩 Yellowish green thin fissile shale;

（3）石灰岩一薄层 Limestone, fossiliferous;

（4）黄绿色及灰色页岩 Yellowish green to gray shale;

（5）石灰岩厚七公尺含化石 Limestone, 7 m thick, fossiliferous;

（6）硬页岩 Hard gray shale;

（7）紫色薄页岩中夹黄页岩数层 Purple thin shale with few layers of yellow shale;

（8）黄或灰色薄页岩 Yellow to gray thin shale;

（9）灰页岩与砂质页岩之互层 Gray shale alternated with sandy shale;

（10）白色石英质砂岩 White quartzitic sandstone;

（11）铁矿厚0.40公尺 Iron ore, 0.40^{m} thick;

（12）页岩及白色粘土中含劣质烟煤 Fireclay & shale with bituminous coal of inferior quality;

C—阳新石灰岩 Yangsing limestone

（一）紫红色页岩及泥灰岩（奥陶纪）。

（二）黄绿色薄页岩。

（三）石灰岩一薄层，厚〇．六五公尺。顶部约〇．一〇之部呈鲕状，并含少量之三叶虫及腕足类化石（化石号数844）。

（四）黄绿色及灰色页岩，质较下部（一）稍坚，而成层亦较厚。

（五）石灰岩，总厚七公尺。可分为上、下二部，下部为厚层状灰色石灰岩，含化石甚多（845a），上部为泥质结核状石灰岩，中夹页岩之薄层，含 *Halysites*，*Favosites*，*Heliolites*，Single Coral 及腕足类化石极为丰富（845 b，845 c）。

（六）坚质硬页岩。

（七）紫色薄层页岩，中夹黄页岩数层。

（八）黄灰色薄页岩。

（九）灰色页岩与砂质页岩之互层。

（十）白色石英质砂岩。

（十一）鲕状赤铁矿一薄层，厚〇．四〇公尺，夹于黄色页岩与砂岩之互层中。

（十二）页岩及白色粘土，中含劣质烟煤。厚约二十公尺。

（十三）含燧石石灰岩（石炭纪）。

以上自（二）至（十）总厚约二千八百公尺，其岩质、化石，皆与宜昌罗惹坪之剖面极相似。（十一）、（十二）两层为此前所未见，是为写经寺含铁层，后尚详述。

（二）宜都县西北鄢家沱一带

此处为长阳背斜层之北翼，走向西北西，因褶曲过烈，地层呈倒转之势，故新滩页岩颇若位于石炭纪灰岩之下者，其东南一部为红色地层所覆，出露不全；其西北部则有延向宜昌曹家畈之趋势。

（三）沿长阳河两岸及五峰、四度河、贺家坪等处

自长阳县南燕口市至都镇湾间，新滩页岩露出于河之南岸，而自都镇湾至巴山间则露出于河之北岸。南北二部之露头适为马鞍山向斜层之二翼。因都镇湾断层之关系，北翼露头至此乃向北移数千公尺，出于调查范围之外，而南翼露头亦遂位于江北岸矣。至巴山以西，南翼露头，复越江而西，经四方台、白玉砦、谢家砦等处之平坦式的盆形构造，以致露头线呈弧曲之形，迤逦达于五峰县。自此本段地层复遵东北西南之整齐的趋向，向西南延长直达沙道沟之东，而为沙道沟向斜层之东南翼焉。至于北翼地层，自都镇湾过河后，遵东西之走向，当与四度河附近之新滩页岩相连，自四度河复向北向东迤逦达于贺家坪。

以上各处所见之新滩页岩，岩石性质俱约略相似，其详细剖面，以旅行匆促，故不克详考。五峰西南杨蜡岭附近，本系中有石灰岩数薄层，中含 Pentamerus borealis 化石甚多，故与宜昌罗惹坪之剖面完全相合。又本系底部与奥陶纪灰岩紧接之页岩中含笔石化石极富，到处皆能见之。在长阳县西北冷水桥东数里许，曾略事采集，据孙云铸君之鉴定，有左列各种。

1. *Pentalograptus minor* Elles.
2. *Pentalograptus palmeus* var. *latus* Barr.
3. *Monograptus chingani* (Carruthers)?
4. *Monograptus* (*Rastrites*) *hybridus* Lapwarth
5. *Monograptus crenularis* Lapwarth
6. *Climacograptus scalaris* (*Hisinger*) (Linn)
7. *Monograptus gemmatus* (Barrande)
8. *Diplograptus* (*Orthograptus*) *vasiculosus* Nich.
9. *Diplograptus* (*Glyptograptus*) *tamoriscus* var. *incertus* Elles & Wood.

（四）来凤县西北桃铺车谢家垭间

本系位于下石炭纪灰岩与奥陶纪灰岩之间，而为沙道沟向斜层之西北翼，斜向南六十度东，倾角自十度至二十五度，全层总厚约二千公尺。谢家垭、三堡岭之间，地层倾斜极缓，故三堡岭之顶复有本系之含笔石黑页岩平覆于奥陶纪灰岩上，惟分布甚狭。

（五）咸丰之丁寨及茶园沟、蒿子壩一带

此处新滩页岩，斜向西北，倾角平均二十五度，为咸丰背斜层之西北冀。在茶园沟、蒿子坝等处，本系全部露出，厚约二千余公尺，并向东北延袤甚远。丁寨附近，本系与上下地层俱成断层接触，故露头大为减缩，其顶部之砂岩及底部之含笔石页岩俱因断层关系，隐伏不见。

（六）椒园、施南、建始等处

椒园（宣恩县属）以西，施南以南，本系露头走向约近南北，倾斜向东，倾角甚急，约五十度，位于石炭纪灰岩之下，而为椒园向斜层之西翼。自此向北，越过施南之盆地，当与建始附近之露头遥相衔接。该处地层成背斜层构造。建始县城即位于此背斜层之中部，其南北高山成绝壁者，皆石炭纪至二叠纪之灰岩也。

五、写经寺含铁层

界于石炭纪灰岩与下志留纪页岩之间，有一砂岩、页岩与石灰岩之交互层，厚约百公尺左右，中含鲕状赤铁矿数层，以出露于宜都写经寺者最为著名，故特名之为写经寺含铁层。本层除分布于宜都南乡之广坡、写经寺等处外，五峰西南之杨花子岩及土坪等处亦曾发见，其详俟后论铁矿时述之。

六、阳新石灰岩

本系为厚层状之含燧石石灰岩，其底部常有晶片形之烟煤层，夹于黑色含沥青质石灰岩或其共生之页岩中，在宜都、长阳等地开采甚广。灰岩中含化石甚多，因旅行匆促，未及详采，就其种类及岩石性质而观，应与前在鄂东所见之阳新石灰岩相当，而同属于石炭纪。在调查区域内，本系分布甚广，可约分为五区：（一）枝江县南松柏坪、埝桥市等处，倾角甚缓，组成平坦之褶皱。（二）清江两岸，自马鞍山之油坊坪起，西迄资丘、鱼峡口等处，长阳县属之煤矿即依是而分布焉。（三）自资丘起，本系分为南北二支：南支经五峰、鹤峰等县而至来凤东北之沙道沟，走向约为东北西南；北支则西向而与四度河之露头相接。（四）咸丰、施南间，组成椒园向斜层之东、西二翼，走向约近南北。（五）自高店子至野山关，因紧密褶皱之影响，致本系屡屡出露，与二叠纪煤系及薄层状石灰岩等成东北西南向之局部褶皱。

七、茅庄系

本系即相当于鄂东之炭山湾煤系，属二叠纪。惟此处含煤既薄，交通又至不便，故开采较少。其岩石为黑页岩，含燧石灰岩之薄层，黑色矽质页岩、白色砂质页岩及黄色砂岩与黄页岩之互层。厚自数十公尺至二百公尺，在五峰、鹤峰为最厚。而自茅庄至石槽河之道中，路线所经，几与本系之走向相合，观察最便，故特名之曰茅庄系。于黑色矽质页岩及白砂岩中曾采得 *Gastrioceras* 及各种腕足类化石，与前在大冶及京山所得者无异。本系位于阳新石灰岩与大冶灰岩之间，三者形影相随，无复间断，故其分布区域与前述者相同，兹不复赘。

八、大冶石灰岩

本系以薄层状纯石灰岩为主，稍夹黄页岩及泥质灰岩，顶部则并有紫色页岩。与鄂东之大冶石灰岩相当，故仍以此名之。因地层常成无数复杂状之小褶皱，故欲精计厚度，颇不易易，兹约略估计，当在二千公尺以上。本系之分布与前述二层形影相随，故不赘述。其最为显著者，自资丘至鹤峰道中，凡平坦式盆形构造之山顶，如四方台、白澳渝砦、谢家砦等，皆为是系所成，而剥蚀平原之顶，亦大多数属之本系。在本层中未曾获得化石，然自咸丰至施南及建始道中，铺路之石板上偶然能见头足类之剖面，其形状颇似 *Gastrioceras*。

更证以北京大学调查团在宜昌、秭归间在本层内确曾获得 *Gastrioceras* 一枚，则本系之属二叠纪似属无可疑义矣。

九、巴东系

本系以红色页岩及砂岩为主，稍夹黄色或绿色页岩，中上部则有石灰岩，与前在巴东县所见者完全相合，故仍以巴东系名之，而同属于三叠纪。分布所及，可分为三区。（一）鹤峰县附近，成一盆形构造，四周高山俱为大冶灰岩所成。本系中有石灰岩二层，各厚约二三十公尺（第四图），于下层中得腕足类化石数枚。（二）咸丰、施南间椒园之东有巴东系地层，走向东北至西南，成向斜层构造。（三）施南之蛮山子至巴东之干沟铺间，本系走向自东北至西南，成狭长形露头，其构造亦为一向斜层。

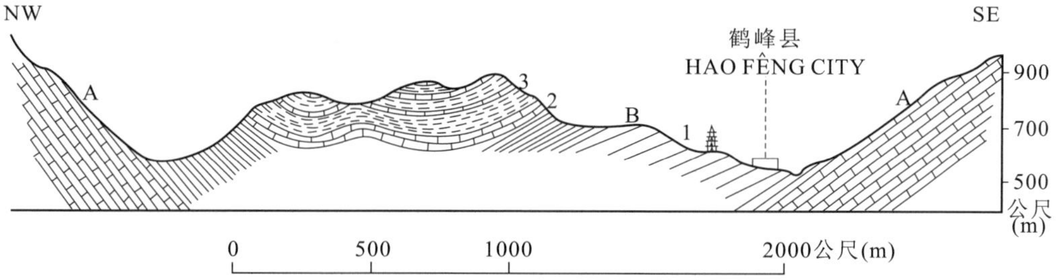

第四图　鹤峰向斜层剖面图

Fig. 4. Section of the Hao Feng Syncline.

（A）大冶石灰岩（二叠纪）Tayeh limestone（Permian）.

（B）巴东系（三叠纪）Patung Series（Triassic）.

（1）红页岩中夹黄色砂页岩 Red shale intercalated with yellow & yellowish shale.

（2）灰色石灰岩含化石 Gray limestone, fossiliferous.

（3）黄，绿及紫色砂页岩之互层，中夹灰岩二薄层 Alternation of yellow to green shale & purple shale, with two intercalations of limestone.

十、红色地层及羊溪石灰岩

本系以红色砂页岩为主，底部有砂砾岩，其中块砾几纯为石灰岩所成。因露头不全，故全层厚度难以详测。分布区域有四：（一）羊溪、枝江、宜都、宜昌等滨江一带，本系不整合地覆于较古地层之上，组成大片山地及丘阜。宜昌之西，红色地层分布及于长阳之石头垭，俱缓斜向东北或正东。在石头垭至曹家畈一带，本系底部之砾岩成峭壁，位于奥陶纪石灰岩之上（附图第六版）。羊溪西北二里许有石灰窑，则红色层中复有石灰岩焉。该处倾斜北三十度东，倾角三十度。据窑上出露者计之，厚约三四十公尺，可分为三部：顶部为青灰色石灰岩，厚十公尺。中部为砂质灰岩、砂质页岩及黑页岩，总厚仅三公尺。含头足类化石甚多、惟保存不佳。底部为青灰色石灰岩，有一部现薄层状，此中亦得头足类化石，总厚约二十余公尺。此项石灰岩当系在淡水中所成。所采化石尚未详细鉴定，但与甘肃固原寺口子所得者颇相似，或系同为第三纪之物。本层分布，据现所知，仅有羊溪一处，兹特名之为羊溪石灰岩，以资区别。（二）来凤县及对河之龙山县（属湖南省）一带，为一东北西南向之盆地，四周为古生代地层，盆地内则有红色砂页岩，成平坦式之向斜层构造。盆地位置高距海面约六百公尺。龙山县有石膏山，在来凤县东约二三十里，夙以产膏著名，故知此处之红色地层内亦有石膏层，与应城之红色层相同也。（三）施南盆地高度与来凤盆地相仿佛。亦为本系岩石所充积。（四）建始附近，红色页岩不整合而覆于志留纪页岩之上。此处本系之地位较高，约七百公尺。

本系之地质时代，以未获得确定化石，至今尚未解决，但就地形上之观察（详前地形节）及羊溪石灰岩中所获之零星化石论之，似属第三纪之中上部，至究竟属于何统，则不能定也。

四、地质构造

鄂西处西南高原与湖广低地过渡之区，所受挤压之影响甚为强烈，故构造复杂，褶皱、断裂俱为常见，而以前者尤为重要。此次调查既属初步性质，故东鳞西爪，于全局之结构尚难推测，但重要构造则已略窥一斑矣。兹将各地所见之褶皱及断层分述如左。

（一）褶皱

一、聂家河向斜层

枝江县南，龙泉寺、阿迷岩间，奥陶纪灰岩成向斜层构造（参阅第三图），走向自西北西至东南东，倾角自十度至三十度。向斜轴向西北延长，显与汉洋河流域、聂家河庙滩间之向斜层相衔接，故总名之曰聂家河向斜层。该处有较新之新滩页岩层出露，倾角约二十度，走向约近东西。汉洋河经流方向，本近南北，但在聂家河附近则顿折为东西向，一若顺此构造线而改变其方向者。庙滩以北不数里，斜向复改为西北，倾角十度，及响水洞则又易为西南，倾角五度，故自庙滩至此，灰岩又褶皱二次矣。但此系局部之构造，故不以专名名之。响水洞附近之向斜层，适当于奥陶纪灰岩之顶部，紫红色泥灰岩成极平之倾斜，远望即能辨认。河流至此，又自南北向而折为东西向，以与构造线相合。

二、刹园寺背斜层

枝江县南阿迷岩至刹园寺间，奥陶纪灰岩复隆起而成背斜层构造（参阅第三图），轴向自西北走东南，倾角约二十度。在汉洋河流域张家、店渡之间，亦有一背斜层，其轴向则为东北北至西南南。就地图上观之，此二构造显相衔接，但轴向则略呈弯曲之势，兹合名之为刹圆寺背斜层。

三、刘家场渔洋关间之盆层构造

刘家场、渔洋关之间，地面隆起呈一高原式之地形，而察其构造，则为一盆层褶皱（第五图）。盆层之顶为大冶石灰岩，分布于崄桥市至界碑之间，高距海面约一千公尺。石灰岩倾角仅十度左右，此下则为阳新灰岩、新滩页岩及奥陶纪灰岩等，倾角俱极小，自五度至二十度，走向变迁甚著，大致则近于东西。此行于盆层之北翼观察较多，最古之地层有奥陶纪石灰岩，呈剧烈之褶皱，如前述之聂家河向斜层、刹圆寺背斜层等是也。南翼已近湘鄂边境，此次观察殊少，仅及阳新灰岩下之新滩页岩而止。刘家场之北，松柏坪、写经寺一带，则阳新灰岩与新滩页岩，皆因倾斜几近水平，故露头常随等高线之位置而定，凡山顶皆为阳新石灰岩，而沟谷低坡则咸有新滩页岩之出露焉。

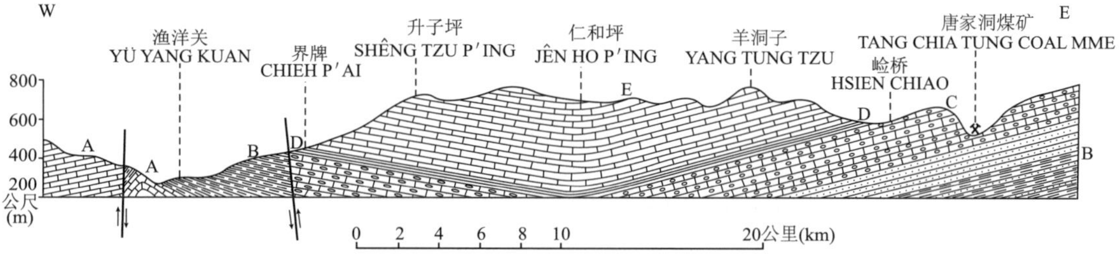

第五图　唐家洞至渔洋关间剖面图

Fig. 5. Section from Tang Chia Tung To YüYang Kuan.

A—奥陶纪石灰岩 Ordovician limestone；B—新滩页岩 Sintan shale；C—阳新石灰岩 Yangsing limestone；D—茅庄系（二叠纪）Maochuang Seris（Permian）；E—大冶石灰岩 Tayeh limestone.

四、长阳背斜层

本背斜层轴向东西，延绵甚广，为鄂西重要之构造。长阳县治适处中心，故即以此名之（参阅第二图）。轴线之位置，一部与清江相合，但自西寺坪以西，河折向南流，二者即不相合矣。沿江两岸所露出者，有震旦纪灰岩、寒武纪页岩，而夹峙于南北之高山者，则为奥陶纪灰岩。长阳背斜层为一倒转式之褶皱，故南北二翼，倾斜相同，即俱向南倾是也。倾角不一，自二三十度至六十度，但急斜者较为少见。因倒转之影响，故北翼地层现倒置之像，即较新地层反位于较古地层之下也。在鄢家沱、长阳等处，此项关系极为明了（参阅第二图）。褶皱轴之东端，其势下倾，故县东自板桥以下，奥陶纪灰岩成环抱之势，其西终于何处，以未往调查，无从臆测，但就地图上观之，则与四度河之背斜层颇有遥相呼应之势，二者或系二而一者也。

五、四度河背斜层

四度河为清江之一支流，位于野山关之东，峭壁深沟，气象雄伟，于万山丛岭之中，忽现此宽博之观，旅行者之视线，为之一畅。自漆树垭下坡，至四度河谷中，地层愈深愈古，自二叠纪至志留纪，莫不具备，且显露清晰，欲作详细研究，最为便利（第六图）。

倾斜向西或西北西，倾角十五度。越河而东，上坡，过巴口铺，至赖子沟，遂有奥陶纪灰岩。地层至此折向北斜，而其南则转向南斜，故其间构造为一近于湾形式之背斜层也。自漆树垭远望，不特岩层系统俱能由其地形上之不同而资认别，即构造之蜿蜒曲折亦一目了然。四度河背斜层向东延长，则与长阳背斜层相连，前已述及。就其分布之广远可知，二者实为鄂西最重要之构造线也。

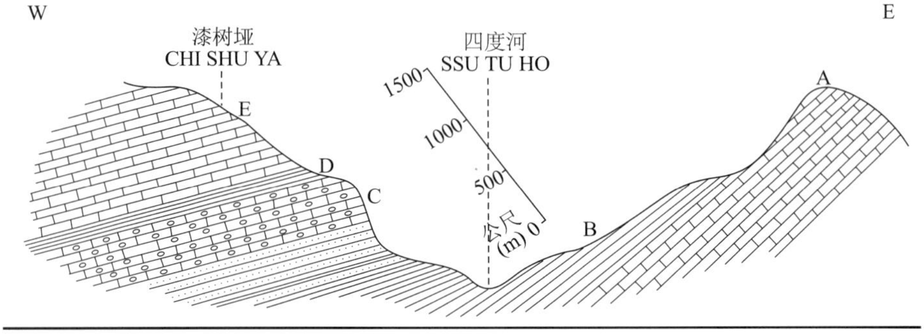

第六图 四度河剖面

Fig. 6. A profile of Ssu Tu Ho.

A—奥陶纪石灰岩 Ordovician limestone；B—新滩页岩 Sintan shale；C—阳新石灰岩 Yangsing limestone；D—茅庄系 Mao Chuang Series；E—大冶石灰岩 Tayeh limestone.

六、马鞍山向斜层

马鞍山位于长阳县之南，承长阳背斜层之势，地层南倾，自奥陶、志留诸纪岩层而上，至顶部为石炭纪灰岩，自成一向斜层，绵连而西，为清江之南屏。至石洋滩，因断层之结果，石炭纪岩层越河而北，此向斜轴线亦遂转移于河北矣。密布于清江沿岸之煤矿，在石羊滩以上者，皆在河北，而在石羊滩以下者，举在河南。其所以如是者，即此断层之影响也。自此而西，将近资丘，高峙于河北之石炭纪煤系，又复下达河滨，分为二支，一支经资丘南之清水溪、陈家河而西南，一支由资丘山阴溯江而上，介于二支之间者，则为石炭纪至二叠纪间岩层所成之四方台盆层，于次节述之。

七、四方台、白澳砦、谢家砦等之盆层构造

鄂西地形上及构造上有一极显著之现象，即此类盆形式之构造是也。刘家场、渔洋关间之盆层已述于前，而其见于资丘与五峰之间者，尤为雄伟。地层属石炭纪至二叠纪之石灰岩，倾斜极平，剥蚀后每成峭壁，而山峰矗立，犹如城堡，故本地人每以砦名之，如白澳砦、谢家砦是也。自资丘南行，越一平台式之高岭，曰四方台，高距海面约一千七百余公尺，为鄂西期剥蚀平原之顶。其地质纯属大冶石灰岩，倾角极缓，而走向、倾斜，则屡屡变迁，组成一近于盆形式之构造焉。自此南行至五峰县，经过大片之志留纪页岩，呈多数局部之褶皱，其西则石炭纪与二叠纪之石灰岩，蜿蜒曲折，成高台式之向斜层者二，即白澳砦与谢家砦是也。倾角俱极缓，约十余度，而砦顶之岩石则俱为大冶灰岩所成。

八、五峰县附近之褶皱

五峰县之北，万马池、尤溪堡之间，地层隆起成一东西向之背斜层。于志留纪页岩之下，遂有奥陶纪灰岩之露出。五峰县城乃处于志留纪地层之上，而奥陶纪灰岩则夹峙于南北，遂成一向斜层构造矣。此向斜层之轴，东高西下，故杨蜡岭、杨花子岩之北，乃有高踞岭脊之石炭纪灰岩焉（第七图）。自此西南行，经丁字坡、越瓜箩湾以上之岭口，地势甚高，达一千九百四十五公尺。地质构造已及谢家砦盆层之边缘矣。

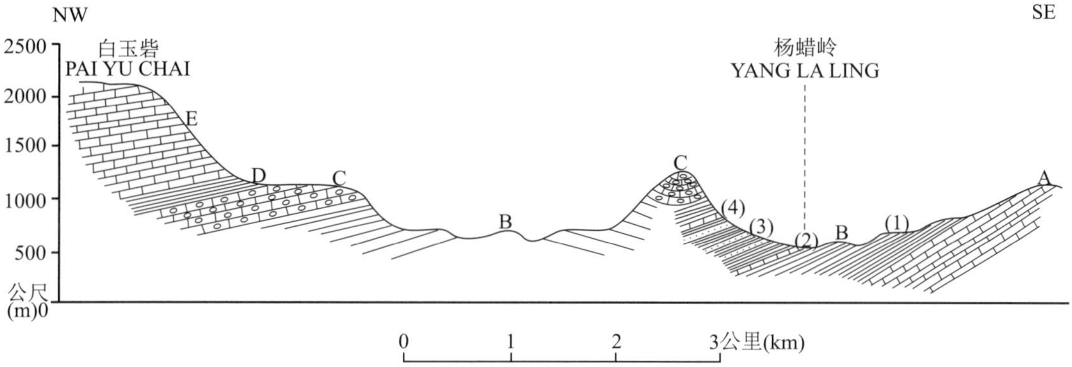

第七图　五峰县西南自杨蜡岭至白玉砦间剖面图

Fig. 7. Section from Yang La Ling to Pai Yü Chai, S. W. of Wu Feng.

A—奥陶纪石灰岩 Ordovician limestone；B—新滩页岩 Sintan shale (Silurian)：（1）页岩 Shale；（2）含化石石灰岩 Fossiliferous limestone；（3）砂页岩互层 Alternation of sandstone & shale；（4）铁矿层其下有石灰岩 Iron ore with a layer of limestone below；C—阳新石灰岩 Yangsing limetone；D—茅庄系（二叠纪）Mao Chuang Series (Permian)；E—大冶石灰岩 Tayeh limestone.

九、鹤峰向斜层

自五峰瓜箩湾岭口至鹤峰二百里间，路线大致与层向相同，故于地质构造上无足称述，比至鹤峰城东北八九里处，则有三叠纪巴东层之紫红色页岩层出露，其构造为一东北西南向之环合内斜层。鹤峰县即在红色页岩层之上，因石质松软，故成较宽之溪谷，其环峙于县城四周之高岭，举为内向倾斜之大冶石灰岩也（参阅第四图）。

一〇、沙道沟向斜层

沙道沟、来凤间，地层成向斜层构造（第八图）。褶皱方向自东北至西南。中为三叠纪红页岩，两旁为二叠纪石灰岩、茅庄系及下石炭纪灰岩等，层层相接，颇为整齐。向斜层南端入来凤平原，而被掩于第三纪红色地层之下，故南段至此而止。惟沙道沟以北，地层尚有依走向而向北延长之势，但其终点则未及穷探耳。

一一、咸丰背斜层

咸丰忠堡一带为大片奥陶纪灰岩分布之地。在忠堡者，斜向东南，倾角自三四度至十余度，在咸丰者，斜向西北，倾角较急，约三四十度。二者之间当为一背斜层构造。因两

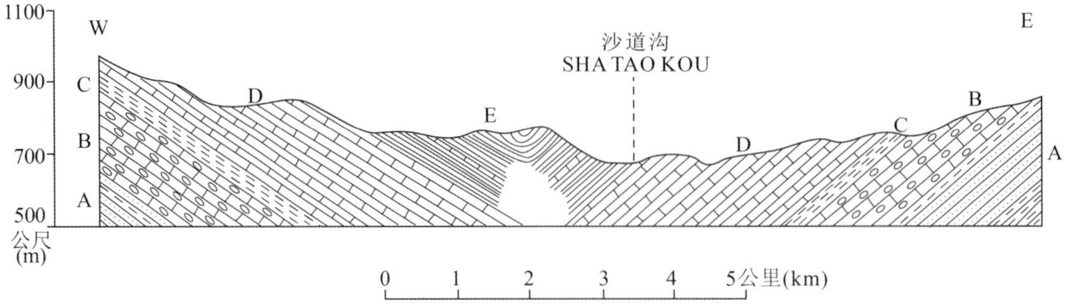

第八图 沙道沟向斜层图

Fig. 8. Section of the ShaTao Kou syncline.

A—新滩页岩之上部 Upper part of Sintan shale；B—阳新石灰岩 Yangsing limestone；

C—茅庄系 Mao Chang Series；D—大冶石灰岩 Tayeh limestone；E—巴东系 Patung Series.

翼之倾斜，缓急不等，且褶轴中部复受断层影响（土地关断层），故东西两翼之露头顿现广狭不等之象（第九图）。

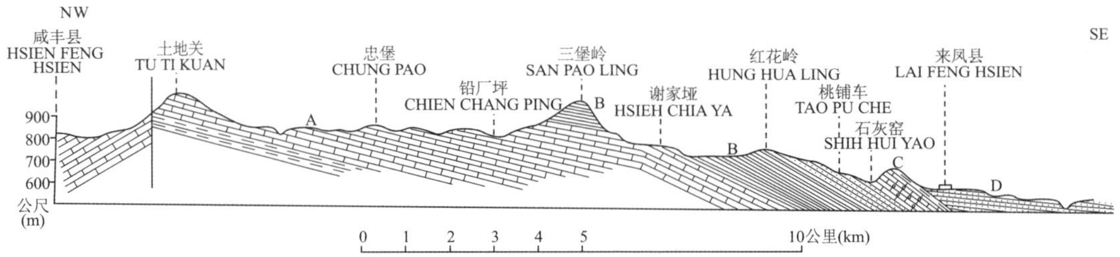

第九图 来凤咸丰间剖面图

Fig. 9. Cross section between Lai Feng & Sien Feng.

A—奥陶纪灰岩 Ordovician limestone；B—新滩页岩 Sintan shale；

C—阳新灰岩 Yangsing limestone；D—红色砂页岩层 Red beds.

一二、椒园向斜层

自咸丰至施南间之重大构造为一向斜层，其中心适在椒园附近，故名之曰椒园向斜层。在椒园以南，地层走向东北西南，椒园以北，则约略近南北。此向斜层之顶部为三叠纪红页岩，出露于椒园之东，而露头最广者，厥为二叠纪薄层状石灰岩。

一三、河水坪向斜层

建始县南，自蛮山子至干沟铺间，三叠纪页岩走向东北东至西南西，成一连绵不断之山脉，主要构造为一向斜层，河水坪适当此向斜层之中部，故即以此名之。建始附近为向斜层之北翼，自二叠纪以下至志留纪之岩层俱出露甚完备，南翼则观察未详，所及见者皆二叠纪灰岩也。河水坪向斜层与椒园向斜层之间虽观察未周，然就大体构造上揣测之，其地质必大部分属二叠纪灰岩，局部褶皱，似不能免，而重大构造或当以一背斜层为主干也。

一四、建始背斜层

建始县附近及其南十里许，地层自志留纪以迄二叠纪，出露甚备，斜向东三十度南，倾角五十度。此部即为前述河水坪向斜层之北翼，而亦即建始背斜层之南翼也。盖建始县城以北，志留纪页岩层之山上有成绝壁之石灰岩，斜向西北，倾角甚缓，约二三十度，一望而知为石炭纪至二叠纪之灰岩也。斜向既背道而驰，地层又若是位置，其为背斜层无疑矣。

一五、大支坪野山关间之紧密褶皱

沿施宜大路自大支坪至野山关间，地层倾斜甚急，斜向变迁不一，往往成极紧密之局部褶皱，致二叠纪以下之地层偶或显露，然褶皱范围极为狭小，往复起伏，而仍归于原。故就大体论，此部地质当仍以二叠纪灰岩为主，不过因局部褶皱关系，致有一部份之较古地层偶尔显露耳。兹将此部褶皱详述如左。

大支坪附近为二叠纪薄层状石灰岩，斜向东南，倾角近垂直，其东有茅庄系、石炭纪灰岩等，而至界牌埡、长岭岗间，并有一部分志留纪页岩之出露焉。长岭岗以东，斜向易为西北，倾斜急如前，地层层次复自古而新。至水果坝，而仍为二叠纪岩层。故自大支坪至此，当为一极紧密之背斜层也。自水果坝东行，二叠纪石灰岩斜向东南，倾角较缓。越支井河后，斜向易为西北，倾角甚平。至猴子坪、砚台湾，渐近垂直，并有茅庄系。砚台湾以东，仍为二叠纪灰岩，而斜向易为东南。故自水果坝至此，地层构造初为向斜层，继为背斜层，盖已起伏二次矣。砚台湾、秀水沟之间，二叠纪灰岩复成一向斜层。而秀水沟以东，枫木村附近，则为一紧密背斜层，有茅庄系之露头。过此，二叠纪灰岩复成一向斜层，故在张家村附近，斜向易为西北。张家村以东迄野山关间，有茅庄系、石炭纪灰岩等，斜向始为西北，继为东南，俱急斜近垂直，故此部亦为一紧密之背斜层也。

一六、贺家坪向斜层

自贺家坪延大路北行，经奥陶纪灰岩而至志留纪页岩。初时倾斜向北，继易南向至纪治河，复有奥陶纪灰岩，斜向南十度西，倾角二十五度。故其间为一向斜层，轴向自西北趋东南。贺家坪之西北，于高山之顶，并有石炭纪至二叠纪之石灰岩成峭壁极显，盖即贺家坪向斜层之顶部也。

（二）断层

一、土地埡断层

走向约近西北东南。此处地质为新滩页岩之顶部，斜向西南，倾角二十度，因石英质砂岩重复出露，组成二山脊，故知其为断层所致（参阅第十一图宜都南乡煤铁矿产地质图）。

二、写经寺断层

走向东北西南，其位置适与广坡以北之山谷相合。断层线之北为新滩页岩，其南则有阳新石灰岩、新滩页岩及广坡之铁矿，倾斜俱西南向。

三、界碑断层

走向不甚确定，似为东北西南。此处二叠纪地层与新滩页岩相接触，而阳新石灰岩独付缺如，当系断层所致也。

四、渔洋关断层

渔洋关之北有一小背斜层，前既言之。惟大片之奥陶纪灰岩却露出于此背斜层之北，其位置一若在新滩页岩之上者，故亦为一断层也，走向约为东西。

五、土地关断层

土地关西北，寒武纪页岩与奥陶纪灰岩成断层接触。断层走向自东北东至西南西，其范围似甚狭小，盖此处构造以一背斜层为主，断层不过其局部之折裂耳。

六、丁砦断层

咸丰县西南丁砦附近，奥陶纪灰岩之中部（矽质呈角砾状之灰岩）与志留纪页岩之中部互相接触，故知其间必为一断层，走向自东北至西南（第十图）。

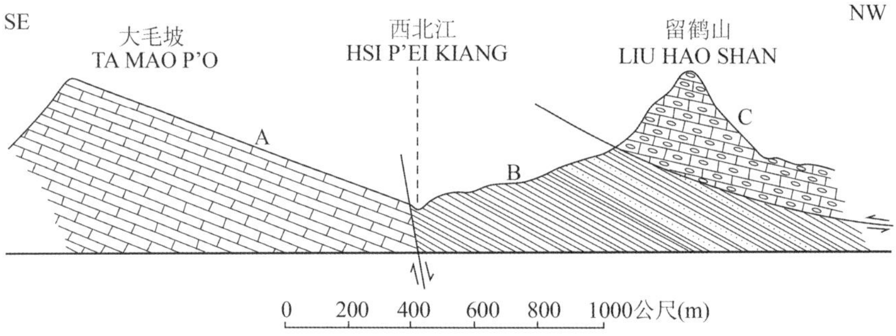

第十图　丁砦附近断层剖面图（向西南望）

Fig. 10. Section showing the faults at Ting Chai. (Looking S. W.)

A. 奥陶纪灰岩 Ordovician limestone. B. 新滩页岩 Sintan shale. C. 阳新石灰岩 Yangsing limestone.

七、留鹤山拗折层

丁砦西北留鹤山，石炭纪灰岩与志留纪页岩之中部相接触，其顶部之石英质砂岩缺焉，故知为一断层。惟接触带极为整合，在数处观察皆然，一若无断裂之痕迹可见者，似此情形，颇若一拗折层（第十图）。

八、白果坝断层

白果坝东北五里许有一东北西南向之斜向断层，致茅庄系及二叠纪石灰岩等不能沿其走向而连续。

（三）褶皱及断裂之时代

调查区域内所见受褶皱影响之地层，以三叠纪之巴东系为最新，故知褶皱时代至早当在三叠纪以后。但民国十三年在宜昌巴东间之调查，则白垩纪之归州系（整合地覆于巴东系之上）亦同受褶皱之影响，以是知褶皱时代至少当在下白垩纪以后，或者为第三纪之初期也。鄂西地层，自震旦纪以迄白垩纪，悉整然层列，互相平行，除 Disconformity 外，无重大之不整合现象可见。以是知当时海陆虽有升降，而重大褶皱之时代似只限于此中生代末第三纪初之一时期也。断层之时代似与褶皱相距不远，但就长阳县西石羊滩之断层观之，则似先有褶皱，后有断裂，故其时期或当稍后。

第三纪红色地层沉积之后，鄂西一带又发生微弱之上升运动，以致本为近于水平之地层，今则俱略呈倾斜之势，而地面河流受此影响，剥蚀之力顿形活跃，遂造成今日所见绝峡深沟之地形，故三峡期地形之发生，似又当在红色地层已受倾侧之后也。

五、经济地质

调查区域内之矿产以煤为最重要，铁矿虽分布甚广，而俱未开采。此外又有铜、硫等矿。兹将矿产、矿业诸情形分述如左。

一、铁矿

鄂西铁矿，以宜都、长阳二县分布最广，昔时冶业亦最盛。此外，松滋、巴东、建始、兴山、咸丰等县莫不有之。据此次观察及访问所及，铁矿产地有左列数处。

一、宜都县南写经寺，

二、枝江县刹园寺、土地垭之间，

三、长阳县资丘西北六十里土木垴，

四、资丘东南一七〇里大龙坪、红毛河及资丘南之剪刀山，

五、五峰县西南杨花子岩及土坪之间。

以上（一）、（二）、（五）三处皆曾实地调查，其他二处则据乡人传述，但实际之分布决不止此也。

铁矿层产于新滩页岩之最上部，与阳新灰岩相近之处，已如前述。因此项矿层质性特异，为此前所未见，故特名之为写经寺含铁层，以资区别。该层厚自五十公尺至百公尺。在土地垭至刹圆寺之剖面已列于前，兹将自杨花子岩至土坪间之观察叙述如左。

杨花子岩所见本系之层厚约五十公尺，其与上、下二系之接触俱逐渐变迁。其自下而上之层次大致如次：

（一）砂岩页岩之互层	厚二十公尺
（二）石灰岩一薄层	二公尺
（三）薄层状灰质页岩	五公尺
（四）石灰岩	十公尺
（五）灰色页岩与铁矿之互层，含铁层有三，最厚者仅五公尺	

（六）黑灰色灰质页岩　　十公尺

（七）砂岩与黑页岩之互层　　十公尺

（八）石炭纪之含燧石灰岩

五峰县土坪附近，本系地层露出极为完备，所含铁矿层数，虽未详测，然至少当有二层，一为硬赤铁矿，一为松赤铁矿，二者皆呈鲕状结构。硬赤铁矿仅见漂块，未见露头；松赤铁矿厚仅半尺，夹于砂岩中。铁矿上有保存极劣之腕足类化石，察其种类，似与前在阳新富士口下志留纪页岩中所得者极相仿佛。此上有黄灰色页岩与薄石灰岩之互层。灰岩有二层。下层呈鲕状结构，鲕子一半为赤铁矿所交换而呈红色。灰岩中并含腕足类化石，亦与下志留记所含者无甚大异。故本系之地质时代或仍属志留纪也。再上经过黄色页岩与石英质砂岩之互层后，遂为下石炭纪之石灰岩。

五峰县西三分岗至树屏营间，于山坡之上见鲕状赤铁矿块甚多，虽路线所经未见露头，然与本层距离不远，致铁矿得迁移至此，则可断言。又宜都西鄢家沱煤矿附近，亦多鲕状赤铁矿块砾，其层位适当于燧石灰岩与志留纪页岩之间。总之在鄂西一带，凡石炭纪灰岩与志留纪接触之处，俱有本系之踪迹。而本系中又往往含自一层至数层之铁矿，其层位之有定，分布之广袤，可与我国山西铁矿相提并论矣。

鄂西最著名之铁矿当推宜都南乡之写经寺，于民国初年由湖北宫矿局呈领矿区，拟事开采，终以交通不便，至今未能实行。铁矿露头计有三处：（一）宜都南乡写经寺西南九里李家山、张家脑、罗家脑。（二）写经寺东北广坡、燕儿窝。（三）写经寺东二十里仙女洞，西南与五峰交界之黄家岩、高家岩。此次调查，以时间忽促，故以上三处未能遍历。今仅述在广坡考察所得者如左（第十一图）：

广坡在写经寺东北五里许，位于一高山之坡上，高距海平面约七百三十五公尺（气压计约测）。该处铁矿倾斜南十八度西，倾角二十度，其西北为一断层所限（即写经寺断层）。据露头计其厚度为一·八公尺，然其下尚有隐伏未现者。矿为鲕状赤铁矿，质甚良好，紧接于矿层之上为黄砂岩。此上尚有矿二层，以露头不全，故难计其厚度。此区铁矿，据湖北宫矿局测算，谓共有三，四六七，二一四吨。余等既未测量，故矿量不克计算，此数之确否，遂无由判明。但有须注意者，铁矿既位于一山坡之上，而斜向又与坡向相合，故至少当有一部受风化剥蚀以去，为精密测算计，须于风化之部与残余之部，加以慎密之判别也。

就上述铁矿之地质及产状而论，其为水成矿床可无疑义。然尚有待于将来之研究者，即主要矿层之发生，由于原生之沉淀乎？抑由后来之交换作用乎？据土坪剖面中所见鲕状石灰岩一部为铁质所交换之事实观之，似交换作用颇为重要。但细察各矿标本，质多纯粹，而就显微镜下察之，亦无遗留未变之原生物质可见，故原生沉淀说仍有解说之可能也。

鄂西铁矿之地质情形，以调查未遍，向少知者，丁格兰所著之铁矿志中亦未述及。此次之后，觉其矿床种类及地层位置俱为前此所未有，殊有另树一帜之势。但详细研究即知，本类矿床实与萍乡式之铁矿极相类似，盖二者俱呈鲕状结构，而位于砂页岩之中也。萍乡铁矿层之时代，丁文江氏假定为石炭纪，但观其地质层序，颇与现知之志留纪地层相当，盖同为砂页岩层而位于一石灰岩之下，故也。倘此说而然，则本类

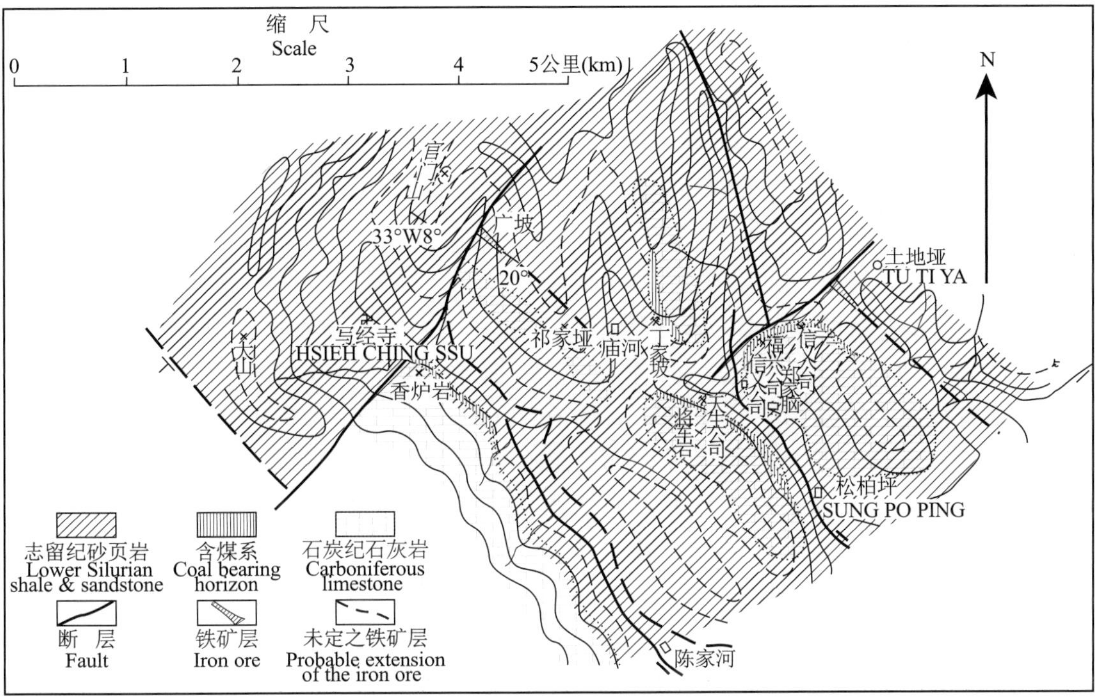

第十一图　宜都文华区煤铁矿产地质图

Fig. 11. Geologic sketch of the coal and iron fields of S. I-Tu.

铁矿与萍乡铁矿，不但矿床之情形相似，抑且为同时代之产物矣。又与美国东部之克林顿铁矿较，其地层时代及矿床种类亦俱有比拟之可能，故谓之为中国之克林顿矿，亦无不可也。

鄂西铁矿分布既广，质、量俱佳，故在矿业上言，极有重视之价值。但交通阻梗，运费太高，且值兹铁价低落之时，尤少经营之可能。按写经寺一带铁矿，距枝江或羊溪均有六七十里，其间崇山峻岭，运输极艰，若广坡须越一高约五百公尺之土地垭，而自土地垭至江边又有五十里山路。至于张家脑、仙女洞等处，交通更属不便。若照现时郑家脑之运煤脚力而计，每吨铁矿运至江边需洋约十元，仅陆路运费一项，已超过今日远东铁矿之售价一倍以上，尚遑论其他之成本乎。故在今日经济状况之下，此矿万难开采，然留后他日之需，则实为不可轻视之富源也。

二、煤矿

就地质时代言，鄂西煤矿可分为二系。（一）产于阳新含燧石灰岩之底部，时代属石炭纪，（二）界于阳新石灰岩与大冶石灰岩间之茅庄系，中亦产劣质薄煤，时代属二叠纪。石炭纪煤系产有烟煤，质性尚佳。煤层常呈晶片形，最厚时有达一丈余者。在宜都、长阳境内，以距江尚近，且有水路之交通，故开采甚盛。二叠纪煤系之露头俱在崇山峻岭之内，且其中含煤不丰，质亦不佳，故开采甚少，仅于镇市附近设窑采挖，以供不时之需，如小关、天桥、野山关等地所见者是也。至于深山之内，林木繁盛，野草更多，故居民炊爨所需，多用薪炭。煤之销路既狭，故即土法小窑而亦不经见矣。兹纪述宜都、长阳二县境内之煤矿如左。

（一）宜都县煤矿

宜都县煤矿大部在其南乡、文华区境内。此次调查所及可分为六区如左（参阅第十一图宜都文华区煤铁矿产图）。

（一）郑家脑

位于土地垭之西南坡，距松栢坪约四里。煤层有三，上为窑煤，中为窑炭，底为烧煤（质最佳）。厚薄不定，自二三尺至一丈余。地层倾斜向南或西南，倾角十余度至二十度。现有福兴公司及信义公司开采，各有工人十余人，每日每工约能出煤自千余斤至五千斤，视窿口斜度之缓急而异。如信义公司之窿口，坡斜甚平，故能置拖车上拖出之，每拖约一百七八十斤。福兴公司之窿口则不然，因坡斜急，只能背负而出，每背仅四五十斤。信义公司有窑口二处，其上者与福兴仳连，因矿区纠葛，涉讼至十余年，至今犹未解决。

（二）丁家坡

在松柏坪西北七里，前经福兴公司开采，以煤质不甚佳，已停办。现有私窿数处。

（三）将军岩

在松栢坪西北三里许，现有天生、新民等公司开采，于民国十三年产煤，工人四五名，每日每名约能出煤一千五百斤左右。煤质甚劣、故售价较低。

（四）江家湾及乾沟

在松栢坪东南十二里左右，二者实同一煤线。江家湾现有福兴公司开采，为此间一带煤窑中之最早开采者。地内工程延绵甚远，多有为水所浸，已成废窿者。昔日产额最旺，现稍衰，每日每工约能出煤千斤左右。干沟有协济公司，资本二万五千串文，于民国十三年冬季开办，备有价值三千元之锅炉、抽水机全副。工人十余人，每日工资一串文，日夜工作，则为二串文，由公司给与伙食。他处煤窑，每日每工之工资仅八百文。此处以水多工艰，故待遇较他处为稍优。煤层只一，质尚佳，厚自二尺至五六尺。现每日产煤甚微，仅敷烧锅炉之用，尚未能运出销售。

（五）香炉岩

在松坪西二十里，写经寺南二里。昔有楚裕公司呈请开采，现已停办。

（六）唐家洞

在刘家场西北十五里。现有东升公司，于民国十三年成立，有窑口二，工人四、五名，日产煤约二千斤，运至刘家场销售。价值烧煤每拖（约五六十斤）三百文，窑煤百余文，运脚每斤六文。

（七）鄢家沱

在宜都县西三十里。有长孚煤矿公司，亦采下石炭纪之煤。据云煤质尚佳，可供小火轮之用。该处距江甚近，运输当无问题。当调查时正在探勘，尚未产煤。

以上各煤矿，除唐家洞一处仅销刘家场及附近村镇外，余皆用牲口运枝江或羊溪，为程约四五十里。其间山路崎岖，运输至为不便，每驼（约二百斤）需运脚二千文。亦有脚夫自备牲口来窑买煤，而转销于枝江、羊溪等处者。在窑上售价，烧煤每驼一吊三四百文，窑煤每驼五百文。在枝江或羊溪售价，则烧煤每驼四吊文，窑煤每驼二吊三四百文，其利较运价为薄也。新民公司之煤，质劣价贱。在窑上售价，烧煤每驼八百文，窑煤二百五十文。烧煤用于造酒、制粉、丝榨坊及家常应用；窑煤则仅能供烧灰，其大宗销路即羊溪之石灰窑也。江家湾及干沟之煤，质最佳，小火轮能用之。

前述各煤矿，因规模幼稚，作辍靡常，故欲精计其产额，殊属不易。今就每窑之工人数目及其每日之产煤能力而估计之，列为左表。

县	地点	公司	每日产额	每月吨数
宜都	郑家脑	信义公司	约50，000斤	600吨
	同上	福兴公司	14，000—28，000斤	150—300吨
	将军岩	天民公司	约8，000斤	约100吨
	江家湾	福兴公司	20，000—30，000斤	200—300吨
松滋	干沟	协济公司	约10，000斤	120吨
	唐家洞	东升公司	2，000斤	30吨
	江家湾	福兴公司	20，000—30，000斤	200—300吨

照上表计算，则宜松一带每月约能产煤一千五百吨左右，若再加薛家坡、丁家坡（在松柏坪北十里）等处私矿之零星产额合计之，则每月产煤二千吨，虽不中亦不远矣。惟土法小矿一年中之产煤能力不能一律，大抵春夏秋忙，工人难雇，则产额少，冬季则产额多。今以冬季产煤每月三千吨计，则宜松一带每年之产额当为三万吨左右。

（二）长阳煤矿

长阳煤矿俱分布于清河两岸，东起县南之马鞍山，西迄资丘，凡百余里间，煤窿密布，矿业甚盛，盖以水运便利，足以畅销宜昌、沙市故也。兹先就煤系露头之分布论之。长阳附近，煤系出露于县南之马鞍山，自东走西，故煤矿俱在河之南岸，如马鞍山之油坊坪、庙沱之落雁山、樟木垭、都镇湾等处是也。至石羊滩，因断层关系，煤线遂越河而北，如鸭子口、厚浪沱、马连巴山附近之煤矿是也。及资丘附近，河流方向易为西北东南，经流于石炭纪灰岩所成向斜层之中部，故河南北俱有煤矿，如田家河、王家坪、鱼峡口（河南岸）及清水溪、杨木溪、临乡溪、锁凤湾（河北岸）等处之煤矿是也。资丘以下，除马鞍山系烟煤外，余皆属无烟煤，且多系粉末，无大块，然以水流畅旺，运输便利，故矿业尚为发达。资丘附近，则产大块之无烟煤，质虽不佳，然在需煤极亟之湖北，已视若至宝，虽水道较远，亦能开采。资丘西北二十里之临乡溪，现有和记公司，年产煤数千担，为此间一带最大之煤矿。至临乡溪以上，若鱼峡口、天池口等处，因水浅滩多，即夏季亦难运输，故只能供本地人之用，无矿业之足言矣。

长阳河两岸之煤矿，开采虽盛，都系土法小窑，殊鲜大规模之组织，每窑仅雇工人自七八人至十余人，日产煤数千斤。前清光绪年间有沈某者，曾集资二十万元，开采资丘北三十里之岩垭子煤矿。该处煤质最佳，足供小火轮之用，卒以运输困难而辍。良以下石炭纪灰岩中之煤层，质既不佳，而厚度又复变迁不定，且崇山峻岭，运输困难，用土法开办或可获利，若一用西法，则成本既高，而产煤无多，复难尽量输出，未有不失败者，盖地利有限，非人力之所能挽回也。据长阳县煤业公会民国十三年统计，谓全县产煤约二十万担，每担三百斤，共六十万斤，约合三万六千吨。

三、铜矿

据前人报告，施南、宣恩、建始、咸丰俱有铜矿。此次因限于路线，仅至咸丰西南三十里丁砦铜矿略事考察，纪述如左。

地点　铜矿在丁砦西南八里许袁家沟。

历史　前清光绪初年，本地人魏德崇用土法开采，历二年之久，产铜数十万斤，销万县、常德等处。民国元年，前咸丰县知事陈侃继续开办。四年与湖南矿商刘某、王某等集资合办，定名为鼎新公司，所采之铜，用土法冶炼，成绩尚佳，至民国七年，土匪突起，遂停办。

地质及矿床　矿石为黑铜矿、斑铜矿、黄铜矿，稍夹黄铁矿。风化部分则有蓝铜矿、孔雀石等。成分尚高。矿床呈不规则块形，产奥陶纪灰岩中。灰岩富于矽质，时呈角砾状。矿床附近未见有何火成岩，灰岩中亦无变质痕迹及发生变质矿物等情事。

运销　运输方法：先由旱路运至来凤之百户司，计程一百五十里；自百户司由水路赴常德，水大时八日可到，小时须十一二日。大船可装二万斤，共需运费每担约六七串文。常德以下，可用小火轮驳运。

其他铜矿　除袁家沟外，发现铜苗之处尚多，大多数皆在此东北西南向奥陶纪灰岩所成大山脉之西北坡，如七眼泉（袁家沟西南三十里）、大溪、天宝仓（袁家沟西南四十里）及张家坪、裁坨、苦草坪（在大溪之东南）等处。

四、硫黄

硫黄产建始县西北二乡，由硝磺局开采。此次因距路线过远，不克亲往矿地视察。惟曾至硝磺局调查，据云矿地有四，即九股山（县西九十里）、锅厂湾（县西九十里）、磺厂坪（县北七十里）、界石岭（县北一百二十里）是也。每处现有工人自数十人至一二百人，月产磺约三千余斤，由磺局包与工头采炼，计缴硫黄一斤，给与钱一百四十文。磺皆熔成圆块，每块重约三十余至四十斤。由旱路运至大溪，近者九十里，远者百余里，脚力每斤五十文。自大溪可通水路，直达宜昌，每三百担约需水脚二百数十串文。据局中人云，磺矿呈块状、其附近并产烟煤，即利用之以炼磺。诚如是，则建始磺矿恐即下石炭纪灰岩底部与烟煤共生之黄铁矿，而与鄂东阳新等县之磺矿同属一类者也。

Pl. Ⅰ.

湖北西南部地质示意图

Pl. Ⅱ.

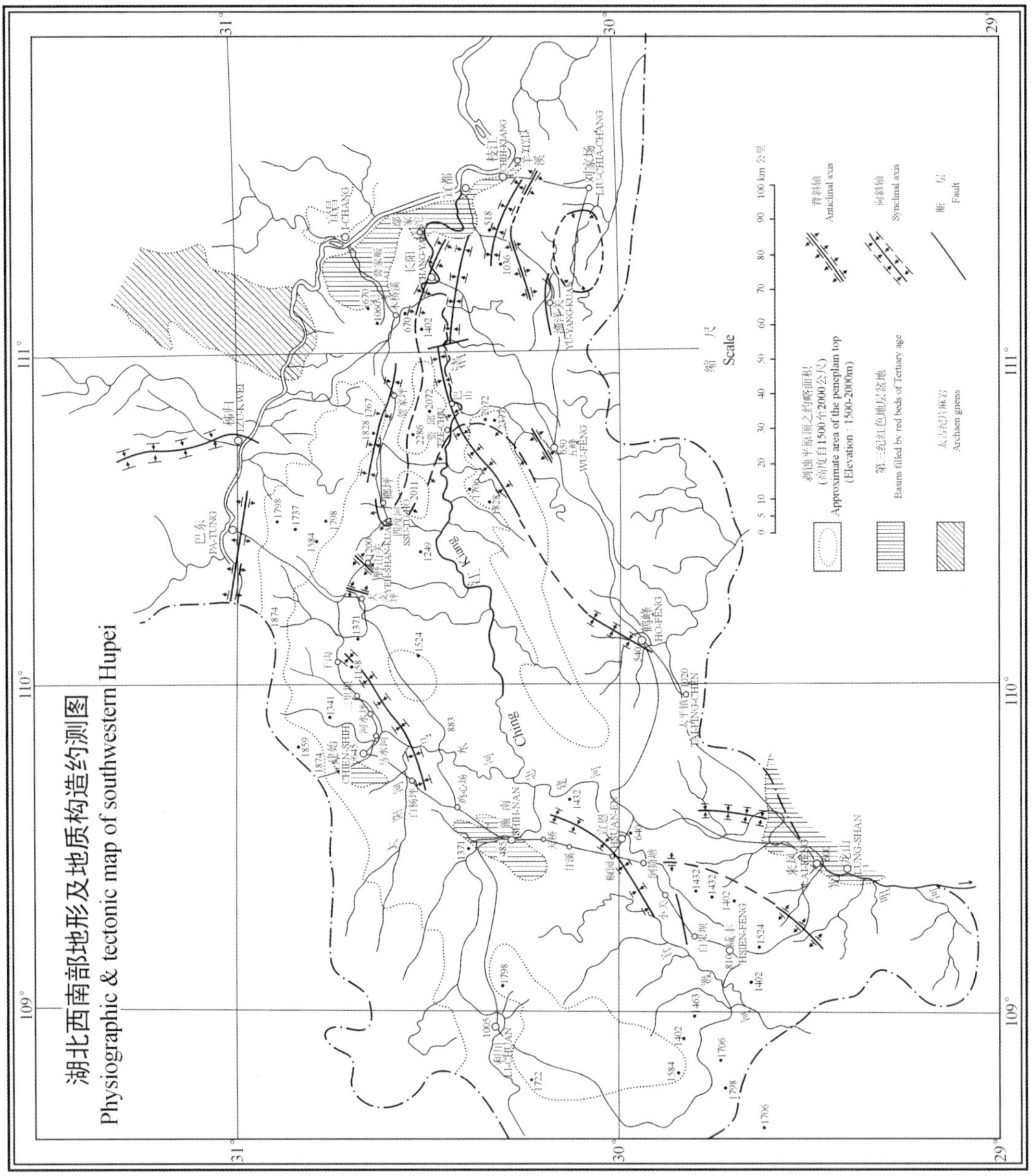
湖北西南部地形及地质构造约测图
Physiographic & tectonic map of southwestern Hupei
缩尺
Scale
剥蚀平原顶之约略面积
(高度自1500至2000公尺)
Approximate area of the peneplain top
(Elevation: 1500-2000m)
第三纪红色地层盆地
Basins filled by red beds of Tertiary age
太古纪片麻岩
Archaen gneiss
背斜轴
Anticlinal axis
向斜轴
Synclinal axis
断层
Fault

太平镇山原高距海面约千公尺．为山原期中之一分期，河谷平坦，土壤肥美，人民极形繁盛，自奇峰关向北照。

The Taipingchen Stage, a sub-stage in the Shanyuan Epoch, is about 1, 000 m above the sea level. It has a flat floor, very fertile soil and is densely populated. Looking N. E. from Ch'i Fêng Kuan.

施南附近之红色盆地，高距海面约五百公尺，图中低丘皆红色砂页岩层。向西南照

A close view of the Red Basin near Shih Nan. The basin is about 500 m above the sea level, being filled by red beds of Tertiary age which appears as low and rolling hills in the picture. Looking S. W.

Hsieh & Liu: Geology of S. W. Hupeh. Pl. Ⅳ.

天桥附近之地形，示现代剥蚀所成之深峡（三峡期），及高距海面六百公尺之山原期剥蚀面，其位置即天桥村所在地也。

View near Tien Ch'iao showing the recent cutting (Gorge Stage) and a six hundred meters level of Shanyuan Stage which is marked in the picture by the village Tien Ch'iao. Looking S.

震旦系之灯影灰岩（在河滨显露不全）及奥陶纪之宜昌石灰岩，俱成峭壁，中间之缓坡则为寒武纪之石牌页岩所成。在长阳县附近摄。

Both the Tênying limestone of Sinian and the I-chang limestone of Ordovician are cliffbuilder while the intervening gentle slope is occupied by the Cambrian shale. Photo taken near Ch'ang Yang Hsien.

自赖子沟至贺家坪之河谷，其位置适当于奥陶纪灰岩与志留纪页岩之接触带．向东南东照。

Valley from Lai Tze Kou to Ho Chia Ping being located just in the contact between the Ordovician limestone and the Sintan shale. Looking SEE.

建始县城筑于新滩页岩之上，其后方高山乃巫山石灰岩。

The city of Chien Shih Hsien is built on Sintan shale. High hills behind are Wushan limestone.

Hsieh & Liu: Geology of S. W. Hupeh. Pl. Ⅵ.

鹤峰盆地为三叠纪之红色砂页岩（巴东系）所成，四周高山皆大冶石灰岩。向西南照。

The Hao Fêng basin formed by the Patung Series (Red sandstone & shale) of Triassic age is surrounded on all sides by high hills of Tayeh limestone.

第三纪之砾岩层成峭壁状，不整合地位于奥陶纪灰岩之上。宜昌西曹家畈附近摄，向南东南照。

Tertiary conglomerate (forming cliff) unconformably overlaid on the Ordovician limestone Taking from Tsao Chia Fan, W. of I Chang, looking SES.

漆树垭下之峭壁，自志留纪至二叠纪之地层悉出露甚完备。向西照。

Cliff below Ch'i Shu Ya showing complete section from Silurian to Upper Permian. Looking West.

丁砦之河谷，示留鹤山拗折层及丁砦断层（参看第十图）。

The valley of Ting Chai showing the Liu Hao Shan overthrust and the Ting Chai fault (compare fig. 10).

GEOLOGY AND MINERAL RESOURCES OF S. W. HUPEH

(with 7 plates & 11 text-figures in the Chinese text)

By C. Y. Hsieh 谢家荣 & C. C. LIU 刘季辰

Ⅰ. INTRODUCTION

This is the fourth trip we have taken in Hupeh Province for the purpose of investigating geology and mineral resources of that Province. Our area was the S. W. part of Hupeh including a total of eleven districts. We started on the April 27, 1925 by taking a steamer from Hankow to Sha Shih (沙市) and Yang Chi (羊溪) and thence to go by land to Chih Kiang (枝江), I Tu (宜都), Chang Yang (长阳), Wu Feng (五峰), Ho Feng (鹤峰), Lai Feng (来凤), Hsien Feng (咸丰), Shih Nan (施南) and Chien Shih (建始). The whole trip lasted about two months and we returned to Hankow by the end of June.

The Country traversed is one of the wildest and the most mountainous in China. Means of transport are especially difficult. The extraordinary hot and dry climate characteristic of that year is another handicap which has rendered our field work much more inconvenient. A trip to Li Chuan (利川) and as far as to the Szechuan border was originally planned, but because of the unfavorable climate and also somewhat unsettled condition there, this plan was finally dropped.

The following is a summarized report of geology and mineral resources of the region under discussion. A more detailed account is given in the Chinese part of this report, in which are also inserted the maps, the sections and the photographs. Readers are therefore referred to them for detailed informations.

Ⅱ. PHYSIOGRAPHY

1. Rivers and mountains: —Ch'ing Kiang or Chang Yang Ho (清江亦名长阳河) is the principal stream of the region under discussion. It originates from Li Chuan (利川) and flowing from west to east to pass Shih Nan, Tzu Chiu (资丘), Chang Yang and to empty to the Yangtze at I Tu. There are numerous tributaries, among which, the Ma Shui Ho (马水河) of Chien Shih, Chung Chien Ho (忠建河) of Hsuan Ên (宣恩) and Han Yang Ho (汉洋河) between Yü Yang Kwan (渔洋关) and I Tu are the most noted ones. All these tributaries flow in an approximate north to south direction. The streams near Liu-Chia-Chang (刘家场) and Hao Feng Hsien and also the Lung Tsui Ho (龙咀河) of Lai Feng, belong however to another trainage basin; they are the tributaries of Li Shui (澧水) and Yu Shui (酉水) of Hunan Province. In the extreme north, for instance, near

Tzu Kwei and Pa Tung，streams flow northward directly to the Yangtze.

Tsing Kiang is a navigable stream，especially useful here for the transport of coal. The down stream journey is both safe and efficient. Another navigable steam is the Han Yang Ho which takes only few hours from Yü Yang Kwan down to I Tu.

South-western Hupeh is occupied almost wholly by mountains. Aside from local basins and valleys，no plains of any wide extent can be seen. The mountains are arranged roughly in an east to west direction，which is also the direction of the principal streams. Two watersheds can be distinguished：one lying between the Yangtze and the Tsing Kiang，and the other between the Tsing Kiang and the Li Shui. In the neighbourhood of Lai Feng，Hsien Feng，Shih Nan and Li Chuan，the strike of formations changes gradually to from north to south，and consequently the trend of streams as well as mountains suffer a same change.

The highest mountain top ranges from 1700 to 2000 meters above the sea level. This is the remnant of former base level erosion，and its even skyline landscape forms here the most characteristic feature.

2. Physiographic development：—From a study of the topographic features as well as geologic structures，the physiographic development of S. W. Hupeh can be broadly distinguished into the following three stages：

(a) O-hsi stage or the stage of peneplanation：—One of the most characteristic features in S. W. Hupeh is the existence of an even skyline landscap which can be seen in many places，but especially at N. W. of Shih Nan，S. E. of Ssu Tu Ho（四度河）and S. of Tzu Chiu. This even skyline stands from 1700 to 2000 meters or more above the sea level. Its geologic structure suggests nothing in the nature of a plateau，but，on the other hand，the formations are dipping in different directions and at various angles. The only possible explanation is that this characteristic topography represents an uplifted peneplain and the period of peneplanation is hereby named the O-hsi（鄂西 which means W. Hupeh）stage.

The O-hsi stage thus defined represents therefore the oldest landscape that we can see in this region. It has been in most cases deeply dissected or even entirely removed by later erosion，so that only a fraction of its former area is still preserved at the present time. Besides those localities just mentioned，typical landscape of O-hsi stage seems to occur also at the S. of Ssu Tu Ho and Ho Chia Ping（贺家坪），between Pa Tung and Yeh Shan Kwan（野山关），N. W. of Chien Shih and in the vicinity of Li Chuan，A sketch showing the approximate distribution of O-hsi topography is given in PI. Ⅱ.

The geologic age of the O-hsi stage can not be determined by the observations in S. W. Hupeh alone，as the youngest rock here involved is only of Triassic age. According to the observations at Tzu Kwei（秭归）and Hsing Shan（兴山）the youngest rock which composes the peneplain top is the Kweichou series[1] of Cretaceous age. Therefore the age of O-hsi stage must be Post-Cretaceous possibly early Tertiary.

(b) Shanyuan stage: —After the formation of the O-hsi peneplain, the region was gradually uplifted and during the period of uplifting , erosion was set in, which dissected the peneplain and to form a mature topography of gentle slope and rolling hills. As the rate of uplifting was quite great, erosion was insufficient to cut them down; on the other hand their elevation was gradually increasing with the result that the formally almost base levelled region is now about 2000 meters above the sea level. Such events, which involve gradual uplifting and successive erosion, are included in Shanyuan stage which means a period characterized by intermontane basins or low lands of mature topographic landscape. Their elevation ranges from 500 m to 1, 700 m above the sea level.

Within the region surveyed, topography of the Shanyuan stage is most frequently encountered; it can be distinguished from the O-hsi landscape by its deeply dissected nature and from the Gorge stage (to be described later) by its mature type of topography. Typical Shanyuan scenery is seen on the route from Wu Feng, Hao Feng, via Lai Feng, Hsien Feng to Shih Nan and Chien Shih. The valleys are rather open and the slopes are gentle, so that the Shanyuan lands are more favorable for the agricultural developments.

As the Shanyuan stage covers a long period of successive uplifting and erosion, it naturally follows that more detailed study should reveal a number of sub-stages which could represent at each period and erosional level. Such a study would require accurate surveying and detailed investigation which were not possible during our present reconnaissance work. Two sub-stages however have been clearly recognized, which are briefly described as follows:

The Taipingchên sub-stage: —From Hao Feng Hsien (540 m above sea level) going southeastward we were raised by two steps called locally the first and the second slopes. On reaching the top, which is about 1,000 m above the sea level, the country is just as flat as a plain, being bounded on each side by gentle hills 2 or 3 hundred meters high. This intermontane basin which evidently represents a former erosional level has an extent from east to west about 50 or 60 li and from north to south four or five li. The village Tai Ping Chên is just located at the center of this basin, so the name is derived. Another flat valley of approximately the same altitude is found near Hsiao Kuan (小关), Hsuan Ên Hsien. It is probably to be correlated with the Taipingchên sub-stage.

The Shihlai sub-stage: The cities of Lai Feng, Shih Nan and Chien Shih are all located in a wide and flat basin which is about 500 m above the sea level. Such basins evidently represent another erosional level which was successively formed during the Shanyuan uplifting. They were filled afterwards by red beds of Tertiary age.

---

[1] Hsich, C. Y. and Chao, Y. T. —Geology of I Chang, Hsing Shan, Tsu Kuei and Patung districts, Hupeh. Bull. Geol. Surv. China, No. 7, 1925, pp. 63—66.

As has been stated before, the age of the O-hsi stage belongs to post-Cretaceous or at least post Lower Cretaceous, so the age of the Shanyuan epoch must be still younger than Cretaceous, possibly Early or Middle Tertiary. Now it is evident that the filling in of the red beds was an event which has taken place after the formation of the intermontane basin i. e. the Shihlai sub-stage which is of Early or Middle Tertiary age, therefore, it seems to be quite reasonable to say that the age of the red beds must be at least of Tertiary.

(c) Gorge or Sanhsia Stage: —This is the youngest physiographic development in S. W. Hupeh. The principal feature is the formation of deep and marvelous gorges bordered by steep and precipitious cliffs, which are characteristic of the younger type of topography. In fact the process of gorge cutting is still going on even at the present time, as most of the recent river valleys are developing in such gorges.

The gorges are cut into the Shanyuan landscape with such a vigorous and consistent force that it can be easily distinguished form the former landscape. Best examples showing contrast between these two types of topography are seen at Tien Chiao (天桥), Pei Ma Ling (白马岭) etc. in Shih Nan district*. Along the northern route from Shih Nan to I Chang, steep valley and deep gorges are especially common, such as Kao Tien Tzu Ho (高店子河), Tzu Chin Ho (支井河), Ku Tao Chi (苦桃溪) and Ssu Tu Ho, which all belong to its epoch. The last named river is specially to be noted for its wonderful and deep cutting, but it forms quite a barrier to the traveller: an up and down in the valley would require quite a good day's journey.

Ⅲ. STRATIGRAPHY

The oldest rock exposed in the region surveyed is that of the Têngying limestone of Sinian age, while the youngest rock is the Tertiary red beds. The Kueichow series and the Hsiangchi series which are so widely distributed in the vicinity of Tzu Kwei and Hsing Chou are, however, not exposed here at all. The same is also true for the Natou tillite and the Archaen gneiss, they are too deep to be visible in this region. Another characteristic point is the entire absence of igneous rocks, either in the form of intrusions or extrusions. The following is a brief description of character and distribution of all the formations which we found in S. W. Hupeh (a columnar section is given in fig. I. in the Chinese text).

1. Têngying limestone: —This is a deep black rather brecciate siliceous limestone with frequent intercalations of black slate. It is thick bedded in its upper part and thin bedded in the lower one. The rock is hard and compact and is rich in vertical cleavages. Calcite veins are commonly seen to fill up the interstices in the breccia. In the reigon surveyed

* See photos published in L. F. Yih & C. Y. Hsieh: The Geologic structure & physiographic history of the Yangtze Valley below Wushan. Bull Geol. Surv. China. No. 7, 1925.

this formation was found only at one locality, *i.e.* on both banks of Ch'ing Kiang in the vicinity of Chang Yang Hsien. Here the formation forms the central core of an overturned anticline (the Changyang anticline). Although *collania* was not found, but its lithologic characters are so similar to the typical exposure in the I-chang gorge that a close correlation seems to admit of no question. For this reason we give the same nomenclature of Prof. J. S. Lee[1] to this formation.

2. Shihpei shale: —The name "Shihpei shale" was first given by Prof. J. S. Lee in the gorge district of I Chang to denote a series of greenish shale and calcareous shale of Lower Cambrian age. Same formation was also found in the Changyang anticline. It consists of grayish green micaceous shale with frequent intercalations of thin limestone, the whole series attaining a thickness of 200 m. It conformably overlies the Sinian limestone and its upper contact with the Ordovician limestone is also a conformable one. After weathering, that Shihpei shale forms usually gentle slope which is quite in contrast with the cliff-forming nature of both the Sinian and the Ordovician limestones. In this respect it can be easily recognized in the field even from a distance. A small but very complete trilobite evidently belonging to the *Redlichia* fauna was found near Hsi Ssŭ Ping (西寺坪) at the West of Chang Yang Hsien.

3. Ordovician limestone: —This formation is widely distributed in the region studied. The following districts may be distinguished: (1) Between Chih Kiang and Sa Yuan Ssŭ (刹圆寺) (2) On both sides of the Han Yang Ho. (3) Along the Ch'ing Kiang. (4) In the vicinity of Wu Tung. (5) At San Pao Ling (三堡岭) of Lai Feng, Chung Pao (忠堡) and Ting Chai (丁砦) of Hsien Feng. (6) From La Tzŭ Kou (赖子沟) to Shih T'ou Ya (石头垭) in Chang Yang.

As a result of folding, Ordovician limestone is repeatedly exposed along the river Ch'ing Kiang, being found first north of Chang Yang and then south of that city. It is further found on the south side of the river west of Tu Chên Wan (都镇湾). A complete section of the formation was observed W. of Chang Yang city from Ko Ho Yen (隔河岩) to Yen K'ou Shih (燕口市). In ascending order the section runs as follows (Fig. 2):

(1) Thick bedded cliff-forming limestone ………………………… 300 m thick.

(2) Thin bedded limestone with several intercalations of oolitic limestone…… 100 m thick.

(3) Grayish black, siliceous limestone, thin bedded, with intercalations of yellow shales ……………………………… about 3 or 4 hundred meters.

(4) Gray to white limestone, moderately bedded, interbedded with several argillaceous limestone. ……………………………………………… about 400 m

(5) White siliceous limestone, compact & thick bedded, with some part brecciated, cliff-forming; Thickness ………………… about 7—8 hundred meters

[1] Lee, J. S. -Geology of the Gorge district of the Yangtze etc. Bull Geol. Soc. China, Vol Ⅲ No. 3—4, 1924.

(6) Limestone interbedded with thin shales, both fossiliferous. (Fossil Loc. 850 a, b) ………………………………………………… about 10 m

(7) Massive cherty limestone with gastropoda fossils ……………… about 10 m

(8) Yellow argillaceous limestone with several layers of shale, a part of which (upper-middle part) colors purple. Richly fossiliferous with *Orthoceras*, *Triplecia* etc. Total thickness ……………………………… about 40 m

The total thickness from 1—8 the strata numbered has been roughly measured as 2, 000 m. The uppermost part (horizon 8) evidently equivalent to the Neichia formation of the I-chang gorge is of Middle Ordovician age. The purple shale or argillaceous limestone which is so characteristic of this horizon at between Yu Yang Kwan and I Tu forms here only a subordinate member. Fossils were also found at horizons No. 6 & 7, but nothing has yet been obtained from horizons below No. 6.

From San Pao Ling of Lai Feng to Hsien Feng city, Ordovician limestone crops out very completely. It dips to S 60° E at an inclination from 3° to 10°. In ascending order the succession is briefly as follows:

(1) Graptolite shale of Lower Silurian age.

(2) Grayish white limestone.

(3) Purple shaly limestone. Both (2) & (3) are fossiliferous especially rich in *Orthoceras*. Total thickness about 20 m.

(4) Yellow shale, rather thin, probably equivalent to the *Triplecia* bed.

(5) White limestone with small amount of chert.

(6) Thin bedded gray limestone, no fossils.

(7) Siliceous and brecciated limestone at least 700 m thick. Dipping gently to E. , so it has a wide distribution from Ch'ien Ch'ang Ping(铅厂坪) to Chung Pao.

(8) Thin bebded bluish gray limestone with few layers of shale.

(9) Alternation of thin bedded limestone and shale.

(10) Shale of probably Cambrian age, but no fossils were found.

The lowest part of the Ordovician limestone together with a part of the Cambrian shale is exposed near Tu Ti Kwan (土地关), but W of that locality, it is cut by a fault , which brings up again the upper middle part of the Ordovician limestone and thus to limit the complete exposure of the Cambrian shale.

Between Hsien Feng Hsien and Ting Chai, Ordovician limestone forms hills which trend from NE to SW. It dips 20° to N 40° W. Only middle part *i.e.* brecciated limestone is exposed here, while the uppermost Neichiashan formation is missing. Its contact with the Silurian shale is therefore to be explained by a fault.

A great exposure of Ordovician limestone together with its overlying Sintan shale forming a series of anticline and syncline is seen between Lai Tzŭ Kou and Shih T'ou Ya in Chang Yang district. The valley from Lai Tzu Kou to Ho Chia Ping is just conformable with the contact of these two formations, therefore it affords best opportunity to collect fossils from the Neichiashan formation as well as from the Lungma shale. During our hurried journey however, only a small collection was made from the Ordovician formation at Tsing Kang Ping (青冈坪).

From a brief description of several sections above, it seems clear that the Ordovician system of SW Hupeh can be roughly divided into three divisions:

(A) Lower division: Consisting principally of thin bedded limestone with frequent shale intercalations which are more abundant when reaching the Shihpei shale. Some limestone exhibits an oolitic texture; this character agrees closely with those seen in the I Chang section, but no fossils were found in this locality.

(B) Middle Division: Thick bedded, usually siliceous and brecciated limestone forms high mountains and cliffs. Total thickness must exceed thousand meters. No fossils were found.

(C) Upperpart or Neichiashan formation: —Alternation of thin argillaceous limestone, shales and purple limestone, richly fossiliferous.

The divisions A & B belong to lower Ordovician and are to be correlated with the I-Chang limestone of Prof. J. S. Lee; Division C is the Neichiashan formation of middle Ordovician age.

4. Sintan shale: —This is a great formation widely distributed not only in Hupeh, but in central S. China as a whole. It is composed principally of shale in the lower and middle part and a quartzitic sandstone on the top. According to its occurrence, the Following districts may be distinguished:

(1) Between Sa Yuan Ssŭ and Liu Chia Chang, S of Chih Kiang Hsien: —Sintan shale is widely distributed at S of Chih Kiang. Because of its flatness in dip, the distribution of this formation being approximately in accordance with the topographic features; hill-tops or higher slopes are generally occupied by Carboniferous limestone, while the deeper valleys are the sites of the Sintan shale. A detailed section showing the character of this formation was measured from Sa Yuan Ssŭ to Tu Ti Ya (土地垭) which in ascending order gives the following succession (Fig. 3):

(a) Purple shale and argillaceous limestone.

(b) Yellowish green thin shale.

(c) A thin layer of limestone 0.65 m thick, its upper part about 0.10 m thick exhibits an oolitic texture. A few remains of trilobites and brachiopods were found (Fossil loc. No. 844).

(d) Yellowish green and gray shale, more compact than (b) and also thicker in bedding.

(e) Limestone, total thickness 7 m. Two portions may be divided.

The total thickness from (b) to (e) has been roughly determined as 2,800 m. Its lithologic characters as well as fossil content agree closely with the section seen at Lo No Ping N of I Chang. The only difference is the presence here of the Hsieh Ching Ssŭ iron bearing formation, and will be described later.

(2) Near Yeh chia Tou (鄢家沱) NW of I Tu: —This part forms the northern limb of the Changyang anticline and on account of its overturned nature, the Sintan shale seems as if to overlie the Carboniferous limestone. Toward SE, it is covered by the red beds while toward N W it seems to extend as far as to Tsao Chia Fan (曹家畈) of I Chang.

(3) Along both sides of Ch'ing Kiang and in the vicinity of Wu Feng, Ssŭ Tu Ho and Ho Chia Ping: —From Yen Kou Shih to Tu Chên Wan, Sintan shale is exposed on the south side of the river while from Tu Chen Wan to Pa Shan (巴山) it crops out on the north side of the stream. These two exposures form respectively the two limbs of the Maanshan syncline.

The southern limb crosses the river at W of Pa Shan and thence it extends southwestward passing Ssu Fang Tai (四方台), Pai Yü Chai (白玉砦), Hsieh Chia Chai (谢家砦), etc. to form a series of flat synclines. Their outcrop appears as curved lines to so far as Wu Feng city and thence, it extends in a regular manner toward SW to the East of Sha Tao Kou (沙道沟) where it forms the SE limb of the Shataokou syncline. As to the N limb of the Maanshan syncline, the Sintan shale is distributed in a E—W direction and is continued to Ssu Tu Ho and Ho Chia Ping.

Lithologically, all these exposures are more or less similar. Owing to lack of time, detailed sections were not measured. Several layers of limestone containing abundant *Pentamerus borealis* were found in the section at Yang La Ling (杨腊岭) SW of Wu Feng. In this respect it agrees closely with the typical section at Lo No Ping. In the lowest part of this formation, *i.e.* the Lungma shale of Prof. J. S. Lee, graptolites were found almost everywhere. A small collection from this horizon was made at east of Lêng Shui Chiao (冷水桥) which according to the determination of Y. C. sun* contains the following species:

1. *Pentalograptus minor* Elles
2. *Pentalograptus palmeus* var. *latus* Barr.
3. *Monograptus chingani* (Carruthers)?
4. *Monograptus* (*Rastrites*) *hybridus* Lapwarth
5. *Monograptus crenularis* Lapwarth
6. *Climacograptus scarlaris* (*Hisinger*) (Linn)
7. *Monograptus gemmatus* (Barrande)
8. *Diptograptus* (*Arthograptus*) *uasiculosus* Nich.
9. *Diptograptus* (*Glyptograptus*) *tamoriscus* var. *incertus* Elles and Wood

(4) Between Tao Pu Chū (桃铺车) and Hsieh Chia Ya (谢家垭), NW of Lai Feng: —Here the Sintan shale forms the NW limb of the Shataokou syncline and lies conformably between the limestone of Carboniferous and Ordovician age. It dips to S 60° E at an inclination of 10°—25° with a total thickness of about 2,000 m. On the top of San Pao

* Description and illustration will appear in the Palæontologia Sinica.

Ling the lowest part of this formation (graptolite shale) lies horizontally and forms an inlier of the Ordovician limestone.

(5) At Ting Chai (丁寨), Cha Yuan Kou (茶园沟), Ling TzŭPa (菱子坝) etc. in Hsien Feng district: —Sintan shale occurs here as the NW limb of the Hsien Feng anticline. It dips to NW, at 28°. A complete section is exposed at Cha Yuan Kou and Ling Tzŭ Pa where the formation attains a thickness of about 2,000 m. In the vicinity of Ting Chai this formation is in fault contact with both the overlying and the underlying strata and consequently its thickness has been greatly reduced.

(6) At west of Chiao Yuan (椒园 and S of Shih Nan 施南), Sintan shale has a strike of approximately N-S dipping 50° toward E. It lies underneath the Carboniferous limestone and forms the western limb of the Chiaoyuan syncline. Toward the north, the Sintan shale is covered by red beds; it reappears, however, in the vicinity of Chien Shih where it forms an anticline. The city of Chien Shih is just located on the top of this structure.

5. Hsieh Ching Ssŭ (写经寺) iron bearing formation: —Between the Carboniferous limestone and the Silurian shale, there is an alternation of sandstone, shale and limestone attaining a thickness of about 100 m. in which are interbedded several layers of oolitic iron ores. The latter are exposed especially in the vicinity of Hsieh Ching Ssŭ , thence the name to this formation. Besides the occurrences at south of I Tu the same formation is also found at Yang Hua Tzŭ Yen (杨花子岩) and in Tu Ping (土坪), in SW Wu Feng. Detailed succession of this formation will be treated under "Economic Geology" of this report.

6. Yangsing limestone: —This is a thick bedded and flint bearing limestone with frequent intercalations of bituminous coal at its lowest part. The coal is either interbedded in the limestone which is generally bituminous or associated with shale. It is extensively mined in I Tu and Chang Yang. This formation is richly fossiliferous, but owing to lack of time, no systematic collection was made. According to the lithologic character and fossil content, this formation is evidently to be correlated with the Yangsing limestone of SE Hupeh* and belongs to Carboniferous age. Within the area of observation, Yangsing limestone is distributed in the following five districts:

(1) At Sung Pai Ping (松柏坪) Nien Chiao Shih (埝桥市) etc. in southern Chih Kiang (枝江).

(2) On the both sides of the River Ch'ing Kiang. Starting from Yu Fan Ping (油坊坪) (on the slope of Ma An Shan) in the east , it extends in a westerly direction to as far as Tze Chiu (资丘) and Yü Hsia K'ou (鱼峡口). The coal mines of Chang Yang are distributed approximately in this way.

(3) Beginning from Tze Chiu the outcrops of Yangsing limestone is divided into two branches: the southern branch passing through Wu Feng and Hao Feng reaches finally to

* C. Y. Hsieh, Stratigraphy of South-eastern Hupeh, Bull, Geol. Soc. China Vol. Ⅲ, pt. 2, p. 94 pp. Ⅰ.

NE of Sha Tao Kou of Lai Feng district, whereas the northern one is connected in the west by the exposure at Ssu Tu Ho.

(4) Between Hsien Feng and Shih Nan to form the eastern and western limbs of the Chiaoyuan (椒园) syncline. The strike is approximately N-S.

(5) Between Kao Tien Tzu (高店子) and Yen Shan Kuan (野山关). As a result of local folding, Yangsing limestone is exposed at several places mostly in the form of narrow bands and is closely associated with the Permian strata.

7. Maochuang (毛庄) Series: This series chronologically corresponds to the Tanshanwan coal series of SE Hupeh and is of Permian age. But here this series contains only very thin coal seams of inferior quality which together with difficult transport condition has rendered mining almost improfitable. For these reasons, a district name, the Maochuang series is given, which is named from the typical locality Mao Chuang.

Lithologically, this series is composed of black shale, thin layers of flint limestone, black siliceous shale, white sandy shale and an alternation of yellow sandstone and yellow shale. In thickness, it ranges from several tens of meters to two hundred meters. The thickest part is found in the district of Wu Feng and Hao Feng especially in the locality between Mao Chuang and Shih Tso Ho (石槽河) where the route is approximately to follow the strike of this formation. Gastrioceras and several brachiopods with similar character as those obtained at Tayeh (大冶) and Kingshan (京山) are found in the black siliceous shale and white sandstone. Since this formation is closely associated with both the Yangsing and the Tayeh limestones, its distribution is in the main in similar to theirs , therefore no special description is needed here.

8. Tayeh limestone: —This is principally a thin bedded limestone free of cherts , with some intercalations of yellow shale and argillaceous limestone. At the top, purple shale is found. Small folding and contortion are so frequent in this formation, that an accurate estimate of its thickness is almost impossible. A rough estimate has put the total thickness to be about 2,000 meters.

The distribution of this formation seems to follow closely with the Yangsing limestone and the Maochung series just described. One point to be noted is the frequent occurrence of this formation as the top of the "castle like" flat syncline as for example the synclines of Ssu Fang Tai (四方台), Pai Yu Yen (白玉岩), and Hsieh Chia Chai (谢家岩). The top of peneplain is also mostly constituted by this formation.

No fossils were obtained, but on the route from Hsien Feng to Chien Shih, sections of gastropoda, probably Gastrioceras, are occasionally seen on the surface of the paved stone, which is made of limestone of this formation. In the I Chang gorge, the party of the Peking National University has actually found a piece of Gastrioceras in this formation. From all these evidences, the Permian age of this formation seems to be fairly established.

9. Patung series: —This series is principally composed of red shale and red sand-

stone, occasionally with yellow to green shale, and in the upper middle part layers of limestone are found. The general lithologic characters agree very well with those seen at Pa Tung Hsien,* therefore, the same name is used. From the evidence of fragmentary fossils obtained at Patung, the age of this series has been provisionally determined as Triassic.

In regard to the distribution, the following three districts may be described:

(1) In the vicinity of Hao Feng city. This series form here a synclinal valley which is bounded on all sides by high hills of Tayeh limestone. Two layers of limestone are found, each about 20—30 m thick, The lower one contains several brachiopod fossils which are quite similar to those found at Pa Tung Hsien.

(2) East of Chiao Yuan (椒园) and between Hsien Feng and Shih Nan, there exists a long band of Patung series striking from NE to SW and forming a synclinal structure.

(3) Between Man Shan Tze (蛮山子) of Shih Nan and Kan Kou Pu (干沟铺) of Patung, there is another band of Patung series striking in the same direction as (2) forming also a synclinal structure.

10. Red beds and Yangchi limestone : —The red beds are composed mainly of red shale and sandy shale with a thick massive conglomerate in its lowest horizon. The pebbles of the conglomerate are made almost entirely of limestone. On account of the incomplete exposure, the total thickness of this formation can not be determined. Four districts may be distinguished:

(1) Along the Yangtze river from Yang Chi (羊溪) to I Chang: —In these districts, the red beds unconformablly overlie the older formation and forming generally foot hills and low lands. West of I Chang this series is found to extend as far as to Shih Tou Ya (石头垭) of Chang Yang district and from the latter locality to Tsao Chia Fan. The basal conglomerate is exposed which forms conspicuous cliffs to overlie the Ordovician limestone.

About two li NW of Yang Chi there is a limestone quarry, in which thin layers of marly limestone is interbedded in the red beds. The limestone dips to N 30°E at an inclination of 30°. A rough estimate of the thickness according to its exposed portion is about 30—40 meters. Three parts can be divided: the top part is a greenish gray limestone about 10 m thick, the middle is a series of arenaceous limestone, sandy shale and black shale, 3 m thick, containing poorly preserved brachiopod fossils. The bottom part a greenish gray limestone is the thickest one, which attains about 20 m.

This limestone is evidently of fresh water origin. The fossils collected are too fragmentary to be accurately identified, but in a general way they seem to be quite similar to those found at Ssu Kou Tsu of Kansu, and Yuan Chu Hsien of Shansi,** both are of Eo-

---

* C. Y. Hsieh & Y. T. Chao, Geology of I Chang, Hsing Shan, Tzu Kuei and Pa Tung districts. W. Hupeh, Bull. Geol. Surv. China No. 7.

** J. G. Andersson, Essays on the Cenozoic of North China, Mem. Geol. Surv. China, Series A. No. 3.

cene age. As Yanchi is the only place to find this peculiar formation, so the name Yangchi limestone is given for future comparison.

(2) Laifeng basin: —In the basin of Lai Feng and its neighbouring district Lung Shan Hsien (belongs to Hunan Province), red beds form a flat syncline which is bounded on all sides by Paleozoic formation. The basin is situated about 600 m above the sea level. Gypsum is produced from a hill called Shih Kao Shan (Gypsum Hill) of Lung Shan district and is about 30 li east of Lai Feng. From this fact it is evident that the red beds here are also gypsum bearing and are to be correlated with the red beds at Yin Cheng.

(3) Shihnan basin: —The Shih Nan basin situated at about the same level as that of Lai Feng is also filled up with red beds.

(4) In the vicinity of Chien Shih, red beds unconformably overlie the Sintan shale. The location of this formation here is comparatively higher, being about 700 m above the sea level.

On account of the absence of well preserved fossils, the geological age of the red beds is at present still unsettled. On the other hand, from a physiographic study as well as the fragmentary fossils collected from the Yangchi limestone, it seems to be quite reasonable that this foramtion should belong to the Late Tertiary, but it is difficult to say yet what period it exactly belongs to.

Ⅳ. GEOLOGICAL STRUCTURE

From a rapid reconnaissance work as this, it is as yet difficult to trace out the detailed geological structure of the SW Hupeh plateau, some major tectonic features have been however recognized which are described as follows:

1. *Folding*.

(1) The Niehchiaho (聂家河) syncline: —Between Lung Chuan Ssu (龙泉寺) and A Mi Yen (阿迷岩) in S. Chih Kiang, Ordovician limestone forms a syncline which trends from WNW to ESE at an inclination of 10°—30° (Fig. 3) . The synclinal axis extends further to NW and is evidently to be connected with the syncline between Nieh Chia Ho and Miao Tan (庙滩) along the Han Yang Ho river. For this reason these two structures are grouped together under the name of Niehchiaho syncline. The Han Yang Ho river flows principally in a N-S direction, but at Nieh Chia Ho it changes to E-W as if to follow the structural lines. Several more foldings are to be noted in the Ordovician limestone N of Miao Tan, but they are of local nature that no special name is to be given.

(2) Shayuanssu anticline: An anticline is observed in the Ordovician limestone S of Chih Kiang between A Mi Yen and Sha Yuan Ssu. Its axis runs from NW to SE with a dip angle about 20°. Another anticline occurs along the Han Yang Ho river, between Chang Chia Tien (张家店) and Hsiung Tu (熊渡) which trends in a NEN to SWS direction. Ac-

cording to their geographical location, these two anticlines could very well be connected together which are collectively named here as the Shayuanssu anticline.

(3) The flat basin-like structures of Liu Chia Chang and Yü Yang Kuan: —Between Liu Chiao Chang and Yü Yang Kuan, the region is elevated to form a plateau, but its structure is really a flat and basin-like syncline (Fig. 5) . Tayeh limestone cropping out between Hsien Chiao (崄桥) forms the top of this basin while underneath it comes the Yangsing limestone, the Sintan shale and the Ordovician formation. Their dip is mostly gentle 5°—20°. They strike approximately E-W. More observation has been made on the north limb of this syncline where the Ordovician limestone forms a series of folding as just described. In the southern limb which is quite near the Hunan border our observation was rather limited, the oldest formation found here is the Sintan shale.

(4) Changyang overturned anticline: —This anticline running approximately from east to west is one of the most important structures in SW Hupeh. The city of Chang Yang is just located at its center, thence the name (See Fig. 2) . Its axis partly coincides with the river course of Tsing Kiang , but W of Hsi Shih Ping, as the river deflects its course toward south , their parallism is soon no longer maintained. Along the banks of the river, Sinian limestone and Cambrian shale are exposed, while on the hills there is the Ordovician limestone. Being an overturned anticline, both limbs are therefore dipping at the same direction, *i. e.* toward the south. Its dip angle varies greatly from 20°—60°, steeper dip is only occasionally seen. As a result of overturning, the strata of the northern limb are arranged in a reversed position, *i. e.* the younger strata are seemingly above the older one. Such relation can be clearly seen near the Yen Chia Tu (鄢家坨) coal mine. Toward the west, this anticline seems to be connected with the anticline at Ssu Tu Ho.

(5) The Ssutuho anticline: —Ssu Tu Ho located at E of Yeh Shan Kuan is a tributary of Tsing Kiang. Its steep sided valley and the precipitous cliffs from one of the most beautiful landscape in SW Hupeh. A complete section ranging from Silurian to Permian is exposed on the slope from Chi Shu Ya down to the valley bottom, and from here toward the east Ordovician limestone is found. The strata are dipping toward all sides in such a way as to suggest a dome-like structure. Such relation can even be seen from a great distance, and the best place to see is on the top of Chi Shu Ya where a very open landscape can be viewed. As has been said before, the Ssutuho anticline is really the western continuation of the Changyang overturned anticline, both of them form such a prominent structure in SW Hupeh.

(6) Maanshan syncline: —A very important syncline developed in the Carboniferous limestone is found at Ma An Shan, S of the river in Chang Yang district. Its axis runs approximately E-W, but W of Shih Yang Tan (石羊滩), faulting has rendered the western portion of the syncline to be exposed on the N. side of the river. Since Carboniferous limestone is coal bearing here, so the position of coal mines is also distributed according to the same way.

(7) The basin structures at Ssu Fang Tai, Pai Yü Chai and Hsieh Chia Chai : —One of the characteristic structure in S W Hupeh is the occurrence of a flat and basin-like syncline; the one found between Liu Chia Chang and Yü Yang Kuan has been already described. The same structure but more extensively developed is seen between Tzu Chiu of Wu Feng Hsien. It is formed mostly in the limestones of Carboniferous and Permian age. Cliffs are easily developed in the limestone after weathering which gives the hill a castle-like appearance, so the natives called them "Chai" (砦) or "castle" . From Tzu Chiu going southward, at least three of such castles have been observed, all of them are dipping flatly to the center and after weathering to form an isolated and castle-like peaks.

(8) Foldings near the city of Wu Feng: —N of Wu Feng, in the vicinity of Wan Ma Chih (万马池) and Yu Chi Pao (尤溪堡) strata are folded to form a E-W trend anticline, the center of which is the Ordovician limestone. This is succeeded to the S by a syncline, so that the city of Wu Feng is located again in the Silurian shale which forms the center of the syncline. This syncline is pitching toward west, as the strate there are much younger.

(9) Haofeng syncline: —The Hao Feng city is built in a flat valley of Patung series which forms a basin-like syncline trending from NE to SW The surrounding hills are all composed of Tayeh limestone which dips as a rule toward the center of the basin.

(10) Shataokou syncline: —This syncline is found between Sha Tao Kou and Lai Feng and runs generally from NE to SW Patung series forms the center of this syncline while on the either side there comes in regular order, the Tayeh limestone, the Maochuang series and the Carboniferous limestone. Its S end disappears under the Red beds of Laifeng basin, but north of Sha Tao Kou, the strata seems to extend much further toward north.

(11) Hsienfeng anticline: —Between Hsieh Feng and Chung Pao (忠堡) Ordovician limestone is both folded and faulted, but its major structure is a flat anticline. Near Chung Pao, the limestone dips 2°—15° toward SE while at Hsien Feng it changes to NW at an angle of 30°—40° (See Fig. 9) .

(12) Chiaoyuan syncline: —The principal structure between Hsien Feng and Shih Nan is a syncline with its center just located in the vicinity of Chiao Yuan. Its axis runs approximately from N-S but slightly changing to NE & SW at S of Chiao Yuan. Patung series forms the top part of the syncline and underneath it comes the Tayeh limestone.

(13) Hoshuiping syncline: —Another syncline formed in the Patung series is found S of Chieh Shih between Man Shan Tze and Kan Kou Tu. The synclinal axis is somewhere located near Ho Shui Ping. Chien Shih and its vicinity forms the N limb of the syncline where strata ranging from Silurian to Permian are completely exposed. As to the S limb, observations where only limited to the Permian limestone. No observations are yet available between the Hoshuiping syncline and the Chiaoyuan syncline, but from a structural point of view, aside from local foldings, the major structure of this part of the country must be an anticline developed in the Tayeh limestone.

(14) Chiehshih anticline: —North of Chieh Shih, Sintan shale and Carboniferous limestone dip toward NW at an angle of about 20°—30°, but on the S side of the city they are dipping in a reversed direction. This relation can only be explained by an anticline with the city of Chieh Shih being just located in its center.

(15) Close folding between Ta Tze Ping (大支坪) and Yeh Shan Kwan: —Along the northern route leading from Shih Nan to I Chang and particularly between the locality Ta Tze Ping and Yeh Shan Kwan, strata are closely folded which resulted in the successive exposure of formations older than Permian. One anticline was noticed between Ta Tze Ping and Shui Ko Pa (水果坝), and several ones were found E of Yen Tai Wan (砚台湾). These foldings are however only of local importance.

(16) Hochiaping (贺家坪) syncline: —N of Ho Chia Ping Sintan shale forms a synclinal mountain which trend approximately from E-W, and dipping at an angle about 25°. Ordovician limestone is exposed on both limbs of the syncline.

2. *Fault*.

1. Tutiya fault: —The strike of this fault runs approximately from NW to SE. The geology here is composed of the upper part of the Sintan shale and the fault is recognized by a repetition of the quartzitic sandstone which are marked by two ridges. (See fig. 11).

2. Hsiehchingssu fault: —Strike runs from NE to SW. Its position is marked by the valley of Kuang Pu. N of the fault line the hills are mainly composed of Sintan shale, but S of it, a much complex series of Sintan shale, the Yangsing limestone as well as iron ores is exposed.

3. Chiehpai fault: —The strike of this fault has not yet been accurately determined, perhaps it runs from NE to SW. Here the fault is recognized by the fact that Permian limestone is in direct contact with Sintan shale, while the Yangsing limestone is missing.

4. Yüyangkuan fault: —A small close anticline is found at N of Yü Yang Kuan with the outcropping of Sintan shale and its underlying Ordovician limestone. But large area of Ordovician limestone occurs further west in such position as to overlie the Sintan shale. Such relationship is to be explained by a fault.

5. Tutikuan Fault: —NW of Tu Ti Kuan, the Hsienfeng anticline is cut through by a fault at its top part, so that Cambrian shale is against Ordovician limestone. The extent of this fault seems to be very limited.

6. Tingchai Fault: —In the vicinity of Ting Chai, SW of Hsien Feng district, the middle part of the Ordovician limestone is in contact with the middle part of the Silurian shale, both the Heichiashan formation and the Lungma shale are missing. It seems to be no doubt that the contact is a fault (See Fig. 10).

7. Liu Hao Shan overthrust: —At Liu Hao Shan, NW of Ting Chai, Carboniferous limestone is in contact with the middle part of Sintan shale, while the upper quartzitic sandstone is absent. On the other hand, these two formations seemed to be conformable

throughout several localition observed so that no dislocation can be found. This suggests probably an overthrust (Fig. 10).

8. Peikopa (白果坝) fault. —About five li N E of Pei Ko Pa, there occurs an oblique fault trending from NE to SW.

The strata of the Maochuang series, the Tayeh limetone etc. are consequently disconnected.

3. *Date of Folding and Faulting.*

Within the area studied the youngest formation affected by folding is the Patung series. This would naturally put the date of folding to Post-Triassic. On the other hard, during their research in the Yangtze gorge 1924, Messrs. Chao & Hsieh* have found that both the Patung and the Kweichow (Cretaceous) series folded together. Consequently, the period of folding would be dated much younger; at least Post-Cretaceous, possibly Early Tertiary.

The fact seems to be established that there was only one period of important tectonic movement, because the formations here from Sinian up to Cretaceous are all conformably bedded together, and no unconformity of whatever extent can be found.

As to the age of faulting, it is probably very near to that of folding. From the field relation observed a Shih Yang Tan, W of Chang Yang, where the Ma An Shan syncline is cut by a fault, a younger age for the latter would be supposed.

After the deposition of the red beds. SW Hupeh was affected by a gentle warping, the result of which is mainfestly shown by the inclination of the red beds found in many of the basins. This movement has rejuvenated the activity of erosion and consequently the formation of the deep, precipitous gorges. Therefore, the development of the Gorge stage must be posterior to that of warping.

Ⅴ. ECONOMIC GEOLOGY

Coal is the most important mineral resources in the region studied. Next comes the iron ore which inspite of its wide distribution has only scarcely been mined. Some copper and pyrite deposits have also been noted. The following is a brief description of some of the deposits studied by us.

1. *Iron Ore.*

Iron ore is widely distributed in SW Hupeh, especially in the districts of I Tu and Chang Yang, and to a less extent also in Sung Tzu, Pa Tung, Chien Shih, Hsing Shan

* C. Y. Hsieh and Y. T. Chao, Geology of I Chang, Hsin Shan, Tsu Kuei, and Patung districts, W. Hupeh, Bull. Geol. Surv. China. No. 7.

and Hsien Feng. Native mining and smelting works were quite extensive in the ancient time, and but at present this industry has greatly declined and only a few mines are still in existence.

The following localities are known to contain iron ore:

(1) Hsieh Ching Ssu, S of I Tu.

(2) Between Sha Yuan Ssu and Tu Ti Ya in Chih Kiang district.

(3) At Tu Mu Tang (土木垱) 60 li NW of Tze Chiu in Chang Yang district.

(4) Ta Lung Ping (大龙坪), Hung Mao Ho (红毛河), 170 li SE of Tze Chiu and Chien Tao Shan (剪刀山) at S of the same place.

(5) Between Yang Hua Tsu Yen and Tu Ping SW of Wu Feng district.

The iron deposits in the localities (1), (2) & (3) have been personally examined, the other two occurrences are known from the report of the local people. The actual distribution of the deposits is certainly greater than that.

Bedded iron deposits are found in the upper part of the Sintan shale, not very far from its contact with the Carboniferous limestone. On account of the constant association of iron ores, this part of the formation has been distinctly named as the Hsiehchingssu iron bearing series. It has a thickness from 50—100 meters. The section from Tu Ti Ya to Sha Yuan Ssu has already been described, the following is the observations made between Yang Hua Tzu Yen and Tu Ping: —

At Yang Hua Tzu Yen, the iron bearing series has a thickness of about 50 meters. In ascending order the section runs as follows:

(1) Alternation of sandstone and shale ······························ 20 m

(2) A thin layer of limestone ······································ 2 m

(3) Thin bedded calcareous shale ···································· 5 m

(4) Limestone ··· 10 m

(5) Ore bearing horizon consisting of alternations of gray shale and iron ores. Three beds of ore were found, the thickest ore measures only about one ft ··· 5 m

(6) Dark gray calcareous shale ······································ 10 m

(7) Alternation of sandstone and black shale ························· 10 m

(8) Flint bearing limestone of Carboniferous age ························

Iron bearing series is beautifully exposed at Tu Ping, 36 li SW of Wu Feng city. Two beds of oolitic iron ore, one a hard hematite and the other a soft one seem to exist in the series. Outcrop of hard ore was not found, its existence is inferred from the occurrence of pebbles. Soft ore only 1/2 ft in thickness is interbedded in sandstone. Poorly preserved fossils quite similar to those found in the Fuchihkou shale of S E Hupeh were noticed on the bedding planes of the soft ore. Overlying on the iron ore is alternation of yellow shale and thin limestones. One of the limestone layer is oolitic in texture, its oolite has been partly replaced by iron ore thus showing a red color. Brachiopoda fossils are very abundant in the limestone; they are still quite similar to those found in the Sintan shale. Therefore a same age may be assigned to the iron bearing series. Above the limestone, there is an alternation of yellow shale and quartzitic sandstone and still upwards comes the flint limestone of Carboniferous age.

Between San Feng Kang（三分岗）and Shu Ping Yin（树屏营）W of Wu Feng, there are many pebbles of oolitic hematite. The existence of an iron ore bed somewhere near the route seems to be of no question. At Yen Chia Tu coal mine, pebbles of iron ore are again found, their location being just at the contact between the flint limestone and the Silurian shale.

Many other localities could be found, should our researches be extended further. In fact everywhere in SW Hupeh near the contact of the Yangsing limestone and the Sintan shale, there is always the chance of finding iron ores. Such a wide distribution of iron ores can in some way be comparable with the iron ores of Shansi type.

The best known iron deposit of W Hupeh is that of Hsieh Ching Ssu in S I Tu. The Hupeh Mining Bureau has planned to work by modern method. Difficult transport condition together with other incidents have prevented the work to go in actual operation. Three localities were prospected by the Bureau:

(1) Li Chia Shan（李家山）, Chang Chia Nao（张家垴）Lo Chia Nao（罗家垴）9 li SW of Hsieh Ching Ssu, S of I Tu.

(2) Kuang Pu（广坡）, Yen Erh Wo（燕儿窝）NE of Hsieh Ching Ssu.

(3) Sien Nu Tung（仙女洞）, Huang Chia Yen（黄家岩）and Kao Chia Yen（高家岩）, 20 li of Hsieh Chia Ssu near the boundary with Wu Feng district.

Owing to lack of time we were not able to examine all except the deposit at Kuang Pu, a short description of which here follows (See fig. 11):

Kuang Pu is stuated about 5 li NE of Hsieh Ching Ssu, being a slope of a high hill and is 735 m above the sea level. The ore bed here dips 20° toward S 18° W. Toward northwest it is limited by a fault. The thickness of the bed as measured from the exposed portion is 1. 8 m, the actual thickness must be more. The ore is an oolitic hematite of superior quality. Immediately overlying the ore is a yellow sandstone. Two more beds seem to exist above the ore just mentinued; their thickness and extent have not been determined. An analysis made in the Industrial Laboratory of samples collected by us shows the following composition:

Iron: 52. 37%	Sulphur 0. 04%
Silica: 10. 22%	Phosphorus 0. 74%

From the above discussion of geology and occurrence of the iron ores there seems to be little doubt that the deposit is of sedimentary origin. What need further research is the question of its mode of deposition, whether originally deposited as it is now, or has been formed by replacement of some original rocks. In the section of Tu Ping, oolitic limestone is clearly seen to be replaced by iron ore, which fact seems to indicate the importance of the replacement theory. Oh the other hand, the main iron beds are so homogenous and uniform in distribution that any theory of replacement seems to be quite unlikely. The microscopic examination shows also no trace of any original material that is un-replaced.

Very little was known before in regard to the iron deposits of SW Hupeh. They are not mentioned in Dr. Tegengren's monograph. The only type of deposit that could be correlated with the present ore is the so called Ping Hsiang type described by Dr. V. K. Ting. * The ores of both types are in oolitic texture and are interbedded in a series of sandstone and shale. Dr. Ting assigned a Carboniferous age for the Ping Hsiang iron bearing formation, but judging from tis lithological character and stratigraphical succession, this formation could very well be correlated with the Sintan shale known recently to be of Silurian age. If this supposition be true, then the two types of deposit would show not only a close resemblances in character of ore but also a possible correlation in stratigraphic position.

The deposit in question shows also a close resemblance with the Clinton iron ores of the United States, not only in the oolitic character of the ores, but also in stratigraphic position.

In view of their wide distribution and the good quality of the ore, the iron deposits of SW Hupeh should be considered as a valuable resource. But under the present condition, there seems to be little opportunity to open the mine especially when the difficult transport and the high freight are considered. Some of the deposits such as Kuang Pu, and Yen Erh Wo are situated 60—70 li from the nearest port Chih Kiang or Yang Chi. The transport conditions are ever more difficult in the case of Chang Chia Nao. Taking the present rate of coal transportation at Tseng Chia Nao（郑家垴）, the freight per ton of iron ore to the river side would amount to at least ten dollars. This is far above the present market price of iron ore in China. Therefore, under the present economic condition, there seems to be little hope to develop the deposit which would furnish, however, an important potential reserve for the future.

2. *Coal.*

Geologically, the coal fields of SW Hupeh can be divided into two groups: (1) Occurring at the bottom part of the Yangsing limestone and is of Carboniferous age. (2) Permian coal series occurring between Yangsing limestone and Tayeh limestone. It is called Maochuang series in this report.

The coal produced from the first group is bituminous in character, and medium in

---

* In Tegengren's "Iron ore deposits and iron industsry of China" mem. Geol. Sur. China Ser. A, No. 2 Vol. Ⅱ. P.

grade. It forms lenticular beds with a maximum thickness sometimes exceeding 10 ft. It is most extensively worked in the districts of I Tu and Chang Yang, because of its favorable location. The Permian series on the other hand, produces only a very inferior kind of coal which is also very thin in thickness. Moreover, most of the regions are practically inaccessible. For these reasons, they are little mined, unless temporary worked by the natives for local consumption. A short sketch of the coal fields in I Tu and Chang Yang is given below.

1 The coal fields in I Tu.

The coal fields of I Tu can be divided into six districts as follows (See fig. 11):

(1) Tseng Chia Nao (郑家垴) coal fields: —This field situated on the S W slope of Tu Ti Ya is about four li from Sung Pai Ping. Three seams are known: the upper one is called Yao Mei, the middle, Yao Tan, and the lower, Shiao Mei, the last one being the best coal. Their thickness ranges from two ft to more than 10 ft. The strata dip toward S or SW at an inclination 20°.

(2) Ting Chia Pu (丁家坡) coal field: This is situated at 7 li NW of Sung Pai Ping. Formerly worked by the Pu Hsing Co. but soon abandoned on account of the inferior quality of the coal.

(3) Chiang Chun Yen (将军岩) coal field: —About 3 li NW of Sung Pai Ping. The coal produced here is rather of inferior quality.

(4) The coal fields of Kiang Chia Wan (江家湾) and Kan Kou (干沟): —Both of these places are located on the same coal series, being about 12 li SE from Sung Pai Ping. At Kiang Chia Wan, mining has been carried on since very long time ago. The present production is however gradually declining. A semimodern mine, equipped with boilers and pumps works the coal at Kan Kou. Only one seam with a thickness from 2—6 ft has been developed here. Present production is very small.

(5) Hsiang Lu Yen (香炉营) coal field: —About 20 li W of Sung Pai Ping and 2 li S of Hsieh Ching Ssu.

(6) Tang Chia Tung coal fields: —Located 15 li NW of Liu Chia Chang.

(7) Yen Chia Tu coal mine: —This is situated 30 li W of I Tu. The location of the mine is excellent, being only few li from the Yangtze river, and the coal is said to be of good quality. At the time of investigation no coal is being produced.

Except Tang Chia Tung coal mine which supply only the local demand of Liu Chia Chang and its vicinity, all other coal mines are having their products shipped to Chi Kiang or Yang Chi, a distance of 40—50 li. Each shipment (on animals) of 200 catties costs about 200 coppers. The use of coal varies with its grade; for instance Shiao Mei is consumed for distillation oil works and domestic uses, while Yao Mei is only used for lime-burning. The coal produced at Kiang Chia Wan and Kan Kou is the best quality being suitable for the use of steamers.

The following table shows the approximate production of all the mines.

Districts	Locality	Companies	Daily production	Monthly production
I Tu…………	Tseng Chia Hao	Sing Yi Co.	50,000 catties	600 tons
	”	Fu Hsing Co.	14,000—28,000 catties.	150—300 ,,
	Chiang Chun Yen	Tien Ming Co.	8,000 catties.	100 ,,
	Kiang Chia Wan.	Fu Hsing Co.	20,000—30,000 catties.	200—300 ,,
Sung Tze……	Kan Kou	Hsieh Tsi Co.	10,000 catties.	120 ,,
	Tung Chia Tung	Tung Sun Co.	2,000 ,,	
	Kiang Chia Wan	Fu Hsing Co.	20,000—30,000 catties.	200—30 ,

According to above table, the total coal production in the districts of I Tu and Sung Tzu would amount to about 1,500 tons per month. To this is to be added the production of small mines at Ting Chia Pu, Hsieh Chia Pu etc. , the total production would be about 2,000 tons per month or approximately 24,000 tons annually.

2 The coal fields of Chang Yang

Coal mines are densely distributed along both sides of the river Tsing Kiang from Ma An Shan, S of Chang Yang city in the east, to Tzu Chiu in the west, a total distance of over 100 li. The coal mines are all located on the south side of the river, but at W of Shih Yang Tan (石羊滩), in consequence of a fault, coal series is shifted several hundred meters toward north and coal mines are therefore found at north side of the river, such as Yu Fang Ping, Lo Yen Shan, Chang Mu Ya, Tu Cheng Wan etc. In the vicinity of Tzu Chiu, the river changes its course into NW to SE, flowing in a synclinal valley in the Carboniferous limestone. At this place, coal mines are found on both sides of the river such as Tien Chia Ho, Wang Chia Ping, Yu Hsia Kou (the southern group) and Tsing Shui Chi, Yang Mu Chi, Ling Hsiang Chi, Su Feng Wan etc. (the northern group) . Below Tzu Chiu all coals are anthracite except that produced at Ma An Shan which is bituminous. They are all of rather inferior quality, soft and friable with practically no lumps. In spite of this fact the coal mining industry here flourishes in a most prosperous condition because water transport along this part of the river is most convenient. Anthracite of inferior quality, but largely in lumps is produced in the vicinity of Tzu Chiu. Transport facalities are less favorable here but coal mining is still profitable. For instance, about 20 li NW of Tzu Chiu, the Hu Chi coal mine producing several thousand piculs of coal a year forms the largest mine here. Further upward above the creek Ling Hsiang Chi coal mines are still found as at Yu Hsia Kou and Tien Chih Kou, but on account of the dificult transport, they can supply local demand and the production is very insignificant.

All coal mines in Chang Yang are now worked by native method about twenty years ago there was a company with a capital of 200,000 attempting to work the coal at Yen Ya

Tzu with modern method, but this plan practically failed owing to the difficult transportation and the inferior quality of the coal seams.

According to an estimate furnished by the Coal Mine Association of Chang Yang, the total production of the whole district in 1924 amounted to 200,000 piculs (each local picul weighs 300 catties) or approximately equivalent to 36,000 tons.

3. *Copper.*

According to the report of previous investigation, copper deposits exist in Shih Nan, Hsuan Ên, Chien Shih and Hsien Feng. Only the deposit in the last named district was visited by the writers. It is situated at Yuan Chia Kou (袁家沟) 8 li SW of Ting Chai, the latter is 30 li SW of Hsien Feng Hsien. At the begining of the year Kuang Hsu in Ching dynasty, this deposit was worked by the local people for a period of two years with a total production of several hundred thousand catties. The copper produced was shipped consumed in Wan Hsien in Szechuan Province and Chang Teh in Hunan Province. In 1912, the mine was re-opened by the magistrate chief Mr, K. Chen and in 1915 a company was organized under the name of Ting Sing Co. (鼎新). An appreciable quantity of copper was then produced with native smelting method. The mine was finally abandoned in 1918.

Copper ore consists of chalcocite, bornite and chalcopyrite with a little pyrite and in the weathered portion some malachite and azurite. The percentage is fairly high. The deposit forms irregular pockets in the Ordovician limestone, the latter is quite siliceous and brecciated. A characteristic feature is that there is no igneous rock of any kind in the neighbourhood of the deposit, nor is there any evidence of metamorphism in the country rock.

Method of transportation here is done first by land to Pei Wu Szu (百户司), a distance of about 150 li, and then by water to Chang Teh, this last journey requires from 8—12 days. Large size boat can be loaded for as much as 20,000 catties, requiring a freight charge of 600—700 copper per picul. Below Chang Teh, all transportation is done by steamship navigation.

Other deposits: —Besides Yuan Chia Kou, copper deposits are also found at Tsi Yen Chuan (七眼泉), 30 li SW of Yuan Chia Kou; Ta Chih Tien Po Chang (大溪天宝仓) 40 li SW of Yuan Chia Kou; Chang Chia Ping, Tsai To, Ku Tsao Ping (张家坪，裁坨，苦车坪), SE of Ta Chi.

These localities constitute a regular belt on the NW slope of the Ordovician limestone which trends from NE to SW.

4. *Sulphur.*

Sulphur is produced from the northern and the western part of the Chieh Shih district. It is mined by the Local Sulphur and Nitre Bureau. The following note regarding the occurrence and the mining of the deposit was obtained by direct inquiry at the Bureau:

The deposit consists of pyritic nodules occurring probably in the coal bearing horizon of the Yangsing limestone. It is therefore of the same type as those mined in Yang Sing and Tung Shan in S. E. Hupeh.

Four localities of pyrite deposits have been mined，namely：

（1） Kiu Ku Shan（九股山）90 li W of Chieh Shih.

（2） Ku Chang Wan（锅厂湾），90 li W of Chieh Shih.

（3） Wang Chang Ping（磺厂坪），70 li N of Chieh Shih.

（4） Chieh Shih Ling（界石岭），120 li N of Chieh Shih.

At present one or two hundred labors work in each of the above districts with a monthly production of about 3,000 catties of sulphur，The latter is melted into circular bricks，each piece weighs about 30—40 catties. It is first shipped by land to Ta Chi，a distance about 100 li and thence to I Chang by water. For every 300 picul，the freight charges about 25,000 coppers.

广东广九铁路沿线地质矿产*

广九铁路北起广州市大沙头，南达九龙站，经番禺、增城、东莞、宝安四县，长凡三百三十余里，省港间交通要道也。全路可分两段：深圳以南为英段，长约六十余里，沿线地质已经香港政府派员调查；深圳以北为华段，长约二百七十里，沿线地质尚未经人调查。民国十六年十月下旬，家荣、景兰、会若、殿臣等奉命出发，调查此路沿线地质，至十一月中旬调查完竣，测制沿线地质图约五千余方里，采集岩石标本二百余种。兹将调查所及综述如左。

地　形

广九路线南北两端山岭颇多，中段石龙附近扩为东江平原，南北宽约数十里。沿线山岭之较著者，在广州市附近则有白云山、瘦狗岭等，高自数十公尺至二百八十余公尺，由白云山层砂岩、页岩构成。其东则为乌涌、沙村间花岗岩乱山，东西宽约三十余里，高达二百余公尺，鹤冠岭、佛迹岭、刘村大山等，其较著者也。花岗岩乱山之东，突起于东江冲积平原之上者，有唐美站附近之石下山、四望冈，石龙站南之京山，南社站南之龙头山，高皆不过数十公尺，由红岩系之砾岩、砂岩构成。自此而南，至横沥站北，沱罗水道层砂岩、页岩突起为数十公尺之小岭。至樟木头站南，复起为桥顶冈、观音肚各山，高达四五百公尺。自塘头厦至深圳，李朗层粘土及沱罗水道层砂岩、页岩，层出叠见，所成山岭皆不甚高，势亦散漫。深圳站南，火成岩种类极杂，分布甚广。香港花岗岩，港南凝灰岩，大帽山石英斑岩，大屿岛花岗斑岩等，常成五六百公尺之高山。香港岛之太平山 Victoria Peak，九龙半岛之潭凹山、大帽山、鹰潭山、九龙峰等，其较著者也。

地形与岩石性质、地层、构造之关系，在本路沿线不甚显著。简言之，则凡火成岩体，如前所述之香港花岗岩、港南凝灰岩、大帽山石英斑岩、大屿岛花岗斑岩等，在香港岛及九龙半岛常成较高之山岭，而广州市东乌涌、沙村间之侵入花岗岩山则并不甚高，为一例外。足见本路沿线火成岩山岭之高低与侵入时隆起之高低有大关系，与岩石耐侵蚀之程度关系尚小。白云层与沱罗水道层页岩、砂岩，感受火成岩侵入隆起之影响及接触变质之影响，亦可成较高之山岭。李朗层五色粘土，质极细腻，不耐侵蚀。红岩系砾岩、砂岩，倾斜缓和，地位低下，故所成山岭均在百公尺下；惟唐美站附近由红砾岩所造成之石下山，特立独出于东江平原之上，规模虽小，犹有北江红岩系丹霞层（注一）之特点焉。

地　层

广九铁路沿线，水成岩及火成岩均甚发育。深圳以北，水成岩多于火成岩。深圳以

---

* 本文为“两广地质临时报告第七号”，1928 年 6 月由两广地质调查所印行，署名：谢家荣、冯景兰、张会若、李殿臣。——编者注

南，火成岩多于水成岩。按其时代之先后，水成岩可分为白云山层，沱罗水道层，李朗层，红岩系，冲积层等五种。火成岩可分为港南凝灰岩、大帽山石英斑岩、大潭斑状花岗岩、香港花岗岩、大屿岛花岗斑岩、石湾流岩层及煌斑岩岩脉等七种。兹略分述如下：

甲 水成岩

1. 白云山层 白云山层砂岩、页岩始见于广州市东北之白云山，故名。在本路沿线各岩层中，层位最下。下与市东侵入花岗岩相接触，其一部分已变质为石英岩，含云母砂岩，片岩，千枚岩等。褶曲变化，复杂殊甚。全层厚约三百余公尺。风化成黄褐色之土壤。与北江之皇冈岭层相当，其时代似属二叠纪（注二）。然因未在此层寻得完善化石，不能确定。乌涌以西石牌、车陂、吉山附近之小山，多由此层岩石构成。

2. 沱罗水道层 据香港地质学者之调查，香港及九龙半岛上最老之水成岩层为沱罗水道层（Tolo channel formation）。从九龙半岛东北沱罗湾（Tolo Harbor）之沱罗水道（Tolo Channel）得名。层由砾岩、砂岩及页岩构成。曾在沱罗水道附近寻得化石 *Hoplites*（*Blanfordia*）wallichi（Gray）var. *Hongkongensis* Grabau（注五），其时代为下白垩纪。与二叠纪之白云山层似不相同。广九沿线，如深圳、布吉、樟木头、横沥各站附近之砂岩、页岩、似均属此层。惟此次调查，在上述各处之岩层中并未寻得化石，且未见有显著之砾岩层。调查时用为比较之根据，系以深圳站南之沱罗水道层为标准。真正标准地域之沱罗水道，则以种种障碍，欲往不达。而据行利 Heanley 报告（注三）之地质图，深圳岩层与沱罗水道岩层亦非完全相同，故广九沿线大部之页岩、砂岩，是否真与沱罗水道层相当，必俟复勘，始能决定。

3. 李朗层 李朗层页岩及粘土始见于广九路李朗站附近，故名。全层厚约百余公尺，其中以白色或杂色之细腻粘土厚约十馀公尺，中有小红色结核为最特别，且变质甚轻，与沱罗水道层迥殊。此层似与沱罗水道层整合，惟完善接触尚未发现，不能断定。其分布似以广九路布吉樟木头之向斜层为限，林村、塘头厦、石鼓、天堂围、平湖、李朗各处均有露头，南北广约四五十里。在广东其他各处尚未见有相似之岩层。惟广西西南部之邕宁层（注四）略与此层相似，然邕宁层中化石甚多，此层虽经竭力搜索，尚未寻得化石。邕宁层在红岩系岩层之上，李朗层则似直与沱罗水道层相接，其时代似比红岩系岩层较老，或与之同时。若与红岩系同时，则以红岩系分布之广博，造成红岩系岩石特殊气候状况之普遍，似不能在布吉樟木头间有一特属之环境，造成此性质特别之李朗层。若谓比红岩系较老，为沱罗层之继续沉积，则当火成岩未侵入，沱罗层未褶曲之前，所成之沉积必不限于布吉李朗向斜层中。故李朗层之能否成立，当看东江方面能否发现与李朗层相当之岩石，现尚不能确定也。

4. 红岩系 红岩系岩石，以颜色血红故名。下与各种火成岩体或各水成岩层成不整合之关系。在本路沿线分布虽不甚广，而本系之上下两层（南雄层、丹霞层）均有显明之露头。在广州市东山一带及河南近郊各处，则为红土及红泥砂岩，似属红岩系之最上部、与北江红岩系之南南雄层相当。在塘美站南之石下山，由红色粘土或红砂所粘结之红砾岩，似与北江之丹霞层相当。石龙南社附近之红砂岩，中杂白点，似亦属南雄层之下部（注一）。红岩系岩石在本路沿线分布不广，横沥以南即未见有露头。此系岩层倾斜简单，平缓，生成后似尚未经过剧烈之变动，被覆一切较老之岩石，层位最高，除冲积层外，其时代应属最新，李希霍芬氏所谓之被砂石 Decksandstein，盖即此也。

5. 冲积层　广九路全线约三分之一均建筑在冲积层上，中以石龙附近之东江冲积平原为最大、而所有土壤，似尚不及花岗岩山岭间花岗岩土壤之肥沃。

乙　火成岩

1. 港南凝灰岩(The Repulse Bay formation of Volcanics)　侏罗纪大革改（Jurassic Revolusion）后，沱罗水道及较老之岩层因之褶曲、火成活动（Igneous activity）因之显著，其始为火山爆发，岩流、火山弹、火山灰等被盖于海陆之上，成厚约数百公尺之岩层，即现今所称之港南凝灰岩也。此种岩石在香港岛南部 Repulse Bay 附近发育颇盛，研究最详，故名。其他如大屿岛之西部、九龙半岛之东、澜泥湾、将军湾诸处、九龙半岛之北、大浦墟附近，均有此种岩石，分布甚广。风化后常成白色或淡色之土壤，尚不难辨识。

2. 大帽山石英斑岩（The Tai Mo Shan formation of Quartz porphyry）大帽山岩浆具有伟大之压力，侵入于较老岩石之裂隙或岩层间，冷凝为火山颈、岩脉、岩片等，因其埋没之深浅、体积之大小、冷凝之迟速，结晶粗细殊不一致。据香港地质学者之调查，大帽山岩石之组织可自通常之石英斑石（Quarts porphyry）以至花岗斑岩（Granite porphyry)、斑状花岗岩（Porphyritic granite）等，其组成矿物如长石、石英、角闪石等、均成完善之结晶。且因其侵入通过港南凝灰岩、沱罗水道砾岩、砂岩、页岩及其他较老之岩层，故常带有港南凝灰岩、沱罗层诸岩石之内含体（Inclusions），其侵入时期之比较新近，似无疑义。大帽山诸种岩石风化后常成褐色土壤，然亦有成淡色或红色之土壤者。大屿岛之中部、九龙半岛大浦圩西南之大帽山（亦称潭凹山）蔽风港之西贡附近，大帽山岩石分布颇广云。

3. 大潭斑状花岗岩或花岗闪长岩（The Tai Tam formation of porphyritic granite or granodiorite)　大潭斑状花岗岩或花岗闪长岩似从香港岛南部之大潭湾（Tai Tam Bay）得名。

据香港地质学者之调查，此种岩石以含有伟大灰色之长石结晶为特征，常含有黑色之角闪石，风化后成褐红色之土壤。似为侏罗纪大改革最后之火山活动，分布不广，除在大潭湾附近外，他处露头甚少。

4. 香港花岗岩（The Hongkong formation of Hongkong Gtanite and D'aguilar Granite)　香港花岗岩以在香港海湾之周围分布最广，故名。凡香港半岛之北部、九龙半岛之南端、大屿岛之西部，均有此种岩石露头。通常组成均匀，颜色淡红，组成矿物正长石、石英为主，黑云母多少不等。侵入体之中部结晶略大，边沿常冷凝为石英斑岩（Quarts porphyry)、长英岩岩脉（Aplite Dikes）及伟晶花岗岩岩脉（Pegmatite Dikes)，常横切花岗岩侵入体及被盖花岗岩侵入体之岩石，似属于侵入活动之最后期。香港花岗岩之顶部及被覆花岗岩之岩石内，石英脉甚多，与长英岩脉及伟晶花岗岩脉均有密切之关系。此等石英脉有时可含锰铁钨矿（Wolframite)、辉钼矿（Molybdenite)、锡石（Cassiterite）等产生于酸性火成岩内之矿物。与香港花岗岩有密切之关系者尚有戴勾拉花岗岩(D'aguilar Granite)，似属香港花岗岩侵入之初期。时代虽有先后，而岩石性质极为相似，不易区分。

香港花岗岩不感受第三纪拉滦美大革改（Laramide Revolution）之影响，其中所有之碎裂（Shearing）、断层（faulting）及片麻构造（Gneissic structure）等，似为香港花岗岩生成后所发生之影响，与新生期之大革改（Miocene Revolution）似有关系。

5. 大屿岛花岗斑岩（Lan Toa Formation of Granite Porphyry） 大屿岛花岗斑岩常侵入于香港花岗岩或其他较老之岩层内，成伟大之岩脉。岩石组织之粗细视岩脉之大小而异。大岩脉为斑状花岗岩（Porphyritic Granite），中等岩脉为花岗斑岩（Granite Porphyry），小岩脉通常为石英斑岩（Quarts porphyry），其中似以成花岗斑岩或斑状花岗岩者为最多。大屿花岗岩岩脉，据香港地质学者之调查，常与银铅矿藏有密切之关系。

6. 石港流岩层（The Rock Harbor formation） 据香港地质学者之调查，九龙半岛石港附近有较新之流岩层，未经变动，横盖较老各岩层之边沿，其上水道未完全发育。时代之新，盖可想见。此层全体为流岩及凝灰岩，中多孔隙及节理。其中上下节理往往发生悬崖。风化结果与香港花岗岩颇为相似。分布似只限于石港附近。

7. 煌斑岩岩脉（Lamprophyric Dikes）。此种岩脉为黑色或灰黑色之基性岩脉，横过以上所述之诸种岩石，宽窄不等，似与粤汉铁路源潭、连江花岗岩侵入体中之煌斑岩岩脉相当，同属于最后之岩浆活动。

构 造

广九铁路沿线之地质构造，就简单方面言之，只有白云山单斜层，乌涌、沙村花岗岩侵入体，横沥深圳向斜层，九龙、香港各种火成岩侵入体四种。就复杂方面言之，则九龙、香港各种火成岩侵入体即为多数复杂之构造，可分为各种岩石、各个时代之侵入。横沥、深圳亦系一复杂之复向斜层，其中岩层之褶曲变化，所在多有。乌涌、沙村间之火成岩侵入体不见得全属花岗岩。白云山平斜层走向虽为东北西南，而沿此方向之褶曲起伏亦复不少。此次调查短促，只能就简单方面略述如左。

1. 白云山单斜层 广州市北，自西南而东北，观音山、白云山、五雷岭、凤凰岭等，绵亘约三四十里，均由白云山层砂岩、页岩构成，斜向西、西北或西南，埋没于广州西北江村平原之冲积层中，显见由广州市东花岗岩之侵入而成此单斜构造，与髻岭单斜层遥相对照，各为江村复向斜层之一部（注二）。

2. 乌涌、沙村火成岩侵入体 广州市东，白云山脚及石牌、车陂各处已有花岗岩侵入痕迹，但为残留之红土及白云层所被盖，而不十分显露。至乌涌、南冈、沙村间，则沿线各山均由花岗岩或斑状花岗岩构成，东西宽约三十余里，南北未详。灰色长石斑晶有长达两三寸者，与南雄、仁化间之斑状花岗岩、香港之大潭斑状花岗岩相似。惟为花岗岩山岭特征黑圆石块之“黑头”（Niggerhead）甚多，则为仁化、南雄花岗岩山岭所未有也（注一）。

3. 横沥深圳向斜层 自横沥起，经樟木头、林村塘、头厦、石鼓、天堂围、平湖、李朗、布吉各站至深圳，成一走向东西、宽约百二十里之向斜层，为此间一带地质构造之枢纽。李朗层粘土页岩即充填于此向斜层中，大致与沱罗层整合。此向斜层之成因，即在新生时代各大革改时火成岩之侵入，盖深圳之南，即九龙半岛之各种侵入火成岩体、横沥、石龙之西北，即乌涌、沙村之火成岩侵入体，南北两方皆因火成岩之侵入而隆起，横沥深圳向斜层之生成，乃其当然之结果也。

4. 九龙、香港各种火成岩体　九龙半岛及香港大屿各岛之喷出火成岩层或侵入火成岩体，散乱错综，未见有特殊之统系可供讨论。略言之，则惟港南凝灰岩岩层及香港花岗岩侵入体所占之面积较大，大帽山花岗斑岩之火山颈、岩脉、岩片等所占之地面次多，他若大潭斑状花岗岩、大屿岛花岗岩岩脉、石湾流岩层、煌斑岩岩脉等，体积甚小，分布不广，在地质图上难悉载也。

矿　产

金属矿产多与火成岩有密切关系。广九路南段，火成岩石种类甚多，火成活动颇为繁复，故各种金属矿产如银、铅、钨、钼、锡、铁、锰等，分布甚广，而量均不多，有开采之价值者甚少。非金属矿产如制砖粘土及建筑石料等，固所在多有。兹本此次调查所得，参证以香港地质所（学）者调查之结果，将广九沿线之金属矿产及非金属矿产之成因、用途及现状略述如左：

广九路沿线　金属矿物之生成可分为三个时期：第一时期为第三纪初之岩浆活动与沱罗层岩石相接触所发生之影响，接触矿物如角闪石（Hornblende）、绿帘石（Epidote）、石榴子石（Garnet）、磁铁矿（Magnetite）及少数之银、铅矿藏皆此时期之产物也。第二时期为香港花岗岩岩浆之侵入，于其侵入之末期发出多数之伟晶花岗岩岩脉及石英脉、凡钨、钼、锡及少数之银、铅矿藏均此时期之产物也。第三时期为大屿岛花岗斑岩之侵入，其周围岩石亦感受接触变质之影响而发生新矿物。有时虽不易确定某矿藏之属于某时期，某矿藏之由于香港花岗岩抑由于大屿岛花岗斑岩之侵入而发生、而大多数之银、铅矿藏似均与第三期大屿岛花岗斑岩之侵入有大关系。

银铅矿多为结晶细微之钢方铅矿（Steel Galena），常与少量之闪锌矿（Sphalerite）及硫铜铁矿（Chalcopyrite）共生，凡侵入火成岩体与其他岩石之接触层往往有之，尤以大屿岛之花岗斑岩为最重要。

钨、钼、锡、铋等矿物多在香港花岗岩之岩体中或其上之石英脉内。江西南安西华山之钨锡矿藏，其例甚多（注一），惟在广九铁路沿线尚未发见此等矿藏伟大丰富，可供开采。

各种铁矿　如赤铁矿（Hematite）、褐铁矿（Limonite）、磁铁矿（Magnetite）等，在本路沿线时常发现，而产量均微。赤铁矿尤少。褐铁矿多见于沱罗水道层之风化部，为铁冠矿藏（Gossan deposit）之一种。磁铁矿则多为香港花岗岩或大潭斑状花岗岩之接触矿物，均未见有丰富之铁藏足为现代伟大钢铁事业之基础也。

九龙半岛之东北及广九路沿线李朗、布吉间，沱罗水道层岩石中含有锰质，风化溶解，流下沉积于岩石裂隙或河谷底部，或为硬锰矿（Psilomelane）、软锰矿（Pyrolusite）及沼锰矿（Wad or Bog Manganese）等。岩石裂隙之硬锰矿及软锰矿有时成分颇佳而产量无多。李朗、布吉间，此种锰矿欧战时曾经开采，终以产量无多，销路迟滞，停办。沼锰矿则尚未闻有曾开采，尚未见有可开采之矿藏也。

建筑石料在本路沿线种类甚多，分布甚广，大帽山石英斑岩、香港花岗岩、大屿岛花岗斑岩等，皆可供建筑之用。其中尤以香港花岗岩最为美观，最易开采，且可得任何之形状及大小，故开采最盛。香港岛之北部，九龙半岛之南部，均有新式大规模之开采处。广九路沙村站北之花岗岩似亦可大规模开采。大屿岛石英斑岩，颜色不如香港花岗岩之浅淡漂亮，而其美者可雕琢为室内建筑之装饰品，或作香港花岗岩所作墙壁之边沿，亦殊美观。

粘土在本路沿线如塘头厦、林村、九龙半岛及香港岛南部各处，所在多有，由港南凝灰岩及各种酸性火成（岩）、沱罗水道层中之页岩风化而成。李朗上部之粘土尤便采用。耐火粘土虽未发现，而造砖及建筑所用之粘土固可取之不尽，用之不竭也。

注一 参观两广地质临时报告第二号
广东曲江、化县、南雄、始兴地质矿产
冯景兰 朱翙声著
注二 参观两广地质临时报告第四号
广东粤汉铁路沿线地质
冯景兰 张会若 朱翙声 著
注三 参观中国地质学会志第三卷第一册
Notes on Some fossiliferous Rocks near Hong Kong
By C. M. Heanley
注四 参观两广地质临时报告第三号
广西邕宁、永淳、宝阳地质矿产
朱庭祜 李殿臣著
注五 参观农商部地质调查所地质汇报第五号第二册
A Lower Cretaceous Ammonite from Hon Kong by A. W. Grabau

欧美日本诸国地质调查所事业现况*

民国九年，著者游历美东，尝参观华盛顿之国立地质调查所，归而为文纪其组织及事业之概况，载科学第六卷第九期。民国十八年再度出国游历中欧诸国，考察各该国之地质机关，其未得亲历视察者，则参考典籍以补之，积久成帙，归国后略加订正，遂成斯篇。因思我国地质事业方在萌芽，发扬改进，端赖他山之攻错，先进之典型，则斯篇所述，或亦为国内热心地质及从事地质者之所乐闻欤。

著者识于北平地质调查所沁园燃料研究室。

第一，欧洲诸国之地质调查所

一、英国及爱尔兰

英国地质调查所，设有总所一，分所二。总所设于伦敦（S. W. I. Termyn Str. 28）属理工学研究院管辖（Department of Scientific & Industrial Research）。分所：一为英格兰及威尔斯支所，即附设于伦敦总所内。一则为苏格兰支所，设在爱丁堡。总所设所长一员，地质技师仅一名。英格兰支所则组织完备，有职员如左：

支所长一人　地方主任技师六人　地质技师二十二人　古生物技师一人　岩石技师一人　化学分析技师二人　嘱托　不定

英格兰及威尔斯共分为六大区域，每区有主任技师一人，率同地质技师数名，担任测制境内各种地质图之工作。英国测制地质图为时最早，所用缩尺亦最精密，惟印刷欠工，远不及美。一九〇〇年以前，地质图用人工涂色，谬误滋多。现则照美国之五彩精印矣。地质详图，计有二种：（一）一英寸代一英里，即缩尺六万三千三百六十分之一，英伦威尔斯及苏格兰共占四百九十一幅，皆已出版。（二）六英寸代一英里，即一万五百六十分之一，每幅占经度八分半，纬度三分半，每九幅合如第一种之一幅。凡重要区域及矿产地皆已有此类详图，但未测竣者尚多。地质详图又有浮面图（Drift Sheet）与基底图（Solid Sheet）之二种，前者示土壤及冲积层之分布，农业、水利、卫生等事业用为重要之参考，后者则示岩石露头及地内构造。每幅皆附有详细说明书、剖面图等。地质总图有一百五十八万四千分一（即每$\frac{1}{25}$英寸代一英里）及二十五万三千四百四十分一之二种。现在主要工作，即完成六英寸之地质图，每年出版五〇至六〇幅云。其他出版物，若事业报告，地方报告，应用地质报告，古生物志等，年达数册至十余册。全年经常费共约五万余镑（约合华币五十万元，此系按金价未涨前核算下仿此）。

* 本文1931年发表于《国立北京大学地质学会会刊》第5期。——编者注

苏格兰支所设支所长一人，地方主任技师三人，地质技师十一人，古生物技师一人。调查地域分为三区域，各由一主任技师及地质技师三、四人任之。地质图幅之最详者，为六英寸代一英里，往往限于煤田及油页岩地方之具有重大实业价值者。每年出版物亦甚多，惟岩石鉴定及化学分析，须嘱托英格兰地质支所代行之。

属于英国地质总所者，尚有一应用地质陈列馆，其中岩矿、化石诸端，分类罗列，甚为完备，于学术及应用双方俱有重大之价值。

爱尔兰地质调查所（Geological Survey of Ireland）在 Dublin. Hume Str. 14，属教育部管辖。设所长、上席地质技师及地质技师等职员。该所本亦属于英国地质总所之下，于一九〇五年始独立，另成一所。事业与其他英国各所大致相仿。地质图幅分一英寸一英里，及六英寸一英里缩尺之二种。前者共占二百〇五幅，皆已出版，后者则尚在测制中。所内附设有图书馆，博物馆及陈列馆。

二、法国

法国地质调查机关有二：（一）为法兰西地质所（Service de la Carte Géologique de la France），设在巴黎 Boulevaad St. Michael 62，属公务部 Ministère des Travaux Publique 管辖。组织成立于一八六八年，设所长一人，所长付地质技师一人，地质技师一人，兼务地质技师一人，嘱托十九人。兼务地质技师由矿山地质技师充之。嘱托技师，则由各大学教授兼任。地质图幅之缩尺，从前出版者为八万分一，全国共占二百六十八幅，皆已出版。重要区域，如巴黎附近等，则有四万分一之地质详图。全国地质总图则有二十万分一至二百万分一之种种。法国地质图不绘等高线，而以 Hachure 示山脉之位置，似最为缺点。战后国家多故，财政困难，此项制图工作，进行甚迟，近来每年出版仅数幅而已。一九二六年度，全年经费约二十万佛郎左右（约合华币万余元）。

其二为阿尔萨斯罗兰之地质调查所（Service de la Carte Géologique Régionale d'Alsace et de Lorraine），设于斯托拉斯堡大学内，属教育部管辖，组织较单简，设所长一人，所长副地质技师一人，嘱托十二人，地质技师兼书记一人。一八七一年以前属法国，一八七三年以后属德国领土，故工作方法多从德式。出版图幅二万五千分之一及二十万分一之两种。战后重归法领，以经费减缩，调查事业亦大为停滞，一九一九年以来之出版物，仅有数册而已。

三、德国

德国为联邦制，各邦设有地质调查所，或其相似之机关者有八，而以普鲁士所设者为最大，排华利亚[1]次之，其他各所规模较小。各地质调查所长每年召集会议一次，讨论进行事项。兹分述各所近况如左。

甲、普鲁士地质调查所（Preussisch Geologische Landesanstalt）　普鲁士邦各省之地质调查远在一七九六年以前，是时有冯步赫（Leopold V. Buch）氏之许莱徐省调查。一八六六年，矿政当局即有以二万五千分一缩尺测制全国地质图之计划。但专门机关，如今之地质调查所者，则于一八七三年始行设立，当时该所系附设于柏林之皇家矿务学院，

[1] 今译巴伐利亚。——编者注

而同属于工商部（Minister für Handel und Gewerbe）。至一九一五年，皇家学院改为柏林高工之矿冶院，于是地质调查所遂成为一独立机关。当开办之初，专任职员仅有技师五人，其余皆属嘱托合作之教授。至一九〇一年，专任技师已达四十四人，而合作技师则已减成无足轻重之数。该所组织五十余年变更甚少，所长之下，分为六部如左：

（一）出版部，（二）山地调查部，（三）平地调查部，（四）化学研究部，（五）物理地质部，（六）标本陈列部。全所职员工役共有一百八十余人，其中地质技师六十六人，分为四级，即主任技师（Landes geologe）、区任技师（Bezirks geologe）、技师（Geologe）、试用技师（Geologe in Probe）等，此外又有矿山技师十五人，化学技师十四人，测绘员二十人。调查工作以测制二万五千分一之地质图幅及说明书为最重要，战前每年可出版四十至五十幅，战时大为停滞，近年逐渐整顿，已恢复战前之旧观。截至一九二九年止，已出版或正在印刷中之图幅共为一二七七幅。尚有一〇一幅，则调查已竣，尚未付印，苟以此加入，共得一三七八幅，占面积一六三，四〇〇平方公里。普鲁士全邦之总面积为三一七，三九二平方公里，如是相比，则已成之工作当仅及半数，至少须五十年后始能将二万五千分一之图幅完全测竣。除此项详细图幅外，该所又出版缩尺十万分一至百万分一之地质约测总图。

德国自北至南，山地与平原之分布整然不紊，故地质调查之组织亦得依之而区分。山地调查部测查山地地质，详究自最古以迄中生代或第三纪之地层及矿产。平原调查部则测查土壤地质及冰川地层，而泥炭及褐炭等矿产亦连属研究。此项测查方法首创于一八七三年之渥脱氏（Orth），至今继续不衰。所测图幅别名之曰农业地质图幅（Geologisch-Agronomische Karte），盖以其与农业有密切之关系故也。化学研究部设备最佳，人才亦多，除岩石、潜水之分析外，尤致力于土壤分析、土性研究及胶体化学之研究等。最堪注意者为设立未久之物理地质部，利用重力、电气、磁力、震波诸性，以探求地内之构造及岩层之性质，间接即可以探勘平地下潜伏之各种矿床。该部现有技师四、五人，精密仪器俱经设置，已屡有重要之发见。该所附设有藏书二百万余卷之图书室。矿产统计亦设有专课。（实用地质）杂志上之按月报告，即该课中技师所编。最近出版之世界矿产图及统计表即由普鲁士调查所主任编辑。陈列馆分应用及学术二部，后者侧重古生物及地史，前者则陈列各种矿产及工业用品。此外又设印刷所、装版所、照相室等，为刊印图报之用。一九二六年之经常费为一百三十余万马克，最近则已增至年约三百万马克（约合华币一百五十万元）。

乙、排华利亚邦之矿山监督署地质课（Geognostische Lands untersuchung Geognostische Abteilung des Bayern Ober Bergamts） 设在明兴省城，属工程部管辖，创立于一八四九年。现设课长一人，地质技师五人，化学技师二人。出版物有二万五千分一之地质图幅及说明书，因为经费所限，未测者尚甚多。又有十万分一之地质全图，则早经刊印。此外各种研究报告，年出若干册。一九二六年经费共十余万马克（合华币五万余元）。

丙、维登堡统计局地质课（Geologische Abteilung des Württembergische Statistrschen Landesamts） 设在斯多格得，属财政部管辖。设有课长一人，地质技师五人，化学技师一人，嘱托技师三人。查维登堡之地质研究甚早，五万分一之地质全图早经刊印。自一九〇三年以来，又改测二万五千分一之地质图幅。该所亦附有图书室、陈列馆、化验室等，规模甚小。

丁、巴登地质调查所（Badische Geologische Landesanstalt）　为一八八八年著名岩石学家罗森勃许氏（Rosenbush）所创立。现设在弗拉堡，有所长一人，技师五人，化学师一人。主要工作为测制二万五千分一之地质及土壤图幅及说明书，总数共有一百七十幅，现测竣者已达三分之一。一九二六年经常费约十万马克。

戊、撒克森地质调查所（Sächsisches Geologisches Landesamt）　设于辣不济城，该所于一八七二年即经成立，当时即测制二万五千分一之全境地质图幅，历三十五年全图告成，共有一百廿五幅。此图可谓为全世界地质详图之矫矢。现在工作为改订图幅，测查地下水、褐炭及土壤工作等。附设有化验室、图书馆及陈列馆。组织设所长一人，技师三人，嘱托技师四人。一九二六年经常费为五万余马克（华币二万余元）。

四、俄国

俄国地质调查所（Rossijskij Geologitschesdij Komitet）　设于俄旧京之列宁格勒，创立于一八八二年。现在组织，有所长及副所长各一人，所长辅佐三人，主任地质技师三十七人，地质技师二十五人，地质兼矿山技师十五人，嘱托三十九人，化学技师七人。分为五课，即地质课，矿产统计课，探矿课，地形课，出版课是也。该所建筑宏大，设备完整，职员多积学之士，工作进行尤具神速。一九二六年经常费预算为四百三十万卢布。由此种种，足见苏俄近来重视地质，努力提倡之一斑。

俄国幅员广大，跨欧亚二洲。在欧洲方面，交通便利，工商发达，故地质图亦测制较详。现有总图共一百四十五幅，缩尺四十二万分之一，即每英寸代一俄里，每幅面积达四万方俄里。全国地质约测总图则有缩尺八十四万分一、二百五十二万分一及六百三十万分一之数种。详图缩尺为八万四千分之一，全国未测者尚多。

遇石油、煤、铁诸矿床，则测制较详之地质矿床图（二万五千分一、四万二千分一等）。近年来又注意于物理探矿之法，利用重力、电气诸性测勘矿床，已著有相当之成绩。为便于工作及管理计，分设支所八处，散在欧俄及俄亚各城。化验室之设备异常完整，有技师七人，助手五人，一年间可作岩矿之完全分析千种，杂类分析二千种，其速能不可谓不大矣。陈列馆收罗丰富，在欧洲各国中堪称巨擘之一。

五、波兰

波兰地质调查所（Polski Panswowy Instyt Geologiczny）　设在波京华沙，属工商部管辖。成立于一九一九年，当欧战后，波兰成为独立国之后。其组织有所长一人，主任地质技师五人，地质技师十三人，化学技师四人，岩石技师一人。分设七部如下：地质图幅部，石炭部，石油及岩盐部，矿物部，水理部，化学分析部，制图及出版部。野外调查时以二万五千分一之陆军图为根据，填注地质。出版物有十万分一之地质图幅及说明书及其他研究报告。一九二六年经常费约为三十万波币（合华币七万元）。

六、奥国

奥国地质调查所（Geologische Bundesaustalt）　设在维也纳京城，属教育部管辖，创立于一八六五年。设有所长一人，主任技师五人，技师一人，试补技师一人，化学技师一人，嘱托四人。大战前职员较多，地质技师共有二十四人，今以经费不足，大为裁减矣。技术组织依地层区别分为三部，即（一）结晶岩石及硬砂岩部，（二）古生代地层部，（三）第三纪层。现在工作为改订七万五千分一及测制二万五千分一之地质图幅及说明书，编制地质矿物并古生物等学术研究之论文。一九二六年度经常费约为十四万奥币（合华币四万二千元）。

七、匈牙利

匈牙利地质调查所（Magyar Kiralyi Földtani Intézet） 设在匈京波达坡，属农务部管辖。一八六六年时属奥国，至一八六九年始行独立。有所长一人，主任地质技师四人，技师六人，化学师一人，嘱托四人。大战前地质技师共十八人。技术组织分为：（一）山地部，（二）石油、瓦斯及水利部，（三）土壤地质部。战前匈牙利疆域包含山地甚广，当时工作颇注意于各种矿床之测查。战后疆域缩减，仅及原来三分之一，且多临河平地，故该所目前工作颇锐意于土壤地质之精查，以期发达农业。地质图幅用七万五千分一之缩尺出版，说明书则以德、法、匈三国文字发表。该所内备有特前客室一，供国外地质学者赴匈研究、寄宿之用，如此设备为他国所无。

八、意大利

意大利地质调查所（R. Ufftcio Geologico） 正式成立于一八七七年，设在罗马京城，属财政部管辖。设所长一人，主任技师二人，技师二人，分析技师三人。地质图幅之缩尺为十万分之一，其属矿山地方则测制五万分一或二万五千分一之特别地质图。又有全国地质约测总图，其缩尺为五十万分及百万分一之二种。所内设有化验室、图书馆、陈列馆等，俱甚完美。研究报告，如矿物调查，火山调查等，俱颇具学术上之价值。一九二六年度经常费为四十六万意币（约合国币四万余元）。

九、西班牙

西班牙地质调查所（Instituto Geologico de Espana） 设在麦特利特京城，属内务部管辖，正式成立于一八七三年。有所长一人，地质技师十五人，化学技师二人。技术组织分古生物、矿物、金属矿床、地下水、电气及重力探矿、地质图幅及文献诸部。主要工作为测制五万分一之地质图幅及说明书，尚有四十万分一之约测图及百五十万分一及二百万分一之地质总图，则早已全部完成。一九二六年度经常费总额约三十万西币（约合国币十万元）。

一〇、丹麦

丹麦地质调查所（Danmarks Geologiske Undersgelse） 属教育部，成立于一八八八年。设所长一人，主任技师三人，技师二人，技术组织分学术、应用二部。主要工作为测制十万分一地质图幅，有用矿物之调查及各种学术研究等。一九二六年度经常费约十二万丹币（约合国币六万元）。

一一、瑞典

瑞典地质调查所（Sveriges Geologiska Undersökning） 成立于一八五八年，设瑞京

Stockholm，属农务部管辖。有所长一，地质技师八人，分技手八人，分析技师一人。地质图缩尺有五万分一、十万分一及二十万分一之三种，俱无等高线。矿产区域、特别岩石或地质构造区域，则俱用较大之缩尺。地质约测总图，有五十万分一、百万分一及二百万分一之数种。该所学者于泥炭研究及电气探矿诸法俱有重要发明，近则农业、水利亦颇注意。所内附设之图书馆、陈列馆等俱甚完美。一九二六年度经费约为四十万瑞币（约合国币二十万元）。

一二、瑙威

瑙威地质调查所（Norges Geologiske Undersokelse） 在瑙京屋士绿（Olso），属商航部管辖，于一八五八年成立。有所长一，技师七人，嘱托五人。技术组织分为图幅部及应用地质部二部。前者专事十万分一地质图幅（附有等高线）之测制，后者则矿山、土壤、泥炭及石材之调查。分析室、图书室、陈列馆俱有，但规模不甚大。一九二六年度经费为十一万余瑙威币（约合国币五万元）。

一三、芬兰

芬兰地质调查所（Geologinen Toimikunta） 在海辛府（Helsingfors），属商工部管辖，成立于一八六五年。设所长一人，地质技师三人，试补技师三人。技术组织分为探矿、矿山地质、地质图幅及冰河堆积物四部。地质图幅之缩尺为四十万分一，于矿山区域则缩尺较大。地质图亦如英国式，分为浮表地质图及基底地质图二种发行。所内附设分析室、图书馆及陈列馆，规模皆不甚大。一九二六年经常费二百三十余万芬币，约合国币十一万五千元，其中农业地质调查费及探矿费占全数三分之一，即此可见该所之注重于实用的地质矣。

一四、捷克国

捷克地质调查所（Statni Geologicky'ústav Ceskoslovenské Republiky） 设于捷京泼拉哈（Praha），属内务部管辖，于一九一九年捷克国独立后始正式成立。职员设所长一人，技师五人，嘱托二十人，化学技师一人。嘱托员俱系大学教授。技术组织分为一般地质及应用地质二部。地质图幅之缩尺普通为七万五千分之一，有矿区域发行二万五千分一之特别地质图。一九二六年度经常费约为五十万捷币，约合国币三万元。

一五、荷兰

荷兰地质调查所（S'Rijks Geologiδche Dienst） 设在哈伦（Haarlem），属水利部管辖，成立于一八五八年。职员有所长一人，地质技师四人。工作事项以工程地质为主，如道路、铁道、港湾、运河、水利等有关地质之顾问、设计等事务。地质图幅分二万五千分一及五万分一缩尺之二种，前者全国共占七百幅，已出版者二百十五幅。一九二六年经常费九万余荷币，约合国币七万余元。

一六、比利时

比利时地质调查所（Service Geologique de Belgique） 设于比京不罗撒尔

(Bruxellé)，属工务部管辖，于一八七八年始正式成立。职员有所长一人，主任地质技师一人，地质技师一人，嘱托一人。现在工作为改订及测制四万分一地质图幅，及测制较大缩尺之炭田地质图。近以缺少经费，故进行甚不积极。一九二五年经常费为十四万比币，合国币九千元。

一七、瑞士

瑞士地质调查会（Schweizerische Geologische Kommssion） 在瑞京趣里区（Zurich），属瑞士博物学会管辖，成立于一八五九年。设会长一人，评议员七人，地质技师一人，嘱托二十五名。评议员协议关于经费调查等事项，嘱托员俱系大学教授，乘暑期休暇测制十万分一地质图幅。有特别构造或学术兴味之地，则测制二万五千分一或五万分一地质图幅。一九二六年经常费十万瑞币，约合国币五万元。

第二，北美合众国地质调查所

南北美洲诸国俱设有地质调查所，其中以北美合众国之国立调查所及各省省立地质调查所规模伟大，成绩最著。加拿大之矿务局及地质调查所次之，南美诸国亦俱努力进行，成绩斐然，但其设备则远不逮美国。兹略述北美合众国地质调查所事业近况，以例其余。

北美合众国在华盛顿设有国立地质调查所，各省又各设有省立地质调查所或矿政局，全国合计调查机关共不下三十余所，组织之严密，事业之发达，全球各国无足与比。

美国国立地质调查所于一八七九年成立，至今已历五十余年。最初每年之经费仅十万美金，今已增至二百万元以上。若以与各省省立调查所合作之经费一并计算，实在所费当在三百八十余万美金，经费之充裕，当为全球各国冠。据计算，该所自创办迄今经费总额已达七千五百万美金。所内职员逐年增加，今已在千人以上。其刊印地质图之精美尤为世界所艳称。现在出版者可分为三类：（一）北美地质总图，缩尺五百万分之一，附有说明及索引，于一九一一年出版。（二）地质图幅，内附地形图、地质图、构造地质图、经济地质图、剖面说明及照相等，共订成一大册，宽约十三英寸，长约十七英寸。其缩尺有二：（甲）缩尺六万二千五百分之一，即一英寸代一英里，占经纬度各十五分，面积约二百二十五英方里。在重要矿区则更有较详之地质图，其缩尺约万余分之一。（乙）缩尺十二万五千分之一，即一英寸代二英里，占经纬度各三十分，面积约千英方里。（三）简略地质图，缩尺为二十五万分之一，即一英寸代四英里或更小。阿拉斯加及西美人烟稀少，测量尚未普遍之处俱用此。现全国已经调查、刊有属于第二类之地质图，约百分之四〇左右。在阿拉斯加则调查未遍，尚不及百分之一。此外又出版各种专门报告、学术研究及统计，截至今年（一九三〇年）止，报告全份约有四十万页之多。技术组织最为严密而伟大，共分七大部如下：

一、地质部（Geologic Branch）。此部复就专门题旨分为十股，即（一）古生物及地层股，（二）金属矿产股，（三）非金属矿产股，（四）钢铁股，（五）冰川地质股，（六）沿海平原股，（七）燃料地层股，（八）火山研究股，（九）岩石股，（十）化学物理股。此部所费年达四十余万美金。

二、阿拉斯加地质矿产部（Alaskan Branch）。专负调查及研究阿拉斯加之地质矿产，由十余地质技师及工程师担任工作。

三、地形部（Topographic Branch）。关于大地测量（如海岸线、经纬度等），美国另有专门机关理其事。至于地形测量，则纯由地质调查所担任。因之范围广大，用人至多，为欧洲诸国地质调查所所不逮焉。本部工作，系就地域及工作性质分为八股：（一）大西洋股，（二）中部股，（三）太平洋股，（四）稽核编制股，（五）测算股，（六）照相测图股，（七）制图股，（八）地图询问股。此部所测地形图缩尺不一，但以六万二千五百分一者为最普通，虽经多年不断之努力，而完全之图尚仅占全国面积百分之四三．六，甚矣，地形测量之难期速成也。此部每年所费约有一百三四十万美金。

四、水利调查部（Water Resources Branch）。分为四股：（一）地面水股，（二）地下水股，（三）水质股，（四）水力股。此部组织亦为欧洲地质调查所所不甚常见者，而在美国，则办理以来，成绩卓著。属此部之职员达二百余人，每年经费八十余万美金。所出版之水利调查报告已至六百四十余号，为从事水利事业不可少之参考资料。

五、天产撙节部（Conservation Branch）。此部亦为美国地质调查所之特殊组织，专任调查分类计划及授给关于国内可供矿产、农产或畜牧之公有土地，盖美国西部有广大无限之公地，须政府为计划管理故也。此部分为：（一）矿地分类股，（二）水力股，（三）农地股，（四）矿区授给股。

六、出版部（Publication Branch）。本部工作包括编辑、制图、照相、制版、印刷、分发各种，一繁而琐细之部也。

七、总务部（Administration）。一切总务及图书馆属之。

第三，日本地质调查所

倡立于一八七九年，属商工省管辖。最近职员设所长一人，技师十六人，技手二十人，嘱托五人。内分地质、地形、分析三部。另设图书馆、陈列馆。地质部专掌测量地质图幅，勘查矿山，并作受托调查。地质图幅之缩尺分为三种：（一）三十万分之一，（二）四十万分之一，（三）七万五千分之一，皆用彩色精印，附等高线及矿产地点等符号。第一类每幅占纬度半度，经度一度，等高线距离四〇公尺。全国除北海道、朝鲜、台湾等[1]地外，共占九十八幅，已全数出版。第二类每幅占经度三度，纬度四度，等高线距离一百公尺，分全国为五大幅，亦已全数出版。以上地质分图分日文与英文二种，每种各附日文说明书。最近工作则专力于七万五千分一图幅之测制，全国计有三百二十幅，宽约三十七公分，长六十一公分，占经度三十分，纬度十五分，面积约一千二百六十五平方公里，等高线距离百公尺。凡地层之倾斜、构造、矿产、化石之地点，皆一一详示。每幅各附日英文合璧之简短说明书。现已出版者仅有十五幅，正在调查中者二十余幅。照现在测制之速度计，三十余年后可以全部告成。至于重要区域，如油田及其他矿产地，则测有二万分一或更详之地质图。地形部专掌测量地形图幅或特别矿物产地图等。前者东京震灾，调查所原有之图书、仪器、标本，大半毁灭，今重新设备，规模已较小矣。出版物有报告、图幅及图幅说明书、油田图等。一九二八年经常费，日洋一四七，七五八元。

---

[1] 朝鲜和我国台湾省当时处在日本殖民统治下。——编者注

结 论

兹将前述欧、美、日本诸国地质调查所之经费约数、管辖机关及地质图幅之缩尺等，列表比较如左。

国别	每年经费约数（合成国币）	管辖机关	地质图幅缩尺
英国	500，000	理工学研究院	六万三千三百六十分及一万五百六十分之一
法国	15，000	公务部	八万分之一及四万分之一
德国（普鲁士）	1，500，000	工商部	二万五千分之一
俄国	3，000，000		八万五千分之一及四十二万分之一
波兰	70，000	工商部	十万分之一
奥国	42，000	教育部	二万五千分之一
意大利	40，000	财政部	十万分之一
西班牙	100，000	内务部	五万分之一
丹麦	60，000	教育部	十万分之一
瑞典	200，000	农务部	五万分之一
瑙威	50，000	商航部	十万分之一
芬兰	115，000	工商部	四十万分之一
捷克	30，000	内务部	七万五千分之一
荷兰	70，000	水理部	二万五千分之一
比利时	9，000	工务部	四万分之一
瑞士	50，000	瑞士博物学会	十万分之一及二万五千分之一
美国（中央地质调查所）	4，000，000	内政部	六二，五〇〇
日本	150，000	工商部	七五，〇〇〇

国立地质调查所之工作当以测制地质图幅为最重要。此项图幅之缩尺又视其国疆域之大小，构造之繁简及机关成立之久暂而异。譬如英国为世界地质调查所之首创者，其地地质繁复，疆域又较小，故其所测地质图幅，缩尺之大为任何国所不及。美国对于各种科学之研究不厌求详，但地质图幅之精密尚在德、奥之下，此则疆域过大，有以使之然也。俄国之情形亦复如是，现测八万五千分一之地质图幅，尚需数十年后始可告竣。观此可见图幅进行之不易也。至若瑞典、瑙威诸国，对于科学之研究极为努力，但地质图幅之精密远在英、德之下者，则以其地地质不甚繁复故也。

其次，试言经费之比较。地质调查经费之多少，当直接与疆域之大小成比例。美、俄二国，年费三、四百万元，为任何国所不及，即其明证。比利时疆域最小，而其地质又已大部测竣，现在进行之工作仅为改订图幅及学术研究，所费不多，故经费亦最少。其他法、奥、瑞士、捷克、意大利诸国，野地工作本不甚多，复因战后经济困乏，故每年经费亦复有限，但即在此困难环境之下，而工作进行，若图幅之刊印，学术之研究，仍复继续不辍，此则我国从事地质事业者之所当奉为圭范者也。惟德国普鲁士地质调查所，设备周全，工作精审，每年经费达百五十余万元，美、俄之外，当以该所为最多。德人之重视地质，锐意建设，于此可见一斑。

近十年来，欧美各国地质调查所之工作，似有渐趋于应用化之一途。最明显者，如利用物理地质之方法，以探勘矿床。德、俄、瑞典、西班牙诸国之地质调查所俱已设有专部，遴选专才，努力研究。已见成效者为瑞典之电气探矿法及德国之重力探矿法。美国对此工作似较后进，但近亦急起直追，其研究中心则不在地质调查所，而在矿政局。此外，实用问题，如农、林、水利之地质研究亦为欧美地质调查所之重要工作。关于农林者，如英国地质调查所刊印之浮面地质图及德国普鲁士地质调查所平原地质部刊印之农林地质图幅，俱为农业重要参考资料。最近匈牙利、瑞典、芬兰诸国之地质调查所，对于农、林、土壤之调查亦异常注意。关于水利者，当推美国地质调查所之水利调查部为最伟大，专门研究之出版品已达六百余号之多，凡全国地面水流之控制，地下潜水之探索，以及筑堤开渠，化验水质，俱赖该部专家之指导而解决焉。荷兰地近海滨，对于水之认识为最清，故水利地质及水利工程之研究亦最发达，地质调查直辖水利部，足见该所之努力于水利工作也。此外尚足注意者，则地质调查所有时亦兼营地形测量之工作，如美国、日本，即为一例。美国地质调查所之所以规模宏大，职员达千人以上者，地形测量工作之繁重，实为其主因也。

外人在华矿业之投资*

第一节 外人在华矿业侵略之经过

（一）外人在华矿业侵略之初期

自甲午中日战争之后，各国看穿清室之柔弱无能，于是相率攫取中国领土之各要害，侵略中国之富源；而开其端者，可谓始于一八九七年之曹州事件。当年十一月，德国藉口山东曹州有两德教士被杀，乘机调遣兵舰以武力占领胶州。当时德国驻京公使向清室提出五项条件，内有允许德人建筑铁道及开发矿产之权利。在此种威胁情形之下，清廷即于一八九八年三月十六日与德公使签订《胶州条约》；依据此项条约，德人可在山东建筑铁路一条，并沿铁路两旁三十里内之矿山，亦得任其开采，如潍县，博山县，沂州府，莱芜县等处。帝国主义对华之经济侵略政策，于此可谓暴露无余。同时，外人与中国私人合作经营之矿业亦已开始，如一八九六年（《胶州条约》之前二年）在门头沟中美合办之煤矿。

其他列强步德国之后尘，亦有同样之要求。同年（一八九八年），英商福公司获得山西煤铁矿之采取权；一八九九年，德商瑞记洋行又获得山东五矿之采取权。次年，四川矿务局与摩尔根订立合同。一九〇〇年拳匪之乱及一九〇四年日俄之战，均使外人在华对于矿业获得新的权利，如江苏铜山煤矿采取权之让与英人，抚顺煤矿之让与日人。此两处矿产采取权之放弃，对于中国以后矿业之影响实大，因其产额甚大，且近海滨铁道，交通便利，价格低廉，故以后中国他处之煤业，实不能与之竞争。

（二）外人侵略矿业之三时期

中国采矿权让与外人之经过，约可分为三期，每期各有特殊之情况；吾人考查各期之特点，亦可看出中国对于外人经济侵略之态度之变迁。

一、第一期——外人竞争采矿权之时期

此期由一八九六年至一九〇六年，约十年之久。此时期亦为中国历史上最不幸之一页，为列强侵略中国最盛时代。列强各欲增进各自之利益，凡有利于已者不惜牺牲他人，于是列强各处于敌对的地位。此时期最显著的特征，即为割让之竞争。上述胶州之割让于德，即为此时期之开端。

此时期中国与列强之交涉，虽错综复杂，各有其特殊独立之历史，然而中国采矿权之让与外人，以各个特性而观，约可分为四种：

---

* 《外人在华矿业之投资》由中国太平洋国际学会以“中国太平洋国际学会丛书”的形式于1932年8月出版。原书版权页载：原著者谢家荣、朱敏章，编译者中国太平洋国际学会。——编者注

（A）沿铁路附近有采矿权。如根据于中德《胶州条约》，德人在胶济铁路两旁三十里内之矿山，有采取之权。又如根据于一九〇二年之《中俄协约》，俄人在中东铁路附近之扎赉诺尔及吉林某数处之矿山有采取权。

（B）外国私人或团体与中国政府交涉让与某省全省或一部之采矿权。如英商福公司请政府让与山西若干县煤铁矿之采取权，德商瑞记洋行对于山东五矿之采取权及云南省七县采矿权之让与外人。上述采矿权之让与外人，所占领域至大，以故引起中国一般人民激烈之反抗。

（C）由中国中央或省政府特许，在某数地域之某数矿山有采取之权。如一九〇二年安徽南部之铜官山，一八九八年四川江北之煤矿及一八九九年科乐德之外蒙金矿，皆属于此类。

上述三项允许外人之采矿权，实出于中国政府之自愿，但努力要求此种权利之各公司，并未实际从事于矿产之开发。此类让与之权利，其政治的意义实比经济的意义更重要。

（D）外国公司与中国私人订立合同，共同经营矿业，而后迫政府追认。如开滦、井陉、临城等处之煤矿，皆属于此类。此类矿业，一方面可说完全为一种经济的投资事业，但有时政府对于此种投资亦可谓政治的侵略。

二、第二期——反对及收回外人采矿权之时期

列强此种侵略行为以及清室整批的放弃权利，颇引起一般人民之抗对和反动，于是人民对于外人发生一种普遍的憎恶。一时国内各处发起爱国运动，决意收回外人建筑铁路及采取矿产之权。一般民众坚决以为外人此种侵略行为，不仅将来不许重现，即以往已丧失之权利亦应收回。列强因中国一般民众舆论之理直气壮，于是不得不稍改变其政策。中国政府一方面有人民为后盾，一方面列强已渐改变其政策，于是对于从前所放弃之权利，设法与列强交涉，或取消，或收回。英国摩尔根在四川获得之采矿权已为政府取消，即为一例，虽则英国该公司尚未十分同意。此外，尚有福公司在山西之采矿权，德国在山东之五矿以及安徽南部之铜官山，湖北炭山湾之煤矿等，均由政府出相当之代价，收为国有。此种赔偿之代价，一部分由发行公债，一部分由国库拨出。此外，尚有由外人自动放弃，如法兰西公司在贵州采取水银，长年毫无结果，于是自动放弃。

收回采矿权最盛之时期为光绪末年至宣统初年，即一九〇七年至一九一〇年。当时收回此种权利所花之款项约达一千万元之谱。

一般人对于收回采矿权之利害，意见颇不一致，至今犹彼此岐分。大概而论，中国政府方面所受之损失，确实不小；其主要原因实因国人对于矿产之探采，无充分之知识，对于收回时矿业工作之情况及设备，亦不甚明了。照现有之知识而观，有些矿山并非富藏，不值得用大规模之设备开发之，且以前外国公司所进行之工作及设备，并不完全。此外，尚有若干矿山，外人投资甚少，或全未开发，或不便于开发，而中国所出之代价，达一千万元之多。外人获得此种权利者，其矿山本无甚价值，而中国政府偿还之代价，远过于彼等之所希望或应得。此种情形，最显著之例子莫过于铜官山之铁矿。一九一七年德基格兰博士（Dr. F，R. Tegengren）参观该矿山时有下述之记载：

"凯约翰先生（John Lister Kaye）所经营之矿山，除马路一条及若干极浅之矿坑外，所余者不过少许破烂房屋及生锈之机器一架而已。如此工作，乃耗费至五万金镑之多，实令人不可解”。

三、第三期——一九一四年之矿业法规

一九一四年中国政府颁布矿业法规，于是外人在华经营矿业之情势，为之一变。按照此项法规，凡外人对于某矿山之投资不过全体资本百分之五十以上者，则准其投资；凡中外合办之矿业公司，在中国领土之内者，均须服从中国之法律。此种法规本极正当合理，而有一部分之外人却严厉批评之。不过此种法规实行时颇称顺利，自颁布以来，各中外合办之矿业公司均能恪守不怠。但完全为外人办理之矿业，如抚顺及烟台，或与中国特订条约之矿业，如开滦煤矿、本溪湖铁矿等，则为例外。

由上述各节，吾人可知列强对于中国之政策，已渐由侵略的态度变而为友谊合作的态度，以平等相待。不过其后尚有两次中国政府将采矿权让与外人，使吾人不得不深为惋惜，而使吾人回忆一八九六年至一九〇六年列强侵略中国时之情形。第一为热河阜新煤矿之采矿权让与一中日合办之公司，其原因为一九一四年时该处杀死一日本工程师，于是日本要求该处矿山之采矿权。第二次为吾人最不能忘者，即一九一五年日本向中国提出之二十一条，要求东三省某数处之采矿权，并加入政府所办之汉冶萍煤铁公司。外人此种侵略政策的复兴，实令人深为惋惜，使中国人民对于外人发生恶感，因其用不正当的压迫手段，以获得经济的权利，而此种权利本可用合法之手续而取得。

第二节　已取消之外人采矿权

由上所述可知，由一八九八年至一九〇六年外人所得之采矿权，如德人之于山东，法人之于云南，福公司之于山西，均已取消，或由政府收回。但其他如抚顺、烟台，则仍存在；此外另如开滦及扎赉诺尔，则重新改组后继续经营。关于上述第二与第三种，下述各篇当详细讨论，在此且先讨论已取消之采矿权之历史及订约之条件。

（一）德商中兴煤矿公司

德商中兴煤矿公司系一八九八年《胶州条约》之后所组成，资本约一千二百万马克。当时该公司曾与山东巡抚签订条约，沿铁路两旁三十里以内之采矿权，仅限于德国与中国人。如中国已开发之矿山，可以继续经营，但德人在更下层有工作时，不得妨害之。

一九〇四年十二月十五日，中兴公司更提出四项新条件，其最重要之点如左：

（A）沿铁路两旁十英里以内之矿业，只许中兴煤矿公司采用机器。

（B）华人经营之矿业，只许继续用旧式方法采矿，不得用机器。

（C）如中兴公司沿铁路两旁用新方法时，须先通知山东巡抚，则山东巡抚在该公司采用机器两年以内之时期，凡该矿附近十五里以内华人经营之矿山，均须停工。

但右列之条件为外务部所拒绝；而德国之公司仍请省政府当局将中国人所经营之某数矿山下令停办，因其有碍于德国在山东所经营之矿业。因此，当时德人与本国矿工时起争攘。此后，德人与中国外交部另有一度之纷争，即德人借款建筑津浦铁路时，要求沿铁路两旁之采矿权让与德人，作为借款之抵押，但当时中国外交部及省政府对于此种要求皆一致拒绝。

最后，中德政府始签订条约，将德国在山东之采矿权划分明白。此条约最重要之点如左：

（A）山东博山县之矿业区域归还中国；至淄川县之矿业，则中兴公司只能限于该县之东部。

（B）潍县坊子之煤矿及金岭镇之铁矿，仍归中兴公司经营。

（C）凡山东其他让与德人之采矿权，均须取消。

德国将博山及其他处之采矿权归还中国之后，中国政府即以二十一万元之数作为抵偿。

当时，德人从事于开辟坊子之煤矿，共挖掘矿坑三个，每个约二百五十米达至三百五十米达之深，共得煤矿三层，每层约一米达至二米达之厚。当时每年最高之产量有二十三万吨（一九一〇年），所雇工人共二千五百名。此外并设有洗煤及炼焦煤之厂。自一九一〇年之后，坊子之煤矿停办，一部分乃因战争之故。

德人在淄川黉山之经营煤矿始于一九〇四年。共掘矿坑三个，每个约二百米之深，共得煤矿十五层，但其中仅有三层之最高厚度为二米半。最多之产量为一九一三年之四十一万四千吨，但自一九一三年之后，因战争之故，该矿山乃停办。

一九一四年日本占领青岛之后，德人乃将胶济铁路及附近之采矿权让与日本。日本对于各煤矿继续经营，每年产量约五十万吨。自一九一五年至一九二二年煤产之总额为四百万吨，获净利一千五百零八万三千八百元。但自一九二二年之后，依华盛顿会议之协商，日本将山东之三处煤矿（淄川、坊子包括在内）及金岭镇之铁矿均归还中国。上述煤矿现均由中日合办之鲁大煤矿公司经营。关于此公司之详情，容后再述。

（二）福公司在山西攫取之采矿权

一八九八年山西总督命该省商务局与英商福公司商借款项，而以潞安、泽州、平定、盂县、平阳等处之煤铁矿（几占全省之半）允许该公司开采为交换条件。该合同并注明，如上述之矿山有属于人民者，则与所属之主人交涉，以相当之代价租借或收买。此外，该公司所经营之矿业除应付赋税外，并将所获赢利百分之二十分与中国政府。此合同签订之后，山西政府与该公司又订一合同，允许该公司之采矿权扩充至河南之北部（黄河以北）。由此可知，中国租借与外国银行团之矿山，所占之地域实不小。

在此，吾人对于福公司之由来，不得不附带略言之。先是一八九六年时有某意大利人名罗查特，欲在远东经营某种商业。罗氏在中国游历研究一年之后，复往欧洲组织福公司，为英人与意大利人合办，最初资本为二万金镑。该公司之总所在伦敦，并在英国政府注册。

当正太铁路筑至平定时，福公司即遣工程师若干人至山西考查矿山，同时北京之英国公使照会中国外务部，声明潞安、泽州等处之矿山应当保留，并各该处中国人民已经营之矿业应勒令停办。此种照会之横蛮无理，乃引起各方之反抗。当时中国政府与英公使正交涉时，山西之一般绅缙乃群起而组织一私人公司，名曰保晋公司，其目的乃欲收回租借与外人之采矿权。至一九〇八年一月，保晋公司卒以银二百七十五万两将福公司在山西之采矿权收回。这项大款完全由人民中征募而来，故此次保晋公司之倡导，每认为中国民族复兴运动最显著之一例证。现今保晋公司已经营数处矿山，皆有新式之设备。

（三）吉林与黑龙江之煤矿

外人在东三省侵略煤矿之政策，始于俄国获得中东路建筑权。按照一八九八年之《中俄协约》，俄国中东铁路公司有开采煤矿，斫伐木材，以为铁道应用之权。根据于此项条约，一九〇一年俄国某工程师与吉林巡抚订立合同，允许中东铁路公司在吉林有开采煤矿之权利。订立此合同之后，无论中国或其他外国人，若未得中东铁路公司之允许，均不得在中东铁路两旁三十里之内开采煤矿。离铁路三十里外之煤矿，则吉林巡抚可有全权允许中国企业家开采，但如有其他外国公司或中外合办公司开采煤矿者，亦必先得中东铁路公司之许可。

其后，奉天及黑龙江之巡抚步吉林巡抚之后尘，对于各该省之煤矿，亦订立同样之合同。但至一九〇二年，各巡抚将此合同提交朝廷呈请认可时，外务部及铁道矿务部均严词驳斥，命东三省各督抚与中东铁路公司修订各合同。此种修订，经过数年之交涉，毫无结果，直至一九〇七年始双方协定，中东铁路两旁三十里之内，俄国仍有采矿权，但中国在此境界内亦享有同样之采矿权，惟中国所经营之矿业不得妨害俄国之矿业。至于中东铁路三十里以外之煤矿，凡未允许其他外人开采之矿山，俄国不得享有特殊之权利。

《中俄协约》虽经修改，但俄国业已获得奉天之抚顺煤矿，黑龙江之扎赉诺尔，吉林之石白岭及陶家屯。最后两处之煤矿在长春之东南约三十里，又名宽城子煤矿。自日俄战争之后，除扎赉诺尔之外，上述各煤矿均由俄国转让于日本。

关于抚顺及扎赉诺尔煤矿之详情，容后再述；但宽城子之煤矿虽经俄人开始开办，而自转让于日人之后，迄未开办。

（四）立德约在四川江北之采矿权

一八九八年英商立德约获得四川江北之采矿权。一九〇六年立德约组织中英江北中煤公司，其目的在开采四川重庆附近之煤矿。但一般人民激烈反抗，故该公司进行工作非常困难，至一九〇九年，该公司之各外人股东，乃允以银二十万两之代价，放弃此矿山。但据吾人所知，该公司并未进行任何工作或有如何之设备，而中国付以银二十万两之代价，实令人不可解。

（五）东方企业公司

一八九五年李鸿章游历欧美时，与英国颇有势力之金融家摩尔根氏（Pritchard Morgan）逅邂相识。摩尔根应李鸿章之邀请，曾带有地质家及矿师若干人来中国考察数次，如山东、察哈尔及其他处。最后，彼等决定在四川投资。于是一八九八年与四川当局先签订在该省采矿之合同。次年组织东方企业公司，资本三十万金镑。一八九九年摩尔根本人、地质家杰克博士及其他数人，共组织调查团在四川作详细之调查。

东方企业公司成立时，四川已有数矿务公司组成，如韦氏（H. L. Way）所组织之扬子江公司及四川矿务局。杰克氏抵成都之后，即与上述之二组织协商共同合作进行。一九〇〇年七月，东方企业公司、扬子江公司及四川矿务局即订立合同，并合为一大组织。

此大公司最先之开辟工作为开采四川著名之马哈金矿。但正开始工作之时，义和团之役起，于是该公司之进行停顿。

一九〇一年，该公司之经理加米孙（G. Jamieson）及立德约欲重行继续经营马哈之金矿。当时英商与我国商人协同经营煤、油、金、锑等矿产，于是中英人联合组织公司。至一九〇三年，又有所谓《宁远契约》。该契约之内容为摩尔根氏放弃原有权利，而以宁远及雅州之采矿权为交换条件。但此项契约为东方企业公司及摩尔根本人所拒绝。

迨日俄战争时，中英两方均无任何交涉；迄一九〇七年，中国政府乃完全取消摩尔根氏在四川之权利。取消之理由，因东方企业公司在签订合同之后六个月中未开始工作，而按照契约之规定，该公司在六个月以内必须开始工作。中国政府此种取消权利之宣布，颇引起英方之抗议。一九〇九年格雷氏（Si. Edward Gray）对于此案曾从事调查，结果提议公司方面出相当之赔偿费，但此项提议为中国当局所拒绝。迄今摩尔根氏之此项案件尚争执未决。

（六）云南中英隆兴公司

云南中英隆兴公司为一八九八年英法所合办，其目的为采取云南之矿产。经云南总领事罗杰氏（Emil Rocher）交涉之努力，该公司得以获得四万方英里之采矿权，几占全省之半，包括各种矿产，为期六十年之久。一九〇二年在北京签订云南矿业条约。按照此项条约，该公司有继续经营已放弃之旧矿或采掘新矿之权。在上述规定之区域以内，除纯粹以中国资本所组织之公司以外，不得有其他任何公司采取矿产。如规定之区域内无可采取之矿产，则该公司可指定其他地域经营，但所斠换之地点，总数不得过七处。该公司之资本总额不得超过规银五千万两。该公司并允许将赢利百分之二十五与中国政府，百分之十与云南省政府，其余则分配于各股东。

自一九〇三年以后，该公司曾数次遣派矿师若干人往规定之各区域考查矿产，但结果并无具体之计划，或开始实际之工作。最后该公司对于个旧之锡矿颇有采掘之计划，以运输出品至欧洲。但此种计划引起当地一般锡商极强烈的反对。当时本地人民与该公司屡起纠纷，两方情感非常恶劣，有如四川绅缙之反对英商公司。最后省政府提议该公司放弃一切权利，接受相当之赔偿费。中国政府与该公司经过多次之交涉后，始于一九一一年八月经双方之同意，由中国政府赔偿规银一百五十万两，分期拨付，收回已放弃之权利。

（七）铜官山铁矿

铜官山之铁矿，唐宋时即已开采，明时仍继续采掘。此处尚有矿渣及开矿工具之遗迹，遗留至今。据云此处铜铁均有，故有铜官山之称。

一九〇四年铜官山之矿产租让与中英企业公司（London and China Syndicate）。自一八九九年该公司之发起人凯约翰（John Lister Kaye）即与中国政府交涉，在安徽省之南部采取矿产。此次铜官山之租让，为期六十年，该公司允许以资本总额百分之一归中国政府，付矿产百分之五之价值为税收，此外并须付百分之五之关税。

同时，另有中日合股之安裕公司，亦与中英企业公司订立合同，共同经营矿业。当时彼等曾试掘矿坑数处，并购置机器少许。然而当时该企业公司除宣传之外，实无若何成绩可言。

一二年之后，该公司仍无具体进行之工作。同时该公司之办事人员对于土人感情恶劣，时起纠纷，甚至攘成人命案件。于是当地一般人民对于该公司极力反对。彼等宣言该公司所获之权利业已无效。因其订立合同一年之后，尚未开始工作，故中国政府应取消该公司之权利。

当时外务部与安徽之绅士代表召集一次会议讨论善后办法。有人提议将此种采矿权利转让于一中英合股之公司，但绅士之代表反对，乃作为罢论。另有一提议为中国方面出若干赔偿费，收回此项采矿权。最后一九一〇年二月始得各方之同意，由中国政府付赔偿费五万二千金镑，收回该公司之一切采矿权。

嗣后中国曾有大规模之计划，欲开采已收回之矿山，但毫无结果。昔日遐迩闻名之铜官山，而现今所余者，不过浅浅矿穴数处，房屋数椽，破锈机器一架，马路一条而已。

（八）贵州之水银矿

贵州向以汞矿丰富著名，至迟在明代即已开采。关于水银之采掘及熔化，土人久已创有成法，甚至沿用至今，未尝更改。一八九九年某外国企业公司（马尔脱公司 Marteau and Durand）欲在贵州南部用新式方法采取汞矿，但结果失败。同年另有所谓英法水银矿务公司组织成功，拟在贵州从事大规模之矿业经营。该公司最初所注重者为铁矿之开采与熔炼，并已开设铁厂。但此项经营完全失败，因铁厂之附近无焦煤之供给。其后该公司乃改变计划，开采汞矿，购买万山场之某矿山。但数年经营之后，仍无良好之成绩。一九〇六年该公司将采矿权及全部产业转卖与另一公司，而即采用老公司之名称，资本不下三十万金镑。新公司继续经营，但至一九一一年民国革命时，地方不宁，于是该公司将以往之工作完全放弃。但据云该公司之忽然停顿，实因内层之矿苗已不足以生利之故。

（九）美孚洋行与国有煤油管理局

陕西煤油之富藏，久为外国资本家所唾涎。一九一三年陕西一般绅士之代表与上海比利时之某企业公司接洽，欲借债开采陕西之油田，但无结果。至一九一四年二月，中国政府宣布凡国内之油田，均应收为国有。同时政府与纽约美孚洋行签订合同，合作经营陕西之煤油。该合同并包括热河之油田，但在热河察视后将热河之煤油开采计划放弃，而将全力集中于陕西。按照该合同之规定，在考察陕西煤油后六个月以内，即组织一中美合股公司，美孚洋行出资本百分之五十五，百分之三七．五认为该公司租借采油权之代价，其余百分之七．五则由中国在两年以内发行股票。中美各方按照资本之多寡选出理事会，以管理该公司之一切行政。此合同之有效期为六十年；在此时期内，如未得美孚洋行之同意，陕西任何煤油田不得租让与其他外国人开采。中国政府允许供给运煤油之一切便利。出产之煤油百分之一．五应送交中国政府作为采油费。同时，中国政府亦组织国有煤油管理局，主持该公司中国方面之一切事务。如此，美孚洋行乃在陕西开始调查油田。

当时，在延长，延安，甘泉，中部，同官等处，共试挖油井七处，平均每处约三千尺深。至一九一六年三月，各油井报告，并无大量石油出产之希望，于是工作停顿。当时所用去之资本已有二百五十余万元，由中美两方同等担任。美孚洋行将工作停顿时，关于已往所订合同并未商议如何善后办法。中国方面前将国有煤油管理局之一切职务转交农商部。如此，以后关于煤油之企业，均属于国家制订之矿法统辖之下。至于以前中国与美孚洋行所订之合同，因照该合同之规定六个月内未开始工作，故该合同久已无效。

第三节 东三省外人经营之矿业

(A) 第一类——完全外人办理之矿业

(一) 抚顺煤矿

抚顺煤矿落于日人之手，实为中国矿业发达史中最可叹之一页。抚顺煤矿位于沈阳之东七十五里。此处之煤层有五尺之厚，为世界其他任何处所不及，且煤层薄者极少。各煤层总共之厚度约有四百尺。依日人最近之计算，此处全部所藏之煤矿，共有八万万三千九百万吨之多。如以每年出产七百万吨计算，则抚顺煤矿可出产一百年之久。此处煤质含有石油，品质中等，含多量易蒸散之质，但槐木质很少。

一九〇三年华商王氏得政府之允许，开采抚顺煤矿，组织华新煤矿公司。此公司由华人集合之资本共十万两，此外俄人加入股本六万两。同时华人另组织一抚顺煤矿公司，开采杨柏堡之煤矿，但此公司以后合并于华新公司。一九〇五年日俄战争时，抚顺为日军所占。日军藉口华新公司为中俄合办之公司，强迫停止该公司之工作，其后不久竟将全矿占领。王氏呈请外交部及农工商部与日本交涉归还，但日本坚持以该公司有俄人股本，不肯归还。一九〇三年日本趁清廷政治变动时，将此案协迫政府决定，而清廷柔弱无能，乃允日本之要求。如此，抚顺之煤矿，再加以安奉铁路权，均落于日人之手。

当时中国与日本订立条约，共分十四款，其要点如下：（一）按出产额总百分之五（以出产地之煤价计算）付交中国政府作为税收。如每日出产煤额为三千英吨，则每吨价格定为规银一两，如每日出产超过三千英吨，则每吨价格定为日金一元。出口税定为每吨规银一钱。至于其他税收，如内地税等，则一律豁免。此外，全矿每年须付银五万两为采矿租费。（二）采矿地域限于淄川之东部。（三）此种采矿权定为租借期六十年，如到期煤产尚未完毕，则再可将时期延长。清廷与日本签订条约之后，抚顺丰富之煤藏乃完全落于日人之手矣。

日本攫夺抚顺煤矿之后，乃由南满铁路公司经营。该公司以大规模之方法经营，除煤矿之外，尚有其他副产品，如石油蜡、煤气、煤砖等。据现今调查所知，抚顺煤矿实为中国现今最大规模之矿业。日本初得到抚顺之采矿权时，开采之矿山仅有千金寨、杨柏堡、老虎台、烟台等处，每日产煤总额不过三百吨。一九一一年日本开辟大山矿穴之后，每日产煤乃骤增至四千吨。一九一五年在万塔岛及古城子斷口开始采矿。一九一八年在新登及龙汾掘有两矿坑，并在古城子新掘斷口一处，当时每日产煤二万吨之多。其后此二斷口通为一线，在老虎台之西又另掘一新斷口。一九二七年度抚顺之产煤额共计七百四十一万二千二百十吨，一九二八年为六百八十四万四千三百吨，而古城子一处一九二八年竟出产三百万吨。不过将来开采可以扩张之地域如何，尚不可预知。

抚顺所产之煤，除销售于东三省各城市并供给南满铁路应用而外，并由大连、安东出口往中国南北部，朝鲜，日本及荷属东印度等处。出口之煤大约为总额百分之四十。

抚顺煤矿并设有若干大规模之工厂，以经营副产品，如煤油、重油、柏油、地沥青等。此外有炼焦煤炉三十处，每日可出焦煤一百吨。又有洗煤场一处，每日可洗煤三百吨。硫酸场每日可产硫酸一百吨。此外尚有火砖、煤砖、硫安、人造琥珀等副产品。其他自备之电灯、电话、煤气、自来水等，不仅供给各矿厂之用，且供给各城市之用。抚顺煤矿之一切新式设备及机械既完全，故采煤所花之成本极低，每吨约一元一角五分，或一元五角，或一元七角，而中国北部华商所经营之煤矿，每吨约须三元。抚顺每日每矿工平均所采之煤约一吨半。

在抚顺矿山主要煤层之上，地沥青之下，有黄色石油蜡矿一层，平均约一百二十米达之厚。将此种蜡矿蒸溜之后，可得油蜡百分之十，少亦有百分之三或四。大概而论，最上层所含油蜡最多，与煤层相近之处则所含油蜡最少。如挖掘至四千五百尺深时，则所产油蜡总额有五千五百万吨。此种油蜡品质并不甚好，究竟用大规模方法经营是否合算，即日本人中亦各意见不同。不过有两点不可否认：（一）油蜡在煤层之上，故采煤时无论如何必须先将油蜡掘出，以此而论，采取油蜡并无格外之耗费；（二）油蜡容易起火，如不蒸溜，不易贮藏。因此两种原因，南满铁路公司决定设法利用之；其后经过十年之研究，乃规定具体计划。当时即筹集资本日金九百万元，在抚顺设置内燃烧蒸溜机八十只，每只可容纳油蜡矿五十吨。全厂分干蒸溜部，蒸溜部及粗石蜡部。全厂每年所产之重油约五万吨，最近的将来且日有扩充之趋势。不过制炼重油所花之成本颇高，每吨约须洋四十元。所产之粗石蜡虽稍有补助，但赢利亦极有限。最近据云，南满铁路公司主持人与日本海军部订约，海军部按照市价购买该公司所产之全部重油，如价格不及该公司所费之成本时，则由海军部填补。世界所产之石油有限，而石油对于一国之国防极重要，故近年来列强对于石油田攫取之竞争颇烈。日本既有此意外好机会，故竭力经营之，实固然之理。但根据一九〇九年中日所订之条约，中国仅允许日本开采抚顺之煤矿，其他矿产毫未提及，故日本在抚顺采取石油之权利，中国政府始终未尝承认。

（二）烟台煤矿

烟台煤矿在沈阳之南七十二里，与南满铁路相离二十五里，现已有支线连联。此处煤矿共有十八层，但仅有五层可以采取。煤含有沥青，且大半含硫黄质过多。据计算所知，此处可采取之煤约有二千万吨之多。

烟台煤矿，相传在唐时即已开采。但其最近开采之历史始于一八九五年，某英人在烟台挖掘矿穴数处。其后中东铁路之俄人，以私人收买之方法，获得该矿股本十分之九。此处开采工作始于一八九九年，但至义和团之役时，一切机械设备均遭毁灭。一九〇五年日本军队占领烟台时，情形已大致恢复。日人即时继续工作，以供给军队之需要。直到一九一一年时北京政府始允许完全归日人管理。日本允许尊重中国之领土权，并付法律所规定之税收。自一九〇七年以后，烟台煤矿归南满铁路公司经营，现在且认为抚顺煤矿之一部分。

煤矿分三处斜形隧道挖掘，每年出产约十五万吨。每日每矿工平均之出产约一．九五吨。

（B）第二类——中外合办之矿业

（一）本溪湖煤铁矿

本溪湖在辽宁之本溪县。此处煤矿在清乾隆时即已开采，至咸丰、同治颇为发达，但至光绪早年时，矿井过深，成本过大，不能营利。当日俄战争时，日本资本家大藏氏得日本政府之许可，在南满组织大藏煤矿公司，经营煤矿。次年，奉天巡抚训令本省外交署向大藏公司提出抗议，但该公司仍进行工作不顾。一九〇七年奉天巡抚乃与日人交涉，组织合股公司。一九一〇年双方签订合同，组织中日合办之本溪湖煤矿公司，资本二百万元，中日出资各半。日本方面以一切机械设备为其资本，中国方面以矿山作为资本三十五万元，其余六十五万元则临时集股。一九一一年庙儿沟之铁矿亦为该公司经营之矿业，两方各再出资本一百万元。当时乃将公司名称改为本溪湖煤铁有限公司。其后更增加资本三百万元，共七百万元。

中日合同中最重要者有下列各点：（一）每年所获赢利除百分之八作为公积金外，其余百分之六十五分与中日各股东作为赢利；（二）合同有效时期为三十年，期满后公司即行解散，矿山仍归还中国，但如中日双方股东愿意续约时，则可将合同时期延长；（三）中日双方各有经理一人；（四）每吨须付税规银六钱，如出口时每吨须另加关税一钱。此外，采矿区域每年每亩须付土地税二钱，但其他赋税、厘金等则一概豁免。至庙儿沟铁矿并合于该公司时，合同中又新加条款数则，其要点如下：（一）中国政府对于庙儿沟铁矿不作为资本，但每吨铁矿须付税二钱，作为训练矿业专科学生之用；（二）付与政府之课税每吨一钱，出口税则依照关税所定之百分率。

本溪湖煤矿共有十七层，其中八层可以采取，共有四十半尺之厚。含有中等地沥青，易于炼焦。铁矿作地层状。所含铁质多少不等，多者含有铁质百分之六十五，约有两层，上层约四十尺之厚，下层约三十尺。少者多含有硅石，所含铁质仅有百分之三十五。现今之工作大都集中于含铁丰富之矿苗。但该公司现今采用磁力团聚法（Grondal Magnetic Separators），可将含铁少之矿苗提解至百分之六十。兹将该公司各矿情形之最近报告列左：

煤矿	有三处斜形隧道，工具完备	每年出产约五十万吨
铁矿	至庙儿沟共有矿坑四处	每年出铁苗十万吨
炼铁厂	共有煤炉二只，共可容铁苗一百三十吨；现今开炉者仅有一只	每年出铣铁约五万吨
炼焦厂	共有炼焦炉四十只，每只可容八吨	每年所出焦煤约八万吨
职工	工人共五千五百名（百分之九十四华人，百分之六日人） 职员三十人（百分之四十华人，百分之六十日人）	

本溪湖之煤除供给南满铁路、鞍山铁厂及本公司之铁厂而外，并销售于东三省各埠及华南、华北各海口。

（二）鞍山铁矿振兴无限公司

一九一五年四月日本向中国提出二十一条件，其中有要求中国政府允许日人在南满及东内蒙与中国合作开采矿山之权利。中国政府迫于日本之强横及当时之情形，乃将南满十处矿山之采矿权让与日本，鞍山之铁矿即为此十处之一。按照中国之矿法，中国与外国虽可合办他种矿业，但铁矿则认为国有之产业，如有欲开采铁矿者，则必须先得农商部之许可。但此次允许日人之采矿权，铁矿与其他矿产均视为一律。当年十一月，即有华商两人与日商某合股组织鞍山铁矿振兴无限公司，开采鞍山铁矿。鞍山铁矿共分七处，有二十三方里，约二千余亩。合同中之要点如下：（一）该公司仅可经营铁矿及其副产品，工人均须华人；（二）资本定为日金十四万元，由中日两方集资各半；（三）派定总经理二人，中日各一；（四）公司所得赢利除付百分之八为股息外，其余百分之三十为公积金，百分三十为职员之红利，百分之五十五为各股东之赢利；（五）合同有效期为十六年，期满则采矿权取消，公司解散，不得延期。

公司组织成功之后，乃在东西鞍山、樱桃源、大沽山、王家堡等五处开始采矿。采矿方法分斸口、矿坑、斜隧道三种。其中某矿坑有八十米达之深。雇用工人共三千名。每年所出矿苗约一百万吨。每吨成本约日金五元四角。矿苗品质优劣不等，与本溪湖之铁苗相同。劣者必须先经过磁力团聚法提解，而后熔炼。兹将一九二六年及一九二七年鞍山各矿每年所产吨数列表如左：

地点及类别	一九二六年所产吨数	一九二七年所产吨数
西鞍山（优等）	21，240	33，511
东鞍山（优等）	4，865	……
大沽山（优等）	3，158	190
大沽山（劣等）	924，473	734，000
樱桃源（优等）	21，735	22，783
王家堡（优等）	71，743	98，523
优等总额	122，742	155，009
劣等总额	924，473	734，000
优劣总额	1，047，215	889，009

由上表可知，劣等矿苗占总额百分之八十，且全为大沽山所出产。

矿苗采出之后，运往鞍山铁厂熔炼，该厂与鞍山相隔约八英里。鞍山铁厂为一九一七年南满铁路公司所设置，资本日金三千万元，纯为日人资本。一九一九年先有锅炉一只开工，次年另有一只开工，每只可容矿苗三百吨。最后又有大锅炉一只，可容矿苗五百吨，于一九三〇年三月开工。有此三处锅炉尽量熔炼，每日即可出铁一千吨，每年可出铁四十万吨。此外，鞍山铁厂并建有焦煤炉一百六十五只，以为炼焦及其他副产品之用。火砖及水门汀亦为副产品。兹将各项产量列表如左：

品名	一九二五年产额（吨数）	一九二六年产额（吨数）	一九二七年产额（吨数）
铣铁	89，675	106，327	192，890
焦煤	116，600	217，100	……
柏油	4，200	8，300	……
亚母尼亚	1，300	3，200	……

铣铁所含之各种原质如左：

铁（94%）	炭精（3.8%）	硫黄（0.075%）
磷（0.14%）	锰（0.18%）	铜（0.005%）

铣铁大都销售于日本，作炼钢之用。照一九二八年之市价，每吨为日金四十四元。矿工共有一千六百人，百分之九十七为华人，其余为日人。至于职员，则完全为日人。

由上述之情形而观，振兴铁矿公司在名义上虽为中日合办，但此处极丰富之铁矿，实完全握于日人之手，因其与日人所办之鞍山铁厂有密切之关系。实际说来，该公司所经营之一切铁矿，实权完全操之于南满铁路公司，而振兴公司所存在者，不过鞍山铁厂旁一间小办公室门前之招牌而矣。

（三）扎赉诺尔褐煤矿

此处煤田位于满州里之西四十里。一九〇二年，俄人未得中国之允许，在此自动采矿。其后当年黑龙江巡抚与俄人订约，准许俄人在该省任何他处开采煤矿，但此种合同为外务部所否决。至一九〇七年又另订新合同。采矿地域限于沿铁路两旁三十里之内；在此范围以内，俄人之公司可以自由开采，但华人亦有同样之权利。三十里以外，俄人不得干涉。所采之矿，每千斤收税十二分（规银），每矿井收税十二两六钱四分。最后该矿归中东铁路公司经营。当时有矿坑数处，一切机械工具，颇称完备。该矿出产最多时，每年曾达三十余万吨。该处水量过多，对于采矿颇有困难，但至一九二九年中俄冲突，已渐次改善。据云该矿因战争之破坏，颇受重大之打击。

此处褐煤含水分过多，燃烧力不大。褐煤既不能与抚顺或穆棱之煤矿相竞争，故只能供给本铁路及附近城市家庭之用。左表为一九二六至一九二八年销售之统计（以吨为单位）：

年代	出产总额	铁路用	家庭用	销用总额
一九二六	164，400	84，274	48，919	133，193
一九二七	239，250	150，245	52，536	202，781
一九二八	269，400	225，514	692	226，206

此处煤矿层数颇多，最主要之煤层有24.7英尺之厚。所含各种原质之分配如左：

水分（20.93%）	易蒸发体（36.35%）	炭精（39.03%）
槐木质（3.69%）	热量（3，443加路里）	

该矿在一九二九年未停办以前，共有工人一千三百名，其中有华人百分之七十，俄人百分之三十。

（四）穆棱煤矿公司

穆棱煤矿公司为一九二四年吉林政府当局与俄国某私人共同组织。中国方面以所让之采矿权作为资本三百万元，而俄人方面则须出资本现金三百万元。穆棱煤田在穆棱河之上游，由穆棱跨河而延至蜜山，在中东铁路双城子站北六十五基罗米达[1]，在哈尔滨之东四百五十二基罗米达。矿产面积有二十八方里，约十五亩。据现今所知者，共有煤三层，总共二米达之厚。此处煤矿由中俄共同管理，理事会之主席为华人。一九一四年政府所宣布关于中外合办矿业之法规及有关之其他法规，均一律遵守，但采矿权未经中央政府之许可。此处煤矿含有地沥青，如左表所示：

水分（3.10%）	易蒸发体（23.12%）	槐木质（16.10%）
硫矿（0.60%）	热量（6，600加路里）	

该公司于一九二四年春开始探矿，并建筑道路，于次年冬季煤矿即已出产矣。共有矿煤两处，一处三十八米达深，一处则为五十一米达。此两处专为采取煤矿。此外尚有矿穴多处，以为流通空气之用。矿山内装抽水机八只，每分钟可吸水一千二百加仑。穴内流入之水，每小时约三万四千加仑，故抽水机足以供给需要。但隧道之顶不甚坚固，必须多数支柱，以故耗费颇多。总计每吨成本须四元九角，但专就采煤之耗费而论，只须三元已足。

每年出产，年年递增，最多量达二十八万吨。煤大都销于东铁路及哈尔滨，而不易扩充较远之范围，因其不足以与抚顺煤矿竞争。左列统计为近四年来所销之吨数：

年　代	吨　数
一九二六	104，343
一九二七	281，037
一九二八	281，037
一九二九	210，000

该公司之贸易颇为发达，一九二八年之赢利有一百五十万元。

（五）天宝山银铜矿

天宝山银铜矿位于吉林省延吉县西八十里。此处矿山久为土人所知，但藏银之丰富则世人不知，直至一九一一年天宝山矿务局探矿时，始行发见。矿务局为政府之机关，局长为陈君；天宝山银矿富藏之发见，实始于陈君。当时开采及熔炼均用土法，然结果亦颇不坏。当时每日产银之最高量为八百两，一年中产十六万两。其后掘矿渐深时，乃有水患，因无抽水工具，不得已将旧穴屏弃，另掘新穴，但成绩不佳。因此情形，工作进行颇难，至义和团之役，乃完全停顿。

至一九〇一年秩序恢复时，原有之副经理与美商公利公司订立合同，欲继续工作。但至一九〇四年日俄战争时，此种计划又作罢论。最后此项合同完全取消，因美商方面对于此项经营不甚热心。

当时吉林巡抚弹劾矿务局长陈君拉用公款，达一万之多。陈君乃与日商正胡公司私订

[1] 基罗米达，即公里，为英文 Kilometer 的音译。——编者注

合同，借银六万两，以赔偿公款。依合同所规定，该公司先付现银二万两，其余四万两则待该公司赢利有余时，陆续拨付。此外，该公司并允许将赢利百分之三十奉送陈君，作为采矿之租费。

陈氏虽利用日本之借款，拨还公款，但上述之合同并未得中国政府当局之许可。而日商方面，则即刻开始进行工作。当时驻京日使向中国政府提出，宣言天宝山位于中国与朝鲜交界之处，究属于何方，尚未能定。其后两方长期交涉，直至一九〇九年时，始得双方之同意，在中国政府直接监督之下，组织中日合股公司，以开采天宝山之矿产。该合股公司于一九一五年组织成功，中国方面为刘君（S. W. Liu），日本方面为日商某，至于已往之矿务局长陈君及日商中孚公司，则均取消。双方重新订立合同，其要点如左：

（1）公司资本定为五十五万元，由中日两方集资各半。

（2）中日各指派监督一人，权力相等。

（3）公司须遵守中国现行之矿法，并按照矿法中所定之税率付给税收。

（4）合办时期定为五十年，期满后不得再延长。

天宝山中日合股公司所采之主要矿产为铜，而昔日认为主要矿产之银及铅均居于次等地位。此处矿山有矿井一（约一百尺深），斜隧道一；并有工厂、汽机等。此外，有鼓风炉一只，烘焙炉十只，骨灰杯炉四只。由矿山至老头沟车站，公司筑有小铁路一条，约长三十里。兹将一九一七年至一九二〇年所出产之铜、铅吨数列表如左：

	铜	铅
一九一七年	360.5	26.0
一九一八年	341.7	0.33
一九一九年	328.1	……
一九二〇年	289.8	70.8
总　　计	1，320.2	97.2

凡已熔化之矿产，均运往日本，再加以精炼。但自一九二〇年以后，矿山及锅炉均已停工。

第四节　国内他处外人之矿业投资

（一）开滦矿务局

开滦煤矿位于河北省之东北部，沿北宁铁路，在天津与秦皇岛之间，普通又名开平煤矿。

开滦煤矿发达之历史颇为复杂，在此只能略述其大概。现在开滦煤矿之组织，为一九一二年开平矿务局与滦洲煤矿公司订约合作之结果；但其最早之历史实始于光绪四年（一八七八年）直隶总督李鸿章奏请朝廷在开平设立矿务局，以供给中国海军之需用。当时原来之计划，不过为私人之经营，而在政府监督之下，资本为一百二十二万两；此项资本之用途，包括购买矿山，设置机械，建筑铁道，开辟运河，并在秦皇岛建筑港口等。当时之总经理张氏以为该矿山为商办官督性质，恐又蹈已往之覆辙，为俄人所占据，乃与德雇问德春（Detring）商议预防办法。德春与英商摩利公司（Bewick Moreing & Co.）协商，于一九〇〇年七月三十日签订合同九款，将开平矿务局一切财产转与该公司；该公司在英国政府立案，有资本一百万金镑。张氏不允。于是又将合同增订十三款，将矿务局之一切工厂，机械，房屋，以及在天津、烟台、秦皇岛等处之码头、堆栈等，均转与该公司，无其他之代价。

一九〇三年中英两方因管理上发生龃龉，于是直隶总督弹劾张氏私将矿产卖与英人，未得政府之批准。其后张氏乃至英国控告英公司，向英国法庭提出重要两点：（一）该公司以威胁手段强迫收买矿山及其一切经营，且正式合同已失其效力，因该公司对于续订合同之各条件未曾履行；（二）该公司除原有二十万金镑外，以后未加资本一文，故中国方面股东多有亏蚀，应由该公司负赔偿之责任。最后法庭之判决为：被告应履行续订合同之一切条件；至于赔偿一节，则原告须另行起诉。如此，由法律方面观之，中国可谓胜利，但该公司对于续订合同之一切条件，始终未曾履行，而以后该矿山迄未能恢复以前官督商办之状况，甚或以前中英合办时之状况。

至一九〇七年，中国新组织滦州矿务公司。开平之煤矿，面积原本颇大，照原来政府之规定，开平矿务局只可在唐山附近十里以内采取矿产。但其后新组织之滦州矿务公司在此范围以外挖掘新坑，如赵家庄、马家沟等处。该公司由直隶政府出资本五十万两，此外由华商集股一百八十万两。第一矿坑于一九〇八年掘于马家沟，次年即由农工商部发给正式采矿执照。当时驻京英国公使向政府提出抗议，以为此次新组织之公司实侵犯开平矿务公司之权利，要求停工；而直隶总督则答覆：开平煤矿之转与英商，并未得政府之批准，故开平公司毫无抗议之权。同时，滦州与开平之煤矿彼此竞争颇烈。

滦州矿务公司之成功，颇足以鼓舞华人有收买开平矿务公司之企图。一九一〇年直隶总督陈夔龙提议政府发行公债一百万金镑，收买开平矿务公司全体之股票。经过长期交涉之后，开平公司允许接受公债票，但将价额提高至一百七十八万金镑。交涉至此阶段时，当时又有另一提议，即滦州矿务公司再增集股票五百余万两，由公司发行债票，矿山作为抵押，以收买开平矿务公司。但尚未有任何具体计划之先，而一九一一年秋革命军起义，于是双方之一切交涉，乃告停顿。

正当此时，开平矿务公司忽采取竞卖政策。平时散煤之价格，每吨本为六元四角，但当时忽跌至每吨三元。如此，两公司之损失均大。为免除此种竞争起见，于是双方协商合作。最后，于一九一一年六月一日双方签订合同，分十七条，附款八条，并有附件九项。合同中最重要之点约可分下列五项：（一）由两公司合资在天津设立开滦矿务公司会所，以主持两公司之一切事务；（二）两公司各有理事会，开平公司之理事会在伦敦，滦州公司之理事会在天津，各理事会再每方选出理事三人，组织联合理事会，督办两公司之一切事务，如会议时双方票数相等时，则发行债券较多之公司可以另多有一票；（三）两公司规定资本各为一百万金镑，如临时另需要资本时，由开平公司发行债票；（四）如一年度中之赢利不及一百万金镑时，则开平公司得百分之六十，滦州公司得百分之四十，如赢利在三十万金镑以上，则由双方均分；（五）合同签订十年以后，滦州公司可以按照双方协定之公平价格，收买开平公司。

开平煤矿之构成，可分上下二部。下部有七十至八十米达之厚，仅有煤层一层，品质亦不甚优良。上部有六百米达之厚，包括煤层十层，有五六层有采取之价值。此五六层由一米达至十米达之厚，品质为烟煤，包含易生发体百分之二十五至三十五。依最近之测验，该矿之煤藏为七万五千七百万吨，除已往已采出七千万吨外，尚有六万八千七百万吨。以每年出产五百万吨计算，则该矿尚可掘采一百三十年之久。

开滦矿务局现有采矿区六处，即唐山、北西、林西、马家沟、赵家庄及唐家庄。前三处本为开平矿务公司所经营，其次二处为滦州矿务公司所经营，最后一处于一九二五年始开采，在两公司并合以后十余年。总共有矿坑十六处，最深者有一千八百九十八英尺，为中国最深之矿坑。发动之机械大都用电气，但有一部分之起重机仍用汽机。最大之发动机厂在林西，不但供给本矿山之用，且供给唐山、赵家庄、马家沟等处之用。此外，林西并设有新式洗煤厂两处。

各矿山共有矿工三万余人。兹将各矿每日平均之出产列表如左（一九二八年之统计）：

地　　点	每日出煤吨数	每日平均所用工人	每日每人平均出煤吨数	每日每人工资（墨银）	每吨成本（墨银）
唐山	1，500	6，000	0.250	0.425	2.180
林西	3，000	5，650	0.531	0.436	1.880
马家沟	2，500	5，000	0.500	0.445	1.350
赵家庄	5，000	9，850	0.508	0.457	1.650
唐家庄	2，000	3，200	0.475	0.445	1.730
共计	14，000	30，700	……	……	……
平均	……	……	0.443	0.446	1.756

照一九二三年调查之统计，全体工人为二万余人；赵家庄所出之煤最多，林西与马家沟次之；至于每吨所需之成本，则马家沟最低，每吨只有银元九角，至于现在，每吨约需一元余。

此外，有一点可注意者，即从前开平矿务公司所经营之唐山及马家沟，现今每日只出煤四千五百吨，而滦州矿务公司所经营之赵家庄及马家沟，则每日出煤七千五百吨。除唐家庄所出之煤为两方合作者外，滦州公司所出之煤实占两公司全数百分之六十以上，但照合同所规定，滦州公司只能分得赢利百分之四十，实堪浩叹！

开滦所产之煤销售于中国全国各省，甚或出口至日本及东印度群岛。自一九二六年以后，北宁路由唐山至秦皇岛之一段加筑双轨路。凡矿山所产之煤运往秦皇岛者，均用开滦矿务局自备之火车运送。矿务局在秦皇岛建有新式之码头及堆栈，并备有若干运煤之火轮。在一九二八年度中，百分之七十八之水运均由本局自备之火轮运送。

左列之表为一九二六年至一九二八年每年所销之吨数及赢利等：

年　　度	销　售　吨　数	赢　　余	净　　利	股　　息
一九二六	2，898，353	……	2，839，290元	10%
一九二七	3，790，353	9，504，715元	6，004，093元	15%
一九二八	4，511，000	12，554，555元	8，368，558元	25%

（二）井陉矿务局

井陉煤矿位于河北井陉县东北之冈头镇，在正太铁路之北二十里，其最近之车站离石家庄有四十四基罗米达。采矿区域有三十八方里。共有煤层六，第一、第二、第四、第五层正在采取中。每层之厚度如左：

第一层	四尺
第二层	七尺
第四层	六尺
第五层	二十四尺

煤为烟煤，颇合于炼焦之用。

井陉煤矿之历史可追源于一八九九年，井陉之绅士张氏与德人汉雷冈订约合办。两年后，汉雷冈等组织矿务公司，借得资本五万。但合同中之各款与政府之法规相冲突。于是几经修订，于一九〇五年双方再订合同，将采矿区域限至三十方里，共集有资本十五万两。当时直隶总督对于此项合同仍未承认，因该公司之采矿区域及资本均未为合法。于是当时另有一新提议，即将该公司改为中国政府与外人合办之公司。最后双方于一九〇六年商妥，订立合同，共分十七款。合同内容，直隶政府所设之井陉矿务局与汉雷冈氏之井陉公司合作组织为井陉矿务公司，资本为五十万两。矿务局以采矿权抵为资本二十万两，井陉公司则以工厂、房屋等亦作为资本二十万两，其余十万两则由各方分任集资。至一九一七年中国对德宣战时，中国政府即将该矿管理权收回。一九二二年中德签订新协约，汉氏又与直隶省政府交涉，恢复旧约。于是中德两方又签订新合同。但德人资本限为百分之二十五，中国方面占百分之七十五。现今该矿务公司共有资本四百五十万元，中德两方按照上列之比例分配。

井陉煤矿共有矿坑五处，有三处为起煤之用，即南坑、北坑、新坑。南北两坑相隔有四百米达之远，新坑与北坑相隔有一千五百米达。各坑之深度为一百五十米达至二百五十米达。共有锅炉二十四只，电机四只，汽机三只，起重机三处，抽水机十三只，压气机一只。工人共有二千五百名。每吨煤所须之工资为四角三分。每日每工人所采之煤为十分之七吨。该矿山每年共可出煤五六十万吨，但近年来因战事关系，火车缺乏，运输不便，于是出产不得不限至二十万吨。煤采出后，先用小火车由矿山运至最近之车站，约有二十四里之远。每吨煤之成本，连运费在内，约须二元七角。在矿山之煤价，每吨为三元。在石家庄每吨为四元二角。

在民国初年时，该公司拟设立炼焦厂一处，但经过若干困难后，至一九二八年始行成立。现今共有炼焦炉两只，有一只为最近设置。每日所炼之焦为一百吨。此外，尚有蒸溜厂一处，以制造汽油、煤油、柏油、硫安等副产品。每年所出之焦煤约四千吨至一万余吨，并有煤油约百余吨。焦煤销行于山西，汽油则销售于各公共汽车行。

该公司有总经理一人，由河北省政府委派，并有副经理二人，一为华人，一为德人。在各经理之下，有总办事处管理矿厂、炼焦厂及销售总行、分行等。德人雇用者有七人。

（三）门头沟煤矿公司（附通兴煤矿公司）

门头沟煤矿公司为中英合股有限公司，资本各半，各方有同等之管理权。矿山在平门支路门头沟站之南八里，有火车与门头沟站相通。经营该矿山之公司原名裕茂煤矿公司，为一九一三年时华商何氏与比商某合股组织。彼等原来之计划，未得直隶巡抚之批准，于是按照政府之法规另拟新计划，定资本为十万两，中外各半。一九一五年一月，何氏将采矿权转与华人赵氏。当年十二月赵氏及合股之比商又将该矿之一部分及设置等转卖与另一华人及英商某。承受之新股东均得政府之承认。其后彼等数次要求扩充采矿区域，但与通兴煤矿公司矿山之东部相冲突，在法庭争执数年之久。一九一六年夏，政府农商部遣派工程专员往该区域查勘，最后乃判定裕茂公司须让二百十二亩地与通兴公司，因通兴公司有优先权。但此外裕茂公司扩充之地域认为合法，并得农商部之承认。合计一九一八年时裕茂公司有矿地四千四百八十六亩又二分之一。同年中英之合股公司成立。

至于通兴公司成立之历史，更为复杂。一八七九年时，华商段氏得政府之许可，在魏家村之西坡挖掘煤坑，名曰通兴煤坑。至一八九六年时，因缺乏资本，乃邀请美商某投资，合股经营。其后该矿经过两德人之手，又经过一英人之手，最后一九〇七年落于天津英商荣胜公司，同时有华人吴氏加入。上述屡次之转卖，均为私人交易，未得政府之批准。故一九〇八年宛平县知事将此事报告政府，直隶巡抚乃将该矿下令停办。一九一一年，吴氏又呈请政府组织中外合股公司，一切依农商部所定之法规，次年（民国元年）乃得政府正式之批准。

按照合同，资本限为一百万两，由中英两方集资各半。公司有总经理一人，须华人，其他经理及会计等，则中英各半。

公司组织成功之后，矿山之工作时作时缀不定，出产亦多少不一。且当时附近有多数旧式矿坑，彼此竞争颇烈。于是公司在他处掘挖多数矿坑，希望采得新的较好的煤层。其后结果虽佳，但与裕茂公司之争执又起，故数年中公司不能集中能力于营业。更有不幸者，一九一七年遭遇洪水，全部矿山为水所淹没，一部分之机械设置等亦为水所冲去。矿山之工作完全停顿，至今尚未恢复。该公司每年之出产尚不知若干，但最高之记录为每日四百吨。

门头沟煤矿公司共有矿坑六处。第三处最大，直径有六米达，深有六百尺。但矿山位于山谷之处，各处小坑之水均集中于此。现今共有电气抽水机八只，每分钟共可吸水二千加仑。

近年因运输之不便，且附近旧式煤坑竞争剧烈，故门头沟公司损失不小，每年出煤尚不及十万吨。一九二九年八月，全矿山为水所淹，故当年所产之煤仅八千吨。现在该公司之组织，有华、英经理及总工程师各一，此外并有其他职员若干。

（四）杨家屯煤矿公司

杨家屯矿山在杨家屯之北，在门头沟站之东北十五里，与宗厂相隔三里。该处有铁路支线与北宁路相通。经营此矿山之煤矿，原名中兴煤矿公司，为华人陈氏于一九〇八年获得农工商部之批准后所组织。经营数年之后，所耗费者已二十余万两，但无良好之成绩。一九一六年陈氏与日商某订立合同，组织中日合股公司。按照该合同所订，采矿权及房屋、机械等作为华方之资本四万两，日方则出资本现金四万两；所得赢利，除去息金、公积金、红利等外，其余均由中日两方均分。现在该公司有总经理一人，副经理一人；总经理为日人，其余职员均为华人。现在采掘者，共有煤五层，每层自一尺以至六尺厚，共计为十五尺半厚。出产为白层，但品质甚劣。现今共开有斜隧道两处。机器则有起重机一只，锅炉七只。该矿山水量甚多，共设有抽水机十只，每分钟可抽水二千五百方尺，恰可供需要。有节煤机四只，烘煤炉十五只。如将煤在烘炉中继续烘焙三日之后，则品质较好。该公司因运输不便，营业大受打击，故每年所出之煤仅一万余吨。

（五）福中公司

福中公司为一九一五年时英商福公司及华商中原公司合组而成。福公司成立于一八九六年，有资本一百二十四万金镑。一八九八年华人吴氏组织豫丰公司，开采怀庆府之煤矿。同年豫丰公司又转卖与福公司。按照所订合同，福公司借银一千万两与豫丰公司，而福公司则有获矿权及建筑铁路权。该合同有效期为六十年，由吴氏及福公司之总经理签字。修武县之西北部，划出六十方里之地，为福公司采矿区域。其后又增加二十方里。一九〇二年福公司得政府之允许，可以建筑道清铁路，该铁路于三年后为公共运输之用。但最后该铁路仍为中国政府以八十万金镑收买，款项则借自福公司。

当时该矿山附近有华人经营之旧式矿坑多处，并有华商四公司所经营之煤矿，即中州、明德、平信、豫泰，均与福公司之采矿区相冲突。福公司依仗与豫丰公司所订之合同，诉之于政府，故一九〇九年时河南省外交署署长与福公司之总经理及总工程师签约，承认原来之合同。至一九一三年时，关于其后增加二十方里之矿山又起争执，结果致道清铁路拒绝运输中州公司之煤。其后各方负责人召集会议，将各中国公司如中州、豫泰、明德等，联合组织中原公司，而后中原公司再与福公司联合组织福中公司；联合之方式为照旧分开采矿，而销售则联合为一处。

福中公司于一九一五年六月正式组织成立，合同之主要条款为：（一）资本定为一百万两，由福公司及中原公司担任各半；（二）销售所得赢利，按照各方产煤之多少依比例分配；（三）公司有理事六人，各方选派三人；此外有总经理两人，中外各一；（四）公司须按照国家法律之规定纳税；（五）如在卫辉及彰德县治之内，道清铁路之北，平汉铁路之西，有中外合股公司投资于矿业者，福公司有优先投资权，如纯为中国资本，则不实用此例；（六）此合同之有效期为六十年。

按照此新合同之规定，福公司并得扩充采矿区域五英方里。矿山之让与权为五十年，如在五十年内有四分之三股票为华人所收买，则该公司可完全为华人管理。所产之煤，每吨须纳税百分之五。所得净利，除还公债及提出公积金外，四分之一须付与中国政府作为租借采矿权。

福公司采矿之地点为交道，澧沣，王丰等处，共有矿坑十余处，约三百尺至四百尺之深。在澧沣及中林村之附近，有本地人所经营之矿坑多处，但所出之煤，则均为公司所收买。主要之煤层有十尺之厚，为上等白煤。惟一之困难为矿坑之水量过多，颇难应付。自一九〇二年开矿以来，全矿曾为水所淹者三次。至一九一七年时，共设置抽水机三十余只，每小时可抽水约九十万加仑，勉强可以应付。中原公司之煤田受水之患较少，无须抽水机等之耗费，故采煤所须之成本较低。

福公司之营业发达，凡十余年之久。但至一九二五年五卅惨案，该矿山亦受全国爱国热潮之波及。当时全矿之工人全体罢工，各职员全体辞职。由是矿山之工作不得不停顿。嗣后又有军事行动，致铁路及矿山均不能工作。近数年来，福公司之矿山全未开采，各房屋及机械均随之而破坏。至于中原公司之煤矿，则由河南省政府经理，现今每月出煤二千吨。

（六）山东鲁大煤矿公司

依照华盛顿会议解决山东问题之议决案，山东之三大煤矿，即淄川，潍县，金岭镇三处，须由政府发给特殊执照之公司，始能开采。当时有中日合股之鲁大公司组织成功，获得各矿山之采矿权。淄川及潍县之煤矿均已开采，但金岭镇之铁矿则尚未开工。淄川有煤十二层，烟煤及白煤均有。各煤层有一尺至九尺厚者，共三十尺之厚，有二十四尺可以开采者。现在开采者有五层，有矿坑十四处：淄川六处，十里庄三处，南望三处，大昆仑二处。最深之矿坑有三百六十五米达，最浅者有五十五米达。淄川之机械完备，工人有三千余名，一九二八年出煤五十万六千四百三十六吨。同年潍县出煤十万九千九百八十六吨。

（七）科乐德氏在外蒙古之金矿

外蒙古有多处之冲积金矿床，如色楞格流域及 Iro 流域之 Kuitun 河，Tola 河，Orbon 河，图拉河，鄂尔浑河等。最丰富之金矿床在土谢图汗与车臣汗，有二十五万方英里之面（积），于一八九八年让与德人科乐德氏，名为科乐德氏外蒙古金矿。

达到此矿区，南可由库伦，北可由西伯利亚铁路之 Verkhne-Udinsk 或恰克图。由库伦到各矿床，相隔之距离远近悬殊，由数英里以至数百英里，均可以汽车相通。因此，此处之交通，较比达到中国他处金矿之交通，实较为便利。

当光绪初年时，每有俄人未得中国政府之许可，至各让床采取金矿。当时天津之税务司科乐德氏（Von Grotte）及李鸿章之友人某在外蒙古各处游历，见外蒙之金矿非常富足，将来之希望甚大，于是科氏呈请中国政府及外蒙古之王候，奏议开采外蒙古金矿之计划。该计划为驻蒙大臣所批准，于一八九八年将土谢图汗与车臣汗两区域二十五万方英里之矿床让与科氏。当时组织蒙古公司，在中国政府指导之下，资本则完全由俄人供给。开采工作于一八九九年即已开始，但外蒙古之王侯奏请停止，因其有碍于风水，并妨害畜牧，朝廷乃将此项权利取消；但至一九〇三年时，该公司允许将净利百分之十五作为租借采矿权费，并有其他条件，于是又重订新约。如此，工作又重新恢复，开辟新矿床。当其最发达时，开采矿床共有十余处。当时朝廷派有监督，驻留库伦，专司管理该处金矿之职。一九一一年为产金之最高额，有五万九千六百两。

一九一二年中国革命后，外蒙古亦宣布自治。于是科氏被迫离开蒙古，而公司亦重新改组。从前纳与政府之租矿费，乃归于蒙古。开采工作仍继续进行，但规模较小，因各处所藏金矿较前减少。直至一九一五年时，探得 Doun-Modo 丰富之金藏，乃大规模方法采取。一九一五年至一九一六年所采之金矿有四五千两，但至一九一七年，又减至仅数百两。此时各处之金矿出产均少，于是该公司感觉非常困难。而自一九一七年以后，该公司曾数次借债于蒙古政府，以维持其工作状况。

一九二〇年，库伦之美商蒙古商务公司对于此处金矿颇有经营之意。该公司与蒙古公司之俄经理签订合同，将采矿权转售于蒙古商务公司，期限为六十年。但此项合同从未经中国政府之批准。不久蒙古商务公司又将采矿权转售于北京之蒙古矿务公司，该公司之资本有六十万元。在转售之合同中，北京之蒙古矿务公司允许将净利百分之十六又二分之一纳与中国政府作为租矿费，又以百分之五与蒙古公司为转租费。直至最近，蒙古矿务公司始行开始工作，因近数年来各矿区之情况不甚安静。

照俄商公司之测验，在流域每立方所平均得之金有二十二分。现在已淘之金沙，每立方码约平均可得金三十至三十五分。按照十二处之报告（金矿床九处，矿脉三处）可淘之金沙平均约二尺至三尺厚，金之细质约八六二至九七四。

据蒙古公司之报告，一九一〇年至一九一九年各矿床产金之总额为金衡三万万一千九百三十四万七千六百八十七两，或值美金五百七十七万三百三十三元。

（八）

平原金矿公司最初之历史，可追源于一八九九年。当年有华商二人呈请政府准其在热河之侯家地、郑子山及王家庄子三处开采金矿，得政府之批准，王氏任为督办。一九〇二年，王氏与英商伊达合作，呈请政府组织中英合股公司，名为平原金矿公司。在该公司未得政府批准之先，伊达因病返国。嗣后日俄战争发生，地方不靖，以故该公司之成立未能进行。

至一九〇五年十月，爱达与王氏签订合同，资本定为规银一百万两。自一八九九年至一九〇五年已耗去三十万，此数亦计算在资本总额之内。

但此项合同未得政府之批准，因合同中有一部分矿区所划之界限与原来呈请之界限不同。故政府命该公司定出该矿详确之界限，并将合同修正。其后经过长期之交涉及多数文件之交换，始于一九〇九年二月签订合同。合同分十款，续款二条，附件四项。合同之要点如左：

（1）矿区仅限于三处，即侯家地、郑子山及王家庄子。

（2）资本定为规银八十万两，由中英两方集资各半。如再需资本，仍各方担任各半。

（3）所产之金银，须按照价值纳税百分之十。

（4）执照发给以后，须在六个月以内开始采矿工作。

自一九一〇年至一九一四年，该公司在侯家地掘有矿坑一处，约一百九十尺之深。各方掘有隧道，搜寻金矿苗，但只有极薄之矿脉三寸至七寸之长，平均每一千斤岩石只可得金数两。自一九一四年欧战发生后，全矿乃完全停顿。即或欧战不发生，而矿苗之品质不佳，该公司恐亦将完全失败。

第五节 总结

（一）外人在华煤铁业之投资

上述各篇为外人在华矿业投资简略之状况。后列为第一表采自丁文江博士所著《五十年来中国之矿业》一文，略加以增订，阅者对于外人在华经营之矿业，当更为了然。

吾人骤观此表，可知完全由外人管理之矿业并不占重要地位，其为数现今仅有两处，即南满铁路公司所经营之抚顺煤矿与烟台煤矿。但吾人苟知抚顺为中国产煤最多之发源地，占外人产煤总额三分之一，则其地位之重要可知矣。

其次，为中外合股经营之矿业。此类矿业，除井陉煤矿公司华人有资本四分之三外，其他公司之资本均为中外各半。依照多数合同，中外股东之管理权，均居于同等的地位。此种规定是否严格遵行，颇难确定，但就机械之管理方面而言，则全在外人之手。最显著之例子即开滦矿务局及本溪湖煤铁有限公司。

后列之第二表，表示外人在华经营矿业之地位，更为明了。该表采自 T. F. Hou 君所编《矿务报告》第三册。按照此表，用新式方法采矿之外人及中外合股之煤矿公司，产额占全国总额百分之十二至十四，其余则均为旧式方法土人经营之多数小规模矿山，散布于全国各处，故不足以与外人竞争。

在各外人经营之矿业中，日本居于首位，占外人产煤总额三分之一；英国次之，占百分之七至九；德国又次之，占百分之〇．八至一．六；俄国居于末位，占百分之〇．二至〇．三。

现今中国之矿业，最重要者为煤矿，故吾人考查中国煤业何如，则可知外人在华所经营之矿业何如。

在此，吾人可附带略述中国之铁矿及炼铁业。左列之表为近年所经营各铁矿所产之铁苗统计：

公司名	地点	资本	一九二六年 （出产吨数）	一九二七年	一九二八年
汉冶萍	大冶	中日	85，732	243，632	419，950
湖北矿务局	象鼻山	中国	103，822	76，629	212，533
本溪湖	庙儿沟	中日	93，000	91，000	115，000
	鞍山	中日	472，985	539，604	540，000
裕繁	繁昌	中日	204，080	167，450	112，390
宝兴	当涂	中国	61，240	52，990	64，000
福利	当涂	中国	2，152	930	454
保晋	阳泉	中国	10，000	9，000	10，573
共计			1，033，011	1，181，235	1，474，900

炼铁厂统计表

公司名	地点	锅炉	每日炼铁量 （吨数）	一九二六年 （炼铁吨数）	一九二七年	一九二八年
		250 吨（一只）	250	—	—	—
汉冶萍	汉阳	250 75 吨（各二只）	650	—	—	—
汉冶萍	大冶	450 吨（二只）	900	—	—	—
杨子厂	汉口	100 吨（一只）	100	7，498	—	5，814
本溪湖	本溪湖	20 140 吨（各二只）	320	51，000	63，224	84，345
南满	鞍山	300 吨（二只） 500 吨（一只）	1，100	162，500	165，054	160，000
保晋	阳泉	20 吨（一只）	20	4，800	4，000	4，814
宏裕	新乡	25 吨（一只）	25	—	—	—
和兴	上海 浦东	12 33 吨（各一只）	45	—	—	—
共计		19	3，410	225，798	232，278	254，973

由右列第一表可知，日本对于中国之铁矿，势力甚大。除汉冶萍及裕繁公司因借有日款，订立长期合同，必须按照预定价格将矿苗售与日本若干年外，其余纯为中国资本之铁矿，亦须专赖日本为市场。

右列第二表，为中国炼铁业之现状。此表亦可表明日本对于中国炼铁业有极大之势力。吾人当特别注意者，即现今开工之炼铁厂，均为日人经营或中日合股之工厂，至于纯为中国资本之铁厂，则皆已停顿。

（二）中国对于外人在华经营矿业之态度

上述各节为外人用不正当之手段，攫取中国之矿业；吾人在此不得不研究外人对于中国矿业投资之法律地位究竟何如，国人对于此问题之态度究竟何如。

外人之开采中国矿源，或投资于中国矿业，实始于一九〇二年清廷所订之《中英条约》及一九〇三年之《中美条约》。依据此类条约，于是清廷颁布法律，允许外人在华有采矿权，如欧美各国之习惯。嗣后于一九〇七年由张之洞及伍廷芳二人拟草矿法，于一九〇八年正式颁布。按照此项矿法，外人之矿业投资只能限于全数百分之五十。

民国三年所颁布之矿法，亦采取同样政策，并规定中外合股之公司，总经理须为华人。其后另有一项规定，即凡不用机器之小规模矿业，不许外人投资。

中国对于外人之矿业投资，在民国前后均保持此种一贯的政策，然而外人极力批评为不当。但此种批评，大半毫无根据，而中国之真意，每为外人所误解。第一，中国并不承认应将本国之矿源无条件地公开于外人；其他世界各国亦并无此种先例。中国如允许外人在合理的条件之下参加中国矿业，即已尽条约之义务。第二，治外法权现今尚未取消，中国不能将内地公开于外人。外人既不能遵守中国人民之法律，故亦不能享受中国人民之权利。由此点而观，中国允许外人能投资百分之五十，即已特别宽宏大度矣。第三，照已往之经验，外人在华之营业不能安分经营，而每变为政治的侵略，对于中国之主权与经济有极大之危害。故中国政府对于外人之侵略取正当防卫，实理所当然。中国关于铁矿之法规不能实用于外人参加经营之铁矿；此种规定实嫌其太迟，因此项规定尚未颁布之先，中国重要之铁矿，即早已大都落于外人之手矣。

中国之观点，最重要者并不在乎外人是否可有加入中国矿业之权利，而实在乎中国如何可以利用外人之资本及专门人才以开发地下之财源。如外人之参加经营不危害中国之主权与利益，则中国必乐于与外人合作。外国商人反对中国所取之态度者，每每以为外人仅有百分之五十管理权，不能使工作发生大的效果。华人对于管理等等方面无经验，如外人无完全管理之权，则必致失败；故中国矿法规定外人资本限于百分之五十，管理上华人居主要地位，在外人眼中实为不当。一九一五年中国与美孚洋行订约合资经营陕西之煤油田时，此即为双方最难同意之点。美孚方面极力要求须占资本百分之六十，而中国方面则坚持百分之五十为最高额。最后定为美孚可占股本百分之五十五，但当时之矿法并不适用于油田，故亦不在农商部统治之下。一九一二年开滦矿务局订合同时，英方在管理上占较大之势力，但在名义上双方仍为同等地位。然而中国方面之感觉不满者，即在于此点。

在中外合办之各矿业中，本溪湖、鲁大及穆棱三公司，对于中外同等地位的原则均完全遵守。照长期之经验，上述各公司并未发生何种困难，即足以证明中外资本各半之原则，实为合乎实际之办法。尤有进者，欧战后中德合办之井陉煤矿公司重新改组，德方仅占股本百分之二十五，在管理权上亦居于同样比例的地位，而现今该公司之工作进行甚为顺利。由此以观，如以外人资本限制，中外即不能合作经营矿业，实毫无根据之论调。至于中国人民对于外人资本及专门人才之欢迎，实为极显明的事实。已往中外合办事业中所发生之困难，实大都由于政治的困难，或因其有转入政治漩涡之趋势。

一九三〇年五月廿六日南京国民政府颁布新矿法，于是情势又为之一变。按照此次之法律，外人在华投资经营矿业者，必须合乎左列各条件：

（1）华人之资本必须占百分之五十以上（至少百分之五十一）；

（2）华人理事必须占半数以上；

（3）理事长及总经理均必须为华人。

该矿法并规定国有之矿藏，如铜、铁、煤、油、焦煤等，采矿权只可租与华人。外人对于国有矿业可以投资，但不得过总额之半数，与私有之矿业受同样之限制。

凡小规模矿业，外人不能投资。凡华人以不合法手续将采矿权转卖或抵押与外人者，须受三年以内徒刑或三千元以内罚款之处分。

以上之种种限制，实无非使中国应有之主权与利益有合法之保障。在中国此种特殊政治情形之下，并根据以往之经验中国矿业所发生种种不幸之事，此种保障实为十分正当。至于外人是否诚意以友谊的态度，对于中国矿业之发展纯粹予以经济的辅助，而无政治的动机，则尚须外人以实际的行为证明之。有此种事实之证明，而后双方始能彼此信托，共同合作以开发中国无尽之富，此不独有利于中国，即对于全世界亦有无穷之贡献。

第一表　外人在华矿业投资之各项统计

（A）完全外人管理之矿业

矿产	地　点	所有国	管理机关	出产吨数	附　记
煤	辽宁抚顺	日本	南满铁路公司	6，844，300 （一九二八年）	原为中俄合办，日俄战后为日人所占领，一九〇九年由中国政府正式承认
煤	辽宁烟台	日本	同上	154，900 （一九二八年）	同上
煤	吉林宽城子	日本	同上	—	同上（因煤品质劣现已停工）
铁	辽宁鞍山	日本	同上 （有炼铁厂）	—	资本日金三千万元，有鼓风炉三只，每日出铁一千一百吨

（B）在特订合同之下中外合办之矿业

矿　产	地　点	关系国	管理机关	出产吨数	资　本	并合日期	外人侵略起源	附　记
煤	河北开平、唐山	中英	开滦矿务局	4,958,000	中英各出二百万金镑	一九一一年十二月	英人德春与英商摩利公司秘密订约	
煤	河北井陉	中德	井陉矿务公司	268,135	3,375,000元(中) 1,125,000元(德)	一八九八年		
煤 （白煤）	河南修武	中英	福中公司	310,000 （全由中原公司）	福公司124万金镑，中原司500万元	一九一五年	福公司与豫丰公司订立借款合同	分别采矿，联合销售

续表

矿产	地点	关系国	管理机关	出产吨数	资本	并合日期	外人侵略起源	附记
煤	辽宁本溪县	中日	本溪湖煤铁矿务公司	486,000	中日各出100万元	一九一〇年四月	日俄战争后为日人所占领	
铁	辽宁庙儿沟	中日	同上	115,000（一九二八年）	500万元	一九一〇年四月	同上	
铁	辽宁弓长岭	中日			日金100万元	一九一九年	由中国政府特许	
银铜	吉林天宝山	中日	天宝山煤矿公司	289.8（铜） 70.8（银） （一九二〇年）	中日各出50万元	一九一六年九月		在中国政府直接监督之下，一九二〇年日本自动放弃
煤	热河新邱					一九一五年十月	一九一四年日人藉口日本工程师在该处被杀	
金	热河建平	中英			中英各出规银40万两	一九一一年		欧战以后停顿
煤	山东淄川及维县	中日	鲁大煤矿公司			一九二二年	华盛顿会议议决	金岭镇铁矿现今未开采
煤	黑龙江扎赉诺尔	中俄	中东铁路公司			一九〇二年	一九〇二年俄人未得中国允许自动开采	

（C）在现行矿法立案下中外合办之矿业

矿产	地点	关系国	经营机关	立案日期	矿山面积	出产吨数	附记
白煤	河北门头沟	中英	门头沟煤矿公司	一九一八年	4,486亩		前称裕茂公司，一九一八年改组
白煤	河北门头沟	中英	通兴煤矿公司	一九一二年	4,770亩	6,300（一九二八年）	一九一七年因矿坑水灾停工
白煤	河北杨家屯	中日	杨家屯煤矿公司	一九一七年二月	560亩	47,039（一九二八年）	
铅	辽宁凤城	中日		一九一八年一月	1,820亩	462（铅矿苗一九二七年）	
煤	吉林火石岭	中俄		一九一五年六月	670亩		尚未得中国政府之执照，现今租与华人小规模经营

续表

矿产	地点	关系国	经营机关	立案日期	矿山面积	出产吨数	附记
煤	山东博山	中日	华东煤矿公司	一九二四年七月	5,300 亩	44,078（一九二八年）	从前完全由日人经营，华府会议后中日合办。现今资本共150万，中日各半
煤	山东淄川	中日		一九二五年	4 方里 153 亩	49,350（一九二八年）	从前完全日人经营，一九二五年后中日合办，现今资本共500万元
煤	山东章丘县	中日			30 方里		
煤	吉林穆棱县	中俄	穆棱煤矿公司	一九二四年	28 方里 415 亩	281,037（一九二八年）	吉林省政府与俄商订约合办，资本共600万元
铁	辽宁海城	中日		一九一五年	23 方里 2,000 亩（共八处）	155,009（优等） 734,000（劣等）（一九二七年）	日本二十一条要求之一，现今已在政府立案

(D) 中国已收回之矿山

矿产	地点	租借者	订合同日期	收回日期	赎款规银两数	现在主管者	附记
煤铁	山西盂县、平定、灵石、平阳等	福公司	一八九八年	一九〇七年	2,700,000	保晋公司	山西绅缙提倡，集资收回
铁	安徽铜官山	凯约翰	一九〇四年	一九〇九年五月	520,000	泾铜公司	在规定时期内未开工，故将合同取消
煤铁	四川江北县	立德约	一九〇五年	一九〇九年七月	220,000	江河矿务公司	同上
各种矿产	山东五矿	德商瑞记公司	一八九九年	一九〇九年十一月	340,000		
同上	沿胶济铁路两旁三十里以内	德国政府	一八九八年	一九一一年七月	210,000		
同上	云南七县	英法隆兴公司	一九〇二年	一九一一年七月	1,500,000		
煤	湖北阳新炭山湾	法商		一九一二年四月	800,000	湖北矿务局	为故总统黎元洪氏所主张

(E) 未出资收回之外人采矿权

矿产	地点	租借者	订约日期	取消日期	取消原因
煤、铁、水银	贵州铜仁	奥商	一八九九年	一九〇五年	期满而采矿未成功
金	福建邵武	大东公司	一九〇二年	一九〇七年	未付执照费
煤	江西乌港村	中日实业公司	一九一四年七月	一九〇五年二月*	采矿权重复
煤	江西丰城、乐平	中国顺济公司	一九一四年	一九一八年	采矿过期
金	辽宁海龙、海城		一九〇九年		为华人某请求但迄未开工

续表

矿产	地点	租借者	订约日期	取消日期	取消原因
金	河北北戴河	泰丰金矿公司		一九一八年	中国向德宣战后取消
石绵	热河凌源		一九一四年三月	一九一八年	
石绵	热河丰宁宽沟				

* 取消日期晚于订约日期，原文如此，显然有误。——编者注

(F) 争执未决之采矿权

矿产	地点	关系国	附记
金	黑龙江西	俄	一九〇一年中俄订约，一九〇七年取消，各方要求赔偿，争执未决
各种矿产	四川	英	一八九八年四川矿务局与英人摩尔根订立合同，逾期应废，争执未决
石油	新疆	英	一九二〇年中华矿务公司(中英合办)呈请有案，但新疆士绅反对，未决
煤	广东	英	一九二〇年英人嘉素与广东省政府订立合同，中央政府尚未批准
煤与石油	山西	英	一九二〇年福公司与山西省政府订立合同，中央政府尚未批准

(G) 借有外款之中国矿业

矿产	地点	公司	成立日期	借款额	债主	抵押品	附记
煤、铁	湖北大冶、汉阳，江西萍乡	汉冶萍公司	一八八四年六月	日金1200万元	日本制铁所、正金银行等	矿产及机械设备	在若干年内将铁苗以低价售与日本作为还债
铁	安徽繁昌桃冲山	裕繁公司	一九一四年七月	国币20万元	中日实业公司	铁苗	

第二表　一九二六至一九二八年外人及中外合办煤矿之出产额

公司名	资本国籍	一九二六年（产煤吨数）	一九二七年（产煤吨数）	一九二八年（产煤吨数）	所在省份
抚顺及烟台煤矿公司	日本	6，231，229	7，553，210	6，999，200	
本溪湖煤矿公司	中日	408，000	394，000	486，000	辽宁
Tsaiho 矿务公司	中日	54，673	55，000	—	（奉天）
天顺煤矿公司（抚顺）	中日	—	10，000	45，000	
天兴煤矿公司（抚顺）	中日	—	10，000	45，000	
开滦矿务局	中英	3，582，000	3，683，000	4，958，000	
井陉煤矿局	中德	339，346	341，588	268，135	河北
门头沟煤矿局	中英	161，730	80，000	6，300	
杨家屯煤矿公司	中日	39，963	29，396	47，039	（直隶）
福公司	英国	116，673	—	—	河南
鲁大煤矿公司	中日	708，683	742，015	616，422	
Hsuhwa 公司	中日	—	—	5，000	山东
Potung 矿务公司	中日	20，034	26，166	44，078	

续表

公　　司　　名	资本国籍	一九二六年（产煤吨数）	一九二七年（产煤吨数）	一九二八年（产煤吨数）	所在省份
Hwawuling矿煤公司	中日	58，763	52，045	49，350	
扎赉诺尔煤矿公司	中俄	164，400	239，250	269，400	黑龙江
穆棱煤矿公司	中俄	104，243	208，633	281，037	
老头沟矿煤公司	中日	12，000	17，986	18，000	吉林
裕吉煤矿公司	中俄	—	9，200	20，000	
共　　计		12，017，327	11，450，141	14，117，177	
与全国产煤总额之比例		52.15％	55.64％	56.26％	
纯粹中国资本新式煤矿产煤总额		3，344，724	2，983，194	3，169，374	
中国资本与产煤之比例		14.5％	12.3％	12.6％	
日本资本产煤额		6，890，080	8，220，790	7，656，752	
与总额之比例		29.9％	34.0％	30.5％	
英国资本产煤额		1，688，538	1，881，500	2，482，150	
与总额之比例		8.6％	7.7％	9.8％	
俄国资本产煤额		216，521	248，166	419，918	
与总额之比例		0.8％	1.4％	1.6％	
德国资本产煤额		84，837	85，397	67，034	
与总额之比例		0.3％	0.3％	0.2％	

中国地质事业之回顾*

地质学这门学术，在中国可以称是一种新兴的科学，当民国肇始，社会上人士都还不知道地质二字，作何解说；自从民国元年南京政府于实业部下设置地质科，民国二年于北京政府工商部下设地质调查研究所，一方面培植人才，一方面负起全国地质调查的专责，经过十余年的艰难奋斗，社会人士才稍稍了解地质事业的意义及其重要。自从国民政府成立，对于学术研究，生产建设，努力进行，地质研究遂亦被认为应行提倡事业之一；于是中央研究院设立地质研究所外，各省都有设立分所者，如两广、湖南、河南、江西、陕西等省，总计起来，现在全国已有七八处之多。到今天实业、教育两部更举行这个为促进矿冶事业，灌输地质学术的矿冶地质展览会；自从民元到今，这二十余年中，我国对于地质事业的进步，诚不可不谓为非常的神速了。

尝考我国对于地质研究的历史，可以分为三个时期：第一时期为古代人士对于地质学理的供献，虽然没有像欧洲古代哲学家那样的精深切实，但颇有许多重要理论，已经被古人道破，譬如关于剥蚀循环之理，地壳升降之像，都可从书上“古岸为谷，高谷为陵”和“桑田沧海，沧海桑田”这种辞句上推论得到。《朱子语录》论化石生成的理由，《天工开物》述矿产露头的变化和探索的方法，都很精当详切，与现代学理，隐相吻合；我国古代先哲对于地质学理上这种创造的供献，确是值得自夸而为我国史乘上最光荣的事实。第二时期为外国人来华调查地质的时期；除去探险家或地理学家不算外，第一个真正地质学家到中国来调查的，要算是美国的本潘莱氏 R. Pumpelly，他是在距今七十二年前到中国来调查的，经过的区域，是华北蒙古及口三省，面积并不很广。其次要算是德国的李希霍芬氏，他是在距今六十六年以前来中国的，他调查的时期很长，面积很广，所以他的结果也非常丰富。此外外国人对于中国地质有供献的还很多，他们的人名不克一一列举。就已经出版的成绩说起来，大致俄国人对于西北地质，法国人对于西南地质，美国人对于东部及蒙古地质，日本人对于长江一带的调查，要算比较的普遍而重要。

到现在虽还不断的有外国地质学家来调查研究，但我们本国的地质学家，早已开始他们的工作，发表他们的结果，而在整个的中国地质——也可以说是世界地质事业上——占有相当重要的位置了。这是第三个时期，是中国人调查中国地质的时期，可以说是从民国二年起北平地质调查所正式成立后开始的。第一个中国地质学家到野地去工作的是现任中央研究院总干事的丁文江先生，他在民国二年奉部令调查正太沿线地质矿产，他的报告印在当年的《农商公报》上，可以说是中国人用中文写地质报告的第一编。在这里我还应要表明的，是在最近数年中，有几个与外国人合作调查的团体，其中最重要的要算是西北科

* 1934 年 7 月 8 日至 27 日，实业部与教育部在天津北洋工学院联合举行了“全国矿冶地质联合展览会”，作者于 7 月 7 日为展览会的开幕撰写了此文，并于 7 月 15 日刊于天津《大公报》第 13—14 版矿展会特刊。——编者注

学考察团，对于西北地质很得到许多材料。到现在全国地质机关印出报告，已有数百种之多，不同缩尺的地质图也有数百幅，差不多全部都陈列在本届矿展会的地质矿产馆的楼上，读者诸君可以细细的考察。至于矿物、岩石、矿产、化石的标本，更属不计其数，在矿展会陈列的不过其中一小部。处在这种民穷财尽，内忧外患的中国，并且仅仅经过二十一年的简短时期，我国对于地质事业办到有这样的成绩，确乎已是难能可贵的了，但倘若要与欧美先进国家的成绩相比较，那还是相差很远；所以我们只能说我们的工作，只是完成了很小一部分的基础罢了。

虽然不负实际调查地质的责任，但对于中国地质事业有重大影响，并且还负有一种特殊使命——地质教育——的责任者，那就是国内各大学的地质系、地理系或其他相关的学系了。要知道地质教育的重要，我们只须一考北平地质调查所的历史；近十余年来完成他重要工作的基本队伍，至小一大部是在民国二年成立的地质研究所中毕业出来的学生。所以我们要继续我们的事业，并且要发扬光大之，那们对于教育后进，确是一件不可忽略的事了。现在全国各大学内设有地质系的，有北平大学、南京中央大学及广州中山大学三处，设立有地学系或地理地质系的有北平清华大学，此外在师范大学，中山大学，中央大学内都还设有专供地理研究的地理学系。

现在将全国地质调查所及各大学内地质学系的沿革、内容、出版品等等列一简表如左，以供本届参观矿展会诸君的参考。

机关名称	地点	主任人	成立年月	内容	出版品或其他
实业部地质调查所，北平研究院地质学研究所	北平	所长翁文灏，所员计四十人左右	民国二年成立，民国十九年与北平研究院成立合作辅助办法	分为地质、矿产、古生物等股，另附沁园燃料室、岩矿研究室、土壤研究室、地震研究室、新生代化石研究室等	《地质汇报》24册，《中国古生物志》甲、乙、丙、丁4种合计66册，《地质专报》甲、乙、丙三种合计20册，《燃料专刊》16种，《新生代研究专刊》21种，《土壤专报》6册，《地震专报》9册，中国地质图幅及说明3幅，杂项书籍26册，总计193册
中央研究院地质研究所	南京	所长李四光，所员十余人	民国十二年	地质、矿产及古生物研究各有专家担任，另设化验室作岩石分析，已达400余种	已出集刊（中文或中外文并列）10册，集刊自9号至13号共5册，专刊甲、乙两种共5册，丛刊4册，其他刊物5册
两广地质调查所（属中山大学）	广州	何杰，所员十余人	十六年七月	分设地质、矿产、陈列、编辑、事务等股，另设矿物岩石研究室、古生物研究室、化验室、陈列室等。现在调查之面积占两广全区百分之六十左右	已出年报5册，特刊10册，古生物志2册，临时报告27册，共计44册
湖南地质调查所（属建设厅）	长沙	刘基盘，所员七八人	十六年三月	分设地质、矿产两股及陈列馆、图书室、岩矿及古生物研究室等，注意于矿产调查	已出《经济地质志》共18册

续表

机关名称	地点	主任人	成立年月	内容	出版品或其他
河南地质调查所	开封	张人鉴，所员七八人	十二年十月，中被裁撤者二次，至十九年又复改组成立	分事务、技术两部，技术方面注重调查、钻探、编辑、鉴定、化验等项	已出汇刊、地质报告、矿产志等共6册
江西地质调查所（属建设厅）	南昌	不详	民国十六年	不详	已出报告1册
陕西地质调查所	西安	前任所长赵国宾（病故），近状不详	民国二十年	不详	
浙江矿产事务所（属建设厅）	杭州	所长金维楷，所员六七人	民国十六年成立，名为矿产调查所，二十一年改今名	计划矿务外，兼及地质矿产调查	已出汇刊、矿产统计表及其他报告共8册
西湖博物馆（属浙江教育厅）	杭州	馆长董聿茂，馆员十余人	十八年十月	附记地质矿产组，设主任及助理各一人	已出馆刊、专刊各数册
中国西部科学院	重庆北碚	院长卢作孚	民生实业公司由卢作孚于民国二十一年创办，二十二年设地质调查部	对于四川地质及最近发生叠溪地震调查尚详	已出汇刊2册
北京大学地质系	北平	李四光	承前京师大学地质系，之后于民国五年改组成立	内设地质、古生物、岩石、矿物等课程，对于古生物及地史已有相当供献	师生出版品最多，毕业生前后共达300余人
中央大学地质系	南京	李学清	于民国十八年由地学系分出单独成立	同上，注重岩石、矿物等课程	前后毕业生约有百余人
中山大学地质系	广州	张席禔	于民国十五年成立	同上	毕业生约数十人
清华大学地学系	北平	袁复礼	民国十七年成立	注重地文学及地质间相关之课程，兼及气象、气候	毕业生十余人

福建安溪永春永泰等县矿产报告*

民国二十四年四月，作者等奉实业部地质调查所之命赴福建考察安溪铁矿。抵福州后，先至厦门，搭汽车经安溪至湖头，乃调查珍地及潘田各铁矿。继又至永春，视察其西部铅坑之闪锌矿。由永搭汽车返省后，又至永泰调查钼矿。前后经历约一月有余，除地质报告另有专著由实业部地质调查所刊印外，兹将矿产情形，报告如下：

一　潘田铁矿

一、位置及交通

潘田铁矿在安溪县城之西北约六十公里，湖头之西北约三十公里。自福州赴安溪之路线有二：（一）自福州搭汽车至晋江一日可到，惟中间须换车数次，自晋江至安溪亦通汽车，大半日可到，汽车路沿晋江及蓝溪而行，路途甚为平坦。晋江福州间，亦通汽船，但需时较久，不逮汽车之敏捷。（二）自福州搭火轮至厦门（每星期开行二次，船甚整洁），由厦门过海至集美搭汽车经同安而达安溪，一日可到，过同安后，须越过一高距海面七百余公尺之东岭，下岭为龙门圩，自此至安溪皆属平路。由安溪至潘田铁矿，须经湖头，相距三十公里，现有商办之安湖汽车，半日可达。自湖头至潘田矿山，可走北路之剑斗，或南路之长坑，相距各约三十公里，中间须越山过岭，高达四五百公尺不等，至洪佑后则又须上一千公尺之高岭，自此下坡始为潘田村所占之小盆地，高距海平约九百公尺。因地势高峻，虽值盛夏，气候亦甚为凉爽。

查潘田铁矿最近之海口当推晋江，相距约有百二十公里，其中自湖头经安溪至晋江间之一段，有水道可资输运，此水在溪尾（属南安县，在安溪县西南三十公里）以上名曰双溪，亦称蓝溪，溪尾以下则名晋江。在溪尾泉州之间，每日有船来往，水运较便，溪尾以上在安溪湖头间，仅通小船，且水急滩多，非加浚疏，即无法利用，故为他日输运铁矿计，溪尾以上之水运，可以不谈，只有建筑铁路之一法。惟此段路程遥远，共约九十公里，其中除自湖头以下之一段，可沿溪流筑路，工程较易外，其余之三十公里，系穿行于高山峻岭之中，工银费巨，筑路颇不易易。若欲沿溪而行，则不特路程增多，抑且峭壁深沟，于铺路亦不适宜。故以交通言，潘田铁矿实属极不便利也。

二、地形

潘田村所处之地位，为一小盆地，前已言之。此盆地显系由河流剥蚀所成，故其延长之方向，与现在之河流约略相合，即自西北至东南，长约一公里，最宽处达五百余公尺，狭

---

* 本文 1935 年 12 月发表于《矿冶》第 2 卷第 27、28 期合刊，1—12 页，署名：谢家荣、程裕淇。——编者注

福建安溪永春永泰矿产分布图

处仅数十公尺耳。四周皆环以高山，其东北有内外真武山，高距盆地约三四百公尺，于近顶处有火山岩一层，平斜向东北，因岩性较坚，风化后每成顶壁，其中如外真武山，因山顶面积较狭而峭壁山魏峨分外显著。盆地之西南，亦崇山衔接，高距盆地俱在四百公尺以上，山顶亦多峭壁，但此处俱为白色石英岩，向西南缓斜。自潘田村西北行，约二里许，即上一岭，岭高约三百公尺，逾岭而下约八里，即桃洲。自潘田向东，小溪深切石山，造成狭谷，旅行艰阻，故往安溪之大路，系越其东南之岭而下，岭距盆地仅百余公尺，山坡亦甚平缓，但自岭顶东下，至洪佑，则高下相距约六百公尺，坡急山深，攀涉较为费力矣。潘田村东之虎头山，呈圆椎形，山上树木从生，几无隙地，在地形上极易辨认。

以上所述，系潘田境内一般之地形，其次请言此处铁矿所成之特殊形势。因铁矿质坚难蚀，故露头甚清。自西北至东南，延绵达一公里有半，其中如 E，F 诸矿体俱向东北缓斜，故在山坡上展露甚广，尤以 F 即马皮礁矿占地最广，而其南端为沟所切，成一峭壁，数里外即能望及。又如 C_1，C_2 诸矿体，因倾斜峻急，剥蚀后遂成矗然直立之状。

三、地层及构造

潘田铁矿附近之地层，就其岩石性质言，可分为三系，自下而上为：（一）白色石英岩。质性坚致，常成厚层，组成潘田盆地西南一带之山岭，近顶处，常成峭壁。（二）砂页岩之互层。呈各种之颜色，大概多紫色及浅黄等色，但中间亦夹有灰或灰黑色之页岩一层，出露于内外真武山间之低岭大路旁。曾竭力搜寻，未得化石。中部在潘田沟以南近铁矿处，岩石变质甚烈，成为云母片岩且多呈强烈褶曲；若论其原来岩性，虽不易确定，谅系砂岩或砂质页岩之类。在赤蔗庵以北之沟中，及其北岭旁山坡上，又有黑页岩一层，含植物化石，似属中生代，已如前述。下部则多砂岩及石英岩，惟成层不逮（一）层之厚。铁矿当系交换本层中之砂岩或砂质页岩所成，其层位当属本层之中下部。（三）火山岩系。系绿色及白灰色之矽化凝灰岩，中多绿廉石矿物之凝集体或石块，其属火山喷发之物，当无疑义。平铺于内外真武山之顶，而成为峭壁或峻坡之山形，与上述之（二）层似成不整合之接触。以上（一）（三）两层，以显露不全，厚度不易确定，（二）层之厚度经约计为五百余公尺。此外在虎头山以西之低山，俱为红土及铁矿块砾所覆，为风化之产物，而在潘田盆地中，则多为冲积层及浮土所覆。

潘田矿区内之地质构造，殊为单简，除前述邻接铁矿处之云母片岩常多成繁复之褶皱外，其余之砂页岩层，俱缓斜向北或东北，而与其上之火山岩层，似成一不（整）合之接触。潘田以南及西南之石英岩，则俱平斜向西或西北西，而与其上之砂页岩层似成为一断层之接触。此断层线向北似逐渐隐没，以致（一）（二）两层整合相接。此断层之仰侧在西，成一峭壁，与其东俯侧之为低缓山坡，在地形上极为显明。查潘田铁矿之成因，虽尚未大明，但其必自地下岩浆之余汁分泌而出，沿地壳裂隙上升而成，则极为显然。兹于铁矿附近发现有此断裂带，则铁矿之所以凝集于此者，或与此断裂带有成因上之关系欤？

四、矿床

铁矿大部为赤铁矿，间有一小部为褐铁矿，则风化之结果也。矿床系交换潘田系中之砂页岩而成，前已略述。自赤蔗庵起，至虎头山止，露头延绵不绝，长达一千五百公尺，此项分布之方向，约略与地层之走向相平行。矿床成不规则之块状或厚层状，其成层状者，显系因交换水成岩层面之结果。自虎头山以西起至赤蔗庵止，矿体之分布，计可分为八组，每组之中，矿体亦有不连（续）者，亦有露头不连（续）而地下或相连续者。

各矿体矿量合计约为八百余万吨。惟上列矿体有因地面为沟谷所切，一部之矿量已被蚀去，故应酌减，如是净存矿量约七百三十余万吨。但在诸矿体之附近尚有浮皮矿砾甚多，而在赤蔗庵之南尚有一成分较低之铁矿体，此二处矿量虽尚未精计，大概约有五十万吨，故合并计之，潘田铁矿之总矿量当在七八百万吨左右也。

上列估计中所有沿倾斜面之深度，皆系实地观察所见之深度，或系以计至潘田村沟面为度，故所得数目较为确实，谓为实际之矿量亦无不可。倘欲从宽计算，得地面露头下可能连续之矿体亦一并计入，则另可增加约三四百万吨。

由此可见潘田铁矿之可能总矿量，当在一千万吨左右也。

潘田铁矿附近虽无火成岩露头，但在潘田村东千余公尺之处即有花岗岩。此岩在洪佑、长坑、珍地一带分布甚广，故铁矿床之产生不能不谓与此花岗岩有来源上之关系也。又观于铁矿附近之岩石，褶皱甚烈，且俱已变质成为云母片岩，故知其下与花岗岩之接触或不甚远也。惟铁矿及其围岩中，尚未见接触变质矿物如石榴石等，且铁矿之产生纯在水成岩中，与花岗岩尚有相当距离，故潘田铁矿不能称为接触变质矿，而似应属于热液变质矿。又鉴于高温矿物之绝未发现，故知其生成时之温度必不甚高，或者系属一种中温热液矿床，而与湖北之鄂城，安徽之南山，可以相提并论者也。

潘田铁矿成分甚高，平均含铁在百分之六十五以上，硫、磷皆低，故实为我国难得之上等铁矿，兹将本所化验室任春华君分析结果列左：

号　数	地　点	铁（%）	矽养（%）	锰（%）	硫（%）	磷（%）
372	矿体乙	68.47	1.05	0.56	痕迹	痕迹
373	矿体甲	68.27	1.43	0.64	痕迹	痕迹
374	马友礁	67.42	0.33	2.30	痕迹	痕迹
375	赤庶坡南劣矿	51.61	7.80	1.65	痕迹	痕迹

二　珍地铁矿

一、位置及交通

珍地铁矿在湖头之西北约十二公里，中经飞鸦岭，高距湖头二二〇公尺，及至湖上，高距湖头五百公尺，为大路所经之最高点。自此下行约一公里半，再上山，即至珍地。尚有一路则自湖头西行，越过大蔗头以南之高岭（高距湖头约九百公尺）下坡西北行，亦达珍地，此路较近，惟山高坡峻拔涉不易耳。将来如须建筑铁路，则须自珍地沿河谷，转再北绕，但仍须越过飞鸦岭，此岭高度较低，于工程上或可稍减困难。

二、地形

珍地村系位于一高坡之洼地内。此洼地南北长约二百五十公尺，东西宽约一百二十公尺，地势平坦，农田相望。向西地渐隆起，为梅高寨之东坡，向东则为一高约十余公尺之低山所限。但自此山东望，则峭壁危岩，下临深谷，形势殊为险要，盖珍地村之洼地，距本地之河谷约有一百五十公尺，而距湖头已达五百四十公尺，其他位实已异常高峻矣。

珍地之地位虽已甚高（拔海约六百八十公尺），但其四周则为更高之山所围绕，如向西为梅高寨，向东南及南为陈五阆山及其西延之脉，向东则为大蔗头。以上诸山之高度俱在一千一二百公尺左右，惟珍地之北则一水西流，地势较为宽展。珍地与大蔗头之间为一狭谷。此水发源于大蔗头以南之山顶，初经流于山顶岩谷之间，及遇大蔗头之峭壁，遂一泻数百尺，造成大瀑布。自此北流，纳西南来丛山间之水，流入于其北之主流中。以上诸水俱成狭谷，两旁峭壁常达数十以至数百公尺，显系代表在最近期内剥蚀后新所成之幼年期地形。以此与珍地之盆地相较，适成相反之形势，盖后者乃成年期地形之遗迹也。大蔗头、陈五阆山等皆为拔海千三百公尺左右之高山。山坡峻急，登涉为难，但一登其巅，则见沟谷纵横，地势平坦，两旁山冈起伏，形同培塿，盖一典型的成年期地形也。故就发育之程序言，珍地附近之地形可分为三时期，即（一）陈山等千公尺高度以上之成年期地形，（二）珍地及其他在六七百公尺高度之成年期地形，（三）五阆最近垂直剥蚀所成之狭谷。

因珍地一带近代沉积缺乏，故上述各地文期之地质时代，尚难确定，而与华北已定之程序，亦更难比拟矣。

三、地层

珍地矿区附近所见之地层，自下而上有如下列：

（一）紫色及灰色砂岩。出露于背斜层之中部，但因风化剧烈，浮土甚多，故露头不佳，其程序未能订定，化石亦不易搜寻。

（二）石灰岩。每呈厚层状，色淡灰至深灰，未见化石。据前东京地学协会报告，谓曾于此中获得珊瑚、腕足及纺缍虫化石，故其时代之属二叠纪，似无多大问题。本层在珍地一带出露尚广，但多不相连续，其所以如是者，原因不一：如在珍地附近，系由于花岗岩之冲断；石龟山与湖上以南之不连者，则因为较厚之风化残余土所掩覆，故在石龟山之东北，尚有一小块石灰岩，经开灰窑者挖去浮土之后始得出露；至于石龟山及其西翼石灰岩之突然向南中止者，则显然系断层之影响也。本层因露头不全，故厚度不易计算，就出露之部计之，约厚一百二十公尺。在石龟山及湖上之南，本层开采甚广，以供烧灰业之用。

（三）含煤系。本系由砂岩及页岩所组成，而尤以砂岩为多，呈淡灰或黄灰等色，往往质地坚韧，风化后组成峭壁，如大蔗头以下及大瀑布一带，其尤著者也。此处于砂岩中又夹有基性之侵入岩层数层（观察所及至少有二层），岩质之所以坚韧异常而成为壁立千仞之大峭壁者，此侵入岩层之变质作用，或亦有多少影响焉。本系分布甚广且多呈高山，珍地之东南及西南各山，如大蔗头、陈五阆山等，皆为本系所组成。在石龟山之南，于赴青阳大道之岭上，本系中又见夹有文状花岗斑岩岩脉数道，俱风化甚烈而成为高岭土。附近砂岩因侵入之影响，多少变质成为点状之片岩。本系总厚约四百二十公尺。煤层夹于顶部，在大蔗头以下绝壁处即有本地人于农事余暇开挖之煤洞。据云有煤三层，皆属无烟煤，厚约二三尺。顶底岩石俱属质坚之灰色砂岩。此处煤窑作辍靡常，产额亦少，故实无重视之价值。在大蔗头南约里许之沟中（拔海一〇一〇公尺）有黑页岩露头，于此中曾采得大羽类及其他植物化石，又有瓣鳃类化石数枚，故本煤系时代之属于二叠纪，已毫无疑义矣。

（四）火山岩系。在大蔗头及陈五阆山之山顶上，尚有灰白色火山凝灰岩及深紫灰色块集岩出露。此层似平斜向东或东南，露出之部厚约百余公尺，与其下之煤系似成不整合之接触焉。岩质甚坚密，无论块砾及石基，似均矽化甚深。就岩质论，本层与潘田之火山岩系约略相似，因无化石，故其地质时代不能确定，兹暂以之属于中生代焉。

四、构造

珍地附近之主要构造为一背斜层，轴向为东北北至西南南，向东北倾斜，故其两翼之石灰岩有向北部会合之势。背斜层之中部为石炭二叠纪之紫色砂岩，两翼为含燧石石灰岩，因上述之种种关系，致灰岩露头不甚连续；再向东有含煤系及火山岩系，惟向西及西北为大片花岗岩所侵入，故石灰岩以上之地层遂不复出露焉。石炭二叠纪砂页岩及煤系之邻近花岗岩者，因侵入影响，常褶皱甚烈。此外构造之重要者为石龟山断层，断层线向西延长，致使背斜层两翼之石灰岩突然中断。就岩层之分布观之，此断层之北部为上壁，而南部则为下壁。

五、矿床

珍地铁矿系交换石灰岩而成，其产生之地点距花岗岩之接触甚近。石灰岩大部变成大理岩及石榴岩，而铁矿中石榴石亦甚多，故本矿之为一种接触变质矿床，毫无疑义。矿床成平铺之层状，厚自十公尺至三十公尺不等，向西北北缓斜，倾角约十度至二十度。分布之处俱在珍地之西北尾仑山一带。因侵蚀及为石榴岩分隔之关系，上述矿层又可分为若干矿体，其中常杂有石榴石甚多，分布至不规则，与矿石之比例难以确定，欲精密计算矿量，颇为困难，大略计算，或有一百五十万吨左右，但在实际上或尚不及此数也。

矿石以赤铁矿为主，一部风化成为褐铁（矿）。石榴石为主要之附生矿物，其孔隙中结晶者，常成精美之晶形，否则成块状体。论矿床成因，当属接触变质一类，而由交换石灰岩造成者也。

珍地附近除煤铁矿产已略述于前外，石龟山之石灰岩内，昔曾由采石工人发现方铅矿，成不规则之块状，惟矿量甚微，无注意之价值。灰岩内又常有萤石，成对称式之小脉，与石英相共生，亦以矿量过微，不值开采。此外在陈五阆山之南坡，距山顶不远，地名山兜地方，有闪锌矿，矿石成分殊佳，但矿量不丰，不足称为矿产也。

珍地铁矿，经本所化验室任春华君分析，其结果如下：

号　数	地　点	铁（%）	矽养二（%）	鉴[①]（%）	硫（%）	磷（%）
376	矿体丁	53.63	10.63	1.64	0.24	痕迹
377	矿体甲	54.46	9.04	3.05	痕迹	痕迹
378	矿体丙	64.51	4.17	1.11	0.27	痕迹

[①]原文如此。——编者注

三　永春铅坑闪锌矿

永春县西北铅坑有二叠纪石灰岩露头一小块，位于煤系之下及石炭纪砂页岩层之上。灰岩深受变质，大部变成辉石类矿物，呈放射状之结晶，其中有闪锌矿及方铅矿之微粒结晶，散浸全体。此地灰岩露头虽狭，而因福建全省缺乏石灰岩之故，亦经开采，以供制造石灰之用，现地面开挖已尽，改用窿道法开采。铅锌矿当系开石灰岩时偶然发现，曾挖有矿洞一大个，但以矿量稀少，不值开采，早经停止矣。

四　永泰钼矿

一、位置及交通

永泰钼矿俱在县治东北，距城约三四十里，距福州省城西偏南约一百三十里，在大樟溪之西北岸。自福州赴矿，可先搭小汽船至塘前，水程六十里，约六七小时可达，自此易民船赴汰口约四十里，由汰口陆行十里抵蒲壁村，自此赴钼矿各产地，仅五里至十余里之路程，故由福州赴矿，一昼夜可到，交通尚称便利。汰口距永泰县城二十里，现正在建筑自县城至塘前之公路，俟汽车通行，则交通更属便利矣。

二、地形

自汰口至焦坑间为一北西北—南东南走向之河谷，在蒲壁村以下，谷面尚属宽展，自此以上迄焦坑间则为狭谷，两旁多峭壁，不易通行，故往来大路，多由两旁山坡绕越焉。谷之两岸俱为高山，最高者距汰口河面约五百余公尺，近顶处多成峭壁，大部分为火山岩系之凝灰岩、斑岩、流纹岩所成。蒲壁坑至焦坑间则有较低之丛山，为花岗岩所成，界于东西两侧高峰之间。自汰口至永泰及塘前之间，大樟溪两岸多为火山岩系所成之高峻山形。火成岩每成水平或极平缓之倾斜，故近顶处峭壁危岩，风景异常秀丽。距汰口不远之方广岩，为县属名胜，峭拔千仞，即由此火山岩所造成云。

三、地质及矿床

钼矿附近以火山岩系分布最广，组成四周之高山，其中种类繁多，有凝灰岩、块集岩、斑岩、流纹岩等等，详细论述，另有岩石专篇，兹不多述。在蒲壁村与焦坑间有花岗岩体侵入于火山岩系中，花岗岩呈灰红色，以石英及肉红色之正长石为主要成分，略含角闪石，云母极少，其结构及成分与福州附近鼓山之花岗岩颇相似。穿越于花岗岩中者，则有伟晶花岗岩脉及石英脉，钼矿即产于其中。

在蒲壁村附近之钼矿，计有四处，即犁壁坑，集坑，四视坑及鼓岭坑是也，俱距花岗岩不远，不啻围绕此侵入体而分布焉。兹将各处矿床情形，略述如下：

（一）犁壁坑

在蒲壁村西北二里许，位于一自西北向东南之沟中，有前永宝公司所建之事务所房屋，今因矿务停顿，屋内阒无人居。此处高距汰口约一百公尺。在事务所附近沟之两边俱有旧日所开之矿洞，在花岗岩中向东北及西南两方向开进。洞内现积水甚多，无法入内观察，故矿床详情，无由得知。检察洞外所堆矿石，知钼矿成细粒或菊花状之放射结合体，大者径达五六公分，散浸于石英脉中。因附近俱为粗粒之花岗岩，故知石英脉亦必产于花岗岩中。附生矿物仅见若干黄铁矿。此矿于民国二年至四年曾由永宝公司开采，共产矿石二十六吨，运伦敦销售。据当时福建财政厅技术员梁津、陆钦颐调查报告，谓“钼矿露头纯以石英脉露出于地表者为矿脉引导之证据，而以黄铁矿之酸化铁染石英脉与花岗岩并现者尤确”。当时在犁壁坑一处所现之石英脉露头不下七、八处之多，长自五六尺至十余尺，宽一二寸至数尺。又云“矿体形状，在石英脉中者，往往于短小之距离多次膨大与缩小，甚或尖灭，而成为一种中段宽而两端尖锐之扁豆状脉，或断或续”，其“在花岗岩中者，则成为分散结构之状，环绕石英脉石，点点散在”。又据福建建设厅案卷所载关于犁壁坑钼矿之沿革，谓此矿于民国二年由地主郑仰樵、周蘧然等聘广东太平茶行店东刘悦岩等组织永宝钼矿公司，前后集股二万五千元，郑于是年二月呈部注册，正式开采，共产纯矿砂二十六吨，经福州、上海转运欧美销售，当时每吨价值高者一万二千余元。民国七年因公司总经理刘悦岩病故，其子挪用股款，家遭破产，无力续办，乃由银股股东公举广东卢藻言为经理，继续承办一年余，后卢君回粤，托董事长冯子修代理，因挪用股款，以致资金周转不灵，遂于民国十年四月停歇。民国二十年十二月又有黄维中、陈翼云、黄懋和等拟集股二十万元，组织协和矿务有限公司，聘请德国矿师勘查续办，并与地主郑仰樵等订立合股契约（开采后地主股红利二成，投资股分利八成），于二十一年二月呈实部立案，以矿图之测点、基点等不符，尚未核准。最近又有萨鼎铭等拟集股本二十万组织矿务公司兴工开采之议云。

据上所述可知，犁壁坑钼矿有产于石英脉中者，亦有产于花岗岩中者。倘梁津等报告上所列石英脉露头之众多确是事实，则矿脉之分布或尚不狭小。又观前述沿革情形，永宝公司之停办实缘人事之不臧，而非矿脉之垂尽。信如此说，则此矿或尚有一探之价值乎？

（二）焦坑

焦坑村在蒲壁村之北约十里，高距汰口河面百余公尺。钼矿在村东南约一里许之沟中，于沟之西边有一斜井向西北方向开进，井旁有围墙，显系为防止河水冲刷而设。沟东岸有昔日崇实公司所建之事务所。就井旁所遗之矿石观之，此处钼矿多产于伟晶花岗岩中，有一小部亦产于石英脉中。但此二岩在地面均无露头，斜井附近之岩石俱为粗粒花岗岩。此处之白色石英脉中，亦含有长石小粒，似有逐渐变为伟晶岩脉之趋势。据梁津报告，当时发现之石英脉露头计有三处，长自十尺至三十尺，宽五尺至十余尺，倾斜甚急，多近垂直。此矿于民国四年经崇实公司开采，六年停办，曾出矿石十余吨。

(三) 四视坑

此矿在焦坑村之东南二里许，位于犁壁溪一支谷之北坡。自焦坑至此，须先越一高距谷面约二百公尺之坡，乃由小路下坡，至旧日之公司事务所（高距汰口河面一百八十公尺）。矿坑在事务所下沟内，附近岩石为细粒花岗岩，似成一小侵入体，侵入于火山岩系中。在事务所与矿坑间又有伟晶花岗岩坑之露头，脉中含石英窝块及细脉甚多，但不含钼质。矿石以黄铁矿为主，其中偶有钼矿之细脉或散点。邻近钼矿之岩石含白云母特多，近于云英岩，显系矿液上升时与围岩起蚀变作用之结果。此矿前由开源公司开采，产砂极微。因矿脉中所含以黄铁矿为多，钼矿占极小数，故无重视之价值也。

(四) 鼓岭坑

在蒲壁村之北约十里，位于犁壁溪东坡之下沟中，其东南有村曰小洲，前朋兴矿公司之事务所即设于村内之戏台内。探采处系在一狭沟内，路狭难行。附近岩石为细粒花岗岩，含白云母甚多，近于云英岩，其中稍含钼矿散粒，为量极少，无开采之价值。

此外在永泰县北十里苏坑，亦有钼矿微粒及黄铁矿，产于石英脉及伟晶花岗岩之间。于民国四年曾由永宝钼矿公司探采，现已停办。

由上所述可知，永泰钼矿之产状可分为四类：（一）散浸于粗粒花岗岩中。（二）产于细粒花岗岩中，占量甚微，附近岩石常起云英化之蚀变作用。（三）产于伟晶花岗岩脉中，常团聚成菊花状之圆簇或散粒。焦坑所产以此类为最多。（四）产于石英脉中，亦成团簇或散点，其丰富者圆簇之口径可达六七公分以上。犁壁脉所产，大半属此。以上四类中当以后二类较为重要。此次调查对于伟晶花岗岩脉及石英脉之露头，虽所见不多，但参考前人报告及零星观察，觉此项岩脉俱零星散布，厚薄不定，往往成晶片状之囊块，无一定之脉向可寻，故于探勘工作上极不便利。据本地矿工经验，石英脉之宽大者，反俱不含钼矿；又据在焦坑观察，石英脉与伟晶花岗岩脉之间似有逐渐变化之迹，而无清切之界限可分，因此感觉矿脉 Vein 与岩脉 Dike 二字，在成因上应无何大分别。钼矿之成因，据矿床学家之研究，应属于汽化高温矿脉，故在伟晶化岗岩脉中者分布最广，石英脉之在高温度下冷凝者，亦含钼甚多；当是时母岩（花岗岩）尚未完全冷凝，断裂未生，隙缝不著，故由岩浆中分泌而出之矿汁（Ore magma）仅能乘汽体之压力，冲入半凝结之母岩中，正如水之蕴蓄于海绵中然，因此所成矿脉，当然难望其成整齐之形状矣。至于在花岗岩母岩中之钼矿，则多系由岩脉渗滤而入，其不能成丰富之矿床，亦势所必然也。

《地质论评》发刊辞*

中国地质学会于创办之初，即发行会志，刊载会员平时调查研究之所得，及每届年会与常会宣读之论文，因所载多为专门著作，为便于国际流传计，率多用英、德、法三国文字发表，此实为不得已之办法，非故为标新立异也。发行至今，已十有四年，年出四册，共成一卷，无稍间断；其初每年共不过二百余页，今则已达六百余页，其进步亦不可谓不速也。所载论文，包罗地质学术之全部，间亦略及其相关之科学，如矿冶、考古诸问题，在理论上、实用上俱有重要之贡献，而足供国内外地质同人之参考。但中文刊物，至今尚付缺如，实为遗憾。夫一国学术之发表，岂能尽恃外国文字，此乃事理之至明者；况会志所载，限于专门著作，至若通俗论文与绍介最新学说，则以限于体裁，无从拦入，此与学会以灌输普通智识为职者，尚多未合，而本会之工作，似亦未尽达到其应赋之使命也。抑又有进者，近年来国内地质研究，突飞猛晋，各项报告论文之发表，日见增多，而尚无一随时摘录绍介之机会；至若国外学者之著作，则除阅外国杂志外，更无法得其概要，为同人研究便利计，尤其在地质图书不甚丰富之处，诚属莫大之阻碍也。因此，本年春季在南京开第十二次年会之时，由理事会议决发行一中文《地质论评》，每二个月发行一册，年共六册，汇成一卷，内容除专门报告及论文外，亦择录一二通俗之作，此外又注意于国内外地质书报之摘要，以供读者之参考；末复附以地质及相关机关之消息及地质界同人之近况，所以通声气而便切磋也。顾本刊为我国目下惟一之中文定期地质刊物，创刊伊始，业艰任重，编辑同人，学识浅陋，时虞陨越，所望海内同志，随时匡正，并希源源赐稿，俾本刊得以发扬光大，则幸甚焉。

民国二十五年三月，故都。

---

* 中国地质学会第十二届年会期间，1936年1月27日，学会理事会召开会议，翁文灏、杨钟健、冯景兰、张席褆、黄汲清、谢家荣等六人出席，选举学会职员，决定设立中国地质学会丁文江纪念基金，通过了谢家荣关于出版中文地质期刊《地质论评》（双月刊）的提议，并推举谢家荣为编辑主任，章鸿钊（动力地质）、田奇瓗（地层）、李四光（构造地质）、李学清（矿物）、冯景兰（岩石）、杨钟健（古脊椎动物）、尹赞勋（无脊椎古生物）、斯行健（古植物）、孟宪民（经济地质）、袁复礼（地文）为编辑。本文为谢家荣为《地质论评》写的发刊词。——编者注

近年来中国经济地质学之进步*

中国之地质事业，肇始于民国初元，而第一篇地质报告——丁文江《正太路沿线地质矿产》——即一有关经济地质之报告也。后地质调查所成立，一切计划，莫不以矿产之勘查，为重要之目的，换言之，即莫不以经济地质为基础也。是时瑞典地质专家安特生君方任前农商部矿业顾问，带领瑞典技师，努力于全国煤、铁及其他矿产之搜求，其最大之成绩，为发现宣化烟筒山铁矿及详测龙关县一带铁矿，虽龙烟铁矿公司至今未能开炉制铁，而安氏等对于原料供给问题之曾下一番基础工夫，其功诚足多也。按地质学虽为理论科学之一，但其应用于矿业及其他事业者甚广；在科学方在草创之中国，欲得当局之维护，国民之信仰，尤非藉应用一途不为功，是无怪中国地质事业之肇始，纯从经济方面立足也。从多年调查之结果，遂有丁格兰之《中国汞矿纪要》(《地质汇报》第二号)、《湖南锡矿山调查记》(《地质汇报》第三号）及《中国铁矿志》(《地质专报》甲种第二号）诸巨著出版，而翁文灏之《中国矿产志略》(《地质专报》乙种第一号）及丁文江、翁文灏合著之《中国矿业纪要》，尤能搜罗丰富，集其大成，为研究中国经济地质之重要著作。

顾地质事业，非仅调查矿产即为尽研究之能事也，故于民国十年地质调查所即请美国著名古生物学家葛利普来华，领导古生物及地层之研究，以作地层层次及时代上之依据。是时安特生顾问亦一易其向来注意矿产之习惯，而转其兴味于地文、新生代及考古等之研究；同时李四光君自英返国，对于地层、古生物等亦多所贡献。于是地质研究之空气为之一变，地质界同人相率以高谈海陆变迁、生物进化为荣，而以煤田及矿床之研究为肤浅不足道，此固进步之一端，而已不免有矫枉过正之弊矣。

夫经济地质之为中国学者所鄙视，非其本身之不健全，实缘从事此道者之未曾专精研究，以达深奥之境耳。安特生及其瑞典技师之测勘中国煤、铁矿床，估计矿量，未尝不精心从事，但于地质之环境，矿床之类别，则颇多疏略，而于矿物、岩石之研究，尤漠不关心。安氏在所，从未一用显微镜以考察岩矿之成分，如是而欲于中国经济地质树立科学之基础，其安可得！于是所得者除野地草图之外，不能多所陈述，其不能鼓励研究者之兴味，亦事理之所必至矣。

但中国经济地质之未能循科学之道以进，非尽安氏等之领导不力也，而当时之设备不周，实为最大之原因。近十年来，北平调查所之设备，日臻完善，对于薄片、光片之研究，渐加注意，于是矿床岩石之成分，乃得一亲切之观念，而于矿床成因，矿床分类，亦有所依据而不致纯凭臆测矣。同时南京中央研究院地质研究所亦对此作同样之努力，该所于显微镜研究外，尤致力于化学分析，故所得结果，极为重要。试一观近年内出版之经济地质论文，尤其是关于金属矿产者，其内容已一反从前皮相之谈，而渐入精深之境，虽仿

---

* 本文1936年3月发表于《地质论评》第一卷第一期，41～54页。——编者注

之欧美，尚多未逮，但不能不谓已有相当之进步矣。兹将近年来经济地质进步状况，分类述其大要如左：

一 铁矿之研究

自丁格兰中国铁矿志出版后，对于全国铁矿之地质、分布及其储藏量始得一有系统之纪载。此志分上、下两册，另有附图一厚册，搜罗宏富，纪述详明，不愧为空前之巨著。全国铁矿储量约计为九五〇兆吨，虽嫌过少，亦尚近似。丁氏对于铁矿类别，亦曾提出一分类表，共分为七类如下：

（一）太古界铁矿 指辽宁南部及河北滦县等处产于结晶片岩中之磁铁矿。

（二）宣龙式铁矿 即宣化龙关等处产于震旦纪内之鲕状及肾状赤铁矿。

（三）山西式铁矿 产于奥陶纪灰岩上部或二叠纪煤系底部之残余铁矿床，以在山西最为发育，故名。

（四）萍乡式铁矿 产于江西萍乡之上株岭。丁格兰依据丁文江之调查，谓为一种变质交代矿床。

（五）接触变质矿 丁氏亦名之为扬子江式铁矿，因其盛发育于扬子江流域故也。

（六）铁帽矿床 金属矿脉上部因风化而成之铁帽，在云贵等省间有开采者。

（七）铁砂 由含磁铁矿之火成岩（如花岗岩）或片麻岩经长时期之剥蚀冲刷而成。

近年来作者对于扬子江流域之铁矿，曾作较详之研究，已著有《扬子江下游铁矿志》（《地质专报》第十三号）。此外地质调查所所员王曰伦、高平、程裕淇、张兆瑾诸君，关于与萍乡式相类似之宁乡、永新等铁矿，曾作精详之测勘。同时中央研究院地质研究所孟宪民、张更二君曾作一安徽铜陵铜官山之铁矿报告，关于矿床变质情形，论述颇详。中央大学地质教授郑厚怀君对于湖北大冶鄂城及江苏江宁獾子洞诸铁矿，俱曾作精详之研究。又如湖南地质调查所已将全省铁矿测查完竣，刊为《湖南铁矿志》，其第一册业已出版。两广地质调查所对于其境内所产之几种重要铁矿，俱刊有简报，其中关于云浮及紫金之铁矿，并经北洋大学教授谭锡畴君精密勘查。经此一番精详研究，于是全国铁矿之地质及其类别，始逐渐明了。作者以此为根据，曾于民国二十四年提出一中国铁矿之分类。此项分类法，系参照最新矿床学理，以成因为主，以含矿层之种类、时代及沉积方法等为副，共分为五大类十七式，每式以一地名名之，如山西式，宣龙式等是也。兹再略加更正，简列如下：

甲 与酸性或次酸性火成岩有关系之铁矿床，亦可称为岩浆矿床。此类铁矿皆与花岗闪长岩或石英闪长岩有成因上之关系，依其构造情形及共生矿物之种类、产生时温度之高下等等，本类又可分为五式如下：

（一）伟晶花岗岩或花岗岩中之镜铁矿 产于绥远及福建，故名之曰绥远式。矿体尚未远离母岩，其产生时之温度当属最高。

（二）由石英闪长岩中分泌而出之磷灰石阳起石磁铁矿之共生矿脉 产于安徽当涂之大凹山，故亦称为大凹山式。其产生时之温度亦属甚高，并就磷灰石特多之一点观之，本类矿床堪与瑞典之基罗那铁矿相比拟。

（三）接触交换矿 安徽铜陵县之铜官山为本类最好之代表。

（四）深造热液变质矿床　以赤铁矿为主，成矿脉状，其产生时代似又在石榴石等接触变质期之后。安徽繁昌之长龙山为绝佳之代表。最近郑厚怀君研究江苏獾子洞镜铁矿，察其共生矿物之种类，似亦可属于本类。

（五）中深或浅成热液变质矿床　安徽当涂南山、大凹山等处之主要赤铁矿体，其产生时之温度颇低，因附生者仅有绢云母、高岭石等低温矿物也，兹称之为南山式铁矿。

乙　水成矿床即自水中直接沉积而成者，就含矿层之地质时代及沉积地位，又可分为下列各式：

（六）宣龙式　系层形赤铁矿及褐铁矿，呈鲕状或肾状构造，产于震旦纪地层中。

（七）宁乡式　鲕状赤铁矿，产于上泥盆纪之海相地层中。此项铁矿之在湖南宁乡者，曾经详测，其时代、产状，皆经确定；江西萍乡及永新之铁矿，其地层之时代尚未大定。

（八）测水式　黄铁矿及赤铁矿之结核或晶片矿，产下石炭纪之煤系中，在湖南一带分布最广。

（九）威远式　系泥铁矿（即碳酸铁）成结核或晶片层产于侏罗纪煤系中。四川全省俱有其例，而尤以威远一带为最多，故名之。

（十）第三纪或第四纪之湖沼铁矿　广东茂名及云南等处产之，故可名之曰茂名式铁矿。

丙　风化残余矿床　铁易养化，而养化之后又最不易溶解，故风化作用不啻为铁质聚集之要因，因之，风化残余矿床亦遂为铁矿中之常见者矣。本类中又可分为次列各式：

（十一）山西式　赤铁矿及褐铁矿成结核状、袋状或其他不连续之晶片层，产于奥陶纪石灰岩之侵蚀面或其上覆煤系之底部。此项铁矿在河北、河南、山西等省俱有其例，而在山西者似最为发达。

（十二）钦县式　残余风化矿，产于志留纪与泥盆纪间之不整合面。除广东之钦县外，广西诸锰铁矿及湖南湘潭鹤岭之锰矿，似俱属此。

（十三）其他风化残余矿床　产于不同地层之中。据湖南地质调查所报告，可分为数类，兹不详述。广东云浮铁矿，矿量达七八百万吨，亦当系风化残余矿床之一，但铁质之积聚，始于何时，终于何时，尚为未决问题耳。

（十四）硫化脉矿之铁帽　兹名之曰易门式。

丁　砂铁矿床

（十五）磁铁矿砂　由古代结晶岩系蚀变而成。因其盛产于福建沿海，故称之曰福建式。

戊　变质铁矿床　无论何种贫铁矿或含铁层，经过压力与热力变质之后，其中铁质凝聚而成为上等铁矿者，属之。此项又可分为二式如次：

（十六）磁铁矿片岩之由原生水成铁矿变质而成者　名曰辽宁式，因辽宁南部之庙儿沟、鞍山诸著名铁矿俱属之。

（十七）磁铁矿片岩之成因不明者　在山西五台山、四川川边及其他变质区域时有此项片岩，其成因为火成抑为水成，尚未大定。

从上述分类表可见，与丁格兰之分类法颇多不同之点矣，而其主要相异之处，有次列各项：

一、丁格兰分类表中之所谓“太古纪铁矿”实属错误，因此项含铁地层之时代，据最近研究，已证明为五台系或旧元古系，而显然地较太古纪为新也。

二、此次分类对于与火成岩有成因关系之各铁矿，悉依其矿物组织，地位深浅，而详为分别，不若丁格兰之笼统合并于一种“接触变质矿”有意义不清之弊。

三、在水成铁矿之一类中，只包含直接在水中沉积之各矿床，至若风化残余矿床，如山西式铁矿者，则另列一类。丁格兰于此点未加详察，致将二者合为一类。

又如丁格兰之所谓萍乡铁矿，依据丁文江调查而独立为一类，名曰变质交代矿床，亦属大误。盖据最近研究，此种鲕状铁矿俱系在水中直接沉积而成，虽初生之时，铁质或成碳酸盐或矽酸盐（绿泥石一类之含铁矿物），但不久即养化而成为赤铁矿，故并无交代或变质之迹存乎其间也。

四、将风化残余矿床另列一类，已如前述。但属此类之铁矿，在国内尚不止于山西式一种，如钦县式之锰铁矿，亦属重要矿床之一也。

二　铜铅锌矿之研究

中国铜铅锌矿之地质情形，翁文灏所著之矿产志略中论述甚详。翁氏以围岩种类为分类之依据，实属当时调查未遍，材料缺乏之不得已情形。近年来对于铜矿作精密调查及研究者有：民国十八年作者在德所作湖北东南部及云南铜矿之显微镜研究，载地质学会会志十八卷第四期；谭锡畴、李春昱对于四川各铜矿之调查；朱熙人、计荣森、熊永先对于湖北大冶、阳新、陨西、陨阳、竹山及河南济源、山西绛县等处之铜矿调查。朱熙人又将全国铜矿之矿石及围岩作一精密之显微镜研究，以地质构造及矿石成分为依据，朱氏遂得于民国二十四年提出一中国铜矿分类如后（见民国二十四年十月《中国建设》第十二卷第四期及第十七次万国地质学会报告）：

一、汽成矿床　温度甚高，矿液皆近于汽化，矿床成脉形或不规则状，主要矿石为斑铜矿、黄铜矿、原生辉铜矿及少量之黄铁矿，附生矿物常有电气石，为本类之特征。云南东川及四川会理之铜矿属之。

二、接触交换矿床　此类矿床以发生接触变质矿物为特征，铜矿石如黄铁矿、斑铜矿等皆与之共生。湖北之大冶、阳新，吉林延吉之天宝山、磐石之石咀山诸著名铜矿，皆属此类。

三、深造热液矿床　均成脉形，多生于变质岩层中。本类似更可分为二式：一为磁黄铁矿黄铜矿脉，如川之彭县、鲁之济南桃科各矿，后者并略有镍质。脉石除石英、方解石外，尚有高温矿物如角闪石等。一为斑铜矿黄铜矿脉，如闽之南平是也。

四、中温热液矿床　围岩为石灰岩或变质岩，矿体成脉形或囊袋形，亦有散浸于围岩中者。围岩受矿液之蚀变，则生矽化作用、绢云母化作用、绿泥石化作用等，极为显著。朱氏文中属本类之铜矿有十余处之多，河南济原、山西绛县及湖北西部各铜矿皆属之。作者意见，冀、豫、晋、鄂诸省之铜矿，俱沿一断裂带或单褶带而产生，与火成岩之关系较不密切（附近几不见火成岩），似有另立一类之必要；而其产生时之温度颇为低下，或有属于冷水沉积之可能也。

五、基性岩流中铜矿　本类矿石中有自然铜（如云南各矿），亦有硫化铜（如黄铜矿、斑铜矿等，产四川各处），常与泡沸石共生，而充填于岩流之气孔或裂隙中，在川西、滇北、黔西一带二叠纪玄武岩分布之地，几莫不有铜矿之踪迹。本矿产生时之温度甚低，约在百度以下，因泡沸石之结晶温度皆甚低故也。与北美上湖之铜矿堪资比拟，但矿量之富则远逊矣。

六、水成铜矿　中国之水成铜矿，种类不一，尚难概论。湖北南漳东巩铜矿，系辉铜矿及孔雀石产于三叠纪巴东系中部之石灰岩底层间，孟宪民君认为系地下冷水沉积而成。新疆之铜矿（拜城阿克苏间）则产于戈壁砂砾层间。至于川西、滇北、黔西一带三叠纪地层中之水成铜矿，其铜质之来源，似可回溯于二叠纪之玄武岩流中，因二者共生之关系殊为密切也。其处铜矿之产状殊为奇异，多成球状而嵌于碳质砂页岩中，若置显微镜下观察，则见每个球粒中常有丝炭之纤微组织，保存未变，而铜矿之沉淀皆交换此项纤维组织之结果也。

七、未能确定成因之铜矿　因调查未周，其类别俟他日定之。

关于中国铅锌矿之研究，最精密者莫如湖南常宁之水口山，曾经王恒升、南延宗、王竹泉、熊永先、孟宪民、张更诸君先后调查，作者与程君裕淇亦曾一往考察。报告之刊印者，有南延宗之显微镜研究一文（中国地质学会志，第十三卷第二期），及孟宪民、张更所著之水口山之矿物沉积次第论（地质研究所西文集刊，第十五号）。孟、张二君之论文，关于火成岩之成分、名称及其与围岩所发生之变质现象，矿床沉积次第，讨论极详，不愧为精心结构之作。孟君等依据显微镜研究及化学分析，定火成岩之名称为石英二长岩。矿物沉积之次第，则分为下列各时期：

一、岩浆期
- 石英二长岩及侵入
- 石灰岩受接触变质而成含石榴石、透辉石及绿帘石之岩石

二、热液期
- （甲）中深热液期
  - 非均性石榴石之产生
  - 矽化作用
  - 金属矿物如黄铁矿、闪锌矿、方铅矿等之生成。
- （乙）浅成热液期
  - 高岭化、矽化、绿泥石化、碳酸化诸作用，
  - 最后则有泡沸石、萤石、重晶石等之产生。

水口山之泡沸石亦为孟宪民君等首先发见，经精密鉴定其光性之结果，定为属于Stilbite，Chabazite，Mesolite，Natrolite，Apophyllite，Scolecite等六种。

对于中国全国铅锌矿作一综合的研究者，有南延宗君之中国铅锌矿述略，载二十四年《中国建设》，第十二卷第四期。因铜与铅锌等矿时相共生，其成因亦大致相仿，故矿床之分类二者颇多类似之点。南君分中国铅锌矿为五类：即（一）汽化矿床。四川会理之矿属之。（二）接触交代矿床。以延吉、会理天宝山为最著，此处除铜外亦产铅锌若干。（三）深造热液矿床。以郴县之金船塘为最显著。该矿附有高温矿物，且与锡、铋、钨等相密迩。南君以湖南湘乡之鸦头山铅锌矿亦属高温一类，似不甚妥，因据作者最近调查，该处未见有高温矿物之踪迹也。（四）中温及浅成热液矿床。中国大多数之铅锌矿，包括著名产地如湖南水口山、浙江诸暨等处，皆应属中温一类。至于湘西、鄂西及贵州等处之铅锌

矿，与火成岩关系较疏，或有属浅成或冷水沉积一类之可能矣。（五）水成磺床。此类尚未详查，南君分类中亦未细述，兹从略。

观上述关于中国各处铜铅锌矿床之研究与分类，虽因调查未详，尚有宜加补充或改正之点，但研究之方法与讨论之目标，可谓已循正常之路以进，是又不能不谓为进步之一端也。

三　其他矿床之研究

湖南、广西、广东、云南等省盛产锡矿，其矿床情形极为显著，可谓自成一类。其中如湖南临武之香花岭，云南之个旧，俱经孟宪民、张更、陈恺诸君详细调查，采获矿物甚多，其报告有已刊者（如香花岭），亦有正在刊印中。湖南常宁大义山之锡砒矿，曾经王竹泉、熊永先调查研究；矿床呈管状，宽约一尺至三尺，高约一尺至两丈，各管亦有呈分叉者，产石灰岩中，与花岗岩相距甚近。矿体又多弯曲，宽度涨缩不一，现已探知之深度已达百余公尺，尚有继续下延之势。管中矿物组织呈同心环形，大抵中心为矽酸盐，稍外有黄铜矿，外圈则富于锡石及毒砂，亦即主要之矿物也。王君等就矿床组织而推测其成矿之历史，以为矿液因温度甚高，俱成汽化，故压力甚大，遇细小裂隙，即可随之上冲；同时矿液向四周渗流，锡石、毒砂先成，乃居管之外圈，黄铜矿等继之，矽酸盐最后，遂居于管之中部。王君并谓世界产锡最著之马来半岛，其矿体亦多管形，而就其共生矿物之种类及矿石（硫化物等）与矽酸盐先后之关系（矽酸盐后于矿石）观之，此项锡砒管实处于特殊之地位，而应自成一类云。王君等在大义山矿区内所采获之矿物共不下四十种，大多数属高温一类，且其中尽有稀见之矿物云。

与锡砒矿时相共生，且具相同之矿床情形者，有钨、铋、钼等矿。据两广地质调查所朱庭祜、冯景兰报告（两广地质调查所年报，第一卷），在广东、广西等省分布甚广，湖南、江西境内，钨、铋、锡矿尤形丰富。实业部地质调查所徐克勤君曾在江西调查甚详，其报告正在编印中云。

我国尚有一特殊丰富之矿产，即锑矿是也，在湖南者最为重要，其中尤以新化之锡矿山及益阳之板溪，为首屈一指。此二地皆已经地质调查所王曰伦、张兆瑾及程裕淇、熊永先诸君分组调查，测有详图，对于共生矿物之种类及矿床之派别俱作有精详之研究。锡矿山系一种浸染及交换矿床，凝集于石英岩所成背斜层之顶部，而板溪则为充填脉矿。二处之共生矿物皆仅有高岭石、绢云母、重晶石等，高温矿物从未见及，故俱属于低温热液矿云。

我国锰矿之类别，近始渐为明了。河北昌平县西湖村之锰矿，据王竹泉君最近研究，系蔷薇辉石矿脉，就其与火成岩脉相关之密切及共生矿物之种类观之，应属高温一类。浮面之部则紫红色之锰辉石俱已变成硬锰、软锰等养化矿物矣。在两广及湖南之锰矿，则俱属风化残余一类，最重要之钦县锰矿，曾经已故之李殿臣君调查（两广地质调查所年报，第三卷下册），其风化残余之迹，昭然若揭。就地层构造上之关系论之，南方之喀里道尼亚运动极为发育，即谓志留泥盆纪间有重大不整合，而含锰质之风化聚集似多完成于此时，虽在近代（第四纪）亦不无风化之迹，但初步之富集似当追迹于此喀里道尼亚之不整合期云。

四 矿产时代及矿产区域

翁文灏先生于民国八年即提出关于中国矿产时代及矿产区域之论文。近年来调查渐遍，对于与矿产时代有密切关系之造山运动及火成岩活动史，俱已得有具体之观念。作者近来方致力于此，拟作一有系统之论文，详细论述，另有专篇。兹所欲言者，即我国于寒武纪前，虽亦有铁及含镁矿物之产生，古生代时期亦不无金属矿产，如志留泥盆纪间之铁锰及二叠纪玄武岩流中之铜，而主要成矿时代实俱在中生代之未第三纪之初。若详细分述，则各期矿产又似与各种花岗岩有密切之关系，虽其间相距之时间颇近，而要有相当先后之分也。翁文灏先生对于南方金属矿产之分布尝提出分带之说，此在湖南一省或尚可说，若两广、云、贵、闽、浙诸省，则情形复杂，翁氏大规模的分带，似颇难解说，因在一区之中，距母岩远近不同，矿质即随之而异，故分带之说，只适用于小规模数十或数百方里之范围，至若纵横达数省，而悉以带划分之，窃以为不可也。关于中国矿产区域之论述，非兹短篇所能尽，俟后详之。

五 结论

由上所述，则中国年近来对于经济地质学不可不谓已有相当之进步矣，而尤为重要者，则研究之目标与讨论之中心，已循科学之道以进，故除测勘矿质、矿量之外，尤努力探求共生矿物之种类及其生成之次第，俾于矿床成因、矿床类别，有所发明。盖不如是，则经济地质学将为一浅薄之技艺，而不成为科学矣。但过重成因的研究，而忽于实用的测勘，则所得结果，无俾实用，亦非经济地质学家所应持之态度也，故祈从事此业者，于矿产图之测制及矿量之估计，务须特别精审，毫不苟且，俾科学的与实用的双方俱有准确之基础也。

福建安溪永春永泰地质矿产*

一　安溪潘田铁矿

一、位置及交通

潘田铁矿在安溪县城之西北约六十公里，湖头之西北约三十公里。自福州赴安溪之路线有二：（一）自福州搭汽车至晋江一日可到，惟中间须换车数次。自晋江至安溪亦通汽车，大半日可到，沿晋江及蓝溪而行，路途甚为平坦。晋江、福州间亦通汽船，但需时较久，不逮洗车之敏捷。（二）自福州搭火轮至厦门（每星期开行二次，船甚整洁），由厦门过海至集美搭汽车经同安而达安溪，一日可到。过同安后，须越过一高距海面七百余公尺之东岭，下岭为龙门圩，自此至安溪皆属平路。由安溪至潘田铁矿，须经湖头，相距三十公里，现有商办之安湖汽车，半日可达。自湖头至潘田矿山，可走北路之剑斗，或南路之长坑，相距各约三十公里。中间须越山过岭，高达四五百公尺不等，至洪佑后则又须上一千公尺之高岭，自此下坡始为潘田村所占之小盆地，高距海平约为百公尺。因地势高峻，虽值盛夏，气候亦甚为凉爽。

查潘田铁矿最近之海口当推晋江，相距约有百二十公里。其中自湖头经安溪至晋江间之一段，有水道可资输运。此水在溪尾（属安南县，在安溪县西南三十公里）以上名曰双溪，亦种蓝溪，溪尾以下则名晋江。在溪尾、泉州之间，每日有船来往，水运较便。溪尾以上，在安溪、湖头间，仅通小船，且水急滩多，非加浚疏，即无法利用。故为他日输运铁矿计，溪尾以上之水运，可以不谈，只有建筑铁路之一法。惟此段路程遥远，共约九十公里，其中除自湖头以下之一段，可沿溪流筑路，工程较易外，其余之三十公里系穿行于崇山峻岭之中，工艰费钜，筑路颇不易易。若欲沿溪而行，则不特路程增多，抑且峭壁深沟，于铺路亦不适宜。故以交通言，潘田铁矿实属极不便利也。

二、地形

潘田村所处之地位为一小盆地，前已言之。此盆地显系由河流剥蚀所成，故其延长之方向，与现在之河流约略相合，即自西北至东南，长约一公里，最宽处达五百余公尺，狭处仅数十公尺耳。四周皆环以高山，其东北有内外真武山，高距盆地约三四百公尺。于近顶处有火山岩一层，平斜向东北，因岩性较坚，风化后每成峭壁，其中如外真武山，因山顶面积较狭而峭壁巍峨，分外显著。盆地之西南亦崇山衔接，高距盆地俱在四百公尺以上，山顶亦多峭壁，但此处俱为白色石英岩，向西南缓斜。自潘田村西北行约二里许，即

* 本文1936年3月以实业部地质调查所《地质汇报》第27号的形式发表，署名谢家荣、程裕淇，由中文和英文两个版本合组而成。中文共12页，英文共30页。所有10幅插图和9个图版均放在英文中。本卷以此顺序收入，所有插图和图版也都置于英文版中。——编者注

上一岭，岭高约三百公尺。逾岭而下约八里，即桃洲。自潘田向东，小溪深切石山，造成狭谷，旅行艰阻，故往安溪之大路，系越其东南之岭而下。岭距盆地仅百余公尺，山坡亦甚平缓，但自岭顶东下至洪佑，则高下相距约六百公尺，坡急山深，攀涉较为费力矣。潘田村东之虎头山，呈圆椎形，山上树木丛生，几无隙地，在地形上极易辨认。

以上所述，系潘田境内一般之地形。其次请言此处铁矿所成之特殊形势。因铁矿质坚难蚀，故露头甚清，自西北至东南，延绵达一公里有半。其中如E、F诸矿体俱向东北缓斜，故在山坡上展露甚广，尤以F即马皮礁矿体占地最广（见英文十二页第六图）；而其南端为沟所切，成一峭壁，数里外即能望及。又如C_1、C_2诸矿体，因倾斜峻急，剥蚀后遂成矗然直立之状（见英文四五三页第七图）。

三、地层及构造

潘田铁矿附近之地层，就其岩石性质言，可分为三系，自下而上为：（一）白色石英岩。质性坚致，常成厚层，组成潘田盆地西南一带之山岭，近顶处常成峭壁。（二）砂页岩之互层。呈各种之颜色，大概多紫色及浅黄等色，但中间亦夹有灰或灰黑色之页岩一层，出露于内外真武山间之低岭大路旁。曾竭力搜寻，未得化石。中部在潘田沟以南近铁矿处，岩石变质甚烈，成为云母片岩且多呈强烈褶曲。若论其原来岩性，虽不易确定，谅系砂岩或砂质页岩之类。在赤蔗庵以北之沟中，及其北岭旁山坡上，又有黑页岩一层，中含植物化石，似属中生代，已如前述。下部则多砂岩及石英岩，惟成层不逮（一）层之厚。铁矿当系交换本层之砂岩或砂质页岩所成，其层位当属本层之中下部。（三）火山岩系。系绿色及白灰色之矽化凝灰岩，中多绿帘石矿物之凝集体或石块，其属火山喷发之物，当无疑义。平铺于内外真武山之顶，而成为峭壁或峻坡之山形，与上述之（二）层似成不整合之接触。以上（一）、（三）两层，以显露不全，厚度不易确定，（二）层之厚度经约计为五百余公尺。此外在虎头山以西之低山，俱为红土及铁矿块砾所覆，为风化之产物，而在潘田盆地中，则多为冲积层及浮土所覆。以上各层之分布，观第八及第九版附图自明。

潘田矿区内之地质构造，殊为单简。除前述隣接铁矿处之云母片岩常多成繁复之褶皱外，其余之砂页岩层，俱缓斜向北或东北，而与其上之火山岩层似成一不整合之接触。潘田以南及西南之石英岩，则俱平斜向西或西北西，故与其上之砂页岩层似成为一断层之接触。此断层线向北似逐渐隐没，以致（一）、（二）两层整合相接。此断层之仰侧在西，成一峭壁，与其东俯侧之为低缓山坡，在地形上极为显明。查潘田铁矿之成因，虽尚未大明，但其必自地下岩浆之余汁分泌而出，沿地壳裂隙上升而成，则极为显然。兹于铁矿附近发现有此断裂带，则铁矿之所以凝集于此者，或与此断裂带有成因之上关系欤。

四、矿床

铁矿大部分为赤铁矿，间有一小部为褐铁矿，则风化之结果也。矿床系交换潘田系中之砂页岩而成，前已略述。自赤蔗庵起，至虎头山止，露头延绵不绝，长达一千五百公尺。此项分布之方向约略与地层之走向相平行。矿床成不规则之块状或厚层状。其成层状者，显系因交换水成岩层面之结果。自虎头山以西起至赤蔗庵止，矿体之分布计可分为八组，兹以甲、乙、丙、丁、戊、巳、庚、辛名之。每组之中，矿体亦有不连者，亦有露头不连而地下或相连续者，则以数字区别之。兹将各组矿体之长、宽、厚度及其矿量概算列表如左：

组别	倾斜	长（即沿走向之延长，公尺）	宽（即沿倾斜面之延长，公尺）	厚（公尺）	比重	矿量概算吨
甲一	平斜	20	40	20	4	64,000
甲二	同上	70	32	15	4	134,000
甲三	同上	20	20	15	4	24,000
乙	30度	20	150	20	4	2,400,000
丙一（东部）	50度	110	120	3	4	158,000
丙一（大矿苗）	70度	15	130	15	4	117,000
丙二	70度	20	120	27	4	259,000
丙一及丙二间	45度左右	55	100	20	4	440,000
丙三	45度左右	50	50	10	4	100,000
丁	平斜	20	20	5	4	8,000
戊	约30度	80	100	30	4	960,000
己一及己二合计	约30度	200	130	40	4	4,160,000
庚	约20度	40	120	3	4	57,600
辛		40	60	15	4	144,000

以上各矿体矿量合计共为八·八二六·〇〇〇吨。惟上列乙、己二矿体，因地面为沟谷所切，一部之矿量已被蚀去，故在乙矿体中应减去约五十万吨，而在己矿体中减去约一百万吨，如是净存矿量约七百三十余万吨。但在甲、乙、丙诸矿体之附近，尚有浮皮矿砾甚多，而在赤蔗庵之南，尚有一成分较低之铁矿体。此二处矿量虽尚未精计，大概约有五十万吨。故合并计之，潘田铁矿之总矿量当在七八百万吨左右也。

上列估计中所有沿倾斜面之深度，皆系实地观察所见之深度，或系以计至潘田村沟面为度，故所得数目较为确实，谓为实际之矿量，亦无不可。倘欲从宽计算，将地面露头下可能连续之矿体亦一并计入，如甲一与甲二间，丙、丁间及戊、己间之诸矿体，则另可增加约三四百万吨之矿量，兹将此项尚未证实之假定确量列表如左：

矿体	长（公尺）	宽（公尺）	厚度（公尺）	比重	矿量（吨）
甲一与甲二间	50	20	20	4	80,000
丙、丁间	300	100	20	4	2,400,000
戊、己间	100	100	30	4	1,200,000
共计					3,680,000

如上所述，可见潘田铁矿之可能总矿量，当在一千万吨左右也。

潘田铁矿附近虽无火成岩露头，但在潘田村东千余公尺之处即有花岗岩。此岩在洪佑、长坑、珍地一带分布甚广，故铁矿床之产生，不能不谓与此花岗岩有来源上之关系也。又观于铁矿附近之岩石，褶皱甚烈，且俱已变质成为云母片岩，故知其下与花岗岩之接触或不甚远也。惟铁矿及其围岩中尚未见接触变质矿物如石榴石等，且铁矿之产生纯在水成岩中，与花岗岩尚有相当距离，故潘田铁矿不能称为接触变质矿，而似应属于热液变质矿。又鉴于高温矿物之绝未发现，故知其生成时之温度必不甚高，或者系属一种中温热液矿床，而与湖北之鄂城，安徽之南山，可以相提并论者也。

潘田铁矿成分甚高，平均含铁在百分之六十五以上，硫、磷皆低，故实为我国难得之上等铁矿。兹将本所化验室任春华君分析结果列左：

号数	地点	铁（%）	矽养二（%）	锰（%）	硫（%）	磷（%）
372	矿体乙	68.47	1.05	0.65	痕迹	同左
373	矿体甲	68.27	1.43	0.64	痕迹	同左
374	马皮礁	67.42	0.33	2.30	痕迹	同左
375	赤蔗坡南劣矿	51.61	7.80	1.65	痕迹	同左

二 珍地铁矿

一、位置及交通

珍地铁矿在湖头之西北约十二公里，中经飞鸦岭，高距湖头二二〇公尺，及至湖上，高距湖头五百公尺，为大路所经之最高点。自此下行约一公里半，再上山，即至珍地。尚有一路，则自湖头西行，越过大蔗头以南之高岭（高距湖头约九百公尺），下坡西北行，亦达珍地。此路较近，惟山高坡峻，跋涉不易耳。将来如须建筑铁路，则须自珍地沿河谷，转再北绕，但仍须越过飞鸦岭，此岭高度较低，于工程上或可稍减困难。

二、地形

珍地村系位于一高坡之洼地内。此洼地南北长约二百五十公尺，东西宽约一百二十公尺。地势平坦，农田相望，向西地渐隆起，为梅高寨之东坡，向东则为一高约十余公尺之低山所限。但自此山东望，则峭壁危岩，下临深谷，形势殊为险要，盖珍地村之洼地，距本地之河谷约有一百五十公尺，而距湖头已达五百四十公尺，其地位实已异常高峻矣。

珍地之地位虽已甚高（拔海约六百八十公尺），但其四周则为更高之山所围绕，如向西为梅高寨，向东南及南为陈五阆山及其西延之脉，向东则为大蔗头。以上诸山之高度，俱在一千一二百公尺左右。惟珍地之北，则一水西流，地势较为宽展。珍地与大蔗头之间为一狭谷。此水发源于大蔗头以南之山顶，初经流于山顶岩谷之间，及遇大蔗头之峭壁，遂一泻数百尺，造成大瀑布（见照片）。自此北流，纳西南来丛山间之水，流入于其北之主流中。以上诸水俱成狭谷，两旁峭壁常达数十以至数百公尺，显系代表在最近期内剥蚀后新所成之幼年期地形。以此与珍地之盆地相较，适成相反之形势，盖后者乃成年期地形之遗迹也。大蔗头、陈五阆山等皆为拔海千三百公尺左右之高山。山坡峻急，登涉为难，但一登其巅，则见沟谷纵横，地势平坦，两旁山冈起伏，形同培塿，盖一典型的成年期地形也。故就发育之程序言，珍地附近之地形可分为三时期，即（一）陈五阆山等千公尺高度以上之成年期地形，（二）珍地及其他在六七百公尺高度之成年期地形，（三）最近垂直剥蚀所成之狭谷。

因珍地一带近代沉积之缺乏，故上述各地文期之地质时代尚难确定，而与华北已定之程序亦更难比拟矣。

三、地层

珍地矿区附近所见之地层，自下而上有如左列：

（一）紫色及灰色砂岩。出露于背斜层之中部，但因风化剧烈，浮土甚多，故露头不佳，其程序未能订定，化石亦不易搜寻。

（二）石灰岩。每呈厚层状，色淡灰至深灰，未见化石。据前东京地学协会报告，谓曾于此中获得珊瑚、腕足及纺锤虫化石，故其时代之层二叠纪，似无多大问题。本层在珍地一带出露尚广，但多不相连续。其所以如是者，原因不一：如在珍地附近，系由于花岗岩之冲断，石龟山与湖上以南之不连者，则因为较厚之风化残余土所掩覆，故在石龟山之东北，尚有一小块石灰岩，经开灰窑者挖去浮土之后，始得出露。至于石龟山及其西翼石灰岩之突然向南中止者，则显然系断层之影响也。本层因露头不全，故厚度不易计算，就出露之部计之，约厚一百二十公尺。在石龟山及湖上之南，本层开采甚广，以供烧灰业之用。

（三）含煤系。本系由砂岩及页岩所组成，而尤以砂岩为多，呈淡灰或黄灰等色，往往质地坚韧，风化后组成峭壁，如大蔗头以下及大瀑布一带，其尤著者也。此处于砂岩中又夹有基性之侵入岩层数层（观察所及至少有二层），岩质之所以坚韧异常而成为壁立千仞之大峭壁者，此侵入岩层之变质作用或亦有多少影响焉。本系分布甚广，且多呈高山。珍地之东南及西南各山，如大蔗头、陈五阆山等，皆为本系所组成。在石龟山之南，于赴青阳大道之岭上，本系中又见夹有文状花岗斑岩岩脉数道，俱风化甚烈而成为高岭土。附近砂岩因侵入之影响，多少变质成为点状之片岩。本系总厚约四百二十公尺。煤层夹于顶部，在大蔗头以下绝壁处即有本地人于农事余暇开挖之煤洞，据云有煤三层，皆属无烟煤，厚约二三尺，顶底岩石俱属质坚之灰色砂岩。此处煤窑作辍靡常，产额亦少，故实无重视之价值。在大蔗头南约里许之沟中（拔海一〇一〇公尺）有黑页岩露头，于此中曾采得大羽类及其他植物化石，又有瓣鳃类化石数枚，故本煤系时代之属于二叠纪，已毫无疑义矣。

（四）火山岩系。在大蔗头及陈五阆山之山顶上，尚有灰白色火山凝灰岩及深紫色块集岩出露。此层似平斜向东或东南，露出之部厚约百余公尺，与其下之煤系似成不整合之接触焉。岩质甚紧密，无论块砾及石基似均矽化甚深。就岩质论，本层与潘田之火山岩系约略相似，因无化石，故其地质时代不能确定，兹暂以之属于中生代焉。

四、构造

珍地附近之主要构造为一背斜层（见英文四五六页第八图），轴向为东北北至西南南，向东北倾斜，故其两翼之石灰岩有向北部会合之势。背斜层之中部为石炭二叠纪之紫色砂岩，两翼为含燧石石灰岩。因上述之种种关系，致灰岩露头不甚连续。再向东有含煤系及火山岩系，惟向西及西北为大片花岗岩所侵入，故石灰岩以上之地层，遂不复出露焉。石炭二叠纪砂页岩及煤系之邻近花岗岩者，因侵入影响，常褶皱甚烈。此外构造之重要者，为石龟山断层。断层线向西延长，致使背斜层两翼之石灰岩突然中断。就岩层之分布观之，此断层之北部为上壁，而南部则为下壁。

五、矿床

珍地铁矿系交换石灰岩而成，其产生之地点距花岗岩之接触甚近，石灰岩大部变成大理岩及石榴岩，而铁矿中石榴石亦甚多，故本矿之为一种接触变质矿床，毫无疑义。矿床成平铺之层状（见英文四五七页第九图），厚自十公尺至三十公尺不等，向西北北缓斜，倾角约十度至二十度。分布之处俱在珍地之西北尾仑山一带，因侵蚀及为石榴岩分隔之关系，上述矿层又可分为若干矿体，兹列其体积及矿量概算如左：

矿　　体	长（公尺）	宽（公尺）	厚（公尺）	比　　重	矿量概算（吨）
甲	50	40	30	4	240，000
乙	50	30	20	3．5	105，000
丙	280	50	14	4	784，000
丁	160	80	10	4	312，000
戊	20	30	10	3．5	21，000
共　　计					1，462，000

惟上述各矿体中常杂有石榴石甚多，其分布至不规则，与矿石之比例难以确定，故上列计算在实际上或尚不及此数也。

矿石以赤铁矿为主，一部风化成为褐铁矿。石榴石为主要之附生矿物，其孔隙中结晶者，常成精美之晶形，否则成块状体。论矿床成因，当属接触变质一类，而由交换石灰岩造成者也。

珍地附近除煤铁矿产已略述于前外，石龟山之石灰岩内昔曾由采石工人发现方铅矿，成不规则之块状，惟矿量甚微，无注意之价值。灰岩内又常有萤石，成对称式之小脉，与石英相共生，亦以矿量过微，不值开采。此外在陈五阆山之南坡，距山顶不远，地名山兜地方有闪锌矿，矿石成分殊佳，但矿量不丰，不足称为矿产也。

珍地铁矿，经本所化验室任春华君分析，其结果如左：

号　数	地　　点	铁（%）	矽养二（%）	锰（%）	硫（%）	磷（%）
376	矿体丁	53．63	10．63	1．64	0．24	痕迹
377	矿体甲	54．46	9．04	3．05	痕迹	痕迹
378	矿体丙	64．51	4．17	1．11	0．27	痕迹

三　永春铅坑闪锌矿

永春县西北铅坑有二叠纪石灰岩露头一小块，位于煤系之下及石炭纪砂页岩层之上。灰岩深受变质，大部变成辉石类矿物，呈放射状之结晶，其中有闪锌矿及方铅矿之微粒结晶，散浸全体。此地灰岩露头虽狭，而因福建全省缺少石灰岩之故，亦经开采，以供制造石灰之用。现地面开挖已尽，改用窿道法开采。铅锌矿当系开石灰岩时偶然发现，曾挖有矿洞一大个，但以矿量稀少，不值开采，早经停止矣。

四　永泰钼矿

一、位置及交通

永泰钼矿俱在县治东北，距城约三四十里，距福州省城西偏南约一百三十里，在大樟溪之西北岸。自福州赴矿，可先搭小汽船至塘前，水程六十里，约六七小时可达，自此易民船赴汰口约四十里，由汰口陆行十里抵蒲壁村，自此赴钼矿各产地仅五里至十余里之路程。故由福州赴矿一昼夜可到，交通尚稍便利。汰口距永泰县城二十里，现正在建筑自县城至塘前之公路，俟汽车通行，则交通更属便利矣。

二、地形

自汰口至焦坑间为一北西北—南东南走向之河谷。在蒲壁村以下，谷面尚属宽展，自此以上迄焦坑间，则为狭谷，两旁多峭壁，不易通行，故往来大路多由两旁山坡绕越焉。谷之两岸俱为高山，最高者距汰口河面约五百余公尺。近顶处多成峭壁，大部分为火山岩系之凝灰岩、斑岩、流纹岩所成。蒲壁坑至焦坑间则有较低之丛山，为花岗岩所成，界于东西两侧高峰之间。自汰口至永泰及塘前之间，大樟溪两岸多为火山岩系所成之高峻山形。火成岩每成水平或极平缓之倾斜，故近顶处峭壁危岩，风景异常秀丽。距汰口不远之方广岩为县属名胜，峭拔千仞，即由此火山岩所造成云。

三、地质及矿床

钼矿附近以火成岩系分布最广，组成四周之高山，其中种类繁多，有凝灰岩、块集岩、斑岩、流纹岩等等，详细论述，另有岩石专篇，兹不多述。在蒲壁村与焦坑间有花岗岩体侵入于火山岩系中。花岗岩呈灰红色，以石英及肉红色之正长石为主要成分，略含角闪石，云母极少，其结构及成分与福州附近鼓山之花岗岩颇相似。穿越于花岗岩中者，则有伟晶花岗岩脉及石英脉，钼矿即产于其中。

在蒲壁村附近之钼矿计有四处，即犁壁坑，集坑，四枧坑及鼓岭坑是也，俱距花岗岩不远，不啻围绕此侵入体而分布焉。兹将各处矿床情形略述如左（参阅英文四五九页第十图）：

（一）犁壁坑

在蒲壁村西北二里许，位于一自西北向东南之沟中，有前永宝公司所建之事务所房屋，今因矿务停顿，屋内阒无人居。此处高距汰口约一百公尺。在事务所附近沟之两边俱有旧日所开之矿洞，在花岗岩中向东北及西南两方向开进。洞内现积水甚多，无法入内观察，故矿床详情，无由得知。检察洞外所堆矿石，知钼矿成细粒或菊花状之放射结合体，大者径达五六公分，散浸于石英脉中。因附近俱为粗粒之花岗岩，故知石英脉亦必产于花岗岩中。附生矿物仅见若干黄铁矿。此矿于民国二年至四年曾由永宝公司开采，共产矿石二十六吨，运伦敦销售。据当时福建财政厅技术员梁津、陆钦颐调查报告，谓“钼矿露头纯以石英脉露出于地表者为矿脉引导之证据，而以黄铁矿之酸化铁染石英脉与花岗岩并现者尤确”。当时在犁壁坑一处所现之石英脉露头不下七、八处之多，长自五六尺至十余尺，宽一二寸至数尺。又云“矿体形状，在石英脉中者，往往于短小之距离，多次臌大与缩小，甚或尖减，而成为一种中段宽而两端尖锐之扁豆状脉，或断或续”，其“在花岗岩中者，则成为分散结构之状，环绕石英脉石，点点散在”。又据福建建设厅案卷所载关于犁壁坑钼矿之沿革，谓此矿于民国二年由地主郑仰樵、周遽然等聘广东太平茶行店东刘悦岩等组织永宝钼矿公司，前后集股二万五千元，于是年二月呈部注册，正式开采，共产纯矿砂二十六吨，经福州、上海转运欧美销售，当时每吨价值高者一万二千余元。民国七年，因公司总经理刘悦岩病故，其子挪用股款，家遭破产，无力续办，乃由银股股东公举广东卢藻言为经理，继续承办一年余。后卢君回粤，托董事长冯子修代理，因挪用股款，以致资金周转不灵，遂于民国十年四月停歇。民国二十年十二月，又有黄维中、陈翼云、黄懋和等拟集股二十万元，组织协和矿务有限公司，聘请德国矿师勘查续办，并与地主郑仰樵等订立合股契约（开采后地主股红利二成，投资股分利八成），于二十一年二月呈实业部立案，以矿图之测点、基点等不符，尚未核准。最近又有萨鼎铭等拟集股本二十万，组织矿务公司兴工开采之议云。

据上所述可知，犁壁坑钼矿有产于石英脉中者，亦有产于花岗岩中者。倘梁津等报告上所列石英脉露头之众多，确是事实，则矿脉之分布或尚不狭小。又观前述沿革情形，永宝公司之停办，实缘人事之不臧，而非矿脉之垂尽。信如此说，则此矿或尚有一探之价值乎？

（二）焦坑

焦坑村在蒲壁村之北约十里，高距汰口河面百余公尺。钼矿在村东南约一里许之沟中。于沟之西边有一斜井，向西北方向开进。井旁有围墙，显系为防止河水冲刷而设。沟东岸有昔日崇实公司所建之事务所。就井旁所遗之矿石观之，此处钼矿多产于伟晶花岗岩中，有一小部亦产于石英脉中。但此二岩在地面均无露头，斜井附近之岩石俱为粗粒花岗岩。此处之白色石英脉中亦含有长石小粒，似有逐渐变为伟晶岩脉之趋势。据梁津报告，当时发现之石英脉露头计有三处，长自十尺至三十尺，宽五尺至十余尺，倾斜甚急，多近垂直。此矿于民国四年经崇实公司开采，六年停办。曾出矿石十余吨。

（三）四枧坑

此矿在焦坑村之东南二里许，位于犁壁溪一支谷之北坡。自焦坑至此，须先越一高距谷面约二百公尺之坡，乃由小路下坡，至旧日之公司事务所（高距汰口河面一百八十公尺）。矿坑在事务所下沟内，附近岩石为细粒花岗石，似成一小侵入体，侵入于火山岩系中。在事务所与矿坑间又有伟晶花岗岩脉之露头，脉中含石英窝块及细脉甚多，但不含钼质。矿石以黄铁矿为主，其中偶有钼矿之细脉或散点。邻近钼矿之岩石含白云母特多，近于云英岩，显系矿液上升时与围岩起蚀变作用之结果。此矿前由开源公司开采，产砂极微，因矿脉中所含以黄铁矿为主，钼矿占极少数，故无重视之价值也。

（四）鼓岭坑

在蒲壁村之北约十里，位于犁壁溪东坡之下沟中。其东南有村曰小洲，前朋兴钼矿公司之事务所即设于村内之戏台内。探采处系在一狭沟内，路狭难行。附近岩石为细粒花岗岩，含白云母甚多，近于云英岩，其中稍含钼矿散粒，为量极少，无开采之价值。

此外在永泰县北十里苏坑亦有钼矿微粒及黄铁矿，产于石英脉及伟晶花岗石之间，于民国四年曾由永宝钼矿公司探采，现已停办。

由上所述可知，永泰钼矿之产状可分为四类：(一) 散浸于粗粒花岗岩中。(二) 产于细粒花岗岩中，占量甚微。附近岩石常起云英化之蚀变作用。(三) 产于伟晶花岗岩脉中，常团聚成菊花状之圆簇或散粒。焦坑所产以此类为最多。(四) 产于石英脉中，亦成圆簇或散点，其丰富者圆簇之口径可达六七公分以上。犁壁坑所产，大半属此。以上四类中当以后二类较为重要。此次调查对于伟晶花岗岩脉及石英脉之露头虽所见不多，但参考前人报告及零星观察，觉此项岩脉俱零星散布，厚薄不定，往往成晶片状之囊块，无一定之脉向可寻，故于探勘工作上极不便利。据本地矿工经验，石英脉之宽大者，反俱不含钼矿；又据在焦坑观察，石英脉与伟晶花岗岩脉之间似有逐渐变化之迹，而无清切之界限可分，因此感觉矿脉 Vein 与岩脉 Dike 二字，在成因上应无何大分别。钼矿之成因，据矿床学家之研究，应属于汽化高温矿脉，故在伟晶花岗岩脉中者分布最广，石英脉之在高温度冷凝者，亦含钼甚多；当是时母岩（花岗岩）尚未完全冷凝，断裂未生，隙缝不著，故由岩浆中分泌而出之矿汁（Ore Magma）仅能乘汽体之压力，冲入半凝结之母岩中，正如水之蕴蓄于海绵中然，因此所成矿脉当然难望其成整齐之形状矣。至于在花岗岩母岩中之钼矿则多系由岩脉渗滤而入，其不能成丰富之矿床，亦势所必然也。

GEOLOGY AND MINERAL DEPOSITS OF ANCHI, YUNGCHUN AND YUNGTAI DISTRICTS, FUKIEN PROVINCE

BY C. Y. HSIEH AND Y. C. CHENG

Ⅰ. INTRODUCTION

In April of 1935, the writers were sent by the National Geological Survey of China to investigate the iron deposit of Pantien in Anchi district, Fukien Province. The deposit was said to be a very rich one but no detailed survey has ever been made. The work lasted from April 13—May 29, but the actual time spent in the field was only a little more than one month and the time engaged in the study of the iron deposits was only half a month. Besides the detailed surveying of the iron deposits, a route sketch showing topography and geology in the scale of 1 : 100, 000 was also made.

The country traversed shows a very high and rugged hilly topography scattered here and there with basins of various sizes in which most of the district city or town are located. The high hills reaching often an elevation of 1, 500 m or more above the sea level are composed chiefly of Late Mesozoic extrusive rocks while in the basins, granite and other acid intrusions are the principal components. Sedimentary formations of Carboniferous, Permian or rarely Mesozoic ages usually deeply metamorphosed are found as scattered patches or remnants which have been sunk or floated up in a vast area of extrusive and intrusive rocks and become preserved only at places where deep erosion or block faulting has taken place.

The authors wish to acknowledge in this connection their indebtedness to Mr. T. C. Cheng, Head of the Bureau of Reconstruction, and Messrs. T. S. Chen & T. W. Chen, staff of that Bureau, for all their helps they have rendered to our work. This Bureau has sent also a surveying party with Mr. C. F. Chen as the chief, to make several topographic maps of the iron field in the scale of 1 : 4, 000. These maps have been used as basis for our geological work and for the estimate of the iron ore reserve. To Mr. Chen's hearty coorperation and excellent service, the authors are greatly obliged.

Ⅱ. STRATIGRAPHY

Within the area investigated, the following formations have been recognized. In ascending order they may be described as follows:

1. Gneiss and Schist: This formation occurs south of Chientou (剑斗) and west of Hsiatsun forming a narrow strip. Its relationship with other formations have not been determined but its being of sedimentary origin seems to admit of no question. Most probably it lies unconformably below the Permian coal series, therefore its age is at least Pre-Permian. Whether this metamorphic series is of Pre-Cambrian age is certainly difficult to ascertain, but in consideration of the general geological structure of Eastern Fukien, formations of Archaean or Algonkian are certainly not to be expected.

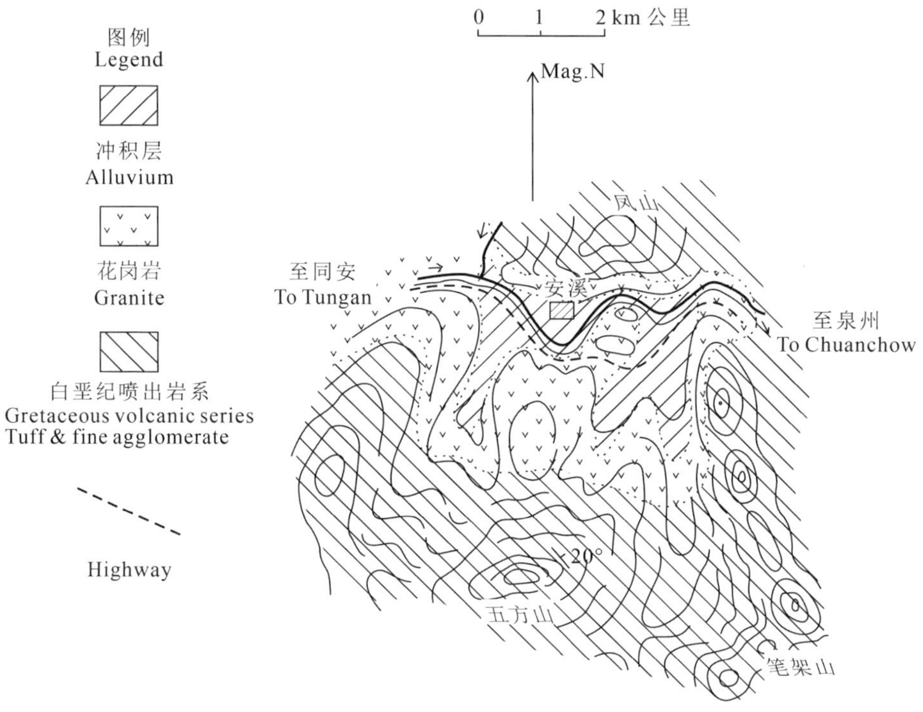

第一图 福建安溪附近地质略图（二十四年五月谢家荣、程裕淇测）

Fig. 1. Geological sketch near the Anchi city, Fukien. Surveyed on May 6th, 1935 by C. Y. Hsieh and Y. C. Cheng.

The outcrop at Hsiatsun shows a schist interbedded with quartzite while at Chientou, a beautifully laminated quartz-hornblende-mica gneiss is exposed.

2. Metamorphosed sandstone, shale and quartzite: —This series was first seen at Chenti forming there the central core of an anticline and lying conformably below the Permian coal series. The same formation occurs also at Ch'ienkeng, west of Yungchun, being also found below a Permian chert-bearing limestone. Fossils were not found, therefore its age could only be approximately determined to be Pre-Permian. Most probably it is equivalent to a part of the formation described by Messrs. Hou, Wang and Chang under the name of the Nanching quartzite.

3. Yangsin limestone: —A thick bedded limestone of dark gray to gray in color con-

taining abundant chert nodule or lenticular layers at certain horizons is found at Chenti, Ch'ienkeng, Hsiatsun and Chientou. In the latter two places the limestone is overlain by a yellow shale and both the limestone and the shale are richly fossiliferous. The fossils collected consist of *Fusulina* and *Brachiopoda* from the limestone and a great number of *Brachiopoda* from the yellow shale. Although these fossils have not yet been specifically determined, a Permian age, being equivalent to certain horizon (Chihsia limestone) of the Yangsin limestone can be assigned to this formation. The total thickness of the limestone as estimated from the outcrop at Chenti amounts to 120 m.

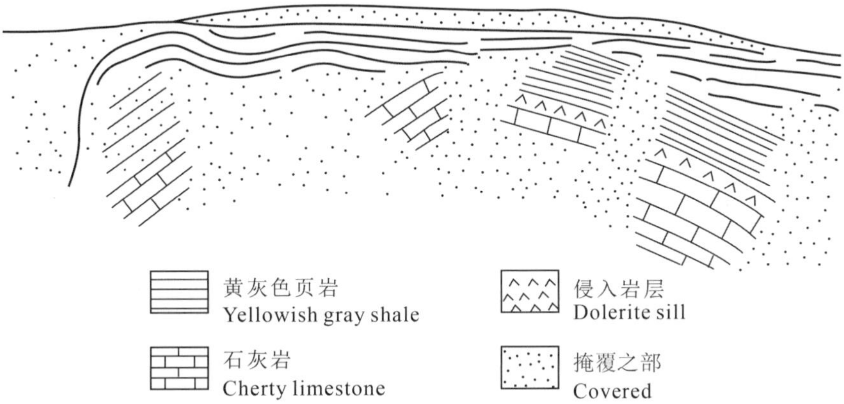

第二图　下村石灰窑剖面草图

Fig. 2. A sketch of the Hsiatsun limestone quarry.

4. The Permian coal Series: —The Permian coal series is widely exposed at Chenti, Chientou, Ch'ienkeng etc. It is composed chiefly of hard sandstone with intercalated black slate, in the latter, thin seams of a poor anthracite are often associate. A *Gigantopteris* flora has been found in the black slate. Owing to the hard and compact nature of the sandstone, precipitous cliff and steep slope are the usual topographical form of this formation. Its total thickness amounts to about 400 m.

5. Pantien Series of Mesozoic (?) age: —This series is found only in the Pantien iron field. It is composed of white quartzite and variegated sandstone and shale in which one or two black shale horizons containing poorly preserved *Podozamites* (?) flora are intercalated. Its age is therefore tentatively assumed to be Mesozoic, or possibly Jurassic. The whole series attains a thickness of about 500 m.

6. Volcanic Series: —This is the most widely distributed and at the same time the thickest formation encountered in the surveyed area. It may be divided into two distinct groups, the lower one with a thickness of about 200 m is composed of dark gray agglomerate and tuff, lying unconformably upon either the Permian coal series as at Chenti or Mesozoic formation as at Pantien. The upper group is chiefly a quartz porphyry interbedded with several layers of tuff, agglomerate and rhyolite showing a variegated color of

white, light gray, brown and purple. They form usually high hills of precipitous nature. Intruded into the volcanic series are found laccolithic mass of granite and dikes or sheets of diorite, granophyre, diorite porphyry etc.

A great part of the formation here described corresponds to the quartz porphyry of the Japanese geologists who took it as an intrusive rock in the granite and was therefore assumed to be younger in age. Present investigation has definitely proved that it is of extrusive origin becuse: (1) tuff and pyroclastic rocks have been found as intercalations in the quartz porphyry, (2) the series shows at many places distinct bedding which although being usually in a horizontal position is nevertheless distinctly tilted to show an inclination of 10°—30° and (3) flow structure is observable in some of the rhyolite bed.

As to the mode of eruption, i. e. whether of volcanic, areal or fissure type, nothing definite can yet be said. It appears, however, from the observed facts that the series does not represent a volcanic eruption, because volcanic cones have never been observed and that its wide distribution not only in Fukien but in Eastern Chekiang as well points to an origin rather improbable by the explanation of volcanoes. It remains therefore only two other types , i. e. areal and fissure eruption, as the more probable explanation. From its intimate relation with the granite and the gradual transition between the two, it is not at all impossible that this great eruptive series may have been the result of superficial cooling of a magma which was in connection with the great batholith of granite below; in other words, it is of the areal type of extrusion. Further research is however needed before anything definite can be said on this problem.

For lack of organic remains, exact geological age of this series cannot be given. From a correlation of the similar formation observed in other provinces, a late Mesozoic or probably lower Cretaceous age can at least be assigned. Correlating with the stratigraphic sequence in Eastern Chekiang reently proposed by Mr. P. Kao, the volcanic series here describeed seems to correspond to the Shaoshing tuff, while the uppermost rhyolite formation maintaining an unconformable contact with the tuff was most probably not observed in the present investigation.

The fact that the volcanic series has been gently tilted indicates the presence in this region of a post-Volcanic orogenic movement i. e. phase Ⅱ of the Yenshan movement.

7. Cenozoic & recent deposits: —It is a conspicuous feature that Cenozoic deposits are lacking or at least are very rare in Eastern Fukien. We have not yet seen any trace of such deposits, except the very recent alluvium and river gravels. The red clay near Lungchi as held by Messrs. Hou, Wang and Chang to be of late Tertiary age is now definitely proved to be only residual clay of recent origin.

Intrusive rocks

A great number of intrusive rocks have been encountered. While detailed petrographical description of these rocks will form the topic of a separate paper, the present report

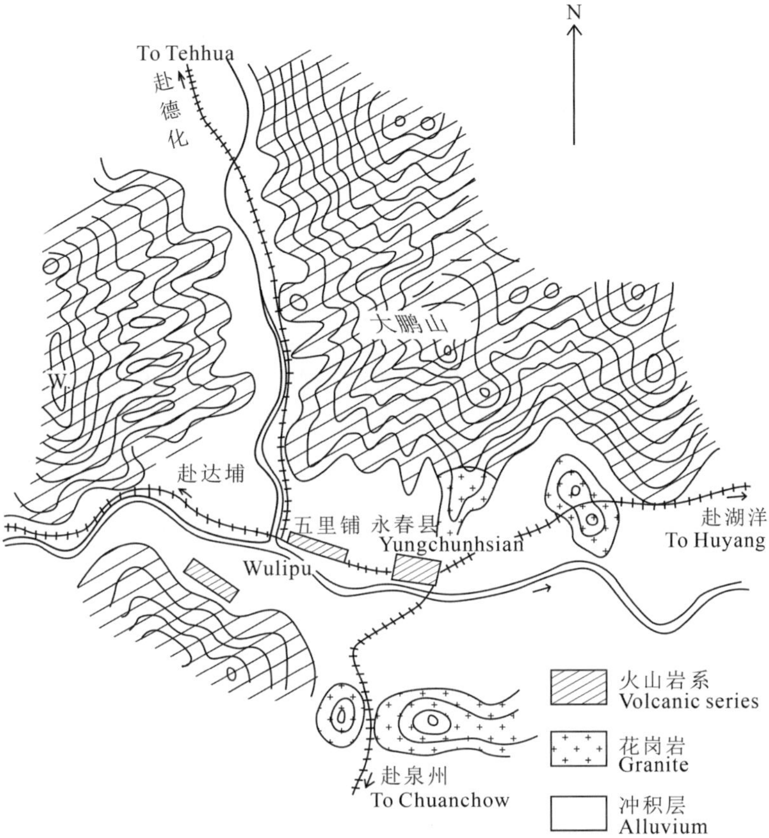

第三图 永春县附近地形地质草图

Fig. 3. A general geological sketch in the vicinity of Yungchunhsian. (scale: 1∶100, 000 approx.).

will concern only their essential field occurrences.

(1) Granite: —There are two varieties of granite: (1) Gneissic granite showing beautiful augen of red orthoclase embedded in a matrix of hornblende and mica, (2) ordinary granite which grades into porphyritic granite with red orthoclase as the phenocrysts. This is the most common type of granite found in this region. Gneissic granite occurs only west of Kueiyang, Yungchun district forming there a vast tract of rolling hills bounded on east and west by high hills of volcanic series and Permian coal series. The gneissic structure indicates that some movement has taken place after the consolidation of the rock.

Both types of the granite are found to intrude into the volcanic series, so they are of Late-Mesozoic or Early Tertiary in age. Whether there exists any age difference between the granite themselves, is difficult to ascertain. Very likely the gneissic granite is a little older, though the time interval could not be very long.

(2) Diorite and grano-diorite: —Small intrusive dikes, or sheets of diorite and granophyre are found in the Permian coal series at Tachetou and Chenwulungshan in the Chenti

iron field, Anchi district. A laccolith of moderate extent composed chiefly of a grano-diorite is seen south of Tungchi and between Yungchun and Tapu. This rock is more gray in color and less granular as compared wih the ordinary granite, and the red colored orthoclase, a characteristic constituent in the granite is practically absent in these rocks.

(3) Quartz Porphyry: —A dark gray felsitic to porphyritic rock containing abundant phenocrysts of quartz is of common occurrence in the area investigated. It forms usually small dikes cutting across both the volcanic series and the granite. At Feiyaling, NW of Hutou, this rock forms an intrusive mass of moderate extent; in other places, it forms usually dikes of small sizes.

(4) Diabase: —A small dike of diabase is seen to cut the volcanic series near the Yungtai city.

(5) Dolerite: —This forms intrusive sills in the Permian coal series as at Tachetou or in the Permian limestone as at Hiastsun. The rock is dark gray to black in color and is aphanitic but with small laths of plagioclase distinctly observable under a pocket lens. The precipitous cliff with its magnificent water-fall at Tachetou is evidently a result of the compact and resistant nature of the samdstone and the latter character may be partly attributed to the metamorphic action of this intrusive sills. Two sills each of less than 1 ft in thickness have been observed; actually they may be more in number.

(6) Gabbro: —A small outcrop of gabbro forming intrusion in granite is seen northeast of Chingkiang. The rock is black in color and is coarsely crystalline.

(7) Pegmatite: —This forms the country rock of the molybdenite deposit at Yungtai. It forms irregular dikes or patches in granite and is closely associated with a quartz vein, the latter is also ore-bearing.

Ⅲ. GEOLOGIC STRUCTURE & PHYSIOGRAPHIC HISTORY

The general geological structure of Eastern Fukien may be described as to consist of a mighty sequence of Cretaceous (?) vocanic series , tilted and faulted, and are penetrated here and there by laccolithic masses of granite and other intrusive rocks. This lave sheet was laid on and old land chiefly composed of Permo-Carboniferous sediments which are now exposed only at those places of deep erosion or where block faulting has lifted them upward for exposure. The sedimentary formation may also be caught up and included in the intruded bodies, chiefly granite, and thus resulted in the intense metamorphic effect frequently observed in some of the outcrops encountered. The chief orogenic movement belongs evidently to the Yenshannian phase Ⅱ, but pre-Volcanic movement or even Hercynian orogenesis are by no means absent, though actual evidences of the last type have not yet been found. Some of the minor structures may be briefly described as follows.

1. In the Anchi district: —A syncline occurs between Chingkou and Hutou with its central portion occupied by the Cretaceous Volcanic Series while its both limbs by Permian

coal series. This structure is succeeded by an anticline toward west with the anticlinal axis occurring right east of Chenti. Both limestone and coal series are exposed on the east limb of the anticline while its west one, only limestone is found, the latter is intruded by animmense mass of granite further west. The central portion of the anticline is occupied by Carboniferous sandstone and shale. The axes of the above structure trend either north-south or in NE—SW direction.

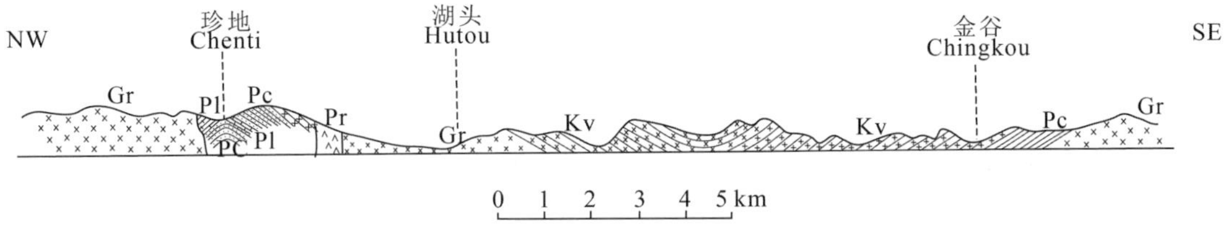

第四图 金谷珍地间剖面图

Fig. 4. A section between Chingkou and Chenti.

Pc, Permo-Carboniferous sandstone. Pl, Permian limestone. Pc, Permian coal series. Kv, Cretaceous extrusives. Gr, Granite. Pr, Quartz porphyry.

The geological structure between Chientou and Hsiatsun is not clear. The axis of the fold and strike of the beds change to an east-west direction. Here a gneiss and schist formation of unknown age is exposed; it is overlain unconformably by the Permian limestone and coal series.

At Pantien, a sedimentary formation probably of Mesozoic age is exposed which is overlain unconformably by the basal part of the volcanic series. A fault cuts obliquely through the Mesozoic series on the southwestern side and has probably furnished the way for the ascension of ore forming solution from which the great iron deposit of Pantien was formed.

2. In the Yungchun district: —A great intrusive mass of granite and grano-diorite occurs in the vicinity of the Yungchun city as well as west and northwest of it as at Tapu and Pênghu. Besides this, Cretaceous volcanic series forms also a prominent element as exposed on Tapengshan, north of the Yungchun city and west of Chientou forming the high hills Hsuehshan etc. Sedimentary rocks of Carboniferous and Permian age occur at Ch'ienkeng, about 60 km west of the city. These formations probably have a greater extension further towards the west, but their actual extent was not traced.

Owing to the absence or rare development of the Cenozoic or younger deposit, the physiographic history of Eastern Fukien remains an obscure problem. The following features are, however, worthy of mentioning.

1. On the hill tops at an elevation varying from 1000—1300 meters above the sea level, there shows frequently a mature topography, characterized by rounded tops, gentle slope and broad valleys which are just in contrast with the precipitous gorges and cliffs down

below. This mature topography is typically developed on the tops of Chengwulungshan (See Pl. Ⅳ, Fig. 2) and the high hills of Ch'ienkeng and therefore is called the Chengwulungshan stage. It represents evidently the oldest landscapes developed in the region under study. Although it shows a very gentle and mild topography, this surface has perhaps not yet reached the peneplain stage since the hill tops are not perfectly aligned and that above the general level there rise frequently higher peaks up to 1, 500 m or more in elevation representing most probably the monadnocks of that stage. Definite age of this stage is not known; by approximate correlation with the physiographic history of the Yangtze Valley, it may belong to early Tertiary.

2. A rock platform now covered by thick residual soil occurs at an elevation of 700 m above the sea. This surface is typically developed at Chenti forming there a fertile valley and so it is called the Chenti stage.

3. In the granite basin, the rounded rolling hills usually have an accorded top of about 300 m above the sea, a typical view of which is shown in Pl. I, Fig. 4, taken near the village Hengyang. This level which is called the Hengyang stage represents an erosional surface posterior to the Chenti stage.

4. The elevated platform of the Chenti is faced on the east by a precipitous cliff and deep gorge down to a depth of about 150 m. This vertical trenching is the youngest event produced after the latest uplifting and rejuvenation of the river. Similar gorges are seen at Ch'ienkeng in Yungchun district.

An approximate correlation may be made between the previously described stages and that observed along the Yangtze Valley. The Chengwulungshan stage, the oldest landscape preserved in our area, may be correlated with the Tsingling stage of Willis while the Chenti and Hengyang stages represent simply substages of Tsingling epoch. These three stages altogether may be roughly compared with the Shanyuan stage of Western Hupeh. The last named gorge stage is evidently the same as the Yangtze stage of Willis and the Sanhsia stage of Western Hupeh.

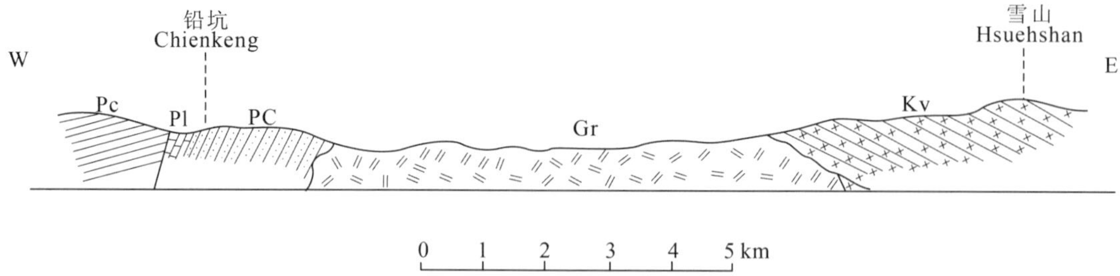

第五图 铅坑至雪山间剖面图

Fig. 5. A section between Ch'ienkeng and Hsuehshan.

PC, Permo-Carboniferous sandstone. Pl, Permian limestone. Pc, Permian coal series. Kv, Cretaceous extrusives. Gr, Gneissic granite.

As has been previously stated, one of the most difficult part in the study of physiographic history of Eastern Fukien is the lack of depositional records which has rendered the age determination of the different stages to be an extremely difficult, if not impossible, task. The erosional records, no matter how perfect they may originally be, are likely to be modified or destroyed by subsequent denudation and their value for physiographical interpretation is consequently greatly lessened. The lack of Cenozoic or other younger deposits in Eastern Fukien does not necessary mean, however, the absence of sedimentation; it is more likely that depositions did take place but have been greatly or entirely swept away by later erosion.

Ⅳ. GEOLOGICAL HISTORY

The geological history of the region studied may be summarized by the following statements:

1. Deposition of Permo-Carboniferous sediments. (Pre-Carboniferous history being largely obscure is therefore not included).

2. Deposition of Late Mesozoic sediments (This is represented by the Pantien Series which is very likely of Jurassic age. Previous workers have shown that Jurassic coal series is of common occurence in Fukien).

3. Folding and faulting (Phase I of the Yenshan Movement).

4. Eruption of volcanic rocks (Cretaceous?).

5. Intrusion of granite and its associated igneous rocks such as diorite, grano-diorite, quartz porphyry, diabase, gabbro etc. (If the volcanic series be taken as a type of areal eruption, then the crystallization of granite will be approximately contemporaneous with that of the volcanic rocks).

6. Folding and faulting: a part of granite became schistose by this movement. (Phase Ⅱ of the Yenshan movement).

7. Protracted erosion with the formation of a mature topography (Chengwulungshan stage) . Early Tertiary.

8. Uplifting and the formation of a sub-surface (The Chenti Stage.)

9. Uplifting and the formation of a second sub-surface, the Hengyang Stage.

Both (8) & (9) may belong to Middle or Late Tertiary, their exact age cannot be determined owing to lack of depositional records.

10. Uplifting and rejuvenation with the formation of gorges and canyons. (Quaternary).

11. Sinking along the coast to produce a submerged coast landscape (Indentated coast line, clusters of islands etc.) . Early Quaternary to recent ?

Ⅴ. ECONOMIC GEOLOGY

While a number of mineral deposits, both metallic and non-metallic have been visited, special attention was paid to the iron deposits only. Two of the iron fields, namely, the Pantien iron deposit and the Chenti iron deposit will be described in this report. Besides, some brief notes on the sphalerite deposit of Ch'ienkeng and molybdenite deposit of Yungtai will also be included.

1. The Pantien iron deposit

1. Location & Communication facilities: The Pantien iron deposit is situated some 60 kilometers NW of the Anchi city and is about 30 km NW of Hutou, a fairly large town; between Hutou and the Anchi city, a motor road has been built maintaining now a daily bus service. From Foochow to Anchi there are two routes: (1) By way of Amoy and from there to Anchi there is a regular bus service, (2) By way of Chinkiang by autobus, though several changes must be made on the way.

Chinkiang (formerly called Chuanchow) is the nearest sea port for the export of iron ore but from here to Pantien, a distnce of about 120 kilometers, water transportation is possible only for about 30 km and beyond that a railway must be built for the efficient handling of the traffic affairs. The cost of the railway construction will be excessively high on account of the hilly conditions especially for that part northwest of Hutou.

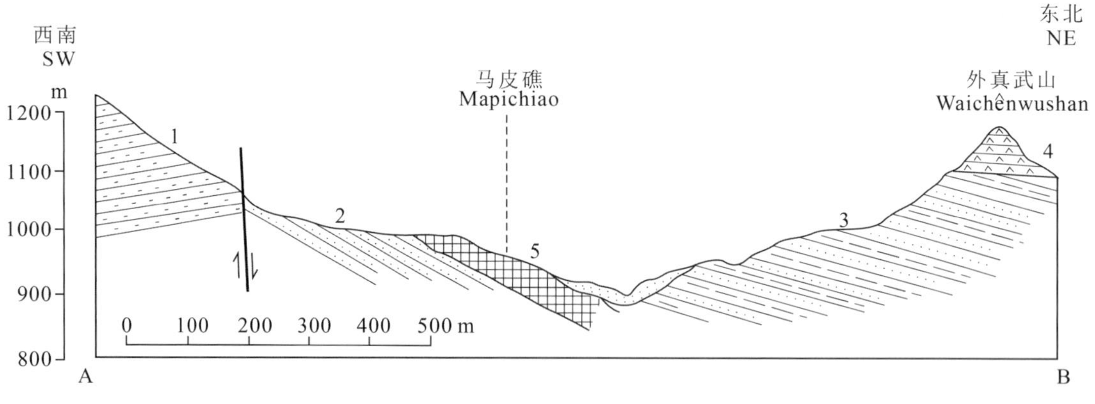

第六图 潘田铁矿剖面图

Fig. 6. Section of Pantien iron deposit showing the gentle slope of the ore body.

1, White quartzite. 2, Quartzose sandstone, sericitic and schistose at those parts near the iron ore. 3, Buff and purple sandstone and shale in alternation. 4, Volcanic series. 5, Iron ore.

2. Topography: The village Pantien is situated in an elongated river basin trending from NW—SE with a length of about 1 km and a maximum width of about 500 m. The basin is bounded on all sides by high hills, the two to the northeast named Nanchenwushan and Weichen-

wushan respectively are especially characteristic by their cliffed top and mesa-like topography. There hills vary from 300-400 m above the basin level, while the basin itself is already about 900 m above the sea level. Southeast of Pantien is the pass of Takaling, which has a steep and long descent on its southeastern slope (a descent of nearly 600 m to the valley of Hungyu), but a gentle and shorter one amounting to only 100 m on its northwestern slope. The main route from Pantien to Anchi passes by this place.

The iron ore owing to its hard and resistant nature gives rise usually to very prominent outcrops which measure from NW to SE a total length of about 1.5 km. The outcrops C_1 & C_2 form two isolated pillar-like bodies while that of F, also called Mapichiao, shows a cliffed wall on the south and a gentle slope on the northeast.

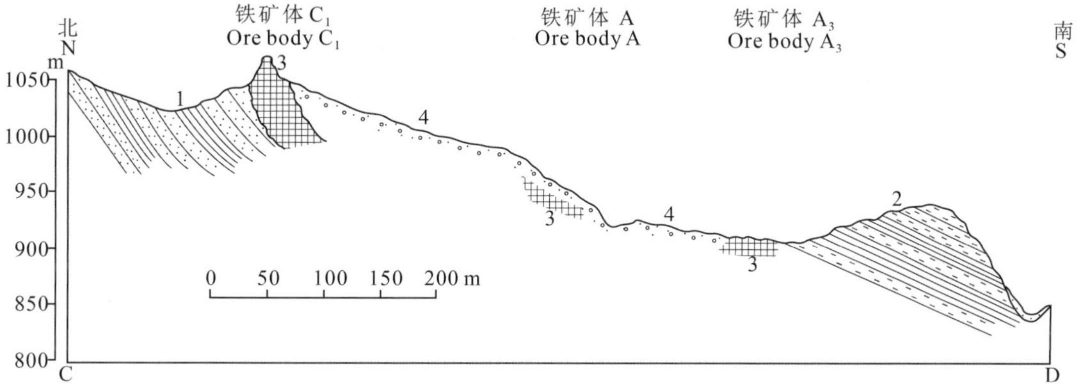

第七图 潘田铁矿剖面图

Fig. 7. Section of Pantien iron deposit showing the vertical iron body.

3. Stratigraphy & structure: —According to their lithological characters, three different formations may be distinguished in the Pantien iron field. In ascending order they are:

(a) White, thick bedded quartzite, hard and compact, forming high and cliff-topped hills on the SW of the Pantien basin.

(b) Variegated sandstone and shale are commonly purple and light yellow in colour, while a layer or two of black shale are also found. At north of Chichêan some poorly preserved plant fossils were found in the black shale, so on this basis this formation is tentatively assigned to Mesozoic. Quartzite and some deeply metamorphosed schistose rocks occur in the middle part of this formation. Iron ore bodies occur chiefly in the lower middle portion of this formation, being formed by replacement of its sandstone or sandy shale layers. Total thickness of this formation alone amounts to about 500 m.

4. Volcanic series: —This corresponds to the basal part of the widely distributed Cretaceous volcanics and is composed of green and light gray colored silicified tuff and agglomerate, being unconformably overlying the formation 2 of Fig. 6. The two prominent hills, Nanchenwushan and Weichenwushan are formed by this series.

The Pantien valley is thickly covered by alluvium while on the low hills and slopes adjoining the iron bodies, red clay with rubble iron ore are widely distributed.

All strata dip at various angles to north, northeast or northwest. A fault of moderate displacement cuts through the white quartzite beds on the southwest, but gradually dies out toward the north. The fault line trends NW—SE with its upthrow side on the southwest which is a cliff topped hills, while the downthrow side is a low and flat surface. Therefore the topographic reflection of this fault is well marked. The presence of a fault adjoining the iron deposits has a great significance for it may have furnished the passage for the ascension of the ore solution, its deep seated origin to be traced to some granitic magma below seems to be of no question.

5. The iron deposits: —The iron ore consists chiefly of hematite, with also a subordinate amount of limonite, the latter being the product of weathering. The ore bodies occur in irregular pockets or lenticular sheets formed by the replacement of certain sandstone or sandy shale horizon of the Pantien formation . The outcrops show a surface distribution from northwest to southeast, a total distance of about 1, 500 m. This direction is approximately parallel to the strike of the sedimentary rocks.

The distribution of the iron bodies is shown in Pl. Ⅶ. Altogether eight groups of ore bodies each designated by an alphabet have been distinguished. These bodies are usually not continuous on the surface, but some of which may be continuous at depth while still others represent actually separated bodies. The following is an estimate of the ore reserve for the entire Pantien iron field (For detailed figure see Chinese text p. 4.):

Total reserve:	8, 826, 000
Portion eroded:	—1, 500, 000
Rubble ore & low grade ore of Chichêan	+500, 000
Net reserve	7, 826, 000 tons.

The above estimate is on a very conservative basis taking a depth only dowm to local valley bottom or to depth actually observed. If a more optimistic view is taken to include all possible continuation of the ore downward, another 3, 680, 000 tons should be added, making thus a total of 11, 506, 000 tons.

Although granite outcrop is not found near the iron bodies, it may be assumed to be present at some depth below, because actual outcrops of this rock are seen within a distance of less than one kilometer from the ore body and furthermore sandstone and shale of the ore formation have been metamorphosed into a schistose rock (sericite—quartz rock) a phenomena likely to be attributed to the igneous action. On the other hand, the absence of any contact metamorphic minerals like garnet etc. and the farther away from the igneous contact are conclusive evidences to show that the ore deposit in question belongs to mesothermal type and may be closely compared with the iron deposits of Ocheng in Hupeh and Nanshan, Tangtu in Anhui.

The ore is of excellent quality containing on average more than 65% of iron as can be seen from the following table:

No. of Sample	Locality	Fe	SiO_2	Mn	S.	P.	Analyst
372	Ore body B	68.47	1.05	0.56	trace	,,	C. H. Zen
373	,, ,, A	68.27	1.43	0.64	,,	,,	,,
374	Mapichiao	67.42	0.33	2.30	,,	,,	,,
375	S. of Chichêan (poor ore)	51.61	7.80	1.65	,,	,,	,,

2. The Chenti iron deposit

1. Location & topography: —The village Chenti is situated 12 km NW of Hutou, on the northwestern side of the big mountain range Chengwulungshan. The iron deposits are found north or northwest of the village at a distance of one half to three kilometers. The Pantien iron deposit just described lies further NW for about 40 km. If the trunk railway from Pantien to Chinkiang has been built, this deposit could be easily connected by a branch line sending off either at Hutou or at some station further northwest.

The topography of the region is extremely hilly and consists of a high range of sedimentary rocks —The Tachetou and Chengwulungshan on the east and southwest and the granitic hills—Kaomeicha—on the northwest. The Chenti village is situated on a 700 m (above sea level) platform which faces on the east to a precipitous gorge, the latter flows toward the north and becomes widened when the granite area is reached. A waterfall of considerable height flows down the cliff of Tachêtou enhancing to a marked degree the natural beauty of the district.

As has been previously discussed, three distinct physiographic stages may be recognized at Chenti, namely, a high topped mature topography, a rock platform at an elevation of 700 m and finally a gorge stage representing vertical trenching down to at least 150 m from the Chenti surface.

2. Stratigraphy & Structure: —The following formations were met with in the Chenti iron field: (a) purple and gray sandstone probably of Carboniferous age, (b) Permian chert bearing limestone, (c) Permian coal series with a *Gigantopteris* flora, (d) volcanic series of tuff and agglomerate, the basal member of the great Cretaceous extrusive series and (e) granite and other intrusive rocks. These formations have all been described in the foregoing pages, so that no repetition will be made here.

The geological structure is much more complicated and interesting than that of the

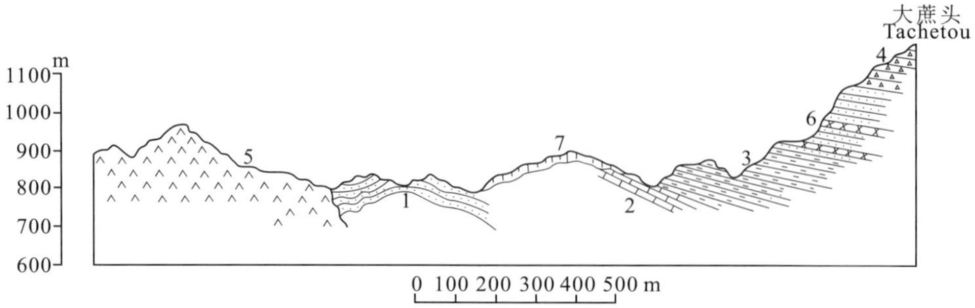

第八图 珍地大蔗头附近地质剖面图

Fig. 8. Section near Tachetou.

1, Purple and gray sandstone of Permo-Carboniferous age. 2, Cher-bearing limestone, Permian. 3, Coal series with *Gigantopteris*, Permian. 4, Volcanic series. 5, Granite. 6, Intrusive sills. 7, Soil covering.

Pantien district. It consists principally of an anticline pitching toward northeast with its central core occupied by Carboniferous sediments while its two limbs by Permian limestone. Owing to faulting, the outcrops of the limestone are frequently discontinuous; one of such fault occurs at Shihkueishan with the south side as the downthrow side of the fault. Permian coal series occurs only on the east and south side of the anticline, while towards the west, the Permian limestone is succeeded abruptly by granite intrusion.

3. Iron deposits: —The Chenti iron deposit belongs typically to contact metamorphic type with the ore bodies occurring chiefly along the contact between limestone and granite, the former has been intensely metamorphosed into marble and lime silicates. Contact metamorphic minerals like garnet etc. are abundantly present, being found both in the ore and in the marble. Some of the iron ore is so poor in iron and so rich in garnet that it may actually be called a ferruginous garnet rock.

The ore occurs roughly in sheet-like form dipping flatly (10°—20°) towards northwest with a thickness varying from 10—30 m. Owing to subsequent denudation and to the admixture of garnet rock, the ore sheet is actually not continuous, and five separate ore bodies (designated by alphabets) may be distinguished. The total reserve of the iron field is estimated at 1, 462, 000 tons, which is far less in amount as compared with the Pantien iron deposit.

Hematite forms the principal ore, although some magnetite and also limonite are found. Garnet is the most important gangue, which sometimes is nicely crystallized especially in the microlitic filling. The chemical composition of the ore is shown in the following list:

No. of Sample	Location	Fe%	SiO_2%	Mn%	S%	P. %	Analyst
376	Ore body D	53.63	10.63	1.64	0.24	trace	C. H. Zen

377	,,	A	54.46	9.04	3.05	trace	,,	,,
378	,,	C	64.51	4.17	1.11	0.27	,,	,,

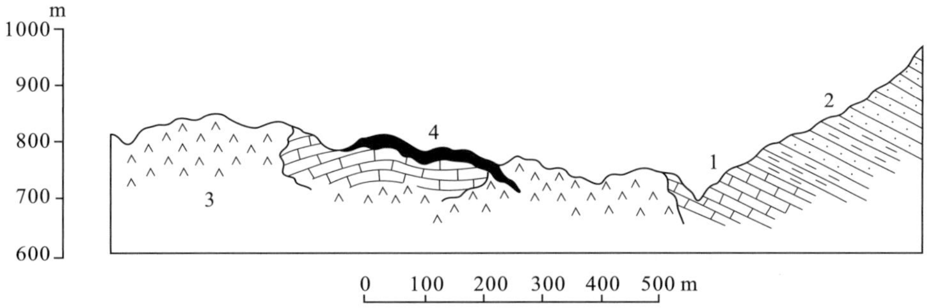

第九图 珍地铁矿地质剖面图

Fig. 9. Section of Chenti iron deposit.

1, Chert-bearing limestone, Permian. 2, Coal series. 3, Granite. 4, Iron ore.

Some galena has been found in the limestone quarry of Shihkueishan occurring in irregular pockets. At present no more of this lead ore can be seen. In the limestone of the same hill there occur also fluorite veinlets closely associated with quartz. On the south slope of the Chengwulungshan not far from the top, some sphalerite associated with a little galena were found. These mineral deposits are evidently of no economic importance.

3. Sphalerite & galena at Ch' ienkeng, Yungchun district

At Ch'ienkeng, about 60 km west of Yungchun city, a small outcrop of Permian limestone is found and overlain by the Permian coal series. The limestone outcrop consists practically of no more than a single block of several meters across and is deeply metamorphosed to radiating aggregates of diopside in which dessiminations or small pockets of galena and sphalerite can occasionally be found. In spite of the small outcrop, this limestone is extensively quarried for lime manufacturing and now quarrying is being carried on chiefly by underground method. The traces of lead-zinc ore must have been discovered by the quarry man. They were once exploited but without any successful result.

4. The Yungtai molybdenite deposit

1. Location: This famous deposit is situated about 15—20 km northeast of the Yungtai City, and is about 70 km SW of Foochow. It can be reached by taking at first small steamer up the river Tachangchi to Tangchien a distance of about 40 kilometer and then changing on a native boat to Taikou, a small town about 15 km east of the Yungtai city. From Taikou going northward for about 5 kilometer, we arrived at the village Pupitsun, from where to the various molybdenite deposits, the distance varies from 2—5 km. Thus

the molybdenite deposit may be reached from Foochow within twenty four hours in the total.

2. Topography: —From Taikou to Chiaokeng, the northernmost molybdenite prospect, there is a valley trending from NWN to SES. The valley is quite broad below Pupitsun, but becomes narrow and rocky above this place, so that the trail from here to Chiaokeng is laid on higher hill slopes. On both sides of the valley there are high and cliff-topped hills up to a maximum elevation of about 500 m above the Taikou river level; they are composed almost exclusively of volcanic series. Between Chiaokeng and Pupitsun there is a tract of low and rolling hills which are made up of granitic rocks.

3. Geology and ore deposits: —Volcanic series of probably Cretaceous age is the principal formation here which is intruded between Chiaokeng and Pupitsun by a small laccolith of granite. The volcanic series is extremely complicated in composition, being composed of tuff, agglomerate, porphyry, rhyolite etc. , detailed petrographic description of which will be made in a later communication. The granite is coarse granular to porphyritic containing abundant flesh-colored orthoclase and quartz, while dark minerals like mica and hornblende are comparatively rare. In this respect this rock is quite similar to the granite of Kushan near Foochow. Across the granite are numerous small dikes or irregular nuggets or masses of pegmatite and quartz vein, in which molybdenite ore is found.

In the vicinity of Pupitsun, there are altogether four localities where molybdenite ore has been discovered and worked during the great war time. These are Leepikeng, Chiaokeng, Ssuchienkeng and Kulingkeng forming a discontinuous belt encircling the granitic intrusion as can be seen from the accompanied sketch (Fig. 10) . All the molybdenite exploited are found not very far from the granite contact.

From the mode of occurrence and mineral association, four different types of molybdenite deposits may be distinguished:

(a) Fine dissemination in granite.

(b) Veinlets or dissemination in microgranite, being associated with an abundant amount of pyrite, the molybdenite ore forms only an accessory part. Ex. Ssu Chien Keng &. Kulingkeng.

(c) Disseminations or rosellete aggregates in pegmatie dikes. Most of the ore at Chiaokeng belong to this type.

(d) Disseminations or rosellete in quartz veins, the Leepikeng deposit is of this type. The largest rosellete may reach a diameter of 6—7 cm which are made up of pure and solid ore.

Among the four types just described, types (c) and (d) are certainly the most important. Type (a) is common in all localities but can never be rich enough for profitable working, while type (b) is rather limited in distribution, belonging perhaps to a different set of chemical and physical conditions as compared with the other occurrences. At both Ssuchienkeng and Kulingkeng, the wall rock (microgranite) has been extensively altered

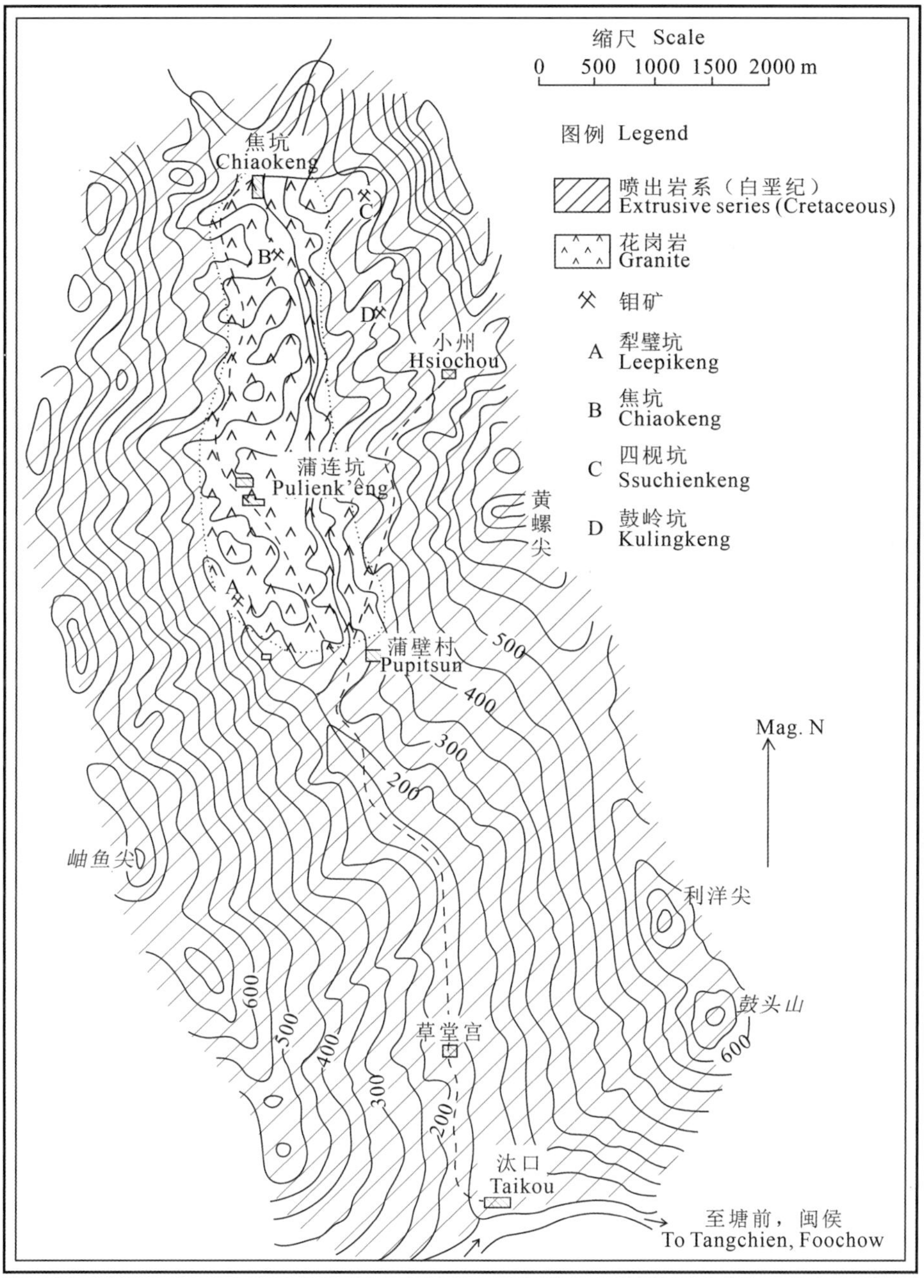

第十图　福建永泰县汰口焦坑间地质略图

Fig. 10. A geological sketch map between Taikou and Chiaokeng, Yungtai district, Fukien、Surveyed by C. Y. Hsieh and Y. C. Cheng in May 1935.

to a muscovite-rich rock, so that greisening is an important mode of alteration for this type of deposit.

Mr. Liang gives detailed list of the numbers and dimensions of the different quartz veins he observed. In our trip we have seen however only a few outcrop of quartz vein or pegmatite dike. The old working was entirely flooded at our time of visit, so we could see nothing of the actual occrrence, except by studying the specimens left over on the waste heap. Judging from the previous report and from whatever we have seen this time, it is certain that ore bearing veins or dikes are essentially scattered in distribution and irregular in thickness, so that exploitation on large scale is not to be recommended. According to the experience of the local miner, quartz veins of greater dimensions are practically all barren, molybdenite ore is found only in irregular and narrow veinlets.

The molybdenite deposits of Yungtai belong evidently to the pneumatolytic type formed under high temperature and perhaps at great depth. It was formed at a time when the granitic magma had not yet quite consolidated so that persistant fissures or fractures were not present. In this semi-plastic mass the residual liquor in which molybdenite ore was contained, was held or soaked just like water is held by a sponge. The ore magma was possible to move or to inject only by the aid of its own pneumatolytic pressure or where the static pressure of the granitic mass became lessened. Under this condition of high pressure and plastic surrounding, regular veins of persistant depth will not be formed; these are reasons why molybdenite veins of this region occur usually in irregular shape and variable thickness. Another noteworthy feature is that the ore bearing quartz vein at Chiao-keng contains sometimes also a notable amount of feldspar, thus grading imperceptibly into pegmatite dike. This phenomena may enable us to prove that there exists really no distinction between dikes and veins, both being the products of crystallization of the residual part of the magma.

PLATE Ⅰ. 第一版

1

第一图　安溪同安交界东岭顶火山岩系之露头

Fig. 1. Outcrop of the Volcanic Rocks at the top of Tungling, boundary between Anchi and Tungan districts. The series dips to NW at about 20°.

2

第二图　福建同安县自半岭向北望山形及汽车道

Fig. 2. View looking northward from Panling showing hilly topography and the Amoy-Anchi highway. Tungan district, Fukien.

3

第三图　安溪县城远景。在河旁、河边小山皆为花岗岩，其后大山为火山岩。向西北照

Fig. 3. A panoramic view of the Anchi city and its surroundings. The low hills on both sides of the river are of granite while the higher ones in the background are all composed of volcanic series. Looking NW.

4

第四图　自山头望横洋沟，示花岗岩山形及梯田。珍地西南约十里

Fig. 4. Looking from a hill top towards the valley of Hengyang showing the rolling and round hills of granite and the terrace fields. About 5 km SW of Chengti, Anchi district, Fukien.

PLATE Ⅱ. 第二版

1

第一图 大蔗头山顶上石英岩峡谷及小瀑布

Fig. 1. Narrow gorge and waterafall at the top of Tachetou hill at Chenti, Anchi district; the outcrop is quartzite of Permian age. Looking southeast.

2

第二图 安溪珍地瀑布。向东照

Fig. 2. A near view of the Chenti waterfall, Anchi district. Looking east.

3

第三图 福建安溪珍地石龟山石灰岩露头

Fig. 3. A view of limestone outcrop at Shihkueishan, Chenti, Anchi. Looking south.

4

第四图 安溪潘田铁矿矿体图。向北照

Fig. 4. A big pillar of the iron body at Pantien, Anchi. Looking north.

PLATE Ⅲ. 第三版

1

第一图　永春县城远景。地上有四方者即环城马路。向东南照。近山系风化之花岗岩，远山为火山岩

Fig. 1. A panoramic view of the Yungchun city and its surroundings. The city is shown in the centre of the picture surrounded by a highway (in white lines) built on the original site of the city wall. The low hills on the foreground are weathered granite while those in the background are volcanic rocks. Looking southeast.

2

第二图　安溪县南花岗岩风化后之山形及其前之梯田。向西北照

Fig. 2. Topography of weathered granite hills with terrace fields in the front, south of Anchi district. Looking northwest.

3

第三图　永春铅坑附近之山形。近山顶上之小屋即为我等所居

Fig. 3. Topography of the hills near Ch'ienkeng, Yungchun district. The cottage at the top of the hill in the foreground is our lodging.

4

第四图　铅坑东北之峡谷，示山上满布树木之状

Fig. 4. Forest in the narrow valley, northeast of Ch'ienkeng, Yungchun district.

PLATE Ⅳ. 第四版

1

第一图 珍田谷，示稻梯田及狭谷

Fig. 1. Narrow gorge with terraces of rice fields on its both sides, Chenti, Anchi district.

2

第二图 福建安溪珍地、陈吾阆山。山顶示壮年期地形

Fig. 2. Top of Chenwulungshan showing topography of mature stage, Chenti, Anchi district.

3

第三图 安溪县创斗西瀑布。向北照

Fig. 3. Waterfall, west of Chientou, Anchi district. Looking north.

4

第四图 福建永春县马跳山山谷。向西北照。山由花岗岩所成

Fig. 4. The valley of Matiaoshan granite hills, Yungchun. Looking northwest.

PL V.

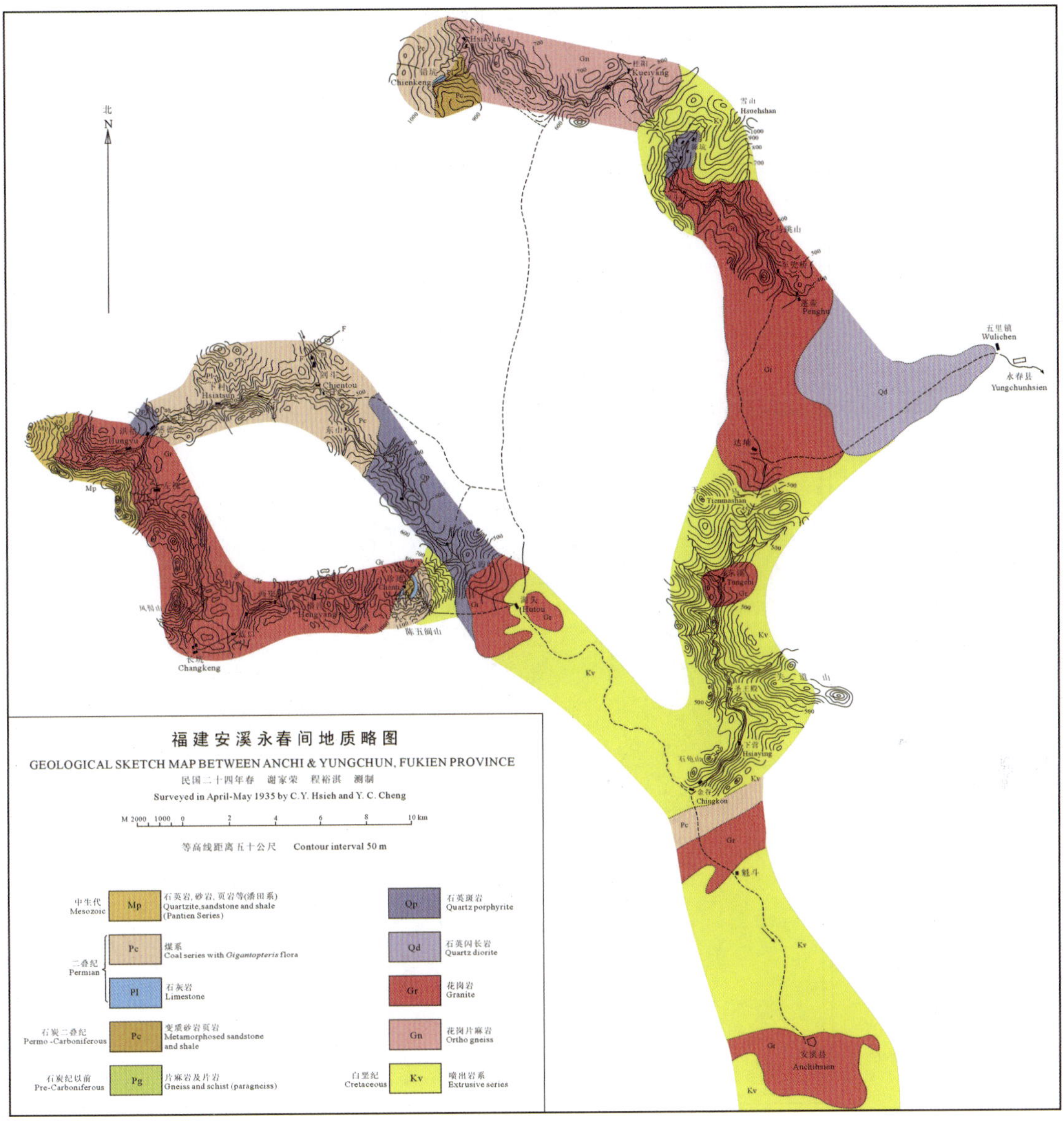

福建安溪永春间地质示意图

PL Ⅵ.

福建安溪县潘田铁矿附近地质图

Geological map of the Pantien iron deposit and its vicinity, Anchi district, Fukien

民国二十四年四月 谢家荣 程裕淇 测制

Surveyed by C.Y. Hsieh & Y.C. Cheng, April, 1935

等高线距离二十公尺 Contour interval 20 m

缩尺 Scale

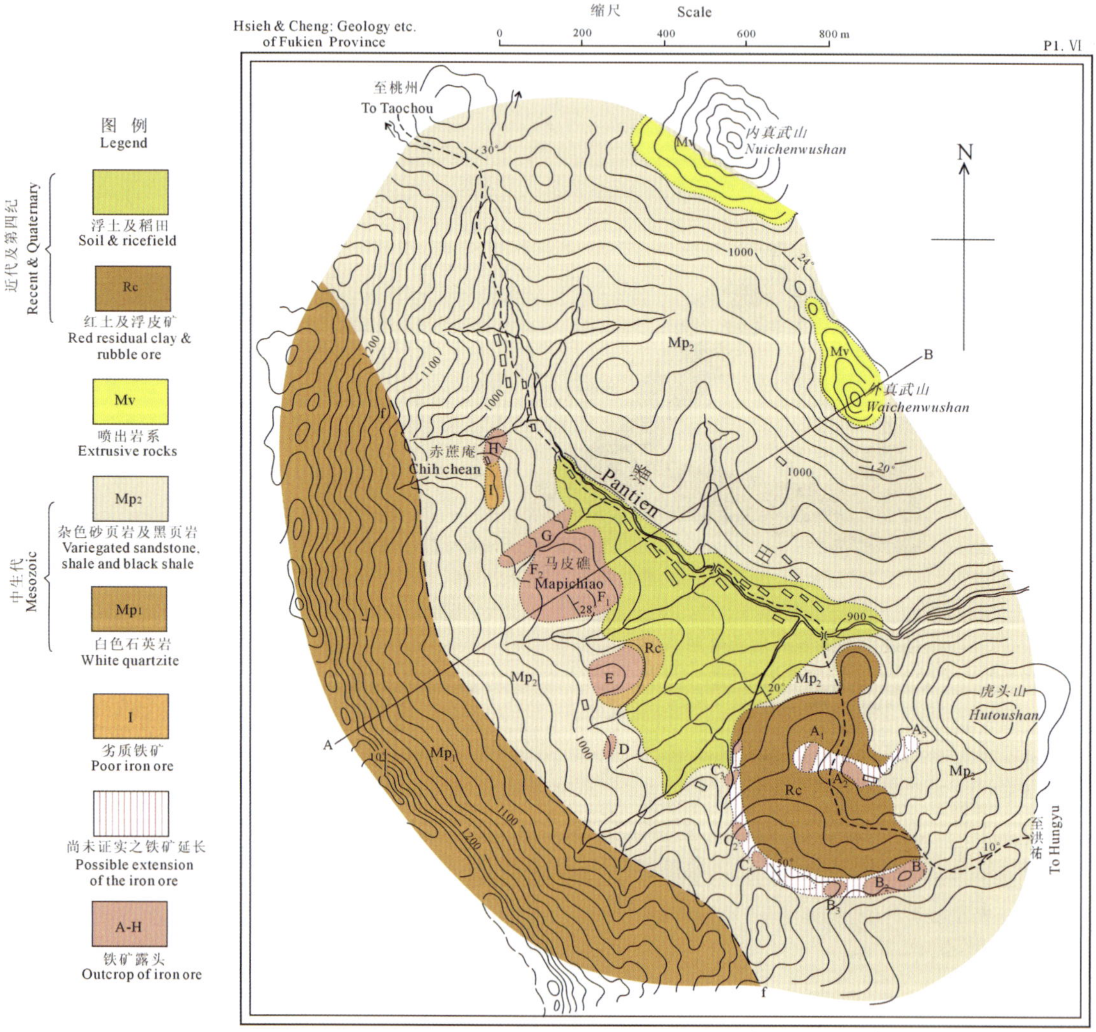

PL Ⅶ.

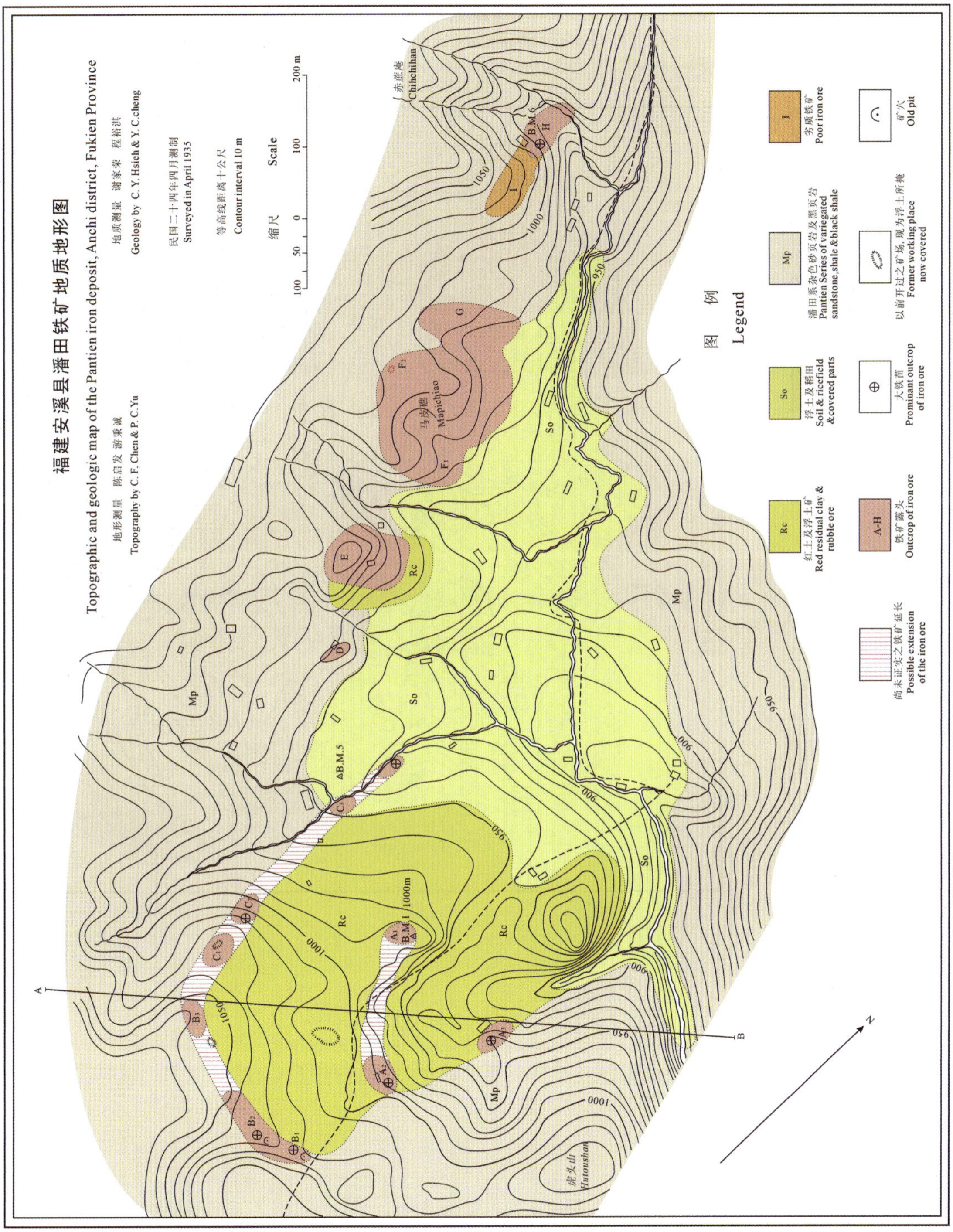

福建安溪县潘田铁矿地质地形图
Topographic and geologic map of the Pantien iron deposit, Anchi district, Fukien Province
地形测量 陈启发 游秉诚
Topography by C. F. Chen & P. C. Yu
地质测量 谢家荣 程裕淇
Geology by C. Y. Hsieh & Y. C. cheng
民国二十四年四月测制
Surveyed in April 1935
等高线距离十公尺
Contour interval 10 m
缩尺 Scale
100 50 0 100 200 m
赤墘庵 Chihchihan
马坡礁 Mapichiao
虎头山 Hutoushan
图例 Legend
Rc 红土及浮土矿 Red residual clay & rubble ore
So 浮土及稻田 Soil & ricefield &covered parts
Mp 潘田系杂色砂页岩及黑页岩 Pantien Series of variegated sandstone, shale & black shale
I 劣质铁矿 Poor iron ore
A-H 铁矿露头 Outcrop of iron ore
大铁苗 Prominant outcrop of iron ore
以前开过之矿场，现为浮土所掩 Former working place now covered
矿穴 Old pit
尚未证实之铁矿延长 Possible extension of the iron ore

PL Ⅷ.

福建省安溪县珍地附近地质图

Geological map of Chênti & vicinity, Anchi district, Fukien

地质调查者 谢家荣 程裕淇 民国二十四年四月

Geology by C. Y. Hsieh & Y. C. Cheng, April, 1935

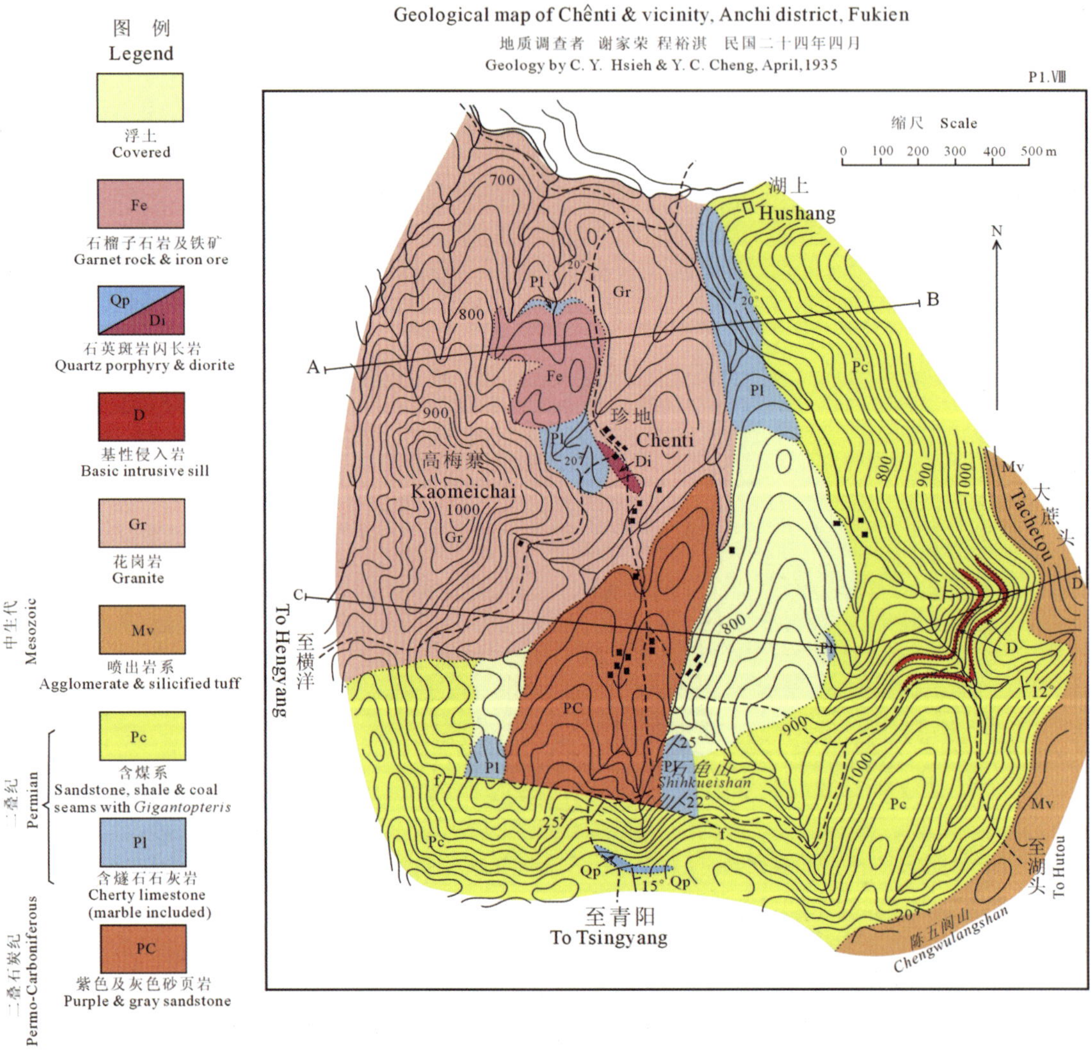

PL Ⅸ.

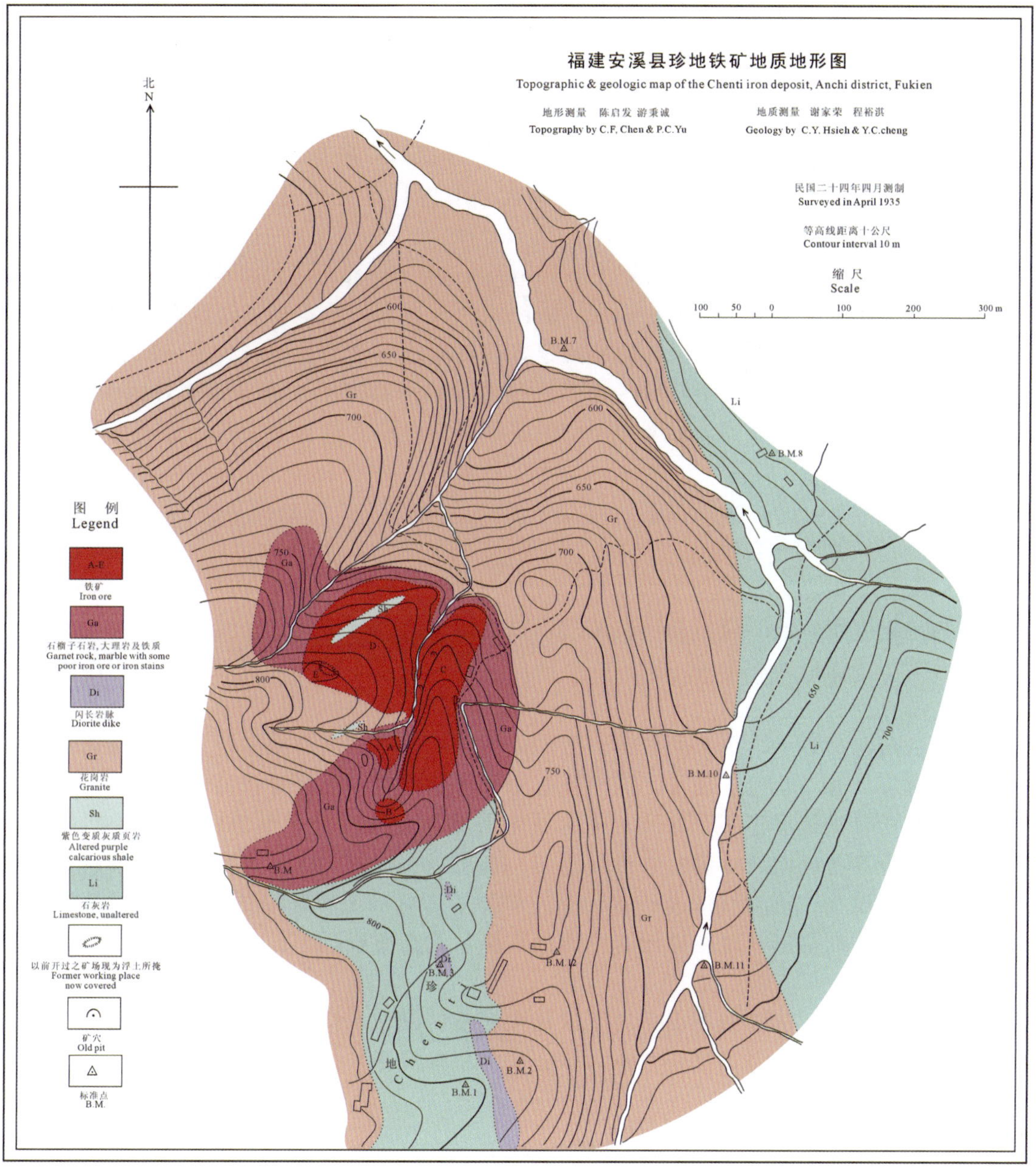
福建安溪县珍地铁矿地质地形图
Topographic & geologic map of the Chenti iron deposit, Anchi district, Fukien
地形测量 陈启发 游秉诚
Topography by C.F. Chen & P.C.Yu
地质测量 谢家荣 程裕淇
Geology by C.Y. Hsieh & Y.C.cheng
民国二十四年四月测制
Surveyed in April 1935
等高线距离十公尺
Contour interval 10 m
缩尺
Scale
100 50 0 100 200 300 m
北
N
图例
Legend
A-E
铁矿
Iron ore
Ga
石榴子石岩，大理岩及铁质
Garnet rock, marble with some poor iron ore or iron stains
Di
闪长岩脉
Diorite dike
Gr
花岗岩
Granite
Sh
紫色变质灰质页岩
Altered purple calcarious shale
Li
石灰岩
Limestone, unaltered
以前开过之矿场现为浮土所掩
Former working place now covered
矿穴
Old pit
标准点
B.M.
珍地
Chenti
B.M.7
B.M.8
B.M.10
B.M.11
B.M.12
B.M.3
B.M.2
B.M.1
B.M
600
650
700
750
800

现代地层学者应具的勇气*

地史上学说和理解，现在已有许多是不适用的了，因为这都是依据局部的研究，而忽略了世界大体关系的缘故。大多数地质学家没有学逻辑，所以我要奉劝每个中国地质学者，必须学习逻辑，才能作合理的推解，并且必须将其本身研究的问题和世界全局的关系，详细考量一番。

当二十五年前我的《地层学原理》（Principle of Stratigraphy）刚刚出版，总以为立论过僻，恐不能引起实地工作的地质家们的注意。现在呢，这本书虽还没有再版，其中有许多理论，或者已成过去，但国外的地质家，还不断地写信给我，誉为是一部名著。为什么我书的价值，直到二十五年之后，才为后起之秀的地质家所注意呢？倘若因服从旧说，足以阻止新理（论）的发展，那末中国的地质学者倒可欣幸能自由发展，而不受旧说的束缚了。

一

因为淆于沉积学的旧说，和一切地层俱以海相解说的老话，直使流行的地层论文，写得肤浅可笑。中国的地质学者，应以在本国所见者为根据，而充分了解大陆沉积作用和大陆沉积物的重要。

伟大的黄河，是一个最大的教训。我们应当深切注意，用作推解地质现象的实例，因为黄河的沉积，并不是限于现代，而是普遍分布于地质时期之各时代的。

中国的震旦纪地层是一个好例，英国威尔斯的寒武纪和爱列臬地层 Arenig 都是标准实例。还有世界各处以及中国的志留纪地层，都可以黄河式的沉积来比较，来推解。

老红砂岩层在汉密勒（Hugh Miller）、爱杰齐（Agassiz）和盖开（Geikie）等时代所认为系古湖沉积的名论，现在也因有中国的实例，渐渐要推翻了。诸如此类的例子，可谓不胜枚举。

这里是中国地质学者的职责；对于这伟大河流的沉积，应加深切研究，详列事实，阐发新理，以供将来的参考；这样才能对于古代沉积的成因，发生合理的推解。

二

其次是关于笔石的误解。最近在美国举行的地质学会会场上，还有一位著名美国古生物学者公然宣示在奥陶纪砂岩厚层内所含的笔石化石是属于深海沉积；他的惟一理由是因

---

* 本文原著葛利普，由谢家荣1936年3月4日翻译发表于《地质论评》第一卷第二期，99～103页。当年发表此译文时，谢家荣在文前加有“编者识”：“此系第十二届地质学会年会专题讨论关于脉动学说前之引言承葛先生允许将译文在本刊发表。”——编者注

获得含放射虫化石的结核的缘故。现代的放射虫确乎聚积在深海之底，但这都是从漂浮地带沉降下去的。因为这放射虫的存在，遂将显然可与黄河式沉积相比的地层，硬指为深海沉积。但这样一来，大地槽（Geosyncline）的深度，不免要增加许多，并且这种极深的大地槽恐怕是为事实所不许罢！

这里显然是大地槽和前深渊（Fore deep）的分别的问题了，许多地质家尚还不能分清。事实上前深渊不能沉积较厚的粗砾，而海浪既能挟海草或笔石流入黄河冲积平原，那末也未尝不能同时挟运放射虫，这种简单的道理，反为我们的古生物家所不注意。

正因英国地质学的创造者承认笔石页岩是一种海洋沉积——这是彼国现知之惟一沉积——并因拉波华志（Lapworth）氏未尝亲临中国，一觉黄河平原的伟大，于是研究笔石化石的学者们，遂多（拘）泥于海成之说，而无法改进了。

三及四

多数美国地层学者（拘）泥于大陆运动（Seesaw movement）或摇摆的学说，固执不化，遂为地层学进步的莫大阻力。同样的不幸，是他们对于陈旧的海陆固定说的崇仰。

他们未尝一问，“是否地层学能证明这种老话”？因为地球物理学者尝获得一二和地层学无大关系的材料，地层学者就居为异宝，来证明这种老话的真确（其实还有另一部的地球物理家却能证明这许多老话是不对的），但究竟于本身问题，是否适用，却都未顾到，因此往往要委曲求全地来迁就这种老学说；倘能将本身问题，略一考量，就可发现这许多依据都靠不住了。当我们记起数学之磨只能磨其所加入的壳粉时，我们就可无疑地将这种相异的分子拒绝了（其意即请不要离题太远，妄为引证）。

五

与之相似的还有地质系统分类问题，和以新事实与老分类谋相适合的一种不断的尝试。

老的分类法必须修改，因为地质系统分类最合理的根据，就是脉动学说。

积三十五年对于古生代地层的研究，使余深信此说之可靠。这里是中国地质学者能对科学全局作不灭贡献的新园地。

我并不希望消灭老的分类法，我所希望的是将许多事实，用不偏不倚的眼光，缜密考量，倘终于指示脉动说为真实的分类依据时，那末就请地质界同人竟无疑地采用之。

OBITUARY NOTE ON MR. S. W. WANG*

The untimely death of Mr. S. W. Wang on Feb. 10th 1936 is certainly a serious loss to the Chinese geology. Although his name is not so well known as others in the geological circle, Mr. Wang has indeed made remarkable contribution to the study of Chinese crystals and minerals. His works on the crystallographic study of topaz, beryl, quartz and orthoclase from various parts of China are of the highest standard and are in many ways comparable to the same type of work done elsewhere. Mr. Wang has written also a monographic treatise in Chinese on crystallographic projection and calculation in which several new methods and formulas were introdued. This was his most painstaking work which took him several years to finish. The last part of the manuscript was in fact done when he was already very sick. How pity it is that Mr. Wang could not see his work published!

Although primarily interested in the laboratory study of minerals and crystals, Mr. Wang was also an enthusiastic field worker. He has made together with Prof. H. C. Tan in 1929 a traverse along the projected railway line from Nanchang to Foochow and he himself alone has studied the geology of western Fukien and southern Kiangsi. In the early summer of 1932 he took a trip to Wutaishan area in Shansi to study the metamorphic rocks there and to collect some topaz and quartz crystals in the Fanchih-Hunyuan district. In 1933 he made a trip to eastern Shantung to study the gold deposits of Chaoyuan and other areas. This was his last trip and after that his health has become so bad as to prevent him from doing any further field excursion. In spite of being very much handicapped by his physical condition for making extensive mapping work, Mr. Wang could nevertheless grasp in many cases a good understanding of the stratigraphy and tectonics of the region he has passed.

Mr. Wang was born in 1886 at Changting, Fukien. He was graduated in 1919 from the first geological class of the Peking National University. After graduation, he passed an examination for high civil service officers and was assigned to work as a junior member in the Geological Survey. Mr. Wang had had at that time already a good foundation in mathematics and this was perhaps the reason which has made him to select this difficult subject of crystallographic study. His interest in that line was however, ehiefly induced and inspired by Dr. W. H. Wong, who gave him in 1929 the first guidance in crystallographic research and one year later they worked together on the Mongolian and other Chinese topaz. Since then Mr. Wang began to do independent work in crystallographic measurement

* 本文 1936 年发表于 Bull. Geol. Soc. China（《中国地质学会志》）第 15 卷，第 2 期，269～270 页。——编者注

and research. For a short period in 1933 Mr. Wang was appointed, on the recommendation of the late Dr. V. K. Ting, acting instructor in mineralogy in the Peking National University.

BIBLIOGRAPHY

[1] (with H. C. Tan.) Geological Reconnaissance along the projected railway line from Nanchang to Foochow. Bull. Geol. Surv. China, No. 14, 1930.

[2] (with W. H. Wong.) On some crystals of topaz from Mongolia and north and central China. Bull. Geol. Soc. China, Vol. 9, No. 2, 1930.

[3] Geology and Mineral Resources of W. Fukien and S. Kiangsi. Mining and Metallurgy. Vol. 4, No. 12, 1930. (in Chinese)

[4] Topaz, beryl and rose quartz of Fanchih, Shansi. Bull. Nat. Res. Inst. Peiping, Vol. 4, No. 2, 1932(in Chinese).

[5] Crystal of beryl from Tachingshan Mountain, Suiyuan Province. Bull. Geol. Soc. China, Vol. 11, No. 1, 1931.

[6] A crystallographic study of topaz, beryl and smoky quartz from Fanchih district, Shansi, Bull. Geol. Soc. China, Vol. 12, No. 4, 1933.

[7] A study on the orthoclase crystals and twins from Chiaocheng, Shansi. Bull. Geol. Soc. China, Vol. 12, No. 4, 1933.

[8] Crystallographic projection and calculation (in Chinese). Not yet published.

《地质论评》第一卷第三期（丁文江先生纪念号）编后*

丁师在君先生是地质学的大师，中国地质的创造者，他在事业上、学术上的功绩和贡献，已由章师演群及李学清、黄汲清诸先生在本刊里说得很清楚，毋须编者在这里赞辞了。以这样一个大师，竟溘然长逝，不克见到他所手创事业之发扬光大，这是如何遗憾！而在整个地质学术上说，又是如何重大的损失！

丁先生对于地质学是具有全部的兴味的；倘使我们将丁氏发表论文，仔细检讨，就可知道他对于任何部分——地层、古生物、地文、构造、矿产等等，都有重要的贡献。丁氏在中国调查的区域甚广，尤其对于西南如云南、贵州、广西等省，曾测制精密地质图，惜乎天不假年，竟不克亲睹其刻苦经营的精美图籍出版问世。丁先生对于古生物学造诣甚深，在民三地质研究所时代，他就是我们的古生物学教师；他发表的论文里，有一篇是研究腕足类化石的文章。丁先生自始即注意应用地质，他本人调查过的矿产很多，如川滇的铜，晋、直、辽、热、赣诸省的煤和铁，最后还是为调查湖南耒阳煤矿在寓所中煤毒暴亡。这也真算以身殉志的了。

丁先生的地质知识，虽然如此之博，他却不以此自满，在北大当教授时，还很努力于矿物、岩石的研究。他常常对我说："生平对于地质学没有十分专精的部分（这是他自谦的话），以后想专做水成岩的研究，因为这在中国还是一块未开辟的园地"。后来因改就中央研究院职务，此项研究，始终没有着手，真是可惜。

我们抱着"纪念先贤要继续先贤的工作"一语，所以在这个纪念号里发表的文章，多是丁先生生平兴味所在，或研究未竟的各种地质问题。如关于地质构造者有章鸿钊先生所著的《中国中生代初期之地壳运动与震旦运动的异点》。按中生代初期运动，亦即燕山运动第一幕，发动于三叠纪后侏罗纪前，是丁先生在云南见到并最先提出的一个崭新的问题。关于地层方面有田奇㻭先生之《中国之丰宁纪》及杨钟健先生之《三门系之历史的检讨》。丰宁纪就是下石炭纪，在我国西南及湖南等省特别发育；本纪地层时代的确定和层序的划分都是丁氏之力。三门系是新生代地质中蓬蒂系以后黄土期以前的一个代表名词，经丁先生于民国七年在陕州三门地方最先发现。关于西南地质的文章，本期收集尚不如预期之多，因为在西南做过多次工作的黄汲清、王曰伦诸先生，都尚在野地调查未回；但我们很侥幸得到尹赞勋先生的《云南地质研究的进展》及李捷先生的《广西罗城黄金寺门附近地质》。尹先生将中外专家研究云南地质的经过和结果，做一个总述，其中关于丁先生的路线和贡献，叙述格外清楚。尹先生刚从云南归来，屣印犹新，说来自易生色。李先生的文章是一篇关于广西地层上、构造上的重要贡献，对于丁先生西南地质的结论上颇多相互印证的地方。纯粹古生物的研究有马廷英先生的《造礁珊瑚与中国沿海珊瑚礁的成长

---

* 原载1936年《地质论评》第1卷第3期，381～383页。——编者注

率》。这是马先生多年研究的结晶，全文将由中国古生物志发表。马先生于去年衔丁先生之命，独赴琼州海岛，采集珊瑚并观察其成长的状况，可见丁先生对于这种研究，也是非常热心。末了，讲到经济地质，有叶良辅先生的《研究浙江平阳矾矿之经过》，孟宪民先生的《个旧地质述略》，谭锡畴先生的《四川岩盐及盐水矿床的成因》，王竹泉先生的《井陉北部煤田地质》及编者的《中国之矿产时代及矿产区域》。平阳矾矿研究是丁先生独立主持的，其经过情形叶先生文章里说得很明白。个旧地质调查也是丁先生所发起，承孟先生在刚从云南归来喘息未定的当儿，写一个节略。谭先生是我国的“四川地质通”，对于石油、盐矿，更有深刻的研究，虽然理论方面容或有与丁先生及其他地质家意见不同的地方，但他收集材料的丰富，当为任何人所不及。王先生的井陉报告，是一篇详细研究煤田地质的模范作。编者一文里所讲到的地壳运动，有许多都是根据丁先生的结论。在本期里发表的，还有翁文灏和卢祖荫两先生的纪念诗。翁先生在政务丛集之中，还分工夫做这样缠绵悱恻情溢乎词的好诗，一方面纪念故人，一方面为本刊生色不少，真是值得感谢。

丁先生生前是不大照相的，所以在本期里印的几张相片，是异常珍贵的。此外还有一张旅行路线图。丁先生在广西调查的地点，黄先生文章里说得稍欠详细，兹经翁詠霓先生函询桂省当局，才知他研究过的矿产，共有下列各处：（一）迁江县合山煤矿；（二）桂平、武宣二县锰矿；（三）柳城、罗城二县煤矿；（四）贵县天平山金、银、铜各矿；（五）富川、贺县、钟山三县锡矿；（六）贺县西湾煤矿；（七）河池、南丹二县锡矿。

这次为纪念号投稿的还有好几位。如张席禔先生的《中国志留纪地层概要及其层位上之比较》，袁复礼先生的《中央亚细亚的冰川》，杨杰先生的《中国近代火山之遗迹》，高振西先生的《喀斯脱地形论略》，这些问题都是丁先生时常与我们讨论的，可惜为篇幅所限，只可留待第四期发表，这是编者异常抱歉的。

最后编者对诸师友为纪念号惠赐鸿文，表示十二分的感谢！

中国矿冶地质参考书目录*

绪　言

中国矿业编目事首推王宠佑氏。氏于一九一二年刊印 Bibliography of the Mineral Wealth of China，又于一九一七年及一九二四年继续编著，由商务印书馆及中美工程师学会会刊发表。惟所著重于西文，略于中文，且于日文之报告、杂志揽入较少。谢家荣先生有鉴于此，且以近年来国人之于矿冶学术渐次注意，实地调查之报告亦颇有佳作，故于十四年秋季着手编得第二次矿业纪要，时尽力搜罗，除在第二次矿业纪要发表外，并将十五年一年中所出版者编列成表，刊诸矿冶会志，想矿界同人早已参用，毋容再为介绍。盖编目一事，在目下实不容缓，应逐年编录以备学者之参考，否则著作日繁，搜集既烦，遗漏更易。兹因全国矿冶地质联合展览会，复请谢先生担任编辑。谢先生以诸事猬集，不克分劳，特嘱余由民国十六年起继续搜寻，但作者见闻浅狭，仅依谢先生前例，自十六年起继续工作，分类汇录。惟所及仅以北平地质调查所图书馆所有为限，遗漏想必甚多，尚祈诸学者加以增补则甚幸。兹将搜集书目汇录于次：

地质汇报	地质杂志
中国地质学会志	矿业专号
两广地质调查所特刊	中国矿业纪要
河南地质调查所汇刊	中国工程师学会会刊
东北矿学会报	科学
地质专报	学艺
矿冶	广东矿业特刊
矿业周报	中国科学美术杂志
实业杂志	中国经济月刊
两广地质调查所年报	中国经济周刊

* 1934 年，实业部与教育部在天津举办全国矿冶地质联合展览会，由地质调查所、北洋工学院、中国矿冶工程学会及中国矿业联合会负责筹备。翁文灏任筹备委员会主任。展览会于是年 7 月 8 日在北洋工学院开幕，闭幕于 7 月 28 日。“会毕之后，群以展览之会可以陈列一时，不足以垂传久远，复以全国矿冶及应用地质，规模虽始见萌芽，而材料辄苦其散失，因思类别门分”，编辑《全国矿业要览》。至 1935 年 9 月，全部稿件付梓，1936 年 4 月正式出版。要览共 12 篇及附录“全国矿冶地质联合展览会报告”。12 篇依次为：第一篇，全国矿业公司及矿冶厂概要，第二篇，全国矿业行政机关概要，第三篇，全国矿业团体公会概要，第四篇，全国矿冶地质学术机关团体概况，第五篇，矿冶机械工具材料厂行录，第六篇，中国矿冶地质人名录，第七篇，中国矿冶地质参考书目录，第八篇，矿业法及其他有关矿业诸法规，第九篇，国有铁路之矿业运输，第十篇，全国矿业概况及统计，第十一篇，中国矿业统计表，第十二篇，各省矿产分布及矿产状况。谢家荣任全国矿冶地质联合展览会常务委员兼驻平办事，并编第七篇《中国矿冶地质参考书目录》，其中自 1927 年后之资料由洪曾荃女士搜集。——编者注

两广地质临时报告
远东矿业
远东时报
中东经济月刊
支那矿业时报
中东经济半月刊
矿业
北洋理工季刊
焦作工学生
河南矿产志
经济旬刊（江西省政府经济委员会编）
自然
工业中心
山东矿业报告

洪曾荃附识

（一）地质

葛利普 泰拉氏西昆仑及喀喇昆仑喜马拉雅之地质考察——中国地质学会志，第十卷，第四期，四七一页．二十一年六月

葛利普 十年来中国地质研究工作之鸟瞰——科学，第十五卷，第六期，八四一至八五十页．十九年

章鸿钊 十五年来中国地质研究——学艺百号纪念增刊，一至十九页．二十二年三月

翁文灏 李希霍芬氏与中国之地质工作——中国地质学会志，第十卷，第三期，三一一页．二十二年六月

郑希涛 论地质物理探矿新法与吾国矿业前途——科学，第十四卷，第一期，一二四至一三十页

孙云铸 葛利普教授与中国地质之发展——自然，第一卷，上册，第六期．二十一年

Arnold Heim and Karl Krejei Graf.：Practical Hints to Geologists，with Special Reference to China. ——两广地质调查所特刊，第五号．十九年

翁文灏 中国人类化石及新生代地质概论序——自然，第二卷，上册，第五十九期．二十一年

张人鉴 地质测量述略——河南地质调查所汇刊，第一期，二四三至二五〇页．二十一年

云 海陆由来之学说——自然，第一卷，上册，第九期．二十一年

王子佩译 中国矿物产量——东北矿学会报，第一期，二十四至三十六页．十七年

俞建章 中国丰宁系地层——自然，第二卷，上册，第七十八期．二十一年

张席禔 内蒙地质志——两广地质调查所特刊，第九号．二十年

德日进 蒙古瀚海层及其他关系地层之新观察——中国地质学会志，第十一卷，第四期，三九五页．二十一年六月

丁道衡 新蒙漫游记——自然，第二卷，上册，第七十一、七十三、七十四、七十七、七十八期．二十一年

Alan Batemar. Berkey and Morrio：Geology of Mongolia——Economic Geology. Vol. 23，No. 4，1928，p. 467.

谭锡畴，王恒升 黑龙江省嫩江两岸之地质——地质汇报，第十三号，六十三至八十一页．十八年六月

侯德封，王恒升 葫芦岛海港概况——地质汇报，第十六号，一一九至一三八页．二十年

六月
尹赞勋 吉林宁安县地质及镜泊湖与吊水楼瀑布之成因——中国地质学会志，第十二卷，第三期，三四五页．二十二年六月
翁文灏 热河北票附近地质构造研究——地质汇报，第十一号，一至二四页．十七年十月
德日进 热河围场区域地质——地质汇报，第十九号，一至三页．二十一年六月
杨钟健，裴文中 河北井陉之裂隙堆积——中国地质学会志，第十三卷，第一期，六三页．二十二年十二月
王竹泉 河北井陉县雪花山玄武岩之砂土层之研究——地质汇报，第十五号，九三至九八页．十九年十二月
谢家荣 西山地质的新研究——自然，第一卷，下册，第三七至三九页．二十二年
孙建初，王曰伦 宣化一带地质构造研究——地质汇报，第十五号，一至一二页．十九年十二月
尹赞勋 北平附近的一大奇迹（房山县上房山云水洞）——自然，第二卷，上册，第六四至六五期．二十一年
王恒升 北京西山妙峰山髫髻山一带之火成岩——地质汇报，第十一号，二五至三八页．十七年十月
巴尔博，侯德封 张家口附近地质志——地质专报，甲种，第六号．十八年十月
谢家荣 北平西南长辛店坨里一带地质——中国地质学会志，第十二卷，第四期
德日进，杨钟健 山西东南部之新生代后期地层——中国地质学会志，第十二卷，第二期，二〇七页．二十二年三月
杨钟健 山西的一角——自然，第一卷，上册，第十八、二六期；下册第三五、四四、四六、四八、五二期．二十一，（二十）二年
德日进 山西古生代底部地质——中国地质学会志，第十三卷，第一期，一四九页．二十二年十二月
德日进，杨钟健 山西西部陕西北部蓬蒂纪后黄土期前之地层观察——地质专报，甲种，第八号．十九年五月
新常富，曹世禄 山西南部鹿顶山及桥山之碱性侵入岩——中国地质学会志，第十二卷，第二期，二八三页．二十二年三月
尹赞勋 山西大同之第四纪火山——中国地质学会志，第十二卷，第三期，三五五页．二十二年六月
谢家荣 陕北盆地地文——中国地质学会志，第十二卷，第二期，一八一页．二十二年三月
王海波 陕西考察日记——学艺，第十二卷，第一号，一三五至一四二页；第十二卷，第二号，一一三至一一六页；第三号一一七至一二一页；第四号，一〇一至一〇八页；第五号，一三七至一四三页
冯景兰 陕北地质概要——矿业周报，第二一五号，第七四五至七五一页．二十一年十一月
冯景兰 陕北地质概要（陕北实业考察团矿产报告）——矿冶，第六卷，十九期，九一至九九页．二十二年二月

王绍文　山西胶东各县地质概要——自然，第二卷，上册，第六二、六三期．二十一年

谭锡畴　济源县及其附近地质报告——河南地质调查所汇刊，第一期，一至八页．二十一年

杨钟健，裴文中　洛阳西安间之新生代地质——中国地质学会志，第十三卷，第一期，七三页．二十二年十二月

崔步瀛　河南辉县百泉附近地质报告——河南地质调查所汇刊，第二期，一至六页．二十二年

李连捷　渭河断谷之地文——中国地质学会志，第十二卷，第三期，三七五页．二十二年六月

李春昱　扬子江上游各河之成因——中国地质学会志，第十三卷，第一期，一〇七页．二十二年十二月

李四光　扬子江流域之第四纪冰川期——中国地质学会志，第十三卷，第一期，一五页，二十二年十二月

翁文灏　扬子江中下游重要地层之比较——地质汇报，第十四号，一六一至一七〇页．十九年六月

Alexander Matheson：The Geology of Shanghai——The Far Esatern Review，Vol. XXIX，No. 10，p. 44，1933.

俞建章　宜昌石灰岩及艾家层间之缺层——中国地质学会志，第十二卷，第一期，三九页．二十一年十二月

王恒升，孙建初　安徽南部九华山一带之地质——中国地质学会志，第十二卷，第三期，三二九页．二十二年六月

侯德封　福建漳龙一带地质——自然，第二卷，第五十八期，上册．二十一年

朱庭祜，徐瑞麟，王镇屏　浙江西北部地质——两广地质调查所年报，一至三十页．二十年

李殿臣，王镇屏　浙江长兴武康德清余杭五县地质——两广地质调查所年报，六一至八四页．二十年

冯景兰　两广地质问题——科学，第十五卷，第一期，七七至八四页．十九年

潘德顿　广东雷州半岛之地质——中国地质学会志，第十二卷，第四期，五〇五页．二十二年十月

赵亚曾，李春昱，侯德封　开平盆地及其他附近地质——地质汇报，第十二号，三七至五八页．十八年四月

开平县百合墟百足山煤矿——矿业特刊，一九九页．二十年[1]

谢家荣，斯行健，朱翙声，张会若，朱庭祜，李殿臣　广东花县赤泥河附近地质——广东地质调查所报告，第一号．十七年四月

冯景兰，张会若　广东粤汉铁路沿线地质——两广地质调查所年报，第一号，五一至六五

[1] 《矿业特利》是1931年（民国二十年）8月由广东建设厅矿业调查团编辑出版的。本篇中有时列为《矿业特利》（广东），时间列为二十一年，经与原书校对都是不对的，本卷按照原书一律统一为《矿业特利》，二十年。——编者注

页. 十七年
古力齐，哈安姆，李承三 广州市附近地质——两广地质调查所特刊，第七号. 十九年
朱庭祜 广东曲江乐昌乳源三县间地质——两广地质调查所年报，第二卷，下，一至二十页. 十八年
冯景兰，张会若，朱翙声 广东粤汉铁路沿线地质——两广地质临时报告，第四号. 十七年
冯景兰 广西浔江沿江地质——两广地质临时报告，第十七号. 十八年
张席禔，徐瑞麟 广西之海相三叠纪——两广地质调查所年报，一三一至一三二页. 二十一年
朱翙声 琼州北部及雷州半岛火山论——矿业特刊，四六七页. 二十年
乐森璕 栖霞灰岩是否在两广发育——中国地质学会志，第十二卷，第二期，二五九页. 二十二年三月
李春昱 怎样开发西康——自然，第二卷，上册，第六十、六十一期. 二十一年
蒲利士 川边考古简报——中国地质学会志，第十三卷，第一期，一一九页. 二十二年十二月
谭锡畴，李春昱 川边旅行通讯——地质杂志，第十八卷. 十八年
李春昱 四川中生代地层——中国地质学会志，第十三卷，第一期，九一页. 二十二年十二月
安姆斯著，徐瑞麟译 四川峨眉山构造之研究——两广地质调查所特刊，第十三号. 二十一年
谭锡畴，李春昱 四川峨眉山地质——地质汇报，第二十号，一三至三九页. 二十二年三月
克勒脱纳著，林超译 云南地质及地形——两广地质调查所特刊，第十号. 二十一年
刘廷扬 贵州调查记——矿业专号，第一卷，第十期，第五页. 二十二年
乐森璕 重庆贵阳间地质要略——地质汇报，第十一号，三九至五二页. 十七年十月

（二）一般矿业

（1）言论

王宠佑 中国冶业史——矿冶，第一卷，第四期，六五三至六六二页. 十七年五月
谢家荣，金开英 中国燃料研究与燃料问题——中国矿业纪要，第四次（附录），四一七至四二四页. 二十一年十二月
王宠佑 中国矿产在世界上之地位——中国工程师学会会刊，第九卷，第一号，一至十四页. 二十三年
最近满州矿产物概况——南满洲铁道株式会社，大正五年至六年
本社对于制定矿法之意见——矿业周报，第十六号，二至四页. 十七年九月
李保龄 今后整理中国矿业之商榷——矿冶，第一卷，第四期，六四三至六五一页. 十七年五月
何致虔，朱翙声 发展全省矿务之方针——矿业特刊，三七页. 二十年

朱国典　发展矿业与各工业之关系——矿业特刊，七五页．二十年
徐式庄　金贵银贱之矿业观——东北矿学会报，第二卷，第二期，八八至一百页．十九年
徐式庄　改良我国旧式矿山簿记管见——矿冶，第二卷，第十期，七一至七七页．十八年十一月
薛桂轮　国际矿产之将来——矿冶，第二卷，第五期，三三至四〇页．十七年八月
史维新，孙昌克　矿业法县市政府有矿业优先权平议——矿冶，第四卷，第十三期，一至八页．十九年八月
矿业法——矿冶，第四卷，第十三期，一二三至一四二页．十九年八月
江银龙　探矿法纪要——实业杂志，一六一号（转载第一至六页）
郝新吾　矿山经营序说——学艺，百号纪念增刊，二七二至二九五页．二十二年三月
朱翙声　矿业与各种事业之关系——矿业，专号（广东），第一页．二十二年
曹诚克　能力原料竞争观——矿冶，第三卷，第十二期，第一至二十三页．十九年五月
徐式庄　世界原动力的供给问题——矿冶，第三卷，第十二期，二五页至三二页．十九年五月
史维新　我国矿业合理的检讨——矿冶，第五卷，第十七期，七五至一〇三页．二十一年二月
李鸣岐译　磁性与电气探矿之历史——矿业，第六号，第十一至一九页．十八年十一月
闵传经　矿地陷塌之研究——东北矿学会报，第二卷，第三期，一三九至一四九页．十九年
Hwang，T. H.：Notes on Coal Mining in China. ——Chinese Economic Journal，April，1933，p. 409－455.
Bergwirtschaft，Kohl und Elsen in China Int：July，1928，p. 130－133.
Financial Assistance Offered Old Mines in North——中国科学美术杂志，Vol. XIV，No. 5，1931，p. 254.
Boris P. Torgasheff：Mining Labor in China——中国济经月刊，Vol. VI，No. 4，P. 392；No. 5，p. 510；No. 6，P. 652；Vol. VII，No. 1，P. 770；No. 2，p. 903，1930.
Ministry of Industries：Proposed Mining Programme. ——中国科学美术杂志，Vol. XIV，No. 5，p. 254，1931.
Smith：Geographical Study of Coal and Iron in China. ——Economic Geology. Vol. 22，No. 4，p. 416，1927.
许粹士　矿内通风之理论——矿冶，第四卷，第十六期，第四七至六八页．二十二年五月
Torgasheff，B. P：The Mineral Wealth of W. & S. ——Chinese Economic Journal，Vol. IV，No. 4，April，1929.
梁宗鼎　日本侵略东北矿产之野心——矿冶，第五卷，第十八期，二九至六一页．二十一年八月
侯德封　东三省矿产在东亚之地位——中国矿业纪要（第四次），附录，第四二五至四三六页．二十一年二月
朱行中　河北各矿概要（共三篇）．第一篇，导言；第二篇，地质概述；第三篇，金属矿——矿冶，第五卷，第十七期，第一至七四页；第十八期，六二至一六六页．二

十一年二月
朱行中 河北各矿概要（三续）——矿冶，第六卷，第十九期，一一八至二〇二页. 二十二年二月
王猷，崔步瀛 河南省地质矿产通论——河南地质调查所汇刊
王 升 开发西山矿产之我见——矿业周报，第一百九十五号，四三九至四四三页. 二十一年五月
Collins, W. F.: Oil, Coal & Iron Enterprises in South Shansi——China Engineer, 1929, Vol. 147, May 3, p. 486.
Bintze T, Chang: Natural Resources of Southern Shansi——中国经济月刊, Vol. XII, No. 4, April, 1933, p. 369.
胡博渊 开发陕北矿业建议（陕北实业考察团矿产报告）——矿冶，第六卷，第十九期，一百至一〇七页. 二十一年二月
Mineral Resources of Kansu——中国经济周刊, Vol. XXIII, No. 17, p. 265, October 21, 1933.
甘肃省之矿物资源——支那矿业时报，第七十八号，第一一五至一一六页. 二十一年
杨尊五 甘肃矿业概要——矿业周报，第二百六十六号，四一二至四一五页. 二十二年十二月
Minerals in China, Kiangsi——The Far Eastern Review. Vol. X X VIII, No. 8, p. 386, 1932.
彭 哲 整理湖南公商矿之我见——实业杂志，一七九号，七至十页
邓负龛 湖南矿产区域论——矿业，第十一号，二四至三六页. 二十一年五月
薛基绵 发展广东矿业之商榷——矿业，专号（广东），第一卷，第十期，四三页. 二十二年
Developing the Natural Resource of Hulrwang Territory, Yunnan. ——中国经济周刊, Vol. XXIV, No. 12, p. 181, March 24, 1934.

（2）纪述（地质矿产）

谭锡畴，王绍文 昌福路线地质矿产简略报告——地质汇报，第十四号，一至五四页. 十九年六月
东北西南矿产之丰富——富业杂志，第一六一号，一七页
New Mineral Deposits in North－West China. ——中国科学美术杂志, Vol. XII, No. 6, 1930, p. 351－352.
The Mineral Industry of the Far East——中国科学美术杂志, Vol. XII, No. 6, 1930, p. 351－352.
南北西中各路矿政报告——矿业特刊，第三五五页. 二十年
中国（中国矿业概况）——远东矿业，第一编，第二章，一六至二四页. 十七年
王绍文 中国宝石类的出产地——自然，第一卷，下册，第三十、三十一期. 二十二年
彭汉涛译 日本矿业资料谈论关于产业振兴之国家的设施——实业杂志，一五一号，四九至七十页
Torgasheff. B. P: Mining Labor in China. ——Bureau of Foreign Trade, Shanghai.

Tan，H. C. Li，C. Y：Mineral Deposits of Eastern Sikang (Summary). ——Bulletin Geological Survey of China，No. 19，Oct. 1931.

Bain，H. F：Mineral in Relation of Possible Development in the Far East. ——Economic Gelo，May，1927. p. 213—229.

Wong，W. A：Mineral Wealth of China. ——Com. Press，1927，p. 123.

Mineral and Mines in China. ——The China Year Book，P. 66—103，1928；p. 49—61，1929—30；p. 177—183，1931—32；p. 321—330，1934；p. 520—524，1933.

Shieh C. Y：Literatures Published in 1926 Related to Mining & Metallurgy in China. ——Mining & Metallurgy，Published by the Chinese Institute of Mining & Metallurgy，Peking. Vol. 1，No. 1，Aug. 19，1927，p. 265—283.

A Trip to a Deep Mine in China——The Mines Magazine，Vol. 20，No. 7，1930，p. 22.

Draper，M. D：A Trip to a Deep Mine in China——The Colorado School of Mines，May，July，1930，p. 223.

金属非金属——山东矿业报告，第三篇，一五九至二〇八页．十九年

Sperry，Ed. A：Construction of a Small Mill in China. ——Eng. Min. World 1，1930，p. 29.

Scheifiey，W. F：China's Minerals——The Far Eastern Review，Aug.，1927，p. 370 & 574.

R. W. Brock：China and Its Mineral Resources. ——Economic Geology，Vol. 23，No. 2，1928，p. 209.

Slessor Robert：Chinese Nonferrous Metals. ——Proceedings of the Australian Institute of Mining & Metallurgy，March 31，1927.

矿业商况——矿业周报各号均载有——矿业（煤矿业，铁矿业，其他矿业）——河南矿业志，六一至一一六页．三十二年八月

矿业（禹县，密县，附禹县密县煤矿产量表）——河南禹县密县煤田地质，第一号，三四至五十页．二十二年

侯德封　各省矿业近况——中国矿业纪要第三次，一至二二二页．十八年，第四次，一九九至四一六页．二十一年十二月

Sun，S. Y：Talin Talc Mine，Talin，Haicheng，Liaoning——Mining & Metallurgy，p. 55—67，(The Chinese Inst. of Min. & Met.) Vol. 3，No. 9，Aug. 1929.

李成村　东三省之矿业与矿产——东北矿学会报，第一卷，第三期，一七二至一八〇页；第四期，二一八页．十七年

东路矿政报告——矿业特刊，三六二页．二十年

The Mineral Resources of North Manchuria——The Colliery Guardian，P. 1070，1930.

Ahnert. E. E：The Mineral Resources of North Manchuria. ——Annuals of the Manchuria Research Society，Harbin，1923.

Torgasheff，B. P：Mining Prospect of Manchuria——中国经济月刊，Vol. 1，No. 1，1930，p. 77—103.

Torgasheff，B. P：Mineral Wealth of North & South Manchuria——中国经济月刊，

Vol. Ⅳ, 1929, p. 2.

Torgasheff, B. P: Mining Prospects of Manchuria. ——Journal of Assoc. of Chinese & Am. Engineers. Vol. 11, No. 5, May, 1930, p. 9—30.

阿乜耳著，孙健初译 北满矿产志——地质汇报，甲种，第七号. 十八年十二月

赤濑川安彦 南满矿产之分布及出产——矿冶，第三卷，第九期，三七至五四页. 十八年八月

东三省矿业概况——中东经济月刊六周纪念专号

蒙古兴安屯垦公署之发见（各种矿物）——支那矿业时报，第七十六期，九十页. 二十年

甘 融 宝庆物产调查记——实业杂志，第一五〇号，二三至二九页. 十七年

Akasegawa, Y: Mineral Distribution and Its Production in South Manchuria. ——Mining & Metallurgy. (The Chinese Inst. of Min. & Met.) Vol. 3, No. 2, Aug. 1929, p. 37—54.

关东州矿产概况（昭和五年）——支那矿业时报，第七十七号，七十五至八三页. 二十年

辽宁省锦西县及锦西县通裕路附近矿产调查记要——支那矿业时报，第七十八号，第五五至六十八页. 二十一年

J. Hata: Garnet Sand of the Hai-yang-tao and the Chang-tzu-tao, Kung-tung Leased Territory. ——支那矿业时报，第七十一号，一至十页. 十八年

薛桂轮 辽宁省矿产之分布——东北矿学会报，第一卷，第六期，三三九至三四三页. 十八年

薛桂轮 辽宁省矿产之分布——矿冶，第三卷，第十期，二一至二六页. 十八年十一月

辽宁沈海铁路沿线地质矿产——矿冶，第四卷，第十四期，一〇五至一四六页. 十九年十一月

谭锡畴 辽宁热河间及朝赤铁道沿线地质矿产——地质汇报，第十六号，三九至八二页. 二十年六月

王恒升，侯德封 辽宁省葫芦岛附近锦西县一带地质矿产——地质汇报，第十六号，八三至一一八页. 二十年六月

Y. Akasegawa: Geology and Ore Deposits Between Pen-chi-hu and Chien-Chang, Fengtein Provence. ——支那矿业时报，第七十一号，三五至七十页. 十八年

O. Aoji. Geology and Ore Deposits of Chen-tzu-kou, Feng-cheng-hsien, Feng-tien Province. ——支那矿业时报，第六十九号，三七至四三页. 十七年

徐式庄 锦西矿产述闻——东北矿学会报，第二卷，第四期，二三八至二四二页. 十九年

本溪湖城厅间矿产——矿业周报，第四十九号，十二至二四页. 十八年六月

王恒升 吉林省穆棱密山二县地质矿产纪要——地质汇报，第十三号，五一至六二页. 十八年六月

黑龙江西南一带矿产调查——黑龙江漠河金厂开放办法——黑龙江矿产调查——黑龙江海轮县炭矿调查报告——支那矿业时报，第七十六期，八七至八九页. 二十年

孙健初 绥远之宝石矿——中国地质学会志，第十二卷，第二期，二七五页. 二十二年三月

黄河流域三新省之矿产——支那矿业时报，第七十六号，九二页. 二十年

谭锡畴 直隶宣化涿鹿怀来三县间地质矿产——地质汇报，第十号，四三至六六页
王景尊，王曰伦 正太铁路线地质矿产——地质汇报，第十五号，四九至九二页. 十九年十二月
热河省之矿产——支那矿业时报，第七十八号，八〇至八六页. 二十一年
热河省之矿产——矿业周报，第二百〇三号，五五三至五五九页. 二十一年八年
周知命 热河省之矿产物——中东经济半月刊，第七卷，第六号. 十九年
青海省矿产——支那矿业时报，第七十六号，九二页. 二十年
谢家荣 太棒探胜记——自然，第二卷，上册，第五十三期. 二十一年
Mineral Resources of Lantien，Shensi——中国经济月刊，Vol. XXIII，No. 10，p. 151，Sep. 2，1933.
Rintze T. Chang：Natural Resources of Southern Shensi. ——中国经济周刊，Vol. XII，No. 4，p. 369，1933.
张人鑑 陕西绥远新疆矿产纪要——河南地质调查所汇刊，第二期，一至三五页. 二十二年
甘肃矿产调查记——矿业周报，第二百五十二号，一八七至一八八页. 二十二年八月
山东省淄川博山及章丘之出产量——支那矿业时报，第七十八号，九一至九六页. 二十一年
俞物恒 山东博山矿业——矿业周报，第五十六号，一一三至一二〇页. 十八年七月
山东博山博东矿业公司调查报告——矿业周报，第二十五号，五六二至五六六页. 十八年二月
黄伯逵 青岛矿产志略——矿业周报，第二百七十二号，五〇三至五〇八页. 二十三年一月
俞物恒 山东矿产之调查——矿业周报，第十一号，五页. 十七年八月
San Soong Mine in Kirin——中国经济周刊，Vol. XIV，No. 16，p. 202，1929.
朱行中 河北各矿概要——矿冶，第六卷，第二十期，第九九至一六五页；第七卷，第二十一期，七三至一二二页
王 猷 宜阳县地质矿产报告（附图一幅）——河南地质调查所汇刊，第一期，二三至二八页. 二十一年
河南地质调查所河南内乡镇平淅川等县矿产——矿业周报，第二百五十九号，二九六至二九九页. 二十二年十月
河南省二十二年矿业概况——矿业周报，第二百七十八号，五九八至六〇六页. 二十二年三月
曹世禄 河南南阳镇平内乡淅川等县地质矿产——河南省地质调查所地质报告书，第二号. 二十二年十二月
钟作黄 河南临汝县地质矿产调查报告——河南地质调查所汇刊，第二期，一至六页. 二十二年
王 猷 河南省鲁山县矿产调查报告（附图二一）——河南地质调查所汇刊，第二期，一至一二页. 二十二年
王 猷 河南南召县矿产调查报告——河南地质调查所汇刊，第二期，一至一四页. 二十

二年
郭玉璟 河南矿产——河南地质调查所汇刊，第一期，一五九至二四二页．十一年
Mines in Kiangsu——中国经济周刊，Vol. XIV，No. 24，p. 307，1929.
江苏矿业之调查——矿业周报，第十六号，四至五页；第十七号，四至八页．十七年十月
江苏省矿业概况——实业杂志，一五三号，九页
Mineral Deposits in Chekiang——中国经济周刊，Vol. X，No. 317，p. 161，1927.
施昕更 杭县上纤埠东山弗石矿初勘报告——矿业周报，第二百五十四号，二二〇至二二二号．二十二年九月
浙江矿业现状——矿业周报，第十五号，第二页．十七年九月
Mining Companies in Foochow. ——The Far Eastern Review，Vol. XXIII，No. 5，p. 203，1927.
Mining Companies in Foochow. ——中国经济周刊，Vol. X，No. 322，p. 213，1927.
安徽省矿业调查一斑——支那矿业时报，第七十五号，一二六至一二八页．十九年
周 言 安徽矿业近况——矿业周报，第九十四号，七二六至七三三页．十九年五月
安徽水东官矿局之现状——矿业周报，第三十号，四八二至四八六页．十八年一月
计荣森 皖浙间之地质矿产——自然，第二卷，上册，第五十八期．二十一年
陶 吾 十八年度之安徽矿业——矿业周报，第八十三号，五四九至五五六页．十九年二月
Rare Minerals in Sihua Shan，Kiangsi——中国经济周刊，Vol. XX，No. 16，April 16，p. 234，1932.
王绍文 闽西赣南地质矿产报告——矿冶，第四卷，第十三期，四一至八六页．十九年八月
谢家荣 江西东部之一陨石——中国地质学会志，第十一卷，第四期，四一一页．二十一年六月
Mineral Resources of Kwangsi——The Far Eastern Review，Vol. XXIII，No. 3，p. 130，1932.
王竹泉 江西修水流域地质矿产报告——地质汇报，第十四号，一四三至一六〇页．十九年六月
高 平 江西玉山广丰二县地质矿产——地质汇报，第二十三号，一至一四页．二十二年十二月
Mins (Hupeh)——中国经济周刊，Vol. XIV，No. 16，p. 199，1929.
湖北西南部地质矿产——支那矿业时报，第七十一号，一二三至一三二页．十八年
赵国宾 鄂东各矿厂之现状——矿冶，第二卷，第五期，六三至七六页．十七年八月
湘省矿业概况——实业杂志，第一八八号，一至十页；第一八九号，一至八页．二十二年
地质学会 民国十八年湖南矿物产量——矿业，第七八号，二十至三三页．十九年六月
民国二十二年湖南矿物产量——矿业，第十二号，四四至六十页．二十二年六月
民国十九年湖南矿物产量——矿业，第十号，四五至四八页．二十年八月
洛川县矿产纪要
中部县矿产纪要
鄜县矿产纪要

甘泉矿产纪要
肤施矿产纪要——矿业周报，第二〇八号，六三〇至六三二页．二十一年九月
宜君矿产纪要——矿业周报，第二〇八号，六二七页．二十一年九月
江华矿物局历年情况记——实业杂志，第一七一号，三三至三六页．二十一年
川广铁道沿线之矿产——支那矿业时报，第七十九号，一二七至一三四页．二十一年
薛基绵　南路矿业调查日记报告——矿业，专号，第一卷，第十期，第一页．二十二年
冯景兰　两广地质矿业概要——北洋月刊，第一卷，第二期，六三至七八页．十八年十二月
广东茂名化县廉江吴川四县矿产——支那矿业时报，第七十九号，一四五至一四八页．二十一年
张席禔　广东三水四会广宁高要四县地质矿产——两广地质调查所年报，卷二下，九一至九六页．十八年
李学清　广东三水高要高明鹤山新会台山赤溪七县地质矿产——两广地质调查所年报，卷二下，九一至九六页．十八年
李承三　广东海南岛北部地质矿产——两广地质调查所年报，第二卷，上册，三十六至五十页．十八年
李学清　广东三水高要高明鹤山新会台山赤溪七县地质矿产——两广地质调查所临时报告，第十八号．十八年
张鸣韶　广东东江增龙六县地质矿产——两广地质调查所临时报告，第十九号．十八年
李承三　广东海南岛北部地质矿产——两广地质调查临时报告，第十二号．十八年
冯景兰，朱翙声　广东曲江仁化始兴南雄地质矿产——两广地质临时报告，第二号．十七年
乐森璕，姚文光　广东韩江流域地质矿产要略——两广地质调查所年报，六九至八二页．二十一年
乐森璕　广东中山县地质矿产——两广地质调查所年报，一至十六页．二十一年
李殿臣　广东东江与粤汉铁路间地质矿产——两广地质调查所年报，十七至六七页．二十一年
张席禔，杨曾威　广东三水四会广宁高要四县地质矿产——两广地质临时报告，第十六号．十八年
冯景兰，朱翙声　广东曲江仁化始兴南雄地质矿产——两广地质调查所年报，第一号，三十至四九页．十七年
朱庭祜，张会若　广东曲江东昌乳源三属地质矿产——两广地质临时报告，第九号．十七年
谢家荣，冯景兰，张会若，李殿臣　广东广九铁路沿线地质矿产——两广地质调查临时报告，第七号．十七年
徐瑞麟，蒋溶　广东西江沿江地质矿产——两广地质调查所年报，八三至一二九页．二十一年
广东徐闻海康遂溪廉江合浦钦县灵山七县地质矿产——两广地质调查所年报，一至六十页．二十年

张会若，朱翙声　广东英德翁源两县地质矿产——两广地质调查所年报，第一号，六七至八一页．十七年

Mining in Hong Kong. ——The Far Eastern Review，Vol. XXV，No. 11，p. 518，1929.

张君整　广东紫金县属宝山嶂测量矿区纪要——矿业周报，第二百三十八号，一一〇八至一一一〇页．二十二年五月

程关焕，朱翙声笔译　乐昌土猪岭矿场机器厂建筑纪——矿业，专号，第一卷，第十期，一三页．二十二年

朱翙声　广东琼州矿产纪要——矿业特刊，四五五页．二十年

朱翙声　广东各县矿产撮要——矿业，专号，第一卷，第十期，一三页

乐森璕，张更　广西马平宜山天河罗城融县三江地质矿产——两矿地质临时报告，第十号．十七年

李殿臣　广西来宾武宣桂平地质矿产——两广地质调查所年报，第二卷，上册，二一至三六页．十八年

苏镇机　广西矿产调查记略——焦作工学院，第二卷，第一、二期合刊，四六至四八页．二十二年

广西贵县三义山五金矿之调查——矿业周报，第四十九号，二至四页．十八年六月

广西矿务情形——矿业，第五号，一八至二六页．十八年五月

朱庭祜　广西贵县横县永淳邕宁宾阳五属地质矿产——两广地质调查所年报，第一号，一至二十八页．十七年

乐森璕　广西南丹河池宜山马平象县地质矿产——两广地质调查所年报，第一号，八三至九八页．十七年

冯景兰　广西桂林义宁古化灵川兴安全州榴江修仁阳朔荔浦蒙山苍梧藤县平南十四属地质矿产——两广地质调查所年报，第二卷，下，二一至五二页．十八年

乐森璕　广西之北部地质矿产——两广地质调查所年报，第二卷，下，五三至九十页．十八年

朱庭祜，李殿臣　广西贵县横县地质矿产简报——两广地质临时报告，第一号．十七年

冯景兰，李殿臣　广西桂林义宁古化灵川兴安全州梅江修仁阳朔荔浦蒙山藤县十二属地质矿产——两广地质临时报告，第十五号．十八年

李殿臣　广西来宾武宣桂平三属地质矿产——两广地质临时报告，第十三号．十八年

乐森璕，张更　广西古化中渡雒客柳城四县地质矿产——两广地质临时报告，第十四号．十八年

广西容县北流郁林兴业四县之地质矿产——支那矿业时报，第七十九号，一五二至一五四页．二十一年

朱庭祜，李殿臣　广西邕永淳宾阳地质矿产——两广地质临时报告，第三号．十七年

乐森璕　广西南丹河池宜山马平象县地质矿产——两广地质临时报告，第五号．十九年

乐森璕　贵州西部地质矿产——地质汇报，第十二号，一至二十页．十八年四月

乐森璕　贵州南部矿产——地质汇报，第十二号，二一至二六页．十八年四月

谭锡畴，李春昱　西康东部矿产志略——地质汇报，第十七号，一至四二页．二十年十月

王恒升，李春昱　京粤铁路线地质矿产报告——地质汇报，第十四号，五五至一四二页．

十九年六月
负鑫郎山　黔麻省有矿区调查纪要——实业杂志，一七二、一七三号，六一至六六页．二十一年
云南矿产概况——矿业周报，第五十九号，一七〇至一七四页．十八年八月
Mines in Yunnan——中国经济周刊，Vol. XV，No. 11，September 14，1929，p. 133
Mineral and Timber Resources of Yunnan——中国经济周刊，Vol. XXII，No. 5，April 15，1933，p. 219.
张人鉴　开发西北采冶计划——河南地质调查所汇刊，第二期，一至一八页．二十二年
Mineral Resources in Sinkiang——中国经济周刊，Vol. XXII，No. 7，Febuary 18，1933，p. 98.

(3) 各种统计表

王道纯　世界五金之产消统计——实业杂志，一七五号，三五至六二页
实业杂志社　世界五金之产消统计——实业杂志，一六〇号，一至二十四页
民国十六十七十八年全国进口煤油焦炭及矿砂统计表——矿业特刊，四四六页．二十年
民国十七年至二十一年立案矿区种类比较图——矿业，专号，第一卷，第十期．二十二年
民国十六十七十八年全国各矿出口统计表——矿业特刊，四四八页．二十年
民国十六十七十八年全国出口煤炭及矿产统计表——矿业特刊，四四七页．二十年
何致虔　矿业建设进行计划——矿业特刊，一三页．二十年
矿业调查团采集矿产标本分析化验表——矿业特刊，四五一号．二十年
徐式庄　金贵银贱问题中之各种统计——矿冶，第四卷，第十期，一四三至一五六页．十九年八月
最近两年度矿产出口之统计——最近三年度五金货物进口之统计——矿业周报，第一百十六号，三一七至三一八页．十九年十月
最近三年度中国矿产出口表——矿业周报，第六十九号，三三二至三三四页．十八年十一月
胡博渊，翁文灏　中国煤矿储量新估计——矿冶，第二卷，第七、八期，二一七至二四二页．十八年五月
侯德封　全国矿产统计——中国矿业纪要，第三次，第二二三至三六六页．十八年；第四次，一至一九八页．二十一年十二月
本年上半年各国产煤数量统计——实业杂志，一七五号，一六页
徐式庄　煤矿包工工价估要——矿冶，第二卷，第七、八期，二五七至二五八页．十八年五月
南满洲主要矿产统计表——支那矿业时报，七四号，一六三至一七二页．十九年
南满煤矿历年产额表——矿业周报，第六十四号，二六九至二七一页．十八年十月
满洲矿产统计表（自昭和元年至昭和五年）——支那矿业时报，第七十七号，四四至五一页．二十年
民国十七年度南满煤矿之产销额——矿业周报，第六十五号，二六九至二七一页．十八年十月
吉林全省煤矿统计表——矿业周报，第一百零八号，一八九至一九一页．十九年八月

吉林开采各矿矿质面积统计表——矿业周报，第一一一号，二三六至二三七页．十九年九月
辽阳境内矿区一览表——矿业周报，第九十七号，一二至一五页．十九年六月
辽宁八道壕煤矿历年产销数量表——矿业周报，第八十九号，六五五至六五六页．十九年四月
蒙古曹达湖采掘计划——支那矿业时报，第七四号，一八九至一九一页．十九年
河北省矿业统计表——支那矿业时报，第七十五号，一〇一至一一六号．十九年
平绥铁路沿线商矿调查表——矿业周报，第八十二号，五四二至五四四页；第八十一号，五二六至五二七页．十九年二月
北宁路运输开滦烟煤统计表——矿业周报，第五十八号，一五六页．十八年八月
陕西矿产表——矿业周报，第四十九号，一三页．十八年六月
胶济路沿线煤矿调查表——矿业周报，第二〇七号，六一六至六二四页．二十一年九月
山东全省三年内煤炭产额调查表——矿业周报，第二十七号，六〇五至六〇六页．十八年三月
水东矿厂现状及将来扩充工程计划——矿业周报，第一二七号，四八八至四九〇页．二十年一月
绥远省西北矿产开发计划——支那矿业时报，第七六期，九一页．二十年
豫省矿产统计——经济旬刊（江西省政府经济委员会编），第二卷，第八、第九期合刊，第一二页．二十三年
开采河南禹县煤田计划——矿业周报，第一九〇号，三四四至三四八页．二十一年五月
河南全省矿产储量表及产量表——河南矿产志，一二六至一三一页．二十二年
湖北注册有效各矿一览表——矿业周报，第一二六号，四七七至四七八页．二十年一月
江西矿产化验表——矿业周报，第一一一号，第二三七至二三八页；第一一二号，二五二页．十九年九月
水口山矿局十九年度上半年产额估值——实业杂志，一五七号，三页
负 盒 最近两年度湖南各县矿砂产量表——实业杂志，一七五号，第三七至四二页
十七年湖南矿物产量（附产量价值统计表）——矿业，第五号，十至十七页．十八年五月
水口山矿务局十八年度总产额表——矿业周报，第一〇五号，一四三至一四四页．十九年八月
长沙关十六年矿产出口表——矿业周报，第二七号，四四一页．十七年十二月
长沙市经济统计（各种矿产）——实业杂志，第一七五号，第五页
湖南全省采矿探矿矿区一览表——实业杂志，第一三六号，一四至二六页．十八年
江华矿务扩充探采工程计划——矿业周报，第八十二号，五三七至五四二页．十九年二月
福建龙岩矿产调查表——矿业周报，第一一五号，三〇二页．十九年十月
浙江省山区矿质分析表——矿业周报，第八十号，五〇九页．十九年一月
朱翙声 琼崖各属实地调查矿物表——矿业，专号，第一卷，第十期，五九页．二十二年
民国二十一年广东矿产统计表（附图）——矿业，专号，第一卷，第十期，第二页（统计部)．二十二年
民国十九年广东各矿出口统计表——矿业特刊，第四四三页．二十年

民国十六十七十八年广东进口煤油焦炭统计表——矿业特刊，四四五页．二十年
民国十六十七十八年广东各矿出口统计表——矿业特刊，四四一页．二十年
广东各县现由商人承领矿区面积统计表——矿业特刊，四三九页．二十年
广东各县矿产分布表——矿业特刊，四三三页．二十年
广东全省矿区一览表——矿业，专号，第一卷，第十期，统计部，第四页．二十二年
广东矿产最近三年平均市价表
广东十五十六两年矿产数量表——矿业周报，第四十二号，六八三至六八四页．十八年四月
贵州全省矿产调查表——矿业周报，第一一八号，三五〇页；一一九号，三六七页；一二〇号，三八三页
贵州全省各县矿产调查表——贵州农矿公报，第一期，一至八页．十九年
贵州省矿产调查表——支那矿业时报，第七六号，一〇五至一〇七页．二十年
黔阳县前西路公司矿山地名一览表——矿业周报，第二〇四号，五七四页．二十一年八月
云南个旧大锡最近十年产额表——矿业周报，第七一号，三六六至三六七页．十八年十一月

（4）杂项

盛莘夫　浙江飞来峰石灰岩之研究——中国地质学会志，第十一卷，第四期，三七五页．二十一年六月
朱翙声　炸药在开矿工程上之使用——矿业，专号，第一卷，第十期，译述部，第二十五页．二十二年
西　耕　湖南公矿起死回生方——实业杂志，一八〇号
许耀轩　购置钻机时应时注意之点——矿业周报，一八八号，三一一至三一四页．二十一年四月
James Boyl：Geophysics Applied to Mining. ——The Mines Magazine. Vol. 21，No. 5，p. 18，1931.
张剑峰　矿工训练与管理之研究——矿业，专号，第一卷，第十期，三十二页．二十二年
梁　津　开滦矿山电气安全灯之设备——矿冶，第一卷，第四期，七〇七至七一二页．十七年五月
王竹泉　美国威斯康辛火成岩内重矿物之研究——中国地质学会志，第十卷，第四期，四二五页．二十一年六月
何作霖　不用弯尺在投影图上之求点法——中国地质学会志，第十二卷，第三期，四三三页．二十三年六月
施勃锐　施勃锐细砂洗选器——矿冶，第二卷，第五期，一至一二页．十七年八月
王绍文　山西交城之正长石结晶及双晶之研究——中国地质学会志，第十二卷，第四期，四五三至四六六页．二十二年十月
王绍文　山西繁峙之黄玉蓝晶及墨晶之结晶研究——中国地质学会志，第十二卷，第四期，四三七至四五二页．二十二年十月
孙季海　对矿业家之贡献——矿业专号（广东）第八页．二十二年
A. Middleton Smith：Testing Materials in China. ——The Far Eastern Review，Vol.

XXVIII, No. 5, p. 232, 1932.

Irving A. Palmer: The Progress of Metallurgy. ——The Mines Magazine, p. 9, March, 1934.

(三) 煤

(1) 普通言论

Bain. H. Foster: China's Coal Reserves. ——Foreign Affairs, N. Y. No. 3, April, 1928, Vol. 6.

Wang, C. Y: The Coal Mining Industry of China. ——Journal of Association of Chinese & American Engineers. Vol. 6, No. 10, p. 1—5.

Huibard, Geo B: Preliminary Report on Some Coal from Szechuen——Oberlin (Ohio) College Laboratory Bull. No. 42.

China's Coal Deposits——中国经济周刊, Vol. XXII, No. 12, March 25, 1933, p. 173.

东北四省之煤矿——矿业周报，第一一四号，二七八至二七九页. 十九年十月

侯德封 日煤对华倾销问题之研究——中国矿业纪要（第四次），附录，第四三七至四四五页. 二十一年二月

日煤在华之倾销状况——实业杂志，一七五号，实业消息部，第一一至一三页

信 芳 各国煤业之保护政策——矿业周报，第二二七号，九六〇至九六三页. 二十二年二月

炼焦事业——山东矿业报告，第六章，一三四至一三六页. 十九年

P. Y. Hu & W. H. Wong: A Rrevised Provisional Estimate on the Probable Coal Reserve in China——支那矿业时报，第七四号，一三三至一六二页. 十九年

曹诚克 最近三年中之国内煤产额——矿冶，第二卷，第七、第八期，三二一至三三一页. 十八年五月

Chinese Coal and Steel Plants——The Colliery Guardian, p. 579, 1933.

梁宗鼎 中国煤矿灾变的回顾和应注意的——矿业周报，第四卷，第十五期，一〇三至一〇八页. 二十年二月

侯德封 中国的煤业与华北工业中心——自然，第一卷，上册，第三期. 二十一年

郑礼明 传递电能费与煤炭运费之比较——矿冶，第二十期，七五至八一页

Coal Mining in China. ——The Colliery Guardian, p. 540, 1933.

严 庄 救济华北煤业意见书——矿冶，第五卷，第十八期，一六七至一八四页. 二十一年八月

雷宝华 低温蒸馏之经济预算——矿冶，第六卷，第十九期，三〇至四六页. 二十二年二月

赵玉昌 煤层的构造——东北矿学会报，第一卷，第五期，二八七页. 十八年

黄伯达 煤矿与铁路（附全国铁路沿线煤矿一览表）——矿业周报，第二七六号，五六八至五七六页；第二七三号，五一九至五二八页；第二七〇号，四七〇至四八〇页；二七一号，四八六至四九四页. 二十二年十二月

前　人　煤炭与世界经济——河南中原煤矿公司汇刊，第九、十期合刊
煤：分布　煤层　煤质　储量——山东矿业报告，第一章五七至八三页．十九年
煤之产量——历年产量（十八年度每月产量附带品）——山东矿业报告，第二章，八三至九三页．十五年
李尔康　能炼焦炭的煤——工业中心，第二卷，第四期，八〇页；第五期，一〇二页；第六期，一二七页；第九期，二三九页．二十二年
Chang Hsin Coal Mine, Chekiang——Notes on Coal Mines in China from 1930. Report of Reconstruction Commission. ——The Far Eastern Review, Vol. XXVIII, No. 2, p. 88. 1932. also Vol. XXVIII, No. 3, p. 202, 1931.
T. H. Hwang: Notes on Coal Mining in China——中国经济月刊，Vol. XII，No. 4, April 1, 1933. p. 409.
C. B. Ellis: Oil, Coal and Civilization. ——The Mines Magazine, p. 19, March, 1934.
北泽武男　选炭学——矿业，第十卷，三月号至五月号，七月号．昭和八年
东户策　石炭矿业之根本的改善——矿业，第六卷，五月号，十至一四页．昭和四年
世界各国产煤额——矿业周报，第六十七号，二九九页．十八年十月
克礼柯　对于中国煤矿改用新式设备及机器采煤以求增加效率之贡献——矿冶，第四卷，第十五期，二三至三〇页．二十年二月
郑礼明　世界煤业之发展及其经济之状况——矿冶，第四卷，第十五期，一至二二页．二十年二月
余焕东　收回开平煤矿刍议——实业杂志，第一六二号，一至二二页
闵传经译　烟煤液化与其在世界经济上之重要——矿冶，第一卷，第四期，六六三至六七〇页．十七年五月
Rea, Geo. B: Hoover in China, The Story of Kaiping Mining Deal——The Far Eastern Review, Nov. 1928, p. 482－491.
王敦甫，刘眉芝　辽宁煤业副产设备之概况——矿业周报，第三十九号，六三二至六三三页．十八年三月
Boris P. Torgasheff: Manchuria from the Metallurgical and Fuel Standpoints——中国经济月刊，Vol. IV，p. 285, 1929.
曹修宪译　满洲之煤（东亚经济调查局编）——实业杂志，第一九〇号，一至八页；第一九一号，一至十页
徐式庄　重兴锦西大窑沟煤矿意见书——矿冶，第四卷，第十六期，三七至四六页．二十年五月
徐象数　抚顺煤矿古城子露天采掘场 Rheo-laveur 式洗煤法纪要——矿冶，第一卷，第四期，六七九至六二页．十七年五月
雷　雨　民国十九年度东北煤矿鸟瞰——中东经济半月刊，第二卷，第十八号．十九年
北满地方之业矿事情（吉林省）——松花江沿岸之砂金中英合办采掘计划——支那矿业时报，第七六期，八二至八七页．二十年
Plans for Further Development of Manchuria's Largest Coal Mine——中国科学美术杂志，一三二页，Vol. XIV，No. 3, 1931.

The Shanghai Coal Handling Plant of Kailan Mining Administration. ——The Far Eastern Review. Vol. XXVIII, No. 1, p 20, 1932.

开滦矿工之一斑——矿业周报，第四十四号，七〇五至七一一页. 十八年四月

黄伯逵 开滦煤矿工人近况——矿业周报，第一七六号，一二〇至一二六页. 二十一年一月

开滦煤矿最近工人情形——矿业周报，第二十一号，三四〇页. 十七年十一月

开滦矿工生活之各方面——矿业周报，第二百八十号，八〇三至八〇六页. 二十一年十二月

鲁大公司之历史——矿业周报，第二十七号，五九四至六〇〇页. 十八年三月

河南煤田及其他非金属矿产概论——第一节 煤田之分布，第二节 宝石类，第三节 石印石磁土硫黄石膏等矿，第四节 矿业——河南矿产志，十八至四八页. 二十二年八月

黄伯逵 两年来河北柳江煤矿——矿业周报，第一四三号，七四六至七五二页. 二十年五月

史恩鸿 山东煤业将来变迁之研究——矿业周报，第一九四号，四一〇至四一二页. 二十一年五月

侯德封 太行山东麓煤田地质构造研究——地质汇报，第十五号，二五至四八页. 十九年十二月

Coal Industry of Shansi——中国经济周刊，Vol. XXIV，No. 8，p. 115，February 24，1934.

Coal Industry in Yangchuan，Shansi——中国经济周刊，Vol. XXIV，No. 3，p. 36，January 20，1934.

山西煤业——矿业周报，第十九号，三〇六至三〇八页. 十七年十月

孙昌克 长江流域国产煤现状——矿冶，第五卷，第十八期，二五至二八页. 二十一年八月

黄伯逵 蚌埠煤业——矿业周报，第四五号，七二一至七二二页. 十八年五月

武汉煤市——矿业周报，第十四号，第一页. 十七年九月

汉冶萍与日本——矿业周报，第二二四号，八九一至九〇七页. 二十二年一月

铁 上海之柴煤战——矿业周报，第二八七号，七四一至七四四页；第二八九号，七七一至七七六页. 二十三年

刘廷扬 广东煤矿发展问题——矿业特刊，四二页. 二十年

张君整 广东省矿业概观——矿冶，专号，第一卷，第十期，三五页. 二十二年

何致虔 粤北焦煤田及小北江矿业调查总论——矿业，专号，第一卷，第十期，第一页. 二十二年

The Three Largest Coal Fields of North Manchuria——中国经济月刊，Vol. 2，No. 1，p. 27，1928；Vol. 1，No. 11，p. 913，1927.

Coal Mining in Manchuria. ——The Far Eatern Review，Vol. XXV，No. 11，p. 513，1929.

Coal in Manchuria. ——The Colliery Guardian，p. 384，1933

Eoris P. Torgasheff：Coal Resource of North Manchuria Production and Comsumption. ——中国经济月刊，Vol. 2，No. 5，p. 373.

平　仲　烈山煤矿工程状况——矿业周报，第五十八号，一四五至一五〇页. 十八年八月

（2）煤田报告

辽宁

许粹士　辽宁之煤矿——东北矿学会报，第一卷，第六期，三四四至三五二页. 十八年

董蔚翘　八道壕煤矿调查报告——东北矿学会报，第一卷，第二期，一二六至一三四页. 十七年

黄汲清　奉天本溪县小市煤田地质简报——地质汇报，第十三号，一五至一八页. 十八年六月

王竹泉　辽宁省本溪县田师傅沟煤田西安县煤田及吉林省额穆县蛟河煤田地质——地质汇报，第十三号，十九至五十页. 十八年六月

本溪湖煤矿公司之五年度产额洮南炭矿——支那矿业时报，第七十六期，九七至八一页. 二十年

张载作，赵承基　复州湾炼矿概况——东北矿学会报，第二卷，第一期，三九至五八页. 十九年

王翼臣　复州炭矿概况——支那矿业时报，第七十五号，四三至六〇页. 二十一年

王竹泉　奉天复县五湖嘴煤田地质——地质汇报，第十一号，五三至七四页. 十七年十月

王翼臣，张载作，赵承基　辽宁复州湾煤矿概况——矿冶，第三卷，第九期，六九至八七页. 十八年八月

Iwasaki，C：Fushun Coal and Its Geological Significance. ——Report Tokoy Imperial University，Vol. 8，No. 1，1928.

Fushun Coal Mines (Eight Sets of Turbo Blowers for Producer Gas). ——The Far Eastern Review. Vol. XXIX，No. 11，p. 509，1933.

虞和寅　抚顺煤矿——矿冶，第六卷，第二十期，八二至九八页

申伯贤　抚顺煤矿——焦作工学生，第一卷，第一期，二二至二六页

抚顺及烟台炭矿株炭概况——支那矿业时报，第六八号，七十至九九页；第六九号，九五至一四一页；第七十号，一三〇至一四九页；第七一号，一〇四页. 十六年至十八年

王毅甫，刘眉芝　抚顺煤矿产品概要——矿业概要，第三八号，六一五至六一七页. 十八年三月

商　强　抚顺煤矿露天掘概况——东北矿学会报，第三卷，第一期，十八至二十页. 二十年

徐式庄　辽宁锦西爱商煤矿概况——矿冶，第二卷，第十期，四三至六二页. 十八年十一月

徐式庄　爱商煤矿调查记——东北矿学会报，第一卷，第五期，三一四页. 十八年

辽宁金沟煤矿调查报告——矿业周报，第一四〇号，六九六至七〇〇页. 二十年四月

虞和寅　辽阳烟台煤矿——矿冶，第四卷，第十四期，六一至九十页. 十九年十一月

十八年度之北票煤矿——矿业周报，第一一三号，二六七至二六八页. 十九年九月

H. C. Tan：Geology of the Pei-Piao Coal Field. ——支那矿业时报，第七十号，一一六至一二九页. 十七年

黄伯逵 北票煤矿一瞥——矿业周报，第一二四号，七三〇至七三二页. 二十年五月

北票煤矿近状——矿业周报，第十九号，三一五页. 十七年十月

王子佩 北票煤矿实习报告——东北矿学会报，第一卷，第四期，二三〇页. 十八年；第五期，三〇〇页

吉林

吉林黄泥河子煤矿概要——东北矿学会报，第三卷，第三期，一三八至一三九页. 二十年

吉林省缸窑炭田调查报文——支那矿业时报，七三号，八至一八页. 十九年

吉林省穆棱炭矿——支那矿业时报，第七八号，七七至八〇页. 二十一年

刘梦符 吉林奶子山煤矿公司概况——东北矿学会报，第二卷，第六期，三八八至三九三页；第三卷，第一期，二一至二八页

吉林奶子山炭矿概况——支那矿业时报，第七八号，七四至七七页. 二十一年

吉林省额穆县大蛟河炭田调查报文——支那矿业时报，第六八号，四五至五五页. 十六年

黑龙江

侯德封 黑龙江省扎赉诺尔沥清矿及褐炭矿地质——地质汇报，第十九号，七至二十四页. 二十一年六月

薛桂轮 黑龙江鹤岗煤矿——东北矿学会报，第二卷，第五期，三〇三至三〇六页. 十九年

宗 煌 鹤岗煤矿近状——辽东矿业，第一卷，第八号，四三至四四页. 十九年

Coal Mines at Hushilin，Kirin——中国经济周刊，Vol. Ⅺ，No. 346，p. 191，1927.

梁文轩，杨 植 穆棱煤矿概况——东北矿学会报，第二卷，第四期，二二八至二三八页. 十九年

The Mulin Coal Mine，Kirin——The Far Eastern Review，Dec. p. 755－6，1931.

黑龙江省汤源县鹤立岗炭坑现况视察报告——支那矿业时报，第六八号，四五至五五页. 十六年

黑省铁骊县金获马山煤矿之历史及近状——矿业周报，第七三号，三九五至三九六页. 十八年十二月

察哈尔

黄伯逵 察省八宝山煤矿一瞥——矿业周报，第一六六号，一一一〇至一一一一页. 二十年十一月

察省宣化怀来两县之蛮子营煤田——矿业周报，第一一五号，二九七至二九八页. 十九年十月

黄伯逵 察省下花园煤矿调查——矿业周报，第一六二号，一〇四五至一〇四八页. 二十年十月

察哈尔省下花园宝兴炭矿现状——支那矿业时报，第七六期，九十页. 二十年

黄伯逵　察哈尔宣化县东部煤矿——矿业周报，第一〇三号，一〇六至一一一页．十九年七月

绥远

王竹泉　绥远大青山煤田地质——地质汇报，第十号，一至四二页

热河

王竹泉，黄汲清　热河阜新县煤田——地质汇报，第十三号，一至一四页．十八年六月

河北

河北宛平县斋堂煤矿纪要——矿业周报，第一七四号，八五至九二页．二十一年一月
正丰煤矿调查报告——矿业周报，第四三号，六八九至六九四页．十八年四月
马德刚　临城煤矿沿革概要——河北矿学会，专刊，第二号．十八年
魏寿昆，刘承彦　长城煤矿最近调查记——矿冶，第二卷，第七、第八期，二六七至二八二页．十八年五月
黄伯逵　河北临榆县柳江长城两煤矿调查报告——矿业周报，第二十二号，三五一至三六四页．十七年十一月
直隶省临榆县石门塞炭田义院口附近调查报文——支那矿业时报，第六九号，二六至三六页．十七年
长城柳江两煤矿调查报告——矿业周报（中华矿学社），第一集，三五一页．十八年
榆关长城柳口两煤矿现状——矿业周报，第一八〇号，一八一至一八四页．二十一年二月
马载之　开滦煤矿报告——焦作工学生，第一卷，第一期，一至二六页
侯德封　开滦煤矿沿革概要——河北矿学会，专刊，第一号．十八年
黄伯逵　开滦煤矿产运销之最近情形——矿业周报，第一八七号，二九二至二九五页．二十一年四月
北平西山落坡煤田调查——矿业周报，第一九一号，三六一页，二十一年五月
闵传经　北平西山长沟峪煤田视察记——东北矿学会报，第二卷，第二期，一〇六至一一四页．十九年
平西门头沟煤矿现状——矿业周报，第一〇五号，一四一至一四三页．十九年八月
王竹泉，计森荣　北平西山门头沟煤田地质——中国地质学会志，第十二卷，第三期，三九九页．二十二年六月
刘眉芝　石家庄井陉矿炼焦厂产品说略——矿业周报，第七十号，三三七至三四〇页．十八年十一月
王德森　石家庄之煤业——矿业周报，第三十二号，五一三至五一六页．十八年一月
河北省磁县怡立煤矿调查报告——矿业周报，第十四号，二页．十七年八月；又第一集，二三一页．十八年
祁景召　井陉煤矿近状——矿业周报，第十号，六页．十七年八月
芝仙慕唐　井陉矿务局炼焦厂硬沥青产销状况及矿厂充填采煤法情形调查报告——焦作工学生，第一卷，第二期，二四至二九页

井陉矿务局炼焦厂之工程概况——矿业周报，第八十一号，五二三至五二五页．十九年二月

杨又成 井陉煤矿调查报告——焦作工学生，第一卷，第一期，二七至五四页

山东

山东炭状况——支那矿业时报，第七六号，九三至一〇一页．二十年

李逊贤 山东博章淄煤田与淄川坑之状况——矿业周报，第一六九号，七至十页．二十年十二月

山东每年产煤额之估计——矿业周报，第五十二号，六〇至六二页．十八年六月

中兴煤矿公司现状——山东矿业报告，第九章，一四一至一五八页

中兴煤矿公司——山东矿业报告，一五七至二一五页．十九年

平 仲 中兴煤矿参观记——矿冶，第三卷，第十二期，三九至七六页．十九年五月

调查山东中兴煤矿报告——矿业周报（中华矿学社），第一集，七四页．十八年

谭焕达 调查山东中兴煤矿报告——矿业周报，第五号，第二页．十七年六月

中兴煤矿近讯——矿业周报，第十九号，三一三页．十七年十月

二十一年度之中兴煤矿——矿业周报，第二三五号，第一〇九一至一〇九四页．二十二年四月

黄伯逵 中兴煤矿调查报告——矿业周报，第二三〇号，第一〇〇〇至一〇一二页；第二二九号，九九一至九九六页．二十二年三月

中兴煤矿三号大井计划及预算——矿业周报，第二一六号，七八七至七八八页．二十一年十二月

李在护 中兴煤矿报告——焦作工学生，第一卷，第二期，五〇至五六页

中兴煤矿出煤及成本表——矿业周报，第九八号，第三〇页．十九年六月

中兴煤矿煤产出井成本——矿业周报，第一百号，六三页．十九年六月

博东煤矿公司——山东矿业报告，第四编，三四七至四五六页．十九年

博山悦升煤矿公司现状——山东矿业报告，第九章，一四一至一五八页

博东矿业公司现状——山东矿业报告，第九章，一四一至一五八页

山东博山博东公司黑山煤矿之调查——矿业周报，第二七七号，五八四至五八八页．二十三年三月

博山同兴煤矿——矿业周报，第十五号，第六页．十七年九月

俞物恒 淄川煤矿调查报告——矿业周报，第四一号，六五七至六七一页．十八年四月

颜山野人 淄博章各煤矿公司大概情形——矿业周报，第十一号，八页．十七年八月

淄博煤矿——矿业周报，第十一号，第二页．十七年八月

淄川博山煤矿——山东矿业报告，第四编，三四七至四五六页．十九年

山东章丘天源煤矿现状——矿业周报，第二十号，三二四至三二五页．十七年十月

山东天源煤矿调查——矿业周报，第二四八号，一一八至一二七页．二十二年七月

山东泰安华宝煤矿公司调查报告——矿业周报，第二十五号，四〇一至四一〇页．十七年十二月

天源煤矿公司现状——山东矿业报告，第九章，一四一至一五八页

华丰煤矿——山东矿业报告，第四编，三四七至四五六页. 十九年
临沂郯城煤矿——山东矿业报告，第四编，三四七至四五六页. 十九年
莱芜新泰蒙阴煤矿——山东矿业报告，第四编，三四七至四五六页. 十九年
鲁大公司现状——山东矿业报告，第九章，一四一至一五八页
鲁大煤矿公司 总论 华坞炭坑 淄川炭矿——山东矿业报告，第二编，六七至一五五页. 十九年
山东龙山煤矿最近工作概况——矿业周报，第二三三号，一〇五八至一〇六〇页. 二十二年四月
宁阳华丰煤矿公司现状——山东矿业报告，第九章，一四一至一五八页
Coal Mining in Shentung. ——The Far Eastern Review Vol. XXIII，No. 2，p. 86，1932. ——中国经济周刊，Vol. XIX，No. 21，p. 361，1931.
Coal Mines in Shentung——中国经济周刊，Vol. XXIII，No. 5，p. 74，July 20，1933.

山西

Clapp，F. G. Fuller，M. L：Coal of Shensi and East Kansu，——China Economic Geology，Jan. －Feb.，p. 62－79，1927.
王德森 山西平定煤业——矿业周报，第五五号，第九七至一〇二页. 十八年七月
山西平定煤铁矿产概言——矿业周报，第四二号，六七五至六七六页. 十八年四月
山西平定县阳泉保晋公司炭矿——支那矿业时报，第六九号，五六至八六页. 十七年
阳泉保晋公司第三矿厂调查——矿业周报，第四七号，七五三至七五六页. 十八年五月
杨仁显 山西保晋公司概略——矿业周报，第十号，第二页. 十七年八月
王德森 阳泉保晋公司第二厂调查——矿业周报，第三十四号，第五四五至五四八页. 十八年二月
王德森 大同保晋公司近状——矿业周报，第三十二号，五一七至五一八页. 十八年一月

陕西

虞和寅 中日合办西安县泰信健元健兆三煤矿记——矿冶，第三卷，第十一期，八八至九一页. 十九年二月
虞和寅 西安炭矿概况抄译——支那矿业时报，第七十六号，三五至六十页. 二十年
虞和寅 西安煤矿报告——矿冶，第三卷，第十一期，六三至八八页. 十九年二月
韩城煤矿之调查——矿业周报，第二〇八号，六三四至六三五页. 二十一年九月
陕西韩城炭况——支那矿业时报，第七十七号，一〇三至一〇六页. 二十年
陕西三大煤区之概述——矿业周报，第二〇八号，六三五至六三八页. 二十一年九月
陕北煤矿概况——矿业周报，第二〇八号，六三八至六四〇页. 二十一年九月
黄伯逵 陕西同官煤区各矿之大概——矿业周报，第二〇五号，五八三至五八四页. 二十一年九月

河南

河南地质调查所 河南省之煤铁矿产——矿业周报，第二五五号，二三三至二三六页. 二

十二年九月
Coal Deposits in Honan——中国经济周刊，Vol. XX，No. 26，June 25，1932，p. 372.
河南安阳益安煤矿概要——矿业周报，第一七九号，一六四至一六六页. 二十一年二月
中原煤矿开采常口矿厂小井计划草案——矿业周报，第一七七号，一三四至一三八页. 二十一年二月
省办后之中原煤矿——矿业周报，第一百二十一号，三九四至三九六页. 十九年十二月
陆 庄 中原公司之经过与现在——矿业周报，第五十九号，一六一至一六四页. 十八年八月
一年来之中原公司——矿业周报，第二十四号，三八六至三八九页. 十七年十一月
中原公司产运概况——矿业周报，第三九号，六三三至六三四页. 十八年三月
中原公司土窑调查记——矿业周报，第六十七号，二八九至二九〇页. 十八年十月
黄启修 河南中原煤矿公司最近调查记——矿冶，第四卷，第十三期，一〇七至一二二页. 十九年八月
河南中原公司概略——矿业周报，第二十一号，三四〇页. 十七年十一月
中 张 河南正谊煤矿记——矿业周报，第二四九号，一三七至一三九页. 二十二年七月
陆 庄 福公司观参记——矿业周报，第五十八号，一六四至一六五页. 十八年八月
河南华兴煤矿公司调查记——矿业周报，第二百十号，六六二至六六四页. 二十一年十月
巩县阎山岭无烟煤矿之调查——矿业周报，第二百十九号，第八一九至八二二页. 二十一年十二月
黄伯逵 六河沟煤矿产运销之状况——矿业周报，第二百二十八号，九七三至九八〇页. 二十二年二月
河南博爱县煤矿概要——矿业周报，第二百十五号，七五〇至七五一页. 二十一年十一月
侯德封 河南修武县煤田地质——地质汇报，第十五号，十三至二十四页. 十九年十二月
黄伯逵 河南陕县观音堂煤矿之调查——矿业周报，第二百二十五号，九一七至九二二页. 二十二年二月
河南义马煤矿一瞥——矿业周报，第二百三十九号，一一五七至一一五九页. 二十二年五月
邵光钊 杨家坨煤区调查——矿业周报，第一百七十二号，五三至五五页. 二十年十二月
沈 和 河南禹县西部煤田地质报告——矿业周报，第一百八十九号，三二六至三三〇页. 二十一年五月
河南地质调查所 河南禹密煤田之调查——矿业周报，第二百五十二号，二〇一至二〇二页. 二十二年九月
沈 和 禹县西部煤田地质报告（附图二幅）——河南地质调查所汇刊，第一期，九至一八页. 二十一年
河南禹县济泉煤矿公司概况——矿业周报，第二十四号，三九二页. 十七年十一月
三峰山，云盖山，官山寨，滴水台，看花台，超化镇，岳庙，小李寨，五里店，岳村，王寨河煤田（附禹县密县煤矿储量表）——河南禹县密县煤田地质，第一号，二〇至三四页. 二十二年

浙江

朱星叔先生遗著　建设委员会整理中之长兴煤矿——矿冶，第五卷，第十七期，一〇四至一二七页. 二十一年二月
长兴煤矿最近调查——矿业周报，第二百〇六号，六〇一至六〇二页. 二十一年九月
陆子冬　长兴煤矿之恢复开采计划书摘要——矿业周报，第七号，三页. 十七年
权　予　十八年度之长兴煤矿——矿业周报，第七十八号，四六五至四六六页. 十九年一月
哈安姆著，蒋　溶译　浙江长兴煤矿田地质构造——两广地质调查所年报，五一至五七页. 二十年
乐森璕，蒋　溶　浙江西南部煤田地质——两广地质调查所年报，三一至四十页. 二十年

江苏

Coal Dealers in Shanghai——中国经济周刊，Vol. XV，No. 14，1929. P. 172.
谢家荣　江苏铜山县贾汪煤田地质——地质汇报，第十九号，一至二十一页. 二十一年二月
贾汪煤矿概况——矿业周报，第九十九号，四〇页至四六页. 十九年六月
贾汪煤矿——矿业周报，第十二号，十五页. 十七年八月
贾汪煤矿最近概况——矿业周报，第五十七号，一二九至一三〇页. 十八年八月
贾汪煤矿调查报告——矿业周报，第三十九号，六二五至六三一页. 十八年三月
贾汪煤矿公司近况——矿业周报，第二十四号，三九一至三九二页. 十七年十一月
贾汪煤矿最近产运数量——矿业周报，第二十号，三二五页. 十七年十月
王朝佐，杨锡祥　贾汪煤矿工程概况——矿冶，第二卷，第十期，六三至七十页. 十八年十一月
徐北煤田——矿业周报，第一四九号，八四四至八四五页. 二十年七月

安徽

Coal Deposits of Northern Anhwui——中国经济周刊，Vol. XXIII，No. 25，(p. 330) December 16，1933.
安徽省贵池县馒头山煤田之调查——矿业周报，第二十三号，三七一页. 十七年十一月
农矿部直辖烈山煤矿过去一年之状况——矿业周报，第三十八号，六〇九至六一三页. 十八年三月
烈山煤矿最近之调查——矿业周报，第二二二号，八六六至八七二页. 第二二一号，八四一至八五六页. 二十二年一月
翁文灏，计荣森　安徽宿县烈山及雷家沟煤田地质——地质汇报，第十九号. 二七至三八页. 二十年二月
李邵东　烈山煤矿调查记——实业杂志，一五二号，三五至四二页
湘　雅　安徽烈山煤矿最近调查——矿业周报，第十二号，第三页. 十七年八月
李邵东　烈山煤矿视察记——矿业周报，第九十七号，九至一二页. 十九年六月

官商合办后之烈山煤矿——矿业周报，第一百二十五号，四六〇至四六一页．二十年一月
陆子冬　烈山煤矿现在情形与整理计划——矿业周报，第一〇九号，二〇一至二〇七页．十九年九月
安徽烈山煤矿最近调查——矿业周报，第一集，一九〇页．十八年
孙昌克　淮南煤矿创办经过——矿冶，第六卷，第十九期，一至二十九页．二十二年二月
王恒升，李春昱　京粤铁路线地质矿产报告附宣城水东煤田报告——地质汇报，第十四号，五五至一一四（?）页．十九年六月
黄伯逵　安徽舜耕山官商两煤矿调查记略——矿业周报，第二三四号，一〇六五至一〇七八页．二十二年四月
安徽铜陵县铜官山调查记——矿业周报，第六十一号，一九三至一九四页．十八年九月
通裕铁路沿线之煤矿储量——东北矿学会，第三卷，第二期，七五年七九页．二十年
周　言　安徽通裕煤矿概略——矿业周报，第四十九号，第四页．十八年．同官县新村沟煤矿纪要
同官县灰堆煤矿现状——矿业周报，第二百〇五号，五八四至五八五页．二十一年九月
黄伯逵　同官陈家河煤矿概况——矿业周报，第二〇八号，六二五至六二七页．二十一年九月
黄伯逵　安徽怀远县大通烟煤矿调查报告——矿业周报，第四十号，六四一至六四八页．十八年三月
安徽怀宁县集贤关煤田调查报告——矿业周报，第一集，三三六页．十八年
安徽怀宁县集贤关煤田调查报告——矿业周报，第二十一号，三三六至三三八页．十七年一月
The Pao Feng Coal Mining Co. of Suancheng，Anhwei. ——中国经济周刊，Vol. XIII，No. 12，p. 146. 1928.

湖南

王昭文，杨韩邦　湖南江华上伍堡矿局简明报告及扩充计划——矿业周报，第二七五号，五五四至五五九页．二十三年二月
湘中各县煤田之调查——实业杂志，一五三号，九页
湖南湘乡凤冠山烟煤矿之调查——矿业周报，第二十九号，四六五至四六八页．十八年一月
杜德皋　湘乡凤冠山志记煤矿公司报告——实业杂志，第一三五号至六页（?）．十八年
皮名振　湘乡洪山殿煤田调查报告书——实业杂志，第一七一号，四一至四六页
王晓青　湘乡洪山殿煤田地质简报——矿业周报，第一百六十九号，五至六页．二十年十二月
许耀轩　湖南湘乡洪山殿煤田试钻经过——矿业周报，第二〇四号，五六九至五七二页．二十一年八月
湖南湘乡梓门桥煤田——矿业周报，第一二二号，四一二至四一六页．十九年十二月
湖南新化县晏家桥煤矿之概述——矿业周报，第一〇五号，五八七至五八八页．二十一年九月

饶靖国　萍乡煤矿调查报告书——实业杂志，第一三一号，一一至三九页．十七年九月
邵光钊　萍乡之煤层——矿业周报，第二号，第七页．十七年四月
萍乡煤矿——矿业周报，第七号，第六页．十七年七月
萍乡煤矿近况及初步整理办法——矿业周报，第一四一号，第七一一至七一二页．二十年五月
萍矿最近设施——矿业周报，第三十一号，五〇三至五〇四页．十八年一月
黄伯逵　白公庙煤矿纪要——矿业周报，第二〇五号，五八五至五八六页．二十一年九月
黄伯逵　宜君北部煤田视察记——矿业周报，第二〇八号，六二七至六三〇页．二十一年九月
禹七煤矿——矿业周报，第十三号，九至十页．十七年八月

湖北

富湘煤矿——矿业周报，第十三号，九至十页．十七年八月
范鸿镒　十七年度之阳武山煤矿——矿业周报，第七十六号，四三三至四三七页．十八年十二月
王德森　四年来之富源煤矿——矿业周报，第二四五号，七一至七六页．二十二年七月
高世经　富源煤矿情形——矿业周报，第十号，第七页．十七年八月
张世忠　鄂县煤矿调查报告——矿冶，第四卷，第十四期，一〇一至一〇四页．十九年十一月
湖北南漳远安当阳等县之煤矿概要——矿业周报，第四六号，七三七页．十八年五月
王德森　大冶青山湾煤矿概略——矿业周报，第一五四号，九一九至九二一页．二十年八月
王德森　大冶石灰窑富源煤矿调查——矿业周报，第六十三号，二二五至二二八页．十八年九月
王德森　大冶石灰窑东部煤矿概言——矿业周报，第六十二号，二〇九至二一二页．十八年九月
宋自修　大冶富华煤矿一年来工程设施及今后进行计划——大冶富华煤矿调查——矿业周报，第一百二十九号，五二三至五二六页．二十年二月
王德森　续办大冶阳武山煤矿计划——矿业周报，第六十五号，二五七至二五九页．十八年十月
丛任民　武昌土地堂福和煤矿改组后之设施进行——矿业周报，第一五〇号，八六一至八六二页．二十年七月
王德森　湖北秭归县煤矿调查——矿业周报，第二百二十三号，八八一至八八七页．二十二年一月

江西

鄱乐煤矿——矿业周报，第十四号，第九页．十七年八月
陆品琳　江西鄱乐煤矿最近概况——矿业周报，第四十七号，七六九至七七二页．十八年五月

鄱乐煤矿调查报告——矿业周报（中华矿学社），第一集，三十，五十，六十一页．十八年
刘眉芝　鄱乐煤矿调查报告——矿业周报，第二，三，四号，第五，十一，六页．十七年四月
王德森　江西丰城煤田调查报告——矿业周报，第五十号，十七至二八页．十八年六月
王德森　南昌煤业概况——矿业周报，第五二号，四九至五十页．十八年六月

福建

Coal Mining Projects in Fukien——中国经济周刊，Vol. XXII，No. 5，p. 70，February 4，1933.

广东

祁阳黄牛塘烟煤调查记——矿业周报，第一百四十七号，八〇八至八一二页．二十年六月
王镇屏　广东曲江县煤田地质——两广地质调查所年报，八五至一二八页．二十年
刘廷扬　试探曲江县属田螺涌煤田报告书——矿业，专号，第一卷，第十期，第九页．二十二年
曲江县腊石坝一带煤田——矿业特刊，第一〇二页．二十年
曲江县崩冈岭一带煤田——矿业特刊，第一〇五页．二十年
曲江县田螺冲一带煤田——矿业特刊，第九四页．二十年
张会若，王镇屏　广东曲江式水钩嘴岭一带煤田地质——两广地质临时报告，第十二号．十八年
钦县稔子坪插各岭煤矿——矿业特刊，二三七页．二十年
薛基绵　钦捻冶平煤矿——矿业专号，第一卷，第十期，四十七页．二十二年
朱翙声　钦县那彭瓦窑角煤矿——矿业，专号，第一卷，第十期，五七页．二十二年
张会若，王镇屏　广东乳源湖南宜章狗牙洞煤田地质——两广地质临时报告，第十一号．十八年
王镇屏　广东乳源县狗牙洞煤田地质——两广地质调查所年报，一二九至一四二页．二十年
中国矿务公司特刊　广东狗牙洞煤矿调查报告——矿冶，第二卷，第七、第八期，第三一四至三一九页．十八年五月
乳源县狗牙洞煤矿——矿业特刊，一二四页．二十年
朱翙声　高要马鞍冈煤矿视察记——矿业，专号，第一卷，第十期，六十页．二十二年
高要县马鞍山煤矿——矿业特刊，一六七页．二十年
高明县城北一带煤田——矿业特刊，一七一页．二十年
朱翙声　连县九陂石寨一带煤田——矿业，专号，第一卷，第十期，第八页．二十二年
茂名县镇罡墟大碑洞煤矿——矿业特刊，第二二二号．二十年
朱翙声　乐昌县罗家渡田头一带煤田——矿业，专号，第一卷，第十期，第五页．二十二年
乐昌县上猪岭一带煤田——矿业特刊，第一一二页．十二年

朱国典　试探望昌县土猪岭煤矿经过报告（附各种图表八张）——矿业，专号，第一卷，第十期．二十二年

乐昌宜章县杨梅山煤矿——矿业特刊，第一一九页．二十年

梅县洋门约煤矿——矿业特刊，三一三页．二十年

梅县丙村一带煤田——矿业特刊，三〇五页．二十年

大埔县大麻凹头煤矿——矿业特刊，二百九十页．二十年

广西

冯景兰，乐森璕　广西罗城寺门迁江合山煤矿地质——两广地质临时报告，第八号．十七年

广西西湾煤田——矿业周报，第六十九号，三二一至三二四页．十八年十一月

冯景兰，乐森璕　广西迁江合山罗城寺门煤田地质——两广地质调查所年报，第二卷，上册，一至十页．十八年

贵州

徐孟涵，廖昌璧　调查贵阳石头寨煤矿区报告——贵州农矿公报，第二期，三至四页．十九年

(3) 煤之分析及各种试验

Abstract from Ahnert's Brown Coal in North Manchuria and Russian Far East. ——支那矿业时报，七一号，七一至八一页．十八年

Wilson，S. D. Wang，Y. C. Kao，S. L：Analysis of Certain North China Coals——China & American Engineers. Vol. XI，No. 6，June，1930，p. 10－15.

金开英　安徽舜耕山烟煤炼焦之试验——地质汇报，第二十号，一至十页．二十二年三月

宾　果　中国烟煤之溶剂试验——地质汇报，第二十三号，三九至四六页．二十二年十二月

宾　果　中国烟煤之粘性程试验——地质汇报，第二十一号，二一至二四页．二十二年七月

金开英，洪曾荃　中国各省煤质分析——地质汇报，第二十一号，二七至一六一页．二十二年七月

萧之谦　中国烟煤低温蒸馏之试验——地质汇报，第二十一号，第五至廿页．二十二年七月

谢家荣，张　更　浙江龙泉县产"丝炭"之研究——中国地质学会志，第十二卷，第一期，二十九至三十八页．二十一年十二月

谢家荣　中国无烟煤之显微镜研究——中国地质学会志，第十二卷，第二期，一五三至一八〇页．二十二年三月

谢家荣　江西乐平煤——中国煤之一新种——中国地质学会志，第十二卷，第四期，四六九至四九〇页．二十二年十月

杨珠瀚　测定煤内硫质之新法——地质汇报，第二十三号，三五至三七页．二十二年十二月

金开英 华煤图解分类——地质汇报，第二十一号，一至三页．二十二年七月

杨珠瀚 华煤中硫质种类之分析——地质汇报，第二十三号，二一至三三页．二十二年十二月

谢家荣 华煤中之植物组织及其在地质上之意义——中国地质学会志，第十一卷，第三期，二六七至三〇〇页．二十年十二月

袁 通 干选煤法及试验报告——矿冶，第六卷，第二十期，一至六一页

谢家荣 国产煤之显微镜研究——矿冶，第四卷，第十五期，三九至五八页．二十年二月

广东煤矿煤质分析表——矿业，专号，第一卷，第十期．二十二年

谢家荣 辽宁西安煤矿附产菱铁矿结核之研究——中国地质学会志，第十二卷，第一期，十九至二八页．二十一年十二月

王竹泉 磁县烟煤显微镜下之结构及其与焦性关系——中国地质学会志，第十二卷，第三期，四一三页．二十二年六月

袁 通 煤块制造及试验报告——矿冶，第六卷，第十九期，四七至九十页．二十二年二月

谢家荣 薄的煤光片研究——煤岩学之一新法——中国地质学会志，第十二卷，第一期，一一九至一二八页．二十一年十二月

王竹泉 山东博山烟煤炼焦研究——地质汇报，第十九号，四一至五五页．二十一年二月

Bataille，L. Beetlestone，R：Flotation and Hindered Settlement Clean Coal at Linsi Mines，Kailan Mining Administration. ——Coal Age. Oct，1927，p. 207－210.

Wang. T. Y：Mechanical & Electrical Equipments of Peipeao Colliery. ——Journal of Association of China & American Engineers，May，1932，p. 1－31.

Bataille L. Beetlestone，R：Washing Plant of the Kailan Mining Administration. ——The Oriental Engineers. Jan. 1927，p. 3 － 7，Feb. p. 9 － 20；March，p. 14－27.

（四）石油及油页岩

Chu. T. O：The Oil Field of China——Bull. Am. Association Pet. Geol. Vol. 8，& 9.

World's Largest Shale Oil Plant now Completed by South Manchuria Railway Company at Fushun，Manchuria. ——The Far Eastern Review，Vol. XXVI，No. 2，p. 67，1930.

胡博渊 油页岩工业及抚顺油页岩——矿冶，第三卷，第九期，八九至九三页．十八年八月

Oil Fields and Coal Mines in Shansi——中国经济周刊，Vol. XV，No. 5，1927，p. 57.

陕西延长油矿最近三年产量——实业杂志，第一六四号，十二页

陕西省延长石油厂现状——支那矿业时报，第七十八号，第一一一至一一五页．二十一年

王竹泉，潘钟祥 陕北油田地质——地质汇报，第二十号，四五至五七页．二十二年三月

李春昱 达县油田——地质汇报，第二十二号，三九至四四页．二十二年九月

The North Shensi Oil Fields——中国科学美术杂志，Vol. XIX，No. 3，p. 139 －

140，1933.
The Yen-Chang Oil Wells. ——中国经济周刊，Vol. XXI，No. 17，p. 225，October 22，1932.
陕西农矿厅　延长石油官厂矿务调查报告——矿业周报，第四卷，第十五期，五九至八〇页．二十年二月
延长石油厂各种油类用途价值一览表——矿业周报，第八四号，五七五页．十九年二月
陈静轩译　世界石油竞夺战——矿冶，第三卷，第十二期，一〇九至一三〇页．十九年五月
季　子　世界石油之现状——实业杂志，一五九号，一至四页
朱翙声　茂名大径口乌蝇山一带煤油页岩矿——矿业，专号，第一卷，第十期，四七页．二十二年
哈安姆著，李殿臣译　四川重庆附近地质构造及石油——两广地质调查所特刊，第八号．二十年
刘廷扬，朱翙声　广东煤油页岩之经营——矿业特刊，六二页．二十年
高州一带油页岩矿——矿业特刊，二一三页．二十年
刘廷扬　贵州省贵阳煤油矿调查报告——矿业，专号，第一卷，第十期，三三页．二十二年
黔隆煤油厂近状——矿业周报，第三三号，五三二页．十八年二月
乐森璕　贵阳泡木冲石油矿地质——地质汇报，第十二号，二七至三五页．十八年四月
谭锡畴，李春昱　四川石油概论——地质汇报，第二十二号，一至三八页．二十二年九月
张连科　石油采矿学上之一新研究——矿冶，第三卷，第九期，十五至三六页．十八年八月
洛　村　日人预想的东亚油业中心——自然，第二卷，上册，第六十四期．二十一年
周韶廷译　华侨创办之特尼答岛石油矿——东北矿学会报，第一期，第四五至四六页．十七年
虞和寅　抚顺油页岩与制油工厂——矿冶，第三卷，第十二期，七七至一〇七页．十九年五月
源　澧　中国油矿述略——矿业周报，第三三号，五三〇至五三二页．十八年二月
中国石油产地调查纪——支那矿业时报，第七七号，一一八至一一九页．二十年
翁文灏　中国石油地质问题——自然，第二卷，上册，第六十期，二十一年
金开英　中国石油之成分——地质汇报，第十九号，二七至四十页．二十一年六月
闵传经译　从石油制取烟煤——矿冶，第二卷，第七、第八期，二五七至二五八页．十八年五月
黄伯逵　举世属目之延长石油矿现状——矿业周报，第二〇八号，六三二至六三三页．二十一年九月
采煤油法——矿业周报，第四号，第一页．十七年五月
谢家荣，王竹泉　致赵祖康先生论长兴油苗书——自然，第二卷，上册，第六十八期．二十三年
赵国宾　启发陕西石油矿之设计——矿冶，第四卷，第十六期，一至二十四页．二十年

五月
吴祥龙 石油制造与中国——矿冶，第三卷，第十二期，一三〇至一五〇页．十九年五月
李士林 石油与地层——科学，第十五卷，第三期，四〇一至四一一页．十九年
余焕东 石油问题及代用燃料的研究——矿业，第七、第八号，六至一一页．十九年六月
On the Wei-Ming-Shan Coal Mine and Fan-shen-pu Coal Mine, Near Yen-tai Colliery. ——支那矿业时报，第七三号，四四至六二页．十九年
Arnold Heim：The Geological Structure of Tseliutusin，Szechuan，the World's Oldest Bore Field. ——两广地质调查所特刊，第六号．十九年
J. Taka-Hshi：Microscopic Crystals of Carbonate Minerals in Oil Shale. ——支那矿业时报，第七一号，九三至一〇三页．十八年
Notes on the Bitumen of the Fu-Shun Oil-Shale. ——支那矿业时报，第七二号，一四至三九页．十八年

（五）瓷土及陶瓷工业

Lamb，G：Porcelian Making in China，（A New Turn to An Old Art）——Jour. Am. Ceramic Soc. June，1929，Bull. p. 135－142.
辽宁省岫岩县北瓦沟岫岩石产地调查报文——支那矿业时报，第七十五号，第十五至二十八页．十九年
洮安县白土坑白土调查概报——支那矿业时报，第七三号，十九至二十四页．十九年
侯德封 河北省磁县粘土矿地质矿业及窑业——地质汇报，第十七号，第四三至八四页．二十年十月
Fire Clay of Poshan，Shantung. ——中国经济周刊，Vol. Ⅻ，No. 11，p. 139，1928
博山地方产耐火粘土之产出输出及用途——支那矿业时报，第七七号，第九九至一〇二页.
二十年醴陵瓷业工场之现状——实业杂志，一六一号（实业消息，第二页）
百　中 醴陵细磁调查——实业杂志，第一七二、一七三号，二七至四六页
薛基绵 信宜上受瓷土矿——矿业，专号，第一卷，第五二页．二十二年
邓负盦 景德镇之瓷业——实业杂志，第一五三号，二五至四二页
潮安县飞天燕磁土矿——矿业特刊，二八七页．二十年
White Stone Quarry at Kaotze——中国经济周刊，Vol. ⅩⅫ，No. 8，p. 111，Febuary 25，1933.
卫尔逊，林卓园 粘土中轻电游子之浓度及其去水接解之效能——地质汇报，第二十号，一三至四三页．二十二年三月
温步颐，卫尔逊 粘土中胶性物体与可塑性之关系——地质汇报，第十七号，八五至八六页．二十年十月
李尔康，汪　璠 中央工业试验所窑业恢复经过及试验进行步骤——工业中心，第三卷，第四期，一二六页．二十三年

（六）盐类矿产

中国碱产之重要——自然，第一卷，上册，第八期．二十一年

崔步沄，沈和　河南省开封兰封宁陵商丘等县盐碱硝产调查报告——河南地质调查所汇刊，第二期（p.1—36）．二十二年

New S. M. R：Soda-Ash Industry（South Manchuria Railway）——The Far Eastern Review，Vol. XXV，No. 2. p. 55，1920.

K. Ninomy：Natural Soda of Tabusu Nor，Eastern Mongolia——支那矿业时报，第七号，至五九页．十七年

K，Sawra & S，Imai：Natural Soda of Po li-shan，Tai-ping-chuan & Yeng-Eu，Eastern Mongolia. ——支那矿业时报，第七十号，第六十至六六页．一九二八年

谭锡畴，李春昱　四川盐产概论——地质汇报，第二十三号，四五至一二二页．二十二年九月

Boris P. Torgasheff：Salt in China and Elsewhere. ——中国经济月刊，Vol. Ⅳ，p. 476，1929.

B. P. Torgasheff；Soda in the Far East——International Bergwutsch aft. April，1927，p. 76—83.

Study of Northern Kiangsu Salt Fields by Local Industralists——中国科学美术杂志，Vol. XIV，No. 5，1931，p. 254.

（七）建筑石材及水泥

满洲产石材之最近市价——支那矿业时报，第七十六号，六八至七八页．一九三一年

黄伯逵　宣化八宝山石灰窑情形——矿业周报，第一百九十三号，三九三至三九四页．二十一年五月

花县飞鼠岩石灰石矿——矿业特刊，一一三页．二十年

卢广绩　辽宁复县印刷石矿报告——矿冶，第三卷，第九期，九五至九八页．十八年八月

Lime Production in Fuyang——中国经济周刊，Vol. XV，No. 18，p. 228，1929.

The Lung Hwa Cement Factory——中国经济周刊，Vol. XIV，No. 25. p. 317，1929.

（八）非金属矿物

(1) 石膏

薛桂轮　辽宁之非金属矿（煤除外）——东北矿学会报，第一卷，第六期，三七一至三七九页．十八年

薛基绵　钦县平吉一带石膏矿——矿业，专号，第一卷，第十期，四五页．二十二年

钦县平吉圩一带石膏矿——矿业特刊，二四三页．二十年

Gypsum Mine in Hupeh——中国经济周刊，Vol. XV，No. 21，p. 261，1929.

朱翙声 广东钦县石膏矿调查记——矿冶，第二卷，第七、第八期，二五九至二六五页．十八年五月

张世忠 陕西临潼石膏矿之调查（附图）——矿业周报，第二〇六号，六〇四至六〇七页．二十一年八月

李维相 调查湘潭膏盐矿产之详细报告——实业杂志，第一四九号，一至二四页，第一五〇号，一至二二页．十九年

（2）硫磺矿

周则岳 湖南常宁水口山硫磺矿调查报告——矿业周报，第二三一号，一〇一六至一〇二六页．二十二年三月

王猷，崔步瀛，钟作黄 河南新安博爱两县磺铁矿调查报告——1. 新安县磺铁矿（附图二）2. 博爱县磺铁矿（附图三）——河南地质调查所汇刊，第二期，一至十六页．二十二年

山西硫磺矿产调查——经济旬刊（江西省政府经济委员会编），第一卷，第五期，二一至二二页

水口山矿务局炼磺厂述略——矿业周报，第一百三十九号，六八四至六八六页．二十年四月

Y. Akasegawa：Sulphur Resources in China. ——支那矿业时报，第七四号，一〇三至一三二页．十九年

王本治译 用升华或挥发法从硫铁矿提取硫磺——矿业，第六号，九至十页．十八年十一月

朱翙声 英德县横石塘硫磺山硫铁矿——矿业，专号，第一卷，第十期，二十九页．二十二年

（3）石棉

李翼亭 中国石棉——矿业周报，第二百五十二号，一八三至一八七页．二十二年八月

绥远省归绥县大青山二石棉矿发见——支那矿业时报，第七六号，九一页．二十年

中辻正信 耐火性原料——矿业，六月至八月号．昭和八年

（4）磷酸弗石等

朱庭祜 西沙群岛之磷酸矿——矿冶，第二卷，第五期，二九至三一页．十七年八月

杨干邦，刘文曜 湖南慈利雄黄矿之梗概——矿业周报，第一百〇二号，八九至九四页．十九年七月

李殿臣，王镇屏 浙江吴兴陇山弗石矿——两广地质调查所年报，八一至九〇页．二十年

浙江省萤石矾石两矿业之考察及改进管见——支那矿业时报，第七八号，九六至一百页．二十一年

（5）水

梁津，胡博渊，谢家荣 首都之井水供给——地质汇报，第十六号，一至三十八页．二十年六月

Water Ways of Manchuria——中国经济月刊，Vol. 2，No. 2，1928. p. 175

萍乡安源附近土井状况调查表——矿业周报，第七九号，四九三至四九四页；第七八号，四七四至四七五页；第七七号，四六二至四六三页；七六号，四四五至四四六页．

十八年十二月

（6）石墨

张席禔　广东连滩郁南县含笔石页岩之发现及其地质系统比较——中国地质学会志，第十二卷，第二期，二四九至二五八页．二十二年三月

（九）关于钢铁之金属

（1）铁

清代矿政——清史稿

世界钢铁统计——矿冶，第三卷，第十一期，一二三至一三四页．十九年二月

本年上半年世界钢铁产额——实业杂志，一七五号，实业消息，第十七页

一　知译　世界铁矿之产额与消费（日本驻德长井商务书记报告）——实业杂志，一六五号．一至八页

胡博渊　日本钢铁业概观——矿冶，第三卷，第十一期，四九至六一页．十九年二月

侯德封　中国钢铁原料之鸟瞰——自然，第一卷，上册，第二十、二十一、二十二、二十三期，二十一年

铁矿国营之主张——矿业周报，第十七号，一至四页．十七年十月

罗为垣　钢铁硬化论浅释——矿冶，第一卷，第四期，第六七一至六七三页．十七年五月

罗　冕　国营钢铁厂筹备期中应注意之事项——矿冶，第七卷，第二十一期，第六三至六八页

周文燮　铬铁矿中铬质定量之新法——矿冶，第一卷，第四期，六七五至六七八页．十七年五月

日本经济侵略下之我国钢铁业——矿业周报，第六号，第一页．十七年六月

许耀轩　卡立克司钢珠钻机之优点——矿业周报，第一百四十五号，七七九至七八〇页．二十年

薛桂轮　铁矿与铝矿供求之关系——东北矿学会报，第一卷，第四期，二一四页．十七年

Iron Ore and Pig Iron Exports——中国经济周刊，Vol. Ⅻ，No. 24，p. 307，1928.

Water Filtration for Steel Works. ——The Far Eastern Review. Vol. XXVI，No. 1，p. 41，1930.

Steel Foundry for China——The Colliery Guardian，p. 547，1932.

China to Have Her Own Iron and Steel Works——中国科学美术杂志，Vol. XIV，No. 3，1931，p. 132.

China's Government Steel Plant and National Defence. ——The Far Eastern Review. Vol. XXVIII，No. 4，p. 207，1931.

K. L. Hsueh：The Iron and Steel Industry in China——The Far Eastern Review，Vol. XXIV，No. 4，p. 176，1928.

K. Liinomy：On the Refractory Materials Occures in Manchuria for Using of the Yawata Iron Works——支那矿业时报，第七三号，二十五至四十三页．十九年

China's Iron Industry——The Far Eastern Review. Vol. XXVII. No. 3，p. 203，1931.

Kwan K. F: Chinese Nail Mill Process Profitable. ——The Iron Age, Sept. 13, 1928, p. 626.
Wendt. K: The Iron Industry in China——Stahl N. Eisen 51, p. 1—8. 1931.
五十二年间铁类输出及五金输入价额之统计——矿业周报，第一一三号，二七〇至二七一页. 十九年十月
胡运嘉译 化铁工作之经济化——矿冶，第四卷，第十四期，四九至六十页. 十九年十一月
靳梁栋译 化铁炉直接翻砂之情究——矿冶，第二卷，第十期，三七至四二页. 十八年十一月
阎增才转译 化铁炉内部计算法——矿冶，第三卷，第十期，二七至三六页. 十八年十一月
卢成章 硫酸原料之调查——铁冶，第六卷，第二十期，六二至六七页
张人鑑 炼铁述略——河南地质调查所汇刊，第一期，二五〇至二五六页. 二十一年
黄金涛 建设中央钢铁厂与工业国防之关系——矿冶，第六卷，第二十期，六八至七四页
邓毓灵 化铁炉气清灰新法——矿冶，第三卷，第十一期，十三至二十一页. 十九年二月
王鉴清 减轻化铁成本之设计——矿冶，第三卷，第十一期，二八至四八页. 十九年二月
对绥远大青山炼钢厂址的怀疑——自然，第一卷，下册，第四十一期. 二十二年
Torgasheff, B: A Sound Metallurgical Sheme, the Proposed Pukow Steel Plant. ——The Chinese Nation (Shanghai), Vol. 1, No. 46, April 29, 1931, p. 1239—1244 & 1264.
Wong, J. K: Process of Reclaiming Iron & Steel from Their Scraps in the Changsintien Locomotive Works, Peking Hankow Railway. ——Journal of Association of Chinese & American Engineers, June, 1928, p. 38
New Steel Mill for Manchuria——The Far Eastern Review. Feb, 1929, p. 70—78.
New 500 ton Anshan Blast Furnace. ——The Far Eastern Review, July, 1930, p. 356 & 399.
阎增才 宏豫铁矿公司调查报告——矿冶，第二卷，第五期，四一至四九页. 十七年八月
林斯澄 辽宁之铁矿——东北矿学会报，第一卷，第六期，三五三至三六一页. 十八年
王昭章 本溪湖煤铁公司制铁作业概况——矿冶，第三卷，第十期，第九至二十页. 十八年十一月
张守范 本溪湖煤铁有限公司调查报告——焦作工学生，第一卷，第一期，五五至八八页
杨凤书 鞍山制铁所调查报告——焦作工学生，第一卷，第一期，八八至九四页
南满铁矿历年产额表——矿业周报，第七五号，四三〇至四三一页. 十八年十二月
日营鞍山铁矿十年来之产额——矿业周报，第八十号，第五〇九页. 十九年一月
Anshan Iron Mines——中国经济周刊, Vol. XVI, No. 3, p. 33, 1930.
虞和寅 鞍山铁矿——矿冶，第四卷，第十三期，八七至一〇六页. 十九年八月
Find Iron Mine Near Mukden——The Far Eastern Review, Vol. XXX, No. 6, 1934, p. 262.
丁道衡 绥远白云鄂博铁矿报告——地质汇报，第二十三号，五三至五八页. 二十二年十二月

胡博渊　完成龙烟公司炼铁事业之计划——矿冶，第四卷，第十六期，六九至七六页. 二十年五月
丛任成　山东益都县铁山之调查——矿业周报，第二百〇七号，六一五至六一六页. 二十一年九月
王德森　山西平定铁矿——矿业周报，第六十号，一七七至一七九页. 十八年八月
Iron Industries in Shansi——中国经济周刊，p. 163，Vol. XIV，No. 13，1920.
Iron Mining in Shansi——中国经济周刊，Vol. XXIV，No. 6，p. 90. August 5，1933.
山西铁业——矿业周报，第三十四号，五四九至五五〇页. 十八年二月
王　猷　河南省新乡县宏豫冶铁厂调查报告——河南地质调查所汇刊，第二期，第一至十页. 二十二年
王　猷　河南省武安县铁矿调查报告（附图二）——河南地质调查所汇刊，第二期，一至十二页. 二十二年
钟作黄　河南修武县铁矿调查报告——河南地质调查所汇刊，第二期，一至四页. 二十二年
笛楼石青　修武铁矿及晋城铁矿调查报告——焦作工学生，第一卷，第二期，一至二十三页. 十七年六月
陈廷纪　六河沟煤矿公司炼铁厂概要——矿冶，第六卷，第十九期，一〇八至一一七页. 二十二年二月
阎增才　六河沟铁矿厂开炼九个月大事纪略——矿业周报，第四卷，第十五期，八十一至九十四页. 二十年二月
Steel Works for Shanghai——中国经济周刊，Vol. XXIII，No. 26，p. 403，December 23，1923.
Steel Works for Shanghai——The Far Eastern Review，Vol. XXX. No. 6，1934，p. 287.
上海炼矿厂之沿革——矿业周报，第八十二号，五三六页. 十九年二月
Y. Akasegawa：Report on the Tayeh，Tao-Chung & Tai-Ping Iron Mines Along the Yang-tzu River. ——支那矿业时报，(p. 67—97)，第 70 号，1928.
安徽当涂铁矿调查报告——矿业周报（中华矿学社），第九九页. 十八年四月；矿业周报，第六号，第七页. 十七年六月
裕繁铁矿公司之调查——矿业周报（中华矿学社），第一集，第一七四页. 十八年
陈仲衡　裕繁铁矿公司之调查——矿业周报，第十一号. 第七页. 十七年八月
调查安徽繁昌宝华铁矿报告——矿业周报，第二十号，三百二十至三二一页. 十七年十月
安徽当涂宝兴铁矿调查记——矿业周报，第五十三号六五至七十页. 十八年七月
Wong，J. K：Japan's Steel Industry Furnish the Key to Manchurian Aggression——The Iron Age，Feb. 18，1932，p. 4356.
安徽繁昌县之裕繁铁矿公司——矿业周报，第二十六号，第五七七至五八六页. 十八年二月
皖南煤铁矿概述——矿业周报，第二十七号，第四三三至四百四十页. 十七年十二月
芋　子　益华铁矿调查报告——矿业周报，第三十一号，第四九七至四九八页. 十八年一月

浙江磺铁矿纪略——矿业周报，第二百三十八号，第一一四四页. 二十二年五月
朱雪友 浙江铁矿业之研究及其发展计划之商榷——矿业周报，第八十号，五百零一至五百零四页. 十九年一月
王镇屏，李殿臣 浙江长兴李家巷附近铁矿武康铜官山铜矿——两广地质调查所年报，第六九至八十页. 二十年
福建磺铁矿之调查——矿业周报，第二百三十八号，第一一四零至一一四四页. 二十二年五月
本年度大冶铁矿每月产砂表——矿业周报，第六六号，第二八三页. 十八年十月
象鼻山铁矿五年来产额表——矿业周报，第六十三号，第二三七至二三八页. 十八年九月
薛基绵 信宜牛洞铁矿——矿业专号，第一卷，第十期，第四二页. 二十二年
永兴耒阳铁冶业之近况——实业杂志，165号，实业消息，第二页.
刘 谦 开采大冶县尖山铁矿计划书——矿业周报，第六十四号，第二四一至二四三页. 十八年九月
陈廷纪 汉阳钢铁厂第三号化铁炉开炼记——矿冶，第二卷，第五期，第一三至二一页. 十七年八月
刘基磐 汉冶萍煤铁厂矿整理及复工计划——矿冶，第三卷，第十一期，第九三至一二二页. 十九年二月
大冶铁矿产量——矿业周报，第二十三号，第三七九页. 十七年十一月
象鼻山官铁矿历年售砂概况——矿业周报，第一百三十一号. 第五五十至五五八页. 二十年二月
何 铭 大冶象鼻山官铁矿调查报告——矿业周报，第一〇一号，第七六至七九页. 十九年七月
十八年与十九年之大冶铁矿——矿业周报，第一〇七号，第一七十至一七二页. 十九年八月
大冶公私两铁矿之最近工资与物价——矿业周报，第一三三号，第五八八至五九十页. 二十年二月
大冶铁矿十九年度采矿工程概况——矿业周报，第一百五十八号，第九六八至九七十页. 二十年九月
朱翙声 清远银盏坳附近龙塘穿坳铁矿——矿业专号，第一卷，第十期，第十九页. 二十二年
朱翙声 清远沙河墟附近硫铁矿——矿专业号，第一卷，第十期，第二十页. 二十二年
朱翙声 清远石马墟横头冈硫铁矿——矿业专号，第一卷，第十期，第二三页. 二十二年
云浮县乌石岭铁矿——矿业特刊，第一六十页. 二十年
云浮县扶卓坑硫化铁矿——矿业特刊，第一六三页. 二十年
张君鳌 紫金县宝山嶂铁矿区测量纪——矿业专号，第一卷，第十期，工作日记部，第九页. 二十二年
何致虔 广东发展铁矿及设立炼铁厂问题——矿业特刊，第四八页. 二十年
英德县马追石蚆壳井铁矿——矿业特刊，第八二页. 二十年
朱国典 试探云浮乌石岭铁矿报告书（附各种图表九张）——矿业，专号，第一卷，第十

期，第一页．二十二年

兴宁县石马铁山嶂铁矿——矿业特刊，第三二二页．二十年

中山南县海区南水乡狮子髻山铁矿——矿业特刊，第一九一页．二十年

薛基绵　廉江燕子岭赤铁矿——矿业，专号，第一卷，第十期，第五七页．二十二年

何致虔　广东钢铁厂各种原料问题——矿业，专号，第一卷，第十期，第二六页．二十二年（广东）

筹办广东钢铁厂之经过——矿业，专号（广东），第一卷，第十期，第七页．二十二年

希　云著，朱翙声，何致虔译　筹办广东钢铁厂初步报告书——矿业，专号，第一卷第十期，第一页．二十二年

紫金县青溪宝山嶂铁矿——矿业特刊，第三三三页．二十年

朱翙声　试采紫金县宝山嶂铁矿报告书（附各种图表五张）——矿业，专号（广东），第一卷，第十期，第十四页．二十二年

张景芬　广东煤铁矿调查报告——矿冶，第五卷，第十八期，第一至二十八页．二十一年八月

（2）锰

James，A. Robbitt and T. Fujiw：Report on New Magnetic Steel. ——the Far Eastern Review. Vol. XXVIII，No. 10，p. 451，1932.

中国锰矿业状况——矿业周报，第十五号，第十一至十二页．十七年五月

中国锰矿——矿业周报，第十一号，第十三页．十七年八月

中国之锰矿——矿业周报，第二十六号，第四一七至四二六页．十七年十二月

卢成章　中国锰矿业——矿冶，第四卷，第十六期，第二五至二六页．二十年五月

梁宗鼎　锰矿与国防——矿冶，第三卷，第十一期，第一至十一页．十九年三月

H. Nishihara：Origin of the Manchurian Magnesite Deposite——Economic Geology，Vol. 26，No. 1，p. 118，1931.

K. Niminy. Magnesite Deposites of Manchuria——Economic Geology. Vol. 22，No. 2，1927，p. 195.

H. Nishihara：Magnesite Deposits of Manchuria——Economic Geology，Vol. 23，No. 2，p. 218，1928.

湘潭锰矿局工程近况——实业杂志，153号，第四二至五四页

何主席偕宋曾两委员视察湘潭锰矿记——矿业周报，第七十四号，第四一三至四一五页．十八年十二月

湘潭鹤岭锰矿——矿业周报，第十九号，第三一二至三一三页．十七年十月

朱翙声　灵山县白玟坪锰铁矿——矿业专号，第一卷，第十期，第五十六页．二十二年

李殿臣　广东钦县之锰矿——中国地质学会志，第十一卷，第三期，第三〇七页．二十年十二月

罗定县新榕乡锰矿——矿业特刊，第一四八页．民国二十年

薛基绵　化县大墩铺锰铁矿——矿业专号，第一卷，第十期，第五五页．二十二年

钦县黄尾屯一带锰矿——矿业特刊，第二三三页．二十年

宝安县葵涌大楠岭锰矿——矿业特刊，第二七七页．二十年

防城县八角湾一带锰矿——矿业特刊，第二四〇页．二十年
朱翙声　广东钦县锰矿报告——科学，第十四卷，第四期，第五四九页
朱翙声　钦县钓渔公山白狗塘锰铁矿——矿业专号，第一卷，第十期，第五四页．二十二年
朱翙声　钦县空棠岭长冈岭一带锰铁矿——矿业专号，第一卷，第十期，第五十页．二十二年

（3）钨

Tsen-pak -hang：Recherches Sur grelgres Minerals Chinois de Tungstene et de rebgbdene——The Bibliotheca Francs-Sinica Lugdunensis Vol. 5.
Chinese Tungsten——Chem. Eng. & Min. Review，Vol. 22，July 5. 1930. p. 356—357.
Wolff. P. R. Tungsten Trade of China——The Far Eastern Review，April，1928，p. 183.
黄伯逵　中国钨业——矿业周报，第二五七号，第二六六至二七〇页．二十二年十月
钨矿问题——矿业周报，第二百六十二号，第三四三至三五〇页．二十二年十一月
赵仁涛　中国之钨矿业——东北矿学会报，第二卷，第四期，第二二五至二二七页．十九年
朱国典　发展钨矿与对外贸易——矿业，特刊（广东），第五十八页．二十年
Tam Wah Ding：Present Status and Future Outlook of the Chinese Tungsten Industry——The Far Eastern Rewiew. Vol. XXV，No. 11，p. 519，1929.
西　耕　湘赣钨矿之比较观——实业杂志，第一九二号
胡锡禄　湖南常宁钨金坪钨矿纪要——矿业周报，第六十六号，第二七三至二七四页．十八年十月
赣南西华山钨矿调查——矿业周报，第六十八号．十八年十月
湖南近五年内钨砂出口数量与税收数目统计表——矿业周报，第五十八号，第一五七页．十八年八月
洗荣熙　赣南钨矿视察记——矿业周报，第二一六号，第三一〇至三一八页；第二一七号，第三二六至三三一页．二十二年十月
Tungsten Mines in Kiangsi——中国经济周刊，Vol. XIV，No. 23，p. 287，1929.
Kiangsi's Output of Tungsten Ore——中国经济周刊，Vol. XVI，No. 16，p. 196，1930.
民国十六，十七，十八年全国钨砂出口统计表——矿业特刊，第四四二页．二十年
民国十九年广东钨砂出口统计表——矿业特刊，第四四四页．二十年
惠阳县一带钨矿——矿业特刊，第三五二页．二十年
河源县一带钨——矿业特刊，第三四六页．二十年
五华县周谭约杨唐继山钨矿——矿业特刊，第三二六页．二十年
梅县琯坑钨矿——矿业特刊，第三一九页．二十年
中山县张家边白石宕钨铋矿——矿业特刊，第一八五页．二十年
恩平县莲冈堡婆髻山钨铋矿——矿业特刊，第一九六页．二十年
东莞县桥头乡钨矿——矿业特刊，第二七〇页．二十年
宝安县焦坑钨矿铜矿——矿业特刊，第二七三页．二十年

海丰县汕尾白石岭钨矿——矿业特刊，第二八〇页．二十年
中山县南海区三灶乡大霖山钨矿——矿业特刊，第一八一页．二十年
从化县大江田钨矿——矿业特刊，第一三五页．二十年
乐昌县铁钉头钨铋矿——矿业特刊，第一一五页．二十年
翁源县钨铋矿——矿业特刊，第八九页．二十年

（十）金

世界之金银产额——牛顿（牛顿社月刊杂志），Vol. 2，No. 12，p. 113，1933.
世界黄金分布状况——矿业周报，第九十五号，第七五〇至七五一页．十九年五月
世界五金之产销统计——实业杂志，第一六〇号，第一至二四页．二十年
本年世界金产额之估计——实业杂志，第一六八号（实业消息），十六页
治　民　世界黄金之分布与其出产——焦作工学生，第一卷，第二期，八六至一〇七页
中国内地金矿业——远东矿业，第三编，第七十章，第一二三至一二六页．十七年
李保龄　国内金矿业及今后开发管见——矿冶，第四卷，第十三期，第九至三十六页．十九年八月
中国金输入统计表——矿业周报，第一百十一号，第二二一至二二三页．十九年九月
黎锦耀　中国金矿概述——矿业周报，第九十号，第六六二至六七二页；第九十一号，第六八二至六八七页．十九年四月
Fred. W. Fruse：Transportation of Gold by Organic Underground Solutions. ——Economic Geology，Vol. 26，No. 4，p. 421，1931.
Akeks E. Lilius：Savage Gold. ——The Far Eastern Review，Vol. XXIX，No. 3，p. 129，1933.
小山一郎　满洲之金矿及砂金——矿业，第十卷，一月号至九月号，十一，十二月号．昭和八年
G. T. Eve：Gold Mining and Its Vital Importance to Manchuria——The Far Eastern Review. Vol. XXVIII，No. 7，p. 313，1932.
Gold Mining in North Manchuria——The Far Eastern Review. Vol. XXIII，No. 7，p. 324，1927.
V. A. Kormazoff：Gold Mining in Heilungkiang Province——The Far Eastern Review. Vol. XXIII，No. 8，p. 375，1927.
Gold Field in Manchuria——The Far Eastern Review. Vol. XXVI，No. 11，p. 604，1930.
Gold Mining in North Manchuria——中国经济周刊，Vol. X，No. 330，p. 336，1927.
New Gold Field Discovered in Manchuria——中国科学美术杂志，Vol. XIV，No. 2，p. 81—82，1931.
Boris P. Torgassheff：Gold Mining Prospects in Manchuria——中国经济月刊，Vol. IV，p. 135，1929.
Gold Mines in Manchuria——中国经济月刊，Vol. XVI，No 20，p. 252，1930.
Mills，Edwin W：Gold Mining in Outer Mongolia——Mining Jour. （London）165，p. 399—402，1929.

满蒙之金矿——支那矿业时报，第七十九号，第六十至六七页．二十一年
张成洲译　东三省之金矿——东北矿学会报，第一期，第三七至四四页；第二期，第一一一至一一九页．十七年
奉天金矿——矿业周报，第三十号，第四八九至四九〇页．十八年一月
辽宁省清源县狗奶甸子钜隆金矿调查报文——支那矿业时报，第七十五号，第一至一五页．十九年
刘萝符　辽宁之金属矿（铁除外）——东北矿学会报，第一卷，第六期，第三六二至三七〇页．十八年
黑龙江金矿调查记——支那矿业时报，第七三号，第六三至七二页．十九年
黑龙江沿岸砂金事业之现状——矿业，满铁地质调查所，第十卷，一月号，第十六至十八页．昭和八年
钱殿奎　黑龙江沿岸砂金事业之现状——矿冶，第四卷，第十三期，第三七至四十页．十九年八月
翁文灏　黑龙江金矿调查记——矿冶，第二卷，第五期，第五一至六一页．十七年八月
戴启玙　会同漠滨金矿报告及计划书——矿业，第六号，第四二至四五页．十八年十一月
漠滨金矿始末——矿业周报，第十三号，第八页．十七年八月
璠　璋　漠滨金矿概况——实业杂志，第一四三号，第五至八页．十八年
黑龙江省汤源县梧桐河砂金地调查报告——支那矿业时报，第六八号，第一至四四页．十六年
孙莹辉　黑龙江省已开采之煤金矿调查录——中东经济半月刊，第二卷，第十七号．十九年
张善铭　栖霞县唐山砂金矿床探矿志——矿冶，第四卷，第十四期，第九一至一〇〇页．十九年十一月
沈　和，钟作黄　试探嵩县高都里杨树洼及祈雨沟金矿工程报告——河南地质调查所汇刊，第二期，第一至六页．二十二年
王　猷　试探嵩县西北区高都里陶沟祈雨沟一带砂金矿——经济地质报告
河南金属矿产概论　甲，铁矿　乙，金锡等矿——河南矿产志，第四九至五九页．二十二年八月
王　猷　嵩县西北乡高都德亭左峪一带金矿调查报告（附图三幅）——河南地质调查所汇刊，第一期，十九至二十二页．二十一年
河南嵩县西北乡高都德亭左峪一带金矿调查报告——矿业周报，第一八四号，第二四三至二四五页．二十一年三月
开采河南嵩县西北区砂金矿计划——矿业周报，第一百八十五号，第二六一至二六四页．二十一年四月
李春昱　杨子江上游的金矿——自然，第二卷，上册，第五十六期．二十年
范柏年　湖南沅陵贞平乡柳林镇及桃源蓼叶溪金矿调查记——矿业周报，第二五二号，第一七〇至一七六页；第二五〇号，第一四八至一五六页．二十二年八月
刘大阅　整理平江黄金洞金矿意见书——实业杂志，第一九五号．二十三年
Gold in Kwangsi——中国科学美术杂志，Vol. XⅦ，No. 5，p. 229－230，1932.
增城县帽峰山黄麻塘金矿——矿业特刊，第二五九页．二十年

高要县杨梅坑金矿——矿业特刊，第一六五页．二十年

罗定县黄胆岭金矿——矿业特刊，第一五二页．二十年

清远县滨江腊石洞砂金矿——矿业特刊，第一二八页．二十年

信宜县白堡白鸡岭金矿——矿业特刊，第二二六页．二十年

薛基绵　信宜白鸡岭砂金矿——矿业，专号，第一卷，第十期，第四十页．二十二年

惠阳县淡水墟隔沥庙角金矿——矿业特刊，第三五〇页．二十年

朱翙声　英德县九龙金造村一带金砂矿——矿业，专号，第一卷，第十期，二十五页．二十二年

朱翙声　连山县木搓墟金砂矿——矿业，专号，第一卷，第十期，第十一页．二十二年

钦县粟和砂金矿——矿业，专号，第一卷，第十期，第五十页．二十二年

广东肇庆金鸡坑砂金矿视察概略及试探计划——矿业周报，第二〇六号，第六〇二至六〇四页．二十一年九月

朱翙声　英德县鲤鱼乡犁碟陂金砂矿——矿业，专号，第一卷，第十期，二七页．二十二年

澄　远　滇南老摩多金厂之调查——矿业周报，第二五八号，第二七七至二八四页．二十二年十月

（十一）铜锌铅银

陆志鸿　日本生野铜矿浮油选洗报告——矿冶，第四卷，第十五期，第三十一至三十八页．二十年二月

王本治译　铜与锡——矿业，第六号，第七至八页．十八年十一月

李学清　湖北东南部铜矿矿物研究——地质汇报，第十二号，第三十一至三十六页．十八年四月

胡　瑰　湖南绥宁县半里铜厂界铜矿调查报告——实业杂志，第一百六十四号，一至六页．二十年

宽甸县三道沟铜山调查报文——支那矿业时报，第七十三号，第一至七页．十九年

胡朗山　湖南绥宁铜厂界铜矿之调查——矿业周报，第一五三号，九〇六至九〇八页．二十年八月

M. E. McDornell：Copper Steel，“Rustproofing of Steels” Materials——The Far Eastern Review. Vol. XXVI，No. 1，p. 42，1930.

Copper in China and the Far East. ——中国经济月刊 Vol. V，No. 1，p. 849 & p. 909，1929.

Lee，H. T：Copper Ores of S. E. Hupie——Bulletin Geological Survey of China，No. 12，April，1929.

Copper Production. （One of the Oldest known Industries in Japan brought to Highest Order on Modern System）——The Far Eastern Review. Vol. XXIV，No. 6，p. 269，1928.

K. Sawa & S. Imoi：Reports on the Tien-pao-shan Copper mines，Yen-Cei-hsien，Chilin Province，——支那矿业时报，第七一号，第一一至三五页．1929.

恢复松柏土法白铅炼厂计划书——矿业周报，第一二四号，第四三九至四四三页．十九年十二月
水口山铅锌矿产量——矿业周报，第三十号，第四九一页．十八年一月
兹　心　水口山铅锌矿探采进行之最近状况——矿业周报，第二十五号，第五六六页．十八年二月
水口山锌铅矿产额表——矿业周报，第九十八号，第三十页．十九年六月
湖南黑铅炼厂最近调查报告——矿业周报，第八十八号，第六二九至六四〇页；第八十七号，九一八至九二二页．十九年三月
水口山铅锌矿之运输——矿业周报，第一三五号，第六一五至六二〇页．二十年三月
黄国瀛　处理水口山白铅碎砂之研究——实业杂志，第一六四号，第一七至二二页
十八年度之湖南黑铅炼厂——矿业周报，第八十号，第五〇五至五〇七页．十九年一月
湖南水口山铅锌矿探矿计划述略——矿业周报，第七三号，第三八五至三八八页．十八年十二月
水口山铅矿历年产额表——矿业周报，第六十一号，第二〇六页．十八年九月
王昭文　湖南水口山铅锌矿最近调查——矿业，第九号，第三一至五三页．二十年一月
湖南水口山铅锌矿专刊——湖南水口山矿务局编印．二十年
李栖凤　湖南水口山铅锌矿报告——焦作工学生，第一卷，第二期，第三十至四九页
贾竹堂　湖南黑铅炼厂报告——焦作工学生，第一卷，第二期，第五六至七〇页
湖南桃源青云山，虎形山，黄柏山，铅矿——支那矿业时报，第七十九号，第一〇九至一一二页．二十年
诚　哉　湖南炼铅厂最近概况——实业杂志，第一九二号
杨干邦　郴县永丰乡乔口铁屎垅秀才乡黄泥山营磐岭耒阳上堡铅矿调查——实业杂志，一九二号
湘建设厅提议试探衡山铅矿——实业杂志，一七一号，第二页（实业消息）
麓霖次晶　桂阳县虎形山铅矿纪要——实业杂志，第一七四号，第一九至二四页．二十一年
方云程　考察湖南炼铅厂记——实业杂志，第一八〇号，第三至一四页；第一七九号，第五至十页．廿一年
丰阳马水镇下马岭笔铅矿之梗概——矿业周报，第一一九号，第三六五至三六六页．十九年十一月
Grown Copy Right Reserved，Lead (Second Edition) Imperial Institute. 1933.
长沙黑铅炼厂——矿业周报，第十五号，第六页．十七年九月
萍乡白竺银铅矿调查记——矿业周报，第十八号，第二九二页．十七年十月
田奇瑪　湘乡涵溪掘鸦头山铅锌矿——矿业周报，第一六五号，第一〇九九至一一〇〇页．二十年十一月
钟伯谦　湖南衡山银坑村东光山报告——矿业周报，第一九八号，第四七五至四七八页．二十一年七月
桃源青云山虎形山黄柏山铅矿调查记——矿业周报，第一八三号，第二二八至二三〇页．二十一年三月

周则岳　湖南西法白铅炼厂附设硫酸厂计划书——矿业周报，第一八二号，第一五〇至二二〇页．二十一年三月
范柏年　桃源黄柏山铅矿调查记——矿业周报，第二四七号，第一〇七至一〇八页．二十二年七月
杨干邦　桂阳虎形山铅矿勘查报告——矿业，第九号，第五四至五七页．二十年一月
陈家筠　湖南炼铅厂提金记略——矿业周报，第二六五号，第三九一至三九二页．二十二年十二月
河南地质调查所　河南省之金银铅铜矿——矿业周报，第二五六号，第二四九至二五一页．二十二年九月
黑铅炼厂——矿业周报，第一三号，第九至十页．十七年八月
资兴大脚岭铅矿报告——实业杂志，第一九五号．二十三年
朱翙声　广东铅矿发展问题——矿业特刊，第七十页．二十年
鹤山县到湾塘铅矿——矿业特刊，第一七四页．二十年
博罗县公庄墟大南坝铅矿——矿业特刊，第三四一页．二十年
蕉岭县羊子山铅矿——矿业特刊，第二九三页．二十年
朱翙声　阳山寨冈墟一带铅砒矿——矿业，专号，第一卷，第十期，第一四页．二十二年
西法炼锌厂初步计划——矿业周报，第一八一号，第一九七至二〇八页．二十一年三月
君　复　氧化锌矿渣之处理——焦作工学生，第一卷，第二期，第七七至八二页
C. C. Lin，C. C. Tien，and C. Y. Ou Yang：Reprt on the Shui Kon Shan Lead and Zinc Mine，Hunan. ——The Far Eastern Review，Vol. XXIV，No. 2，p. 81，1928.
Lin，C. C.，Tien，C. C.，Ouyang，C. Y：Report on the Shui Kou Shan Lead & Zinc Mine，Hunan. ——Ist Bull，Geol. Survey of Hunan，——Journal of Association of Chinese & American Engeneers，Vol. 9，No. 5，p. 3－8，May，1928.
四十年来我国净进出口银额之统计——矿业周报，第一〇四号，第一二五至一二七页．十九年七月
范伯年　湖南慈利廖家山含银铅矿调查记——矿业周报，第二四六号，第八八至九〇页．二十二年七月
Tin Mine Silver，Tachang，Kwangsi. ——Chinese Econos Mic Bull. Vol. XXI，No. 14，p. 183－185. Oct. 1，1932.
钟伯谦　湖南衡山银坑村矿报告——矿冶，第七卷，第二十一期，第六九至七二页
郁南县大榕大翁坑银铅矿——矿业特刊，第一四五页．二十年
从化县白芒潭银锌铅矿——矿业特刊，第一三〇页．二十年
信宜县沙底佛子洞银锌铅矿——矿业特刊，第二三〇页．二十年
紫金县古竹圩长布山银铅矿——矿业特刊，第三三九页．二十年

（十二）铝镁

季　子　铝及铝合金之精制新法——实业杂志，第一五八号，第一至八页
陆志鸿　近代金属材料中之铝及其合金——学艺，第十号，第十卷，第一至三十一页．二

十年
Aluminium Industry Extends Operation in China. ——Far Eastern Review, Vol. XXIV, No. 2, P. 81, 1933.
Wang, C, C: The Bauxite Deposits of Poshan and Tzechuan Districts, Shantung. ——Bulletin, Geological Survey of China, No. 18, Feb. 1932.
王竹泉 山东博山淄川铝矿研究——地质汇报，第十九号，第五七至七十页. 二十一年二月
Aluminium Manufacture in Shanghai——The Far Eastern Review. Vol. XXVI, No. 5, p. 233, 1928.
Production of White Alum in Pingyang——中国经济月刊, Vol. X, No. 5, p. 434, 1932.
金开英，萧之谦 平阳矾石之加热试验——地质汇报，第二十三号，p. 47－51，二十二年十二月
浙江平阳之矾石矿及明矾之产量——矿业周报，第七〇〇至七〇一页
安徽大小矾山矾矿调查报告——矿业周报，第一三七号，第六四六页. 二十年
满洲产滑石矿业之近况——支那矿业时报，第七六号，第六八至七八页. 二十年
薛基绵 信宜三叉田滑石矿——矿业，专号，第一卷，第十期，第四四页. 二十二年
孙显惠 辽宁海城大岭滑石矿——矿冶，第三卷，第九期，第五五至六八页. 十八年八月
满洲产菱苦土矿业之现状——支那矿业时报，第七十六号，第六八至七八页. 二十年

（十三）锡砒

孟宪民 锡矿床之地质研究——矿业周报，第十八号，第二九二至二九六页. 十七年十月
新化锡矿山——矿业周报，第七号，第六页. 十七年七月
新化锡矿山产量减少之近讯——实业杂志，第一六五号，实业消息，第三页
湖南建设厅勘矿委员 临武香花岭锡矿报告——实业杂志，第一九五号. 二十三年
二十一年度之湖南江华上伍堡锡矿——矿业周报，第二三三号，第一〇五五至一〇五七页. 二十二年四月
江华锡矿局历年办理情形——矿业周报，第一百七十八号，第一五一至一五四页. 二十一年二月
李竞存 临武香花岭锡钨矿视察记——实业杂志，第一四五号，第一至一三页. 十八年
麓霖晶次 临武县香花岭锡矿视察记——实业杂志，第一七四号，第一一至一八页. 廿一年
皮名正 广西富贺钟锡矿调查报告——实业杂志，第一六二号，调查部，第一至十二页
李竞存 调查湖南桂阳县两头岩锡矿报告书——实业杂志，第一九二号
皮芋岩 江华上伍堡锡矿调查记——矿业周报，第八十六号，第五九九至六〇〇页. 民国十九年三月
方云程 湖南江华锡矿调查——实业杂志，一七九号，调查部，五至九页；第一八〇号
麓霖次晶 桂阳大有窿砒锡矿概况——实业杂志，第一七六号，三五至三八页. 二十一年
湖南省江华县河路口之锡矿——支那矿业时报，第七四号，第二〇〇至二〇一页. 十九年

Tin Mines of Tachang, Kwangsi——中国经济周刊, Vol. XXI, No. 4, p. 183, October 1, 1932.

紫金县龙窝圩锡矿——矿业特刊，第三二九页. 二十年

电白县长经河元洞仔堡锡矿——矿业特刊，第二〇九页. 二十年

赤溪县磅礴尾锡矿——矿业特刊，第一九三页. 二十年

罗为垣 焙烧锡矿之还元——矿冶，第四卷，第十四期，第十九至四八页. 十九年十一月

揭阳县五经富塘湖山铋矿——矿业特刊，二八二页. 二十年

广西富贺钟锡矿调查报告——矿业杂志，第一六二号，第一至十二页；第一五九号第一至二八页. 二十年

张君整 广西贺县车地锡金矿视察报告——矿业周报，第八十号，第五〇七页. 十九年二月

Draper, M. D: The Tin Industry of Yunnan. ——Mining & Metallurgy, P. 118－186, April, 1931; P. 242－247, May, 1931; ——The Far Eastern Review, P. 483－491, Aug., 1931.

朱翙声译 云南省之锡业——矿业，专号，第一卷，第十期，译述部，第一页. 二十二年

Mining & Arsenic Metallurgy in South China (Erzberg bauunal Arsenhutten belrieb in Sud China Hunan) ——Metull. u. eiz Oct. 2. 1927, p. 492. 7

Marcells Muccioli: Arsenic Among China. ——Notiz China－ind. 2. p. 699－701, 1927.

（十四）锑汞

王道纯 救济湖南锑业之管见——矿冶，第四卷，第十六期，第二七至三六页. 二十年五月

王宠佑 近年冶锑之发展——矿冶，第三卷，第九期，第一至一四页. 十八年八月

Antimony Production in China——The Far Eastern Review. Vol. XXIV, NO. 7; p. 377, 1933.

Antimony Production in China——中国经济周刊, Vol. XII, No. 1, 1933, p. 57.

Chinese Antimony in 1927. ——The Min. Jour, London, Feb. 11, 1928, p. 129－130.

Antimony and Tin Markets in Shanghai in 1926——中国经济月刊, Vol. 1, No. 4, p. 336.

Antimony Mining in Kwangsi Province. ——中国经济周刊, Vol. XXI, No. 3, July 16, 1932, p. 31.

Antimony, Panchi Mine in Hunan. ——中国经济周刊, Vol. XV, No. 5, 1929, August 3, p. 69.

H. H. Tien, C. C. Ku, S. Y. Wang: Report on the Pan-Hsi Antimony Mine——Geol. Survey of Hunan, Bull. 5, 1928.

谭子俊 湖南锑矿之调查——实业杂志，第一五四号，第一至二六页. 十九年

厚 吉 湖南之锑矿及其出口贸易——国际贸易导报，第四卷，第二号. 二十一年七月

板溪锑矿——矿业周报，第七号，第七页. 十七年七月

龙山锑矿近况——第三号，第四页. 十七年五月

钱慕宁 湖南锑业之出口贸易——实业杂志，155 号，第 6－12 页

Liu，C. P：General Statement on the Antimony Industry of Hunan——Geol. Survey of Hunan，Bull 3，Special Report，1928

湖南益阳板溪久通锑矿公司十七年份概况——矿业周报，第五十四号，第八一至八六页. 十八年七月

长沙岳州汉口三关历年纯锑出口数量表——矿业周报，第二十三号，第三八〇至三八一页. 十七年十一月

湖南锡矿山锑矿业之近况——矿业周报，第一百〇五号，第五八六至五八七页. 二十一年九月

锡矿山锑矿业之近况——实业杂志，第一七五号，实业消息，第七至八页

湖南黔阳茫冬溪龟形山锑矿之调查（黔阳县一般矿产）——矿业周报，第二百〇四号，第五七三至五七四页. 二十一年八月

乐昌县乐嘉湾锑矿——矿业特刊，第一二二页. 二十年

辨理贵州梵净山锑矿纪略——矿业周报，第五十一号，第三三至四十页. 十八年六月

晃县酒店塘湾老虎坡汞矿业调查

广西富贺钟锡矿简报第一号*

一、绪言

民国二十六年十一月荣等奉命调查广西富贺钟砂锡矿，于十二月二号抵八步后，先考察西湾煤田地质，事毕于十六号赴水岩坝，三十号赴望高，一月十三号搭便车赴红花调查矿床矿业，十四号赴白沙，十七号赴湖南江华河路口。兹将考察及采访所得关于富贺钟锡矿情形，先作第一号简报如次：

二、矿区分布

矿区位于广西省之东北部，占有富川、贺县及钟山三县。东南起自里松圩，西北迄庙湾，延长凡四十公里，再向北与湖南江华矿区遥相连续，盖同属于萌渚岭（即姑婆山）花岗岩侵入体之区域，而位于其西缘及西南缘者也。在钟山县西北二十五公里之红花圩，其西南之英家及平乐县东三十公里之同安，亦俱有锡矿，此则位于红花同安间花岗岩侵入体之南缘，而另属一区域者也。此外在贺县北十余公里之莲塘亦有锡矿，但其附近未见有花岗岩（依据田奇瑰氏地质图），是否如是，尚待实地考察后，始能知之。故就地理上及地质上之关系言，富贺钟砂锡矿可分为三大区域如次（参考第一图）：①

一、萌渚岭区，二、红花区，三、莲塘区。

每区中以其附近一重要之村圩为中心，又可划分为若干区如次：

一、萌诸岭区

一、新村坪区，包括里松圩、大湾塘、白面山、半路圩、黄金坪等处。
二、牛车地区，包括养牛冲、白沙塘、车头准、车底等处。
三、水岩坝区，包括水岩坝河、白岩河各流域之地，新式大公司共十余家，产额最巨。
四、栗头区，包括沙子冲、箭猪窿及望高河流域等地。
五、望高区，包括沙子坳、绹马岭、出水壁、石夹肚、狮子尾、铁屎坪、尖蓬山等处。
六、白沙区，包括桃子窝、梅子涧、大冲口等处。
七、庙湾区，包括麻溪、黑山等处。
八、江华区，属湖南省。

* 署名：谢家荣、王植。成文于1938年2月。经济部地质调查所简报，第11号（小册子印本）。原件存全国地质资料馆。档号28260

① 原资料缺图。——编者注

二、红花区 { 一、红花圩区 / 二、英家区 / 三、同安区 } 详情续报。

三、莲塘区　详情续报。

以上各区，自以萌渚岭区为最重要，其中尤以水岩坝一带为现在开采最盛，产额最多之区。红花区中仅山花江流域业经开发，现有太和、志和、裕桂等公司用新法开采。其余各地或仅用土法，或尚未开发。莲塘区请领矿区者甚众，详情续报。

三、矿床

富贺钟锡矿俱属砂锡矿。原生脉矿尚少发现。据孟宪民、张更二君调查（中央研究院地质研究所丛刊第六号），谓于黄灰厂（译音）附近，曾见含硫化物之原生脉矿云。就成因言，砂锡矿可分为冲积矿床（Allurial Deposits）与残积矿床（Eluvial Deposits）二大类，冲积矿床中又可分为近代冲积、古河冲积，洞穴冲积及山间盆地冲积各种，分列如下：

甲、冲积矿床：

一、近代冲积：位于现代河流冲积平原之下约十余公尺，为现代河流于去今不远之时期内冲积而成。因面积宽广，水源充足，最宜于新法开采。水岩坝各大公司之矿床俱属此类。

二、古河冲积：位于高距现代河流二十五至五十公尺之间，有时与现代河流之位置不相合。望高之沙子拗及望高白沙间白沙河两岸之砂锡矿俱属此类。

三、古河扇形冲积：位于山坡之上，其高度可达一二百公尺，为古河自山地流入平原之扇形冲积。望高茶盘源公司、劲丰公司及恒源公司（尖蓬山）之矿床俱属此。

四、喀斯脱山间盆地冲积：此间下石炭纪之石灰岩常成喀斯脱（Karst）地形，山间盆地甚多，有与现代河面相距不远者，亦有业经掀起，高达五〇至二百公尺而属于古盆地者。牛车地及栗头以北，此类矿床最多。因时含胶泥过多，不便冲选，且地势高亢，水源不足，新法经营颇难获利。

五、洞穴及岩缝冲积（Cave and fissure placer）：此间下石炭纪灰岩中洞穴及岩缝甚多，锡砂随水经流，遂沉积而成矿床。亦有河流经行其中，造成暗河，如望高河上流铁屎坪至出水壁之一段，长达二．二公里，其中藏锡至富，用土法窿口开采甚盛。亦有古代洞穴冲积而业经掀起者，则其位置每在现代河面之上自数十至一二百公尺。

乙、残积矿床：即风化之残余物略经迁移者。在富贺钟一带，其例不多，颇不重要。又可分为：（一）在花岗岩中者，如水岩坝之新口水庄；（二）在石灰岩中者，如水岩坝之民利、大利等水庄，但此中已杂有多量冲积质料。

近代冲积矿床每呈显著之层次，砂土、粘土、壤土等相间而生。在许多地方，自上而下又可分为A、B、C三层：A层为最近代冲积，含砂、砾、壤、粘，各类土质常稍经红壤化作用，而略呈粽、红、紫各色。厚五六公尺。此中绝不含锡，或为量甚微。B层为含腐殖质甚多之黑土或灰土，厚一、二公尺不等。此层显系代表当时水量较大而成短期湖沼之状态，故植物堆积得在其中逐渐腐化，而成黑土。B层之下每为含锡层，故亦足为探矿之指导。C层系主要之含锡层，为黄砂土及砾石；亦有红土夹砂砾者，则已混有若干风化残余物矣。C层厚自一二公尺至三四公尺，其下辄为尖笋状之石灰岩基岩，大抵愈近岩底，则含锡愈丰，盖因锡粒质重，辄坠入岩缝中而得保存也。但岩缝中常多风化残余红土，其含胶泥过多者，则不易淘洗，而反为有害。

普益公司曾于含锡砂砾层中发现巨象牙二枚，已将一枚寄长沙请杨钟健先生鉴定。昌兴公司亦曾发现骨化石多枚，惟未见标本。在B、C各层内又常见树木枝块，有时并有直立之连根大树，俟将树木及骨化石鉴定后，则于含锡层之时代或可得相当线索。反之，红花区之太和公司于含锡砾石层内（?）曾获古钱及古铜器，观其刻字（系行书）及式样，当属唐、宋以下。又白沙之美华公司并获得明崇祯通宝之古钱，观乎此则含锡层又似为近代有史时期内所成。惟现在开采之地，每多古代老窿，此项古钱或即当时矿工所遗留亦未可知，如美华之崇祯古钱，可以此解说。惟太和公司矿区系一片平地，似从未开采，或者该处冲积层实较水岩坝一带之近代冲积为新，亦未可知也。

古河冲积现知者有三。（一）水岩坝之五拱水一带，高距现代河面约二〇至四〇公尺，为古水岩坝河之冲积物。（二）望高附近，自茶盘源矿区经沙子坳至松木寨，延长七八里，现有仁生、永丰、大中等公司开采，系古望高河向西南流而入白沙河时所造成，其后因河流袭夺之结果，改流向东南，此段沉积遂遗留而得保存矣。（三）白沙至望高间沿白沙河两岸，古河冲积之棕黄色土高距现代河面约四十公尺，现有恒源、富兴、永兴、永利等水庄用土法开采。向东靠山坡之处，则有古扇形冲积矿床，系昔时多数溪谷自大山西流入白沙河时所造成。如茶盘源矿床自水塘（高距附近平地二百余公尺）至开采场为一极清显之古扇形冲积地。其上部之冲积系充覆于成年地形之石灰岩岩面之上。古河冲积及古扇形冲积俱不呈显著之层次，自上至下每为单纯的黄棕色或红棕色壤土，倘非因含锡且中多石英小粒及砾石（按本地每以石英砾之有无、多少为辨识锡砂层之标准）之故，必将误断为风化残积物矣。古河冲积矿床因含锡往往较丰，且成层既厚（如沙子坳可达四五十尺）而泥皮又薄（仅三四尺），故昔时土法开矿对此首先注意，惟地势较高，引水不便，则为缺点耳。

至论古河冲积及古扇形冲积地之时代，今尚难言，观于其高距现在河床可达二百公尺以上，且沉积于成年式地形之上，可知其时代必相当古远。关于富贺钟一带近代地文变迁及河流发育历史，与砂锡矿之生成有密切关系，但非兹简报所能尽，后当另作专篇讨论之。

四、公司及资本

富贺钟一带请领矿区之商办公司共不下五六百家，但实际开采者不过十分之二，其中用机器开采之大公司，仅二三十家。兹将考察所及之新法大公司名称，经理姓名，资本及开办年月列为第一表。观此表可见，当民国二十一二年时，开办公司所需之资本仅十余万元桂钞，现在百物昂贵，尤以机器一项，需费最巨，组织一新法开采之公司辄需三四十万以至五六十万桂钞，如大容、协源即其例也。

五、探矿

富贺钟砂锡层分布虽广，而砂层厚薄，泥皮深浅以及砂量多少，各处不一，故于开采之前，必先用摇筒 Banka Drill 钻探。摇筒购自南洋，口径为三英寸或四英寸，每节五英尺，能钻深度以基底坚石为限，在富贺钟通常为三十尺至八十尺，但如遇巨大石块，亦不能再钻。平均每日可摇一筒，需用工人八名。每钻一筒，约需探矿费桂钞十元。

六、采矿

富贺钟采矿方法可大别为左列四类：

（一）新式公司

规模伟大，产额较多，所开矿床俱属近代冲积或古河冲积。先于地面开掘广大明湖，挑去泥皮，乃用人力或水笔 Hydraulic monitor 将锡土冲入明沟，流至水池。此处装置金山沟木架 Sluice，用六寸、七寸、八寸或九寸水管，径一离心力砂泵 Gravel Pump 一次吸升至金山沟木架。此架高七十尺，由砂泵吸引之砂砾，先经一单长槽，各曰砂砂筒，其坡度约为百分之五．三。经过条筛以去大块砾石后，砂砾及水复流入另一段长槽，即金山沟，长约二四〇尺，坡度约为百分之六．二，宽约六尺至八尺。每隔六七尺有一横木隔，分为四条或七条累叠，随时加高。至第七日停止加砂，仅打清水，俟质轻之砂砾冲洗殆尽，乃逐格取砂，名曰清砂。所得之砂即毛砂，约含锡石百分之二三十（如红花区之太和公司）至六七十，再用铜线或竹线筛复洗，即得净砂，含锡约百分之六十。其砂尾再经土法洗选二三次，尚可得若干净砂。每次清沟所得毛砂自数百斤至万余斤不等，视机械马力之大小，锡土成分之贫富而异。发动机有油渣内燃机、蒸气机、电机、木炭机及水力机五种。西湾产煤不多，质又欠佳，附近木炭虽多，而价值日昂，不便应用。至于电机，八步电力分厂虽已开始发电，亦因缺乏佳煤，不能恃为可靠之动力，故油渣机遂为最普通之发动机。惟红花区之太和公司用四百匹马力油渣机发电，再引电推动马达，以吸砂砾，其法亦颇可仿效也。油渣价每吨约桂钞二三百元，大致每十匹马力月燃油渣一吨，过此则机器必有病，而属浪费矣。兹将富贺钟各公司之机械设备及每月耗油量列为第二表。水力机用者仅茶盘源公司一家，其源出茶盘源之龙潭，相距五六十里，于高距矿场二百三十公尺处设水塘，水流自此直下，经一水撞泵 Hydraulic elevator，因发生真空，遂可将砂砾吸升至金山沟。此法最为经济，既不需燃料，亦无复杂机械（水撞泵可自制，价仅数百元），成本之轻，无与比拟，惟敷引水源之初期资本，不免较大耳。

新法洗砂，需水较多，每日洗锡土一万立方尺，约用水二千吨，即四十万加仑。大概洗砂一磅，约用水四磅。水岩坝各公司皆用附近河流之水，循环吸用。望高各公司用望高河源出水壁之水。红花、太和、裕桂等公司则用花山江之水。亦有附近无水源，顺自二三十里外用铁管、木槽或明沟引流以供洗砂者，如茶盘源大东、永盛各公司，则所费往往不赀，可达数万以至数十万元。

（二）水庄

倘不用机器吸砂，亦不搭高架，而就地势高下，筑沟引水，以天然之山谷或明沟作为金山沟，是为水庄。其仅春夏有水，冬季须停工者，则名旱庄。所开矿床常为古河冲积、山间盆地冲积或沿坡扇形冲积，以泥皮较薄，且有高下之地势足资利用也。大抵水庄每一个月左右清沟一次，月可得千余斤至数千斤，产量不多，用水亦较少，因成本较薄，亦颇多获利者。

（三）明湖

并无明沟、水管之系统，仅于地面开挖，得砂即洗，是为明湖。资本更小，产额更微。

（四）窿口

即洞穴冲积之开采方法也。须开直井或斜井，并利用天然裂缝，稍加开挖，以达砂层，以后遇砂即采，无规例可言。窿内窿道，每极窄小，须蜷伏以进。采砂之处，亦须支柱。窿内又常有大洞穴，可容数百至千余人。就岩缝滴水，用木槽洗选，故运出窿外者，皆已成为毛砂矣。望高北之公合窿，深达二百余公尺，窿底可通出水壁，为石灰岩中一极大暗河，开采迄今已二十余年，其间费于直井工程者将六七年云。窿口工程艰险，业此者俱为湘籍工人，惟锡土含砂之量每较平原冲积为富，如望高之公合窿、裕兴窿，据云每土百斤可得锡砂自十余两至一斤云。

七、炼锡

富贺钟各公司俱用土法鼓风炉炼锡。炉高约六尺，用人力鼓风。惟太和公司则引电力转动马达鼓风，极为便利。每炼锡砂百斤，须用木炭百斤，不另加熔剂。每炉每日可炼锡约千斤。因各公司产量尚不甚多，故筑炉一二座至三四座即敷应用。炼出纯锡，佳者可至百分之九九．五，运至香港后须再精炼至百分之九九．八，再行出口。

八、组织及管理

组织及管理方法，各公司大同小异，设经理一人或经、协理各一人，下分总务、财务、出纳、工务、机务等股。工务、机务最为重要，于主任下另设总管、工目、管班（工务）、大偈、二偈（机务）等名目，总管、大偈多系南洋返国之工头充任。望高之省营锡矿经理处则于经理下分设工务、事务二股，会计员系由省政府委派，出纳员则由经理遴请省政府核准订用。矿工有帮手、杂工、特班等名称，概属公司工即长工，由公司供给膳宿，每日工资自四角至一元（桂钞）不等。特别班或临时雇工概属散工性质，依据每日工作给发工资。隔砂班（或称耶罗班，即挑运锡土之工人）及揭泥皮之工人，概属泥井工，依搬运土方面积计算，换言之即包工性质。此间以长宽各一丈、深一尺之立方为一井（以东尺为本位，等于英尺之八折），每井工食银视堆泥地点之远近，工作之难易，由公司随时订定，大概每井自二三元至五六元不等。散工、泥井工须自备膳食，但可住公司所备之宿舍。此间工作时间每四小时为一正限，以作满二正限为一工，若继续再作三小时则为加限，以半工计算。

九、运销及捐税

自民国二十四年广西省政府设立出入口贸易处后，富贺钟锡产悉由贸易处统制销售。总处设梧州，在八步设贸易分处，每日标示市价，收售各公司锡块。其计算价格之法，系将香港电报锡价，伸合桂钞，减去沿途运脚，海关税，保险费，矿产税，手续费及利息外即得。兹将每担纯锡所需各项费用表列如次（依据二十六年六月贸易处月报）：

八步伕力	0.06元	八步至梧州船价	1.0元
梧州过船伕力	0.06	梧州起落仓伕力	0.08
海关税（申钞）	3.245	（当时合桂钞8.00元）	
梧州至港载脚	0.72	船运保险	0.47
香港费用	0.37	合计桂钞	10.76元

上列费用外另除矿产税百分之二〇（最近改为百分之一〇）、手续费百分之二及两个月利息百分之一．二。此外尚须完纳水捐若干，但为数并不甚多。

十、产额成本及盈利

富贺钟历年纯锡产额，最近五年之按月产额及最近二年之各大公司产额，俱载第三至第五表。观此可见水岩坝各大公司之产额，实占全数约百分之七八十也。各公司成本，视产额多少而异，颇难概论，且精确计算亦颇不易。据《广西锡矿概况》所载民国二十四年一月调查，新式公司产锡一吨之成本为二一八一．九七元，即每担约一百三四十元，土法小矿为二六八九．三二元，即每担约一百六七十元。又据普益公司二十五年度营业报告计算，每担纯锡之总成本为一八五元，是年平均锡价为二四〇元，故每担纯锡可获利五六十元。现在各物昂贵，成本自更增加。大概言之，如每月产额在四百担以上者，则每担之总成本可在二百十元左右，否则必超出此数。最近锡价曾跌至二二〇元左右，则此后产额较小之公司，必将无利可图矣！民国二十六年之总产额为五百五十余万斤，已打破历年纪录，故各大公司多获利甚厚，如普益、济华、海华之纯益，各达五六十万元，普益公司分红闻每股百元可分五百元。钟宝、钟山、益安、仁生、太和、中南等公司亦俱获利自数万至一二十万元不等。倘非因抗日战起，锡价略跌（自八月份起跌），则各公司之获利当更多也。

附表五

第一表 富贺钟锡矿公司表

区域	公司	经理	资本（桂钞）	开办年月
水岩坝区	普益公司	伍展明	60，000	二十一年十月
	永盛公司	曾昭松	5，000	22 年 3 月
	大东公司	黄匡东	100，000	23 年 12 月
	济华公司	谭其峻	80，000	24 年 3 月
	钟宝公司	伍展明	140，000	23 年下半年
	钟山公司	潘海雪	160，000	23 年 6 月
	海华公司	谭鼎初	120，000	24 年八月
	兴有公司	谭鼎初		26 年 6 月
	大容公司	黄仲庵	300，000	26 年
	明德公司	李德兴		正在开工中
望高栗头区	首营锡矿	陈书馨		26 年
	仁生公司	刘尉文	200，000	25 年 3 月
	永丰公司	刘尉文	十余万元	26 年 9 月
	大中公司	黄雁宾	217，050	25 年
	协源公司	潘海雪	600，000	25 年
	劲丰公司	汤殖民	120，000	26 年
白沙区	中南公司	黄雁宾		24 年 11 月
	利康公司	甘云卿	84，000	25 年 4 月
	美华公司	潘海雪	134，000(东毫)	26 年
红花区	太和公司	扈桐轩	327，500	24 年 12 月
	裕桂公司	梁松澄	240，000	26 年 7 月
	志和公司	岑剑泉（唐希泉）	100，000	25 年

第二表 广西富贺钟各锡矿公司发动机马力及其耗油量表

公司名称	所在区域	机器制造厂名称	代理机关	机器种类	机器能力（马力）	每月耗油量	
						油渣（吨）	机油（桶）
普益	水岩坝区	Hiptungwo 协合和		油渣机	100	$15^1/_2$	$1^1/_2$
		协同和		油渣机	60	9	1
		Marshal		蒸气机	60	—	3
		Marshal		蒸气机	60	—	3
		Ruston		蒸气机	54	—	2
济华	水岩坝区	Deutz	谦信洋行	油渣机	150	15	$2^1/_2$
		Deutz	谦信洋行	油渣机	150	15	$2^1/_2$
		Deutz	谦信洋行	油渣机	75	$7^1/_2$	$1^1/_2$
		Deutz	谦信洋行	油渣机	60	5	2

续表

公司名称	所在区域	机器制造厂名称	代理机关	机器种类	机器能力（马力）	每月耗油量	
						油渣（吨）	机油（桶）
钟宝	水岩坝区	Bornemann		油渣机	120	16	2
		协同和		油渣机	60	9	2
		Coal gas engine?		木炭机	100	—	$2^{1}/_{2}$
		Robey		蒸气机	36	—	$1^{1}/_{2}$
		Robey		蒸气机	60	—	2
钟山	水岩坝区	Fairbanks		油渣机	180	20	2
		Marse		油渣机	180	30	2
		协同和		油渣机	100	15	$1^{1}/_{2}$
		Fangye		木炭机	54	—	2
		Robey		蒸气机	60	—	2
		Marshal		蒸气机	75	—	3
海华	水岩坝区	Deutz	谦信	油渣机	150	16	3
		Deutz	谦信	油渣机	200	20	$3^{1}/_{2}$
		Robey		蒸气机	60	—	3
		Marshal		蒸气机	60	—	3
		Ruston		蒸气机	60	—	3
		Bolinder		木炭机	80		4
兴有	水岩坝区	Bilenburger					
		Motoren-Werke					
		Dinke Hofmann					
		Bolinder		油渣机	240	35	15
		Busch		油渣机	90	10	1
利溥	水岩坝区	D. W. K	禅臣洋行	油渣机	120	17	2
		D. W. K	禅臣洋行	油渣机	120	17	2
大东	水岩坝区	协同和		油渣机	180	25	2
		协同和		油渣机	160	17	$1^{1}/_{2}$
		协同和		油渣机	80	12	$1^{1}/_{2}$
永盛	水岩坝区	协同和		油渣机	180	32	DTE—1 P988—$1^{1}/_{2}$
昌兴	水岩坝区	Qwan-Woor 均和安		油渣机	120	15	2
协源	立头区	Dinke	鲁麟洋行	油渣机	200	$17^{1}/_{2}$	$1^{1}/_{2}$
		Dinke	鲁麟洋行	油渣机	200	$17^{1}/_{2}$	$1^{1}/_{2}$
		Dinke	鲁麟洋行	油渣机	200	$17^{1}/_{2}$	$1^{1}/_{2}$

续表

公司名称	所在区域	机器制造厂名称	代理机关	机器种类	机器能力（马力）	每月耗油量	
						油渣（吨）	机油（桶）
仁　　生	望高区	D. W. K	禅臣	油渣机	180	20	$1^{1}/_{2}$
		D. W. K	禅臣	油渣机	180	（尚未到）	
		D. W. K	禅臣	油渣机	180	（尚未到）	
		协同和		油渣机	100	15	1
大　　中	望高区	协同和		油渣机	160	18	2
省营经理处	望高区	?		油渣机	240?	40	?
劲　　丰	望高区	D. W. K.	禅臣	油渣机	120	13	2
		协同和		油渣机	60	8	1
永　　丰	望高区	协同和		油渣机	180	（尚未到）	
		协同和		油渣机	120		
太　　和	红花区	D. W. K.	禅臣洋行	油渣机	375（405）	33	4
		D. W. K.	禅臣洋行	油渣机	100	15	3
		D. W. K.	禅臣洋行	油渣机	52	9	$1^{1}/_{2}$
裕　　桂	红花区	Deutz	谦信	油查机	150	15	$2^{1}/_{2}$
		Deutz	谦信	油查机	60	8	$1^{1}/_{2}$
志　　和	红花区	Dinke Hofmann	鲁麟	油渣机	90	12	2
利　　生	红花区						
龙　　安	红花区						
中　　南	白沙区	协同和		油渣机	90	$12^{1}/_{2}$	1
美　　华	白沙区	Deutz	谦信	油渣机	180	21	$2^{1}/_{2}$
		Deutz	谦信	油渣机	50	$6^{1}/_{2}$	1
		Bornemann		油渣机	120	$16^{1}/_{2}$	5
利　　康	白沙区	协同和		油渣机	60	$7^{1}/_{2}$	1
益　　安	新村坪区	Fairbank Morse		油渣机	180	21	$2^{1}/_{2}$
		Richard-Corret&Son		蒸汽机			3
蕴　　丰	新村坪区	广和兴		油渣机	160	20	4
永　　康		Deutz	谦信	油渣机	160	18	3
宝　　伟		British		油渣机	75	9	1
		British		油渣机	75	9	1

第三表 广西富贺钟矿区纯锡产额表

年　　份	产额（市斤）	年　　份	产额（市斤）
民国元年	305，744		
二年	542，910	二十一年	485，318
三年	517，616	二十二年	898，408
四年		二十三年	1，740，278
五年	212，362	二十四年	2，294，780
六年	709，598	二十五年	3，123，949
七年	776，242	二十六年	5，519，700
八年	717，686		
九年	64，540		
十年	348，384		
十一年			
十二年			
十三年			
十四年	224，136		
十五年	398，418		
十六年	710，374		
十七年	268，572		
十八年	78，954		
十九年	500，358		
二十年	538，956		

第四表　广西富贺钟按月纯锡产额统计表（民国二十二年至二十六年）

年份＼月份	一月		二月		三月		四月		五月		六月	
	产量（市斤）	平均价	产额（市斤）	平均价	产额（市斤）	平均价	产额（市斤）	平均价	产额（市斤）	平均价	产额（市斤）	平均价
民国二十二年	18,953		40,741		60,625		41,421		62,468		89,704	
民国二十三年	88,025		54,684		139,738		98,128		196,819		171,765	
民国二十四年	133,912		136,157		146,177		132,679		182,618		176,199	
民国二十五年			3,015.58	173.01	3,890.88	187.43	3,227.24	209.99	4,262.38	192.54	2,446.91	215,08
民国二十六年	381,305.5	299.82	280,265	308.11	479,525.5	373.19	442,423.5	358.70	632,314	366.51	489,542.5	347.34

年份＼月份	七月		八月		九月		十月		十一月		十二月	
	产量（市斤）	平均价	产额（市斤）	平均价	产额（市斤）	平均价	产额（市斤）	平均价	产额（市斤）	平均价	产额（市斤）	平均价
民国二十二年	56,990		109,700		95,436		123,079		87,102		112,189	
民国二十三年	153,533		191,947		122,362		164,087		186,211		172,979	
民国二十四	249,469		174,300		193,743		271,487		246,120		252,519	
民国二十五年	416,239	393.44	（七月至九月合计）				181,083	231.04	321,899	262.63	520,429	302.47
民国二十六年	562,372	329.64	480,572	318.76	537,489	307.99	321,780.5	261.69	341,701	222.00	570,481.5	

	总计（市斤）	平均价
22年	898,408	242.85
23年	1,740,278	
24年	2,294,780	
25年	3,123,949	
26年	5,519,700	

第五表 广西富贺钟各锡矿公司最近两年纯锡产额表

区别	公司名称	二十五年度产额（市斤）	百分数	二十六年度产额（市斤）	百分数
水岩坝区	普益*	392，691.0	12.60	164，668.5	2.96
水岩坝区	济华*	313，678.0	10.02	519，592.0	9.35
水岩坝区	海华*	471，352.0	15.10	432，873.0	7.83
水岩坝区	钟宝*	179，089.0	5.72	279，320.5	5.01
水岩坝区	钟山*	391，849.0	12.58	364，868.0	6.60
水岩坝区	大东*	158，922.0	5.10	176，756.0	3.19
水岩坝区	永盛*	131，931.0	4.24	10，339.0	0.19
水岩坝区	贺成*	50，332.0	1.62	（兴有接办）	
水岩坝区	兴有*			40，829.5	0.74
水岩坝区	昌兴*			3，278.0	0.06
水岩坝区	永益	42，555.0	1.36	50，995.0	0.92
望高区	仁生*			88，682.5	1.60
望高区	大中*	87，495.0	2.81	224，573.5	4.06
望高区	富福	61，681.0	1.97	66，247.5	1.20
望高区	济仁	63，971.0	2.05	24，258.0	0.44
望高区	注利	33，749.0	1.08	731.0	0.01
望高区	亮丰	20，490.0	0.66	9，281.5	0.17
望高区	信昌	22，618.0	0.72	16，520.0	0.30
望高区	利泽	14，466.0	0.46	14，831.0	0.27
望高区	永利	51，040.0	1.63	13，082.5	0.23
望高区	劲丰*	8，950.0	0.29	16，719.5	0.33
望高区	宝利	38，022.0	1.22	21，615.0	0.39
望高区	同兴	46，467.0	1.49	20，757.5	0.38
望高区	茶盘源*	3，406.0	0.11	31，077.0	0.56
望高区	福兴	18，960.0	0.60	22，179.5	0.40
望高区	协合	1，504.0	0.04	12，789.0	0.23
望高区	全利	38，995.0	1.25		
望高区	耀利	1，767.0	0.06		
望高区	合成	5，888.0	0.20		
望高区	厚利	1，985.0	0.06		
望高区	人和			6，548.0	0.12
望高区	福源	18，068.0	0.58	25，938.5	0.47
红花区	太和*	98，963.0	3.17	391，977.5	7.07
红花区	冠南	6，863.0	0.22	73，635.0	1.33
红花区	三江	7，883.0	0.25	14，006.0	0.25
红花区	老和益记*	54，424.0	1.74	133，291.0	2.41
红花区	裕桂			31，073.0	0.56
新村坪区	德安	44，762.0	1.43	1，800.0	0.03
新村坪区	益安*	141，603.0	4.65	335，615.5	6.05
新村坪区	义成鸿汜	42，150.0	1.34	64，355.5	1.16
新村坪区	民利	197，746.0	6.31	144，264.5	2.61
新村坪区	义成	42，725.0	1.37	22，199.5	0.40
新村坪区	蕴丰*			3，848.5	0.07

续表

区　　别	公 司 名 称	二十五年度产额（市斤）	百　分　数	二十六年度产额（市斤）	百　分　数
白沙区	同利	50，524.0	1.62	38，253.5	0.69
白沙区	华强	2，547.0	0.08	3，586.0	0.07
白沙区	利康*			48，732.5	0.88
白沙区	美华*（即大德）			20，921.0	0.31
白沙区	中南*（附属于望高大中公司）				
立头区	顺利	40，219.0	1.29	36，622.5	0.66
立头区	永成	21，810.0	0.70	14，375.0	0.26
立头区	天福	6，169.0	0.19		
立头区	协源*	1，299.0	0.04	95，741.0	0.73
庙湾区	得利	3，803.0	0.12		
（待查）	仁和	44，522.0	1.42	11，483.5	0.21
（待查）	天然	12，823.0	0.41	5，468.0	0.10
（待查）	天利	33，749.0	1.08	10，339.5	0.19
（待查）	联丰	100，261.0	3.21	95，835.0	1.73
（待查）	义兴	16，930.0	0.53	20，485.0	0.37
（待查）	全裕	9，919.0	0.31	48，514.0	0.88
（待查）	福华	1，156.0	0.04		
（待查）	西合利	6，857.0	0.20	54，322.5	0.98
（待查）	天益	11，483.0	0.37		
（待查）	永兴	55，671.0	1.78	85，596.5	1.54
（待查）	德盛	12，045.0	0.38	14，466.5	0.26
（待查）	中兴			35，397.5	0.64
（待查）	大益			963.0	0.02
（待查）	华福			4，377.0	0.08
（待查）	西发			52，888.0	0.95
（待查）	生活			27，691.0	0.50
（待查）	宝安			28，916.0	0.52
（待查）	华成			59，434.0	1.07
（待查）	献利			7，096.0	0.13
（待查）	望利			944.0	0.02
（待查）	胜蓝			1，719.5	0.03
（待查）	富源			10，308.0	0.19
（待查）	德兴			8，062.5	0.15
（待查）	天宝			3，438.0	0.06
（待查）	恒丰			15，802.0	0.29
（待查）	顺源			2，301.0	0.04
（待查）	首祥			32，435.5	0.58
（待查）	天裕			6，391.0	0.12
（待查）	大盛			2，953.5	0.05

*表示新法开采者。

富贺钟江锡矿简报第二号*

（一）绪言

民国二十七年一月十七日荣等自广西白沙之美华移驻河路口，即在附近调查，历时一星期，继于二十六日赴江华，沿道调查地质矿产并详测城区附近之高车营、筛子塘矿区。德忠等则留河路口详测国营矿区。兹将调查所得之地质、矿床、矿业诸情形作简报如次：

湖南江华县砂锡矿分布甚广，南自湘桂交界之河路口，北达江华县城，延绵一百二十里，南与广西之富贺钟矿区遥相连续，盖同位于萌渚岭花岗岩侵入体之边缘而同属于一矿床区域者也。现用土法开采者，只有：（一）河道口附近，（二）城区之高车营、筛子塘。自民国二十六年湘省府通过江华锡矿领区包采办法后，商人在河路口、上大路铺（白云庙）、白芷营（上马石及牛尾塘）等处呈领矿区者共不下七八十起，但大资本公司尚不多见，且迄今尚未正式开工。

（二）位置及交通

河路口位于江华县之极南端，与县城相距一百二十里。运输计有二道：（一）运至长沙。挑运至江华需时约二日，由江华有沱江通零陵，水程四百四十里。春夏水涨可通载重百担之民船，三日可达；秋冬水涸，仅通载重二三担之民船，约需时六七日。由零陵入湘江，改载大船经衡阳至长沙，水程一千零四十里，约需十日。总计由山至长，水陆运输共需时半月至二十日。现官矿局运输锡块俱遵此道。（二）运至香港。自河路口挑运二十里至白沙之美华公司，该处有汽车路通八步，一日可达。自八步改装民船，顺贺江而下，四日可抵广东之封川，转入西江，二日可抵香港。尚有一道则自衡阳转粤汉路经广州而至香港。官矿局曾走此道试运数次，惟因湘政府在长沙设有运销处，故仍以运长为便。

（三）地质

河路口附近地质、矿床，曾经湖南地质调查所廖友仁、许原道二先生调查，测有三万分一地形地质图，颇为详确。廖氏等所定地层层次如下：

1. 石灰岩。又分为砂质石灰岩、白云石石灰岩及普通石灰岩三种，总厚七百公尺，时代属中泥盆纪。

---

* 署名：谢家荣、王植。成文于1938年3月。经济部地质调查所简报第13号（油印本）。1～11页。原件存全国地质资料馆，档号2718。——编者注

2. 石英岩及页岩，厚百余公尺，出露于南云山。本层在层次上似位于石灰岩之上，但廖氏等承认此种关系或系断层之结果。

3. 花岗岩：分布于羊崀山、金子山一带。

此次调查证明石英岩（实际以砂岩为多）及页岩俱属中泥盆纪，而位于石灰岩之下，故南云山之接触确为一断层。此断层向南直延长至白沙、望高附近。至于石灰岩之时代，因所获化石尚未鉴定，现尚难言，或者属中泥盆纪，如廖氏等所定。石灰岩悉向西北倾斜，倾角自十余度至三十度，亦有近于水平者。惟百公山、苦瓜坪以北，灰岩改向东北倾斜，可知灰岩本身实成一背斜层。但河路口附近之石灰岩从未见向东倾斜者，此或系受花岗岩之侵入影响，使之倾折向西耳。背斜轴之位置约在苦瓜坪、船山、大狗窝一带、因该数处之石灰岩倾角颇近水平故也。自北公山向北至涛圩，石灰岩悉向东北东倾斜，涛圩之西则改向西斜，故其间又成一向斜层。向斜轴之位置与萌渚水约略相合。

（四）矿床

廖氏等就本区锡矿之产状分为二类：（一）停积于花岗岩山麓低洼之地，（二）停积于石灰岩洞穴中。又谓此二类悉属冲积矿床，但同时又似承认石灰岩中已有锡石存在，灰岩经风化后亦可造成含锡土层。此则属风化残余矿床矣。

欲明本区锡矿之产状，当先略知地形与地文。河路口附近地形可分为四区。

1. 河路口以北之古冲积平原。其在羊崀山西坡者，显系为多数扇形冲积地联合而成。此古冲积层在缸瓮厂至欧阳山间者，切割甚微，故成极端平均整之平台，此中除弧立之石岩灰岩锥峰外，尚偶有红色冲积土之低山，如松木岗及笔架山以南是也。惟河路口附近，现代河流已将此台地切割甚深，而造成一近代之冲积河谷，而古冲积层遂高起而成梯级层，距现代河面四十至六十公尺。

2. 花岗岩所造之高山区域。如羊崀山，苍梧山等，山势峻峭，海拔每在千公尺以上，为湘桂二省之分水岭。在此高山区域之中，又有现代冲积盆地，如上下鲊塘源、大观塘等处是也。

3. 石灰岩山地。其位置界于苍梧山与南云山之间，其北一部则为古冲积层所掩。此山地之山峰，每成尖峭之状，如松柏山、临武山，其最著者也。高距附近河面在一六〇至二二〇公尺左右。山峰之下六〇至八〇公尺间为一平缓之坡底，似为一古河谷，但今已掀起甚高，距当地河面在一百七八十公尺左右，且昔时沉积，冲刷始尽，故石质外露。在山峰之下一二〇至一四〇公尺，即距当地河面四〇至八〇公尺间复有一平整之红土高台，其保存完美者，如大狗窝、黄沙地、黄泥塅、葫芦山等，占地可达三四里之广。红土之中时有石砾及石英小粒，如船山、青石板所见，故当为冲积作用所成。但亦有纯为红土而少石砾者，如大狗窝所见，则其成因似又以风化残余为主。石灰岩山地中，又多现代冲积之山间盆地（Intermountain basins），如牛背地、草尖山、草鞋塘、鸡公坪等是也。

4. 南云山脉。脉向东北西南，为泥盆纪之砂页岩，斜向西北，倾角自十五度至二十余度，故西坡平缓，东坡峻峭。南云山之西为广西庙湾锡矿区，为平斜之锥形石灰岩山地，曾获得石燕及珊瑚化石，故其时代确属中泥盆纪。

主要河流有二：北为萌渚水之上流，自上下鲊塘源北流，经白沙潭，上大路铺而与春头源东来之水相合。南为白沙河之上流，自金子山西流，穿过仙姑岩之岩穴而入广西境。

基于上述观察，吾人对于近代地文演变历史，可作如下之推解。

1. A 期；在锥形山峰下六〇至八〇公尺，即高距现代河面一百七八十公尺之平谷，系代表一较古之侵蚀面，兹名之曰 A 期。当时山形俱成孤立锥峰，一标准式喀斯脱地形，恰如今日桂林、阳朔及黄田、八步之所见，但此面上之沉积已悉被冲刷，故其时代已不可考矣。

2. B 期：高距现代河面四〇至八〇公尺间之红土平台，显系代表另一堆积，其下富于裂缝岩穴之不平整面，又当系另一侵蚀面，兹总名之曰 B 期。与本期同时者为羊崽山西坡古扇形冲积地及古冲积平台，因其高度相仿，沉积亦相若也。在 B 期侵蚀面上之沉积物，半属冲积而成，半属风化残余，已如前述。其属冲积沉积者，则其物料又随地而异，如河路口附近多砾石及黄沙，羊崽山一带亦然。至于松木冈等处，则又多红土，但其中仍多石砾及石英细粒，足以表示其冲积之成因。至于以风化残余为主者，则砾块与石英粒，殊不经见。凡属冲积成因之本期沉积，不论其为红土或砂砾俱含锡，至若纯粹之风化残余土，则含锡绝少。由此可证明，锡由花岗岩体中冲刷而来，石灰岩本身含锡之说可不攻而自破矣。本期沉积中尚未发现化石，故其时代难以确定，大概言之，当属第四纪晚期。

3. C 期：即现代河流之切割与沉积也。在河路口及上大路铺俱有较大之冲积平原，又石灰岩与花岗岩山地间之冲积盆地亦属本期，此中亦俱含锡。

此外须讨论者乃水系之发育史，因观察之范围不广，尚难详论，兹可得言者，有下列各点。

1. A 期去今较远，所有沉积已消灭无遗，故当时河流之经流方向，难以详考。当时地面应属一壮年期之喀斯脱地形，则似无疑义。

2. B 期亦属一壮年期之喀斯脱地形，其上有风化残余之红土，地下则多岩穴。当时之主流，似由南向北流入，自白沙潭、上大路铺北流之萌渚水中，金子山及羊崽山西流之各河流，实为该河之支流。此说证据有二：（一）河路口以北有广大之古河冲积平原。（二）在石灰岩山地内有南北向之古河冲积台地，足为当时水流经过之证。

3. B 期而后，地盘逐渐掀起，于古河冲积地中另切一河道。同时仙姑岩、对康石一带，在壮年期喀斯脱地形下造成之地下岩穴，亦经掀起，距地面不远，于是自仙姑岩东流之古萌渚水之支流，因逐渐上蚀，竟穿入岩穴而成伏流。至 B 期之末，一朝贯通，倒流向西，经庙湾而入白沙河。又自金子山西流之水亦与之相连，遂成现在自东向西流于多数岩穴间之白沙河上流矣。换言之，萌渚水与白沙河之分水岭本在对康石、庙湾一带者，因岩穴贯通，伏流而出，萌渚水之上流遂为白沙河所袭夺而改流向西，分水岭遂移至河路口附近矣。按萌渚水与白沙河为湘桂水系之支流，其分水岭似应位于崇山峻岭之区，今乃在高不及百公尺之古河冲积平台上，倘非因袭夺之结果，殊不易解说也。

就产状及其与地形、地文之关系，河路口砂锡矿可分为左列各类：

1. 近代冲积：鸡公坪、白浪冲、上下鲊塘之矿床属之。

2. 古河冲积：羊崽山西坡及河路口南沟之诸矿床属之。

3. 洞穴冲积：砂口岩、石碑岭、羊坳一带，现皆开采，昔时开采洞穴冲积之地点尚多，今已不可考。

就地理上之分布，河路口矿床又可分为下列各区：

1. 西沟：自河路口向西至仙姑岩一带，包括河谷中之近代冲积，上下岩坪之洞穴冲积及牛眼井之古河冲积。

2. 南沟：自河路口以南至鸡公坪，包括兴利公司、大坪、上下狗坑及新塘面之古冲积，与鸡公坪、石浪冲、船岭脚及下狗坑之近代冲积。

3. 北区：河路口以北，羊崽山以西之各地属之，俱系古河冲积及沿山坡之古扇形冲积层。

4. 石灰岩山地间之古河冲积：包括大狗窝、黄沙地、青石板、船山、黄泥垠、葫芦山、枇杷山各地。惟此项冲积红土中有时夹有风化残余之粘土过多，则不但有妨采洗，而其中是否有丰富之锡石足资开采，亦大成问题也。

5. 花岗岩高山区内之近代冲积：如上下鲊塘源、大观塘等处，锡砂之量有时亦甚丰富。

各类矿床及各矿区之比较。土法采矿，不能过深，故现在河路口附近所开，以古河冲积矿床为多，以其显露地表，施工较易也。其中如南沟之上下狗坑及上鲊塘源等地，以距花岗岩之来源较近，故锡粒粗大且多结合体之大块。近代冲积矿床，仅石浪冲一带业已开采，但规模甚小，故含锡层之厚薄及含量如何尚多未明。大概言之，近代冲积与古河冲积俱富有经济价值，而值得用机器开采者也。至论洞穴冲积矿床，以分布太不规则，殊无重视之价值。又就各矿区比较，河路口南沟现在开采最盛，惟地形不平，面积较狭，且多巨大之石块，仅船岭脚地势平衍，尚通于西法开采。最有希望者，当推河路口之北区，自羊崽山西坡直达松木冈，约有数方里，而地形平坦，水源充足，故机器开采最为适宜。

（五）矿业

河路口锡矿，据云于宋明时代即经开采，确否待考。前清光绪中叶有商办公司多家，专以收砂为业，竞争既烈，获利遂难。民国元年湘政府设立上五堡官矿局，驻山收砂，因有商办公司竞争收砂，亏损甚巨。民国十六年建设厅将官矿局改为包办制，订定月缴盈余金千三百元，尚能按期缴纳。民国十七年仅有之商办厚生公司亦经查封。于是全部矿区皆在官矿局统制之下。旋又将包办制改为委办制，分区招商领采，历年以来，颇多获利。兹将近五年之产额及盈余列表如次：

年　　别	纯锡产额（市斤）	盈余（元）
民国二十二年	88，749.01	17，466
二十三年	174，908.01	37，744
二十四年	177，076.13	23，049
二十五年	217，860.09	42，310
二十六年	209，136.01	（尚未统计）

官矿局隶属建设厅，设局长一人，工程员、会计主任各一人，尚有事务、庶务、书记、监工及矿警队长等职员，在江华及道县各设转运站。每月支出分为事务费及事业费两项。前者包括薪俸、工饷、办公、特别等费。民国二十五年度月约一千三四百元，后者包

括砂价、炼费、运费及营业费四项。砂价随锡价变迁，炼费则每担纯锡约合详五元六角。运费，至长沙每担约合洋四元六角（由河路口挑运至江华，每担约洋二元，由江华船运至长沙，每担约一元八角，另加上下脚力及杂费等）。营业费每担约二元。民国二十五年度每月支出事业费自八千元至二万余元不等（详见二十五年度营业概况表）。

湖南江华河路口官矿局民国二十五年营业概况

月别	矿砂产量（市斤）	纯锡产量（市斤）	纯锡价值（元）	事务费（元）	事业费（元）	发息/折旧费（元）	盈余（元）
1	10,936.01	3,827.62	12,210.11	1,325.22	8,866.57	52.00	1,966.32
2	11,347.03	3,971.52	13,245.02	1,324.88	10,760.87	52.00	1,107.27
3	15,987.05	5,595.56	18,661.19	1,312.26	13,289.73	52.00	4,007.20
4	16,917.15	5,921.28	18,604.66	1,312.57	14,969.83	52.00	2,270.26
5	23,061.03	8,071.41	25,408.80	1,312.56	19,313.37	52.00	4,730.87
6	25,195.13	8,818.53	23,942.30	1,373.94	20,231.83	52.00	2,284.53
7	13,770.00	4,819.50	14,752.49	1,312.65	9,669.88	52.00	3,717.96
8	26,621.05	9,317.46	27,766.03	1,312.42	20,065.63	52.00	6,331.98
9	25,935.07	9,077.40	27,105.12	1,312.53	20,018.79	52.00	5,721.80
10	15,860.11	5,551.24	16,997.90	1,306.44	12,049.45	52.00	3,590.01
11	13,609.14	4,763.46	14,585.71	1,306.83	10,765.26	52.00	2,461.62
12	18,618.02	6,516.34	22,512.00	1,405.67	16,933.51	52.00	4,120.82
合计	217,860.15	76,251.32	235,791.33	15,918.97	176,937.72	624.00	42,310.64
平均	18,155.01	6,354.28	19,649.28	1,326.58	14,744.81	52.00	3,525.89

采矿方法分为明湖、庄头（即水庄）及暗窿三种，与广西富贺钟之土法采矿完全相仿。明湖即露天开采，凡矿层较浅、水源不足之地用之。遇水则用龙骨车排水，如水侵过深，无法排除时，即弃置不顾，故此法只能采至三四丈为限，产额亦不能甚多。庄头适用水源充足之处，筑枧引水，资本较大，产额亦较多。暗窿又分二种：一曰钻子窿，深自十余尺至四五十尺，口径甚小，约二尺许，凡砂层距地过深，不适于明湖开采者用之。惟开采面积有限，如遇水侵，亦无办法。其二即开采石灰岩内之洞穴冲积，开斜井或直井并随灰岩裂缝以达砂层。河路口附近之鸿利公司及砂口岩、石碑头皆暗窿也。据传说，临武岩内于宋明年间曾开有极大暗窿，产额甚大，但其窿口今已不可考矣。采矿成本颇难计算，据合兴公司，每月开支三四百元，产砂千斤计，则每担成本约在三四十元左右。

采出之砂为毛砂，须加选洗，法分槽洗、筛洗二种，与富贺钟相仿，惟多用竹筛，铜筛尚无用者。

所得纯砂悉售与官矿局，每担最近价格为六十三元四角。净砂含锡石须在百分之八五以上，低于此数者须重洗。矿务局有富于经验之工头随时估验成色，如有争执则当面洗选或入炉验炼。据云工头之估计，极为准确，故毋须化验云。此外每百斤净砂须去水分二斤。

官矿局炼锡，初为估工自炼，嗣以收砂成色不一，所获纯锡常不及预计之数，因改为包炼制，由筛手、炉户承办，规定每净砂百斤须交纯锡七十斤。由官矿局月给工食洋一百三十元，工具、松炭等另计。

锡砂产量，四季不同。夏秋水涨，且气候温暖，便于工作，故产额最多，冬季则最少。大概每年四、五、六、七、八、九之六个月为旺月，其余为淡月。兹列近五年按月产额表如次，以见一斑：

近五年按月产额表（以市斤为单位）

年 月	22	23	24	25	26
1	5,679.09	15,171.14	14,708.05	10,936.01	15,599.07
2	5,857.08	7,783.06	10,601.07	11,347.03	12,297.09
3	6,389.09	10,177.00	14,554.10	15,987.05	12,043.09
4	6,433.03	10,255.05	15,939.04	16,917.15	16,182.15
5	7,653.05	14,112.03	20,836.15	23,061.03	20,721.12
6	8,434.15	18,589.04	15,950.00	25,195.13	21,361.11
7	8,605.13	20,211.10	16,099.09	13,770.00	23,980.12
8	7,957.04	13,801.11	12,111.08	26,621.05	23,118.14
9	5,413.04	14,503.03	15,705.08	25,935.07	25,350.15
10	8,172.12	15,202.07	17,472.03	15,860.11	166,325.05
11	7,013.01	13,437.06	11,684.08	13,609.14	10,479.06
12	12,638.14	19,662.12	11,431.10	18,618.02	11,366.14
合计	88,749.01	174,908.01	177,076.13	217,860.09	209,136.01

现在领牌照承采之公司、商窿共有八十余家。兹将重要者略述如次：

1. 下狗坑合兴公司。系民国六年开办，矿床属近代冲积层，主要含锡层为含铁锰质之黑砂土，厚约三公尺，位于石灰岩之侵蚀面上。黑沙土之上为黄色砂砾及红色砂壤土，各厚约五公尺，中多花岗岩巨块。黑砂土百斤约可得锡砂二三两。每工每日可采砂二斤。浮面之黄砂及红壤含锡甚少，每工每日仅能得砂数两。冬季水浅，可采深部之砂，月可产千余斤。春夏水涨，仅采浮面之砂，月产只二三百斤。下狗坑所产锡砂颗粒甚大，且有许多结晶之团结体，重半斤或一斤者颇为常见。于前数年曾获一纯砂巨块，重达五百斤。工人分工头与小工二种。工头每日工资大洋二角七八分，小工二角，俱按日计算。膳宿由公司供给。每月开支共约三四百元。据云自开办以来，仅有一二年稍亏，其余皆有盈余，每年自二三千元至五六千元不等。

2. 石浪冲振兴公司。开采近代冲积，分为三、四、五、八各号明湖。其中四号湖开采面积最大，含锡层为黑色砂土，厚一二公尺至三四公尺不等，位于不规则之石灰岩侵蚀面上。黑砂之上为黄砂，厚三公尺，不含锡。现因水浅，每窿工作者仅数人至十余人，每月产额自数百斤至千斤。

3. 兴利公司。系开采南沟中之古河冲积层。含锡层为黄色砂砾，厚约六公尺。其上为红土，厚四公尺，不含锡。现因水小，工作者仅有数人。

4. 河路口北区之群英公司。系于民国二十六年四月开办。含锡层为古河冲积之红壤土，中多石英细粒。月产锡砂自一二百斤至五六百斤。工人自七八人至十余人不等，每月工资约六元至八元，膳宿由公司供给。每工每日约可得砂斤许。毛砂所含净砂有四五成至七八成。锡砂多小粒，无大块。

5. 群益公司。于民国二十六年三月开办，资本桂钞七千元。含锡层亦为红壤土，中多石英细粒及砾石，厚约六公尺。其下为红粘土，不含锡。

6. 恒源锡厂。在缸瓮厂，系开采羊崽山西坡之古扇形冲积地。砂层之下为不规则之石灰岩侵蚀面。至于成台地之古河冲积层，尚多未采。现值冬季水小，工作者仅有七八人。据云每工每日可得砂斤许。大概每百斤泥（四挑）可得砂一二两。

7. 富源公司。亦在河路口北区之内，开采古河冲积矿床，资本四千元，于民国二十六年九月成立。现已敷设水枧并开挖水沟一条，但尚未正式产砂。

8. 大光公司。在河路口东之大观塘，高距河路口约二百七十公尺，系养牛坪支流之一河谷。资本桂钞万元。现正筹备，尚未正式产砂。

9. 鸿运富元公司。将为此间新式公司之首倡者，于民国二十六年十一月开始筹备。资本大洋八万元。已向广州、河南协同和定购六十匹及一百二十匹马力之油渣机各一座，连同零件共价四万元。矿区有二：一在河路口西南之大狗窝，开采石灰岩山地间之红土矿床，一在大路铺东之白云庙。公司拟自筑由广西白沙美华公司至大狗窝之汽车路，以便运输。

10. 羊坳鸿利公司。高距河路口四十五公尺，系开采石灰岩中洞穴冲积，现有一斜井向东北开进，斜深约十八丈，工人十余人。据云此窿于数年前曾开到重数十斤之佳砂一窝云。

11. 天宝公司。资本万余元。拟开自河路口至仙姑岩间之现代冲积层。现正筹备，尚未产砂。

富贺钟江锡矿简报第三号*

一、绪言

在第一号简报中已将富贺钟砂锡矿之地质，矿床及采炼情形，择要论述。兹再将业已测查各矿区之储量及各公司成本，详为计算如后。作此项计算时得陈大受先生之指示与助力甚多，特书此志谢。

二、储量

广西建设厅于民国二十四年刊印之《广西锡矿概况》一书中，曾转载民国十七年该所技正李翼纯先生所作之富贺钟区储量概算，兹将其结果表列如下：

矿床种类	面积（方里）	锡砂层之平均深度（英尺）	每立方英尺平均含锡砂量（市两）	每立方里含锡砂量（吨）	锡砂储量（吨）
平地冲积	190	60	0.9	8，000	1，520，000
庄头	435	20	1.0	2，900	362，500
共计	625				1，882，500

此外尚有窿口一项，因其中所产之矿床分布过于散漫，故其储量无法估计。

查上列矿床分类，在理论上难以适用，因平地冲积与庄头固同属冲积矿床也（通常以庄头为风化残余矿床者，实误）。惟庄头位于山边或低岭上，后者应属古河冲积，因泥皮较薄，且有时含锡较丰，故土法开矿，往往集中于是。又查上列储量总额为1,882,500吨，如系纯砂以七折计，可得纯锡1,317,750吨，若系毛砂则应以四折计，得纯锡753,000吨。按此数实嫌过大，而其最大之误点，乃由于以摇筒钻探之深度即作为锡砂层之厚度。换言之，即以不含锡或含锡甚少之泥皮亦包括在内也。

民国十八年美国人海斯氏（Hess）应香港某公司之聘，来富贺钟一带作短期考察，对于矿量，曾作一局部概算。兹一律改算为公吨，表列如次（海斯氏报告系未刊本，承林天水先生见示，书此志谢）。

---

* 署名：谢家荣、王植、周德忠，成文于1938年3月，经济部地质调查所简报，第14号（油印本）。原文注称有附图一幅，未见。原件存全国地质资料馆，档号2719。——编者注

区　　域	含　锡　层　厚　度　及　面　积	每立方码含锡砂量（磅）	纯锡储量（吨）
望高沙子坳至松木寨间	（一）第一段长560英尺，宽八百英尺，深四十尺 （二）第二段长三英里，宽三百尺，深四〇—五〇尺	1.9	6，650 6，688
望高盆地	面积608，000平方码，锡砂层厚七码	1.9	4，000
望高至水岩坝间	长六英里，宽六百英尺，总体积：20，000，000立方码	1.9	19，000
水岩坝至五拱水间	长二英里半，宽七百尺，深二十五尺， 体积：8，500，000立方码	0.3—3	6，375
共　　计			42，713

海斯氏又就砂锡层之分布，分为左列各段：

一、望高河至望高镇　　长一英里又四分之一

二、白沙河西北之古河冲积　　长一英里

三、沙子坳至松木寨间　　长七英里（此段实际只长二英里）

四、望高至水岩坝　　长七英里

五、水岩坝至下马岭　　长二英里半

六、水岩坝河两岸　　长一英里又四分之一

以上合计共长二十一英里。海氏假定冲积层之平均宽为六百英尺，厚三〇至四〇英尺，则得总体积40，000，000至50，000，000立方码。惟海氏亦未言明其中含锡之量，兹一律以每立方码平均含锡一磅半计，则得纯锡30，000至37，500吨。此数与前列之数相差不多，可作为富贺钟局部之储量也。

此次调查截至现在止，已将水岩坝，望高，栗头，白沙及湖南江华各锡矿区测勘完毕。兹分别矿床种类及流域区域计算其储量列为第一表。

表中所列计算中之平方面积系就三万分一详图用面积计测算而得，故较为可靠。其最成问题者为砂层厚度及锡砂层中之含锡量，不得随地而异，且亦无法确定。兹皆从严取定，故所得结果，只有失之过小。又就各矿区之环境情形，分为甲、乙两类：甲类为业已开发或易于开发者；乙类则因种种原因如交通不便，缺乏水源或探勘未详，含量不丰等等，因之暂难开发或竟不值开采。照上表，在已经调查区域内之锡砂储量共为82，974公吨，折合纯锡约为49，784吨，值价一〇九兆元，其中属甲类之锡砂为55，312吨，折合纯锡33，186吨，值价七三兆元。乙类之锡砂为27，662吨，折合纯锡为16，600吨，值价三六兆元。此外尚有庙湾、新村坪、丰里圩，红花等矿区，未经详测，度其储量当亦有四五万吨，故富贺钟全区之纯锡储量，当在十万吨左右，总值大洋二二〇兆元。

兹再将湖南江华县河路口附近之锡储量分区计算，列为第二表。计锡砂总量为65，883吨，折合纯锡为39，529吨，值价八六兆元，其中属甲类者占64，524吨，合纯锡38，714吨，值价八五兆元。此外在河路口北十五里上大路铺之东，尚有大片砂锡矿床从未探采。又江华城区附近亦有锡矿，曾用土法开采。此二区之矿量俱未计入。

第一表　广西富贺钟锡矿储量表

矿床种类	流域	区域	面积(100平方公尺)	厚度(公尺)	体积(1000立方公尺)	每立方公尺含锡砂量(市斤)	毛砂储量*(公吨)	纯锡储量(公吨)	矿区等级
近代冲积	水岩坝河及白岩河流域	水岩坝区	84,100.0	3.0	25,230.0	2.0	25,230.0	15,138.0	甲
	望高河流域	望高区	77,700.0	3.0	29,910.0	1.0	14,955.0	8,973.0	甲
	白沙河上流及红水坪流域	白沙区	20,631.0	3.0	6,189.0	1.0	3,094.0	1,856.4	乙
	望高河上流	铁屎坪	33,750.0	3.0	10,125.0	1.0	5,062.0	3,037.2	乙
	白岩河上流		2,712.0	3.0	813.0	1.0	406.0	243.6	乙
	望高河上流之支流	太平村区	2,960.0	3.0	888.0	1.0	444.0	266.4	乙
山间盆地冲积	水岩坝东牛车地，黄屋车底一带	牛车地区	37,825.0	3.0	11,347.0	1.0	5,673.0	3,403.8	乙
古河冲积	白沙河中流	鲤鱼塘区	46,400.0	5.0	23,200.0	1.0	11,600.0	6,960.0	乙
	白沙河下流	沙子坳松木塞区	14,888.0	10.0	14,888.0	2.0	14,888.0	8,932.8	甲
	水岩坝河	五拱水区	9,220.0	3.0	2,766.0	1.0	1,383.0	829.8	乙
	古望高河上流	茶盘源区	479.0	10.0	479.0	1.0	239.0	143.4	甲
总数		共十一区	352,665.0	4.45(平均)	125,835.0	1.18(平均)	82,974.0	49,784.4	

*纯锡以净砂六折计。

第二表　湖南江华河路口锡矿储量表

矿床种类	区域	面积(100平方公尺)	层厚(公尺)	体积(1000立方公尺)	每立方公尺含锡砂量(市斤)	净砂储量*(公吨)	纯锡储量(公吨)	矿区等级
古河冲积	河路口以北	98,600.0	5.0	49,300.0	2.0	49,300.0	29,580.0	甲
	船岭脚,新塘面一带	24,100.0	4.0	9,640.0	2.0	9,640.0	5,784.0	甲
近代冲积	鸡公坪	11,600.0	4.0	4,640.0	2.0	4,640.0	2,784.0	甲
	尖山	5,316.0	3.0	1,595.0	1.0	797.0	478.2	乙
	草鞋塘	3,750.0	3.0	1,125.0	1.0	562.0	337.2	乙
	上下鲊塘源	3,146.0	3.0	944.0	2.0	944.0	566.4	甲
总数	共六区	146,512.0	3.66(平均)	67,244.0	1.66(平均)	65,883.0	39,529.8	

*纯锡比净砂六折计。

第三表　富贺钟锡矿成本详计表

	大东公司（二十五年度）			钟宝公司（二十五年度）			普益、施仁公司（二十五年下半年）			太和公司(*)（二十五年度）			大中公司(+)（二十五年度）		
	支出数（桂币元）	合每担（马秤）（桂币元）	%	支出数（桂币元）	合每担（马秤）（桂币元）	%	支出数（桂币元）	合每担（马秤）（桂币元）	%	支出数（桂币元）	合每担（马秤）（桂币元）	%	支出数（桂币元）	合每担（马秤）（桂币元）	%
土地	5,200.00	3.89	1.04										1,133.27	1.20	0.38
矿工工食	89,674.425	67.20	17.92	58,178.00	37.40	18.90	52,519.49	29.70	18.85	61,424.07	62.10	21.88	49,950.50	56.70	16.82
泥井开掘费递减	100,058.817	75.00	19.98	26,056.60	16.62	8.20	65,700.00	37.20	23.66	19,722.81	19.90	7.00	16,311.37	18.50	5.47
工程用品消耗	5,341.360	4.00	1.07	5,526.40	3.53	1.78	2,497.06	7.05	0.90	12,817.70	12.94	4.56	6,740.68	7.65	2.27
动力费	109,019.213	81.60	21.73	89,299.10	57.00	2.88	75,527.09	42.06	27.10	31,857.30	32.20	11.38	56,945.85	64.70	19.18
摊提工程费				663.62	0.43	0.22									
洗砂工食				1,306.19	0.83	0.42	811.67	0.46	0.28	1,568.12	15.82	5.58	7,355.61	8.35	2.47
尾砂	11,542.826	8.61	2.29				6,853.59	0.49	0.31						
收砂				4,199.11	2.68	1.35	6,820.94	3.85	2.44	17,509.26	17.70	6.22			
提炼费	14,510.737	10.84	2.89	7,986.10	5.10	2.57	8,633.23	4.88	3.11	2,158.36	2.18	0.77	3,505.14	3.97	1.18
厂务管理费	44,376.123	33.15	8.82	13,976.81	8.93	4.40	10,655.55	6.00	3.81	37,048.12	37.50	13.22	26,092.63	29.60	8.87
运输费	2,766.430	2.07	0.55	15,609.22	9.63	4.85	6,161.17	3.48	2.22	12,198.12	12.30	4.29	14,558.26	16.78	4.97
修缮费							3,011.59	1.71	1.09	2,949.92	2.97	1.04			
折旧费	19,475.130	14.60	3.91	5,049.01	3.23	1.62	13,409.58	1.93	4.79	13,100.17	13.11	4.61			

续表

	大东公司			钟宝公司			普益、施仁公司			太和公司[*]			大中公司[+]		
	（二十五年度）			（二十五年度）			（二十五年下半年）			（二十五年度）			（二十五年度）		
	支出数（桂币元）	合每担（马秤）（桂币元）	%	支出数（桂币元）	合每担（马秤）（桂币元）	%	支出数（桂币元）	合每担（马秤）（桂币元）	%	支出数（桂币元）	合每担（马秤）（桂币元）	%	支出数（桂币元）	合每担（马秤）（桂币元）	%
职工膳食	53,148.026	39.90	10.62	8,336.92	5.32	2.69	4,597.03	2.59	1.65				35,619.54	40.50	12.00
董监薪俸	1,719.00	1.29	0.34	4,499.40	2.87	1.45	12,000.00	6.78	4.30						
薪俸	28,037.610	21.00	5.60	29,261.19	18.64	9.44	8,949.75	5.06	3.22	32,289.66	33.20	11.70	49,161.91	55.80	16.50
警役工饷				6,120.24	3.92	1.97	3,488.14	1.96	1.24						
矿权代价				19,692.78	12.59	6.35							7,570.47	8.59	2.54
总计	484,889.699	363.15	96.76	295,690.69	188.72	95.00	275,635.88	155.74	98.97	244,642.61	261.92	92.25	275,945.43	312.42	92.65
股息	16,000.000	12.00	3.19	15,420.00	9.86	4.96	3,000.00	1.70	1.09	21,600.00	21.86	7.72	21,705.00	24.70	7.31
连股息每担总成本（马秤）		375.15	99.95		198.58	99.96		157.44	100.06		283.78	99.97		337.12	99.96
产额纯锡（马秤）	133,563			156,189			177,104			98,963			88,066		
每市担总成本	312.50 元（桂币）			165.60 元（桂币）			131.00 元			263 元（桂币）			281 元（桂币）		

（*）内松林 4,603.36 元（桂币），不知用途，未曾列入；

（+）汇兑亏水 6,162.51 元（桂币）未计入。

第四表 湘桂纯锡及锡砂收价比较

		广西省			湖南省			
年份	月份	出入口贸易处每市担纯锡收价（桂币元）	百元法币兑换率（桂币元）	折合法币数	河路口官矿局每市担净砂收价（法币元）	折合每担纯锡价格以净砂含锡七成计（法币元）*	长沙纯锡价格（法币元）	炼费，运费，营业费，事务费及盈余费（法币元）
民国二十五年	七月		260.00	151.32	63.30	90.33	135.75	45.42
	八月		240.00	163.93	68.00	97.14	151.25	54.11
	九月	393.44（七月至九月平均数）	180.00	218.58	74.00	105.71	145.50	39.79
	十月	231.04	185.00	124.88	74.00	105.71	153.10	47.39
	十一月	262.63	190.00	138.22	75.60	108.00	153.10	45.10
	十二月	302.47	193.00	156.72	88.00	125.71	150.25	24.54
民国十六年	一月	299.82	212.00	141.42	88.00	125.71	174.74	49.03
	二月	308.11	213.00	144.65	88.00	125.71	176.30	50.59
	三月	373.19	213.00	175.16	91.00	130.00	191.60	61.60
	四月	358.70	215.00	166.83	98.00	140.00	208.85	68.85
	五月	366.51	243.00	150.82	99.00	141.43	180.60	39.17
	六月	347.34	235.00	147.80	94.00	132.86	189.50	56.64
	七月	327.64	213.00	153.82	91.00	130.00	191.50	61.50
	八月	318.76	209.00	152.51	96.00	137.14	193.875	56.735
	九月	307.99	215.00	143.25	95.00	114.28	195.10	80.82
	十月	261.69	209.00	125.21	96.00	108.57	188.50	79.93
	十一月	222.01	204.00	108.82	65.00	92.86	161.50	69.04
	十二月	225.12	203.00	110.89	65.00	92.86	149.00	56.14

* 炼费等在外，并均每担纯锡之炼费为5.60元。

三、成本

在第一号简报中对于采冶成本曾作一概括计算。兹就大东、钟宝、普益、施仁、太和、大中等公司之二十五年度营业报告，详计其各项成本列为第三表。

观上表可知，最高之成本如大东公司每市担约需桂钞三一二元，最低如普益、施仁，每担仅一三一元，相差达百元之谱。

湖南江华锡矿俱用土法开采，由上五堡官矿局收砂炼锡。民国二十五年共产纯锡一五二五市担，共用事务费（包括薪饷、办公、特别等费）一五，九一八元，事业费（包括砂价、炼、运、营业等费）一七六，九三七元。计每担需事务费约十元四角，事业费（内砂价每担六七十元，冶炼五六元，运输四五元，营业二元等）约一一〇元。至于采砂成本，因俱系土法小矿，无法核计。

四、锡价

广西出入口贸易处收锡价格，系就香港每日市价扣去捐税、运输、手续等费而定，其法已详第一号简报中。湖南收砂价格，系由官矿局自定，其法不详。兹将民国二十五年七月起至二十六年十二月止湘、桂二省收锡及收砂价格，改算成国币，列为第四表比较之。观表可见广西贸易处之收锡价格常较湖南官矿局为略高，计加入冶炼费后，每担相差约十元左右。

五、锡砂层中锡石含量改算表（第五表）

表示锡砂层中锡石之含量，有以体积计者，有以重量计者，亦有以百分数计者，而所用之权度单位，又至不一，兹为便于改算起见，特制一锡砂层中锡石含量改算表，列为第五表。

第五表　锡砂层中锡石含量计算表

	市两/立方英尺	市斤/立方公尺	镑/立方码	市斤/井*	市两/100斤泥	%	若干分之一	价格(法币)元
市两/立方英尺	1	2.23	1.87	8.2	1	0.062	1611.1	0.048
市斤/立方公尺	0.45	1	0.84	3.7	0.45	0.028	3571.4	0.77
镑/立方英码	0.35	1.2	1	4.4	0.54	0.034	2941.1	0.69
市斤/井*	0.12	0.27	0.18	1	0.11	0.007	14285.7	0.717
市两/100斤泥	1	2.2	1.87	8.2	1	0.062	1611.1	0.048
0.1%	1.6	3.53	2.97	13.0	1.6	0.100	1000.0	0.077
10法币/井	1.59	3.51	2.96	12.9	1.59	0.090	1111.0	10.00

* 一井等于一市丈长，一市丈宽，一市尺深。等于一百立方市尺。

上表假定(1)每一立方英尺泥重一百市斤。(2)每斤净砂售法币七角七分即每市担纯锡售法币一百十元。

富贺钟江简报第四号*

江华县城附近锡矿报告

一、绪言

二十七年一月二十六日著者等于江华县河路口附近调查告一段落后，即起程赴江华县城附近调查锡矿，沿途于涛圩、白马营等处各略有担搁，调查地质，于二月二日始抵达江华县城，当与地方当局接洽，并在产锡区域作一初步调查后，于七日起即开始测制由县城附近筛子塘至小水洞一带之地形地质图，缩尺为二万分之一，面积约廿五六方公里。时值天气严寒，风雨无常，故迟至廿三日工作始告完竣。兹将调查所得作简报如下：

白马营附近之上马石及破庙等处，亦以产锡闻，惟据测勘所得，毫无经济价值。

二、位置及交通

江华在湘省之南陲，地处偏僻，交通不便。虽滨沱江，但以水浅流急，航程极感困难（参考位置及交通图）。

由江华至长沙，可分水陆二程。陆程即经道州，零陵，以达长沙。水程即由沱江、潇江而入湘江。由江华至零陵，水程与陆程之距离相仿。由零陵至长沙，以湘水曲折，公路坦直，水程较陆程为远。

江华离道州九十华里，地势平坦，起早一日可达。由道州至零陵约二百余华里，背山面水，旱路颇艰。将来如须建筑汽车路时，亦以此段工程为最困难。步行或肩舆，均须三日方达。由零陵至衡阳，有公路可通，须时亦为一日。故由江华至长沙，旱程约须时六日。由江华经河路口，望高，桂林而至长沙，亦须五六日，惟此路不宜于运输货物，故从略。

若走水路，以水大水小关系，须时因亦不同。由江华至道州，水大时数小时可达，水小时须时二三日。由江华至零陵，水大时二三日可达，最速一日可达。水小时须时一星期左右，逆航则须时二三倍之。由江华至长沙，水大时约十日左右可达，水小时须二十余日。航行愈往下则愈通畅。

江华与桂省八步锡矿区之交通，较与长沙间为便。因距离较近，而桂省车路亦极为发达故也。由江华至河路口，约一百十余华里，旱路二日可达。水程为沱江之源，不能通航。由河路口至桂省富川之白沙，约廿五华里，半日可达。由白沙至八步约六十五华里，

---

* 署名：谢家荣、王植。成文于1938年2月。经济部地质调查所简报，第24号（油印本）。1～11页。原件存全国地质资料馆，档号1956。——编者注

湖　南　江　华　县　位　置　及　交　通　图

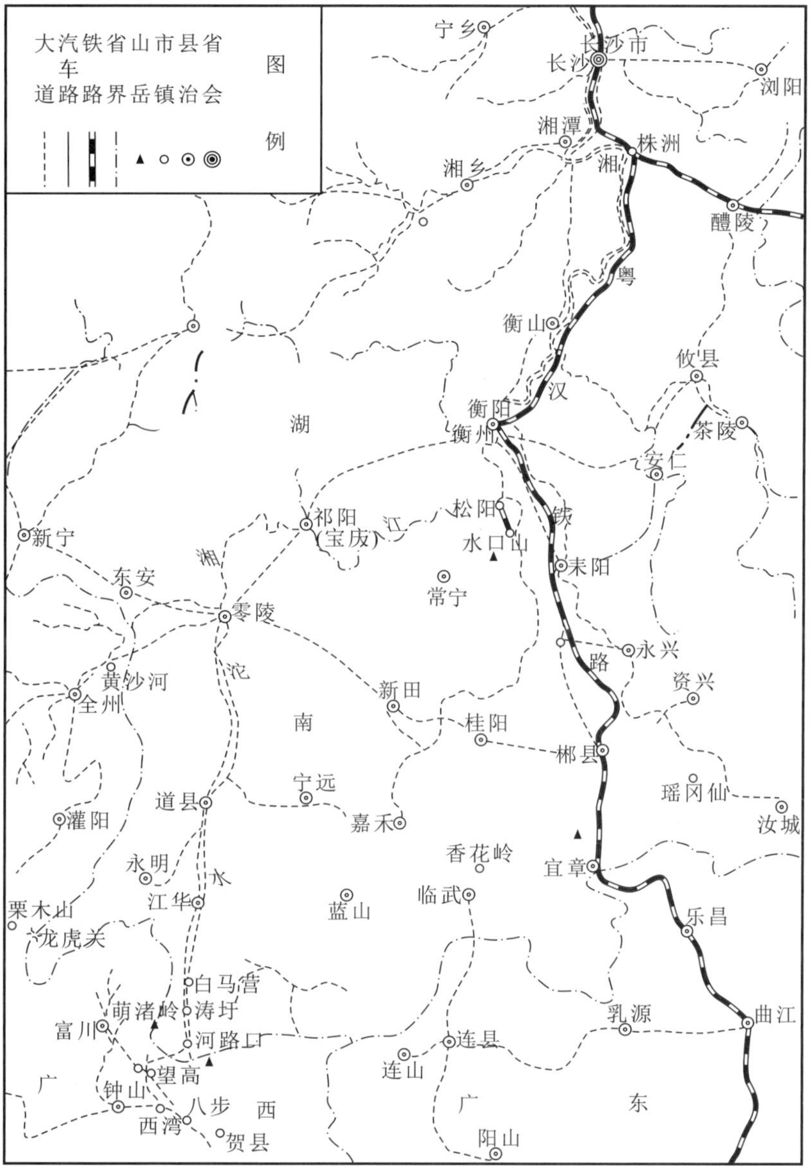

比例尺三百万分之一

图 1　湖南江华县位置及交通图

通公路，数小时可达。八步之交通，详富贺钟江第壹号简报，兹不赘。

如欲开发江华县城附近之锡矿，因沱江航程困难，如运机器及运销纯锡等，似以借道广西为便。由白沙至美华公司，已由该公司筑有车路。由美华公司至离河路口数里之遥之大狗坑，著者等在调查时，其车路正由鸿运、富元等公司兴筑中，由大狗坑至河路口至江华，地势平坦，筑路尚易。

由江华至郴县之交通，最近将来，恐难利用，兹不赘。

三、地形

矿区地形可分山岭，低丘及平地三种。其与岩石性质均有密切之关系，故由地形之不同，往往可知为何种岩石，并可推知其属何种地层，惟有时因风化太深，遮掩过甚，或岩石性质相同，而其时代或层位不同，则须详勘后始克了然。

矿区山岭均为石灰岩所组成，山高岭峻，形颇峭急。高度最高离平地达一百五六十公尺，有因岩层倾斜陡险，而成喀斯特状地形者。如钩挂山、胡家山、奇兽山、寨子山、龙骨、虎形诸山及寨子脚附近之孤山均是。喀斯特地形之造成，除岩石性质，层厚及地理环境等外，与地层之倾角亦有莫大之关系。普通须水平者，平以致远，如八步、黄田所见者是。地层之近乎直立者，亦适合于喀斯特地形之造成，如本区所见者是。地层倾角在二十五度以上，六十五度以下者，虽其他条件适合，其能造成喀斯特地形者，则尚属少见也。低丘普通高出地面二三十公尺，为古冲积层之所在地，为破坏之梯级地形。土色深红，与山色深青之灰岩山岭，相映成趣。平地为冲积地，位于、东西两河河畔，成狭长之带状。亦有因支流而深入低丘地者，即低丘地间之宽缓河谷地是也。

河流之较大者为沱江之源，东、西二河。东河来自东南之花江（?），西河来自西南之春头源，至江华县城附近，合而乃称沱江。春头源离河路口不远，来自姑婆山，此与江华锡石之来源有莫大关系也。

四、地质概况

矿区地质颇为简单，然较详细作之，亦饶兴趣。兹将地层、构造分述如次。

（甲）地层

矿区内所见地层约可分为三系，即下石炭纪灰岩、含锡冲积层与近代冲积层。下石炭纪灰岩中，因有页岩层与矽石层相隔，故至少又可分为五层。兹分述如后：

一、下石炭纪灰岩

在本区内所见及者，总厚约二〇〇〇公尺。

1. *Eochoristites* 灰岩——此为在矿区内所见最老之一层，在背斜层之轴部（参看地质图）。层次不厚，灰色，有矽石结核。其岩石性质与后述之中部灰岩层极难区别，须借化石或认清其层位后方能决定之。化石在椅子山北麓、仔山及白虎山等处，均能见其踪迹，而以白虎山所得者为完善。著者等初疑其属泥盆纪，在桂林时据李四光先生鉴定，谓系 *Eochoristites*，属下石炭纪。本层未见底，其厚度据所见及者，约有四五〇公尺。

2. 页岩层——本层岩石性质颇不一致。在矿区内所见者普通为黄色，层薄质脆，常作碎片状，光泽鲜明，但有时成层较厚，不作碎片状，颜色暗绿，或带紫色。于本层内未得化石。

在广西境内，不同时代之灰岩甚多，但外表颇多类似，非赖化石往往极难区别。如富贺钟江区内泥盆纪与下石炭纪灰岩之分界，有时即甚感困难，因化石未必处处可得，同时灰岩常作喀斯特状地形，坡陡山嶙，孤峰断续，亦不能处处可到。其中构造如断层之有无等，亦颇难探求，良以未能得一层次可作关键者。著者等此次在下石炭纪下部得一页岩层，即本条所述者，似颇可作为关键，其自涛圩、白马营以迄江华，均极显著。在涛圩、白马营附近厚可一百五十余公尺，在江华县城附近，仅厚百公尺。著者等初意，此页岩层或为下石炭纪与泥盆纪灰岩之过渡层。在白马营东之石树脚及龙王庙附近，在页岩层上之灰岩中，有下石炭纪之标准化石管状珊瑚等。在页岩层下之灰岩中则得石燕甚多，尚未鉴定，似属泥盆纪。化石所在之处，各距页岩层不远，故疑此页岩层或为泥盆纪灰岩与下石炭纪灰岩中之过渡层。江华县城附近之情形亦复相似。惟在页岩层下灰岩中所得之化石，据李四光先生鉴定为 *Eochoristites*，亦属下石炭纪。但无论如何，此次页岩对于层位之确定，及构造之探求上，均当有极大之帮助也。

3. 中部灰岩层——此层灰岩位于背斜层之两翼。其岩石性质与 *Eochoristites* 灰岩极相类似，惟层位之高下则不相同。在奇山岭之顶部得有石燕化石，在虎形山之东北坡，除石燕外，尚得有单体珊瑚，均尚未鉴定。本层厚度约四五〇公尺。

4. 矽石层——此层位于中部灰岩层之上，均为矽石所组成。风化后矽石作有棱角之碎块，零星散布于土坡之上。在胡家山之西南，寨子山之西，及小水洞之西北诸土坡上均能见之。矽石有灰白色者，有浅黑色者，亦有灰白色中夹有淡黑色之带状者。在矿区内本层中未见化石，在他处则有海百合、管状珊瑚及腕足类等化石，而尤以海百合为最普通。本层厚度约五〇公尺。

5. 管状珊瑚层——此为矿区内下石炭纪灰岩中所见最上边一层。颜色深青，岩石表面细致圆滑而极洁静，极易识别。有燧石结核之处则多化石，化石以管状珊瑚为主。此外尚有单体珊瑚及海百合等化石。在本区内其分布常位于背斜层两翼之最外层及向斜层两翼之最内层。厚度约一〇〇〇公尺。

二、含锡古冲积层

此为主要含锡层，分布甚广。但锡石之分布则颇不均匀，往往集中于数处，如县城附近之筛子塘、小水洞附近及寨山脚。据前人探矿结果，尚称丰富。稻水田、麻子窝、大窝塘等处亦均有锡石。其他处有含锡石甚贫，亦有完全不含锡石者，其详细情形，俟矿床节中再申述之。

本层大部为粘土及砂土所组成，颜色深红。锡石则往往含于沙土之内，含于黏土内者较少。厚度如在筛子塘所见，最深有达十公尺者，普通则在十公尺以下。

在本层所组成之土坡上常见有白色石英细粒，散布于红土之上，遥望之如盐霜然。本层之时代当与水岩坝附近诸锡矿同时，属更新统。

三、冲积层

大部为泥土、沙土及粘土，褐色，属现代冲积。不含锡石。其分布见地形节，从略。

（乙）地质构造

矿区图范围内之地质构造，大体言之，为一大向斜层，其轴部之东侧，发生一小背斜层；背斜层之东侧及其南端则均为断层所切（参看地质图及地质剖面图）。

由涛圩、白马营而至江华，长凡八十余华里，大致为一狭长之向斜构造，褶皱轴之方向为北北东——南南西。由涛圩至江华之大道及西河之水流，俱蜿蜒于此向斜层之轴部之内。在本区内之凉亭及大山寨附近，尚能见其西翼，其倾斜为东南东，倾角约三十度左

湖　南　江　华　县　城　附　近　锡　矿　地　质　图

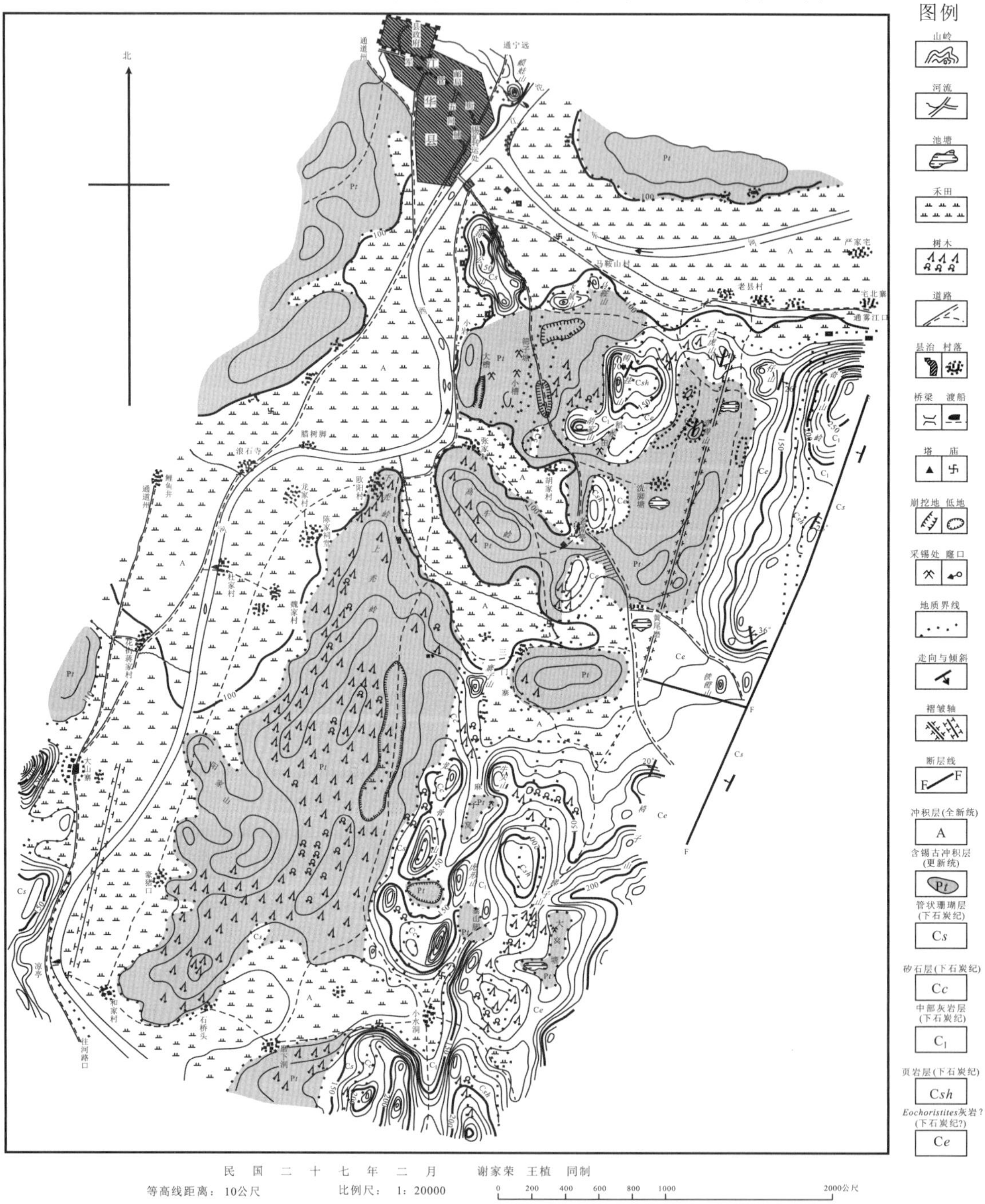

图 2　湖南江华县城附近锡矿地质图

右。褶皱轴之位置，离此不远，如图所示。本区内之大部分，则为此大向斜层之东翼，而在此东翼，则又有背斜层及断层等之发生。

背斜层褶皱轴之方向，亦为北北东—南南西，与主要褶皱轴之方向，多少相互平行。

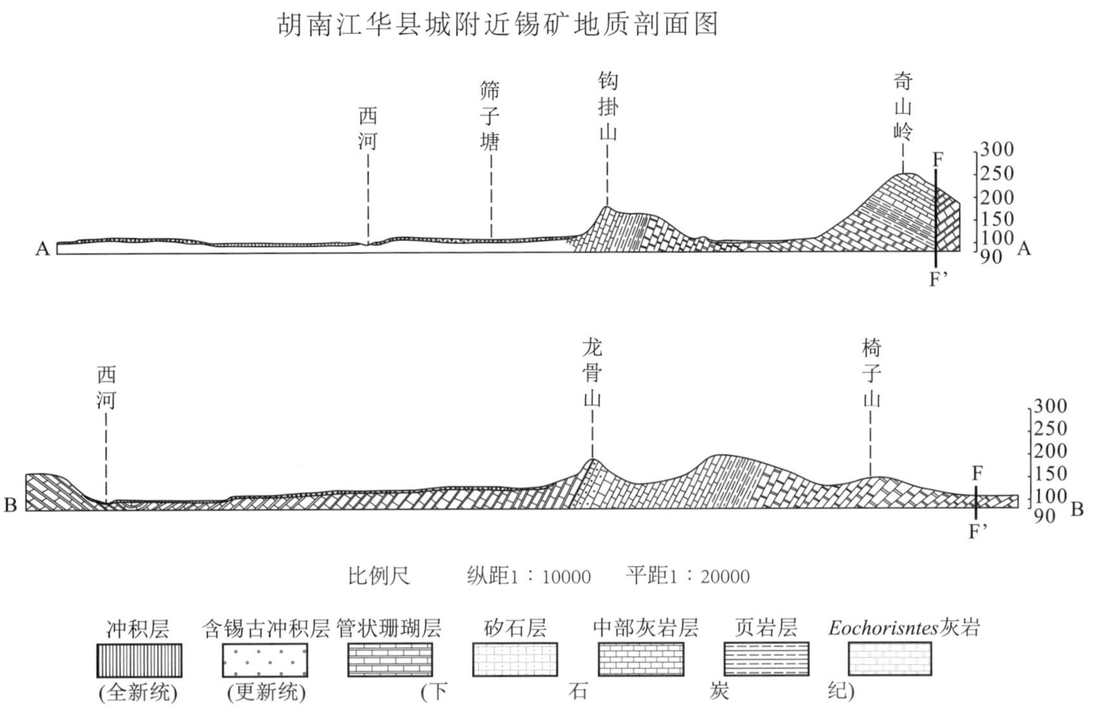

图 3 湖南江华县城附近锡矿地质剖面图

由白虎山经奇兽山之东而至黄尾塘之南，轴长约二千余公尺。其西侧之地层较为齐整，向西北西倾斜，倾角甚大，恒达七十度左右。近背斜层之轴部时则较平缓。背斜层东侧之地层则较零乱，大致之倾向为东南东，但亦有近乎东北东者。倾角平缓，普通在二三十度左右。由背斜层西侧地层之整齐而陡峻，东侧地层之零乱而平缓观之，可知造成此褶皱之动力当由东南东而往西北西者。

背斜层之南端，如铁镫山等处，尚受背斜褶皱之影响。更南之椅子岭，其岩层之倾向为西北西。倾角为二三十度，已为背斜褶皱影响所未及。由于走向相同，倾向骤变，可知铁镫山与椅子山之间有一扭转之倾向断层存在。断层线延长约有七百公尺，断距约在一百五十公尺左右。

背斜层之东又有一向斜构造相比连。向斜层之东翼，倾向为西北西，此即主要向斜层东翼之正常倾向也。奇山岭之东，近向斜构造之轴部，其东翼为管状珊瑚灰岩，西翼则为中部灰岩层，其间又有一与走向线相平行之斜向断层存在。此断层与页岩层等之走向成一甚小之角，故在奇山岭之南端，页岩层相遇时，即失其踪迹。此断层直连至椅子岭之后。断层面以东之管状珊瑚灰岩与龙骨山附近之管状珊瑚灰岩倾向相同，成地层重复之现象。

冲积层与下石炭纪灰岩之关系，则为显著之不整合构造。

（五）锡矿概况

江华锡矿俱系冲积而成者，即所谓砂锡矿是也。今就其分布之区域，锡石之来源，沉积之状况，沉积之时代及其贮量等分别言之。

一、分布

含锡冲积层之分布甚广，东、西河两岸俱能见之（参看地质图）。惟主要产锡之区则限于东、西两河与奇山岭、椅子山等所包围之地。在西河之西，东河之北，则未闻产锡，现亦无人探采。前湖南建设厅在江华至河路口一带，曾用探筒探锡，历时凡两年之久。其在河西河北曾否加以钻探及其结果如何，现因手头无案卷可查，不得而知，小水洞及唐下洞以南，亦未闻采锡。

在主要产锡区内，据湘省建设厅钻探结果，以筛子塘、大槽、小槽，即俗称老窿口等处为最佳，现已划作省营保留区域，其面积所及约〇．五平方公里。小水洞及寨山脚附近之锡矿，质、量亦俱佳，惟面积甚小，仅达五六百公亩（一百平方公尺等于一公亩，一平方公里等于一万公亩）。大窝塘附近所占之面积约有六百余公亩，麻子窝约占地二百六七十公亩，稻水田附近经居民探采之区仅占一百余公亩。其他如洗脚塘附近，上下禿岭以南一带，就其地质环境观之，似亦有贮锡之可能，但是贫是富，能否开采，则须俟钻探后方能决定之。

二、锡石之来源

富贺钟江之砂锡矿俱与其附近之花岗岩体有密切之关系，如贺县之新村坪、钟山之水岩坝，与望高、富川之白沙等处，其锡石之来源莫不与萌渚岭之花岗岩体有关。钟山红花区之砂锡则与另一花岗岩体有关（山名待查）。至于花岗岩之本身，并不含有锡石；锡石皆产于花岗岩内之石英脉中，而此种石英脉，其含锡石之部分，大部或全部已经风化、侵蚀，沉积而成砂锡矿矣。

江华附近数十华里以内未见花岗岩体，其附近之地层亦均不含锡石，亦无含锡石之石英脉。地势南高北低，东、西两河皆发源于萌渚岭，证诸富贺钟及河路口附近之情形（见第一、第二号简报）则江华沙锡矿内之锡石，其亦来自萌渚岭之花岗岩体，当可无疑义也。

三、锡砂沉积时之状况

河路口附近藏锡砂甚富，已于富贺钟江简报第二号概述之矣。由河路口至江华县城凡一百十余华里，沿途未闻产锡。白马营附近之上马石及破庙等处，曾闻产锡，并经商营公司探采，但毫无结果。著者等路过时曾加测勘，亦觉全无价值；而在其下流之江华，忽有相当数量之砂锡，似颇费解。盖锡石既来自萌渚岭之花岗岩体内，经天然之淘洗，沿途应有其踪迹，且愈往下流，锡砂应贫乏也。但若详细考察其地理环境及砂锡区之各种事实，则亦不难解说之。

证诸河路口附近之锡砂甚富，西河当为主要携带锡砂之水流，东河沿途及其发源处均未闻有砂锡，想系离含锡石之石英脉太远之故。在江华县城附近之砂锡未经沉积之先，此二河当已存在，而其水道之所经，亦与现状大致相仿。二河会合之处几成直角相交，两流相遇，水势必为大减，而水量为两流之和，必大增加，此诚最适宜于沉积之所在地也。观夫锡砂丰富之区，俱在此二河包角之内，河西河北，锡砂缺如，或甚贫乏，此与事实亦极相符合。

西河中途，过程中当亦有砂锡之沉积，但因水流甚急，已沉积之锡砂又为水冲去，渐次下移，迄乎江华，乃得最后之归宿，其中途则反无丰富砂锡之存在。

江华县城附近之砂锡，其中锡石之颗粒甚细，此乃离来源甚远之故。锡砂内如最普通之磁铁等杂质甚少（水岩坝区锡砂内之重体矿物 Heavy minerals 现由张更先生研究中），此乃经长距离重复冲洗之明证。含锡层中粘土与沙土之层次不甚清楚，土作红色，乃与当时之气候有关。

锡砂沉积之时，附近灰岩之地形尚较现时为低，其洞穴中往往为锡砂充填，即成今日之“窿口”。

四、贮量

江华县城附近之锡矿，现尚未开放，材料缺乏，故对于贮量之确实估计，极感困难。今就调查所得，姑作一初步之估计，以资参考。

砂锡层分布之区，如筛子塘、小水洞、大窝塘、麻子窝、稻水田等处，乃皆经探采而知其含有相当丰富之锡砂者。其面积合计约有六千五百余公亩，即六十五万余平方公尺(详见分布项下)。其厚度如在筛子塘所见者，最深约有十公尺左右，但平均厚度则在五公尺左右。筛子塘所占面积最广，今即以此为一般的平均厚度，则砂锡层之体积，约有三百二十余万立方公尺。但锡砂之存在，往往仅限于某数部分，而其他部分则锡砂常付缺如。据观察所得，富锡之部分约为全体积之半，则约有一百六十余万立方公尺。锡砂层空隙度甚大，约占百分之三十，其比重约为二．五。按此计算，则富锡可采之部分，其总重量约有二百八十余万公吨。

关于含锡量之材料殊感缺乏。小水洞之寨山脚及大窝塘等处之窿口，其所采泥沙，每百斤少者含锡砂数两，多者约二三斤。此因窿口含锡特富，当不能代表一般之情形。稻水田附近，据云每百斤泥沙仅含锡砂数分，多者亦不过钱许，亦恐未必能代表一般的情形，甚至此种口头径调查所得之材料，未必可靠，而著者等因时间及设备有限，亦不能详细为之证实与勘究也。今假定此为中上矿区，每探筒平均可得锡砂五钱（假定探筒口径为十公分，深为五公尺），则每百斤泥沙约可得锡砂一两，每公吨泥沙可得锡砂一斤四两，故二百八十余万公吨泥沙中，毛砂之贮量当可达一千七八百公吨。江华县城附近之锡砂，成分甚高，如小水洞附近窿口所得达百分之九十五，今以八折计算，则纯砂之贮量，可得一千四百余公吨。由纯砂炼纯锡，就理论上言之，可得七成以上，但纯砂不能完全将杂质去尽，且土法冶炼，亦多损失，故普通仅得六成至七成。今以六成五计，则纯锡之贮量约有九百余公吨。以上估计为已知较可靠之贮量。

东、西两河包角之内，含锡冲积层分布甚广。除上述区域外，大部分均未探采，其面积约有五万六七千公亩，今假定其十分之一之面积为有开采价值者，按上法计算，则其毛砂之贮量约有一千五百余公吨。但究竟如何，须俟钻探后方可知之。

以上贮量之估计仅指有开采价值者而言，其无开采价值之区，未尝无锡砂之存在，则不计之。

（六）矿业

江华锡矿尚未开放，即小公司之组织亦绝无仅有。不久以前，河路口官矿局曾又刊布领采办法（见富贺钟江简报第二号附件），但以锡砂之价格无充分保障，及商民不能自行炼锡，故各矿商颇为观望。今就江华县城附近锡矿区所见之情形，约略言之。

一、公司

南华公司为本区内唯一之公司。在著者等调查时，该公司正在筹备中，尚未开采，资本暂定为法币壹千元。矿区在大窝塘，为钟山县望高刘某所请领，其详细情形，因在初创时期，无从确知。该公司规定用土法开采，如欲改用新法开采，则须重行呈请照准后始得。

小水洞附近寨山脚之窿口等，为本地欧阳村人欧阳国所请领，工人六七名，时作时辍，全系副业性质，亦无资本之可言。最近因与小水洞人交恶，发生凶杀，已完全停止工作。

大窝塘、梯子岭附近之窿口，前由本地杨化庙人开采，工人十余人。现已划归南华公司。

麻子窝及稻水田附近，有时亦有人淘洗，其曾请有牌照与否，亦不得而知。普通居民淘沙，于农闲无钱时始举行之，不具规模，亦无计划，官矿局转运处故亦不加以禁止。

二、采洗状况

采洗皆用土法，即将采得之沙用洗金斗淘洗之。露天开采，因施工不成规模，亦无所谓“明湖”、“水庄”等名称。若矿区较大较丰，资本较厚，则本区内均可利用西河之水洗矿。但目前居民零星淘洗，往往于天旱时先将含锡石之泥沙采得，俟有雨时再冲洗之。南华公司将来恐须受同样之命运。筛子塘离西河甚近，将来引水当不成问题。

小水洞附近寨山脚之窿口深一二丈。大窝塘附近之窿口深八九丈，则往往因积水过深，居民无力排水，须俟天旱时始能工作之。麻子窝附近闻亦有窿口，现无人开采。

三、销售

所有锡砂皆售与江华县官矿局转运处。但矿民洗砂不净，且三斤、五斤，数极零星，故转运处直接不收。先由矿民售与当地收锡砂之商人，再转售与转运处。转运处收砂时先将来货淘洗，去其杂质，而后始收买之。给价随时不同，在著者等调查时，每斤约值法币五六毫。

转运处积锡砂至相当数量时，即自行开炉冶炼。锡砖每块亦重廿五斤，与河路口者同（八步者每块重六十斤或一百廿斤）。锡块与河路口者同运长沙。运费不以船只论，而以载重论。由江华至长沙，运费每百斤锡须大洋两元（由河路口至江华，每挑运费小洋两元，合法币壹元六角，每挑可运锡砖四块，重百斤）。大船可载锡万斤，小船数千斤。大船仅大水时方能行之。

湘锡运沪或运港，桂锡则通运香港。因成分不一，每块重量不一，及其不能合成吨数，故不能直接销运于伦敦市场。其中损失浩大，故近有人设炼厂之议焉。

四、产额

各处来源，毫无统计。据转运处负责人言，每年毛砂总产量亦不过四五千斤而已，良以未开发之故也。

（七）结论

江华锡矿，贮量寥寥，于大规模之新法开采，实无重大之希望可言。筛子塘湘省政府保留之区，约占本区内已知采锡地带之面积之百分之七十七，纯锡贮量按算约有七百余公吨。若每月出纯锡以二万斤计，则可供五六年之开采焉。

广西富贺钟砂锡矿*

一、绪言

民国26年11月，荣偕王植奉命调查广西富贺钟及湖南江华砂锡矿。于12月2号抵八步后，先考察西湾煤田地质，事毕于16号赴水岩坝，30号赴望高，27年1月13号赴红花，14号赴白沙，17号赴湖南江华河路口。所有考察及采访所得，业已编印简报，以供关系方面之参考。27年7月，荣奉令筹备江华矿务局，设办事处于八步。对于富贺钟砂锡矿情形，仍继续调查，乃将所得新材料加入旧稿，并将第一、第三两号简报合成斯篇。惟仓卒付印，谬误至多，尚望海内方家予以指正，则幸甚矣。

二、矿区分布

矿区位于广西省之东北部，占有富川、贺县、钟山三县，东南起里松圩、新村坪、莲塘，西北迄庙湾、麻溪、黑山，延长凡40公里；再向北，与湖南江华矿区遥相连续，盖同属于萌渚岭（姑婆山）花岗岩侵入体之区域，而位于其西缘及西南缘者也。在钟山县西北25公里之红花圩，其西南之英家及平乐县东30公里之同安，亦俱有锡矿，此则位于红花、同安间花岗岩侵入体之南缘而另属一区域者也。此外，在钟山南50里之珊瑚村亦有锡矿，现有珊瑚等公司开采，矿床丰富，获利甚巨。但其附近未见有花岗岩（依据田奇瑰氏地质图），斯为异耳。故就地理上及地质上之关系言，富贺钟砂锡矿可分为三大区域如次（参阅第一图）：1、萌渚岭区，2、红花区，3、珊瑚区。

每区中以其附近一重要之村圩为中心，又可划分为若干区如次：

（一）萌渚岭区

1. 新村坪区，包括里松圩、大湾塘、白面山、半路圩、黄金坪等处。机采公司有益安（获利甚巨）、蕴丰、延通、贺饶等公司，其余俱用土法。

2. 牛车地区，包括养牛冲、白沙塘、车头准、车底等处，有利涛、春和、永盛等公司开采。

3. 水岩坝区，包括水岩坝河、白岩河各流域之地。新式大公司，如普益、济华、钟宝、钟山、大容等10余家，产额最巨，获利最多。

4. 立头区，包括沙子冲、箭猪窿及望高流域等地。有协源（已停）、伟大、富华、裕

---

* 广西富贺钟砂锡矿成稿于1938年，署名：谢家荣。现存全国地质资料馆，档号2409。原稿应有插图7幅，但未见。——编者注

华等公司开采。

5. 望高区，包括沙子坳、绹马岭、出水壁、石夹肚、狮子尾、铁屎坪、尖蓬山等处。现有省营锡矿（近改属平桂矿务局）及仁生、永丰、茶盘源等公司。

6. 白沙区，包括桃子窝、梅子涧、大冲口等处。除中南、利康、美华（现停）等公司外，俱系土法水庄。

7. 庙湾区，包括麻溪、黑山等处，俱系土法水庄。

8. 江华区，属湖南省。

（二）红花区

1. 红花圩区。现有太和、裕桂、志和等公司开采。
2. 英家区。俱未开采，恐无甚希望。
3. 同安区。俱未开采，恐无甚希望。

（三）珊瑚区

现有珊瑚、首祥、龙门、四柱联合公司开采，获利甚巨。

以上各区自以萌渚岭区为最重要，其中尤以水岩坝一带为现在开采最盛、产额最多之区。红花区中仅花江流域业经开发，现有太和、志和、裕桂等机采公司，其余各地或仅用土法，或尚未开发。

三、地质

民国26年12月，荣偕王植调查富贺钟矿区地质，阅时2月，将西湾、水岩坝、望高及白沙等区域测勘完竣。继又奉命调查桂西及滇北地质。所有未完成区域，由本所派周德忠、李树勋、王锡光、颜轸、尹春浩等继续调查。至27年7月，周德忠、颜轸二员又调赴江华矿务局办事。所有测勘事宜由李、王、尹三君负责进行。截至11月中，业将八步、黄田、新村坪、半路圩及红花等区详测完竣。故除珊瑚区外，全部富贺钟区域业已普遍调查。兹因地形及地质全图尚未编就，详细报告当由李君等编著，故仅述概况如下：

（一）地层

富贺钟地质历经乐森璕、孟宪民、张更、田奇㻪诸君调查。乐、孟诸君各有报告，刊两广地质调查所年报及中央研究院地质研究所丛刊。田君图说，尚未刊印。乐君等所定地层系统及其时代，据此次考察，颇有更改之处。兹自下而上分述各层系之性质、分布等如次：

（甲）泥盆纪

从前乐君等所述之泥盆纪石灰岩（古化石灰岩），今已知大部当属下石炭纪，因于各处曾获得管状珊瑚化石故也。真正之泥盆纪地层分布于八步附近、新村坪至白面山、望高至白沙以及江华河路口一带。就岩石性质可分为二部：下部为黄、褐、灰、紫等色石英质砂岩、砂岩及页岩；上部为石灰岩。于上下两部之间又有砂页岩与灰岩相间之过渡层一层。灰岩色深灰或灰黑，层厚半尺许，质纯，不含矽石，于其中曾获得腕足类及单体珊瑚化石多种，似俱属泥盆纪，惟详细种名尚未鉴定。

（乙）下石炭纪

本纪地层以石灰岩最为发育，在西湾、水岩坝、望高、白沙一带之厚层淡灰色石灰岩俱属之，每造成尖笋状之喀斯脱地形。与泥盆纪石灰岩不同之点有三：1. 颜色较浅，2. 成层较厚，3. 常含燧石结核或层带。然不含燧石之纯粹石灰岩亦时有见之。全部厚度尚未详计，当达二三千公尺。

在西湾煤田附近，本纪地层殊为发育。在上述淡灰色厚层状石灰岩之上并有矽石、页岩及石灰岩之交互层，即乐森璕氏之燕子系及著者等之平地寨系也。全层厚达 665 公尺。上与西湾煤系成不整合接触，下则整合地位于厚层石灰岩之上。

（丙）三叠侏罗纪

在西湾煤田一带出露之煤系属三叠侏罗纪，有动植物化石为证。前人谓属下石炭纪者，实误。其分布南迄官田，北达望高，延长达 18 公里，但有煤之部则仅自海华煤矿至西塘之一短段耳。

本系可分为上下二部：下部以角砾岩及紫页岩为主，偶夹晶片状石灰岩及煤层，最厚处达 400 公尺，向北则渐薄，著者等名之曰天堂层。上部即主要之含煤部分，名曰大岭层，为黄灰色页岩、黑页岩、煤层及石灰岩所组成，厚约 70 公尺，但此中真正含煤之部共厚不过二三十公尺耳。

（丁）侏罗纪（石梯系）

在西湾煤田之西部，石梯之西，尖峰山一带，有一厚层之砂页岩出露，乐、孟、张诸氏谓为层状花岗岩，实不知何所根据。田奇瑰氏编著湘桂地质图时，谓之为中生代砂岩，实属非常确当。著者等此次调查，赞成田说，而名之为石梯系。

本系为黄色不纯质含长石之粗砂岩与杂色页岩相互而成。砂岩质松，但因成层甚厚，故每成高达二三十公尺之峭壁，与杂色页岩之缓坡相间，远望至易分辨。下与西湾煤系似相整合，但就岩性及沉积种类之不同论之，其间或有一假整合存焉。在煤田附近露出者，本系厚达 390 公尺，但向西展布甚远，故全部厚度尚难确计。在本系中未曾获得化石，故其时代难以确定。若从其富于长石之一点观之，则石梯系颇似成于花岗岩既经侵入风化之后，或者为上侏罗纪亦未可知，盖白垩纪在南方各地俱为红色厚砂岩，与石梯系之岩性颇多不同也。

（戊）花岗岩

为锡矿母岩之花岗岩分布于萌渚岭（即姑婆山）及红花两大区域，已如前述。花岗岩之主要成分为石英、正长石、黑白云母及角闪石。惟白云母则并不特殊丰富。结构有粗粒、中粒及斑粒之三种，大概随结晶时地位之深浅而随地变异。大致言之，则以粗粒者为多。随花岗岩岩浆体而发生之岩脉甚多，有伟晶花岗岩、云英岩及尚未定名之岩脉数种，惟基性岩脉则并不多见。详细岩石的研究与描写，非兹短时间内所能从事，且亦非此次调查之目的，故不详述。至论花岗岩侵入之时代，就多种岩脉常侵入于下石炭纪石灰岩，而石梯系又似为花岗岩以后之物，则知花岗岩之侵入，至少在石炭纪之后与上侏罗纪之前也。但是否侵入于西湾煤系内，尚未能实地察及，或者与燕山花岗岩（燕山花岗岩之时代尚未确定，就各方面考察，似属侏罗纪后、白垩纪前，或上下侏罗纪之间）同时，亦未可知。

(己)红土及砂砾

沿白沙河、望高河、水岩坝河及新村坪河之两边及山坡一带，常有一种红土及砂砾之冲积，高距现代河面约三四十公尺。在望高之茶盘源及尖蓬山一带，则此红土沉积可盖覆于高达附近平原百公尺左右之山坡上，显然造成一种古扇形冲积地焉。本层自上而下不成层次，俱系红色壤土，内夹砂质及石英小粒，有数层则富于数公分口径之砾石，惟大块砾石则并不经见，此则与近代冲积层相异者也。因本层系沉积于一高低不平之古地形上，故厚薄颇不一律，据钻探所及，在平地区域可深达 70 公尺以上。因未获得化石，故本层之时代未能确定。就间接之证据而论，似属第三纪之上新统。本层中含锡砂，距地面五六尺以下即有，惟大部分俱散而不聚，平均每立方码仅含纯砂三四两，亦偶有聚积而成所谓鸡窝砂者。惟望高西之仁生、永丰等公司则砂量丰富，每立方码含砂斤许，自进行机采以来，获利甚厚。

(庚)近代冲积

沿新村坪河、水岩坝河、白岩河、望高河、白沙河之冲积区域内常有近代冲积，为此间之主要含锡层。每立方码锡土常含纯砂在半斤至一斤以上。在水岩坝流域中，则有达二三斤或更多者。自上而下，层次清晰，可分为 A、B、C 三层，总厚达一二十公尺至三四十公尺，详情俟矿床节中论之。

(二)构造

富贺钟为一近南北向之狭长盆地构造，于志留奥陶纪变质地层之上，先为泥盆纪之堆积，继之以下石炭纪之堆积，最后则为三叠侏罗纪之堆积。惟中生代地层仅成向西倾折之单斜层而不成褶皱，且其分布只见于自西湾至望高之一段，再向北则为断层所隔而不复出露矣。以上推解，系依据田奇瑰氏之南岭地质图而设。此次调查范围为盆地构造之东翼，且观察所及仅泥盆纪之石英砂岩、石灰岩及大块侵入花岗岩而止。其下之志留奥陶纪变质岩则未及涉足。因本区域位于富贺钟盆层构造之东翼，故地层俱向西倾斜，自北至南，其走向又有由西北而逐渐转向西南之势。倾角，在石灰岩间者俱甚平缓，普通不过 30 度，在煤系间者，则可达六七十度以上。至新村坪一带，则地层斜向又有向西南或向南之势。换言之，即地层之走向，初为近南北者，至是又转为近东西向也。除石灰岩内偶有平缓之局部褶曲外，重大褶皱，因为范围有限，未能测入。

本区以断层为最重要之构造，可分为二类：(1)斜向或近于斜向断层，如望高之鲤鱼塘断层、出水壁断层、十八锦断层及西湾煤田内之各项断层。西湾煤田内，大岭南北二端俱为断层所切隔，遂使煤田划分为三段，自北至南，即海华段、大岭段及龙过水至西塘段是也。

老山本身及其东北之鸡婆塘间俱有斜向或斜交断层。西湾之东南，禾仓岭至大路冲间又有斜向断层两条，俱发生于下石炭纪之平地寨系中。至于海华煤矿公司以北，角砾岩有时不连续，是否因断层或尖灭，此时尚未能断言也。(2)走向断层则以白沙、望高间为最显著。该处泥盆纪砂岩反位于下石炭纪石灰岩之上，其为断裂无疑。此断层向北与江华河路口之南云山断层遥相联系。西湾煤田亦有走向断层多处，如大岭之西南坡，角砾岩成一富于擦痕(擦痕向西北平斜)之峭壁，显然为断崖无疑。又如狮子山、老山间亦为至少二个走向断层所切割。至论断层所发生之时代则颇难确定。由于其影响及于石梯系之一点观之，必在中生代之后。惟十八锦断层，其离位之影响，似不及于其上之中生代地层，而出水壁断层又似先发生于中生代以前，而复经第二次中生代之移动者，故中生代以前似当另有一断裂时期也。

至于西湾煤田内之构造，则殊为复杂。除上述各断层外，整个煤系及其上之石梯系似向东推移，而逆掩于下石炭纪石灰岩之上。其为剥蚀深切处，则灰岩出露，成所谓“窗”的构造焉。如自龙过水至西塘，在河谷中出露之石灰岩，及黄石寨以西石梯系丛山间之石灰岩皆是也。西湾电厂及龙过水沿河一带，下石炭纪灰岩之上紧接以角砾岩，又西湾村之南亦见有同样接触，凡此皆此逆掩断层面之出露者也。

（三）地形及地文

本区域内除冲积河谷及古河冲积之梯级地外，俱成崇山峻岭之状，而其地形又与岩性有密切之关系。大致言之，花岗岩所成之山势最为雄伟，高距本地平原达千公尺左右，最高之山巅即姑婆山，自钟山至望高间，即可望及，因未登临，故其确实高度未详。其次为泥盆纪及下石炭纪之石灰岩，山形亦甚雄伟，高可达五六百公尺以上，如望高、白沙一带，接近花岗岩之处是也。惟在靠大山之坡或河谷平原中，则下石炭纪石灰岩每呈喀斯脱式之尖锐孤峰，高距本地河面一二百公尺，峭壁危岩，组成富贺钟盆地之边缘山脉。下石炭纪之平地寨系则每成低山，高距河面 30 至 50 公尺，山坡平缓，土色洁白，盖俱由矽石风化者也。西湾煤系之地形，视其岩质而异。如大岭、老山之纯为角砾岩所成者，则巉岩外露，山形峭峻。此外皆成红棕色之平山，高距河面约百公尺左右，与平地寨系所成之山，在色泽上及高度上俱易分辨。至于大岭之主要含煤层，界于角砾岩与石灰岩之间，每蚀成狭长之低谷，如北自海华煤矿，南迄西塘，俱属此形。此则足为探勘煤矿者之一助者也。至石梯系，每成 50 至 100 公尺之丘陵，但其顶部砂岩所处之位置，可高出本地河面至 300 公尺以上（如尖峰山），组成煤田西部之屏障。又本系风化之后则成黄色之土，故在色泽上亦可与其他各系所成之山相分别也。

山脉走向俱与地层之走向相合，大致成南北向，惟北部则成东北西南向，而南部又转为西北东南向。但中生代地层则自北至南，山脉与走向无大变动，故其与下石炭纪地层间不整合之迹在地形上亦可约略得之。

河流以贺江上游之西湾河为主干，其上游又分为二支，一经钟山，一经白沙。后者兹名之为白沙河。白沙河源出江华县河路口之金子山，西流穿过仙姑岩、对康石间之岩穴，经广西之庙湾、麻溪，乃折而南行，经白沙圩、丛木圩，而至羊头圩，乃与钟山县东流之水相合东流，是为西湾水。西湾水自黄石塞东流，穿山而出，在龙过水附近造成峡谷，至西湾村与自北南来之望高河合。过西湾后，因河沙淤积，成一大湾曲。自此沿平地寨系与西湾系之接触带，东南流达八步，更东行至莲塘，与新村坪南来之水相合，是为贺江。望高河源出姑婆山之茶盘源，西南流自铁屎坪以下，遂入岩穴，伏流 3 公里许，至出水壁出穴，西南至望高，乃突向东南流，经十八锦、立头，俱有自东北来之水相会，至车田庙，有白岩河自北来会，至五拱水，有水岩坝河自北来会，自此折向西南流，至下马岭之西，河流突向南折，蜿蜒曲折，峡谷深沟，南流至西湾村而入西湾河。以上各河，除近代冲积外，并有古河冲积之梯级层散布于河流之两岸。

兹将上述水系之分布绘为第四图。观图可见有突然湾曲之处三处，即：（1）庙湾，

(2) 望高，(3) 下马岭。又观自仙姑岩经河路口而达涛圩，自望高至丛木圩，及自下马岭至西湾村西，俱有平坦可通水道之地形，且古河冲积之梯级层连绵不绝，显示当时必为河流之所经。反是，自河路口至对康石，望高至立头，及自下马岭至西湾村间，或则岩穴重重，或则地形高耸，而其所成之河谷又多深沟高垒，表示少年期之地形特征。凡此种种，足证昔时之河道必与现时不同，其后因袭夺作用始造成今日之状况。兹依此理绘成古河冲积时期（上新统）之水系图如第五图。

四、矿床

富贺钟锡矿俱属砂锡矿，原生矿脉尚少发现。据孟宪民、张更二君调查（中央研究院地质研究所丛刊第六号），谓于黄灰厂（译音）附近曾见含硫化物之原生脉矿云。就成因言，砂锡矿可分为冲积矿床（Alluvial deposits）与残积矿床（Eluvial deposits）二大类。冲积矿床中又可分为近代冲积、古河冲积、洞穴冲积及山间盆地冲积各种，分列如下：

甲、冲积矿床

1. 近代冲积

位于现代河流冲积平原之下约10余公尺，为现代河流于去今不远之时期内冲积而成。因面积宽广，水源充足，最宜于新法开采。水岩坝各大公司之矿床俱属此类。

2. 古河冲积

位于高距现在河流25至50公尺之间，有时与现代河流之位置不相合。望高之沙子坳及望高白沙间白沙河两岸之砂锡矿俱属此类。

3. 古河扇形冲积

位于山坡之上，其高度可达一二百公尺，为古河自山地流入平原之扇形冲积。望高茶盘源公司、劲丰公司及恒源公司（尖蓬山）之矿床俱属此。

4. 喀斯脱山间盆地冲积

此间下石炭纪之石灰岩常成喀斯脱（Karst）地形，山间盆地甚多，有与现代河面相距不远者，亦有业经掀起，高达50至200公尺而属于古盆地者。牛车地及立头以北，此类矿床最多。因时含胶泥过多，不便冲选，且地势高亢，水源不足，新法经营颇难获利。

5. 洞穴及岩缝冲积（Cave and fissure placer）

此间下石炭纪灰岩中洞穴及岩缝甚多，锡砂随水经流，遂沉积而成矿床。亦有河流经行其中，造成暗河，如望高河上流铁屎坪至出水壁之一段，长达2.2公里，其中藏锡至富，土法窿口，开采甚盛。亦有古代洞穴冲积而业经掀起者，则其位置每在现代河面之上自数十至一二百公尺。

乙、残积矿床

即风化之残余物略经迁移者。在富贺钟一带，其例不多，颇不重要。又可分为：(1) 在花岗岩中者，如水岩坝之新口水庄；(2) 在石灰岩中者，如水岩坝之民利、大利等水庄，但此中已杂有多量冲积质料。

近代冲积矿床每呈显著之层次，砂土、粘土、壤土等相间而生。在许多地方，自上而下又可分为 A、B、C 三层。A 层位最近代冲积，含砂、砾、壤、粘各类土质，常稍经红壤化作用而略呈棕、红、紫各色，厚五六公尺。此中绝不含锡，或为量甚微。B 层为含腐殖质甚多之黑土或灰土，厚一二公尺不等。此层显系代表当时水量较大而成短期湖沼之状态，故植物堆积得在其中逐渐腐化而成黑土。B 层之下每为含锡层，故足为采矿之指导。C 层系主要之含锡层，本地名曰隔砂，为黄砂土及砾石，亦有红土夹砂砾者，则已混有若干风化残余物矣。C 层厚自一二公尺至四五公尺，其下辄为尖笋形之石灰岩基层。大致愈近岩底，则含锡愈丰，盖因锡粒质重，辄坠入岩缝中而得保存也。但岩缝中常多风化残余红土，其含胶泥过多者则不易淘洗，而反为有害。

普益公司曾于含锡砂砾层中发现巨象牙二枚，曾将一枚寄请本所杨钟健先生鉴定，据云为剑齿象（*Stegodon*）之一种。其时代应属上新统或上上新统。昌新公司亦曾发现骨化石多枚，惟未见标本。在 B、C 各层内又常见树木枝块，有时并有直立之连根大树。俟将树木及骨化石鉴定后，则于含锡层之时代或可得相当线索。反之，红花区之太和公司于含锡砾石层内（?）曾获古钱及古铜器，观其刻字（系行书）及式样，当属唐、宋以上。又白沙之美华公司并获得明崇祯通宝之古钱，观乎此则含锡层又似为近代有史时期内所成。惟现在开采之地，每多古代老窿，此项古钱或即当时矿工所遗留亦未可知，如美华之崇祯古钱，可以此解说。惟太和公司矿区系一片平地，似从未开采，或者该处冲积层实较水岩坝一带之近代冲积为新，亦未可知也。但无论如何，水岩坝一带之近代冲积层决不能属上新统，因就其地位及层次观之，显较古河冲积为新，故其中所获之象牙、兽骨等化石，或者系自古河冲积内冲刷而下，因未受腐蚀，偶得保存，故未足据此以定其时代也。准是而观，则近代冲积层之时代，当自第四纪以迄有史时代欤？

古河冲积分布亦广。迹其分布，可分为四区：(1) 水岩坝之五拱水一带，高距现代河面约 20 至 40 公尺，为古水岩坝河之冲积物。(2) 望高附近，自茶盘源矿区经沙子坳至松木寨，延长七八里。现有茶盘源、仁生、永丰、大中（已停）等公司开采，系故望高河向西南流而入白沙河时所造成。其后因河流袭夺之结果，改流向东南，此段沉积遂遗留而得保存矣。其中如茶盘源矿床，自水塘（高距附近平地 200 余公尺）至开采场为一极清显之故扇形冲积地，其上部之冲积系冲覆于成年地形之石灰岩岩面之上。(3) 白沙至望高间，沿白沙河两岸有古河冲积之棕黄色土，高距现代河面约 40 公尺。现有恒源、富兴、永兴、永利等水庄用土法开采。向东靠山坡之处，则有古扇形冲积矿床，系昔时多数溪谷自大山西流入白沙河时所造成，如恒源之尖峰山及劲峰公司矿床皆属此。(4) 新村坪之黄金坪、白面山等处，现由宝安、合利等公司用土法开采之矿床，亦俱属古河冲积。

古河冲积及古扇形冲积俱不成显著之层次，自上至下，每为单纯的黄棕色或红棕色壤土，倘非因含锡，且中多石英小粒及砾石（按本地每以石英砾之有无、多少为辨识锡砂层之标准）之故，必将误断为风化残积物矣。古河冲积矿床因成层既厚（如沙子坳可达四五十尺）而泥皮又薄（仅三四尺），且地势较高，不怕水患，故昔时土法开矿，对此首先注意。惟地形不平，水源不足，且锡砂含量散而不聚，故不适于新法开采。

至论古河冲积及古扇形冲积地之时代，今尚难言。观于其高距现代河床可达 200 公尺以上，且沉积于一成年式地形之上，可知其时代必相当古远。倘以上所述之剑齿象及骨化石果出自古河冲积层，则其时代或者当属上新统欤？

五、储量

广西建设厅于民国24年刊印之《广西锡矿概况》一书中曾转载民国17年该所技正李翼纯先生所作之富贺钟区储量概算，兹将其结果表列如下：

矿床种类	平地冲积	庄头	共计
面积（方里）	190	435	625
锡砂层之平均深度（英尺）	60	20	
每立方英尺平均含锡砂量（市两）	0.9	1.0	
每立方里含锡砂量（吨）	8，000	2，900	
锡砂储量（吨）	1，520，000	362，500	

此外尚有窿口一项，因其中所产之矿床分布过于散漫，故其储量无从估计。

查上项矿床分类在理论上难以适用，因平地冲积与庄头固同属冲积矿床也（通常以庄头为风化残余矿床者实误）。惟庄头位于山边或低岭上，应属古河冲积，因泥皮较薄，且地势较高，无泛滥之患，故土法开矿往往集中于是。又查上列储量总额为1，882，500吨，如系纯砂（报告上未曾指明），以7折计，可得纯锡1，317，750吨；若系毛砂，则应以4折计，得纯锡753，000吨。按此数实嫌过大，而其最大之误点乃由于以摇筒钻探之深度，即作为锡砂层之厚度。换言之，即以不含锡或含锡甚少之泥皮亦可包括在内也。

民国18年美国人海斯氏（Hess）应香港某公司之聘，来富贺钟一带作短期考察，对于矿量曾作一局部概算。兹一律改算为公吨，表列如次（海斯氏报告系未刊本，承林天水先生见示，书此志谢）：

区域	含锡层厚度计面积	每立方码含锡砂量(磅)	纯锡储量（吨）
望高沙子坳至松木寨间	1—第一段长560英尺，宽800英尺，深40尺	1.9	6，650
	2—第二段长3英里，宽300尺，深40—50尺	1.9	6，688
望高盆地	面积608，000平方码，锡砂层厚7码	1.9	4，000
望高至水岩坝间	长6英里，宽600英尺，总体积20，000，000立方码	1.9	19，000
水岩坝至五拱水间	长2.5英里，宽700尺，深25尺，体积8，500，000立方码	0.3—3	6，375
共计			42，713

海斯氏又就砂锡层之分布分为左列各段：

1. 望高河至望高镇　　长1英里又四分之一
2. 白沙河西北之古河冲积　　长1英里
3. 沙子坳至松木寨间　　长7英里（此段实际只长2英里）
4. 望高至水岩坝　　长7英里
5. 水岩坝至下马岭　　长2英里半
6. 水岩坝河两岸　　长1英里又四分之一

以上合计共长21英里，海氏假定冲积层之平均宽度为600英尺，厚30至40英尺，则得总体积 40，000，000 至 50，000，000 立方码。惟海氏并未言明其中含锡之量。兹一律以每 1 立方码平均含锡 1 磅半计，则得纯锡 30，000 至 37，500 吨。此数与前列之数相差……（原文缺页—编者注）

富贺钟区域自民国元年起至 27 年底止，据有统计可稽者，以其产纯锡 14，000 余吨，约当于全区储量四分之一。惟各区中要以水岩坝之砂层最为丰富。在此区中新法机采公司之年产在二三百吨者，计共有 10 家，每年产额总量约有 1，500 至 2，000 吨，假定已采去一半外，则当可维持三四年之久。核诸各公司现在实际状况亦复如是。此外丰富矿区仅有新村坪、大湾塘之益安公司及珊瑚区之珊瑚公司等。前者面积狭小，照现在产额计（年产 200 余吨），至多尚可维持三四年，后者则未经详查。自益安获利后，各矿商咸认新村坪为一新兴矿区，抱有极大希望。但据最近探采结果，除益安外，丰富矿床殊不多觏。久著盛名之黄金坪、白面山，多系古河冲积，而不值大规模之机采。半路圩至里松间之广大平原，地形固属适宜，其奈砂量欠丰，虽有机采公司数家，而迄今尚少成绩。至于望高、白沙诸流域及山间盆地之矿床，或以锡砂散而不聚，或以交通不便，究竟能否机采获利，亦尚是问题。照现在矿业情形而观，水岩坝区域以外公司之能获利者，只有益安、中南、仁生、珊瑚等寥寥数家而已。故目前之矿业盛况无疑地可以维持三四年，但至水岩坝矿床采尽之后，则能否继续繁荣，非待努力钻探，广筑公路，或改良采洗方法，以减轻成本不可也。

第一表　广西富贺钟锡矿储量表（市两）

矿床种类	流　　域	区　　域	面　积（100 平方公尺）	厚　度（公尺）	体　积（1000 立方公尺）	每立方公尺含锡量（市两）	毛砂储量（公吨）	纯锡储量①（公吨）	矿区等级
近代冲积	水岩坝河及白岩河流域	水岩坝区	84，100	3	25，230	32	25，230	12，615	甲
	望高河流域	望高区	99，700	3	29，910	12	11，216	5，608	甲
	白沙河上流及红水坪流域	白沙区	20，631	3	6，189	16	3，094	1，547	乙
	望高河上流	铁屎坪	33，750	3	10，125	16	5，062	2，531	乙
	白岩河上流		2，712	3	813	8	203	102	乙
	望高河上流之支流	太平村区	2，960	3	888	8	222	111	乙
山间盆地冲积	水岩坝东牛车地黄屋车底一带	牛车地区	37，825	3	11，347	8	2，836	1，418	乙
古河冲积	白沙河中流	鲤鱼塘区	46，400	5	23，200	8	5，800	2，900	乙
	白沙河下流	沙子坳松木寨区	14，888	10	14，888	32	14，888	7，444	甲
	水岩坝河	五拱水区	9，220	3	2，766	8	691	345	乙
	古望高河上流	茶盘源区	479	10	479	16	239	119	甲
总数		共 11 区	352，665	4.45（平均）	125，835		69，481	34，740	

① 纯锡以净砂 5 折计。

共计 甲 51，573，甲 25，786，
乙 17，968，乙 8，954

六、公司及资本

富贺钟一带请领矿区之商办公司共不下五六百家，但实际开采者不过百余家，其中用机器开采之大公司仅二三十家。全部矿区面积共约有127，714公亩。兹将考察所及新法公司之名称、经理姓名、资本及开办年月等列为第二表。观此表可见，当民国二十一二年时，开办公司所需之资本仅国币七八万元。现在百物昂贵，尤以机器一项需费最巨，组织一新法开采之公司，辄需二三十万以至四五十万元，如大容、协源，即其例也。

截至民国27年止，富贺钟商矿之投资总额当在500万元左右。官营矿业，如平桂矿务局，尚不在内。

据官书所载，富贺钟砂锡矿之开采似始于明代。至逊清宣统元年始设立官矿局，用官法开采，产额甚微。用机器开采实肇始于民国16年之水岩坝模范矿场。自21年以后，新法机采公司，如普益、海华、钟宝、济华等公司相继成立，每年产额自数百吨增至数千吨，矿业遂呈蓬勃之象。

第二表　富贺钟机采公司表

区域	公司	经理	资本（国币）	开办年月	区域	公司	经理	资本（国币）	开办年月
水岩坝区	普益、施仁公司	伍展明	63，000	21年10月	望高立头区	仁生公司	刘蔚文	200，000	
	永盛公司	曾昭松	60，000	22年3月		永丰公司	刘蔚文	十余万元	
	永鸿公司					大中公司	黄雁宾	162，787.5	
	大东公司	黄匡东	100，000	23年12月		协源公司	潘海雪	500，000	
	济华、达人公司	谭其俊	54，500	24年3月		劲丰公司	汤殖民	120，000	
	钟宝公司	伍展明	77，100	23年下半年		裕华公司	胡汉贤	118，000	27年5月
	钟山公司	朱	158，332	23年6月		伟大、富华公司	叶　伟	75，000	26年6月
	海华公司	谭鼎初	125，000	24年8月		茶盘源公司	黄钟岳	147，900	
	兴有公司	谭鼎初	101，750	22年6月		利生公司	苏　崇		26年12月
	大容公司	张轶凡	350，000	26年		树人公司	劳展云		26年8月
	明德公司	李德兴		27年	白沙庙湾区	中南公司	黄雁宾	107，200	24年11月
	天和公司			27年		利康公司	甘云卿	84，000	23年4月
新村坪区	益安公司	周苏群	140，000			美华公司 可达公司	潘海雪	100，000	26年
	利博公司	林天木							
	养和公司	蒋玉京	105，000		红花区	太和公司	扈桐轩	163，750	24年12月
	蕴丰公司	李子玉	12，500			裕桂公司	乐松澄	125，000	26年7月
	贺饶公司	谭光美				志和公司	岑创泉 唐希泉	42，000	25年
	运通公司	邓海沧	85，000						
	省营锡矿	现属平桂矿务局	350，000	25年					

七、探矿

富贺钟砂锡层分布虽广，而砂层厚薄，泥皮深浅以及砂量多少，各处不一，故于开采之前必先用摇筒（Banka Drin）钻探。摇筒原料购自国外，在八步之西兴和机器厂及大成机器厂，皆能配制。口径以3英寸半为最普通，每节长5英尺，能钻深度以基底岩石为限，在富贺钟通常为30尺至80尺，但如遇巨大石块，则不能再钻。平均每日可摇一筒，锡土松软者，则可摇二三筒。每班需用工人8名，另一人为洗砂工。探矿工作分雇工与包工两种：雇工以月计，每月每工工资约国币二十三四元，伙食在内；惟工作不免迟缓。包工以呎计，大致最初之20呎，每呎工价约国币1角左右，以后每深10呎，工价累加3分至5分，视泥层性质及钻眼深浅而异。每钻一筒约需探矿费国币五六元至七八元。

八、采矿

富贺钟采矿方法可大别为左列四类：

（一）新式公司

规模伟大，产额较多。所开矿床俱属近代冲积或古河冲积之特别丰富者。先于地面开掘广大明湖，挑去泥皮，乃用人力或水笔（Hydraulic monitor）将锡土冲入明沟，流至砂泵下之水池（俗名堵嘴位）。此处装置金山沟木架（Sluice），用6寸、7寸、8寸或9寸水管，经一离心力砂泵（Gravel pump）一次吸升至金山沟木架。此架高自50尺至80尺。由砂泵吸引之砂砾，先经一单长槽，名曰砂筒，其坡度约为5.3%，经过条筛，以去大块砾石后，砂砾及水复流入另一段长槽，即金山沟，长约240尺，坡度约为6.2%，宽约6尺至8尺。每隔六七尺有一横木隔，分为4条或7条累叠，随时加高。至第7日停止加砂，仅打清水。俟轻质之砂砾冲洗殆尽，乃逐隔取砂，名曰清沟。所得之砂即毛砂，约含锡石百分之三四十（如红花区之太和公司）至七八十（如新村坪之益安公司），乃入洗砂槽洗选。其砂尾再用铜筛或竹筛复洗，即得净砂，含锡约百分之六七十。金山沟之砂尾再经土法洗选二三次，尚可得若干净砂。每次清沟所得毛砂自数百斤至数万斤不等，视机器马力之大小、锡土成分之贫富而异。大致言之，每一筒8寸泵每小时可吸锡土自40至50立方码。如每立方码含纯锡10两（市斤），则每月约可产纯锡砂180担，即9公吨。

发动机有油油渣内燃机、蒸汽机、电机、木炭机及水力机五种。西湾产煤不多，质又欠佳；附近木炭虽多，而价值日昂，不便应用。至于电机，八步电力分厂虽已开始发电，亦因缺乏佳煤，不能恃为可靠之动力。故油渣机遂为最普通之发动机。惟红花区之太和公司则用400匹马力油渣机发电，再引电推动马达，以吸砂砾，其法亦颇可仿效也。油渣价最近日益昂贵，每吨约需国币千元左右，且又不易购买，故除购有大批存货油渣之大公司尚能继续生产外，其余俱有难以为继之势。且自西湾电厂为日机炸毁，停止发电，恃电力采矿之公司皆已停闭，而用煤之蒸汽机，一时不易装置，故动力来源遂为富贺钟矿业之严重问题矣。大致每10匹马力，月燃油渣1吨，过此则机器必有病，而属浪费矣。兹将富贺钟各公司之机械设备及每月耗油量列为第三表。水力机，用者仅茶盘源公司一家，其源出茶盘源之龙潭，相距五六十里，于高距矿场230公尺处设水塘，水流至此直下，经一水撞泵（Hydraulic elevator），因发生真空，遂可将砂砾吸升至金山沟。此法颇为经济，既不需燃料，亦无复杂机械（水撞泵可自制，价仅数百元），成本之轻，无与比拟。惟敷引水源之初期资本不免较大耳。此外又有导引天然水力，压入水笔，以冲洗锡土，不须高吸至金山沟顶者，则更属经济。新村坪区之宝安、合利等公司均用此法。

第三表 广西富贺钟锡矿各公司发动机马力及其耗油量表

公司名称	所在区域	机器制造厂名称	代理机关	机器种类	机器能力（马力）	每月耗油量	
						油渣（吨）	机油（桶）
普益	水岩坝区	Hiptungwo 协合和		油渣机	100	15.5	1.5
		协同和		油渣机	60	9	1
		Marshal		蒸汽机	60	—	3
		Marshal		蒸汽机	60	—	3
		Ruston		蒸汽机	54	—	2
济华	水岩坝区	Deutz	谦信洋行	油渣机	150	15	2.5
		Deutz	谦信洋行	油渣机	150	15	2.5
		Deutz	谦信洋行	油渣机	75	7.5	1.5
		Deutz	谦信洋行	油渣机	60	5	2
钟宝	水岩坝区	Bornemann		油渣机	120	6	2
		协同和		油渣机	60	9	2
		Coal gas engine		木炭机	100	—	2.5
		Robey		蒸汽机	36	—	1.5
		Robey		蒸汽机	60	—	2
钟山	水岩坝区	Fairbanks		油渣机	180	20	2
		Morse		油渣机	180	30	2
		协同和		油渣机	100	15	1.5
		Fangye		木炭机	54	—	2
		Robey		蒸汽机	60	—	2
		Marshal		蒸汽机	75	—	3
海华	水岩坝区	Deutz	谦信	油渣机	150	16	3
		Deutz	谦信	油渣机	200	20	3.5
		Robey		蒸汽机	60	—	3
		Marshal		蒸汽机	60	—	3
		Ruston		蒸汽机	60	—	3
		Bolinder		木炭机	80		4
兴有	水岩坝区	Bilenburger					
		Motoren-Werke					
		Dinke Hofmann					
		Bolinder		油渣机	240	35	15
		Busch		油渣机	90	10	1

续表

公司名称	所在区域	机器制造厂名称	代理机关	机器种类	机器能力（马力）	每月耗油量	
						油渣（吨）	机油（桶）
利溥	水岩坝区	D. W. K	禅臣洋行	油渣机	120	17	2
		D. W. K	禅臣洋行	油渣机	120	17	2
大东	水岩坝区	协同和		油渣机	180	25	2
		协同和		油渣机	160	17	1.5
		协同和		油渣机	80	12	1.5
永盛	水岩坝区	协同和		油渣机	180	32	DTE-1 P988－1.5
昌兴	水岩坝区	Qwan-Woor 均和安		油渣机	120	15	2
协源	立头区	Dinke	鲁麟洋行	油渣机	200	17.5	1.5
		Dinke	鲁麟洋行	油渣机	200	17.5	1.5
		Dinke	鲁麟洋行	油渣机	200	17.5	1.5
仁生	望高区	D. W. K	禅臣洋行	油渣机	180	20	1.5
		D. W. K	禅臣洋行	油渣机	180	尚未到	
		D. W. K	禅臣洋行	油渣机	180		
		协同和		油渣机	100	15	1
大中	望高区	协同和		油渣机	160	18	2
省营经理处	望高区	?		油渣机	240?	40	?
劲峰	望高区	D. W. K	禅臣洋行	油渣机	120	13	2
		协同和		油渣机	60	8	1
永丰	望高区	协同和		油渣机	180	尚未到	
		协同和		油渣机	120		
太和	红花区	D. W. K	禅臣洋行	油渣机	375（405）	33	4
		D. W. K	禅臣洋行	油渣机	100	15	3
		D. W. K	禅臣洋行	油渣机	52	9	1.5
裕桂	红花区	Deutz	谦信	油渣机	150	15	2.5
		Deutz	谦信	油渣机	60	8	1.5
志和	红花区	Dinke Hofmann	鲁麟洋行	油渣机	90	12	2
利生	红花区						
龙安	红花区						
中南	白沙区	协同和		油渣机	90	12.5	1
美华	白沙区	Deutz	谦信	油渣机	180	21	2.5
		Deutz	谦信	油渣机	50	6.5	1
		Bornemann		油渣机	120	16.5	5
利康	白沙区	协同和		油渣机	60	7.5	1
益安	新村坪区	Fairbank Morse		油渣机	180	21	2.5
		Richard-Corret & Son		蒸汽机			3

续表

公司名称	所在区域	机器制造厂名称	代理机关	机器种类	机器能力（马力）	每月耗油量	
						油渣（吨）	机油（桶）
蕴丰	新村坪区	广和兴		油渣机	160	20	4
永康		Deutz	谦信	油渣机	160	18	3
宝伟		British		油渣机	75	9	1
		British		油渣机	75	9	1
共计					791，118		

新法洗砂需水较多。每日洗锡土 10，000 立方尺，约用水 2，000 吨，即 40 余万加仑；大概洗砂 1 磅约用水 4 磅。水岩坝各公司皆用附近河流之水，循环吸用；望高各公司用望高河源出水壁之水；红花、太和、裕桂等公司则用花山江之水。亦有附近无水源，须自二三十里外用铁管、木槽或明沟引流，以供洗砂者，如茶盘源、大东、永盛各公司，则所费往往不赀，可达数万以至数十万元。

（二）水庄

倘不用机器洗砂，亦不搭高架，而就地势高下，筑沟引水，以天然之山谷或明沟作为金山沟，是为水庄。其仅春夏有水，冬季须停工者，则名旱庄。所开矿床常为古河冲积、山间盆地冲积或沿坡扇形冲积，以泥皮较薄，且有高下之地势足资利用也。大致水庄每一个月左右清沟一次，月可得锡砂千余斤至数千斤，产量不多，用水亦较少，因成本轻薄，亦颇多获利者。

（三）明湖

并无明沟水管之系统，仅于地面开挖，得砂即洗，是为明湖。资本更小，产额更微。

（四）窿口

即洞穴冲积之开采方法也。须开直井或斜井，并利用天然裂缝，稍加开挖，以达砂层，以后遇砂即采，无规例可言。窿内窿道每极狭小，须蜷伏以进。采砂之处，亦须支柱。窿内又常有大洞穴，可容数百至千余人。在此大洞穴内，引岩缝滴水，用木槽洗选，故运出窿外者，皆已成为毛砂矣。望高北之公合窿深达 200 余公尺，窿底可通出水壁，为石灰岩中一极大暗河，开采迄今已 20 余年，其间费于直井工程者将六七年云。窿口工程艰险，业此者俱为湘籍工人。惟锡土含砂之量，每较平原冲积为富。如望高之公合窿、裕兴窿，据云每土百斤可得锡砂 10 两至 1 斤云。

九、炼锡

富贺钟各公司俱用土法鼓风炉炼锡。炉高约 6 尺，用人力鼓风；惟太和公司及益安公司则引电力转动马达鼓风，极为便利。每炼锡砂百斤，须用松木炭约百斤，不另加熔剂。

每炉每日可炼锡约千斤。因各公司产量尚不甚多，故筑炉一二座至三四座，即敷应用。炼出纯锡，佳者可至99.5%，运至香港后须再炼至99.8%，再行出口。

十、组织及管理

组织及管理方法，各公司大同小异。设经理1人或经、协理各1人，下分总务、财务、出纳、工务、机务等股。工务、机务最为重要，于主任下另设总管、工目、管班（工务），大偈、二偈（机务）等名目。总管、大偈多系南洋返国之工头充任。望高之省营锡矿经理处（现改属平桂矿务局），则于经理下分设工务、事务二股。会计员系由省政府委派，出纳员则由经理遴请、省政府核准订用。矿工有帮手、杂工、特班等名称，概属公司工，即长工，由公司供给膳宿，每日工资自2角至五六角不等。特别班或临时雇工概属散工性质，依据每日工作给发工资。隔砂班（或称耶罗班，即挑运锡土之工人）及揭泥皮之工人，概属泥井工，依搬运土方面积计算，换言之，即包工性质。此间以长、宽各1丈、深1尺之立方为一井（以东尺为本位），每井工食银，视堆泥地点之远近、工作之难易，由公司随时订定，大概每井自国币一二元至3元不等。散工、泥井工，须自备膳食，但可住公司所备之宿舍。此间工作时间，每4小时为一正限，以做满二正限为一工。若继续再做3小时则为加限，以半工计算。

十一、运销及捐税

自民国24年广西省政府设立出入口贸易处后，富贺钟锡产悉由贸易处统制销售。总处设梧州，在八步设贸易分处，每日标示市价，收售各公司锡块。其计算价格之法，系将香港电报锡价，伸合桂钞，减去沿途运脚、海关税、保险费、矿产税、手续费及利息外即得。兹将每担纯锡所需各项费用表列如次（依据26年6月贸易处月报）：

八步伕力	0.06元
八步至梧州船价	1.00元（随时不同）
梧州过船伕力	0.06元
梧州起落仓伕力	0.08元
海关税（申钞）	3.245元（当时合桂钞8.00元）
梧州至港载脚	0.72元（随时不同）
船运保险	0.47元
香港费用	0.37元
合计桂钞	10.76元

上列费用外，另除广西建设捐10%、手续费2%及两个月利息1.2%。此外尚需完纳水捐若干，但为数不甚多。

自去岁10月广州失陷，华南告警，贸易处改在平乐收锡，故上项计算已不适用。

最近资源委员会在广西设立锡业管理处，统制收锡，在西湾交货，每吨价值定为3，400元云。

十二、产额

富贺钟历年纯锡产额、最近6年之按月产额及最近3年之各公司产额，具载第4至第6表。观此可见，水岩坝各大公司之产额实占全数约百分之六七十也。

民国26年之总产额为550余万斤，打破历年纪录，故各大公司多获利甚厚，自一二十万元至五六十万元不等。闻某公司分红，每股百元可达500元。

民国27年产额仍继长增高，共产纯锡680余万斤。虽广州失陷，华南告警，油料来源，日形缺乏，而各公司仍能继续进行，则以锡价由中央政府统制后，竭力提高，每吨收价至3，000余元，故矿业得能维持不辍也。

第四表 民国以来富贺钟历年纯锡产额表

年份	产额（市斤）	产额（公吨）	年份	产额（市斤）	产额（公吨）
民国元年	305，744	152.872	民国15年	398，418	199.209
民国2年	542，910	271.455	民国16年	610，374②	305.187
民国3年	417，616①	208.808	民国17年	268，572	134.286
民国4年1)			民国18年	78，954	39.477
民国5年	212，362	106.181	民国19年	500，358	250.179
民国6年	709，598	354.799	民国20年	538，956	269.478
民国7年	776，242	388.121	民国21年	485，318	242.659
民国8年	717，686	358.843	民国22年	898，408	449.204
民国9年	64，540	32.270	民国23年	1，739，067③	869.5335
民国10年	348，384	174.192	民国24年	2，294，723④	1，147.3615
民国11年2)			民国25年4)	3，833，127⑤	1，916.5635
民国12年3)			民国26年	5，560，435⑥	2，780.217
民国13年			民国27年	6，829，454	3，414.727
民国14年	224，136	112.068	共计	28，355，382	14，177.691

附注：1）是年富贺钟区为龙济光煤锡公司承办，产额无案可稽；2）是年富贺钟区为粤军占据，产锡数量不详；3）12及13年富贺钟区为沈军占据，产量不详；4）以后各年产量俱包括恭城之产额在内。

①在广西富贺钟锡矿简报第一号中此数为517，616。——编者注

②在广西富贺钟锡矿简报第一号中此数为710，374。——编者注

③在广西富贺钟锡矿简报第一号中此数为1，740，278。——编者注

④在广西富贺钟锡矿简报第一号中此数为2，294，780。——编者注

⑤在广西富贺钟锡矿简报第一号中此数为3，123，949。——编者注

⑥在广西富贺钟锡矿简报第一号中此数为5，519，700。——编者注

第五表　广西富贺钟按月纯锡产额统计表（民国22年至27年）

		民国22年	民国23年	民国24年	民国25年	民国26年	民国27年
1月	产量(市斤)	18,953	88,025	133,912	171,508	381,285①	396,677.5
	平均价					299.82	
2月	产量(市斤)	40,741	54,684	136,157	301,588	280,244	356,179.5
	平均价				173.01	308.11	
3月	产量(市斤)	60,625	139,738	146,177	3,890.88	479,526	484,861
	平均价				187.43	373.19	
4月	产量(市斤)	41,421	98,128	132,679	322,724	442,419	558,629.5
	平均价				209.97	358.70	
5月	产量(市斤)	62,468	196,819	182,618	4,262.38	630,911	733,200.5
	平均价				192.54	366.61	
6月	产量(市斤)	89,704	171,765	176,199	244,691	460,857	311,857
	平均价				215.08	347.34	
7月	产量(市斤)	56,990	153,533	244,469	416,239	562,320①	923,108
	平均价				393.44	329.64	
8月	产量(市斤)	109,700	191,947	174,300	7—9月合计	456,954	407,966
	平均价					318.76	
9月	产量(市斤)	95,436	122,362	193,743		545,787	382,448
	平均价					307.99	
10月	产量(市斤)	123,079	164,087	271,487	181,083	317,939	1,022,091
	平均价				237.04	261.69	
11月	产量(市斤)	87,102	186,211	246,120	321,899	431,711	734,284
	平均价				262.63	222.00	
12月	产量(市斤)	112,189	172,979	252,519	520,429	570,482	518,152.5
	平均价				302.47		
总计(市斤)		898,408	1,739,067	2,294,723	3,833,127	5,560,435	6,829,454.5
平均价					242.88		

* 贸易处统制销售纯锡自是年2月开始，以下产额及价格皆该处报告。

①在广西富贺钟锡矿简报第一号中此数为562，372。——编者注

第六表 广西富贺钟各锡矿公司最近3年纯锡产额表

县别	区别	公司名称	民国25年产额	百分数	民国26年产额	百分数	民国27年产额	百分数	附记
贺县	水岩坝区	普益、施仁*	392，631.00	10.6	564，668.50	10.7	527，262.50	7.72	
		钟宝*	179，089.00	4.8	279，720.50	5.33	446，847.00	6.54	
		永盛*	131，931.00	3.6	103，389.00	1.97	55，371.50	0.81	
		永鸿*					31，828.00	0.46	27年8月份起产锡
		贺成*	52，332.00	1.4					26年起由兴有接办
		兴有*			40，829.50	0.78	169，919.00	2.49	
		明德*					50，715.50	0.74	27年8月份起产锡
		昌兴*			3，278.00	0.06			26年8月开机，11月停工
		永益	42，555.00	1.1	50，955.00	0.97	30，595.50	0.45	提炼厂
		济华*	313，678.00	8.5	519，592.00	9.90	559，134.50	8.19	
		海华*	481，352.00	13.5	432，873.00	8.25	487，666.00	7.13	
		钟山*	367，375.00	9.9	364，868.00	6.95	104，472.50	1.53	
		天和*					37，575.50	0.55	
		大东*	158，922.00	4.3	176，756.00	3.36	40，775.00	0.60	27年6月后改由天和接办
		大容*					110，266.00	1.60	27年4月产锡，11月因西湾电厂被炸停工
		永兴	55，671.00	1.5	85，596.50	1.63	92，240.00	1.35	
		德盛	12，045.00	0.3	14，466.50	0.37			提炼厂
		永通					11，539.50		提炼厂
	共计		2，187，581.00	58.9	2，636，992.50	50.3	2，756，008.00	40.3	
	新村坪区	益安*	141，603.00	3.8	335，815.50	6.40	330，431.50	4.84	
		利溥*					68，826.50	1.00	27年4月起产锡，12月停办
		养和*					118，470.00	1.73	
		宝安			28，916.00	0.55	29，455.00	0.43	
		德安	44，762.00	1.2	1，800.00	0.03			
		义成、鸿纪	42，150.00	1.1	64，355.50	1.23	65，336.50	0.96	提炼厂
		民利	197，746.00	5.3	144，264.50	2.75	141，344.50	2.07	提炼厂
		义成	42，725.00	1.1	52，199.50	0.99	41，190.00	0.60	提炼厂
		蕴丰*			3，848.50	0.07	1，395.50	0.02	27年11月开机，1月停工
		天利	33，749.00	0.9	10，339.50	0.20	20，309.00	0.30	

续表

县别	区别	公司名称	民国25年产额	百分数	民国26年产额	百分数	民国27年产额	百分数	附记
贺县	新村坪区	贺饶*					10，413.00	0.15	27年11月起产锡
		德兴			8，062.50	0.15	5，975.00	0.09	提炼厂
		运通*					4，749.00	0.07	27年11月起产锡
		恒丰			15，802.00	0.30	15，385.00	0.23	
		富源			10，308.50	0.20			
		合利					6，486.50	0.09	
	共计		502，735.00	13.4	659，910.00	12.6	859，767.00	12.6	
钟山县	望高立头区	省营*					60，692.00	0.89	27年4月起产锡，11月改属平桂矿务局，至11月杪因西湾电厂被炸停工
		仁生*			88，682.50	1.69	209，847.00	3.07	
		永丰*					115，142.50	1.69	
		大中*	87，495.00	2.3	224，573.50	4.28	94，549.50	1.38	
		茶盘源*	3，406.00	0.1	31，071.00	0.59	55，012.50	0.81	
		富福	61，681.00	1.6	66，247.50	1.26	45，061.50	0.66	
		济仁	63，971.00	1.7	24，258.00	0.46	932.50	0.01	
		中兴					22，890.00	0.34	提炼厂
		注利	26，770.00	0.7	731.00	0.01			
		亮丰	20，490.00	0.5	9，261.50	0.17	182.50		
		信昌	22，618.00	0.6	16，520.00	0.31	9，287.50	0.14	
		利泽	14，466.00	0.4	14，831.00	0.28	18，493.00	0.27	提炼厂
		永利	51，040.00	1.3	13，082.50	0.25	25，008.00	0.37	
		劲丰*	8，950.00	0.2	16，719.50	0.32	31，051.00	0.45	27年10月后停办
		宝利	38，023.00	1.0	21，615.00	0.41	6，670.00	0.10	提炼厂
		同兴	46，467.00	1.3	20，757.00	0.40	14，443.50	0.21	
		福兴	18，960.00	0.5	22，189.50	0.42	21，774.50	0.32	
		协合	1，504.00	0.04	12，789.00	0.24	5，219.50	0.08	
		合成	5，888.00	0.16					
		耀利	1，767.00	0.05					
		厚利	1，985.00	0.05					
		人和			6，548.50	0.12			
		福源	18，068.00	0.5	25，938.50	0.49	6，364.00	0.09	
		联丰	100，261.00	2.7	95，835.50	1.82	91，921.00	1.35	提炼厂
		全裕	9，919.00	0.3	48，514.00	0.92	45，115.00	0.66	提炼厂

续表

县别	区别	公司名称	民国25年产额	百分数	民国26年产额	百分数	民国27年产额	百分数	附记
钟山县	望高立头区	望利			944.00	0.02	20，386.00	0.30	
		汉兴					9，110.50	0.13	
		大益			963.00	0.02			
		献利			7，096.00	0.14			
		利生*					9，075.50	0.13	27年5月开机，11月停办
		协源*	1，299.00	0.03	95，741.00	1.82	41，700.00	0.61	27年12月停办
		顺利	40，219.00	1.0	36，623.00	0.69	43，446.50	0.64	提炼厂
		永成	21，810.00	0.58	14，375.00	0.27	16，825.50	0.25	
		裕华*					16，042.00	0.23	27年10月产锡
		天福	6，169.00	0.16					
		伟大、富华*					15，996.00	0.23	27年10月产锡
		全利	38，995.00	1.0					
		义兴	16，930.00	0.45	20，485.00	0.39	10，410.50	0.15	提炼厂
		华富	1，156.00	0.03	4，377.00	0.08	13，740.50	0.20	提炼厂
	共计		730，307.00	19.7	940，769.50	17.9	1，076，390.00	15.7	
	红花区	太和*	98，963.00	2.6	401，977.50	7.66	535，634.00	7.84	
		裕桂*			31，073.00	0.59	210，920.50	3.09	
		志和、益记*	54，424.00	1.4	133，291.00	2.54	123，442.50	1.80	
		冠南	6，863.00	0.18	73，635.00	1.4	55，722.00	0.81	
		三江	7，883.00	0.21	14，006.00	0.26	16，856.50	0.25	
		仁和	44，522.00	1.20	11，483.50	0.22			提炼厂
		天然	12，823.00	0.34	5，468.00	0.10			
		西合利	6，857.00	0.18	54，322.50	1.04	21，182.50	0.31	提炼厂
		西发			52，888.00	1.00	62，884.50	0.92	
		生活			27，691.00	0.53	23，824.00	0.35	
		华成			39，434.00	0.75	44，083.00	0.65	
		顺源			2，301.00	0.04	9，551.00	0.14	
		公然					11，426.50	0.17	
		普安					3，683.50	0.05	提炼厂
	共计		232，335.00	6.2	847，570.50	16.2	1，119，209.50	16.3	
	珊瑚区	珊瑚							
		龙门							
		首祥			32，435.50	0.62	362，174.50	5.30	
		天柱							
	共计				32，435.50	0.62	362，174.50	5.30	

续表

县别	区别	公司名称	民国25年产额	百分数	民国26年产额	百分数	民国27年产额	百分数	附记
富川县	白沙庙湾区	同利	50,524.00	1.36	38,253.50	0.72	35,764.00	0.52	提炼厂
		华强	2,547.00	0.07	3,536.00	0.07			
		利康*			48,732.50	0.93	86,502.00	1.27	
		美华*			20,921.50	0.39	2,915.50	0.04	27年2月停办
		中南*					233,647.50	3.42	
		得利	3,803.00	0.13					
		富益					27,402.50	0.40	
		仁利					785.00	0.01	
	共计		56,874.00	1.5	111,443.50	2.1	387,016.50	5.6	
总计			3,709,832.00	100	5,244,923.50	100	6,560,565.50	100	
连同恭城、平乐之总产额			3,833,127.00		5,560,435.00		6,829,454.50		

* 为机采公司。

十三、成本及盈利

富贺钟一带产锡成本视产额多少而异，颇难概论；且精确计算亦颇不易易。兹就民国25年某某等五公司之营业报告，详为分析，列其各项成本如第7表。

观上表可知，最高之成本，每市担约需国币156元，最低仅65元，相差达百余元之谱。每产锡1吨，约需柴油自2吨至4吨。

近来百物昂贵，成本自更增加。在民国26年下半年，如每月产额在200担以上者，则每担总成本约在国币105元左右，否则必超出此数。27年上半年锡价曾跌至110元左右，故产额较小之公司俱已无利可图。自27年10月份起，锡价每担涨至国币150元，即桂钞300元，其价格不可谓不高矣。无如华南风云日趋紧急，原料缺乏，锡运艰阻，故已有多数公司停闭或紧缩矣。

第七表　富贺钟锡矿成本详计表

	甲			乙			丙			丁*			戊+		
	(25年度)			(25年度)			(25年度下半年)			(25年度)			(25年度)		
	支出数(桂币,元)	合每担(马秤)桂币,元	%	支出数(桂币,元)	合每担(马秤)桂币,元	%	支出数(桂币,元)	合每担(马秤)桂币,元	%	支出数(桂币,元)	合每担(马秤)桂币,元	%	支出数(桂币,元)	合每担(马秤)桂币,元	%
土地	5,200.00	3.89	1.04										1,133.27	1.20	0.38
矿工工食	891,744.35	62.2	17.72	58,178.00	37.40	18.90	52,519.49	29.70	18.85	61,424.07	62.10	21.88	49,950.50	56.70	16.82
源井开掘费增减	100,058,817	75.00	19.98	26,056.60	16.62	8.20	65,700.00	37.20	23.66	19,722.89	19.90	7.00	16,311.37	18.50	5.47
工程用品消耗	5,341,360	4.00	1.07	5,526.40	3.53	1.78	2,497.06	7.05	0.90	12,817.70	12.94	4.56	6,740.68	7.65	2.27
动力费	109,019,213	81.60	21.73	89,299.10	57.00	2.88	75,527.09	42.60	27.10	31,857.30	32.20	11.38	56,945.85	64.70	19.18
摊堤工程费				663.62	0.43	0.22									
洗砂工食				1,306.19	0.83	0.42	811.69	0.46	0.28	1,568.12	15.82	5.58	7,355.61	8.35	2.47
尾砂	11,542,826	8.61	2.29				6,853.59	0.49	0.31						
收砂				4,199.11	2.68	1.35	6,820.94	3.85	2.44	17,509.26	17.70	6.22			
提炼费	14,510,737	10.84	2.89	7,986.10	5.10	2.57	8,633.23	4.88	3.11	2,158.36	2.18	0.77	3,505.14	3.97	1.18
厂务管理费	44,376,123	33.15	8.82	13,976.81	8.93	4.40	10,655.55	6.00	3.81	37,048.12	37.50	13.22	26,092.63	29.60	8.87
运输费	2,766,430	2.07	0.55	15,609.22	9.63	4.85	6,161.17	3.48	2.22	12,198.12	12.30	4.29	14,558.26	16.39	4.97
修缮费							3,011.59	1.71	1.09	2,949.92	2.97	1.04			

续表

	甲			乙			丙			丁*			戊+		
	(25年度)			(25年度)			(25年度下半年)			(25年度)			(25年度)		
	支出数(桂币,元)	合每担(马秤)桂币,元	%	支出数(桂币,元)	合每担(马秤)桂币,元	%	支出数(桂币,元)	合每担(马秤)桂币,元	%	支出数(桂币,元)	合每担(马秤)桂币,元	%	支出数(桂币,元)	合每担(马秤)桂币,元	%
折旧费	19,475,130	14.60	3.91	5,049.01	3.23	1.62	13,409.58	1.93	4.79	13,100.17	13.11	4.61			
职工膳食	53,148,026	39.90	10.62	8,336.92	5.32	2.69	4,597.03	2.59	1.65				35,619.54	40.50	12.00
董监薪俸	1,719.00	1.29	0.34	4,499.40	2.87	1.45	12,000.00	6.78	4.30						
薪俸	28,037,610	21.00	5.60	29,261.19	18.64	9.44	8,949.75	5.06	3.22	32,289.66	33.20	11.70	49,161.91	55.80	16.50
警役工餉				6,120.24	3.92	1.97	3,488.14	1.96	1.24						
矿权代价				19,692.78	12.59	6.35							7,570.47	8.59	2.54
总计	484,889,697	363.15	96.76	295,690.69	188.72	95.00	275,635.88	155.74	98.97	244,642.61	261.92	92.25	275,945.43	312.42	92.65
股息	16,000,000	12.00	3.19	15,420.00	9.86	4.96	3,000.00	1.10	1.09	21,600.00	21.86	7.72	21,705.00	24.70	7.31
连股息每担(马秤)总成本		375.15	99.95	?	198.58	99.96		157.44	100.06		283.78	99.97		337.12	99.96
产额纯锡(马秤)		133,563		156,189			177,104			98,963			88.066		
每市担总成本(桂币)		312.50(桂币,元)		165.60			131.00			263			281		

* 内松林 4,603.36 元(桂币)不知用途,未曾列入。

+ 汇兑亏水 6,162.51 元(桂币)未计入。

云南东川铜矿简报*

一、绪言

云南东川铜矿位于省境之东北部，金沙江之东南，在会泽之西南，巧家之正南，相距约有60公里至百余公里。矿床分布于汤丹（亦称老厂）、落雪、因民（亦称大水）、茂麓诸地，皆属巧家县境。其位置观第一图自明。

矿区位于云贵高原之北缘，河流切割甚深，故地形险峻，交通不便。自会泽县城至各矿厂皆羊肠小道，登山越岭，须三四日使能来回一次。自会泽至昆明，现已筑有汽车路，全程长252公里，一日可达，但因车辆缺少，故行驶无定。若自各矿厂直运昆明，则较绕道会泽者为近便，其路线有二：一经新村、横山而达功山，与公路相衔接；一经乌龙、马街等处，直达昆明，约6日可到。此二路虽亦山道崎岖，但较会泽矿厂间者，已略微平坦矣。各站距离及名称俱载于第一图。

此次以限于时间，故仅至汤丹、落雪、因民三处。于五月二日自昆明乘汽车出发，当晚抵会泽县城。三日乘滑杆（即山轿）西行，宿尖山。四日抵汤丹。五、六、七三日调查附近地质及视察平街白锡蜡矿硐。八日冒雨赴落雪。九、十、十一、十二四日淫雨连绵，山道泞滑，然仍冒雨工作。九、十两日在落雪附近考察，并下龙尾、龙腰及哑巴山矿硐。十一日至因民，当日下午考察老新山淋水洞。十二日返汤丹。十三日休息，编著报告。十四、十五日循原道返会泽。十六日因公路被雨水冲断，不能行。十七日搭汽车返昆明。

此次调查，承西南联合大学地质系助教卢衍豪君及本所黄懿君偕行，多所协助，书此志谢。

二、地形地质

（一）地形

矿区地形为一切割甚深之高原。所经山岭之最高者拔海3，700余公尺（假定昆明拔海2，000公尺），但尚未登其巅，故最高之山脊，拔海当在4，000公尺左右，如帽盒山、牯牛寨、轿顶山等是也。所经河谷，如尖山、小江口、猴子坡等处，拔海在1，000至2，000公尺，故每日行程之上下坡，辄在1，500至2，400公尺之间。行路之难，诚有甚于蜀道者也。河谷俱壁立千仞，切割甚深，相当于维理士氏之扬子期，戴普拉氏之金沙

* 作者1938年5月赴云南东川铜矿考察，此系此次考察所写报告，报告原件存全国地质资料馆，档号652。本书依此原件付印。——编者注

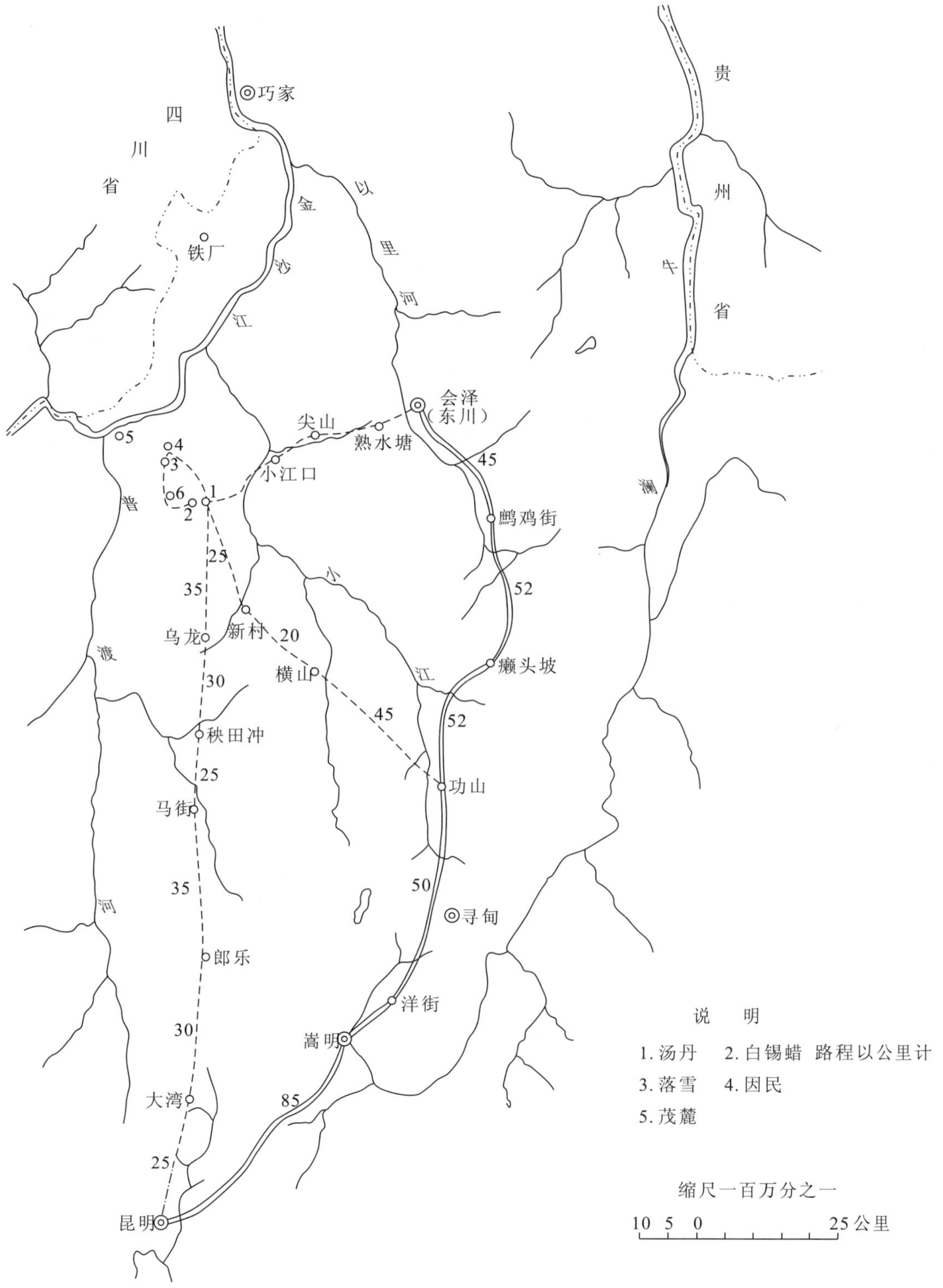

图1 云南会泽巧家铜矿位置交通略图

江期及谢刘二氏之三峡期。在此峡谷之中常有巨厚砾石层之堆积，地质时代大致属第四纪初期。此砾石层再经切割，造成深沟，坡度之峻，更有甚于三峡期者，则属最近期之剥蚀作用矣。在2，000公尺以上，则地形顿形和缓，宽谷坦坡，另成一景，且常有山间盆地，农村繁盛，如会泽盆地即为最佳之一例。汤丹虽位于2，500公尺之高顶上，但山谷尚为宽广，水源充足，农田亦盛。凡此壮年地形之发育，应相当于谢刘二氏之山原期及维理士氏之唐县期。戴氏另有专名，今已记忆不清矣。至于最高山脊之高度，则又大致相仿，拔海俱在4，000公尺左右，显系代表一掀起之剥蚀平原，而相当于谢刘二氏之鄂西期及戴普拉氏之轿顶山期（按轿顶山即在汤丹之西南）也。

村落位置除集中于2，000公尺以上之壮年期地形外，又于砾石层所成之梯级层上，人烟亦甚稠密，如小江支流两岸之所见，最为显著。反之，在河谷之底，虽交通较便，水源丰富，而村落不多，即有，亦多赤贫之户，盖以河谷急峻，土壤薄劣，不克耕种故也。此项人民利于高原生活之情形，与陕北黄河沿岸所见极相类似。

因山坡急峻，故在山顶风化而成之石屑，每易自然下坠，造成堆屑（Talus），或随水下流而成冲积丘，沿途所见极多。在尖山村对山之一堆屑，并曾亲见其石屑之坠落，当时尘头大起，发声甚宏，亦奇观也。

（二）地层

自会泽县城至上坪子间为一冲积平原，两旁山高约四五百公尺，俱属石炭二叠纪石灰岩，倾斜急峻，褶曲甚烈。自热水塘至小江口系循一黑页岩、灰色砂页岩及千枚岩之层系而行。此层褶曲甚烈，且因岩质软弱（尤以黑页岩为甚），小江支流即循是而切割焉。河两岸之高顶上，有缓斜向西北或东南之石灰岩，沿路捡拾有纺锤虫及海百合茎化石，故其时代当属石炭二叠纪。又于隻家坪至尾坪子之间，沿路及砾石层中多玄武岩块石，可知其北山顶上必有玄武岩（二叠纪?）不整合地覆于石炭二叠纪石灰岩之上。热水塘以温泉得名，泉恰自石炭二叠纪石灰岩及其下之砂页岩接触处流出。又此处石灰岩俱碎裂而成角砾状，恰似Mylonite，果尔则此接触面当系一逆掩断层，而温泉恰自此断层面流出也。

自小江口至猴子坡俱为此褶曲甚烈之砂页岩、千枚岩，其间并尚夹有矽质石灰岩，如尖山及猴子坡东北之所见。直至汤丹、落雪、因民，地层性质大致相仿，应为同一系统，自无疑义。至论此层系之地质时代，则论者不一。昔戴普拉氏以在落雪西大风口附近获得三叶虫化石（*Redlichia*），故定为寒武奥陶石炭纪混合层；丁文江氏调查，亦统称之曰下部古生代；朱熙人等最近调查，则依岩性分为寒武、志留及下石炭等纪，但并无化石上之证据。作者此次考察结果认为，前人之假定皆属错误，此复杂层应属震旦纪，其理由如次：

1. 各层皆受相当变质，如页岩变为板岩、千枚岩，石灰岩则多结晶而富含矽、镁等质，但真正结晶片岩则尚少见，故变质程度适与震旦纪相合。

2. 戴、朱诸氏及此次调查从未发见易认识之化石（三叶虫化石另论）。反是在汤丹、落雪、因民一带，于石灰岩中常见如藻类（*Collenia*）之组织，所谓“马尾丝”矿者，即属此项组织之为铜矿所交换或充填者。其更为明显者，则为一种圆形之同心组织，堪与*Collenia* Cylindrica相比拟。按*Collenia*是否为生物遗迹，乃古生物学上之悬案，兹不具论，但本层既含有如是丰富之*Collenia*，而在我国南北各地，凡含有此项遗迹者俱属震旦层，则以本层属震旦纪实有充分之理由也。

3. 据最近调查，川黔诸省俱有震旦纪之发现，尤以贵州一省，分布更广，且有冰碛层。故从邻省地质之比较上观之，在云南发现震旦纪并无难解之处。

4. 本层岩性复杂，有黑板岩、紫页岩、千枚岩、石灰岩、砾岩，等等。在岩性与层序上尚未能与南中国之任何一层系相比较，故只有以之属震旦纪尚比较确当。

5. 戴氏发现三叶虫化石之处在大风口之西，此次虽未亲至其地，但从构造上推测，该处应为一向斜层之东翼，故于震旦纪黑板岩之上应有寒武纪地层。

汤丹、落雪、因民一带，因调查较详，故得定其层序如次：

（1）汤丹页岩（S_1）　在汤丹背斜层之轴部出露，为紫页岩、灰绿色千枚岩及薄层石灰岩所成。原来岩石似以紫页岩为主，因受区域变质作用，铁质与矽酸化合成矽酸铁微晶，故由紫色而变为灰绿色，其未全变者则紫、绿等色，杂然并陈，足为原为紫色之确证。

（2）矿王山石灰岩（S_2）　为灰色厚层状石灰岩，常呈细密纹理及藻类组织，厚约200余公尺，其中稍夹紫页岩薄层。灰岩含矽质甚富，故岩性坚韧。本层为东川铜矿之主要含矿层，由汤丹东北之矿王山而命名。落雪、因民之含矿石灰岩似亦属本层，惟该处有紫红色致密质石灰岩一层，则为汤丹附近所未见耳。

（3）桃园页岩及石灰岩（S_3）　为灰页岩、千枚岩、紫页岩及薄层石灰岩所成，厚约六七百公尺。出露于汤丹附近之桃园、黄草坪、大元宝山一带。又落雪、因民之西部似亦有本层之存在。

（4）猴跳岩石灰岩（S_4）　此处石灰岩似应另属一层，但确否待考。

（5）白水板岩（S_5）　以黑色板岩为主，稍夹灰色页岩及石灰岩薄层，组成剪草沟及古庄间之大向斜构造。全层厚约1，500公尺，因位于向斜层之顶，故此厚度尚非全豹耳。

（6）热水塘砂页岩　在热水塘至尖山一带所见，其层位似位于白水板岩之上。

以上层序系就数日间之匆促观察而定，且因构造复杂，断裂时生，谬误之处在所难免，尚希后之调查者有以纠正之耳。

在震旦纪页岩或石灰岩中常有火成岩小侵入体，成岩脉或侵入片层。凡矿床附近俱有其迹，其为铜矿之源，不言可喻。此项火成岩似有二种：一属较酸性之闪长岩，色淡，含黑云母、角闪石、斜长石等矿物；一属较基性之辉长岩，色黑而晶粗，含斜长石及辉石，准确定名当俟显微镜下检定后始能知也。

（三）构造

据戴普拉氏调查，会泽汤丹间有近于南北向之逆掩断层多起。汤丹之南，复有所谓轿顶山逆掩断层，其走向约近东西。因之戴氏以东川铜矿及其附近之区域名为轿顶山逆掩区，其构造之复杂亦可想见。此次短期调查，区域较狭，对于全部构造，未能置喙，兹所论者，仅矿床附近及路线所经之局部构造耳，分述如次：

1. 汤丹背斜层　汤丹适位于此背斜层之轴线上，故名。汤丹页岩出露于中部，矿王山石灰岩位于两翼。轴向东北西南，而沿此轴线复有闪长岩之小侵入体焉。

2. 黄草坪向斜层　在黄草坪桃园间，桃园页岩及石灰岩似成一向斜层构造，轴向东北西南，与汤丹背斜层相平行。

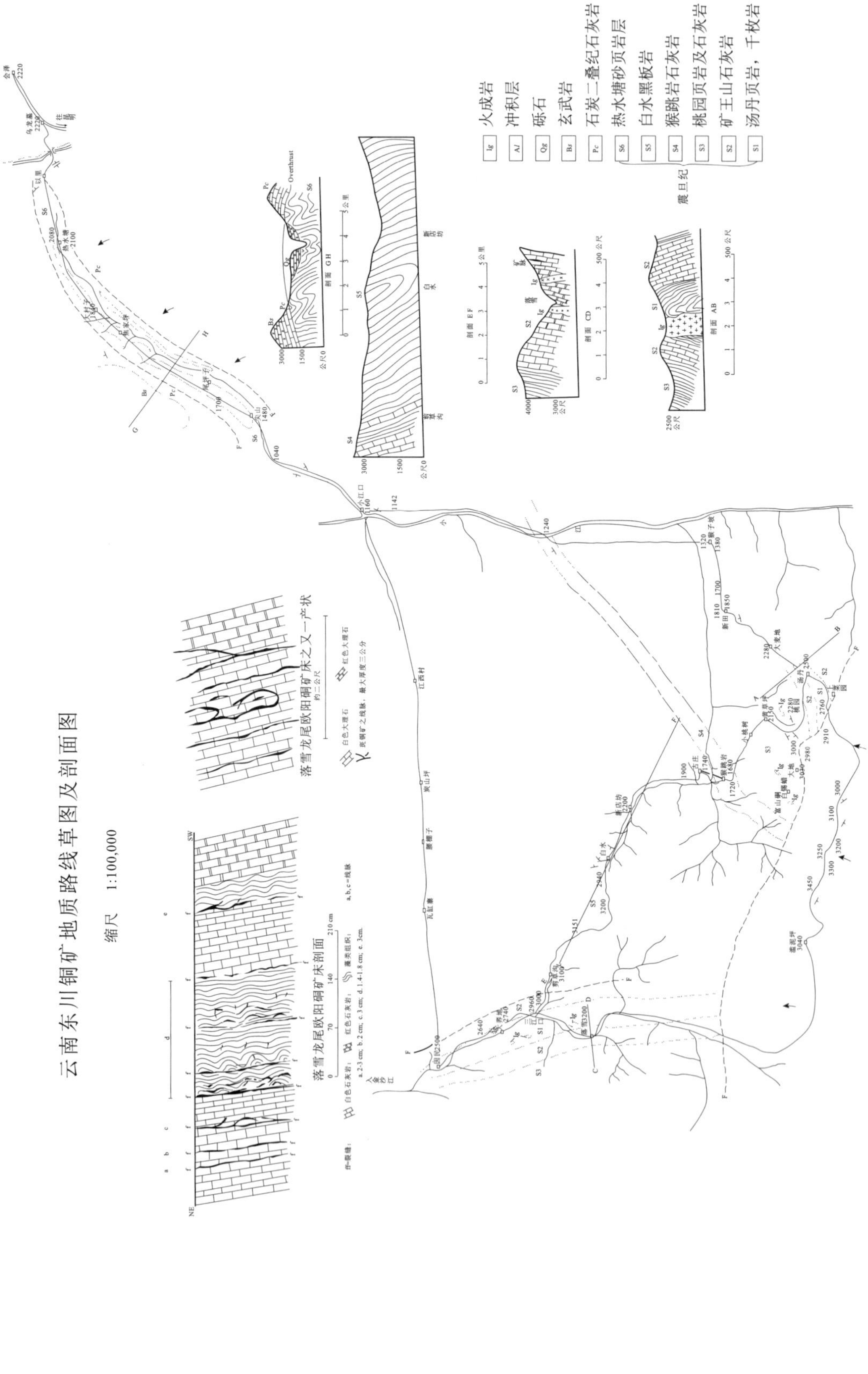

图2 云南东川铜矿地质路线草图及剖面图

3. 白水向斜层 白水板岩成一东北西南向之向斜层构造，位于古庄剪草沟之间，而其轴线约在白水附近，故名。

4. 矿王山断层 矿王山附近有断层多起，致使汤丹页岩截然中止。

5. 剪草沟断层 因该处缺失 S_4、S_3 两层，故疑有断层。

6. 汤丹白锡蜡间之逆掩断层 此处矿王山石灰岩与其他震旦纪地层相逆接，若非逆掩断层，即属不整合。在未获得更确实之证据前，暂以逆掩断层解说之。按此逆掩断层似与戴氏之轿顶山逆掩断层相平行，果尔则此部地质构造已近鳞片断裂，其复杂性当更在戴氏想象之上。

7. 热水塘至尖山间逆掩断层 在热水塘尖山间，小江支流两岸褶曲甚烈之震旦纪地层上，复有缓斜之石炭二叠纪石灰岩及玄武岩，前已论及。此接触面初视颇若为不整合，但接触处之石灰岩俱经散裂而成角砾岩，非经剧烈错动不克臻此，故暂以逆掩断层解说之。按此逆掩断层当即戴氏所谓会泽汤丹间之逆掩断层，但地层系统及位置不尽相符合耳。

总之，本区域之地质构造极为复杂。地层倾角往往在六七十度以上，或竟直立，且来回倾折，不可捉摸，其所受造山运动之剧烈，可以概见。地层走向及褶曲轴以东北西南向为主，故自会泽至汤丹，适大致沿走向而行也。逆掩断层必为常见之现象，其动力方向似自东南东而西北西，或自南向北。其更为复杂者，则造成所谓鳞片构造（Schuppen Struktur），但此非详细研究，难以测定。至论造山运动及火成岩侵入之时代，因乏与震旦纪以外之地层相交接，故无法推定，盖一隅之观察殊不能推论全局也。

三、矿床

（一）产状

东川铜矿成六七十度或近于直立之线脉（Stringer vein），厚自 1 公分至 5 公分（1—5 cm），产于震旦纪之矿王山石灰岩中。大部系裂隙充填，但亦能沿脉之两侧略起交换作用，其遇藻类组织时则又能与纹理相交换而成所谓“马尾丝”矿床。矿脉既如是狭细，故一脉之延长决不能甚远。但线脉分布常依一定方向，沿此方向则矿硐密布，在地面上观之，似成一整齐之矿脉，实则其中多属线脉，断续相连，极错综复杂之至；谓为矿带则可谓为一整个延长之矿脉则未可也。矿袋及大块斑铜矿俱未经目击。所谓“矿袋”，显系指窿道之扩大部分而言。但此处常堆积废石甚多，似系代表线脉较多之部，矿工采其脉而遗弃石。否则果系矿袋，则全部矿床皆已取出，硐内不复能遗有如许废石矣。

（二）成分

东川各矿，因未经分析，故含铜多少，未能确知。据落雪礌户李现南君面述，每炼矿石 2 万斤，可得毛铜约 2，000 斤，冰铜（Matte）约 3，000 斤。毛铜含铜约 85%，冰铜约 50%（详见下节）。如是核计，则每 2 万斤矿石可得纯铜 3，200 斤。换言之，即矿石成分约为 16%也。此与朱熙人等报告大致相合。但此系指较优之矿石而言。其次者或不过百分之十一二。以上所云矿石系指开采后经过人工选择后而言。至于矿脉全部之成分，则必较此为低，无待言也。

（三）矿物

原生矿物以斑铜矿为最多，辉铜矿及黄铜矿次之，养化后则成孔雀石、赤铜矿、蓝铜矿、硫酸铜。偶亦有自然铜。附生矿物有方解石及石英，但为量俱不多。有数脉中含磁铁矿、赤铁矿及褐铁矿甚多；本地炼矿者用以调剂矿渣之稀稠，称为稀矿，在因民稀矿山所产最为有名。

（四）次生富集

朱熙人君等报告，以斑铜矿、辉铜矿属次生富集带，故云“现在各区所采之矿均限于养化带及次生富集带，除茂麓一处外，鲜少至硫化带者”。又谓黄铜矿常为辉铜矿及斑铜矿所交换，而成微粒组织。据作者此次考察，则东川各矿脉，除浮面之养化带外，皆已开达原生硫化带，故无论斑铜矿及辉铜矿俱属原生矿物。惟作者前作东川铜矿显微镜研究时[1]，曾见黄铜矿为辉铜矿细脉所交换、穿越，但此系微小的开始的次生富集，真正之次生富集带固尚未见及也。至于黄铜矿之残粒组织乃系黄铜矿为赤铁矿或褐铁矿交换之误，乃养化带之普通现象，不能据为次生富集之证也。又就地文研究，则东川一带，自第四纪之初以迄今日，皆已成高岸深谷之地形（就第四纪砾石层充积于峡谷之事实而推知），坡急流速，故地面冲刷之力甚大，硫化矿物一经崩解溶化，即为雨水冲洗而去，鲜有能渗入地内而成次生富集带者。至于在壮年期及剥蚀平原期时代（即山原期及鄂西期），在地形上固适合于次生富集带之产生，但因去今已远，即有所成，亦当为后来剥蚀冲洗净尽矣。故就地文观察，东川一带恐不易发生重大之次生富集带也。

（五）分布

矿床分布甚广。据朱氏调查，可分为：(1) 汤丹白锡蜡区，(2) 落雪因民区，(3) 茂麓区，(4) 新塘区，(5) 其他铜矿区。总计产铜区域之面积约有 200 方公里。除此之外，如牯牛寨、铁厂等地亦多产铜，且东与贵州之威宁，西北与四川之会理，有遥相呼应，而成为一川滇黔间铜矿区域之趋势。惟在汤丹、落雪、因民三重要区域中所见，则矿脉细微，分布零落，在目下人工低廉、农矿兼作之状态下，用土法开采，或尚有微利可图，若用机器开采，则万难获利者也。

（六）成因

东川铜矿与闪长岩或辉长岩侵入体有成因上之关系，自属无疑。矿床之产生，以裂缝充填为多。因震旦纪石灰岩含矽质甚重，故难起交换作用，此大矿体之所以不能产生欤？就共生矿物之种类而观，本矿床应属中温热液矿床（Mesothermal deposits）一类，但前作东川铜矿显微镜研究时，曾于斑铜矿、黄铜矿内发现电气石之微粒结晶，或者当矿床产生之初，其温度甚高，而近于高温气化一类欤？

---

[1] 见《谢家荣文集》第五卷，354～401 页：Geological and microscopical study of some copper deposits of China。——编者注

（七）各区分论

1. 汤丹区　可分为汤丹及白锡蜡两处。汤丹矿床俱产于背斜层两翼之石灰岩中，而与其沿轴部之火成岩侵入体有成因上之关系。北翼自老新山至深沟约 1，200 公尺（据东川公司矿区图，但该图极不准确）之间，矿硐连绵不绝，开采最盛。南翼如矿王山、下菜园一带，虽有矿苗，而开采甚微。在平街之胡家硖子，曾下井考察。该处系一斜窿，直深 125 公尺，矿脉宽约四五公分，大部养化成孔雀石及赤铜矿，惟中部尚可见斑铜矿等原生矿物。矿脉斜向北 20 度西，倾角 70 余度。老明礶矿脉，宽度相若，惟含斑铜矿似较多，且有辉铜矿。老新山则有黄铜矿与方解石相共生。

白锡蜡矿分布于老牛洞、观音山、鸡冠石、富山硐一带，延绵达 2 公里。此次曾下富山硐考察，围岩为绿色变质岩，显系石灰岩变质而成，其中又多肉红色岩脉，似属长英岩。矿脉宽仅数公分。原生矿物为斑铜矿、辉铜矿及少量黄铜矿，现多养化成孔雀石。有数处矿硐较宽，纵横达四五公尺，即矿工所称之“矿袋”，实际上则仅为线脉较多之部耳。

2. 落雪因民区　本区含矿之部可分为东、西二带：东带自龙头迄龙尾，长约 400 公尺（据东川公司矿区图，此图极不准确）。西带自老新山，经老后山、宝元山、稀矿山、万金硐、哑巴山、石天棚、老山，而至天宝山，延长约 2，500 公尺。自此二带内，各有若干线脉，厚俱不过一二公分及三四公分，俱向西南急斜。其间硖子密布，但矿脉并不相连，其错综复杂之状，一如汤丹。本地矿工每谓东西二带相交于万金硐，故该处矿床特为丰富。是说也尚少事实上之证明。兹将在各矿硐之观察简述如下：

（甲）龙尾欧阳硐　高距落雪 40 公尺。矿硐最深处距地面 50 公尺。矿石以斑铜矿为主，成线脉，向西 60 度南倾斜，倾角六七十度。此项线脉多时可达五六条以上，大都沿大理岩之层面充填，并有沿藻类组织而交换或充填者，即成所谓马尾丝矿床。含矿带之上壁为红色石灰岩。在此硐内并不含矿。

（乙）龙腰徐家硐　高距落雪 180 公尺，深约二三十公尺。含矿带向西 70 度南倾斜，倾角 70 度。此中有线脉数条，厚约三四公分，大都沿裂隙充填，或交换藻类组织。含矿带虽有厚达 2 公尺者，但此中线脉不多，不值全部开采。

（丙）石天棚　在落雪之西，属西矿带。矿硐向北开进，在红色石灰岩中。矿石为辉铜矿，呈马尾丝组织。

（丁）哑巴山　高距落雪百公尺，深 20 公尺，亦属西带。矿脉较为整齐，向南 70 度西急斜，厚自三四公分至 20 公分，但后者颇少。矿石为辉铜矿。据云成分甚高，每百斤可售大洋 7 元左右云。

（戊）老新山牛家硐　在因民之西南，高距该村约 500 公尺。矿硐最深处 50 公尺。线脉厚一二公分。矿石为斑铜矿、黄铜矿及赤铜矿。

四、矿业

东川铜矿开采甚早，惟史籍可考者则始于前清乾隆年间，当时矿业最盛，年产 800 余吨。历有清一代，向归官办或招商承办，专供京用。民国元年前云南实业司组织官商合办之东川矿业公司（除铜外，尚采矿山厂之铅锌），资本国币 35 万元。据闻，官商股各半，

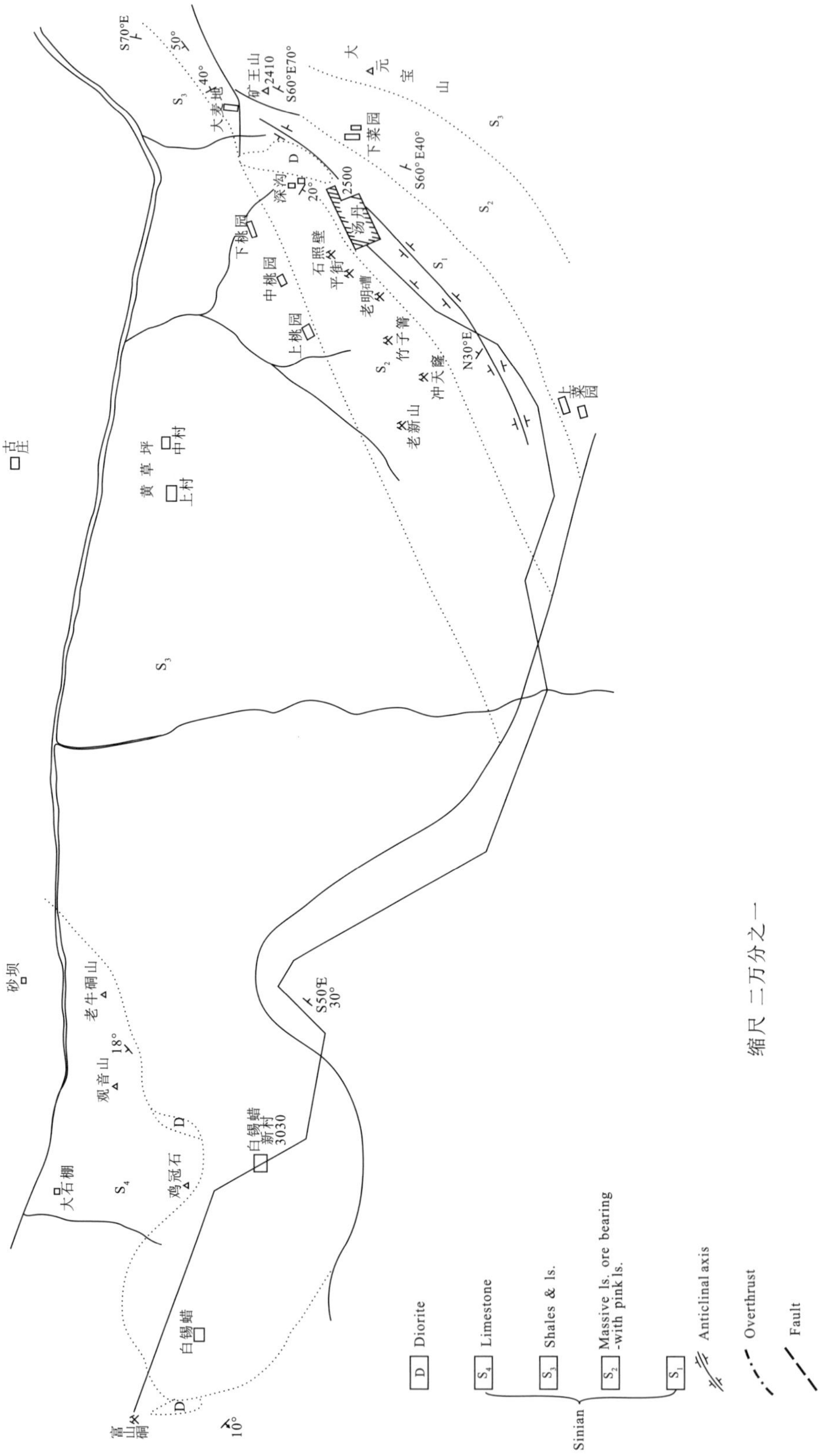

缩尺 二万分之一

图3 云南巧家汤丹区铜矿地质图

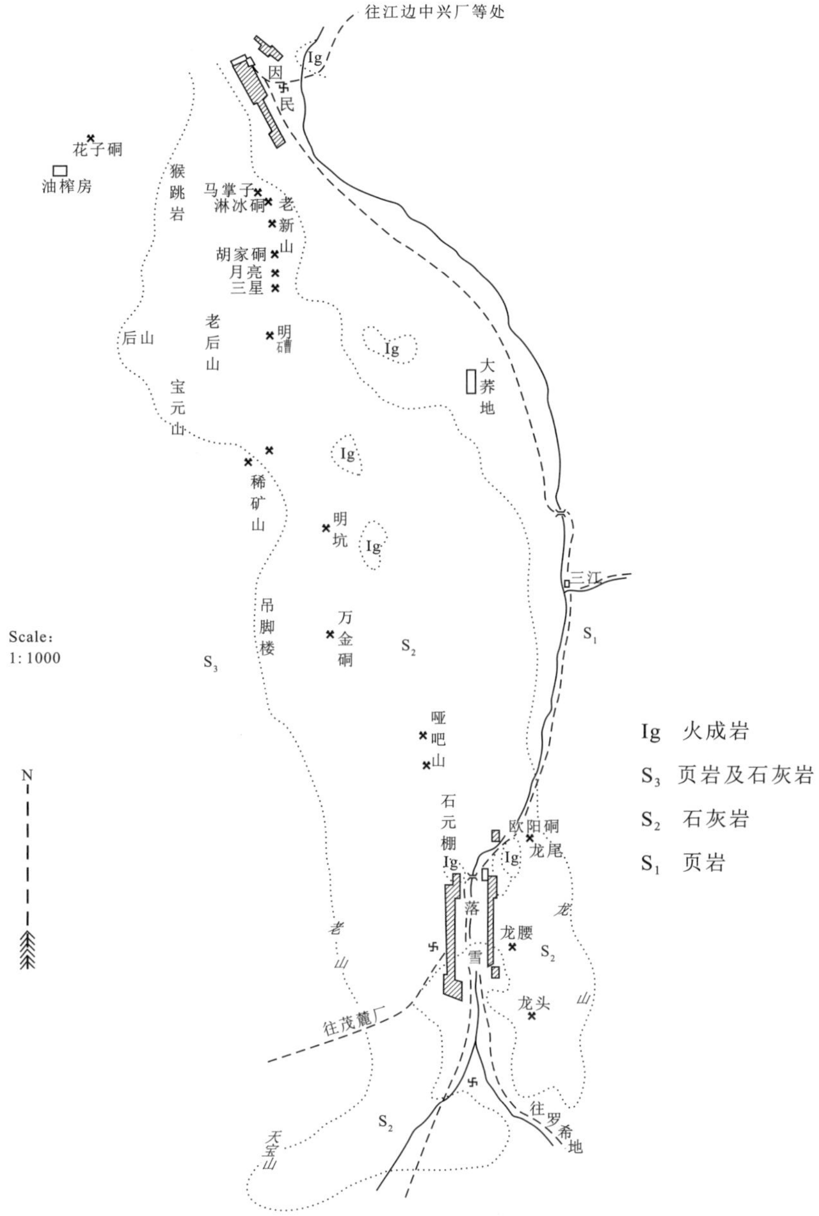

图 4　云南巧家落雪因民区铜矿地质图

设总部于昆明，支部于东川，又在汤丹、因民、矿山厂（采铅锌）各设分部。公司不自采矿，专在各矿山收买毛铜，运会泽精炼。向以四川为最大销场，专供鼓铸铜元之用。营业盛时，每年获利可达三四十万元。自川运停滞，陆续积存之铜块已有四五百吨，现恃东川矿业银号之借款，以维持开支（前后借款已达 40 万元），故经济情形殊为不佳。

（一）采矿

矿硐，本地名曰硔子。矿工曰砂丁。硔子皆属私人所有。业是者名曰礌户。礌户采矿，需资不多，自数十元至数百元即可从事，其办法有招丁开硔，亲身矿及抽硐费之三种，详见附表。

第一表　东川矿业公司汤丹、落雪、因民、茂麓厂各硐硔矿产数目一览表

区别	硐　名	硐　　主	工作人数	每年产量	矿石名称	采矿办法	备　　考
汤丹	老明礌	篷朝云	30余人	三四万斤另	斑铜矿、辉铜矿	招丁开硔及亲身	
		苏朝顺	同上	三四万斤另	同上	同上	
		何自清	同上	三四万斤另	同上	同上	
		苏元华（昌、富）	同上	三四万斤另	同上	同上	
		蓬正发、苏元隆	40余人	四五万斤	同上	同上	
	深沟	马干材	20余人	八九万斤	孔雀石、赤铜矿、斑铜矿	抽硐费	
	老新山	马干材	同上	12万斤	黄铜矿	招丁开硔及亲身	
	平街	黄文开、胡诗贵、胡书明	百余人	30余万斤	斑铜矿、赤铜矿、孔雀石	同上	
落雪	龙山	阳玉珉	20余人	十一二万斤	斑铜矿	三合亲身	
	龙山	徐开鼎	10余人	六七万斤	同上	平半	
	龙山	曾尚志	同上	同上	同上	平半	
	哑巴山	王吉三	同上	二三万斤	辉铜矿	同上	
	宝元山	阳希贤	同上	同上	黄铜矿	同上	
	稀矿山	张开龙	七八人	六七万斤	稀矿	同上	系磁铁矿
因民	淋水硐	牛清和	20余人	同上	斑铜矿	同上	
	月亮硐	胡云楼	四五人	一二万斤	同上	招丁开采	
	祥发硐	熊兆发	五六人	同上	同上	平半	
	马掌子	赵连启	六七人	三四万斤	同上	同上	
	面山	胡宗贤	七八人	五六万斤	同上	平半	
茂麓	四棵树	戴姓	三四人	一二万斤	黄铜矿	同上	
	双益硐	同上	四五人	三四万斤	同上	同上	
	人占石	戴发忠	八九人	五六万斤	黄铜矿、斑铜矿	同上	
	中兴	陈姓、耿姓	20余人	六七万斤	同上	同上	
附记	1. 以上共计汤丹年产矿石约100余万斤至200万斤，落雪四五十万斤，因民20余万斤，茂麓10余万斤。 2. 招丁开硔，每丁除供给伙食、用具外，约需工资三四元（新币）。 3. 亲身矿：（甲）硐主供给伙食及一切油、药、铁器者，则为四六亲身；不供伙食只供油、药、铁器者，则为平半亲身。四六者，硐主占6成，砂丁占4成；平半者各一半。（乙）硐主如系炉户，则估计矿价，由硐主按照原定成分补给工人。若非炉户，则将矿出卖，按照成分摊分价银。 4. 抽硐费，一切饮食、用具概由工人自备，所得矿价，硐主照抽十分之一或二为硐费。 5. 三合亲身，硐主供火药、铁器，矿价硐主占1份，工人占2份。						

采矿成本视矿床优劣而异，颇难精计，大致每工每5日可产矿石自50斤至100斤。

每工每月之工资、伙食约需大洋 7 元，外加火药、灯油等数角，故每百斤之成本约国币一二元，即每吨成本自 17 元至 30 余元不等。矿石价格视成色而增减，由炉户凭经验估价收买，大概每百斤自大洋 1 元至六七元不等。

（二）粗炼

礌户将矿石售与炉户，用土法炼成毛铜，其中含铜约 85%，落雪所产较佳，可达 88%。炉户炼铜需要较大资本。因每次冶炼需矿石 2 万斤，连同木炭、窑柴、工资等，需约国币七八百元。兹将冶炼毛铜之成本约计如次：

种别	数量	价值（国币，元）
矿石	2 万斤	500
木炭	2 万斤	200
窑柴	1 万斤	30
工资	12 人共计	31
杂费		6
共计		767

每炼一次约须 7 日，可得毛铜 2，000 斤，冰铜 3，000 斤。毛铜每百斤值价洋 22 元 5 角，冰铜每百斤十一二元，故二者合计约值国币 810 元。但第二次冶炼时，可将冰铜先煅 3 次，然后与矿石合炼，则自 3，000 斤冰铜可炼得毛铜 1，200 斤（即 40%）。另尚存冰铜 1，200 斤，二者合计值价约 440 元。除多用木炭约 10 余元外，较之原来冰铜价值约多六七十元。故初次冶炼获利较少，必须二次、三次，使能将冰铜炼成毛铜，而利益亦随之增加矣。大概每炼矿石 2 万斤，可获纯利约百元左右，共得毛铜 3，200 斤，即约 2 吨，另存冰铜 1，200 斤。除去冰铜价格 144 元，并另加木炭 10 元外，应需成本 633 元，即每吨之粗炼成本约为 316 元左右。又照上列成绩推算，可知冰铜中所含毛铜当在 50%以上。

现汤丹有粗炼炉 5 座，炉户 9 家，其中以苏朝芳一家产额最多。上年度各炉户之交铜数量如下表所示：

第二表　汤丹厂炉商交铜数量表

炉商姓名	上年度交铜数量（斤）	炉商姓名	上年度交铜数量（斤）
苏朝芳	65，698	马锡章	17，127
赵本义	36，773	胡诗贵	20，500
赵光德	19，951	马子龙	12，364
赵光泽	29，729	自炼处	11，826
王嘉彦	11，420	马超群、胡书明	15，680
总计	241，068 斤		

落雪有粗炼炉 2 座，属东川矿业公司，由炉户轮流冶炼。现因矿石不敷，只开一炉。每炼一次，须由炉户交纳公司租金大洋 2 元 2 角 5 分。因民有炉 1 座，由公司自炼。

粗炼炉之构造极为简陋，皆用泥土、炉渣堆筑。每造一炉，仅需数十元，但时需修理，颇不耐用。

（三）精炼

东川矿业公司将收买所得之毛铜用倒焰炉精炼。每炉容量2万斤即约12吨，用煤一万二三千斤。自发火至出铜，需时约6小时。以前所炼皆型成砖块，含铜约97%至98%。自民国25年起改炼条铜，成分提高至99.5%左右。每条重二十五六斤。精炼成本，据朱氏报告略为增改，抄列如左：

项别	数量（斤）	价格（国币，元）
毛铜	20，000	4，500
运费	每吨16元	192
煤	13，000	9
木炭	500	6
薪木	2，000	6
工资		35
材料等		35.5

以上共计4，783元。可炼精铜17，000斤，即约10吨。故每吨精炼成本约在四百七八十元左右。但职员薪水及所存冰铜之量，俱尚未计入，故实际成本较之或稍有出入也。

（四）运输

东川公司在各矿厂收买毛铜，每百斤价国币22元5角，即每吨约360元。乃用人工或驴马驼运东川城，每三日可来回一次。每秤（即315斤，等于三马驼运之量）运价国币3元2角5分，即每吨约16元。若自矿厂直运昆明，6日可到，每秤运价约9元，即每吨约45元。精铜条块自东川用驴马运至昆明，约7日，每百斤运价3元5角，即每吨约56元。

（五）产额

东川各厂毛铜产额向无精确统计。大致言之，汤丹年产约20万斤，落雪矿石8万斤，因民、茂麓合约4万斤，全年总产额约为三十三四万斤，即约200吨。现汤丹共有矿工五六百人，落雪百余人，因民三十余人，合计至多800人，与产额相较，则每4人每年可产毛铜1吨。

（六）总述

兹将上列各项总述如下表：

项别	每吨（国币）
采矿成本	17—30余元
粗炼成本	316元
精炼成本	478元
运价	
自矿厂至东川	16元
自矿厂至昆明	45元

自东川至昆明	56 元
产矿能力	每 4 人每年产铜 1 吨

五、结论及建议

东川铜矿矿脉细微，分布散漫，地形险峻，运输不便，全部之储量或尚可观，但不能以经济的合法的方法采取之，亦徒有此虚量耳。但自开采以来，已达数百年，其所以能继续不辍者，良以当前清时代向由官厅协助，以供御用，故不计成本，又因工资低廉，人民于农事余暇，兼事采矿，不计工力，故尚能获利。若用新法经营，则管理上、工程上，困难丛生，即将难以为继矣。就此点言，东川铜矿颇与山西之铁矿相似，盖二者俱适于小规模之土法开采，而不值用新法经营者也。

查东川铜矿自开办以来，最盛时代年产纯铜约 800 吨，民国四五年至七八年间，年达四五百吨，近年则只 200 吨。由此观之，则东川一矿之所出，决不能供给正在建筑中之昆明电气炼铜厂之用（按该厂初步计划日产精铜 4 吨，即需毛铜 5 吨，每年约需毛铜 1，800 吨），亦已彰彰明矣。又就地质调查之结果，证明东川铜矿恐无新法经营之价值，则为补救计，只有一方面与东川公司订立年给若干吨毛铜（假定为四五百吨）之契约，优予借款协助进行，俾土法矿业之产量尽量增加；另一方面，则分赴永北、易门及贵州之威宁等处，详细测勘，如有佳矿，则投资经营，否则仍照东川办法，协助土法矿业之发展，而收买其毛铜，此万全之策也。若此时遽在东川投以巨额资金，设立新式矿厂，则窃恐产量未增，而资金已耗。以作者之愚观之，实期期以为未可也。

又查东川公司现设之倒焰炉精炼厂，将来可以废止，以免绕道东川之烦，而使公司专营收买矿砂及改良粗炼之责。改良之道，乃冶金专家之事。就作者浅见观之，似可从：(1) 用人工选洗矿石，以节燃料；(2) 改用耐火砖筑炉，以免时时修理；(3) 用机器鼓风，俾得进行不息。凡此诸点皆可使东川公司负责改进也。

广西全县龙水附近锡矿简报*

一、位置

龙水镇位于全县西北，相距约十五公里。砂锡矿床分布于龙水西北二三公里至十余公里一带，计北自水口，南达寨圩，延长达二十余公里。更向南，至白沙铺、青水、咸水圩等处，矿床尚有延绵之可能。

二、地形地质

龙水位于一湘水支流之南北向河谷中，向西二三里为一石灰岩（泥盆纪）所成之南北向低岗，高距平原四五十公尺。低岗之西为一南北向之峡谷，宽约半公里至一公里，长达二三十公里，其间红土小阜与冲积平原四散分布。再向西为泥盆纪（或志留纪）砂岩与花岗岩所成之大岭。

以上所述之砂岩及石灰岩俱向东倾斜，故砂岩在下，灰岩在上。全县附近及其东部诸山，则同系地层俱倾斜向西，故全县适位于一向斜层之盆地中。

三、矿床

砂锡矿似俱限于大岭以东、低岗以西之峡谷中，显系由大岭花岗岩区域东流或东南流之诸河道冲积而成：因东为低岗所阻，故大部锡砂俱沉积于是。至于龙水镇所在之河谷，自北南来，源出水口以上，据前人所制地质图，其间未见有花岗岩，似无含锡之可能。

砂锡矿可分为古河冲积与近代冲积二种。近代冲积即现代平原之尚未掀起者；因钻探未遍，含量如何，尚难确定，据云较古河冲积更为丰富。古河冲积即红土及砾石，现成高距平原二三十公尺之小阜，据钻探，最深者六十呎，浅者一二十呎，每筒锡量最多三两，次者一二钱至七八钱不等。泥皮甚薄，二三呎下即有砂。现在大计公司开采者，即此距地面甚近之头批砂，系红土夹砾石，厚约半公尺，位于二二公尺之红土下。砾石中锡量，据瓢洗（每瓢容积约十分之一立方尺）所得结果如次：

第一庄	五钱	一三五两	约含每立方码
第二庄	一钱六分五	四四两	
第三庄	九分	二四两	

据大计公司开采成绩，平均每工每日可洗砂二斤，参合上述瓢洗结果，可证明本区之

* 依文内所述，本文写作时间应为1939年。据全国地质资料馆存件，档号7073。原文所附十万分之一“广西全县龙水砂锡矿地形图”，本卷按照相关规定略去。——编者注

古河冲积含（锡）量丰富，实较富贺钟江一带为优。

四、矿业

全县砂锡矿于民国二十七年始发现，于是遂有永乐、大计等公司领区探采，迄二十七年末，所有龙水低岗以西之峡谷约二十余里之延长俱已划为矿区。兹将各公司名称等，依自北至南之次序分列如次：

公司	矿区面积约数	资本（法币）	经理或代表人	附记
大全	16，000余公亩		邓亚雄	筹备中
大有	同上		蒋揖民	同上
钻丰	45，000余公亩		蒋朝清	同上
永乐	16，000余公亩	6万元	吴大鹏	同上
大计	13，000余公亩	3万元	蒋寿增	已开沟产锡
新乐	16，000余公亩		吴大鹏	筹备中
永新	同上		蒋颂炯	同上
福华	同上		鸿华堂	同上
大受	同上		不详	同上

大计公司于二十七年春筹备，因开沟引水与当地人民稍有纠纷，故延至九月始产砂。洗砂用之水系自七八里外大岭内之李家源引来。开沟筑枧，共费工程费五千余元。古河冲积所在俱系荒山，故地价较贱，矿区内全部山地之购地费共约三千余元。现分为十二庄开采，每庄工人十余人。每工每日可洗砂二斤。每半月清沟一次，可得砂二百斤至六百斤不等。采砂用包公制，每市斤净砂给价法币四角。由公司供给工具及住处，伙食自备。按：此间矿床较富，故虽以贱价收砂，矿工尚有余利可图。盖如每工每日洗砂二斤，即日有法币八角之工资。公司现有土法炼锡炉一座，用人工鼓风，每炉可炼砂八百斤。每砂百斤需松炭二百斤（较富贺钟江为高），炭价每担二元五角。每百斤净砂可炼锡六十五斤至七十斤。每炉需用工人三名，每月每名工资二十余元，膳食自备。

自开办迄今，共产纯锡约160担，俱已售去，故除去资本外，已略有盈余矣。按月锡米产额如下：

二十七年十二月	6，730
二十八年一月	4，860
二月	6，480
三月	7，020
共计	25，090

自全县至龙水十五公里间，有六公尺之乡道可通汽车，惟桥梁尚多未筑，现仅可通车至距龙水十里之小江扈，路面亦多待补修。又自桂全公路路板铺（东距全县八公里许）至其西北之寨圩十余公里间，亦有乡筑四公尺之公路路基，因桥梁未筑，现尚不能通车，惟路基甚坚实，修桥之后即可通行无阻。

自大计公司矿场至全县车站约十五公里，用人力挑运，每市担锡块需挑力法币六角。自全县至桂林，用铁路运输，每担运费四角，上下力每件（二十公斤）各文洋五分 。自桂林车站再用汽车运水东门下船，每件法币五角。自水东门水运平乐，每船水脚约法币三十五元，可装五千公斤，约二日至四日可到。自平乐码头至贸易处交售，每件运力四分，连该处之手续费在内。总计每吨锡运至平乐共需运费五十九元。

兹根据上述材料计算，大计公司（假定月产锡三吨）每产纯锡一吨之成本如次：

项目	纯锡每吨成本（元）
砂价（每市斤4角）	1.230
炭价	150
炼锡人工	20
开支（月约900元）	300
运费	59
资本利息	300
还本摊提	150
共计	2，209

现锡价每吨3，400元，故每产锡一吨，可获利1，191元，月产三吨，可盈余3，573元。

五、结论及建议

全县为新发现之砂锡矿区域。据大计公司开采成绩，证明古河冲积之含锡量甚为丰富。近代冲积尚未探采，其希望或更大。又查全县有铁路及公路运输，故交通便利。附近产煤，虽以质劣（含灰分百分之三四，挥发分仅4．9%），恐难应用，但可求给于零陵或祁阳，故燃料之供给较富贺钟江便利多矣！

准是而论，全县锡矿实有重视之价值。为今之计，除鼓励商营矿业以增加生产外，其属近代冲积之面积宽广，而又因必需机器之设备，为商办资本所无力经营者，应先交资源委员会与广西省合办之平桂矿务局详为施探，然后择优划定矿区，以便采炼。据地质上观察，则龙水之西南，自寨圩及咸水圩一带沿山之冲积地带，俱有施探之价值，并应以寨圩附近先为着手，因该处矿区似尚无人请领，且有公路衔接，交通运输俱甚便利也。

六、志谢

此次调查承永乐锡矿公司经理吴一鹏（前述表内为吴大鹏，原文如此——编者）君伴同前往，又由经济部地质调查所桂林办事处派李树勋、彭琪瑞二君偕行，抵矿后又承大计公司经理蒋寿增君招待，而调查旅费则统由锡业管理处担任（负），特书此志谢。

江华矿务局筹备经过及现在状况*

一、筹备经过

民国二十七年一月经济部地质调查所派家荣偕王植、周宗俊、周德忠、李树勋诸君调查江华锡矿地质，证明尚有机采价值，乃由家荣等拟具计划，建议本会投资开采。同年夏，本会与湖南省政府筹设会省合办江华矿务局，议定合作办法六条，其大要为：江局矿区由本会与湘省府会同划定之，矿区外各地段仍准官商设权领采，惟所采锡砂概归江局收买提炼，资本定为二百万元，每年盈余，除分拨双方投资官息六厘，并提百分之十为公积金外，应由会省平分。虽以经营江华锡砂为主要业务，必要时亦得兼营其他矿产之采冶事业。同年七月本会即派家荣为筹备委员，会同省派筹委赴八步及河路口分设筹备处，积极进行。先从钻探及建筑望高（广西钟山属）河路口间电话线及白沙（广西富川属）河路口间公路（以下简称白河公路）着手。二十八年一月，因钻探结果，未能如预计之佳，乃由筹备委员分呈会省，核减资本为五十万元，并紧缩组织，变更预算，继续进行。

白河公路长十一公里，宽六公尺，于十二月全线路基完成通车，二十八年二月，砂石路面铺填完成。钻探工作至二十八年三月完成，证明船领脚矿区锡量较丰，决定先从此区着手机采。当筹备之初，即向广西省政府让购德制三〇〇至三九〇匹马力柴油、木炭、无烟煤三用发电机，连同马达、砂泵、水泵、水笔、零件配件等一全套。该项机件于二十七年十月自梧州起运经平乐至八步。翌年四月，全部机件运抵矿场。二十八年三月会省会委家荣为经理刘基磐为副经理，至五月十一日令到正式就职。五月一日湘省府办理之上伍堡锡矿局遵令将矿区炼权移交与江华矿务局接收办理，是月起即开始收砂炼锡。七月十五日又将上局经营之不动资产，先行照册点收。

船岭脚矿场之机房厂屋，金山沟以及堤坝沟闸，改移河道等土木工程，于二十七年十二月开始建筑，至二十八年十月陆续完成，计有办公厅、机电房、修理房、炼锡房、洗砂房、材料房、汽车间、炭场、打铁房、医务室、矿警房及工人宿舍、厨房、浴室等四十余所，占地约一万八千余平方公尺。双槽金山沟两座，各长三百余呎，宽十六呎。此外堤坝沟闸不及备载。装机工程于二十八年六月初开始，八月初装峻试车，结果良好。第一金山沟于二十八年九月二十六日开始产砂，第二金山沟于十二月三十一日出砂，进行均尚顺利。

此外本局又在江华县东南境麻江源发现锡钨矿床，当即呈准会省，设定国营矿区，于二十八年六月设立麻江源钨锡矿工程处，建筑厂屋，收采锡钨矿砂，自七月份起，亦已开始生产。二十八年十一月奉令筹增生产，遂拟具整治水源，扩充机采，及在永明、蓝山、

---

* 原载资源委员会月刊第2卷第1期1～12页。——编者注

道县等处设定探矿区，用拐筒钻探等计划，并就原有资本及设备，先用小型机器开采河路口附近鲊塘源砂锡矿及衣襟山洞穴冲积层，于二十八年十二月杪亦均已先后产砂，此本局奉命筹备及开始生产之大概情形也。

二、矿区概述

本局领采矿区共有三处：（一）河路口附近，共有五矿区，面积合计为四，〇六三公顷四一公亩九五公分四四公厘；（二）江道宁蓝国营矿区；（三）大瓮山矿区，因矿床不佳，暂未进行。

河路口附近锡矿俱属砂锡矿，与广西富贺钟之矿床同以萌渚岭（即姑婆山）之花岗岩侵入体为其发源点，而位于此巨大岩体之西缘及西北缘者也。依其产状可分为古河冲积及现代冲积二类。古河冲积高距现代河床三四十公尺，以红土为主要成分，砾石不多，含锡量贫富不定，平均每立方码含锡砂仅二三两，佳者达十余两。因地势较高，不虞水患，如得充分水源，则用土法设庄淘洗，成本低廉，尚能获利。本局矿区内此项矿床占十分之六七，因不适于机采，故皆由商人承包开采，所获锡砂由本局收购。现代冲积位于现代河床之下，最深者达二十余公尺，泥沙混杂，砾石甚多，略成层次。锡砂含量每立方码八九两，佳者可达四五斤。因距地面过深，水患堪虞，非有机器水泵，无法治水，故适于机采而不适于土法。本局现采之船岭脚区即属现代冲积一类。

船岭脚矿区位于河路口西南三里许，河谷成东北西南之方向，纵长约一千公尺，横宽自二百至四百公尺。泥皮为黄棕或棕红色之砂土，壤土或灰黑色粘土，厚约四一六公尺。含锡砂层为黄色或黄绿色砂砾层，内夹砾石甚多，小者如拳，大者仅达半公尺。据钻探纪录，全层最厚十二公尺以上，普通约八——〇公尺。黄色砂砾层之下为灰或灰黑色砂质粘土或粘土，其中亦有含锡砂甚富者。再下则为石灰岩底岩。最深之钻眼达二十余公尺，普通则为十余公尺，大概愈向河谷之西北部则钻眼愈深，足证昔日河道，当经流于此部也。现在采深不过十余公尺，有一处已见一小块石灰岩底岩，但大部分尚未达岩底也。

江、道、宁、蓝国营矿区以麻江源及其附近为最重要，该处距县治及河路口各约二百余里，就地质构造言，乃水口花江下部古生代地层背斜层以东花岗岩侵入体所成之岩山区域也。可分为冲积矿床与脉矿二种，前者又可分为沉积于高出溪水三百至五百公尺之山巅盆地及沉积于溪水沿岸者两类。山巅盆地之下，每继以陡削之岩壁，此显由地盘上升及溪水向下切割所致。山巅盆地沉积，隔砂（即含锡层）较薄，砾石较细，锡粒较大而丰富。沿溪岸沉积，则隔砂较厚，可达三四呎，砾石多而大，其体积有至数立方公尺者，锡粒细而较贫。在麻江沿河本局工程处附近者，常夹多量之钨砂。脉矿有钨锡共生者，有纯产钨或锡者，均与石英共生，脉边则为云英岩，中亦含矿，脉为数颇多，惜均散漫窄小。就形态言，可分为平铺及直立或急斜二种，厚由二三吋至七八吋，惟直脉有达一呎二吋者。直脉常互相平行，走向为东北西南，常向东南急斜。各脉之延长不一，最多可达百余至二百公尺。此均就开采所及或露出者而言，至深入地内，有无加厚之可能，则未易言也。

在江华、道县、宁远、蓝山一带，上项矿床分布殊广，计北自鲁观洞南之黄河，文母冲，南至欧菜坪，东至大桥西北之黄茅坪，西至正冲，全部面积在三百余平方公里以上。兹将各类矿床之分布情形列表如次：

- 锡钨矿床
  - 甲、脉　矿
    - 一、麻江源区
      - 1. 狮子头
        - 平脉
        - 直脉
      - 2. 乓江冲—平脉
      - 3. 小倒流—平脉
    - 二、香草区—斋公坪—直脉
    - 三、正冲区—直脉
    - 四、黄河区—斜脉
  - 乙、砂锡矿
    - 一、麻江源区
      - 1. 山巅盆地沉积—分布于蜜蜂槽、毛浪源、崇金冲、横冲、盗牛坪、茶源头等处
      - 2. 沿溪岸沉积—分布于四人冲及麻江河沿岸颜家郑家一带
    - 二、香草区—分布于弓箭冲、狗崽冲及茶源冲等处
    - 三、宁远区（均为山巅盆地沉积）
      - 1. 挂勾冲、石羊冲
      - 2. 范家坪
      - 3. 猪楼门、文母冲
    - 四、正冲区

平铺矿脉，通风泄水均易处置，故目下开采以此为主。惟花岗岩中平行节理，恐不能甚大，故矿脉亦不能望其加厚耳。直立矿脉，施工较难，惟尚有深达地腹及愈深愈厚之希望，故为大规模之开发，当注意于此。至论砂锡钨矿，则大多分布较窄，且多巨砾，故不适于机采，目下须每工每日得砂一斤，始值采洗。其原因一由于水量不足，而最大症结则以各矿地俱为土劣所把持，以低价（每老秤一斤给价五角左右）收砂，致含量较低者，即弃置不顾也。

三、开采方法

甲、船岭脚矿场

船岭脚矿场为本局主要机采锡矿之处，自开始筹备，即致力于此。全部矿场分为二个湖垠。第一湖垠建筑金山沟一座，该沟之斜涵架长七十呎，过砂涧长七十二呎，聚砂沟长二百六十呎，双沟共宽十六呎。从过砂涧顶端至地面高度为四十三呎，用八吋砂泵吸砂。于二十八年九月开机行砂。第二湖垠亦建金山沟一座，斜涵架长六十呎，过砂涧长八十六呎，聚砂沟长二百六十呎，亦系十六呎双沟，过砂涧顶之高度为五十呎。该沟于二十八年十二月中旬先用德国砂泵吸砂，以鹿角地位过小，砾石不易通过，乃改装八步大成厂造七吋砂泵，于月杪开机。以上砂泵各用一〇九匹马力之马达带动，马达动力则由一三百匹马力之木炭总发电机供给电流。另有六〇匹马力马达推动六吋水泵，以用于水笔冲洗锡土，及二十四匹马力木炭机及柴油机连水泵，为大机修理时抽水之用。

明湖开采锡矿，一方面需用足量水流，以冲洗锡砂，如遇水源不甚充足时，并须使之往复周流于金山沟及沟尾塘，以收循环不竭之效。另一方面，又须有坚强之堤坝，深长之

沟渠，以资防水泄水。并须多设斗门水闸，俾得随时控制，而原有河道亦须改易位置，以便行砂。本矿此项工程颇为完备，兹列简表如次以说明之。

工程目的	名称及地点	长（公尺）	宽（公尺）	高或深（公尺）	附记
防水及泄水工程	沿河防水堤	620	3—5	4	
	沿船岭脚防水沟	700	0.5	2—4	
	第一金山沟沟尾塘坝	190	3	5	视沟尾之积高，随时累筑。
	第二金山沟沟尾塘坝	270	面宽一公尺 底宽四公尺	15	同上
引水工程	供给两湖垠用水之总水沟	620	1.5	1.0	包括横断河身大水闸一座，滤水水闸一座及沟尾坝引水水闸一座。
	第二湖垠引水沟第一段	1，000	面宽二公尺 底宽一公尺	深半公尺	自牛崽窝大河旁起至河边大桥止，水头另筑水楗一座，长二三五呎，宽三呎三吋。至河边后又筑引水渡河暗渠一道，长六十八呎，底宽二呎，全用松板钉造。
	第二湖垠引水沟第二段	200	底宽一公尺	1—3	自河边大桥，直达第二湖垠。
改河工程	自第一湖垠沟尾塘坝至衣襟山东麓	700	4.5	2.2	上列宽深系代表平均截面。

以上所列皆其大者要者。至若支沟水闸，则依开采地点之进展，随时修筑改易，兹不赘述。

第一湖垠洗砂之水系自新塘面流下，经总水沟而入多数支沟，以冲放锡土，至猪嘴湖乃由砂泵吸升至金山沟，流入沟尾塘，复经水闸而流入总水沟。尚有余剩之水则经总水沟流入第二湖垠，但为量不多，现另从牛崽窝大河边引筑水沟，以补不足。以上之水亦循环周流于金山沟及沟尾塘之间，其用意与第一金山沟同。

乙、鲊塘源矿场

鲊塘源在河路口东北十三里许，系花岗岩区域中一山间盆地，向由本地砂民淘洗零砂。自经本局钻探证明锡量尚丰，有经营价值，乃于二十八年十一月杪筹备开采。建筑办公厅、工人宿舍、厨房、机房各一所，安装五匹马力柴油机以资抽水。于高距地面四呎处建筑宽四呎、长八十呎之小型金山沟一座，并开沟引水，筑堤设闸。全部工程于十二月杪完成，当即正式行砂，预计每月产量约在一二千斤之间，俟明春水大，再改装小型木炭机，用五吋砂泵行砂采锡。

丙、衣襟山山洞

距船岭脚矿场二里许之衣襟山，下有岩洞，颇为深邃，为昔日采锡之处。据云：砂量尚丰，因潜水颇大，人力不济，故无人再敢问津。现由本局安装三马力及五马力电力水泵二座，以备抽出潜水，然后施以人工淘洗。至十一月杪开始筹备，即放送电线，安装马达水泵，并建筑工房一所，现正抽水，不久即可产砂。

丁、麻江源锡钨矿工程处

本局于二十八年七月奉令筹设麻江源锡钨矿工程处，当即在麻江沿河三叉河上郑家间建筑办公厅、厨房、工房、炉房及矿警房各一所。因省营局矿区尚未划定，致采砂工程一时难以进行。除测勘附近地质、矿床（已完成一万分一矿区图及地质矿产详图各一幅）及设计，开采沿河砂锡矿外，以收砂为主要业务。该处松炭甚廉，故决定在当地设炉炼锡，现炉房、炼房均已完成，明年一月即可开炉炼锡。关于麻江源及江、道、宁、蓝边境之锡钨矿床，经本局地质探矿队详测后，业已得其概要。全区矿床储量，远不如一般人想像之丰富。且冲积矿面积狭窄，巨砾颇多，脉矿分布散漫，厚不及呎。故多数矿区俱不适于大规模之开采。惟自发现以来不及一年，而锡砂产量已达一千二百担，钨砂三百担，最盛时采洗工人共有五百人，每工每日之洗砂量俱在一斤以上，足证其有小规模经营之价值。本局鉴此情形，乃决定俟省营局矿区划定之后，拟以盗牛坪为自采砂锡矿场，正冲、狮子头、乓江冲为自采脉钨锡矿矿场，引用小型机械，如木炭机五吋砂泵以开发砂锡矿，开挖平巷或直井，以开采脉矿。此外各区则拟在不妨害本局自采条件之下，招工承包，藉增生产。

四、选炼方法

甲、选矿

金山沟洗获之毛锡砂内含铁及其他杂质基多，须加选洗，始堪冶炼。其法凡沟头之富毛砂直接用八十号铜筛选洗，沟腰或沟尾之次毛砂则先放入松板筑成之洗砂沟冲洗，去其铁砂等质，然后再用铜筛筛洗。每工每日约可洗毛砂八百斤。洗获纯砂之纯度须在百分之九十五以上，而筛余末次尾砂中所含锡砂不得超过百分之四。筛余尾砂中尚含锡砂约百分之一二则另招工包洗，照四六或三七比例分拆，以六或七成归公，三或四成归包洗者，作为工资。

乙、冶炼

本局机采或收购之纯锡砂用三个鼓风炉冶炼。炉系火泥所制，高五呎，上下外径二十八吋。初用人工鼓风，现用电力鼓风，由五马力马达转动风扇，每分钟约一千九百转。每炉每班（八小时至十小时）能炼锡砂八百斤至一千斤，得成锡四至六百斤，耗用松炭约如锡砂之数。炼得之渣，其中含锡尚多，须再三复炼。最后一次之泡水炉渣中，尚遗留锡珠甚多，则先招工舂碎筛洗，以所得纯锡珠再入炉冶炼。此外炉座、炉塘亦俱有遗锡，经过相当时间，亦可清挖取锡。

五、机器设备

兹将本局各项机器设备列表如次：

一、动力机件

1. 独爱士 DEUTZ 三〇〇至三九〇马力八汽缸四程式柴油木炭无烟煤三用机一座，零件配件均全，连同吸引式煤气发生炉一座。

2. 西门子 350K. V. A. 三相同步交流发电机一座，连 8.2 千瓦直流励磁机一部。

3. 总电屏板一座附总油开关一副及各种表格俱全。

4. 西门子 20K. V. A. 变压器一部（自三一五〇伏至三八〇伏）。

5. 独爱士 DEUTZ 五马力柴油机一座。

6. 大成厂制二十二马力六汽缸四程式汽油木炭两用机一部，连五吋砂泵一套。

7. 上海新中厂制十马力二程式柴油机一部，连四吋水泵一套。

二、马达

1. 西门子八〇瓩三〇〇〇伏马达二部，各连油开关分路电屏板一座，附电流表一只（砂泵用）。

2. 西门子六一马力三〇〇〇伏马达一部连油开关一部，分路电屏板一座，附电流表一只（打水笔清水泵用）。

3. 西门子五马力三八〇伏马达一部，原为引擎冷水泵用，现改为炼锡炉风泵用。

4. 西门子三瓩三八〇伏马达一部连拉风泵一部，为煤氧发生炉拉煤气之用。

5. 西门子三马力三八〇至二二〇伏马达连压气风泵一座及聚风瓶两只。

6. 西门子二三瓩三八〇伏马达连一吋水泵各二部，为砂泵灌清水之用。

三、电线配置

1. 10 m/mZ 铜线五英里长。

2. 16 m/mZ 铜线九英里长。

3. 八〇〇〇伏高压瓷瓶一百个。

4. 380 伏低压瓷瓶一百五十个。

四、采矿机件

1. 华爱司式离心力砂泵二部（未用）。

2. 华爱司式离心力水泵一部（打水笔清水用）。

3. 八步西兴和厂制八吋砂泵一架（第一金山沟用）。

4. 八步大成厂制七吋砂泵一架（第二金山沟用）。

5. 上海新中厂制四吋水泵一架（连于十四马力柴油机上）。

6. 八步西兴和厂制六吋水泵附进出水水管。

7. 六吋水笔四套。

8. 风泵一套（熔锡炉打风用）。

9. 砂泵用八吋钢管十七条共长四百呎（厚 1/4）。

10. 砂泵用七吋钢管六条半共长一〇四呎。

11. 水泵用六吋钢管十条共长一九九呎十一吋。

六、工作成绩

甲、动力供给

本局所用动力总机系一三百至三百九十匹马力柴油、木炭、无烟煤三用发电机，于二十八年八月装竣试车，九月杪开机行砂，最多时可连续开机十四日，始修理一次。自十一月中起因天寒工少，停止夜班。每晨六时开机，晚十时停机。停机之后，即由机匠拆卸汽缸，清除油膏。计每晚拆修汽缸二只，另清理进出气管等。如是进行，只须每半月清理煤气炉一次，即毋须停机修理矣。

乙、采矿

本局第二湖垠及鲊塘源矿场，均于二十八年十二月杪开始行砂。统计材料，尚付缺如。第一湖垠行砂效能，每井隔砂含纯锡砂之数约为三斤，较之钻探纪录已高出一半以上。平均每小时吸砂井数自二．四九至七．〇六，均尚未达八吋砂泵全能之境（普通八吋砂泵，每小时可吸砂十井至十五井之间)。所以然者，则以时值冬季，气候寒冷，工人稀少，工作效率亦特为减低故也。

丙、选洗

本局第一金山沟所产之砂，含铁、钛（大部为磁铁矿、赤铁矿、其次为钛铁矿，详细矿物成分，尚待专家研究）等杂质基多，矿每次所获毛砂之量虽均在三十桶至五十桶，重五千至八千市斤，但筛洗之后，则仅得纯砂一千五百至三千斤，平均成色约在18%至38%之间，较之富贺钟一带似有逊色（各处不一，约在20%至60%)。惟开采愈深，则成色可望渐入佳境。尾砂中尚含纯锡砂达百分之一二，由本局另行招工包洗。

丁、冶炼

为便于管理起见，本局在河路口所收商砂采用包炼制，规定每百斤纯砂须炼出纯锡七十二斤。施行以来，每月收炼结果均在百分之七一．五以上，若加入炉渣及炉珠之锡，足可达到规定之数。麻江源锡砂含钨特多，故成色较次。机采锡砂则以未扣水分，故成色亦较低，但若减去百分之四之水分以后，则亦可达到七成左右，兹将逐月冶炼成绩列为第一表。炼出之锡，大部分含锡均在百分之九九以上，即本会锡业管理处所规定之标准。民国二十八年度本局炼出成锡之总平均成分为九九．一一，如第四表所示。

七、业务

本局自二十八年五月份起收砂炼锡，每月产锡自四千斤至万余斤。十月份起机采开始，每月产量即增至二万斤左右。所产锡块悉用卡车运西湾事务所销售，既无需竞争市场，亦不必堆存仓库，故业务方面，殊为简单。兹将本局按月产量及销售情形分列为第二、第三及第四表。

第一表 江华矿务局二十八年炼锡成色比较表

区别	月份	毛砂（市斤）	纯砂（市斤）	交炼毛砂（市斤）（机采交炼纯砂）	蒸发水分（市斤）	尾（净重市斤）锡		纯锡			出锡成分（%）	附注
						上月	本月	件数	重（市斤）量	本月锡砂出锡净重（市斤）		
河路口商探	五月份	10,296.69	9,369.13	10,260.00	36.69	—	—	164	6,634.13	6,634.13	70.80	一、每月炼出之纯锡，减去上月尾锡净重，加入本月尾锡净重，始得本月锡砂出锡重量。炼锡成分，即以此数计算。 二、十二月份河路口商采砂，留标本砂一整块，计毛重四十一斤四两，净重三十九斤十两。 三、麻江源十一月份锡砂，有毛砂一百七十一斤，扣纯砂一百三十四斤，移入十二月份折算。
	六月份	18,492.31	17,093.63	18,421.25	71.06	—	477.38	292	11,875.50	12,352.88	72.27	
	七月份	15,676.06	14,467.50	15,606.56	69.50	477.38	225.75	261	10,624.25	10,372.63	71.70	
	八月份	9,169.88	8,463.38	9,138.63	31.25	225.75	112.31	152	6,191.50	6,078.06	71.81	
	九月份	16,761.06	15,292.75	16,697.81	63.25	112.31	153.00	270	10,959.75	11,000.44	71.93	
	十月份	14,020.31	13,146.88	13,967.81	52.50	153.00	166.00	234	9,429.50	9,442.50	71.82	
	十一月份	11,284.13	10,416.81	11,254.00	30.13	166.00	154.56	184	7,368.50	7,357.06	70.63	
	十二月份	18,205.88	16,803.69	16,751.44	12.63	154.56	354.50	292	11,831.00	12,030.94	71.77	
麻江源商探	七月份	2,192.00	2,007.88	2,180.56	11.44	—	—	30	1,209.50	1,209.50	60.45	
	八月份	2,785.56	2,413.31	2,735.50	50.06	—	—	35	1,405.75	1,405.75	58.25	
	九月份	3,540.56	2,862.63	2,959.13	81.44	—	128.00	48	1,904.75	2,032.75	71.01	
	十月份	3,850.00	2,955.50	3,796.88	53.13	98.00	39.50	52	2,111.75	2,053.25	69.47	
	十一月份	7,500.00	5,880.81	7,476.75	23.25	69.50	87.50	94	3,780.75	3,798.75	64.60	
	十二月份	12,300.19	9,366.81	12,265.00	35.19	87.50	—	160	6,407.75	6,320.25(1)	67.48	
第一湖垠机探	十月份	29,628.00	9,178.56	9,172.56	4.00	—	—	155	6,245.50	6,245.50	68.09	
	十一月份	27,847.00	6,033.50	6,030.50	3.00	—	75.38	94	3,809.00	3,884.38	64.41	
	十二月份	24,469.75	7,677.63	7,671.63	6.00	75.38	181.81	125	5,004.25	5,110.69	66.56	
总计		228,019.38	153,430.40	166,386.01	634.52			2642	106,793.13	107,329.46	69.95	

注：(1)炉渣中遗锡尚未计入。

第二表　江华矿务局二十八年度砂锡座量表

项别/月份	河路口商采				麻江源商探				机采			共计		
	毛砂	纯砂	纯锡		毛砂	纯砂	纯锡		纯砂	纯锡		纯砂	纯锡	
			块数	重量			块数	重量		块数	重量		块数	重量
五月份	10,296.69	9,369.13	125	5,046.13								9,369.13	125	5,046.13
六月份	18,492.31	17,093.63	246	10,023.25								17,093.63	246	10,023.25
七月份	15,676.06	14,467.50	85	3,440.25	2,192.00	2,007.88						16,475.38	85	3,440.25
八月份	9,169.88	8,463.38	203	8,265.75	2,785.56	2,413.31	30	1,209.50				10,876.69	233	9,475.25
九月份	16,761.06	15,292.75	210	8,550.00	3,540.56	2,862.63	35	1,405.75				18,155.38	245	9,950.75
十月份	14,020.31	13,146.88	396	16,018.50	3,850.00	2,955.50	54	2,161.25	(1)9,178.56	127	5,113.25	25,280.94	577	23.293.00
十一月份	11,284.13	10,416.81	272	10,936.00	7,500.00	5,880.81	61	2,455.50	6,033.50	96	3,892.50	22,331.12	429	17,284.00
十二月份	18,205.88	16,803.69	279	11,288.25	12,300.19	9,366.81	121	4,864.75	(1)7,677.63	105	4,191.50	33,848.13	505	20,344.50
总计	113,906.32	105,053.77	1816	73,568.13	32,168.31	25,486.94	301	12,096.75	22,889.69	328	13,197.25	153,430.40	2,445	98,962.13

附注:(1)小型溝砂尾砂复节,及溝尾塘洗获之砂,一并计算在内。

第三表　江华矿务局二十八年历月砂锡运售统计表

月份＼项别	数量（件）	重量（市斤）	销售实计重量（公吨）	磅　余（市斤）	磅　失（市斤）	当时单价（元）	成色不足扣减金额（元）	实售金额（元）
五月份	—	—	—	—	—	—	—	—
六月份	295	11，967.88	5.9635	—	40.69	3，880.00	—	23，138.76
七月份	138	5，615.00	2.7920	—	31.00	3，880.00	8.72	10，824.24
八月份	—	—	—	—	—	—	—	—
九月份	418	16，981.25	8.4123	—	156.65	5，000.00	—	42，061.50
十月份	624	25，218.25	12.5609	—	96.44	5，000.00 6，000.00	59.55	68，871.65
十一月份	408	16，449.75	8.2546	59.44		6，000.00	120.00	49，407.60
十二月份	497	20，024.00	10.0382	52.40	—	6，000.00	619.22	59，609.78
总　　计	2，380	96，256.13	48.0216	—	212.94	—	807.49	253，913.53

第四表　江华矿务局二十八年历月纯锡运售统计表

区别	月份	次第	数量（件）	重　量（市斤）	销售实计重量（公吨）	镑　余（市斤）	镑　失（市斤）	化验成分（%）	当时单价（元）	成色不足每顿扣减金额（元）	实减金额（元）	实售金额（元）
河路口商采锡	6	1	125	5,046.13	2.5138		18.56	99.22	3,880.00			9,753.54
	6	2	70	2,835.00	1.4178	0.56		99.20	3,880.00			5,501.06
	6	3	100	4,086.75	2.0320		22.75	99.21	3,880.00			7,884.16
	7	4	50	2,044.25	1.0166		11.00	98.78	3,880.00	8.58	8.72	3,935.69
	7	5	88	3,570.75	1.7754		20.00	99.25	3,880.00			6,888.55
	9	6	249	10,126.00	5.0128		00.38	99.48	5,000.00			25,064.00
	9	7A.	34	1,384.50	0.6888		6.88	99.38	5,000.00			3,440.00
	9	8A.	70	2,855.50	1.4177		20.00	99.30	5,000.00			7,088.50
	10	9	106	4,321.00	2.1470		27.00	98.64	5,000.00	18.36	39.42	10,695.58
	10	10	110	4,446.25	2.2088		28.56	99.09	5,000.00			11,004.00
	10	11B.	59	2,408.25	1.1934		21.38	99.38	5,000.00			5,967.00
	10	12B.	65	2,628.50	1.3069		14.75	98.92	6,000.00	4.88	6.38	7,835.00
	10	13B.	12	491.75	0.2455		0.75	99.01	6,000.00			1,473.00
	10	14	102	4,092.00	2.0497	7.38		98.89	6,000.00	6.71	13.75	12,284.45
	11	15	108	4,350.25	2.1810	11.75		99.24	6,000.00			13,086.00
	11	16A.	30	1,213.25	0.6066	0.17		97.51	6,000.00	197.82	120.00	3,519.60
	11	17B.	50	2,002.50	1.0052	7.88		99.25	6,000.00			6,031.20
	11	18A.	65	2,621.75	1.3174	13.06		99.32	6,000.00			7,904.40

续表

区别	月份	第次	数量（件）	重量（市斤）	销售实计重量（公吨）	镑余（市斤）	镑失（市斤）	化验成分（%）	当时单价（元）	成色不足每顿扣减金额（元）	实减金额（元）	实售金额（元）
河路口商采锡	12	19A.	59	2,371.75	1.1906	9.44		98.25	6,000.00	154.16	183.54	6,900.00
	12	20A.	49	2,000.25	1.0008	1.31		98.61	6,000.00	23.79	23.81	5,980.99
	12	21A.	64	2,585.75	1.2926		0.56	99.27	6,000.00			7,755.60
	12	22A.	49	1,968.00	0.9886	9.19		98.22	6,000.00	155.93	154.15	5,777.45
	12	23	40	1,615.75	0.8062		3.38	99.08	6,000.00			4,837.20
	12	24	40	1,621.00	0.8064		8.19	99.26	6,000.00			4,838.40
共计			1794	2,686.63	36.2216		243.38	99.08			549.77	185,549.45
机采锡	10	11A.	44	1,774.75	0.8850		4.75	99.44	5,000.00			4,425.00
	10	12A.	55	2,210.25	1.1025		5.19	99.35	6,000.00			6,615.00
	10	13B.	22	883.75	0.4410		1.75	99.01	6,000.00			2,646.00
	11	17A.	50	2,026.00	1.0158	5.56		99.48	6,000.00			6,094.80
	11	18B.	39	1,581.25	0.7936	5.94		99.38	6,000.00			4,761.60
	12	19B.	25	1,012.75	0.5068	0.81		99.48	6,000.00			3,040.80
	12	20B.	28	1,118.50	0.5644	10.25		99.51	6,000.00	194.82	111.65	3,274.75
	12	22B.	46	1,835.75	0.9278	19.81		99.25	6,000.00			5,566.60
	12	23	6	239.25	0.1194		0.44	99.08	6,000.00			716.40
	12	24	12	474.75	0.2360		2.75	99.26	6,000.00			1,416.00
共计			327	13,157.00	6.5923	27.44		99.33			111.65	38,556.95
麻江源商采锡	9	7B.	30	1,209.50	0.5966		16.31	99.38	5,000.00			2,983.00
	9	8B.	35	1,405.75	0.6964		13.00	99.30	5,000.00			3,482.00
	10	13A.	49	1,961.75	0.9811	0.44		99.18	6,000.00			5,886.60
	11	16B.	66	2,655.00	1.3350	15.00		99.32	6,000.00			8,010.00
	12	20C.	38	1,524.25	0.7682	12.13		97.64	6,000.00	190.15	146.07	4,463.13
	12	21B.	41	1,656.25	0.8304	4.75		99.01	6,000.00			4,982.40
共计			259	10,412.50	5.2077	30.00		99.01			146.07	29,807.13
总计			2380	96,256.13	48.0216		212.94	99.11			807.49	253,913.53

八、成本及盈余

本局收砂炼锡部分，自二十八年五月份起，逐月均有盈余，其数目自二千余元至九千余元不等。机采部分，因开机不久，产量未丰，且矿床含卵石过多，工程艰巨，成本奇高，故至今尚无盈余可言。自二十九年度起，第一、二金山沟及鲊塘源、衣襟山、麻江源等处，俱将全力生产，则每月产量当可达三四万斤，即十五至二十吨左右，以现在锡价每吨六千元计，月可收入十二万元。盈利之得，可操左券矣。

九、结论

江华锡矿，素负盛名，地质环境，亦尚有望。但自本局实施钻探以后，乃知抽象之观察，未尽可靠，微论锡量之丰，远逊广西。而交通不便，卵石特多，俱足为大规模开采之阻碍。其适于机采者仅船岭脚、鲊塘源、新塘面、石浪冲等数处而已。本局鉴此情形，乃一方面呈准会省，核减资本，紧缩组织，以免虚耗国币，一方面集中计划，加紧工作，以求早日观成。经过年余之艰苦经营，大部工程幸已告竣。第一、二金山沟及麻江源、鲊塘源、衣襟山等处俱已先后开始生产。江局事业，至此可谓告一段落。此后应如何扩充工程，改进技术，以求生产之增加，效能之猛进，尚待在事同人，继续努力。惟江局根基，实已从兹树立矣，此则作者于泚笔之余，殊感欣慰者也。

第五表　江华矿务局二十八年度月产砂锡统计表

（单位市斤）

项目＼月份	五	六	七	八	九	十	十一	十二	合计
机采纯砂						9，178.56	6，033.50	7，677.63	22，889.69
机采炼锡						5，113.00	3，892.50	4，191.50	13，197.25
河路口商采纯砂	9，369.13	17，093.63	14，467.50	8，463.38	15，295.75	13，146.88	10，416.81	16，803.69	105，053.75
河路口商采炼锡	5，046.13	10，023.25	3，440.25	8，265.75	8，550.00	16，018.00	10，936.00	11，288.25	73，568.13
麻江源商采纯砂			2，007.88	2，413.31	2，862.63	2，955.50	5，880.81	9，366.81	25，486.94
麻江源商采炼锡				1，209.50	1，405.75	2，161.25	2，455.50	4，864.75	12，096.75
合共收采纯砂	9，369.13	17，093.63	16，475.38	10，876.69	18，155.38	25，280.94	22，331.12	33，848.13	153，430.40
合共冶炼纯锡	5，046.13	10，023.25	3，440.25	9，475.25	9，955.75	23，293.00	17，284.00	20，344.50	98，862.13

云南矿产概论*

绪　言

云南矿产向称丰富，中外报告，言之屡矣。自抗战军兴，增加后方生产，为当务之急，于是滇省之地下富源，遂益为国人所重视。经济部地质调查所，西南联大地质系，本省建设厅及经济委员会等先后派员，实地测勘，所得结果俱极重要，惜多散见于各刊物及简报中，尚无概括之论述，足资一般之参考。余尝二度来滇，而为时均暂，对于全省矿产，除东川铜矿外，尚少亲历，但正因认识未真，亟应详加研讨，以求明了，爰乘《地质论评》发行《云南矿产号》之机会，参考中外典籍及近人报告，著为概论。夫概论者，普通之叙述也，浅识如余，或尚堪胜任，至若精详之作，则另有专篇焉。

地　质

甲、地层

云南地层系统，就今所知，可分为下列各层：

一、前震旦纪变质岩系

本系为片麻岩、片岩及结晶质石灰岩所成，其中常为花岗岩所侵入，与震旦纪及其他地层，俱成显著之不整合。葛利哥莱（Gregory）复将本系分为大平、大理二系。大平系为粗晶片麻岩、片岩及结晶石灰岩，葛氏首见于八莫（缅甸）腾冲间之大平，故名。此外保山北之河湾（Howan），澜沧江上游之德钦、白马山、司朗（Tsedrong）、维西附近及大理之西，俱分布甚广。大理系虽亦结晶，而层次甚清，大理系仓山之大理石层，为显著之代表，故名。除大理石外，复含各种片岩，石英岩及硬粗砂岩。主要分布为石鼓以上金沙江沿岸及澜沧江西拉（Sila）附近。包朗（Brown）在云县顺宁间及缅宁之东，孟宪民在个旧元江之西南、哀牢山无量山一带及滇缅南段未定界区内，王镇屏在元江墨江间及河口附近等处，俱见片麻岩及结晶片岩，应属大平系或大理系，无从臆测，但其为震旦前纪，则无可疑也。

二、震旦纪

为石英岩、千枚岩、页岩及石灰岩所成，全层厚达二三千公尺，详细层次，尚未能确定，自作者于民国二十七年在东川及熊秉信在昆明附近先后获得 *Collenia* 化石后，震旦纪之时代，遂以确定。最近李洪谟、郭文魁在东川附近，于千枚岩上之黑页岩中获得三叶

* 本文 1941 年 7 月发表于《地质论评》第 6 卷第 1－2 期（云南矿产专号）第 1～42 页。——编者注

虫化石，益可证明震旦纪时代之无误。包朗在滇西创立之高良系，包括千枚岩、板岩、石英岩及少量石灰岩，不整合地位于结晶变质岩系之上及无疑间的古生代地层之下，就层位及岩性言，实可与震旦纪相比拟也。

震旦纪在滇东之分布，可大别为二区：一为东川之汤丹、落雪；二为昆阳、易门、澄江、峨山一带，著名之易门铁矿，即产于其中焉。东川震旦纪剖面，详后东川铜矿节中。澄江附近则可分为三层，自下而上为：（一）澄江长石质粗砂岩，（二）冰碛层，（三）红页岩及石灰岩。在滇西本纪分布更广，如腾冲之北、保山之东西两区及云县、顺宁、缅宁等处，据包朗调查，皆有高良系。又据葛利哥莱调查，云龙之西（飞龙桥附近）、小维西附近、德钦之西南、丽江之喜河及剑川南之牛街俱见之。孟宪民在班洪老厂、募乃、西盟新厂等附近，皆发现相当于震旦纪之地层，一部之铅银矿脉，即产于该纪之石灰岩中焉。

三、寒武纪

下寒武纪地层在滇东分布颇广，戴普拉（Deprat）研究最详。以砂岩、页岩为主，石灰岩不多，中含三叶虫化石（*Redlichia*）至为丰富。丁文江、王曰伦名本层曰沧浪铺系。据最近在昆明附近及滇东一带调查，本系厚达五百公尺，以黄或绿灰色页岩及砂岩为主，底部有黑页岩，顶部有不纯质薄层石灰岩，其中所含化石以 *Redlichia* 为最重要，此外尚有 *Pseudoptychoparia*，*Palaeolenus*，*Paragraulos*，*Ptychoparia*，*Micmacca* 等。就岩石性质及三叶虫化石研究，可分为三层。自下而上为：（一）筇竹寺层，（二）沧浪铺层，（三）龙王庙层。至于中寒武纪，分布较狭，为石灰岩与砂质页岩之互层，厚二百公尺，中含 *Anomocare*，*Anomocarella*，*Billingsella*，*Chuangia* 等，在宜良东南之陡坡寺首先发现，故名曰陡坡寺层。滇西尚未找到确定之寒武纪化石，但一部之高良系，或者可隶属于本纪，亦未可知也。

四、奥陶纪

一八八〇年洛川（Loczy）氏首在保山之西蒲缥，发现 *Cystoidea* 化石，其后包朗复加研究，并于其南之施甸，发现同样地层。蒲缥所见，以黄红及灰绿色砂质页岩为主，中夹不纯质石灰岩薄层，化石甚多，主要者为三叶虫及笔石。施甸剖面则多石灰岩，中夹板岩，厚逾二百公尺，含三叶虫及 *Cystoidea* 化石。此外又于施甸南之 Lameng 见同样地层。尹赞勋、路兆洽于详测施甸剖面之后，分为二层，下为施甸层，以黄、褐、绿色页岩或砂质页岩为主，厚一四〇公尺，中含腕足类、瓣鳃类、三叶虫及笔石（*Didymograptus nanus*）化石甚为丰富。上为横水塘石灰岩，厚九十公尺，化石亦多，以 *Camarocrinus asiaticus*，*Sinocystis loczyi* 及 *Orthoceras* 为最重要。以上二层，俱属下奥陶纪，而与缅甸同时代之化石群，颇多类似。再上为志留纪之仁和桥页岩。葛利哥莱于永平西之河湾及维西之北，俱见有类似奥陶纪之页岩、砂岩，含笔石化石。在滇东，奥陶纪地层仅见于寻甸以西、二龙戏珠以北、洗羊塘及桥顶山数处，主要岩石为黄砂岩及泥灰岩，厚约百余公尺，分布不广，变质较深。昆明西北之二村，近经郭文魁发现奥陶纪地层，为紫、绿等色砂页岩，厚约二百七十余公尺。于上部砂页岩中获得笔石化石（*Didymograptus*）甚多，下部则多 *Orthis*，*Taihungshania* 等，再下为厚二三百公尺之石灰岩，未得化石，其时代或属寒武奥陶纪或上寒武纪尚未确定。郭君名此含化石部分之下奥陶纪地层为红石岩层。

五、志留纪

云南东部曲靖易隆间现知为上志留纪之标准剖面。据丁文江、王曰伦二君研究，可分为三部，上曰玉龙寺砂岩，中为妙高石灰岩，下为关底砂岩，全部厚约五五〇公尺，其中最显著之化石为 *Spirifer tingi*, *S. bourgeoisi*, *Hormotoma*, *Leperditia* 等，与长江一带及中国南部之下志留纪化石颇不相同。下志留纪含笔石之地层，包朗于滇区之施甸及白马（Pei-ma）首先发现，内含 *Monograptus*, *Climacograptus*, *Mesograptus*, *Glyptograptus* 等。后经尹赞动、路兆洽二君复勘，定名为仁和桥层，厚一七五公尺，中含 *Mesograptus*, *Pomatograptus*, *Spirograptus* 等化石，可与 Velentian 及 Salopian 层相比拟云。

六、泥盆纪

云南泥盆纪地层分布甚广，尤以在滇东一带，知之最详。据前人研究，上、中、下三纪俱有其代表。上泥盆纪之地点计有二处，即曲靖之翠峰山及沾益之龙华山，两处之下部俱为大陆沉积，含 *Arthrostigma gracile*，上部为海生层，含 *Sieberella sieberi* 及 *Spirifer jouberti*。惟据最近西南矿产测勘处王鸿祯、董申保二君研究龙华山剖面，在上部之大陆沉积中，获得与湖南跳马涧及昆明海口等处同样之沟鳞鱼化石及古鳞木化石。沟鳞鱼化石据计荣森君研究，认为应属上泥盆纪无疑，古鳞木化石据斯行健君意见，亦颇有属上泥盆纪之可能。又据西南矿产测勘处周德忠、谭飞二君在曲靖青龙镇剖面中发现沟鳞鱼及古鳞木化石层确位于中泥盆纪标准化石 *Stringocephalus burtini* 之上。查龙华山层中海生动物化石之时代，昔葛利普君早有疑问。而 *Arthrostigma* 哈勒君虽相当肯定地认为应属下泥盆纪或至多中泥盆纪之上部，但究以只有一个种属，难资征信。兹根据最近野地观察，可断定以前所称之下泥盆纪似应改隶与上泥盆纪。至于中泥盆纪之 *Calceola* 及 *Stringocephalus* 层，在滇东之西洱（*Calceola* 仅在西洱一处发现）、婆兮、路南、禄丰、宜良、东山、夸兴山等地，皆经发现，最近在曲靖、沾益等地，亦经见及（*Calceola* 未见），其层位当无问题。上泥盆纪上部之 *Sinospirifer* 及 *Yunnanella* 层，在滇东路南、婆兮、禄丰等处业经法人发现，但与最近订定之沟鳞鱼层，因乏连续剖面，故上下层位之关系，尚难决定耳。

包朗在滇西所见之巨厚而富于裂隙及方解石脉之石灰岩，与石炭二叠纪灰岩不易划分者，据谓至少一部分可与缅北之泥盆纪层相比拟，但尚无化石上之证明。葛利哥莱在丽江附近石灰岩中，获得中泥盆纪珊瑚化石，其时代比较确定，此外渠所创立之明家系（Minchia Series），包括富于方解石脉之石灰岩，黑、红、绿各色页岩及砂岩，常位于基性喷出岩之下者，恐大多数系石炭二叠纪之物。

七、石炭纪

云南之石炭纪地层极为发育。据西南联合大学地质系在昆明附近研究，已确定有中石炭纪之存在，其主要岩层为白或灰白色石灰岩，厚一一〇公尺，中含 *Chaetetes*, *Koninckophyllum*, *Dibunophyllum*, *Staffella* 等，惟此层之上之上煤系（厚二〇公尺）及其下之下煤系与石灰岩（厚七十五公尺）应否属栖霞或下石炭纪，尚难确定。又据西南矿产测勘处卢衍豪、周德忠、郭文魁等在叙昆铁路沿线调查，在宣威、威宁、曲靖、沾益等县，俱发现含 *Kweichowphyllum*, *Yuanophyllum*, *Productus giganteus*, *Lithostrotion* 等属于上司统之下石炭纪上部地层，岩石以黑色薄层泥灰岩及页岩为主，厚约二百公尺，有时夹薄劣煤层。上司统以下之各统，因未得化石，尚难论定。至于在昆明附近认为从未发现之乌拉统（即船山灰岩或马平石灰岩）在宣威、威宁、呈贡等处，亦经西南矿产测勘处郭文魁、卢衍豪、周德忠、王超翔等发现，位于中石炭纪威宁石灰岩与栖霞石灰岩之间，厚自三十公尺至一五〇公尺，中夹具球状构造之石灰岩数层，内含 *Schwagerina*，*Triticites* 等化石。照上所述，可知下、中、上石炭纪或石炭二叠纪地层在滇东皆已有其代表矣。至于边兆祥君在可保村煤田中所定自下而上之层序：（一）宰格石灰岩，（二）万寿山煤系，（三）西山石灰岩，因化石研究未详，尚难比定。据边君报告中所列西山石灰岩中含有 *Chaetetes*，*Yuanophyllum* ?，*Productus giganteus* 等而观，则该层除二叠纪外，尚含中下石炭纪，果尔则西山石灰岩下之各层有属于上司统以下各统之可能矣。

八、二叠纪

云南二叠纪发育之完备、分布之广泛，较之石炭纪尚有过之。现在研究，仍以滇东为最详细。自下而上，可分为：（一）栖霞石灰岩，厚一五〇至二三百公尺，中含 *Stylidophyllum*，*Tetrapora*，*Michelinia*，*Caninia*，*Corwenia* 等化石，在宣威、威宁境内，于栖霞底部与马平灰岩之剥蚀面相接处，尚有煤系一层，最厚达六七十公尺，此则与扬子江流域及贵州（回头山煤系）等处之情形，恰相吻合。惟最上部之 *Polythecalis* 层则在昆明附近及叙昆沿线，似俱未见及。（二）茅口石灰岩，厚约五百公尺，中含 *Neoschwagerina*，*Wentzelella*，*Waagenophyllum* 等化石，惟顶部之 *Plicatifera* 层则似未见。（三）峨眉山玄武岩系，厚约七百公尺，于底部时夹结晶块状石灰岩一层，最厚处可达三十公尺，而于上部则多凝灰岩。在昆明南四十公里石龙坝，于底部之玄武岩中，并曾发现珊瑚类及腕足类之化石，似可为海底喷发之一证。唯至上部，则因凝灰岩之特多，似以陆地喷发为主。（四）上二叠纪煤系即以大羽羊齿植物化石为特征者，在宣武、威宁境内甚为发育，厚二百六十公尺，中含煤三四层，各厚约一公尺，煤质优良，堪供炼焦，在云南东部境内者概可名之为宣威煤系。

在滇西，石炭纪及二叠纪之地层分布亦甚广，惟层次研究及化石材料更为缺少，兹不具论。

九、二叠三叠纪及中生代

在云南中部分布甚广之紫红色砂页岩，厚达千许公尺，盛产石膏、石盐，其时代迄今尚未确定。有谓属二叠纪者，有谓属三叠纪或更新者，兹归之于二叠三叠纪，因其底部与上二叠纪煤系接触处，岩性逐渐变迁，颇难有一清切之界线以资划分也。此项地层，每成广漠之盆地，如安宁盆地、兰坪云龙、宁洱沧源等盆地是也。在滇东，紫红色地层（泸西系）每因褶皱或断层而保存，组成较小之狭长形盆地，据最近研究，其下部以紫红色砂页岩为主，厚一千三百公尺，可与飞仙关层相比，上部则为石灰岩，厚三百余公尺，可与嘉陵江层相比，在二者之中俱曾采得化石，如 *Pseudomonotis*，*Gervillia*，*Lima*，*Avicula*，*Myophoria*，*Anodontophora* 等。昔法人所采之三叠纪海相化石，大概即由此出。再上尚有含长石及云母之砂岩及页岩，厚约二百公尺，偶含薄劣煤层，似可与香溪煤系相比拟。在个旧境内有厚逾千五百公尺之个旧石灰岩，中含 *Myophoria*，*Lima*，*Pseudomonotis*，*Meekoceras*，*Trachyceras* 等化石，其上为火厂坪煤系，据谓厚亦达千公尺。至如一平浪煤田、弥渡祥云旧华坪煤田及宁洱煤田，其时代皆属中生代，但究属上三叠纪抑下侏罗纪，以化石证据尚欠充足，尤以最近在禄丰所得蜥龙化石之时代与其层位，似多矛盾，俱待详密研究，以资决定也。在滇西如普洱、丽江、鹤庆之西及德钦之南，包朗及葛利哥莱俱曾采得三叠纪海相化石。

一〇、白垩纪

云南是否有白垩纪地层，今尚未能确定。在中生代煤系之上，似尚另有一红色系，其中除第三纪外，颇有一部属白垩纪之可能。

一一、第三纪第四纪

包括腾冲之火山岩、广大之湖成沉积及褐炭层（如开远之小龙潭及昭通）及各种冲积层及腾冲之新火山岩等，以与矿床无关，兹不俱论。

乙、构造

上述各地层自震旦纪以迄三叠侏罗纪，倾角大致平行，并无显著之斜交式的不整合。但侵蚀间断，即造陆运动，则颇为常见，最明显者为：（一）奥陶纪前，因中上寒武纪地层之时告缺少足证有一间断。（二）上志留纪以前。（三）中泥盆纪与上志留纪间，相当于喀里道尼亚运动（今译“加里东运动”）。但在云南则斜交式的不整合似迄今尚未见及。（四）下石炭纪以前，相当于朱森君之柳江运动。（五）马平灰岩与威宁系之间，即相当于李四光君之昆明运动。（六）下二叠纪阳新系以前，王鸿桢君名之为昆明运动，但实与李氏之时间不合，为免混淆计，兹特名之为云南运动。（七）上二叠纪煤系与玄武岩间，相当于李四光君之东吴运动。至第三纪地层，则每与其下之地层成显著之不整合。

云南地质构造前人颇多研究，惟尚少综合之论述。大致言之，滇东之褶皱及逆掩断层均为北北东至南南西，与山脉及水系之方向约略平行，惟断层方向则均近南北向，自昆明而西以至楚雄，构造线大体取东西向，至大理、保山、维西一带，褶皱方向复近南北，或西北东南，断层之方向亦然。因东西二部构造方向之不同及中部走向之近于东西，戴普拉、包朗诸氏遂创云南弧形之说，即谓整个云南山系成一向南突出之弧形，其西翼在横断山脉一带，东翼则在贵州高原之西缘，弧形顶点，当在昆明之南。此项构造即就云南各湖之形状及位置观之，亦可略得其梗概。按“云南弧”（Yunnan Bogen）一名辞首创于李希霍芬氏，其原意谓云南北部为一地垒，与其南部沉降部分之弯曲的接触带谓之云两弧，与戴、包二氏之解说绝不相同矣。惟今考哀牢山、无量山之结晶变质岩，其片向俱为西北东南，直至个旧以南及河口一带，片向不变，绝未见有改向东西或东北西南之趋势，又考滇中二叠三叠纪红岩盐盆地中之走向，变迁甚多，亦未能尽合于孤形之理想。至于火成岩之侵入，断裂之发生，以及矿产分布之位置尤似与弧形无关。凡此皆需更精密之研究以资论定者也。

矿　产

据云南建设厅表册所载，全省有产地可稽之矿产，金属有铁、金、铜、铅、锌、银、锡、钨、锑、汞、钴、锰、铋等十三种，非金属则有煤、硫黄、砒、水晶、石棉、云母、石膏、明矾、硝、滑石、瓷土、大理石、石盐等十三种，共为二十六种，其种类不可谓不繁矣。兹就重要矿产依次论述如左：

甲、金属矿产

一、铁

云南铁矿，分布甚广，据建设厅统计，达八十四县，实则几于无县无之。土法炼铁之炉，亦到处皆是，凡地近重大城市或产盐之区，因需铁之殷，即有人采取当地铁矿，设炉冶炼。近来调查渐精，乃知有多数铁矿，零星散布，储量极微，无关宏旨，其有大规模开采之价值者，仅易门、腾冲等数处而已。就矿床情形，云南铁矿可分为左列各类：

（一）震旦纪地层中之层形铁矿　此类可以易门铁矿为代表，矿地位于县城之东乡及北乡。相距十五至三十余公里，东北距昆明约八九十公里，可分为东山、檀香箐、黄石崖、军哨、阿德及八街六区。矿体成晶片形，产于下震旦纪千枚岩中，惟黄石崖一处，生于上震旦纪石灰岩中。矿层厚自数公尺至二十公尺，延长自数十公尺至三百公尺。矿石为赤铁矿、镜铁矿及褐铁矿，质地纯粹，含铁达百分之六十左右。全区储量约五百万吨。昔丁格兰著《中国铁矿志》，惑于法人调查，以易门铁矿属诸硫化矿脉风化之铁帽一类，今经探勘，始知其误。惟近考包朗氏《云南矿厂矿产记》第九十五页，谓易门赤铁矿成晶片状产高良系之板岩中，是该处铁矿之产状，早已确切言之矣。近人论易门铁矿之成因，有浅温矿脉（如黄懿主之）及水成（谭锡畴主之）之二说。余虽未至易门，然参考各家报告，尤以最近顾功叙所作物理探矿之结果，深信矿床之成，恐非如诸家所云之单简，盖矿脉之说，固属无据，但延长有限，层位无定，厚度变化颇烈如易门者，亦似非单简之水成沉积所能解说。余尝假想该矿之成因，或与美国之上湖铁矿相仿佛，盖由一含铁地层经过剥蚀风化或其他作用（如由断层上升之热液等等）富积成矿，究竟如何，尚须精密研究，始能定也。余又相信玉溪、峨山、河西诸县之铁矿，皆与易门相类似，该处有许多风化残余矿，产于近代之红土中，惟最初之铁质来源，因莫不自震旦纪中之原生贫矿或原生富矿递积而来也。故昆阳、易门、峨山、玉溪为震旦纪地层所组成之台地，亦即易门式铁矿分布集中之区也。

澜沧县猛朗西北五十四里之磨刀河有铁矿产矿地点，在磨刀河与南滨河相夹之区域内，附近地质有元古界云母片岩及震旦纪石英板状砂岩，铁矿即产生于砂岩中，成层状，走向东北，向东南倾斜，倾角约三．五度。露出之部厚约十公尺，产状可分为二种，一沿板理而生为磁铁砂，一沿裂隙而生，则成细脉属镜铁矿。据化验含铁不及百分之五十，故成分不佳。照上所述，本矿似有属于易门式之可能（曾繁礽《澜沧地质矿产简报》）。

（二）接触变质铁矿　此类铁矿在云南分布必广，以调查未详，故迄今尚少知者。据包朗氏纪腾冲北滇滩关铁矿，谓附近有花岗岩，亦铁矿露头之经探见者，长六十呎，宽十呎至十五呎，矿质坚密，成分甚高云。观此记述，该处铁矿显属接触变质一类。尹赞勋之观察，亦与此相同。查滇滩关为滇省土法冶铁业之重要中心，所制铁锅、铁器，行销甚广，包朗匆促观察，即已发现相当巨大之矿体，若详密搜探，必能证明其为滇省重要铁矿之一，其价值或仅次于易门也。

（三）水成矿床　真正之水成铁矿，产于下石炭纪、二叠纪或三叠纪之煤系或红色地层中，成不规则之晶片层或结核层，矿物种类有菱铁矿、赤铁矿种种。分布甚广。但大多零星散漫，无重视之价值。

（四）风化残余矿　此类矿床分布亦广，就其原生岩之种类论又有玄武岩、石灰岩

（石炭纪或二叠纪）种种，滇东一带所见甚多，因分布太不规则，储量不丰，无足重视。

二、金

据建设厅统计，全省产金之处达四十县。迹其分布，大部分与前寒武纪变质地层密迩相随，而组成滇省中部成西北东南向之黄金轴心带。最重要产金区域，计有：（一）墨江元江及沿红河一带，（二）顺宁、云县，（三）沿澜沧江、金沙江一带，（四）大理、凤仪，（五）澜沧（西盟）佛海、南侨，（六）保山、腾冲。就矿床种类可分为脉金与砂金二大类，脉金之较著者有二：

（一）墨江东北四十里之坤勇厂，含金石英脉穿越于中生代（?）之红色砂岩层中，脉厚达五一公尺，延长约数公里。据云，每六十斤矿石可得金五分至二钱。前清道光年间，开采甚盛。年产纯金一万余两，后因匪乱，停止开采。至光绪二年复开，年产额达五六千两。光绪十八年以后，年产一、二百两。民国以来屡经组织公司开采，产额旺时，亦年达五、六百两至二千两不等。由此记载，可见坤勇厂金矿实有重视之价值。除脉金外，尚有砂金，本地人民用土法冲洗（王镇屏《思普沿边地质矿产》及曾繁礽《澜沧地质矿产简报》）。

（二）蒙自、金屏两县沿金河流域，北自白石寨，南达马草坪，含金石英脉甚多，已测量者有八九条之多，皆成西北东南走向——与火成岩侵入体之长轴相平行——而穿越于闪长岩中，亦有产于古生代石灰岩、砂岩或页岩中者，则厚度较狭，常成网状细脉。此项石英脉最宽处有达二十公尺者，普通约一、二公尺至四、五公尺，延长有达八公里者。石英常具空隙，中有褐铁矿及金粒、金片之充填，大者肉眼可见。此外尚有黄铁矿、方铅矿等共生矿物。沿河又多砂金，以马草坪至老马店之一段为最佳。本矿曾经云南建设厅试探，又有滇南金矿公司，集资甚巨，拟大规模开采（丁道衡、熊秉信《蒙自金屏金矿报告》）。

砂金则以分布于金沙江、澜沧江一带者最多，又可分为现代河床冲积及梯级层之二类，后者含量较丰，每吨土石可含金达三四钱。金含于砾石中，在丽江一带已发现二层，厚尺许至数尺，惟有时漂砾过多过巨，则施工不免困难。除丽江外，中甸、维西、兰坪、大理、凤仪、顺宁各县俱有含金砾石层，即在金沙江、元江二水分水之区，亦不无砂金之存在，此或可为金沙江曾南流入元江之一证欤。

照上述金矿分布情形可知，云南金矿与前寒武纪变质岩区域，殊有密切之关系矣。但含金石英脉亦常穿越古生代石灰岩或其侵入之闪长岩中，更有穿越于红色岩系中者，由此可证明一部分金砂之产生，当在古生代之后，或甚至在中生代之末，而与后述之所谓岩浆矿床，同属一系。惟金矿之矿床情形殊为复杂，高温、中温及低温各式俱有，究竟云南金矿应属何式，以研究未详，无从断定，故其在矿床层带中之位置，亦尚未能确定也。

三、铜

云南铜矿产地最多，据建设厅统计，达八十七县，占全省之大半。分布虽广，而质、量俱优者，实不多觏。东川虽属网状细脉，而在滇中已属首屈一指，当清初矿业旺盛时年产达五千吨以上。此外永胜、易门、丽江、维西、建水、路南、蒙化诸县俱有铜矿。今就已知事实，将滇省铜矿分为下列二大类：

（一）与闪长岩有关之铜矿——东川式铜矿　与中性之闪长岩有成因上之关系，成网状细脉或不规则之交换矿体，产于震旦纪石灰岩中。就共生矿物之种类而论，应属高温气化（因黄铜矿中含电气石）至中温热液一类，东川及易门之矿俱属之。

东川铜矿位于省境之东北部，金沙江之东南，在会泽之西南、巧家之正南，相距约有六十公里至百余公里。矿床分布于汤丹、白锡蜡、落雪、因民、茂麓诸地，皆属巧家县境。附近地质悉属褶曲甚烈之震旦纪，自下而上为汤丹页岩、千枚岩、矿王山石灰岩及桃园页岩，共厚一千四五百公尺。在矿王山石灰岩中，常见如藻类之组织，所谓马尾丝矿者，即此项组织之为铜矿所交换或充填者。在页岩或灰岩中，常有闪长岩（另有辉长岩等基性侵入体，与闪长岩之关系待考）之小侵入体，凡矿床附近俱有其迹，其为铜矿之源，不言可喻。惟火成岩之侵入时代，尚难确定，李洪谟君等谓似属前寒武纪，尚待证明。铜矿脉几皆产于矿王山石灰岩中，成六十度或近于直立之线脉，厚自一公分至五公分，且分布散漫，地形险峻，皆为缺点。矿物以斑铜矿为最多，辉铜矿及黄铜矿次之，养化后即成孔雀石、赤铜矿、蓝铜矿、硫酸铜，偶亦有自然铜。附生矿物有方解石及石英，但为量俱不多。此外尚偶含赤铁矿、磁铁矿及方铅矿。会泽东矿山厂之铅锌矿，似与东川铜矿同自闪长岩浆分泌而成，惟沉淀时之温度较低，故铅锌多而铜少。就本地冶炼结果，手选之上等矿石含铜约百分之十六，其次者约百分之十一、二（详细论述见本刊李洪谟、王尚文著《东川铜矿地质初报》）。

易门铜矿位于县城之西，毗连双柏县境，分布于绿汁江之两岸，如铜厂及万宝厂在江东岸山顶，东距易门二十公里，三家厂及义都厂各位于江之西岸，距易门约四五十公里。附近地质为震旦纪之淡红及蓝灰色板岩、千枚岩及灰色变质石灰岩，后者至少有四层，自下而上为干海子灰岩、铜矿街灰岩、起鲜灰岩、狮山灰岩等，各厚自二〇至六〇公尺不等。全层总厚约一，七六五公尺，走向为东北至西南，或正南北。铜矿成线脉状（三家厂式）产于灰岩中，而以干海子及狮山灰岩二层产铜较多，板岩、千枚岩等不与焉。脉宽自一、二公分至廿公分，有时线脉较多，成富厚部分，但不远即趋尖灭。矿石以残片状之斑铜矿为主，常附含黄铜矿残粒，而与孔雀石、蓝铜矿、赤铜矿、褐铁矿等共生，辉铜矿殊为少见。含铜量约为百分之三、四，粗选后可达百分之十二。铜厂附近因处高山顶部，养化较深，矿石以羽状及肾块状之孔雀石及蓝铜矿为主，产于干海子灰岩之侵蚀面上，矿体零散，殊少规则，惟含铜量较富，手选后可达百分之四十云（以上依据李洪谟调查）。

（二）与基性岩有关之铜矿——永胜式铜矿　此类铜矿在云南分布甚广，若永胜、路南、建水、蒙化、保山、易门俱属之，而以永胜为最重要，大致皆与一种基性岩，如玄武岩、煌斑岩、辉长岩或辉绿岩有成因上之关系。铜矿成脉形，或网状细脉，产于火成岩本身，亦有穿越其附近围岩，如石灰岩或红色砂页岩，成细脉或其他不规则形状。更有成层状或结核状而产于玄武岩上红色层中之黑灰色页岩或砂岩中者，则其成因又似有趋于水成之可能，而与贵州威宁之德卓铜矿及四川荥经铜矿，同属一类矣。除含铜矿物外，似不含其他金属如铅、锌、银；附生矿物亦较简单。此二点似与第一类与闪长岩有关之铜矿床颇不相同。

永胜铜矿位于县治之西北及西南，相距自四十里至一百三十里不等。产铜最多者曰米里厂（民国十六年由夷民发现），开采最早者曰宝坪厂、大宝厂，最近试探者曰姚钱河。附近地质，除局部之二叠石炭纪石灰岩因断层露出外，大部为中生代沉积，尤以三叠纪之页岩、砂岩及石灰岩最为发育，分布亦最广。铜矿大部，即产于此系下部之页岩中。火成岩有玄武岩流，位于二叠石炭纪石灰岩与三叠纪地层之间，露头分布长达百余公里，凡重要铜厂，无不在此带内。此外又有玄武斑岩及辉长岩，则系同类之基性岩浆而成侵入状态者。依铜矿产状可分二类：（一）含铜矿物在泥土状黑灰色含炭质页岩中成充填节理之脉络或椭圆形之结核者，曰米里式矿床。除米里厂外，大宝、宝坪诸厂之矿俱属之。含铜矿物多为斑铜矿，含铜量平均约为百分之二〇，产量最多。（二）生于玄武岩之裂缝中成纵横交错之微细矿脉者，曰姚钱河帚竹箐式矿床。含铜矿物多为次生之孔雀石、蓝铜矿等，偶亦有黄铜矿及辉铜矿。虽经开采，尚少成效。总计全区储铜量约为六千三百七十吨。查永胜铜矿，开采甚早，在前清乾隆年间，年产粗铜千吨以上，此后减至数十吨至数百吨不等。近年产量：民国二十五年为百余吨，廿六年一百六十吨，二十七年二百六、七十吨，其中百分之九十五以上皆产自米里厂（冯景兰、郭文魁等著《云南永胜地质矿产简报》）。

路南铜矿昔时亦曾有相当产额，现皆停废。矿床情形，无从考查。据法人调查，矿床似产于基性火成岩中或与其接触之石灰岩内。

蒙化铜矿位于县北三十里大仓之东南东约六里。矿石为斑铜矿及孔雀石，成结核状，产于二叠三叠纪之红及灰色砂页岩中，与永胜情形相似，惟是否系水成沉积，抑溶液充填或交换矿床，尚难确定。保山铜矿在县城之北北西四十余里，黄铜矿产于红色硬砂岩中。附近有辉绿岩侵入体。昔经开采，曾有相当产额。

四、铅锌银

铅、锌、银三元质在天然界常相共生，故合论之。在云南分布亦广。据建设厅统计，铅之分布占六十二县，银七十二县，锌十县。观于铅银共生之更为密切，则其分布率之相似亦事所必至矣。铅、锌、银之产地虽多，但现在有相当产额者，仍只会泽县之矿山厂一处，年产铅三百吨，锌二、三十吨，其他各厂久经停废，产额不多。查云南之铅锌银矿，在滇西及西南一带，似最为有望，该处有大块花岗岩侵入于震旦纪或较新之地层中，矿质渊源有自，大量矿产之发生，自较有望。据现所知，如腾冲北之明光，曾经美国人试探，班洪炉房（茂隆厂）金厂坝、西盟新厂、募乃老厂等，俱为著名铅银矿，至今遗滓堆积甚多，足为昔时曾有大量生产之证。又如龙陵附近及斑洪东北之耿马（悉宣厂）猛撒，澜沧西南之孟连公鸡厂、猛福及南侨佛海一带，亦俱有铅银矿，有曾经开采者，亦有尚系处女矿地，未经开发者。故北自腾冲之明光，南迄澜沧佛海，西及中缅交界，东至兰坪（富隆厂）、顺宁（涌全厂），沿西北东南之方向，为云南一重要之铅银带，其中亦夹铜锌，但为量不多，要以铅银为主要之矿质也。此铅银带与缅北之老银厂 Bawdwin Mine 相距不远，有遥相呼应，而成为中缅边境花岗岩侵入体之左右两平行矿带之趋势。

在滇中如永胜、大姚（惠隆厂）、姚安（回龙厂）、双柏（石羊厂、马龙厂）、新平（水黑箐）、石屏（银厂坡）、建水（判山厂）、文山（马猎厂）、马关一带，俱有铅银厂，与中性或酸性侵入火成岩有成因上之关系，此中时有铜、锌，含银亦富，组成自西北走向东南之矿带，与适述之西南带约略平行，是为中部带。

在滇北另有一铜、铅、锌、银带，此中铜、锌较多，而含银似少，其甚者则成为铜矿，如东川铜矿，即其例也，与中性火成岩如闪长岩有成因上之关系。此带北起永善（金沙厂），中经巧家（棉花地）、鲁甸（乐马厂），南迄会泽（矿山厂、麒麟厂），走向北北西至南南东，为另一铅、锌、银带，是为东北带。

云南铅、锌、银矿之分布情形，既如前述。兹将各带中之重要矿地概述如次：

明光附近之大洞厂，据本地人传说，昔曾产银甚多，附近土窿密布，遗滓甚多。美国宾福士等于民国八年组织探矿队，工作两年，曾于大洞内发现铅银矿之小矿袋，但未见大矿。另于一铁帽附近打直井二个，钻孔十余，均无所得。在土窿内所挖隧道，亦仅得小矿袋，因之认为该处附近均为袋形矿床，无大采之希望。惟遗滓中含银每吨可达三、四两，铅约百分之十二，铜约百分之一。明光北靠近片马之雪匠山有斑岩体，内含黄铁矿及黄铜矿，曾送美国化验，结果不详，因当时已决定结束，故未详探云（以上为徐宽甫先生函告）。

班洪之炉房、焦山二矿厂，故籍统名为茂隆银厂。炉房位于班洪之西，平距二十三公里，焦山则在炉房之东北，平距约十二公里。附近地质属震旦纪之淡红黄色板岩，灰色千枚岩及其所夹杂之块状矽质石灰岩，大致走向为南北，倾角甚平。北起南大，经亮山、孟林山至金厂坝，有花岗岩侵入体。在老厂寨之西沟，及在焦山、南腊之间，亦各有小侵入体数处。考之史乘，茂隆厂在明时即已开厂甚旺，但较波龙厂（Bawdwin Mine）实已稍晚，故后者有老银厂之称。在清初（康熙至乾隆初年）吴尚贤主办时代之茂隆厂年产银在三十万两左右，至嘉庆五年封闭时，年产银仅一万五六千两。就矿石含银约二十七两，现在遗滓一百十七万公吨中每公吨存银一两余，而以每吨埽滓已提出银二十两计，则茂隆全厂当已提出二千余万两，以年产银十五万两计，则当有一百十余年之历史云。民国二十三年春英兵进驻班洪，酿成交涉，其动机即在争夺矿厂也。惟茂隆银厂封闭已久，颇难考察，在炉房区内所见残洞八处中，仅金号沟头西边一处见铅锌矿脉，产矽质石灰岩中，外露部分厚约七、八公尺，宽约十余公尺。主要矿物为方铅矿及闪锌矿，每短吨含银十八两至三十六两，平均为二四．九七六两（金衡）。埽滓中含银量每公吨一．〇三两至二．七一两（金衡），含铅量自百分之十七．八八至三七．三四，锌百分之二〇．一九至八．五五，全部埽滓中当存铅约四十二万吨左右。

募乃老银厂属澜沧县，在县治佛房西北一日程。附近地质属下二叠纪石灰岩，厚约二、三百公尺，平斜向西，为募乃背斜层之西翼，常成锥形尖丘及落水洞。厂地之北有基性侵入岩（曾繁礽君谓为闪长岩），使接触之石灰岩变成大理岩。募乃厂封闭已久，矿硐遗址，今多不能详考，惟铁帽甚多，遗滓累累。据云，矿石产石灰岩中，为方铅矿与黄铁矿之细密混合物。从天宝硐形状推测，矿床大都呈袋状、盾状或块状，其径有过一公尺者。过去产矿最富之硐为六合硐，今已堵塞，不能观察。在雄狮山下张鼎新硐曾见露头，矿床呈圆球状或扁豆状，长三四十公分云。据分析，矿石每短吨含银约十七·九六两（金衡）。埽滓估计约为六十万公吨，此中尚含银四．五至六．一两。含铅有达百分之七十七者，以全体含铅百分之三十计，尚可得铅十八万余吨（据曾繁礽君计算，以含铅百分之七十计，得总量五十六万吨）。查募乃厂于雍正六年题准开采，嘉庆十五年封闭。当时出产情形，无从考据。四十年前有人招工设厂，提炼埽滓，平均年可出铅二十万斤，制成铅块铅条，运销本地及肯东。当调查时有工人四五十人，设炉八座，就滓炼铅，每炉每昼夜可出铅二千斤云。

西盟新厂之开采在募乃老厂之后，故名。昔年所开由南而北，有新厂、石牛（永广附近）岩脚、腾篾（已近孟董）等处。新厂在南项河上流东岸，在西盟之北六七十里，一日可达。附近地质为震旦纪之黄红色板岩及石灰岩，后者矽化甚深，且多已变为大理岩。在昔年所开残硐之内见一水平矿脉，厚约一公尺，此脉穿越于变质石灰岩内，含黄铁矿及方铅矿，因不适土法提炼，矿多弃而不用。昔年产矿最富之六合硐，亦为方铅矿与黄铁矿共生，但含银甚富，每公吨约达十七两。遗渣中含银，每短吨自二．三九两至一一．六二两不等。按西盟新厂创设于咸同之间，至光绪初年，工人已集至万余。后因孟连土司抽税过重，商人苦于征求，报缴稍迟，即嗾令野卡瓦残杀厂丁，死者千余，逐因此封闭。民国二十三年义勇军自班洪撤退，其首领李西哲率部下至西盟，集资二万，重办新厂，以出产无几，不久即无形停办（以上俱依据孟宪民、陈恺、何塘著《滇缅南段未定界内地质矿产》）。

澜沧县西南之公鸡厂铅银矿，向归孟连猛马土司管辖，位于南卡江之东岸，故应属中国领土。其地地质与炉房、新厂等处相同，为震旦纪之千枚岩、板岩、砂岩及石灰岩，共厚千余公尺。石灰岩居于最上部，变质甚深，矿脉即产其中。在石银厂山之西南半坡见一石英铅锌矿脉，长约五公尺，宽约二公尺，向石灰岩中伸入。脉中方铅矿较多，闪锌矿甚少，分析结果每吨含银二二．七六两（金衡）。附近石洞及铁帽甚多，山上森林特盛，似为未经开发之处女地。惟据孟连摆夷头目言，公鸡厂于百余年前曾经漠夷人先后设厂开采云（何塘著《澜沧县孟连公鸡厂铅银矿产报告》）。

按上述西南带内铅银矿床，虽未见丰富露头，但证明昔日开采之盛，及今日遗滓之多，与夫波龙老厂之成绩，可知地下蕴藏之矿体必非寻常可比，其为中国唯一重要之铅银矿富集地带，盖无疑义。如能详密探勘，则大矿体之发现，乃意中事也。

澜沧县南一百七十里之猛福寨亦有铅银矿，矿硐在猛福寨之后山。附近地质属中生代之紫红色砂页岩，皆向西倾斜，倾角三十度，山腰以上为花岗岩侵入体，富于节理，矿脉即充填于此项节理之中。曾见二脉，皆东西走向，倾角几近直立，宽约二公尺。两脉皆属伟晶岩脉，中含长石，石英及方铅矿，互结成文象结构。此矿含银俱不甚丰，据其伟晶结构，似应属高温一类，而与前述各类不甚相似云（曾繁礽《云南澜沧地质矿产简报》，未刊稿）。

中部铅银带中业已调查者，有新平县之水黑箐银矿，位于县城西北二百里许之太和乡，始采于前清咸同年间，至光绪中叶，渐著成效，办理五六年得银二万余两。双柏县之石羊厂及马龙厂俱在南区表下乡，明末俱已开采，至清季矿业甚盛。石羊厂曾日产银二千两左右，现均停闭（朱庭祜著：《云南地质调查所报告》第二册）。

东川矿山厂、麒麟厂之铅锌矿为东北铅锌带中重要矿地，西距会泽县城六十里。附近地质属二叠纪石灰岩及煤系，矿脉产灰岩中，厚自一公尺至二公尺余，向东南倾斜，倾角约三十度，在地面延长达一公里半。主要矿物为方铅矿及闪锌矿，浮面俱养化成为赤铁矿、褐铁矿，及少量之白铅矿、菱锌矿等，属中温热液矿床一类，似与东川铜矿为同式同期之产品。查本矿之开采始于明时，以提银为主，咸丰年间出产最旺，厥后渐衰，至光绪十五年复大振兴。现由滇北矿务公司采炼，年产纯铅约三百吨，锌二十余吨。矿石中平均含铅为百分之十一二，用土法冶炼，每炉每日可炼得铅三百斤，其中铅成分在百分之九九．五左右云。

五、锡钨

此二质常相共生。在现知之云南锡矿中，虽钨量未必甚多，但二者之产地，颇为密迩，在矿产区域之位置上，又占同一之层带，故合论之。云南之锡钨矿，除文山之白钨外，就今所知，尚只个旧一处。该处有花岗岩侵入体，锡钨之来源，当自此出，盖无疑义。昔戴普拉、包朗等皆以为滇省除个旧外，恐难寻获第二个产锡之区，今此结论，尚难打破。惟查自个旧经屏边、马关以达越南之高平，其间花岗岩断续出露，而高平之西六七十公里之地，又为越南惟一产锡钨之区，倘在蒙自、屏边、马关境内详密调查，恐不难有发现锡钨新矿区之希望。又据建设厅所编矿产分布图上谓潞西有锡，又有人曾见龙陵所产之钨矿标本。以上二地俱靠近花岗岩，在地质理论上言，俱有产锡钨之可能也。故锡钨在云南之分布，实际上现只个旧一处，而理论上可分为二带，即东为个蒙屏马带，西为龙陵潞西或其延长之带也。

个旧厂之开发始于何时，无记载可考。据云开采之初，只知有银不知有锡，故康熙以前，为银厂时期，乾隆以后，始为锡厂时期。至光绪卅一年成立个旧厂官商公司，招收官商股款，订购机器，是为新法开采之始。其后厂务日烦，产量日增。在滇越铁路未成之前，年达二三千吨。自前清宣统二年铁路告成，运输便利，矿业益盛。民国二十年，省政府又另组个旧炼锡公司，改良冶炼，划一成色，直接出口，于是产额激增，年达八九千吨，价值数千万元，为云南出口贸易之大宗，关系全省经济，至为重大。

个旧地质，历经中外专家调查，而最为详尽者，当为孟宪民、陈恺、何塘之工作，兹节述如次：个旧为一呈喀斯脱地形之石灰岩高原，东与东北为蒙自盆地，北与北西为石屏建水盆地，其西南则为元江大断层。在此高原之上，三叠纪之个旧石灰岩（厚一五〇〇至二千公尺，惟据最近熊秉信调查，谓大部分灰岩应属二叠纪，并谓有化石证明云）与上三叠纪之火把冲煤系（厚一千公尺），成不整合之接触，组成东西向或东北西南向之平缓褶皱，而又为纵横交错之断层所切割。在个旧建水间大路所经山查树附近，则三叠纪灰岩下之玄武岩、上石炭纪灰岩与泥盆纪石灰岩俱出露甚清，而在元江之西南岸则有前震旦纪之片麻岩，与个旧石灰岩高原成一大正断层之接触焉。在白沙冲、卡房及县治之西，俱有花岗岩露头，侵入于石灰岩中。原生锡矿呈脉状、矿柱状或浸染状，大部产于石灰岩中。亦有在花岗岩中者，如贾石龙。其在石灰岩中者，又往往聚集于背斜层顶部，而与花岗岩接触带相距不远，如老厂、马拉格及瓦房冲诸重要矿区皆是。他如卡房、贾石龙、六石砦、牛屎坡一带，灰岩饱经侵蚀，遗留无几，花岗岩遂出露地表，虽亦含锡，而希望较小。围岩与矿脉邻接处常发生云英岩化、电气石化等现象，足为矿床属于高温气化一类之确证。除原生矿床外，现时开采最盛、相当于总产额十分之八九之锡，皆产自含锡石灰岩风化残余所成之红土，即俗称草皮矿，或塃者是也。此类红土，散布于山顶，谷底及石缝之中，含锡在千分之二三，已为佳矿。共生矿物种类甚多，重要者为黄铁矿、方铅矿及毒砂。钨锰铁矿亦偶有之。因铅、锡难分，含铅过多之矿石往往废弃，不克冶炼。查个旧锡之品质，远不如广西及湘南（如江华）砂锡矿所产者之纯粹，其原因即在含有多量硫化物如方铅矿、毒砂等故也。资源委员会于民国二十四年设立锡矿工程处，在老厂背斜层之顶部凿井探矿，现尚在进行中。最近复与省政府、银行界等合组云南锡矿公司，扩大资本，增置机器，以谋改良采冶，增加产额。

个旧锡矿脉及草皮矿内虽偶亦含钨，然为量不多。重要钨矿皆与石英共生，而产于花岗岩内，分布于县治西南卡房、白沙坡等处。含钨矿物以钨锰铁矿为最重要，亦有重石，产文山县境内，矿床情形不详。

六、锑

云南锑矿产地，据建设厅统计共为十六县，以分布于滇东各县者为最重要，计北起平彝，南达马关，西至芷村，东及广南，组成一约近南北向之辽阔的锑矿区域。滇西如峨山、石屏、镇沅、景谷、蒙化、大理等县，闻亦产锑。第一次欧战期间，锑价暴涨，采锑者风起云涌，芷村之宝华公司与平彝之补乃公司相继成立，改良土法，从事采炼，年产纯锑数百吨，获利甚巨。旋因欧战告终，锑价跌落，两公司遂停办。民国廿六年春，钨锑公司成立，就芷村宝华旧址设立钨锑分公司，并于开远、文山、广南、西畴、屏边等地分设办事处，恢复锑矿采炼事业。现该公司开采之矿山计有开远之果花、都比（距芷村六七十里），文山之茅山（距芷村八九十里），西畴之小锡板（距芷村五站），屏边之茶特白及苍房及广南之革夺、韭菜坪及九克等处。以上各矿山产量最多者为文山之茅山，广南之革夺，屏边之苍房，开远之果花、都比。兹将果花、都比锑矿据马希融君报告节述如次：

果花、都比两村，位于开远县城之东南约一百五十余里，即大黑山脉之东南，自滇越铁路大庄车站沿马路北行即达矿山。附近地质为二叠纪阳新石灰岩及中生代（?）之红色砂页岩，走向约为东北西南。在大庄至矿山道中之三转弯、磨盘山等处，则有石英斑岩侵入于红色地层中。锑矿成脉状，厚自数寸至二尺许，产于石灰岩中。惟果花各矿硐，多有自红色砂岩处开入以达灰岩者。脉中成分，脉石有石英及方解石，矿石除辉锑矿外，偶含黄铁矿、黄铜矿、方铅矿、闪锌矿、辰砂等。本矿显属低温浅成矿床，而与石英斑岩或有成因上之关系。查果比锑矿于民国四年首经宝华公司开采，产矿石十余万斤。近由钨锑公司经营，日产矿石百余斤至二千斤不等（马希融著滇越铁路沿线地质矿产第一期简报）。

此外各锑矿皆未经调查，故地质及矿床情形，无所详述。

七、汞

云龙大理产汞，包朗氏书中已有纪述。据建设厅统计，产矿之县有十。滇东之建水、文山、泸西、丘北等产锑之县皆与焉。查锑、汞俱为低温浅成矿床，其能共生于同一矿带内亦理所必然者也。据最近调查，维西、兰坪、云龙、永平、保山、顺宁、云县均有汞。此数地者，大致成一南北向之直线，与澜沧江平行，或者为一大断层构造，亦未可知。保山之汞分布于县治西北百四五十里之大田头、帮粮山、下刺铺一带。附近地质为三叠纪（?）石灰岩。辰砂产方解石脉中，或成浸染状而产于石灰岩内。脉宽有达一公尺者，质、量俱佳。据云帮粮山于清时曾出产甚旺。查我国湘黔汞矿，每沿背斜层轴部或断层而生，云南汞矿之位置亦颇相合，故颇有重视之价值也。

八、砒

砒矿矿石有二：一为毒砂，属高温深成矿床；一为雄黄、雌黄，则为低温浅成矿床。云南所产皆属后者，而以凤仪县之凤尾山为最重要，耑销缅甸、印度为防腐剂及医药品之原料，每年自腾冲出口者年达四五百吨。此外楚雄及宁洱闻俱产砒，尚少开采。凤尾山在凤仪县之西南，位于漾濞河支流一南北向河谷之附近，距下关约二日程。附近地质俱属紫红色砂岩、页岩，中夹灰色石英质砂岩或黑页岩。雄黄、雌黄成不规则之细脉或囊块，最厚可达一尺，延展最长可达四尺，似俱限于此灰色石英质砂岩及黑页岩中，而与之相交换。详细地质矿床情形可阅本刊路君兆洽之专著。

宁洱雄黄矿在县治西南二十余里拉黑河雄黄箐、雄黄洞一带。附近地质为三叠纪之红色砂页岩系，于底部有硬砂岩及石灰岩。雄黄产于硬砂岩之裂隙中，成不规则之细脉状，亦有浸染于砂岩中者。本矿于百余年前经附近村民发现，于暇时采掘，尚无正式开采者。

九、钴

在滇东，尤其昆明附近，于玄武岩风化后之红土中常有成结核状之养化钴，俗称碗花矿，供陶瓷原料之用。以分布零星，仅能小规模开采，无足重视。最近大多停采，故产额甚微。考钴之来源当自玄武岩，后经风化，钴乃养化而成为结核状之块粒矣。

乙、非金属矿产

一、煤

云南煤田，就地质时代论可分为四大系：

（一）石炭纪：又可分为二层。上层位于中石炭纪石灰岩之顶部，与二叠纪西山石灰岩成分界线，如昆明、昆阳、嵩明等县之煤田属之。似仅一层，厚半公尺至一公尺，偶然亦能厚至数公尺，如昆阳海口附近是，惟延展不远，当系局部现象。煤质为半烟煤，甚至无烟煤，硫分尚少，偶亦能炼焦。下层在中石炭纪石灰岩之底部，宜良、嵩明之可保村、大煤山、洗洋塘诸煤田俱属之。堪采煤层亦仅一层，厚一公尺至二公尺。煤质属半烟煤或高级烟煤，能炼焦，硫分较少。以上上下两煤层，是否俱属中石炭纪或分隶中石炭纪及下石炭纪，以化石采集不多，尚难详究，现暂统名之曰石炭纪煤田。但二者俱位于玄武岩流之下，故在野地调查时，极易辨识也。

（二）二叠纪：煤层位于二叠纪石灰岩及玄武岩流之上，二叠三叠纪红色砂页岩之下。煤系本身含大羽羊齿类植物化石，故应属中二叠纪。在宣威境内分布最广，如宣威近郊及打锁坡等处皆是，北至贵州威宁境内，尚多其迹。常含煤三层，各厚自半公尺至一公尺余。性质属烟煤，硫分不多，可炼焦。此外在滇北、滇东、滇西各地，在上部古生代地层褶皱区中，本类煤田零星分布，恐尚不少，以调查未遍，不能详也。

（三）三叠纪或侏罗纪：分布于红色岩盆地之中，如一平浪煤田、牟定煤田、祥云煤田、弥渡、旧华坪煤田、普洱澜沧间煤田、弥勒师宗煤田、乌格煤田及个旧之零星煤田皆属之。就中一平浪煤田曾经详测，储量丰富，堪资大规模开采。祥云、弥渡及旧华坪之煤是否连续成一大煤田，尚待调查证明。祥云、弥渡之煤含挥发分仅百分之八至十五，似属无烟煤或高级烟煤，惟向北至旧华坪，则煤质转佳，挥发分既多（百分之十八至三十九）又能炼焦，包朗氏认为系滇省最佳之煤。惜交通不便，未能大采。包朗氏又谓详云、弥渡煤质过劣者，或系因所取试样靠近地表，风化过甚之故，在理既与旧华坪之煤同属一系，则煤质优劣不能相去如是之甚也。牟定煤样，曾经作者目击，似属低级烟煤一类，尚堪应用。弥勒师宗煤田即广义的圭山煤田，地质调查所定其时代为二叠纪，但就地位及系统言，似应属三叠纪。煤质优良，储量丰富。乌格煤田亦然。二者俱靠近滇越铁路，有大规模开采之价值。

（四）褐炭及泥炭：前者属第三纪晚期。开远小龙潭褐炭厚达六十公尺尚未见底，蕴量最丰。其次为昭通，分布亦广。他若杨林、可保村、腾冲一带俱有其迹。腾冲之第四纪泥砂中并有泥炭。兹将云南省重要煤田经最近调查者列表如次：

煤田名称	县属	煤质	煤层	储量（公吨）	地质时代	分布
明良煤田	嵩明、宜良二县	高级烟煤至半烟煤，可炼焦，硫1%—2%	1—2层，其厚3公尺，单层厚1—2.7公尺	36，465，000	石炭纪	北起洗羊塘，中经大煤山，南达可保村
宣威煤田	宣威	中级烟煤，可炼焦，硫极低	2—3层，总厚2—3公尺，单层厚1—2公尺	27，755，000	二叠纪	宣威近郊及打锁坡
圭山煤田	泸西、路南	中级至高级烟煤，可炼焦，硫0.2%—1.8%	4—9层，总厚4—20公尺，最厚一层达12.5公尺，普通厚1—3公尺	35，000，000	三叠纪	广义的圭山煤田西南起弥勒，东北达师宗
乌格煤田	开远	中级烟煤，多碎末，硫高达3%	一层，可采厚0.5—1.5公尺	7，300，000	三叠纪	乌格附近及矣那味一带
一平浪煤田	广通	低级至中级烟煤，硫甚低	二层，总厚二公尺	7，000，000	三叠纪	
弥渡、旧华坪煤田	祥云，弥渡，宾川，华坪一带	烟煤，一部为半烟煤	1—3层，总厚2—3公尺	100，000，000?	二叠三叠纪	长达200余公里，但是否连续尚待证实
宁洱煤田	宁洱	低级烟煤	4—5层，厚3—6公尺	5，000，000	二叠三叠纪	仅就宁洱城南文笔山一段估计
小龙潭褐炭田	开远	褐炭	一层，厚60公尺未见底	120，000，000	第三纪	
可保村褐炭田	宜良	褐炭	一层，厚4公尺	1，700，000	第三纪	
昭通褐炭田	昭通	褐炭	一层，厚2—14公尺，泥皮厚10公尺	12，000，000	第三纪	
烟煤储量	合计			466，520，000		
褐炭储量	合计			133，700，000		
总计				600，220，000		

二、石油及油页岩

云南产油之说，传闻已久。据云腾冲西南十余里和顺乡之北酸水沟有石油，今考其地俱属花岗岩、第四纪湖积层或火山岩流，似无蓄油之可能。又有人于兰坪县北通甸及城南一教堂附近见石油泉，车里附近亦有油迹。惟据资源委员会西南矿产测勘处最近派员调查，所谓兰坪一带之油泉，实系一种彩色胶膜，此项胶膜嗅之并无油味，若放置瓶中，经摇动后，即化为沉淀。至于腾冲垒允等处所传之油矿，经最近调查，亦毫无可靠征象，由此足证滇西之油泉纯系一种误传，而不足凭信矣。又查传闻甚久之西康油泉，系在宁静县附近，其处在巴塘之西、德钦之北，去兰坪四百公里，附近亦产盐。二者之地质情形既相类似，又复同处于一南北向之构造线上，其应有密切之关系，盖无疑义。但滇省如果产油，必与缅甸不同，盖后者之含油层属海相第三纪且相距窎远，中界大山，故地质情形迥然相异也。

云南油页岩产地，就今所知共有三处，分述如次：

（一）蒙化城北大窝塘、段家庄等处。油页岩产红色岩系（三叠纪或更新）上部之杂色页岩中。在大窝塘东河谷中露出者计有四层，自上而下：第一层厚三英寸，第二层厚二英寸，第三层厚五英寸，第四层厚三英寸。各层之间均夹有白色及灰白色页岩。自第一层至第四层岩层总厚约三十五公尺。油页岩标本曾经地质调查所分析，据云其最佳者含原油不过百分之五。

（二）滇越铁路沿线路南县之大村。该地位于禄丰车站之东北三十里。油页岩露头计有三处，即石头寨、三星及赵家湾，距大村俱不过数里之遥。页岩呈棕黑色，岩面多红色薄膜片，具植物构造。产于泥盆纪之灰岩中，下部灰岩有 *Stringocephalus* 化石。油页岩露头延长十公里，厚自一公尺至四公尺，故储量当极可观云。标本曾经地质调查所分析，含原油仅百分之四。

（三）沾益县东南十五里大象山。泥盆纪地层中产油页岩，详情不悉。又有人在城东南二十里之桃园，于第三纪地层中发现长约一公里、厚约二百余公尺之油页岩，确否待考。

据上所述，云南油页岩之地质时代有泥盆纪、三叠纪（或更新）及第三纪之三种，成层不厚，油量不丰，恐无重视之价值也。

三、磷灰岩

磷灰岩为滇省最近发现之重要矿产，现知之分布甚广：昆阳、晋宁、澄江境内，莫不有之。磷灰岩呈灰色或灰白色，较普通石灰岩为重，有时呈鲕状组织，以盐酸试之，不发泡。若以钼酸铔溶于淡硝酸之溶液滴于新鲜岩面上，即现黄色或黄绿色，其含磷较多者，并有黄色沉淀。此为在野地中试验磷矿最佳之法。

昆阳之中邑村（中邑村在昆阳城北十六里，适居滇池之西南岸）大巍山一带磷矿，为最先发现者，质量亦最佳。矿层似有二层，厚自一公尺至五公尺，产于震旦纪石灰岩之上，下寒武纪最底部淡黄色页岩之下，为纯正之水成矿床。其地质时代有谓为震旦纪者，亦有谓为寒武纪者。据最近在中邑村西歪头山、石板路等处所获之 *Hyolithes* 化石观之，应属下寒武纪无疑。中邑村至歪头山间一部分矿量概算，共约七，一〇六，二五〇吨，若将歪头山至大巍山间合并计之，其矿量必甚可观。昆阳磷矿，曾经香港及地质调查所化验，俱谓含磷二养五甚高，在百分之三十至三十八，若以 $Ca_3(FO_4)_2$ 表示之，则俱在百分之六十至八十以上，足可与世界各处所产最佳之磷灰矿相比拟云。

晋宁磷矿在县东北二十余里之杨柳青。磷矿似有二层，分产于下寒武纪顶部之灰岩及下部之页岩中。后者厚约三十公尺。澄江磷矿产城东旧城、二甲村、跨马村一带，本地人名曰土灰，掘取肥田之用，似为原生矿层之经风化者。

四、盐

盐为吾人日用必须之品，在云南均产自井盐或岩盐，亦地下富源之一，言矿产者不可不注意及之也。产盐之地层属二叠三叠纪之紫红色砂页岩。分布甚广，大致可分为三区：（一）滇中区。旧称黑井区，分布于禄丰、盐兴、盐丰、广通、安宁各县，内有元永、黑井、阿陋、琅井、汪家坪、安宁井等盐场；（二）迤西区。旧称白井区，分布于兰坪、剑川、云龙等县，内有白井、乔后、弥沙、云龙、喇鸡等盐场；（三）迤南区。旧称磨黑区，分布于宁洱、景东、镇沅等县，内有磨黑、石膏、按板、香盐、益香、凤岗、抱母等盐场。凡此为盐务机关直接管理下之正井。此外尚有包课小井十一处，均系产量微少、交通不便、或不便设官管理者。全省每年产盐一百万至一百十万市担，其中滇中区约产四十万市担，迤西、迤南二区各约三十万市担。每年税收约六百万，约居全国盐税总数百分之三。云南引盐制度虽采自由贸易政策，而因交通运输关系，自然地划成销岸，大抵滇中区盐产销昆明等三十九县，迤西区销大理等二十三县，迤南区销建水等二十四县。

云南盐产属井盐及岩盐二种，前已言之。井盐为开井吸取经过含盐地层之卤水，岩盐为开硐采掘含有盐质之硔块，再泡卤煎制。各盐井有仅产卤水者，如黑井、阿陋、琅井、白井、云龙、安宁、汪家坪诸井；有硔卤并产者，如元永、乔后、弥沙、喇鸡、磨黑、按板、石膏、香盐、益香、凤岗、抱母诸井。井硐有直井与斜井二种，均用人工转动辘轳或安置竹筒拉吸，深自数十丈至三四百丈不等。最大之元永井，每年产盐十六万市担，其小者不过一二万市担而已。卤水之含盐量，多少颇不一致，低者不过百分之三，高者可达百分之二十五。硔之含盐成分，大致为百分之二十至四〇。兹将王镇屏所著《思凭沿边地质矿产简报》中所述宁洱、磨黑及石膏二井之盐产情形如次，以供一斑之参考。

磨黑井在宁洱县治东北约四十公里，附近山岭丛沓，交通不便。地质属三叠纪之红色岩系，下部为淡红色粗粒硬砂岩，上部为红页岩，露出之部，厚达一千公尺。岩盐产于中上部之砂页岩中，成不规则之层状，薄者一公寸许，厚者二三公尺。盐层上下常有含盐粘土层、含盐砾石层及硬石膏层等。岩盐依含盐量之多少及颜色杂质之不同，本地有白矿（质最纯，含盐最高）、青矿（约含盐百分之八十）、正色砂（含盐百分之六十）、红糖矿（含盐百分之四〇）、下色矿（含盐百分之二十）等种种名称。磨黑附近地下水较少，故卤水产量不多，其含盐量约自百分之十至十二，有时可达百分之二十四。兹将青岛盐税局化验岩盐成分，抄列如次：

氯化钠	79.37%	氯化钙	0.90%
氯化镁	0.07%	硫酸钙	1.13%
硫酸镁	无	不溶物	0.02%
氯化钾	0.12%	水	1.33%

开采岩盐之平硐或斜硐深约一里至五里，矿工每日只能搬运三次至五次。矿工共有数百人。日产矿约五万公斤，必要时可增至十万公斤。卤水井用竹笼提吸。因卤水不多，不能常时提取，大致每年四月至十月为提卤期云。

石膏井在宁河东南三十里，交通亦甚不便。盐之产状及地质与磨黑同。惟此处卤水较多，石膏产量亦较重要，故有石膏井之名云。

矿产区域及矿业（产）时代

矿产之生成端赖聚矿作用，而聚矿作用之适宜与否，又悉依地质环境以为定，故不论在纵的（地质时代的）或横的（地理方面的）方面，其分布俱有相当之规律。换言之，在悠久之地史中，成矿之时期常集中于数时代；在广漠之大地上，矿产之赋生常富集于数区域。此在欧美固已确定不易，而在云南实亦不能例外也。矿产区域之认识，在实用上尤有重大之意义，盖明乎此，则举凡探矿方针、施工计划，胥可由是而定，不致识人歧途，虚糜资本矣。

试将上述各项重要矿产，就其位置绘于一略示地质轮廓之地图上，则矿产分布与地质之关系灼然可见。由此即可分为若干矿产区域，论述如次：

（一）变质岩黄金轴心区

自金沙江、澜沧江、怒江上游，经过大理之点仓山、猛郎、缅宁、哀牢、无量诸山，以达元江，有时断时续之片麻岩出露，组成云南最古之变质岩轴心区，而金矿无论砂金或脉金，似有依此轴心而分布之趋势。但此并非谓所有金矿皆产生于寒武纪以前，盖已有多数含金石英脉确证其成于古生代之后，或中生代之末也。

（二）震旦纪铁矿区

震旦纪及包朗氏之高良系，在云南分布甚广，较大者为：（一）东川巧家区，（二）易门峨山区，（三）保山龙陵区。此外与古生代地层成紧密褶皱而出露者尚多，不及悉载。在易门峨山区之震旦纪地层中产铁矿层，即所谓易门式之铁矿者是也。在其他之震旦纪区域中，尚未知有重大铁矿，如努力搜求，或尚有发现之希望也。

（三）红色岩盐区及其附生之石膏、雄黄、煤及石油

云南之红色岩层，包括二叠三叠纪，甚至侏罗纪或更新之地层，其确实时代，兹姑不具论。现知之分布为北起永胜、永仁、兰坪，西至永平，南达思茅、澜沧，东迄安宁。此数处者合组成一大盆地，但其中常为较古地层所阻隔，因而划成为数个小盆地。在此区中常产岩盐及卤水，如前述之滇中、迤西及迤南各盐井，即位于此大盆地之边缘者也。此外又附产石膏、雄黄、雌黄、石油及煤（三叠纪或侏罗纪），偶尔有金、铜及铅锌，其成因不明。又有铁矿则当属风化残余一类，如镇南之沙桥、蒙化大仓之西山街是也。

此外在滇东之师宗、弥勒，及在古生代地层区，因褶皱而保存之二叠三叠纪小盆地尚多，岩层亦有红色者。惟此中未闻产盐或雄黄等矿产，故其时代或较滇西之红色层稍有不同欤？

（四）玄武岩中铜矿钴矿区

云南之二叠纪玄武岩流及其有关之基性侵入岩（如辉长岩等等）分布几及全省，因之与之有成因关系之铜矿及钴矿亦到处可见，而分布尤广者厥为滇东，如昆明、澄江、路南、宣威及贵州之威宁一带俱是。滇西如永胜，亦有与玄武岩有关之铜矿，矿床情形已述于前，兹不复赘。

（五）石炭纪及二叠纪煤田区

石炭纪及二叠纪煤层，就今所知，似俱限于滇东，而二者又似各有领域，如石炭纪煤田分布于昆明宜良湖区及叙昆铁路沿线至曲靖一带；二叠纪煤田之集中于宣威、威宁附近是也。在滇西之古生代地层褶皱区中，论理亦应有石炭纪或二叠纪煤田，以调查未详，今尚不能确指也。

（六）与酸性或中性侵入岩有关之岩浆矿床区

据晚近矿床学研究，大部分金属矿床皆系由地内岩浆经过分异作用而成，凡此种名曰岩浆矿床。各种岩浆矿床，常因其结晶时温度之不同，对于与母岩之位置遂有远近之别，因是金属矿床遂有层带之分，如翁交灏博土在中国南部所定之各层带，其最为显著者也。大抵锡、钨俱属深造高温矿床，其距火成岩之母岩也最近，铜、铅、锌次之，锑矿及雄黄、雌黄皆属浅成低温矿床，故距母岩最远。此项层带分布之规律，在云南似亦相当发育，而就火成岩分布之区域，似又可分为三系如次：

一、西南部花岗岩区域

北起腾冲，南迄佛海，花岗岩出露甚广，组成云南西南部之花岗岩区域。由此发生之金属矿床甚多，依其与花岗岩相距之远近，造成层带：如初为铜、铅、锌、银带，继为汞带（维西宝龙、云县一带），再次为雄黄、雌黄带。惟锡钨带是否存在于潞西、龙陵，尚须调查证明。

二、中部花岗岩区域

西北起维西，中经大理、祥云，东南迄个旧、马关，花岗岩断续出露，是为中部区。在此区中，金属矿床层带之分布最为显著：如自个旧起，初为锡、钨带，继为铜、铅、锌带（分布稍狭），最后则为滇东之锑矿、汞矿带。此带分布最广，其中尚杂有白钨矿及铅锌，则因潜伏或小规模侵入岩体之影响，因而形成局部之层带者也。惟自个旧至大理、维西间，则仅有铜、铅、锌而未见锡、钨，此则或因覆盖（二叠三叠纪红色岩系）过厚，基底未露，故深造高温矿床如锡、钨者亦无由出现也。

三、东北部闪长岩区域

与闪长岩有关之东川、巧家、鲁甸等县铜、铅、锌矿床，似有另成一系之趋势，惟调查未遍，故火成岩露头及金属矿床层带之分，尚多未明。再者永胜东山之铜、铅锌矿亦与闪长岩有关，似与东川矿区遥相呼应。将来西昌、会理之矿产研究稍明，则此部分矿床分布之规律，当可因而解决矣。

云南各项矿产之成矿时代，除水成矿床，如煤、盐、石膏等，以层次分明、时代确定外，多种金属矿床，俱以调查未精，材料犹缺，尤其关于各种火成岩之时代，迄今未明，故尚难断定。大致言之，一部分之金当成于寒武纪以前。震旦纪中之易门式铁矿，其原始矿床或成于震旦纪，但剥蚀富集之作用当属较后，或者尚不止一个时代。与玄武岩有关之铜、钴，当成于二叠纪，但风化剥蚀与重行沉积之作用，可延至三叠纪或最近代（如红土中之钴）。至于上述之岩浆矿床，则当随花岗岩或闪长岩之时代以为定，照目前所得材料观之，似有属于中生代末第三纪初之可能。

结 论

云南地质之轮廓、矿产之概论及其分布之规律，已略述于前，兹进而略论云南矿业之展望，以作本文之结论。

（一）云南重要煤矿储量据前表所列，共为六百兆吨，但实际所含决不止此，因有许多零星之石炭纪及二叠纪煤田俱未计入也。经济部地质调查所于民国十八年估计云南全省储量为一，六二七兆吨，兹姑以此数为准。以此与全国储量二三六，二八七兆吨较，则尚不及百分之〇．七，惟其中除少数褐炭外，皆为烟煤，一部分且可炼焦，是其优点。全省铁矿储量尚未估计，现知最有望之易门铁矿，至多恐不过五百万吨，其他铁矿尚须努力搜查。由此可知滇省之煤铁矿产，未见十分丰富，在抗战期中，固可建设临时的局部的钢铁事业，但抗战结束之后，恐终不能成为永久的重要钢铁业中心也。

（二）云南是否有产油之希望，尚属一未解之谜。就理论上言，滇中之红色岩盆，与四川之赤盆地颇相类似，所可认为缺点者，则滇省在最近期之上升过烈，因之造成高岸深沟，油量不免散失，且盆地中是否有深厚之松质砂岩如四川之侏罗纪或白垩纪地层，俾能作蓄油层者，亦尚未知。凡此皆须详密调查，始能解决也。至于油质岩虽有数处，其质、量俱不逮陕北远甚，在最近期内，恐无开发之望也。

（三）磷灰岩为滇省最近发现之重要矿产，质量之优，堪与世界最佳之磷矿相比拟，徒以深处腹地，无海舶运输之利，且中国农民，墨守成规，对于矿肥之利用，虽加劝导，骤难收效，故在最近之将来，恐尚谈不到开发也。

（四）云南最有望之矿产，当推锡为第一。个旧之成效已著，毋容赘言。将来之工作，当在如何改进采炼方法，以节损失，并在潞西、龙陵及屏边、马关一带，努力搜寻新矿地，以继个旧之后。其次有望之矿产为铜、铅、锌、银。铜在国内迄今尚未发现任何重要矿地，故东川以及永胜年产纯铜各二百余吨，始终居于首要地位。惟滇西产铜之地点甚多，如保山、兰坪、龙陵一带，尤其与酸性火成岩有关之各矿床，若详加试探，或可发现较东川、永胜为丰富之矿脉也。我国铅、锌、银产额现仍以湖南水口山为最多，民国廿一年至二十三年间，年产铅矿石五六千吨、锌矿石四千余吨，惟矿体垂尽，近年产量，已逐渐减少，倘不发现新矿体，将有不能维持之势。未来中国之重要铅、锌、银产地，恐将移至滇西一带，盖该地段内即就遗滓冶炼已有数十万吨纯铅可得也。目下全国年产纯铜四百余吨，铅二三千吨，锌百余吨，而每年进口之量，铜辄在八千吨左右，铅五千余吨，锌二千余吨，出入相抵，不敷甚巨。值此抗战时期，运输艰难，进口不易，而铜、铅、锌又为军用所必需，故努力开发本国矿地，以应抗建之需要，实为当今之急务也。

（五）较有希望但决不能成为全国首屈一指之产地者为金、锑、钨、汞。查此四种矿产，在云南已有相当产额，如金年产约三万两，锑五百吨，钨一千吨，汞十余吨。如努力探采，或尚可增加至一倍或一倍以上，但决不能超过黑龙江（年产金十万两以上）、湖南（年产锑一万五千吨）、江西（年产钨一万吨）、贵州（年产汞百吨）等金、锑、钨、汞之领袖产地，则可断言也。

（六）就地质理论言，云南构造繁复，断裂特多，火成岩之侵入尤为普遍，故各种金属矿产自应较川、贵二省之纯为深厚水成地层所盖覆者为丰富。近年来全省所产矿产品之

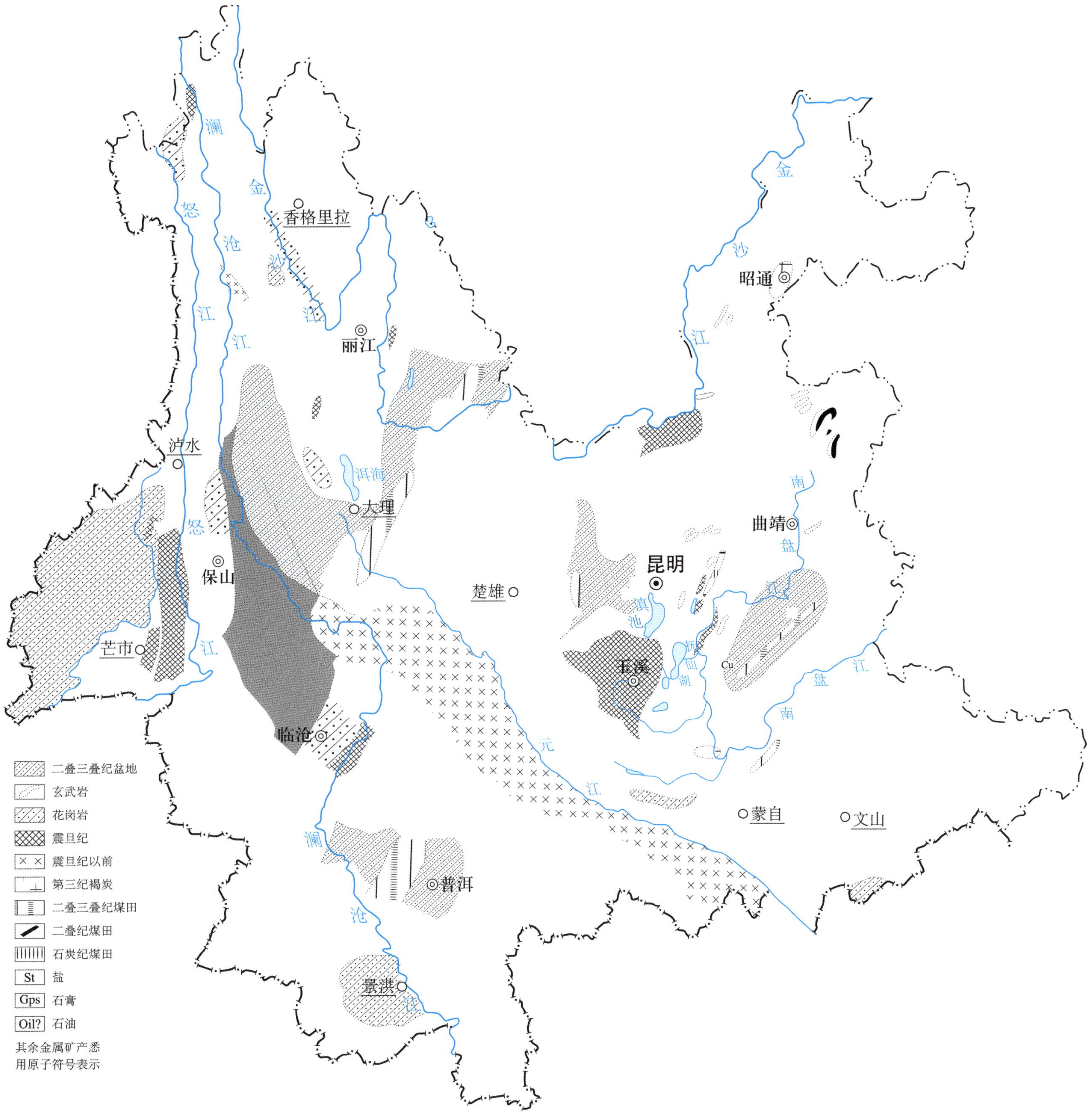

云南省矿产分布地质约测图

价值，已年达一亿七八千万元，占对外贸易百分之八十以上，即其明证。故为发扬光大此关系全省经济命脉之矿业计，应如何集中人才，集中资本，用科学的合理的方法，从事采探，革除豪夺巧取之恶习，力谋技术效能之改进，庶几时间金钱，两不虚縻，矿业之兴，可拭目以待也。

云南地质矿产参考书目

一、Brown，J. Coggin：The Mines and Minerals of Yunnan. Min. Mag. Vol. 23；Memoirs，Geol. Surv. India，Vol. 47，Pt. 1，Far Eastern Review，1920.

二、Gregory，J. W. & C. J.：The Geology and Physieal Geography of Chinese Tibet and its Relations to the Mountain System of S. E. Asia from Observations Made during the Percy Sladen Expedition. I hil. Trans. Roy. Soc. London，Ser. B，Vol. 213，1925.

三、Deprat，J.：E'tude géologique du Yunnan oriental. Mém. Service Géol. de L'Indochine，Vol. 1，Fasc. 1，1912.

四、丁文江，王曰伦合著，尹赞勋整理：云南马龙曲靖之寒武纪及志留纪地层，中国地层学会志，第十六卷，第一至二八页。

五、尹赞勋，路兆洽：云南施甸之奥陶纪与志留纪地层. 中国地质学会志，第十六卷，第四十一页。

六、尹赞勋：施甸之奥陶纪及志留纪化石述略. 中国地质学会志，第十六卷，第二八一页。

七、朱庭祜：云南地质第一，二期报告. 民国十五年云南建设厅印行。

八、王鸿桢：昆明附近地质. 中国地质学会志(刊印中)。

九、王镇屏：思普沿边一带地质矿产简报(未刊稿)。

十、马希融：滇越铁道沿线地质矿产第一期简报. 经济部地质调查所，云南全省经济委员会油印本，民国二十八年。

十一、孟宪民，陈恺，何塘：滇缅南段未定界内地质矿产。中央研究院地质研究所蓝印本，民国二十五年。

十二、曾繁礽：云南澜沧地质矿产简报. 经济部地质调查所，民国二十九年。

十三、朱熙人，袁见齐，郭令智：云南矿产志略. 云南大学丛刊，第一号，民国二十九年。

十四、黄懿：云南易门铁矿简报. 经济部地质调查所油印本，民国二十八年。

十五、王曰伦：云南昆阳峨山河西曲溪等县铁矿. 经济部地质调查所油印本，民国二十八年。

十六、朱熙人，黄懿：云南会泽巧家铜铅锌地质简报，经济部地质调查所油印本，民国二十七年。

十七、谢家荣：云南东川铜矿简报，经济部地质调查所油印本，民国二十七年。

十八、黄懿：云南易门铜矿地质简报，经济部地质调查所油印本，民国二十七年。

十九、路兆洽，黄懿：云南路南铜矿地质简报. 地质论评，第四卷第一期，第三十一至三十八页，民国二十八年。

二十、冯景兰等：云南永胜铜区地质矿业简报，经济部资源委员会油印本，民国二十七年。

二十一、胡祎同：滇北矿务公司之筹设及现况，资源委员会月刊，第一卷第七期，第四六九页。

二十二、王曰伦，毕庆昌：云南鲁甸乐马厂银铅矿地质简报，经济部地质调查所油印本，民国廿九年。

二十三、朱熙人，马希融，黄懿：昆明阿居鲁铅锌矿地质简报. 经济部地质调查所油印本，民国廿七年。

二十四、何塘：澜沧县孟连公鸡厂铅银矿产报告，西南边疆，第二期，第九至十三页，民国廿七年十一月。

二十五、孟宪民，陈恺，何塘：云南个旧锡矿地质述略. 中国地质学会志，第十六卷。

二十六、孟宪民：个旧地质述略. 地质论评，第一卷第三期。

二十七、王曰伦：宜良可保村附近煤田地质. 民国二十七年。

二十八、边兆祥：云南宜良嵩明大煤山洗羊塘煤田报告. 民国二十八年。

二十九、王竹泉，路兆洽：云南泸西路南等县圭山煤田地质简报. 民国二十七年。

三十、王竹泉，毕庆昌：云南宣威近郊及观音堂煤田地质简报. 民国二十七年。

三十一、王竹泉，毕庆昌：云南宣威打锁坡煤田地质简报. 民国二十七年。

三十二、王竹泉，路兆洽：云南开远岛格煤田地质简报. 民国二十七年。

三十三、王竹泉，路兆洽：云南开远布沼坝褐炭田地质简报. 民国二十七年。以上二十七至三十三均经济部地质调查所油印本。

三十四、程裕淇：云南昆阳中邑村歪头山间磷灰岩矿地质简报. 地质论评，第四卷第三、四合期，第一八五至一九三页。

云南三大铁路沿线矿产图表*

云南为我国西南边省，与法属越南、英属缅甸交界，有滇越铁路自昆明直通海防，向为我国之西南门户。自抗战军兴，东部海岸被敌人封锁，于是云南遂为我国国际交通之要道。为增加运输能力，并为连接与内地之交通计，我政府爰决定建筑叙昆及滇缅二大铁路，以应抗建之急需。查此二路之建筑于逊清末季早有提议，以地形险竣，需款浩繁，迄无成就，惟沿线所经，多为烟瘴之区，人口稀少，商业凋零，在抗建时代运输军需材料，固属急切，若一旦战事结束，运线东移，则为维持此庞大开支之路运，亦殊不易，如滇越铁路在中日战争开始之前逐年亏蚀，即为明证。为维持路运以谋经济之独立，则开发沿线矿产，实为急需之图。反之有矿无路，则无论如何丰富之矿床，亦将以运输艰阻，而无从开发，此其关系实可谓相互为用者也。爰将云南三大铁路沿线矿产概况，就已知材料编制图表，并略加说明，以供各界之参考焉。

滇越铁路沿线矿产

滇越铁路自越南之老街起至昆明止，共长464.2公里，全线最高点为呈贡之水塘车站附近，拔海2029公尺。全线上升最急之部为自腊哈地至芷村附近，计自拔海150公尺起，升至1，710公尺。经过大站37，共架桥梁425座，共长16，728公尺，计凿山洞158处，共长60，680公尺，工程之巨为全国冠。自光绪二十四年（1898）中法签订北京条约，乃允将滇越铁路归法国建筑。光绪三十年（1904）滇越铁路公司成立，筹定资本法币17，500，000佛朗，是年起即开始建筑，至宣统二年（1910年）工竣通车。当建筑时，工程所及，工人触烟瘴而死者甚多云。

滇越铁路沿线矿产，据现在调查所知，非金属有烟煤、褐炭、油页岩及磷灰岩四种；金属则有锡、钨、锑、金、铁、锰、铜、铅、锌、银、钴、铝等十二种。兹分述如次：

（一）烟煤

就其分布可分为三区：（1）明良煤田。位于昆明宜良之间，南迄澄江，北经叙昆铁路而至嵩明县。地质时代属下石炭纪，主要产煤地点有倒坡箐、水塘、石灰窑、大宰格、万寿山、二龙戏珠、洗羊塘等地，而以可保村附近之一段，以靠近铁路，交通较便，煤质亦佳，为现在开探最盛之区。全部储煤量约25，755，600吨，其中大部分灰、硫均低，并可炼焦。（2）圭山煤田。分布于弥勒、泸西、师宗、路南、陆良各县境内。主要产煤地点为拖白山、小阱田、新哨、雨竹、雄必各地。地质时代为二叠纪。煤层最多时可达九层，每层厚度在一公尺左右，含硫、灰俱低，大部分可炼焦。全部储量概算约为五千三百二十

---

* 原载《地质论评》第6卷，第1—2期合刊（云南矿产专号），143～170页。署名：谢家荣，王曰伦。——编者注

万吨，为云南现知煤田中最重要者之一；惟距滇越铁路狗街车站，最少在70公里以上，交通不便。将来如欲大量开采，必须修筑支路，以利运输。(3) 乌格煤田。属三叠纪，煤质尚佳，可炼焦，惟含硫较高，似为缺点。距滇越铁路大塔车站二十里，有汽车路可通，交通尚为便利。储量概计为7，300，000吨。以上三烟煤田储量，合计共为86，255，600吨。据约略统计，本路沿线每年产煤约十万吨，其中百分之六十以上皆产自明良煤田，而较大公司尤多集中于可保村附近。

（二）褐炭

最重要者共有二处，即宜良之可保村及开远之小龙潭。后者层厚六〇——六八公尺，交通便利，性质佳美，全部储量达一万二千万吨，为本路沿线不可多得之动力富源，总计沿线褐炭储量共有一万三千万吨。

（三）油页岩

现知者仅有一处，即路南县之大村，距禄丰车站15公里，交通尚属便利，惟层厚仅2公尺，且含油量不高（4%），恐无大规模开发之希望。

（四）磷灰岩

分布甚广。除最先发现之昆阳中邑村白泥台外，澄江、呈贡、嵩明境内亦俱有其迹。昆阳一区之储量，按露头部分概算，已有15，672，368吨。嵩明等矿距滇池及铁路俱不甚远，交通尚称便利，惟磷灰岩市价不高，不克担负高价之铁路运输，值此交通艰阻之时，更难有开发之计。

（五）锡、钨

个旧之锡最负盛名，每年产量占全国总产额百分之九十以上，现年产89，000吨，值价一万万元，为本路沿线产额最多、值价最高之矿产。其次为钨，产于个旧之卡房白沙坡一带。此外文山等处亦略有所产，钨锰铁矿之外，兼有重石。总计云南全省每年产钨约一千吨，值价千余万元，皆出自滇越铁路沿线各矿也。

（六）锑

云南年产锑约五百吨，值价二百余万元。其产地皆在滇东，而冶炼及运销中心，即滇越铁路之芷村车站也。矿地之距铁路线较近者有开远之果花、都比及屏边东乡之仓房山。至若文山之茅山、广南之革夺、丘北之处革厂等锑矿则俱在铁路之东二三百里以上矣。

（七）金

本路沿线金砂不多，最重要者为红河南岸。金河流域犒吾司、老摩多、马店等处之脉金及砂金，距铁路线在一百公里以上，山岭重叠，交通不便，夏季且多烟瘴，每年只能工作六个月，现有汉夷人民淘洗砂金，年产四五千两。至于脉金则尚无过问者。民国二十七年，始有江新公司，最近又有滇南公司，拟大规模开采，但迄今尚鲜成效。

（八）铁、锰

昆阳、曲溪、峨山、玉溪、河西、龙武等县之铁、锰矿，分布虽广，而种类庞杂，且多属风化残余矿床，其价值如何，尚难论定。

（九）铜、铅、锌、银、钴、铝

本路线铜矿颇不多觏，现所知者仅路南附近之天生桥、石子坡，玉溪之天宝山，金平之铜厂及弥勒之虹溪寺数处。昔俱曾开采，有相当产额，今则峒老砂荒，即露头亦不可得见矣。铅、锌、银矿更少，距路线较近者仅有西洱车站之西山、龙武之银厂坡、澄江之草甸等处，但俱无大价值。钴即俗称之碗花矿，为陶瓷颜料之用，原生于玄武岩中，经风化剥蚀乃养化而成结核或块状，产于风化之玄武岩及红土中。滇越铁路路线之西，昆明、呈贡、澄江一带，玄武岩分布甚广，故钴矿产地亦多，但俱零星散漫，恐无大规模开采之价值。此外昆明西山及大板桥，宜良可保村及呈贡一朵云等处有铝土矿，详情不悉。因地处铁路沿线，地形平缓，交通便利，如矿床优良，颇有重视之价值。

综上所述，可知滇越铁路沿线矿产，非金属以烟煤、褐炭、磷灰岩，金属以锡、钨、锑、金为最重要。烟煤储量共有八千六百余万吨，褐炭一万三千万吨，磷灰岩二千余万吨。详密调查，或尚可发现新矿区，以增加其矿量。锡、钨、锑之储量，尚难概算。个旧之锡，开采已历数百年，迄今产量在国内仍属首屈一指，其储量之丰可以概见。钨、锑分布颇广，前途亦大有希望。金则祗金平、蒙自一带，距路线已较远矣。

叙昆铁路沿线矿产

叙昆铁路为自四川宜宾（即叙州府）至云南昆明间之拟筑铁路。据已测定之路线，共长776.8公里。经过大县有宜宾、盐津、昭通、威宁、宣威、曲靖、昆明等县。全线最高点为威宁西南之崖格青，计拔海2，600公尺，最低点为宜宾，拔海489公尺，其余在云贵境内者，拔海俱在1，900—2，400公尺间，地形险峻，人迹稀少，故工程颇为艰巨。自民国二十七年，交通部设立叙昆铁路工程局积极进行，迄现在止，土方石工已完成不少，路轨已铺至曲靖，闻四月初，昆明曲靖间，即可通车售票矣。

叙昆铁路沿线矿产，据现所知，以烟煤、褐炭、铁、铜四项为最重要，铅、银、锑仅有一二处。兹依次叙述如下。

（一）烟煤

就其分布可分为六区：（1）明良煤田及其北延之部。包括自滇越铁路之可保村起至洗羊塘止，复自易隆西北之麦郎，经寻甸鲁冲而达松韶关（属沾益县），有时断时续之煤层出露。此部煤田皆属下石炭纪。可采之煤仅一层，厚自半公尺至一公尺。煤质尚佳，并可炼焦。煤田储量，除可保村洗羊塘之一段已列入滇越铁路沿线烟煤储量内外，其麦郎至松韶关之一段，约有四五百万吨，其中除麦郎离铁路最近，兼有水运之便外，其他各煤田皆须过山越岭，交通不便。（2）沾益西北及北部之下石炭纪煤田。包括天生坝、石羊村、松韶关、德盛等处。可采者仅一层，厚约一公尺。本区储量不多，合计约四五百万吨。（3）宣威之煤田及沾益建新村煤田（亦称卡居煤田）。包括宣威近郊、打锁坡、倘塘、小竹箐、查格及沾益建新村南北二部等处，俱属上二叠纪。普通含煤三层，总厚2—3公尺。倘塘等处则仅二层，总厚1—2公尺。煤质甚佳，可炼焦。本区全部储量约有333，230，000吨。按本煤田离叙昆铁路路线自数公里至40公里，交通便利，质、量俱优，将来大量生产，不但铁路所需燃料可资供给，并可运销沿线各大城市，以供日常消费及工业上之应用。现宣威全部煤田已划为国营，矿已由资源委员会组织宣明煤矿公司，先在打锁坡开采，预定日产煤百吨，惟以铁路未通，尚未能大量生产也。其余皆属土法小矿，产额不多。（4）威宁水城煤田。分布于妈姑狗店子（以上属威宁）及小河边臭煤洞（以上属水城）等处，俱属贵州省境。地质时代概为上二叠纪，与宣威煤田同。妈姑有煤五层，总厚5—6公尺。煤质优越，可炼焦。储量一千万吨。且与铁矿山之铁矿相距仅30公里，足为冶铁炉之燃料。水城煤田则仅有二层，总厚 1—3 公尺。亦可炼焦。与观音山铁矿相距密迩，交可为冶铁之用。总计本区储量，合计约有二千三百万吨。(5) 昭通盐津区。煤田甚多，以二叠纪之煤田为最有价值。分布叙昆沿线及其附近，将来开发可甚容易。自彝良盐津之间起向北计有：盐津及彝良间之小凉山煤田，盐津城西南之尼山顶煤田，与筠连毗连之双河场煤田，城北之米椎子煤田，庆符盐津间之许焰山煤田，昭通城东南之坡头煤田，皆产二叠纪煤系之烟煤。煤田面积甚广，蕴藏甚丰。据李承三及叶连俊之估计，有一万二千三百余万吨。此外昭通之边箐、彝良盐津间之标水岩尚有下石炭纪之煤层。煤质虽近于半烟煤或无烟煤，而煤层甚厚，颇有采取价值。(6) 镇雄区——镇雄县城之北两路口及城垣近郊，城东二龙关及野各等处，皆有二叠纪煤田，分布甚广。煤为烟煤。据黄汲清之调查，蕴量甚丰，共有 132，000，000 吨以上。六区烟煤总计约有 620，465，000 吨。本路沿线煤田虽多，储量虽丰，而因路运未通，运输困难，仅有土法小矿，每年产额仅二三万吨云。

(二) 褐炭

昭通、曲靖、沾益、嵩明、寻甸俱有褐炭，总厚度可自一两公尺至七八公尺以上。分布辽阔。因各区多尚未详细测算，故总储量不易概算，就已知者，已超逾 1290 兆吨以上。

(三) 油页岩

沾益东南 20 里大象山、桃园等处有油页岩，确否待证。

(四) 铁

以威宁之铁矿山及水城之观音山最为重要。前者距铁路线（羊街子）仅五十公里，后者则距威宁 230 公里，交通较不便利。惟储量据云（乐森璕调查）有八千万吨，连同妈姑铁矿一千万吨，共计为九千万吨。

(五) 铜

宣威、威宁俱有铜矿。后者昔曾有相当产额。重要产地有三，即德卓（水成矿床）、稻田坝（脉矿）及铜厂河（玄武岩中）是也。德卓铜矿据最近调查，约有可靠纯铜储量六万五千余吨，可能储量 158，798 吨，似尚有探采之价值，惟成分甚低，须经过选矿手续，始能入炉冶炼耳。

(六) 铅、锌、银

路线附近之铅、锌、银矿计有四处：(一) 鲁甸之乐马厂。在县城西南 75 公里。在明末清初即行开采，以炼银为主，其时银之产额，为全国各矿冠。咸同年间因回乱中辍。至光绪年间改为官营复开，而成效不著。民国二十八年经云南财政厅试探。(二) 昆明北 20 余公里之阿居鲁亦有铅银矿，民国初年由东陆大学集资开采，办无成效，现由云南大学保管。(三) 会泽矿山、麒麟二厂。位于县城东北约六十里，东距叙昆路线约 50 公里。明时即经开采，咸丰年间出产最旺。现由滇北矿务公司开采，年产铅 300 吨，锌 20 余吨。(四) 罗平卑淅厂，又名富罗厂。位于罗平、平彝二县之间，在平彝县南约 60 公里，西距叙昆铁路曲靖站约七八十公里。最近矿业情形不详。上述四矿中要以矿山厂及麒麟厂最为重要，因现正开采，有相当产额故也。惟鲁甸之乐马厂，具有悠久历史，昔曾大量生产，若再详密探勘，或尚有发现新富矿体之希望。

(七) 锑

在平彝县西南 75 公里之余家老厂、银厂沟、柏冲、歇牛厂等处。民国初年一度开采，并有相当产额。

(八) 硫黄、石膏及钴

宣威北 15 公里之倘塘，平彝南 90 公里之补乃及罗平东北 60 公里之阿东扯土沟、与北 60 公里之松树沟，俱产硫黄。地质及矿业情形不详。威宁附近紫红色岩层中有石膏层甚厚。威宁宣威一带玄武岩区域内钴矿甚多。

据上所述，叙昆铁路沿线矿产，其种类之繁、产额之丰与价值之高，俱不逮滇越沿线远甚，而尤为显著者，则锡、钨之绝未发现，与金锑之较为稀见，凡此皆与地质构造及岩浆（岩）种类有密切之关系者也。盖叙昆沿线为深厚古生代地层之褶皱区域，除玄武岩外，酸性或中性侵入火成岩颇为稀见（会泽一带除外），此其锡、钨、金、锑等矿之所以难于产生欤。反之，烟煤之储量共有 620，465，000 吨，较之滇越路线约多八倍，惟估计是否准确，尚待续证。

滇缅铁路沿线矿产

滇缅铁路线为自昆明至滇缅交界滚弄间正在建筑之铁路。由滇省边界复向西南延长至腊戍，以与缅甸铁路相衔接。将来通车后应为中国西南各省通海之最要门户。路线长八百余公里。在云南境内经过之县份计有：昆明、安宁、禄丰、广通、楚雄、镇南、祥云、弥渡、云县等四十余县。沿途地形险峻，起伏甚大。最高处在祥云附近，高度在海拔二千公尺以上，澜沧、怒江两渡则各降下甚低，故一路工程颇为艰巨。近年分段赶修，土方石工桥梁已完成泰半，若材料充褡，人工无缺，则成功之期，可指日而待也。

滇缅路沿线一带矿产种类繁多，重要者计有煤、铁、铜、铅、银、金、食盐、钨、锑、汞、砒、石绵、石膏、硝石、萤石、硫黄、瓷土、耐火材料及其他少数矿产。兹分别撮要述之如左：

(一) 烟煤

烟煤有二种。其一为中石炭纪之煤层，如昆明及昆阳之滇池西山一带及富民之老煤山一带。各矿区储量虽各有相当之数目，但煤层太薄，过于不具规率，灰分高强，而硫质亦多，性质不适于供给发动机及炼焦之用。其二为三叠纪之烟煤，如广通一平浪之煤田。适为铁路线经过之处，煤田作南北方向之分布，北自舍资起，南经一平浪、羊桥箐、滥泥洼、干海子、福德山以达新庄，延长约有十五公里，东西宽处约有五公里。煤可采者有三层。下层煤厚 1.5 公尺，中层煤亦如之，上层煤厚在一公尺以内，质较逊劣。中、下两层所产之煤多系粉末，具块状者亦有之，硫分及灰分通常甚低，挥发性甚高，为上好之高级焦性烟煤。储量约一千万吨，为滇缅路唯一之煤田。

(二) 无烟煤

滇缅路中段，如宾川、祥云、弥渡、蒙化、顺宁、镇南，皆有三叠纪之煤田甚多，但不幸在滇西因受花岗岩侵入之影响，致使此等煤层受变质而为无烟煤，煤田价值因此大为减削。虽然无烟煤仍有其自然之用途，并不能因此而忽视其重要性也。煤田面积甚大，层亦优厚，计宾川、祥云、蒙化等无烟煤煤田总储量约有 125 兆吨云。

(三) 褐炭

第三纪及第四纪之褐炭田在滇缅铁路附近甚多，亦为重要之燃料，较重要者为盐兴、腾冲、澜沧、蒙化、云县等处，其他如镇康、镇南、禄丰等处亦各有之。据调查，盐兴大江坡褐煤储量约一百万吨，腾冲南甸等处共有六千万吨，蒙化大窝塘有1，350，000吨，碗厂有700，000吨，云县那撒有560，000吨，然煤层最厚者不过一两公尺，较之滇越铁路线开远、宜良诸大规模之褐炭，则不逮远甚。

（四）铁

滇缅铁路附近各县铁矿地点极多，据现时之调查，重要者仅有易门及蒙化两区。易门铁矿产于震旦纪之千枚岩内，为脉状或层状，厚自1—8公尺，矿物主要者为赤铁矿及少数之褐铁矿，含铁成分自50％－60％，并有含锰至8.8％者。大概分划可有东山、军哨、檀香箐、阿德、黄石崖等矿区，总储量约有7，418，250吨。蒙化罗救村铁矿为次生交替矿床，沿断层裂缝而生，亦属赤铁矿，储量据估计约有1，080，000吨。铁厂箐之铁矿亦为次生，储量约有5，000，000吨。以上三区共计为13，498，250吨。共他如牟定、双柏、鹤庆、澜沧、昆阳、安宁、镇南、保山、腾冲、双江、罗次、禄丰、昆明等县境皆有铁矿，惟多为储量甚小或次生残余之贫瘠矿床，无大价值。次生冲积矿床规模稍大者在峨山，已归于滇越线范围之内，兹不重述。

（五）金矿

产金地点在滇西极为繁多，产出总量若加以统计，当有可观。砂金及石英脉内产生之金矿俱属不少，计重要者有墨江、祥云、凤仪、永宁、永胜、剑川、鹤庆、新平等县。泛言之，即金砂江、澜沧江、红河、怒江四大河流域各能产金，地点之繁多，不易计述。产量较多、矿区优良者，应为永胜之金江、墨江之坤涌、祥云之金厂箐、剑川之粟坪、新平之困龙河等地。

（六）铅、银、锌

铅、银、锌为常相连属不易分开之矿床。滇缅路附近各县，此等矿区至为繁多，已知者不下三十余处。昔年似曾富产铅、银，近则多归衰败，但若择其要而有希望者加以整顿与探勘，或不难有重振斯等矿业之希望。矿床多为石英脉侵入于石灰岩及页岩之中，而起交替或填充作用以生成之铅、银矿。大抵矿脉细小，或散漫斑集，以作局部之富集。其较为重要者有保山班洪茂隆厂，澜沧之募乃及盟族厂。其次有昆明之阿居鲁、双柏之石羊厂及马龙厂、鹤庆之北衙、中甸之黄草霸、云龙之白羊及腊鹅、保山之黑龙洞、腾冲之小辛街诸厂。

（七）铜

产铜地点之多，在本铁路范围之内，不下于铅、银，亦有三十余处，但可足重视者仅易门、永胜及其他少数之矿区耳。易门铜矿在县之西部，有万宝厂、大潦厂及香树厂数区。铜矿为脉状及袋状，厚自数公寸至一二公尺不等。矿物甚为复杂，有赤铜、黄铜、蓝铜、黑铜、斑铜、辉铜、自然铜、方铅、赤铁矿，又混以石英、方解石、白云石、绿泥石等，属深造热液矿床。据黄懿之估计，铜矿储量共有932，605吨。永胜铜矿之成因，为与基性火成岩有关之铜矿，据冯景兰等之调查，有米里厂、大宝厂等七区之多。铜矿产于三叠纪页岩及玄武岩内，成填充之细脉络及小结核体。据估计储量可有铜6370吨。

（八）钨、锑、汞

据云武定及龙陵境内伟晶花岗岩内发现钨，但是否确为钨矿尚成问题，盖有人送地质调查所试验之滇西钨矿标本，而实为变质之磁铁矿也。云南产钨之处亦不少，滇缅铁路线广大区域，想将来必有正式钨矿发现。锑矿，闻蒙化、镇康、镇南俱有之，未调查前详情无从知悉。云龙哨垇口有少量之汞矿，产于二叠纪石灰岩中。其他保山之施甸，兰坪之澜沧江东岸，均有水银厂颇多，产量相当丰富并多与锑矿共生。

（九）盐膏、硝磺

滇西上三叠纪红色岩层分布甚广，其中常产盐膏及少许之硝。盐之一项为人生必须食品，其经济价值在本铁路线上极关重要。铁路经过之区如盐兴、广通一带之元永井、黑井及阿陋井等处皆产盐颇多，近年产量因时事需要复大为增加。据盐务管理局之统计，二十七年度以上四井共产盐33，657，906市斤。又洱源、景谷、镇沅、洊洱、云龙、兰坪各有盐井甚多，年产盐均有可观，实为此铁路附近之一大富源也。产石膏之处亦甚多，有云龙之锁里桥、蒙化之山塔村、楚雄之郭仪村，皆在红砂岩内成细脉之填充形体，厚薄无定。又各盐井内亦多生有石膏，并有芒硝及火硝之附产品。

（十）石磺

凤仪之石磺厂、蒙化之田心坡，均产砒矿，俗名石磺，雌磺、雄磺二种俱全，产于三叠纪页岩内，成细脉状形体。石磺为工业及医药上重要之原料，亦不能忽视。其他如保山及楚雄亦产石磺。

（十一）石棉

楚雄礼社河、武定狮子山，均产石棉。前者产于白云及绿泥石中，纤维甚长，后者产于震旦纪石灰岩与辉绿岩接触之带，纤维较短。其他禄劝、镇南、景东、姚安均有所产，矿床情形不详。

（十二）硫黄

保山温泉内有沉淀之自然硫黄，量甚微。其他如昆阳、楚雄、镇南、保山各处之煤系内，或他项页岩内，均含有硫铁矿，若选集之，量亦不少，可以烧制硫黄。

（十三）萤石

楚雄黄草地、哀牢山中礼社江一带产萤石。闻龙陵亦有之。矿床均未经调查。

（十四）瓷土

永胜瓷器颇著盛名，瓷土来源为由伟晶花岗岩内之长石风化而来。有大厂、新碗厂及薄荷坪三矿区，据估计共有676，000吨。闻腾冲、易门等处亦有瓷土，详情未悉。

（十五）其他矿产

湖积层内之黏土、煤系内之陶土及铝土石可以烧制耐火砖或陶器，或为提取铝之原料。震旦纪之纯石英岩及风化之石英砂，含矽养成分有在百分之九十七八以上者，可以作为玻璃原料，或炼钢材料，如昆明、昆阳等县均有所产。点苍山之大理石为举世有名之饰品，并可以作建筑及工业上之材料。点苍山之长石，玄武岩内零碎之钴、锰矿物，均可作为瓷器上之彩釉及颜料等用途。龙陵又有白云母及金刚砂，蒙化有碱矿，景谷、元谋、腾冲有明矾，腾冲滇缅边界有翠玉，惟皆产量甚微。蒙化又有油页岩，惜成分过低，难资利用。昆阳磷矿甚佳，本路亦可顾及，已在滇越铁路沿线述及之，兹不复赘。但安宁城北及城南亦均有磷矿发现，含磷成分并不低弱，均在本路可以利用之范围内。

三大铁路矿产之比较

叙昆铁路附近之烟煤，储量最大，质亦最佳。滇越路次之。滇缅路仅有一平浪煤田，量并不为甚富，将来供给发动机之需用，恐需一部仰给于他路也。褐炭以滇越路为胜，无烟煤以滇缅路为多。铁矿以滇越线为最贫，而锡、钨矿则为此路之特产。铜矿以叙昆线为最盛，滇缅次之，滇越线最贫。铅、银矿区以滇缅线为最多，盐膏诸矿亦最丰富，滇越线上则最为缺乏。磷、铝诸矿产于滇之中部，三路均可运用，无甚轩轾。总计三路各有所缺，各有所裕，截长补短，可互为辅助，养路之道应注意于斯事。个旧锡矿为滇省独一之区，他处至今未能再有发现，理论上似颇难解释。查滇西滇缅路上花岗岩侵入之区域甚多，与个旧具有相似情形之处，应亦不少，若施以详密之测探，或亦有发现第二锡矿之可能欤。

滇越铁路沿线重要矿产表

种　类	地　点	县　属	交通情形	地质时代或产状	矿床情形	储量（公吨）	调查人
烟煤	可保村石灰窑，大宰格至二龙戏珠一带	宜　良	宜良西北45公里滇越铁路车站	下石炭纪	大宰格至万寿山一段，煤层厚2.5公尺；大宰格至灰窑一段煤层厚2公尺 烟煤可炼焦	14，040，000	王曰伦
烟煤	洗羊塘	嵩明、宜良二县交界	西距昆明六十公里，滇黔公路及叙昆铁路均经其北端，相距不过二三公里	二叠三叠纪	三层。仅中间一层堪资开采，厚0.7—1.8公尺。硫、灰略高，可炼焦	7，800，000	边兆祥
烟煤	水塘	澄　江	煤田在阳宗海西岸，一在海把坑，一在老鸦洞，距滇越铁路水塘车站3.5公里	下石炭纪	一层，厚约20公尺，灰分高，硫质重	2，730，000	王曰伦
烟煤	倒坡箐	澄　江	阳宗海东岸，距可保村车站8公里	同上	煤一层，厚1.2—1.56公尺	1，185，600	同上
烟煤	圭山拖白山	弥　勒	弥勒城西南3公里，弥勒城经大麦地而达滇越铁路狗街站80公里，交通不便	二叠三叠纪	煤三层，可采者仅一层，厚1公尺	1，000，000	王竹泉 路兆洽 王镇屏
烟煤	圭山小阱田	弥　勒	弥勒城北25公里，西北经大麦地达狗街70公里	同上	煤三层 第一层　1.2公尺 第二层　1.5公尺 第三层　3.45公尺 烟煤可炼焦	2，600，000	同上

续表

种类	地点	县属	交通情形	地质时代或产状	矿床情形	储量（公吨）	调查人
烟煤	圭山新哨	泸西路南间	滇越铁路狗街站东南160公里，宜泸公路经其旁	同上	煤九层，可采者五 第一层　0.7公尺 第二层　2.0公尺 第三层　1.8公尺 第四层　1.5公尺 第五层　0.7公尺 烟煤成碎末，可炼焦	35，000，000	同上
烟煤	圭山雨竹	陆良	北至陆良马街60公里，交通不便	同上	煤六层，可采者三 第一层　0.25—0.7公尺 第二层　1公尺 第三层　1.7公尺	6，000，000	同上
烟煤	圭山雄必	师宗	西至陆良马街20公里，滇黔公路适经其间	同上	可采煤层有三层，厚1—2公尺。烟煤，焦性良好	8，600，000	同上
烟煤	乌格	开远	开远县城东南，滇越铁路大塔车站东，分乌格、矣那味两煤田，乌格距大塔车站二十里，有汽车相通，开石公路均经两地	同上	主要煤一层，乌格煤层平均1.2公尺 矣那味煤层平均1公尺，烟煤，易碎，硫、灰均高，乌格所产较佳	7，300，000	王竹泉 路兆洽
褐炭	可保村	宜良	可保村东一二公里，宝蓝村、河登村、下达村等处	第三纪	炭作黑色及棕褐色，块状，燃烧时烟焰颇大，而火力不高，一层，平均厚4公尺	10，000，000	王曰伦
褐炭	布沼坝（大龙潭）	开远	开远城北十五公里，滇越铁路横穿煤田，设小龙潭站	第三纪上新统至渐新统	大块，不易碎，灰分稍高，经洗选后可减低。露头厚达60—68公尺，平均20公尺	120，000，000	王竹泉 路兆洽
油页岩	大村	路南	路南，滇越铁路禄丰车站东北十五公里	水成矿床	产于泥盆纪石灰岩及页岩，闻油页岩平均厚二公尺，为棕黑色页岩，岩面带红色薄膜，可剥成片，具植物构造，能燃烧，含油4%，走向延长8公里	5，000，000	马祖望

续表

种类	地点	县属	交通情形	地质时代或产状	矿床情形	储量（公吨）	调查人
锰	普家庄	曲溪	在普家庄西及西北二三公里，普家庄在滇越铁路拉里黑车站西八公里，西距曲溪城四十五公里	古代臭水泥积物	灰白至棕黄，作结核状、树枝状及块状，含锰20%，含锌甚多，山坡附近三四里矿石分布甚矿		王曰伦
铁锰	石灰窑	玉溪	玉溪东南3—4公里，玉溪至昆明通汽车	第三纪末期砂岩及土层中	矿层为黑色锰土，成分较佳者为硬锰矿块，厚0.5公尺		同上
铁	峨山附近	峨山	峨山在玉溪西南三十公里。玉溪至昆明通汽车，玉溪至峨山汽车路未完成。铁矿产地颇多，均在县境之西部山中，交通不便利	风化残余及冲积铁床。由峨山易门昆阳交界之前寒武纪层中原生铁矿侵蚀搬运而成	（1）山后厂　在于厚约30公尺之红土中上部沙土，含铁颇重，中部红土夹铁矿块，下部为大块褐铁矿，厚四五至十余公尺，含铁53.07% （2）塔达　赤铁矿、褐铁矿及镜铁矿块，与黑红色之铁锰沙土及灰色铝土混生，含铁52.73% （3）上厂　铁石同前。矿石具片状构造，距原生矿体不远，矿层10—30公尺，铁土含铁49.03%，赤铁矿含铁60.32%	3，435，000 900，000 4，000，000	同上
铁	老矿山	昆阳	昆阳西南35公里	风化残余矿床	褐铁矿及赤铁矿、硬锰铁矿块混于红土中，红土层长200公尺，宽50公尺，厚10—20公尺	矿量有限	同上
铁	落水洞及洒红白	龙武	龙朋里东西两端，龙朋里位石屏东北三十余公里，距峨山东南六十公里，距通海城西南四十余公里	交代矿床及浸染矿床	（1）落水峒 铁矿体产于石灰岩及红色砂岩间，成层状矿脉，厚约五至十五公尺。矿物以赤铁矿为主，菱铁矿及褐铁矿次之。山表面为褐铁土所覆，赤铁矿成分60% （2）洒红白 铁矿脉宽约五公尺，以褐铁矿为主，赤铁矿次之		马希融

续表

种类	地点	县属	交通情形	地质时代或产状	矿床情形	储量（公吨）	调查人
锑	果花、都比	开远	开远城东南75公里，自滇越铁路大庄车站沿马路北行，经沙林里村10公里即达	浅成热液矿床	锑矿体成脉状产于石灰岩中，平均厚2公尺。矿石辉锑矿与黄铁矿共生，杂质甚多，与硫化铁及方铅矿混杂		马希融
银铅	银厂坡	龙武	石屏县西北25公里，龙朋里西南25—30公里	中温熟液矿床	矿床生于前寒武纪石墨或角闪石片麻岩中而成脉状，有时脉之一部扩大成矿袋，或分岐成网状矿脉，矿体可采部分厚自数公寸至六公尺。矿石为方铅矿及闪锌矿		马希融
锡	马拉格、瓦房冲、老厂及卡房等处	个旧	个旧为个碧铁路终点，产锡最盛处在城东北马拉格、城东瓦房冲及城东南老厂	氧化高温及次生腐积或冲积矿床	锡矿成脉状、柱状及侵染状，生于石灰岩中，并富集于背斜层顶部。分两种：原生矿床，如马拉格，散布于接近花岗岩之石灰岩中，为细小晶体；次生矿床散布于山顶各底及石嶝红土中，含锡千分之二至三，土法开采多属此部		孟宪民 马希融等
钨	卡房、白沙波	个旧	个旧东南10公里	高温氧化及冲积矿床	距花岗岩不远，产于石灰岩中。矿物为钨锰铁矿及重石，富氧化矿物，如电气石。冲积层中亦多钨锰铁矿		同上
磷灰岩	中邑村	昆阳	昆阳城北8公里，东距滇池边马家沟村1.3公里，西北距海口镇8公里，磷矿在中邑村附近及其西十公里以内	下寒武纪底部	(1) 皇太后坟至歪尖山，层厚7公尺 (2) 风吹山、大锅洞矿层5公尺，最佳部份1—3公尺 (3) 拉庵及西大地，同(2) (4) 羊高山，同(2) (5) 白泥台矿层厚1.5公尺 (6) 大巍山同(5)	6，706，920 3，204，304 2，881，080 1，816，206 662，064 401，800	王曰伦
						合计15，672，368	

续表

种类	地点	县属	交通情形	地质时代或产状	矿床情形	储量（公吨）	调查人
磷灰岩	官箐	嵩明			矿层厚2公尺	1，405，880	王竹泉等
	大龙潭	昆明	大板桥西北十余公里		三公尺以上	1，470，000	王竹泉等
	鸡叫山	呈贡	归化之东	震旦纪	次生矿床	1，965，180	王竹泉等
	东山	澄江	澄江之东	震旦纪	次生残余矿床	1，556，250	王竹泉等
铝	五亩山	宜良	汤池西北	石炭二叠纪			边兆祥
	石灰窑	宜良	可保村东北十里	同上			许德佑
	一朵云	呈贡	水塘之北	同上			
	九龙山	呈贡	呈贡之东	同上			
	三清阁	昆明	昆明西山	同上			
	慌忙嘴	昆阳	白鱼之西南	同上			王曰伦

叙昆铁路沿线重要矿产表

种类	地点	县名	交通情形	地质时代或产状	矿床概况	储量（公吨）	调查人
煤	麦朗	嵩明	叙昆铁路新街站东北七公里，有河可通舟楫，交通便利	下石炭纪	只一层，厚0.5公尺，可炼焦	1，300，000	马祖望、黄劭显
煤	寻甸近郊	寻甸	县西数公里，昆会公路经其西	下石炭纪	只一层，可采厚约半公尺	约百余万吨	同上
煤	养冲	寻甸	城东北八公里	下石炭纪	一层，厚约半公尽，质佳，可炼焦	约百余万吨	同上
煤	松韶关	寻甸	县北20公里，交通不便	下石炭纪	一层，厚约二公尺	约百余万吨	同上
煤	天生坝石羊村	沾益	城西北数公里，交通方便	下石炭纪	二层，厚0.5—1.0公尺，可采者只一层烟煤		王鸿祯、董申保
煤	建新村	沾益	城东北五十公里，西与叙昆铁路线或相距二十公里	二叠纪	二层，厚2—3公尺，质佳，可炼焦	15，600，000	周德忠、谭飞
煤	宣威近郊	宣威	县城附近，沿铁路线	二叠纪	三层，总厚2—2.2公尺，中层厚1—1.2公尺，烟煤，含硫低，不宜炼焦	267，755，000	王竹泉、毕庆昌
煤	打锁坡	宣威	县北四十公里，距川滇公路、叙昆铁路线之板桥镇二十五公里	二叠纪	三层，厚0.8—2公尺，总厚2—3公尺，延长25公里	38，875，000	王竹泉、毕庆昌、周德忠、谭飞

续表

种类	地 点	县 名	交 通 情 形	地质时代或产状	矿 床 概 况	储量（公吨）	调 查 人
煤	倘塘查格、小竹箐	宣 威	县北四十公里，威宁南七十公里，叙昆铁路及川滇公路俱横贯煤田中部	二叠纪	二层，各厚0.5—1公尺，上层含硫多，下层较少，相距40—80公尺，煤质佳，可炼焦	10，000，000	郭文魁、杨博泉
煤	妈姑	威 宁	城东北四十五公里，叙昆铁路羊街子站东南三十三公里	二叠纪	共五层，四层可采，总厚5—6公尺，烟煤，可炼焦	10，000，000	王竹泉等
煤	狗店子	威 宁	城东南十三公里	二叠纪	成大块，含硫少，可炼焦		
煤	小河边	水 城	城东北35公里，距观音山铁矿十公里	二叠纪	二层，下层可采，厚1—2公尺，烟煤，可炼焦	4，500，000	乐森璕
煤	臭煤洞	水 城	城西北十公里，距观音山铁矿三十五公里	二叠纪	二层，总厚1.8—3公尺	9，000，000	同上
煤	边箐	昭 通	县城东南水穴一带	下石炭纪	有七层，可采者有六层，总厚为8—9公尺半。烟煤	31，200，000	李承三、叶连俊
煤	标水岩	彝良盐津	烂泥槽附近	下石炭纪	有三层，总厚1.5公尺，无烟煤	6，725，000	李承三、叶连俊
煤	坡头	昭 通	城东南转山坡及大嵩地等处	二叠纪	烟煤三层，共厚半公尺	190，000	李承三、叶连俊
煤	许焰山	盐 津	宜宾玉皇场起至盐津之普洱渡深溪坪间之焦岩	二叠纪	煤有三层，总厚1.5—2公尺	14，625，000	李承三、叶连俊
煤	米椎子	盐 津	临江溪至毛鼻梁子	二叠纪	煤有十一层，可采者三层，总厚约2公尺	11，700，000	李承三、叶连俊
煤	双河场	盐 津	在巡检司卢桥湾等处	二叠纪	煤四层，总厚约3公尺	48，750，000	李承三、叶连俊
煤	尼山顶	盐 津	城西南一字沱	二叠纪	煤有三层，厚不及一公尺	7，020，000	李承三、叶连俊
煤	小凉山	盐 津	盐津彝良间	二叠纪	煤有七层,总厚2公尺	40，950，000	李承三、叶连俊
煤	两路口	镇 雄	城北	二叠纪	煤厚0.5公尺	25，000，000	黄汲清
煤	城附近	镇 雄	城北	二叠纪	煤厚1公尺	94，000，000	黄汲清
煤	二龙关	镇 雄	城东	二叠纪	煤厚0.5公尺	5，000，000	黄汲清
煤	野各	镇 雄	城东	二叠纪	煤厚0.5公尺	8，000，000	黄汲清
褐炭	杨林		昆明东50公里，靠近叙昆铁路	第三纪	一层，厚三公尽以上		

续表

种类	地点	县名	交通情形	地质时代或产状	矿床概况	储量（公吨）	调查人
褐煤	茨营	曲靖	城东南二十公里，与沾益交界，西距曲靖至陆良公路8公里，交通尚便	第三纪	共五层，总厚3—7公尺，煤田长十公里，宽十七公里	84,000,000	周德思、谭飞
褐煤	昭通附近	昭通	叙昆铁路路线所经，地形平坦，交通便利	第三纪	一层，在东南区，厚2—4公尺，西北区厚十四公尺，尚未见底，平均厚8公尺	1,206,400,000	李承三、叶连俊
铁	铁矿山	威宁	叙昆线羊街子站东50公里，妈姑东十七公里	接触变质式	老山、新山两处，盖于石灰岩上，平均含铁40%	4,000,000	王竹泉等
铁	观音山	水城	城东五十公里，威宁230公里	接触变质式	二层，厚15—88公尺，出露于背斜层两翼，褐铁矿，含铁58%	80,000,000	乐森璕
铜	德卓水炉上	威宁	城北80公里，叙昆铁路线都鲁河站西北七公里	水成铜矿，产三叠纪红色层	老珊厚0.21—0.49公尺，含铜1%—2%；新珊厚0.03—1.5公尺，含铜2%—5%，马豆子厚薄不定，含铜60%—70%	可能储量 158,798	阮维周、颜轸、黄朝环
铜	铜厂河	威宁	城南25公里，距川滇公路8公里	玄武岩中，杏仁状充填	成向斜层构造，似有二层，厚0.5—1.35公尺	16,000	同上
铜	稻田坝	威宁	城西北80公里，昭通东南20公里，距威昭公路数公里，交通较便	脉矿产玄武岩中	厚0.4公尺，倾斜较缓、距北面不深，含铜4%—5%	2,000	同上
铜	务德	宣威	城西38公里	脉矿，产玄武岩中	厚0.01—0.03公尺		郭文魁、杨博泉
铅银	拖克	宣威	城西北约35公里	脉矿，产玄武岩底部之石灰岩中	矿石为方铅矿、黄铁矿，矿成细脉状		郭文魁、杨博泉
铅银	乐马厂	鲁甸	城西南75公里，鲁甸在昭通西南60公里	中深热液矿床及风化残余矿床	石灰岩中方解石脉，厚数公厘至一公尺，老君山最重要。残余矿床，成块状或结核状产出，大佛山含铅24%—25%，银0.014%—0.02%		王曰伦，毕庆昌

滇缅铁路沿线重要铁产表

种类	地点	县属	交通情形	地质时代或产状	矿床情形	储量（公吨）	调查人
烟煤	石照壁、发龙寨	昆明	滇越路之北五六公里	中石炭纪	每一层厚不及一公尺	900，000	王曰伦
烟煤	大哨	昆明	城北乡	中石炭纪	层薄质劣		王曰伦
烟煤	倒石头	昆明	西山滇池边	中石炭纪	煤一层，厚一公尺		王曰伦
烟煤	大小姑郎	昆阳	滇池西岸	中石炭纪	煤一层，厚一公尺		王曰伦
烟煤	平地哨中兴场一带	昆阳	滇池西岸至安宁，交通便利	中石炭纪	煤一层，厚一公尺	25，000，000	王曰伦
	二街	昆阳	东距滇池十公里	中石炭纪	质劣层薄		王曰伦
	老煤山	富民	南距滇缅路三十公里	中石炭纪	煤一层，厚2公尺	10，600，000	
	一平浪	广通	滇缅公路及铁路均经其地	上三叠纪	煤层可采者有三，总厚三公尺，为挥发物甚高之烟煤	10，000，000	王恒升、路兆治
无烟煤	苟食村	蒙化	县西五公里	三叠纪	煤层厚一公尺		
	罗五村		县西北二十公里		煤二层，厚约一公尺	1，000，000	同上
	新村		县东北大仓东五公里				
	东庄箐、小田坝、庙村、黑厂、干甸营等处	宾川祥云	距铁路线甚近	三叠纪	煤层2.5—3公尺	125，000，000	朱庭祜
	叶子山、芹菜沟	弥渡	铁路经过	三叠纪			
	锡宜大寨	顺宁	马交界				
	一街	镇南	一街小团车兆，距城50公里				
褐炭	大江坡	盐兴	盐兴西南30公里	第三纪		1，000，000	
	南甸	腾冲		第三纪	层厚0.5公尺	16，000，000	勃良
		腾冲		第三纪		46，000，000	
	景茂	澜沧	猛英河之左岩	第三纪	煤层厚一公尺		曾繁礽
	猛滨	澜沧	猛郎之西12公里	第三纪	煤层厚1.2公尺		曾繁礽
	猛郎	澜沧	猛郎东南一公里，猛英河右岸	第三纪	有二层，总厚4公尺		曾繁礽
	大窝塘	蒙化	城东北5公里	第四纪	炭二层，厚二公尺	1，350，000	路兆治
	碗厂	蒙化	距城45公里	第四纪	层厚一公尺	700，000	白家驹
	孟洪	镇康	城北				

续表

种　类	地　　点	县属	交　通　情　形	地质时代或产状	矿　床　情　形	储量（公吨）	调查人
	那撒坝	云县	城西三公里，北距云南驿25公里	第四纪	炭二层，总厚不及一公尺	560，000	路兆治
油页岩	大窝塘	蒙化	城北5公里	上三叠纪	有四层，总厚不及半公尺		路兆治
铁	东山	易门	城东北北27公里	震旦纪，高梁纪千枚岩内	脉宽自1—8公尺	546，750 1，093，500	黄懿
	檀香箐					1，080，000	黄懿
	军哨					2，160，000 540，000	黄懿
	阿德					270，000	黄懿
					四区总计	7，418，250	
铁	团圆哨	安宁	城西南				
	罗救村	蒙化	城西北30公里，下关西南亦30公里		次生交替矿床之赤铁矿，成袋状	1，080，000	路兆治 白家驹
	北衙	鹤庆	城南40公里，舍茶寺附近	第三纪	次生冲积	40，000	路兆治 白家驹
	磨刀河	澜沧	猛郎西27公里	震旦纪	石英岩中之磁铁矿层		曾繁礽
	铁厂箐	蒙化	距南涧50公里	第三纪	次生	5，000 000	路兆治
	大田坝、山尾子坡等处	保山	县东60公里		褐铁矿		马祖望
	姚关	保山	县南100公里		褐铁矿		马祖望
	狼牙山	腾冲	石永西北20公里	古生代页岩与花岗岩接触处	接触变质矿床之磁铁矿及褐铁矿		马祖望
金	坤涌	墨江	城东北30公里	石炭纪及第四纪	石英脉及砂金	每吨含金约十五两	曾繁礽
	金厂箐	祥云	城西南十公里	震旦纪、第四纪含金砾石	石英脉、砂金两种		朱熙人 黄懿
	仄窑箐	凤仪	波罗江之支流	第四纪	砂金		朱熙人 黄懿
	西盟	澜沧	席鼓附近	片麻岩内	石英脉		孟宪民 陈恺
	冲天河	永宁	金沙河西岸之支流	第四纪	砂金		李源

续表

种类	地点	县属	交通情形	地质时代或产状	矿床情形	储量（公吨）	调查人
	金江	永胜	县城南30公里	第四纪			李源 赵丰
	江边	永胜	金沙江北岸	第四纪	砂金		路兆治
	粟坪	剑川	老君山南麓	第四纪	砂金		李源 赵丰
	松坎街	鹤庆			砂金		路兆治
	团龙河	新平		五台纪 第四纪	石英脉及砂金		毕庆昌
	桥头大塘区	腾冲	城北60公里及75公里		砂金		马祖望
	板桥古永	腾冲	城北40公里及20公里		砂金		
铅锌（银）	阿居鲁	昆明	城北20公里	二叠纪石灰岩	成脉形，宽至三公寸，袋状者宽达1公尺		朱庭祜
	白眉山	昆明	七盘山南七公里	石炭纪石灰岩	脉形，宽数公寸		朱庭祜
	马龙场	双柏	县南三十五公里	二叠纪石灰岩内	含铅、银、铜之石英脉宽数公寸		朱熙人
	北衙	鹤庆	城南四十公里水晶坳	二叠纪及三叠纪石灰岩中	石英脉		路兆治 白家驹
	草坝	中甸	桥头镇之东北十公里	前震旦纪之变质岩内	石英脉，含锌、铅、银、铜		赵丰
	群厂	双柏	城南九十公里	三叠纪石灰岩内	石英脉，附近有花岗岩露头		朱熙人
	东升厂	永胜	县西北100公里，南距大成街20公里	玄武岩与石灰岩接触面上	散布于方解石内		赵丰
	茂隆厂	保山	滇缅交界班洪管辖区	下古生代及震旦纪地层内之花岗岩	矽质石英岩中之矿脉，厚七八公尺，长十余公尺		孟宪民 陈恺
	募乃	澜沧		斑岩侵入于二叠石炭纪石灰岩中	矿脉		同上
	蒲缥	保山	县西南30公里，水井村之西南2公里	灰岩及页岩，时代不详	细晶方铅矿，脉石为石英		马祖望

续表

种类	地点	县属	交通情形	地质时代或产状	矿床情形	储量（公吨）	调查人
	施甸	保山	县南70余公里，为滇缅路所经过	不详	有矿脉两条，宽达80公分，年产五六万斤		马祖望
	黑龙洞、天王庙等处	保山	施甸南5公里及县南100公里	志留纪	石英细脉		马祖望
	小辛街、大洞厂	腾冲	距城70公里，桥头西北18公里		石灰岩内之方解石脉	年产五六十吨	马祖望
	西盟新厂	澜沧	南顶河上游东岸，西盟北15公里	古生代石灰岩内	脉形		孟宪民 陈恺等
	白羊	云龙	城西北60公里	三叠纪砂页岩内	石英脉	每吨方铅矿含银七八十两	李源 赵丰
	腊鹅厂	云龙	城东南史家庄之南十公里磨儿山	三叠纪砂页岩内	石英重晶石脉		李源 赵丰
铜	万宝厂	易门	城西15公里	下古生代及震旦纪之页岩、石灰岩内	脉状及矿袋，脉自数公寸至一二公尺不等。矿物为黄铜、班铜、黑铜、蓝铜、赤铜、孔雀石、辉铜、方铅及自然铜等，又有石英、方解石、白云石、绿泥石等	467，000	黄懿
	大潦塘	易门	城西30公里			19，600 197，589	黄懿
	香树厂	易门	城西北10公里			248，416	黄懿
	老青山	富民	城西北10公里	二叠纪石灰岩内	玄武岩与石灰岩接触处		朱庭祜
	宝石甸	云龙	城西南25公里澜沧江边	寒武纪之千枚岩	石英脉，含黄铜、班铜、孔雀石、赤铜等矿物		赵丰
	九顶山	祥云	城东20公里	下古生代地层中	脉宽自0.3—1公尺，有三条，矿物为黄铜矿及班铜矿		朱熙人 黄懿
	核桃坪	保山	城北50公里	石灰岩及千枚岩，时代不详	石英脉，宽1—20公分，矿物以孔雀石、黄铜及蓝铜为主		马祖望
	沙河厂	保山	城西北25公里	石灰岩及砂页岩内	石英脉及围岩中均产铜矿，约万斤		马祖望

续表

种类	地点	县属	交通情形	地质时代或产状	矿床情形	储量（公吨）		调查人
	米里厂	永胜	南距县城 65 公里	三叠纪页岩及二叠纪玄武岩内	1. 在黑色页岩内成填充节理之脉络或椭圆形之结核，曰米里式 2. 生于玄武岩之裂缝中，成微细脉	4480	合计 6370	冯景兰
	宝坪厂	永胜	东南距县 35 公里			896		
	大宝厂	永胜	米里厂东南 15 公里			448		
	炼山厂	永胜	在米里厂东南 3 公里			448		
	风吹梁子	永胜	在米里厂西北 7 公里			45		
	大汨坡晒席地	永胜	米里西 9 公里			45		
	姚钱河	永胜	在宝坪场东 15 公里			4		
	顺州四方地	永胜	城西南			4		
	铜厂河	永胜	城北 45 公里	二叠纪	玄武岩内			李源
	狮子尾	禄劝	城北					张印堂
	白羊厂、大功厂	云龙	大功山					
	寨水箐	云龙	城东北 150 公里					
	秀春厂	定远	城南 50 公里					
	义都厂	时峨	城西 70 公里					
	乃龙厂	丽江	距城 150 公里					
	公郎	蒙化	马吃水，大独木	震旦纪层内	石英脉之黄铜矿、赤铜矿、辉铜矿			路兆洽
钨		龙陵			晶体花岗岩			
锑		镇康	城西					
	西南山	蒙化	城西南					
汞	施甸	保山	城南 75 公里	泥盆纪	生方解石脉内，矿物为珠砂	相当丰富		马祖望
	瓜拉坡	兰坪	城西南 3.5 公里		红粉状，有石英脉及方解石、方铅矿等			马祖望
	硝垭口	云龙	城西北 25 公里之牡丹山中	三叠纪石灰岩	页岩及石灰岩之层面间及裂缝内成微小晶体			赵丰
	澜沧江东岸	兰坪	交通困难	前震旦纪之板岩、千枚岩、石灰岩等	网状方解石脉，有铜、铅、锑矿伴生，有硃砂结晶及红粉状之水银矿			马祖望
食盐	城北门	安宁	城北门内外	三叠纪红砂岩	砂页岩内所含之盐质			王曰伦
	元永井	广通	城东南 35 公里，南距一平浪 21 公里	上三叠纪	产于红色页岩内，含盐厚达 20 公尺			袁见齐
	黑井	盐兴	在元永井之西 35 公里	上三叠纪	含盐层以紫色页岩为主			袁见齐

续表

种类	地点	县属	交通情形	地质时代或产状	矿床情形	储量（公吨）	调查人
	琅井	硷兴	在黑井西南15公里	上三叠纪	含芒硝甚多		袁见齐
	阿陋井	广通	元永井之南10公里	上三叠纪	紫色页岩内，矿质稍差		袁见齐
	石门井、天耳井八处	云龙	全县分布多处	上三叠纪	含石膏及芒硝，产于紫色页岩内		赵丰
	桥后井	洱源	城西20公里	变质岩	岩盐成囊状层		路兆治
	砾（?）鸡井、师井、江井	兰坪	城南	上三叠纪	红色页岩内		路兆治
	多宝坪	永胜		上三叠纪	红色页岩内		
	益香井、香盐井、柁母井、披披井	景谷镇沅		上三叠纪	红色页岩内		
石膏	山塔村及河底街	蒙化	城西南山塔村东	上三叠纪	在紫红色页岩内，填充于裂隙之中，厚自2公寸至七八公尺		路兆治 白家驹
	锁里桥	云龙	城北2公里	上三叠纪	紫色页岩内，层厚1—20公分		赵丰
	元永井等处	广通		三叠纪	盐井中之附产品		
	石膏田	富民	城北7公里	三叠纪	绿色及黄色页岩内之裂缝内		王曰伦
	郭仪村	楚雄	城北30公里	三叠纪			
石磺	石磺厂	凤仪	北距滇缅公路18公里，东北距下关36公里	三叠纪	成细脉状，雌黄、雄黄均有		路兆治 白家驹
	田心坡	蒙化	城西30公里	三叠纪红色页岩内	呈细脉状，晶体细小，雌黄多于雄黄		同上
石棉	礼社河	楚雄	鸡街附近	白云石及蛇纹石中（震旦纪?）	矿脉数条，为角闪石棉，纤维甚长		
	狮子山	武定	城西北十公里，狮子山之西坡	震旦纪	矽质石灰岩与辉绿岩交接处石灰岩缝内成脉状		王曰伦
	狗圈山	禄劝	城西北十一公里之西村	震旦纪			
	元宝山	禄劝	城东百余公里白粟坪	震旦纪			
	大古木	镇南		震旦纪	在蛇绞岩中		张印堂

续表

种类	地点	县属	交通情形	地质时代或产状	矿床情形	储量（公吨）	调查人
硫磺及硫铁矿	慌忙咀	昆阳	滇池西岸煤田内	中石炭纪	在煤系地层内成结核状，可烧硫黄（硫铁矿）		王曰伦
	黄草地	楚雄					张印堂
	官山	镇南	距城20公里				张印堂
	白马苴	镇南	姚安交界处		煤系内		张印堂
	温泉	保山		现代	沉积于泉水经流之处，呈鳞片状之结晶体		
	竹篦厂、香水坪	保山	城西北20公里	石灰岩	在白泥内成囊状	量甚丰	马祖望
	子口西材	武定			页岩中夹硫铁矿		马祖望
萤石	黄草地	楚雄	哀牢山礼社江				张印堂
瓷土	大厂	永胜	城东南耳子山一带	三叠纪红砂岩、页岩内之花岗岩	晶体，花岗岩内之长石风化所成	500，000	姚庸
	新碗厂	永胜	大厂之北九公里回龙湾	三叠纪红砂岩、页岩内之花岗岩	晶体，花岗岩内之长石风化所成	160，000	姚庸
	薄荷坪	永胜	新碗厂及大厂之间	三叠纪红砂岩、页岩内之花岗岩	晶体，花岗岩内之长石风化所成	16，000	姚庸
	遮岛	腾冲	城西南20余公里		花岗岩之长石风化	量极丰	马祖望

图版一

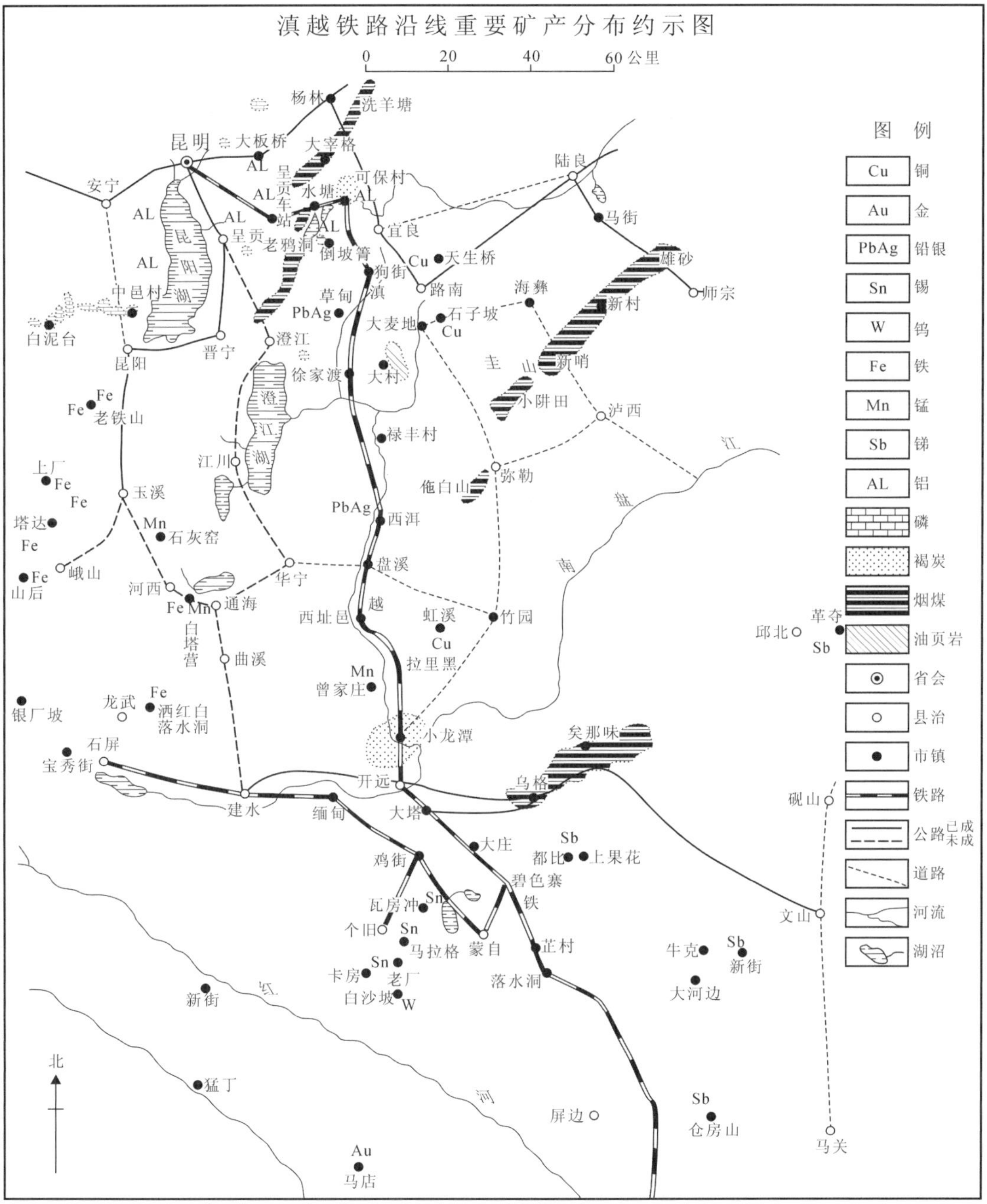

滇越铁路沿线重要矿产分布约示图

图版二

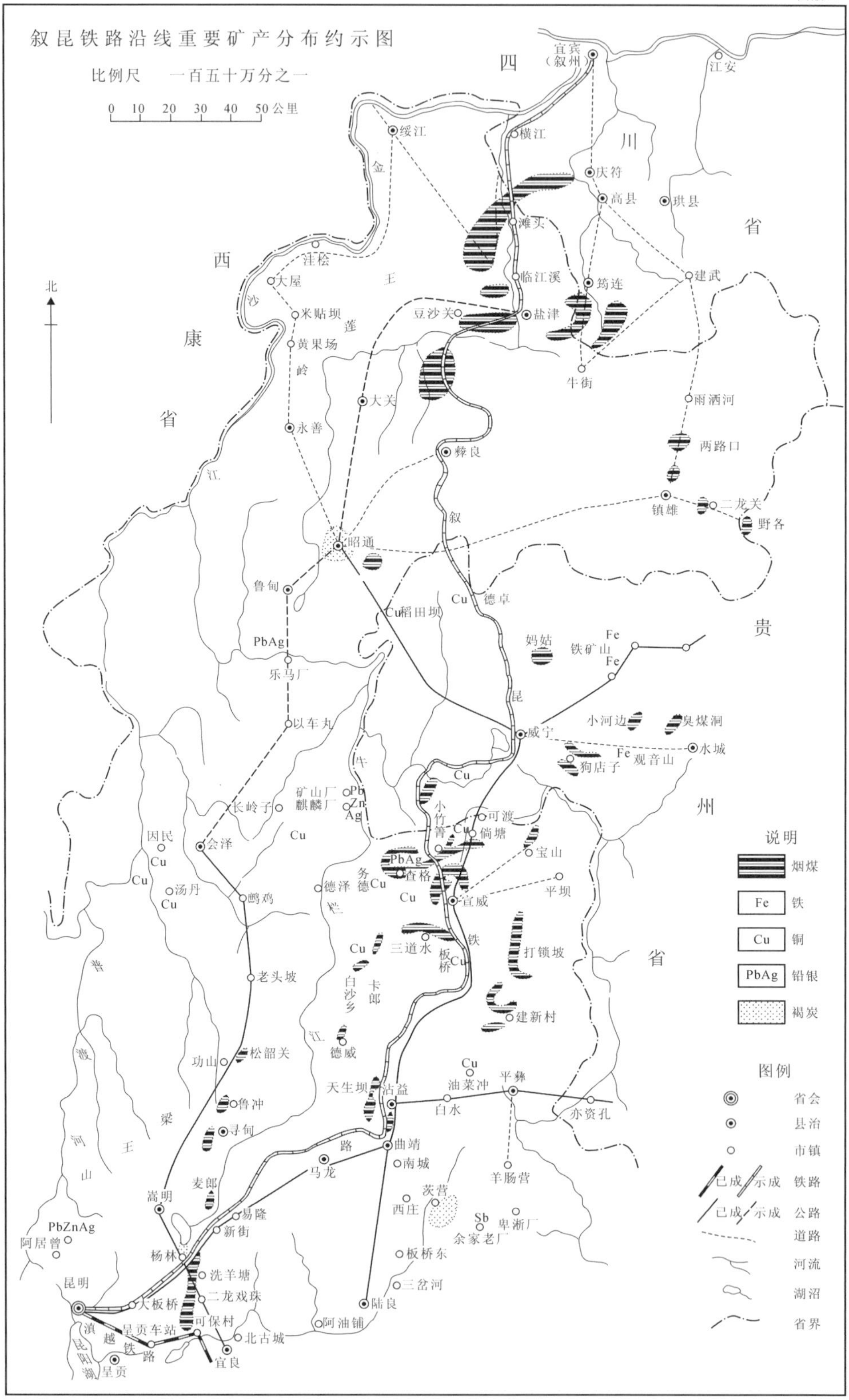
叙昆铁路沿线重要矿产分布约示图
比例尺 一百五十万分之一
0 10 20 30 40 50公里
北
四 川 省
西 康 省
贵 州 省
说明
烟煤
Fe 铁
Cu 铜
PbAg 铅银
褐炭
图例
省会
县治
市镇
已成 示成 铁路
已成 示成 公路
道路
河流
湖沼
省界

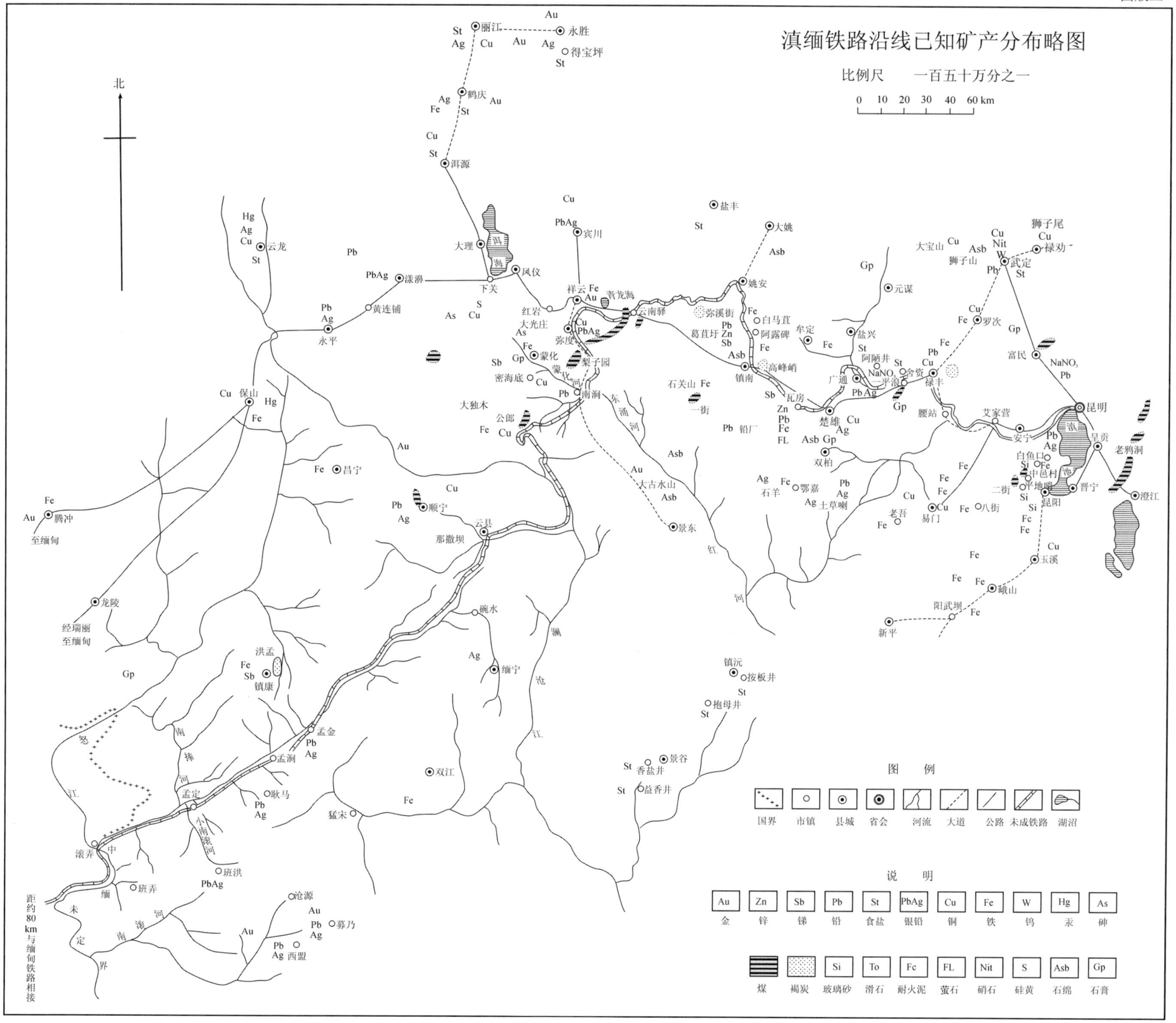

滇缅铁路沿线已知矿产分布略图
比例尺　一百五十万分之一
0 10 20 30 40 60 km
北
图　例
国界
市镇
县城
省会
河流
大道
公路
未成铁路
湖沼
说　明
Au 金
Zn 锌
Sb 锑
Pb 铅
St 食盐
PbAg 银铅
Cu 铜
Fe 铁
W 钨
Hg 汞
As 砷
煤
褐炭
Si 玻璃砂
To 滑石
Fc 耐火泥
FL 萤石
Nit 硝石
S 硅黄
Asb 石绵
Gp 石膏
丽江
永胜
得宝坪
鹤庆
洱源
大理
下关
凤仪
漾濞
黄连铺
永平
云龙
宾川
祥云
青龙海
云南驿
弥渡
红岩
大光庄
蒙化
密海底
南涧
梨子园
公郎
大独木
保山
腾冲
至缅甸
龙陵
经瑞丽至缅甸
昌宁
顺宁
云县
那撒坝
碗水
缅宁
双江
洪孟
镇康
孟定
孟洞
孟金
耿马
猛宋
滚弄
班洪
班弄
沧源
募乃
西盟
距约80km与缅甸铁路相接
盐丰
大姚
姚安
弥溪街
白马苴
阿露碑
葛苴圩
牟定
高峰峭
镇南
石关山
一街
瓦房
楚雄
铅厂
双柏
大古水山
景东
鄂嘉
石羊
土草喇
元谋
盐兴
阿陋井
广通
一平浪
舍资
禄丰
武定
禄劝
狮子尾
狮子山
大宝山
罗次
富民
昆明
腰站
艾家营
安宁
呈贡
老鸦洞
白鱼口
中邑村
平地哨
二街
昆阳
晋宁
澄江
八街
易门
老吾
玉溪
峨山
阳武坝
新平
镇沅
按板井
抱母井
景谷
香盐井
益香井
滇池
洱海
怒江
南汀河
小南滚河
南滚河
中缅未定界
澜沧江
红河
东涌河

编辑后记*

素以矿产丰富见称而在目前抗战时期又把握着后方国际交通线的云南省，我们对于他的矿产资源的认识，实在太不真切了。这是我在民国二十九年春天到昆明后的一种感想。为要得到一些关于矿产的材料，所以就开始参考群集，同时又与考察过云南省地质矿产的诸位同志们作深长的讨论。后来觉得与其口头讨论，不如请他们写几篇专著公诸同好，而我个人所得到的各种耳闻笔录的材料，也不妨写一篇概论，为将来进一步研讨的张本。西人有言：凡欲探讨某一问题时，最好的方法是写一篇对于该问题的专著。这是此次编辑《云南矿产专号》的动机。再从经济立场说，当兹全国上下万目睽睽地注意着云南地下富源的时候，这本小册子尽是如何的粗浅简略，我想总有些可以参考或者借镜的地方罢。第一要向读者们抱歉的，是编者所著的这篇《云南矿产概论》极不完备，尤其是关于地质方面，虽然易稿数次，还是简略万分。云南的地质研究，固然尚在萌芽，但编者因参考书不完备的原故，以致缺漏很多，这是十分抱愧的，如承读者们赐教指正，毋任欢迎。

李洪谟、王尚文二先生是滇北矿务公司的工程师。这篇《东川铜矿地质初报》是他们三年来艰苦工作的结晶。在这里我们可以看到如何切实地将地质应用到采矿上面去，而这种应用在中国业已开始了。

王曰伦先生对于云南磷矿考察最为精详。他此次回到重庆之后，得有机会参考许多典籍，作了这篇《云南磷矿之时代及成因》，是一篇富有学术贡献的重要著作。

丁道衡、熊秉信二先生的《云南蒙自金平一带地质矿产》是一篇专论金矿的报告。云南金矿已渐为人们的注意，而蒙自、金平尤是云南产金带中的一个重要区域。

雄黄、雌黄乃低温矿床中的特产，在中国除湖南、贵州略有所产外，要以云南凤仪县的产量为最多。十余年前英国人包朗先生曾有一篇简略记载，此次路兆洽、白家驹二先生依据他们精详的考察，著为专报，在本刊首先发表，是值得我们特别注意的。

应用地球物理的方法来探矿，已经博得国内大多数学者们的信仰了，但是引用的结果如何，好像在发表的文字里还不多见。因之，顾功叙、张鸿吉二先生的《电及磁法探矿在云南易门铁矿区之实施》是一篇重要的贡献。在这文里我们可以看到地质观察如断层等等是如何的与地球物理的结果相吻合，而在矿量计算上专从地质观察而不能获得结果的几种因素，是如何的可用地球物理来补充。

当编辑云南矿产号之始，本想将滇省各种重要矿产分门别类的请专家各撰论文，然后再选择几个重要或标准区域另编专著。当时已约定的有马希融先生的《云南省的锑钨锡》，王镇屏先生的《云南省的煤铁》，王恒升先生的《一平浪煤田地质》，孟宪民先生的《滇西的铅锌银》，尹赞勋先生的《腾冲附近矿产》，谭锡畴先生的《易门铁矿地质》。后来因为各位先生事务繁忙，不克准时交稿，只得暂缓付印，将来俟收到稿件，再当陆续在本刊

---

* 《地质论评》第6卷第1—2期（《云南矿产专号》）。——编者注

发表。

在这里有一篇有关中国地质学术史料的伟作，那就是翁文灏先生的《丁文江先生传》。这是一年前的写作，曾经分送丁先生生前友人加以审订，最近复经翁先生亲自校订后付印。我们都知道丁先生乃中国地质学家中第一个到云南调查矿产的人，而今年又恰巧是丁先生逝世的五周年，在这里发表，既足纪念，又极恰当。

云南有正在兴建中的二条铁路（叙昆铁路和滇缅铁路），还有一条已成的滇越铁路，合起来共有三条大铁路。因为路矿有密切的关系，所以附编了一篇《云南三大铁路沿线矿产图表》。其中叙昆北段四川境内的材料，为符合云南矿产号的名实计，暂付缺如。

云南矿产号开始编辑在去年一月，到今年七月才印出来，承本刊编辑主任杨钟健先生给予种种便利，实深感谢。又因编者的工作地点，远在昭通，所以实际编校的工作，都由张鸣韶先生担任，特书此以志感谢。

叙昆铁路沿线昆明威宁间地质矿产*

调查：马祖望　黄劭显　卢衍豪　郭宗山　周德忠　谭　飞
郭文魁　杨博泉　王超翔　徐煜坚　王鸿祯　董申保
编辑：郭文魁　谢家荣　王超翔

目录

第一章　绪言

自叙昆铁路开始建筑后，吾国政府一方面为开发沿线矿产，一方面根据该路矿业合作合同，由经济部资源委员会会同有关机关设立叙昆铁路沿线探矿工程处，负责测勘沿线每边 50 公里范围内之地质矿产。该处于民国二十九年五月开始筹备，至六月十五日在昆明正式成立。资源委员会派荣为总工程师，主持处务。中国建设银公司派程文勋为副总工程师，会同办理探矿事务。当成立之初，以昆明威宁间之路线业已测定，而该段附近地质矿产，除片断之纪录外，尚少周密之调查，乃决定先自该段着手，分组调查。七月中旬，各调查队相继出发。九月底，叙昆铁路沿线探矿工程处奉令暂时结束，惟西南各省矿产，部会仍主继续测勘，乃由资源委员会设立西南矿产测勘处，即以荣为处长，负责测勘西南各省，特别注重滇、黔、康三省内之矿产。惟是时叙昆沿线工作正在进行，未便中断，乃由西南矿产测勘处令饬各调查队继续调查。十一月初，西南矿产测勘处奉令迁设昭通，叙昆沿线工作亦适于此时大图完成，各调查队相继返处。自十一月至翌年一月，整理标本、图件，编著报告。二月起开始将图幅在本地石印。此叙昆铁路沿线探矿工程处奉令调查叙昆沿线地质矿产及由西南矿产测勘处继续进行与编印图报之始末情形也。

此次叙昆沿线调查工作，区域宽广，惟除昆明附近数县有五万分一较详确之地形图足资依据外，其余只有十万分一地形图，颇不准确。为详密研究地质计，不得不自测路线

---

* “叙昆铁路沿线昆明威宁间地质矿产”系原资源委员会矿产测勘处编印的临时报告第一号。全文共五章，其中第三章由郭文魁编写，第四章由王超翔编写，其余各章由谢家荣编写。报告有附图一本，共 30 张，其中 6 幅为全区图，24 幅为分幅图，各分幅图的左上方均附有该图幅的调查人员名单。本卷收入由作者编写的绪言、第一、第二和第五章，略去由郭文魁、王超翔编写的第三和第四章，所有图件均全部收入，附在文后。——编者注

图，俾便填注地质。其法系用勃氏罗盘仪定方向，步计法定距离，交叉法定路线附近显著之山顶，仰角法定高度，即在野地照五万分一之缩尺，将所测定之地形、地质，绘于米厘方格纸上。各调查队中除第六队携有气压测高仪外，其余俱不具备。故经过地点之比较的高度，只可用勃氏罗盘仪照仰角法约测之。因为时间所限，不能普遍测定，因之此次测绘之地形图，于高度一层，颇不完备，殊为遗憾。照上法所测之路线图，其误差俱在2000公尺以内，缩绘为十万分一后，在地图上之误差不及2公分。

地质观察之记录方法，分为二种：（甲）用方格纸测绘路线图时，就方格纸上分列纵横坐标，而就纵横坐标所划分之方格内，以加括弧之数字分别各测点，乃以此测点之坐标号记于记录簿上，其下即可做详细之地质、地形或其他必要之记载。（乙）用五万分一地形图作底图时，先用墨笔在底图上划分纵横一公分之方格，而以坐标方法分别测点，将测点记入记录簿，而于其下做详细之记载，其法一如前述。标本编号分登录号及地点号二种。登录号即标本签条上之号数，先冠以队号，次依采集先后分号登录。地点号则以纵横坐标号表示之，其法一如前述记录地质观察之方法。

此次调查以矿产及区域地质为主，故对地层分层不能过于详密，但凡重要系统皆已辨别，且必广采化石，以资证明。如遇有经济价值之矿产时，则用平板仪测制较大缩尺（如一万分一或更大）之地形地质图，将矿床露头、现开之矿窿或老窿等详为绘入，并估计矿量，以定其价值。

兹将此次分队调查计划队员姓名、起迄日期、调查面积、测勘费用等列表如次：

叙昆铁路沿线昆明威宁间分队调查计划及成绩表

队别	Ⅰ	Ⅱ	Ⅲ	Ⅳ	Ⅴ	Ⅵ	总数或平均
地段	昆明曲靖间路线之西北	昆明曲靖路线之东南	曲靖宣威间路线之西北	曲靖宣威间路线之东南	宣威威宁间路线之西北	宣威威宁间路线之东南	
队员姓名	马祖望 王劭显	王超翔 徐煜坚	王鸿祯 董申保	周德忠 谭飞	郭文魁 杨博泉	卢衍豪 郭宗山	
起迄日期	7月12日至8月31日	7月14日至11月21日	7月12日至10月11日	7月21日至10月31日	7月15日至11月10日	7月15日至10月19日	
日数	51	131	92	101	119	97	591
实际调查日数	26	104	47	71	71	58	397
调查费用，元	1，060.20	3，079.89	1，800.12	2，599.92	2，408.65	2，190.11	13，138.89
每人每日平均数，元	10.40	11.75	9.79	12.87	10.12	11.29	1，116.125
调查方法	以五万分一地形图为底图填注地质	同左	用勃氏罗盘仪及步计法测制五万分一路线地质图	同左	同左	同左	

续表

队别	Ⅰ	Ⅱ	Ⅲ	Ⅳ	Ⅴ	Ⅵ	总数或平均
调查面积，平方公里	1，600	7，550	1，700	3，000	3，374	2，256	19.480
平均每日调查面积	61	73	36 *	42	47	39	32.96
平均每平方公里调查费，元	0.66	0.41	1.06	0.86	0.70	0.97	0.6745
附注	8月31日返处后编著图报即调赴滇西调查，随带测夫1人，其中6日雇保护2—6人	随带测伕1人，其中21天雇保护3—5人	随带测伕1人，其中57天雇保护2—6人	随带测伕1人，其中68天雇保护2—5人	随带测伕1人，其中69天雇保护2—11人	随带测伕1人，其中54天雇保护2—10人	

* 原文为25，应为36。——编者注

此次调查范围经规定为路线每边50公里，各段长短不一，其面积大概为五千至八千平方公里。惟调查时因由许多地方土匪丛集，治安堪虞，不克前往调查，故除第二队已达到预定范围百分之九十以上外，其余约有百分之二三十遗漏未查，拟俟进来治安情形改进时，再陆续补完之。

野地方工作告一段落后即着手编著图报。所有图件原拟分段付印，惟蓝图不便上色，而本地石印石板面积又极有限，乃改为分幅石印，手工上色办法。将五万分一图缩成十万分一后，计每幅占经度30分，纬度15分，全部共有24幅，其空白过多处则加印剖面图，以节纸张。另印五十万分一地质总图、沿线矿产分布图、地质构造图及地形地文图各一幅，连同接合图、图例等共为30幅。关于经纬度之编算投绘及地形地文总图之编制，由颜轸君担任。图幅之划分、编校及矿产总图之编制由周德忠君担任。地质构造总图之编制由郭文魁君担任。地质总图之编制则由周、颜、郭三君合任之。分幅石印底图之描绘由李树明君担任。总图四幅则由西南联大地质系吴广元君代为描绘，而由王鸿祯君就近校对。至于图幅之校对，印刷之督察则由各图幅原著者及本处测绘课同人如杨博泉、谭飞诸君分任其劳，而由荣任最后校订之责。各段报告本由各队员分著。为适合分幅计，复由荣会同郭文魁、王超翔二君加以荟编，以期划一。

所采化石，自寒武纪以迄三叠纪，莫不具备，皆由卢衍豪君加以初步鉴定，俾作分别系统之根据。惟详细研究，因设备未周，今尚不克从事。其有重要标准化石鉴定上尚有疑问者，则悉由卢君于赴渝之便，交情经济部地质调查所各专家，分别予以指正。

此次调查承川滇铁路公司沈总经理立孙、叙昆铁路工程局萨局长少铭、副局长吴西箴、吴鸣一、袁梦鸿及沿线各总段长予以种种协助；又承经过各县县长、乡、保、村长等随时协助，必要时派队护送，俾工作得以安全完成，特书此以志感谢。

第二章 地层系统

在调查范围内，地层极为完备。凡震旦纪、下寒武纪、下奥陶纪、上志留纪、中上泥盆纪、下中上石炭纪、二叠纪、三叠纪及第三纪、第四纪，各层俱备。兹绘为柱状剖面图，并依次说明各纪地层之性质、分布等等如次。

古生代

一、震旦纪

本纪地层只见于昆明曲靖间铁路线以南，可分为四区域：（一）滇池西岸昆阳安宁间；（二）澄江之东及东北；（三）羊街马街间及宜良之南；（四）陆良西北与马龙交界之山地。就岩石性质，可分为三层，自下而上为：（一）澄江砂岩，（二）冰碛层，（三）东山石灰岩。分述如次：

（一）澄江砂岩 为暗红或棕黄色中粒厚层状长石砂岩，稍含白云母小片及黑色矿物，中上部夹红页岩及白色致密泥页岩。砂岩常具清切之交斜状构造，为浅水沉积之证。本层以首见于澄江城北，故名为澄江砂岩。就露出之部估计，厚达 260 公尺。分布于：1、澄江东北，组成东北西南向不对称背斜层与向斜层之轴部，西北与梁王山古生代地层成逆掩断层接触。2、宜良城北羊街马街之米户、白土埂及城南之山地，组成南北向背斜层之轴部。3、陆良马龙间路星村、天花县、大庄一带，组成一南北向之复背斜构造，而为陆良穹地之核心。本系底部未有出露。其上则为冰碛层。就层次及岩性，与扬子峡谷震旦纪地层比较，本系应相当于南沱砂岩层，而属于中震旦纪。

（二）冰碛层 本层位于澄江砂岩之上，成整合接触。可分上下两部：下部为冰碛层，上部为红页岩，代表冰川化解后之河水沉积物。冰碛层厚约 10 公尺，不具层次，其中大小砾石杂然并陈，大者口径四五十公分，偶尔见之，小者二三公分，最为常见，不具棱角，率成扁平长方形。考其石质，以深绿色板状页岩为最多，红色石灰岩及斑状花岗岩亦见之，后者常风化甚深。最足注意者为砾石上常示清切擦痕，方向交叉无定，大致与砾石之长轴平行。擦痕宽窄不一，一二公厘者最多，一公分者偶亦见之。以上各特性皆足为冰川沉积之确证。至于红页岩，层次清显，其为冰川后期之水成沉积，应无疑义。全层厚约 20 公尺。本层大致随澄江砂岩之出露而展布，故亦可分为三区域（在澄江者，见于大树村、无渡基、解家坟、野猪窝一带）。惟宜良南至山地内，本层似付缺如。从层序上比较，本层与扬子峡谷之南沱冰碛层、长江下游之蓝田冰碛层及在湘西、黔东、桂北与湖南安仁发现之震旦纪冰碛层概属同层。以是知我国震旦纪时代之冰川，其分布实甚辽远也。

（三）东山石灰岩 以发育于澄江城东诸山故名。下与红页岩相接处有一底砾岩薄层，上则与下寒武纪之沧浪铺系页岩成整合接触，二者间无明显之分界。本系以黑灰及黄灰色石灰岩为主，中夹泥灰岩及页岩薄层。澄江附近厚 900 余公尺。在下部浅红色矽质灰岩中有含磷层数层，本地人常开采为肥料之用。陆良西北大庄附近，厚仅 700 余公尺。本系之分布大致与澄江砂岩及冰碛层相合，惟昆阳附近似仅有本层，其他各层俱未及出露。该处灰岩呈深灰或灰白色，富含矽质，中夹厚 1 至 4 公分之白色燧石层，与寒武纪含磷层相接处有厚 3 公尺之砾状砂岩一层云。就层位上观之，本层应与扬子峡谷之陡山沱及灯影石灰岩相当，更可与东川附近之矿王山石灰岩相比，而同属于震旦纪上部，但在各处所常见之藻类化石 *Collenia* 则在调查区域内尚未见及。

在澄江城东，东山石灰岩出露最为完备，其层序如次：

上覆岩系——沧浪铺系

（1）棕黑色砂页岩……………………………………………………90 公尺

（2）浅灰色矽质灰岩…………………………………………………300 公尺

（3）紫、绿各色页岩及砂质页岩……………………………………130 公尺

（4）厚层状矽质灰岩…………………………………………………130 公尺

（5）薄层状泥灰岩夹页岩间层………………………………………100 公尺

（6）黄绿色灰质页岩…………………………………………………50 公尺

（7）浅红色矽质灰岩，中夹含磷层数层……………………………30 公尺

（8）底部砾岩及页岩…………………………………………………20 公尺

下伏岩系——冰碛层上部之红页岩。

二、下寒武纪——沧浪铺系

下寒武纪地层在云南东部分布甚广。昔丁文江首见之于马龙南之沧浪铺，即以此命名。在调查区域内，本纪地层盛发育于昆明马龙间铁路线之南北两边，而尤以路线以南分布特广。此外，在沾益之大赤张及宣威之东山，仅零星露头而已。就其分布，可别为四大区。兹各述其岩性等如次：

1、滇池四周，包括昆明以北至冈头村，以西之大山、关山，以至昆阳以北之歪头山、大巍山产磷区域，及昆明以东至呼马山、金殿以至呈贡县属滇池边各丘陵。

2、阳宗海断裂区之东西两侧。因构造复杂，本层复反复出露，形成近于南北向之层带，自西至东，计有：（甲）梁王向斜层之两翼。其西北翼分布于下关风口村、新庄、脚步哨、杨柳冲，至胡王庄间，位于石炭二叠纪石灰岩之下，向西北则成逆掩断层覆于鸡叫山二叠纪灰岩之上。东南翼则在雷打山附近。（乙）龙泉寺澄江背斜层之东翼，分布于混水塘、者底哨、阿易村、小团坡一带。（丙）阳宗海东岸汤池穹层之轴心部，向北过滇越铁路及羊街子第三纪盆地后，复出露于秧草田、干海子、杨林县一带。

3、宜良、陆良、马龙间地层褶皱殊烈，本纪遂又更迭出露，形成层带，自西至东计有：（甲）小新街云台寺背斜层。在北端小新街、羊街间，组成东西两翼，南端小宰格、前街营、伍家庄、热水河间，组成轴心部分，其西为一大逆掩断层。南北延长达 60 公里。（乙）双龙沟向斜层之东西两翼。西翼分布于竹山、长坡头，东翼见于骆驼山、石燕坡、陡坡寺、中营、小渡口一带。（丙）陆良半穹窿之西翼。此区分布最广，北自马龙之沧浪铺，南达素珠。南北长 50 余公里。

4、铁路线以北，嵩明、寻甸境内，又可分为三带：（甲）寻甸、易隆间，大致成背斜构造，南与小新街、羊街之背斜层有遥相呼应之势。（乙）羊街以北，公路之西，新哨、张所一带。（丙）车湖以北，双箐、兔儿关间。

本系地层以云母质页岩为主，呈黄、棕黄、浅绿或灰黑等色，砂岩、石灰岩次之。在昆明附近，本系厚达 400 公尺，底部有含长石砂岩一层，厚 20—50 公尺，顶部有石灰岩，厚 40 公尺，其余皆为页岩及砂页岩之互层，三叶虫及腕足类化石皆产其中。呈贡附近高六七十公尺之滨湖丘陵均为本系之黄红色页岩所组成。在海子村、白虎山大路旁灰绿色页

岩中曾获得 *Redlichia chinensis* Walcott，*Palaeolenus diprati* Mansuy 等化石。呈贡北门外沿城脚黄色砂页岩中获得 *Obalus* sp.，*Acrothele* 等化石。梁王山北坡风口、杨柳冲、新庄一带，本系之黄或浅红色云母质页岩及砂质页岩出露甚广，因成局部穹形构造，致其下含磷质石灰岩及石英板岩亦复出露。此层应属震旦纪之东山石灰岩，抑属本系，尚难决定。新庄之南，于浅绿色砂质页岩中产含银方铅矿，昔开矿洞，今已停废。下关之本系露头，系因断层而出现，而与石炭纪石灰岩相接，分布甚狭。岩层以黄色云母质页岩为主，于其中获得 *Redlichia carinata* Mansuy，*Bradoria douvillei*，*Bradorias* sp. 等化石。澄江城东阿歹村、者底哨，本系出露较为完备，其下部之黄、黑等色页岩及砂质页岩，俱得窥及，于其中曾获得 *Redlichia Walcotti* Mausuy，*R. intermediata* Lu，*Pseudoptychoparia yunnanensis*，*Bradoria douvillei* Mansuy 等化石。此处全部岩层厚达 700 公尺。自汤池至杨林间，本系之黄绿色及红色云母质页岩为沿途所见之主要岩层，而与李子阱、石头山上部古生代地层为正断层之接触。草甸海以南伍家庄、热水河一线为一深沟，沟东石香炉路旁一带为本系所成之高山。东与志留纪之灰岩、页岩相接。此处本系岩层，下为浅绿色页岩，上为绿色绢云母页岩。在热水河附近之浅绿色页岩中曾获得 *Redlichia chinese* Walcott，*Ptychoparia szechuanensis* Sun，*P.* sp.，*Lingula* sp. 等化石。

本系上部之岩层，在宜良盆地东侧骆驼山至石燕坡及自马龙乡至陡坡寺间出露甚明。据大略观测，其层序如次（各层厚度未及估计）：

（一）骆驼山－石燕坡剖面

上覆岩系——上志留纪之马龙系

假整合——？

（1）黄页岩，内夹晶片状之黑灰色泥质石灰岩，含 *Redlichia*

（2）黄绿色页岩及砂质页岩

（3）浅绿色砂页岩夹薄层石灰岩

（4）灰或浅红色绢云母页岩，内夹晶片状石灰岩，含 *Anomocare* sp.，*Anomocarella* sp.，*Ptychoparia* 等化石

（5）黄绿色绢云母页岩及砂岩

（6）棕黄色中粒砂岩及页岩，含 *Redlichia mai* Lu 及三叶虫颊刺

下部未出露。

（二）马龙乡－陡坡寺间剖面

上覆岩系——上志留纪马龙系之黄页岩

假整合？

（1）黄页岩夹浅黄色石灰岩薄层；

（2）棕黄色软砂岩，含形体甚大之 *Redlichia chinensis* Walcott，*Ptychoparia* sp. 等化石；

（3）浅绿色砂岩，层面上多绢云母，造成陡坡寺峭壁；

（4）灰绿色砂页岩，层面上偶见波痕；

（5）橙黄色页岩及软质砂岩，含 *Redlichia chinensis* Walcott，下部未露出。

昔卢衍豪、王鸿祯在陡坡寺峭壁之砂岩中获得 *Anomocare* 等化石，因名之为陡坡寺层，而定其时代为中寒武纪。边兆祥在二龙戏珠之北石田下坡页岩中获得三叶虫化石一

种，据孙云铸鉴定谓为 *Solenopleura* 而应属中寒武纪。此次调查，在陡坡寺砂岩中虽未寻获 *Anomocare*，但于其上之软砂岩中却获得下寒武纪之标准化石 *Redlichia chinensis*。又于骆驼山一石燕坡剖面见 *Anomocare* 及 *Anomocarella* 之上，仍有 *Redlichia* 出现，因之，对于卢、王二君所谓中寒武纪在滇东存在之说，遂不免发生疑问。在未得更充分之证据以前，暂一律归诸下寒武纪。

嵩明、寻甸境内之本纪，其岩性及层序与以前所述大致相似，即上部夹石灰岩或泥质石灰岩数层，中部为黄绿色页岩与砂岩之互层，下部有黑色页岩。

沾益西北大赤张附近，本系地层出露一小块，倾斜东南，为上志留纪之关底层所覆，西北方面与下石炭纪地层成断层接触。露出厚度约 100 公尺。上部与关底层接触处为土黄色块状松砂岩，含 *Obolella* sp.，其下部为灰绿色云母页岩及黄色薄层砂质页岩，含 *Redlichia chinensis*，*Ptychoparia* sp.，*Obollela* sp. 等化石。

宣威东山、双龙桥、三家村一带，本系复零星出露，系逆覆于二叠纪阳新系之上。岩层大致可分二部：下为厚约 150 公尺之灰绿、灰色及灰黑色页岩、云母砂质页岩及不纯灰岩。灰岩中常夹直径约 1 公分之灰质球状结核。因受逆掩断层之影响，层次褶皱甚烈，仅在灰绿色页岩中得 *Redlichia pustulosa* Lu，*Lingula* sp. 及其他破碎三叶虫。上部为黄色云母砂质页岩，厚约六七十公尺，含 *Redlichia chinensis* Walcott 之动颊小片。

卢衍豪近就岩石性质及三叶虫种类，将滇东下寒武纪分为三层，自下至上为：(1) 筇竹寺层；(2) 沧浪铺层（狭义的）；(3) 龙王庙层。此三层综合为沧浪铺系。就前述各剖面观之，沾益大赤张之露头似应属沧浪铺层。宣威东山其下部似应属筇竹寺层，而上部则属沧浪铺层。至于在昆明、马龙间铁路线南北二端盛发育之下寒武纪地层，上述三层似均有其代表，惟龙王庙层之标准化石 *Micmacca*，则此次调查尚未获得。

在昆明、马龙间铁路线以南，本系常整合地位于震旦纪东山石灰岩之上。二者之界线颇不易分。至其上限，则各处不一，有下奥陶纪（如汤池、干海子、杨林县等处）、上志留纪（如宜良、陆良、马龙间、寻甸及沾益大赤张）、上泥盆纪（如滇池西岸及昆明之北）及中石炭纪?（如呈贡东山及嵩明之北）诸层，其接触关系则大多数为假整合，但志留纪以后之地层，在（则）理应与之成不整合也。

三、下奥陶纪——汤池系或红石崖系

滇东奥陶纪地层，首在可保存西南之汤池附近发现，边兆祥曾名之曰汤池系。惟该处露出不多，化石采集，亦欠完备，故究属奥陶纪之何部，尚难确定。民国二十八年春，郭文魁、王嘉荫在昆明西北二十二公里之二村，于薄层绿页岩中发现 *Didymograptus*，*Taihungshania* 等化石，乃得确定其时代为下奥陶纪。兹先将郭君等在二村所见之剖面节录如次，然后再述本处此次在汤池等地之观察。

二村之下奥陶纪地层系出露于以下寒武纪为轴心，走向东西之背斜层之两翼，以绿色及紫色之页岩为主，常夹砂岩间层，全部厚 280 公尺，郭君名之曰红石崖系。自下至上可分为六层：(1) 薄层状灰色粗砂岩，中夹页岩，厚 5 公尺，含 *Macleura*，*Cruziana* 等化石，下与头村系成假整合接触。(2) 下部砂页岩，薄层状，细粒结构，呈灰或灰绿色，于中部厚 1 公尺之黑页岩中获得 *Taihungshania shui*，*Isotelus* sp.，*Orthis* sp.。此外又有 *Asaphelina*，*Orthis*，*Liospira*，*Lingula* 及虫迹等。厚 44 公尺。(3) 紫页岩层，厚 28 公尺，中含 *Bilolites*。(4) 云母质砂页岩及砂岩，呈斜交层构造及波痕。常成峭壁。含瓣鳃

类化石及虫迹，厚91公尺。(5) 上部砂页岩层，系绿色薄页岩及砂岩间层，厚20公尺，含 *Didymograptus*，*Taihungshania brerisa* Sun，*Orthis*，*Obolus* 等化石。含笔石之层位有二，上下相距8公尺。(6) 褐色云母质页岩及砂岩，后者富含 *Bilolites* 及虫迹，厚90公尺。上与上志留纪之砾状砂岩，成不整合接触。

红石崖系下之头村系，系位于下奥陶纪与下寒武纪之间，由黄色及灰色不纯质石灰岩及绿色页岩间层所组成，总厚174公尺。据最近（西南）联大同学所采化石而观，其时代似应属寒武纪。

汤池系之岩性与前述之红石崖系大致相似，即以绿色页岩及浅黄色云母质砂岩为主。惟分布较狭。在汤池附近露出者厚仅四五十公尺。就其分布，可别为三区：(1) 阳宗海北岸及东北岸，如西山头一带，下接下寒武纪页岩，上接石炭纪灰岩。于浅黄色砂岩中获得 *Orthis* 及瓣鳃类化石。(2) 羊街子至杨林县间，本系组成该处背斜层之东翼。至草子坡，复因一斜交断层而分为二段。在麻沟附近获得 *Orthis*，Asaphids 及瓣鳃类化石。(3) 自大宰格至洗羊塘，中经万寿山、二龙戏珠等处，于绿色页岩中获得 *Cruziana*，*Ogygites*，*Asaphus* 等化石。在汤池系中虽未曾找得笔石化石，但就岩性及三叶虫种类观之，其应于红石崖系相当而同属下奥陶纪，实无疑问。以上所述奥陶纪地层露头，皆在本图幅范围之内。此外，在昆明之北，富民、禄劝、武定等县境内，据近西南联大同学调查，本纪地层分布尤广。

四、上志留纪——马龙系

易隆、马龙、曲靖一带，为我国上志留纪地层之标准区域。该地自民国三年经丁文江首先发现后，复由王曰伦于民国十九年前往复勘，广采化石，经葛利普详为研究，定其时代为上志留纪。该纪地层之层序，自下而上计为：(1) 关底层，为砂质页岩，红、黄、灰各色页岩及软砂岩，厚约250公尺；(2) 妙高层，为黄、灰、黑各色页岩、砂质页岩及不纯质石灰岩，厚约240公尺；(3) 玉龙寺层，以页岩、砂岩为主，底部夹石灰岩晶片，厚170公尺。以上三层共厚约660公尺，合名为马龙系。中含化石甚富，最为标准者为：*Spirifer tingi*，*S. lublingi*，*Hormotoma*，*Leda*，*Pterina*，*Athyrisina* 等，与长江一带及南部之下志留纪化石颇不相同云。

此次调查发现，马龙系之分布，在杨林、沾益间寔远及铁路线两旁五六十公里以外，而自曲靖、马龙、易隆，以达路南之西一带，尤为广袤，延长达百余公里。兹就其分布，别为七区，并各述岩性及化石如次：

（一）嵩明盆地东南边缘之小丘，为本系之黄色及杂色页岩，小褶皱甚多。含腕足类化石。上与泥盆纪地层相接。

（二）大宰格、小新街间，分布于二龙戏珠、洗羊塘、沟阱一带，组成白龙桥摆夷村向斜层之东翼及小新街羊街背斜层之两翼。大部为紫绿色页岩、砂岩及薄层石灰岩。于绿页岩中，边兆祥曾觅得腕足类、瓣鳃类化石数种，而名之为上村系。据边君观察，所谓上村系，厚不过50公尺，与其下之汤池系成假整合接触。但在洗羊塘之北，则本系超覆于沧浪铺系之上。

（三）草甸海于宜良盆地之间，燕子山、鸭子箐一带，本系南北展布甚长，组成羊街云龙寺背斜层之东翼。下部为黄、灰各色砂页岩夹薄层灰岩，上部为紫红色砂页岩夹薄层石灰岩，曾获得 *Spirifer tingi* Grabau 及瓣鳃类化石。本系西接下寒武纪，东则与震旦纪之东山石灰岩成断层接触。

（四）宜良盆地之南界竺山、双龙沟一带，组成双龙沟向斜层之轴部。此处岩层，下部为灰绿色或黄色页岩，上部为紫红色页岩。在双龙沟后曾采得 *Favosites borgeous* E and H。

（五）自路南之西，北达易隆，又自易隆至曲靖，沿叙昆铁路两边，本系出露甚广，组成曲靖来龙哨向斜层之轴部，其东西两翼则俱为下寒武纪地层。在宜良东小渡口至七星村间，沿新开之滇越公路，本系岩层出露甚清，为黄、紫、灰、绿各色页岩或砂质页岩与薄层石灰岩之互层。在上部薄层石灰岩中曾获得 *Favosites malongensis*，*Spirifer tingi*，*Hormotoma kütsingensis* 等化石。在小渡口南 5 公里，沿石燕坡至瑞鸡村之山径，又见一甚为完整之本系剖面，除上述之杂色页岩外，又有黑页岩及致密石灰岩，富含化石，其种类与上述大致相仿。

（六）曲靖沾益西北山地，本系分布甚广，而上部之玉龙寺层，因倾斜平缓，占地既广，出露尤多。大致言之，该区构造为一东北西南向之背斜层，轴心部分分布于德威海南之秧田冲、大赤张、卡郎一带（此背斜层向西延长，经过寻甸东南之背斜构造，实可与小新街、羊街子、云台寺之背斜层相连接）。惟大赤张之西北，即为断层所限，致寒武纪与石炭纪相接，本系地层，不复出露。东南翼则自关底、妙高，以达玉龙寺，各层俱备。关底、妙高二层出露较狭，南端见于秧田冲至大赤张，北端则在卡郎之东北，俱向东南倾斜。卡郎及秧田冲二处，关底层与下石炭纪地层俱成断层接触，底部未尽露出。大赤张之南，关底层覆于下寒武纪地层之上，惟亦因接近断层，挤压颇烈，与下寒武纪地层有否不整合现象，未能断言。据在大赤张所测，关底层共厚约 130 公尺，自下而上之层序如左：

（1）黄色薄层页岩，微含云母，并夹暗灰色不纯蠕状灰岩数层。产破碎腕足类化石　100 公尺

（2）黄褐色土状松砂岩　10 公尺

（3）暗褐色粘土　5 公尺

（4）灰黄及灰绿色砂页岩之互层，页岩中含石灰岩结核。风化后呈蠕状　15 公尺

妙高层整合于关底层之上，厚约 150 公尺，自下而上为：

（1）深绿及暗灰色砂质页岩与深紫色纸状页岩、结核状灰质页岩之互层，含 *Spirifer tingi*　40 公尺

（2）灰绿色薄层页岩，夹结核状灰岩数层　20 公尺

（3）紫绿相间薄层页岩，含 *Protoalhyris* sp.　40 公尺

（4）土红色块状页岩，夹不规则状灰质层　10 公尺

（5）黄绿相间块状页岩及细砂岩　20 公尺

（6）蓝灰色纯灰岩，含 *Hormotoma* sp.

（7）灰色灰质页岩及杂质灰岩，含 *Hormotoma* sp. 及 *Entomis* sp.　20 公尺

妙高层之上，接以玉龙寺层，因倾斜平缓，露头宽广。在黑泥涧、歪格、清水沟之北及芹菜沟一带皆见之。除一部分（如清水沟之东）上接上泥盆纪外，余皆假整合地被覆于下石炭纪石灰岩之下。据王曰伦所测，玉龙寺层最大厚度为 400 余公尺，今在本区所见，厚逾 1000 公尺。此千余公尺之堆积，因岩性不同，上下二部构成之地形，往往灼然有别。但其中化石甚少，又以限于时间，未能详细搜集。兹仅就岩性上分为上下玉龙寺两层分述

如次：

1、下玉龙寺层，共厚约350公尺

(1) 深灰色泥灰页岩 20公尺

(2) 黑色及暗灰色易裂页岩（Fissile shale），含 *Modiolopsis crypta*

(3) 灰绿色薄层石英砂岩及砂质页岩 120公尺

(4) 灰褐色石英砂岩与黄褐色粗砂岩之互层 50公尺

(5) 灰褐色厚层粗石英岩，夹绿页岩多层，含鱼化石甚富 100公尺

(6) 白色灰质砂岩，含鱼化石

2、上玉龙寺层，共厚约700公尺

(1) 灰绿色板状页岩，微含云母，层面上有波纹构造 30公尺

(2) 黑色薄层泥页岩，有时夹豆状或鱼子状矾铝土一层，厚自10公分至30公分 20公尺

(3) 黄红色砂岩及砂状页岩 100公尺

(4) 紫绿相间页岩，绿页岩，层面上满布 *Modiolopsis* 化石 80公尺

(5) 红棕色块状页岩，夹绿色页岩层，含植物及鱼化石碎片 150公尺

(6) 灰色不纯薄层淡水灰岩，含鱼化石碎片甚富 5公尺

(7) 红紫页岩及浅黄页岩互层 80公尺

(8) 红绿相间块状页岩 120公尺

(9) 棕色坚硬粗砂岩，含植物化石碎片极富 20公尺

(10) 深紫及黄绿色页岩，含植物碎片 20公尺

(11) 黄色土状页岩，间以不规则紫色条带 20公尺

编者按上述玉龙寺层剖面是否已有上泥盆纪之分子之内，尤其所含鱼化石，据原调查人王鸿祯、董申保二君谓，颇有似沟鳞鱼之趋势，而更足怀疑，惟 *Modiolopsis* 则似应为马龙系之物耳。

在图幅范围内，本系地层又出见于沾益县东南，马龙营之东，东与中泥盆纪石灰岩及泥灰质页岩成不整合接触。西为冲积层所覆，未见其底。就岩性论，可分为上下两部：下部为灰紫、红紫或褐黄色砂岩及页岩交互层，含 *Spirifer subtingi*，*Athyrisina* 等，厚约150公尺，似可与关底层相比拟；上部为暗灰、紫黄色矽质石灰岩及黄色砂质页岩，继之为黑、灰、黄各色页岩，夹泥灰岩薄层，化石颇富，触目皆是。曾采得 *Hormotoma kütsingensis*，*Leda yilungensis*，*Praecardium distans*，*Spirifer tingi*，*Athyrisina*，*Modiolopsis* 等，可与妙高及玉龙寺层相比拟云。

近闻（西南）联大地质系同学在曲靖之关底、妙高层中采获 *Cyrtograptus*，颇似滇东亦有中志留纪之存在。兹因新发现之化石，层位未明，暂仍一律属之上志留纪，以待异日之更正。

马龙系常超覆于下寒武纪之上。奥陶纪每全部缺失。在洗羊塘附近，并曾（发现）此常告缺失之奥陶纪成凸镜体残留，足证上志留纪以前必有一侵蚀间断。在二村及陡坡寺，并曾见本系与红石崖系及下寒武纪成交叉式之接触，故知本系之前不但有侵蚀间断，且有造山运动也。本系与其上地层之接触亦常为假整合，并有中泥盆纪、上泥盆纪及石炭纪种种地层之不同，其在地史上之意义，容后论之。

本图幅除曲靖、沾益西北之区域，曾将关底、妙高及上下玉龙寺四层分别测绘，而以 Sm_1，Sm_2，Sm_3，Sm_4 表示外，其余皆未详分，而以 Sm 即马龙系表示之。

五、泥盆纪

云南泥盆纪地层分布甚广，尤以在滇东一带知之较详。据前人研究，上中下三纪俱有其代表。下泥盆纪之地点计有二处，即曲靖之翠峰山及沾益之龙华山两处。下部俱为大陆沉积，含植物化石 *Arthrogstigma gracili*。上部为海生层，含 *Sieberella sieberi* 及 *Spirifer jouberti*。此次本处王鸿祯、董申保研究龙华山剖面，在下部之大陆沉积中获得与湖南跳马涧及昆明海口等处同样之沟鳞鱼及古鳞木化石。沟鳞鱼据计荣森最近研究，认为应属上泥盆纪无疑。古鳞木据斯行健意见，亦颇有属上泥盆纪之可能。又据本处周德忠、谭飞在曲靖青龙镇剖面中发现，沟鳞鱼及古鳞木化石层，似位于中泥盆纪标准化石 *Stringocephalus* 层之上。查滇东所谓下泥盆纪之海生化石，昔葛利普早有疑问，而植物化石，虽哈勒相当肯定地认为应属下泥盆纪或至多中泥盆纪之下部，但究以只有一个种属，难资征信。兹依据最近研究结果，将曲靖、沾益一带从前所称之下泥盆纪，一律暂易为上泥盆纪。至于中泥盆纪之 *Stringocephalus* 层，在禄劝（誇兴山）、西洱、婆兮（并有 *Calceola*）等地早经发现。此次在曲靖东山及陆良盆地之东北，俱见其分布甚广。最近在昭通附近更发现与婆兮相似之剖面，惟已不在本图幅范围以内矣。至于在路南、婆兮等处业经发现之上泥盆纪海生化石层 *Sinospirifer yunnanensis* 等，其与最近订立沟鳞鱼层之关系，因乏连续剖面，尚难论定。

如前所论，调查区域内之泥盆纪地层，可分为中泥盆纪及及上泥盆纪二部。前者为海生沉积，后者则为大陆沉积。兹分述如次。

（甲）中泥盆纪——广西系

本纪为砂页岩及石灰岩所组成，厚达200公尺，富含海相化石，最为显著者为 *Stringocephalus*。田奇瑪尝就西南各省中泥盆纪地层详为比较而合称为广西系，兹沿用之。在调查区域内之分布可别为二区：（一）陆良盆地之东北。自城区附近，经芳华至竹子山一带。在芳华所见，下为黄灰色结晶灰岩，中为浅绿或暗红色中粒砂岩及页岩，上为暗灰色致密灰岩。曾获得 *Stringocephalus*。其西为震旦纪之澄江砂岩，除大部分为第三纪地层掩覆外，其西北一小段似与之成断层接触。（二）曲靖以东沿山一带分布最广，自北至南，其露头可分为五处：1、沾益桃园；2、曲靖猪街子；3、大箐口；4、青龙镇；5、馒头山。在桃园及青龙镇俱曾详测剖面，节述如次：

1、桃园剖面

下伏岩系　上志留纪之马龙系

（1）黄灰色砂质页岩，夹富于介形类化石 Ostracoda 之灰岩　15公尺

（2）灰色薄层灰岩与页岩之互层，含化石极富，初步鉴定有下列数种：*Pachypora nicholsoni* Frech，*Stringocephalus burtini* de Frence，*Atrypa desquamata* var. *kansuensis* Gr.，*A. aspera* var. *subkwangsiensis* Tien，*A. douvilli* Mansuy，*Schizophoria kütsingensis* Gr.，*S. excellens* Gr.，*Athyris subplana* Tien，*Meristella tungshanensis* Gr.，*Gomphoceras* sp.　100公尺

（3）黑灰色厚层石灰岩，夹暗灰色页岩薄层，含 *Cystiphyllum*，*Stringocephalus* 等。

(4) 灰色页岩，夹结核状石灰岩薄层，化石亦富，与第二层所产者相似，惟 *Stringocephalus* 特多。 30公尺

以上各层总厚190公尺。(4) 之上为黄灰、黄绿诸色砂质页岩，钙质页岩及黄色粗砂岩，并夹薄煤一层。砂岩富龟裂纹，常为铁矿所充填。含鳞木化石。此层似属下石炭纪之丰宁系，然其最底部或有属上泥盆纪之可能。

2、曲靖青龙镇剖面（自下而上）

(1) 灰黄色页岩夹砂质页岩 30公尺

(2) 薄层石灰岩，似全由化石组成。已采获并经初步鉴定者计有：*Stringocephalus burtini* de Frence，*Pachypora* sp.，*Schizophoria Striatula* mut. Grabau，*S.* var. *kansuensis* Gr.，S. *kütsingensis* Gr.，*Atrypa desquamata* var. *kansuensis* Gr.，*Atrypa desquamata* mut. *Alpha* Gr.，A. *douvilli* Mansuy，A. *aspera* var. *subkwangsiensis* Tien，*Athyris subplana* Tien，A. sp.，*Productella subculiata* Murchison mut. *Beta* Gr.，*Productella* sp.，*Reticularia lensiformis* Gr.，*Spirifer* sp. 30公尺

(3) 含 *Pachypora* 石灰岩 15公尺

(4) 灰绿色页岩夹薄层石灰岩，含化石种类与(2)相似 40公尺

(5) 下部为厚层石灰岩，含 *Stringocephalus burtini* de frence，*Stringocephalus obesus* Grabau；上部为黑灰色结晶质薄层灰岩，*Cystiphyllum* 纵横其间 20公尺

(6) 纯质厚层石灰岩

(7) 砂质页岩夹薄层灰岩。化石亦当与前大致相似，仅多 *Gomphoceras* 20公尺

以上(1)至(7)共厚175公尺。(7)以上为黄色砂岩及黑色页岩，含古鳞木、沟鳞鱼化石，计厚30余公尺。兹以之属于上泥盆纪。

本系分布散漫，露头零星，致其与上下层之关系不甚明了。在桃园，其位于上志留纪马龙系之上，成假整合接触。

(乙) 上泥盆纪——海口层

以沟鳞鱼为标准化石之上泥盆纪大陆沉积，在滇东首见于昆明南之海口附近，故名曰海口层。王鸿祯在其昆明附近地质一文中则称曰虚凝庵层。全层厚不及50公尺。下部以白色石英岩为主，上部则多页岩。在昆明附近分布最广。如钗村、筇竹寺、石头山、海口(滇池之西)及虚凝庵、金殿附近皆是。厚25至50公尺。不整合地位于下寒武纪地层之上，而上与石炭纪石灰岩成假整合接触。在二村，则本系超覆于下奥陶纪紫页岩之上。昆明以东，大板桥车站之西南及呈贡官山一带，本层又复出露，其岩性及与上下层之关系，悉如前述。嵩明县城之西南，有风化甚烈之砂岩，中含植物化石碎块，疑属本层。惟此处则位于上志留纪马龙系之上。又澄江西南抚仙湖西岸，本层西与三叠纪地层成逆掩断层之接触，东则位于下石炭纪丰宁系之下。

以上所述为本系在调查区域内之西部露头。在东部，则分布于曲靖、沾益一带铁路线东西两侧及宣威之东山。铁路线西侧之本系，见于沾益城西之龙华山、翠峰山、陈方桥、马鞍山等处，位于上志留纪玉龙寺层之上。二者之间，倾向、倾角虽无变更，但因在不同

地点接触不同层位之玉龙寺层，故知其间似有一侵蚀间断存在。此处本层底部为红、黄相间之页岩，厚约30公尺，产古鳞木化石。页岩之上为褐色及黄白色粗松灰质砂岩，极易破碎，富含古鳞木及沟鳞鱼，厚约20公尺。再上为黄灰色砂岩及泥页岩之互层，厚20公尺，仍含沟鳞鱼。最上为黄、红相间薄层页岩，厚逾150公尺，底部夹不纯灰岩数层，在沾益、曲靖间之大和山出露，曾获得腕足类化石，当为海生沉积，惟其时代尚难决定。按海口层之厚度常不及50公尺，上述剖面，只大陆沉积一项已有70公尺，故知其间必包有其他分子在内也。曲靖、沾益铁路线东侧之露头计有三处：1、沾益海兆哨，2、沾益关牛洞，3、曲靖青龙镇。此三处岩层俱为灰白色石英岩及绿灰色薄页岩，厚自30至50公尺，皆含沟鳞鱼及古鳞木化石，且俱为下石炭纪之地层所掩覆。惟除青龙镇剖面见本层位于中泥盆纪之广西系之上外，其余皆未见其底。宣威东山之本系，大部为灰色石英岩，间夹数层厚约二公分之红黑色砂质页岩，总厚约20公尺，似不整合地覆于下寒武纪黄色云母砂质页岩之上，含沟鳞鱼及古鳞木化石甚多。

综上所述，海口层常不整合地位于下寒武纪、下奥陶纪或上志留纪地层之上，只有一处见其在中泥盆纪之上，故知上泥盆纪之前必有一深长之侵蚀间断或造山运动也。

六、石炭纪

昔丁文江调查贵州地质，将下石炭纪地层名为丰宁系，中石炭纪名为威宁系。丰宁系又分为獞老河、汤粑沟、旧司、上司诸统。此次调查俱袭用之。

石炭纪地层在调查区域内分布甚广。在东部见于昆明附近、滇池四周及阳宗海、嘉利泽、易隆、寻甸以西各地。据曾鼎乾、杨博泉在昆明西山研究，已确立有中石炭纪之存在，其主要岩层为白或灰白色石灰岩，厚20公尺，中含*Chaetetes*，*Koninckophyllum*，*Dibunophyllum*，*Staffella*等。惟此层之上之上煤系（厚20公尺）及其下之下煤系与石灰岩（厚75公尺），应否属栖霞或下石炭纪尚难确定。在阳宗海—易隆一线以西之石炭纪，此次调查因时间匆促，图幅上未曾详分。惟就所采化石观之，则下石炭纪及中石炭纪似俱存在。在调查区域之西部，如曲靖、沾益、宣威、威宁等县境内，铁路线两旁，石炭纪地层分布更广。据此次详测剖面，广采化石，已证明有下石炭纪丰宁系上部上司统及中石炭纪威宁系之存在。上司统以下之各统，因未得化石，尚难论定。至于属上石炭纪或石炭二叠纪之乌拉统，在昆明附近尚未发现。此次在宣威、威宁、呈贡等处，俱经见及。综上所述，本区内之石炭纪可分为下石炭纪之丰宁系、中石炭纪之威宁系及上石炭纪或石炭二叠纪之乌拉统，兹分述如次：

（甲）下石炭纪——丰宁系—上司统

本系在威宁县城附近分布甚广，适露于威宁大背斜层之中轴，常自成数小褶皱，上覆以威宁系之镁质石灰岩，厚约200余公尺。大部岩石为薄层灰岩及页岩，间有砂岩薄层，惟为量不多。颜色由浅灰至黑色。页岩风化后常成浅黄色。岩性既软，侵蚀自易，每造成地形上之盆地，便于稼穑。然因地势高寒，水源缺乏，仅宜于洋芋、荞麦等物之种植而已。本系含化石极丰，如*Gigantella giganteus*，*Kueichouphyllum*，*Yunnanophyllum*等，俯拾即是，皆为丰宁系上部上司统之物。至于旧司、汤粑沟、獞老河诸统，因未有化石，是否存在，尚待研究。在昭通、曲靖、沾益等县境内，相当于本系之下部，尚有一含煤层，在威宁背斜层中似未及出露。兹将本系之详细层序在威宁背斜层南北两翼所出露者表列如次：

1、威宁县城东北部剖面，即威宁背斜层之北翼，自下而上为：

（1）黄褐色页岩及黑色泥质灰岩，含 *Kuichouphyllum* sp. 60 公尺

（2）深灰色不纯灰岩及黑页岩 10 公尺

（3）褐、黄、深灰等色页岩 50 公尺

（4）深灰色钙质页岩，间夹少量泥质灰岩，有 *Yuanophyllum kansuense* Yü *Gigantella gigantea*（Martin），*Gigantella* of maxima（M' Coy），*Chonetes* sp. *Fenestella*，Crinoid stems 等 25 公尺

（5）灰色薄层泥质灰岩及黑、黄、绿、灰等色钙质页岩，含 *Gigantella gigantea*（Martin），*Kueichouphyllum sinense* Yü，*Kueichouphyllum heishihkuanense* Yü. 60 公尺

以上共厚 205 公尺

2、威宁至马鞍山剖面，即威宁背斜层之南翼，自下而上为：

（1）黑色页岩，风化后作黄色，含 *Refinesquina*，*Fenestella*，*Productus* sp. 及小型之斧足类，底部未露出 30 公尺

（2）黑色薄层泥质灰岩，间夹黑色页岩，含 *Gigantella*，*Productus*，*Syringopora* 等 40 公尺

（3）黑色灰质页岩及黑色页岩 20 公尺

（4）黑色页岩，风化后呈黄色 30 至 40 公尺

（5）黑色薄层灰岩，具燧石薄层，含 *Gigantella* 20 公尺

（6）黑色灰质页岩，夹灰岩薄层，含海百合梗及小型之腕足类化石 25 公尺

（7）黑色薄层灰岩 18 公尺

（8）暗灰色薄层灰岩，上部呈浅灰色，含 *Gigantella gigantean*，*Kueichouphyllum*，*Syringopora* 30 公尺

以上共厚 241 公尺。

本系在威宁背斜层中出露地点颇为辽阔，东自下店子，南至马鞍山，西至大桥以西。所采化石，除威宁县城附近者外，在马鞍山以北灰黑色钙质页岩中得 *Kueichouphyllum*，*Diphyphyllum*，*Syringopora*，*Chaetetes*，*Chonetes* 等。白马塘南黑色薄层灰岩中有 *Echinoconchus elegans*（M' Coy）*Striatifera*（*Productus*）*striata*（Fischer），在鸭子塘灰黄色钙质页岩中得 *Syringopora*，*Lithostrotion*（*Siphonodendron*），Crinoid stems 等。此外于会泽小雪山东麓尹家村及宣威大营上均有本系露头，但未得化石。

曲靖、沾益松林间铁路线之东西两侧本系出露甚广。在东侧者组成曲靖东山复背斜层之轴部及东西两翼。向北至法萨、鸭子塘间，本系又复出露，组成宣威东山复背斜层之轴部，因其西为断层所限，故露头成狭长带形。本系上与威宁系相整合，下则超覆于中泥盆纪、上泥盆纪或上志留纪之上。除沾益之九龙山与沙沟间较厚，达 185 公尺外，余均只五六十公尺。兹将沙沟剖面列其层序如次：

沙沟之下石炭纪剖面，自下而上：

（1）灰色薄层泥质石灰岩及黑、黄、绿、灰等色页岩，夹薄煤二层，含 *Kueichouphyllum sinense* Yü，*Linoproductus tenuis riatus*，*Syringopora* 等 80 公尺

（2）深灰色钙质页岩，间夹少量泥质灰岩，有 *Chonetes*，*Fenestella*，Crinoid stems 等 25公尺

（3）黄、绿、灰等色厚层砂岩，底为3公尺厚之矽质石灰岩 40公尺

（4）红紫色薄层石灰岩及页岩之互层 30公尺

（5）灰白色砂岩及灰色页岩，夹仅厚20公分之薄煤一层 10公尺

自曲靖至炎方间铁路线之两侧，本系出露更广。因倾角平缓，常占宽大之面积。惟所见层序与上述似有不同。据王鸿祯、董申保调查，此处煤系厚约百公尺，似位于一不纯质石灰岩之上。后者厚逾450公尺，化石极少，仅在上部接近煤系处始有管状珊瑚化石。灰岩常覆于上志留纪玉龙寺层之上，有时亦覆于上泥盆纪地层之上，层向倾角虽无变化，但其间有一侵蚀间断似无疑义。在沾益50公里处，沿公路剖面曾测得煤系自下而上之层序如次：

（1）灰白色粗砂岩 未全部露出

（2）紫色页状灰岩，含 *Productus*，*Syringopora* 及小型单体珊瑚化石 10公尺

（3）灰紫色页岩 15公尺

（4）黑色、黄色页岩之互层 10公尺

（5）龟裂纹灰岩及黄色砂质页岩之互层，灰岩中含 Chonetes，Fenestella，Crinoid stems 15公尺

（6）黄色灰质土状砂岩 5公尺

（7）下层煤 1公尺

（8）黑黄色泥页岩 5公尺

（9）上层煤 0.7公尺

（10）黑色页状灰岩，含 *Productus giganteus*，*Chonetes*，*Fenestella* 及分支状之 Bryozoa 等 10公尺

（11）薄层灰色灰岩及灰质页岩 20公尺

上覆岩层——威宁系石灰岩

西自昆明、呈贡，东至阳宗海、易隆间之本系，包括下、中、上石炭纪三部，在图幅上未曾详分，前已述及。大致言之，此处岩层下部为薄层泥质灰岩，内有结晶灰岩及灰色致密灰岩，中部为铝土层或含煤之页岩层，上部为暗灰色致密灰岩及铝土层或含煤之页岩层，顶部含煤，似可与阳新底部之煤系相比。以上三部共厚约300公尺。所采化石以中石炭纪之 *Chaetetes Dibunophyllum*，*Koninckophyllum* 等为最多，大部分俱限于中部铝土层以上之灰岩内，故此部分之属中石炭纪可无疑义。至于下石炭纪之标准化石 *Kueichowphyllum* 则仅在二龙戏珠、大煤山一带采得，产于紧接中部煤系下之石灰岩中。煤系本身产鳞木化石，其上为白色纯灰岩，产 *Chaetetes*，再上则为厚十数公尺之黄绿色页岩。在他处有含煤者。此层似可与下二叠纪阳新系底部煤系相比拟。上述层序与在宣威、威宁、昭通及曲靖、沾益间铁路东侧所见者颇不相同，而与曲沾间铁路西侧颇相似。即谓煤系实位于灰岩之上也。昔边兆祥在大煤山所测定之层序，下为宰格石灰岩，厚约百公尺，中为万寿山煤系，厚三四十公尺，上为西山石灰岩，厚在200公尺以上。大致层序似可比拟。惟边君所采化石颇不充实，如所谓宰格石灰岩者恐尚包括大部之泥盆纪，而西山石灰岩中又产 *Productus giganteus*，*Yuanophyllum*，*Chaetetes* 等下中石炭纪之物。故为确定时

代，难资依据。总之，在阳宗海、易隆、沾益一线以西之下石炭纪，在层序上尚多疑问，兹暂以宣威、威宁及曲沾间铁路东侧所见为标准，或较为妥适也。

（乙）中石炭纪——威宁系

本系岩石以石灰岩为主，呈白色、浅灰色或黄、白诸色，常富含铁质，或结晶显著。厚自百余公尺至八九百公尺。大致昆明、呈贡至曲沾间西部一带较薄，宣威、威宁等地则较厚。因岩性坚韧，不易剥蚀，常造成高山峻崖，如威宁一产底间，宣威东山、曲靖东山等是也。在调查区域内分布甚广，计可分为五区：1、滇池四周，包括昆明及呈贡附近及大板桥、长坡一带，仅厚百余公尺。大部分恐属中石炭纪。是否含有下石炭纪，今尚未明。至于阳宗海两侧图上所示之石炭纪，至少有一部分当属下石炭纪。以上各地之层序已如前述。2、嵩明、寻甸境内组成新哨、恶歹村背斜层之两翼或轴部及牛栏江上游西北岸石洞、麦浪一带。3、曲靖、宣威间铁路线之东侧，自北至南，出露于宣威东山、来一铺、块泽河南北两岸，组成若干背斜层之轴部及曲靖东山等处。4、曲靖、宣威间铁路线之西侧，自北至南可分为三带：北带在小江沿岸，自王家沟至黄家园，组成小江背斜层之轴部；中带分布于述迤、卡郎、德威海间；南带则露头较为零星，大致在南盘江上游两岸。灰岩质纯，色白，多呈厚层状或块状，上部偶夹十余公尺之砂页岩。主要化石为 *Striatifera*，*Textularia*，*Koninckophyllum*，*Chaetetes* 等。5、威宁、会泽境内，主要者为威宁背斜层之南北两翼及威宁以东此背斜层之中轴。北翼分布于杨官村、产底；南翼自银厂经诸溪，以达赵家院子。露头宽广，厚达五百至八九百公尺。在产底、狗店子等处，本系之灰岩常成喀斯特地形，孤山罗列，一望无际，土人名曰大将点兵。此外又出露于会泽牛栏江西岸小雪山东麓，即头塘盆地之东翼及者海以北牛圈房等处。在威宁背斜层中，本系南北两翼之厚度颇为不同，其层序曾经详测如次：

（一）威宁背斜层南翼银厂一带剖面，自下而上为：

（1）灰色薄层镁质石灰岩	厚度不详
（2）浅灰色镁质灰岩，具带状燧石	25 公尺
（3）灰白色纯灰岩，含腕足类及少许珊瑚化石	70 公尺
（4）白色镁质灰岩，中部含燧石，上部具方解石细脉	120 公尺
（5）灰色纯灰岩，时具红色铁质细脉，下部产 *Lithostrotion* 及腕足类化石，上部含 *Koninckophyllum*，*Syringopora*，*Dibunophyllum*，*Chaetetes* 等化石	180 公尺
（6）黑灰色纯灰岩	20 公尺
（7）灰砂岩及黄页岩	15 公尺
（8）灰色纯灰岩	50 公尺
（9）薄层灰色纯灰岩夹紫色及绿色页岩	15 公尺

以上露出之部共厚 495 公尺。下部富含镁质，化石较少；上部则多为纯质灰岩，含化石甚多。

（二）威宁背斜层北翼，自县城至杨官村剖面：

（1）灰色薄层灰岩及少量紫、绿、灰等色页岩之互层	220 公尺
（2）浅黄灰色薄层灰岩，中夹燧石层，含 *Dibunophyllum*，*Koninckophyllum*，*Chaetetes*，*Syringopora*，*Striatifera* 等	200 公尺

（3）浅灰色厚层状石灰岩及镁质结晶石灰岩，晶粒甚粗，含 *Koninckophyllum*，*Dibunophyllum*，*Siphonodendron*，*Syringopora*，*Chaetetes*，Bryozoa，*Striatifera*，Gastropoda 等 70 公尺

（4）白灰色镁质结晶石灰岩，含大型腕足类如 *Striatifera* 及珊瑚类化石 300 公尺

（5）灰色结晶镁质石灰岩，略成角砾状 2 公尺

（6）角砾状石灰岩，填充物常为方解石晶体 1.5 公尺

（7）灰色厚层状结晶石灰岩，有时略有薄层镁质石灰岩夹杂其间 100 公尺

以上共厚 893 公尺。

曲靖东山本系出露亦较完备。据在五台山所测之层序，自下而上如次：

（1）灰色或紫红色钙质页岩夹薄层石灰岩，含 *Dibunophyllum*，*Sperifer*，*Productus* 等 80 公尺

（2）角砾状石灰岩 50 公尺

（3）灰色结晶镁质石灰岩，含 *Striatifera* 及珊瑚类化石 200 公尺

（4）浅灰色厚层石灰岩，珊瑚化石特富，如 *Koninckophyllum*，*Dibunophyllum*，*Siphonodendron*，*Chaetetes*，*Syringopora*，*Striatifera*，*Gastropods* 等 100 公尺

（5）绿灰、紫灰等色页岩，中夹薄层石灰岩。上部为暗灰色石灰岩，夹燧石薄层或结核，另夹黑页岩一层。含 *Fenestella*，*Striatifera*，*Linoproductus*，Crinoid stems 150 公尺

（6）灰色薄层石灰岩，含白色燧石层 50 公尺

以上共厚 630 公尺。

在威宁境内，本系下与丰宁系相接，并无间断现象可见。然在宣威东山及昆明、呈贡等处，每见其直覆于上泥盆纪、上志留纪或下寒武纪之上，足证在本系沉积以前必有一深长之侵蚀时间断也。

（丙）上石炭纪或石炭二叠纪——乌拉统

代表上石炭纪或石炭二叠纪之乌拉统，在长江下游名曰船山石灰岩，在桂、黔等省则称为马平石灰岩，在昆明附近则似尚未发现。此次调查，在宣威、威宁、沾益、曲靖、呈贡等县境内，俱经发现相当乌拉统之地层位于威宁系与下二叠纪阳新灰岩之间，厚自数公尺至 150 公尺。顶、底部俱为砂岩、页岩，中夹具球状构造之石灰岩数层。内含 *Pseudoschwagerina*，*Triticites* 等化石。因本层厚度变迁甚著，时而尖灭，时而为阳新系所超覆，故露头狭窄，分布零星。在威宁境内，见于威宁背斜层之南北二翼，如杨官村、猴子井、真龙地及诺溪等处者为最广。其次，则宣威小江沿岸，如西泽、石岩瓢、白泥塘等处，组成小江背斜层之两翼。又宣威县南十公里之罗洽山及东南三十公里之天生桥，本层俱有出露。在罗洽山者，厚 20 公尺球状灰岩中含 *Pseudoschwagerina* 特多。在天生桥曾获得 *Caninia*，*Triticites* 等化石。本层又见于沾益东北 22 公里之遵化堡及曲靖东南 35 公里之潦浒镇。后者露头较为完备，厚度 60 公尺。会泽东南 22 公里之尹家村，本层亦有出露，惟厚度甚小，底部之砂页岩悉付缺如。在滇池四周，本层仅见于呈贡东北之石牛山，于豆状灰白色之致密灰岩中获得 *Pseudoschwagerina* 及单体珊瑚化石。兹将在各处所测本层之详细剖面列表如次：

（一）猴子井、黑姑间剖面，即威宁背斜层之北翼，自下而上计为：

（1）黄色砂岩及黑灰色页岩 3公尺

（2）灰色灰岩，含类似 *Triticites* 之小型纺锤虫 20公尺

（3）浅灰色球状灰岩，球状体直径约五六公分，含 *Pseudoschwagerina*，但为数甚少 50公尺

（4）灰白色纯灰岩，满布 *Pseudoschwagerina*，*Triticites* 50公尺

（5）灰色厚层球状灰岩 15公尺

（6）灰色灰岩 10公尺

以上共厚148公尺。在杨官村所见者，除层序略有不同外，厚度亦减，仅8.5公尺。在真龙地更薄，球状灰岩仅厚二三公尺，然其下部之砂页岩中夹杂石灰岩块，颇似曾经冲刷后而沉积者。

（二）小江沿岸西泽附近剖面，共厚8.5公尺，自下而上：

（1）浅灰细砂岩 3公尺

（2）黄灰色球状灰岩，下部呈粉色 2公尺

（3）灰白色薄层灰岩。下层具球状构造，上层含 *Caninia* 及 *Pseudoschwagerina* 2.5公尺

（4）绿棕色坚密细砂岩，风化面呈红色 1公尺

（三）曲靖潦浒镇剖面：自下而上共厚55公尺

（1）黄色粗砂岩及灰黑色页岩 20公尺

（2）浅灰色结晶纯灰岩，呈球状构造，满布 *Pseudoschwagerina*，*Triticites* 等 30公尺

（3）灰色石灰岩 5公尺

本层与威宁系间虽无不整合现象，惟威宁系厚度变迁极著，如威宁背斜层之南北两翼相差即达四五百公尺，甚似乌拉统前有一侵蚀存在。此侵蚀之结果，复使乌拉统底部之砂页岩中夹杂石灰岩块，如在真龙地之所见。按在安南及云南南部各地，乌拉统前有一显明之造山运动，即李四光之昆明运动。特此运动在调查区域内影响甚微，仅造成一侵蚀间断耳。

七、二叠纪

在调查区域内二叠纪地层分布最广，发育最全。自下而上可分为三系：1、阳新系，下为栖霞石灰岩及其底部之煤系，上为茅口石灰岩，时代均属下二叠纪；2、玄武岩系，属中上二叠纪；3、宣威煤系，即以大羽羊齿植物化石为特征者，其时代似当属上二叠纪。兹分论如左：

（甲）阳新系——下二叠纪

本系大致可分为三层，自下而上为：1、底部含煤层，由浅黄或白色砂岩及各色砂页岩组成。风化后多呈紫红色，厚自30至70公尺。近顶处夹煤一层或二层，煤质甚劣，厚可半公尺。底部有粗砂岩一层，有时变为砾岩，足为含煤层沉积前有一侵蚀间断之证。化石极少，仅见植物痕迹。2、栖霞石灰岩，系蓝灰色厚层状石灰岩，最后达400余公尺。下部质纯，富含化石，主要者为 *Tetrapora*，*Stylidophyllum*，*Michelinia*，*Waagenophyllum*，*Corwenia* 珊瑚化石。此外纺锤虫、腕足类、腹足类、海百合茎等亦甚多。上部

含镁质较多，风化面呈显著之“破布状”结构。盖因含镁多者，风化后岩面既极粗糙，又作黝黑色。此与纯灰岩之光滑而作灰白色者不同，若杂然并陈，遂发生如上述之结构也。近顶之部又含白色燧石，或成条带状，或成结核。化石较下部为少。3、茅口石灰岩，亦以浅灰色厚层状之石灰岩为主，厚可达300余公尺。愈近顶部，则镁质渐增，层次亦渐薄，且常含黑色燧石带。本系之岩性与栖霞石灰岩颇相似，故二者之分界所在，殊难确定。惟化石不同，产 *Wentzelella*，*Neoschwagerina*，*Doliolina* 等。以上三层在本图幅上未曾详分，概以阳新系一色示之。按扬子江流域及贵州等处，栖霞石灰岩之底部常含煤，此次所见之底部含煤层自可与之相当。又栖霞及茅口石灰岩中之重要化石层带俱经寻获，惟栖霞最上层之 *Polythecalis* 及茅口最上层之 *Plicatifera* 则似均未见。

本系之详细层序，曾在宣威小江西泽至蛤蟆井间测得，自下而上表列如次：

(1) 白色粗粒长石砂岩	3公尺
(2) 白色细粒砂岩夹页岩间层，风化后作红色	10公尺
(3) 黑、灰、紫各色页岩，含煤层	15公尺
(4) 薄层暗灰色灰岩	5公尺
(5) 块状纯白灰岩，含 *Michelinia abnormis* Huang，*Fistulipora* 等	60公尺
(6) 黑色灰岩	4公尺
(7) 灰色灰岩，具白云岩层	40公尺
(8) 灰色灰岩，含不规则白云岩块，表面呈破布状	100公尺
(9) 灰色镁质结晶灰岩，富含燧石结核或层带	60公尺
(10) 灰色纯灰岩，含 *Neoschwagerina*，*Doliolina*	50公尺
(11) 灰色镁质灰岩，成条状	25公尺
(12) 黑色燧石层	4公尺

以上共厚376公尺。自（1）至（3）为底部煤层，（4）至（9）为栖霞石灰岩，（10）至（12）为茅口石灰岩。

在曲靖沾益西北山地，本系总厚250公尺，所见层序稍有不同。底部为浅灰色结晶灰岩，厚30公尺，含 *Stylidophyllum* 及海百合茎。上为薄层灰岩与泥灰岩之互层，厚40公尺，含 *Lyttonia*，*Tetrapoda*。再上为粒状纯灰岩，稍受风化，即化解为散粒，厚50公尺，富含 *Productus*，*Martinia* 等。再上为破布状（或称虎纹状）灰岩，富含 *Neoschwagerina*，厚50公尺。再上为暗灰色灰岩，满布纺锤虫，骤视之，若鲕状石灰岩，厚60公尺。顶部为黑灰色灰岩，时夹砂岩层，厚约20公尺；以锤击之，有沥青气，即与玄武岩流接触者也。

本系岩质比较纯粹，易为水溶，故风化剥蚀之后常造成显著之喀斯特地形，每见孤山罗列，石壁如林者常为本系存在之证，而路南县东北之“石林”，峰峦秀丽，名著中外，即此项地形之发育尤为完美者也。

阳新系在本区域内分布特广，殊难一一叙述，大致分为六区：1、昆明之北及滇池西岸。2、滇池以东至宜良、易隆一线之间，因构造复杂，本系反复出露，自西至东计有：(甲) 归化晋宁向斜层之两翼，因剥蚀及断裂关系，致颇多错断；（乙）万溪冲穹隆之四周；（丙）李子阱通猫山向斜层之两翼；（丁）梁王山向斜层之两翼；（戊）大石块背斜层之两翼；（己）阳宗海西北岸五亩地倒转向斜层之两翼；（庚）白龙桥摆夷向斜层之两翼。

此带位于阳宗海东岸，南北延长达60公里。3、嵩明寻甸间，因褶裂关系，本系反复出露者达五六次，形成东北西南向之层带。4、路南东北之石林、天生桥一带，位于图幅之边缘，但向东南则延展甚远。5、曲靖、宣威间铁路线之东侧，自北至南：（甲）出露于宣威东山背斜层之两翼，其西翼因断裂关系，分布殊为零星；（乙）大田坝鲁海向斜层之四周，其西因倾斜平缓，随地形高下，及后展布甚广，其东过河以头断层后，本系又出露于鸡场、兔场等处，组成小海子背斜层之两翼；（丙）说达火得居背斜层之南北两翼，其南翼复成若干南北向之复褶皱，致本系反复出露甚广；（丁）曲靖东山背斜层之东西两翼，其西翼因断裂关系，露头较不连续；（戊）越州盆地以东，益施水汫坡一带。6、曲靖、宣威间铁路线之西侧，以分布于宣威西之上海子，经上述迤、热水塘，以达小赤张之北及德威海之西北一线为最长，约有50余公里，再向西南，与寻甸北之本系露头有连续之势，其次见于以谷海之东永安铺附近。7、宣威城以北及威宁、会泽境内，复可分为六带：（甲）威宁背斜层之北翼；（乙）威宁背斜层之南翼，自高枧槽、黑石头至磨石沟，复由黑石头东南行至蛐蚱，转向西南至铁厂、大水塘、拖克，为大寨向斜层之东南翼。大水塘背斜层之轴部，至牛栏江边之祖戛，本系复行露出，西南可与款目一带之灰岩相连。此外，阿布罗、务德及牛津海子附近，本系因断层出露，亦可归入本带；（丙）东自石丫口，西经分水岭、马街子、西泽，直达牛栏江边，组成小江背斜层之轴部；惟东部分水岭、石丫口一段，因断层关系，与西段实不相连；（丁）介于威宁、宣威、会泽三县之间，北起洽西河，南行经三道桥、大木厂至凉水井，分歧为二：一经铅厂，沿小雪山东麓，达尹家村，一由凉水井直达烂泥箐，为断层所没，直至白岩、斗红一带，始重现地表；（戊）会泽附近；（己）宣威东部白泥井、栗柴坡、宝山等地。

阳新系与其下岩层之关系，至少应有一假整合存在，其理由有二：1、乌拉统厚薄不一，或时告缺失，因之本系常直接与威宁系相接触；2、本系底部煤系之底常为一含长石之粗砂岩，在威宁西南高枧槽一带竟变为砾岩，其卵石为石灰岩及燧石，大小一致，圆滑无角，其足为侵蚀间断之佐证可无疑义。又栖霞以后，茅口以前，曾鼎乾、杨博泉在昆明附近见有一间断，李捷、朱森在广西南部亦见茅口灰岩直接覆于船山灰岩之上。本区域内茅口、栖霞间无明显间断，但在宣威南罗洽山，茅口灰岩似直接与底部煤系相接，及栖霞顶部 *Polythecalis* 层之始终未见，均似可指示茅口之前亦可有一侵蚀间断也。

（乙）玄武岩系——上二叠纪或中部下二叠纪

玄武岩系位于阳新系之上、宣威煤系之下。论其岩性，殊极复杂。岩流之外，夹有凝灰岩及块集岩；基性之玄武岩外，并有中性之安山岩及酸性之流纹岩薄层。兹就各处所见，节述如次：

昆明附近玄武岩系厚达百五十公尺。下部纯为火山岩流，中部则多凝灰岩及凝灰块集岩，上部亦以岩流为主。惟顶部则夹紫页岩数层，且玄武岩中常呈杏仁状结构。滇池以东及草甸海、易隆一线以西，本系出露亦广，每组成向斜层山岭之顶部。论其岩性，大致下部较为致密，中部常呈杏仁状结构，上部则多凝灰岩。下部与茅口灰岩相接处常见有石灰岩之凸镜体夹于玄武岩中。如在宰格北之千龙潭及澄江摆夷村附近所见。但在呈贡石塘山、晋宁太婆村、七鼓铺诸剖面中，则见位于阳新系上者，每先为一红绿色之凝灰岩层，然后始为玄武岩。本系总厚可达千公尺。在曲靖、宣威间铁路线之两侧，本系厚自350至600公尺，亦可分为三部：底部夹凝灰岩数层及凸镜状灰岩三四层，厚一二百公尺。在铁路线之东侧，未见石灰岩，但有黄色砂页岩夹于底部。中部为主要玄武岩流，呈黑紫色，块状致密，柱状节理颇发育，其中夹含铜矿之安山岩薄层；此部厚逾150公尺。上部为黄、紫、灰、白诸色凝灰岩与玄武岩之互层，厚一二百公尺。在宣威邱家村，此凝灰岩中亦含铜矿。在宣威、会泽间，西泽、拖克一带，本系以凸镜状石灰岩为界，可分二部：下部初为深灰或绿色玄武岩，结晶细致，继为火山角砾岩，含白色燧石碎块及充填于空隙中之玛瑙石。此上仍为玄武岩，惟杏仁状构造特为显著。再上为凸镜状灰黑色石灰岩，结晶细密，具有臭味。本部厚30至60公尺不等。上部之下部为结晶细致之黑灰色玄武岩，其间恒夹凝灰岩薄层，风化后成为红土。中部为浅灰色安山岩，厚不及30公尺，铜矿常产其中。上部为黑绿色玄武岩，结晶较粗，中夹紫色页岩三层，近顶部每有火山块集岩。在上部之中上部，玄武岩常具杏仁状构造，为石英、玛瑙、绿帘石、沸石、黄铜矿及一种黑色放射状之矿物所充填。凝灰岩可分为三种：一呈角砾状，色黄绿，由黑玻璃、石英碎块及绿色灰质体所组成；一呈紫灰色，结构较细，除少数绿帘石外，大部为火山灰，每有铜矿细脉产其间；第三种极细致，略呈紫红色，具淡绿斑痕，全部由细灰组成。以上上下二部共厚600余公尺。在威宁之西南及宣威盆地之北缘，本系之岩性、厚度与上述大致相似，惟凸镜体石灰岩未曾见及。上部玄武岩中，除凝灰岩外尚夹有安山岩、流纹岩等，厚在30公尺以下。本系中常产铜矿，其风化之残余土中又有钴土，其详于矿产章中述之。

玄武岩系在调查区域内分布极广，尤以宣威、威宁境内为甚。大致凡阳新灰岩露出之地均有玄武岩之存在，常组成向斜层之轴部。详细分布，兹不赘述。本系岩石最易风化，常造成深厚之红土，适于植物生长，故森林茂盛，在治安不靖之区往往成为匪类藏身之所。本系与阳新系间并无明显之不整合现象可见。但因茅口灰岩最上部之薄层灰岩及燧石层时告缺失，致使玄武岩直接位于茅口厚层灰岩之上，故知二者之间似有一假整合也。

二叠纪玄武岩在中国西南各省分布至广。论其成因，有谓为海底喷发者，有谓为大陆喷发者，众说纷纭，迄无定论。主张海底喷发之证据最要者有二：1、昆明松花坝、昆阳石龙坝等处，于靠近石灰岩之玄武岩中获得腕足类、珊瑚类及有孔虫化石，足证当时岩浆曾流入海中，致能将海中生物掩覆保存；2、玄武岩底部常夹凸镜体石灰岩至于数层之多，可见玄武岩喷发之初，与海洋之环境相密迩，或竟为海底喷发，亦未可知也。惟为海底喷发特征之pillow structure（枕状构造）则从未见及，且除底部或下部有如上述之海生征象外，中部及上部皆为普通之岩流及凝灰岩、块集岩，似无疑地为一种大陆喷发也。又据赵家骧在第十七届中国地质学会年会时宣读关于二叠纪玄武岩之成因，主张大部分为大陆喷发，惟在此喷发岩体之边缘，如贵州之织金及滇东一带，因地滨大海，地内岩浆或已一部在海底喷发，因得包含海生动物之遗体及凸镜体之石灰岩。赵君又谓在滨海之区，玄武岩与其下之茅口石灰岩应为连续沉积；至大陆内部，则应为不连续甚至有侵蚀间断可见云。以上解说似颇恰当，盖能将各家相反之主张融会而贯通之也。在此所应申论者，即不论本区域是否居于喷发岩体之边缘，而玄武岩之下部应属海底喷发似无疑义，故可作如下之推解：当下二叠纪之末，茅口灰岩尚在继续沉积，各地火山次第爆发，一部岩流且侵入海底，致包含海生动物及石灰岩之凸镜体，继而海水后退，本区全部升至海面之上，玄武岩复大量流出，时有间隙，致造成岩流与凝灰岩之互层。迨火山作用终止，地表深受风化剥蚀，致其上部变为紫红色，并造成宣威煤系底部之砾岩层云。

玄武岩系之时代，迄未大定。就上述与茅口灰岩关系之密切，可见其距下二叠纪必不甚远。最近经济部地质调查所彭其瑞在威宁本系中发现树状羊齿化石，据斯行健定为*Psaroniros*，且谓应属中部下二叠纪。惟该化石是否产于玄武岩系本身，抑系由较古地层冲流而入，尚难判定耳。

（丙）宣威煤系——上二叠纪或上部下二叠纪

本系为黄、绿诸色页岩，褐、绿色粗砂岩，煤层及砂质页岩所成，以大羽羊齿为标准化石，位于玄武岩系之上，飞仙关系之下，常出露于盆地中央或向斜层之两翼。在宣威境内分布最广，如倘塘、查格、可渡煤田、宣威近郊及观音堂煤田、打锁坡煤田及东部周家湾、宝山等处之零星露头。最厚达400余公尺，其次亦二三百公尺不等。在威宁见于车洛、二田坝、哲觉及花苗寨、三地麦一带者最广，组成大寨向斜层之两翼，总厚二三百公尺。零星露头则有香炉山、金斗铺、务德及牛栏江两岸之佐舍、郑家村等处。沾益境内，本系组成卡居及水田冲、罗姆（属平彝县境内）两煤田。曲靖境内则有板凳山煤田。会泽境内则见于城东与小雪山间，为向斜层之两翼。就上列各煤田之地位观之，宣威煤系似大致分布于经度103度10分以东，且其厚度及所含煤层有愈东愈厚之势。如煤层在宣威境内者，常在1公尺以上，均堪开采，西延至会泽一带，则煤层消失，已无经济价值。在昆明曲靖之间，玄武岩系之上，每紧接以三叠纪红色层，宣威煤系竟全部缺失。此则殊堪注意者也。

本系底部与玄武岩系接触处恒为厚数公尺、含绿白色斑点之紫页岩或黄色页岩。惟铜厂沟（属威宁）、务德、郑家村及罗姆之南则易为砾岩层，厚自2公尺至5公尺。砾石浑圆，直径自2公分至10公分不等，大部由玄武岩及少量之燧石灰岩组成，后者颇似为阳新系之物。由此砾岩层之存在可知煤系与玄武岩之接触应为假整合也。本系中含煤可多至十余层，但皆甚薄，且不连续，其有开采价值者仅二三层而已。各煤田煤质、煤量于矿区章中详论之。

在威宁可渡之南水塘附近，本系层序自下而上为：

（1）粗砂砾岩层。砾石甚小，直径约三四公厘，为玄武岩及砂粒灰岩块组成	厚三四公尺
（2）黄白、暗绿、绿褐等色页岩，裂缝常为褐铁矿填充	30公尺
（3）黄绿色砂页岩	90公尺
（4）褐黄色细砂岩，中夹薄层页岩	70公尺
（5）煤层	半公尺
（6）深绿灰色及灰紫色泥质砂岩及页岩层	80公尺
（7）煤层	半公尺
（8）灰绿色泥质砂岩，含大羽羊齿植物化石	100公尺

以上共厚375公尺。（1）至（5）相当于王竹泉、毕庆昌之大龙潭含煤层。（5）以上相当于卡以头砂页岩层。所可注意者，则卡以头层不但有大羽羊齿植物化石，且亦含煤，故与其下之大龙潭含煤层似无多大区别也。

在宣威、威宁间铁路以西，本系就岩性可分为三层：1、下层。大部为黄色页岩及白色粘土之间层，时夹紫色页岩。黄色页岩中富含褐铁矿或黄铁矿。在务德、郑家村，本系底部为一砾岩层，其性质及意义前已详述。2、中层。以绿色不纯砂岩（graywacks）为主，间夹绿色及棕色页岩薄层，上部含煤三层，夹于白粘土及黑页岩中。于绿页岩中曾采得下列植物化石：*Pecopteris*，cf. *cystheca*，*Pecopteris* sp.，*Gigantopteris nicotianaefolia*，Schenck，*G. whitei*，*Taeniopteris* sp.，*Cordaites* sp.，*Annularites* sp.，*Cladophlebis* sp.。3、上层。位煤层之上，为黄页岩，黄绿色砂页岩及细砂岩。此层相当于王、毕二君之卡以头层，但于此中仍得大羽羊齿植物化石，与水塘铺剖面之情形正复相似。故知卡以头层在地层上或岩性上恐均无分立之必要也。

本系产化石地点甚多，分述如次：

1、宣威七里店。在煤系顶部灰绿色泥质砂岩中有：*Gigantopteris nicotianaefolia* Schenck，*Annularia crassiuscala* Halle，*Protoblechnum* cf. *wongi* Halle，*Cordaites* sp.。

2、宣威小屯。*Gigantopteris nicotianaefolia* Schenck，*Taeniopteris* cf. *Schencki* Stergel，*Taeniopteris* sp.。

3、宣威观音堂旧煤窑废址中有 *Gigantopteris nicotianaefolia* Schenck，*Pecopteris hemitelioides*，*Cordaites* sp.。此外并有动物化石：Lingula sp.，Pelecypoda。

4、威宁剑阁冲：*Lepidodendron oculu felis* Leill *Cordaites* sp.。

宣威打锁坡煤田内所见本系层序，自下而上大致如次：

（1）底部砾石层，砾石浑圆，直径约五公分上下	4 公尺
（2）灰色砂质页岩及青绿色页岩	90 公尺
（3）黄绿色砂页岩，含薄煤三层，每层厚可 20 余公分	50 公尺
（4）大栓炭	1.5—2.2 公尺
（5）黄绿色砂页岩交互层	50—70 公尺
（6）二栓炭	1—2 公尺
（7）黄绿色砂页岩交互层	45 公尺
（8）头栓炭	1—1.3 公尺
（9）黄绿色页岩及绿色砂页岩	120 公尺

以上共厚 362.5 至 384.5 公尺。由（4）至（8）层含植物化石最多，有 *Gigantopteris nicotianaefolia*，*Cordaites*，*Sigillaria*，*Pecopteris*。

大羽羊齿植物群之时代，有谓为属上二叠纪者，亦有谓为应属下二叠纪之上部者。此次所采各种植物化石尚未详究，且种类不多，保存亦欠完备，对于本问题恐无多大贡献也。

八、三叠纪

本区内之三叠纪地层，就今所知可分为四系，自下而上为：（甲）飞仙关系，以紫红色之砂页岩为主；（乙）嘉陵江系，大部为灰色薄层石灰岩及少量之杂色砂页岩；（丙）桃子树层，以白灰色之长石质砂岩为主，其底部，页岩层渐增，并夹煤层；（丁）绿丰系，为红色砂页岩，底部有砾岩层。兹分述如次：

（甲）飞仙关系——下三叠纪

本系整合地覆于上二叠纪宣威煤系之上，其接触处，除颜色逐渐变迁，由绿色而变为紫色外，无显著之界线可分。全系厚逾600公尺，大部为紫色或紫红色斜层状砂岩及页岩之互层，间夹黄、绿诸色薄页岩，上下岩性均一，详分非易。就宣威、威宁间铁路线以东所见层序，可分为下列数层：

（1）底部为红紫色泥质砂岩，继为红色及紫灰色斜层状砂岩及少量页岩之互层。在观音堂东南一里许页岩中采得：*Pseudomonotis clarai*（Emmerich），*P. wangi* Patte，*Gervilleia subpannonica* Krumbeck，*Lima* sp.。在宣威盆地大营西北半里许得*Pseudomonotis griesbachi* Bitner。　厚400余公尺

（2）浅灰色薄层灰岩及紫、黄等色砂页岩互层，有腹足类及海百合茎化石　80公尺

（3）浅黄色钙质页岩及紫红色泥质砂岩，含*Pseudomonotis* sp.　250公尺

（4）黄色页岩，含木贼类植物化石　160公尺

（5）紫红色页岩及斜层状砂岩　250公尺

以上共厚1100余公尺。就岩性论，与四川之飞仙关系及王竹泉之沾西系完全相似，应属下三叠纪。惟是否当包括中三叠纪，则以化石采集未备，难资论定。

在宣威、威宁间铁路线以西，本系按岩性亦可分为三部：1、下部。为紫色斜层状砂岩与少量页岩之互层，厚450公尺，尚未见其底。2、中部。为鲜红色页岩，含绿色斑点或条痕，厚约50公尺。3、上部。为紫色砂岩，夹绿色砂岩薄层，后者产植物化石，惜保存不佳，除*Cordaites*一种外，余均难以鉴定。岩质坚韧，恒造成悬崖。再上为紫色灰岩，含*Pseudomonotis*。此部厚40公尺。

以上三部共厚540公尺。为野外填图工作方便计，凡紫色页岩俱归入本系。而薄层灰岩以上则划入嘉陵江系。惟在威宁松林沟附近，在下部与紫页岩相间之绿色页岩中，曾获得大羽羊齿植物及*Cladophlebis*。可见此层之一部尚有属二叠纪之可能。又据宣威、威宁间铁路线以东及四川北部侯德封所见，飞仙关系中未必不能包含石灰岩，故前列剖面中上层顶部含*Pseudomonotis*之紫灰岩，或尚可划入飞仙关系也。

本系在宣威、威宁境内分布最广，沾益境内亦见其迹。常组成向斜层之两翼或盆地之四周，如宣威盆地、倘塘盆地，打锁坡、卡居、大寨、得禄、头塘等向斜层。威宁背斜层之两翼及牛栏江沿岸红阁冲褶皱区等处，与上二叠纪煤系之分布大致相合。本系虽常成盆地或向斜层构造，但所示地形颇多崇山峻岭，峡谷深沟，盖因大陆屡经隆起，剥蚀方新，故地形尚在幼年期也。

（乙）嘉陵江系——中三叠纪

整合于飞仙关系之上者为灰色薄层石灰岩及白、黄、紫等砂页岩之间层。岩性、化石与四川之嘉陵江灰岩甚相似，故即以此名之。本系底部与飞仙关系之接触每为渐变层，即谓在岩性上无显著之界限可分也。但在会泽境内，则其底部每有一层砾岩，尤以头塘附近最为发达。此项砾岩呈黄棕色，大部由白色砂岩、石英及黑色燧石组成，砾石光圆，粘结韧实。因本系常为向斜层或盆地之轴部，故其顶部常保存不全。但为上覆桃子树层掩盖之处，则层系最为完备，计其总厚可达400余公尺。按其岩性可分为三层：1、下层。为薄层灰岩与砂页岩之间层，灰岩多为灰白色，偶亦有（如桃子树附近）呈紫色者，成分不纯，富含泥质。砂页岩呈黄、紫、绿等色。据在宣威止戛估计，此部厚约110余公尺。产*Myophoria*，*Pseudomonotis*等化石。在威宁杨桥湾及宣威朵背戛均曾采得下列化石*Avicula* cf. *arcuata*，*Myophoria* sp.，*Anodontophora* sp.，Cephalopods等。2、中层。

为紫色砂岩及页岩，间杂黄色页岩，厚逾250公尺。3、上层。为厚层灰白色灰岩，渐近顶部，层次渐薄，终变为页状灰岩，与桃子树煤系相接触。此层厚可60公尺。以上三层共厚420余公尺。是否有一部分应划入飞仙关系之内，尚难论定。

本系之分布与飞仙关系大致相合。在威宁见于砂石坡向斜层之两翼、大石板向斜层之中部及大寨向斜层之轴部。在宣威，见于得禄、打锁坡、卡居向斜层之轴部。在会泽，则组成头塘盆地之中心。因岩性坚韧，不易风化，常成高山深谷，如云贵交界之可渡河，深200公尺，皆深切于本层中也。薄层灰岩开采甚易。在大石板附近有采石场，以供叙昆铁路建筑桥梁、涵洞之用。

（丙）桃子树层——中上三叠纪

整合于嘉陵江系之上。在本区内尚有一含长石及云母质砂岩页岩层。在威宁桃子树并夹薄煤一层。兹名之为桃子树层。在桃子树附近，厚约60公尺，顶部被蚀，故尚未能窥其全豹也。其自下而上之层序如次：

（1）暗灰及灰白色泥质页岩	10公尺
（2）黑色页岩，含煤层	0.8公尺
（3）黄绿色及白色云母质砂岩	50公尺

在可渡北，砂石坡向斜层中，本层又复出露，东西延长至广，其层序自下而上为：

（1）浅灰或黄白色中粒云母长石砂岩	70公尺
（2）黄色泥质云母细砂岩	30公尺
（3）黄色砂页岩，白色粘土，黑、绿、黄、紫等色页岩及薄层砂岩	70公尺

以上共厚约170公尺。仅在近顶部得极不完整类似 *Neocalamites* 之植物化石。

在宣威打锁坡向斜层中，本层亦复出露，见于大勺歹之北，自下而上之层序如次：

（1）浅灰或黄白色中粒长石砂岩	60公尺
（2）黄色泥质云母细砂岩，呈斜交层构造	30公尺

本层因化石采集不多，故其时代尚难确定。就岩性及层位而言，颇可与一平浪煤系相比较，惟一平浪煤系之时代因化石证据颇多凿枘，迄今未定，兹暂以本层属中上三叠纪。

（丁）禄丰系——上三叠纪

据杨钟健、卞美年、许德佑等在禄丰、安宁等地所见之禄丰系，可分为上下二系：1、下为砾岩层及暗紫与深红色砂岩，中夹绿色厚层状砂岩一层，共厚770公尺；2、上为绿黄色砂质页岩，紫、橙、绿、黄绿、粉红等杂色页岩及酒榨色泥质页岩及砂岩之互层，厚400公尺。于暗紫色砂岩之上部曾采得恐龙化石。在杂色页岩中又得有鱼、介壳类及斧足类等化石。据杨钟健等研究，此项化石之时代，据云至晚不能过上三叠纪。

在调查区域内相当于禄丰系之地层似俱分布于阳宗海—易隆一线之西，如昆明、安宁、晋宁、澄江及呈贡等县境内。常位于玄武岩之上，有砾岩一层为之分界，故其关系当为不整合之接触。据许德佑、边兆祥在滇越铁路水塘车站附近所见，此底砾岩厚约五六公尺，其中砾石以石英岩为主，砂岩及石灰岩较少，间亦有由玄武岩组成者。砾岩之上为一厚达三百数十公尺之暗紫色及深红色砂岩，下部仍不时有薄砾岩夹其中。在水塘车站东二三公里处，曾见此项砾岩薄层至四五层之多。暗紫色砂岩以上为黄色粗粒砂岩及黄绿色砂质页岩，曾获得似 *Equisetites* 之植物化石。此层上约30公尺处有层理清晰之矽质石灰岩，厚约40公尺。石灰岩下部常夹有黄色泥质页岩薄层。上述水塘剖面总厚不过500公尺。就岩性及层位论，似相当于下禄丰系之杂色层及酒榨色层。在水塘似付缺如。

水塘之北，老毛村车站附近，禄丰系出露者厚达七八百公尺。该处底砾岩中之砾石为玄武岩及少量斑状花岗岩。其上为红色长石云母质砂岩及页岩互层，常夹砾岩薄层。再上则为薄层黄灰色砂岩及红色中粒砂岩等。澄江之西，本系层序与上述大致相仿，惟近顶部则有浅灰色石灰岩之凸镜体，与水塘剖面之石灰岩可以比较。

本区内禄丰系之分布可分为四区：1、昆明附近。如蛇山西麓及松华坝附近。2、归化晋宁向斜层之轴部。出露于晋宁之大贵山、长村等处。此向斜轴向南弯曲成弧形，故本系复出露于澄江之西。3、阳宗海西岸。北自老毛村，中经水塘、上马朗，南至大石板山，为万溪冲背斜层之东翼。4、嘉利泽之东，叙昆铁路之南。组成向龙桥凤凰山向斜层之轴部。

禄丰系之时代，依据恐龙化石，至晚不能过上三叠纪，已如前述。在禄丰附近，本系不整合地位于震旦纪地层之上。惟在一平浪，则确系位于该处煤系之上，惟煤系所产植物化石则颇与长江一带之香溪煤系相似，即谓其时代应为侏罗纪之里阿斯，或至早不能过上三叠纪最上部之瑞底克也。兹姑不论依据动植物化石所得时代方面之结论如何矛盾，而禄丰系之下应有一煤系，则确系事实。其次所应研讨者，则禄丰系与飞仙关系在岩性上颇多相似，盖同为巨厚之红色层也。但细加观察则相异之处甚多，如：1、禄丰系除底部砾岩外，其下部仍不时含薄砾岩数层，飞仙关系则砾岩绝无仅有。2、禄丰系除下部之暗紫色外，多鲜明杂色，飞仙关系则以紫色为大宗。3、禄丰系含石灰岩甚少，即有则在中部而成凸镜状；飞仙关系上部常夹灰岩薄层，再上至嘉陵江系，则以石灰岩为重要分子矣。综上所述，则二者固不难在野地上区分矣。至论层位问题，则迄今尚未见一连续剖面可资依据，盖在调查区域内，二者皆不共生故也。但我人如相信桃子树层相当于一平浪煤系，则禄丰系即应位于桃子树层之上，而与其下嘉陵江、飞仙关诸系之关系，亦可从而知之矣。近在昭通附近见飞仙关、嘉陵江诸层之上，亦有一灰色长石质砂岩层，再上则又有一巨厚之红色层，其岩性与禄丰系颇相似。将来（若）能采获与禄丰系相同之化石，则滇东整个三叠纪地层之层次问题可以解决矣。本文所论三叠纪之分层，即依此假定而设。究竟如何，尚待他日之证明。

九、第三纪及第四纪

本区内新生代地层亦甚发育，但在地质图上仅以Nr、Ne及Q三色分别之。前二者包括各种第三纪及第四纪初期之沉积，后者则为近代冲积层也。卞美年在《云南新生代地质初步观察》一文中讨论各层时代及其所含化石甚为详尽。兹择要采用，另加本处之观察，分述如次：

（甲）路南红色层——上始新统

路南盆地内之红色沉积，前人认为属上二叠纪。经杨钟健、卞美年考察，采获化石，乃知其时代为上始新统。在路南附近狮山—石子坡间，本层厚达350公尺，假整合地位于阳新石灰岩之上。底部为一石灰岩砾岩或石灰角砾岩，上为灰白色软质石灰岩，再上为红砂岩，中夹泥土、砾石或石灰岩薄层，组成本层之主体。采获骨化石甚多，最重要者为*Amynodon* cf. *mongoliensis* 及 *Caenolophus minimus*，为蒙古上始新统之标准化石。本层业经褶皱，向盆地中心倾斜，倾角5°—10°，组成向斜层。其西为一断层。该处倾角受断层影响而达50°，可为本区曾受喜马拉雅期运动之明证也。据本处此次调查，路南层之分布遍及路南盆地。南自县城起，北达大米枝，延长达20公里。其西北瑞鸡村、前所、藏方及正北阿朋村及晋宁附近之石牌村等处俱有本层之露头。又曲靖东南21公里蔡家冲，不整合于阳新石灰岩之上，有石灰角砾岩及红砂岩，厚200余公尺。据卞美年观察，亦应属上始新统，而与路南层相当云。

（乙）蔡家冲湖相层——渐新统

曲靖东南之越州为一广大之第三纪盆地。蔡家冲位于此盆地之北部。该处在上始新统红砂岩之上有绿色泥灰岩一层，含脊椎动物化石甚多。再上为白色淡水石灰岩，中含介类化石 *Planorbis* 及 *Chara* 之果实。再上为细砂岩，质松而轻，土名羊毛石。疑属一种风成沉积。以上连始新统之红砂岩在内，共厚450公尺，与其下伏之阳新灰岩成不整合接触，而本身则褶皱成一向斜层，倾角5°—15°。其西与阳新灰岩接触处为断层，致该处倾角达60°。所采骨化石之最重要者为 *Cadurcotherium*，与蒙古下渐新统中所得者相似，故其时代亦应属渐新统也。

（丙）茨营湖相褐炭层——下部上新统

在本区内，此层分布最广。凡第三纪盆地中几无不有之，常成高出当地水面百公尺左右之台地。由泥土、砂砾组成。内含褐炭。有时并有沼钛铁矿。在褐炭上之泥土中则常多斧足类及介类化石。最重要者如宜良之可保村、曲靖之茨营、嵩明之杨林、宣威之长坡，俱以产褐炭著称，层厚量丰，颇具经济价值。其他如陆良盆地、宣威盆地、中海子、拖克及其他山间盆地或低地，俱常有同样之沉积，所含褐炭，厚薄不一，或无或有，变迁极大。兹将各地剖面择录如次：

曲靖茨营褐炭田分布于茨营至潦浒镇间，茨营在蔡家冲南4公里。与渐新统湖相层之关系，因无直接接触，不易断定。惟本层仅略受倾折而不生褶皱，故其时代应较蔡家冲湖相层为新。卞美年并以之与开远布沿坝褐炭层相比，而定期时代为下部上新统。据本处在茨营所测剖面，自下而上列述如次：

（1）白色粘土质灰岩 30公尺

（2）黄灰色粘土及含砾石砂质粘土层 20公尺

（3）黄灰色粘土，中含粘土五层 25公尺

（4）灰褐色、紫灰色粘土夹钙质泥岩，含 *Viviparus* 甚多，直可称为石灰介壳岩 15公尺

（5）红黄色粘土及砂质灰岩 6公尺

以上共厚96公尺。在宣威长坡，本层系不整合地覆于飞仙关系之上。下部为灰绿色、灰色及紫色砂质粘土，其上有褐炭一层，厚仅半公尺，再上为灰色粘土及黄色砂质粘土层。最厚处在大屯以南，厚可四五十公尺。在中海子、拖克等地，本层下部大都为黄色砂页岩，上部为灰色砂质粘土及黑色炭质粘土，有时变为褐炭。全部厚度随地而异，最厚处可达30余公尺。沾益之松林、宣威之虹桥铺，本层厚亦30公尺左右，主要为白色泥灰质粘土夹褐炭层，产植物化石碎片，上为一沼铁矿层所覆。在宣威属之猴街子及细吉小黄地间，此项沼铁矿经本地人采炼，详见矿产章中。

（丁）东山寺吸水石层——更新统

本层见于宣威之东山，成数平台，亘山腰而列，高距附近平原150至200公尺。古刹东山寺即建此平台之上。凡游寺者登临至此，则见白灰遍地，状如烧石灰所剩之残渣，即

此物也。细查其中残枝树叶，濯濯欲生，然皆已为石灰质所交换，不复有植物质之存在矣。查东山寺吸水石层与布沼坝之马街吸水石层地位虽不同，而所含植物化石则大致相似。马街吸水石层系不整合地位于褐炭层之上，其时代至少为上新统之后。故东山寺吸水石层亦当为上新统后之产物也。

（戊）砾石层及红土层——更新统

在上新统湖相沉积之上常有砾石层，厚薄不一，大致在二三十公尺间。砾石大都光圆，偶有具棱角者。其种类随附近之地质情形而异，普通以玄武岩及燧石为主。此层与其下伏之湖相层常同受倾折。在由务德赴拖克途中，更见一红土层不整合地覆于砾石层之上。此外。在山坡岩谷，红土分布甚广，有时含铁质结核，大率与其下伏之古老地层或第三纪沉积成不整合之接触。以上砾石及红土之时代，暂定为下更新统。

（己）近代冲积层及湖积层

近代冲积层及湖积层分布于沿河流域、内湖四周及盆地之中，构成重要之稻田区域。南盘江流域之宜良盆地、陆良盆地及越州沾益间，河谷宽广，冲积区域最为广泛。牛栏江上流之嵩明、寻甸境内者亦然，及其流入宣威、威宁之丛山区域，则谷深流急，冲积层保留不多。昆明之盘龙、金汁、宝象三大河、会泽之以礼河、以濯河及宣威之革香河流域，冲积层俱分布甚广。湖积层分布于滇池、草海、阳宗海、嘉利泽、陆良海、者海、清水塘等现代内湖之四周，造成砂坝、沙嘴及三角洲等沉积。迨其堆积既多，稍加垦殖，即成良田。据卞美年报告，昆华医院地下二公尺许曾获有 *Margarya melanioides* Nevill 之螺丝化石，足为昔日滇池曾达昆明城之证。此外，从地文上研究，常证明滇东各湖泽昔时之面积远较现时为宽广云。

第五章 矿产

调查区域内矿产以烟煤、褐炭、磷灰岩、铝土等为最重要，铜及瓷土次之。至若铁、铅、锌、银等项，虽传说甚多，而一经实地考察，大半皆无开采价值。兹依次叙述如次（矿产地点参阅所附矿产分布图）：

一、烟煤

本区内煤田多属烟煤一类，然其地质时代则颇为不一，大别之可分为四类，即（甲）石炭纪煤田；（乙）下二叠纪煤田；（丙）上二叠纪煤田；（丁）上三叠纪煤田。分述如左：

（甲）石炭纪煤田

本煤田之地质时代尚未确定，有谓为中石炭纪者，亦有谓为下石炭纪者，兹概以石炭纪名之。含煤二层至三层，总厚自 1 公尺至 3 公尺。皆属烟煤，大部分可炼焦。含硫、灰尚不甚高，见于昆明易隆间铁路线之南者，分布最广，其次为沾益宣威间铁路线之西，就其出露地点，可分为五区：

1、滇池西岸　主要者有三线，分属昆明、昆阳境内。第一线沿西山东麓，北自三清阁，南迄大青山，长达 12 公里。在三清阁下，合煤三层，共厚不及半公尺，平均倾角 35 度。其余亦皆薄劣，无经济价值。第二线在海河之北，自黄龙寺至黑桥，平均倾角 40 度。第三线紧靠海河，自海口至新村，在海口者最厚可达 1 公尺以上，倾角约 30 度，煤质尚佳，因交通便利，现用土法开采，颇能获利。兹假定各处煤层总厚 1 公尺，以斜深 500 公尺计，则本区之或能储煤量为16，900，000公吨。

2、阳宗海澄江间　此区在滇越铁路线之南，主要者可分为五线：1）海把冲附近；2）大石坎附近；3）老鸦洞、鲁家冲、新庄、梁王营间。以上三线组成风口、胡王庄背斜层之两翼。1）、2）两线本相连续，因逆掩断层而中断。4）雷打山，在五亩山梁王营逆掩断层之西北；5）倒坡箐、龙泉寺、牛厂、黑龙潭间。此外，零星露头尚多，不及备述。以上各煤田大部分属澄江县，一小部则属呈贡县境。本区内煤层总厚至多仅1公尺左右，且交通不便，虽有土法开采，而产额甚微。以斜深500公尺为可采范围，则或能储量约有37，700，000公吨。

3、叙昆线与滇越线间　本区交通最便，矿业最盛。就其分布又可分为二线：1）露水洞、洗羊塘、大煤山、万寿山、大宰格、石灰窑一带，分隶宜良、嵩明二县。境内以滇越铁路之可保村车站为销售中心。有煤三层，但可采者仅二层或一层。在石灰窑至大宰格一段，平均总厚2公尺，倾角约60度。大宰格至万寿山一段平均总厚2.1公尺，倾角40度。万寿山以北至洗羊塘、马鬃岭、露水洞一带，煤层厚1.5公尺，但夹石甚多，纯煤之部，恐不过一公尺，倾角30度至40度，均属烟煤，含硫灰均不高，可炼焦。本区内旧有商办公司甚多。二十八年九月，资源委员会与明良、兴达等公司合组之明良公司成立，购置仪器，以备大量生产。现先在大煤山用土法开采，月产煤二三千吨，又在洗羊塘、平水洞进行探矿。所产之煤分销滇越、个碧二铁路及昆明市附近。倘以斜深500公尺为可采范围，则本区之或能储量共有28，236，000公吨。2）大龙潭及龙潭山一带，露头延长共不下30余公里，但有煤之部恐不及10公里。以层厚1公尺计，本区或能储量共为4，550，000公吨。

4、沾益附近　下石炭纪地层在沾益附近分布甚广，但含煤而并经土法开采者，似只天生坝一处。该地位于沾益城西北约7公里，东距沾宣大道及滇黔公路不过3公里，因中为南盘江隔断，运输须取道天生坝南之小经，至县城附近始可达公路。煤系走向大致为东北西南向，其西北与两端俱为断层所限，故露头呈椭形。煤只一层，厚约1公尺，延长约2公里，倾角平均在15度左右。兹以斜深500公尺计，得或能储量1，300，000吨。

5、述迤、德威间　分布于叙昆铁路沾益宣威间之西北，相距约25公里。煤系约成东北西南之走向。就露头地点，又可分为数段：1）卡郎德威间。在发生附近，有土法煤窑。2）耗子山及得得卡亦俱有煤洞。3）卡郎老梨山。位于老梨山北段，安家坪子、阿浪河之间，局部构造复杂，断层颇多，倾斜无定，是其劣点。煤层最厚处在梨山北端，厚达1.5公尺，且可炼焦。4）其他较卡郎约高600公尺，较安家坪子约高400公尺。通卡郎之路，陡峻险恶。北至安家坪子，路较平坦。惟东距公路过远，交通可称不便。煤系走向仍为东北西南，可分为南北二段，俱为断层所切。南段煤层有二：下者厚1公尺，上者厚半公尺，平均倾角45度，露头长约2公里。北段煤层仅一，厚约1公尺，倾指西北，倾角平均35度，露头延长与南段相仿。本此计算得或能储量3，250，000公吨。5）三道水、白崖及格衣。三道水位于川滇公路板桥之西约2公里，有大道可通牛车，交通尚便。煤层露头始于三道水西半公里，走向几近东西，倾角较平，变化亦少，惟愈向西，倾角愈大。至白崖附近，构造稍乱。兹以白崖之东为东段，露头延长3公里半，倾角25度，煤层厚约1公尺。白崖之西为西段，延长2公里，倾角60度，层厚0.8公尺。白崖之西为格衣煤田，煤层厚处可达1.5公尺，平均1公尺，倾角20至30度，露头延长至少4公里。本此计算得或能储量5，915，000公吨。上述4）、5）两区煤田，就地层层序及构造趋势观之，颇有属下二叠纪之可能，确否待证。

（乙）下二叠纪煤田

下二叠纪煤田即阳新石灰岩底部之煤层。足资开采者，殊不多见。普通仅一层，有时亦有二层，最厚共约1公尺。常呈凸镜状，延展不远即行尖灭。煤质属烟煤，常成粉末，含硫、灰俱高，黄铁矿结晶常历历可数。燃时发强烈恶臭，须参以粘土，做成煤饼，以作燃料。偶亦有能炼焦者。本类煤田之最重要者见于寻甸、嵩明境内之黑土坡哨及麦郎，组成寻甸向斜层之两翼。麦郎位牛栏江之右岸，东距易隆3公里，西南距杨林约24公里，其间可通舟楫。现在叙昆铁路已通车曲靖，该煤田之交通更行便利矣。煤田位牛山坡上，高出牛栏江河面约50公尺。煤系倾指西北，倾角约35度。据土法开采之结果，煤层厚约半公尺，多成粉末，质属烟煤，闻可炼焦。曾经土法探采之部，延长约4公里。现有同丰公司开采，日产煤七八千斤。向北至鲁冲，尚有土窑采煤。黑土坡在寻甸县西4公里，西距昆会公路亦仅数公里，交通尚便。煤层厚度不详，至多恐不得过半公尺。质与麦郎相仿。煤系在地面之延长达30公里，惟此中煤层是否连续，不易揣知。兹假定其延长为5公里，本此计算，以上二区共得或能储量为2，925，000公吨。在宣威境内，本类煤田之曾经土法开采者，见于小江沿岸之马龙沟、西泽、黄家园、县北之石丫口及县南之罗洽。后者在宣威城南15公里，适位于叙昆铁路及川滇公路之间，地势低平，交通便利。煤仅一层，厚约1.5公尺，倾向东南，倾角25度，露头延长1.5公里，或能储量约为1，462，500公吨。其他各地皆规模狭小，作辍无常，煤层更为薄劣，不足重视。在威宁之高枧槽、龙街子、幺站、黑姑及会泽之斗红、铅厂、黄龙沟一带，本类煤层又复出露，质劣量薄，与前述者相仿。

（丙）上二叠纪煤田

上二叠纪煤田为本区内煤质最佳、矿量最丰者，在宣威、威宁境内分布尤广。可采煤层计有二三层，总厚三四公尺，质属烟煤，兼可炼焦，含硫、灰俱不甚高。兹就其分布分述如次：

1、倘塘查格煤田　此为本区中最大之煤田。倘塘在宣威东北40公里，威宁南70公里，为威宣旧大道之所经，沿途山岭起伏，仅通驮运，西去叙昆铁路预定站之小竹箐约20公里，系溯发赛河而上，河谷宽广，可通牛车。最近叙昆铁路曾草筑一公路，与川滇公路线相接于蔑巴圈，即沿此河谷而行者也。蔑巴圈在小竹箐南仅数公里。小竹箐之西13公里为查格。后者距宣威25公里，川滇公路贯其间，故论交通，尚称便利。煤系露头出露甚广。主要构造为东北西南向之向斜层——得禄砂石坡向斜层——其中部地层隆起成一背斜层，故煤系重复出露。其东侧李家营、色官塘，则又因背斜层而煤层重复出露焉。得禄砂石坡向斜层之四缘，自水塘铺、兴隆厂、小竹箐、查格、冒水井、色空，以达止戛，俱经测定；水塘铺及止戛以北，则尚未测。惟就本区构造之趋势观之，止戛与水塘铺之煤，似可同会于金斗铺而互相连续，如矿产分布图上虚线之所示。中部背斜层之东北端亦可以虚线连续之。惟色官塘以北，煤系如何延展，不得而知。至论煤层层数、厚度、倾角、质性等等，各处大致相仿，而微有不同。倘塘向斜层中，煤层倾斜平缓，恒在20度以下，以七八度者最为常见。现开煤层计有两层，厚各半公尺左右，上下相距约80公尺，为深灰绿色及灰紫色之硬砂岩及页岩所隔。下层煤质地较佳，可炼焦，每成大块，燃时发黄黑色浓烟，闻之，无甚嗅味，似含硫分不高。上层煤质性相仿，但硫分甚高。小竹箐为著名之产煤区，开采历史已有数十年。可采煤层有二，相隔约40公尺。厚度不一，厚者可达1公尺，薄者至于尖灭。倾角平缓，自6度至20度，平均在15度左右。煤质甚佳，可炼焦，曾运会泽，供炼铜之用。自小竹箐东至义克，长6公里，西至象脚迹，长4公里，其间土窑相望，煤层之连续，应无问题。查格煤田以打磨山下之李家湾北为最佳，可供炊及打铁之用。可采者亦有二层，下层较厚，惟俱不及小竹箐，平均总厚约0.8公尺。煤线之可能延展达2公里余。计算本煤田之矿量可有二法。一为依据煤系露头，就观察所及，严格计算，则本区共得14，365，000公吨，其分配约如次：

区别	延长（公尺）	储量（公吨）	附记
小屯色官塘间	3，000	1，950，000	煤层厚1公尺，延深500公尺
西冲旧铺子间	5，000	3，250，000	同上
兴隆厂	2，500	1，625，000	煤层厚1公尺，延深500公尺
小竹箐义克间	6，000	3，900，000	同上
小竹箐象脚迹间	4，000	2，600，000	同上
查格	2，000	1，040，000	煤层厚0.8公尺，延深500公尺
共计		14，365，000	

一为依据上述构造原则，将全煤田分为三区。第一区为查格、小竹箐、止戛一带，因煤层倾斜平缓，向斜层内全部矿量恐皆在500公尺延深范围之内，故悉可计入；第二区为钱家海子、金斗铺间，因倾斜较急，且地面山岭起伏，上覆地层亦较厚，只能每翼照500公尺之延深计算；第三区为倘塘背斜层之东南翼，只计算自李家营至色官塘为止。以上三区共计约471，900，000吨，为本煤田之或能储量。查本区储量虽为宣威各煤田之冠，但煤层太薄，分布过广，即使他日叙昆铁路通车至小竹箐，亦将以范围过广，管理困难，成本不免提高，能否供大规模之开采，尚为问题也。

2、宣威近郊煤田　此区煤田，王竹泉、毕庆昌已有精密调查，著为简报，兹节述如次：本煤田大部位于县城北部，相距一、二十公里不等。煤田附近冈阜低缓，俱可通行牛车。川滇公路在西部掠边而过，叙昆铁路预定线则经花椒园、青茨沟等地，与公路大致平行。此区交通远较宣威其他煤田为便利，将来叙昆铁路完成，则运输更无困难。本区可采煤层计有三层，各处厚度不一。在火把山附近，可采者仅两层，底层厚6公寸，中层厚约1.3公尺。白杨村附近，顶层厚1.4公尺，中层厚约1公尺，底层厚约半公尺。观音堂附近者，顶层厚约4公寸，中层1.2公尺，底层半公尺。比较各层厚度，以中层为最大，恒在1公尺以上，且较规则。各层所产之煤，类多碎末，亦间有大块者，然殊不多觏，仅火把山一地较为常见。各层煤质，含硫似不甚高，大致言之，中层煤质较佳，顶层或底层煤质，则随地而异。其储量，据王、毕二氏估计，宣威近郊煤田约240，191，000公吨，观音堂煤田约27，564，000公吨，合计为267，755，000公吨。上项计算法中，近郊煤田系将整个向斜层内之煤量悉为计入，与查格、倘塘煤田内之第二法相类似。煤层平均厚度约1公尺半左右。

3、威宁哲觉煤田　哲觉为川滇公路所经之一站，南北距宣威、威宁各约50公里，附近煤系出露甚广。向北经二田坝而至车洛，向南至新河街、小荒田等处，皆有土窑采煤，组成大寨向斜层之东翼。自小荒田再南行，煤系露头可延至牛栏江边，惟该处已不含煤。

此次调查适值雨季，该处一带之土窑率为水淹，或为洞主封闭，致煤层详情无从探悉。倘假定煤层之厚度亦为1公尺，则依露头长度及延深500公尺计，本区之或能储量共为33，100，000公吨。现会泽矿山厂多采用小荒田之煤，以炼铅、银。

4、宣威打锁坡煤田　本煤田位于宣威县东南约40公里，川滇公路板桥镇及木乃冲之东约25公里，其间虽多山岭，但仍可通牛车。煤田之南十余里为猴街子，为附近一市集。主要构造为一近南北向之向斜层，轴部见于朵背戛附近，为嘉陵江石灰岩。煤系露头组成此向斜层之西翼，其分布北自八道河之西，经下海那、谢家，以至大龙潭，乃折而向东，经卡以头而至砂背冲。煤层倾角自40度至60度。其东北隅为普西断层所切，故此向斜层实已残缺而仅留此西翼。此外在打锁坡之东北有一逆掩断层，其西北则有一斜向正断层。此次调查虽未曾将此残留之西翼完全测入，但较王竹泉、毕庆昌所勘者，已增加甚多。此间煤系之露出者，厚达400余公尺。煤层集中于其下部，堪采者有三：最上名头栓炭，厚7寸至1公尺；中为二栓炭，厚1至1.6公尺，最下名大栓炭，厚1.3至2.3公尺。煤质属中级烟煤，可炼焦，含硫、灰皆不高，惟碎末较多。就此次测勘之部，煤系延长达19公里，煤层平均总厚约2.5公尺，斜深500公尺，则本煤田之或能储量为30，875，000公吨。查打锁坡煤田土法开采由来已久，销附近及猴街子为铸锅之用。民国二十九年一月，资源委员会与云南省政府合办之宣明煤矿公司成立，资本200万元，将北自谢家之北，南迄卡以头、大松树一带之煤田划为矿区，在宣威设总公司，木乃冲置转运站，先开采谢家、大龙潭及大冲三处，各设土法炼焦炉数十座。二十九年度，月产生煤自百余吨至千余吨，焦炭自数十吨至600余吨。惟运输极为困难，自矿场用牛车运至木乃冲，每吨运费60元。自木乃冲用汽车运至昆明，其运费更为不赀。二十九年度上半年，经销生煤16吨，焦10余吨，致矿场堆积煤、焦甚多。他日叙昆铁路通车至宣威，则该公司营业可望稍有起色矣。

5、沾益卡居煤田　本煤田大部属沾益境，其东北一小部则属宣威境。卡居煤炭沟为现在土法开采丛集之区，西距叙昆铁路线之炎方站约20公里，其间虽属山岭地带，但仍可通牛车。中卡居为一场集，日用所需咸供给于此。本煤田居北盘江支流之发源地，故地势恒为险峻。主要构造亦成一向斜层，轴部为嘉陵江石灰岩，见于大田坝小口子之间，轴向为东北西南。煤系厚度260余公尺，其分布北自煤炭沟、卡后，西南行达建新村之北，即折向东北，至新街、龙家村，为断层所限。堪采煤层有二：上名头栓，厚约1公尺，下名大栓，厚约1公尺半，倾角自30至60度。附近农民于春冬农闲及雨水较少之时，群集开采，烧成焦炭，用牛车运销附近村落及场圩，供铸锅及打铁之用。当调查时煤焦售价甚廉。在洞口出售，生煤每百斤仅售银币角余，焦炭二三角。当时银币一角约合国币五角。此次所采标本尚未化验，就肉眼观察，炼焦之煤性君颇不恶。兹以煤田全长32公里，堪采煤层之总厚1.5公尺，斜深500公尺计，则本煤田之或能储量约为31，200，000公吨。

6、平彝罗姆及沾益水田冲煤田　本煤田位沾益之东北约25公里，平彝之西北十余公里。自水田冲至叙昆綫之最近距离约10公里左右，交通不甚困难。煤系走向约近东西，倾指西北，倾角20度，为说达大得居背斜层之北翼，其北则为一逆掩断层所限。含煤二层，厚各一公尺上下。燃时硫臭甚浓，故含硫必高。在水田冲者，不能炼焦，罗姆者，焦性不佳。罗姆、水田冲间，煤虽相连续，但在中段之大、小罗郎，煤层尖灭，故矿量须分段计算。计罗姆区延长5公里，水田冲延长3公里，煤层厚2公尺，斜深各以500公尺计，则本煤田之或能储量为10，400，000公吨。现由附近居民于农闲用土法开采，产量甚微。

7、平彝板凳山煤田　在平彝西南35公里，西北距曲靖25公里，一部属沾益境，交通不便。煤层有二，总厚约1.5公尺，悉能炼焦。煤层倾角平缓，约15度左右，故盆地全部之煤皆易采取。或能储量约有7，800，000公吨。板凳山之西哈麻寨尚有煤田，面积甚小，土法开采，几已采掘净尽矣。

8、宣威、威宁境内其他煤田　宣威宝山煤田位于宣威东部，距宣威县城约60公里。煤田在宝山之北部，露头长度已知部分约4公里，据本地人称，可延长至北部跖鸡等地。煤质尚佳，但难炼焦。出自煤系之下部，厚约1公尺，以斜深500公尺计，则或能储量约为2，600，000公吨。

李家堡干夷煤田　李家堡在宣威县城东北约20余公里。煤田在隔河对山。可采部分长约2公里。储量约计1，300，000公吨。

癞子河香炉山及曹家沟枧沟煤田。以上二煤田悉在威宁境内，交通不便，为威宁背斜层之两翼。俱有土法煤窑。惜调查时煤洞为水淹没，大多停歇，故详情不悉。

（丁）三叠纪煤田

即相当于一平浪煤系之桃子树层。仅在威宁之桃子树含煤一层，厚仅数公寸。因无经济价值，其矿量暂置不计。

二、褐炭

本区上新统之湖积层中常含褐炭，往往甚厚，且不止一层。因其分布甚广，故储量常极可观，亦一重要之富源也。就其分布可分为四处，即：1）曲靖次营，2）宜良可保村，3）嵩明杨林；4）宣威长坡。兹依次叙述如次：

（一）曲靖次营

次营位曲靖城东南25公里，西距曲陆公路（曲靖至陆良）8公里。褐炭分布于其东部和南部，均为拔河百公尺上下之丘陵。由次营经越州而至曲陆公路，可沿龙潭河旁冲积地带前往，现在已通牛车，将来开发此矿，交通殊无困难也。矿区附近地层自中石炭纪至二叠纪俱有，大致斜向中心，组成南北向之长方盆地。上新统之含炭湖积层则分布于盆地中，在次营、龙潭河、小阿姨、海山凹、向贵冲、潦浒镇等处皆有褐炭矿或露头。褐炭夹泥沙中，层次不一，时或尖灭。在龙潭河、海山凹等处所见剖面较为完整，兹将其含炭之部自下而上述之如次：

（1）灰黑色粘土层夹黄色砂砾层	
（2）透底炭	3—1公尺
（3）灰黑砂质粘土	1—3公尺
（4）半腰炭	1.5公尺
（5）灰黄砂质粘土	1—3公尺
（6）腰炭	1公尺
（7）灰黑色泥土	1—5公尺
（8）桐脂炭	1公尺
（9）黄色砂土层，上下为灰黑粘土	4公尺
（10）散土炭	1公尺
（11）黄灰、灰黑砂土层夹粘土，含薄层泥炭二层	12公尺
（12）紫灰、灰色页状粘土层，含腕足类化石	1.5公尺

(13) 红、黄、灰杂色砂土层 3—5 公尺

在褐炭田中部，(13) 砂土层之上尚有二三十公尺厚之黄色富铁质砂土层及粘土。

观上述剖面，可见主要褐炭共有五层，总厚 5.5 至 8 公尺。若就褐炭矿地分布之面积计之，本炭田南北计长 14 公里，东西宽约 5 公里，计占面积 70 平方公里。褐炭之平均厚度以 6 公尺计，比重 1.1，则得全炭田之可能储量为 462，000，000 公吨。但炭层时有尖灭，厚薄亦颇不一，上述范围内是否处处含炭，非待实地钻探后，不能证实之。故此处所属之矿量总数亦仅为一种理想的可能矿量而已。

褐炭作黑色及棕褐色，木质、木纹常显然可见。开采所得俱成大块。燃时生黑烟颇大，但火力不高。每当冬春旱季，附近居民顺河沟用露天法开采，销售曲靖、沾益、陆良一带，每车重 600 斤，售银毫二角，折合法币 8 角至 1 元。

(二) 宜良可保村

可保村为滇越铁路一车站。褐炭田在其西北宝蓝村、河登村、下达村等处，相距不过数公里，故交通甚为便利。褐炭作黑色或棕褐色与黑泥砂土等伴生。据王曰伦调查，宝蓝村有坑，深 4 公尺，尚未见底之褐炭，故其总厚度如何，尚难测知。可保村一带湖积层之范围极广，所占面积约有七八平方公里，但湖积层之下，未必处处皆有褐炭，且炭层本身亦颇不规则，故储量不易估计。兹暂就宝蓝村、下达村及永丰营一带已有开采之区域，量其面积，约为 4 平方公里，煤层厚度暂以 4 公尺计，比重为 1.1，则得储量 1，700 余万公吨。

(三) 嵩明杨林及宣威长坡

杨林在昆明城东 45 公里，为叙昆铁路所经，交通极为便利。褐炭田分布于杨林之西南，经本地居民用土法开采。层厚及分布面积尚未详测。宣威盆地及长坡、大固、夏家屯、古城、河东营等处亦有褐炭一层，厚仅半公尺，夹于砂岩粘土中，因成层过薄，且附近煤矿甚多，故无人问津。兹将上述各煤田及褐炭之或能储量列为总表如左：

叙昆铁路昆明威宁间烟煤及褐炭之或能储量表 (深度悉照斜深 500 公尺计)

地质时代	区域	分布	延长(公尺)	煤层层数	平均厚度	煤质	平均倾角	储量概算(公吨)	附记
石炭纪煤田	滇池西岸	三清阁 大青山	12，000	3	1	烟煤	35°	7，800，000	层薄质劣，无经济价值
		黄龙寺至黑桥	6，000	3	1	烟煤	40°	3，900，000	
		海口至新村	8，000	1	1	烟煤	30°	5，200，000	煤质尚佳，交通便利，现用土法开采颇能获利
		共计						16，900，000	
	阳宗海澄江间	海把坑	8，000	1	1		80°	5，200，000	
		大石坎	4，000	1	1		30°	2，600，000	
		老雅洞 鲁家冲至梁王营	20，000		1			13，000，000	
		雷打山	4，000		1			2，600，000	
		倒坡箐 牛厂 黑龙潭	22，000	1	1		15°	14，300，000	
		共计						37，700，000	

续表

地质时代	区域	分布	延长（公尺）	煤层层数	平均厚度	煤质	平均倾角	储量概算（公吨）	附记
石炭纪煤田	叙昆滇越二线间	石灰窑，大宰格	5，000	3	2	烟煤	60°	6，500，000	
		大宰格，万寿山	6，400	3	2.1	烟煤	40°	8，736，000	
		万寿山，露水洞	20，000	3	1	烟煤	30°—40°	13，000，000	
		大龙潭	2，000		1			1，300，000	
		龙潭山	5，000		1			3，250，000	
		共计						32，786，000	
	沾益附近	天生坝	2，000	1	1		15°	1，300，000	
		共计						1，300，000	
	述迤德威间	梨山卡郎南	2，000	2	1.5		45°	1，950，000	
		梨山卡郎北	2，000	1	1		35°	1，300，000	
		三道水白岩东	3，500	1	1		25°	2，275，000	
		三道水白岩西	2，000	1	0.8		60°	1，040，000	
		格衣	4，000	1	1		20°—30°	2，600，000	
		共计						9，165，000	
	共计							97，851，000	
下二叠纪煤田	宣威	罗洽	1，500	1	1.5		25°	1，467，500	
	寻甸	麦郎	4，000	1	0.5	多烟煤闻可炼焦	35°	1，300，000	
	嵩明	黑土坡哨	5，000	1	0.5			1，625，000	
	共计							9，387，500	
上二叠纪煤田	倘塘查格区	小竹箐至查格	12，000	2	1		8°—21°	249，600，000（以上两行合计）	宽8公里
		小竹箐—发赛—钱家海子	12，000	2	1		6°—20°		宽8公里
		钱家海子—金斗铺	28，000	2	1		35°	36，400，000	两翼系作1千公尺，其中部地形及地层俱高
		色空—烧箕凹	23，000	2	1		40°	179，400，000	宽6公里
		李家营—色官塘	10，000	2	1			6，500，000	
		共计						471，900，000	
	宣威	宣威近郊						240，191，000	向斜层内部煤量悉数计入
		观音堂						27，564，000	
		宝山	4，000	1	1	不能炼焦		2，600，000	
		打锁坡	19，000	3	2.5	可炼焦碎末	40°—60°	30，875，000	
		共计						301，230，000	

续表

地质时代	区域	分布	延长（公尺）	煤层层数	平均厚度	煤质	平均倾角	储量概算（公吨）	附记
上二叠纪煤田	哲觉	车洛之东、北	12，000					7，800，000	
		二田坝—车洛	27，000					17，500，000	
		哲觉—二田坝							
		哲觉—小荒田	12，000					7，800，000	宽5公里
		共计						33，100，000	
	沾益	卡居	32，000	2	1.5	可炼焦碎末	36°—60°	31，200，000	
		罗姆	5，000	2	2	半炼焦		6，500，000	
		水田冲	3，000	2	2	不能炼焦		3，900，000	
		板凳山	2，000×2，000	2	1.5	可炼焦	15°	7，800，000	
		共计						49，400，000	
	共计							855，630，000	
	总计							957，918，000	
第三纪褐炭	曲靖	次营	南北长14，000 东西宽5，000	5	6			462，000，000	
	宜良	可保村	7—8平方公里	1	4			17，000，000	依据王曰伦估计
总计								479，000，000	

三、磷灰岩

磷灰岩为矿肥及制磷原料，在农业上及工业上应用甚广。我国向少出产。近年来，在云南昆阳之中邑村于寒武纪地层之最底部发现磷灰岩矿层，含磷二氧五达百分之三十八以上，质优量丰，洵属不可多得。此外，呈贡、澄江及昆明之大板桥亦皆有相似之矿床。其分布皆在距叙昆铁路线不远之地。兹分述如次：

（1）昆阳中邑[1]村大巍山　据经济部地质调查所程裕淇、王曰伦调查，中邑村在昆阳城北十六公里，适居滇池之西南岸，由水路可通昆明，凡六十余里。自村西四百公尺处即有矿层露出。自此向西，延长至大巍山，凡七公里许，磷矿层延绵不绝。似有二层，厚自

[1] 现已更名为中谊村。——编者注

一公尺至五公尺。产于震旦纪石灰岩之上，下寒武纪底部淡黄色页岩之间，为纯正之水成矿床。就中邑村至歪头山间一部分矿量概算已得7，106，250吨，若将歪头山至大巍山间合并计之，其矿量必甚可观。昆阳磷矿曾经香港及经济部地质调查所化验，俱谓含磷二氧五甚高，在20%至38%，若改算为$Ca_3(PO_4)_2$，则俱在60%至80%以上，足可与世界各处所产之磷灰岩矿相比拟云。

（二）呈贡杨柳冲　在归化城东十余公里，其间一部可通牛车，交通尚便，磷灰岩似产于震旦纪地层中。因未分析，成分不详。

（三）澄江东山　澄江城东旧城、切磨村、二甲村一带山地，于震旦纪灰岩中亦产磷矿。本地人称为土灰，系属残余矿床之一。形状既不规则，矿量无从估计。

四、铝土矿

铝土矿亦为云南所发现之矿产。在本区内分布于大板桥、黄土坡、落水洞、水塘、一朵云等处，俱在昆明以西，叙昆、滇越二线范围之内，故交通颇为便利。据最近本处派王鸿祯调查乃知铝土层产下石炭纪地层中，其位置应在煤层之下。可分为二层，共厚1公尺至2公尺。上层矿常呈结核状。全部矿量概算（大部分计至地平面为止）约有700万吨云。

五、陶瓷土

本区内陶瓷土，现经采用者仅知二处：1、曲靖之潦浒镇，2、宣威之石丫口。潦浒镇位曲靖城南35公里，距曲陆公路仅5公里。产地在底子沟及周官营、南山坡一带，均距公路甚近，交通可称便利。陶瓷土矿床可分为二类。一呈层状，以白色之高岭土为主，呈介壳状断口，质地甚为精美，产于长石粗砂岩及紫页岩系中。该系内未曾获得化石，故其时代难以确定。在周官营东南所见本系层序，自下而上大致如次：

（1）长石粗砂岩	150公尺
（2）绿灰紫色页岩夹高岭土薄层	50公尺
（3）黄橙色泥质页岩	2公尺
（4）黄白色高岭土	1—3公尺
（5）紫、灰、绿、褐、黄等杂色页岩层	16公尺
（6）白色高岭土，中夹黄褐色页岩1公尺	3公尺
（7）紫、红、白等色页岩交互层	10公尺
（8）白色高岭土	半公尺
（9）红紫色页岩	10公尺

据上述剖面可知，主要瓷土共有4层，计厚4公尺，延长约1，500公尺，设可采斜深为250公尺，比重为2.5，则得储量3，750，000公吨。

第二类矿床产第三纪粘土及砂岩层中。就其产状又可分为二种：一成碎石状，夹土层中，多系白色高岭土。业瓷者在底子沟一带随地捡拾，再碾碎成粉，以供制坯之用。一属粘土层，可供制造各种陶器之用。在底子沟剖面，由下而上大致如次：

（1）粘土夹砂岩层	未全露出
（2）粘土夹高岭土碎块	3—5公尺
（3）白砂	2公尺
（4）褐炭层	0.5—2公尺

（5）长石砂岩砾石层	2.5公尺
（6）绿色泥	1公尺
（7）黄灰色粘土夹长石砂岩之砾石	3公尺
（8）红壤	1—4公尺

潦浒镇陶业由来已久，向以底子沟之粘土、高岭土碎块、砂岩、砾石等为原料，烧制各种陶器。现该镇共有业陶者80余家，每家年可获利500元左右。民国十八年，曲溪人欧永昌创立永昌瓷厂，仍取业陶者之原料，创制瓷器，尚能获利。二十八年，中央振济委员会与云南省政府为救济江西瓷业工人，乃以永昌瓷厂改组为云南瓷业公司，资本45，000元。振委会、省府及欧永昌各出15，000元。改组以来，因经营得法，年来获利已达30，000余元。现正设法开采周官营之高岭土层，以资改良原料。此外，各项烧制工作亦力事改进，营业前途颇为有望云。

石丫口在宣威县城至东北约15公里，为下二叠纪煤系出露之区。陶土层即产自煤系中，下与褐白色石英砂岩相接，上隔煤层约20公尺。陶土层厚约8公尺，作白色会浅灰色。沿煤系走向均有其迹，但以石丫口一地开采最盛。

六、铜矿

本区内铜矿直接间接皆于玄武岩有关。因玄武岩分布辽阔，于是铜矿亦所在皆是。但考其实际，则矿床散漫，矿质贫劣，皆无开采价值。兹按其围岩性质分为三类，再分区叙述如次：

（甲）产于下三叠纪飞仙关系中之铜矿

在本区内此类矿床见于宣威之西冲、旧铺子、白洋洞、小竹箐一带，分述如次：

1、旧铺子。在宣威之东北约30公里，位于宣威、威宁旧大道之旁侧。西冲在旧铺子之西约三四公里。此二地相距甚近。三叠纪地层倾斜又极平缓，故含铜层应相连续。含铜层位于飞仙关系中下部之灰紫色硬砂岩中，此砂岩有时亦夹页岩薄层，距上二叠纪煤系约百余公尺。旧日所开之矿洞在附近一带多至数十，其中未见丝毫铜迹。就民间所藏矿样察之，皆为斑铜矿及孔雀石。所有矿洞皆沿地层走向开掘。此可证明铜矿系与三叠纪地层之层次相合，而属水成矿床。惟据本地人言，洞内矿层亦有直攀向上开采者，是否有一部类似矿脉，无从臆测。据本地人云，此一带铜矿于六七十年前曾经开采，当时炼铜之炉计达48座，开炼时附近遍地炉光，夜行无须点灯云云。证以此一带所堆炉渣之多，此语或非虚构。然现时如何无人开采，殊耐寻味。按本区铜矿，开采运输均无困难，且地势较高，无水淹之患，其停歇原因或以大部矿床已开采垂尽欤。

2、白洋洞。位于倘塘西北约10公里。旧日曾有人在飞仙关层中采铜试炼，但无结果，今仍遗炉渣一堆，积于洞外。

3、小竹箐。含铜层可与旧铺子、西冲一带相衔接，皆出自飞仙关系中。采炼历史已不可考，亦无旧洞遗迹可寻，仅见炉渣数堆而已。

按本地人常称飞仙关系之砂页岩及玄武岩为“铜栓”，可见飞仙关层之产铜应无问题。至论铜之来源，则间接地仍与玄武岩有关。盖玄武岩中铜质风化剥蚀之后，重行沉积于其上之砂页岩中也。关于本类铜矿之产生方式，则有二说：一说谓铜矿成层状，沉积于飞仙关层内，即普通之水成矿床也；一说谓矿之富集尚有赖于地下潜水经流溶解之作用，使铜质流入疏松之岩层内，而后沉积。此二说皆各有理由。但若确如本地人所称，旧铺子铜矿有成脉状者，则后说亦甚可信。再按本区铜矿与贵州威宁之德桌铜矿，在成因上，产状上，俱相类似。

（乙）产于玄武岩中之铜矿

玄武岩为本区铜矿之母岩，已如前述。故凡玄武岩分布之区，其附近几莫不有若干铜迹可寻，二者关系之密切，从可知矣。据本地人传说，每届雨季，玄武岩深沟之中，时有数斤乃至数十斤之自然铜体被水冲出。确否，固尚待证，即使有之，亦无足怪。盖此类矿床分布极不规则，偶尔得之，获利固非浅鲜。若谋计划开采，则实难持久也。本类矿床之产状又颇不一，有成脉形者，有成层形，与玄武岩之层次相合者，有产于气孔中而成杏仁状充填矿床者，又有产于凝灰岩层中而与之交换或充填者。就矿床之种类论，花式繁多，极饶兴味。但求其有经济价值，足资大量开采者，恐百不得一也。兹分区述之如次：

1、威宁铜厂河　铜厂河位于威宁县城之西南，距威宁一宣威旧大道间之幺站约六七公里。由幺站至矿区，须越一高岭，但坡度尚缓，可行驮马。据当地老年人云，此矿于五六十年前业已开采，最近二三十年始大部停办。当开采最盛时，工人达万，山巅顿成闹市云。今所遗旧址计有新厂、老厂二处。老厂房舍已全塌倒，墙败柱折，只能模糊辨认，规模不甚大。新厂房屋，分建二地，规模较大，建筑壮丽，今尚一部保存。本区铜矿似有二层。下层厚 1.35 公尺，皆产自杏仁状玄武岩中。气孔充填物之直径自二至七公厘不等，但以三四公厘者为最多。矿物以辉铜矿、斑铜矿、黄铜矿为主，见于新厂，风化后常成孔雀石、蓝铜矿等，附着于表面。附生矿物有黄铁矿、方解石、泡沸石、石英等，且有沥青质颗粒存在。黄铁矿在老厂较多。就产状及矿物成分推测，本矿当属低温浅成矿床，由玄武岩喷发之余气充填于气孔中所成。本矿矿洞之在新厂者，大多倒塌，不能深入。老厂尚有二洞可入，但深不过十余公尺。旧洞名目至多，如五星洞、八宝洞、耗子洞、蝙蝠洞、大凹子等。据本处阮维周、颜轸、黄朝环详测结果，新老二厂合计储量约有粗铜 16，000 余公吨。本矿近经矿冶研究所化验，含铜仅 0.23％云。

2、宣威马龙厂　马龙厂位小江北岸，在务德之南约六公里。务德在宣威之西四十余公里，高峰峡谷，交通殊不便利。相传前清道光、咸丰年间曾经开采。矿业之盛，据《宣威县志》所载，有“炉火相连，夜行数十里，不用秉烛”之句。然此次调查时，除见埽渣成堆外，仅发现废洞二三耳。洞之深者达数公尺，浅者不及五公尺，惟多倒塌，难窥真相。洞之位置全在玄武岩中，且每沿方解石脉而行。此脉宽仅 3 公分，略向西倾斜。其中矿石主要者为孔雀石及矽孔雀石。辉铜矿闻亦有之，惟为量不多。围岩组织致密，结晶细小，色浅灰，似属安山岩一类。

3、止戛铜厂沟　本矿在宣威县北五十公里。计划中之叙昆铁路适经其侧。矿床成不规则之细脉状，产玄武岩中。矿石为孔雀石及辉铜矿，于玄武岩之气孔中，偶亦有黄铜矿。脉石除方解石外，尚有绿帘石、泡沸石等。

4、宣威光山梁子及大黑得　光山梁子在述迤之西北约十公里。述迤则在宣威之西南二十余公里。大黑得在沾益属卡郎之西北六公里。附近丛山深谷，交通俱极不便利。二处铜矿俱属玄武岩中之气孔填充式。据本地人云，大黑得铜矿在百余年前曾经采炼，今寻遗迹即废洞亦渺不可见，仅见玄武岩中有少许孔雀石而已。光山铜矿情形亦复相似。

5、宣威板桥邱家村一带　本矿位川滇公路之左侧，交通便利。矿床成结核状产于玄武岩系上部之凝灰岩中。矿石为孔雀石，但为层过薄，且不连续，亦难经营。本地人前曾集资开采，无效而罢，今尚可见开出之废石焉。

按本矿产状与以前所述颇不相同，盖成矿溶液或气体已远离母岩本体而达于其上部之凝灰岩中矣。

6、沾益上朵背冲油菜冲间　此二地位沾益县东北约30公里。铜矿产于其北山玄武岩中。旧洞遗迹，今尚可考，计有二十余处，均在该岩之中下部。埽渣成堆，想见当时开采之盛。矿床分脉矿及杏仁状充填二种。前者之矿物以黄铜矿为主，与黄铁矿共生，脉石为方解石及石英。民国二十七年曾有本地人在油菜冲北沟中集资采炼，未著成效而停。

7、平彝凉水井黑石头　凉水井在平彝城西12公里，滇黔公路适经其旁，交通便利。铜矿产于凉水井北一公里之黑石头附近。旧洞遗迹尚存。矿床情形与油菜冲同。

8、曲靖格浪河　格浪河在曲靖县东南20余公里。铜矿产村北里许沟旁。据传说，当逊清末季，开采甚盛。后因矿洞塌陷，发生灾变被封。民国十年曾有人来此探采，终亦赔累而去。

9、嵩明老猴街笔架山　老猴街在嵩明县东南30公里，与叙昆铁路线相距不远。笔架山又在老猴街东南约二三公里。铜矿成杏仁状充填于玄武岩中。

（丙）产于其他地层中之铜矿

此类铜矿与玄武岩似无关系，呈脉形，在本区内仅见一处，即宜良之桅杆山大铜厂。据县志所载，该矿于乾隆年间产铜甚旺。今已荒废。矿地位宜良县东15公里，距瑞鸡村仅一公里许。附近地质为志留纪石灰岩及页岩，矿脉即产于石灰岩中。调查时未见矿体，仅于废石堆中获得宽约四五公分之含铜石英脉，内含黄铜矿、磁铁矿等矿物。

七、铅银矿

本区内铅锌银矿较为少见，其重要者均在北部，如会泽之矿山厂、麒麟厂，威宁之新山、白沙坡、银厂等地，盖以产银著称。惜此次调查以时间所限，未得前往勘察。兹将调查所及之各铅锌银矿叙述如次：

1、宣威拖克　拖克位宣威西北35公里，交通不便。矿地在拖克东北4公里许之发土背谷中。矿床为一宽约4公尺之复脉，倾向正东约70余度，其间细脉分歧，宽者达十数公分，狭者不及一公分，围岩为玄武岩。脉中之主要矿物为黄铁矿及方铅矿，结晶细密。本地人前曾一度试采，以冶炼不得其法而停。按本矿矿脉虽宽达4公尺，但其向地内之延长及矿石成分，尚多不明了，须先加探勘，始能定期价值。惟本矿与矿山厂、麒麟厂相距不远，以矿床区域之理论衡之，似尚值得注意也。

2、宣威大石板　大石板在宣威之西南50公里，南距德泽通宣威之大道约十余公里，丛山杂沓，交通异常困难。附近地质为下石炭纪石灰岩，成一轴向东北西南之缓向斜层，其西北翼为小江谷所切，峭壁百尺，村落稀少。本地人初以此矿为锡矿，曾集资开采，于面临小江之陡崖上开矿洞十余，俱沿层面挖下，颇有相当深度。挖出矿石，堆置洞外。母岩为土红色泥质灰岩及暗灰色灰岩，网状细脉错综其上。矿石为含银方铅矿，结晶细微。脉石在野外可辨识者，仅方解石及乳白色石英二种。按本矿矿脉过于细微，且交通不便，虽未知其成分如何，似难大规模兴办也。

3、威宁产底　产底在威宁之东约50公里。矿在产底之后山、梅花山等地，已出本图幅范围之外。于威宁系近顶部之石灰岩内，曾有人一度试采，惟不久即停办。旧有矿洞皆已倾塌，不能深入。于废石堆中偶见微小方铅矿晶粒。在地面所能观察者，仅此而已。

4、澄江新庄　新庄在阳宗城之西，山路数公里即达。矿在新庄之南。附近地质为下寒武纪砂页岩层。数十年前曾一度开采。民国二十七年又有人集资重开，一年间共采得矿石万余斤云。调查时矿洞已全倾塌，未见矿脉。自新庄村人所藏矿样观之，仅知其为方铅矿而已。

5、宜良三义凹　三义凹矿地位丛山中，距宜良狗街十余公里，全为山路。矿床呈脉形，产于下寒武纪之石灰岩中。矿石为方铅矿。已开矿洞二。似亦无甚希望。

6、路南大对冲　大对冲在天生洞之北约15公里，居南盘江北岸。附近地质为震旦纪石灰岩。调查时矿洞已塌，未见矿脉。乡人所藏矿样为方铅矿，据谓含银甚高云。

7、昆明阿居鲁　阿居鲁南距昆明仅20余公里，交通甚便。前经东陆大学开采，共炼得纯铅60顿左右。现由云南大学接收保管。据朱熹人、马希融、黄懿调查，矿呈脉形，走向南北，生于石灰岩中，宽自数公分至三公寸，有时扩大成袋。主要矿物为方铅矿及辉银矿，闪锌矿及铅、银之氧化矿物亦能见之。脉石为石英、方解石、绿泥石等。朱氏等又谓该矿床与附近辉长岩侵入体有成因上之关系云。

以上所述各铅银矿，除宣威拖克外，似俱无探勘之价值。惟就学理言，则极饶兴味，举其要者，约有数端：(1) 其产生之地层，可自震旦纪以迄二叠纪；(2) 与玄武岩似无成因上之关系；(3) 矿物以方铅矿为主，闪锌矿似未见或甚少。至于各矿之成因及产状，因矿洞多已倾陷，无法观察，非此初步勘查所能详也。

八、铁矿

本区内铁矿多分布散漫，储量不丰，仅能供附近农民业余采炼，无大规模经营之价值。就成因及产状言，似可分为三类：(一) 易门式铁矿。产于震旦纪地层中，呈晶片状或脉形。见于陆良之天花县麦田、甸尾河一带，与易门铁矿差可比拟，故即以名之。本类矿床颇可有经济价值，惟此次调查未详，其矿量丰富与否，不能定也。(二) 风化残余式铁矿。凡稍含铁质之岩层，经长期风化剥蚀之后，铁质即逐渐加富，可就地凝结成为残余矿床。如玄武岩系及上二叠纪煤系中之各种红土式或结核式铁矿皆属之。(三) 水成铁矿。略成层形或晶片形，并常呈鲕状结构。此类铁矿往往发生于地层隆起风化剥蚀之间断中，如中石炭纪以前、下二叠纪与中石炭纪间等。在地层上皆有一剥蚀间断，同时往往有铁矿或富于铁质之地层沉积。(四) 沼铁矿。第三纪湖积层中常有褐铁矿，当属沼铁矿一类。其铁质之来源，恐大部分仍来自玄武岩，因凡有沼铁矿之地点，其附近往往有玄武岩故也。兹分述如左：

(甲) 易门式铁矿

1、陆良天花县　天花县 (位于) 陆良之西北约25公里，地处陆良、马龙交界处，万山杂沓，交通至为不便。附近地质为震旦纪之澄江砂岩层，向西北倾斜二三十度，铁矿即产于其中，似成脉形。因掩覆过多，其形状及厚度未及详测。矿石大部为赤铁矿。在天花县东南之山坡上则见褐铁矿块砾甚多。常呈葡萄状或钟乳状结构。此矿惜未详测，故其价值不知。但因其显属易门式之铁矿，故颇堪注意。

2、宜陆交界麦田甸尾河　本矿西南距陆良、东南距宜良各约二三十公里，交通不便。附近地质为震旦纪石灰岩。铁矿产灰岩裂隙内之红土中。赤铁矿及褐铁矿俱有，常成块砾，分布殊为散漫。查本矿之成，一部显由于风化残余作用，但其原生矿床似应为易门式无疑。据云，本矿在乾隆年间开采甚盛，在铁厂附近曾设炉四十余座，今已全废矣。

（乙）风化残余式铁矿

上二叠纪即宣威煤系之底部，系一种黄色页岩或砂质页岩，常示球状风化之构造。因其质料大部出自玄武岩，故含铁本已甚富，再经风化，其中铁质遂以胶状体沿层面或球状之裂缝充填，乃成凸镜状、结核状或各种球形体，厚约二三公分至一公尺不等。本地人名曰黄矿，实皆褐铁矿也。威宁东南之香炉山、赖子河，宣威西之述乐及沾益东北之新村，俱有此类铁矿。本地人于农事之暇，入山采检，俟积有数量，乃开炉冶炼，供制农具及锅铲之用。

（丙）水成矿床

寻甸鲁洒格及干海子于下二叠纪煤系底部之砂岩层中有褐铁矿，成块状或凸镜状，厚薄无定，分布尤不规则。本地人有于农暇从事采炼者。又宣威东山三家村南一公里许，于威宁系底部之页岩中，有结核状褐铁矿一层，厚约1公尺，延长仅四五百公尺，尚无人开采。

（丁）沼铁矿

本区内沼铁矿仅见二处。一在猴街子，一为细吉、小黄地间，皆属宣威县境。猴街子在宣威东南25公里，系一东西向之第三纪湖积层盆地，南北高山俱属玄武岩。矿石为褐铁矿，一小部或为菱铁矿，呈不连续之薄层，厚只四五公分，夹于灰、黑、黄各色之砂质粘土层中，计有十数层之多。铁矿内常见植物遗迹为铁质所交换，纤维构造尚多保存。本地居民于农暇雨少之时从事采掘，筑土炉制炼生铁，供制农具及锅铲之用。据云，每炉盛矿石25担，可得生铁10担。如是可知其含铁成分约为百分之四十也。调查时，生铁每千斤售价国币240元，农具及铸锅每千斤400元，行销宣威、威宁、水城一带。年产生铁约20万斤。细吉、小黄地之矿床情形与猴街子相仿，前一度采炼，以赔累而停。

九、钴土矿

在玄武岩风化后之红土中，常有结核状之氧化钴，俗称碗花矿，供陶瓷业着色原料之用。本区内此项钴土矿甚多，然分布散漫，矿量微薄，且现多停采，故本届调查未尝注意。兹依据朱庭祜民国十六年调查节录如次：

1、昆明附近　昆明城北二公里之苏家村，城东七公里之龙泉镇及城东二十公里之大板桥、杨梅山等处，昔日俱曾开采钴矿。矿洞遗迹至今历历可考。钴矿均生于红土中，而以底部为富。红土厚自数公尺至十余公尺，多覆盖于玄武岩所成低洼地形之处。

2、呈贡大红山及马寨子　大红山在呈贡县南十二三公里。钴矿生红土中，而位于大红山之顶部。昔日产钴甚多，至今矿洞遗迹犹可见及。马寨子在呈贡县东南三十余公里，为昔日产钴最著名地点之一。山势甚高，矿洞极多，矿质亦佳。

3、会泽东北境　由会泽县东北行，经者海至矿山厂，途中皆可见有钴矿生于残余红土中，而遗留于玄武岩流之侵蚀面上。

4、安宁高山及晋宁大红山　高山在安宁城南七公里，矿地即在大道之旁。钴矿产状与昆明附近同。红土甚厚。昔日开采者，多就红土开掘直井以取矿。晋宁大红山在城东南五六公里，山势颇高，昔日采钴遗迹犹可见及。

叙昆铁路沿线昆明威宁间地层柱状剖面图及图例

第一幅

例　　言

一、本图幅系由前叙昆铁路沿线探矿工程处调查，嗣该处奉令结束，乃由另组之西南矿产测勘处继续进行，并由该处整理材料，分幅石印，编著报告，计自民国二十九年七月中旬各队出发起，至十一月初旬竣返处止，实际费于野地之时间，各队俱不及三个月。

二、本图幅除昆明宜良一带系利用五万分之一陆军地形图填注地质外，其余大部分皆系由各调查队在野地用指南针步计法所测制之五万分之一地质矿产路线图编制而成。因此，对于河流、村镇之位置，容有不尽准确之处。又高度一项，因仪器设备不全，颇少记录，表示地形之等高线，亦无法绘入。

三、地质材料，除昆明附近数幅，有一部分系参照前人调查，加以编绘，并于各该图幅上书明负责人名外，其余皆由本处及前叙昆铁路探矿处调查之结果。

四、在各队所担任之图幅内，所有地形、地质，皆由各该队员负责，惟在各图幅接合处，不但地层或构造，各人俱不免自有主张，即地形亦难一一吻合。乃由荣参酌各人意见，量为伸缩，以求接合，故谬误自不能免。

五、本图幅忽促付印，谬误至多，尚希高明赐正，曷胜感幸。

民国三十年五月西南矿产测勘处处长谢家荣识

叙昆铁路沿线昆明威宁间地层柱状剖面图

时代			层系	厚度(公尺)	岩石性质及主要化石
新生代	第四纪	现代	冲积层及湖积层		砂砾，泥土。
新生代	第四纪	更新统	砾石层及红土层	0-30	
新生代	第四纪	更新统	东山吸水石层	50	白灰色，富含植物化石
新生代	第三纪	上新统	茨营湖相褐炭层	100±	黄褐灰绿等色泥土，砂砾，含褐炭层，其上富含 *Viviparus* 化石
新生代	第三纪	渐新统	蔡家冲湖相层	100±	下部为绿色泥灰岩，含脊椎动物化石，中部为白色浅水石灰岩，含 *Planorbis* 及 *Chara*. 果实，上部为细砂岩。
新生代	第三纪	上始新统	路南红色层	350	下部为灰质角砾岩，中部白色软质石灰岩，含 *Amynodon* 及 *Caenolophus*，上部为红砂岩
			（不整合）		
中生代	上三叠纪		禄丰系	400+	上部黄绿色砂岩、砂质页岩，顶部夹石灰岩凸镜体 下部暗紫色及深红色砂岩，夹砾岩数层 底部砾岩层
			（不整合？）		
中生代	中上三叠纪		桃子树层	50-170	长石云母质砂页岩，夹煤一层
中生代	中三叠纪		嘉陵江层	400	灰白色石灰岩夹黄紫色砂页岩，含 *Myophoria, Avicula* 及 *Anodontophora.*
中生代	下三叠纪		飞仙关层	600+	紫或紫红色斜层状砂岩及页岩，含 *Pseudomonotis, Lima, Gervilleria.*
古生代	上二叠纪		宣威煤系	100-400	黄、绿、褐诸色页岩及砂岩，上部含煤数层，以大羽羊齿植物为标准化石
			（假整合）		
古生代	中上二叠纪		玄武岩系	400-1000	上部以岩流为主，夹带页岩 中部岩流外，多凝灰岩及块集岩 下部除底部夹凝灰岩及凸镜体石灰岩外，纯为火山岩流
			（假整合？）		
古生代	下二叠纪		阳新系 茅口石灰岩	300-400	浅灰色厚层状石灰岩，含 *Wentzellela, Neo-schwagerina, Doliolina, Lyttonia.*
古生代	下二叠纪		阳新系 栖霞石灰岩	400+	蓝灰色厚层石灰岩，上部夹燧石，含 *Tetrapora, Corwenia, Waagenophyllum, Stylidophyllum.*
古生代	下二叠纪		阳新系 底部煤系	30-70	白、浅黄砂岩、页岩，顶部有煤一二层
			（假整合）		
古生代	上石炭纪或石炭二叠纪		乌拉统	0-150	浅灰色球状石灰岩，含 *Pseudoschwagerina, Triticites.*
			（假整合）		
古生代	中石炭纪		威宁系	100-800	白灰色镁质灰岩，含 *Koninckophyllum, Dibunophyllum. Chaetetes.*
			（假整合）		
古生代	下石炭纪		丰宁系	240	黑色薄层灰岩夹页岩，含 *Gigantella, Syrinagopora, Kweichowphyllum, Yuanophyllum* 等，其下有煤系
			（假整合）		
古生代	上泥盆纪		海口层	50	黄白色石英岩、砂岩，含沟鳞鱼化石特富
			（假整合或不整合）		
古生代	中泥盆纪		广西系	200	灰黄色石灰岩及页岩，含 *Stringocephalus. Pachypora, Schizophoria.*
古生代	上志留纪		马龙系 上玉龙寺层	700	灰，绿，紫，棕，红等色页岩夹砂岩，含植物化石及鱼化石碎片，在下部时有厚二三十公分之矾铝土一层
古生代	上志留纪		马龙系 下玉龙寺层	350	灰、绿、褐色石英岩、砂岩及页岩，含 *Modiolopsis.*
古生代	上志留纪		马龙系 妙高层	155	紫，绿，黄色页岩，顶部夹灰岩，含 *Spirifer, Tingl, Hormotoma.*
古生代	上志留纪		马龙系 关底层	130	黄及灰绿色页岩，底部夹不纯灰岩数层
			（不整合）		
古生代	下奥陶纪		汤池系或红石崖系	280	灰绿黄紫色页岩夹砂岩、页岩，底部为薄层粗砂岩，页岩内含 *Didymograptus, Taihungshania.*
			（假整合）		
古生代	下寒武纪		沧浪铺系	400	黄，棕黄，浅绿，黑等色云母质页岩，底部有长石砂岩，顶部时夹石灰岩，含 *Redlichia*, 最底部时含磷灰岩层
	震旦纪		东山石灰岩	900+	上部为棕，黑，紫，绿，砂页岩及砂质石灰岩 中部为黄，绿，红泥质灰岩、页岩及灰岩之互层 下部为浅红色砂质灰岩，含磷灰岩层，底部为砾石及页岩
			（假整合?）		
	震旦纪		冰碛层	30	上部为层次清显之红页岩，下部为有清切擦痕之砾石组成冰碛层
	震旦纪		澄江砂岩	260+	暗红、棕黄中粒厚层状长石砂岩，中上部夹红页岩及白色致密泥页岩。

图　　例

时代	符号	层系
现代	Q	冲积层及湖积层
更新统	Nt	东山吸水石层
上新统 渐新统	NL	湖相沉积层
上始新统	NR	路南红色层
上三叠纪	TLS	禄丰系（夹石灰岩）
上三叠纪	TL	禄丰系
中上三叠纪	Tt	桃子树层
中三叠纪	Tc	嘉陵江层
下三叠纪	TF	飞仙关层
上二叠纪	Pu	宣威煤系
中上二叠纪	Pb	玄武岩系
下二叠纪	Py	阳新系
上石炭纪或石炭二叠纪	CP	乌拉统
石炭纪	C	未分层
中石炭纪	Cw	威宁系
下石炭纪	CFC	丰宁系煤系
下石炭纪	CF	丰宁系
泥盆纪	D	未分层
上泥盆纪	Du	海口层
中泥盆纪	Dm	广西系
上志留纪	Sm	马龙系
上志留纪	Sm4	上玉龙寺层
上志留纪	Sm3	下玉龙寺层
上志留纪	Sm2	妙高层
上志留纪	Sm1	关底层
下奥陶纪	OL	汤池系或红石崖系
下寒武纪	∈L	沧浪铺系
震旦纪	H	未分层
震旦纪	HL	东山石灰岩
震旦纪	Ht	冰碛层
震旦纪	Hc	澄江砂岩

铅银锌矿
铜矿
铁矿
铝土矿

煤矿
褐炭矿
磷灰岩
陶瓷土
化石产地
地质界线
逆掩断层及逆断层
想像逆掩断层及逆断层
断层
想像断层
倒转倾斜（50°）
走向及倾斜（50°）
已成铁路及车站
未成铁路及车站
公路
道路
河流
桥梁
湖泊
落水洞
省城
县城及村镇
庙宇及学校
省界
县界

第二幅

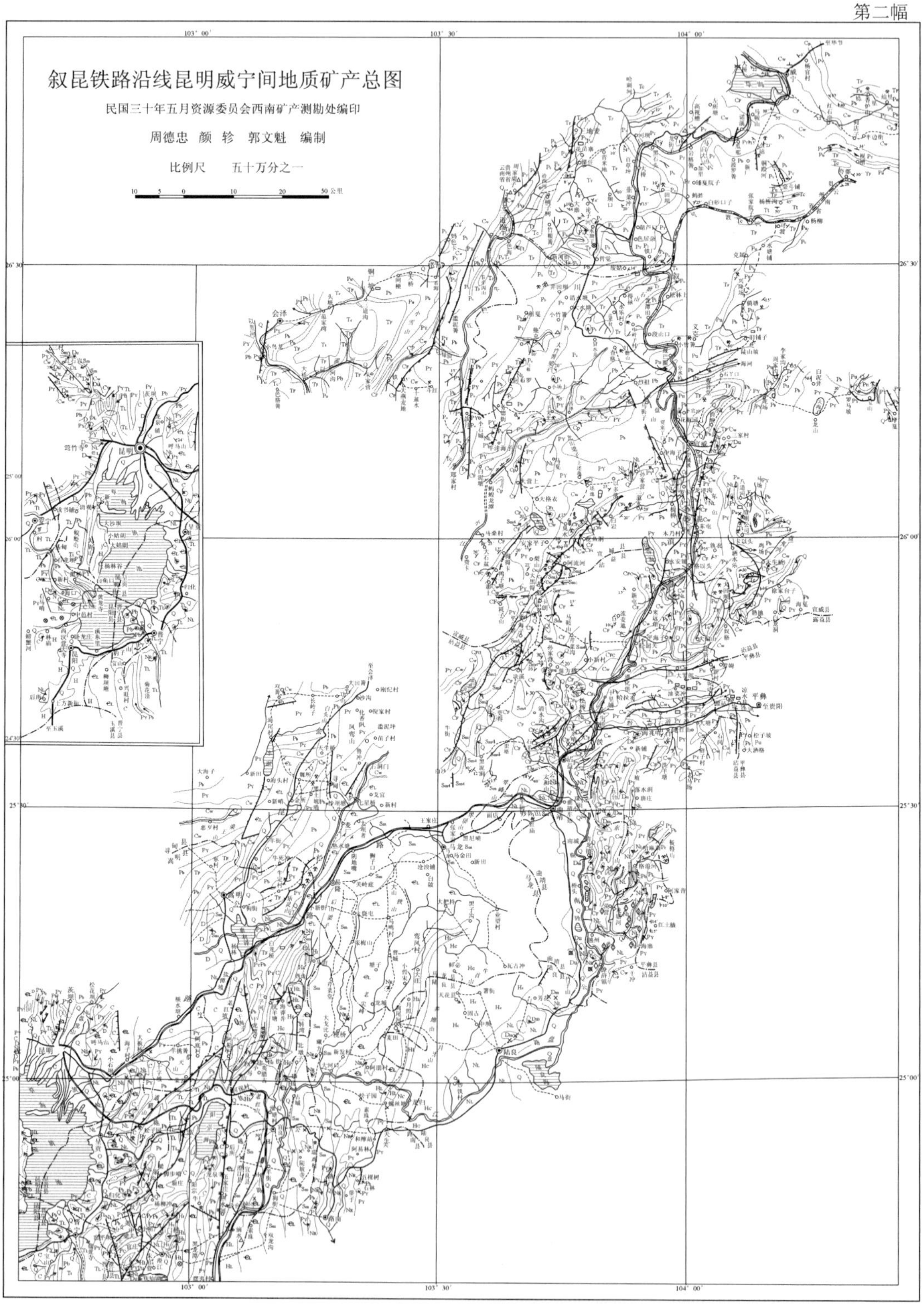
叙昆铁路沿线昆明威宁间地质矿产总图
民国三十年五月资源委员会西南矿产测勘处编印
周德忠　颜　轸　郭文魁　编制
比例尺　五十万分之一
10 5 0 10 20 50 公里
103°00′
103°30′
104°00′
26°30′
26°00′
25°30′
25°00′
24°30′
昆明
会泽
陆良
平彝

第三幅

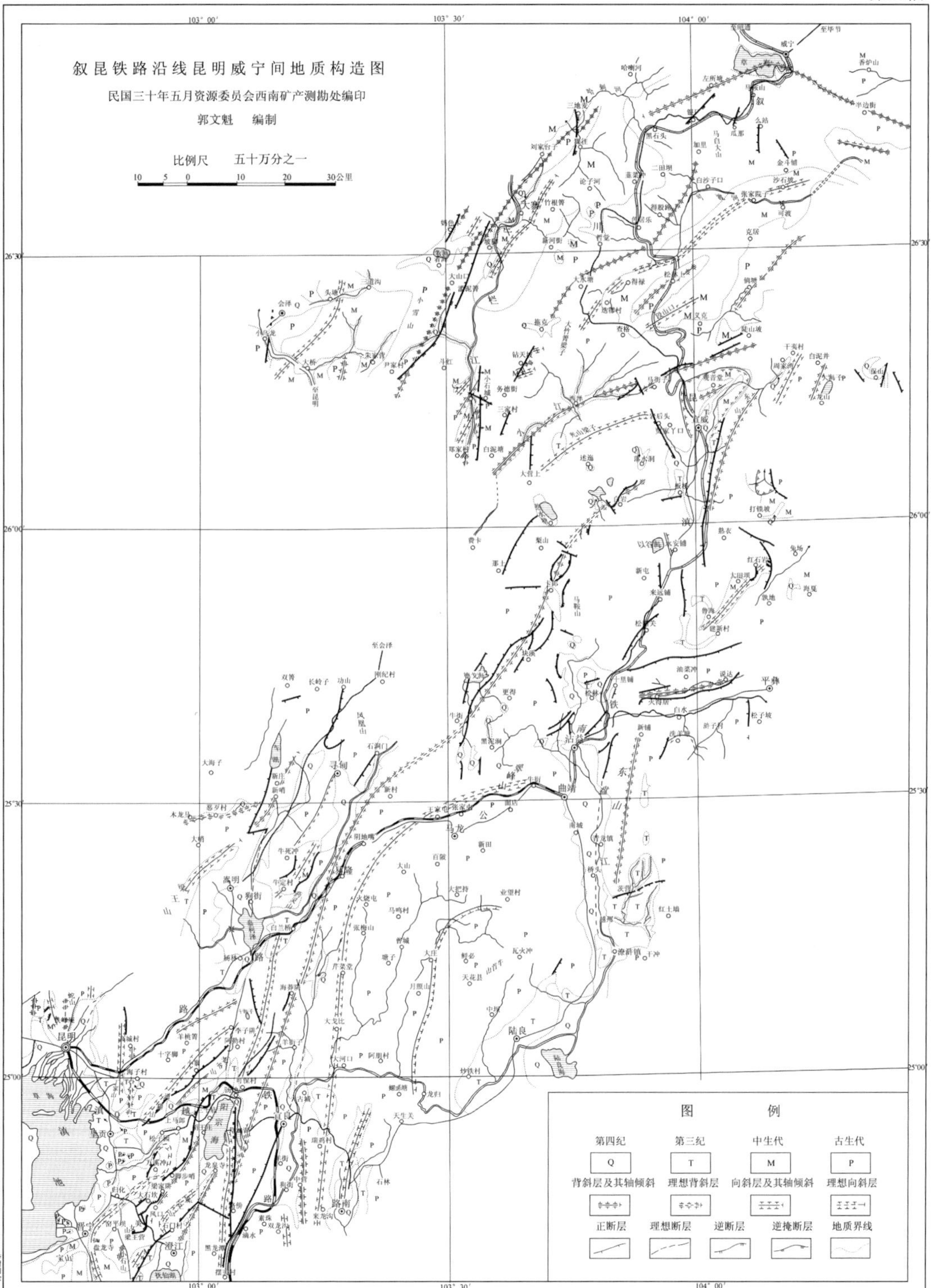
叙昆铁路沿线昆明威宁间地质构造图
民国三十年五月资源委员会西南矿产测勘处编印
郭文魁 编制
比例尺 五十万分之一
10 5 0 10 20 30公里
103°00′
103°30′
104°00′
26°30′
26°00′
25°30′
25°00′
威宁
昆明
图 例
第四纪 第三纪 中生代 古生代
Q T M P
背斜层及其轴倾斜 理想背斜层 向斜层及其轴倾斜 理想向斜层
正断层 理想断层 逆断层 逆掩断层 地质界线
李树明绘

第四幅

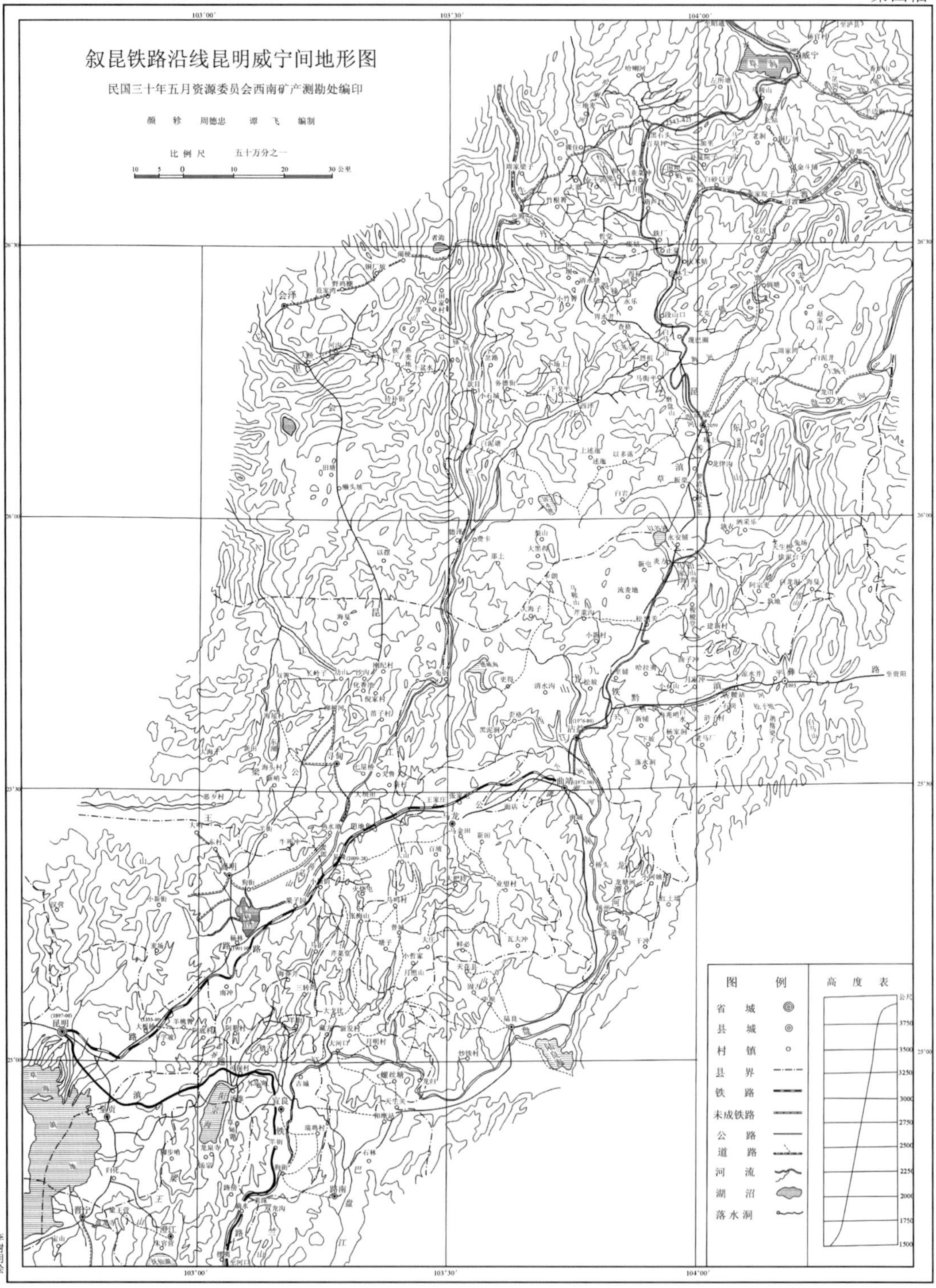
叙昆铁路沿线昆明威宁间地形图
民国三十年五月资源委员会西南矿产测勘处编印
颜 轸 周德忠 谭 飞 编制
比例尺 五十万分之一
10 5 0 10 20 30 公里
103°00′
103°30′
104°00′
26°30′
26°00′
25°30′
25°00′
威宁
会泽
曲靖
昆明
图 例
省 城
县 城
村 镇
县 界
铁 路
未成铁路
公 路
道 路
河 流
湖 沼
落水洞
高 度 表
公尺
3750
3500
3250
3000
2750
2500
2250
2000
1750
1500

李树明绘

第五幅

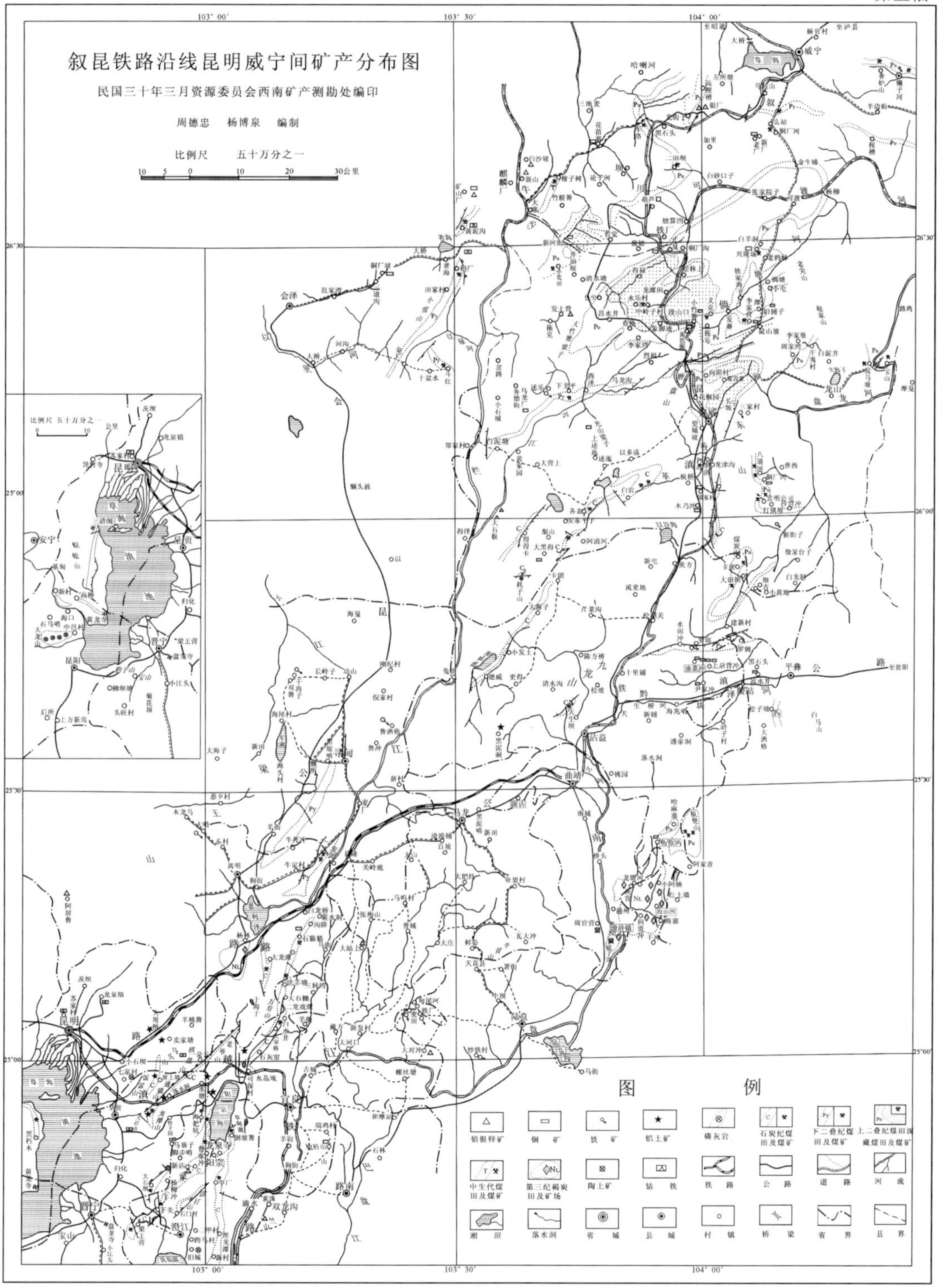
叙昆铁路沿线昆明威宁间矿产分布图
民国三十年三月资源委员会西南矿产测勘处编印
周德忠 杨博泉 编制
比例尺 五十万分之一
10 5 0 10 20 30公里
103° 00′
103° 30′
104° 00′
26°30′
26°00′
25°30′
25°00′
图 例
铅银锌矿
铜 矿
铁 矿
铝土矿
磷灰岩
石炭纪煤田及煤矿
下二叠纪煤田及煤矿
上二叠纪煤田及煤矿
中生代煤田及煤矿
第三纪褐炭田及矿场
陶土矿
钴 铁
铁 路
公 路
道 路
河 流
湘 沼
落水洞
省 城
县 城
村 镇
桥 梁
省 界
县 界
威宁
昆明
曲靖
沾益
会泽
宣威
路南
宜良
嵩明
比例尺 五十万分之一

第六幅

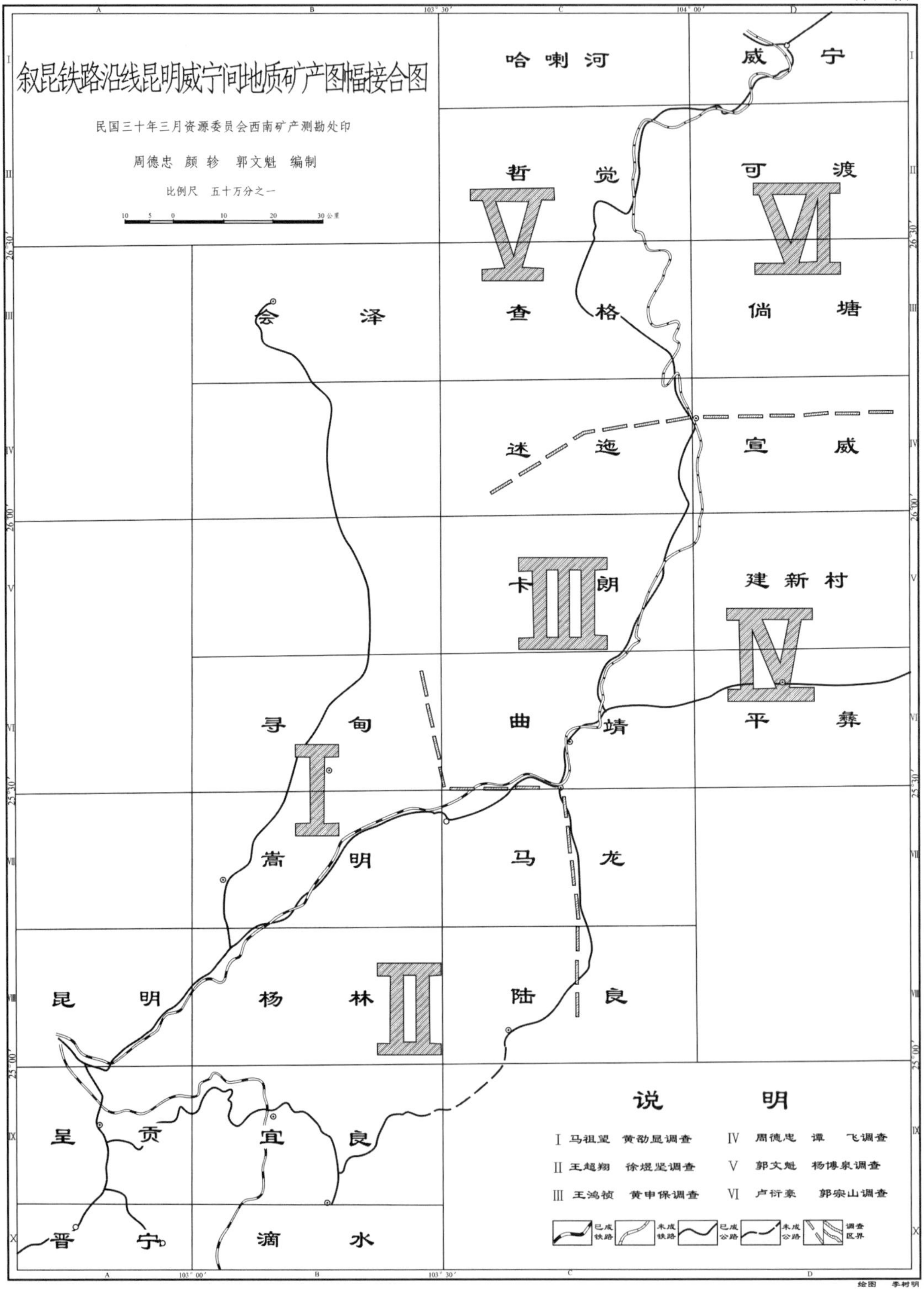
叙昆铁路沿线昆明威宁间地质矿产图幅接合图
民国三十年三月资源委员会西南矿产测勘处印
周德忠 颜 轸 郭文魁 编制
比例尺 五十万分之一
10 5 0 10 20 30公里
哈喇河
威宁
哲觉
可渡
查格
倘塘
迷迤
宣威
卡朗
建新村
会泽
寻甸
曲靖
平彝
嵩明
马龙
昆明
杨林
陆良
呈贡
宜良
晋宁
滴水
说明
Ⅰ 马祖望 黄劭显调查
Ⅱ 王超翔 徐煜坚调查
Ⅲ 王鸿祯 黄申保调查
Ⅳ 周德忠 谭 飞调查
Ⅴ 郭文魁 杨博泉调查
Ⅵ 卢衍豪 郭宗山调查
已成铁路
未成铁路
已成公路
未成公路
调查区界

绘图 李树明

地质调查　王曰伦　王鸿祯　王超翔　徐煜坚　郭文魁

昆　明

Ⅷ-A幅

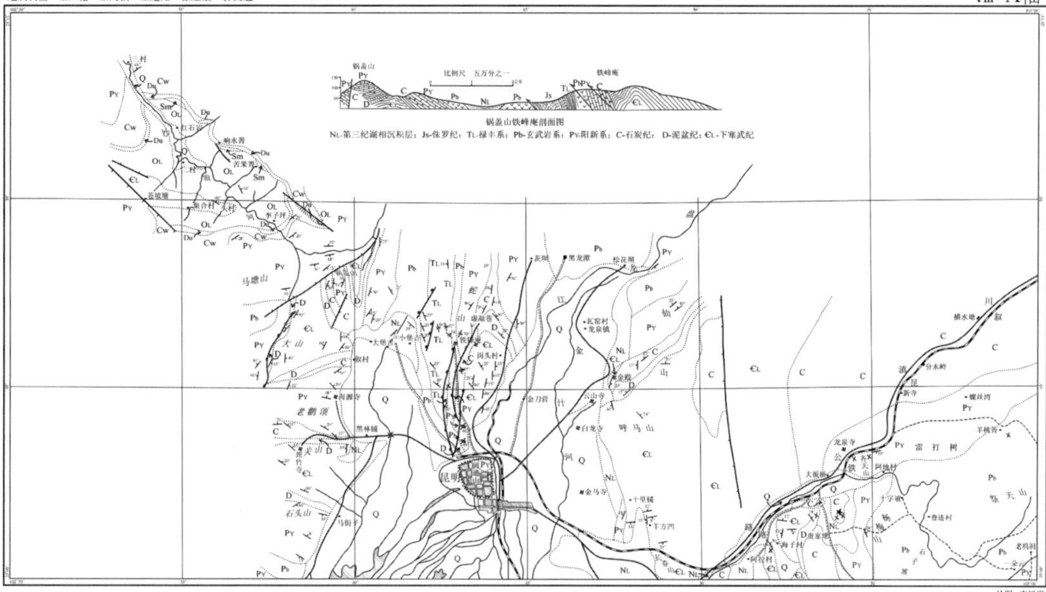

叙昆铁路沿线探矿工程处调查
资源委员会西南矿产测勘处编印

绘图　李树明

比例尺　十万分之一

2　1　0　5　10 km

地质调查　王超翔　徐煜坚　杨登华　关士聪　王曰伦

呈　贡

Ⅸ-A幅

叙昆铁路沿线探矿工程处调查
资源委员会西南矿产测勘处编印

绘图　李树明

比例尺　十万分之一

2　1　0　5　10 km

晋宁

X-A幅

地质调查 王曰伦 王超翔 徐煜坚

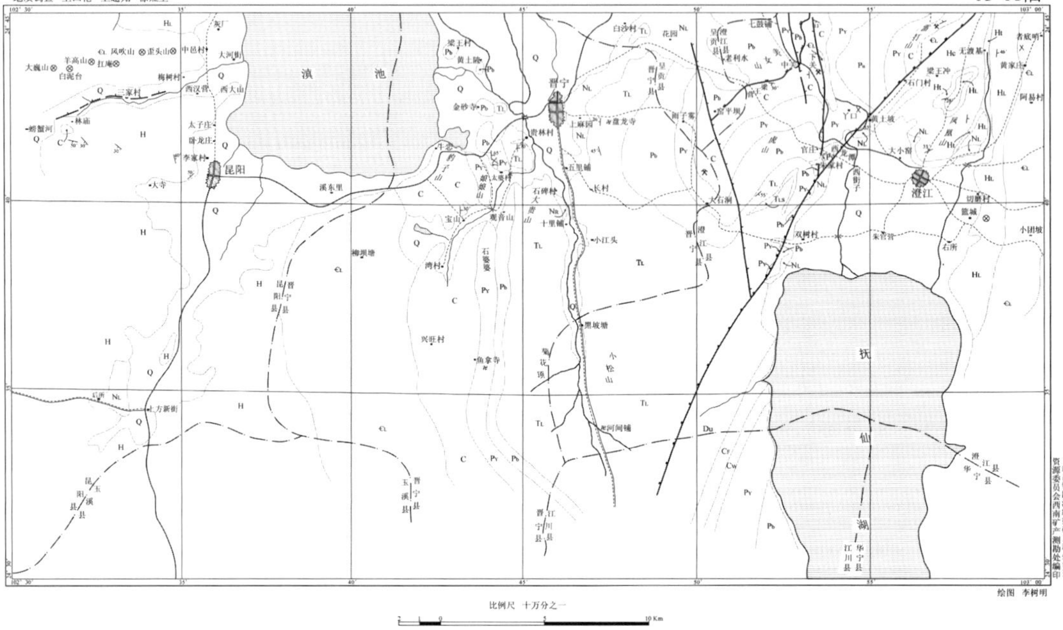

叙昆铁路沿线探矿工程处调查 资源委员会西南矿产测勘处编印

绘图 李树明

比例尺 十万分之一

会泽

III-B幅

地质调查 郭文魁 杨博泉

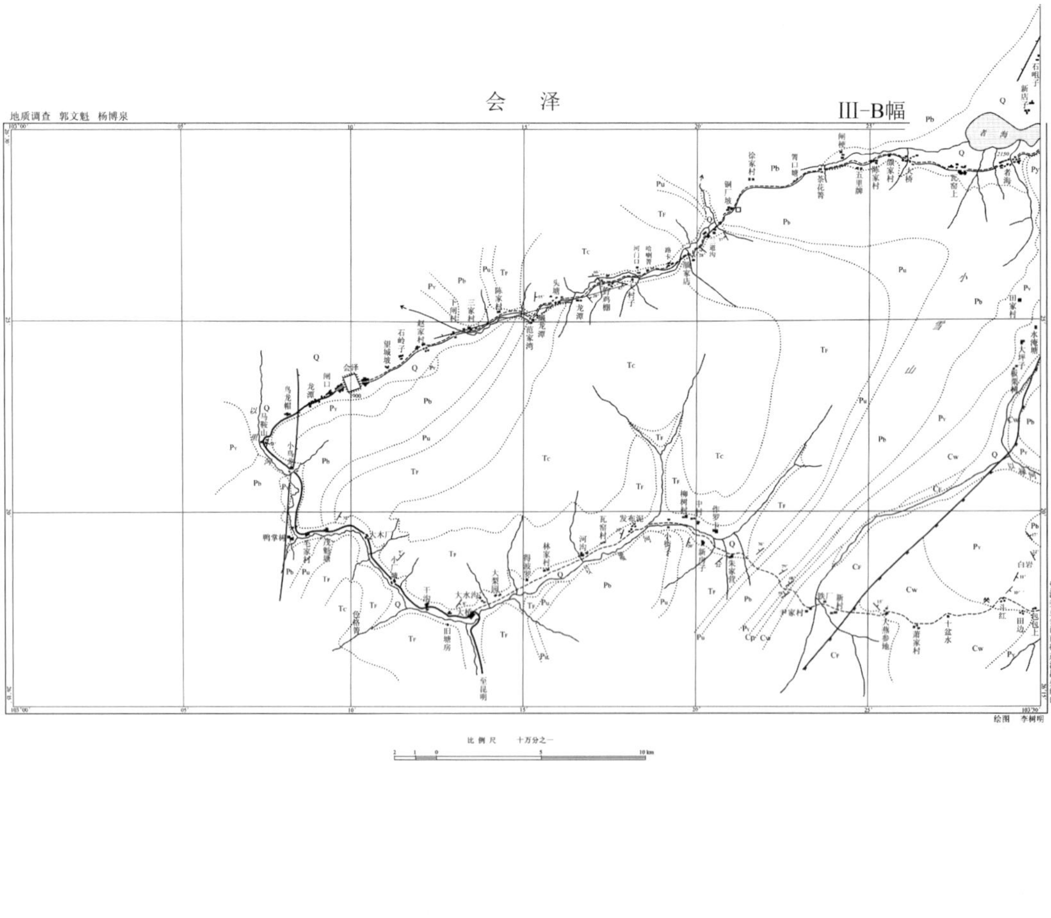

叙昆铁路沿线探矿工程处调查 资源委员会西南矿产测勘处编印

绘图 李树明

比例尺 十万分之一

寻　甸

地质调查 马祖望 黄劭显　　VI-B幅

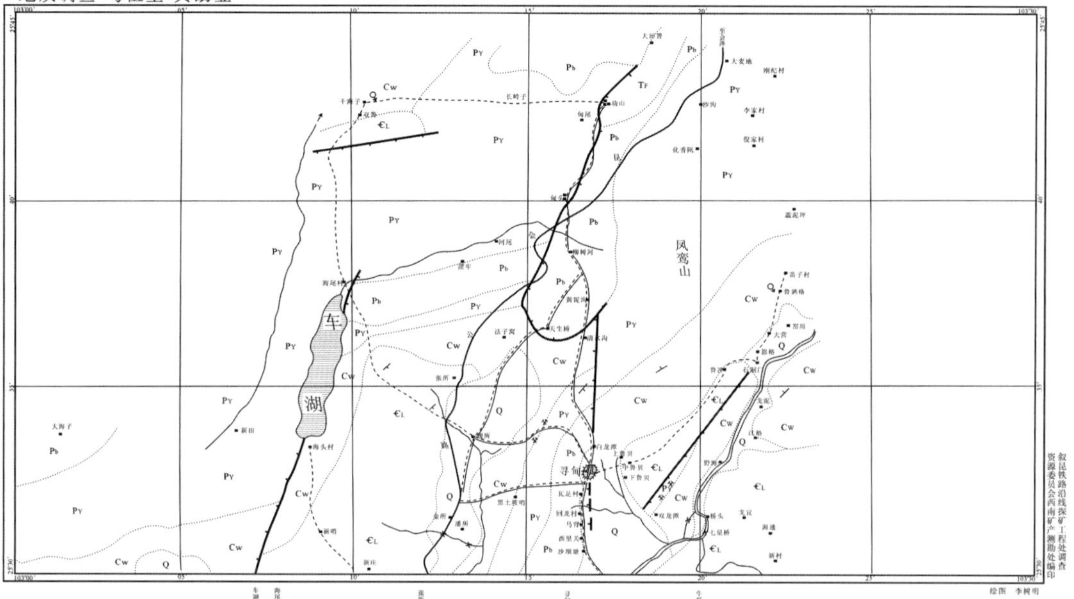

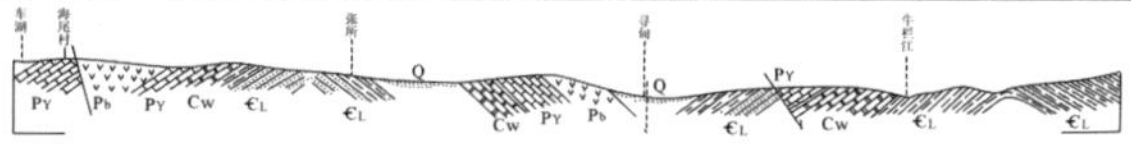

寻甸车湖剖面图：Q-冲积层；Pb-玄武岩系；Py-阳新系；Cw-威宁系；€L-沧浪铺系

嵩　明

地质调查 马祖望 王超翔 黄劭显 徐煜坚　　VII-B幅

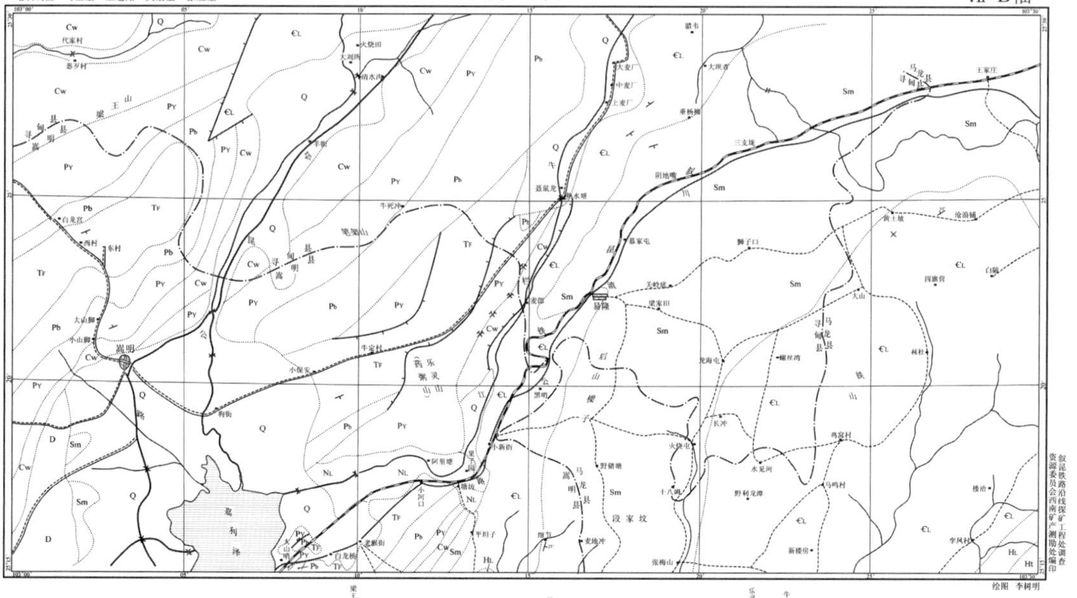

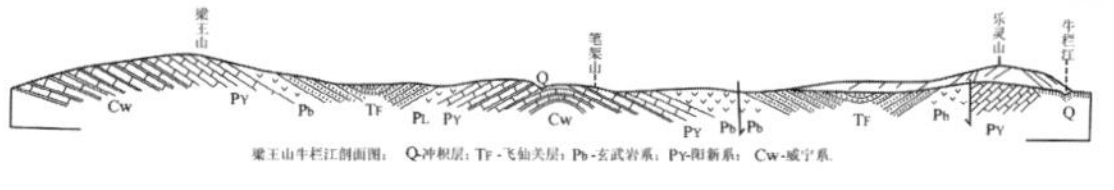

梁王山牛栏江剖面图：Q-冲积层；TF-飞仙关层；Pb-玄武岩系；Py-阳新系；Cw-威宁系

地质调查 王超翔 徐煜坚

杨 林

Ⅷ-B幅

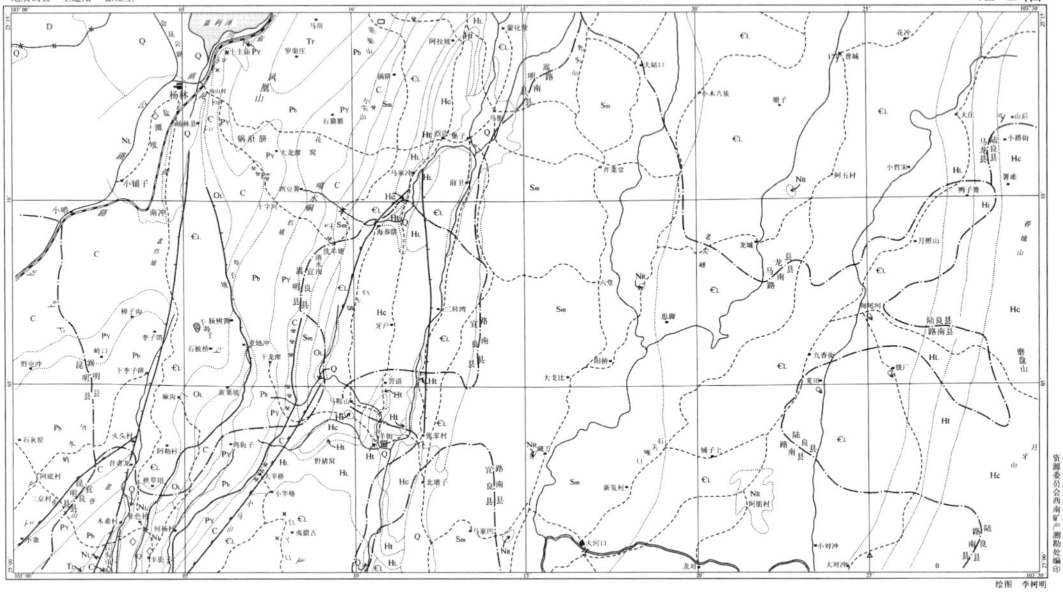

叙昆铁路沿线探矿工程处调查 资源委员会西南矿产测勘处编印

比例尺 十万分之一

绘图 李树明

地质调查 王超翔 徐煜坚

宜 良

Ⅸ-B幅

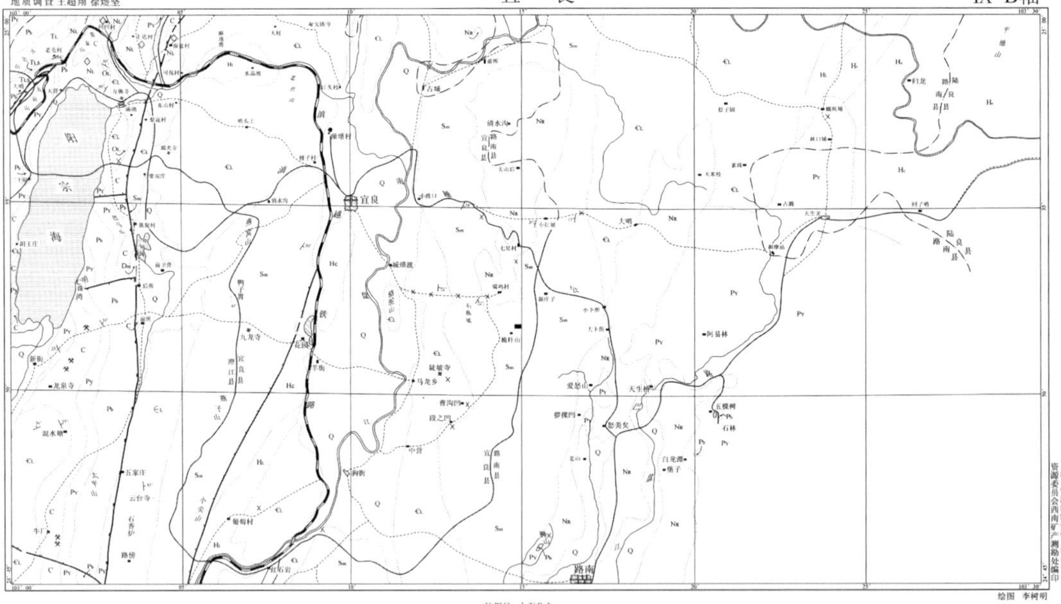

叙昆铁路沿线探矿工程处调查 资源委员会西南矿产测勘处编印

比例尺 十万分之一

绘图 李树明

滴　水

地质调查　王超翔　徐煜坚　　X-B幅

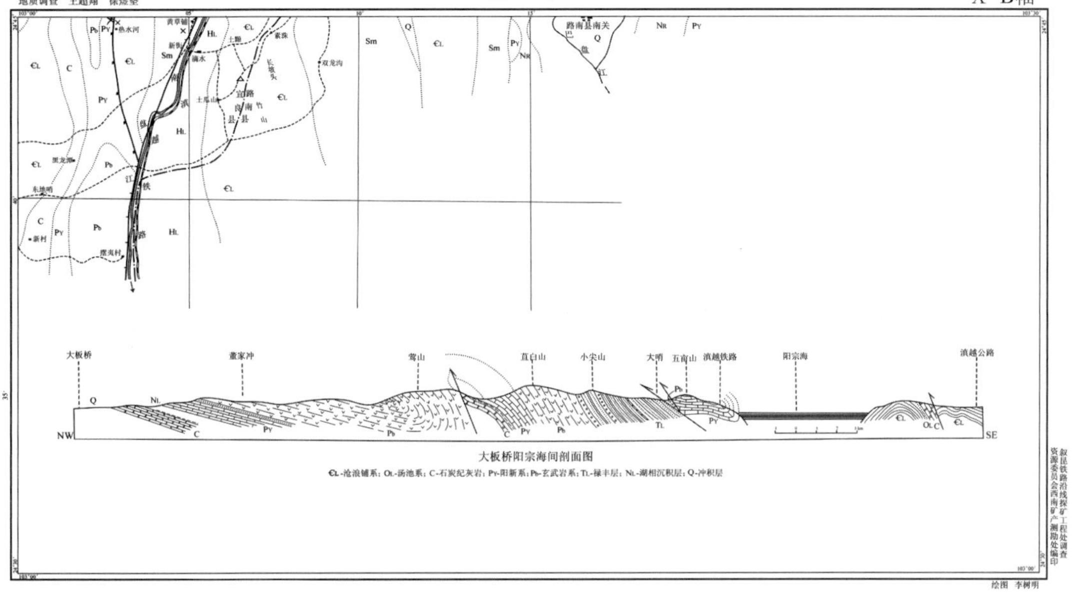

绘图　李树明

比例尺　十万分之一

哈 喇 河

地质调查　郭文魁　杨博泉　　I-C幅

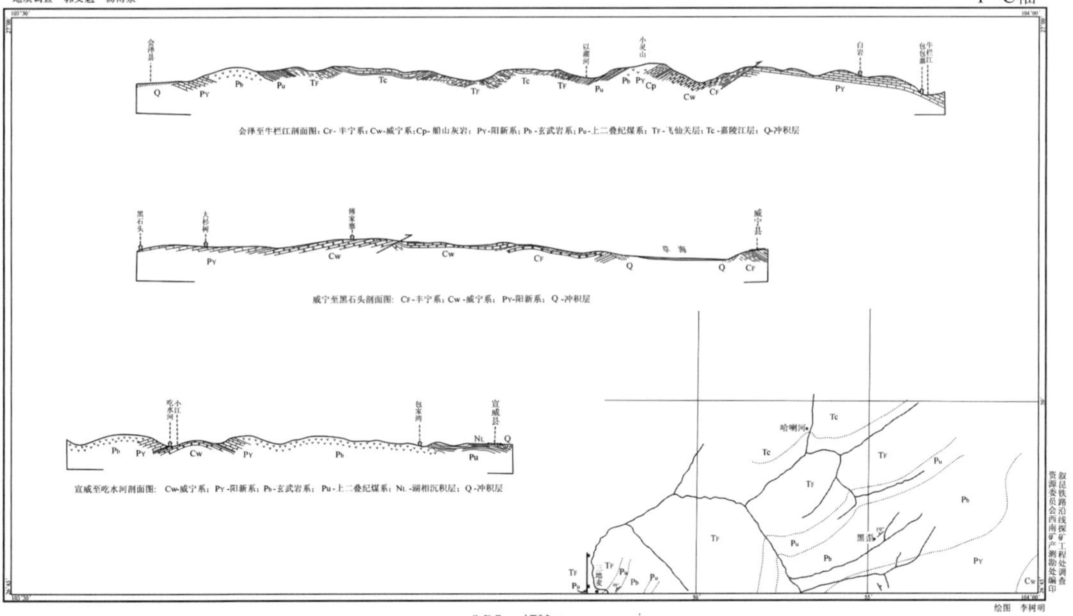

绘图　李树明

比例尺　十万分之一

哲 觉

地质调查 郭文魁 卢衍豪 杨博泉 郭宗山

II-C幅

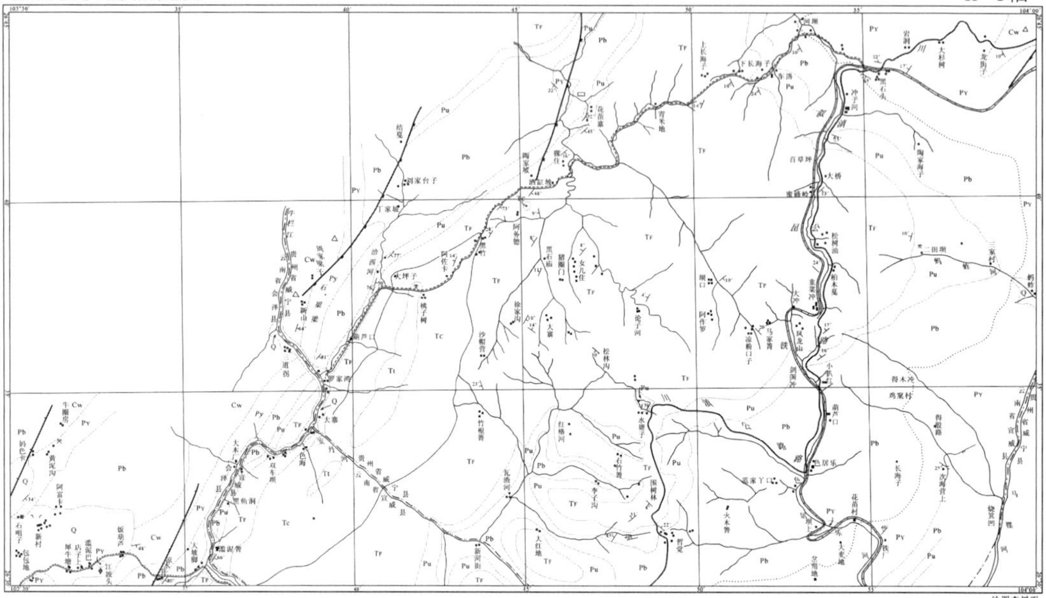

比例尺 十万分之一

绘图 李树明

叙昆铁路沿线探矿工程处调查 资源委员会西南矿产测勘处编印

查 格

地质调查 郭文魁 卢衍豪 杨博泉 郭宗山

III-C幅

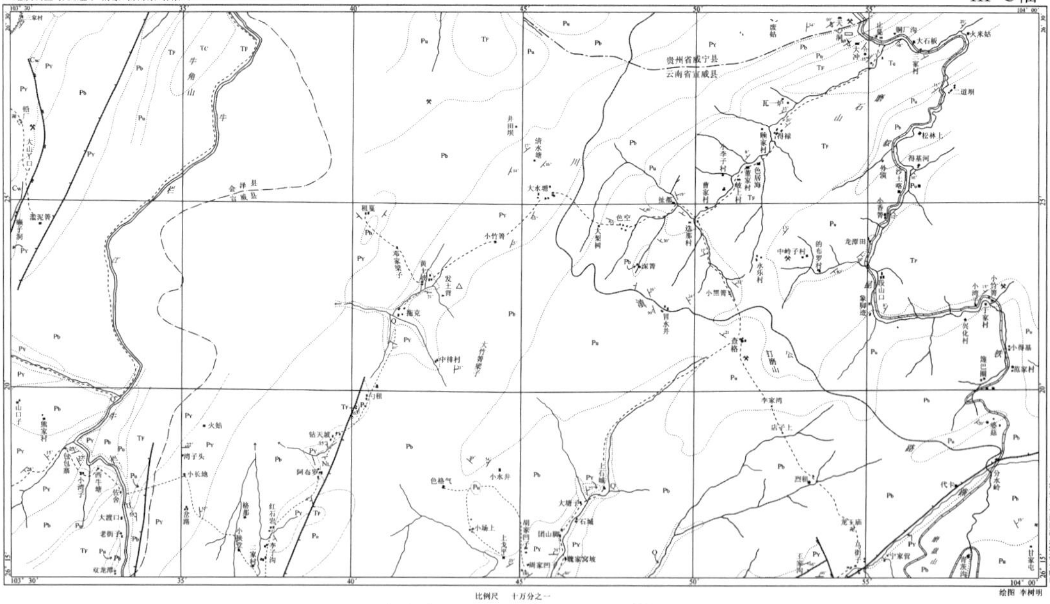

比例尺 十万分之一

绘图 李树明

叙昆铁路沿线探矿工程处调查 资源委员会西南矿产测勘处编印

地质调查 郭文魁 王鸿祯 杨博泉 董申保

述　迤

IV-C幅

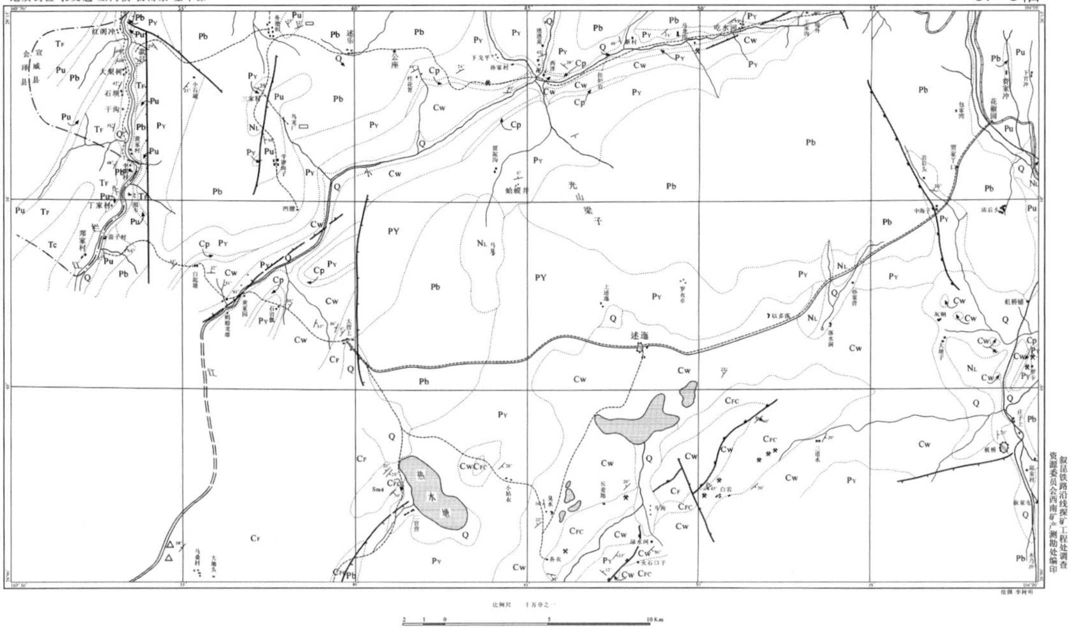

地质调查 王鸿祯 周德忠 董申保 谭 飞

卡　朗

V-C幅

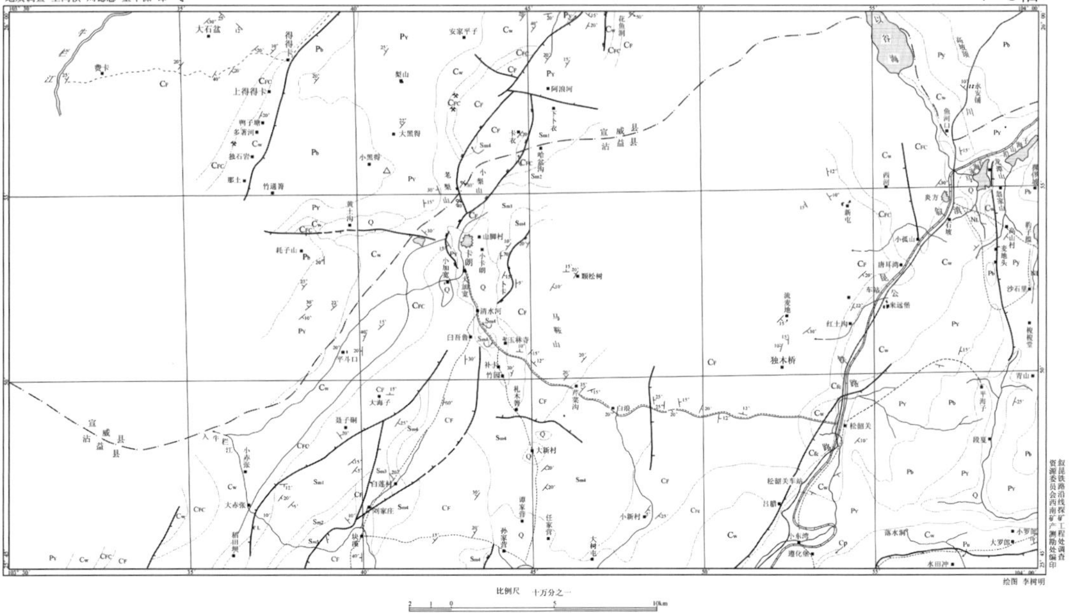

地质调查　王鸿祯　周德忠　董申保　谭　飞　　　　曲　靖　　　　Ⅵ-C幅

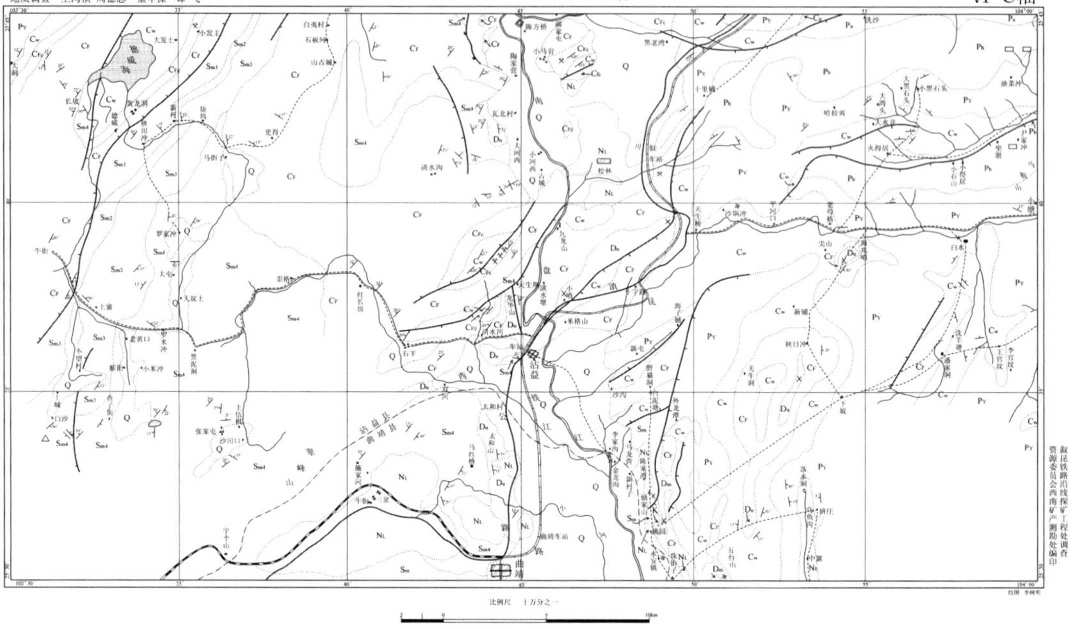

地质调查　周德忠　王超翔　徐煜坚　谭　飞　　　　马　龙　　　　Ⅶ-C幅

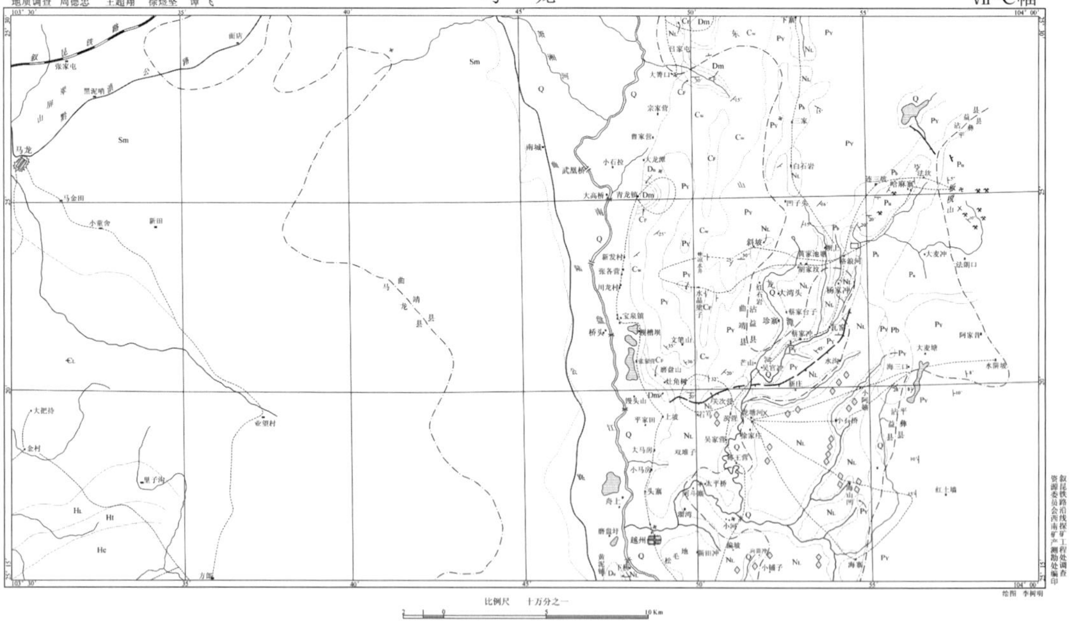

地质调查 王超翔 周德忠 徐煜坚 谭飞

陆 良

Ⅷ-C幅

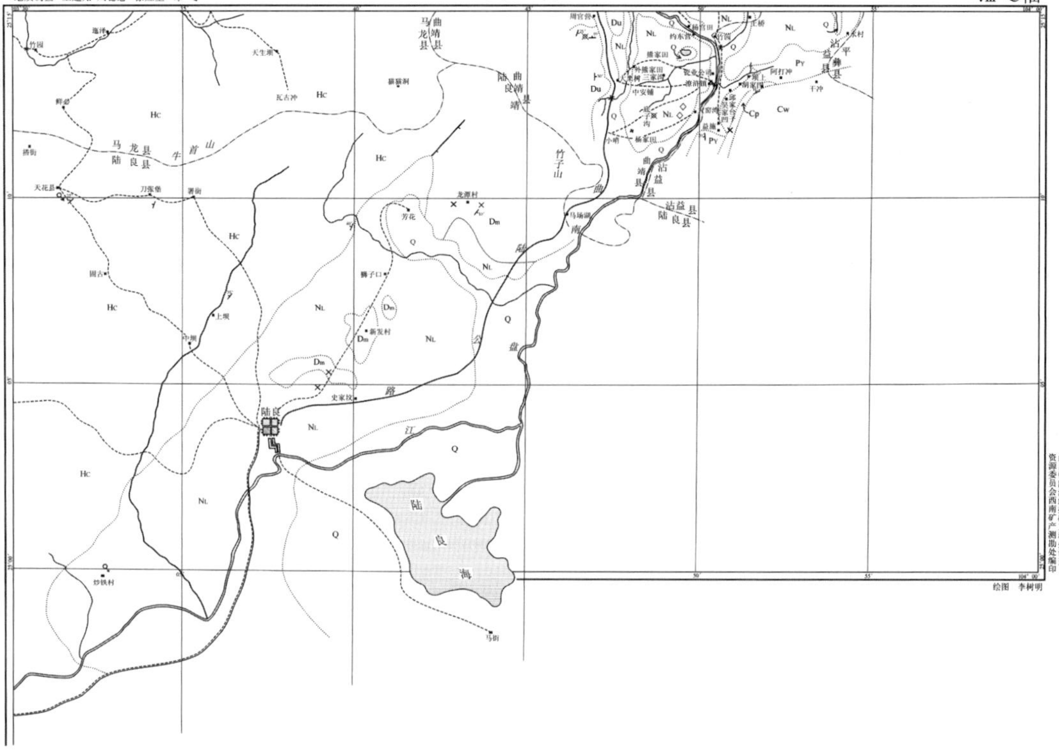

叙昆铁路沿线探矿工程处调查
资源委员会西南矿产测勘处编印

绘图 李树明

地质调查 郭文魁 卢衍豪 杨博泉 郭宗山

威 宁

Ⅰ-D幅

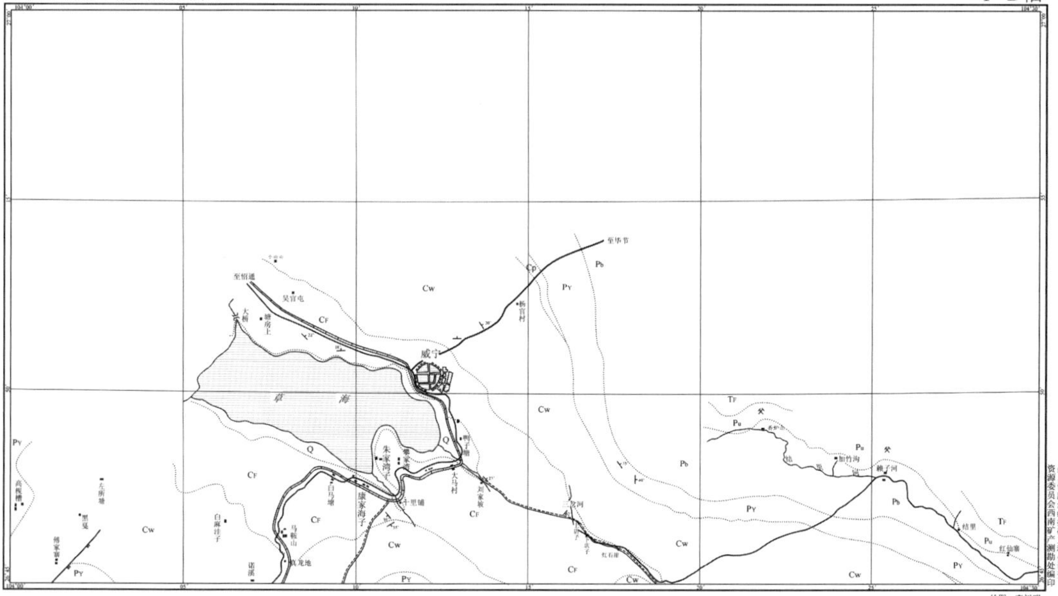

叙昆铁路沿线探矿工程处调查
资源委员会西南矿产测勘处编印

绘图 李树明

比例尺 十万分之一

地质调查 郭文魁 卢衍豪 杨博泉 郭宗山

可 渡 II-D幅

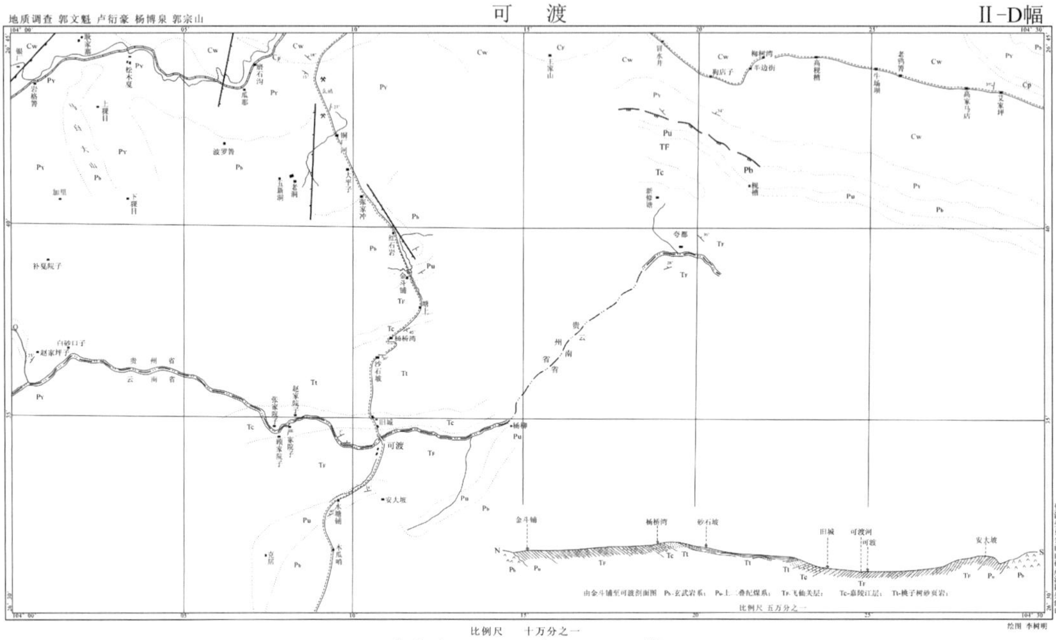

叙昆铁路沿线探矿工程处调查 资源委员会西南矿产测勘处编印

比例尺 十万分之一

绘图 李树明

地质调查 卢衍豪 郭宗山

倘 塘 III-D幅

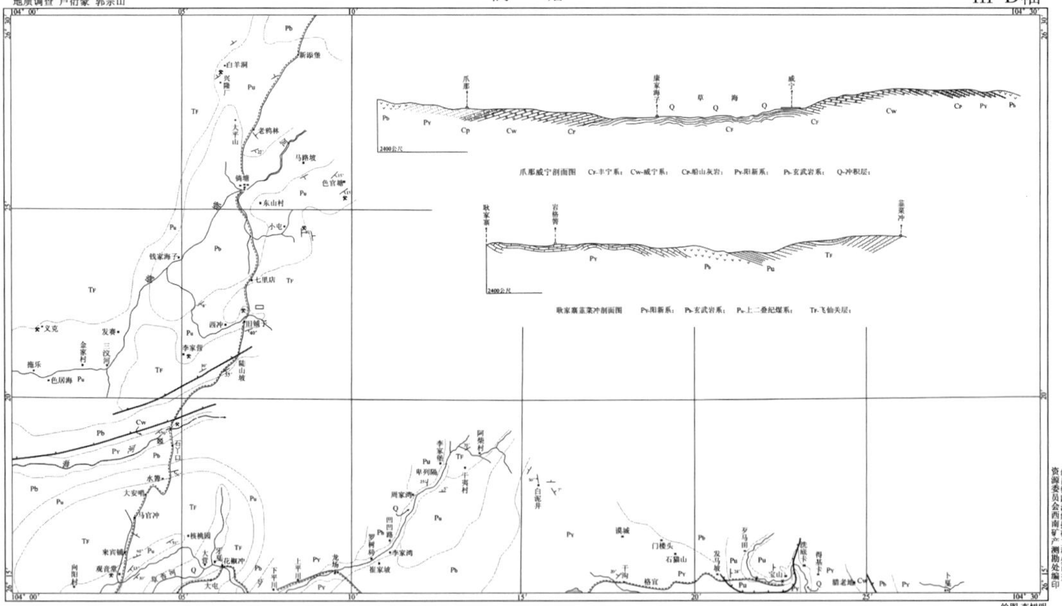

叙昆铁路沿线探矿工程处调查 资源委员会西南矿产测勘处编印

比例尺 十万分之一

绘图 李树明

宣 威

IV-D幅

地质调查 周德忠 卢衍豪 谭飞 郭宗山

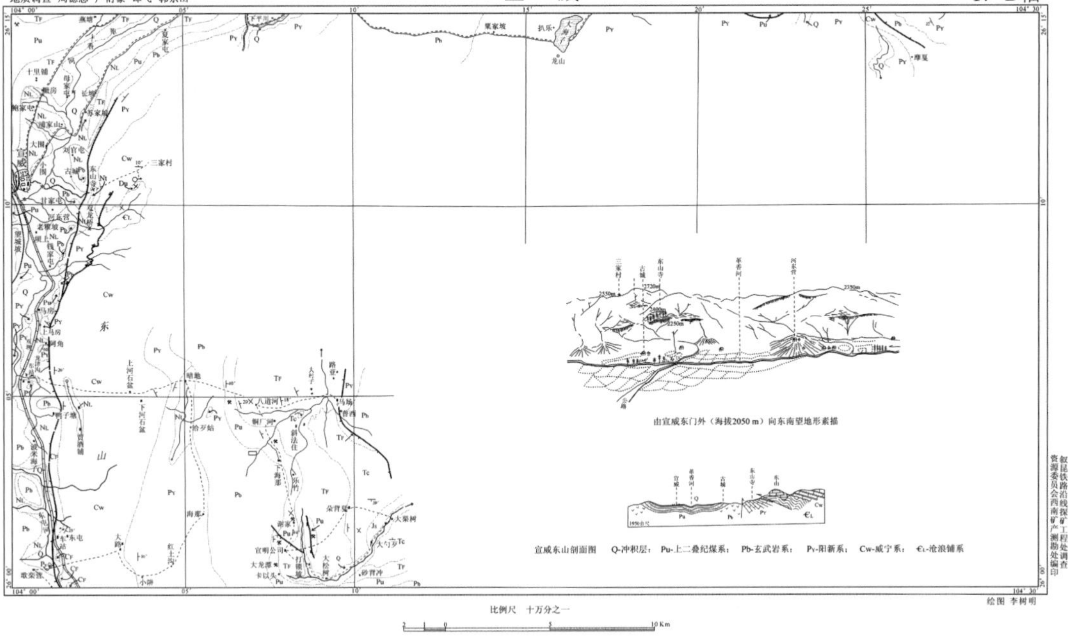

建 新 村

V-D幅

地质调查 周德忠 谭飞

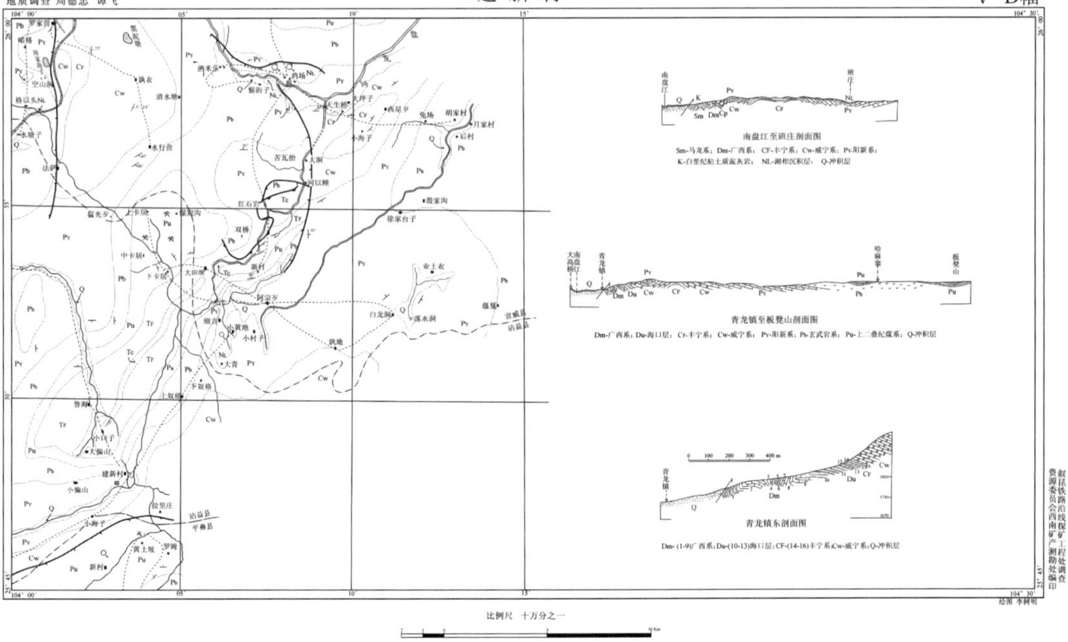

地质调查 周德忠 谭飞

平 彝 VI-D幅

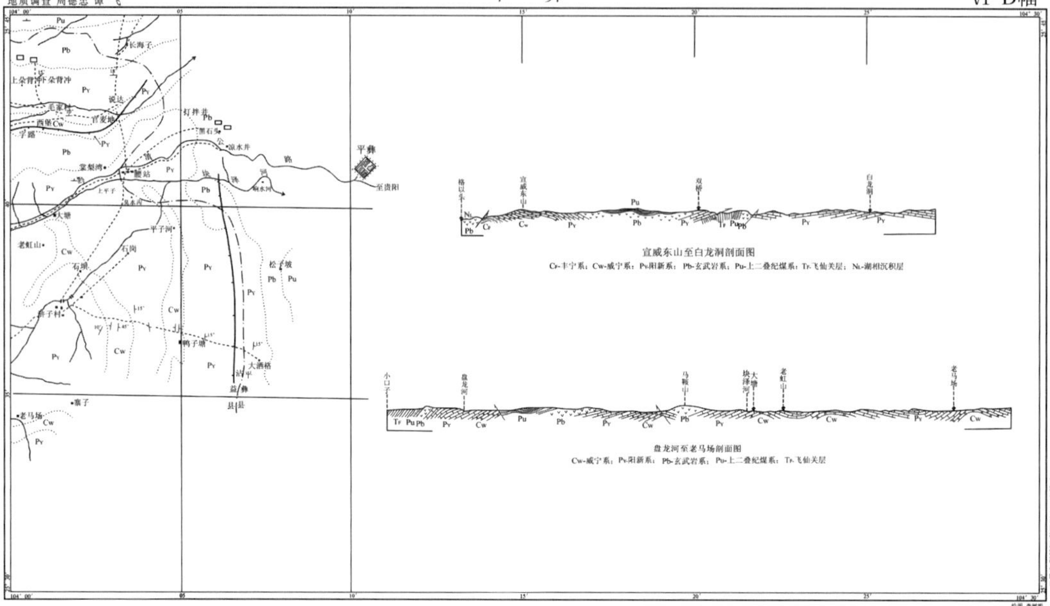

叙昆铁路沿线探矿工程处调查 资源委员会西南矿产测勘处编印

绘图 李树明

比例尺 十万分之一

地质调查 卢衍豪 郭宗山

产 底 II-D幅附

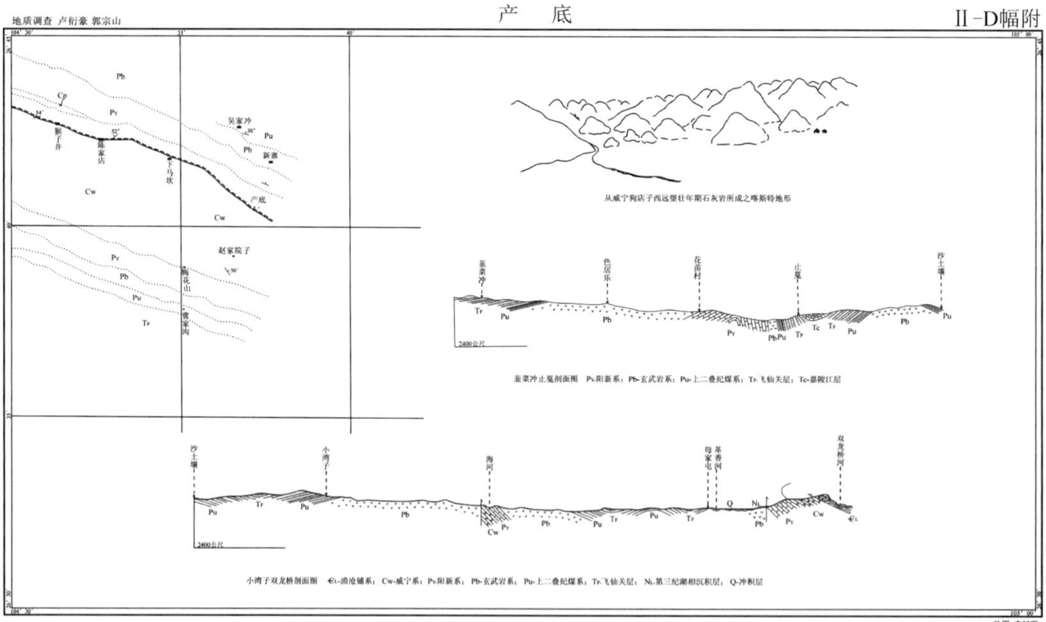

叙昆铁路沿线探矿工程处调查 资源委员会西南矿产测勘处编印

绘图 李树明

比例尺 十万分之一

贵州中部铝土矿采样报告*

一、引 言

贵州中部铝土矿系民国三十年贵州矿产探测团乐森璕、蒋溶、罗绳武诸先生于搜探铁矿时所发现。其后，资源委员会复派李庆远、彭琪瑞二先生前往复勘。本处亦于三十一年派边兆祥、颜轸、温钦荣前往详测。诸家测探结果，地质方面大致相合，惟所采试料之化验结果颇多出入。乐氏等所采云雾山长岭岗之铝土矿，据贵州建设厅所化验：含铝$_{二}$养$_{三}$可达71.8%至73.21%，矽养$_{二}$仅5.6%至3.14%。李、彭二氏所采者仅云雾山仰天窝一处，据黄海化工社化验：铝$_{二}$养$_{三}$达69.42%，矽养$_{二}$ 8.32%，其余则含矽养$_{二}$俱甚高，可达百分之三四十左右。用现知方法冶炼，似尚多困难。查化验结果之相岐，其原因不外两端：一由于化验标准之不同，一由于所采试料之不足以代表平均成分。此次化验之机关既前后不同，而试样之地点、层位亦参差不一，结果之不相合故无足怪。而其原因之所在，上述二者或兼而有之也。

为确定贵州铝土矿之经济价值，储量之外，成分尤为重要。本处有鉴于是，爰由荣偕颜轸、杨开庆及贵州矿产探测团所派蒋溶先生于八月十三日前往复勘，其目的在分层、分地，广采试样，俾得一可靠之试料，以供化验。蒋先生至云雾山王比后即返。荣等则遍历各矿区，在野地勾留共有十二日。兹将各项情形，作为简报。此次工作承贵州矿产探测团乐团长派员协助，谨此志谢。

二、各区采样情形

（一）云雾山

云雾山铝矿似为三区中之质地最佳者。地当云雾山之顶部，海拔约1400至1600公尺。铝土层分布于汤家之南及仰天窝、汤家、黄橙大坡一带。向南七十五度的倾斜，倾角约二十度。汤家之北则转向北西西倾斜。矿层之倾斜约与山坡相合，组成一清显之倾斜坡。一山沟自汤家南之分水岭向西北行，适位于矿层及其上页岩石灰岩系（下石炭纪，南部含煤，北部则否）之接触带，故矿层多位于沟之东边。汤家之北约20公尺有支沟横切，使矿层倾斜面之背面显露。此处有浮土掩盖，乃雇工挖掘一槽，长约4公尺，深3.5公尺，遂使矿层之剖面全部露出。就此测计，自上至下可分下列各层：

T_1层　灰色致密细粒铝矿。风化成淡黄色，含灰色半透明体甚多（似系水化矽酸铝，

---

* 本文为矿产测勘处临时报告第40号，成文并编印于1943年9月。——编者注

为高岭石之一种），成浑圆、长圆或扁圆形，口径最大者可达6公分以上，普通在一二公分之间，亦有成小圆粒者。将半透明体选去后，研细之粉末呈淡黄色。厚约二公尺半。

T_2层　灰色细粒铝土矿。风化成淡黄色，为紫色铁质所渲染，常呈渗透圈（Liesegang Diffusion Ring）构造，半透明体较少。研细之粉末呈淡紫色。厚0.6公尺。

T_3层　灰色细粒铝土矿。沿裂隙处有黄色铁质充填。偶含半透明体。粉末呈淡黄灰色。厚0.6公尺。

T_4层　与T_5相似。粉末呈灰色。厚0.55公尺。

T_5层　灰色铝土矿。粒稍粗。偶含炭质斑点，但不含半透明体。局部硬度甚高，刀不能划，为矽高之征象。厚0.33公尺。粉末呈灰色。

T_6层　深灰色铝土矿。富含炭质斑点。硬度甚低，通体皆能用刀刻划。厚0.30公尺。本层或系局部现象，不成连续之层。粉末呈深灰色。

T_7层　灰色铝土矿。常呈鲕状结构。局部硬度复高，刀不能刻。厚0.5公尺。粉末呈灰色。

T_8层　白色粉状，较粗，似多矽粒，不含铁质。厚1.4公尺。本层含矽过多，恐已不能称为铝土矿矣。

T_9层　灰色或青灰色页岩，甚软，夹紫色薄层，含铁甚多，或已近底层之铁矿层。但此次挖掘尚未至铁矿。就挖出处计，共厚1.6公尺。

以上各层共厚约10公尺半。其中T_1、T_2、T_3、T_4四层合计厚4.25公尺，硬度最低，可以刀划。质亦匀净，可称为佳矿。惟T_1、T_2两层（共厚3.1公尺）因含半透明体甚多，矽分恐较高，倘能将其选去，必能成为低矽之矿。T_3、T_4二层（共厚1.15公尺）几不含半透明体，当为最佳之铝土矿。昔乐森玙先生所采含矽养$_二$仅3%之矿或即出自此层。T_5、T_7两层硬度甚高，含矽必多，且有呈鲕状结构者，质不匀净，恐非佳矿。T_6层含炭质甚多，于冶炼或无妨碍。但因其成不规则之夹层，故将来恐不易分别开采也。T_8、T_9两层不应称为铝土矿。故本剖面所示最佳之铝土矿，即T_3、T_4两层，共厚1.15公尺。倘能将半透明体分去，则T_1、T_2两层或亦可成为佳矿，而其总厚可增至4.25公尺也。凡此诸点，纯依矿石外表形态及简单之试验，预为臆测，究竟如何，尚须俟化验后始能决定也。各层之比重亦经约略测定，最高为3.0，最低为2.56。因其与矿质之优劣似无大关系，兹不详论。

兹值困难之时，邮寄大批矿石，甚为不便，故此次所采各层样品皆先为研细，用四分法制成可资代表之矿样，并将同式矿样分成数份，分寄贵州省建设厅、矿冶研究所及黄海化工社化验，藉资比较。其他地点之样品亦照同法办理，后不复述。

在汤家屋后（即其东东南）百公尺左右沟中，漂石甚多，俱系上等铝土矿。昔乐先生等所采之Y_g含矽养$_二$仅3%者即自此出。故上述剖面决可用于此处，似无疑问。自汤家北行至土地庙三百公尺间，矿层倾斜整齐，有含半透明体甚多之T_1、T_2层出露，层序或亦无大变迁，但有数处则鲕状及碎块状构造渐臻明显，矿质有变劣之可能。

云雾山其他地点，如仰天窝、黄橙大坡等，亦曾采矿样，但因露头不甚明显，而又无时间从事开挖，故上下层序尚难确定。在仰天窝一带共采四种，分述于次：

Y_1　位仰天窝高坡，系灰色、粗粒、不纯，而略呈鲕状结构之劣质铝土矿。

Y_2　在Y_1西二三十公尺。灰色，呈鲕状及碎块状结构甚著。鲕粒直径一二公厘。碎块五公厘以上。稍含半透明体。或系矿层之顶部。

Y_3 在煤矿之南百余公尺山坡上。鲕粒直径可达3公厘。结构更粗。质地更杂。

Y_4 在Y_3之东二三十公尺山顶上。呈淡黄灰色而为淡红色之铁质所渲染，质密粒细，似为佳矿。

以上各种之层序暂难明了，俟将来开挖后再为确定。

在黄橙大坡采得左列六种矿石：

H_1 土地庙之东北约二百公尺山坡上大树附近。系灰色质之页岩状铝土矿，略含半透明体。

H_2 在H_1之东北约百公尺，在地形上之位置略高。色较淡，质较细，含铝或较高。

H_3 在H_2之北，位置略高。灰色页岩状铝土矿。与H_1相仿，但碎块状构造较为显著。以上H_1及H_3颇似属同层。

H_4 在黄橙大坡之中坡。黄灰色，致密质细，似为最佳之矿。略含半透明体，俱成小粒，为量不多。

H_5 在H_4之附近。淡灰色，质密而细。亦为最佳之矿。

H_6 在黄橙大坡之山顶。灰色而有紫色铁质渲染。鲕状及碎块状构造极为显著。亦略含半透明体。杂质既多，铝分必低。

上述各种之层序不甚明了，因矿层倾角甚平（十度左右），约与坡面相合，而地形又多起伏，殊不易定其上下之关系也。大致言之，H_1、H_2、H_3三层似居顶部，H_4、H_5为最佳之矿，似居中部，而山顶之H_6则似居底部，因其下山坡上多铁矿漂砾，显近铝矿层之最底部也。又黄橙大坡山脚有开铁矿者。铁矿之上亦为粗粒之鲕状铝土矿，与H_6相似。上述层序显与汤家之剖面不甚相合。但铁矿居底，最佳之矿居中，则可以大致比拟。惟最粗粒之鲕状矿在汤家槽中未见，或尚未挖到乎？

此次分析将仰天窝之Y_4及黄橙大坡之H_4、H_5送验，如系佳矿，则可证明堪采矿层南北延长至少可达一公里。将来再掘槽试探，以定矿层之厚度及各层之层序。

（二）王比

王比在云雾山之东东南约二十里。此次由水田坝前往，一日即返，仅至矿山上，采矿样两种如次：

W_1 矿层上部，黄灰色带紫，粒细质密，或系佳矿。

W_2 矿层中部，灰色致密，偶呈鲕状结构，硬度较高。

W_3 矿层中下部，灰色带黄紫，鲕状结构，杂质甚多，似系劣矿。

（三）王官

王官区在修文之南。铝矿层因倾角甚平，随地形之高下转折出露，故分布至广。本处在该区已测有五千分一地形地质详图。此次考察二日，除遍历各铝矿地点外，并在大坪子及五龙寺采得矿样，分列如次：

1. 大坪子　在大坪子山口测得一剖面，分层采样，自上而下如次：

Ta_1 淡黄灰色，致密细粒，偶有红色铁质渲染，局部呈细粒鲕状构造。厚1.9公尺。为本区之佳矿。

Ta_2　淡灰色，粒稍粗，偶呈鲕状结构。厚0.72公尺。

Ta_3　淡灰色，致密，为多数半透明体之细纹所充填，成细密之纹理结构。厚0.92公尺。

Ta_4　灰色带紫，为铁质渲染之页岩，硬度较高。厚0.84公尺。此层当为含矿层之底部，其下或即为铁矿，但未见露头。

2. 五龙寺　五龙寺村南一山口采得下列矿样：

Wu_1　淡灰或淡黄灰色，细粒致密，似为佳矿，居顶部。

Wu_2　与Wu_1相似，但半透明体之小粒局部加多。本层似在Wu_1之下，但不甚确定。

以上二层共厚约三公尺，或均可开采。

Wu_3　灰色致密页岩，含炭质，易裂成斜方块，与汤家剖面中之T_6相似。

照上所述，王官剖面似与云雾山不同，即佳矿似居矿层之顶部。因未挖槽详究，此点尚难证明。此次送验矿样计有四种，即Ta_1、Ta_2及Wu_1、Wu_2是。如系佳矿，则可证明王官区亦有堪采之矿层，当再广开探槽，以便详定矿层之层序及其厚度。

三、铝土矿之成因

本矿之成因可解说如次：(1) 在下石炭纪前之长期风化（本矿位于志留纪与泥盆纪海侵未达到之区）使大陆深受剥蚀，形成准平原之地形。当时气候湿热，石质皆铁矾土化(Laterized)即铝分增高。(2) 下石炭纪海侵达到本区时，大陆上此项含铝极高之细泥为水冲刷，在宁静之深水中慢慢沉积。因大陆属准平原地形，故砂砾之渗入颇少，因以造成此匀净细致之上等铝土矿。正如我人以极细之氢养化铝粉在静水中经长期沉淀所得者相仿。(3) 如水面较浅，波浪作用达到水底，或地当古河出口处，则已成之沉积为之冲碎成碎块状结构或粉粒随浪团转成鲕状结构。同时杂质不免渗入，故凡呈此项结构者，其成分或不甚佳。(4) 铝土矿在水中沉积之后，海水后退，升为陆地，矿层复受地面风化。当时气候转为温湿，植物滋长（其后造成煤层），矿层中之铝养因潜水中富含植物酸，一部被溶下移，铝矽酸盐（如高岭土）或含矽较多者则存于顶部，逐渐团积而成半透明体。但本矿中半透明体之分布有时至不规则，是否因古时潜水面有变迁，或气候潮湿不定，潜水成分相异，遂使沉淀物升降异趣而成此象，兹尚难定。(5) 本矿含铁甚低，属白铝土矿一类，此必因原生岩石中铁本不高，故风化后之细泥几纯属氢养化铝与铝矽酸盐，铁分不及1%。(6) 铝矿层底部之铁矿是否系水成，抑系风化残余，因未详究，尚难论定。若以铁矿层为铝土矿层之一部而同属于奥陶纪后、下石炭纪前侵蚀间断之上，则铁矿似应属水成。(7) 照上所述，铝土矿层之上下应各有一侵蚀间断。(8) 简言之，本矿系由大陆上深受风化而成之铁矾土原料在水中重行沉积而成，纯属水成矿床，与美国南部Mississippi Georgia Alaliahla（白垩纪第三纪间）及南洋英属及荷属几内亚（第三纪）之水成铝土矿可以比拟。我国山东、云南之铝土矿亦莫不如是，故真正之剥蚀残余矿床在我国似尚未发现也。

四、本矿之经济价值

贵州中部铝土矿自发现后，虽屡经调查，但其经济价值则因分析结果不同，致意见分歧，迄难论定。查云雾山、王官等处交通便利，附近有巨大水力足资利用，此其优点，固已尽人皆知。至分析结果之歧异，主要原因或由于试料之未经分层采取，此次化验后当可解决。此外尚堪注意者，即冶炼方法之选择是也。查本矿所含矽养之量虽尚未确定，但铁分低至1%以下，则已确切证明。此为一大优点。我人必须充分利用之，以作选取适当冶炼方法之标准。此次化验，如矽养能低至10%以下或更少，则用低廉之 Bayer 法似最适当，否则当试用最新之电热法先将矿石炼成铝矽合金，然后用电解法于绿化盐之电溶液中精炼纯铝。此固尚须冶金专家之一番苦心研究，但低价电力之供给尤为先决问题。故修文大规模之水力发电有急速筹备之必要也。贵阳裕黔电熔厂创制金刚砂业已出品，据建设厅化验，含铝$_{二}$氧$_{三}$达 92.5%，此足证本矿之堪资利用，而电热法或为最适宜之冶炼方法乎。

测勘全国汞矿计划及经费概算*

一、中国汞矿之分布

中国汞矿，就今所知，似均集中于西南各省，尤以贵州一省，汞矿产地几遍全境。今将零星产地如广西恭城、河池、南丹等除外，则中国汞矿之分布可分为三区（参阅附图）[1]，即：(1) 川湘黔桂边缘区，(2) 黔中滇南区，(3) 滇康边缘区。此三区之划分尚有地质上之意义，容后再论。第一区又可分为三带：(a) 东带。南起晃县之酒店塘，北达酉阳之分水岭，200余公里之距离间，汞矿几于连绵不绝，最重要者为晃县之酒店塘、三雀湾，玉屏之万山场、田堧坪，同仁之岩屋坪、茉莉坪、大硐喇，凤凰之茶田、猴子坪等处，就中以大硐喇一处产量最丰，月产约5至7吨。(b) 西带。分布于印江、思南、德江（小山）、务川（木油厂、崖峰脚、隋平与新坑坝）、后坪（王家沱）、酉阳（后坪场）等县，延长亦达200公里尚多。未经调查之矿区，在本带是否可与开阳之白马洞相连，如熊永先先生之所主张，尚待讨论。(c) 南带。分布于三合（谭家寨、交梨、王家寨、杀叶）、八寨（硃砂厂、大发硐）二县，延长仅十余公里。本带与东带之间是否连续，亦尚难定。第二区分布于黔中、黔西南及滇东南各县，颇为散漫，但除开阳之白马洞、兴仁之楠木厂，昔负盛名，及贞丰、册亨现稍有所产（月产一二十公斤）外，其他或稍现露头，或仅据传闻，其经济价值如何，现尚未能定也。本区中各汞矿是否可与第一区相连而同属一个系统，颇难断定。观于其产地之散漫及地质情形之稍异，本区各汞矿或竟另属一系，亦未可知也。第三区中以南起宝山、施甸之何元寨，中经大田头、下剌舖、帮粮山，北达云龙、兰坪（瓜拉坡、水银厂、黑登、天生厂）、维西之一带最为显著，是为西带。此外，盐源、丽江、普洱，俱闻有汞，若与其相关矿床如凤仪之雄黄、雌黄，缅宁邦卖之锑相连，则为东带。二带俱走向南北，与本地水系及横断山脉平行，延长达三百至五六百公里。

除上述三大汞矿区之外，中国是否尚有其他产地，现尚难言。最近中央地质调查所路兆洽、李树勋二先生在甘肃岷县发现汞矿，足见汞已延及中国之北部。而就苏联阿尔泰山北坡之冯汗诺素昔产汞之一点观之，则新疆天山北路似亦有发现汞矿之希望，姑誌于此，以待他日之证明。

二、中国汞矿地质问题

中国汞矿地质，历经丁格兰、王曰伦、熊永先、吴希曾、田奇瑭、刘国昌（湘黔边

---

* 本文现存全国地质资料馆，为手写誊清稿，档号1907，署名谢家荣。原稿上没有注明写作时间，按照文末测勘计划表所列之年份，此文应当是1942年或1943年初写成的。——编者注

[1] 原报告附有蓝图一张，由于年代已久，褪色严重，绝大部分文字和线条都已经无法辨认。——编者注

区）、张兆瑾（三合、八寨）、李树勋（黔西南）、王植（宝山）、马祖望（兰坪）诸先生调查，日渐明了。最近，汞管处王作宾、贾福海二先生在东带各矿区之详测贡献尤多，惟地质研究不厌求详，而问题探讨尤无尽时，兹就鄙见所及择要论列如次：

（一）汞矿类别及矿区分布

本处郭文魁先生于研读中国汞矿报告之后，将汞矿类别分为二式：（1）省溪式：围岩以寒武纪为主，一小部亦见于奥陶纪之底部，雄黄、雌黄殊为少见（三合、八寨为例外）。第一区各带之矿床俱属之。（2）册亨式：围岩以二叠纪、三叠纪为主，雄黄、雌黄为常见之共生矿物。第二区之各汞矿属之，惟开阳、金沙等汞矿，其围岩之时代或可较老。至于第三区各汞矿应属何式，尚难论定。就围岩论，亦多二叠三叠纪之石灰岩及砂页岩，故可与册亨式相比，惟雄黄、雌黄似不多见耳。此种矿床类别与矿区分布之密切关系当非偶然。究竟此二式是否同时造成，因地质环境不同，围岩遂异，抑册亨式乃代表一自省溪式矿床经地面及地下水之作用重行沉积而成，似为一值得讨论之问题也。

（二）矿床时代

中国汞矿之成矿时代，论者不一。有谓属喀里多宁期者❶，亦有谓属燕山期者。但此问题牵涉甚多，如矿源问题、火成岩之侵入时代等等，而各式矿床之是否同时尤为先决问题。若各地汞矿均属同时产生，则由于其最上岩层之属三叠纪一点观之，中国汞矿之成矿时代有属燕山期之可能。

（三）汞矿产状之地质意义及与探矿之关系

就湘黔边区较详研究之结果知，汞矿常富集于背斜层之轴部断层之附近。围岩有矽化、白云石化及角砾状现象，而脉石则必须石英、方解石（白云石或重晶石可替代方解石）二者俱备，含矿始富，仅有石英，往往无矿。又详究其产状，则有横线子（沿层理充填者）、立线子（沿节理充填者）、花线子（网状脉）、砂瓜（矿囊）、蛤蟆口（晶洞结晶）及其他不规则之形式。又汞矿床似略有一定之层位，业经建立者有牛硐矿（Cm_2）、猴子坪矿及万山矿（Cm_5）、水红矿（Cm_6）、田坝坪矿（奥陶纪底部）等等。兹分论其地质意义及其与探矿之关系如次：

1. 大的构造，如背斜层、断层等，无疑地足以控制汞矿之富集，盖背斜轴为构造弱点之所在，常富断裂，足以容纳矿液之充填，而断层则一方面容纳矿液，另一方面又足为矿液上升之线路也。惟据田、刘、王、贾诸先生研究，断层亦有后于矿脉者，则于矿床之富集当无关系。但矿脉每因之而错断、消失，故详细研究此项断层亦足为探矿之助。

2. 小的构造，如层理、节理、裂缝、小断层及特殊岩性，如矽化、白云石化、角砾现象、富含沥青质等等，或为使矿液沉淀之原因，或则系矿液充积之结果，关系矿床富集尤为密切，是当详为测绘，精密研究。倘能将层理、节理之关系认识清楚，特殊岩性处处标明，则矿脉之系统分明，探矿前途必多裨益。

---

❶ 即加里东期。——编者注

3. 矿床之共生矿物，一方面足示矿床生成时之物理的（如温度、压力等）及化学的（如酸性、碱性）环境，另一方面，明了此共生规律之后，亦足为探矿之指南。中国汞矿之属低温浅成矿床似无疑义，但矿液之为酸性或碱性，尚待讨论。田奇㻪先生主张矿液上升时，有不含矿之酸性液，亦有含矿之碱性液，且往往有前者在前，后者随后之势，云云。关于此点，亦须详究，共生矿物及其各别之深度始能推知之也。

4. 矿床既属后生，则层位关系必属偶然遇合。岩性及小构造乃使矿床聚积之主要条件，故层位比较似只能从宽大的数十公尺之内比拟，而不能有细密之意义也。

（四）汞矿矿源问题

中国汞矿与火山岩无关，殆已无疑，但是否与深成侵入岩及何种侵入岩有成因上之关系，则尚无定论。因在各汞矿区域内从未发现有侵入岩露头，也因之诸家报告俱谓侵入岩或尚深埋地下，未及出露。据熊永先先生意见，则谓可供汞矿矿源之火成岩露头计有二处，即梵净山及广西下江县之宰便是也。且谓各火成岩体之下部皆相连成为南岭花岗岩之边缘云。凡此问题，俱须先做详密之区域地质图，使能依据事实详为推解也。

三、测勘方法

中国汞矿测勘，前人工作已多，贡献甚大。此后进行似应取更有系统之步骤而分为三项如次：

1. 整个汞矿区之区域地质调查。俾以勘明矿源之所出及矿床富集与大构造之关系，缩尺暂定为二十万分之一。测勘方法可依陆军地形图填注地质。如该项底图不够准确时，则须用罗盘步计法，自测路线地质图。

2. 各个矿厂之详细地质及矿床测勘。包括地下窿道图，缩尺自一千分之一至五千分之一，视矿区大小及矿床繁简而异。须用经纬仪精密测制，特别注意小构造，如断层、裂缝、节理、特殊岩性之变化及标准层（key bed）。至于矿脉及矿层，尤应从地面及地下之观察，一一绘入图中，俾以勘明矿床之系统及富集之所在，而为实施探矿时之线索。

3. 实施探矿。如遇有望矿床，必须加以探勘，俾以明了其经济价值时，则建议汞管处或会同该处，实施探矿。详细办法容后再定。

四、测勘计划及经费概算

中国汞矿，分布辽远。详细测勘，势难于短期内完成。兹订定三年计划，列表如次：

年度	区域	工作种类	派出队数	时间约计	经费概况（元）
32年	晃县酒店塘、三雀湾	详测	1队	3个月	30 000
	同仁大硐喇、茉莉坪	详测	1队	3个月	30 000
	东带	区域地质调查	2队	3个月	100 000
	小计				160 000

续表

年　度	区　域	工　作　种　类	派出队数	时间约计	经费概况（元）
33年	东带	区域地质调查	1队	6个月	80 000
	西带	区域地质调查，遇有重要矿区加以详测	1队	6个月	80 000
	万山场、岩屋坪、猴子坪	详测	1队	6个月	80 000
	黔中及黔西南区	区域地质调查，遇有重要矿区加以详测	1队	6个月	80 000
	小计				320 000
34年	南带	详测及区域调查	1队	6个月	100 000
	黔中及黔西南区	区域调查，遇有重要矿区加以详测	1队	6个月	100 000
	康滇边缘区	区域调查，遇有重要矿区加以详测	2队	6个月	250 000
	小计				450 000
共　计					930 000

资源委员会

汞业管理处开息工程处

水银炼炉图

缩尺十分之一

民国32年9月绘

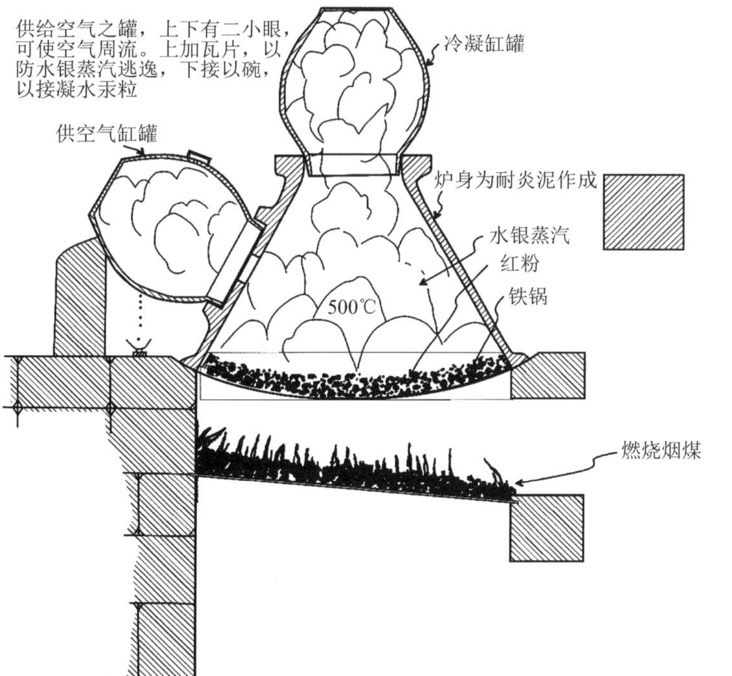

资源委员会

汞业管理处开息工程处

水银炼炉图

缩尺十分之一

民国32年9月绘

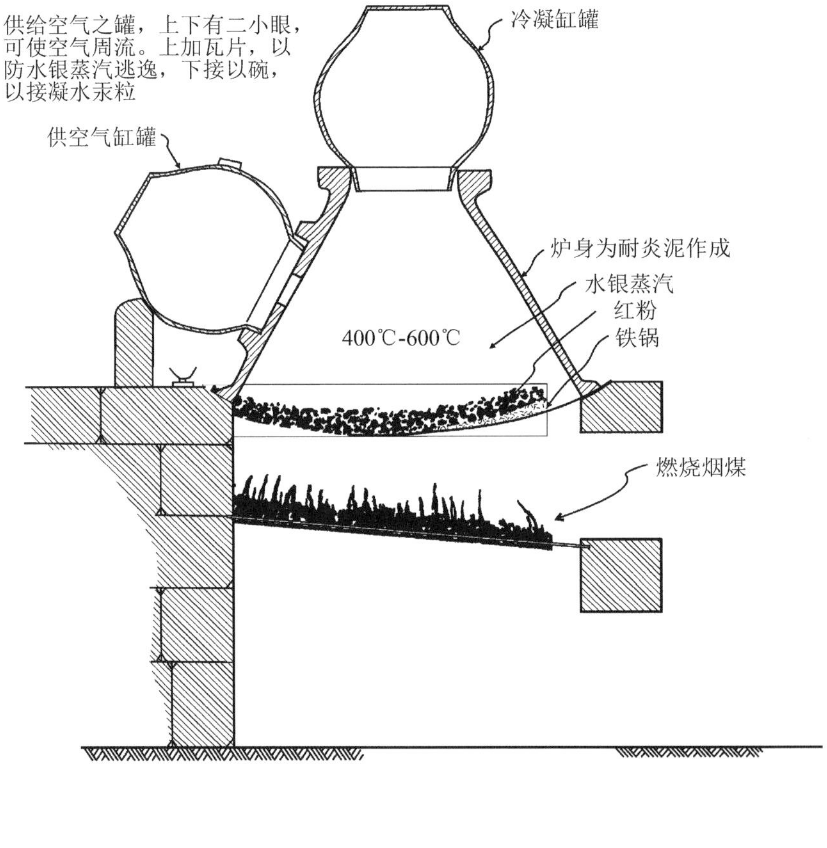

资源委员会汞业管理处开息工程处

水银选炼程序表

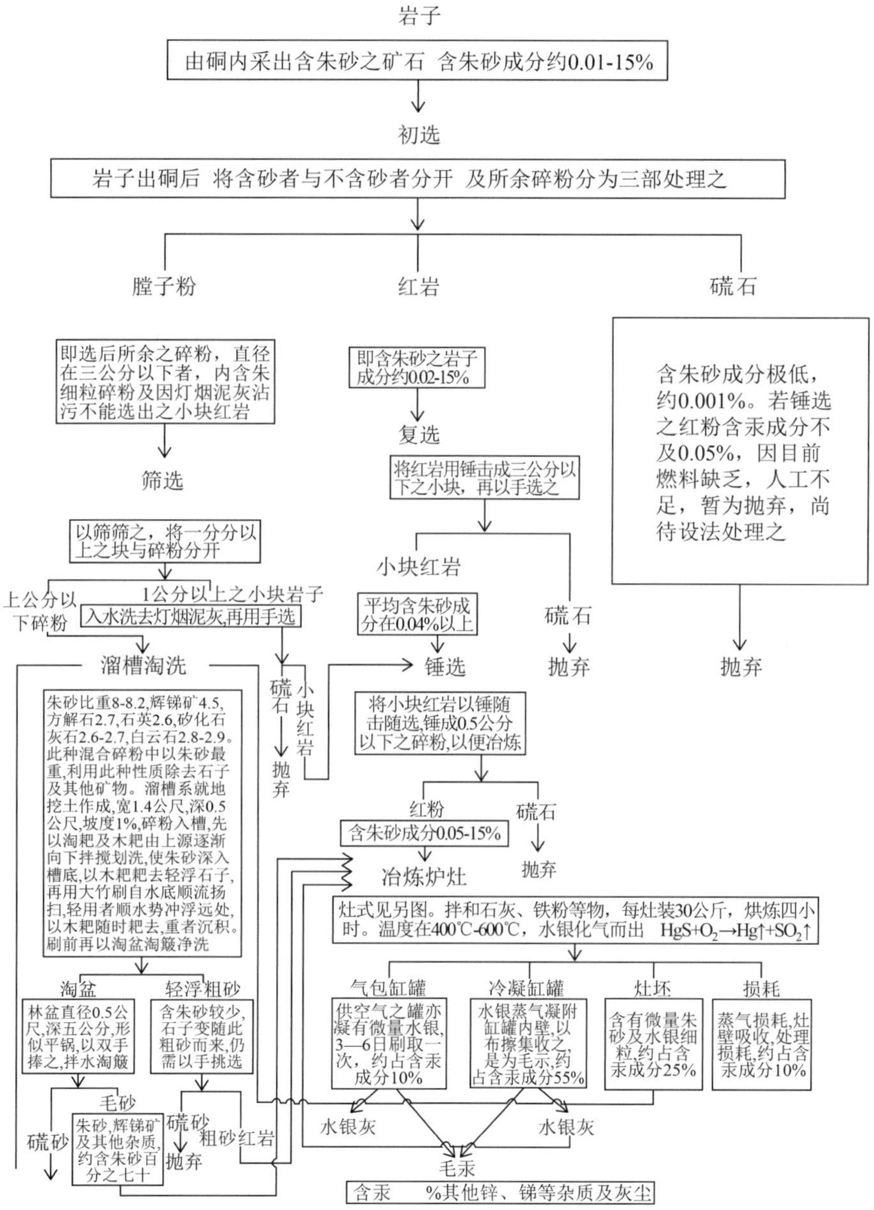

贵州矿产的新认识*

贵州是一个山国，是一个地瘠民贫，在前清时向赖中央或邻省协款来维持政费的苦地方。但是，它的矿产资源，普通人却认为异常丰富，主要的理由是，全境为崇山峻岭所穿越，所谓“地无三里平”者，在有些地方，确乎相合。并且人烟稀少，未经开发的区域还很多，很多。因此，人们都推想，贵州地上的富源或者有限，但是地下富源必是异常丰富。

第一个对于贵州矿产资源做初步估价的是丁文江先生。他于民国十八年至十九年间旅行贵州全省之后，曾公开表示说：贵州的矿产并不如普通人想象的那样丰富，只有煤分布很广云云。现在贵州人提起丁先生的结论，很多有嫌他过于武断，过于悲观的。

依据地质理论，丁先生的结论是不错的。因为贵州全省是为厚层水成岩层所构成的高原，岩浆的活动，矿液的侵入，很难达到，所以各种金属矿床的产生就无多大希望。又因为当二叠纪时代——就是主要成煤期——贵州全省几俱为海水所淹没，所以即有煤层，也是零碎支离而难成格局了。

经过近三年来的调查测勘，我们知道丁先生的结论，确乎有些武断悲观。贵州矿产虽不是普遍丰富，但仍有若干种富有经济价值，堪供大规模开发。丁先生已经认识到煤在贵州分布的广泛，但是储量最丰、质地最优和几种特性煤的煤田，丁先生却还没有指出来。贵州的铁矿还是太少，不但比不上华北及长江下游，更在湖南、西康之下。但是有几处特别重要，在国防上具有重要意义，在煤焦的配合上具有优越条件的铁矿山，丁先生却没有看到。水银为贵州特产，在全国各省居首要地位，这是不易的定论，丁先生也早经认清了。将来对于贵州经济具有最大影响的恐怕要算是铝矿了。这是最近才发现的矿产。在丁先生调查的时候，不但没有认识到，恐怕连想也没有想到呢。

现在就本人在贵州一年来测勘矿产的经验，将重要结论略为说说。详细的测勘，还要继续努力，现在所得到的不过是一种新的认识罢了。

一、贵州煤的煤质、储量和开发问题

讲到贵州的煤矿，材料很多，不是三言两语可以说完的。本文专就三个问题，就是煤质、储量和开发方面略为说说：

贵州煤类的分析表，就本人所知，不下二三百种，但还没有人加以综合的研究。这种分析，其准确程度虽很不一律，但至少有若干可靠性。因此，本人就请王承祺君将分析改算为纯煤基础，然后将挥发分或定炭，就其位置填绘于一张贵州的地图上，相等的数目，以线连接，这样所得的曲线，叫做等挥发分线或等炭线。可惜贵州煤的分析还不够多，因

---

* 本文现存全国地质资料馆（档号 2837），为手写誊清稿。原稿上没有注明写作的时间，根据文中所说矿产测勘处搬到贵阳，并在修文发现了铝土矿判断，其写作时间最早当在 1944 年。这年六月作者曾在贵阳中央日报经济月刊 6 月号发表《贵州矿产之展望》（尚未收集到），本文或许就是它的初稿。——编者注

此所定的点过于稀少。倘使定点愈多、愈密，那末等挥发分线或等炭线也就愈精密可靠了。用同样的方法，也可将硫分画出来，制成等硫线的分布告。

等挥发分线或等炭线的用处很大。就理论上讲，可以推测地层变质程度的深浅和造山运动力的强弱，间接的还可勘探定产油或产天然气的希望。从等硫线可以推测当时海陆分布的概况。但我们研究贵州煤田的目的是在约定全省煤质的分布情形，以供将来经济建设的参考。大致说起来，黔西的威宁、水城、盘县、普安、兴仁一带，为贵州最佳的烟煤田，含挥发分常达百分之三十以上；水城还有含挥发分在48%的烛煤，用作蒸馏汽油，最为适宜。这一带的烟煤，含硫常不及百分之一，灰分平均在百分之十五以下，差不多都可以炼焦，所以为理想的冶金用煤。贞丰龙头山的侏罗纪烟煤也可以炼焦，但含硫常达百分之三，似属缺点。从上述的黔西区域向东，挥发分逐渐减少，同时定炭也就逐渐增多，至安顺、平坝、大定、毕节，俱为无烟煤，挥发分在百分之十以下，低的不过百分之四，为贵州一大无烟煤区。再向东至贵阳、贵定、平越，挥发分又渐增加，平均在百分之十以上，多的可达百分之二十，偶然也可到百分之三十，如贵阳城西的华家山。惟向南至都匀、独山，挥发分又低到百分之十或以下，东到荔波，挥发分才高到百分之二十以上。至黔北桐梓、遵义一带的煤田，挥发分又低，常不及百分之十。

贵州煤的硫分也似乎有一定的规律可循。低硫烟煤限于威宁、水城、盘县、普安、兴仁一带。此带之东，硫分渐增，普通在百分之三以上。所以全省除黔西一带外，可以说找不到适于冶金用的炼焦烟煤。

其他所应讨论的为贵州煤田的储量问题。据中央地质调查所民国二十四年第五次矿业纪要，贵州全省储煤总量为一，五四九兆吨，其中烟煤七七五兆吨，无烟煤七七四兆吨。民国三十年第六次矿业纪要对于贵州煤储量稍有增减，结果总储量减为一，三七〇兆吨，内烟煤六二二兆吨，无烟煤七四八兆吨。近来新测勘的烟煤田很多，如矿产测勘处在水城一县测勘的煤田已有八处，总储量七九二兆吨，质优量富，在全省中无与伦比。倘将这类新勘煤田的储量加入民三十年的估计中，则得全省煤储量二，四二三兆吨，内烟煤一，六七五兆吨，无烟煤仍为七四八兆吨。以上新勘煤田矿量的估计颇不一律，有假定直深五百公尺或三百公尺为可采深度的，也有假定斜深三百公尺为可采深度的，倘使一律照地质调查所标准，以直深一千公尺为可采深度，那末新勘煤田的储量至少当加一倍，而全省总储量约为三，四七六兆吨，其中烟煤二，七二八兆吨，达总数百分之八十以上，较之民三十的估计，要增加约二倍又半。将来详细测勘，或更有若干新煤田发现，所以贵州全省煤田的总储量很可能达到四、五千兆吨的数目。

根据上面的论述，贵州的煤储量可望达到五千兆吨，其中烟煤约占总数百分之八十以上，这在将来经济建设上实具有重大的意义，因为工业用煤是以烟煤为大宗的。但是这五千兆吨的数目，虽然为西南各省冠，倘使与华北及东北数省比较，还是瞠乎其后；况且煤层往往过薄，煤质亦多不佳，而僻处西南，交通不便，距海口又甚远，将来开发的程度，无疑地不能成为全国性甚至国际性的重要产煤区。但是从开发本省的工业和交通上着想，贵州拥有较丰富的煤田，仍然是极端有利的。譬如说：要建立威宁水城的钢铁工业，则其附近各煤区可以大量开发；设立黔中铝工业，那末修文、贵筑、清镇的煤也可有销路了。建立煤炼油工业，使贵州高原上从国外进口或西北运来辽远的石油供应得到一些调剂，那末水城、普安、盘县、靖隆、贞丰、安隆一带的高挥发分烟煤，就可蓬勃开采了。此外，可以铁路线来区分煤的销路。如筑威线可用威宁、水城、清镇、贵阳的煤，川黔线用桐梓、遵义、修文的煤，黔桂线用都匀、荔波的煤，惟湘黔线仅西段产煤，东段连湘西在内，都没有产煤的希望。更就邻近省区比较之，川南、滇东都有丰富煤田，湘西、桂北都不产煤，但是黔东也是无煤之区，所以将来湘黔铁路通车，不但无黔煤东运之望，恐怕黔东各县还要靠邵阳煤来济急呢。独黔南及黔西南的煤田，可以大量开发，如有铁路贯通，或可南运，以济桂煤之缺。

二、建设新贵州的新血液——铝土矿

贵州每年买盐、买棉花的钱，照现在的价值来计算，不知要流出几万万。这经常的出超，若不加以调节，将来必至酿成无可救药的贫血症而破产。关心贵州经济的人们，已在深思焦虑地在寻找一种或数种新血液来弥补这缺失了，而新发现的铝士矿将来大量开发之后，很可能成为这新血液的一种。

贵州铝土矿是民国三十年贵州矿产探测团所发现的，但当时所找到的仅是贫矿，所以几次复勘和分析之后，终以含矽过高（常达百分之三四十），难资利用。自从矿产测勘处搬到贵阳，在铝矿区详细测勘，并发明了分层采样、逐样分析的新方法之后，才在矿层的中下部发现了厚达二三公尺的富矿层。如今这富矿在云雾山，在修文，在平越，都已普遍发现了。经过三个不同的化验机关和百余次的分析，这富矿的成分也确定不移了。这种富矿含矽氧$_{二}$最低的不到百分之一，普通在百分之五、六，铁最多不过百分之二，铝$_{二}$氧$_{三}$则常在百分之八十左右。如此优美的铝矿石，不但在国内为少见，就是在国外的铝矿产地中，也是不容易找得的。据在云雾山详细测勘的结果，该山一区就含富矿七八百万吨，若连修文、平越、王比、清镇及其他可能含矿而尚未发现的区域合并计算，其总矿量可能达到数千万以至万万吨；至于含矽较高的贫矿，还没有计算在内。

贵州铝土矿的质、量俱优，已是千真万确的事实，而毋庸怀疑的了。现在要研讨的是如何利用的问题。从它储量庞大和含铝氧特高的二点观之，贵州铝矿无疑地可供制铝之用。但是可惜的是它的矿物成分是属于一水氧化铝的 Diospore，而不是 Boehmite，所以不能用拜尔法处理，但是如果用酸法，电熔法或半干半湿的石灰曹达法，却都能够提取纯铝氧，以供电化炼铝之用，不过还需要一番精密的研究和试验来选择合适的方法罢了。此外，为耐火材料、高速水泥、研磨料或精炼石油等等的用途，贵州铝土矿又是最理想、最合适的原料。尤其是耐火材料，需要的量很大，并且富矿和贫矿都可以利用。

我们知道，世界上最大的铝土矿在匈牙利，储量三万万吨。美国现在铝矿不及二千万吨，照目前消费量计算，不到九年就要用完。倘若贵州铝矿有数千万甚至万万吨的矿量时，那末它不但是贵州经济建设的新血液，竟要成为太平洋沿岸轻金属原料的主要供给地了。

三、富有国防意义的威水赫铁矿

中国的铁矿资源，主要的在东北三省，其次是华北，再其次是长江下游及中游一带，包括湖南及江西的各矿在内。照这次抗战的经验，就是位在长江中游的许多铁矿，也不免受敌人铁蹄的侵略而暂时沦陷了。在大后方的许多铁矿中，要算贵州西部威宁、水城、赫章三县所属的各铁矿，因为位置在高原的顶脊，有崇山峻岭的间隔，可不受敌人的威胁，所以在国防上的意义最为重大，再加矿质的比较优美，矿量的比较庞大，为冶炼钢铁所必须的冶金焦煤又近在指顾，不虞缺乏。这种得天独厚，配合适宜的环境，在大后方的各铁矿中是无与伦比的。所以威水赫的铁矿，不但在战时应该深切注意，就是在战后，我们也一定要用全力来开发它，至少要使它成为一个应付非常事变的准备钢铁厂。即使因为交通的不便，销路的阻滞，而使这个铁厂赔本，但是具有远大眼光的政府，还要设法来维持，因为这是国防上特为重要的事业啊。

讲到威水赫铁矿的材料，就目前所研究到的还不够详尽，但它的经济价值和国防意义，却已是毋庸置疑的了。矿产测勘处与康黔钢铁事业筹办处合作探勘的结果，已证明水城观音山的铁矿希望最大，但究竟有多大的储量，还要等待矿脉的深度问题解决后才能决定。关于这一点，康黔钢铁事业筹备处正在继续坑探之中。此外，矿产测勘处还在赫章、威宁境内发现了儿处相似的铁矿，将来陆续施探之后，这综合的矿量一定可观，一定可以供给这大后方准备钢铁厂的需要而有余了。

四、玲珑灿烂的朱砂矿

在欧美的博物院或中国高贵世家的会客室中，常可以看到中国——主要是贵州的名产朱砂结品。它是殷红鲜美、玲珑可爱的八面体，或者是两个八面体的透入双晶，和水晶、方解石、白云石等等的小结晶生在一起，放在精美的红木座上，确是一种动人欣赏的装饰品。这种半宝石式的朱砂，我们万想不到就是为制造强度爆炸药的水银的惟一原料。在这次大战中，盟国所用一小部分的水银就是从贵州的产地出口供给的。

水银矿真是贵州的名产，也是贵州的特产，因为差不多全贵州都可以找到它。如果人们曾经参观过贵州的水银矿，那他一定会感觉到这矿床的稀少和不规则。四五个工人穷四五日的艰苦工作所得到的水银，常常不到一公斤。工人们在深邃曲折，光线和空气都不充足的坑道中，努力搜采那点点斑斑的红色矿物——朱砂，真是一件艰辛的工作啊。但是世界上其他著名的水银产地，如西班牙、意大利和美国太平洋沿岸，水银矿的产状也都是这样零碎不规则的。所以，我们决不要失望。我们要根据地质学理，来探索这种稀有矿床富集的理由和环境；我们要改良采矿和冶炼的方法来来增加效力，减少损失；我们还要扩展水银的用途，使它不仅是战争时代的破坏品，而且是和平时代的文化、经济和工业上的必要建设品，那末贵州水银矿的前途，还是有无穷希望的。

泛论中国铝土矿*

一、铝之重要

世人咸知重金属之重要，而不知轻金属如铝者，其重要性实不亚于钢铁。查地壳含铝，约倍于铁，千倍于铜，千万倍于金银，而目前所产，则仅及铁之千分之一，铜之十二分之一，筹（?）于金银，不及十倍。由是可知，我人用铝尚在萌芽，果能冶炼得法，善为利用，则铝诚可谓取之不竭用之不尽之金属，而未来之文化，或将由铜铁时代而达入铝时代，亦非夸语矣。盖铝之为用甚大，其含金尤甚，可代钢铁制造机件，可代铜以输电流。至若飞机、飞船需质轻性韧之材料者，更非铝不办，他若炸药、熔剂、漆料、照明等等，亦可用铝。而铝土矿之直接应用亦不少，如耐火砖，高速水泥，研磨料，石油精炼等，俱已著有成效。至于铝之化合物，在化学工业上应用于染色，清滤，造纸，制革，精炼油糖等等，其用更繁。由是可知铝在国防上及工业上之重要矣。

二、中国铝土矿之分布

今如将明矾石或高铝岩矿等除外，而专论铝土矿，则其分布可分为六大区：①黔中区，②滇中区，③鲁中区，④辽南区，⑤川南区，⑥闽粤沿海区。分述如次：

①黔中区　就今所知为中国最重要之铝矿区，分布于××××等县，就地质学理之推想，或更可西延于××××等县，成一约近东西向之铝矿带。产于奥陶纪石灰岩与下石炭纪煤系之间，铝矿层厚可达十公尺。在×××已证实有含铝氧70％之上等铝矿厚二．五公尺。其他各地，有同样富矿，但层厚及展布尚待测勘。

②滇中区　云南××××等县铝土矿分布亦广，其时代与黔中者相似，在××××等处，已证明有含矽在6％以下之富矿，但储量若干，尚待详测。

③鲁中区　山东淄川博山煤田内于二叠纪煤系上黄页岩系之中下部含铝土矿一层，厚约9呎。以前分析，俱含矽氧二在20—40之间，尚未发现富矿。莱芜宁阳亦有相似矿床。据军委会政治部情报，二十八年日文报载，谓以前用明矾石炼铝之高丽炼厂，现改用博山铝矿。其日人已在博山发现高级铝矿乎？尚待将来之证明也。

④辽南区　辽宁烟台及大连附近之金州、复县产铝土矿，亦居煤系上部，与鲁中矿区

---

* 1944年作者先后发表了《研究中国铝土矿的几个问题》（中国地质学会第26次年会论文节要，《地质论评》，第9卷，5～6），Origin of Chinese bauxite deposits（Contri. Econ. Geol. Miner. Explor. Bur.，No. 2），《中国铝土矿之成因》（《矿冶研究所炼铝专刊》，第1号），The Discovery of high alluminus deposits in China（Chungking Herald. Feb. 2nd），《泛论中国铝土矿》（重庆大公报，2月27日，第三版）等5篇文章。前两篇文章已收入《谢家荣文集》第六卷（143～144页和184～202页），第三篇文章与第二篇的内容相同，不过所用文字不同，第四篇文章未能查到。本卷收录最后一篇《泛论中国铝土矿》。——编者注

相仿。据日人调查，谓共厚约20公尺，但品质不佳，含矽氧可自20%—40%。二十二年满铁利用抚顺电力，在抚顺及金州各建试验工厂一处，翌年成立日满铝土株式会社，总社在大连，资本金500万元云。

⑤川南区　四川江北、南川等处，产含矽氧二甚低（17.5—19%），水分甚高（10—51%），铝氧不甚多（50%）之铝土矿；但矿量似不甚多，地质矿床情形不详。

⑥闽粤沿海区　福建××附近在由玄武岩风化而成之红土上部，见结核甚多，经分析后，知含铝氧可达69%，矽氧只6.44%，而铁及灼失量俱高，在25%左右。此矿矿量是否丰富，尚未详测，但在相似环境之下，此项矿床当可分布甚广，而闽粤沿海俱有发现之希望。按本矿显属红土式铝矿（详后）一类，并以其位近海口，运输便利，极有重视之价值也。

三、中国铝土矿之化学及矿物成分

中国铝土矿经近年来之研究，其化学成分已渐明了，兹于重要产地分析表列如左：

产　地	铝二氧三	矽氧二	铁二氧三	灼失量	钛氧二	式　别
山东	59.23	21.04	5.77	13.59		老化红壤式
云南	57.02	9.86	15.57	13.97	2.96	老化红壤式
云南	66.65	5.58	11.92	12.62	3.22	同上
云南	64.16	2.95	15.69	14.31	3.00	同上
贵州	72.04	7.62	2.50	14.21	3.55	同上
贵州	71.22	10.14	1.12	13.31	4.00	同上
贵州	75.58	5.28	1.75	13.85	3.70	同上
四川	45.83	1.75	0.72	51.58		型式不明
福建	69.77	6.41	23.89	27.28		红土式

观上表可知中国铝土矿之品质，当以黔中为最佳，富矿之部铁、矽俱低；云南次之，矽虽低而铁不免稍高；川南铝矿储量恐不多，其经济价值当属有限。

统观中国铝土矿之分析，有二点颇堪注意：①鲁、滇、黔、辽各矿含灼失量（实即化合水）俱在13—15%左右，显与国外之所谓红土壤式或地中海式 Terra Rosa type or Mediterranean type 相似，惟四川铝土含灼失量颇高，最高可达52.40%，其原因不明。福建之铝土结核含灼失量27.28%，显与国外之所谓红土式铝土矿（Lateritic type bauxite）相似。②黔滇各矿俱含 TiO_2，黔矿尤多，最高可达7.66%，此物与炼铝无大妨碍，反之或可得一有利之副产品，即“钛白”是也。

中国铝土矿之矿物成分，尚未详细研究，兹可言者：①山东铝矿以非晶质之氢氧化铝物为主，另有高岭石及一水氧化铝晶粒交换非晶形质，而一水氧化铝之产生，似属最后，因其不但交换非晶质，且亦多交换高岭石也。高岭石之产生属第一步之矽化作用，一水氧化铝之产生则属第二步之岩压硬化及去水结晶之结果，但此作用远不如黔滇之完备而普遍，故所成一水氧化铝为量较少也。②贵州铝土矿之上部以非晶质及高岭石为主，后者交换前者，成多数晶粒，其甚者则结成四五公分大之半透明饼状结核，此结核就显微镜下视之，并非纯粹，仍夹有一水氧化铝、钛氧及非晶质之杂质，故此结核之化学成分与集体之成分相差无几。渐下则高岭石渐少，终至肉眼不能辨察，但显微镜下仍得见若干晶粒。是种矿石含矽氧即已少至24%左右。更下则高岭石几至绝迹，而非晶质则逐渐结晶为微粒之一水氧化铝，折光率及重曲折俱高，中杂若干 Sphene 之小粒，即之（知）钛氧来源也。另有若干针状结晶之 Gibbsite，在最下一层最多。贵州铝土矿上下成分不之同，其原因似可分为二步：①矿层沉积后，海水一度后退，成为沼泽，植物滋生，潜水中多有机酸，遂使铝质下流，矽质残留，初步发生上下层成分之歧异。②经过后来地质变迁，矽质随潜水（是时潜水属碱性）下溶，使上部结成许多高岭石，但因非晶质之结构细密，不易渗透，故下部得以不受或少受此种氧化之影响。③再经过年深月久之地质变迁，岩压及硬化，遂使非晶质体逐渐去水，而结成一水氧化铝之微晶体。以上所经过之变迁，除第一步外，与山东铝矿大致相合。但山东铝矿之上并无煤层，潜水不属酸性，故此第一步之次生富集作用或未发生。

云南铝土矿之矿物成分尚未研究，以意度之，当与贵州相仿也。

如上所述，中国铝土矿之矿物成分，以含多量之一水氧化铝为特点。查此矿物，在国外各矿中尚未经确切鉴定，仅从分子式计算而得。中国铝矿之所以富此矿物者，其原因不外因经过悠久之地质历史，使岩石硬化去水，逐渐结晶而成。盖中国铝土矿之时代，俱属石炭纪或二叠纪，在世界各矿中为最古也。（地中海沿岸，印度 Jammu，美国阿柏拉金区之同类铝矿，俱属三叠纪至第三纪。）

四、中国铝土矿之成因及型式

中国铝土矿除福建之红土式者外，皆为层状，且常有一定层位，其为纯正之水成矿床，当无疑问。但何以当时沉积中有此特富铝质之沉淀，则不能不归功于当时之侵蚀间断。盖准平原状之古陆，经过长时间之风化剥蚀，发生一特富铝质之细泥状浮土，此浮土被水冲刷，沉积于石炭纪之浅海带，遂成矿层。此在贵州更为明显。盖黔中在志留、泥盆二纪俱为古陆，当时气候或属湿热，剥蚀残土堆积最厚，至下石炭纪始浸于海，铝土矿遂沉积于浅海带。今若于贵州古海陆分布上将志留、泥盆二纪海侵未达到之地及下石炭纪沿海地带划出，即为铝土矿可能分布之范围。就今所知，铝土矿分布之区，尚未能出以轮廓，而将来探矿之应追索此带，毋待言也。

云南铝土矿之成因，当相类似，盖××一带在志留、泥盆纪时代皆为古陆，为康藏古陆南延之一半岛，至石炭纪始为海侵所没，是时西为古陆（康滇古陆区之雏形），东为深海，故铝土矿遂在此约近南北向之浅海带而沉积焉。

山东铝土矿之成因尚难详言，因矿层与上下层之间并无明显之侵蚀间断，但气候当有变迁，盖下层之煤系系代表温湿之气候，上层之柴×岩等则显属干热之气候，铝土矿层位于其间，或系代表湿热气候之过渡层。在此气候之下，附近古陆自易发生红壤化作用，而造成深厚之浮土细泥，再经迁积，遂成层状之铝土层。辽宁南部之铝土矿，其成因当相类似。

至于在贵州、山东等铝矿中所见高岭石、一水氧化铝等矿物之产生及上下层成分之歧异，则显属后来之次生富集，矽化及硬化去水等作用，前已细论，兹不赘述。

以上所述，中国黔、滇、鲁、辽等铝土矿均为一种红壤化质料之再经沉积者，因其母岩俱为石灰岩，而不属玄武岩，与地中海一带之红壤 Terra Rosa 相似，故由此所成之铝土矿，应属红壤式。其化学特性已述于前。不过中国铝矿为世界铝矿中之最古者，经过悠久之地质历史，变化遂著，致岩性、成分未能一概与地中海沿岸之铝土矿相比拟。兹特名此项变异之铝土矿为“老化红壤式”（Old Aged Terra Rosa type）矿床，以资区别。

至于福建之铝土结核，则由玄武岩经近代（第四纪或第三纪后期）之风化而成，与印度及其他非欧属（美国阿柏拉轻区及印度之 Jammu 除外）各铝土矿相似，故应属标准之红土式（Lateritic type），其化合水与铁质之多，及时代之新，俱可证明为本式无疑也。查红土式矿床亦常成重要铝矿。我人对于福建之矿不应忽视，且应在相似地质地理环境之下，如闽粤沿海一带，注意搜寻，以冀发现新带矿区焉。

五、中国铝土矿之开发问题

如前所述，中国铝土矿之质、量俱优者，似当以黔为冠，滇次之，鲁、辽又次之。川南各矿情形不明，或无经济价值。闽粤沿海之红土式矿床，尚在初勘期间，兹暂勿论。在目前抗战期间，我人自应集中力量，开发黔、滇各矿。惟有二点殊堪注意：①中国铝矿虽多呈层状，但富矿之产生则多有赖于后来之作用，故难免不有此厚彼薄，或尖灭、变劣等现象。故为稳慎计，应于详测地形地质之外，多施槽探钻探，以确定各地富矿之厚度及深度，庶能确定矿量，以供有计划之开发也。②中国铝土矿之主要成分，显属一水氧化铝，惟一水氧化铝之矿物，至少有二：一为 Boehmite，二为 Diaspore，前者易溶于苛性钠溶液中，后者则不能全溶，致不易用经济的拜耳法提取纯氧化铝，如印度 JammuKashmir 之铝土矿，即为一例，美国 Missouri Diaspore clay 亦仅能用于化工，耐火材料，研磨料等工业，而尚未能用为炼铝。然则中国之铝土矿，究属 Diaspore 乎？抑属 Boehmite 乎？此实一有关冶炼之重大问题，而必须解决者也。就初步之显微镜研究，似二者俱有，而以 Boehmite 为主，但仍须先施半工业式之冶炼试验，详定其纯氧化铝之回收率，始能决定也。以上二点为亟需解决之问题。至若位置适宜，交通便利，分布广泛，储量惊人（如富矿层能均匀分布，则黔滇铝土矿或可为世界铝矿中之储量最大者），且附近各地，俱有水力，可资发电，凡此俱为中国铝土矿之优点，故中国铝土矿之前途，似颇有无穷之希望也。

地质与开矿的关系*

“地质与开矿的关系”，是一个很平凡的，并且曾经许多人讨论过的题目；但本人所想说的是几个例子，是从个人浅薄经验中得来的一些例子，所以比较地切实合用。当胜利已将到临，建设更应努力的时候，如何切实地运用地质学理来开发中国矿产，实是值得我人注意的一个问题。

大家都知道地质学的应用是非常广泛的：农林，水利，公路，甚至军事，政治，都需要一些地质的学理和经验。但是他与采矿工程的关系，是格外密切，在这简短的篇幅中，只能从这一方面的关系，略为谈谈。

地质学家对于开矿工作究竟可以贡献些什么呢？就开矿的步骤，他们可能的服务可分为四大类，逐次说明如下：

（一）在一个广大的区域内，搜寻有用矿产，或几种业已发现的矿产，参考——这是开矿的初步工作，是地质学家的拿手好戏，在地质调查和采矿工作尚在萌芽的中国，这类工作尤为重要。譬如说：目前开发西北，需要煤铁资源，以作重工业的基础，是一个十分重要的问题。但西北区域广大，煤铁分布，尤为散漫，究应从何处着手，才最为合理经济？那就需要普遍的地质调查，将各地矿产详悉研究，再配合以交通，运输，经济，市场等等人为的条件，然后才能指出一个最合理、最经济的地点来着手开办。又如计划西北的铁道网是战后的重要工作，路线的计划，除工程上及其他经济上的条件外，我想至少还须考虑到甘新石油的分布，以便铁路干线能经行于重要油田之中，而使路矿双方各受其益。

中国地质学家不辞长途跋涉，亲历穷山僻壤的艰苦精神，随抗战的经历而继长增高，所以做这类工作最为适宜，亦最有成绩。我可以大胆地说：倘使没有中国地质学家从民四直到现在继续不断的艰苦工作，将大后方的矿产预为调查，得到一个概略的观念，这划时代的建设工作，决不能像目前这样能顺利进行的。

贵州的铝矿，是贵州矿产探测团乐季纯先生及其同志们最近所发现的。大家都知道铝在近代国防工业上占如何重要的位置，即此一端，就可以证明地质学家贡献的伟大。现在所知的铝矿产地，已有数处，但是否尚有交通更便，质量更优的地点，那就需要地质学家凭已知的学理，经验，来继续搜寻了。依据本人学理的推断，铝矿是由剥蚀残余质料所沉积的浅水矿床，产于奥陶纪与下石炭纪长时期的间断中的，所以铝矿的分布，应当在志留泥盆纪海侵没有达到及下石炭纪浅海带分布的地方。照目前所知不完全的贵州古地理知识，将来铝矿的搜寻应当在平越、贵筑、修文、黔西、大定、毕节的一个狭小区域内。

同样的学理推测可以应用来搜寻锰矿，因为锰矿也是剥蚀间断中造成的水成矿床，在中国可分为二大类：一类产于志留泥盆纪的剥蚀间断中，如江西的乐平、湖南的湘潭、广东的钦县。还有一类产于乐平煤系的底部尤其是近陆 Lemnitic Type 煤系的区域内，如湖

* 本文 1945 年发表于《资源委员会季刊》第 5 卷第 3 期“矿冶专号”80—83 页。——编者注

南的常宁、耒阳，广西的武宣、桔平，及贵州各矿。贵州锰矿造成的时期，又约略相当于玄武岩的喷发，所以有玄武岩喷发的地方，似乎不能有矿。照此推论，贵州锰矿可能分布的地带似乎应当在湄潭、遵义、绥阳、桐梓、仁怀一带。倘能将贵州全省的地质，普遍调查，那末各时代的海陆分布，了如指掌，而上述二矿可能延展的范围，更可确切指定。这于搜寻新矿地的工作上，不是有极大的帮助么？

黔桂铁路用煤问题，随最近湘局紧张而更为严重。其实铁路沿线二叠纪煤田，分布不为不广，煤层过薄，乃成本问题，而症结所在，端在煤质之是否能用于行驰机车。最近本处编了一张贵州煤田等炭线分布图，觉得各地煤质的变迁，有若干规律可寻。在黔中、黔南的情形大概如是：安顺、平坝、大定、毕节为贵州一大无烟煤田，含挥发分俱在百分之十以下，低者仅百分之四，向东至贵阳、贵定、平越一带，挥发分逐渐增加，平均在百分之十以上，多时可达百分之二十，惟向南至都匀、独山，挥发分又低至百分之十以下，都匀附近或其西北有少数挥发分较高的煤田，东至荔波，挥发分大增，可到百分之二十或以上。由此看来，都匀、独山恰好在高炭带上，向东、向西或向西北，挥发分可望增加。这种尚待更多的分析根据来证实的初步结论，似乎与在黔桂铁路沿线探寻烟煤区域的工作上，多少有些帮助。

（二）初步调查指出了若干矿区之后，还须详细研究或实施探勘来断定他的经济价值，以便计划用如何大的规模来开发。这个问题虽也包含许多其他因素，但从地质学理来推定矿产本身的优劣，仍是先天条件中的根本条件；有时纯恃地质学家的表面观察，尚感不足，还须开硐挖槽，实地探勘，才能断定矿床的真正价值。现在举一个贵州的例子：水城观音山的铁矿，从前初步调查，皆认为属水城矿床，矿层有规可循，所以估定的矿量，非常之大，足以供给一个大规模的钢铁厂。最近经本人详细测勘，确定该矿为一种低温或冷水矿脉，他的延长及宽度，虽较以前所测定的为大，但矿脉的延深，不免成为问题，因为脉矿不能如水成矿床的那样整齐规则。经本人建议，由本处（矿产测勘处）与康黔铁矿筹备处合作，先开挖明槽十四条，以便对于各地露头可以深切观察，因为明槽不能甚深（十公尺），所以结果仍不彻底，现正在开挖平巷，以窥究竟。观音山的铁矿脉，很可能延深到数百公尺，但这是假定，一个武断的，危险的假定在没有确切探定他的深度，而得到一个巨大的矿量计算以前，就来计划一个日产五百吨的化铁炉，总不免有些冒险。从这个例子，我们可以明了如何应用纯粹的地质学理，可以给予大企业家们一个审慎的参考。

（三）在一个决定开发的矿区内，选择首先探采的地点，以争取时间上和工程上的经济。矿厂无论大小，所领矿区的面积往往甚大，但是探采工程，工艰费巨，在目前困难的时候，开石一方，费辄数千元，百余公尺之平巷，阅时经年，尤须集中人力、物力、资力，在最有希望的地点着手，以免浪费工程。这种地点的选择，固然还有工程上、交通上和管理上许多其他因素，但是地质的条件却是根本的根本。记得民国廿八年本人在湖南江华主办砂锡矿的时候，所领矿区，南北十余里，东西七八里，即普遍施工，亦非经年不办，遑论逐一加以开采。本地土人的传说，更夸大其辞，几于遍地皆锡，何处非矿，本人独不惑众说，纯以地质学理为根据，将砂锡矿分为近代冲积及古河冲积二大类，并断定近代冲积含锡较丰，水源近便，适于机器开采。又就近代冲积中择其为含锡母岩——花岗岩——环绕的区域若干区，施以精密钻探，古河冲积之较有希望者一二区，加以粗探。探矿的范围，既大为缩小，才能于二个月之内，钻探工作全部完成，选到一个最有望的矿地实施开采；而于一年之内，将两座八吋管金山沟，及三九〇匹马力木炭发电机，全部装置完成，开始产锡。现在有许多办矿的人，常惑于矿工或土人的传说，丝毫不加判断，滥加探采，工程既不集中，资力更为分散，劳而无功，自不免有失败的危险了。

再举一个工作正待进行的例子：贵州的林东煤田，大家都认为蕴藏丰富，质地优美，值得大规模开采。但林东煤田分布广泛，从构造推论，至少可分为四五个煤田，究竟从何处着手最为经济合理，值得从长考虑；而尤为棘手的问题是老窑林立；因为煤层大多平铺，其位于当地河面以上的煤层常有悉被挖去，发生硐老山空的危险。本人最近在林东研究的结果，规定了几个设立大井地点的原则：(1) 须交通便利，地形适宜；(2) 须为老窑没有达到的地方；(3) 为达到第二项的目的，本人主张应择长兴灰岩出露的地方，尤其是该项灰岩为河流深切的地点。因为煤层皆在长兴灰岩之下，从该灰岩之近底部打井，不到六七十公尺就可到煤，而从前矿工不认识此点，且无大资本打较深的井，所以凡灰岩分布的地方，其下部煤层都有完整保存的希望。这个纯粹依据地质学术的建议，自信颇有若干把握，但实行打井之前，必须钻探，以求万全。倘不依据上述原理或其他更好的方法，凭土人传说，或一知半解，来勘定大井地点，我想以林东幅员之大，土窑开采的广，其危险性或将等于赌博场中的押宝？

（四）矿厂业已开办，但仍应随时研究矿床的消长情形，以备有计划的开采。这种工作，在不规则的金属矿床内，尤感需要，所以美国的各大金属矿厂，几乎都有地质专家，长期研究，每日随工程的进展，测制最精密的窿道地质图，以供计划开采的参考。美国金属矿业之得能如是发达，固然有许多原因，但我想地质学家的贡献也不能忽视。贵州的汞矿是本省的名产，是国防工业上重要的金属；但他的产状却是异常零星，极不规则，合理的探采需要地质专家随时贡献意见，所以资委会汞管处现请有多数地质家驻矿研究。本处移筑之后，亦将帮同工作，希望有一些贡献。在比较规则的煤铁矿床内，地质学家的服务似属次要，但因为煤层常受断裂的影响，可以随时消失，采矿工程师仍不免有感到伤脑筋的时候。记得十余年前，本人曾被聘赴浙江的长兴煤矿，去解决一个纯粹的经济地质问题。原来长兴煤矿有二个矿井，西面的叫大煤山，东面的叫四亩墩，中间还没有开通。在四亩墩向西开展的煤巷内，煤层忽然消失，当时大煤山的产量有限，四亩墩已经开发的煤量，也所余无几。最好的办法，固然是从四亩墩井向下开拓，但这个井不十分坚实，如向下再开拓五十攻一百公尺，必须将大井彻底修整，这需要大批的资金，而尤为重要的是较长的时间。为维持产量不断计，只有向西开展去采掘大煤山四亩墩间未采的煤层。但正在煤层消失的地方，煤层有向南弯曲的模样，似乎指示应当向南去搜寻这失去的煤层；但大煤山的位置却在四亩墩之北。这明示向北是到煤层的捷径。从向民间购到的窿道工程蓝图上看（该矿前往匪劫，矿井图全部遗失），在断裂的地方，向南向北，都开有探巷，但不远俱即停止，似乎表示向南向北俱没有探到煤层。这种矛盾的证据，使当时的采矿工程师大伤脑筋。本人在地面详测地质，发现确有一断层，而这个断层的位置，与窿内煤层消失的地方，竟不谋而合；又断定这断层是斜间断层，西边的属于向上移动的部份，所以煤层应向北推移（地层的倾斜俱向北），至于这个向南的弯曲，是断层发生后的另一个水平移动，一个次要的构造，一个迷人的疑阵罢了。本人乃建议公司尽力向北开挖，结果遂探到了煤层。

美国湖上湖铁矿是全球著名的铁矿。经地质学家长期研究的结果证明，铁矿是经过雨水的浸润而富集的，并且常在倾斜向斜层（Pitching Syncline）或单斜层与不透水的火成岩岩脉相交的地方，特别富区（集）。在为冰碛层所掩盖的广大原野上，遇到一个火成岩脉的小山，或两小山成向（斜）构造的地方打钻，往往可以遇到在地面上毫无露头的铁矿床。

至于其他有关开矿的地质问题还很多很多：如矿柱的保留，矿层顶底岩性的研究，地下水和煤性的控制等等，本人也有若干经验和例子可说，现为篇幅所限，不克一一解叙了。

从上面所说的几个例子我们总可了然地质与开矿的关系是如何的密切，应用地质学理来搜寻地下富源，至少是一个最合理、最经济的方法。

在这里我要附带声明的：地质调查与矿产测勘，表面看来似乎一样，实际不尽相同。地质调查是整个的地质研究，矿产不过是其中的一小部。范围既广，对于矿的本身，不免要感到忽略。但为奠定矿床研究的学理基础，充分的地质调查是基本的要求。精密的矿产测勘，应当加意于矿的本身，同时还须有探采冶炼的工程知识，和市场价值的经济观念。设备方面，除普通地质调查所应有者外，还应有各种探矿机械和试验器材。资源委员会的矿产测勘处就是一个精密测勘矿产的机关，并依据上述的目的和标准来进行工作和充实设备的。因为战时经费支绌，运输困难，现在所做到的成绩及已有的设备，距理想的标准尚远得多，尤其是探矿和试验方面。但在短短的三年中，也还得到一些结果，最著的是富铝矿层的发现及其成因的研究。原来贵州铝土矿发现的时候，虽然有一二种分析，指示着低矽高铝的成分，但真正的富矿却没有发现。当时所采样子（品），都以细致凝净，象牙黄，介壳断口为上品。这是富矿上部的劣矿。所以二次三次采样分析的结果，都使人失望。直到本人于卅二年八月赴云雾山初勘，掘了一个槽，分层采样，才发现了富矿层的下层。现在这富矿层在修文，在平越，都已找到了；从此以后，几乎可以不需分析，仅凭岩性，就可认识了。再进一步研究矿层垂直变化的成因，才知道富矿之位于全矿层的中下部不是偶然的；研究矿床成因和古地理的关系，我们又指出可能发现新矿区的范围。这原理不但贵州能用，云南也可以适用。云南的铝矿，虽然还有许多专家强定它别属一式，但本人在显微镜下，本处杨开庆、沙光文二君在层位上，早已认识它和黔矿具一样的成因，不过滇矿风化较深，遂使表面的岩性——如深黄色，土状，蜂窝状等等结构——来迷住人们眼睛而不容易鉴别罢了。从这个例子我们可以知道，详测矿产不但需要工程的眼光，还（要）有充实的学理根据，盖惟有理论与实用能取得协调之后，探矿工作始能臻系统化与合理化之途也。

现在有一部分人以为开矿必需地质，一个矿区凡经过地质学家考察以后，他的经济价值就可确定了。还有一部分人却以为地质学过于理论，他们的产品不过是一纸报告和几幅地质图罢了，纸上空谈，无裨实用，开矿还需要实地的采掘，不需要学理的讨论。这两个见解，各走极端，是不合理的，不科学的。我们要知道：地质学家的眼睛，与寻常人一样，不能透视地腹。他们的方法，不过是因为熟识地层的层况，构造，和其中所含的各种成分——包括有用矿产在内——所以经过详细考察之后，从学理，经验及已往开采的成绩，能辨别若干地方含矿最为有望，若干地方产矿的机会较少或绝对无望罢了。至于确切的勘定矿床，还需要实切的施探，不过先有地质学家详细的研究，那么探矿工作可以事半功倍；否则以有限的人力、资力，在广大无限的自然界中摸索，岂不等于盲人骑瞎马，而终必资金丧尽，而一无所获么？

从另一方面来讲：研究地质的目的，是探求关于地的真理，而真理的探求，需要广泛的观察，仅凭地面观察，往往不够，甚至要发生误会，而开矿却予我们以最清切最核要的“露头”。所以我可以说：开矿固须地质学家的指示，而地质尤须开矿给予我们更多观察的机会来阐明或发扬大地的真理。

介绍亨佛来氏螺旋选矿机*

凡对于探采砂金矿有经验的人们都知道，在弯曲的河床中，内湾部分的含金量总要比外湾部分高得多。亨佛来氏的螺旋选矿机就是依照这个天然模型制造；不过为节省地位和增加效率起见，这个选矿机的弯曲必须重叠起来，成为螺旋形。换句话说，天然的弯曲河流是一所平房，亨佛来氏的螺旋选矿机却是一所三层至五层的楼房。

亨佛来螺旋选矿机是美国亨佛来氏积多年的研究和经验制成的一个新型选矿机。它在一九四三年的五月，首先在美国奥利根省的哥斯乡（Coos County，Oregon）建立起来，目的是处理一种含铬铁矿的海滩砂。七个月的经营，选洗了十八万多吨含约百分之六的铬二氧三的粗矿砂，得到了四万多吨含铬氧达百分之二五．六七的纯砂。这成绩是非常满意，对于抗战更是伟大的贡献，因为铬矿是天富（赋）美国所缺少的矿产。但是当时地中海的形势于盟国逐渐有利，土耳其政府已答应将铬矿源源供给美国，这奥利根省的铬砂，不需要继续开采，于是选矿厂也就于那年的十二月停办了。

一九四四年的三月，这奥省的全部螺旋机厂搬到费罗利达省的杰克生维尔 Jackon-wille，去接办选洗一种含着金红石 Rutile 和钛铁矿 Ilmenite 的钛矿。全厂的设备有一百七十四座粗选机，三十六座精选机，十二座完选机。每日的选矿量是五千吨的粗砂，含重性矿石约百分之五．五至十一。选洗后的纯砂，含重矿物达百分之八十八至九十六，钛矿物——包括金红石和钛铁矿的回收率可达百分之九十五。自从这个新型机建筑完成试验满意之后，以前在本地所用的洗矿台和浮游选矿机都完全停止了。原来，亨佛来氏的螺旋选矿机有许多优点，第一：构造简单，容易管理，只须将流水量，水砂混合比例及纯砂带的宽窄，随时控制得宜，就可得到理想的效果，像佛省日选五千吨的洗厂，每班仅需一值班工，一助手，一抽水机工而已。因为是重叠螺旋式的设计，选机所占地位甚为有限，基座不必十分强固，甚至墙壁屋顶都不需要，这于建厂费用上可省去不少支出。对于矿粒的大小，限制较宽，凡十四号节孔至二百号节孔间的矿粒，都可以选出来，所以不需要详密的节分，而回收率常可达到百分之九十五以上。二百号节孔以下的细泥如果太多，不免稍有影响，但是如果矿粒不含在细泥内，仍可应用，因为细泥可用适当的方法去掉的。此外如水砂的比例（Pulp Densty），每小时约加入量（Loading）等等都不必有严格的限制。照目前所设计的标准模型，每单位每小时的选矿量是 3/4 至一．五短吨，视矿石种类及纯度而异。平均每小时可选矿一吨。大致说起来，矿砂的含矿量越高或矿粒越细，那么每时加入的粗砂量应该少一些，但是最好的结果，必须在加入量达到适当的饱和点，并在固定的比例定量下进行着。这种控制因素必须预作试验才能决定。水的需要量，包括洗纯砂的清水在内，大致为每分钟二十至二十五加仑，水和砂的容积比例可自百分之十（细砂）至五十（粗砂），普通都在百分之廿至廿五之间。

---

* 本文 1945 年 11 月发表于《矿测近讯》第 57 期第 4～5 页。——编者注

以上所说的是亨佛来螺旋选矿机在美国的成绩和其应用的效能，……现在略为谈谈他的原理。在一条弯曲的水流中，水流的离心力是和流速的平方成正比，和其位置处的半径成反比；因离心力不同，外弯部分的水流常涌积起来；渐向内弯，这向外的离心力与向下的地心力渐趋平衡。河流上部的流速要比其底部大，在与河底接触的地方，因为阻力关系，流速可减至零，所以在河流下部的水流，其离心力较上部为小，因是下部的水流有向内弯部分移动的趋势，而上部的水流却向外弯移动；但是下部水流中所挟的多是重的矿粒，上部所挟的多是轻的废砂，换句话说，就是矿粒内移，聚积于内弯部分，废砂外移，积于外弯部分，选矿的效能就达到了。

亨佛来螺旋选矿机有五转的，也有三转的，大抵五转的为粗选机，三转的为清选机或最后完选机。洗选的步骤，有分二级的，就是粗选、完选，也有三级或四级的，就是粗选、精选、再精选及完选。矿粒和水用砂泵自储矿桶上吸，从最高的一转，迂回曲折，逐渐下流，纯砂积在内弯部分，废砂则聚在外弯。又恐纯砂中或尚有多少废砂，乃引清水管自内向外洗刷。纯砂出口的地方可放大或缩小，以调节纯砂的出量。储矿桶另有调节水砂比例的套管。大致的装置是如此，因为篇幅所限，不克一一详叙了。

美国战时生产局为协助中国政府增加金属矿产的生产起见，特商得亨佛来氏同意将该选矿机的施用权送交中国战时生产局转发资委会采用，并派专家罗富、步士、候士三人携同选矿机模型图说来华，并择定东川铜矿为试验对象，在昆明中央机器厂制成一套二级五转及三转的螺旋选矿机，假昆明电冶厂的化验及一切设备，就罗富等三人从东川采来的大批低级铜矿，从事试验。经过月余的工作，结果颇为良好，回收率可达百分之六十以上。若将细泥再施浮游选矿，则总回收率可达百分之八十五。试验矿样的含铜量大致在百分之二到三，而选后废砂中的含铜不及百分之〇．七。

上述结果虽尚不恶，但还不算绝对满意，因为东川铜矿最理想的选矿方法无疑地是浮游选矿法，但是在目前困难时代，浮游法本身的装备不难筹措，而附带的装置，如球压机等等，却大为不易。步士先生说得好："与其使目前东川的低级矿成为废物，倒不如用一种简单的选矿方法，化无用为有用，以应抗战的急需"这种应急的过渡办法，确是必要的。

但是亨佛来氏螺旋选矿机自有其本身的价值，东川铜矿或者不是最理想的对象，中国还有许多其矿产可以更适宜地用这种选矿机来选洗。我现在想到的第一是钨矿，因为矿粒与脉石（主要是石英）比重的悬殊，无疑地可以得到最理想的结果。其次是会理及威宁一带的红层铜矿，因为石质疏松，颗粒粗大，成分虽低，而分布甚广，用螺旋选矿法恐怕是最经济、最有效的方法。还有将来提炼铝二氧三所遗的红土残渣中，含钛氧二至少可达百分之六，虽颗粒较细，或者亦可选出，以供制造各种钛副产品之用。至于有人主张用来选洗汞矿，我想大可不必，因为汞矿蒸发点颇低，用块矿即能蒸炼净尽，根本不需要选矿。又有人主张用来选洗砂锡矿，我想也有困难，因为从金山沟清沟所得的粗纯砂，为量不多，不需要机械选矿，而选洗时与磁铁矿、钛铁矿的分离，恐怕只靠螺旋选矿机是不够的。如能依据螺旋原理，设计一种螺旋金山沟免除清沟的手续，直接收获粗纯砂，那倒是一个可能的改进哩。

中国探矿计划之我见*

开发中国矿产，必须从探矿着手，而探矿必须合理化，彻底化。若表面之地质调查，则仅为探矿程序中一初步工作，即此而谓已尽探矿之能事，实属大谬：盖地质学者并不能透视地腹，其所能为人群服务者，仅在凭学理与经验之判断，从广漠无垠之大地中，指出若干区域，再由此区域，指出若干点线，从此点线，再用工程方法，如打钻、开坑，实地施探，始能发现矿床，而事半功倍，贡献已多矣。中国矿业界人士每以我辈地质学者不能时常发现新矿体为病，其误解即在此，盖以表面不彻底之工作，岂能为彻底之贡献耶？在欧美先进国家，上述开发程序几已成为矿业界之常识，并能体谅工作之艰巨，在时间上，经济上，精神上优予支持，随时鼓励，故发现日多，成绩卓著。日本在八年战争中，亦用同样方法，以探矿全权委诸地质学者，故无论在东北，华北或华中俱有若干重要之发现。

倘我政府当局，矿界巨子，承认探矿之重要，并能循合理与彻底之途径以迈进，则其计划又将何如？或者曰：美国探矿公司甚多，皆经验丰富，设备周全，与订一纸约文，即可全权委托，计尺授价，成效可期，人操其劳，我食其果，固毋庸我人之筹虑也。又有曰：探矿采矿，颇难划分，只须于矿厂组织之中加一探矿部门，位置若干地质毕业生，即可从容将事。此二说也，作者皆以为非，请申论之。

夫美国探矿公司经验设备之优，诚毋庸置疑，但商业经营以图利为目的，故订价必高，此其一。与外人签订合同，常多束缚，倘我方计划，稍有更改，则双方争议，自难避免，此其二。外人初到中国，人地生疏，于当地地质及工程环境，非考察相当时期后，不能熟习，但顾问职务，时间有限，恐未届熟炼之期，即将束装归国，如是而欲求圆满之成果，盖亦难矣，此其三。而尤为重要者，则技术非终能依赖于人者也。当此全国矿产急需开发，正我国经济地质学者与探矿机关努力工作之时，藉是以测验理论，训炼技能，更进而谋中国探矿技术之独立，此诚千载难逢之机会也，岂能坐失良机，自甘落伍！故作者之意，中国如欲探矿，其全部工作须由国人自任之。

至论矿厂兼办探矿，非不可能，但必须广聘专家，充实设备，并须于全国矿床地质，随时研讨，深切了解，始不致有寡闻逐末之弊，盖探矿问题，关联全局，非一隅之见所能解决者也。美国矿厂地质部门之成绩最著者，要推步脱之阿拿康大铜矿公司，除有第一流专家主持外，并能不恤资金，充实设备，优予时间，尽力研究。反观我国矿厂，大半根基薄弱，欲以宝贵资金，从事暂无收获之研究，恐非经济条件之所许。且国内经济地质学者，寥寥可数，合之尚虞不敷调派，岂能再加化分，以自毁阵容乎？

准上之说，中国探矿必须国人自办，并须由专任机关办理，其理由固至为显明也。本处为国内惟一之探矿机关，成立以来已届五载，对于西南各省矿产多所发现（详载本处各年度年报，兹不赘）。从明年度起，并将增加人员（包括外国技师数名），扩充设备（续购

---

* 本文1945年12月发表于《矿测近讯》第58期第4～5页。——编者注

五部钻机，另设选矿、冶金、化验等等），划分区域，实施探矿。除本处计划之各项工作外，尚拟竭诚接受公私矿冶事业机（关）诸之委托，盖本处之愿望，惟欲以既得之经验，付诸实地之施用，更进而获得更多之经验，更精之学理，为中国工业建设，效其先驱，探矿事业，奠定基石，区区之意，惟此而已。

本处研究黔滇铝土矿之成果*

本处奉命测勘黔滇铝土矿，迄今已将二载，所获成果颇为重要，列举如次，以供各界参考：

一、发现低矽高铝富矿层

贵州铝土矿自民国三十年发现后，虽经各方面调查研究，但分析结果，前后参差不一，难资依据。本处于三十二年八月在云雾山汤家掘槽采样，分层化验，始于矿层之中下部发现白色之低矽高铝富矿层。其后进行详测，在云雾山、修文等地发现该富矿层普遍分布。云南黄色富铝矿之发现，远在民国二十八年，至民国三十三年本会昆明电冶厂始采取试炼，但本处时已认清该黄矿系白矿之风化产物，故黔滇二省之铝土矿必属同一型式。果也，本处于今秋与昆明电冶厂合作详测滇中铝矿时，普遍发现白色富矿，其成分、形色，与黔矿一般无二。据大批分析所示，此黄白色富铝矿之矽分，最多不过百分之十二，最少不及百分之一，平均当在百分之六左右。铝氧最高可达百分之八十，少亦在六十以上，铁常不及百分之一，成分之佳，诚属不可多得。

二、解决铝矿矿物问题

中国铝土矿俱属一水氧化铝。但此种铝矿，又因分子构造不同，可分为 Diaspore 及 Boehmite 二种。前者不溶于烧碱，故不能用低廉之拜耳法处理，后者则否，故其经济价值较大。中国铝矿究属何种，不但富有学术兴味，且因其与冶炼有关，故更有实用上之意义。本处自始即注意此问题。经用显微镜及化学方法研究，因无 X 光设备及参考书籍（Boehmite 系较近发现之矿物，普通教科书上不加详叙，故各种物理性质如折光率等俱不详），以致遽难决定。民国三十三年曾先将贵州标本分寄英、美各研究机关，赖我友邦专家之协助，得一致鉴定为属 Diaspore。云南黄铝矿之外表形式，固与白矿不同，但显微镜下所见实无大区别。惟据王宠佑先生函告，谓李庆远先生赴美时曾携云南安宁铝矿若干，经哥伦比亚大学凯尔（Kerr）教授用 X 光研究，证明为 Boehmite。李氏所指标本属何种类，已难稽考，以意度之，颇若黄矿。于是本处所倡黔滇铝矿同类之说遂生疑问。今秋本处派员赴昆详测，鉴于白矿分布之广，及黄矿无疑地当自白矿风化而来，此二种铝矿之矿物问题遂亟需解决。乃一方面将安宁所产之黄、白（此二标本系自一表示球状风化之矿块采取，白矿在内，黄矿在外）、灰（乃富矿层上下之劣矿，含矽达百分之四十）三种铝矿，邮寄美国地质调查所，托为研究，另一方面请昆明电冶厂化验室，作三酸不溶性试验，结

* 本文 1945 年 12 月发表于《矿测近讯》第 58 期第 1～2 页。——编者注

果黄、白二矿之溶渣俱极高，约百分之五十至七十九，应属 Diaspore，但灰矿则独低，不及百分之四十。又请孟宪民先生鉴定折光率，则黄、白二矿俱在一．七以上，亦为 Diaspore 之证。本处为稳慎计，又请清华研究所余瑞璜先生就安宁黄矿作 X 光研究，其结果亦确定黄矿系属 Diaspore。至是云南铝矿之矿物问题，实已大致解决，但尚有人以凯尔教授之鉴定为言者，而美国地质调查所之覆信，历久未至，乃由本处电美询问结果，兹得覆电，谓黄、白二种俱属 Diaspore，但灰矿则为 Boehmite。由此足证国内外专家之研究并无不能吻合之处，而以往疑云，可以尽释。从灰矿之属 Boehmite 一点观之，可知凯尔教授之鉴定似亦非谬，意者李庆远先生携美之标本，乃低劣之灰矿而非富矿也。

三、研究铝土矿之成因

本处研究黔滇铝土矿之成因颇多贡献，最著者如：（一）从矿层沉积与古地理之关系，得测定其沉积范围，为将来探寻新矿区之指针。（二）铝矿层之垂直变化及富矿层之造成。在贵州云雾山获有标准剖面，可用还原化，灰化（即铝氧下降之次生富集化），矽化及去水化四种作用解说之。在滇中各矿区，则因矿层情形复杂，尚难一概论述。（三）重性残余矿物之种类，性质及其意义。（四）中国铝土矿系一新型矿床，主因在时代较老，故富矿层乃逐渐去水而结晶。（五）Diaspore 与 Boehmite 之产生环境，仅法国拉柏郎氏稍有论述，今在黔滇此二物并生，且似有一定层次之关系，由此探索，当可发明其各自之产生环境。此项研究，现正在进行中。（关于成因各问题详载本处新出版西文《经济地质丛刊》第二卷，中国铝土矿之成因）。

四、铝土矿之矿量

为实施开发计，我人对于铝土矿之矿量，必须有一较准确之估计，以供将来各种工程上、设计之参考。本处在贵州云雾山曾经详测并施行槽探，该区确定可靠之可见富矿矿量为 2，191，616 公吨，埋藏之可能矿量为 3，346，425 公吨，二项合计共为 5，538，041 公吨。修文区虽经详测，但富矿层尚未普遍施探，故矿量较难估计。云南各矿区经此次详测后，估定可见矿量约二百万公吨，可能矿量四百余万吨。可见矿量中以富民之老煤山一区为最大，约有一百四十余万公吨。其他如草铺，温泉，柴村等区，尚须广掘探槽探坑，或施行钻探，始能准确估计。照上列数字核计，现知黔滇二省之富铝矿矿量至少当在五百万公吨以上。

五、将来研究之途径

基于上述研究结果，我人可知黔滇铝土矿尚不能即时开发，盖有许多问题，特别如冶炼、选矿等等须待详密试验后始能解决也。即如为估定矿量之探矿工作，尚待继续进行，盖以掘坑、施钻，需费浩繁，非有大宗经费，不克办理也。兹将今后研究途径列举如次：

（一）大规模探矿以测定可能矿量

贵州之修文，王比，平越，清镇，俱待详探。云南之草铺，温泉，柴村，大板桥，黄土坡等区尚须掘坑、施钻。如结果良好，则全部富矿矿量至少当在一千万公吨以上，以之供给二个日产纯铝百吨之炼厂，足敷二十余年之应用而有余，故矿量方面似无多大问题也。

（二）提取纯氧化铝法之试验

黔滇富铝矿悉属 Diaspore 业经确切证明，毋庸或疑，故决不能用拜耳法以提取纯氧化铝。我人当详加试验，以选择最适宜之方法。美国近倡用石灰曹达熔炼法，用以处理高矽铝矿，颇著成效，同时似亦颇适于处理 Diaspore，我人今后应先准此法则，从事试炼，如能另倡新法则更佳。

（三）灰矿之意义及选矿试验

美国地质调查所鉴定灰矿为 Boehmite，其意义至为重大。盖黔滇富矿层之上下俱有灰矿，厚自五六公尺至十余公尺，矿量之丰，远在富矿之上，以其含矽过高，向来不甚重视。据在显微镜下研究，此灰矿除高岭石外，大部为不结晶之水氧化铝，作者因定其名为 Cliachite，兹乃知此 Cliachite 即 Boehmite 也。我人如能用浮游选矿法将灰矿中之矽分（几全部出自高岭石，故去高岭石即可收减矽之效）减低至百分之十五以下，则不但可增加十余倍之可用矿量，并可用较低廉之拜耳法以提取氧化铝。查美国试用浮游法以处理阿康沙省之高矽铝矿已获成效，矽分可减至百分之八，惟黔滇灰矿中高岭石颗粒甚细，与不结晶之氧化铝密切共生，能否洗选成功，非经群密试验不能知也。俟本处实验室建立后，当就此问题首为研究。

六、志　谢

本处研究黔滇铝土矿，赖国内外专家之协助及昆明电冶厂之合作，致获有若干成果，特志数语，以志谢忱。

云南省铝土矿调查报告汇编*

目　录

* 《云南省铝土矿调查报告汇编》列为矿产测勘处临时报告第 50 号（原列为第 49 号），成文于 1945 年 12 月。报告由资源委员会矿产测勘处、昆明电冶厂铝矿勘探队编，并列有一个工作人员名单：谢家荣，叶大年，张兆瑾，殷维翰，杨开庆，沙光文，马子骥，王述之，邓经邦。因为存放时间长久，资料发生破损，字迹模糊，云南省地质局第一地质大队于 1982 年对其进行修复，并复制了共 7 份。复制件由文正玲打印，谢志坚、杨顺、何素珍校对。该队王云汉同志有如下的“重新修复说明”：

1. 原有报告书一本，附图 8 张。报告书为直行排版、黑体字刻印本。报告附图纸质差，已部分破损，字迹模糊。该报告有继续保存价值，故重新修复。

2. 依据该份报告文字及图件进行复查，经填补后清绘，打字复制。

3. 修复的报告书内补充了附图目录，并修改了部分错字、繁体字。

4. 各幅图原装订在报告书内，修复后将图分出进行编号作为附图。图中问题如下：（1）原 8 张图中有错字、异体字、繁体字，修复后均已改正为现用简化字。（2）顺序号 2，平面图内存在断层通过第四纪冲积层，地层界线关系不清，平面图与剖面图地层分界线宽度对应不上，地层代号写法不一致。如Ⅱ、Ⅲ剖面中 G*sh* 层在平面图上未表示，平剖面图中相应层位地层代号分别写成 C*b*、CB，且平面图中无 CB 层位及其代号。又如Ⅳ线平剖面图中分别写成 CB*f* 与 B*f*，Ⅵ线中写成 CL*s* 与 CL 等。（3）顺序号 4，原柱状图中 C_4、C_{2b} 层凸形体无岩石符号花纹，修复时据文字描述补充了石灰岩符号花纹。图上有“不整一”，不知何意，故保留原样。（4）顺序号 5，Ⅴ剖面以西地形地质平面图部分，原图是分开放在图右上角，修复后放于图左应接图位置。已将剖面图合并放在一张图上。图中地质点编号重号 4 处，错号 2 处。如Ⅵ剖面线中部 140、141 点在Ⅴ剖面东端断层间仍有此号。Ⅷ剖面下端 132 地质点已改为 172，Ⅲ剖面线上端 69 点已改为 65 点。（5）顺序号 6，剖面图内 $C_{b\beta}$ 层无文字说明。（6）顺序号 7，已将剖面图合并复制在一张图上。

5. 重新清绘复制透明图共 7 张。

云南省地质局第一地质大队 王云汉 1982 年 8 月

本卷依据全国地质资料馆所存上述云南省地质局第一地质大队修复后的报告（档号 626）刊印。原著中 10 万分之一云南中部铝土矿地形地质图，万分之一安宁县草铺铝土矿地形地质图，五千分之一的昆明县柴村、马街子、小石坝三幅铝土矿地形地质图及万分之一的云南富民老煤山矿区地形地质图，按照相关规定略去。还略去了修复报告中的附图目录。——编者注

前　　言

民国二十八年春，南延宗氏于调查云南迤西地质矿产之归途，首先发现安宁龙山之铝土矿，此为西南各省铝土矿之第一次发现。其后民国三十年，贵州矿产探测团于贵州之修文、贵筑，民三十一年矿冶研究所于四川之江北、南川，民国三十二年福建地质土壤调查所于闽南漳浦各处，均续有发现。民国三十二年八月本处在贵州云雾山掘槽采样，分层化验，始于矿层之中下部发现白色之低矽高铝富矿层。我国西南铝土矿之真确认识，于以开始。此外国内矿冶学者，对于铝土矿冶炼方法之改进，致力亦多，尤堪欣慰。惟以上各区矿床，最值吾人注意者，允推黔、滇二省。黔省之铝土矿，经矿产测勘处最近两年之调查研究，对于其矿床情形以及铝矿矿物等问题，获致极圆满之结果，而滇省铝土矿则尚有若干问题为各方争讼之焦点，亟需能谋一解决者也。查云南铝土矿发现以来，先后前往调查者，计有中央地质调查所王曰伦、边兆祥，西南矿产测勘处王鸿祯，矿冶研究所马傅彪、费道瀛诸氏。民三十二年起，本会昆明电冶厂为奉令试验炼铝，对于昆明附近铝土矿之地质、矿床、采样、分析，亦多涉猎，并曾一度与西南联大地质系合作，由该校外籍教授米士、助教马杏垣及昆明电冶厂殷维翰诸氏负责。斯时矿产测勘处亦派杨开庆、沙光文二氏由筑前往，乃即分区调查，以速事功。至此我人对于云南铝土矿之分布、产状及层位诸问题，已大致获得解决。然于矿量、矿质，则仍未经详密测勘，大会以我国于战后开发铝工业为已定计划，亟应乘此时期，将矿床情形详为研究，以免实际开发时有顾此失彼而陷于种种错误之弊，爰令矿产测勘处及昆明电冶厂合作探勘云南铝土矿。厂、处双方奉令后，即于六月二日签订合作简约，呈会备案，并即日开始工作。旋复成立云南铝矿探勘队，由厂、处双方会同会派叶大年、殷维翰为该队正、副队长，以利工作之进行，至九月十七日该队工作奉令结束，历时适为三个半月。此次调查区域，东至宜良可保村，西至安宁草铺，北至富民老煤山，南至昆明西华街，面积约达二千平方公里以上。经过详测者计有五区，得万分之一图两幅，五千分之一图三幅，面积约共三十六平方公里强。根据以上各调查之报告，复完成十万分之一云南省中部铝土矿地质图一大幅。在此三个半月工作期间，前后参加本队工作之人员，计有处方叶大年、杨开庆、沙光文、马子骥，及厂方殷维翰、王述之、邓经邦七人，厂方化验室黄雅娥、吴初茂、何绍德则负分析矿样之责。此外并承云南地质调查组主任孟宪民先生代为鉴定黄、白铝矿之折光率，及清华研究所余瑞璜先生代作铝矿之X光分析，结果均佳，至深感谢。而本队工作自始至终，承蒙矿产测勘处谢处长家荣亲自领导勘察，指示方针，及昆明电冶厂施厂长家福热诚襄助，该工作一切进行颇为顺利，则尤为本队调查诸人所衷心铭感者也。

第一章 各月工作概况

本队于工作期间，在每月月终时，即将各该月之工作概况，备文呈会，兹以急于付印计，未及一一重加整理，文中容有繁复之处，尚乞鉴谅。

甲、六月份工作报告

一、人员分配

由测勘处派副工程师叶大年担任地形测量，助理工程师杨开庆、沙光文担任地质及矿床之勘查，电冶厂派助理工程师殷维翰，工务员王述之参加地质、矿床之工作，并负联系、布置之责。厂方化验室黄雅娥、吴祁茂、何绍德等则负分析及试验矿样之责。测勘处谢处长除负责指挥探勘工作外，并亲到各矿区作初步勘查，然后分别优劣，拟订先后，调派员工实施详测或探勘。电冶厂施代厂长除帮同筹划一切外，对于测勘人员之食、宿、行三方面，尤能妥为布置，以期尽善。

二、测勘情形

测勘处谢处长于五月二十一日自渝飞昆，二十四日移驻马街子电冶厂，二十五日偕施代厂长及战时生产局顾问侯士先生同赴个旧视察，六月一日返昆。四日测勘处所派叶大年、杨开庆、沙光文抵昆，五日同赴马街子后山视察铝矿。七日由谢处长亲率叶、杨、沙三君及厂方所派之殷维翰君同赴安宁属之草铺视察四日，勘定矿层分布及详测范围。十日谢处长偕殷维翰赴温泉视察铝矿，十一日返马街子。十五日谢处长应昆湖电厂桂代厂长约，偕明良煤矿公司何工程师塘及电厂陶主任立中同赴富民县属之老煤山测勘煤田，十七日返马街子。此行于无意中发现大量高级铝土矿，其矿量之丰富，为迄至本月底为止所见各铝矿区中之最大者。时厂方所派之殷维翰君因病请假，改派王述之君工作。自十八日起至二十五日止，由谢处长率王述之历赴马街子后山白沙地、黑林铺、柴村、三清阁倒石头等石炭纪地层分布之处，悉心考察，结果发现柴村后山之妙高寺一带铝土矿，质、量均优，值得详测，为（惟）马街子后山之白沙地有高级铝矿，但分布较狭，矿量不丰。

在草铺作详测工作之叶、杨、沙三君，因候图板测杆，延至十五日始开始测量，二十三日上午测毕，下午返马街子，前后共测九日，完成一万分一地质图一幅，面积共计约六平方公里。电冶厂所派之工人四名，于十四日到达草铺后，十五日开始工作，其中二名任测夫，二名挖槽，其地点在七里铺东南约二百公尺，自十五日开始至二十三日止，计挖深、长（各）约三公尺之探槽一条，已挖至铝矿层底部之含铁层，未遇佳矿。综观草铺地质情形，铝矿分布不广，无继续施探必要，该区工作，乃暂告结束。

六月二十九日谢处长率沙光文赴大板桥、黄土铺、水塘一带作初步测勘，叶大年、杨开庆、王述之率领工人五名赴柴村后山详测并施掘探槽，详情容于七月工作报告中述之。

三、测勘结果

关于测勘所得之重要结果，兹分区述之。

（一）草铺温泉区：本区位于滇中古陆之边缘，石炭二叠等纪之海侵，颇多有未达到者，故超覆现象（overlap）极为显著，铝土矿层直覆于泥盆纪砂岩层之上，而为三叠纪之陆成层（砾岩及砂石）所超覆，除夹有晶片状之黑灰色石灰岩（在石子铺斜坑中见到）外，其他石炭二叠等纪石灰岩俱告缺失，惟向东北超过小龙山之三叠纪向斜层后至龙山西坡及山脊，则石炭二叠纪石灰岩山露甚广，在上半坡，铝矿漂砾甚多，但未见实在露头。南至上权甫山沟中，灰黑色石灰岩逐渐加厚，终至代替铝矿层，而使之消失。西北至凤栖邑、青龙哨，三叠纪砂砾岩超覆于震旦纪最上部（或寒武纪最下部）磷灰质石灰岩之上，所有寒武纪页岩、泥盆纪砂岩及铝矿俱告缺失。七里铺油得高间又为厚达三十公尺以上之新生代白砂层所切盖，其下铝矿层谅已割失，即有亦恐残缺不全，且距地较深，难资采用。故就地质情形推测，铝矿分布，仅北自七里铺，南达上权甫以南之一带而已。即就此带而论，又因新生代及冲积层之切割盖覆，而使之残破，故浮面可见之佳矿仅石子坡（电冶厂挖有探槽）、草铺西北、癞蛤蟆山、下权甫以东之平坡（盖覆甚深，露头不佳）及上权甫东南山沟中之数处而已。此数区中，石子坡探槽中所见佳矿常成囊袋状，最厚可达六七公尺，癞蛤蟆山浮面所见佳矿，最厚约四公尺，上权甫东南则不过一二公尺，就此计算，矿量共计不过六三，三五四吨。现成为问题者，即（1）铝矿层是否向东北深延，以达于三叠纪陆生层之下，或甚至与龙山高坡上所见之铝矿漂砾相连而成一大向斜层，（2）铝矿层深延不断，佳矿是否亦随之深延。苟承认上述二种假定为然，则本区矿量自属可观，昔昆明电冶厂所估计草铺佳矿矿量达三千万吨者，谅系依据上项假定而来。但照此次测勘所得，本区既位滇中古陆之边缘，超覆现象，殊为复杂，故假定矿层东延甚远，甚至与龙山成为一向斜层之说，颇觉过于危险而无多于（少）切实根据。至于佳矿能否延深，则目前尚难解答。照处方在贵阳附近之经验，则白色佳矿有延深可能，但截至目前止，在昆明附近所见，尚无确定现象可资证明。今姑假定滇、黔矿床同属一类，佳矿可随矿层而延深，而矿层之连续，因超覆现象而有所限制，则佳矿深延，尚亦不能甚远。兹暂定五十公尺之斜距，为佳矿延深限度，并以其平均厚度为二公尺，则全部可埋之可能储量约七九五，〇〇〇吨。倘佳矿能延长较深，则矿量自可随之增加也。

温泉方面铝矿因未详测，尚难精计。据此次视察及以前处方测勘之结果，在李宅以北，多漂砾而少露头，暂置不计，李宅以南抽水里附近，可见佳矿之储量仅一三，六八〇吨，其未见之可能矿量约有九八八，五〇〇吨。但此须于李宅以西，广施探槽证明有大量佳矿之后始足相信耳。

（二）马街子白沙地区：在马街子电工厂后山有约成东西向之铝矿层一条，西至白沙地为断层所切，即不复见。在一某公司所挖之探槽中见矿层成平缓之褶皱，在上下页岩状之劣矿中，有白色佳矿一层，最厚处达一，二公尺，经厂方化验，含矽最低时仅百分之〇．八八，余在百分之十左右，经实测其宽度为五十公尺，长约一千公尺，假定平均厚度为一公尺，比重为三，则本区可能储量约为十五万吨。

（三）柴村区：自黑林铺至柴村间，为一向斜层构造，轴部为二叠纪阳新石灰岩，南北两翼俱有石炭纪地层，但南翼之海源寺至筇竹寺间，各层灰岩整然相接，未见有铝矿露头，至北翼之柴村、妙高寺一带，则铝矿出露甚广，可分为上下二系，俱夹于石炭纪灰岩中，常成红色洼地或缓坡，在地形上极易与嶙峋状之石灰岩相分。在上矿系中佳矿出露地表，颇易探索，下矿系似亦有佳矿，粗略估计二者共厚可达三公尺，但须掘槽证明。矿层延长可达三公里，其西限尚未探定。据昆明电冶厂调查，本区之西，麦雨山及大小花红园等处俱有铝矿，惟分析结果不佳，或者尚未寻得佳矿乎？本区地形，切割甚深，山顶高出附近平地在一百五十公尺左右，地层倾斜较急，可达六十度，故显露甚清，佳矿之可能储量或可达四百万吨，精确估计，俟详测及挖槽后再为补报。

（四）秧田区：秧田（在柴村东北）之北有二向斜层依断层相接，四周俱有石炭纪地层出露，经初测所见，西部之火焰山、马料篮一带未见铝矿，东部则漂砾甚广，确切露头仅有二三处，俱未见佳矿。再向东，在大堡吉之北亦有少许露头，似俱不重要，拟暂放置，不加详测。

（五）三清阁倒石头区：昆明西山自山邑村起，阳新灰岩出露于玄武岩之下，向南则石炭纪地层逐渐出露，直至倒石头，除偶有少数铝矿漂砾外，未见佳矿露头。惟昆明电冶厂在倒石头南约三公里之辉湾及七公里之光华街附近均发现铝矿，其产于光华街附近者，含二氧化矽仅百分之三.九五，当为佳矿。自北向南佳矿层尚延至昆阳境内之栗庙，为本区之最南点，处方于去年曾加测勘。俟大板桥等处初勘完毕后，当再赴该区一查。

（六）老煤山区：老煤山在富民之东约十二公里，昆明之西北约二十公里，但煤矿近在指顾是其优点，且将来煤矿开发后，对于交通或可共同改进。地质为石炭纪及二叠纪所组成向西北倾斜之单斜层，倾角仅二十度左右，与山坡之倾斜相合。煤层厚达三、四公尺，位于铝矿层之下，此二者共组成上煤系及上铝矿系而夹于中上石灰纪灰岩之中。石灰岩之下另有一下铝矿系。上铝矿系最为重要，沿山坡出露之区颇广，俱有佳矿（大部为白矿，一部风化成为黄矿）。就山沟露出剖面测量，厚约二公尺。在至少四个山头上，此佳矿出露甚多，成巨大石堆，其情形与草铺之石子坡及癞蛤蟆山相似，惟面积之广，几三、四倍。本区矿层倾斜与山坡倾斜相同之情形互有优劣，优点在矿层显露，目前计算矿量，既属易而可靠，将来开采，尤为轻而易举。其劣点则佳矿既显露地表，不免一部被蚀，而山洼低坑，均为矿层被切之部，颇多蚀去耳。据约略估计，此佳矿出露之面积，长可达二公里，宽约一公里，以二公尺厚计之，可得一千二百公万吨，但应减去山洼低坑切割之部。惟老煤山之东，上煤系尚延长向北，其西则延至三村、大营等处，俱或尚有佳矿，故本区一千万吨之数或尚可靠。至于下铝矿系有无佳矿，现尚不知。现俟处方续派人员到达后，与昆湖电厂合作详勘煤矿时，对于铝矿可附带测探。

四、分析及试验

目前分析矿样业已完成者，有马街子后山、白沙地三种（Km_1、Km_2、Km_3），分析见后。以上三种均为白色佳矿，与黔矿相似。昆明电冶厂向仅注意黄矿，于白矿未加分析。经此次发现，足证黔、滇二区铝矿之相似矣。同时又采用国外通用之三酸溶解法（Gandrad & Devomoy Method）就所遗溶渣之多少，略为测别。此法业经厂方化验室代为试验，兹列其结果及美、法铝矿之不溶物试验如下：

矿别	产地	三酸处理后之不溶物（%）	附记
黄矿	草铺	82.12	此为草铺最佳之矿，昆明电冶厂用 Derive 法处理后，得约百分之四十之铝二氧三回收率。
白矿	草铺	70.58	此矿样为黄矿之内核，盖草铺一带有示球状风化之现象，核心为白矿，四周为黄矿，黄、白二者之间，又有铁质时富之一圈。

续表

矿别	产地	三酸处理后之不溶物（%）	附记
Km1（白矿）	马街子，白沙地	53.90	
Km2（白矿）	同上	67.62	
Km3（白矿）	同上	79.54	
Diaspore	美国米苏里省	54.89～60.17	
Boehmite	同上	9.80	此三种矿皆可用碱法处理。
Boehmite	法国	1.12	
Gibbsite	美国阿康斯省	5.39	

视上表可知，云南所产之铝矿，无论黄、白，经三酸处理后之不溶物皆甚高，似皆可与 Diaspore 相比拟，但究竟如何，尚须 X 光研究及实地冶炼以证明之。现已采集马街子后山之白色佳矿一百余公斤，不久当由厂方用 Derive 法试炼，以测定其三氧化二铝之回收率。

关于 Diaspore 及 Boehmite 之固定温度（Temperature of Boehmite），据美国最近研究为摄氏二八〇度左右，在二八〇度以上 Boehmite 可立变为 Diaspore，在二八〇度以下，Diaspore 又可转变为 Boehmite，故 Diaspore 经风化后在理论上可变 Boehmite，但时间或须甚长，非实验室或工业规模所可办到耳。倘云南铝矿经证明为 Diaspore，则必须另用新法从事冶炼，或用适当经济方法使之转变为 Boehmite，是皆有赖于我国冶金家及化学家之努力研究矣。

五、结论

本月工作计：（一）完成草铺之详测及槽探。（二）滇池西岸北自秧田南达倒石头之初勘。（三）富民老煤山之初勘。（四）分析矿样三种，试验矿样五种，草铺及温泉估定可见矿量七七，〇三四吨，可能矿量一，七八三，五〇〇吨，但此只能认为一种假定，尚难凭信。马街子、白沙地可能矿量十五万吨。柴村妙高寺四百万吨。老煤山一千万吨。合计此三区之可能矿量共为一四，一五〇，〇〇〇吨，此量之可能性或可较草铺温泉为大，俟详测后再为补正。惟老煤山交通不便，为其缺点。

六、下月计划

（一）柴村区之详测及槽探。（二）大板桥、黄土坡、一朵云、水塘一带之初勘。（三）茨坝、黑龙潭及辉湾、光华街之初勘。（四）化验老煤山、草铺及柴村等处矿样。（五）用 Derive 法试验马街子、白沙地白矿之三氧化二铝回收率，（六）用 X 光研究滇产之黄、白铝矿，请清华研究所代办。（七）鉴定黄、白铝矿之折光率（请孟宪民先生代定）。

乙、七月份工作报告

一、工作人员

本月份工作人员，处方为叶大年、杨开庆、沙光文、马子骧，厂方为殷维翰、邓经邦、王述之，并为便于指挥计，经于七月二十一日令派叶大年为云南铝矿探勘队长，殷维翰为副队长，自七月二十五日起，杨开庆调赴富民参加详测煤矿工作。为试验白矿能否用台维尔法处理计，厂方派副工程师夏明强，就马街子、后山所采得之白矿，从事试验。化验铝矿工作人员与六月份工作报告所列相同，兹不赘。

二、测勘情形

测勘处谢处长于六月十九日偕沙光文赴大板桥、黄土坡一带作初步测勘，在大板桥一带及黄土坡北之槟榔山发现富矿。七月四日返昆。五日搭滇越铁路赴水塘，在其东之五亩山至铁路线以南间发现富矿，再南至几子坑及公路边，富矿即不存在。七日赴一朵云，八日赴落水洞。一朵云附近，丛林密布，露头不良，但亦见有富矿存在。落水洞之东北一段，富矿殊为发育。九日赴可保村，在明良煤矿公司矿区内工作五日，虽然铝矿系之露头，但未见富矿。十三日返昆。十四日赴昆明北之蛇山一带，见有似富矿之矿石，恐成分不甚佳。十五日赴小石坝，发现富矿出露尚广。十六日返驻马街子。

叶大年、杨开庆、王述之等于六月二十九日出发柴村详测，先驻大堡吉清华研究所，继移驻柴村，中间王述之因事请假数日，厂方加派邓经邦会同工作。自七月一日开始测量，十七日事毕返驻马街子，计完成五千分之一地形地质图一幅，面积约计为三．八平方公里。七月十五日至十六日在测点一三八号附近试挖一槽，因工人效率过低，仅掘深一公尺，长五、六公尺，即暂时停止。本区矿层倾斜甚急，露头亦多，就浮面观察，时见佳矿，但准确厚度及详细层序，须广掘探槽后始能知之。

殷维翰及处方加派之张兆瑾、马子骥（张君担任测勘富民老煤山煤矿区）于七月二十一日赴大小花红园测探有无佳矿，当日即返。二十二日谢处长偕张兆瑾、沙光文、马子骥赴马街子后山复勘，决定详测范围及掘槽地点。二十四日殷维翰、沙光文、马子骥赴石照壁初勘。二十五日谢处长偕沙光文、马子骥又赴大小花红园复勘。该处矿层虽尚宽大，而优劣杂陈，且位于高山之顶，交通不便，暂不详测。二十六日殷维翰、沙光文、马子骥赴七孔山、辉湾、光华街等地初勘，于本月三十一日事毕返马街子。柴村矿区槽探于本月二十六日开工，由叶大年、王述之负责监挖。

三、测勘结果

（一）大板桥黄土坡区：大板桥北，长虫山、吉田山一带，处方曾于民国三十年派王鸿祯调查，测有一万分一详图一幅，对于地质研究甚详，但未发现佳矿。民国三十二年处方续派杨开庆、沙光文在吉田山东坡挖一浅槽，采得佳矿，经分析含二氧化矽仅百分之六。此次测勘在长虫山之东坡发现连续不断之佳矿，但厚仅半公尺。在长虫山之北端，大成实业公司为试制高速水泥，曾挖槽二个，采得白色矿石甚多，据其色泽及结构，即可断定应属佳矿，后据该公司方经理铸新面告，含二氧化矽约百分之十，其佳者或更少，含铁亦低。兹以长虫山长六百公尺，平均宽为二百公尺，佳矿层厚以半公尺计，可得富矿十八万吨。此数可以另一方法得之，按大成公司所挖第一个探槽（位于西北之一个），面积约为一二〇平方公尺，采得矿石约二百公吨，第二个探槽面积一二八平方公尺，采得矿石约一六〇吨，依此计算，第一个探槽内每平方公尺约含铝一．六六吨，第二个探槽约一．二五吨，取其平均数为一．四五吨。再以长虫山面积一二〇，〇〇〇平方公尺乘之，得储量一七四，〇〇〇公吨。与上述十八万吨之数，不谋而合。由此可证，矿层半公尺厚之假定与实际相去或不甚远也。大成公司探槽内所见矿石均分裂成巨块，长可达一公尺以上，似未见有生根者。其下为风化铝土页岩，多成软泥，再下当无发现富矿之希望。此种情形，或可以矿层距地面过近，经风化作用遂分裂成块，并稍经移动，为泥土所包围，故表面似若不生根，实际则应代表一整层也。

长虫山以北之吉田山，长达一，七〇〇公尺，铝矿层所占宽度平均约二百公尺，因覆盖较厚，露头不显，但此次亦曾见到若干富矿，倘同以半公尺厚计之，则本区富矿储量可能有五一〇，〇〇〇吨。吉田山以北，石炭纪地层延展尚远，铝矿层亦断续可见，但红土盖覆过厚，露头不显，兹暂不计。综计大板桥区之富矿可能矿量可达六九〇，〇〇〇吨。

大板桥南之珠宝山富矿较少，其状若富矿者，则均带红色，其成分须分析后始能知之。自此向南，矿层延展尚远，可直达黄土坡，但因断层关系，略显错动。在费家塘一带，红土盖覆甚厚，露头不显，有无富矿，颇难确定，兹暂置不计。

自费家塘以南，又有断层，矿层西移，出露于清水沟、槟榔山一带，均有富矿。清水沟村西低山上有富矿露头，惟出露面积不大，厚度亦不详。兹暂以长五百公尺，宽二十公尺，厚半公尺计，则可得储量一万五千吨。槟榔山一带长约千公尺，宽二十公尺，厚亦以半公尺计，则可得储量约三万吨。二处合计为四万五千吨。惟深藏之可能矿量均未计入。综计大板桥、黄土坡富矿之可能储量共约七三五，〇〇〇吨。

（二）一朵云落水洞区：一朵云附近，因密林丛草，露头不显。但于村南数十步及其西南二公里半及三公里一带（大光山北坡），均见有富矿，在最后一处，见富矿厚达半公尺，以十五度以下之倾角向东南倾斜，故矿层斜延，颇为可能。以上三处露头，皆因断层关系，使露头发生错动。兹以大光山北坡矿层长一千公尺，深入二十公尺，厚半公尺计，可得储量约三万吨。自此向西南，沿一长谷，地质无变动，矿层自可延层不断，但未曾亲历，暂置不计。再向西南，自可与落水洞之矿层相连。落水洞附近山上之铝矿，含铁过多，恐难利用。其西南亦然。在相距约一公里半处，见山长一矿堆，高约三公尺，宽约二十公尺，估计矿量约有三千六百吨。但成一盖层，深入之希望殊少，其含铁亦似过高。落水洞西北有一长约二千公尺之富矿带，矿层最厚可达二公尺，普通为〇．五及〇．八公尺，以二十度之倾角，向西南倾斜。此处富矿位于石灰岩晶片体之上，上下紧接矿层者，俱为灰色致密之铝土质页岩。灰岩晶片之下，则为黄页岩，再下为灰页岩，全厚达十余公尺。兹以深延五十公尺，平均厚度一公尺计，则本区之可能储量约为三十万吨。自此再向西北，虽有铝矿露头，似无佳矿。综计本区富矿储量约有三三三，六〇〇吨。

（三）水塘区：水塘之东南，自铁路线向南，在约三百公尺之范围内，有富矿漂砾及若干露头。铁路线以北，或尚有佳矿，但不久矿层即消失。向南经几子坑煤矿及公路边，俱无佳矿。兹以四百公尺为本区富矿之长度，并以宽二十公尺，厚亦以半公尺计，则得储量约一万二千吨。

（四）小石坝区：大石坝南小山上有铝土矿漂砾甚多，其中颇多佳矿。此山高距附近平原约二十公尺，向南与一有漂砾富矿之小山相连，故其长度可达五百公尺。此带之东，红土山上铝矿漂砾亦多，亦有佳矿，延长可达二公里。在川滇铁路公司后山公路旁一沟中，见富矿露头，厚可达二公尺，可见之延长达二百公尺，矿层以约十五度之倾角，向东倾斜，倘深延以五十公尺计，则可得储量约六万吨。在上述各山上所见之漂砾，固难认作露头，但其地位既甚高，无由他处迁来之可能，块砾具棱角，不似曾经搬运者，而层位在石炭纪白云质石灰岩之上，亦殊与地层层次相吻合，更证以川滇铁路公司后山之确有露头，故调查者遂断定此一带红土山俱应有铝矿，且有富矿。若照上列长度，并以宽二十公尺，厚半公尺计，则得可能储量约七万五千吨。本区共计约十三万五千吨。

四、槽探

本队自开始工作后，虽曾在草铺及柴村试挖探槽，以厂方所拨工人工作不佳，结果甚微，乃计划改用包工承办，俾便迅赴事功。查已勘各矿富，以老煤山希望最大，但交通稍为困难，而矿层显露甚清，似不需大动槽探。大板桥质、量俱佳，目前亦不需挖槽，将来采矿时，探采兼施，较为省力。至于黄土坡、小塘、落水洞等区，虽有佳矿，而位置稍远，暂可不计。故只有马街子后山、柴村及小石坝三区，交通既甚便利，浮面表示亦殊多希望，值得槽探。又因柴村区矿层倾斜较急，地形开切较深，实施槽探后，对于矿层层序及厚度方面，或可得较切实之结果，且详测工作业已完成，故决定在该区先施槽探。乃于本月二十三日与包工人范贵忠订立承揽，规定工价，二十四日预付开工费四十万元。二十五日由叶大年、王述之率领包工者及工人到达矿区，指定槽位，二十六日正式开工。预定施挖三槽或六槽，即可达到目的，工作时期或需一个月。柴村工毕后或将续探马街子后山及小石坝二区。兹将所计开挖土石每立方公尺之包工单价，列如下表。

深度 土石种类	一至五公尺	五至十公尺
土	国币二，三〇〇元	二，五〇〇元
松石	三，三〇〇元	三，五〇〇元
坚石	四，五〇〇元	五，〇〇〇元

柴村区自经详测后，对于佳矿分布认识较清，矿量数字或不如以前初勘时估计之大。据杨开庆君估计，可见富矿量仅三，七七三吨，可能富矿量为一，一六四，六〇〇吨。查柴村区之佳矿成分尚多未分析，其厚度更须槽探证明，以上所列数字，俱为一种初步之估计可也。

五、化验矿样

本月份交验矿样计有二批。第一批为富民茨塘老煤山、昆明柴村及安宁草铺三区所产，共二十一种。第二批（七月二十六日交出）为昆明马街子、大花红园、一朵云、小石坝、大板桥及呈贡落水洞、水塘等区，共三十四种。厂方化验室因为战时生产局美顾问化验铜样，至为仑碌，故铝矿分析不免稍受影响，本月份分析矿样计有八种，结果见后分析总表。

六、鉴定折光率

前请孟宪民先生就近代定云南黄、白铝土矿之折光率，经已定毕，据称二者俱在一．七以上，足证滇省所产铝矿，无论黄、白，俱属 Diaspore 也。

七、试炼铝氧

炼铝第一步为制纯氧化铝，其法甚多，视矿物种类及成分而异。通用之拜耳法不适于处理 Diaspore，此在国外，屡经证明。昆明电冶厂初用拜耳法处理草铺所产之黄色富矿，于水化时几无所得，继用台维尔法即以苏打和矿熔化（温度约摄氏一千二百度）后，用碱水浸滤入压煮机蒸煮，再施水化，乃得自百分之三〇至百分之四〇之纯氧化铝回收率。其所以回收率未能达到标准之高度者，据云皆因浸滤不净（因无压滤机）及压煮机压力不足，许多钠铝酸液与红土残渣相混，未能全部挤出之故。上述厂方之经验，更可反证所谓黄矿亦系 Diaspore，故不能用拜耳法处理也。今为证明台维尔法能否处理白矿，厂方乃派副工程师夏民强作一试验，于本月二十五日起烘烤熔炉，研备试料，二十八日入炉熔炼，三十日至三十一日从事浸滤及分析，兹将所得结果列如下表：

配料（公斤）		熔炼时间	洗析后铝氧洗析量
铝矿	苏打		
75	85	1100℃以上达三小时	60%

以上所用铝矿含矽氧百分之七．三六，铝氧者百分之七五以上，系用七十五公斤之矿石研细后平均采样之分析结果，故相当准确。苏打纯度为百分之六〇。熔炼浸滤后之溶液，加酸少许或施水化即得铝氧之沉淀甚多。回收率定法系取溶料一公斤浸滤后分析其铝氧之含量，虽不尽准确，但已可证明台维尔法之适用矣。

八、结论

本月工作计：(一) 滇池以东，东自可保村，南达落水洞，北迄蚊山等铝矿区之初勘。(二) 完成昆明柴村区之详测。(三) 滇池西岸马街子以南至昆阳间各矿区之初勘。(四) 除可保村、蚊山等少数区域外，俱发现富矿，尤以白色富矿之分布最为普通。综计在各区估定之可能富矿量为一，二一五，六〇〇吨。(五) 富矿之产状尚难明了，是否限于浮面而成块袋状，或成不规则之层状而可深入，此问题对于矿量估计最有影响。以上估计，皆就浮面说而略予以侧面延展之假定者，倘能证明矿层确能深入，则矿量自可能增加甚多也。(六) 即就目下较为严格估计之矿量而论，为供给日产五十吨纯铝之计划，似已绰有余裕。(七) 截至目前止已认识之富矿为黄、白二种，但尚有红色（含铁较高）、灰色及点状（spotted）杂色之数种，亦有为富矿之可能，须俟分析证明。(八) 化验矿样八种，其中六种俱为佳矿。(九) 柴村槽探开始。(十) 用白矿试炼铝氧，得回收率达百分之六十，虽尚未达到标准之境界（至少百分之七十），但较以前半工业式之试验已高出二分之一，足证台维尔法适用于滇省之矿产。(十一) 滇省铝矿之矿物问题，从地质情形、折光率、不溶性反应及实施提取铝氧各方面，俱已确切证明，所缺者仅 X 光研究之后证耳。

九、下月计划

(一) 马街子后山及小石坝矿区之详测。(二) 继续柴村槽探。(三) 老煤山及其附近铝矿区之详测（由煤矿测勘队兼任之）。

丙、八月份工作报告

一、工作人员

本月份工作人员，处方为叶大年、沙光文、马子骥；厂方为殷维翰、王述之。惟至本月中旬，因富民老煤山矿区测量面积较广，原有工作人员不敷分配，经昆湖电厂桂厂长与昆明电冶厂施厂长商讨结果，决自本月二十日起增调本队马子骥、王述之前往该区工作，以冀增加工作速率，并注意该区铝土矿之分布详情，至该员等在工作期内之一切开支则仍由本队负责。

二、测勘情形

(一) 处方叶大年、马子骥及厂方殷维翰，于八月六日起开始测量马街子石头山矿区。

二十日起马子骥调赴老煤山工作，沙光文则适由柴村槽探完毕返马街子，乃亦参加该项调查工作。惟本年滇省雨水特多，水位之高闻为二十余年来所仅见；月初以来狂风暴雨连绵不绝。本队诸人虽冒雨出发，终苦测勘工作不易进行，致工作效率大受影响，直至二十三日始告事毕，计完成五千分之一地形地质图一幅，面积约为一．五平方公里。

（二）柴村槽探，于七月二十六日开工。为监视工程进行，并随时采集各层矿样计，特由沙光文、王述之常驻该处，随时负责该项工程，进行二十余日颇为顺利。旋以日本投降消息传出，后方各厂矿均感经济周转不灵，本队奉昆明电冶厂施厂长面嘱，该项工程暂予结束。乃于十七日由叶大年、殷维翰，偕全厂方指派之秦惠亭及负责该项工程之沙光文、王述之前往会同验收。共计挖探槽六，实掘土方二六九．八一立方，松石一〇〇．五〇立方。全部包工价款，计为国币玖拾伍万贰千贰百壹拾叁元正。各槽尺度略如下表（长度单位：公尺）。

探槽号数	长度	平均宽度	平均深度	探槽号数	长度	平均宽度	平均深度	备注
一	25.30	2.8	2	四	11	2.1	3.1	二号探槽：情形不佳，未予深掘。
二	16.20	3.4	0.1	五	20.60	2.5	2.6	六号探槽：上奉命令暂停未予。
三	13.70	2.1	2	六	2	2.3	1.5	继续

（三）上月二十四日殷维翰、沙光文、马子骥赴石照壁初勘，二十六日赴七孔山，二十七日至辉湾，二十八日晚至西华街，二十九、三十两日在西华街附近一带调查，三十一日事毕返马街子。此数处铝矿初勘情形，未及列于七月份报告中，特于本报告中补述之。

三、测勘结果

（一）马街子石头山区——本区铝矿约成东西走向，露头延长约一公里。惟所有铝矿多成大小之凸型体存于各层石灰岩中，而非成一整层，致露头现于地表者，颇为零碎杂乱，而矿量恐亦难望丰富。据此次调查结果，本区铝矿可分三层计，C_{1b} 分布甚狭，未见佳矿。C_{2b} 内曾发现黄色佳矿一处，据估计可见矿量为八十一吨，可能矿量为陆千吨。C_{3b} 内有白色佳矿一层，厚约一公尺，据估计可见矿量为一千五百吨，可能矿量为一十五万吨。故本区可能矿量合计之当在一十五万六千吨左右。

（二）柴村槽探——本区槽探因经费关系暂告结束，致工程之进行尚未能达到预定之目标，殊为可惜。兹仅就已掘各槽所见实际情形一一分述于下：

第一号槽——槽之全长为二五．三〇公尺，但约有四分之三长度内自上至下均为红土，仅偶见一、二铝矿漂砾而已。槽之最北端为石灰岩，其上为铝土矿，层次及厚度略如下：绿色矿石约厚一公尺，黑色页岩约厚〇．四公尺，灰及淡红色铝页岩约厚二公尺，深灰色光滑致密铝土矿约厚〇．二公尺；致密灰色铝土矿约厚二．五公尺。

第二号槽——开凿甚浅，因情形不佳即停工。

第三号槽——全槽长度为一三．七〇公尺，除红土及少许富于铁质之铁矿外，在槽之中段复发现白色近似 Kaolinite 之泥土一大团，约占全槽长度三分之一。该白色泥土业已送交化验室分析，但恐含矽氧甚弭。此槽左右均有高级铝矿露头，而槽内白色泥土在地表则不见存在。

第四号槽——全槽长度为十一公尺，槽之下部为紫色及灰色铝页岩，南北两端均为黄灰色致密易碎之铝土矿。

第五号槽——全槽长度为二〇．六公尺，在本区已掘各槽中，以此槽成绩最佳，计下至上略如下述：

a. 石灰岩

b. 紫色易碎之铝土矿

c. 红色铁质甚高之铝土矿　　　　厚约二公尺

d. 灰色易碎之铝土矿　　　　厚约二公尺

e. 绿色铝土矿（Green rock）　　　　厚约一．三公尺

f. 淡灰色铝土矿　　　　厚约〇．四公尺

g. 绿色铝土矿　　　　厚约〇．三公尺

h、黄色铝土矿　　　　厚度不计

第六号槽——未获结果，即奉令暂停。

（三）七孔山及辉湾一带之初勘：

七孔山——七孔山位于读书铺之西南约二公里，距昆明县城约二十六公里，居滇缅铁路之西北，与公路之东南中央电工器材厂三厂相距密迩。此处地质构造为一倒转褶曲。下寒武纪沧浪铺砂页岩之下为 C_1 深灰色白云质石灰岩，夹有黄绿色页岩，其下为灰色致密矿。再下为含铁质甚高之绿色铝土矿，矿层成一凸型体，露出长度约为四百公尺，最宽处约为四十公尺。绿色铝土矿厚度可达三公尺以上。佳矿露头未复见。矿量暂不予以估计。地层倾向 N15°W，倾角甚陡。

辉湾——辉湾为一小村，居滇池之滨，由昆沿环湖公路，经西山倒石头来此约二十三公里。矿区在辉湾之西，后山之东。下部为下寒武纪砂页岩系。山之西坡腰部以下，全为铝矿漂砾，白色及黄色佳矿均属不少，惟露头则甚少见。在西北部一小山上，发现黄色高级铝矿露头一处，长约四十公尺，宽约二十公尺，厚约九公尺，约可得储量二千四百吨。又于小古郎之西一小山亦发现黄色高级铝土矿一处，长约六十公尺，宽约十五公尺，厚亦约一公尺，约得储量二千七百吨。各以之与有富矿漂砾之山坡相连，则长度可达一千五百公尺，平均宽度以十五公尺计，厚度以一公尺计，则据估计，本区可能储量约为六万七千五百吨。由辉湾沿矿层南行，约至大姑郎附近，为一西北东南之断层所切，寒武纪地层西移，铝土矿即不复见。本区铝土矿在可能范围以内，似有详细一勘之价值。

西华街——由辉湾沿公路行，约五公里即至西华街。矿区在西华街之西。该处铝矿与煤层同时存在，惟煤系较为发育。在黑树母之西，二小山坡上均见有灰色致密状铝矿露头。此山之南约半公里，亦有露头出现于山坡上，惟多为红色矿石。综计铝矿露头，南北继续延长一公里余，北为断层所切，南端尖灭。铝矿区内虽佳矿漂砾偶一见及，但较好露头则始终不获，矿量暂不予以估计。

石照壁——石照壁在马街子之西南，矿层约成北偏东南偏西之走向，与马街子石头山铝土矿似可遥遥相接。该处铝土矿亦与劣煤同时存在，但铝矿层之走向适与该处沟向相合，而沟内阡陌纵横，冲积甚厚，致铝土矿露头已不能复见，仅沿途得见铝矿漂砾而已。

本区似无详勘之必要。

四、下月计划

（一）详测小石坝矿区。（二）金殿、黑龙潭等地之初勘。（三）老煤山区之继续工作。

丁、九月份工作报告

一、工作人员

本月份工作人员，处方为叶大年、沙光文、马子骥，厂方为殷维翰、王述之。分析试验则仍由厂方化验室负责。十四日奉昆明电冶厂施厂长面谕，以迩来厂中经费困难，探勘工作应予结束。此时适小石坝、老煤山两处测勘人员均已事毕返昆，本队乃于十七日正式结束。

二、测勘情形

叶大年、殷维翰、沙光文于上月二十八日由马街子出发，经昆转赴小石坝测量，前后共历十六日，于十二日工作完毕返昆。十五、十六两日赴昆黑龙潭一带调查，十七日返驻马街子，办理结束事宜。至马子骥、王述之，自于上月奉调赴老煤山参加铝矿调查后，本月份仍继续留处工作，至本月十四日事毕返昆。

三、测勘结果

（一）小石坝区——经十二日之实际工作后，计完成该区五千分之一地形地质图一幅，面积约为五平方公里强。据此次详测结果，铝矿层南北延长约达三公里。大小石坝以南及东部红土山上所见者，多为铝矿漂砾，直接位于 C_1 暗灰色白云质石灰岩之上。小石坝以北丁家山一带，则露头较佳，且发现白色富矿一层，厚达二公尺，及黄色富矿露头一处，（厚）约一公尺。据估计，本区可见矿量约为四千七百三十五吨半，可能矿量则为一三六，七二八吨。

（二）老煤山区——本区完成一万分之一地形地质图一幅，面积约为二十平方公里。该处铝矿分布较广，经此次实测结果，可见储量甚为丰富，至详细数字，尚在计算中。另有简报发表。

（三）黑龙潭区——黑龙潭位于昆明之北，距昆约七、八公里。铝矿出露于黑龙潭之西一带山上，南北延长甚远，惟山上铝矿漂砾虽多，露头鲜见，仅于无线电器材厂之南六猫溪村之后山，见有较好露头，惟含铁甚高，或为灰色致密者，似均不类佳矿，矿量未予以估计。该处地层倾向东北，倾角不大。

四、分析结果

本月份分析之矿样计有十六种，结果见下页表，不赘。

据表分析，最值注意者，即 CST、KM4a、KM6a、KM6b 数种。矿样外表大部均为粉红色。而具有白点者，其含矽氧成分最多不过 12.77%，而最低竟至 0.93%，当可认为黄、白二种佳矿外之又一式矣。

五、X 光研究之结果

云南所产红黄色铝土矿，曾经谢处长连同贵州云雾山上所产者，并交清华研究所余瑞璜先生，请其用 X 光代为分析。兹据余君函称，经用 X 光分析结果，证明滇、黔二省所产者，均系 Diaspore。云南红黄色矿之 X 光照片，曾以之与英国寄来之 Diaspore 照片仔细比较，实觉近似，若再以之与 Diaspore X 光景之标准值详细对比，则更觉可靠。兹将

Diaspore之标准值与贵州、云南之测定值列表比较于下页（Diaspore之标准值见美国化学工程杂志第十卷)。

矿样号数	产　地	矿　别	分析结果				备　注
			SiO_2,%	Al_2O_3+TiO_2,%	Fe_2O_3,%	Loss on ignition	
KC14a	柴村妙高寺	灰色，略带淡红，面现粗糙	8.90	36.37	2.13		
KC14b	同上	灰色，粗糙	3.33	81.03	3.63		
KC22a	同上	灰色，致密，略粗	21.40	62.79	3.71		
KC22b	同上	同上	38.66	47.78	4.52		
KC40	柴村三号槽	白色泥土状	47.26	44.64	1.10		
AT7	草铺	白色，致密	32.86	52.16	3.04		
AT25	草铺	灰白色，面粗糙	8.54	78.36	0.73		
AT30	草铺		21.06	49.18	15.15		
AT102	草铺		43.16	40.30	1.29		
AT130	草铺		19.20	69.69	1.09		
CS4	水塘	黄灰，具豆状构造，面略粗糙	12.77	71.08 (Al_2O_3)	4.65	11.52	
CS7	水塘	粉红色，白点豆状构造	12.73	69.67 (Al_2O_3)	4.56	13.04	
KM4a	石头山	粉红色，略粗糙	5.58	70.52	10.54		Dry basis
KM6a	同上	粉红色，白点豆状构造	0.93	80.14	4.33		
KM6	同上	粉红色，具有白点及绿点	7.50	71.61	8.08		Dry basis
锌矿	富民		Zn　57.14				

详细检查下表可知，所有标准值，不论其光景之强度或矿晶格距，莫不与云南铝矿相符（在实验误差范围以内)。尤可注意者，即强度甚大之景如1、4、5、6、9、10，其强度完全相同，而格距差别最大者当推贵州铝矿之第一号景，即四．〇四与三．九九，然其误差亦不过百分之一．二（0.05/3.99=1.2%）而已，其余误差均甚小。至于九号，则更完全相同（一．六三)。由此证明，滇、黔之矿均为Diaspore。惟除Diaspore光景以外，贵州矿十八号，云南矿二、七、十三各号，均具有极微弱之景，曾以之与Boehmite标准值相较，亦绝不类似，可知系他种混合物，而决非Boehmite。由上所述可知，滇、黔之矿所含Diaspore当在百分之七十以上，而Boehmite纵即有之，当亦极少，以至于X光不

能察及。云南矿中之混合物可能系 TiO_2，但须俟分析后始能决定。

X光景标号	比　光	度　X	较　强	距　矿	比　晶	较　格
	标准值	贵州铝矿	云南铝矿	标准值	贵州铝矿	云南铝矿
1	强	强	强	3.99	4.04	4.00
2			极弱			3.51
3	极弱	极弱	极弱	3.20	3.34	3.25
4	中强	中强	中强	2.55	2.56	2.57
5	强	强	强	2.31	2.32	2.34
6	最强	最强	最强	2.09	2.11	2.12
7			极弱			1.92
8	不强	弱	不强	1.71	1.71	1.71
9	强	强	强	1.63	1.63	1.63
10	中强	中强	中强	1.48	1.52	1.49
11	弱	弱	弱	1.42	1.46	1.42
12	弱	弱	弱	1.37	1.35	1.38
13			极弱			1.25
14	甚弱	弱	甚弱	1.17	1.16	1.17
15	甚弱	弱	甚弱	1.09	1.09	1.09
16	甚弱	极弱	甚弱	1.06	1.05	1.05
17	极弱	甚弱	弱	1.00	1.00	1.01
18	缺×		甚弱			0.974
19	缺×	弱	甚弱		0.958	0.953
20	缺×	弱			0.914	
21	缺×	极弱	甚弱		0.864	0.870
22	缺×		甚弱		0.806	0.817

注：表中“缺”字表示表中未列此景。

第二章　已测各矿区简报

甲、安宁草铺区（附图一幅）

一、位置及交通

草铺在安宁县之西约十一．二公里，昆明之西南约四十五公里，位于滇缅公路之旁。

温泉在安宁县北约七公里，亦有公路可达。故二地交通极为便利，草铺与温泉，仅一龙山之隔，相距不及十公里。

二、地层

附近地层有上震旦纪灰色矽质石灰岩，时含燧石薄层，其上为下寒武纪砂页岩及磷灰石层，再上为泥盆纪砂岩。在草铺一带，铝土矿层直接位于此砂岩之上，而为三叠纪之砂岩页岩所覆。温泉则有下石炭纪石灰岩，铝土矿位于其上，再上则为二叠纪之阳新石灰岩，惟二者未见接触。

三、矿床及矿量

甲、草铺——就此次测勘，知铝土矿系之分布，西北起自七里铺，东南迄上权甫之深沟，延长约六里许，但其间为冲积层及红土所切割盖覆者甚多。七里铺西北至油得高间，第三纪（或第四纪初期）砂层，出露者至少厚达三十公尺，故其下谅已无矿。再向北则有震旦纪地层为三叠纪砂页岩所超覆，铝矿当已绝迹。上权甫深沟以南，铝土矿层中所夹之石灰岩逐渐加厚，终至取而代之，而其上又为三叠纪砂页岩所超覆，故矿层南延之望亦绝少。至于在此六公里许延长之矿带中，富矿露头更少，仅有七里铺西南、石子坡、草铺西北、癞蛤蟆山、吴家坟山，深沟之数处而已。所谓富矿有黄、白二种：黄矿常呈蜂巢状，土状等结构，为风化之结果；白矿则粗糙如白垩，与贵州之佳矿一般无二，但略于黄、白之间者亦甚多，更有核心为白矿，四周为黄矿，其间为一铁质之环所隔。此足证黄矿系由白矿风化而来。因矿层倾斜甚平（向东北约十二度），风化后之黄矿常成盖层，因含铁而质坚，故露头常极显著，如草铺附近、癞蛤蟆山及石子坡附近所见者是也。

就露头测计，富矿之可见矿量殊为有限，总计仅六万余吨（详数见后表）。其层厚自一公尺至四公尺不等。矿层既缓斜向东，自有深入地下之可能，但此处应审办者，即铝矿系之深入不成问题（因此间超覆现象之显著，故深入亦应有相当限度）。富矿中之黄矿亦可深延乎？观乎黄矿系由白矿风化而来，而在地面上即已见有不少未变之白矿，故黄矿之深入似绝不可能。白矿能否深入，固成问题，从研究黔矿所得之经验，及证明白矿由次生富集而成，而此次生富集当与风化绝不相关之点观之，似乎深入颇为可能。兹依据此项学理背境，推测本区之可能矿量（一律以斜深五十公尺为限）共为七十九余万吨。

乙、温泉——温泉区铝矿尚未详测，兹依据去年矿产测勘处初勘结果，估计其可见矿量为一万三千余吨，可能矿量为九十八余万吨。惟本区浮土覆盖甚厚，富矿露头殊不多见，故此数之可能性似更较草铺为低也。

四、讨论

（一）龙山西南坡有铝土矿漂砾其多，但未见露头，此铝矿层是否可与草铺相连，而成为小龙山（三叠纪砂页岩）向斜层之两翼，颇成问题：观于此间超覆现象之发育，此矿层恐未能相连也。（二）上述草铺、温泉二区之可能矿量，在未实施钻探证明富矿确实深延前，仅可认为一种臆测也。（三）黄矿、白矿之矿物问题，现正在用各种方法试定中。据用三酸法定其不溶物之数量观之，似乎二者俱甚高（百分之七〇至百分之八〇）而应属 Diaspore，即使黄矿属 Boehmite，则因其矿量有限（其数应较可见矿量为更少，因此中已夹有不少白矿也），未能恃为可靠之矿石也。然则如何创立新法，以利用 Diaspore 为炼铝之原料，诚为我国冶金家及化学家所应急起研究之问题也。

草铺及温泉铝土矿矿量详计表（比重为三，可能矿量之斜深一律以五十公尺为限）

<table>
<tr><th rowspan="2">地　点</th><th colspan="4">可见矿量</th><th colspan="4">可能矿量</th></tr>
<tr><th>长（公尺）</th><th>宽（公尺）</th><th>厚（公尺）</th><th>吨</th><th>长（公尺）</th><th>宽（公尺）</th><th>厚（公尺）</th><th>吨</th></tr>
<tr><td>七里铺</td><td>1.8</td><td>1.4</td><td>3.0</td><td>23</td><td rowspan="5">1，150</td><td rowspan="5">50</td><td rowspan="5">2.0</td><td rowspan="5">345，000</td></tr>
<tr><td>石子铺</td><td>60</td><td>35</td><td>4.0</td><td>25，200</td></tr>
<tr><td>同上</td><td>2</td><td>2</td><td>4.0</td><td>40</td></tr>
<tr><td>草铺</td><td>31</td><td>15</td><td>4.0</td><td>5，580</td></tr>
<tr><td>同上</td><td>14</td><td>8</td><td>2.0</td><td>672</td></tr>
<tr><td>癞哈蟆山</td><td>60</td><td>9</td><td>4.0</td><td>6，480</td><td rowspan="3">1，000</td><td rowspan="3">50</td><td rowspan="3">2.0</td><td rowspan="3">300，000</td></tr>
<tr><td>同上</td><td>24</td><td>2.4</td><td>4.0</td><td>6，912</td></tr>
<tr><td>同上（测点八四）</td><td>20</td><td>9</td><td>4.0</td><td>2，160</td></tr>
<tr><td>吴家坟山（测点102，105）</td><td>100</td><td>12</td><td>3.0</td><td>10，800</td><td rowspan="5">450</td><td rowspan="5">50</td><td rowspan="5">2</td><td rowspan="5">135，000</td></tr>
<tr><td>同上（测点110，112）</td><td>60</td><td>3</td><td>3</td><td>1，620</td></tr>
<tr><td>同上（测点113，116）</td><td>2</td><td>2</td><td>4</td><td>40</td></tr>
<tr><td>同上（测点117）</td><td>12</td><td>5</td><td>3</td><td>540</td></tr>
<tr><td>同上（测点108）</td><td>20</td><td>18</td><td>3</td><td>3，240</td></tr>
<tr><td>深沟（测点129）</td><td>3</td><td>3</td><td>1</td><td>27</td><td rowspan="2">100</td><td rowspan="2">50</td><td rowspan="2">1</td><td rowspan="2">15，000</td></tr>
<tr><td>同上</td><td>3</td><td>2</td><td>1</td><td>20</td></tr>
<tr><td>草铺区共计</td><td></td><td></td><td></td><td>63，354</td><td></td><td></td><td></td><td>795，000</td></tr>
<tr><td>温泉李宅后</td><td></td><td></td><td></td><td></td><td>1，600</td><td>200</td><td>1</td><td>960，000</td></tr>
<tr><td>抽水井</td><td>90</td><td>12</td><td>2</td><td>13，680</td><td>190</td><td>50</td><td>1</td><td>28，500</td></tr>
<tr><td>温泉区共计</td><td></td><td></td><td></td><td>13，680</td><td></td><td></td><td></td><td>988，500</td></tr>
<tr><td>二区总计</td><td></td><td></td><td></td><td>77，034</td><td></td><td></td><td></td><td>1，783，500</td></tr>
</table>

乙、昆明柴村区（附图一幅）

该处铝矿由处方派叶大年、杨开庆及厂方邓经邦、王述之，效领工人五名前往详测，叶、邓、王三君担任测绘工作，地质矿产调查则由杨君负责。六月二十九日由马街子电冶厂出发，至七月十七日工作完毕返厂，在外工作计十八日。测有五千分之一地形地质图一幅，长约四公里，平均宽约一公里。因适值雨季，工作进行不易，仅于矿区西面山坡掘一浅槽，长三米，宽一米五，深至一米三，优劣各似俱可及，惟尚待掘深，以探究竟。

一、交通

柴村在昆明县城西北约七公里，南距粟园村一公里，有公路可达。由柴村正西上山即为矿区所在地。矿区西端有昆富公路经过，昔时昆明通往富民大道，亦由矿区横过，故交通尚称便利。

二、地层

有下寒武纪之黄色页岩，砂岩层（代表沧浪铺层）及绿色页岩，灰岩层（代表龙王庙层），再上为泥盆纪砂岩，而石炭纪地层即覆于此等砂岩之上。总观石炭纪地层，自下而上可述之如下：（C_1ls）为薄层或厚层，暗灰色白云质石灰岩及一部矽质石灰岩，含黑色页岩，偶含铝土矿凸型体；（C_2br）层为角砾石灰岩，含泥质灰岩；（C_3ls）为浅灰色质纯石灰岩，时造成凸型体含于其上之铝土矿层中；（C_3b）即上层铝土矿。石炭纪地层之上为二叠纪灰岩。全区为多数之东西向断层及南北向横断层所切割，矿区西端因邻近大逆掩断层，横断层极多，构造更为复杂（见矿区图）。

三、矿床及矿量

矿层起自观音山，经后山至昆富公路旁，长达三公里。矿区东端观音山一带，铝土矿俱成致密状，表面光滑，为一种火石土（flint clay），且时夹黄色石英岩。高级铝土矿于此山未见及。西至后山一带，于第一山头即见及白色佳矿，其质稍粗，惟厚度仅及三分之二公尺。顺延此层而西，佳矿逐渐露出，就其表面露头观之，含铁分至高。于第二山头西坡亦曾见及含铁稍低之黄色及白色佳矿，细探寻之，未见其作规则分布，仅偶杂于含铁高之矿石中；此种佳矿碎块自有其来处，待槽探后方能决定也。后山第三山头，佳矿碎块逐渐增多，矿层露出面积亦渐加宽；此处佳矿或露出分散，或矿体本身发生波动（undulation），兹尚难确定。过后山区向西，因掩逆断层影响，矿层重复露出，构造亦极复杂，所见矿层有二：一为底部（C_1ls）暗灰色白云岩之山，惟仅见于测点129处，矿质甚佳，呈灰白色，具豆状结构，露出范围不宽；其二为（C_3b）上部铝矿层，测点134、133诸点左近，矿石碎块优劣杂处，黄、白、粉红色佳矿亦曾见及，惟多属浮石，未敢断定其位置。且此区石灰岩凸型体特多，想其矿量或难丰富。测点150左近，顺山坡东下，黄色佳矿甚多，偶有白色佳矿。矿层底部多现紫红杂青色铁质页岩，页岩之上即为佳矿所在。再上虽未见火石土直覆其上，然就浮石观之，则皆光滑质细之火石土碎块。本处似极值掘槽一探也。由测点160至174，佳质碎块及露头俱可见及，大部皆含铁甚高，常有暗棕色至红色铁矿存其底部，露出范围甚广，此或亦由于矿层波动所致。总观本区矿床有须讨论者数点：（一）本区地层倾角多在七十五度以上，原生矿层受风化深度之深浅影响于矿之质量者至大。露出佳矿大部含铁均高，向下深入，铁分可递减，抑或再下入若干深度后，佳矿即不存在，实为颇耐研究之问题也。就地面观察，佳矿露出于山顶及山脚之最大高度差约在九十公尺左右，故九十公尺以上可作佳矿深入标准，再下测难以断言也。（二）矿区内石灰岩凸型体至为发达，常与铝土矿犬牙交错。此等凸型体之大小，对于矿量、矿质影响匪浅，就露头所见，决难断定其深部之或大或小。此种不规则之分布之情形，为目前估计矿量，暂不加以深究。（三）佳矿露头厚度平均在一公尺五，尚未见及超过三公尺以上者。

柴村铝土矿矿量评定表（比重为三，可能矿量之斜深，凡露头高度在2200米以上者，一律以九十公尺计算，在2200米以下者，一律以五十公尺为限）

<table>
<tr><th rowspan="2">地　　点</th><th colspan="4">可见矿量</th><th colspan="4">可能矿量</th></tr>
<tr><th>长（公尺）</th><th>宽（公尺）</th><th>厚（公尺）</th><th>吨</th><th>长（公尺）</th><th>宽（公尺）</th><th>厚（公尺）</th><th>吨</th></tr>
<tr><td>后山测点75</td><td>3.2</td><td>1.0</td><td>0.6</td><td>5.76</td><td rowspan="5">900</td><td rowspan="5">90</td><td rowspan="5">2.0</td><td rowspan="5">486，000</td></tr>
<tr><td>后山区测点76</td><td>10.0</td><td>1.0</td><td>1.9</td><td>57</td></tr>
<tr><td>后山区测点96</td><td>60</td><td>1.0</td><td>2.0</td><td>360</td></tr>
<tr><td>后山区测点97</td><td>2.0</td><td>1.0</td><td>2.0</td><td>12</td></tr>
<tr><td>后山区测点99</td><td>270</td><td>1.0</td><td>2.0</td><td>1620</td></tr>
<tr><td>后山区测点118</td><td>60</td><td>1.0</td><td>2.0</td><td>360</td><td>60</td><td>50</td><td>2.0</td><td>18，000</td></tr>
<tr><td>测点161，162</td><td>40</td><td>1.0</td><td>2.0</td><td>240</td><td rowspan="4">940</td><td rowspan="4">90</td><td rowspan="4">2.0</td><td rowspan="4">507，600</td></tr>
<tr><td>测点164</td><td>70</td><td>1.0</td><td>2.0</td><td>420</td></tr>
<tr><td>测点171</td><td>20</td><td>1.0</td><td>2.0</td><td>120</td></tr>
<tr><td>测点174</td><td>40</td><td>1.0</td><td>2.0</td><td>240</td></tr>
<tr><td>测点134</td><td>16</td><td>1.0</td><td>2.0</td><td>96</td><td>30</td><td>50</td><td>2.0</td><td>9，000</td></tr>
<tr><td>测点129</td><td>4</td><td>1.0</td><td>2.0</td><td>24</td><td>20</td><td>50</td><td>2.0</td><td>6，000</td></tr>
<tr><td>测点148</td><td>15</td><td>1.0</td><td>2.0</td><td>90</td><td rowspan="2">200</td><td rowspan="2">90</td><td rowspan="2">2.0</td><td rowspan="2">108，000</td></tr>
<tr><td>测点153，146</td><td>20</td><td>1.0</td><td>2.0</td><td>120</td></tr>
<tr><td>测点140</td><td>2</td><td>1.0</td><td>1.5</td><td>9</td><td>100</td><td>50</td><td>2.0</td><td>30，000</td></tr>
<tr><td>总　　计</td><td></td><td></td><td></td><td>3，773.76</td><td></td><td></td><td></td><td>1，164，600</td></tr>
</table>

丙、昆明马街子石头山区（附图一幅）

一、绪论

本区铝矿自八月六日起开始测量，至二十三日始告事毕，计完成五千分之一地形地质图一幅，长约一．六公里，宽度平均约九〇〇公尺。全区面积虽小，但因月初以来淫雨为灾，致野外工作时兴时辍，极感不便，虽前后历时十八日，而实际工作时数则合计不过四、五日耳。本区地形测量由处方叶大年君担任，地质矿产调查则初由厂方殷维翰及处方马子骥二君担任，二十日起马子骥奉调赴老煤山工作，乃改由沙光文代之。

二、位置及交通

石头山东距昆明约九公里，距马街子不及一公里，滇缅公路及滇缅铁路均经此间，且位居滇池之滨，水陆两运，均称便利。昆明电冶厂厂址即在石头山之东麓，故本区富矿，将来如经证实向下延深，则储量自属可观，而以后电冶厂正式炼铝时，铝土矿之首被采用者当为本区所产，自无疑义。

三、地层及构造

矿区附近地层最老者为下寒武纪之砂页岩，系属沧浪铺层，其下尚有筇竹寺层之页岩，因距离矿区较远，故未测入。寒武纪砂岩之上为泥盆纪之石英砂岩，再上即为石炭纪之石灰岩及铝土矿凸型体。本区石炭纪地层最下部分为暗灰色白云质石灰岩（C_1），其上之角砾石灰岩（C_2）除在东部断层区域内较为发育外，其余各处均极薄或不甚显著，致在五千分之一图内未能一一表明。此层之上即为浅灰色纯质石灰岩（C_3）。至铝矿则多成凸型体，存于各层石灰岩中。石炭纪地层之上，即为二叠纪阳新石灰岩。矿区东部有一东西向断层，而为后来之南北向横断层所切割，惟断距甚小，对于铝矿并无若何影响。

四、矿床及矿量

本区铝矿约成东西走向，露头断续出现约长一公里，西至白沙地为断层所切，即不复见。全区铝土矿约可分为三层言之，即 C_1b，C_2b，C_3b，兹分述于下：（一）C_1b：此层分布范围甚狭，仅于矿区西部山上见有一凸型体，长约 120 公尺，宽约 40 公尺，含于 C_1 暗灰色白云质石灰岩中。佳矿露头未曾获见。（二）C_2b：在矿区西部山之半腰，有一铝土矿凸形体，长约五五〇公尺，最宽处约一五〇公尺。此层之上为 C_3 纯质石灰岩。此层下部与薄层之角砾石灰岩，或有时直接与白云质石灰岩接触，故调查者即以此层铝矿属于 C_2b。在测点 70、120、122 等处，均发现黄色佳矿露头，经估计可见矿量约为 81 吨。（三）C_3b：自中央电工器材厂后门上山，约 250 公尺处，即有铝土矿露头出现，长约 230 公尺，最宽处约为 70 公尺，成一凸型体存于 C_3 纯质石灰岩中。露头多为致密状黄色或灰色矿石，未见佳矿。由此向西更 200 公尺又有露头出现，最宽处亦达 70 公尺。在此铝土矿凸型体内，复见有石灰岩小凸型体之存在。铝矿向西延长约 450 公尺，而与由测点 52 起之铝土矿凸型体，至此会合为一。在北部山之最高处，亦有铝土矿凸型体一处，长约 100 公尺，宽约 25 公尺。又在此西南即测点 41 处尚有一小凸型体，长约 25 公尺，宽仅 10 公尺。以上数处，就其表面露头观之，大部均为灰色致密矿石或含铁甚高之红色矿石。至黄、白二种佳矿，则仅于漂砾中见之。惟在矿区西端，曾有某公司开挖探槽一个，长约 75 公尺。就槽中观察，则铝矿层上部直接与 C_3 纯质石灰岩接触，铝矿层最上部为厚度约达一公尺之褐绿色铝土矿，其下为紫色及灰色页岩状之劣矿一层，再下即为白色佳矿，最厚约达 1.2 公尺。此层之下伏为页岩状之劣矿。槽内白色佳矿成极平缓之褶皱，距离地面不过二、三公尺，宽度为 50 公尺，可见长度为 10 公尺。经估计，此白色佳矿之可见矿量为 1，500 吨。惟有一点似值讨论者，即据此次测量结果，探槽高度约为一千九百五十余公尺，位于小丘之上，其西则为冲积层，高度约在 1，935—1，940 公尺之间，今就此段矿层褶皱之平缓及地形之高差观之，则探槽之西，此层白矿是否不被侵蚀，尚能存在，似难证实。至其向东延长，则至多只能计为 500 公尺过此以东，则全为 C_3 纯质灰岩，当无存在之可能。更东则为另一铝土矿凸型体，未见佳矿，势难计入。以此长度计之，则可能储量当为 75，000 吨，惟白色佳矿，果尔向西再能延长 500 公尺，则储量自可倍增也。此次测量时，槽内为雨水所淹没，未能将槽内情形绘图表出，至感遗憾。

附：马街子石头山区铝土矿矿量估计表（以重以 3 计，长度单位：公尺）

地点	可见矿量				可能矿量			
	长度	宽度	厚度	吨	长度	宽度	厚度	吨
西部探槽	10	50	1	1，500	1，000	50	1	150，000
测点 70	5	4	0.5	30	100	40	0.5	6，000
测点 120	4	4	0.5	24				
测点 122	6	3	0.5	27				
共计				1，581				156，000

丁、昆明小石坝区（附图一幅）

一、绪论

本区地形测量由处方叶大年担任，地质矿产调查则由厂方殷维翰及处方沙光文担任，并随带测工二人，于八月二十八日由马街子电冶厂出发至昆，翌晨搭车赴小石坝，借宿川滇铁路公司。至九月十二日测量完毕返昆，前后共计十六日，行程三日，为雨所阻不克工作者一日，实际工作十二日，计完成五千分之一地形地质图一幅。

二、位置及交通

小石坝在昆明之东南，距昆约十一公里，公共汽车可达，川滇铁路在此设有车站，川滇铁路公司即设于小石坝村，铝矿区则在小石坝之东南二面，距离车站均不过远，故交通堪称便利。

三、地层及构造

本区地层及构造均不复杂。自下至上计有下寒武纪之沧浪铺层（此处砂页岩内复夹有石灰岩一层，厚约数十公尺），其上为石炭纪白云质石灰岩，再上即为铝土矿层。暗灰色白云质石灰岩在本区分布至广。小石坝后山一带，此种石灰岩风化程度甚深，若干处均已变为红土，沟壑纵横，影响及于地形者至巨。本区东部为一大断层所切，铝矿即告消灭，而寒武纪地层再度出露。由此东至清水沟、槟榔山一带之铝土矿，其间地层皆为正式连续（Normal succession），似无若何变动。至在矿区范围以内，则南北向断层及东西向横断层均有之，惟影响并不过大。至象河以北，铝土矿漂砾仍可见及，与小石坝区尚可连续，因未寻获佳矿露头，未予测入。本区地层倾向大致为东偏北，倾角甚小，约在15°—25°之间。

四、矿床及矿量

本区铝土矿层，南自祭天山起，北经小石坝后山、丁家山一带而至象河之滨，长达三公里。大石坝祭天山上，铝土矿露头甚为显明，矿层直接盖于 C_1 暗灰色白云质石灰岩之上。矿石大部含铁，均似甚高。惟在测点20处，有佳矿露头一处。自此渡河而南连续之二小山顶上，漂砾均极多，但露头不佳，仅测点34处有黄色佳矿露头一处。由此向东，即在小石坝后山一带，每于山之最高处即有铝矿漂砾出露，南北断续延长约一公里余。据此次测量结果，小石坝后山诸山顶高度均在二〇〇〇公尺以上，较之其西部有漂砾之诸小山约高出三〇～五〇公尺。根据附近地层之倾向与倾角计之，其间当有一南北向之断层，而致铝矿漂砾出露于小石坝后山一带之顶部。以上各山上铝矿漂砾优劣杂陈。北至川滇铁路公司大礼堂北之一小山，铝矿露头及层次均较显明。自下至上，初为暗红色或绿色含铁甚高之矿石，上部为光滑、灰色易碎之铝矿，再上为黄、灰、黑各色页岩，并时夹有薄煤一层。土人曾以之烧制石灰。废窑今犹存在。更上又为一种灰色矿石。此段露头虽佳，但亦未得获见佳矿。惟在北部山沟中有白色佳矿露头，露出厚度约达二公尺。沿沟北行，在丁家山东麓一小山上即测点136处，又见黄色佳矿露头，长、宽各约二四公尺，厚约一公尺。至在丁家山一带，铝矿露头延长约达一．三公里，露头尚佳。惟就观察所及，该处铝土矿系变化甚大，大致底部为红色砂岩，并常含有黑色铁质豆状物，中部为红色矿石，上部则为灰色致密状矿石。惟在红色砂岩之上，有若干处（如测点156以南）矿石颜色极为复杂，外表观之，既似铝矿，而含矽则又特高，似可称之为一种含铝砂岩。此带未发现佳矿，矿量未予估计。其他各处可见富矿，据估计约得四，七三五．五吨，可能储量则为一三六，七二八吨。

插图一　沿A—B线剖面图

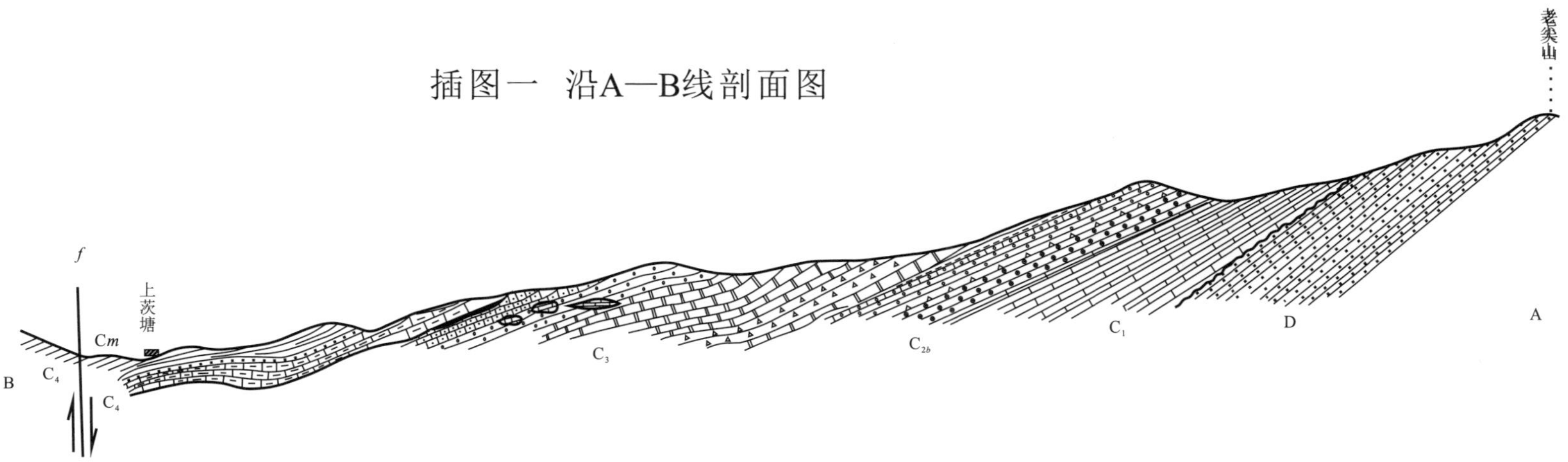

插图二　沿C—D线剖面图

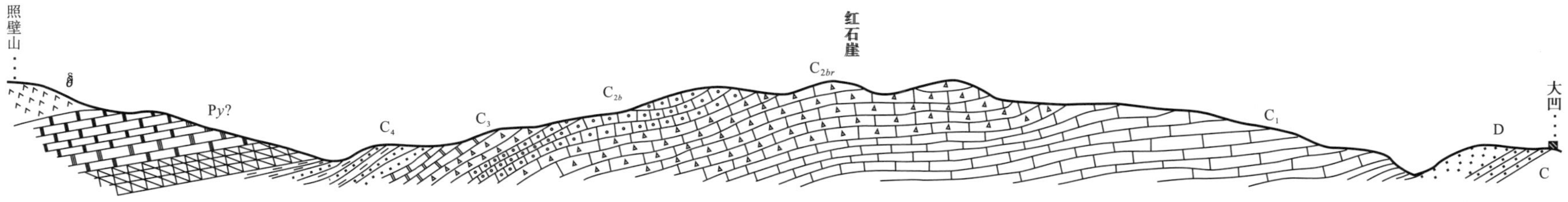

D—泥盆纪石英岩；C_1—下石炭纪黄绿色等页岩及黑色薄层石灰岩与厚层泥质浅灰色石灰岩，偶有一部角砾石灰岩；C_{2br}—灰色或蓝灰色泥质角砾石灰岩；C_{2b}—棕黄及浅灰色砂岩，上部含铁矿层或铁质砂岩，下部为铝土矿页岩或粘土；

C_3—粉红色、褚色或蓝色角砾石灰岩，上部具致密性脆质纯浅灰色石灰岩；C_4—铁质砂岩，各色页岩，含煤层或不含煤层，上部往往含高级或中级铝土矿页岩或粘土；

Py—二叠纪阳新石灰岩，下部为斑纹状厚层浅灰色质纯石灰岩，上部为层状深灰或蓝灰色石灰岩；δ—侵入二叠纪阳新石炭岩中之灰黑色粗辉绿岩体，呈岩舌状；Cm—中石炭纪浅灰色厚层石灰岩；

插图三　矿区地层柱状剖面图

缩尺　一万分之一

地质时代及符号		柱状图	间断	厚度(公尺)	岩性
下二叠纪	Py		?		层状或薄层状质纯蓝灰致密石灰岩
	δ			70	侵入粗辉绿岩，呈岩舌状
	Py			180	斑纹状厚层浅灰色石灰岩及层状灰色或蓝灰色质纯性脆石灰岩
中纪石炭	Cm			?	浅灰色厚层石灰岩
中上石炭纪	C_4		不整一或不整合	120	含铁砂岩，页岩，煤层及高中下三级铝土矿，煤层以下常有凸型式石灰岩之夹入
	C_3		不整一	150	浅灰色或粉红色致密角砾石灰岩，偶夹一部铝土矿，呈凸镜型
	C_2b			150	各式铝土矿及含铁砂岩与页岩，偶含凸镜型石灰岩
下石炭纪	C_2br			130	浅灰或蓝灰色角砾状石灰岩
	C_1 C_1b		不整一	120	黄绿灰色页岩，黑色或浅灰色薄层石灰岩及白云质石灰岩，底部具凸镜型浅灰色、褐色中下级铝土矿
泥盆纪	D			底部不在内 300	浅灰色石英砂岩或白色石英岩

1982年6月由云南省地质局第一地质大队重新清绘复制

插图四　矿区煤系柱状剖面图

缩尺　一千分之一

地质时代及符号		柱状图	间断	厚度(公尺)	岩性
下二叠纪	阳新系 Py				下部为斑纹状浅灰色质纯石灰岩，上部为蓝灰色层状石灰岩
中纪石炭	Cm		? 不整一或不整合	?	浅灰色厚层石灰岩
中上石炭纪	老煤山系 C_4			12	浅黄色致密易碎粘土页岩，含微量铝土矿
				5	深黄色致密性脆铝土矿页岩
				1.5	棕黄色豆状结核铝土矿
				3.5	白色粒状质坚高级铝土矿
				1	黄色结核状颗粒中匀铝土矿
				5	灰色或黄灰色致密状含铝土矿次石泥
				5	颗粒中匀质坚性脆铝土矿，具黑色眼状透明粉质
				1.5	薄层黄灰色或灰蓝色含铝土矿页岩夹灰黄色薄层砂岩
				15	棕黄色或灰黄色薄层砂岩及深灰色页岩
				1.2-4	煤层(呈不规则状)
				.5	灰色或棕色泥质页岩或粘土
				3-5	具孔隙状棕黄色铝土矿层
				15-25	深灰色或黑色含铝土矿页岩与含铁质砂岩互层，其中常有浅灰色或白色致密性纯石灰岩凸型体
				8-9	红棕色或浅灰色颗粒中匀砂岩与浅灰色粗砂岩互层
				6-10	白色或砖红色粗砂岩，含微量铝土矿
				10-20	灰色及黄色粗粒厚层砂岩夹灰紫黄色页岩
中石炭纪	C_3 威宁系				白色或粉红色细密质纯性脆角砾石灰岩及凸镜型石灰岩

顺序号	4	图号	3
清绘	黄晓钟	校核	王云汉

附：昆明小石坝区铝土矿矿量估计表（比重以3计，长度单位：公尺）

地点	可见矿量				可能矿量			
	长度	宽度	厚度	吨	长度	宽度	厚度	吨
山沟中，测点138	50	10	2	3，000	200	深延以50公尺计	2	60，000
后山一带					2，000	20	0.5	60，000
祭天山，测点20	2	1	1	6	500	20	0.5	15，000
祭天山南岭上，测点34	1	1	0.5	1.5				
丁家山东小山顶，测点136	24	24	1	1，728	24	24	1	1，728
共计				4，735.5				136，728

戊、富民老煤山区（附图二幅）

一、引言

富民县老煤山昔时为昆明县附近之产煤区，近因本会昆湖电厂拟扩展昆市电业，用该山煤发电，曾于是年六月十五日由该厂陶主任立中及明良煤矿公司何工程师瑭陪同本处谢处长前往该山视察煤矿，无意中发现富量高级铝土矿，爰派著者等前往详测煤、铝二矿。除煤矿已著有专报外，复将该区铝矿作一极简单之叙述。

二、位置及交通

老煤山在富民县城东约二十五华里，昆明市西北约五十华里，西距昆明县属沙朗大村约十五华里。该山高出昆明及富民盆地统在三百公尺以上，故山耸岭峻，小道崎岖，交通极感不便。该山西麓之沙朗温泉名地，有公路直达昆明，西越沙朗则必攀高三百公尺大山，再行十五华里达茨塘，北行三华里即至老煤山，故交通非特不便，且将来开发时用水亦至感困难。

三、地层

测勘范围内地层有上泥盆纪（海口层）石英砂岩，本层之上即为石炭纪地层所覆。按石炭纪地层于此区内自下至上可述之如下：C_1b 为淡黄，粉红致密状火石土（Flint clay），下与泥盆纪石英砂岩直接接触，此层仅见于矿区南端（见矿区图），过野人硐向北则不见；C_1ls 薄层或厚层暗灰色白云质石灰岩，时夹红绿色页岩；C_2by 灰红色泥质角砾石灰岩；C_2b 下部为致密状火石土，上部为白色细孔高级铝土矿；C_3ls 淡灰色质纯石灰岩（中石炭纪），中部为泥质角砾石灰岩；C_4b 下部为黄、棕等色砂岩，夹红、灰、蓝等色铝土质页岩，中部为煤层，上部为细质致密状铝土矿，顶部即系高级铝土矿，Cm 中上石炭纪石灰岩，Py 下二叠纪石灰岩，下二叠纪粗辉绿岩侵入体。

四、矿床

茨塘村东行二百公尺处即见佳矿露出，组成向西倾斜之倾斜坡，为本区主要佳矿所在地。此处矿石表面多呈淡黄色，粉红色亦为常见，内心则多为白色，质粗，大部具豆状组织，多孔，与黔省白色佳矿相似。厚自一公尺至二公尺不等，惟矿层向东则厚度逐渐变薄，孔隙增多。以石板坡，半边山，张连子地，小箐口，深沟一带露头最佳。此等佳矿俱覆于黄、灰等色致密之火石土之上。向北过小箐口三百公尺处，佳矿则不见。半边山、大坪子煤层露出之处，铝土矿层则消失不见。煤层之下即为棕色砂岩与凸型体石灰岩犬牙相间。茨塘东南，马鞍山，野人硐，狐狸硐一带佳矿仅存于各个山脊，矿层保存不佳，多成石块堆积，且多为灰白色粗质高级铝土矿，细孔状若海绵，偶具豆状组织。此外于野人硐南之 C_1b 层顶部亦曾见及佳矿浮石，原矿层恐已被蚀去。其他茨塘以南，三村以西各处，矿层露头尽属致密状火石土质页岩，未见佳矿。总观本区矿床可注意之点有三：

（一）本区露出石炭纪地层为调查各区中最完整者。根据分层结果，马鞍山一带高级铝土矿应属 C_2b 层，张连子地、小箐口等处可属 C_4b 层，后者较前者尤为重要。（二）铝土矿计有三层，其中 C_2b 及 C_4b 俱经发现佳矿。佳矿俱存于各层顶部，富于孔隙及铁斑，为矿石受风化之明证。现所应讨论者，乃此佳矿之生存，由于表面风化乎？抑由于下降潜水之次生富集乎？观于佳矿之每产于铝土层之顶部（按此为滇中铝矿之普遍现象，与黔省铝矿显然有别），似前说颇为可信。但衡以贵州所见，且次生富集之层位每随潜水面之高下为转移，倘当时潜水面适位于现在佳矿层之上，而当时环境又适于发生碱性潜水，则铝土以上岩层（大概为石灰岩）中之少量铝质亦未赏不可被溶下降，造成次生富集矿层。此种成因研究极富实用价值，盖倘属表面风化，则老煤山佳质铝土矿恐难向深处延展，与黔省所产佳矿之夹于火石土中者，颇不相同。为稳慎计，此种向深处延展之可能矿量暂不计入。惟本区佳矿露出颇广，可见矿量已达一百四十六万吨，为滇省已调查各矿区中所仅见。（三）铝土矿与煤层相互消长现象，在本区内甚为明显。又煤层之下未见及佳矿，故顶部佳矿易被蚀去，是其缺点，惟施工较易耳。

五、佳矿矿量（比重以三计）

产　　地	长（公尺）	宽（公尺）	厚（公尺）	可见矿量（公吨）
张连子地	550	500	1，30	1，072，500
小箐口	250	200	1，00	150，000
狐狸硐北山	100	120	1，00	36，000
马鞍山	200	90	1，00	54，000
野人硐南山	170	200	1，50	153，000
总　　计				1，465，500

第三章　结　论

本队经过三个月之工作，赖谢处长家荣之领导指示以及国内外专家之协助，致获有若干成果，其最著者如低矽高铝富矿层之发现，铝矿矿物问题之解决以及铝土矿成因之研究等，不但富饶学术兴味，且亦足供矿冶界人士以莫大之参考也。谢处长家荣曾综合滇、黔铝土矿之研究结果，著为《本处研究黔滇铝土矿之成果》一文，载于矿产测勘处出版之第五十八期近讯中❶，本章所述除统计数字外，均系节录该文而成，特缀数语，以志谢忱。

❶ 见本卷 747～749 页。——编者注

甲、调查区域之统计

此次调查区域计为初勘区域与详测区域二种。经初勘认为具有价值者再详测之。调查范围共及昆明、安宁、富民、呈贡、宜良五县，亦即滇省之中部也。初勘面积约达二千平方公里以上，详测面积亦达三十六平方公里强。兹将各调查区域之名称列表于下。

县别	详测区域	初勘区域	备注
安宁县	草铺	温泉	草铺测有万分之一图一幅
昆明县	马街子石头山	黑林铺	石头山测有五千分之一图一幅
	柴村	三清阁倒石头	柴村测有五千分之一图一幅
	小石坝	大板桥	小石坝测有五千分之一图一幅
		黄土坡槟榔山一带	
		秧田	
		大小花红园	
		石照壁	
		七孔山	
		辉湾	
		西华街	
		蛇山	
		黑龙潭岗头村一带	
		落水洞	
		一朵云	
富民县	老煤山		老煤山测有万分之一图一幅
呈贡县		水塘五亩山一带	
宜良县		可保村煤矿区一带	

乙、低矽高铝富矿层之发现

昆明电冶厂过去试验炼铝所采用者俱为黄色富铝矿，虽曾于球状风化矿块之分析结果中获悉白色者亦属低矽高铝矿，但因未能普遍发现，致多忽略（球状风化矿块中之白矿，多孔状，质较松，与此次所发现者之为质密、不具孔状者，其形态似亦稍异），惟矿产测勘处谢处长就其探勘贵州铝土矿经验之所得，早即认定滇省黄矿系白矿之风化产物，而滇、黔二省之铝土矿必属同一型式，并曾预言白色铝土矿之在滇省亦必如在黔省之普遍存在。果也，本队于此次详测各区铝矿时，普遍发现白色富矿，其成分与形色与黔矿一般无二。据大批分析所示，此白色富铝矿之矽分，最多不过百分之十二，最少不及百分之一，平均当在百分之六左右，铝氧最多可达百分之八十，少亦在六十以上，铁常不及百分之一。成分之佳，即拟之欧美所产者，亦无逊色。

丙、铝矿矿物问题之解决

中国铝土矿俱属一水氧化铝。但此种铝矿又因分子构造不同可分为Diaspore及Boehmite

二种，前者不溶于烧碱，故不能用低廉之拜耳法处理，后者则否，故其经济价值较大。中国铝矿究属何种，不但富有学术兴味，且因其与冶炼有关，故更有实用上之意义。本处对于此一问题，自始即甚注意，但因缺乏 X 光设备及参考书籍，Boehmite 系较近发现之矿物，普通教科书上不加详叙，故各种物理性质（如折光率等俱不详），仍难递于决定。民国三十三年，曾由该处将贵州标本分寄英、美各研究机关，赖我友邦专家之协助，得一致鉴定其属 Diaspore。云南黄铝矿之外表形式，因与白矿不同，但显微镜下所见实无大区别，惟据王宠佑先生函告，谓李庆远先生赴美时，曾携云南安宁铝矿若干，经哥仑比亚大学凯尔（Kerr）教授用 X 光研究，证明为 Boehmite。李氏所携标本属何种类已难稽考，以意度之，颇若黄矿。于是本处所倡黔、滇铝矿同类之说，遂生疑问。但本处谢处长家荣根据此次详测结果，鉴于白矿分布之广及黄矿无疑地当自白矿风化而来，对于此二种铝矿之矿物问题，亟欲谋一解决之方，同时昆明电冶厂鉴于过去试验炼铝时，对于纯铝氧回收率辄不能达到标准之高度，即觉有所怀疑，故亦亟欲乘此机会，谋一彻底之解决，乃一方面将安宁所产之黄、白（此二标本系自一表示球状风化之矿块采取，白矿在内，黄矿在外）及富矿层上下之劣矿（含矽多时，达百分之四十）三种铝矿，邮寄美国地质调查所，托为研究，另一方面，请昆明电冶厂化验室作三酸不溶性试验，结果黄、白二种之溶滓俱极高，约百分之五十至七十九，应属 Diaspore，但灰矿则独低，不及百分之四十（试验详情见前六月份报告第五节中），又请孟宪民先生鉴定折光率，则黄、白二种矿俱在一．七以上，亦为 Diaspore 之证。为隐慎计，复请清华研究所余瑞璜先生就安宁黄矿作 X 光研究，其结果亦确定黄矿系属 Diaspore（详情见前九月份报告第五节中）。至是云南铝矿之矿物问题实已大致解决，但尚有人以凯尔教授之鉴定为言者，而美国地质调查所之复信，历久未至，乃由本处电美询问结果，兹得复电谓黄白、二种俱属 Diaspore，但灰矿则为 Boehmite。由此足证国内外专家之研究并无不能吻合之处，而以往疑云，可以尽释矣。

丁、铝土矿成因之研究

关于吾国铝土矿之成因，谢处长家荣曾以其对于滇、黔两省铝土矿研究所得著为《中国铝土矿之成因》一文，载于矿产测勘处新出版英文《经济地质丛刊》第二卷[1]，是文对于滇黔铝土矿成因之见解颇多独到之处，其最著者如：（一）从矿层沉积与古地理之关系，得测定其沉积范围，为将来探寻新矿区之指针。（二）铝土矿层之垂直变化及富矿层之造成，在贵州云雾山获有标准剖面，可用还原化、灰化（即铝氧下降之次生富集化），矽化及去水化四种作用解说之。在滇中各矿区，则因矿层情形复杂，尚难一概论述。（三）重性残余矿物之种类，性质及其意义。（四）中国铝土矿系一新型矿床，主因在时代较老，故富矿层乃逐渐去水而结晶。（五）Diaspore 与 Boehmite 之产生环境仅法国拉柏郎氏稍有论述，今在黔滇此二物并生，且似有一定层次之关系，由此探索，当可发明其各自之产生环境，此项研究现正由本处进行中。

戊、各区富矿储量之估计

为实施开发计，我人对于铝土矿之矿量必须要有一较准确之估计，以供将来各种工程上、设计之参考。云南各矿区经此次详测后，估定可见矿量约二百万吨，可能矿量四百余万吨。可见矿量中以富民之老煤山一区为最大，约有一百四十余万吨。其他如草铺、温

[1] 见《谢家荣文集》第 6 卷第 184～202 页。——编者注

泉、柴村等区，尚须广掘探槽、探坑或施行钻探，始能准确估计之。查以上估计矿量，仅系专指含矽氧在百分之十三以下之黄、白色富矿而言。兹将此次已调查各区之富矿储量，分可见矿量与可能矿量列表于下（单位：吨）。

县　区	地　点	可见矿量	可能矿量	备　注
1. 安宁	草铺 X	63，354	795，000	
	温泉 X	13，680	988，500	
2. 昆明	柴村 X	3，773.76	1，164，600	
呈贡区	大板桥黄土坡区 O	225，000	735，000	包括长虫山、吉田山、珠宝山清水沟、槟榔山
	一朵云落水洞区 O	111，200	333，600	包括大光山、落水洞西北一带
	水塘区 O	6，000	12，000	
	小石坝区 X	4，735.50	136，728	
	马街子石头山 X	1，581	156，000	
	辉湾 O	5，100	67，500	
3. 富民	老煤山 X	1，465，500		
共　计		1，899，924.26	4，388，928	

附记—X 经详测后估计之矿量区域　　　O 初勘时估计之矿量区域

己、各区铝土矿分析一览

本队此次先后在各区所采矿样送交昆明电冶厂分析者计若五六十种，兹再参考以前昆明电冶厂及本处历次所采矿样分析结果，并列一表于下：

云南铝土矿分析表

矿样号数	产　地	矿　别	分析结果				备　注
			SiO_2(%)	$Al_2O_3+TiO_2$(%)	Fe_2O_3(%)	Loss on ignition	
KM1	昆明马街子石头山	白色	6.26	70.76			
KM2	同上	白色	0.88	73.06	13.26		
KM3	同上	白色	12.52	72.10			
KM4a	同上	粉红色，略粗糙	5.58	70.52	10.54		Dry basis
KM6a	同上	粉红色，白点豆状构造	0.93	80.14	4.33		
KM6b	同上	粉红色，具白点及绿点	7.50	71.61	8.08		Dry basis
	同上	黄色	5.49	61.19	19.80		
	同上	黄色，豆状构造	8.21	60.52	21.54		
	同上	灰黄色，豆状，质坚密	34.30				
	同上	灰黄色，细粒状	36.84				
KC11	昆明柴村	白色，细粒，略光滑，具紫色纹理或条层	37.33	41.37	12.64		

续表

矿样号数	产地	矿别	分析结果 SiO_2(%)	Al_2O_3+TiO_2(%)	Fe_2O_3(%)	Loss on ignition	备注
KC12	同上		6.17	70.56	12.60		
KC14a	同上	灰色，略带淡红色，面现粗糙	8.90	76.37	2.13		
KC14b	同上	灰色，粗糙	3.33	81.03	3.63		
KC22a	同上	灰色，致密，略粗	21.40	62.79	3.71		
KC22b	同上	同上	38.66	47.78	4.52		
KC23	同上		10.83	72.38	3.78		
KC40	同上	白色，泥土状	47.26	44.64	1.10		
KT1	昆明大板桥黄土坡区		0.97	83.16	1.67	14.20	
KT2	同上		10.33	77.10	1.20	11.37	
KT4	同上		0.97	83.27	2.16	13.60	
KT5	同上		3.56	77.86	4.79	13.79	
KT9	同上		0.49	83.41	2.14	13.96	
KT9b	同上		3.23	80.86	1.79		
KT10	同上		13.50	72.03	2.24		
KT11	同上		0.43	83.79	1.44	14.34	
KT13	同上		6.97	73.21	5.93		
KT14	同上		11.16	73.38	3.83	11.63	
KT15	同上		8.66	74.02	3.95		
KT18	同上		8.98	77.54	0.93	12.55	
	同上	淡灰色，孔状，较硬	11.04	73.02	6.54		
	同上	淡灰色，孔状	3.77	73.73	13.47		
	昆明大板桥	淡灰色	41.13				
TPC1		深红色，蜂窝状	6.7	75.17	5.69	11.44	
214	昆明大板桥北		22.20	54.23	8.56	12.65	TiO_2：1.68
229	同上		18.00	62.12	3.53	12.36	TiO_2：2.88
221	同上		22.30	54.39	6.54	13.69	TiO_2：1.78
215	昆明大板桥南		26.00	47.24	9.84	14.03	TiO_2：2.11
227	同上		16.43	57.42	7.40	14.06	TiO_2：3.60
222	同上		26.64	50.21	5.42	14.11	TiO_2：2.67
216	昆明大板桥黄土坡		23.55	48.34	11.57	13.71	TiO_2；2.05
223	同上		19.72	56.50	6.54	13.71	TiO_2：3.24

续表

矿样号数	产地	矿别	分析结果				备注
			SiO_2(%)	Al_2O_3+TiO_2(%)	Fe_2O_3(%)	Loss on ignition	
KS3	昆明小石坝		5.10	65.80	15.48	13.62	
KS5	同上		2.96	83.08	2.09	13.96	
KS7	同上		0.45	82.13	3.76	13.66	
KS8	同上		13.26	72.08	1.36	13.30	
KR11	昆明一朵云		9.83	72.56	4.28	13.33	
KR15	同上		7.86	70.74	9.57	11.83	
220	同上		12.52	62.44	6.11	14.56	TiO_2：2.42
	同上	灰色，豆状，质坚密	38.53	41.37	7.33		
	同上	白色，略具豆状，质较软	40.27				
	同上	同上	42.04				
KH23	昆明大花红园		0.96	71.24	13.20	14.60	
KH24	同上		0.80	73.14	12.26	13.80	
KH25	同上		7.60	78.12	1.68	12.60	
KH27	同上		0.60	81.93	3.47	14.00	
	同上	淡黄色	42.94				
	昆明大花红园	同上	42.97				
	同上	黄色	35.89				
	昆明桃园村	黄灰色，孔状	5.95	55.03	25.37		
	昆明黑林铺	黄色，致密矿	33.43				
	昆明大普吉	灰色，致密矿	40.24	50.42			
	昆明西华街	黄色，粒状	18.58	41.91	30.36		
	同上	灰色，致密，具豆状构造	3.46	67.73	15.24		
	昆明炭窑	灰色，较软，具豆状结核物	40.04				
	同上	（前一标本中之结核物）	23.18				
FT1	富民茨塘老煤山	蜂窝状白矿	3.44	79.70	4.76		
FT2	同上	粒状白矿，稍现蜂窝状	11.18	64.07	10.76		
FT3	同上	稍呈致密状，细粒白矿	13.46	67.56	6.22		
FT4	同上	稍呈致密状白矿，略带浅灰色杂体	7.47	71.75	3.78		
FT6—1	同上	致密状灰色矿	22.18	64.01	1.43		
FT6—3	同上	粒状白矿，出露地面者现蜂窝	6.20	79.21	1.79		
FT7	同上	粒状白矿	6.82	74.57	4.86		
CS2	呈贡水塘		2.52	78.81	4.56	14.11	

续表

矿样号数	产地	矿别	分析结果 SiO₂(%)	Al₂O₃+TiO₂(%)	Fe₂O₃(%)	Loss on ignition	备注
CS4	同上	黄灰色，具豆状构造，面略粗糙	12.77	71.08 (Al_2O_3)	4.65	11.52	
CS5b	同上		8.25	76.09	1.91	13.75	
CS7	同上	粉红色，白点豆状构造	12.73	69.67 (Al_2O_3)	4.56	13.04	
	同上	灰色细粒状	48.43				
	同上	白色，豆状	32.26				
217	呈贡水塘铁道南		16.44	55.52	11.21	13.68	TiO_2：2.26
218	呈贡水塘铁道北		26.14	50.74	5.68	14.21	TiO_2：2.59
224	呈贡水塘铁道南		36.02	43.60	3.53	13.07	TiO_2：2.56
STV1	水塘	黄色，质细	44.18	41.30	5.00	9.3	
CL17	呈贡落水洞		8.73	76.93	2.01	12.33	
CL19	同上		0.60	82.38	3.86	13.16	
CL21	同上		3.7	81.63	1.65	13.02	
	同上		9.86	57.02	15.57	13.97	TiO_2：2.96
219	同上		37.36	41.23	3.96	14.56	TiO_2：2.09
226	同上		9.86	57.02	15.57	13.97	TiO_2：2.95
228	同上		4.56	45.82	32.34	13.16	TiO_2：2.75
230	同上		37.10	38.79	5.68	15.03	TiO_2：1.76
225	同上		25.78	43.81	14.36	12.54	TiO_2：2.38
LM1	昆阳栗庙		3.61	74.59	9.61	11.30	
AT7	安宁草铺	白色，致密	32.86	52.16	3.04		
AT25	同上	灰白色，面粗糙	8.54	78.36	0.73		
AT30	同上		21.06	49.18	15.15		
AT102	同上		43.16	40.30	1.29		
AT130	同上		19.20	69.69	1.09		
	同上	黄色矿，具豆状构造	2.95	64.16	15.69		TiO_2：3.00
21	同上		5.58	66.65	11.92		TiO_2：3.23
TP2	同上	球状风化矿块，外层黄色矿	3.95	63.01	20.39	13.92	
TP2	同上	球状风化矿块，外层铁质层	4.28	16.88	59.81		
TP2″	同上	球状风化矿块，外层白色矿	4.16	89.83	5.38		
TPT1	同上	灰色，平滑	29.70	51.09	10.67		
	安宁温泉	黄色，具豆状构造	5.58	66.65	11.92		TiO_2：3.23

续表

矿样号数	产地	矿别	分析结果				备注
			SiO_2(%)	Al_2O_3+TiO_2(%)	Fe_2O_3(%)	Loss on ignition	
	同上	粉红色，孔状	2.04	62.06	28.63		
	同上	同上	3.12	47.89	39.13		
	同上		4.20	58.74	28.21		
	同上	红色，具深色结核	5.48	16.66	69.84		
	同上		5.96	30.38	52.97		
	同上	红色，豆状构造	6.15	33.24	51.61		
	同上	黄色，豆状构造	6.46	46.26	32.65		
	同上	一部棕色，一部色较淡	6.57	39.62	33.68		
	同上	白色，孔状，质轻	7.02	64.54	19.48		
	同上	黄色矿	7.40	69.44	15.81		
	同上	黄色结核矿，有铁质	8.54	40.44	38.86		
	同上	绿色基质，粉红色结核，质重	8.74	52.33	19.75		
	同上	灰色	8.83	51.32	30.16		
	同上	红色，豆状构造	11.24	40.96	38.49		
	同上	同上	11.56	45.77	35.28		
	同上	红色结核矿	14.09	36.87	40.12		
	同上	黄色矿	17.43				
2A	同上		14.16	52.13	18.75		
LM1	昆阳栗庙	深红色蜂巢状	3.61	74.39	9.61	11.30	

庚、调查经费之综计

本队自六月二日正式成立起至九月十七日止，共用去国币三百三十余万元，兹将各月用费列表于下：(单位：国币元)

月份	调查费	探槽工程费	共计
六月份	701，060		701，060
七月份	622，930		622，930
八月份	673，520	952，213	1，625，733
九月份	413，800		413，800
总计	2，411，310	952，213	3，363，523

辛、滇省铝土矿将来研究之途径

基于上述研究结果，我人可知滇省铝土矿尚不能即时开发，盖有许多问题，特别如冶炼、选矿，等等，须待详密试验后始能解决也。即如为估定矿量之探矿工作，尚待继续进行，盖以掘坑、施钻，需费浩繁，非有大宗经费不克辨理也。兹将今后研究途径列举如下：

一、大规模探矿，以测定可能矿量——云南各区铝土矿之富矿储量，虽经此次详测后，已有较准确之估计，但草铺、温泉、柴村、大板桥、黄土坡等区，尚须掘坑、施钻，如结果良好，则全部富矿矿量，至少当较此次所估计者增加一倍，如连同黔省所产者一并计算，则以之供给二个日产纯铝百吨之炼厂，足敷二十余年之应用而有余，故产量方面似无多大问题也。

二、提取纯氧化铝法之试验——滇省富铝矿之为 Diaspore，业经确切证明，毋庸或疑，故决不能用拜耳法以提取纯氧化铝，我人当详加试验，以选择最适宜之方法。美国近倡用石灰曹达炼法，用以处理高矽铝矿颇著成效，同时似亦颇适于处理 Diaspore，我人今后应先准此法则，从事试炼，如能另倡新法，则更佳。

三、灰矿之意义及选矿试验——美国地质调查所鉴定灰矿为 Boehmite，其意义至为重大。盖黔、滇富矿层之上下俱有灰矿，厚自五六公尺至十余公尺，矿量之丰远在富矿之上，以其含矽过高，向来不甚重视。据在显微镜下研究，此灰矿除高岭石外，大部为不结晶之水氧化铝，谢处长家荣前曾定其名为 Cliachite，兹乃知此 Cliachite 即 Boehmite 也。我人如能用浮游选矿法，将灰矿之矽分（几全部出自高岭石，故去高岭石即可收减矽之效）减低至百分之十五以下，则不但可增加十余倍之可用矿量，并可用较低廉之拜耳法，以提取氧化铝。查美国试用游浮法以处理 Arkansas 省之高矽铝矿，已获成效，矽分可减至百分之八，惟黔、滇灰矿中，高岭石颗粒甚细，与不结晶之氧化铝密切共生，能否洗选成功，非经详密试验不能知也。本处拟俟实验室建立后，对此问题首先研究，如获成功，实可为吾国铝土矿之冶炼问题解决不少也。